アジアの在来家畜

【家畜の起源と系統史】

在来家畜研究会……………【編】

名古屋大学出版会

まえがき

　狩猟採集文化段階にあった人類がみずからの食料として所有権を主張し得る対象は，何も知らずに遊動採食し，狩猟者に抵抗し，あるいは逃げ廻っている生きた野生動物ではなく，原則として野生動物の屍体あるいは死の一歩手前にある動物体である．獲物からの再生産すなわち生殖（reproduction）は期待されない．獲物の再生産を企て，獲物の子々孫々に対しても所有権を主張することは，人類が農耕牧畜という文化を獲得する進化段階に至って初めて可能となった．つまり野生動物が家畜化（domestication）され，在来家畜（native domestic animals）が生まれていなければならなかった．

　現在，全世界の先進国民が日常的に大量消費している乳・肉・卵・皮といった畜産物は，家畜種ごとにそれぞれいくつかの品種（breed）からもたらされている．家畜諸品種は在来家畜の地域集団間の交雑，目的性能を向上させるための淘汰選抜，そして性能を高いレベルで安定させるための近親交配によって，すなわち，在来家畜に育種操作（breeding）をほどこすことによって作り上げられた人工創作物なのである．

　野生動物→在来家畜→家畜品種という3つの動物ステータスの間の移行は段階的・革命的（revolutionary）ではなく，漸次的・進化的（evolutionary）な変化としておこっている．この移行の理論と技術と歴史経過とを教える学問が家畜育種学であって，畜産分野の中で繁殖学，飼養学とならぶ基礎学の1つとされている．ところで，これまで大学の専門課程で教えられている家畜育種学は，上に矢印で示した第2の移行過程，すなわち品種造成の理論と技術に重点が置かれてきた．それは恐らく，育種学を支える集団遺伝学の淘汰理論や近交理論が育種技術に結びつきやすかった，というよりもむしろ，集団遺伝学自身が栽培植物や家畜の育種技術から理論的アイディアを採り入れて充実発展してきたという事情に理由があると思われる．

　在来家畜研究は近代の家畜育種学で軽視されがちであった上記第1の移行過程，すなわち野生動物から在来家畜への移行過程に関心と注意を払って，フィールド調査とラボワークをおこなってきた．この点にこそ，この研究の方法論上の特色があるといえる．野生動物がいかにしてdomesticateされてヒトの所有物となり在来家畜が生まれたか，いかにして在来家畜が近代的諸品種造成のための素材として，遺伝資源として採り上げられるに至ったか，を解明しようと志している．地域文化との関連性がより強く現れるのも野生動物から在来家畜への移行過程においてであるから，domesticationを実行して在来家畜の集団を確立し保持している人間集団の文化への考慮を忘れてはならない．

　本書の編集主体である在来家畜の研究グループ（在来家畜研究会）が結成されて約半世紀が経つが，本書を読まれればわかるとおり，在来家畜研究は，この研究グループのこれまでの野外活動のおもな舞台となった東アジア地域だけをとってみても，まだ完了したとは言い難く，未知の事実，未解決の問題が数多く残されている．したがって読者諸賢におかれては，この本を在来家畜研究グループの活動の一里程標として読んでいただきたい．諸賢の本書に対するご批判を誠実に受けとめて，このグループ研究をさらに発展拡充していきたいと念じている．

野澤　謙

目　次

まえがき　i

第I部　家畜化と家畜

I-1　家畜とはなにか？　在来家畜とは？ ……………………………… 3
　(1)　家畜とは　3
　(2)　在来家畜とは　8

I-2　動物家畜化に至る要因 ……………………………………………… 11
　(1)　環境要因　11
　(2)　動物の側の要因　12
　(3)　ヒトの側の要因　13

I-3　野生動物と家畜とをつなぐもの …………………………………… 15
　(1)　選択狩猟　15
　(2)　野生動物の餌付け　16
　(3)　野生原種から家畜への遺伝子流入　18
　(4)　家畜の再野生化　21
　(5)　アジアゾウ　26
　(6)　トナカイ　27

I-4　家畜化による生物学的変化 ………………………………………… 31
　(1)　家畜化の遺伝学的意味　31
　(2)　経済形質　35
　(3)　遺伝負荷の排除　38
　(4)　毛色変異　40
　(5)　タンパク変異　57
　(6)　繁殖構造　62
　(7)　遺伝変異の分子的および発生学的基礎　73
　(8)　分化時間と進化速度　81

I-5　近現代における新家畜造成 ………………………………………… 87
　(1)　偶蹄類の新たな家畜化　87
　(2)　ダチョウの家畜化　90

I-6　比喩としての家畜・家畜化 ………………………………………… 95

第II部　家畜種各論

II-1　ウシ ―多源的家畜化― ……………………………… 117
- (1) ウシの家畜化　117
- (2) ミトコンドリアDNAから見た遺伝的多様性と分化　127
- (3) 近縁野生種と東南アジア在来牛　133
- (4) 血液タンパク多型に基づくアジアの家畜ウシの遺伝的多様性　148

II-2　スイギュウ ―2大系統の起源と地域分化― ……………………………… 161
- (1) 野生原種と家畜化　161
- (2) 家畜スイギュウの分布と分類　163
- (3) 家畜スイギュウの系統分化　168
- (4) 遺伝資源としての各国のスイギュウ　178
- (5) これからの利用　182

II-3　ウマ ―日本在来馬の由来― ……………………………… 187
- (1) 家畜化と東アジアの馬産　187
- (2) 日本在来馬の起源と系統に関する諸説　193
- (3) 日本と東アジア在来馬の系統　197
- (4) DNAを標識とする東アジア在来馬の系統　205

II-4　ブタ ―多源的家畜化と系統・地域分化― ……………………………… 215
- (1) イノシシ属（Sus）の系統分類とブタの原種　215
- (2) イノシシの家畜化　219
- (3) アジアの在来ブタの系統分化　225
- (4) わが国のブタ飼養史　243

II-5　ヒツジ ―アジア在来羊の系統― ……………………………… 253
- (1) 家畜化の起源　253
- (2) 家畜化による形態変化　259
- (3) 東アジアにおけるヒツジの系統　262
- (4) 東方への伝播拡散　275

II-6　ヤギ ―東アジアの在来ヤギ― ……………………………… 281
- (1) ヤギの野生種と家畜化　281
- (2) 家畜ヤギの分類とアジアにおける伝播経路　283
- (3) 家畜ヤギの系統　285
- (4) 家畜ヤギの多様性と起源　295

II-7　イヌ ―日本とアジア犬種の系統― ……………………………… 301
- (1) ヒトとの相利共生　301

(2) イヌの祖先種としてのオオカミ　301
　　(3) イヌの成立とその移動　307
　　(4) イヌの品種の成立とその過程　308
　　(5) 東アジアのイヌの形態比較　312
　　(6) 日本犬　315

II-8　ネコ ―東アジアの feral cats― ……………………………………………… 329
　　(1) ネコの家畜化と品種分化　329
　　(2) 日本の feral cats における毛色などの形態遺伝学的多型　334
　　(3) 多型の時間的変遷　344
　　(4) 日本と東南アジアの feral cats の系譜　351

II-9　ニワトリ ―原種から家禽へ― …………………………………………… 357
　　(1) ヤケイ4種の動物分類学的位置と分布および特徴　357
　　(2) ヤケイの家畜化　360
　　(3) *Gallus* 属の系統遺伝学的研究　364
　　(4) 日本鶏の渡来ルートと定着　384

II-10　アヒル ―東アジアにおける家禽化と品種分化― …………………… 391
　　(1) 家禽化　391
　　(2) 東アジアにおける主要品種とその特色　393
　　(3) 系統分化　398

II-11　ウズラ ―家禽化の歴史と現状― ……………………………………… 409
　　(1) ウズラの分類と分布　410
　　(2) わが国のウズラ文化　413
　　(3) 家禽化の歴史　417
　　(4) 家禽ウズラの系譜　420
　　(5) 遺伝資源としての家禽ウズラ　428

II-12　ジャコウネズミ ―実験動物(スンクス)の創成― …………………… 435
　　(1) 分類と分布　435
　　(2) 生物学的特徴と地理的変異　436
　　(3) ジャコウネズミの家畜化(実験動物化)　438
　　(4) 遺伝的変異から見たスンクスの起源と分化　441
　　(5) 実験動物としての研究利用　444

　　在来家畜研究会現地調査の概要　449
　　あとがき　453
　　索　引　455

第I部
家畜化と家畜

I-1　家畜とはなにか？
　　　在来家畜とは？

(1)　家畜とは

　われわれ日本人の日常生活において，「家畜とは何であるか」というような事柄が問題となることは少ない．家畜でない動物は野生動物であるが，野生動物と家畜とをわれわれは一応明確に区別しており，ある動物を指示されてそれが野生動物か家畜かと問われたとき答えに窮するような経験はそう度々はない．これはかつてわれわれ日本人の祖先が，ほぼ完全に家畜化された動物を他地域から受け取り，それらを現在まで家畜として繁殖し利用してきたという歴史的事情，裏返せば，日本人が自ら家畜化した動物は，近年のウズラだけを例外としてほとんどないという事情にある程度帰せられると思われる．また，そのような問題に直面する機会は，動物を直接取り扱う研究者のサークルにおいても少なかった．事実このような問題は，畜産学においても，動物学においても，これまでほとんど取り上げられたことはない．と言うのも，畜産および畜産学は，疑いの余地のない家畜を対象として実利を求め，そのために究明を要する数多くの具体的問題を抱えているからであり，逆に動物学の方ではいささかでも家畜的性格をもった動物は研究対象としてはむしろ排斥する傾向をもち，時には家畜的性格には目をつぶって，「自然の論理」を究めようとする志向をもっているからである．

　しかし，日本人の生活圏内にこの種の問題が全くないわけではない．一般家庭での飼育が広範に普及しているネコは家畜なのであろうか．日常，ネコを家畜だと信じて疑いをもたない人々も，春先の繁殖期ともなればウチのネコ，近所のネコの生態を目の当たりにしては，この信念に動揺をきたすに違いない．日本で「ヤマネコ」，「ヤマイヌ」，「野生馬」などと呼ばれている「野生動物」は，それら家畜の野生原種では決してなく，一度家畜化されたものが人手を離れて再野生化した動物，あるいはその子孫がほとんどである．イノシシについてもこの疑いが多分にある．

　さらに世界を見渡せば，野生動物と家畜との間に境界線を引くことはいよいよ困難となってくる．最も典型的な遊牧家畜とも言えるトナカイの利用のされ方を眺めてみると，一方において純然たる狩猟民の生計を支え，他方において搾乳，騎乗といった高度の牧畜的利用の発達が見られ，これら両極端の間にいろいろな中間段階が観察される（I-3章(6)節参照）．また人類の歴史を振り返れば，われわれの祖先はいろいろな動物の飼育を試みてきた．古代エジプト人は，周囲に生息するほとんどすべての野生動物を，手当たり次第に家畜化しようと試みたものであった．彼らの遺産としてわれわれの手に残されている家畜と言えばロバとネコぐらいのものであるが，彼らの動物家畜化への世代を重ねた努力は，一度は目的を達したのであろうか．それとも努力の

半ばにして放棄のやむなきに至ったのであろうか．このような疑問は，エジプト出土のレリーフをいかに綿密に観察しても解答を得ることは難しい．ひるがえって，現代世界人口の爆発的増大とそれにともなう食糧危機の予想に促されて，地球上のいろいろな地域で，いろいろな野生動物種を対象にして，新家畜造成への努力がなされつつある．Ⅰ-5章(1)節で見るエランド (eland)，ジャコウウシ (musk ox) などはその成功例に数えられるかもしれない．また医学実験用動物の開発と利用を目標の1つにかかげて発展してきた実験動物学は，野生動物と家畜との境界域にある動物に対して目を開き，両者間の移行を具体的なテーマとして仕事を進めつつある．近来，家畜あるいは家畜化ということの意味があらためて問われ始めているのは，このような実利追求の面においても野生動物と家畜との間に素朴な二分法 (dichotomy) が適用し難くなった事情がその理由の1つとして考えられる．

さて，家畜 (domestic animals, domesticated animals) を定義し，その本質を問題にするとき，畜産学書の冒頭に掲げられている家畜の定義には適切と言い難いものが多い．たとえば，1977年まで畜産および畜産学のあらゆる分野にわたって綿密かつ正確な記述がなされているとして声価の高かった『畜産大事典』の初版 (1966) には，「家畜とは人に飼われて馴れ，その保護のもとに自由に繁殖し，かつ人の改良に応じ，農業上の生産に役立つ動物である．」(佐々木, 1966) とある．ここで「飼う」，「馴れる」という語句が家畜化の経過や結果の重要な因子であることは間違いないにしても，それだけにこれらの語句そのものの意味が問題となる．また「保護」，「自由」などという表現に至っては曖昧と言わざるを得ない．さらに農業上の意義を強調しているため，対象に強い限定を加えている．農用動物 (farm animals, livestock) だけが家畜ではない．競走馬は農業上の生産には役立っていないが，これらは明らかに家畜である〔なお『畜産大事典』の第2版 (1978) のこれに相当する部分は筆者が担当執筆したので，家畜の定義については以下に述べるような記述がなされている (野澤, 1978)〕．いま1つ家畜文化史の成書に掲げられている家畜の定義を引用しておこう．鋳方貞亮の『日本古代家畜史』(1945) には次のように述べられている．「(家畜とは) 人間が直接利用し得ない形にあるか，又は利用価値の低い形にある物質及びエネルギーを，更に利用し易い形に変える動物であり，しかも農業経営に取り入れることができ，適当に人為的統制を加えることによって代々引き続き生産を挙げ得るものを言う．」(鋳方, 1945)．これは農用動物の定義としてはほぼ完全なものと言えるかもしれないが，家畜の定義としてはいかにも限定が強過ぎる．

動物全体を野生動物と家畜とに二分することなど，到底不可能であると言わなければならない．家畜化 (domestication) という行為（家畜にする：他動詞），もしくは現象（家畜になる：自動詞）〔domesticate という動詞は他動詞が原義で，筆者が所持している英和辞典には自動詞の和訳はない〕は動的に理解されねばならない．家畜化とは1つの過程なのであって，極限まで家畜化された動物から純粋の野生動物まで，連続的なスペクトラムが存在する．農用動物の範囲内でもヒツジとヤギとでは程度が異なるし（加茂, 1973），同一種内でも，現代の企業的養鶏の対象と東南アジアの庭先放飼鶏とを同一視することは無理である．

家畜とはその生殖がヒトの管理のもとにある動物である (Domestic animals are defined as the animals whose reproduction is under human control.) (野澤, 1975, 1987；NOZAWA, 1980)．家畜の本質はここにあるのであって，SPURWAY (1955)，WOOD-GUSH (1961)，HERRE und RÖHRS (1971a)，MASON (1973) などはこれを正しく指摘していると言える．自然の生態環境で生殖を重ねてきた

I-1 家畜とはなにか？　在来家畜とは？　5

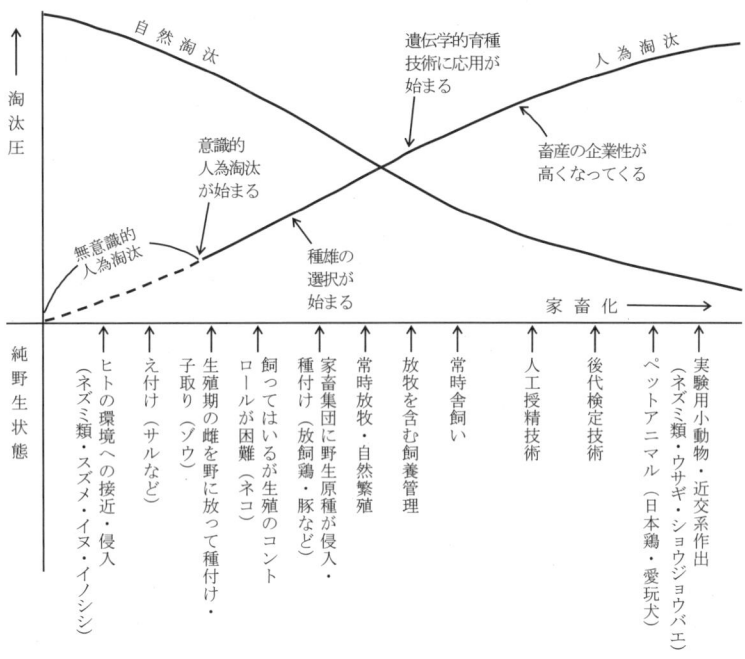

図 I-1-1　家畜化の種々の段階．（野澤, 1975；Nozawa, 1980）

　野生動物が，自発的にヒトの生態環境に接近し，入りこみ，あるいはヒトによって強制的に引き抜かれ，ヒトの側は初めは無意識的に，後にはそれによる利益に目覚めて意識的に，動物の生殖を自己の管理下におき，管理をより強化してゆく世代を越えた連続的過程が家畜化である．PAINE（1971）の表現を用いれば，家畜化によって動物は収奪の対象でしかない資源（resources）から，再生産（reproduction＝生殖・繁殖）が人為的にコントロールされる資本（capital）へと世代を越えた変容をおこなうのである．

　ここで「世代を越えた」という修飾語は，ヒトの世代と動物の世代の双方に関わる．ヒトの側について言えば祖先世代から子孫世代へと，また隣接人間集団間で，情報や技術が伝達される文化的（cultural）な変遷過程が主であり，動物の側について言えば遺伝・進化的（genetic-evolutionary）な変遷過程が主となる．もっとも動物家畜化によってヒトにも遺伝・進化的な変化がおこり得ることは，乳糖に対する耐性／不耐性（lactose tolerance／intolerance）に関する研究（McCRACKEN, 1971；SIMOONS, 1970, 1975）が知られているし，文化が人類の独占物ではなく，非ヒト動物においても行動や習性が文化的に伝承されるとすれば，動物にも文化的変遷過程があり得ることになる．すなわち，家畜化とはヒトによる動物の生殖に対する管理が強化されていく，ヒトと動物の双方における文化的・遺伝的な共進化（co-evolution）の過程であるとも言い表すことができる．

　動物の生殖に対する人為的管理を内から支えるものはヒトの様々な欲求である．その欲求が「～の形質をもった動物が欲しい」というイメージ，より進んだ段階では育種目標となって具体化し，生殖への管理は強化されていく．これがすなわち人為淘汰（artificial selection）圧である．したがって，家畜化とは動物集団が生物として本来受けている自然淘汰（natural selection）圧の一部（全部ではない）が人為淘汰圧によって徐々に置き換えられていく過程に他ならない．ヒト

との係わりをいろいろの程度にもっている動物が，上記の置き換え過程のどのあたりにいるのかを，筆者の思いつくまま，概念的に図示したのが図I-1-1である．家畜化をこのように連続的過程として捉えて初めて，動物家畜化という営みが，家畜の性能を遺伝的に改良する営みである育種（animal breeding）へと漸次的，連続的につながる人類の世代を越えた努力の蓄積過程であることが，理解できるであろう．

このようにして生まれたのが，現在われわれの手にある諸家畜である．**表I-1-1**は農用動物を中心としていくつかの医学実験用動物を加え，それらの動物分類学上の位置を示している．家畜という概念の本質がさきに述べたようなものであって，限界が明瞭ではないので，ここでは常識的に農用動物として異論のない動物と，実験用動物としてごく重要な数種の動物種をリストアップしたに過ぎない．これ以外にも，世界的な食糧不足の危機感に促されて，アフリカのサバンナ地帯に生息する大型有蹄類の家畜化が試みられてかなりの成功をみているし，実験用動物としてはアカゲザル，カニクイザル，ニホンザルなど*Macaca*属のサルや，食虫目や齧歯目のいくつかの種が開発，利用されつつある．

どの範囲の動物を家畜としてリストアップするかについては，このように多分に便宜的な態度をとらざるを得ないが，**表I-1-1**を作成するに当たっては以下2つの原則に従っている．

第一に，少なくとも家畜化が進んだ段階では家畜はその野生原種と人為的に隔離されるのが常態で，それでなければ人為淘汰も効果を挙げることはできない．また人為淘汰の結果として，一つの家畜種の中に実に多様な品種分化がおきている．子牛ほどの大きさのセントバーナード犬と，体重2.5 kg，手のひらに乗るくらいの小型プードル犬とは，到底同一種とは思えないほどに違っている．それにもかかわらず，家畜と野生原種との間，家畜の品種間に，互いに交配しないとか，しても雑種が生まれない，生まれても雑種に生殖力がないといったような生物学的生殖隔離機構の成立を見た例は，少なくともこれまで1つも認められていない．つまり家畜とその野生原種とは，またいかに外見が違っていても家畜種内の別品種の雌雄は（必要ならば人工授精により）交配可能であり，産まれた子には両性とも生殖力に何の異常もあらわれない．すなわち，家畜化によって新種の形成（speciation）がおきてはいないのである．

ゆえに，家畜はその野生原種と同種である．同種ならば同一の種名をもたなければならない．ところが奇妙なことに，家畜を扱う大学の畜産学や獣医学の専門課程に入った学生は，おそらくはその初学第1課で，ウシの学名を*Bos taurus*，インド牛は別名で*Bos indicus*，ウマを*Equus caballus*，ヤギを*Capra hircus*等々と教えられ憶えさせられている．つまり家畜と野生原種とを別種として取り扱っていることになる．これは日本だけの話ではない．このような生物学的不合理は解消すべきではないのか．おそらくこうした反省に基づいているのでもあろう．**表I-1-1**には記載されていないが，野生原種に亜種分化がある場合には亜種名が付されることがある．たとえば，ベゾアールヤギ：*Capra aegagrus aegagrus*とマーコールヤギ：*Capra aegagrus falconeri*，また家畜であることを示す字句をラテン語で種名の後に付することもしばしばおこなわれる．たとえば，家畜犬：*Canis lupus* f. familiaris，家畜ヤギ：*Capra aegagrus* f. hircus，家畜ブタ：*Sus scrofa* f. domesticaなど．

第二の原則は，対等な種間雑種から第3の家畜種が新たに生まれることはないということである．雄ロバと雌ウマの交配から生まれたラバ（mule）は役畜として有用な動物であるが，生殖力がなく動物学上の種とは認められない．

表 I-1-1 家畜の分類.

Phylum 門 Class 綱	Order 目	Family 科	野生原種学名	家畜 和名と英名
Vartebrata 脊椎動物門				
Mammalia 哺乳綱	Rodentia 齧歯目	Caviidae テンジクネズミ科	*Cavia porcellus*	テンジクネズミ（Guinea pig）またはモルモット
		Muridae ネズミ科	*Mus musculus*	ハツカネズミ（mouse）またはマウス
			Rattus norvegicus	ドブネズミ（rat）またはラット
	Lagomorpha ウサギ目	Leporidae ウサギ科	*Oryctolagus cuniculus*	ウサギ（rabbit）
	Carnivora 食肉目	Canidae イヌ科	*Canis lupus*	イヌ（dog），*C. familiaris*
		Felidae ネコ科	*Felis silvestris*	ネコ（cat），*F. catus*
	Perissodactyla 奇蹄目	Equidae ウマ科	*Equus przewalskii*	ウマ（horse），*E. caballus*
			Equus asinus	ロバ（ass）
	Artiodactyla 偶蹄目	Suidae イノシシ科	*Sus scrofa*	ブタ（pig）
		Camelidae ラクダ科	*Lama vicugna*	ラマ（llama），*L. glama*
				アルパカ（alpaca），*L. pacos*
			Camelus bactrianus	フタコブラクダ（Bactrian camel）
			Camelus dromedarius	ヒトコブラクダ（dromedary camel）
		Cervidae シカ科	*Rangifer tarandus*	トナカイ（reindeer）
		Bovidae ウシ科	*Bos primigenius*	ウシ（cattle），*B. taurus taurus* および *B. t. indicus*
			Bos mutus	ヤク（yak），*B. grunniens*
			Bos javanicus	バリウシ（Bali cattle），*B. banteng*
			Bos gaurus	ガヤール（gayal）またはミタン（mithun），*B. frontalis*
			Bubalus bubalis	スイギュウ（water buffalo）
			Capra aegagrus	ヤギ（goat），*C. hircus*
			Ovis musimon	ヒツジ（sheep），*O. aries*
Aves 鳥綱	Anseriformes ガンカモ目	Anatidae ガンカモ科	*Anas platyrhychos*	アヒル（duck）
			Cairina moschata	バリケン（Muscovy duck）
			Anser cygnoides	ガチョウ（goose），*A. anser*
	Columbae ハト目	Columbidae ハト科	*Columba livia*	ハト（pigeon）
	Galliformes キジ目	Phasianidae キジ科	*Coturnix japonica*	ウズラ（quail）
			Gallus gallus	ニワトリ（chicken），*Gallus domesticus*
			Meleagris galloparo	シチメンチョウ（turkey）
			Numida meleagris	ホロホロチョウ（Guinea fowl）
Pisces 魚綱	Cyprina 鯉目	Cyprinidae コイ科	*Cyprinus carpio*	コイ（carp）
Arthropoda 節足動物門				
Insectra 昆虫綱	Hymenoptera 膜翅目	Apidae ミツバチ科	*Apix millifera*	ミツバチ（honey bee），*A. cerana*
	Lepidoptera 鱗翅目	Bombycidae カイコガ科	*Bombyx mori*	カイコ（silk worm）

注：家畜の学名で，野生原種のそれと違うものが慣用されている場合，右端の欄に示す．属名は省略形（原種と同じ）．

しかし，ある家畜種が近縁の別の家畜種から遺伝子流入（gene flow）を受け入れているという例はまれにはある．それは，種間雑種が不完全ながら生殖力をもっている場合に，一方の種の遺伝子組成が他方の種によって影響を受ける可能性があることを意味する．東南アジア島嶼部に飼われている在来牛はバンテン（banteng）が家畜化されたバリウシ（Bali cattle）という別種の集団から遺伝的影響を被っていることが在来家畜研究グループによる現地調査結果から推測されており，またより局地的ではあるが，インド東北部のアッサム地方やブータンの家畜牛に，ガ

表 I-1-2 主要家畜の家畜化年代と家畜化の場所についての従来の定説.

家畜種	家畜化年代（B.P.）	家畜化の場所
イヌ	10,000〜12,000	東部アジア
ヒツジとヤギ	9,000〜10,000	西部アジア
ウシ	6,000〜8,000	西部アジア
ブタ	6,000〜8,000	多源
ウマ	5,000	南東ヨーロッパ
ニワトリ	5,000	東南アジア
ネコ	5,000	エジプト

ヤール（gayal）またはミタン（mithun）と称する近縁種から遺伝子流入があることも知られている（II-1章参照）．

表 I-1-1 のリストの中で特に主要な家畜種について，家畜化年代と家畜化の場所についての従来の定説をまとめたものが表 I-1-2 である．「従来の」とわざわざことわるのは，最近この年代が，どの家畜種も一様に古い方に伸びていく傾向にあることに注意を喚起したいからである．これは遺跡の発掘作業がより古く，より広い地域にわたっておこなわれるようになり，動物遺骨がより綿密に調査されるようになってきた結果である．これによって当然，年代は次第に古い方に伸びてゆき，場所はそれに伴ってあちこちと移動することになる．しかし，さき程述べてきているように，本来連続的な変化過程のどこに線を引いて野生動物と家畜とを区分するのかを明らかにし得ない以上，またそれを出土遺骨から明確にすることが多くの場合困難である以上，家畜化の年代と場所についての論議は，ちょうど一人のヒトがいつ，どこでコドモからオトナになったかを詮索するのと同様，不毛とまでは言えないにしても，細部にわたって正確な結論も合意も本来得にくいものだと言わざるを得ない．

(2) 在来家畜とは

それでは本書のタイトルにある「在来家畜」とはなにか？

図 I-1-2 は野生動物から近代的家畜品種に至る過程を概念図として示したものである．前掲の図 I-1-1 と同じ意味をもち，「在来家畜」なるものの位置づけを示している．家畜化という概念自体が本来，限界不明瞭な連続的変化過程を意味するのだから，在来家畜もまた野生動物から家畜品種へ向かう中間に位置するものとして，野生動物との境界も，家畜品種との境界もともに不明瞭な，連続的移行過程の途上にあることをこの図は示している．

野生動物を家畜化し，あるいは隣接地域から家畜動物そのもの，あるいは家畜化のアイディアを移入して，自らの生業文化（subsistence culture）に採り入れた家畜飼養者の動物の生殖機構と遺伝機構に関する知識は，家畜の継代と共に深化し精密化する．それと共に家畜群の生殖に対する人為的管理はますます強化され，家畜化（domestication）の営みには育種（breeding）の色彩が加わり，次第に濃厚となっていく．その結果，地域文化の一要素として，地域の家畜飼養条件に適応した，現代の育種家が地域集団（local population）とも土着品種（indigenous breed）とも呼ぶ数多くの家畜群が生み出された．在来家畜が集団として各家畜種にわたって確立される段階に入ったということである．それは，人類がその生き残りと生き続けのために家畜を恒常的に飼わなければならない文化的状態に進化したということでもある．メソポタミアや中国文明の膨張，ローマ帝国の拡大というような事件は家畜飼養文化の周辺地域への伝播を大いに助けた．また 8〜9 世紀以後のイスラム文化圏の拡大と，13 世紀に始まるモンゴルの膨張とはユーラシア大陸のほぼ全域に家畜飼養文化の伝播・拡大を促し，15 世紀のアメリカ大陸の「発見」はこれが「新世界」にまで波及する機縁となった．

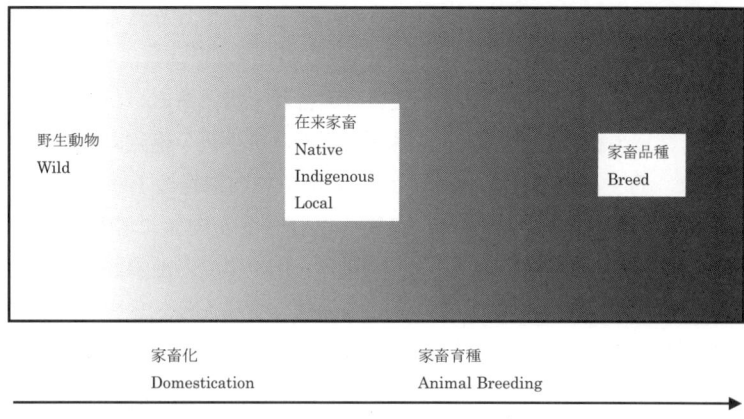

図 I-1-2 在来家畜 (native domestic animals) とは？

　その間，こうした諸文化・諸文明がグローバル化される過程で，その中に生まれたいくつかの宗教信仰が家畜一般を屠殺することを禁止したり，ある種の家畜だけに焦点を当てて，その食用を禁止したりする教義を生み出したりもしたが，それが現在われわれの知っている主要家畜種の全世界への伝播を阻げる力となることは意外に少なかった．こうして，家畜化中心地に生まれた在来家畜は，伝播先の地の在来家畜として，諸地域にそれぞれ固有の家畜文化を生み，諸地域住民の生活を，物質面ばかりでなく，精神面からも支えてきたのである．
　人類史が18世紀に入ると，イギリスを中心とした西欧に，限定された育種目標に向かって，強力な人為淘汰を加えることによって家畜や農作物の品種 (breed) を造成する育種事業 (breeding project) が発足した．各家畜種の内部に，多様な利用目的に応じた多様な品種を作り出そうとする試みである．ウマのサラブレッド (Thoroughbred)，ウシのショートホーン (Shorthorn) などと呼ばれる家畜群がこの方式によって育種され，早期に品種として確立された．1859年に刊行された Charles Darwin の進化論書 "The Origin of Species (種の起源)" はこうした時代思潮の産物にほかならない（野澤・西田，1981）．在来家畜 (native, indigenous or local domestic animals) とはこうした近代的育種から影響を受けなかった，あるいは受けることの少なかった家畜群と言うこともできる．
　西欧社会が産業革命の洗礼を受けてからは，家畜は単なる生業の一次収穫物から，工業生産物さながらの大量生産，大量消費される規格化された商品へと変容し，国境や地域文化の壁を越えて販路を拡大する傾向を見せ始める．「畜産」に当たる英語に "animal industry" が使われるのはこの時期以後と思われる．限定された育種目標に向かって人為淘汰が加えられ，それに従来は避けられることの多かった近親交配 (inbreeding) を併用して遺伝子座をホモ化することにより，性能が高レベルでよくそろった家畜品種が各家畜種ごとに造成された．これらが全世界の家畜飼養圏へ種畜として輸出され，あるいは在来家畜を置き換え始める．乳用牛の Holstein-Friesian 種，競走馬の Thoroughbred，ブタの Landrace，乳用ヤギの Saanen 種，ヒツジの Merino 種，卵用鶏 White-Leghorn 種，卵肉兼用種 New-Hampshire 種など，これらは国際的 (international) というよりも世界的 (global) という形容詞を冠するのがふさわしい家畜家禽品種であって，いまやそれぞれの家畜種内で全地球上に大きなシェアーを誇っている．これらはまず原産地の欧米で厳し

い品種間淘汰にさらされ，生き抜き勝ち抜いてきた品種であって，それらが全世界の畜産業界に覇権を確立したということもできる．

　欧米で育種された少数の近代品種が地球上広域の家畜群を寡占あるいは独占する傾向が顕著となるにしたがって，地域の在来家畜の多くの系統が次々と希少化，絶滅の途をたどっている．峰澤（2001）によれば，希少品種（rare breed）の全品種中での割合は1995年から2000年までの5年間に，哺乳類家畜では23％から35％に，家禽では51％から63％に増加している．もともと，在来家畜集団や土着品種は，その地域の住民が固有の文化の中で，地域固有の飼養条件に適応した形で野生動物を家畜化し，あるいは家畜としての伝播を受け入れ，多少とも育種操作をほどこして作り上げた動物群なのであるから，これが消滅するということは地域家畜文化の死滅を意味する．こうした文化帝国主義（cultural imperialism）とも言える傾向への抵抗として，いまや在来家畜の保存（conservation），それによる地域文化の多様性（diversity）の保存が，家畜の飼養者，研究者のみならず，農業，農学の範囲をさえ越えた広い分野の実務者，研究者の関心を呼んでいるのである．

　本書の編纂主体である在来家畜研究会（The Society for Researches on Native Livestock）は，家畜育種素材ないし家畜遺伝資源の記述と保存と利用の学理を探求することを目的として，老若ほんの10名以下の畜産研究者達がゆるやかな共同研究グループを作って発足したものであった（共同の野外調査が初めておこなわれたのが1961年）．この研究グループが（途中名称が少々変わったりもしているが），半世紀近い歳月を生き延び，調査報告書の出版も第24号に至っている．これが可能となったのには，上に述べた地域文化消滅の危機感が畜産のみならず，さまざまな分野の研究者サークルに属する人々に共有されているところが大きいと思われる．ちなみに，イギリスにRare Breeds Survival Trustが設立（1973年）されたのは（ALDERSON, 1990），われわれの在来家畜研究会がその活動範囲をわが国の本土，島嶼域から東・東南アジア諸国に拡大したのと期せずしてほぼ同時期であった．

I-2 動物家畜化に至る要因

家畜化はヒトと動物の相互関係に発する現象である．それ故，これがおこるためには双方の側に要因がなければならず，そしてさらに基本的にはヒトと動物とを囲む環境要因があったと考えられる．

(1) 環境要因

主要な農用動物のいくつか，すなわち，ヒツジ，ヤギ，ウシ，ブタなどは西部アジアで家畜化されたと言われているが，この地はコムギ，オオムギなど主要作物の栽培が開始された地域でもある．これは最後の氷河が後退し，現在のサハラ，アラビア地域に乾燥期が訪れたこと，そのためにヒトにとっては狩猟採集の獲物が減少し，動物にとっては食物や水の獲得が困難となり，その結果としてこれら両者が水場の近くに相接して生活するようになったことが動物家畜化の機縁であると CHILDE (1936, ねず訳 1951) や FORDE (1963a) は主張する．ヒトと野生動物の間の生物的接近が家畜化の第一歩であるとする見解は REED (1959) や ZEUNER (1963) も表明している．また IMANISHI (1954) はこのような接近によって遊動生活をする狩猟民と草食獣の群れとの間に一種の共生関係が成立して，有蹄類の家畜化がなされたと論じている．つまり，ヒトの側は一網打尽式の方法ではなく，ワナがけのような穏やかな方法で動物を狩猟し，動物の側は少数の犠牲をヒトに提供してオオカミのような肉食獣からの保護を買う，という関係である．こうした共生関係の成立には，ヒト，草食獣および肉食獣という3要素がバランスをとって組み合わされねばならず，その組合せは第一次的には自然環境によってもたらされたと言えるであろう．また逆に，今西 (1968) も述べているように，アフリカのサバンナ地帯には優れた家畜となり得る草食獣が豊富に生息する．事実，エランドなどの家畜化が試みられ成功が報じられてもいる (SKINNER, 1967)．それにもかかわらず，この地で古来長く，1つとして動物の家畜化が見られなかったことは，余りにも狩猟動物資源が豊富な地域ではそれを家畜化しようという契機が生まれなかったからであろう．このことは動物家畜化に対して自然環境要因が重要であることを示している．

以上はいわば純自然的要因である．環境要因を考えるとき，これ以外に，ヒトあるいは家畜化への道を踏み出そうとしている動物による自然環境の変革あるいは破壊を忘れてはならない．これがヒトによる動物家畜化の動因となり，この動きを加速することもあったであろう．例えば，狩猟採集を生業としていた旧石器時代から新石器時代の食糧生産経済へ移行するまでの人類は，火を使うことによって自然環境を大きく変革破壊したものであった (SIMMONS, 1969)．LEWIS (1972) は南西アジアにおける農耕の発生をもたらしたものはヒトによる火の使用であると考えている．すなわち，火入れされた原野に適応している植物として野生コムギ，野生オオムギ，エ

ンバクなどの穀物，動物としてヒツジ，ヤギなどこれらの植物を食う反芻類が分布を著しくひろげ，これら動植物は狩猟採集民の季節移動的生態にもよく適応していたので，ヒトの側は獲物の量の周期的変動をやわらげ，安定化させるために植物栽培，動物家畜化に向かったと考えられる．すなわち，LEWISによれば，狩猟採集民の農耕民への移行は，自らがおこなった環境変革の結果であったということになる．

　火の使用と類似した効果をもつものに，ヤギの植生破壊がある．この動物の若芽食い（browser）としての食性は，荒地の開墾にも利用し得るほどのものであるが，他面，一度ヤギの群れによって原植生が破壊された土地には，狩猟採集という生業形態が成り立たないことはもちろん，ムギ類の栽培と結合した反芻動物の飼育，すなわちヤギ自身を始めとしてヒツジ，ウシなど2,3の動物種のみがヒトの管理のもとに生存を許されるという生態環境が形成されるのである．

(2) 動物の側の要因

　哺乳類と鳥類の中で主要農用動物に数えられる種の数は十指にみたない．また家畜というものを前章に述べたごとく広義に定義したとしても，いささかでも家畜的性格をもった種の数は，これら分類群の全種数に比べればごくわずかなものでしかない．これは何を意味するのであろうか．古代エジプトでは種々の野生動物の家畜化が試みられながら（SMITH, 1969），その大部分が放棄されてしまったという経過もある．これは動物種間で家畜化への素因に差異があるためではなかろうか．

　この問題を考えるに当たって栽培植物学における雑草（weed）という概念が参考になる．雑草とはヒトによって撹乱された環境に適応した作物（crop）以外の植物を言う（HARLAN and DEWET, 1965）．彼らは作物と雑草との生態学的類似性は高く，問題の植物がこれらのいずれであるかは，ヒトのそれに対する姿勢（attitude）の差のみであると考える．つまり利益をもたらすと考えれば作物，害となると考えれば雑草というわけである．雑草的生態をもったすべての植物が作物となるとは限らないが，この性格をもたぬ植物が作物となることはできないとHAWKES（1969）は主張する．作物にはその近縁種が擬態（mimicry）的状態で雑草として共存している場合が少なくないし（HARLAN, 1969），両種間に遺伝子交換の機会があって，雑草が作物に対して遺伝子給源として機能する場合もムギ類やイネ類の栽培種，野生種間に観察される（HARLAN and ZOHARY, 1966；OKA and CHANG, 1961）．このことからOKA and CHANG（1961）が主張するとおり，イネのdomestication（栽培化）は過去にただ1回起こった事象ではなく，現在なお進行中であるとも言えるのである．

　雑草的生態は植物に限らず，動物界にも数多く観察される．穀物倉への寄生者としてのネズミ類，日本の田地畑地に好んで生息するスズメ類，ゴミの集積所に集まるカラス，一般家庭はおろか，オフィスビルや，ひと頃は新幹線の車内にまでも繁殖していたゴキブリの類，これらはいずれも典型的なanimal weedである．遺伝学の研究材料である双翅目昆虫のショウジョウバエに，obscura種群のような野生性の種（wild species）からキイロショウジョウバエ，クロショウジョウバエのような典型的な人家性の種（domestic species）まで連続的なスペクトラムが見られることは遺伝学研究者に広く知られている．また後でも触れるが，ニホンザル，アカゲザル，カニ

クイザル，ブタオザルなどを含む Macaca 属サルのごときは animal weed 的性格を多分にもった動物群であると言わざるを得ない．

　今日，疑問の余地のない家畜と認められている動物種は，すべて雑草的性格を本来そなえていたのではなかろうか．かような性格を欠如した種は，たとえ一時期，家畜化が試みられたとしても長続きはせず，やがては放棄される運命にあったのではなかろうか．イヌは中石器時代にヒトとの共同生活に入った最古の家畜と信じられているが，これがブタやニワトリなどと共有する掃除夫（scavenger）的生態とは疑いもなく雑草的生態そのものである．さきに述べた草食性有蹄類とヒトとの関係についても，動物の側がヒト，あるいはヒトによって作られた環境条件を忌避するようでは，両種の間に生物的接近接触が成立する可能性はない．ZEUNER（1963）は農耕発生の初期に家畜化された動物として，ウシとその近縁種やブタをあげ，これらを一括して"crop-robber"（「穀ぬすっと」とでも訳すべきか）と呼んでいる．ヒトが招かなくても，先方から勝手に近づき，入り込んでくるという性格を的確に表現していると言えるだろう．実験用動物として近交系まで数多く作出されているマウスやラットは，ほぼ極限まで家畜化された動物と言えるが，彼らは穀物倉への侵入寄生という文字通りの雑草的生態を有していたからこそ，現在の地位が得られたと言えるであろう．さらに興味深いことには，これらネズミ類の捕食者であるネコの家畜化という二次的効果をも生んでいる．ネコの生殖に対する人為的管理が困難で，ネコが家畜としては低い段階にとどまっているのも，こうした二次的性格に由来すると言えるかもしれない．

　ヒトの側の都合だけですべての動物種が家畜となることができるとは限らず，ヒトによって作られた環境条件に前適応（pre-adapt）している種のみが家畜となることができるという事実は，今後新家畜造成を試みる際にも重要な考察点となるであろう．またこの前適応現象の生理学的，生態学的，および行動的本質が何であるかを究めることはさらに重要な研究題目になろうと考えられる．

（3）　ヒトの側の要因

　家畜化はヒトの主体的行為である以上，ヒトの側の条件が成熟しない限り，家畜が生まれることはあり得ない．例えば，動物の増殖とヒトの人口増加とが狩猟圧を介してバランスを保っている間は，ヒトの経済生活は狩猟採集段階にとどまっている（PAINE, 1971）．ところが原因が何であれ，このバランスがひと度破れ，人口増加に動物の増殖が追いつかなくなったとき，ヒトは種々の試行錯誤をおこなったに違いない．農業革命（agricultural revolution）という言葉は，急激な変化を余りに強調するきらいがあり，この言葉の使用に多少の抵抗を感じないでもないが，ともかく B.C. 8,000～5,000 という時期の人類は，いろいろな試行錯誤の末に，動植物の domestication に本格的に取り組むこととなった．そしてこれは人口増加をさらに促し，ここに一つの循環が成立して，食糧生産経済は後戻りの利かない形で定着強化されることになったに違いない．

　地球上のどこかでこの過程がある程度進行し，家畜化という行為の有利な結果が見通せる状態となれば，動物家畜化というアイディアは隣接地域へも伝播し，対象動物の範囲も拡大する．食

糧資源の確保という当初の目的が満足され，社会的余剰が生じれば，栽培化，家畜化は食糧とは直接関係のない欲求充足の手段ともなる．この趨勢は現代に至ってもなお進行中であると言うこともできよう．今日，多様な用途をもつ主要農用動物のほとんどすべてが，最初は肉畜として家畜化されたという主張（HERRE und RÖHRS, 1973）は以上の推論からももっともと考えられる．一部の研究者が主張する祭祀用（HAHN, 1896），愛玩用（SAUER, 1960）といったような用途を家畜化の第1次的動機と考えることには，鋳方（1945）が批判するような論理的困難がつきまとう．すなわち宗教起源説は，ヒトが動物を崇拝することと飼育することとが全然別個の行為であるにもかかわらず，あたかもこれらの間に因果関係があるかのごとくに考える誤りをおかしており，また愛玩起源説は，愛玩用として動物を飼うという行為は，それを許す最低限度にせよ経済的余裕を前提とする点を忘却していると鋳方は指摘している．

　主要農用動物のうち，狩猟民の手で初めて家畜化されたことに疑いの余地のないのはイヌ（ZEUNER, 1963；SCOTT, 1968；HERRE und RÖHRS, 1973）とトナカイ（HATT, 1919）のみである．ヒツジとヤギについては前述の今西（IMANISHI, 1954；今西, 1968）の理論があり，HERRE und RÖHRS（1973）も狩猟民が家畜化した可能性が強いと考えているが，他方では定着農耕民の手で家畜化されたと主張する論者も少なくない（REED, 1959；HARRIS, 1969；FLANNERY, 1969）．ウシ，ウマについてもまた，このような大型動物を飼うためには広大な草地がなければならないという理由で，定着農耕民が家畜化したであろうと考えられる反面，遊動生活する狩猟民が動物群全体を家畜化して遊牧民になるという，前述の今西（1954，1968）や梅棹（1976）が想定するプロセスによって家畜化がなされたとすれば，草地の広さは大きな問題とはならず，したがっていまのところ第一次的家畜化の主体が狩猟民であったか農耕民であったかは未解決と言わなければならない．ブタやニワトリを家畜化したのが定着農耕民であったことはほぼ間違いない．ただし，農耕と言っても，西アジアにおける種子繁殖作物の栽培と，東南アジアにおける栄養繁殖作物の栽培とでは，条件は大いに異なり，後者の方が土地の生産力ははるかに高く（HARRIS, 1969），農耕の起源としても後者の方が古いものである可能性が高い（SAUER, 1960；中尾, 1966）．ニワトリは間違いなく，またブタの少なくとも一部は中国南部や東南アジアで家畜化されたと言われているが，前に述べた一応定説となっていた動物種別の家畜化の年代的順序も，アジア地域での調査研究の進展いかんによって，将来あるいは再検討を迫られる事態がくるかもしれない．ネコの家畜化が鼠害防除という用途に第一次理由があったとすれば，家畜化の主体は定着農耕民であったと考えられるが，それが果たして古代エジプト人であったかどうかについては，B.C. 7,500年ごろとされるキプロス島の新石器時代遺跡から馴らされたネコの遺骨の出土が最近認められており（VIGNE *et al.*, 2002），多少の疑いがもたれ始めている．

I-3　野生動物と家畜とをつなぐもの

　野生動物が家畜になるという現象は，一朝にしておこるものではなく，動態として，プロセスとして理解しなければならないことは I-1 章に述べた．この章では，このことを明瞭に示す幾つかの事例を紹介し，論議したい．

(1)　選択狩猟

　狩猟の対象となっている野生動物は，狩猟が原因となってしばしば絶滅し，あるいは絶滅に瀕する．宮下（1976）の『絶滅の生態学』と題する書物には，そのような例が多数挙げられている．世界的に著名な例として，北アメリカのリョコウバトやアメリカバイソンを挙げることができようし，わが国においても，明治以来アホウドリ，エゾシカ，エゾオオカミ，ニホンオオカミ，コウノトリ，トキなどが絶滅し，あるいは絶滅一歩手前という状態に陥った．宮下によると，わが国で天然記念物という称号を与えられている野生動物は，甚だしく個体数が減じて，希少価値が生じたためにこれに指定されるようになったものが大部分であるという．

　ところで，狩猟が個体数の減少，したがって獲物の減少を招くことを知った狩猟者は，常に絶滅するまで捕り尽くしてしまうわけでは必ずしもない．狩猟資源を保護して長期的安定を計る，あるいはそれほど明瞭に意識しないまでも，結果的には資源の保護に通じる形で狩猟方法をコントロールするという例は決して少なくない．

　選択狩猟（selective hunting）とは狩猟に際して，対象動物を無差別に狩るのではなく，特定の性，年齢階層，あるいはタイプに集中して狩ることを言う．LEGGE（1972）は先史時代の Palestine（パレスチナ）におけるガゼル狩猟について論じているが，従来の考古学的説明の中にしばしば現れる無選択狩猟（random hunting）はかつてほとんど存在したことはなかったと言う．狩猟者はほとんど常に獲物を選んで生業を営んでいるということである．

　わが国のシカ猟において，一度に多数を捕えようとする場合でも，シカの群れを柵内に追い込み，投げ縄捕獲をおこなっていた可能性があると直良（1968）は推測している．この場合，捕獲はほとんど雄に限られ，雌は見逃される．事実，わが国新石器時代遺跡から出土するシカは雄が圧倒的に多いという．直良はこの事実を母性崇拝といった宗教的観念の存在によっても説明ができるのではないかと考えているが，それとは無関係に，あるいは母性崇拝の根底に，資源保護の観念がなかったとは言えない．

　千葉（1975）によると，イノシシは母と子にさらに雄が付き従って山中を歩きまわることが多いと言う．その場合，南九州においては，最後尾をいく雄獣をねらって仕留めるのが優れた猟師だと言われており，また奄美大島ではこの場合先頭の 1 頭は山の神の化身であるから撃つことが禁じられ，最後尾の雄だけが真のイノシシと古くから猟師間に言い伝えられていると言う．こ

のような狩猟伝承は，信仰的な形をとっているけれども，実質的内容をもっており，次代のイノシシの繁殖を保証するものであると千葉は論じている．

　狩猟方法にこの種の規制が設けられると，捕獲され，射殺されるのは雄で，保護されるのは雌である．家畜化された動物でも，雄は種雄（たねおす）となるわずかな数のエリートを残して，他は肉として食用にされ，あるいは去勢されて労役に使われ，雌は次代を生産する親として保留され，保護される．つまり雄の一部もしくはかなりの部分を繁殖集団から排除するという形で，狩猟民も牧畜民も同じように動物の生殖に介入しているわけである．動物の生殖に対する人為的管理が強化されていく過程が家畜化であるとするさきの定義（I-1 章）に従えば，狩猟方法に関するかような規制の中に，家畜への移行の可能性あるいは家畜化への萌芽形態が見られると言えるのではなかろうか．

(2)　野生動物の餌付け

　絶滅に瀕した野生動物個体群の数を回復するため，あるいは絶滅の危機が感じられなくても，個人的趣味や観光用あるいは教育用として，純野生状態にあったら近づき難い自然個体群を身近に観察し，それとの交流を楽しみ学ぶ機会が野生動物の餌付けによって与えられる．餌付けする（provision）ことと飼う（feed, raise）こととは少し違う．動物の個体または群れは，それまで占めていた生息域をおおむね維持している．その生息域の中にヒトがエサ場を作って，動物をそこに引き寄せる．引き寄せるのであるけれども，動物は終日そこに居続けるわけではなく，毎日の遊動の途中に，一時エサ場に立ち寄ってヒトが与えるエサを摂取するが，彼らが食べているのはこれだけではない．野生動物としての自前の採食もしているのである．

　わが国のコウノトリやトキを絶滅の一歩手前で，有志の愛好家が危機の打開に努力したのはこの方法によってである．タヌキの餌付けをおこなっている篤志家もいる．直良（1968）によると，タヌキは深山幽谷といったヒトを受けつけない厳しい自然環境に生息するのではなく，ヒトの住家のとなりに，ある場合にはヒトと同じ環境で生活を営んでおり，ヒトづき合いのよい動物（I-2 章(2)節で用いた言葉を使えば animal weed 的性格を多分にもった動物）であると言う．貝塚出土のタヌキに首輪がつけられていた例があるという．こうなると 2,000 年も前からわが国ではタヌキの餌付けがおこなわれていたことになる．奈良公園のシカも餌付けの著名な例である．川村（1957）によると，真偽のほどは保証し難いと言われるが，奈良のシカの由来は西暦 786 年までさかのぼると伝えられる．餌付けされたシカが宮城県金華山，広島県宮島などでも観光資源として重要な役割を担っていることはよく知られている．

　野生動物の餌付けとして特筆すべきはニホンザル（*Macaca fuscata*）へのそれであろう．大分県高崎山，宮崎県幸島，京都近郊の嵐山や比叡山など，日本国内で餌付けされたニホンザルの群れは，最盛時には 30 群を越え，教育観光資源として役立っているばかりでなく，餌付けされ個体識別された群れの精密な観察によって，わが国霊長類研究の基礎が据えられたこともよく知られた事実である．ところでニホンザルがもしも，ヒトによって作られた環境への適応力を本来備えていなかったとしたら，餌付けがこれほど数多く成功することはあり得なかったはずである．つまりこれはニホンザルの animal weed 的性格の表現であるとみなすことができる．

サルを餌付けするとなにがおこるであろうか．サルがヒト馴れして観光客などを恐れなくなり，不注意な観光客が手持ちのバッグや帽子，眼鏡などを奪われたとか，あるいは野生状態にあっては立ち入ることのなかった畑や果樹園などを荒らすようになったということがしばしば言われるが，より基本的かつ重要な現象は群れの個体数が増大することである．

図I-3-1は京都大学霊長類研究所の川村俊蔵教授の作図にかかるものであるが，餌付けが開始されたときの個体数を1として，年を追って個体数が増加する経過を高崎山と嵐山の両群について調べた結果である．5年（ニホンザルの群れの1世代に要する時間，すなわち子が生まれたときの親の年齢の平均値は約10年と計算されるから5年は半世代と言うことになる）でほぼ2倍になっている．このような個体数の増大が人口学的にどのような要因によってもたらされているかを精査するため，大沢・杉山（1982）は滋賀

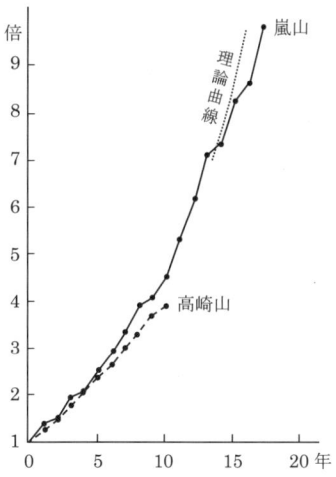

図I-3-1　サルの個体数増加曲線，嵐山と高崎山での経過．縦軸は餌付け時の個体数を1とした時の倍数．（川村俊蔵原図）

県霊仙山A群の餌付け中1971～1973年と，餌付け停止後1974～1981年とで人口学的パラメーターがどのように変化しているかを調べた．餌付けによる栄養改善によって，餌付け中の平均体重は餌付け停止後の22.8%増になっている．雌の初産年齢は餌付け中が5.2年であったものが餌付け停止後には6.9年と遅滞している．また餌付け中の正常出産年齢の出産率は55～70%であったものが，餌付け停止後には30～35%となっている．これによって平均出産年齢，すなわち平均世代間隔は餌付け中で10.1年，餌付け停止後で11.0年となる．幼児死亡率は餌付け中14.58%が，餌付けを停止すると22.73%へと増加する．このような個体数増大に関連するパラメーターの変化は，餌付け群の中で特に上位ランクの家系個体に強くあらわれ，社会的地位による格差を増大させていると大沢・杉山（1982）は述べている．

餌付けによって個体数がこれほど増加するということは，純野生状態では生きてゆけない個体が生き延びられるようになるということ，すなわち餌付けによって自然淘汰圧が低下したことを意味する．家畜化とは自然淘汰が人為淘汰によって置き換えられていく過程であると前に論じたが，意識的人為淘汰の強さが変わらなくても，あるいは始めからなかったとしても，自然淘汰圧の相対的減少ということは，餌付けが家畜化の萌芽状態であることを物語っている．餌付けが家畜化に向かう道程の第一歩であることはわが国霊長類野外研究の創始者である今西（1968）がすでに指摘しているところである．

ニホンザルばかりでなく，これと近縁のMacaca属のサルはどれも類似の性格をもっていると見られる．だからこそ，この属のサルが医学実験用動物として家畜化され重要視されることにもなったのであろう．中でも東南アジア産のカニクイザル（*M. fascicularis*）の群れは農園に現れて作物に害を与えることが多いが，これを捕獲して繁殖コロニーを作り，そこで生産されたサルが実験動物として研究機関に供給されつつある（HONJO *et al*., 1984）．ブタオザル（*M. nemestrina*）の雄はヒトに馴れ，飼われて，ココナッツ収穫用の役畜となっている．役畜と言えば，サルまわしに使われるニホンザルも農業用ではなく芸能用の役畜である．またアカゲザル（*M. mulatta*）

については，インドにおいて SOUTHWICK *et al.*（1961a, b）が生態調査をおこなっているが，道路，市場，寺院，農耕地などに多数が集合し採食する．森林よりもむしろこちらの方が自然生息地であるかのごとき観を呈するという．ヒンズー教はサルを聖獣とみなしているので，意識的に餌付けをしなくても，こうして集合したサルを殺したり，捕えたり，追ったりは一般にしないから，結果的には餌付けしているのと大差のない状況が現れるのであろう．同様の事実はヒマラヤ山麓でアカゲザルの野外調査をおこなった和田（1973）によっても確認されている．

(3) 野生原種から家畜への遺伝子流入

穀類とそれらに付随する雑草近縁種との間の遺伝子交換については I-2 章に述べたように数多くの調査・研究がある．家畜と野生原種との間にも，後者が充分な個体数をもって生存している場合には，後者から前者への遺伝子流入の例がしばしば観察される．

東南アジアにおける村落の養鶏は，かつてはわが国内でも普通に見られた庭先放飼によっておこなわれてきた．しかし日本と異なる点は，この地域の森林地帯が，ニワトリの野生原種であるセキショクヤケイ（赤色野鶏，*Gallus gallus*）の自然生息地で，森林に接した農家の庭のニワトリ集団にヤケイの雄がしばしば接近して放飼鶏の雌と交尾することである．そこでは放飼鶏の雌は，それ自身がヤケイ由来の遺伝子を担った個体であるかも知れず，したがって，彼女が連れ歩いているヒナもヤケイとの色々な程度の雑種である可能性がある．すなわち，ニワトリ集団に常時，野生原種の集団から遺伝子の流入（gene flow）があるということになる．西田（1982）は1971 年タイ国北部 Lampang 市とその東北 Ngao 村を結ぶ国道沿いに点在する小集落において，庭先放飼鶏の羽装，脚色などに関わる 8 対立形質を支配する遺伝子の頻度（ポリジーン支配の形質については表現型頻度）を調査した．Lampang と Ngao はいずれも盆地にあって農家は水田に囲まれている．両盆地の間約 90 km はチーク樹の繁茂する山地で，この間に 7 個の小集落があり，ヤケイの鳴き声を聞くことができるし，集落民からの聞き取りをおこなうと，ヤケイ雄がしばしば農家の庭先に侵入するとの陳述が得られる．放飼鶏の遺伝形質を記録すると，両端の平野部から森林地帯に入るにしたがって，野生型遺伝子の頻度が規則的な勾配（cline）を示しつつ増加するのが見られた．図 I-3-2（a）はこの有様を図示したものである．ここで地図上に示した数値並びに左上グラフの縦軸は，野生型遺伝子または表現型頻度を標準化し，調べられた 8 遺伝子座についてその算術平均を計算した結果を示す．タイ国北部は亜種 *G. gallus spadiceus* の生息地で，このヤケイ亜種は一般在来鶏と同様に赤耳朶（red earlobe）をもつ．したがって，この地域では耳朶色をヤケイからの遺伝子流入の指標とすることはできない．そこで，白耳朶亜種 *G. gallus gallus* の生息域であるタイ国南東部カンボジア国境に近い Chantaburi-Trad 間の 13 集落において同様の調査をおこない，標準化された野生型遺伝子または表現型頻度と白耳朶頻度との間の相関を調べると，図 I-3-2（b）に見るように高い正の相関関係（$r = +0.9246$）が認められた．

このように 1970 年代のタイ国のヤケイ分布域では，ヤケイ由来の遺伝子が常に農家の庭先放飼鶏集団に流入していたことが明らかとなった．もっともこの時代においても，図 I-3-2（a）

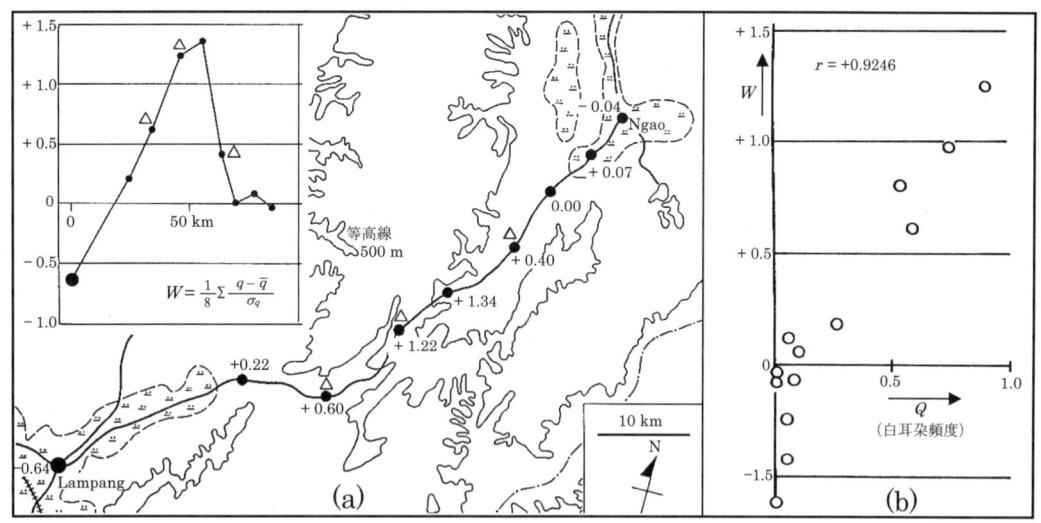

図 I-3-2 a. タイ国北部 Lampang–Ngao およびそれらの間の 7 集落に見られるヤケイ型 8 遺伝子の平均頻度 (W) の変化．b. タイ国南東部 Chantaburi–Trad 間の 13 集落におけるヤケイ型 8 遺伝子の平均頻度 (W) と白耳朶形質頻度 (Q) との間の相関図．（西田，1982）

に見られるような規則正しい地理的勾配が常に見られたわけではない．ニワトリ飼養民の生業形態の差違が大きいと，隣接した 2 集落の一方ではヤケイの交雑を容認しているのに，他方ではこれを排除しようと努力している例もある．またヤケイ狩猟用のおとり（decoy）として，意識的にヤケイ・ニワトリ間の雑種作出がおこなわれている地域もある．

西田（1982）はタイ国のみならず，マレーシア，フィリピンおよびインドネシアにおいても，ヤケイとその地の庭先放飼鶏との間の交雑種が意図的に作出されていることを確認し，交雑種の体尺計測値と遺伝形質頻度や発現度とがヤケイとニワトリの中間値をとることを明らかにしている．特にフィリピンにおいては，ここでの国民的娯楽である闘鶏の様式が距に鋭利な剣をつけて闘わせるフェンシング型であるために，動作が軽快で敏捷であることが望ましく，この性能を闘鶏に付与するため，ヤケイとの交雑が意図的におこなわれていると述べている．

インドネシアの中部ジャワ以東の小スンダ列島にはセキショクヤケイ（赤色野鶏）の 1 亜種，*G. gallus javaensis*（旧名 *G. gallus bankiva*）(NISHIDA, 1980) と近縁種のアオエリヤケイ（緑襟野鶏，*Gallus varius*）とが重複して生息するが，前者は二次林に，後者は田畑周辺の灌木の茂みなどに棲み，両者間には棲み分け（ecological isolation）がおこなわれている．両ヤケイとヒトの生活圏とが重なっている地域ではアオエリヤケイの方がヒトの生活圏に，つまりニワトリにより近く棲んでいるにもかかわらず，自然条件下ではニワトリと交雑することはなく，セキショクヤケイは森からまっすぐに，アオエリヤケイの棲み場を突き抜けて集落内のニワトリに接近し交雑するという生態情報（林ら，1983）も得られている．

東南アジア各地におけるヤケイとニワトリの間の遺伝的交流の実例は 1970 年代にはこのように数多く認められたが，こうした状況が森林の伐採，道路整備，観光施設の設置などの国土開発によって急速に消滅してしまったことを，西田（私信）は Lampang–Ngao 間フィールドの再調査によって観察している．

野生原種から家畜集団への遺伝子流入は，東南アジアではブタにも見ることができる．ここでは豚舎や囲いは昼間開放され，子連れの母ブタが庭，道路あるいはゴム林などを歩き廻っている光景を見ることが多い．その子ブタの何頭かが野生ブタ，つまりイノシシの特徴である「瓜坊（うりぼう）」を表している例が，東南アジアでしばしば観察される．こうした例のすべてとは言えないが少なくとも一部は，ブタ飼養地域周辺の山林にイノシシが生息し，その雄が雌ブタに種付けした結果と考えられる．

　以上は，家畜と同種の野生種が飼養地の近辺に生息し，両者の間に直接の遺伝的交流が見られる例であるが，主要家畜のある近縁種が局地的に家畜化され，両家畜種の間に交雑が成立し，かつ，近縁種側の家畜種と野生原種との間にも遺伝的交流がある場合，あるいは遺伝的交流が断たれて間もない場合には，主要家畜の遺伝子組成が近縁家畜種の野生原種によって2次的影響をこうむることがある．ミタン（mithun）あるいはガヤール（gayal）と称するウシの近縁種は gaur（*Bos gaurus*）が低度に家畜化された動物で，Assam 地方，インド東北辺境からブータンやミャンマー西部にかけて居住する Naga 族，Chin 族など山地少数民族によって，主として祭祀犠牲用，婚資用として所有されている．彼らによるミタンの管理は極めて粗放であるため，付近に生息する野生原種と容易に交雑する一方，通常の家畜牛，この場合ゼブウシとも交雑する（SIMOONS and SIMOONS, 1968；SIMOONS, 1984）．種間雑種第 1 代の雄は不妊となることが多いが，雌は完全な妊性を有する（GRAY, 1954）から南アジアのウシと gaur との間には，細いながらも遺伝的チャンネルが通じていることになる．

　チベット，ヒマラヤ山脈の高地やモンゴルでウシの代替家畜となっているヤクは野生ヤク（*Bos (Poëphagus) mutus*）と家畜牛との間の遺伝的チャンネルの仲介者となっている．つまり，野生ヤクが家畜ヤクの群れの雌に種付けすることがあり（BONNEMAIRE, 1984），ウシ飼養地帯である低地と，ヤク飼養地帯である高地の中間地帯にはウシ―ヤク間の雑種が飼われている（PHILLIPS *et al.*, 1946）からである．

　インドネシアの Bali 島を中心として，ウシの代替家畜となっているバリウシ（Bali cattle）は，現在のインドネシアとインド亜大陸との間の海上交易路がひらかれた後に，恐らくはウシを模倣してバンテン（banteng, *Bos javanicus*）を家畜化したものが主体をなしていると考えられる（ROLLINSON, 1984）．この地域では，ウシがインドからの輸入動物であったため，現存の在来牛集団へのバリウシの寄与は大きなものとなっている（NAMIKAWA and WIDODO, 1978）．バンテンの方はインドネシア国内の開発にともなって生息環境を失い，個体数は極めて少なくなっている．まとまった数の生息を見るのは国内に設けられている 2, 3 の保護区においてのみという状態である．しかし並河の現地調査（1980；NAMIKAWA, 1981, 1982）によると，東南アジアにおける家畜牛への遺伝子給源（gene center）として，バリウシ，つまりはバンテンが有力な一翼を担っていると推測することができる．

　東南アジアの諸家畜に見られる野生種との遺伝的連続性という現象を比喩的に言えば，家畜を囲う柵の強度が，ここでは西アジアからヨーロッパに至る地域などに比べ，著しく弱いと表現することもできよう．野生原種との性的隔離（sexual isolation）の完成を見て初めて家畜化がおこるという立場に立てば，東南アジアのニワトリ，ブタ，ウシなどの家畜化はいまもなお未完成の状態にとどまると言わざるを得ない．しかし，家畜と野生動物とを白と黒のごとく二分する立場

(dichotomy) がここでは成り立たないと考える方がより合理的であろう．

（4）　家畜の再野生化

　一度家畜となった動物群がヒトの管理から離脱して再び野生化する例（feral animal）は世界各地に見られる．HERRE und RÖHRS（1971b）はその実例を集めて考察を加えている．種名を挙げれば，ウサギ，ヌートリア，マウス，ラット，イヌ，ネコ，ミンク，ウマ，ロバ，ブタ，ウシ，ヒツジ，ヤギ，ニワトリ，ハトなど，われわれが家畜として頭に描く動物のほとんどすべてにわたっている．しかし，再野生化の起きやすさを支配する条件はいくつかある．例えば，野生原種が現に生息している場所では再野生化は起きにくいし，起きても原種に吸収されてしまう．家畜が要求する環境条件が野生原種の要求するそれと大きく異なっていたら再野生化は起きにくいし，以前に原種が生息していて，今は絶滅している地域では起きやすい．また，その地に天敵が生息せず，土着の野生動物に対して優位に立てるような土地，例えばイヌに対してオーストラリアのような土地は再野生化に好適であるけれども，ウマ，ウシ，ヒツジ，ヤギなどに対して，アフリカのサバンナ地帯のごとく草食の哺乳動物相が高度に発達している土地では再野生化が起きることはまれである．家畜種間でも，再野生化傾向には強弱があり，互いに近縁のヒツジとヤギとを比較して見ても，ヒツジが再野生化することは比較的珍しい現象と言ってよいが，ヤギとなるとこの傾向は全動物界を通じて 1, 2 を争うほど甚だしい．

　再野生化家畜の古典的な例として，スコットランド沖の St. Kilda 島に野生する Soay 羊が著名である．これは新石器時代のヒツジや mouflon の形質をよく保持しているとして保存の策が講じられている（BOYD et al., 1964；GRUBB and JEWELL, 1966；BOWMAN, 1974）．ダーウィンの研究史蹟として名高い南米エクアドル沖の Galapagos 諸島においては，16 世紀にヤギとブタが陸揚げされた時から家畜の再野生化が始まり，その後イヌやラットが加わった．天敵がいないためにこれらは大増殖し，進化論生誕の地とも言える島の貴重な自然を破壊している．Hawaii 諸島の再野生化ヤギは，これまた悪名高い自然破壊者である（野澤, 1967）．南太平洋諸島にはヤギが野生状態で生息している島が少なくないが，これらはヨーロッパ人の初期航海者が非常用食料として生きたまま船積みして運び込んだものの子孫である．Hawaii 諸島の場合，COOK 船長や VANCOUVER 船長がヤギを陸揚げした時や場所まで記録にとどめられている（BRYAN, 1954）．彼らは，島民の食料資源の増加と改善を計るためと称して，不用となったヤギを島の首長に贈ったのであるが，島民には家畜を柵で囲ったり，縄で繋いだりする習慣がないためと，天敵がいないために急速に増殖し，森林植生を破壊するに至っている．Hawaii 島，Maui 島，Kauai 島などは特にこれが著しく駆除の対象となっている．なお，ハワイの哺乳動物相に関する情報を集大成した TOMICHI の著書（1969）によると，ヤギのみならず，ウマ，ウシ，ブタ，ヒツジなどほとんどすべての家畜種でヒトの管理から離れて野生生活を送っている例がハワイ諸島には見られるという．

　再野生化ヤギについては，1968 年にアメリカの軍政から復帰した小笠原諸島に言及しないわけにはゆかない．この島に初めて家畜が入ったのは 1853 年，アメリカ PERRY 提督の艦隊の父島来航の際であると信じられてきた（品田, 1969）が，幕末期の小笠原への外国人の渡来記録を精査した高橋（1995）によれば，この諸島のヤギは PERRY 艦隊が解き放ったものに限らず，その

図 I-3-3 小笠原諸島の聟島の 1975 年頃の再野生化ヤギの群れ.
（東京都小笠原村職員　伊賀幹夫氏撮影）

以前 1830 年頃より，航海者，捕鯨者，欧米系の移住民などの手でもち込まれたものが基礎集団に寄与していると推察される．太平洋戦争末期までの日本統治時代には農民は日本本土から改良種を導入することも含めて畜産の振興に努めていたが，この努力は 1944 年からの強制疎開と戦乱とによって中絶のやむなきに至った．しかし，戦前からこの島々にはヤギの再野生化が見られたようで，これらは戦後も野外に生き残った．アメリカの統治下で，これらのヤギはしばしば狩猟の対象となっていたが，日本復帰後は銃砲の所持と使用が禁じられたため，増殖甚だしく，父島のごときは農地に群れをなして出没して作物に著しい害を与え，官民共にこれへの対策に腐心せざるを得ない状況となっている．また現在は無人島となっている聟島群島の聟島，媒島のような島々におけるヤギの大増殖と植生破壊は目を見張らせるものがある．筆者は 1976 年 8 月，NHK の取材班と共に聟島に上陸し，再野生化ヤギの集団を観察する機会を与えられたが，かつて明治年間，肥沃な地味と豊かな植生を誇り，畜産経営がなされていた約 350 ha のこの島は，全島打ち捨てられたゴルフ場のごとき草原と化し，しかもここに生息するヤギは 700〜800 頭を数えた．図 I-3-3 は小笠原村伊賀幹夫氏の撮影した聟島再野生化ヤギ群の姿である．筆者はこの島で標準的な草生を採取し，名古屋大学農学部の草地学者佳山良正教授に託し，試料の分析と島内に安定的に保持可能なヤギ頭数の推定を依頼したところ，適正な集団サイズとして 450 頭前後という値が算出された．すなわち，当時の集団サイズはこの頭数をすでに 60〜80％ 超過していたことになる．聟島の景観は，ヒトの管理を欠いた状態で山野に放置され，再野生化した草食家畜がどこまで環境を変革するポテンシャルを有しているかを如実に示す好材料であると筆者は考えている．

　高橋の著書には，1995 年時点でヤギ再野生化の事例として日本国内の以下の諸地域に少なくとも 10 頭以上の個体が認められたとして言及されている．

　　岩手県九戸郡山形村（消滅したらしい）
　　東京都八丈小島
　　山口県周防大島東沖合にある片島
　　佐賀県馬渡島
　　沖縄県伊平屋島と西表島
　　東京都小笠原諸島中の父島列島中の父島，兄島，弟島，西島
　　同・聟島列島中の聟島，媒島，嫁島（聟島はその後全頭捕獲され消滅したらしい）

　高橋（1995）はこのリストがすべてを尽くしているとは言っていないので，他にもあるかもしれない．

　ウシの再野生化がおこっている例がわが国内にも確認されている．鹿児島県トカラ群島中の口之島は総面積 1,330 ha の島でその北端に戸数 100，人口 300 人足らずの集落があるが，この島南

部の燃岳（標高 425 m）を中心とする面積約 450 ha の照葉樹林内にウシが自然繁殖している．この島には牧場があり，現在も畜産経営がなされているが，「野生牛」の生息は 1920 年代にすでに認められているので，最近牧場から逸失したものではない（林田・野澤, 1964）．これは集落の共有財産となっており，必要に応じて集落民がいわゆる「野牛狩り」をおこなって捕獲し，日本国内に向け肉用として出荷し，現金化する．1977 年 7 月，鹿児島大学農学部大塚閏一教授を団長とする調査団が渡島し，山林に入り，島民による「野牛狩り」を視察し，捕獲された「野生牛」の生物学的調査をおこなった（図 I-3-4）．個体数の推定は生息地が林野であるため容易でなかったが捕獲個体のマーキング，調査団員による視認，集落民からの聞き取りなどを総合し，およそ 30 頭前後と考えられた（その後の五百部・木村（1984）の現地調

図 I-3-4　口之島「野生牛」現地調査（1977 年 7 月）．

査ではより大きい推定値が得られている）．このとき捕獲された約 10 頭の「野生牛」の遺伝学的調査をおこなったところ，和牛諸品種が作り出される前の日本在来牛の遺伝子組成を彼らがいまなお保持している可能性が大きいと推測された（並河, 1994）．そこで調査団はこの集団を遺伝資源として将来も維持してゆくことが必要であると考えている．

　家畜の再野生化が動物種の分布に問題を投げかける場合もある．1920 年代の Whitney South Sea Expedition におけるヤケイの収集品を BALL が詳細に調べて報告論文を発表している（BALL, 1933）．筆者は 1974 年 4 月，ハワイの Bishop 博物館でこの収集品の一部を観察する機会をもったが，羽装の多様性は大きく，黒色遺伝子（E），銀色遺伝子（S）などニワトリから流入したとしか考えられない遺伝変異を大量に含んでいる．いまから 3,000 年ほど前に，マレー地域から南太平洋諸島にヒトが移動，分散した際，原産地から純粋のヤケイと共に，かなりの程度家禽化されたニワトリがもち込まれ，各島々で再野生化したものの子孫がその地のヤケイであろうと BALL（1933）は論じているし，BEEBE（1931）はインドネシア，フィリピンなどの東南アジア島嶼地域のヤケイも同様の来歴をもつものであろうと考えている．実際，「ヤケイ」と称されるものは太平洋戦争末期に戦火を受けたミクロネシアの小島にさえ現在なお生息していることを筆者はパラオ諸島の離島 Angaur 島（「玉砕の島」である）で実見した．島民が飼養している，白色 Leghorn 種や New Hampshire 種によって雑種化，改良されたニワトリとは別に，島の山林中には，野生型遺伝子のみをもつ「ヤケイ」集団が自然繁殖し，島民はそれを随時捕獲し食用とし，あるいは空便に托して主島 Koror 在住の近親者，知人に贈ったりしている（野澤ら, 1990）．南太平洋の島嶼地域に分布する「ヤケイ」は，生態学的にはたしかにヤケイに違いないが，遺伝学的にはニワトリ由来の遺伝質を多分に含んだ個体群と考えるべきであろう．

以上は家畜家禽がその野生原種が生息していない地域で再野生化した例である．野生原種の分布域内での再野生化はまれであるし，おこっても野生原種の集団に吸収されるだろうと HERRE und RÖHRS（1971b）も述べているが実態はどうなっているのだろうか．

　高橋（1995）は再野生化したブタの分布を各種の文献資料や現地調査などから把握し，野生原種であるイノシシ分布の世界地図上に描き加えたところ，イノシシと再野生化ブタの分布はイノシシ分布域の外側にあるオーストラリア，南北アメリカといった新大陸や大洋上の島々などに集中している．日本国内でも再野生化ブタの集団がはっきり確認できるのは北海道足寄町におけるイノブタが逸出した集団と，小笠原諸島の父島と弟島の集団のみであって，これらの地域は元来イノシシ分布域の外側にある．本州，四国，九州においては縄文，弥生期以来イノシシあるいはブタが大陸より渡来し（ヒトの手でもち込まれ）粗放な飼育がなされていたが，仏教の伝来と共に飼育は衰退した．しかし安土桃山時代の九州や土佐には南蛮貿易やキリスト教の布教の中でブタの飼育がおこなわれたし，江戸時代には江戸や長崎でも食用ブタが飼われていた．これらのイノシシ／ブタのうち，ヒトの飼育管理外に離脱したものは死滅したか，もともと日本本土に生息してきたニホンイノシシ（$Sus\ scrofa\ leucomystax$）の集団中に吸収されたのか，再野生化集団としては確認されない．南西諸島にはリュウキュウイノシシ（$S.\ scrofa\ riukiuanus$）が分布していたが，これが南方からもち込まれたブタの再野生化したものであろうとの見解（直良，1937,1944；林田，1960；国分，1968）と共に，これに修正を迫る考古学的発見（渡辺，1970）もある．15世紀以来，南西諸島各島には「島ブタ」が放飼あるいは半放飼状態で飼われていたから，これがヒトの手を離れてイノシシ野生集団に吸収されることがあったかもしれない（伊波，1927；林田，1960）．ところで，「吸収」とはそもそも何を意味するのであろうか．飼養状態から離脱したブタ個体がイノシシ集団に混入したということなのか，それともイノシシと交雑して子を残し，子もイノシシ集団のメンバーとなり得たことを意味するのか．もし後者の意味ならば，ブタ特有の遺伝的変異がイノシシ集団に認められない限り「吸収」を確認することは困難であろう．それ故，高橋（1995）も「吸収されたか死に絶えたか……」という慎重な表現をつかっている．

　この問題解決の糸口となり得る研究に，ヨーロッパにおける野生ネコの形態学的遺伝学的調査がある．ヨーロッパヤマネコ（$Felis\ silvestris\ silvestris$）は洪積世以来ヨーロッパの大陸部と英国諸島の森林地帯に生息していた．B.C. 4,000年紀にエジプトにおいてネコの家畜化が始められたが，このイエネコ（$F.\ s.\ catus$）はアフリカ大陸に生息域をもつリビアヤマネコ（$F.\ s.\ libyca$）を野生原種とし，B.C. 2,000年前後にイタリア半島にもち込まれ，ローマ人の手で英国諸島にまで分布をひろげたと考えられている．ヨーロッパ全域の森林伐採により，一方においてヨーロッパヤマネコの生息域は縮小し，他方，人口が増加した結果，イエネコの個体数も増大した．ネコの飼養目的が主として鼠害防止にあり，放飼が原則であったからイエネコはしばしば人家から逸出した．20世紀初頭以来ヨーロッパヤマネコの個体数は増加に転じ，かつての分布域を回復しつつある．このヤマネコ個体数の増加が人家から逸出したイエネコの再野生化，それとの雑種の増加によるのではないか，と野生動物保護の観点からも強い疑いがもたれている．そこで，始めはスコットランド北部のヤマネコの博物館標本や現生あるいは事故死個体の被毛のパターンや体尺測定，消化管の長さ，頭蓋骨の測定などに多変量解析を含む形態統計学的方法を適用し（FRENCH et al., 1988；HUBBARD et al., 1992；DANIELS et al., 1998），その後は免疫学的方法や，タンパクの電

気泳動法，ミトコンドリア DNA（mtDNA）やマイクロサテライト DNA の塩基配列比較などの遺伝学的方法をも併用して（DANIELS et al., 1998；BEAUMONT et al., 2001），スコットランド産ヨーロッパヤマネコのイエネコによる雑種化の有無や程度を推定する試みがおこなわれた．その結果によると，形態学的方法による雑種化の程度と遺伝学的方法によるそれとは一般に高い相関をもち，古いものほど現生のイエネコとは差異が大きいが，最古（20世紀初頭から1940年までの戦前期まで）の博物館標本といえども純粋のヨーロッパヤマネコと判定することはできないほどに古い時代から雑種化は進行していると考えられた．また同じ目的をもってイタリアアルプス地方，アペニン山脈やシシリー島のヨーロッパヤマネコ，アフリカからサルジニア島に移住したリビアヤマネコ，およびイタリアのイエネコの mtDNA やマイクロサテライト DNA の塩基配列を比較した RANDI らの研究（RANDI and RAGNI, 1991；RANDI et al., 2001）は，上記スコットランドにおける研究に比べれば，これら3亜種間の差異をよりクリアーに示しているようにみえるが，純粋な（pure）野生ネコと，イエネコと交雑した（admixed）野生ネコとを明確に区別する標識（marker）は決められなかったとしている．このように，ヨーロッパの野生ネコとイエネコの比較研究の結果は，前者が後者との交雑によって遺伝的に汚染（genetic pollution）されていること，そしてそれがごく最近の出来事に限られるのではないことを示している．野生動物保護の立場からこれが重大な問題となっているのである．

　日本国内に目を転じると，ここには長崎県対馬のツシマヤマネコ（Prionailurus bengalensis manchrica）と称するベンガルヤマネコの一亜種と沖縄県西表島のイリオモテヤマネコ（Mayailurus iriomotensis）という2種の野生ネコが生息し，いずれも国の天然記念物に指定されている．イリオモテヤマネコは発見当初，ネコ科（Felidae）の中で最も原始的な形質を保持しているとされ，イエネコを含むネコ属（Felis）とも，またツシマヤマネコとも別属別種として記載された（IMAIZUMI, 1967；今泉，1967）．しかし，WURSTER-HILL et al.（1987）が染色体 G バンドを精査したところ，イリオモテヤマネコはイエネコとは明らかに異なっていたが，ツシマヤマネコとは同一（identical）と認められた．また，筆者ら（未発表）により血液タンパクの多座位電気泳動がおこなわれた結果，イリオモテヤマネコと日本のノラネコとの間の NEI 遺伝距離は0.5641と推定され，同属内種差程度の遺伝的差異が認められた．また SUZUKI et al.（1994）がリボソーム DNA のスペーサー領域の制限酵素断片長多型を分析したところ，イリオモテヤマネコはベンガルヤマネコとの間に配列差（sequence divergence）はなく（0％），イエネコとは1.5％，オセロット（Felis paradalis）とは2.5％（イエネコとオセロットとは1.2％）の配列差が推定された．こうした結果から，イリオモテヤマネコはベンガルヤマネコの一亜種とみなされた．さらに最近のネコ科分類の見直しの世界的趨勢にも促されて，現在では学名として Felis iriomotensis が使われるようになっている（伊沢，私信）．分類におけるこのような混乱と変遷にもかかわらず，日本の2種の野生ネコと一般のノラネコとは系統的に離れすぎていて，一方から他方へ何らかの遺伝的影響を及ぼしているとはいまのところ認められない．

　このように日本のノラネコはツシマヤマネコやイリオモテヤマネコとは生殖的に隔離されているとみなされる反面，西欧から輸入された品種ネコ（pedigree cat, show cat）からは遺伝子流入（gene flow）を常時受け入れており，ニホンネコ集団では品種ネコ由来の突然変異遺伝子の頻度が徐々に増大しつつあることを筆者は認めている．本書第 II 部8章にはこのことが具体的に詳

述されるであろう．そこでは品種ネコが再野生化（feralization）し，ノラネコ（feral cat）集団にまさしく吸収されつつあることを遺伝子の頻度調査によって確認することができる．日本ばかりでなく，地球上各地に存在するノラネコ集団は家畜の再野生化の顕著な実例と言えるのである．

イノシシやネコに見られる，家畜から野生あるいは野生に近い集団への遺伝子流入は，家畜とその野生原種が同所的（sympatric）に生存していればほぼ常におこる家畜化の逆行現象と言える．すなわち"counter-domestication"，あるいは"feralization"もまたdomesticationの動態的・流動的性格をあからさまに示す一例と考えることができるのである．

(5) アジアゾウ

前節の家畜の再野生化は動物家畜化の過程が前進一方の動きではなく，後戻りが起こり得ることを示す実例であった．アジアゾウは家畜化過程の停滞（stagnation）の実例を提供する．

ヒトに馴れた（tamed）アジアゾウ（*Elephas maximus*）の姿は B.C. 2,500 年以前の Indus 河下流 Mohenjo Daro の彫板に初めて現れる（OLIVIER, 1984）．以後，インド亜大陸と東南アジアの大陸部と島嶼部の双方において重量物を運搬する役用家畜として重視され，また戦象として王権の象徴ともみなされた．そのために平和的な通商によってばかりでなく，戦利品や賠償品としてアジア各地間で広域の移動をくり返してきた．

この動物が性成熟に達するには7年以上を要し，2～4年に1回しか妊娠しない．妊娠期間は2年に近く，1産1仔が原則で，子象は少なくとも5年間母親に頼らねばならない．子象の役用能力は生後15年ぐらいの間はごく低く，20歳に至るまでは所有者には何等の利潤をもたらさない（OLIVIER, 1984）．役畜としての最適年齢は30～40歳と言われている．アジアゾウはこのような大型動物であるため，交尾，出産，哺乳，育成の全過程をヒトの管理下におこなうことは経済的に引き合わず，野外で若齢個体を捕獲し，調教によって役畜化することの方がはるかに有利とみなされてきた．それ故，特殊な場合以外，この動物は飼育下での繁殖はなされない．

庄武はスリランカ，南部インド，タイ国およびネパールからアジアゾウの血液サンプル計78頭分を採取し，血漿と血球とに分離したうえ，京都大学霊長類研究所の実験室に搬入した（図 I-3-5）．筆者はこれら個々のサンプルに

図 I-3-5　アジアゾウ．
（上）木材の運搬に使役されている（タイ国），（下）野外繁殖の場（スリランカ，庄武孝義撮影）．

ついて血漿と血球中に含まれる酵素および非酵素タンパク29種をコードする33遺伝子座の遺伝子組成をデンプンおよびポリアクリルアミドゲル電気泳動法によって判定し，地域内および地域間の遺伝的分化を定量した．上記4産地のうち，スリランカ産のゾウは亜種 *E. m. maximus* であり，他の3地域産のゾウは亜種 *E. m. indicus* に属すとされている．結果を NOZAWA and SHOTAKE（1990）より転載して図 I-3-6 に示す．こ

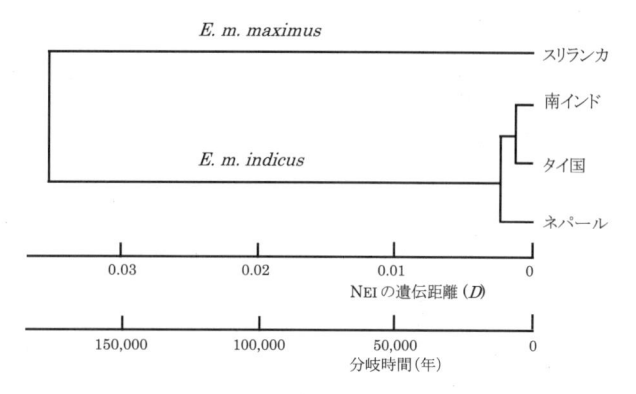

図 I-3-6　アジアゾウ4地域集団間の遺伝的分化．NEI の遺伝距離（D）と分岐時間（t years $= 5 \times 10^6 \cdot D$）の推定．

れを見ると，スリランカ産とアジア大陸3地域産のゾウの間には明瞭な遺伝的分化が認められ，大陸3地域相互間の遺伝的分化はそれの1/10以下である．変異が検索された33座位のうち，上記の遺伝的分化に最も大きく寄与しているのは，tetrazolium oxidase（To）遺伝子座で，スリランカ産ゾウでは対立遺伝子 To^1 が固定しているのに対し大陸3地域産ゾウではすべてが To^2 遺伝子のホモ接合体であった．すなわち，スリランカと大陸3地域の間では，この遺伝子座に対立遺伝子の置換が見られたことになる．このことから，アジアゾウの *maximus* 亜種と *indicus* 亜種の間の遺伝的分化のすべてではないにせよ，主要部分がいまなお保持されていると考えられる．

　ゾウは幼獣を野外で捕獲してそれを調教することによって役畜となる．成獣が通商や戦利品として使役地間を移動しても，移動先の自然集団中で繁殖することがないため，それに遺伝的な影響を与えることができず，したがって原生息地集団間の遺伝的分化が長く維持されるのであろう．林業や戦闘が機械化したことによって，タイ国，ラオス，カンボジア，インド，ミャンマーなどの国々では役畜としてのアジアゾウの個体数が著しく減少していることは言うまでもないが，需要が全くなくなっているわけではない．それに応じるためと，この生物文化遺産として貴重な動物の絶滅を防ぐために，OLIVIER（1984）は法的な保護や自然保護教育と共に，この動物の捕獲状態での繁殖（captive breeding）の技術開発とそれの普及の必要性を訴えている．言葉を換えれば，4,000年に及ぶ家畜化過程の停滞をこの際打破してアジアゾウに対する生殖管理を強化することを提唱しているのである．

(6) トナカイ

　動物界を野生動物と家畜とに二分することが不可能で不合理であることは，トナカイを見ればさらに明らかとなる．本章(3)節で述べたニワトリが，その野生原種がいまなお生息する東南アジア大陸部で家畜化され，現在まで飼われてきているのと同様に，トナカイはユーラシア大陸の極北部に自然生息地を有し，そこで家畜化された．ただニワトリと異なる点の第1は，飼養民の生業に対するトナカイの寄与のウェイトが，ニワトリによるそれとは比較にならぬ程大であること，つまり，ニワトリと異なり，トナカイという動物がもし存在しなかったら，現飼養民文化と

いうものが想像し難いほど，人はこの動物に依存していることである．第2に，ニワトリが定着農耕民によって完全な家養家畜（household animal）として飼われているのに対し，トナカイ飼養民のほとんどが遊牧的（pastoral）な生活様式を古来維持してきたという点が，これら2つの家畜飼養形態の間の著しい差異となって表れている．

一般に遊牧民と呼ばれる人々には，梅棹（1976）によると4つの類型がある．すなわち(i)ツンドラ地帯におけるトナカイ遊牧民，(ii)中央アジアのステップ地帯におけるウマあるいはヒツジを主力とする遊牧民，(iii)砂漠とオアシス地帯におけるラクダとヤギを主力とする遊牧民，および，(iv)サバンナ地帯におけるウシ遊牧民である．この中で(ii)以下の3類型においては，野生原種の方がほとんど絶滅しているか，あるいはもともと野生原種の生息しない地域で遊牧がおこなわれ，野生原種と家畜との交流は完全に断たれているのに対し，(i)のトナカイ遊牧のみは，両者の間にいまなお，太いチャンネルが通じている．このチャンネルはニワトリとヤケイの間のそれに比べてはるかに太い．また，前章(1)節で引用した IMANISHI（1954）が考える動物家畜化のプロセスが，疑問の余地なく当てはまると見られるのもトナカイの家畜化であろう．

野生トナカイ（*Rangifer tarandus*）は，旧石器時代には中部ヨーロッパのような低緯度地帯にも生息し，狩猟の対象となっていた（KELLER, 1919）が，気候の温暖化と共に北に追い上げられ，現在では北アメリカとユーラシア大陸北端のツンドラ地帯とその南に連なる森林帯に生活圏が限られている．このうち北アメリカ大陸北部，すなわち，アラスカ，カナダ，グリーンランドに生息する野生トナカイはカリブー（caribou）と呼ばれ，エスキモーなどの狩猟動物となっている．新大陸では，近年，トナカイを家畜として利用する試みが，カナダ，アメリカなどで公共プロジェクトとして始められているほかは，もっぱら狩猟対象として今日に至っている．

他方，旧大陸においては，トナカイは遊牧民の家畜となっているが，家畜化の年代については，旧石器時代末の B.C. 15,000 年までさかのぼる説もあり（HEMMER, 1990），不明であると言うほかはない．しかし，シカ科（Cervidae）動物では唯一とされているこの種の家畜としての利用法は多彩な発達が見られる．この利用法に関し，FORDE（1963a）は4型に分類し，加藤（1977）は5型に分類している．後者の分類に従うと次のようになる．

1) ラップ型：荷駄用とソリひき用に利用し，牧犬を使って遊牧する．搾乳をおこなう．
2) 西部シベリア型：ソリひきに使用．牧犬を使い，搾乳はしない．
3) ツングース型又は東部シベリア型：荷駄，乗用に使用．乗用専用の鞍はあるが，鐙(あぶみ)はない．一部ではソリひきにも使う．搾乳をおこない，牧犬はいない．
4) チュクチ・コリャーク型又は北東シベリア型：ソリひきに使い，牧犬はいない．
5) サヤン型：荷駄，乗用に使用．鞍も鐙も使う．搾乳をおこない，牧犬の利用はない．

以上はすべて，家畜的利用法であるが，周辺には野生トナカイが生息するので，その狩猟のために家畜トナカイを囮(おとり)（decoy）として利用する方法が，上記分類の1)〜4)ではおこなわれている．

トナカイ遊牧民諸族の文化には，このようにいろいろな利用法がいろいろな組合せで現れているが，この動物の家畜化を含む諸文化の起源については HATT の優れた論説（1919）がある．それによると，まず，これらの諸文化には，トナカイ遊牧のほぼ全域にわたって分布し，共通起源が想定される要素と，ある一部の地域にのみ局限して見られる要素とがある．後者にはソリひき，騎乗，搾乳などがあるが，ソリひきは犬から，騎乗はウマから，搾乳はウシからの模倣ある

いは移植と考えられ，これらの歴史は比較的新しい．そして前者すなわちトナカイ遊牧のほぼ全域にわたって分布する要素の中には，おとり狩猟，捕獲に際して投げ縄（lasso）を使用すること，トナカイを人尿で誘引すること，人が歯で噛んでおこなう去勢，耳標（ear marking）などがあるが，これらのうち幾つかは明らかに狩猟文化段階から継承されたものである．すなわち，トナカイ遊牧民の文化には，この動物の家畜化以前から承けついできた要素が多分に含まれている．トナカイ狩猟民は生活の主要資源であるこの動物の習性について完全な知識をもち，トナカイ群の遊動に付き従って資源を入手していたが，それから進化した遊牧民においても，その点に関しては同様であった．トナカイが個人的な財産となったこと（HATT, 1919），あるいは資源から資本へと変質したこと（PAINE, 1971）だけが本質的変化であったことになる．トナカイ遊牧文化がこのように狩猟文化に直接由来していることと，トナカイの遊牧的習性のために，この動物の家畜化は，ウシやウマに比べればいまだ未完成の域にとどまっているのは事実であるけれども，このことをもってこの文化の起源が新しいと想像するのは誤りであるとHATT（1919）は論じている．

　トナカイ遊牧がこのような形態をもっているため，家畜トナカイと野生トナカイとの間の境界線は曖昧である．野生群はしばしば，家畜群の方に吸収される．野生トナカイの雄は家畜群を訪れて，そこにいる雌と交尾する．遊牧民はそのような交尾から生まれた雑種（crossbred）の性能を高く評価する傾向すらあるという．おとり狩猟が広く普及していることは前に述べたが，野生トナカイの子は容易に捕えられて家畜群に加えられる．逆に，家畜トナカイが野生群の方に引き寄せられ，大量に失われるという事件がしばしば起こる．所有の目印として耳標などを打っておいても，これだけでは財の完全な把握は困難である．事実 Lapp 人と長期間生活を共にし，トナカイ狩り（ここでは「狩り」と言っても，耳標を打たれた家畜トナカイを，購買，屠殺，去勢などのために狩り集めることを意味する）を体験した詩人の旅行記（小野寺，1977）が出版されているが，熟練した狩人をもってしてなお，耳標を打たれたトナカイをすべて集めることができるわけでは必ずしもないことを，この書から読み取ることができる．

　以上，トナカイは一方において純然たる狩猟対象動物として狩猟民の生計を支え，他方において，その生殖がヒトによる管理を受けることはもちろん，騎乗，搾乳など高度の牧畜的利用もなされている．すなわち，**図 I-1-1** と**図 I-1-2**（I-1章）の家畜化の程度をあらわすスペクトラムの広い範囲を1つの種のみでカバーしていると言えるのがトナカイである．この動物のヒトとの関係を表現する形容詞として，"half-tamed"，"semi-domesticated" などという語句が使われることがある（例えば LEEDS, 1965）が，かような表現が意味するものは，むしろ動物家畜化という行為あるいは現象それ自体がもつ動的な性格であろうと考えられる．トナカイ飼養はこうした状態で長い時間を経過し，たまたま現在に至っているため，われわれの観察，記述の対象となる機会をもつことになったのであるが，他の「完成された」家畜種においても，こうした状態を一度は通ってきていると考えなければならない．その意味で，トナカイとトナカイ飼養文化とは動物家畜化の発端から完成に至るヒト─動物関係の発展の中で，動物の側とヒトの側の双方にどのような進化／変化がおこったかを，生物学的，社会学的に追究するためのモデルとなり得る好適な資格を備えていると見ることができよう．

I-4 家畜化による生物学的変化

(1) 家畜化の遺伝学的意味

i) 集団の分割：創始者原理

　野生原種との関係を念頭に置かず，家畜だけに目を向けていると，とかく忘れがちになる重要事項がある．ヒトはある動物種の全個体をいちどに家畜化するのではないということである．ヒトは動物の種を構成する個体群の一部を切り取って，その生殖を自己の管理下に置く．もちろん，少なくとも初期には家畜集団と野生集団との間の生殖的隔離は不完全なのが常で，両者の間に遺伝的交流の可能性が多分に残されていたに違いない．しかし，ここに1つの隔離機構が働き出すことは明らかである．すなわち，その種にとっては，ここに1つの島集団（island population）が生まれるのである．

　このようにして島が発生したとき，もとの野生集団の遺伝子構成を完全に再現するわけではない．島集団が小さいほど，母集団と遺伝的な差異が生じる可能性は大となり，同時に，島集団内の遺伝的変異性（genetic variability）は母集団内のそれに比べて減少し，これの回復には長時間を要する．そしてこの種の遺伝的変化は適応や淘汰とは無関係に生じることが重要である．この現象を MAYR（1942）は創始者原理（founder principle）と呼んだ．家畜集団の系統をさかのぼって考えれば，このことは集団の個体数（population size）が祖先のある時期に著しい縮小を経験していることを意味するから，瓶の首効果（bottle-neck effect）と呼んでもよい．この種の現象は，野生動物にあっても，主たる分布地域からとび離れ，孤立的に生息しているショウジョウバエの集団（MAYHEW et al., 1966；PRAKASH et al., 1969；CARSON, 1973）などではよく調べられており，また ABO 式血液型において元来 B 型が多い Mongoloid に属するアメリカ・インディアンに O 型の頻度が著しく高いという事実もこの効果から説明されることが多い（MOURANT et al., 1958）．家畜化の初期段階においても，小集団の分割にともなうこの種の遺伝的変化がおきているはずである．

　これが明瞭に認識されるのは形態的な変異個体が出現した場合であろう．家畜集団として隔離された部分が小さいほど，また隔離が完全であるほど，変異出現の確率は大となる．それは，野生集団の中に，もともと変異遺伝子が存在したにかかわらず，自然淘汰の圧力を受けて低頻度に抑えられており，またこのような突然変異遺伝子が野生型遺伝子に対して劣性であることが多いため，ヘテロ接合体の形でしか存在し得なかったのが，ヒトの管理下に置かれた隔離小集団の中にたまたま含まれていた場合には，全く機会的にホモ接合体が生じ，顕在化するという過程にほかならない．骨格変異や色変わりなど，家畜特有の変異として，家畜であることの判定根拠に使われる形態的形質が出現する第一次的理由もここにあるのであって，HERRE（1965）が正しく論

じているとおり，家畜化による突然変異率の増大などを仮定する必要はない．家畜化にそのような効果があると想像する根拠はない．

野生集団から一部を切り取り，隔離するという行為は，動物家畜化の初期段階においては，回数を重ね，いくつかの場所で繰り返しなされたであろう．そうすると，一つの母集団から多数の小集団が切り取られることとなり，その各々の中でいま述べた確率論的過程が独立に進行するから，これら小集団間の遺伝的変異性は大きくなる．家畜化による変異の増大という事実はだれしもが認めるが，集団間の変異（variation between populations）が増大するのであって，集団内の変異（variation within population）の方は低下することがあっても増大することはあり得ない．このこともまた HERRE（1965）が指摘しているとおりである．しかし，実際の家畜集団の集団内変異性を調べると必ずしもそうとは言えない事実がある（本章(5)節）．

ii） 人為淘汰

家畜化によって動物の形態，機能，習性に大きな変化がおこる．このような変化は，特に家畜化の初期段階においては，遺伝的変化のみならず，野生状態とは異なった環境に置かれたことによる直接の生理的適応反応も含まれている．しかし，当初の変化はこれに過ぎなかったとしても，遺伝的同化（genetic assimilation）の過程（WADDINGTON, 1953）を経て，2次的に遺伝的形質として固定することもあろう（SPURWAY, 1955）．遺伝的同化とは，非遺伝的と遺伝的と双方の要因に支配される形質について，非遺伝的変化に淘汰圧を加えることによって，遺伝的変異が淘汰に捕えられ，集団の遺伝的特徴として頻度を高め，固定される現象を言う．

ヒトは自己の管理下にある動物を財と考えているのであるから，財の再生産つまり増殖（re-production）が飼養者の最重要関心事となる．家畜化が生殖器官を大きくし，生殖機能を亢進させるという事実はヒトの財の再生産に対する関心が，初めは無意識的な，家畜化が進んだ段階では意識的な人為淘汰圧として作用した結果と考えられる．現生諸家畜における生殖能力に直接関係する諸形質の遺伝率（heritability）は一様に低く（FALCONER, 1960），選抜淘汰を加えても効果はなかなか上がらないものであるが，他の経済形質と異なり，この形質のみは，長い期間，常に定まった方向に人為淘汰圧が加えられた結果，わずかな淘汰効果が蓄積し，高い生殖能力が固定，あるいは安定平衡の状態に入っているのであろう．

家畜化による刷り込み（imprinting）の過程に言及する必要がある．ある年齢段階以下の若齢動物が受けた刺激が学習され，それに対する若齢期の反応パターンが年齢の進んだ段階になっても持続してゆく現象である．母親がヒトに飼われている場合，ヒトや飼育場所に対する子の反応，母親を失った幼動物がたまたまヒトの手から餌を与えられ，あるいは女子に哺乳されたような場合の飼い主への服従的な反応は成長後も持続し，それらヒトや場所が何らかの理由で取り去られると動物は情緒の安定を失う（SCOTT, 1969）．動物がヒトに対する攻撃性を失い，ヒトに馴れる，あるいはおとなしくなる（become docile）という行動習性の変化は動物家畜化において大きな意味をもっていた．家畜のペット起源説を唱える研究者（例えば SAUER, 1960）はこれを家畜化の第1次動機と考えるほどである．

また，対人間関係のみならず，動物同士の関係においても似たようなことが言える．ヒトが動物の大群を維持管理することができるためには，動物相互間の衝突，闘争が最小限に抑えられて

いなければならない．地球上のいろいろな地域には，ウシやヒツジの大群が飼われているが，彼らの野生原種が群居性を有していると言っても，自然状態であれだけの大群が狭い場所に生息していたわけではない．これは家畜化された動物に群棲に対する耐性が発達してきていることを示すものである．こうした発達に，上に述べた習性の刷り込み・遺伝的同化の過程が関与していたと考えられる．

ヒトは管理下にある動物のある形質に着目し，意識的な選抜淘汰をおこない，ゆくゆくは多くの特徴ある家畜品種を作り出すことになるのであるが，前項で述べた機会的な遺伝変異の顕在化がその出発点になっている．自然淘汰圧の人為淘汰圧による置き換えの過程は，以後本格的に進行する．ただし，この人為淘汰圧は，生殖に関わる諸形質への人為淘汰圧とは違って，長年月にわたって一定不変の方向をもつとは限らない．体の大きさのような形質については，家畜化の当初は取扱いやすさが重視されて小型化の方向に圧力がかかり，後に肉量の増大や役畜としての体力が望まれるに至って，改めて大型化の方向に圧力の転換がおこる場合もある（JEWELL, 1962）．実験動物化が図られる場合など，小型化への淘汰も有効であり（DETTMERS et al., 1965；OISHI and TOMITA, 1976），総じて体の大きさのような多因子形質（polygenic characters）に関しては，野生原種や在来家畜の集団には豊かな遺伝的変異が保持されており，大小いずれの方向の人為淘汰も，基礎集団（foundation stock）を適切に選ぶことによって，成功を収めることができる．

家畜化の初期段階以来，このような意識的人為淘汰がなされる際，まず屠殺（slaughtering），次いで去勢（castration）技術が開発されて種雄（sire）が成立したことは，動物の生殖へのヒトの介入，管理が強化される上で決定的な意味をもっていた．これをもって動物家畜化は大きな一歩を踏み出したと言えるほどであり，またこれが家畜化過程を著しく加速したに違いない．その理由の第1は，少数の雄が多数の雌に種付けして次代を再生産させるということなのであるから，雄の集団に強い淘汰圧を加えることが可能となること，第2に種雄の成立によって，集団の遺伝的有効サイズ（effective population size）は著しく縮小して（WRIGHT, 1938；NOZAWA, 1957），潜在的遺伝変異の顕在化をさらに促し，それに人為淘汰圧が作用するからである．

さて，自然淘汰圧の人為淘汰圧による置き換えの過程は，時代と地域のいかんにかかわらず一定の速度で直線的に進行するとは限らない．特に重要で，かつ明瞭なのは地域的な差である．18世紀以後の西欧諸国においては，家畜育種はその目標を局限し，強度の人為淘汰と近親交配とを併用して，ある一つの用途にのみ極度に適合した家畜群の造成に，努力が集中された．その結果，遺伝子のホモ性（homozygosity）が高く，能力も高いレベルで一定した数多くの品種（breed）が作り出されている．それに対し，東アジアやアフリカの諸家畜は，こうした近代的家畜育種からはとり残され，品種の名に価しない，強いて言えばすべてが低能力の兼用種とでも言うべき在来家畜（native domestic animals）であって，これら両地の対照は著しい．I-3章(3)節で述べたような，野生原種とすら遺伝的交流をおこなっているような家畜群からは，西欧的な品種分化がおこるはずもない．ただ筆者は，この事実を単にアジア的後進性に帰し，克服を要する課題だとしているのではない．育種学および育種技術の第1段に据えられるべき育種素材，近代的用語を使えば遺伝資源の探索・保存を問題とする際には，強度の人為淘汰と近親交配が重ねられて特殊化の甚だしい西欧諸品種の中よりは，アジア・アフリカの在来諸家畜の方に望ましい遺伝子が発見される公算は高いのであって，グローバルな視点から眺めれば，これら双方の様態にそれぞれ積極的な意義を認めるべきであろう．

iii) 異系交配

これまで述べてきたような種々の圧力にさらされてきた諸家畜は，地域によっていろいろな形態と能力が分化し，特に18世紀以降，イギリスを中心とする品種造成ブームを経験してからは，地域分化に品種分化が積み重なり，同種の動物とは思えぬ程多様な遺伝的分化が地域集団間，品種間におきている．この分化の先史的・歴史的経過を明らかにしようとする学問分野が家畜系統史であるが，これが一般の野生動物の系統学と比較して，際立って異なる様相を示す一点を指摘しておく必要がある．

家畜の地域集団あるいは品種の系統ラインは，いったん分かれた後で融合することがしばしばある．これは異系交配（outbreeding）によっておきる．異系交配は家畜飼養文化の伝播による場合があるし，また飼養者が意図して遠縁の2集団を交雑する場合もある．ヘテロシス（heterosis）利用は家畜育種の重要な方法である．他方，野生動物の系統ラインに融合がおこることは非常にまれである．それ故，家畜の進化史は系統樹（phylogenetic tree）によって表現することは厳密に言えば不可能なはずであり，系統網（phylogenetic web）とでも言うべき図形（図I-4-1）こそ望ましい．しかし系統網を正確に描く数学的手法はいまだ充分には案出されていない．そのためわれわれは，家畜の地域集団間あるいは品種間の遺伝的相似関係を表そうとする場合，枝分かれ図（dendrogram）という，一見系統樹と見まがう図形を描く習慣になっている．しかし，これは単に幾つかの形質組成あるいは遺伝子構成について現集団間の似かよいと差異の程度を表現したものに過ぎず，系統学的意味を有しているわけでは必ずしもない．真の系統史はこのような生物学的情報のみならず，考古学的情報や歴史的情報をも採り入れて総合的に推論し記述しなければならない．

2つの系統ラインの融合によって生じた集団は，これら2つの要素集団よりも遺伝的変異性に富むものとなる．したがって，系統網の形成とは遺伝的変異性が系統ラインの途中で時に減少し，時に増大するという交替を含んでいるとも言える．もちろん，系統網のパターンは家畜種間，および種内集団間で差異があろう．例えば，遊牧民に飼養されている家畜は，定着農耕民に飼養されている家畜に比べ，系統ラインの融合はよりしばしばおこっているであろう．強力な生物兵器として，軍事遠征にともない長距離の移動を度々経験したウマには融合の機会が多かったであろう．また，ニワトリの地中海系諸品種は，それらが品種として確立されるまでは異系交配の経歴を重ねてきたが，ひとたび品種が成立した以後は単系的な歴史を担ってきているのに対して，東アジアの在来鶏の集団はヤケイから直接由来していることもあり，近代以前には比較的単系的な系統史を担ってきたが，西欧諸国の植民地的進出以降は地中海系諸品種から大量の遺伝子流入を受け容れるようになっている，というような地域的差異もある．こうしたもろもろの差異は家畜集団が現に保有している遺伝的変異に反映しているに違いな

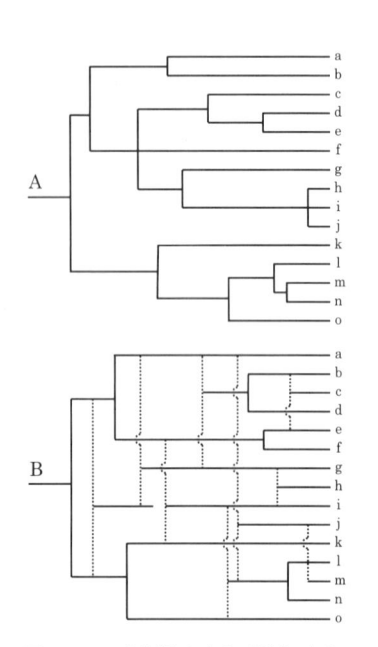

図I-4-1 系統樹（A）と系統網（B）．

い．そこで現生の家畜集団が保有している遺伝的変異の様態を明らかにすることを重要な手段として，諸家畜の進化史を解き明かそうとするのが家畜系統史という学問なのである．

ここで，家畜化プロセスの中での異系交配と深く関係している，諸家畜の系統史における単源説・多源説論争について触れておきたい．個々の家畜種の起源が単一であるのか複数あるのかという論争が古くから続いている．DARWIN の "The Variation of Animals and Plants under Domestication"（1868）も各家畜の系統史を記述する中でこの問題に多くの言葉を費やしている．この議論が種以上のレベルでの起源を問題にしているのならば，ウシなどのいくつかの例外はあるにせよ，家畜種は原則として単源（HERRE und RÖHRS, 1973）であると言ってよいかもしれないが，種内レベルでの起源が問われているとすれば，ほとんどすべての家畜種の系統は多源的であると考えられる．この節でさきに述べたように，種内の異系交配は家畜化の当初から広汎におこなわれてきたからである．それ故，単源・多源論争に関わる場合には，どのレベルでの起源を問題にしているのかをあらかじめ明確にしておく必要があろう．しかし，I-1 章で述べた家畜の分類と命名法に多くの不合理が含まれている現状のもとでは，これをたとえ明確にしても，まだ論争に生物学としての実質を与えることは容易でないのではないかとも思われる．

(2) 経済形質

家畜化による動物体の変化に注目する者は，例外なく，種内変異の幅が自然状態でのそれよりもはるかに大きく多様であることを認めている．

まず初めに動物体の大きさ（size）がどのように変わるか．大型家畜では小型化し，中小型家畜では大型化する傾向が認められると言われる．ここで動物に対するヒトの要求が問題となる．例えば，動物体そのものを単に食用とするだけであれば大きい方が望ましいかもしれないが，肉を利用するには屠殺しなければならないし，さらに役用にも使おうとすれば取り扱いやすいものでなければならないから，大きければ大きいほどよいと言うものでもない．ウシは家畜化当初には小型化したというのが定説になっている．ウシの野生原種は原牛（aurochs）で，体高は雄で 175 cm 以上，雌で 150 cm 以上と推定されている．BÖKÖNYI（1974）によるとヨーロッパの遺跡から出土するウシの遺骨の計測値をもとにして体高の平均値を推定すると，原牛から歴史時代の家畜牛にかけて図 I-4-2 のような推移を見せている．畜産という産業に強い社会的関心がもたれたローマ時代に体格はいっとき増大しているが，中世までおおむね減少傾向をたどり，ルネッサンス以後再び増加

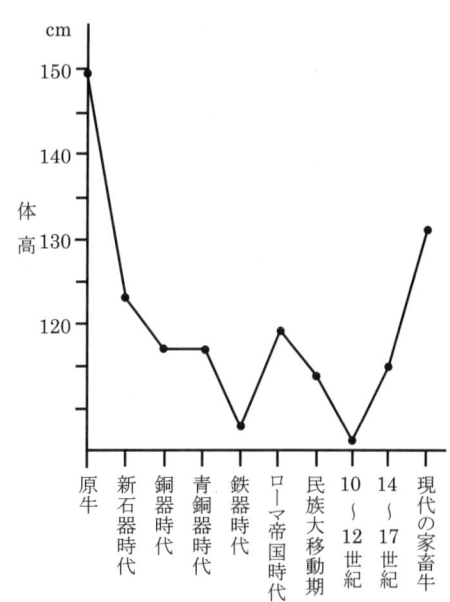

図 I-4-2 中・東欧における先史時代から歴史時代にかけてのウシの体高（cm）の推移．（BÖKÖNYI, 1974）

に転じていることがわかる．他方，ウサギやブタのように，動物体そのものが消耗的に利用される小型，中型の家畜では，ウサギは毛皮と大量の肉・脂肪をとるために，ブタは豊かな肉と脂肪を得るために野生種より大きくなっている．このような傾向は，あたかも家畜化そのものに定向的（directional）な体格変化をもたらす効果があるように見えるかもしれないが，これは変異性の増大の一半を見ているに過ぎない．ヒトの動物に対する要求があるために，ある方向の変異だけが淘汰に捕えられた結果がこのようなデータに表れているのである．

ヒトの家畜に対する要求があれば，どの家畜種も，その要求を人為淘汰という形で集団に押しつけることにより，大型化も小型化も共に可能なのである．イヌにおいては，アルプス山地の深い雪の中で人命救助に使役されたセントバーナード（St. Bernard）のような大型品種と共に，チワワ（Chihuahua）のようにヒトの掌に乗るほどの小型軽量種がいる．ウマでは大型種の代表はノルマンディー地方原種のペルシュロン（Perchron）で体高 160～170 cm，体重 800 kg に達する重輓馬があり，他方イギリス最北端のシェットランド諸島で炭坑用使役馬として育種された体高 96 cm のシェットランド・ポニー（Shetland Pony）は現在，子供の乗用馬となっている．後者をもとにしてアルゼンチンで作出された世界最小品種のファラベラ（Falabella）は体高わずか 76 cm と言われる．ニワトリにも，日本で作り出された愛玩用のチャボと，中国原産の肉用種コーチンの対比がある．前者は体重 500～600 g，後者は 4～5 kg でほとんど 10 倍の体重差になる．実験動物用の小型ブタ（miniature pig）の品種が，アメリカ・ミネソタ大学で作出されている．ここでは，人為淘汰が加えられる基礎集団（foundation stock）として変異の源を確保するため，アメリカの 4 つの州で捕獲されたイノシシ雄計 8 頭，雌計 19 頭が交配用に集められたこと（DETTMERS *et al.*, 1965）は記憶に価しよう．

体の大きさばかりでなく，家畜化は体の部位間，あるいは器官の間の大きさの相対的割合にも変化をもたらす．中でも脳，特に高度の知能をつかさどる前頭葉が退行し，それにともない頭蓋はしばしば前後方向に短縮する．イヌやブタにそれぞれの野生原種であるオオカミやイノシシと比べて吻部が短くなっている品種がいることはよく知られている（HERRE und RÖHRS, 1973）．

家畜化による各臓器の重量変化については，RICHTER（1959）の Norway rat を使っての研究によると，実験動物化（家畜化）によって重量の減少が見られた臓器は，脳，心臓，肝臓，副腎，膵臓，甲状腺，味蕾など，逆に重量の増大が見られた臓器は，下垂体，胸腺，卵巣，精巣などが数えられる．総じて，対ストレス反応，疲労に対する反応，疾病防御，代謝などに直接かかわる臓器が重量の減少をきたしているのに対し，生殖機能を支配する臓器だけが重量を増大させている．HAMMOND（1962）はヒツジとブタが家畜化されると，ヒトにとって経済価値が高い生殖組織が他の体部や組織を犠牲にして発達が顕著になることを観察している．

家畜化による臓器重量の変化はこれら臓器がつかさどる機能の変化に対応している．特に生殖器官の増大は，生殖に関連する機能の亢進に対応している．卵子や精子の形成，膣の開口など生殖機能の開始が早くなり，卵胞数も多くなる．発情周期が規則的となり，あるいは季節にかかわりなく周年的に発情するようになる．子宮が大となって産仔数が増大する．乳腺の発育が向上して雌の育仔能力が増大する，等々の現象はいずれも家畜化にともなう生殖能力（fertility）の増大を促す因子である．その代わり，副腎機能の減退は各種のストレスに対する防御機能の退化となって現れる．飢餓や病原体に対する家畜の抵抗力は野生動物に比し著しく低く，寿命の短縮も認められる．また前記 RICHTER（1959）の総説によれば，ネズミをトレッドミルの上で強制的に

長時間走らせると実験動物化されたものには痙攣を発するものが現れるが，野生のものにはそのような例は見られなかったという．野生動物と家畜との間のこのような機能上の差は，ヒトに飼われているという条件の下での刷り込み・遺伝的同化の過程と，財としての家畜の生殖力に特に強く加えられた人為淘汰とによってもたらされたものである．実際，家畜の生殖力はヒトにとっては，用途のいかんにかかわりなく，最も重要な経済形質なのである．

　雌牛は彼女が生んだ1頭の子を哺育するために，ほぼ成牛の体重程度，約650 kgの乳を出せば充分である．ところが現今のホルスタイン（Holstein）種乳牛の年間泌乳量はその約30倍，約20,000 kgを越えるものが少なくない．肉専用種となった和牛でさえ，雌の成体重550 kgの2倍の泌乳量がある．わが国のイノシシは春4〜5月に生まれて，翌年の12月から次年の2月まで，約19〜21ヶ月齢で初回妊娠し，1腹産仔数4〜5頭であるのに対し，ランドレース（Landrace）種のブタは約8ヶ月で性成熟に達し，1腹産仔数は平均11.7頭，年2産が普通である．ブタの卵巣重量はイノシシの5〜8倍，胞状卵胞数は2倍と言われる．中国の梅山（メイシャン）豚について，産仔数平均15.65頭（最高33頭）という記録が得られている（笹崎・清水，1984）．またセキショクヤケイの産卵数は1クラッチ10個程度に過ぎないのに，それを家畜化した現代の卵用鶏白色レグホーン（White Leghorn）種には年間300個以上，中には年365日，1日も休まず毎日1個ずつ産卵するものさえ現れている．家畜化による生殖能力の向上はこのように著しい．こうした向上はもちろん飼育管理技術の改善に負うところが大きいが，育種すなわち人為淘汰によって，飼育管理条件に適応した遺伝的に高能力の品種が造成されたからこそこのように高い生産力が得られているのである．

　この人為淘汰の標的となる形質は，しばしば，野生状態にあっては生存不能の奇型としか言えない遺伝変異である．DARWINがあげている古典的な例はヒツジのAncon種で，脚が短く湾曲しており，この形質は劣性遺伝をするが，柵をとび越えることができないのが管理上好都合というわけで，選抜によって固定された．さらに極端な例として就巣性を失った卵用鶏をあげるべきであろう．非就巣性もまた遺伝形質である．これなど，野生状態においては有害無益な形質で，自ら産んだ卵を孵すことができないのであるから次世代を残すことはない．ところがヒトは，一方で孵卵器（incubator）を発明し，他方で就巣性のないニワトリを作出した．鳥はホルモン機構によって，就巣中は産卵できないから，産卵数を多くするためには就巣性はない方がよい．卵用品種として最も能力の高い白色レグホーン種とは，就巣性を完全に失った生物学的には明らかな奇型品種にほかならない．

　このようにして，人為淘汰による一つの能力の向上はまことに著しいが，淘汰に対する他の能力への相関反応（correlated response to selection）が間もなく気付かれる．つまり，乳牛であれば，泌乳量を向上させる淘汰をおこなうと，乳量は増しても乳脂率が減少に向かう．ニワトリの産卵数が人為淘汰によって増大すると，それに伴い，卵重が減る，すなわち小さな卵が数のみ多く産出されるようになる，というような傾向が認められることである．そうなると用途をさらに細分して，その細かい用途ごとに人為淘汰を加えなければならない．これが家畜の品種分化が日ごとに促進される理由である．家畜育種の学問と技術が精密化し，専門化する契機がここに生まれることになる．

　　［第I部の初めからここまでは単行書，野澤・西田『家畜と人間』（1981）の第I〜IV章と，福井・谷編著になる『牧畜文化の原像．生態・社会・歴史』（1987）の野澤が執筆した第1章とにおおむね従って記述した．］

(3) 遺伝負荷の排除

遺伝負荷（genetic load）とは生物集団に含まれる，その生物の生存にとって有害な遺伝子を意味する．自然淘汰を常に受けている生物の集団がなぜそのような有害遺伝子を保持しているのか，についてはいくつかの理由が考えられている．有害であるが故に淘汰によって除去される分が，突然変異によって新たに供給されている（mutational load）というのが理由の一つ．ホモ状態にあれば有害であるが，野生型対立遺伝子とのヘテロ状態にあれば野生型ホモ接合体をも上まわる適応度をもっているために一つの平衡状態が生まれて有害遺伝子が集団中に保持される（segregational load）との説明も可能である．また，環境条件が変化すれば，それまで高頻度をもっていた野生型遺伝子が新条件のもとでは負の淘汰を受けて除去されることになるが，除去の完了つまり置換には時間がかかるから，しばらくの間は集団中に有害遺伝子として残存し続けている（substitutional load）という存在理由もあろう（WALLACE, 1970）．

一般論として遺伝負荷が存在し得るし，実際に存在するという事実の確認にとどまらず，現実かつ個別の生物集団が担っている遺伝負荷を定量し，さらに集団間比較が可能となったのは，MORTON, CROW and MULLER（1956）の研究からである．彼らは死亡率（生存率を S とすれば $1-S$）の近交係数（F）に対する一次回帰式，

$$1-S = A + BF$$

を集団ごとに作ることを提唱した．この回帰式の係数 A は近親交配がなくてもおこる死亡の率，B は，もしその集団が完全ホモ接合（$F=1$）となったらおこるであろう遺伝的死亡の率である．彼らはフランス Morbian 県，1919～1925 年のカトリック教会の婚姻免許の記録から，いろいろの血縁関係にある夫婦間に生まれた子の死産と初生児死亡の率，および幼児と若年死亡の率を算出した．婚姻当事者がいとこ関係など血縁関係にあれば，子の近交係数（F）は $F>0$ の値をとる．血縁関係がなければ $F=0$ で，胎児，幼児，若年児の死亡率は A，$F>0$ の近親婚であれば死亡率は $A+BF$ となる．フランス Morbian 県の記録からの回帰式では

$$1-S = 0.1410 + 2.555F$$

が得られた．これは $F=1$，すなわち子が持つすべての遺伝子座がすべてホモ接合になったとしたら，配偶子（gamete）当たりの完全致死遺伝子数は（$B=2.5$）～（$A+B=2.7$）の間にあると推定されること，半致死遺伝子であればその数は $2.5×2$～$2.7×2$ の間にあると推定されることを意味する．よって B～$(A+B)$ を配偶子当たりの致死相当量（lethal equivalent）と言う．接合体（zygote）すなわち個体当たりの致死相当量は $2B$～$2(A+B) = 5$～5.5 の間にあり，それらの有害遺伝子の大部分がヘテロ接合の状態にあるからこそ，大部分の接合体は健康に生まれ，生き延びていると言うことになる．

この同じ方法を日本人の集団に適用してみる．NEEL and SCHULL（1962）は日米合同の原爆障害調査委員会（ABCC）の婚姻当事者の血縁関係と子の死産および奇型児出産の率との間の関係を調査して回帰式を得た．広島市民について得られた回帰式は次のようになった．

$$1-S = 0.1725 + 0.798F$$

よって，この都市の住民の遺伝負荷は 1.6～1.9 致死相当量となる．さきの MORTON *et al.*（1956）による西欧人に比べて，日本人は遺伝負荷が小さい値になっている．現代はそれほどでもない

が，調査当時の日本人は西欧人に比べて集団全体としての近交度が目立って高かった．それゆえ，日本人では有害遺伝子がホモ接合となって淘汰を受ける機会が西欧人に比べて大きく，集団中の遺伝負荷のかなりの部分がすでに排除されているためではないかと考えられる．

家畜の遺伝負荷の程度はどうであろうか．PISANI and KERR (1961) 以来各種家畜の遺伝負荷の推定が相次いでおこなわれた結果を**表 I-4-1** に一覧表として掲げる．家畜は人類と異なり，高い近交度 (F) をもつデータが得られる反面，死亡率は環境条件，特に飼養条件の良否によっても大きく異なる．後者の理由からデータの信頼性が低下することが多い．それでもこの表を見ると哺乳類家畜の個体当たり致死相当量は広島在住の日本人 (NEEL and SCHULL, 1962) と同程度のレベルにあり，比較的小さい．そして鳥類，特にウズラ集団の遺伝負荷が著しく大きいことが注目される．

ウズラ飼養は約 600 年前，わが国で開始され，卵用家禽となって以来約 100 年を経ているに過ぎない．この種は近親交配に対する耐性が弱く，兄妹交配 3～4 代で系統の維持がほとんど不可能となる (SAKAI, 1969；新城ら，1971，1972) ほどのものであり，品種分化にも乏しい．この理由はおそらく，この鳥類集団に担われている大きな遺伝負荷にあるのであろう．

野生動物集団，特に諸家畜の原種である野生動物集団を直接対象にして遺伝負荷の大きさを測定することはいまやすこぶる困難である．それ故，確定的な言明はできないが，野生動物集団の切り取り隔離に始まって品種が分化してゆく過程で，集団の近交度は上昇し，野生集団が担って

表 I-4-1 家畜における近交度 (F) と死亡率 ($1-S$) の間の関係をあらわす回帰式における係数 A と B の値とそれから推定される遺伝負荷（個体当たり致死相当量）．

家畜種	品種または系統	死亡要因	A	B	$A+B$	遺伝負荷 $2B-2(A+B)$	文献
ニワトリ	横斑プリマスロック	孵卵中の死亡	0.299	3.400	3.699	6.8～7.4	PISANI and KERR (1961)
			0.284	2.673	2.957	5.3～5.9	
			0.552	1.573	2.079	3.1～4.2	
	白色レグホーン	孵卵中の死亡	0.213	1.486	1.699	3.0～3.4	
			0.202	1.343	1.545	2.7～3.1	
			0.067	0.763	0.830	1.5～1.7	
ブタ	ポーランドチャイナ	胎児死亡	−0.166	1.134	0.968	1.9～2.3	
			−0.035	1.012	0.977	1.9～2.0	
			0.107	0.627	0.734	1.3～1.5	
ウシ	ホルスタイン	死産	0.018	0.013	0.031	0.0～0.1	
		初生児死亡	0.143	0.013	0.156	0.0～0.3	
	ジャージー	流産	−0.005	0.044	0.039	0.08～0.09	
		死産	0.036	0.076	0.152	0.2～0.3	
		初生児死亡	0.147	1.071	1.218	2.1～2.4	
ウシ	ホルスタイン	胎児死亡	0.710	1.269	1.979	2.5～4.0	CONNEALLY et al. (1963)
ウズラ		孵卵中の死亡, ヒナ死亡, 不受精	1.216	4.355	5.571	8.7～11.1	SITTMANN et al. (1966)
ウシ	ホルスタイン（福島）	死産, 若年死	0.043	0.385	0.478	0.8～1.0	SHOTAKE and NOZAWA (1968)
ヤギ	ザーネン（長野）	死産, 若年死	0.036	0.024	0.060	0.0～1.0	SHOTAKE (1971)
ウズラ	S	不受精, ヒナ死亡, 若死	0.709	1.146	1.855	2.3～3.7	新城ら (1971)
	K		−1.042	6.480	5.438	10.9～13.0	
	M		−3.077	12.136	9.059	18.1～24.3	
	J		−0.516	5.321	4.805	9.6～10.6	
ニワトリ	白色レグホーン, ロードアイランドレッド	孵卵中の死亡	0.061	0.871	0.932	1.7～1.9	OKADA et al. (1979)

いた遺伝負荷は徐々に排除されてゆくはずである．その間には多くの系統は断絶の憂き目に遭ったに違いない．そのような障壁を乗り越えた系統が現在われわれの目の前にある諸家畜・家禽の品種や系統なのであろう．家禽ウズラの遺伝負荷の測定結果は，家畜化の過程における有害な変異遺伝子の消長をうかがい知ることのできる興味深い事例を提供していると言える．

(4) 毛色変異

　家畜と野生動物とを比較すると，形態的変異，特に毛色や羽色の変異性に著しい差異があるように見える．野生動物の毛色が均一であるのに対して，ほとんど例外なく，すべての家畜種に毛色多型が著しい．こうした毛色変異の多くは遺伝様式に関する限り単純なメンデル形質であって異種間に相同な変異があり，その遺伝様式は種を越えて共通である例が多い．毛色は家畜の飼養目的である生産性と直接の関係はないのが普通で，特別な場合以外，経済形質とは言えないのにもかかわらず，集団間ばかりでなく，集団内にも豊かな変異性を示す．

　本節では，野生動物集団と家畜集団の間のこのような差異が事実であることを確認するため，まず野生動物と家畜の毛色変異をできるだけ定量的に比較する．家畜が野生動物に比べて，事実，毛色変異が大であるとすれば，こうした差異がいかにして生じたかを次に考察する．家畜とはその生殖が人為的管理のもとにある動物である．それ故，家畜のこうした特性は人為淘汰の結果であると考えられる．人為淘汰は飼養者であるヒトの好み，欲求，価値観を通してなされ，これらはヒトの世代を通して文化的に伝承されるが，家畜の毛色変異に対しては本章(2)節で述べた経済形質とは異なり，平衡多型（balanced polymorphism）をもたらす，特殊な淘汰作用が働いている．

i) 遺伝的基礎

　家畜・家禽とその野生原種の毛色・羽色にかかわる変異は，一見極めて多様であるが，これらの遺伝支配を解析すると，種を越えて表現型が共通，すなわち相似（analogous）であるばかりでなく，それを支配する遺伝子自体が共通の系統をもつ，すなわち相同（homologous）であるものが多い．またある種に見られる突然変異遺伝子（mutant allele）と相同の遺伝子が別の種において野生型遺伝子（wild-type allele）として固定している例もある．哺乳類において種を越えて共通の遺伝的変異とみられる表現型には次のようなものがある．鳥類にもこれとほぼ同様の表現を示す遺伝的変異がある（SEARLE, 1968；ROBINSON, 1970a 参照）．

　黒化（melanism）：野生動物哺乳類の体毛の一本一本は，根元と先端が黒色で中間部が淡色である．こうした毛に被われた動物の毛色を，南米産齧歯類の一種になぞらえてアグチ（agouti）色という．これが多くの哺乳類の野生型毛色で，優性遺伝子 A の支配を受ける．黒色はアグチ毛の中間淡色帯が消え，一本の毛の根元から先端まで黒一色となることによって現れるが，これには遺伝的に2つの場合がある．第1は A 座位の劣性突然変異遺伝子 a（非アグチ遺伝子）のホモ接合体 aa であり，第2は別の E（extension）座位における優性突然変異 E^d（super-extension black）遺伝子による．

褐化 (erythrism)：アグチ毛の淡色帯が拡大すると体毛は黄味が強くなる．これの多くは E 座位における劣性突然変異遺伝子 e に支配される．いくつかの家畜種においては，B 座位における劣性突然変異遺伝子 b のホモ接合体 bb が褐色になるとされる．$E \sim e$ 座位と $B \sim b$ 座位との相同性 (homology) について明らかにする必要がある．

白化 (leucism)：2つの場合があり，1つは優性白，他は劣性の白子 (albino) である．前者は w 座位の優性突然変異遺伝子 W によっておきる．アルビノは，メラニン色素合成の端初に作用する酵素 tyrosinase 座位 C の劣性突然変異 c に関するホモ接合体 cc で，メラニン色素が合成されないので虹彩が透明となり，目はピンク色になる．C 座位には中間的な白毛を支配する複対立遺伝子シリーズのいくつかが知られている．

銀色 (silver)：黒色と褐色を表現する両種のメラニンのうち，黄色メラニン (phaeomelanin) の生成のみが抑えられると体色は銀色（チンチラ毛色）になる．ネコで古くは albino シリーズの c^{ch} 遺伝子に支配されるとされていたが，後にこれが訂正されて，優性突然変異遺伝子 I によって発現するとかわった（ROBINSON, 1977）．

淡色 (dilution)：被毛色を希釈させる遺伝子である．すなわち，黒色となるべき部分を灰色またはブルー色とし，褐色となるべき部分をクリーム色とする．優性と劣性の希釈遺伝子がある．

斑紋 (spot)：全色 (self) と異なり，体表面に不規則な形のブチをあらわす遺伝子は哺乳類家畜の多くの種に分布する．優性斑と劣性斑とがあり，双方が見られる動物種もある．この遺伝子座を $s \sim S$ 遺伝子座と言う．

粕毛 (roan)：有色の体表面全体に白色毛が混在する表現型をいう．この $r \sim R$ 遺伝子座の優性突然変異遺伝子 R によって発現する．このホモ接合体 RR が致死作用を表す動物種がある．

野生哺乳類に存在が確認された毛色変異のリストが ROBINSON（1970a）によってまとめられている．有袋目1種，ウサギ目2種，齧歯目14種，食肉目8種，計25種に26種類の毛色変異が認められているが，その内訳は黒化型18種類，褐化型6種類，白化型2種類で，黒化型変異が圧倒的に多い．黒色が劣性の非アグチ遺伝子 a による場合と，優性黒色遺伝子 E^d による場合とがある．このまとめは少なくとも1種類の毛色変異が少なくとも1つの地域集団で確認された種のみをあげているのであるから，野生哺乳類の自然集団において，毛色変異の発見はまれなケースであると言わなければならない．

このまれな現象である毛色変異のそのまた一部が毛色多型 (coat color polymorphism) となるのであるが，その論議に入る前に，遺伝的多型 (genetic polymorphism) を定義しておきたい．これは FORD（1965）によって初めて定義が与えられた．遺伝的多型とは，同一生息場所に，種内の2つあるいはそれ以上の不連続的な型 (type) あるいは相 (phase) が，それらのうち最も頻度の低い型も単に突然変異のくり返しだけによっては維持し得ぬ程度の高い頻度をもって共存している状態をいう，と言うのである．これは集団遺伝学分野で有名な定義で教科書にもしばしば引用されている．しかし，木村（KIMURA, 1983）はこの定義の中の「それらのうちの最も頻度の低い型も，単に突然変異のくり返しだけによっては維持し得ぬ程度の高い頻度をもって」なる句を目して，関与する機構を前提として含む奇妙な定義であると批判している．実際，この句は，変異が再起突然変異と淘汰との間の平衡によって維持されている状態を，遺伝的多型の範疇から排除する意味をもち，これは1つの主張とは認められても定義としては妥当でないかもしれない．そこで，この部分を現象のみにかかわる別の句で置き換え，型が遺伝的に決定されるとい

う限定のみを含んだ定義を与えておきたい．すなわち，**遺伝的多型とは同一生息場所に，性的二型（sexual dimorphism）を除いて，種内の2つあるいはそれ以上の遺伝的に決定される不連続的な型が，世代を越えて共存し続けている状態をいう**．毛色多型（鳥類では羽色多型）はこのように定義された遺伝的多型の中で動物の被毛色（鳥類では羽色）にかかわるものである．

ⅱ) 野生動物の毛色変異

野生哺乳類集団における毛色多型の古典的な例は GERSHENSON (1945) によって調べられたヨーロッパハムスター (*Cricetus cricetus*) の黒化型と正常型との多型である．黒化型は200年以上前からロシアとドイツでふつうに見られていた (SEARLE, 1968)．ハムスターはロシアにおいては毛皮資源として捕獲され，黒化型は正常型よりも高価に取引きされる．交配実験の結果，黒化は優性遺伝するので E^d 遺伝子によると考えられる．GERSHENSON は1933年から1939年にかけ，旧ソ連邦のウクライナ共和国とバキシール共和国において，毛色に関して無差別的に捕獲，集荷されたハムスターの毛皮300万枚以上の毛色記録を調査した．黒化型が高頻度に見られる地域は集中しており，低頻度地帯との間の境界は明瞭である．全体として黒化型頻度はウクライナよりバキシールの方が高く，最高頻度は前者で8.2％（E^d 遺伝子頻度 0.042）であるのに対し，後者では81.7％（E^d 遺伝子頻度 0.572）にのぼる．このような毛色多型は，機会的要因，遺伝子浸透，隔離などだけでは説明されず，自然淘汰に基因すると GERSHENSON は考えた．生態的要因と黒化型頻度との間の関連を見ると，ウクライナにおいては，森林・ステップ地帯の境界と黒化型の高頻度地帯の境界がほぼ一致し，バキシールにおいては黒化型が湿度の高い森林・ステップ地帯に多く，ウラル山脈沿いの山地にはまれである．両共和国において，黒化型頻度はハムスターの生息密度とも正の相関関係がある．また黒化型頻度には，季節的・年次的変動も観察され，これは自然淘汰強度の季節的・年次的変動に対応している．黒化型のみによって占められている地域集団は見られないが，ヨーロッパハムスターの毛色多型はこの種の生息圏の広域にわたっており，野生哺乳類集団に見られる毛色多型の中で最も顕著な例といえよう．

アジアとアフリカ大陸に広い分布域をもつヒョウ (*Panthera pardus*) の東南アジア地域の集団には黒化型が知られている．光が当たると黒色の体表にヒョウ特有のロゼット斑が透けて見える．この黒ヒョウ（black panther）は，古くは別種と見なされていたが，これが非アグチ遺伝子 a のホモ接合体であることが明らかにされ (ROBINSON, 1970b)，種内の遺伝変異としての扱いが定着した．マレー半島においては約50％のヒョウが黒化型，したがって a 遺伝子の頻度は約0.7 にのぼるが，他の地域ではずっと少ない．中南米産のネコ科動物ジャガー (*Panthera onca*) にも黒化型がいるようである．『朝日ラルース週刊世界動物百科』19号には，正常型と黒化型の2頭のジャガーが1頭のワニを捕食している写真が載っており，同じ母親の子かもしれないとの説明が付されている．インド東北部のレワ地域に産するトラ (*Panthera tigris*) には白化型（white tiger）が前世紀初頭以来くり返し生まれている．これは濃褐色の虎斑を有し地色が正常の淡褐色ではなく，黄色メラニンを欠いて白色となっている．それ故，これは白化型というよりもチンチラ突然変異体と考えられる (ROBINSON, 1970a)．

毛皮獣のアカギツネ (*Vulpes vulpes*) の自然集団中には，アラスカ型と標準型という2種の暗色相をもつ毛色変異が古くから知られている．SEARLE (1968) によると，野生型は $a^y a^y ee$ なる

遺伝子型をもち，$a^y \to A^S$ なる優性突然変異によってアラスカ型の暗色相を生じ，$e \to E^m$ なる優性突然変異によって標準型の暗色相を生じる．アラスカ型暗色相のうち，優性ホモ個体 $A^S A^S$ は銀狐，ヘテロ個体 $A^S a^y$ は十字狐と呼ばれて，共に野生型の赤狐の毛色よりも高価に取引きされる．キツネ猟は無差別的な狩猟ではなく，毛皮の商業的価値によって選択がなされる．ELTON は 1834 年から 1924 年までの 90 年間に，カナダの一地域において，全捕獲個体中の銀狐が 16% から 6% に，十字狐が 32% から 23% に減少しているのをみた（SEARLE, 1968 より引用）．これは野生集団の毛色多型に対して選択狩猟という形で，高価な表現型に対し負の淘汰圧が加わった例である．

SEARLE の書（1968）にはアメリカクロクマ（*Ursus americanus*）の毛色多型について WALKER からの引用が見られる．この種の野生型は black-and-tan，すなわちアグチ座位の a^t 遺伝子に支配されているらしいが，濃褐色，シナモン色，青黒色，白色を含む毛色多型が見られ，同腹の子の間にも異なった毛色のものが現れる．B 遺伝子座や淡色遺伝子座などにおこった突然変異が頻度を増したのであろう．

筆者は京都大学霊長類研究所に 20 年余り勤務したので，*Macaca* 属サルに現れた毛色変異については自ら観察する機会もあり，同僚研究者から情報を提供される機会も多かった．その事例を以下に列挙する．

① 1955 年以降，ニホンザル（*M. fuscata*）高崎山群に，四肢先端の白化型が多数発見された（伊谷・水原，1957）．これは局所の皮膚と毛に色素を欠く変異で，出現率は 27/771 = 3.5%（伊谷ら，1964）であるが，遺伝的なものであるか否かは不明である．

② 徳田（1959）は愛媛県滑床渓谷に生息するニホンザルの 60 頭の群れに 1957 年秋アルビノ 1 個体を発見した．

③ 1970 年代中頃，小豆島寒霞渓のニホンザルの群れに 1 頭の全身白化型が発見，捕獲された．筆者はケージに飼育中のこの個体の写真を当時川村俊蔵教授から贈られた．

④ 1938 年，福島・山形県境吾妻山のニホンザル群に 1 頭の白猿が発見，捕獲され上野動物園に送られたが，2 年後に死亡した．1977 年ごろ 52 頭から成る同じ群れに 3 頭（5，3，1 歳）の雌の白猿が発見された．発見者遠藤享氏はこれをプリマーテス研究会において発表（1978）した．2002 年 12 月，現地米沢市を訪れた筆者に対し，1991 年よりその地の群れの観察を続けている高橋勉氏から与えられた情報によれば，1991 年以来その年まで 12 群，計 600〜700 頭から成るその地一帯のサルの地域集団にほぼ毎年 1〜2 頭，計 12 頭の白猿が生まれている．いずれも身体虚弱で，生殖年齢まで生き延びたものはいない．撮影された写真を見ると白猿というよりも白に近い淡褐色で，眼は黒色のようである．

⑤ 2005 年春，宮城教育大学の伊沢紘生教授からの私信によれば，石川県白山北部山域のニホンザルの群れに白い子ザル 1 頭が発見された．同教授より贈られた写真を見ると，これの被毛は明らかに黄色メラニンの発現が認められ，淡色サルと呼ぶべきではないかと筆者には思われた．

⑥ わが国江戸時代の画家谷文晁が寛政 5（1793）年 3 月，伊豆天城山中でスケッチした『猿図』と題する作品には 1 頭の白猿が描かれている．これを紹介した相見香雨氏の論文（1932）コピーと口絵写真のゼロックスコピーを日本モンキーセンター元研究員都守淳夫氏より贈られた．正常毛色をもつニホンザル 2 頭と共に描かれている明らかな白猿である．

⑦ 1978 年 8 月，台北市の邱英光氏からの書簡によれば，花蓮県山中で捕獲されたアルビノのタイワンザル（*M. cyclopis*）1 頭を 1989 年現在，飼育中であるという．

⑧ インドのルクナウ動物園長 R. K. Shukla 氏からの書簡によれば，同園はアルビノのアカゲザル（*M. mulatta*）1 頭を 1989 年現在，飼育中であるという．

⑨ 1980 年 9 月，インドネシア Surabaya 動物園においてアルビノのカニクイザル（*M. fascicularis*）が飼育中であった．

⑩ 1988 年夏，名古屋大学農学部（当時）の川本芳博士はカニクイザルの自然集団調査中，東北タイの Mahasarakam 市近郊の寺院の数百頭から成る餌付け群に，黒色メラニンを欠き褐色化した個体 15％が含まれていることを見いだした．川本らは野外での母子の毛色組み合わせ法によってこの変異の遺伝様式解明を目指している．

⑪ 1986 年 11～12 月，京大霊長類研究所の松林ら（Matsubayasi *et al.*, 1989）は，パラオ共和国 Angaur 島に人為的に移入され，林野に増殖した数百頭から成るカニクイザル集団中に，黄色メラニンを欠いて銀灰色の被毛をもつ個体を見いだした．同島で生体検査およびサンプル採取用に捕獲された 70 頭中，この変異型は 3 頭であった．このうち 1 頭が霊長類研究所に送られている．

⑫ 京大霊長類研究所の庄武孝義博士は，1981 年，スリランカにおいてトクモンキー（*M. sinica*）の野外調査中，Trincomalee 市内の 23 頭から成る群に，黄色メラニンを欠いて灰色の体色をもつ 2 個体を発見した．

⑬ Groves（1980）は 1975 年，セレベスマカクの野外調査において，同島南部に分布するムーアモンキー（*M. maura*）の自然群に褐色と黒色の毛色多型を観察し，また顔，頭部および前躯に部分的な退色を示す個体の存在を認めた．後者の型はそれ以前から現地の観察者によって時々視認されており，また 1981 年にも Watanabe and Brotoisworo（1982）によって観察されている．

ヒトの住家やその周辺に，何種類かのネズミが生息しており，公衆衛生上，駆除が奨励され，時に公的な捕獲作戦がおこなわれる．大友は 1929 年 3 月から 5 月まで，東京市域で捕獲されたネズミ 29,839 頭の種分類，測定，形質記載をおこない，結果を集約した（大友，1929）．このうち，27,523 頭（92.2％）がドブネズミ（*Rattus norvegicus*）であるが，この中に黒化型 1,779 頭と白化型 10 頭が含まれている．黒化型を非アグチ遺伝子のホモ接合体（aa），白化型をアルビノ（cc）と仮定すると，a 遺伝子の頻度 0.25，c 遺伝子の頻度 0.019 と計算される．白化型を大友はダイコクネズミと称しているが，「捕獲セラレタルハ自然状態ニテ白変シタルモノナルヤ，将又家養ノモノガ脱出シタルモノナルヤ明ラカナラズ」と述べている．再野生化の可能性を示唆しているわけである．なおクマネズミ（*R. rattus*）も 2,298 頭捕獲されているが，その中に胸部に白斑を有するものを見ることがある．また近藤（1983）によると，日本産野生ハツカネズミ（*Mus musculus molossinus*）の本州集団には A 遺伝子座の A^w（腹白アグチ）遺伝子が固定しており，対馬と北海道の集団には野生型の A と A^w の両遺伝子が共存している．

野生鳥類にはまれに，種内に異なった色相型が多型的に共存している例がある．日本から東南アジア，ニューギニア，オーストラリアまで広い分布をもつクロサギ（*Egretta scara*）には，野

生型の黒色型と白色型とが共存し，後者は白鷺(しらさぎ)と呼ばれ，美しく気品ある野生鳥類として古来，日本人に愛されてきた．

人家周辺に生息するスズメ，ツバメ，カラスなどの鳥類にも，ごくまれに白化型のような変異型が現れ，新聞などに報道されることがある．わが国古代の大化年間（645〜650），穴戸国（現在の山口県）において白色のニホンキジ（*Phasianus colchicus*）が捕獲され，国司より朝廷に献上された．朝廷では中国や朝鮮での前例を調査したうえ，瑞祥であるとして白雉(はくち)と元号が改められた．これがわが国で初めての改元であった（直木，1965）．

ヒトの管理を離れて野生状態にあるドバト（*Columba livia*）やヤケイ（*Gallus gallus*）にしばしば羽色多型が見られる．しかし，ドバトは家禽状態から野生に帰ったものであり，家畜化状態で頻度を増した突然変異遺伝子が保持されているのである．また南太平洋島嶼域に生息する，いわゆる野鶏集団に保有されている羽色変異（BALL, 1933）もまた，原住民の祖先が東南アジア地域から移住の際，伴ったニワトリ集団に含まれていた遺伝的変異に由来すると見られている．

iii) 家畜化初期の毛色変異

以上のごとく野生動物の自然集団において毛色多型はありふれた現象ではない．先史時代の洞窟壁画を見てもラスコー（フランス）やアルタミラ（スペイン）のような狩猟民の作品には毛色変異はほとんど見られず，タッシリ（中央アフリカ）のような牧畜民の作品には明らかにこれが現れる（図 I-4-3）から，毛色多型の有無が，壁画を描いた人々の生業を推測する集団標識の一つともなっている．ヒトが野生動物を飼育し家畜化すると毛色にかかわる遺伝的変異性がどのように変わるかを，飼育毛皮獣と実験動物について見たい．毛皮獣の毛色変異は，狩猟獣の段階においてすでに商品価値をもっていたものが多い．高価な毛色をもつ個体が選択的に捕獲されて養殖場に送られる．そこで繁殖がなされればまた新たな毛色変異が発見され，商品価値が試される．商品価値は衣料メーカーや消費者の美感に訴えて決まるのであるが，美感は移り

図 I-4-3　洞窟壁画のウシ．
a. 南フランスのラスコー（Lascaux）の野生牛（原牛）3 頭．画面右上の半身像は野生馬．b. サハラのタッシリ（Tassili）牧牛の図．画面上の 10 数頭には褐毛や斑紋をもつウシが認められる．

図 I-4-4 ハツカネズミの毛色突然変異体.
1787年に出版された珍翫鼠育艸（ちんぐぁんそだてぐさ）の挿絵.

気なもので，希少性によって高い評価を受ける場合が多い．実験動物は愛玩動物から転用されたものが少なくないが，毛色変異体は愛玩の対象となる例が多く（**図I-4-4**），ここでも希少性が価値を呼ぶ．医学生物学実験室に搬入された愛玩小動物では毛色が系統の商標となる．特にメンデル法則再発見（1900年）以後は毛色変異そのものが研究対象となり，多様な毛色突然変異体が固定され保存されるに至っている．

表I-4-2は飼育毛皮獣と実験用小型哺乳類の相同遺伝子座において，存在が認められた突然変異遺伝子の数を示す．相同遺伝子座はROBINSON（1970a）によって，1970年代初期までに発見された各座位の変異遺伝子数をSEARLE（1968）および山田（編，1989）を参照して数えた．このうち，マウス（*Mus musculus*）は愛玩用の段階を経て，1800年代から研究用とされ，1900年代以降は遺伝学研究用動物としても用いられ，多数の近交系が作出されている．ラット（*Rattus norvegicus*）は愛玩用を経て19世紀後半から実験動物となり，有名なWister系アルビノを初めとして，多くの系統が作出，維持されている．実験動物のハムスター（*Mesocricetus auratus*）は1930年にシリアで捕獲された1頭の雌とその1腹の仔に由来し，この子孫が世界中に広まったのは第2次世界大戦中であった（猪，1982）．**表I-4-2**にある実験動物4種のうち，飼育の歴史が最も長いのはモルモット（*Cavia porcellus*）であろう．MÜLLER-HAYE（1984）によれば，紀元前にアンデス高地でインカによって肉用に家畜化され，ヨーロッパにもたらされたのは16世紀である．野生毛皮獣のキツネ（*Vulpes vulpes*）とミンク（*Mustela vison*）は共に19世紀後半に飼育状態での繁殖が始まった（BELYAEV, 1984；SHACKELFORD, 1984）．**表I-4-2**における6種の哺乳類には，家畜状態での歴史に長短はあるが，家畜化初期の動物集団において，毛色に関する遺伝的変異性がいかに消長するかをこれからうかがうことができる．

表I-4-2を見て気付くことは，飼育毛皮獣と実験用小型哺乳類の毛色遺伝子座における変異遺伝子の数が，本節のii）項で述べた野生動物のそれに比べて著しく多いこと，すなわち，毛色にかかわる遺伝的変異性が家畜化と共に著しく増大していることである．飼育下に置かれたこれら哺乳類が，野生動物と生育環境を異にしている点の第一は，出産直後の子を飼育者がいち早く確認することであろう．そこで毛色変異はヒトによる保護を受けやすい．それに対して，野生動物ではこうした色変わりの多くは負の自然淘汰を受け，表現型が正常型と異なっていればいる

表I-4-2 飼育毛皮獣と実験用小型哺乳類において，これまでに知られている変異遺伝子数.

用途	動物名 和名	学名	A	B	C	D	E	P	S	Si	U	W	その他
毛皮獣	キツネ	*Vulpes vulpes*	1		2	1	1					1	2
	ミンク	*Mustela vison*	1		1	1	2	1		1	3	1	11
実験動物	マウス	*Mus musculus*	16	4	6	4	3	11	2	1	1	1	12
	ラット	*Rattus norvegicus*	2	1	3	1		2	4	1			5
	ハムスター	*Mesocricetus auratus*	1	1	1		1	1	1			1	13
	モルモット	*Cavia porcellus*	1	1	4		2	1					

A, B, C, D, E, P, S, Si, U, Wは種間で相同と見られる遺伝子座（ROBINSON, 1970aによる）．各遺伝子座における変異遺伝子数はSEARLE（1968）および山田（編，1989）を参照して数えた．空欄は野生型遺伝子のみ．

程，選択的に除去される可能性が高い．前項で述べた野生動物の遺伝的毛色変異とは，その多くが出産直後に除去的に働く自然淘汰作用をくぐり抜けた後の変異の姿である．飼育毛皮獣や愛玩用・実験用動物の毛色変異は，希少であればある程，野生状態にあったらいち早く除去されるはずのものが保護され保存されるのである．

家畜化という行為は，集団遺伝学の用語を使えば，集団の有効な大きさの縮小，繁殖集団の細分化であり，これは動物集団中に潜在していた劣性遺伝的変異の顕在化を促す．それ故，動物を飼育下で継代し始めると，すぐに多様な遺伝的変異が集団中に出現し始める．そうした変異体の多くは生存力の弱いものであるにもかかわらず，ヒトの保護を受けることによって飼育集団中に保持され，繁殖の機会が与えられて増殖する．増殖した毛色変異は，毛皮獣や愛玩動物においてはその希少性によって価値が与えられ，実験動物にあっては固定され，系統の商標としての役割を担うことになる．実験動物の中でも，遺伝学研究用動物であれば，交配実験の目標とされる．形質の観察が精細になされるから，同一座位の異なる複対立遺伝子は細かく区別され固定される．マウスの多くの毛色座位に見られる多数の複対立遺伝子はこうして固定されたものである．

わが国では食虫目に属するジャコウネズミ（*Suncus murinus*）の実験動物化がおこなわれている．人家や家畜小屋のようなヒトの生活圏に寄生的に生息してきたとは言え，この動物には愛玩動物の履歴はないが，家畜化への努力の始点も系譜も記録に留められている．1973年以来，アジア各地でジャコウネズミの採集がおこなわれた（織田・井関，1983；織田，1989）．そのうち，1980年6月と10月，沖縄県多良間島で採集された78頭中，成体雄1頭がアルビノであったが，発見時にトラップ内で死亡していた（辻，1981）．1986年6月同島内で捕獲された12頭（雄6，雌6）を相互に交配した子孫に巻き毛突然変異体が現れ，劣性形質と推定された（織田，1985）．またインドネシアのジャカルタ市で採集された野生型の雄2頭，雌2頭の子孫にクリーム色変異体が発見され，交配実験の結果，常染色体劣性遺伝子（*cr*）に支配されていると推定された（ISEKI *et al.*, 1984）．さらに1984年に捕獲され，実験動物室に導入されたスリランカ産の個体は体毛や皮膚にメラニン色素が少なく，交配すると後代にこの形質の分離が見られたので，遺伝的な毛色変異と考えられた（織田，1989）．

ニホンウズラ（*Coturnix japonica*）は東アジアに生息する渡り鳥で，わが国は600年以上の飼育歴史をもつ．はじめは鳴き声を楽しむために飼われたが，現在の家禽ウズラは明治から大正にかけ，鳴きウズラから産卵性について選抜，淘汰され改良されたもので，この産業的ウズラ育種の中心地は愛知県豊橋市である．1950年代後半から1960年代にかけて，日米両国において家禽ウズラを実験動物化する試みが開始された（若杉ら，1983）．ウズラは日本人によってこの国土内で創出された唯一の家畜種である．実験動物化がおこなわれると，羽装を始めとして形態的な突然変異が次々と発見された．これらは交配実験によって遺伝様式が調べられ，保存されている．若杉ら（1983）は実験用ウズラにおけるミュータントのリストを掲げているが，それから羽色突然変異のみを抜き出しておく．（　）内は遺伝子記号を示す．

　伴性劣性遺伝子：不完全アルビノ（*al*, *sw* または *c^{sw}*），暗色眼淡色羽（*al^D*, *c* または *reb*），
　　伴性ブラウン（*br* または *e*）．
　常染色体性優性および不完全優性遺伝子：褐色拡張羽（*E*, *B*, *+^D* または *DB*），シルバー
　　（*B* または *S*），白色羽（*W*），黄色致死（*Y*），黒色初毛致死（*Bh*）．
　常染色体性劣性遺伝子：斑入り白（*p*），パンダ（*s* または *i*），劣性白（*wh*），バフ（*pk*），淡

色羽（d），胸白（wb），三日月斑（cr），赤頭（rh または e^{rh}），暗色羽神経異常（dn），主翼羽（wp），劣性シルバー．

常染色体性劣性致死遺伝子：完全アルビノ（a），白色初毛（c）．

飼育開始から 600 年，産業的育種の開始から 100 年，実験動物化の開始から 30 年間に，羽色突然変異 21 遺伝子が発見され，固定されていることになる．

iv) 家畜の毛色多型

表 I-4-3 に哺乳類家畜 10 種においてこれまでに発見保存されている毛色に関する突然変異遺伝子数を表 I-4-2 と同様の形式で示す．ここでは SEARLE（1968），ROBINSON（1970a）を基にし，筆者自身の知識をも加えて数えた．これら 10 座位に認められている対立遺伝子数（野生型遺伝子を含む）は飼育毛皮獣と実験動物 6 種の平均で 2.6，際立って対立遺伝子数の多いマウスを除く 5 種の平均が 1.9 となる（表 I-4-2）．家畜 10 種の平均も 1.9 であり（表 I-4-3），マウスを除けば，飼育毛皮獣・実験動物は家畜と毛色変異遺伝子の座位当たりの数は同一レベルにある．ごく最近の家畜化された動物種も，家畜として数千年の歴史を担う動物種も，毛色にかかわる遺伝的変異性がほぼ同じであるということは，種集団中に含まれる毛色突然変異遺伝子の顕在化が，どの家畜種も家畜化の初期段階に集中的におきるからと考えられる．

こうして出現した毛色変異は，その家畜の飼養目的との直接のかかわりにおいて経済価値をもつことは少ない．しかし毛色が飼養民の財である家畜の管理に当たって，個体識別に用いられる例は多い．わが国のウマの毛色多型は，古来このような役割を果たしてきた．鹿毛，青毛，栗毛が最もふつうに見られる毛色で，それに希釈（dilution）因子の作用が加わった河原毛，月毛，それに白色馬の芦毛などの毛色呼称が古くからおこなわれている．それら毛色の遺伝様式を表 I-4-4 に示す．ただこうした毛色呼称は，メンデル法則発見のはるか以前から，生物学的遺伝研究とは無関係の日本で使われているのであるから，それと遺伝子記号との対応は必ずしも完全でない．また毛色を細分しようとして案出された黒鹿毛，赤鹿毛，青鹿毛，白鹿毛，水青毛，栃栗毛，白栗毛等々といった色調の呼称となると，人によって判定基準が同じとはいえない上に，色調そのものがウマの成長加齢と共に変化する場合があり，ときに客観性に関して問題がおこる．

表 I-4-3 哺乳類家畜において，これまでに知られている変異遺伝子数．

動物名					各毛色遺伝子座における変異遺伝子の数								
目	科	種	野生原種学名	A	B	C	D	E	P	S	Si	U	W	その他
偶蹄目	ウシ科	ウシ	*Bos primigenius*	3	1	4	1	3		3			3	1
		スイギュウ	*Bubalus bubalis*				1	1		1			1	1
		ヒツジ	*Ovis musimon*	1	1					1	1		1	3
		ヤギ	*Capra aegagrus*	2						1			1	1
	ブタ科	ブタ	*Sus scrofa*	1		1	1	3		1			2	2
奇蹄目	ウマ科	ウマ	*Equus przewalskii*	2	1	1		2		1	1			2
		ロバ	*Equus asinus*	1	1					1				
食肉目	イヌ科	イヌ	*Canis lupus*	3	1	3		3	1	3	1			7
	ネコ科	ネコ	*Felis silvestris*	1	1	3	1			1		1	1	3
ウサギ目	ウサギ科	ウサギ	*Oryctolagus cuniculus*	3	1	5	1	4		1	1		1	2

A, B, C, D, E, P, S, Si, U, W は相同と見られる遺伝子座（ROBINSON, 1970a による）．各遺伝子座における変異遺伝子数は SEARLE（1968），ROBINSON（1970a）などを参照して数えた．空欄は野生型遺伝子のみ．

表 I-4-4　ウマの毛色の遺伝様式.

鹿　毛：bay（ka-ge）	A_B_dd
青　毛：black（ao-ge）	aaB_dd, aaB_Dd
栗　毛：chestnut（kuri-ge）	__bbdd
河原毛：bay-cream（kawara-ge）	A_B_Dd
月　毛：chestnut-cream（tsuki-ge）	__bbDd
佐目毛：pseudo-albino（same-ge）	DD
芦　毛：gray（ashi-ge）	G_
粕　毛：roan（kasu-ge）	Rr（RR は致死）
斑　　：spotted（buchi）	S_

ウマの毛色変異の個体識別用としての効力は，このあたりが限界であろう．

図 I-4-5 は木曽馬に関する古文書である．木曽を領していた尾張藩は，藩の重要産物として，年々農家1戸1戸に飼われていたウマの記帳をおこなっていた．この文書には当歳馬と母馬の毛色，および飼養者名が記録されている．図 I-4-6 は競馬雑誌からのコピーで，重賞レース GI（1984～1985）で七冠馬に輝いた"皇帝"シンボリルドルフの血統記録である．競馬界で毛色記録が重視されるのは，個体識別にとどまらず，これが競走馬の成績を左右することの大きい血統（pedigree）の不完全にもせよ保証となるからで

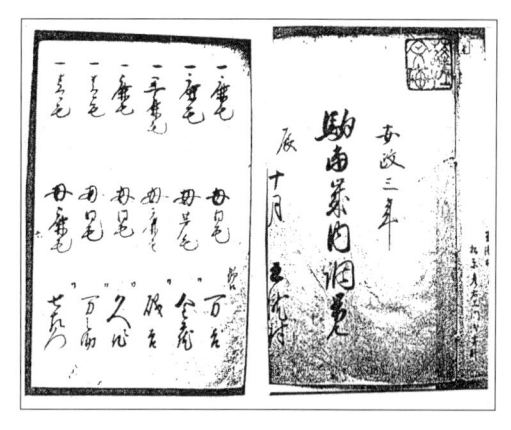

図 I-4-5　安政3年（1856年）『駒当歳内調覚』木曽王滝村当歳馬の記録.
表紙とあるページのコピー，徳川林政史研究所蔵.

図 I-4-6　シンボリルドルフの血統記録.
1984年末から1985年末に七冠馬（有馬記念，皐月賞，日本ダービー，菊花賞，ジャパンカップ，天皇賞，有馬記念）に輝いた．（競馬雑誌『優駿』より）

ある．すなわち，毛色の遺伝はこの世界ではよく知られており，たとえば，青毛同士の交配からは鹿毛の子は生まれない，栗毛同士の交配からは栗毛しか生まれない，あるいは白色，淡色，粕毛，ブチのような毛色をもつ子の両親の少なくとも一方はこのような毛色をもつ，といった遺伝法則が血統についてのチェック機能を果たしている．同じ理由により，競走馬生産者の牧場で，両親の毛色からして現れるはずのない毛色をもつ子馬が生まれでもすると，DNA鑑定が普及する以前には，筆者のごとき単なる遺伝学研究者に，競馬雑誌の編集部が変事の発生理由を推理する一文の寄稿を求めてきたものであった（野澤，1980）．

FORDE（1963b）は牧畜民 Masai 族が，飼いウシに個体名を与えていることを初めて指摘した．梅棹（1966）は牧畜民 Datoga 族の家族が家畜，特にウシに個体名を与えていることを観察し，その命名法を調べた．毛色，斑紋，形態，由来，地名，人名などが命名において意味をもつが，名実不一致，同名多数という場合がしばしばあり，命名は母ウシの個体名の踏襲，当のウシの特徴，およびウシの由来という3つの原理に基づいてなされる．それ故，名は個体名というよりも擬制的な母系血縁集団に与えられる姓のごときもので，彼らはこれによって家畜群の管理をおこ

表 I-4-5 ウシの毛色を支配する遺伝子型と表現型.

WW	almost lack of pigmentation：ほぼ白色
Ww	roan：クリーム色
ww	colored：正常着色
$E^d\_$	dominant extension of black：黒色（アバディーン・アンガス種，ホルスタイン・フリーシャン種）
$E\_$	normal extension of black：黒褐色（ジャージー種，ブラウン・スイス種）
$e^{br}\_$	brindled：虎斑
ee	yellow or red：黄色から褐色
SS	self-colored：無白斑
Ss	slightly spotted：小白斑
ss	spotted：白黒斑（ホルスタイン・フリーシャン種）
$C\_$	colored：正常着色
cc	complete albino：アルビノ（完全劣性白）
$D\_$	colored：正常着色
dd	black→dun：黒色→濃褐色，red→yellow：褐色→黄色
Dominant white spotting genes：優性白斑遺伝子	
Bl^h	Hereford pattern：ヘレフォードパターン（額面・背腹線白色）
Bt^l	Dutch belt：ダッチベルト（腹囲白色）
Cs^l	color-sided：体側着色

SEARLE（1968）による．

なう．IMAI（1982）によるとGabra族もまたヤギの飼育管理において，母子を通じて継承される母系集団名（姓）と雌ヤギの個体名を呼び，動物はその声に反応することによって搾乳が能率よくおこなわれる．ここで姓あるいは個体名は，毛色や斑紋パターンに基づいていることが多い．日本人のような非牧畜民にあっても，家養家畜や愛玩動物に個体名を与えており，イヌやネコを命名する際にも毛色がつかわれる例が多い．家畜の名に毛色や斑紋パターンが広く使用されるのは，これらに関して集団内の多様性（diversity）が大きいからである．多様な毛色変異が個体識別用の標識，あるいは符牒として機能するのである．

18世紀以来，家畜の生産力を遺伝的に向上させるための努力，すなわち近代的な育種事業がイギリスを中心として開花した．育種における最初の中心的課題は，限定された用途の品種（breed）を，各家畜種内に多数造成することにあった．こうして品種分化がおこるが，この過程で，家畜種全体としての毛色変異性は高レベルに保たれる一方，品種内の毛色変異は減退し，多くの場合，毛色に関する遺伝的変異はゼロとなる．つまり品種は毛色によって特徴づけられることになる．そうなれば，毛色は品種の商標，純度保証書の役割を果たすことになる．

表 I-4-5 はウシの毛色の遺伝様式を示すが，世界的に普及度の高い乳牛のホルスタイン種（Holstein-Friesian）の遺伝子型は $ww\ E^d\_\ ss\ dd$ （黒白斑，最近は褐白斑 ee も，したがって $E^d e$ も許される），Jersey種は $ww\ EE\ SS\ dd$，肉牛のHereford種は $ww\ ee\ SS\ Bl^h\_\ dd$，Aberdeen-Angus種は $ww\ E^d E^d\ SS\ dd$，韓牛は $ww\ ee\ SS\ dd$ というように，各品種内で毛色遺伝子はほぼ固定している．他種と交雑すれば，F_1 あるいはそれ以後の世代にその品種に現れるはずのない毛色のウシが生まれるであろう．

毛色遺伝子が家畜の品種や地域集団を特徴づけることができるとすれば，在来家畜の系統を解明しようとする研究分野において，毛色を遺伝標識として使用する可能性が生まれる．以下そのような研究を2つ紹介したい．

わが国には白色，乳用のザーネン(Saanen)種のほかに，九州南部から沖縄にいたる南西諸島と，九州西部の群島域に，小型で有色の肉用ヤギが飼われてきた．韓国南部や華南，海南島，台湾などには黒色の肉用ヤギがいる．台湾以南のフィリピン，インドネシアなど東南アジア島嶼部にも，マレー語でKambing Katjang（マメヤギの意）と称する小型で有色の肉用ヤギが分布する．韓国や台湾の在来ヤギも，わが国南西部島嶼地域の肉用ヤギも，白色のSaanen種（毛色遺伝子構成：$II\,aa\,BB$）によって，多少とも雑種化されている．そこで白色個体を除外し，有色個体の中の黒色（$ii\,aa\,BB$）と褐色（ヤギの野生型毛色：$ii\,A\_BB$）との相対的割合を調べた結果を**図I-4-7**に示す．これからわかることは台湾山脈によって隔てられた西部と東部とで，肉用在来ヤギの遺伝子構成が異なることである．台湾西部の農業地帯のヤギは中国本土の福建省，広東省からもち込まれた黒色ヤギの子孫で，この集団にSaanen種が流入すると，後代の毛色は白色と黒色の2型が分離出現する．台湾東部の在来ヤギは東南アジア島嶼部由来の褐色ヤギで，この集団にSaanen種が交雑すると，後代の毛色は白，黒，褐の3型となる．わが国の沖縄や奄美群島に飼われている肉用ヤギは南方フィリピンから台湾東部をかすめて東北に向かう列島線，つまり「海上の道」を経て渡来したマメヤギの系統に連なるものであり，五島列島や九州西部長崎県西海岸地方の肉用ヤギは大陸の韓国や中国の小型肉用ヤギの系統に連なるものと考えられる．

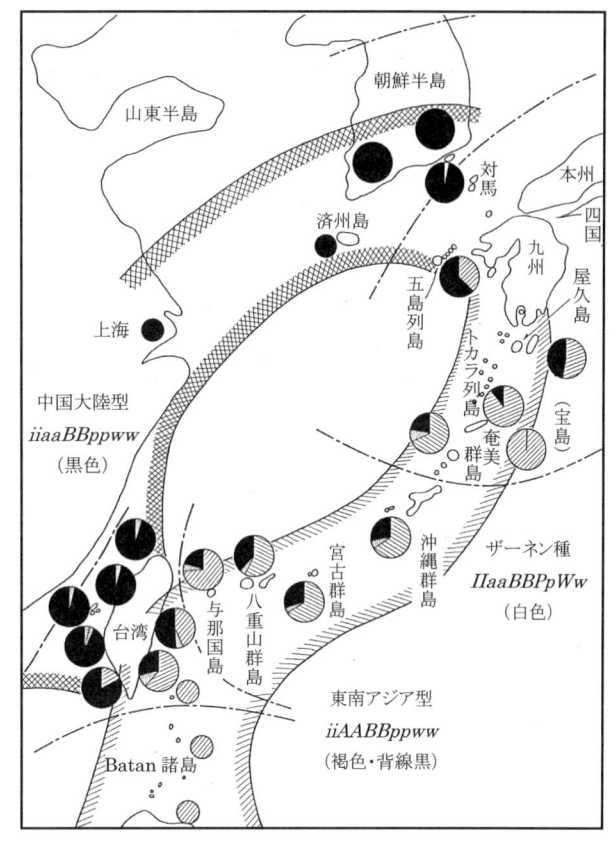

図I-4-7 日本周辺地域における在来ヤギの毛色分布．白色個体を除き，黒色（黒），褐色・背線黒（斜線），その他有色個体（点）の相対頻度を示す．なお，$P \sim p$，$W \sim w$ はそれぞれ，無角～有角，肉ぜん有～肉ぜん無を支配する対立遺伝子を示す．

　東南アジアの村落の養鶏はいまなお庭先放飼によっている．この地域の森林地帯はセキショクヤケイが生息し，ニワトリ集団にヤケイの雄が接近し交雑し，ヤケイ遺伝子を流入させていることをI-3章(3)節で述べた．このことよりもさらに顕著な遺伝子流入（gene flow）は改良鶏種から庭先放飼鶏集団へのそれである．住民は庭先放飼鶏の肉用能力，産卵能力の改良を目ざして意図的にこの遺伝子流入を促しており，現今，東南アジアの庭先放飼鶏の遺伝子組成は大きな変化を受けつつある．西田（1967）は，一方で韓国，他方では台湾，南西諸島と，日本へのニワトリの渡来ルートと想定される地域で，農家放飼鶏の外皮形質に関する遺伝的多型を，1羽ごとの形質記録を多数とることによって調査した．ニワトリの羽色，脚色を支配する遺伝子は**表I-4-6**

表 I-4-6 ニワトリの羽色など外皮形質を支配する遺伝子.

常染色体性	
ii	有 色
$I\_$	優性白色
$E\_$	黒 色
$e^+\_$	野鶏色
ee	コロンビアン羽装
$bl\ bl$	黒色メラニン
$Bl\ bl$	黒色メラニン沈着部分抑制（ブルー）
$Bl\ Bl$	黒色メラニン沈着抑制（ほとんど白色）
pp	単 冠
$P\_$	豆 冠
伴性	
ss	金 色
$S\_$	銀 色
bb	横斑なし
$B\_$	横斑あり
$id\ id$	脛に真皮性メラニン沈着
$Id\_$	脛に真皮性メラニン沈着抑制

に示すごとくである．これらの地域の放飼鶏はいくつかの欧米系品種によって雑種化されているが，その欧米系品種とそれらの外皮形質遺伝子組成は次に示すとおりである．

　　White Leghorn：$I\ E\ S\ B\ Id\ bl\ p$
　　横斑 Plymouth Rock：$i\ E\ S\ B\ Id\ bl\ p$
　　Rhode Island Red と New Hampshire：$i\ e\ s\ b\ Id\ bl\ p$

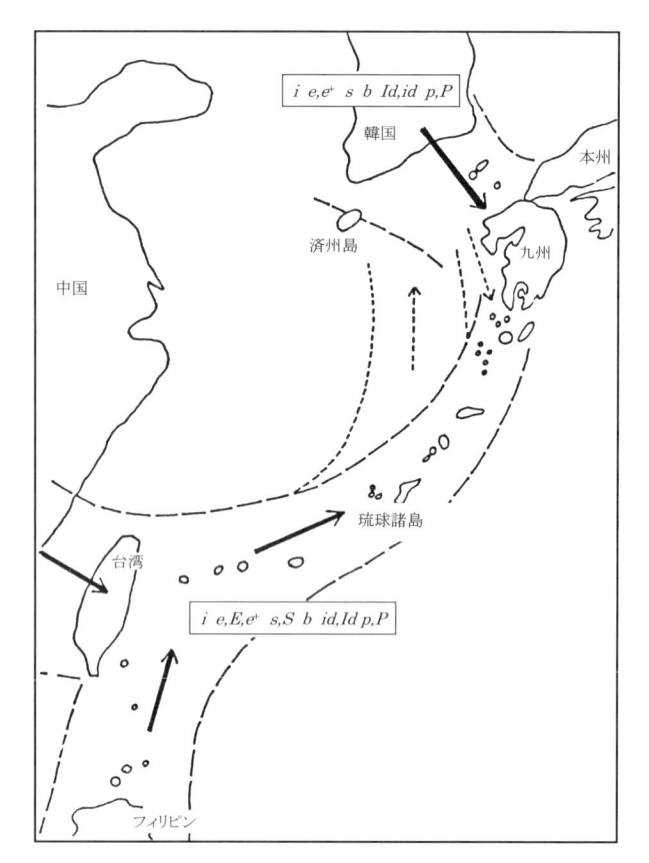

図 I-4-8 日本へのニワトリの渡径路とその径路に沿って流入したと見なされる羽装などを支配する形態学的遺伝子.

地域集団におけるこれら遺伝子座の対立遺伝子頻度を推定し，遺伝子流入モデルにより上記の欧米系諸品種から流入したと考えられる頻度をそれから引き去ることによってその他の在来鶏がもともと保有していたはずの遺伝子の頻度を抽出し，それの統計的有意性を検定した．その結果，**図 I-4-8** に示すごとく，朝鮮半島を経由して多くの遺伝子がわが国に流入していることがわかるが，E（黒色）遺伝子や S（銀色）遺伝子についてはこのルートから流入したとは考えられず，南方島嶼経由の流路を想定する必要が生じる．日本在来鶏にこれらの遺伝子が古来保有されていたことは明らかであるから，このことは日本在来鶏の幾分かは南方ルートから入ったとする推測の根拠を与えると考えられる（野澤・西田，1970）．

v） 家畜の毛色に対する多様化淘汰

個体識別用，あるいは品種の商標として毛色や斑紋パターンが使われる際には，飼養民は家畜集団が表現している毛色変異を利用しているわけである．もし毛色変異がなければ，あるいは不充分であれば，別の個体特徴が標識とされるだろう．しかし，次の段階に進むと，飼養民が家畜集団に対して遺伝的変異性を拡大，増幅させるように，意識的に圧力を加えるという状況があらわれる．

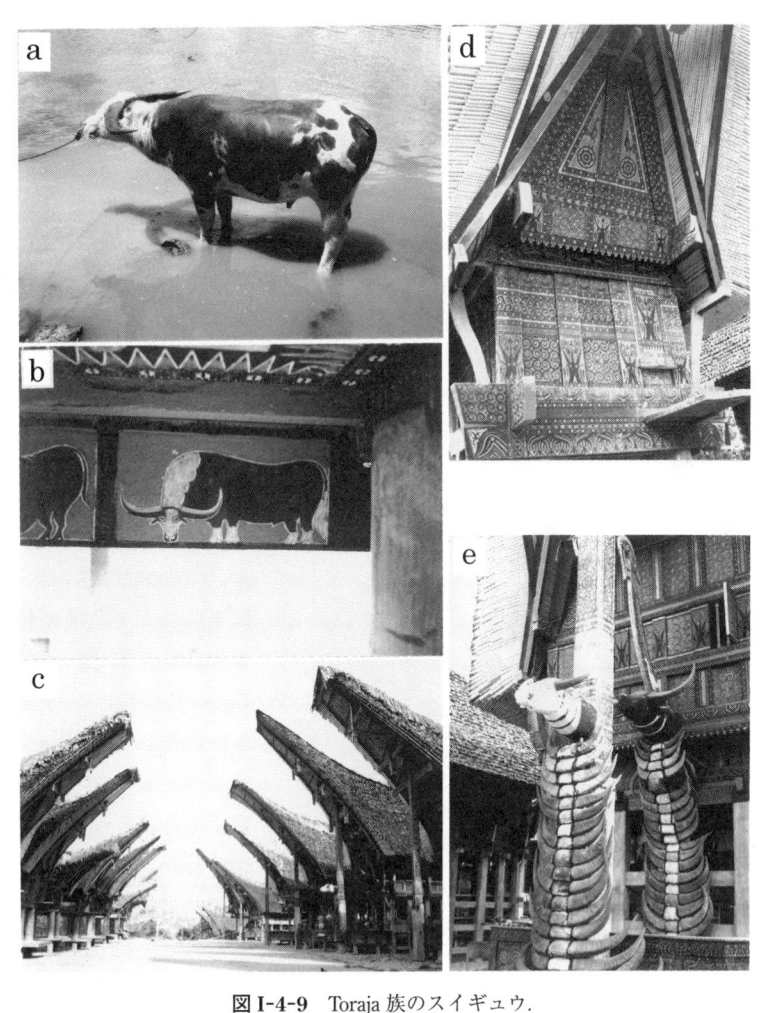

図 I-4-9 Toraja族のスイギュウ.
a. 黒白斑スイギュウ　b. 伝統家屋内面に描かれた黒白斑スイギュウ　c. 伝統家屋　d. 外壁面に描かれたスイギュウとニワトリの象徴画　e. スイギュウの頭部の模型と積み上げられた角

スラウェシ（Sulawesi）島中部山地にToraja族という原マレー人種に属する一種族が住んでいる．水田耕作をおこない各種家畜を飼うが，その中でスイギュウは彼らの信仰や儀礼に結びついた生けにえ用の聖獣で，彼らの最も重視する死者儀礼における象徴となる．葬儀の際，スイギュウは屠殺されて彼岸への使者となるが，そこで死者の縁者によって拠出されたスイギュウの頭数と価値とに応じて遺産が分配される．スイギュウの価値は毛色によって異なり，斑紋をもつスイギュウ（spotted buffalo）1頭は，ふつうの黒灰色個体の10頭分と評価される．それ故，重要人物の葬儀には多数の有斑水牛を集めなければならない（木村，1971；山下，1988）．Toraja族部落を訪れる人は，伝統家屋の壁面に黒白斑のスイギュウやスイギュウの頭部を象徴する図案が描かれ，破風の下には頭部の模型と共に，屠殺された数十頭分のスイギュウの角が積み上げられているのを見ることができる（図 I-4-9）．

東南アジア全域にわたって，水田農耕の役用として使われる沼沢型スイギュウ（swamp buffalo）に毛色多型がある．図 I-4-10に沼沢型スイギュウの3毛色，すなわち野生型である黒灰色，

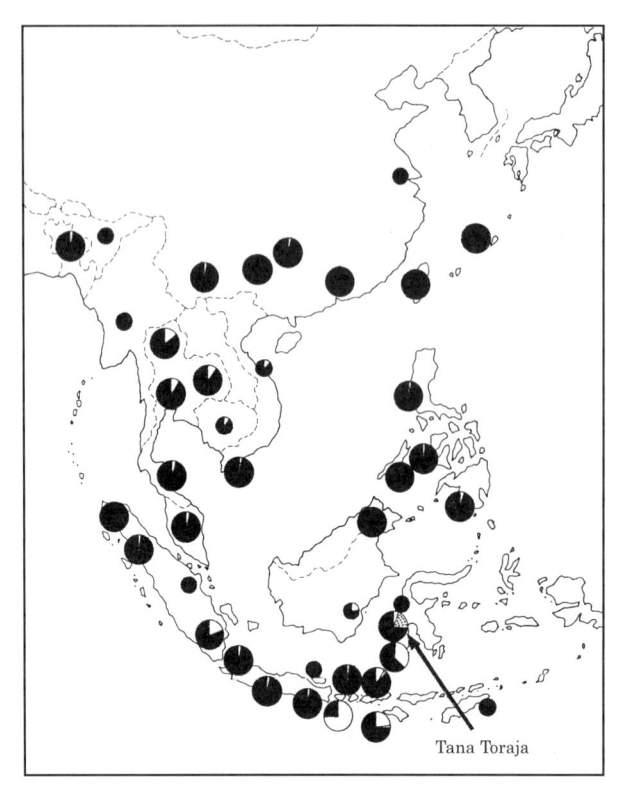

図 I-4-10　東南アジアを中心とする沼沢型スイギュウの毛色変異．黒部は黒灰色，白部は白色，黒点部は斑紋型の出現頻度を示す．

白色（目は黒く albinoid と呼ばれる）および斑紋型の頻度を筆者らの調査結果をもとにして地図上に扇形グラフで示した．白色は黒灰色に対して完全優性であり（RIFE and BURANA-MANAS, 1959；NOZAWA and SOONTRAPORN, 1974），この遺伝子は Bali 島，Sumbawa 島，Sulawesi 島などと，タイ国北部で頻度が高い．理由はヒンズー教徒が供犠獣として白色を忌避するためであるとか，白色スイギュウの肉を食するとレプラになるという迷信があるためとか言われる（COCKRILL, 1974）．他方，有斑型は東南アジア全域にわたって極めてまれであるが，ただ Sulawesi の Toraja 県において約20％という高率を保っている．Toraja 族が死者儀礼において有斑スイギュウの供犠を尊重するという慣習をいつ獲得したのかはわからないが，まれな遺伝的変異型が高い評価を受けるようになれば，この頻度は増大し，集団の遺伝的変異性は上昇する．すなわち，遺伝的多様性を増大させる方向に人為淘汰圧が加えられることになる．

　ネコは家畜化の程度が低いにもかかわらず，毛色多型のレベルにおいて全家畜種を通じてトップに位置すると思われる．野外調査データは第 II 部 8 章（ネコ）に詳しく紹介しておりそちらを参照されたい．日本国内地域集団内で多型の程度は非常に高いが，地域集団間では各座位の対立遺伝子頻度がよくそろっているという印象を受ける．しかし，遺伝子頻度の地域間変動は，一定の平均値をもつ単一母集団からの無作為標本群が示す機会的変動の範囲を超えている．すなわち地域ごとに遺伝子頻度を変動させるなんらかの力が働いていると見られる．具体的要因としては，地域間隔離による遺伝的浮動，自然淘汰圧と人為淘汰圧の局地的および一時的な変動であろう．なかでも人為淘汰圧の変動は大きな意味をもつ．そもそもネコ集団にこれだけの毛色多型が見られるということが，愛玩動物であるネコ集団の毛色分布に対し，個人としては大した影響力をもたない多数の飼養者が，互いに異なる毛色への好みをもっていたことの結果であろうし，長期間にわたり多型が維持されることにも同じ要因が作用したに違いない．つまり，ネコを飼っている多数の人たちが集団として遺伝的多様性への淘汰圧をネコ集団に加えているのである．

　東アフリカの牧畜民が，色や模様を敏感に識別するばかりでなく，それに対する個人的好み，あるいは個人的執着が強く多様であることを EVANS-PRICHARD は早く 1940 年に指摘している．

福井（1979）はエチオピア南西部に住む Bodi 族の地に入り，彼らの色彩認知体系を調査した．Bodi 族はものの色と模様を細かく区別して名称を与えているが，それらは彼らが飼うウシの毛色変異に対応しており，ウシの個体名はその色と模様に基づいている（**図 I-4-11(a)**）．Bodi 族の子供は生後1年くらいで命名される．血縁者や隣人が名付け親になるが，そこで名付け親に同一化した去勢ウシの色と模様が相続される．子は相続した色と模様に愛着を示し，成長して若者になると，その色と模様をもったウシを所有しなければならない．彼は名付け親や近隣からそのようなウシを譲り受け，譲り手とは生涯にわたって信頼関係を結ぶことになる．個人ばかりでなく年齢組，世代組，地域社会もまたそれぞれ異なった毛色のウシで象徴される．首長の就任儀礼，戦争，結婚や葬儀，農作業の開始，移住などに当たっても，それぞれ特定毛色のウシが供犠される．

すなわち Bodi 社会の人々が生きるためには，ウシに多様な毛色変異が存在しなければならない．もし必要とするウシがいなかったら，他部族から略奪してこなければならない．これは Bodi が部族全体として，ウシの集団に毛色の多様化に向けての人為淘汰を加えていることを意味する．多様な毛色変異を維持するために，彼らは毛色を標的として種ウシの選択をおこな

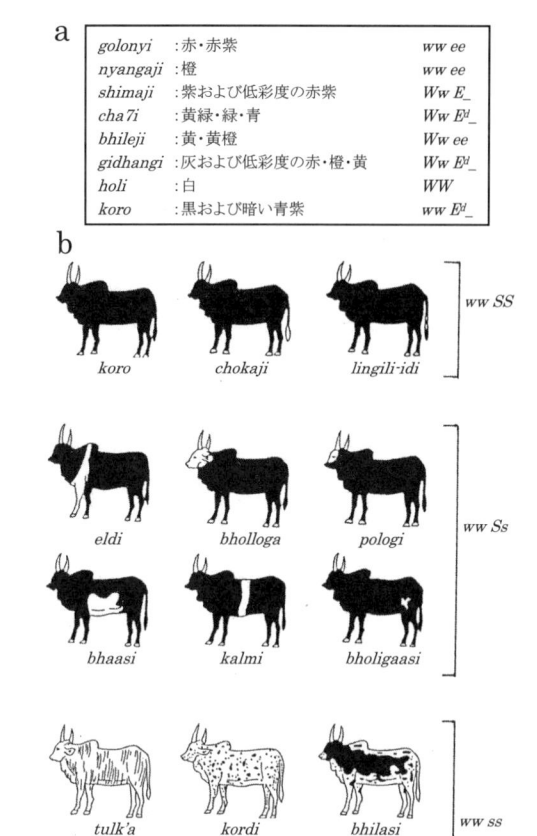

golonyi	：赤・赤紫	$ww\ ee$
nyangaji	：橙	$ww\ ee$
shimaji	：紫および低彩度の赤紫	$Ww\ E\_$
cha7i	：黄緑・緑・青	$Ww\ E^d\_$
bhileji	：黄・黄橙	$Ww\ ee$
gidhangi	：灰および低彩度の赤・橙・黄	$Ww\ E^d\_$
holi	：白	WW
koro	：黒および暗い青紫	$ww\ E^d\_$

図 I-4-11　a. Bodi 族における色彩基本語と b. ウシの模様を表す語．
共に福井（1979, 1988）より改写．右側はそれら毛色の遺伝子記号による表示．

う．それをある毛色をもつ雌ウシに種付けすることによって，どのような毛色の仔ウシが生まれるかを彼らは経験的に知っている．かような知識の体系を福井は Folk Mendelism（民俗遺伝観）と名付けた．

福井は5人の情報提供者からの聴取によって，種々の毛色組合せの交配と，それから生まれた仔ウシの毛色に関する事例を列挙している（福井, 1988）．現地語で記載されている毛色パターンを，**表 I-4-5** により遺伝子記号に翻訳（**図 I-4-11(b)**）すると，われわれの遺伝学の方が斑紋パターンについて，Bodi 族ほど細かな分類をしていないことがわかる．福井があげている両親と仔の毛色が，遺伝学から説明可能であるかどうかを検討したところ，説明不可能な事例は83例中20例（24%）であった．この20例中18例が白や粕毛，すなわち W 遺伝子が関与し，これが関与しない交配事例41例中，遺伝学的に説明不可能な事例は2例（5%）に過ぎなかった．また Bodi の民族遺伝観として図示されている10組の交配中，遺伝学的に説明不可能なものが5組あったが，うち4組に W 遺伝子が関与していた．つまり斑紋パターンの分類の細かさに

おいて，遺伝学は Bodi 族に及ばないこと，ホリ（白），チャイ，ギダギ（いずれも粕毛）などと呼ばれている毛色の定義が曖昧なことを除けば，Bodi 族の遺伝知識はメンデル法則とほとんど矛盾しない．

いうまでもなく，Bodi 族のこの知識は，メンデル遺伝学とはまったく無関係に獲得されたものである．両親の毛色の組合せから仔の毛色を予測する知識によって，Bodi 族は飼いウシ集団の毛色分布を操作することができる．ウシの毛色に多様化淘汰を加える文化的装置は，彼らの民族遺伝観を育て，逆にこの遺伝観が多様化淘汰の有効性を支えている，ということができよう．

［ここ「4章(3)節」までは福井勝義編『地球に生きる（4）自然と人間の共生』（雄山閣，1995）中の野澤執筆のⅡ章1節「家畜化と毛色多型」に従って記述された．］

なぜ，野生動物にはまれな毛色多型が家畜にはこれほど大きく，普遍的なのであろうか．

家畜が野生動物と異なる点は人為淘汰を受けていることである．しかし家畜が受けている畜産的形質能力の改良に向けての単純な人為淘汰においては，淘汰圧の方向は定まっていて，変異をもつ遺伝子座がこれに捕えられた場合，世代を重ねればやがては対立遺伝子の完全消失または置換がおこり，多型状態が集団の特徴として長く維持されることはない．それ故この多型は置換の過程における多型（substitutional polymorphism）ではない．2つの対立遺伝子が存在する場合，多型の程度すなわち多様性（diversity）は，対立遺伝子頻度（$q, 1-q$）が（0, 1）に近い値から最大多型の状態（0.5, 0.5）に達するまでは増大するが，人為淘汰作用はすぐにそれをとび超え，q が（1, 0）に近くなるまで，とどまるところなく働き続けるであろう．このような人為淘汰においては，変異遺伝子の完全消失または完全固定に向かう．q は0または1以外に平衡点（$\tilde{q}$）は存在し得ないからである．

多型が長く維持されるためには，安定な平衡点 $0 < \tilde{q} < 1$ が存在するような淘汰様式でなければならない．そのような淘汰様式としてよく知られているのは超優性（overdominance），つまりヘテロ接合体優位であるが，家畜の毛色を支配するほとんどすべての遺伝子座には対立遺伝子間に優劣性（dominance）があり，飼養者はヘテロ接合体を優性ホモ個体から区別することができないから，この機構が家畜の人為淘汰による毛色多型維持の主因とは考えにくい．

安定平衡頻度 $0 < \tilde{q} < 1$ が存在し得る淘汰様式としては次の2つが考えられる．

第1は希少価値を伴う頻度依存淘汰（frequency-dependent selection）である．頻度が低いとき遺伝子は有利な淘汰を受け，頻度が上昇するとともに有利性が失われ，不利に転じる（WRIGHT and DOBZHANSKY, 1946；KIMURA and OHTA, 1971b）．つまり「珍しいもの好き」という淘汰様式である．

第2は，複数の環境すなわち飼い主（つまり niche）のもとで，動物の遺伝子型の適応度の変動がある程度以上大である場合である．ある程度とは，遺伝子型 aa の適応度の全 niche にわたる算術平均が遺伝子型 AA と Aa の適応度より大で，かつ，遺伝子型 aa の適応度の全 niche にわたる調和平均が遺伝子型 AA と Aa の適応度よりも小であることを意味する（LEVENE, 1953；野澤，1994）．すなわち「ひとは好きずき」という淘汰様式である．

家畜の毛色多型の発生の初期には第1の希少価値をともなう頻度依存淘汰，つまり「珍しいもの好き」様式の淘汰が働き，最初まれであった遺伝子が頻度を増して集団の遺伝的多様性が増大した後は，複数の飼養者一人一人が変異型への好き嫌いを大きく異にしていることによって，集

団全体には第2の様式の淘汰すなわち,「ひとは好きずき」様式の淘汰が働く,というメカニズムで多型が安定的に維持されているのではないかと考えられる.

(5) タンパク変異

i) 中立突然変異と遺伝的浮動

　毛色など形態に表れる遺伝的変異の現状に,動物集団がそれまでに受けた淘汰作用の履歴が大きく関わっているとすれば,毛色に関する遺伝的変異性ないし多様性の多寡をもって,集団内の遺伝的変異性ないし多様性一般を推測する根拠とすることはできない.なぜならば,遺伝子頻度を変化させる要因としての淘汰作用は,個別の遺伝子座に個別に働くものであって,毛色遺伝子座は家畜化の前後で淘汰の方向や強さに大きな変化が見られる遺伝子座の典型とも言うべきものだからである.また,家畜におけるポリジーン支配の経済形質に見られる遺伝的変異性は遺伝率 (heritability) によって測ることができるが,これもまた強い人為淘汰圧にさらされてきた形質であり,同じ方法を野生動物の同じ形質に適用することができたとしても(適用できれば,畜産的に興味ある比較データが得られるであろうが),集団内の遺伝的変異性一般が家畜化の前後でいかに消長するかを推測するための資料とすることは難しいであろう.

　ポリジーンではなく遺伝子座を特定し,しかも生物種の全ゲノムを視野に入れて,集団内の遺伝的変異性を問題とすることが可能となったのは1960年代後半からである.それ以前の約10年間に,電気泳動法によってhemoglobinを始めとする血液タンパクにおいて遺伝的変異の存在が知られ,その遺伝様式が明らかにされていたが,血液や臓器中に含まれるいくつかのタンパクや酵素の一次構造を支配する遺伝子座を,その生物種がもつすべての構造遺伝子座 (structural gene-loci) からの任意抽出標本とみなし,そこでの遺伝的変異の一つひとつを電気泳動法によって検索する,いわゆる多座位電気泳動法 (multi-locus electrophoresis) により,ゲノム全体としての遺伝的変異性レベルを推定しようと試みたのは HARRIS (1966) が最初であった.彼が調査対象とした動物はヒトであったが,ほぼ同時期に,ショウジョウバエ (LEWONTIN and HUBBY, 1966) やマウス (SELANDER and YANG, 1969) の自然集団についても,同じ方法によって遺伝的変異性のレベルが明らかとなった.1970年代が終わるころまでにはこの種のデータはかなり蓄積し,構造遺伝子座において,電気泳動法によって発見可能な多型座位の割合 (proportion of polymorphic loci:P_{poly}) は20〜40%,遺伝子座がヘテロ接合にある個体当たりの平均確率 (expected average heterozygosity:$\bar{H}$,これはDNA塩基配列の決定技術が開発されるまでは集団の遺伝的多様性を測る最良の尺度であった) は5〜15%という変異性レベルが,生物の分類学的位置によらず,ほぼ一定と見られるに至った (SELANDER et al., 1970).野生動物がこれほど豊富に遺伝的変異性を保持していようとは,多座位電気泳動法が採用される前には予想されていなかった.

　KIMURA (1968) によって提唱された分子進化の中立説 (the neutral theory of molecular evolution) は,タンパクのアミノ酸配列やDNAの塩基配列に見られる分子進化速度の一定性とともに,このように高いレベルの遺伝的変異性が自然集団中で保持される機序の説明原理ともなっている.この説は,生物の情報高分子における進化的変化の大部分がダーウィン淘汰ではなく,淘

汰に対し中立またはほとんど中立な突然変異遺伝子頻度の機会的変動（random genetic drift）によっておきること，またタンパク多型に見られるような分子レベルの種内変異の大部分は淘汰に対し中立であり，したがって大部分の多型的対立遺伝子は，突然変異による供給とその機会的消失とのバランスによって集団中に保持されていると主張する（KIMURA, 1983）．OHTA（1973）は新生突然変異の大部分は自然淘汰に対し厳密な意味で中立なのではなく，淘汰係数が正でごく小さい値となる弱有害突然変異であろうと主張しているが，KIMURA（1983）はそのような弱有害突然変異にあっては，集団のサイズが大きい場合には確かに不利な淘汰を受けるが，小集団中では淘汰に対し中立であるかのように振舞うであろうと論じている．

実際，筆者らが，ニホンザル（*Macaca fuscata*），カニクイザル（*M. fascicularis*）のような野生哺乳類，ヤギのような家畜の多座位電気泳動的変異について LEWONTIN-KRAKAUER 検定（LEWONTIN and KRAKAUER, 1973；ROBERTSON, 1975）などの方法によってその淘汰的中立性を検定してみると，中立の帰無仮説が棄却されるケースは一つもない．こうした結果は，かような哺乳類の電気泳動的変異が淘汰に対して実質的には中立（practically neutral to selection）とみなし得ることを示している（野澤，1991；KAWAMOTO *et al.*, 1984；NOZAWA *et al.*, 1978）．

ii) 野生動物種内のタンパク変異

1970 年代から 1980 年代にかけて，多座位電気泳動法による構造遺伝子座の変異レベルに関するデータは，いろいろな分類群にわたって急速に増加した．NEVO *et al.*（1984）は全世界の 135 名の研究者から計 512 編の論文を集め，1,111 種の野生動植物（栽培植物や家畜は意識的に除かれている）について多座位（14 遺伝子座以上）電気泳動のデータを収集し，併せて各著者にそれぞれの研究対象生物種の生態，デモグラフィー，あるいは生活史にかかわる特徴を 21 項目にわたって照会し，回答を集約した．それによると，遺伝的変異性のレベルは生物の分類学的位置によらず一定なのではなく，分類群によりかなりの差があることがわかった．すなわち，脊椎動物は無脊椎動物や植物に比較して遺伝的変異性のレベルは一様に低いが，中でも哺乳類 184 種の $\bar{H}$ の平均は 4.1％，P_{poly} の平均は 19.1％と，脊椎動物の中でも最低である（**図 I-4-12**）．哺乳類の中で $\bar{H}$ の値を種間で比較すると，分布域の広い種は狭い種に比べて大，地上性の種は大，個体数の多い種は少ない種に比べて大，社会性の強い種は大，寿命の短い種は長い種に比べて大，というような傾向が認められる．ただし，このような傾向は脊椎動物の他の綱（鳥類，爬虫類など）に見られる傾向と必ずしも平行しない．

表 I-4-7 は筆者の研究室においておこなった，霊長類を含むいくつかの野生哺乳類の遺伝的変異検索の結果である（野澤，1986）．霊長類における群れ（troop），他の種における地域集団（local population）は，繁殖個体群としての最小単位とみなし得る集団である．霊長類のデータの大部分は前記 NEVO *et al.*（1984）の集約の中にも含まれている．ニホンザルの最小繁殖単位当たりの平均ヘテロ接合率（$\bar{H}$）は彼らが得た哺乳類の平均値よりもさらに低い．

多型遺伝子座の割合（P_{poly}）や平均ヘテロ接合率（$\bar{H}$）によって測られる集団の遺伝的変異性のレベルが何によって決まるかを考えよう．同一遺伝子座を占める中立対立遺伝子が十分に多種類あると仮定する．このモデルを無限対立遺伝子モデル（infinite allele model）という．KIMURA and OHTA（1971a）によれば，この仮定のもとで，集団内遺伝的変異性を測る諸量の間には次の

関係があると期待される．
$$\bar{H} = 4Nv/(4Nv+1)$$
$$P_{poly} = 1 - q^{\bar{H}(1-\bar{H})}$$

ここで N は集団の有効な大きさ (effective population size)，v は世代当たりの突然変異率 (mutation rate per generation)，q は多型 (polymorphism) を定義する基準頻度で，最高頻度をもつ対立遺伝子の頻度が 0.99 を越えないとき，その座位が多型的であると定義するならば $q = 1 - 0.99 = 0.01$ である．

　これらの式は，中立対立遺伝子による遺伝的変異性の期待値が $N \times v$ によって定まることを示している．いま1世代の長さが平均 g 年，年当たりの平均突然変異率を v_y とすれば，$v = g \times v_y$ となる (NEI and GRAUR, 1984)．ここで v_y は遺伝子座当たり平均 10^{-7} 程度と推定されている (KIMURA and OHTA, 1971a)．したがって，集団内遺伝的変異レベル ($\bar{H}$) を決めている $4Nv$ は
$$4Nv = 4 \times 10^{-7} \times N \times g$$
となり，$\bar{H}$ は集団の有効な大きさ (N) と世代の長さ (g) という2つの人口学的変数 (demographic variables) によって決まることになる．野生動植物の遺伝的変異性に関する研究の初期に考えられていたように (SELANDER et al., 1970)，もし平均ヘテロ接合率 ($\bar{H}$) の値が生物の分類学的位置にかかわらずほぼ一定であるとすれば，個体数 (N) と世代の長さ (g) との間には反比例関係があって，$N \times g$ は種間でほぼ一定に保たれていると考えられる．また，その後の研究結果をも含めた NEVO et al. (1984) の集約 (図 I-4-12) に見られるように，哺乳類や鳥類で $\bar{H}$ が小さい値をとる傾向があるとすれば，これらの動物では世代の長さ (g) が他の分類群に比べて長いから，集団の有効な大きさ (N) の平均値はさらに低い値におさえられていると考えなければならない．

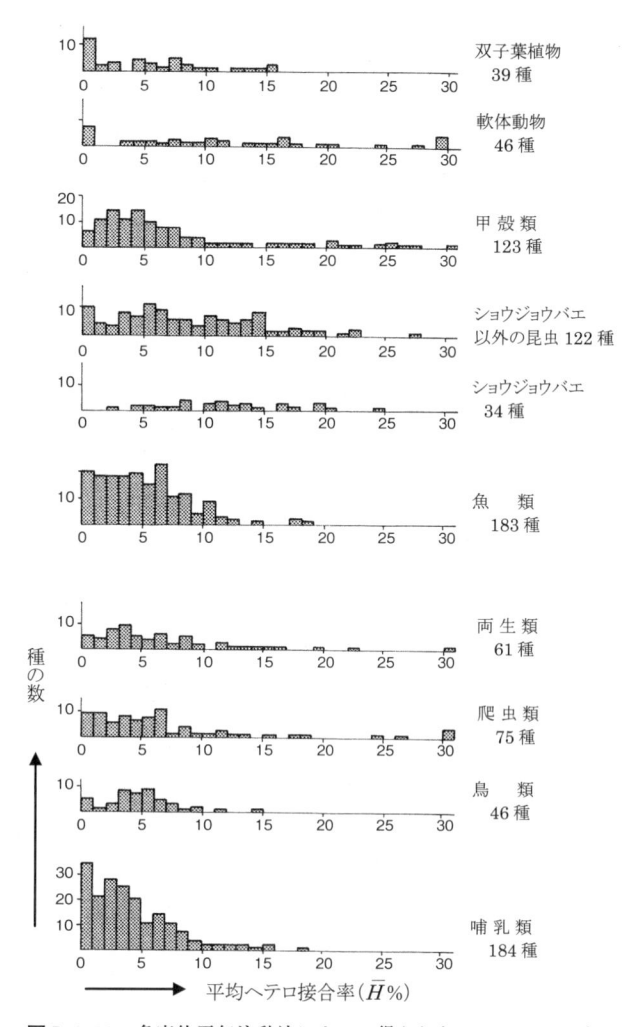

図 I-4-12　多座位電気泳動法によって得られた，いろいろの分類群における平均ヘテロ接合率の分布．(NEVO et al., 1984)

iii) 家畜種内のタンパク変異

　野生動物が家畜化されると中立突然変異による遺伝的変異性にどのような影響が及ぶかを考察

表 I-4-7　いくつかの哺乳動物種の集団内遺伝的変異性：多型遺伝子座の割合（P_{poly}）と平均ヘテロ接合率（$\bar{H}$）.

動物種（学名）	調査された集団のレベル	集団数	検索座位数	P_{poly} 平均値±標準偏差	$\bar{H}$ 平均値±標準偏差	文献
ニホンザル（*Macaca fuscata*）	群	33	32	0.0918 ± 0.0524	0.0130 ± 0.0081	(1)
〃	種	1	29	0.2758	0.0189	(2)
タイワンザル（*M. cyclopis*）	種	1	29	0.2413	0.0414	(2)
アカゲザル（*M. mulatta*）	国内集団	4	29	0.2930 ± 0.0821	0.0775 ± 0.0181	(2)
カニクイザル（*M. fascicularis*）	群	29	33	0.1222 ± 0.0475	0.0384 ± 0.0151	(3)
〃	国内集団	3	29	0.2988 ± 0.1053	0.0691 ± 0.0339	(2)
トクモンキー（*M. sinica*）	群	12	32	0.1954 ± 0.0567	0.0708 ± 0.0158	(4)
アヌビスヒヒ（*Papio anubis*）	群	3	34	0.1177 ± 0.0510	0.0272 ± 0.0098	(5)
マントヒヒ（*P. hamadryas*）	群	5	34	0.1824 ± 0.0322	0.0424 ± 0.0041	(5)
ゲラダヒヒ（*Theropithecus gelada*）	群	4	34	0.0735 ± 0.0167	0.0155 ± 0.0083	(6)
ニホンカモシカ（*Capricornis crispus*）	地域集団	2	28	0.0536 ± 0.0252	0.0112 ± 0.0072	(7)
ニホンジカ（*Cervus nippon*）	地域集団	2	28	0.0536 ± 0.0252	0.0154 ± 0.0006	(7)
コキクガシラコウモリ（*Rhinolophus cornutus*）	地域集団	4	21	0.0796 ± 0.0776	0.0149 ± 0.0163	(7)
ユビナガコウモリ（*Miniopterus schreibersi*）	地域集団	2	23	0.0652 ± 0.0308	0.0226 ± 0.0042	(7)
アジアゾウ（*Elephas maximus*）	地域集団	2	33	0.0606 ± 0.0000	0.0166 ± 0.0021	(8)

(1) Nozawa *et al*.（1982），(2) Nozawa *et al*.（1977），(3) Kawamoto *et al*.（1984），(4) Shotake and Santiapillai（1982），(5) Shotake（1981），(6) Shotake and Nozawa（1984），(7) Nozawa *et al*.（1985），(8) Nozawa and Shotake（1990）．

しよう．

　表 I-4-8 に，家畜の品種あるいは地域集団内に保有されている生化学的（電気泳動的）遺伝変異の測定結果を集めた．これを図 I-4-12 や表 I-4-7 と比較してすぐに気付くことは，哺乳類家畜集団の遺伝的変異性レベルが，野生哺乳類のそれに比べて高いことである．ここに示した7種の家畜のうち，変異性レベルが最低の種はヤギであるが，このヤギの変異性レベルが野生哺乳類の平均値とほぼ同等と認められる．

　ただ，このような現存の家畜集団と，現存の野生哺乳類全般との比較には問題があるかもしれない．後者の変異性レベルには図 I-4-12 に見られるように大きな幅があるからである．われわれが現在保有している家畜種とその野生原種との比較こそ望ましいと考えられる．しかし，主要哺乳類家畜の野生原種の多くはすでに絶滅しているか，"endangered"（絶滅の危険がある）状態にある．前項で述べたように，集団内の遺伝的変異の尺度 $\bar{H}$ の値は $N \times g$ で決まる．この N が著しく縮小しているのであるから，現存の野生原種から試料をとって，多座位電気泳動法をおこなっても，それから得られた $\bar{H}$ の値は個体数のはるかに多かった家畜化当時の $\bar{H}$ の値を大きく下まわるに違いない．また，われわれが欲しいのは遺伝的変異性，つまり統計学における variance（分散）に相当する遺伝的個体差の幅である．これは少頭数を調べてみても信頼できる推定値は得られず，互いに血縁関係のない多数の標本を入手して電気泳動的スクリーニングをおこない，それから $\bar{H}$ を計算しなければならない．これは，"endangered" でない，ブタの野生原種イノシシ（*Sus scrofa*）に対してすら手間と時間のかかる仕事であろう．

　家禽類に関しては以上のことは必ずしも当てはまらない．ニワトリ，アヒル，ウズラはその野生原種——それぞれ，セキショクヤケイ（*Gallus gallus*），マガモ（*Anas platyrhynchos*），野生ウズラ（*Coturnix japonica*）——が生息し，構造遺伝子に関する変異性レベルを，家禽とその野生原種との間で比較調査することが可能だからである．表 I-4-9 は上記3種の家禽類とそれらの野生原種との間で遺伝的変異性（$\bar{H}$）を比較した橋口ら（1984），田名部ら（1984a），および木村（1984）の調査結果をまとめたものである．この表から，家禽化＝domesticate されたニワトリと

表 I-4-8　家畜の品種あるいは地域集団内遺伝的変異性：多型遺伝子座の割合 (P_{poly}) と平均ヘテロ接合率 ($\overline{H}$).

家畜種	調査された品種・地域集団	集団数	検索座位数	P_{poly} 平均値±標準偏差	$\overline{H}$ 平均値±標準偏差	文献
ウシ	日本，インドネシアの実用品種	6	17〜23	0.4604±0.0952	0.1700±0.0284	(1),(2)
	見島牛（日本）	1	17	0.2941	0.0710	(1)
	Bali 牛（インドネシア Bali 島）	1	22	0.4091	0.0764	(2)
スイギュウ	沼沢型の地域集団（インドネシア，フィリピン）	8	25	0.1800±0.0428	0.0520±0.0074	(3)
	河川型の地域集団（インドネシア，フィリピン，バングラデシュ）	7	25	0.1485±0.0302	0.0532±0.0150	(3)
ウマ	日本在来馬の地域集団	7	26	0.3440±0.0573	0.1132±0.0080	(4)
	トカラ馬の副次集団	2	26	0.1923±0.0000	0.0648±0.0164	(4)
	日本以外の東アジア在来馬の地域集団	8	26	0.3365±0.0734	0.1161±0.0243	(4)
	競走馬品種	3	26	0.3461±0.0666	0.1151±0.0115	(4)
	西欧系の重輓馬	2	26	0.3461±0.1088	0.1239±0.0115	(4)
	西欧系のポニー	3	26	0.3077±0.0769	0.1105±0.0228	(4)
ヒツジ	オーストラリアの実用品種	2	30	0.2000±0.0472	0.0911±0.0260	(5)
ヤギ	日本ザーネン種の地域集団	7	33	0.1731±0.0599	0.0395±0.0072	(6)
	沖縄肉用ヤギの島嶼集団	8	33	0.1553±0.0411	0.0257±0.0041	(6)
	韓国在来肉用ヤギの地域集団	6	33	0.1212±0.0383	0.0240±0.0038	(6)
	フィリピン在来肉用ヤギの地域集団	5	33	0.1273±0.0136	0.0314±0.0052	(6)
	Etawa 種の地域集団（インドネシア）	3	33	0.0707±0.0175	0.0292±0.0030	(6)
イヌ	日本在来犬の品種および内種	8	23	0.5179±0.0450	0.1406±0.0095	(7)
	台湾在来犬の地域集団	4	23	0.3585±0.0416	0.1118±0.0071	(7)
	西欧系品種	15	23	0.3678±0.0636	0.1152±0.0186	(7)
ネコ	日本 feral cats の県集団	4	31	0.2903±0.0456	0.0793±0.0084	(8)

(1) 阿部ら (1980), (2) 並河ら (1984), (3) 天野ら (1984), (4) 野澤ら (1984), (5) Manwell and Baker (1977), (6) 野澤・勝又 (1984), (7) 田名部ら (1984b), (8) Nozawa et al. (1985).

表 I-4-9　ニワトリとセキショクヤケイ，アヒルとマガモ，家禽ウズラと野生ウズラの間での遺伝的変異性の比較：多型遺伝子座の割合 (P_{poly}) と平均ヘテロ接合率 ($\overline{H}$).

家禽とその野生原種	品種・集団	品種・集団数	検索座位数	P_{poly}	$\overline{H}$
ニワトリとセキショクヤケイ[1]	西欧改良鶏品種	7	16	0.1250〜0.2500	0.0320〜0.0911
	日本鶏品種	24	16	0.　〜0.2500	0.　〜0.0941
	アジア在来鶏	3	16	0.1875〜0.4375	0.0513〜0.0993
	セキショクヤケイ	3	16	0.1250〜0.3125	0.0476〜0.1214
アヒルとマガモ[2]	改良品種	6	19〜21	0.211〜0.333	0.0944〜0.1299
	在来種地域集団	11	21	0.286〜0.381	0.1095〜0.1357
	マガモ	1	19	0.263	0.1252
家禽ウズラと野生ウズラ[3]	研究用集団	2	24〜31	0.516〜0.541	0.167
	コマーシャル・ウズラ集団	2	21〜24	0.583〜0.761	0.285
	野生ウズラ	3	32	0.406〜0.545	0.080〜0.090

1) 橋口ら (1984), 2) 田名部ら (1984a), 3) 木村 (1984).

アヒルの集団では，その遺伝的変異性レベルはそれぞれの野生原種の集団のそれとほぼ同等，ウズラでは家禽化された集団は野生原種の集団よりも高レベルの遺伝的変異性を保持しているように見える．

さて，現在われわれ人類の手中にある多くの家畜種の野生原種はすでに絶滅していたり，そうでなくても個体数を減じている．上述の鳥類においてさえ，哺乳類家畜の野生原種ほどではないにしても同様であろうと思われる．しかし，動物の家畜化がスタートした時点においては，家畜と野生原種の個体数の相対関係は現在とは逆であったに違いない．人類は野生動物個体群の一部を切り取って，その生殖を自己の管理下に置き家畜とした．この個体群の切り取り，隔離という

行為は，本章(1)節i)項で述べたように「創始者効果（founder effect）」，あるいは「瓶の首効果（bottle-neck effect）」をもたらし，それは集団中の遺伝的変異性を縮小させる効果をもつ（NEI, 1975）．また家畜となった動物の集団には，野生状態では見られなかった繁殖構造上の特性が人為的に押しつけられる．つまり種雄の成立である．人類は雌雄ほぼ同数生まれる仔畜のうち，雌の仔は原則としてすべて保持育成して繁殖に供用するが，雄の仔の大部分は屠殺して食用とし，あるいは去勢して労役に使い，繁殖の機会を与えない．繁殖につかわれる雄，つまり種雄の数はごくわずかにすぎない．このことは集団の有効な大きさを著しく縮小させ，集団の遺伝的変異性を減退させる．以上，家畜化開始時点で働いた瓶の首効果と，家畜化以後における種雄の成立は，どちらも集団内遺伝的変異を減少させる効果をもつのであるから，家畜集団は野生原種集団に比べて低変異であるのが当然と考えられよう．しかるに，これらは同等ないしは，どちらかと言えば逆なのである．

このことを説明するには，多源的家畜化，その後における異系交配というような系統ラインの融合が家畜では頻繁におこり，失われた遺伝的変異性が回復するという過程を何回か経た末に現在の諸品種，諸地域集団が成立したと考えざるを得ない．本章(1)節iii)項で述べた系統網の形成である．これと同じことが，家畜の所有者であるヒトについても言えるのではないだろうか．NEVO et al.（1984）によると，ヒトの集団内遺伝的変異性は，100遺伝子座を越える電気泳動的検索の結果，$P_{poly} = 0.470$, $\bar{H} = 0.123$ となり，大型哺乳類としては例外的とも言えるほど高い．ヒトは世代時間（g）が長く，種を構成する個体数が多いから集団の有効サイズ（N）も大きい値をとるであろうが，それ以外にも，先史，歴史時代を通じて，地域集団間の交流が頻繁におこった結果として，現代の人類集団には大量の遺伝的変異が保有されているのではないだろうか．家畜が野生動物に比べて高変異であるという事実も，家畜のもち主である人類の全地球規模での交流の一結果ではないかと考えられる．

(6) 繁殖構造

i) 種内遺伝的変異の分布

毛色多型にせよ，タンパク変異にせよ，種内の遺伝的変異性あるいは多様性は，幾つかの多型遺伝子座の存在とそのランダムな組合せのみによってもたらされているのではない．野生動物と家畜の双方における種内変異や個体差には別の要因も関与している．

多型的対立遺伝子は種（species）全体に均等に分布しているのではない．同一家畜種内の品種間で対立遺伝子頻度が大きく異なっており，ときには対立遺伝子の一方がある品種で固定し，他方が別の品種で固定している場合があることは畜産界では常識である．地球上の全人類はヒト（Homo sapiens）という単一種に分類されるが，人種や種族によっていくつかの多型的対立遺伝子の頻度はしばしば大きく異なっている．同様に，野生動物種にあっても，地域によって対立遺伝子頻度に大きな分化（differentiation）が見られるケースは枚挙にいとまがない．むしろ広い地域にわたって，副次集団（subpopulations）の遺伝子構成がよくそろって均質（対立遺伝子の頻度がどこも同じ）であるというような調査データに出遭った場合にこそ，この理由について考察

の必要があると言えるほどである．

　図 I-4-13 はニホンザルの血漿トランスフェリン（transferrin：Tf）と血球酵素フォスフォヘキソースイソメラーゼ（phosphohexose isomerase：PHI）両遺伝子座における対立遺伝子頻度の地域分布を示す．変異型頻度の地域間変動の幅は著しく大きい．ニホンザルはわが国の特産種で，ホンドニホンザル（*Macaca fuscata fuscata*）とヤクシマニホンザル（*M. f. yakui*）という 2 亜種に分かれるが，この亜種分類は遺伝的変異の地域間分化と一致しない．血液タンパク 32 遺伝子座にわたる電気泳動結果を集計すると，ニホンザル全体としてどこかの群れに変異が見いだされた遺伝子座の数は 21 座位であるのに，各群れの中で多型的であった遺伝子座の数は 0〜9 で平均 4.37 に過ぎない（NOZAWA *et al.*, 1991）．このデータを見ただけで変異遺伝子の分布がいかに地域的に偏っているかが印象づけられよう．

　わが国内の都市と村落に生息する野良猫（feral cat）における毛色 agouti 遺伝子 *A* とそれに対立する non-agouti 遺伝子 *a* の頻度の都道府県分布を第 II 部 8 章（ネコ）の図 II-8-4 に，旧世界の広域にわたる blotched tabby 遺伝子 t^b，mackerel tabby 遺伝子 *T* および Abbysinian 遺伝子 T^a

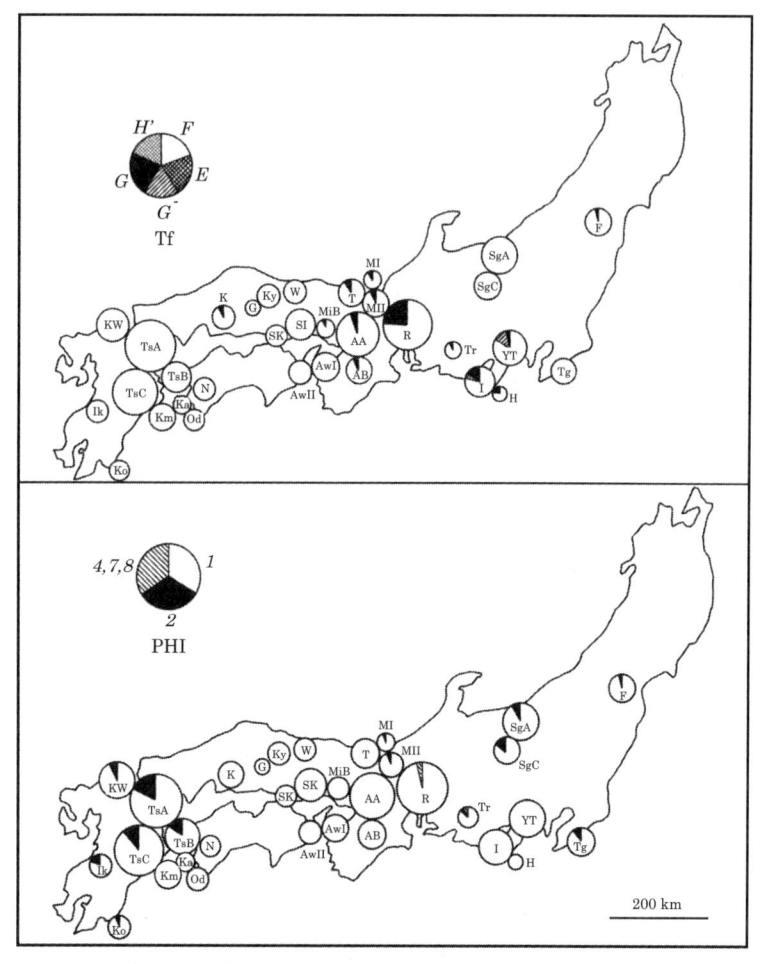

図 I-4-13　ニホンザルにおける血漿トランスフェリン（Tf）座位（上）と血球酵素フォスフォヘキソースイソメラーゼ（PHI）座位（下）における対立遺伝子の群れ間分布．

の3毛色対立遺伝子の分布を本章の**図I-4-19**に示す．ネコが家畜であることを疑う人は少ないが，ロープで繋がれもせず，柵で囲われもせず，放飼状態で飼われているのが普通で，その交配は飼い主の管理下ではなく，ネコ自身の選択によっておこなわれるのが通例であるから，この場面に関する限り，ネコは家畜というよりも，ヒトの居住環境に共生もしくは寄生した野生動物であると言える．しかし，海を越えての遠距離移動はヒトの通商に随伴しておこなわれるから，その点では明らかに家畜である．日本国内での遺伝子頻度はニホンザルとは異なりどの府県も非常によくそろっているが，広域分布は明瞭な地域分化をあらわしており，例えばヨーロッパ，東南アジアおよび日本の間では遺伝子構成に顕著な差異がある．

アジアゾウ（*Elephas maximus*）の4つの地域集団——スリランカ，南インド，タイ国およびネパール——の血液タンパク33遺伝子座にわたる遺伝子構成の比較結果はI-3章(5)節に示した（**図I-3-6**）．地域間の遺伝的分化はこの種の亜種分類とよく合致していることもすでに述べた．アジアゾウの場合は，繁殖と使役とが分離しているために，野生動物としての遺伝的分化が現在なお保持されているのである．

ニホンカモシカ（*Capricornis crispus*）は植林の害獣として捕獲派と保護派との間で激しい論争をひきおこした．この日本特産種は特別天然記念物に指定されているが，一時は個体数を著しく減じ，近来再び増加に転じたと見られている．生態はニホンザルのような群れ生活者ではなく，野良猫と同様，単独生活者である．奥羽山地，北関東山地，木曽山地，飛驒山地および九州山地の集団から血液を採取し30遺伝子座に支配されるタンパクと酵素の多座位電気泳動をおこなってみると，どこかの山地で遺伝的変異が認められた遺伝子座の数は7，山地集団当たり多型座位の数は2～4，平均3.00であった．日本国内での副次集団間の遺伝的分化の程度は，ニホンザルと日本の野良猫の中間程度と認められた．

日本人のABO式血液型遺伝子頻度の都道府県分布をAKAISHI and KUDO（1975）によって集められた調査結果から作図して**図I-4-14**に掲げる．日本人のABO式血液型頻度には*A*遺伝子の頻度が北に低く，南に高いという統計的に有意な地理的勾配（geographical cline）があることが知られているが，ニホンザルの血液タンパク変異に比べれば地域間変動は著しく小さい．以上のような地域間変異のパターンは，**図I-4-13**，**図I-4-14**に例示した遺伝子座だけに見られるのではなく，日本人，日本の野良猫，ニホンザルというそれぞれの動物集団に特有のものである．

集団内の遺伝的分化（genetic differentiation）の程度は，上のような地図上の扇形グラフのようなものではなく，多座位にわたる遺伝子構成の調査結果にG_{ST}分析を適用して定量化することができる．各副次集団における遺伝子頻度の算術平均から計算される平均ヘテロ接合率の期待値がH_Tであり，各副次集団における平均ヘテロ接合率の算術平均が副次集団内遺伝的変異性H_Sである．$H_T - H_S = D_{ST}$と書くと，D_{ST}によって副次集団間遺伝的変異性を測ることができ，

$$D_{ST}/H_T = G_{ST}$$

は副次集団間での遺伝的分化の大きさを与える指標とみなすことができる（NEI, 1973）．

表I-4-10には日本というほぼ同じ広さの地域に生息する4種の哺乳類——日本人，日本の野良猫，ニホンザル，およびニホンカモシカ——と，国外に産する2種の*Macaca*属サル——インドネシアのカニクイザル（*Macaca fascicularis*）とスリランカのトクモンキー（*M. sinica*）——においてG_{ST}分析をおこなった結果を示す．日本国内産の哺乳類4種では地域間の遺伝的分化は

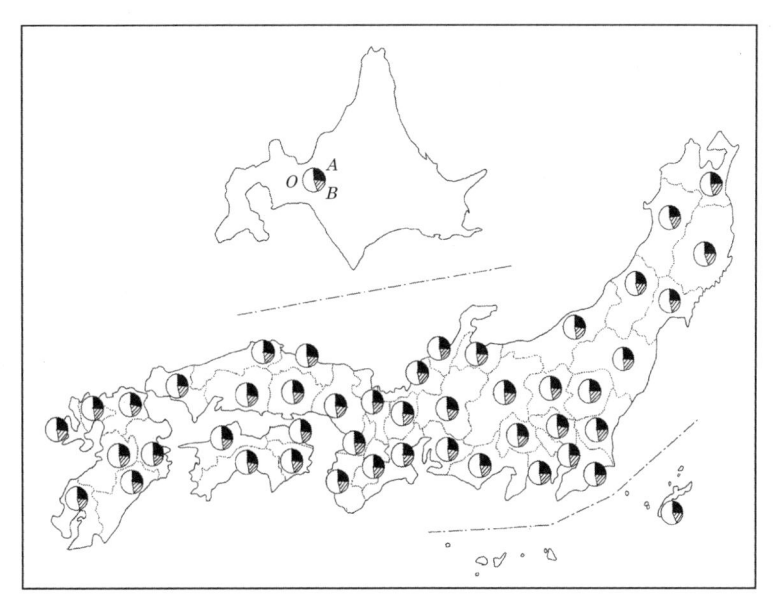

図 I-4-14 日本人 ABO 式血液型遺伝子頻度の都道府県分布.
AKAISHI and KUDO (1975) の集計より.

表 I-4-10 いくつかの哺乳類における G_{ST} 分析の結果.

全集団	遺伝標識	検索座位数	副次集団数	H_T	H_S	G_{ST}	文献
日本人	血液タンパク	30	26 府県	0.0915	0.0912	0.0029	(1), (2)
日本の feral cats	血液タンパク	31	4 府県	0.0802	0.0793	0.0112	(3)
〃	毛色遺伝子	9	47 府県	0.2173	0.2127	0.0211	(4)
ニホンザル	血液タンパク	32	38 府県	0.0315	0.0215	0.3175	(5)
ニホンカモシカ	血液タンパク	30	5 地域	0.0294	0.0261	0.1122	(6)
インドネシア・カニクイザル	血液タンパク	33	29 群	0.0827	0.0384	0.5356	(7)
スリランカ・トクモンキー	血液タンパク	32	12 群	0.0879	0.0708	0.1945	(8)

(1) ISHIMOTO (1975), (2) OMOTO (1975), (3) NOZAWA et al. (1985), (4) 野澤 (1990), (5) NOZAWA et al. (1996), (6) 野澤ら (1985), (7) KAWAMOTO et al. (1984), (8) SHOTAKE and SANTIAPILLAI (1982).

ヒトやネコでは小さく,ニホンザルでは大きい.ニホンカモシカはそれらの中間である.また群れ生活をしている Macaca 属サルでは一般に,遺伝的分化の程度が非常に大きいことがこの表から見ることができる.

ii) 集団構造のモデル

集団内副次集団間の遺伝的分化の大きさは,副次集団間での繁殖個体の移動,すなわち遺伝子プール撹拌能率の多寡によって決まる.日本国という一定の面積をもった領域の中で現代日本人の国内移動は頻繁かつ広範囲であるため,通婚圏(1人の未婚者が婚姻の相手を見出す範囲)は国土の全域に及ぶから撹拌能率は相対的に大きい.それに対してニホンザルではこれが低能率,ということは各地域集団が繁殖に際して互いに孤立する傾向が強い.これは群れ生活という生態,生息地が島嶼群であること,さらには生息環境の人為的分断によってももたらされている.すなわち集団の繁殖構造が遺伝的分化の様相に決定的に影響しているのである.

集団の繁殖構造にはいくつかのモデルが考案されている.モデルの考案者はこうした抽象化さ

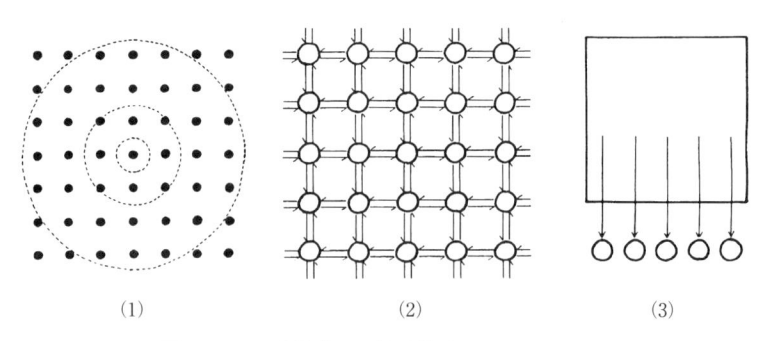

図 I-4-15 生物集団の繁殖構造の3つのモデル．
黒丸は個体，白抜きの四角や丸は個体群を示す．
(1) 平面上連続分布モデル（continuous distribution model，または isolation by distance model）．点線の同心円は中央の1個体にとって，交配相手となる確率の等高線（WRIGHT, 1951 より）．(2) 2次元飛び石モデル（two-dimensional stepping-stone model）（KIMURA and WEISS, 1964）．(3) 島モデル（island model）（WRIGHT, 1965 より）．(2) と (3) において矢印は移住の方向を示す．

れた単純なモデルをもとにして，集団中の遺伝子の頻度分布，確率過程としての遺伝子頻度の変化過程，あるいは究極的な固定確率，消失確率についての予測理論を構築することを目指しているのである．

(1) 平面上連続分布モデル（continuous distribution model）：ある生物種の無限大数の個体が，面積無限大の平面上に，等間隔格子状に分布している．種と個体との間に，副次集団，群れあるいはコロニーといったような構造はない．個体の生涯にわたる移動可能距離は有限であるとする．この中の1個体にとって交配相手（mate）となる確率は近距離の個体ほど大であるとすると，全個体数は無限大，したがって交配相手となり得る個体の数も無限大であるけれども，個体一生涯の移動可能距離を越えた遠距離に位置する他個体は事実上，別の繁殖集団に属するのと同じことになる（**図 I-4-15**, (1)）．このように遠距離にある2個体が，単に遠距離にあるというだけの理由で，互いに隔離される現象を WRIGHT（1943, 1946）は距離による隔離（isolation by distance）と命名し，連続的に分布する集団の内部で地域的な遺伝的分化（local genetic differentiation）がおきることを理論的に示した．個体が平面上に一様な密度 d で無限に分布しているとする．各個体の出生点と親の出生点との距離が平均値 0，分散 σ^2 の正規分布に従うとすると，ある1個体が属する集団の有効な大きさ（N）は WRIGHT によれば

$$N = 4\pi\sigma^2 \cdot d$$

となる．すなわち，集団の有効な大きさは，その個体を中心として半径 2σ の円内に存在する個体の数に等しい．この円内に含まれる個体群を彼は近隣（neighborhood）と名づけている．

(2) 2次元飛び石モデル（2-dimensional stepping-stone model）：KIMURA and WEISS（1964）によって提案された集団構造モデルで，ある輪郭明瞭な副次集団が存在し，同時に連続分布モデルと同じく距離による隔離，言い換えれば遺伝子頻度に地理的勾配（geographical cline）をもった変動が現れるモデルである．平面上に同一の有効な大きさ（N）の副次集団が等間隔格子状に配列されている．各副次集団は前後左右の隣接副次集団とのみ，毎代 m の割合（したがって，特定の1隣接集団とは毎代 $m/4$ の割合）で繁殖個体の交換をおこなう．隣接した副次集団とのみ個体交換をおこなうのであるから，連続分布モデルにおけると同様，ある距離以上隔たって位置

する2つの副次集団の間には有意な遺伝的分化がおこり得ることになり，中間に位置する幾つかの副次集団を介して血縁上の連続性が保たれていても，それら2つの副次集団のメンバーは事実上別個の繁殖集団に所属するのと同じことになる．上述の「ある距離」は各副次集団のサイズと隣接副次集団間の移出入率（個体交換率）とによって決まることになろう（**図I-4-15**, (2))．なお，これは平面上に副次集団が配置されていると考えるから2次元飛び石モデルで，ひと続きの海岸線に沿った部落群のような集団の模型としてなら1次元飛び石モデルを考えることもでき，その場合，1個の副次集団にとって隣接副次集団の数は2個である．また，高層ビルの各階に生息するネズミのように副次集団の配置が立体的で，3次元の飛び石モデルが想定されるような集団構造もないとは言えない．3次元ならば隣接副次集団は6個となる．

(3) 島モデル（island model）：大陸とその周辺の群島に生息する1生物種を考える．大陸の集団は一つの大きな母集団で，各島々は毎世代一定の率でこの母集団から任意抽出標本として繁殖個体を受け入れ，島の集団が維持されているとする．島々の間の直接の交流はない．島々の集団の遺伝子構成はすべて大陸の母集団のそれに完全に依存していることになる（**図I-4-15**, (3))．必ずしも大陸というようなものを考えなくてもよい．狭い領域に島々が散在し，島々の間で毎世代ある率で繁殖個体の相互交換をおこなっており，この個体交換率が島々の間の距離と無関係であると考えればよい．この場合，母集団は群島を構成するすべての島々に生息する個体の全体と考えることになる．これらいずれの考え方をとるにしても，島集団と島集団の遺伝子構成上の似かよい（similarity）の程度は，島と島の間のキロメートルなどで測られる地理的距離とは無関係である．つまり遺伝子頻度に地理的勾配は認められず，各島集団の遺伝子頻度は誤差の範囲内で同一であるか，頻度に変動があっても島の位置に関してはランダムとなるに違いない．

図I-4-14に示した日本人ABO血液型遺伝子頻度の都道府県分布（AKAISHI and KUDO, 1975）は日本人の国内での繁殖構造が平面上連続分布モデルに近い形になっていることを示している．統計的にはA遺伝子頻度に南高北低の有意な勾配があるのだが，このグラフから視覚的にはそれすらはっきりとは認められない．現代日本人は生態学的には単独生活者であり，その国内移動がさかんで，遺伝子プールの撹拌能率が極めて大きいことを示している．また，II部8章（ネコ）に掲げる毛色遺伝子の都道府県分布を示すグラフ（**図II-8-4**）も，自主的に交尾相手を選ぶ単独生活者である野良猫が平面上連続分布に近い構造の繁殖生態をもって国内集団を維持していることを明らかに示している．

図I-4-13はニホンザルの2つの血液タンパク遺伝子の頻度の国内分布を表している．ニホンザルを含む*Macaca*属サルは群れ生活をおこなっており，その繁殖構造は2次元飛び石モデルによって最もよく表現される．ただし，筆者ら（NOZAWA *et al.*, 1982）の分析によると，飛び石の石は個々の群れではなく，いくつかの群れの集りから成る地域集団（local population = deme）がそれに当たると考えられ，隣接するdeme間での低率の繁殖個体の相互交換によって遺伝子プールは撹拌される．種集団全体としてはこの撹拌能率は低いので遺伝的な距離による隔離は顕著に表れる．

家畜はその繁殖がヒトによるコントロールを受けている動物集団である．それ故，野生動物の段階で明瞭に認められた上述の繁殖構造は家畜化が進行するとともに次第に目だたなくなり，品種化がなされるに及んでは完全に消滅するであろうと考えられる．言葉を換えれば，野生動物段

図 I-4-16 アジアの沼沢型スイギュウに見られる毛色多型.
(上) 灰色の母から白色の子が生まれている (バングラデシュにて). (下) 白色の母から灰色の子が生まれている (ベトナムにて).

階で見られた平面上連続分布モデルや飛び石モデルのような構造から島モデルのような集団構造へと漸次移行するのが家畜化のプロセスであろうと考えることもできよう. 家畜, 特に種畜生産が地域に特化し, 純粋繁殖している家畜品種の繁殖構造には島モデルが最も適当であろうことは, このモデルの提唱者 WRIGHT (1965) が早くから指摘するところである.

東南アジアの水田農耕地帯に使役される沼沢型スイギュウは, 広い範囲にわたって連続分布を見せ, 人工授精などによることなく, もっぱら近在の雄畜との自然交尾によって種付けがおこなわれ, 雌畜は妊娠し出産する. 本章(4)節 v)項で沼沢型スイギュウの毛色多型について触れ, そこでは主に有斑変異個体について述べたが, スイギュウの飼養地域全体において斑 (spot) の有無よりも多型の程度が大きいのが野生型の黒灰色 (gray) と白色 (albinoid) の多型である (**図 I-4-16**). この白色は常染色体性優性遺伝子に支配される (RIFE and BURANAMANAS, 1959). 野澤・SOONTRAPORN (1974) は1971年, タイ国のほぼ全域にわたって白色遺伝子頻度: $q_W = \sqrt{1-(\text{灰色個体の頻度})}$ の分布を調査した. 県 (province) 別に q_W を扇形グラフで示したのが図 I-4-17 である. 白色遺伝子はタイ国南部のマレー半島地域にはほとんど存在しない. 中部平原にはわずかに見られ, 東北タイおよび北部で頻度が増加し, 最北部, ビルマと国境を接する Chienrai 県で遺伝子頻度約15% (白色の表現型頻度にすれば約28%) に達し最も高い. すなわち, タイ国全体として q_W には規則正しい南低北高の頻度勾配が観察される. 白色遺伝子にどのような形で淘汰が働いているのかについて明らかでないが, この国の中でのスイギュウの繁殖生態と, このように規則正しい頻度勾配とを併せ考えると, この在来家畜の集団構造はいまなお平面上連続分布モデルで近似できるような性格のものであろうと考えられる.

I-3章(3)節で, タイ国北部の山地を横切る道路沿いの村落において, 庭先放飼鶏のいくつかの多型遺伝子の頻度に勾配が観察されることを述べた (**図 I-3-2**). この場合, 村落の家鶏集団は線状配列されているので1次元飛び石モデルに近い集団構造をもっていると考えられる. 線状配列の中間点附近の村落は野鶏生息地に接していて, これから常時, 野生型遺伝子の流入を受け入れている. 家鶏集団が保持している突然変異遺伝子の頻度は, それに対立する野生型遺伝子により時々刻々希釈されており, それが村落集団相互間の個体移動によって山間にある中間点から平野にある両端部の部落に漸次及んでいくため, あのような規則正しい遺伝子頻度の勾配が現れるのではないか. あるいはこうも考えられる. もし各村落集団が孤立しており, 相互の個体移動がないとすれば, 集団構造は島モデルに近いものと想像されるが, 山が深いほど, つまり線状配

列の中間点に近いほど，野鶏集団から野生型遺伝子の流入率が大きいとすれば，これに規則正しい頻度勾配が現れるのであろう．後の考え方の場合は，元来勾配が現れるはずのない集団構造を有していながら，外部の集団との遺伝的交流の大きさに地理的勾配があるために，その外部集団を特徴づける遺伝子の頻度に勾配が見られることになると考えられる．

図I-4-18 は1975～1976年における沖縄群島各島における肉用在来ヤギの集団について，血漿アルカリ性フォスファターゼ（alkaline phosphatase）座位と血漿プレアルブミン-3（prealbumin-3）座位における対立遺伝子頻度の分布を示す（NOZAWA et al., 1978）．当時，この肉用ヤギは，長野県佐久地方に種畜の主生産地をもつ乳用日本ザーネン種によって雑種化されつつあったので，この図には佐久にある農林省長野種畜牧場（当時）に飼養されている日本ザーネン種ストックにおける両座位対立遺伝子頻度を示すグラフが描き加えられている．この調査には血液タンパク27遺伝子座が標識として使われ，うち9遺伝子座に変異が認められた．しかし，遺伝子頻度の差異と地理的距離と

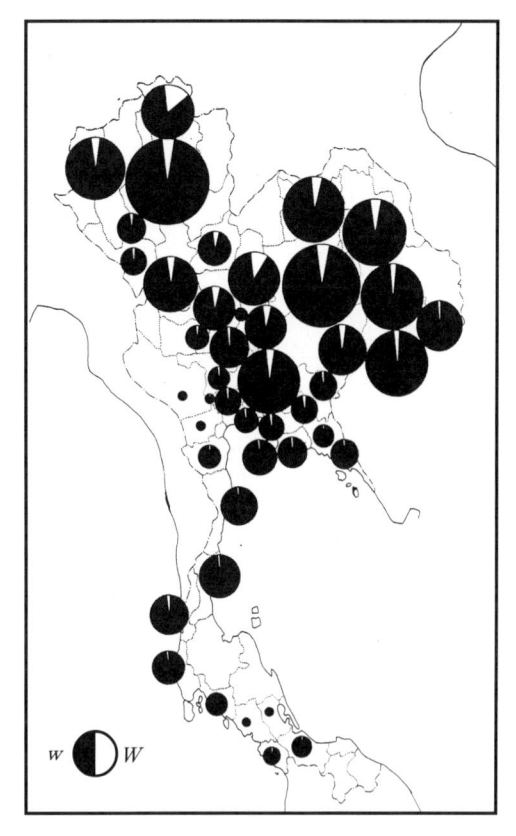

図I-4-17 タイ国スイギュウにおける白色遺伝子（W）の地域別頻度．
（1971年調査，総個体数19,083：野澤・SOONTRAPORN, 1974）

の間には，どの遺伝子座においてもなんらの関連も見られなかった．また日本ザーネン種移入の門戸（gate）である首府那覇市への距離との間にもなんら相関関係は認められなかった．種畜生産地と使役利用の地とが分化していて，両者が本土と属島のような関係があり，副次集団である使役地相互間で直接の交流がないとすれば，副次集団間の地理的距離と遺伝的差異との間には相関関係は見られない．すなわち，集団の構造は島モデルに近い．

以上の記述に使った実例は，みな在来家畜と呼ばれるべき家畜の集団であった．家畜化がさらに進行して品種化が高度に達した家畜種の繁殖構造を検討してみよう．わが国の肉用牛黒毛和種においては伝統的に中国地方（Chinaではなく日本本州西部）が種畜生産地であり，ホルスタイン乳牛においては北海道が種畜生産地であった．**表I-4-11** のデータ（野澤，1965）はわが国ホルスタイン種乳牛の(a)1950年と(b)1960年における府県集団内および府県集団間の平均血縁係数が府県間距離と相関関係を有しているかどうかを血統分析法によって調査した結果である．1950～1960年はわが国の乳牛に人工授精（artificial insemination：A.I.）がとり入れられ，これが全国的に定着した時期に当たっていた．人工授精による種付けが，この時期には都道府県を業務単位として実施されていたため，府県内の平均血縁係数が府県集団間のそれよりも有意に高くなっている．1950年から1960年に至る乳牛の2世代に相当する期間，平均血縁係数は集団内および集団間共に有意な上昇を示しているが，両年の府県間血縁係数と府県間距離（これには道府

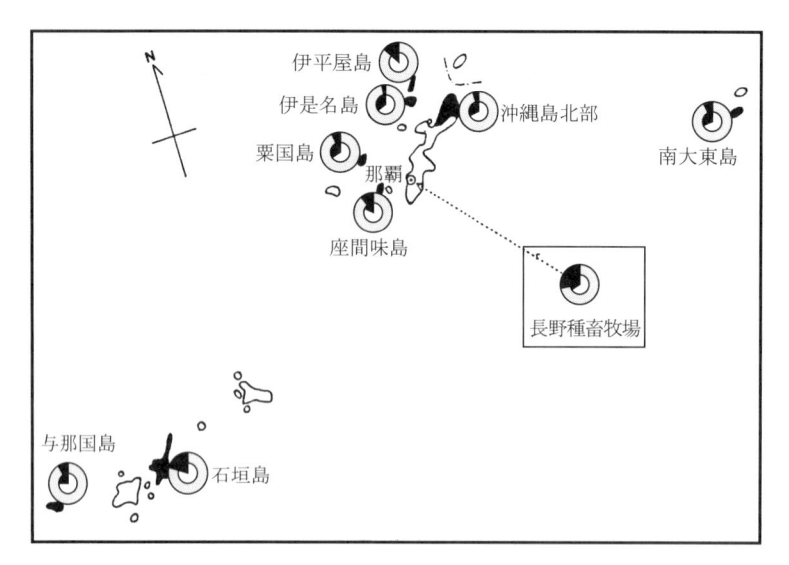

図 I-4-18 沖縄在来肉用ヤギの島嶼集団におけるアルカリ性フォスファターゼ座位 $O\sim A$ 対立遺伝子頻度（外円）とプレアルブミン-3 座位 $1\sim 2$ 対立遺伝子頻度（内円）．
黒色部はそれぞれ A および 2 対立遺伝子の頻度を示す．長野県種畜牧場飼養の日本ザーネン種における遺伝子頻度を付記する．(Nozawa et al., 1978)

県庁間直線距離：km と，2 道府県間を移動する際に越えなければならない道府県境の最少数と定義される距離 unit 数の双方が用いられた）との間には相関関係は認められない．当時のわが国ホルスタイン種乳牛の各府県集団が，北海道にある種畜生産者の育種集団を本土とする属島のような地位にあったことをこの結果は物語っている．すなわち，わが国の乳牛集団は典型的な島モデルに近い構造をもっていた．その後，乳牛の人工授精はいくつかの都道府県が合体した広域を業務単位としておこなわれるようになった．そうなっても，副次集団が都道府県境を越えた広域をカバーするようにはなったが，集団構造のタイプそのものには本質的な変化はなく今日に至っていると考えられる．

iii) 集団構造の重層性

これまで日本国内外に生きる哺乳類や鳥類数種を取り上げ，集団構造のいくつかのタイプを例示した．連続分布モデル，島モデル，飛び石モデルというのは集団の繁殖構造のタイプを典型化したもので，最小の任意交配集団すなわち繁殖単位 (deme) が種 (species) そのものではなく，種の内部に地理的あるいは人為的に多少とも隔離された任意交配集団のいくつかが含まれており，それらが互いに異なった遺伝子構成をもつことを示すものであった．

これまで挙げた例のうち，ニホンザルはこの国土の特産種で，同じ種が国外には生息しない．しかし日本人や日本ネコは，それぞれヒトという種，ネコという種の部分集団である．日本ザーネン種，日本ホルスタイン種などと呼ばれる集団もそれぞれヤギという種，ウシという種の中の品種である．これらの種を全体として見るときには，日本に生息する全個体群を多数の副次集団の一つとする，より高次の構造を考えなければならない．すなわち，種集団の構造は重層的

表 I-4-11 (a) 1950 年, (b) 1960 年道府県および道府県間のホルスタイン種乳牛集団血縁係数 (%), (c) 道府県間血縁度またはその増大量と道府県間距離との間の相関係数とその標準誤差. (野澤, 1965)

(a)

道府県	北海道	岩手	宮城	群馬	石川	岐阜	静岡	愛知	三重	大阪	兵庫	島根	山口	高知	福岡	宮崎
北海道	1.00 ±0.40	0.83 ±0.37	0.33 ±0.23	0.83 ±0.37	1.16 ±0.43	0.50 ±0.28	0.66 ±0.33	1.00 ±0.40	0.66 ±0.33	0.50 ±0.28	0.50 ±0.28	0.66 ±0.33	0.66 ±0.33	0	1.50 ±0.49	1.66 ±0.73
岩手		3.16 ±0.71	1.16 ±0.43	0.66 ±0.33	1.33 ±0.46	0.33 ±0.23	0.66 ±0.33	1.33 ±0.46	1.50 ±0.49	1.00 ±0.40	0.66 ±0.33	1.00 ±0.40	0.83 ±0.37	0	0.83 ±0.37	0.50 ±0.50
宮城			4.50 ±1.46	0.66 ±0.33	0.50 ±0.28	0.66 ±0.33	1.00 ±0.40	0.83 ±0.37	0.83 ±0.37	2.00 ±0.57	1.00 ±0.40	1.00 ±0.40	0.16 ±0.16	0	0.33 ±0.23	0.50 ±0.50
群馬				3.50 ±0.75	1.50 ±0.49	0.66 ±0.33	1.16 ±0.43	0.66 ±0.33	1.16 ±0.43	0.66 ±0.33	1.00 ±0.40	0.83 ±0.37	0.83 ±0.37	0	0.33 ±0.23	1.50 ±0.85
石川					3.50 ±0.75	0.83 ±0.37	0.33 ±0.25	0.66 ±0.33	0.50 ±0.28	1.16 ±0.43	1.00 ±0.40	0.33 ±0.23	0.33 ±0.28	0	0.50 ±0.28	0.33 ±0.33
岐阜						2.50 ±0.78	0.83 ±0.37	1.00 ±0.40	0.83 ±0.37	0.50 ±0.28	0.66 ±0.33	1.50 ±0.49	0.50 ±0.28	1.00 ±0.70	0.50 ±0.28	1.00 ±0.57
静岡							2.83 ±0.67	0.83 ±0.37	0.83 ±0.37	1.66 ±0.52	0.66 ±0.33	0.16 ±0.16	0.16 ±0.16	1.66 ±0.52	0.33 ±0.23	0.33 ±0.23
愛知								0.70 ±0.34	1.66 ±0.52	0.50 ±0.28	0.66 ±0.33	1.00 ±0.40	0.50 ±0.28	0.55 ±0.31	1.16 ±0.43	1.83 ±0.54
三重									2.50 ±1.10	1.00 ±0.40	1.16 ±0.43	0.83 ±0.37	0.50 ±0.28	0	1.66 ±0.52	1.00 ±0.70
大阪										2.66 ±0.92	0.66 ±0.33	1.00 ±0.40	1.00 ±0.40	0.54 ±0.54	1.33 ±0.46	1.50 ±0.86
兵庫											5.00 ±0.88	1.00 ±0.40	0	0.24 ±0.24	1.33 ±0.46	1.33 ±0.67
島根												3.33 ±1.03	0.50 ±0.28	0	0.83 ±0.37	1.00 ±0.41
山口													2.00 ±0.70	0.50 ±0.50	0.33 ±0.23	1.00 ±0.41
高知														—	0	0
福岡															3.50 ±0.91	0
宮崎																2.00 ±1.40

	平均血縁係数	Current relationship による寄与を除いた平均血縁係数
道府県内	2.84 ± 0.20	1.78 ± 0.16
道府県間	0.77 ± 0.04	0.76 ± 0.04

] $P<0.001$] $P<0.001$

(b)

道府県	北海道	岩手	宮城	群馬	石川	岐阜	静岡	愛知	三重	大阪	兵庫	島根	山口	高知	福岡	宮崎
北海道	2.83 ±0.67	1.33 ±0.46	1.66 ±0.52	1.16 ±0.43	1.16 ±0.43	2.50 ±0.63	1.33 ±0.46	0.66 ±0.33	1.33 ±046	1.33 ±0.46	1.33 ±0.46	1.33 ±0.46	2.00 ±0.57	3.16 ±0.71	1.83 ±0.54	1.66 ±0.43
岩手		6.16 ±0.98	3.00 ±0.69	1.83 ±0.54	1.16 ±0.43	1.00 ±0.40	1.66 ±0.52	3.66 ±0.76	1.83 ±0.54	1.83 ±0.54	1.33 ±0.46	1.16 ±0.43	0.50 ±0.28	1.16 ±0.43	1.66 ±0.52	1.00 ±0.40
宮城			5.33 ±0.91	2.00 ±0.57	1.50 ±0.49	2.50 ±0.63	1.50 ±0.49	2.00 ±0.57	3.16 ±0.71	3.66 ±0.76	1.16 ±0.43	1.33 ±0.46	3.00 ±0.69	1.33 ±0.46	1.50 ±0.49	1.66 ±0.52
群馬				4.66 ±0.86	3.16 ±0.71	2.83 ±0.67	2.16 ±0.59	3.16 ±0.71	2.83 ±0.67	2.16 ±0.59	1.66 ±0.52	1.83 ±0.54	1.00 ±0.40	1.83 ±0.54	2.16 ±0.59	1.83 ±0.54
石川					5.33 ±0.91	0.83 ±0.37	1.00 ±0.40	2.16 ±0.59	1.16 ±0.43	1.83 ±0.54	0.83 ±0.37	1.33 ±0.46	1.00 ±0.49	1.50 ±0.49	2.16 ±0.59	2.00 ±0.57
岐阜						4.83 ±0.87	0.66 ±0.33	1.00 ±0.40	2.50 ±0.63	1.66 ±0.52	0.50 ±0.28	0.66 ±0.33	1.66 ±0.52	1.66 ±0.52	2.66 ±0.65	1.00 ±0.40
静岡							5.50 ±0.93	1.83 ±0.54	1.16 ±0.43	1.16 ±0.43	1.33 ±0.46	1.16 ±0.43	2.16 ±0.59	1.83 ±0.54	0.83 ±0.37	1.00 ±0.40
愛知								3.66 ±0.76	1.66 ±0.52	1.33 ±0.46	1.16 ±0.43	1.16 ±0.43	1.66 ±0.52	2.50 ±0.63	2.33 ±0.61	1.33 ±0.46
三重									5.75 ±1.16	1.33 ±0.46	1.66 ±0.52	1.16 ±0.43	3.00 ±0.69	2.00 ±0.57	1.33 ±0.46	0.83 ±0.37
大阪										3.50 ±0.75	1.00 ±0.40	1.83 ±0.54	2.83 ±0.67	1.00 ±0.49	1.50 ±0.52	1.66 ±0.52
兵庫											5.16 ±0.90	2.33 ±0.61	1.50 ±0.49	0.66 ±0.33	0.83 ±0.37	2.83 ±0.67
島根												5.00 ±0.88	1.50 ±0.49	1.33 ±0.46	1.33 ±0.46	1.33 ±0.46
山口													5.00 ±0.88	2.16 ±0.59	1.50 ±0.49	1.83 ±0.54
高知														6.00 ±1.18	1.83 ±0.54	1.16 ±0.43
福岡															3.66 ±0.76	1.83 ±0.54
宮崎																5.25 ±1.11

	平均血縁係数	Current relationship による寄与を除いた平均血縁係数
道府県内	4.88 ± 0.23	3.11 ± 0.18
道府県間	1.66 ± 0.06	1.66 ± 0.06

] $P<0.001$] $P<0.001$

(c)

調査年	距離の表現方法	
	道府県庁所在地間の直線距離	道府県単位による距離
1950	+0.0041 ± 0.0912	−0.0578 ± 0.0909
1960	−0.0277 ± 0.0912	−0.0707 ± 0.0909
[1960] − [1950]	−0.0361 ± 0.0912	−0.0285 ± 0.0912

(stratifically) に捉える必要がある．

ニホンザルの集団が事実そうであった．この種にあっては，地域集団の中は島モデルに近い構造をもち，地域集団の多数を内蔵する種の集団は，地域集団を飛び石の石とする2次元飛び石モデルに近い構造になっている．ヒトにおいては，国民というカテゴリーの内部に，互いに多少とも隔離されたサブグループを含んでいる場合が多いし，さらに種としてのヒトの集団に対しては，国際結婚によって国民間を結びつけたモデル化は困難かもしれないが，一つの構造を考えることができよう．しかし，これも日本のような島国の国民とヨーロッパの大陸諸国の国民とでは様相を異にするであろうし，副次集団である各国の地理的位置，政治体制，開発の程度などが影響をもつとすると国家より上位の構造を2層も3層も考えなければならないかもしれない．

図I-4-19には旧世界の広域に生息する野良猫の毛色タビー遺伝子座における3対立遺伝子——t^b：ブロッチド・タビー，T：サバトラ（野生型遺伝子），およびT^a：アビシニアン——の頻度分布が示されている．日本国内ではどの地方でもt^bやT^aの遺伝子頻度はゼロか，あるいはごく低いという意味でよくそろっているが，旧世界の広域を眺めるとt^b遺伝子はヨーロッパで著しく高い頻度をもち，T^a遺伝子は南および東南アジアで高い．すなわち，野良猫の場合，国内集団と種の集団の間に少なくともいま一つの構造を考えなければならない．この構造はネコがヒトの遠距離移動に随伴して移動分布するという，いわば家畜としての性格からもたらされたと考えられる．

一般家畜の場合，国内集団の1つ上位に品種（breed）と称するまとまりがあって，国際的な血縁が維持され，互いにほぼ完全に隔離され，したがって遺伝子構成を大きく異にした諸品種の

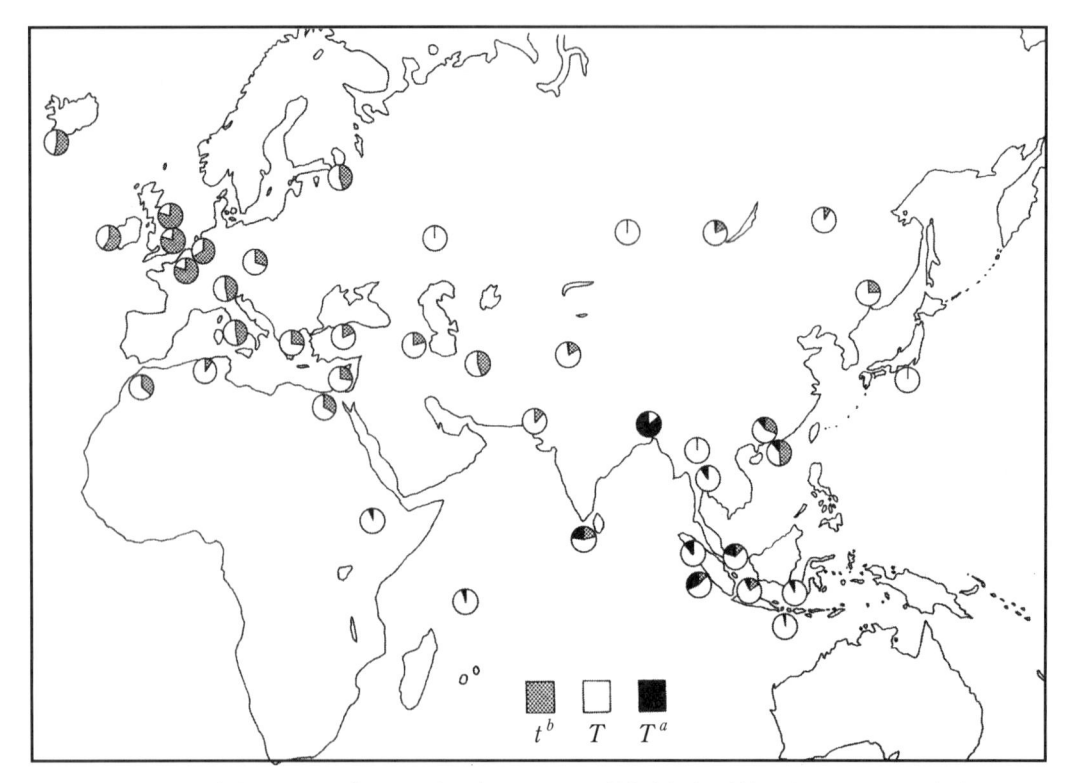

図I-4-19 各地のferal cat集団における$t^b \sim T \sim T^a$ 3対立遺伝子の頻度．（野澤，1994より改写）

上位に個々の家畜種がある，というのが通常の構造であろうと考えられる．

(7) 遺伝変異の分子的および発生学的基礎

i) 毛色変異

外形的に一目でわかる形態学的遺伝変異は野生動物集団には存在せず，存在したとしても非常にまれであるのに対して，家畜集団には例外なくこれが広汎に見られ，これが野生動物と家畜とを外形的に区別する集団徴表となっていることはすでに述べた．前世紀の末期以来，遺伝子 DNA とそれが作るタンパクとの間の分子的関係，すなわち遺伝暗号の所在とそれの次世代への伝達，遺伝暗号がタンパク構造に翻訳される機構が明らかとなるに及び，家畜特有と言ってもよい種々の形態学的遺伝変異が，DNA 塩基のどのような変異を基礎とし，タンパクのどのようなアミノ酸変異を経て表現型として発現するに至るのかという変異の分子的基礎と発生学的機構に関する研究もまた著しい進展を見せている．ここでは形態学的遺伝変異の中でも多様性の特に顕著な家畜の毛色変異について，これまでに得られた知見を総括する．この総括には，SEARLE (1968) の古典的著書と，特に分子的基礎については，哺乳類の毛色に関する遺伝研究の最前線にあるマウスとヒトの相同突然変異に関する JACKSON (1997) の総説がたいへん役立つが，必要に応じて他の論文も参照する．本章(4)節の i) 項には変異の形態と遺伝様式のみを述べてあるので，それらの発生機序と分子的基礎についての知見を以下に記述する．

白化：劣性の白子（アルビノ）は毛色突然変異の分子的基礎が明確となった古典的な例である．メラニン色素合成の端初に，原料であるアミノ酸 tyrosine から dopa を経て dopakinone が生まれる化学反応を触媒する酵素 tyrosinase（TYR）遺伝子の 254 番目の塩基 G が C に換わり，その結果として 85 番目のコドンが TGT → TCT に換わり，この位置に対応するアミノ酸が cysteine から serine に換わる（Cys85Ser）．これが原因となって酵素 tyrosinase は活性を失い，メラニン合成に向かう全反応連鎖が発端のところでブロックされたのがアルビノ（cc）である．この突然変異体は被毛が白色となるばかりでなく，網膜上皮にもメラニン色素が存在しないので眼は透明となり，血液の赤色が見えてピンク色を呈する．マウス，ラット，ウサギ (rabbit) にはこのアルビノ変異が固定されていくつかの系統が作られ，愛玩動物や実験動物となっているが，大中型の家畜にはアルビノ系統というものはない．*Macaca* 属のサルを始めとする野生動物集団にも時にこれが出現して注目されることがあるが，世代が換われば消滅するのが常で，頻度を増し多型の域に達した例はほとんどない．

TYR 遺伝子座におけるよく知られた変異体としてネコの Burmese（ビルマネコ：$c^b c^b$）と Siamese（シャムネコ：$c^s c^s$）がある．これらの形質表現には温度感受性があり，高温ほど被毛の退色が著しく，同一個体においても比較的高温の躯幹部の退色は甚だしく白勝ちのクリーム色になるが，比較的低温の頭部，四肢端部，尾部にはメラニンがよく沈着していわゆるポイント (point) 形質をあらわす．このカラー・ポイントはシャムネコの方がビルマネコよりもずっと顕著に表れる．ビルマネコとシャムネコとの交配における F_1（$c^b c^s$）のポイントは両親の中間となる．シャムネコを特徴づける c^s 遺伝子では tyrosinase 座位の第 715 塩基サイトの G → A transition が原因

となり，227番サイトのアミノ酸がglycine → arginineの置換をおこしている（Gly227Arg）．ビルマネコを特徴づけるc^b遺伝子では同じ座位の第940塩基サイトにおけるG → T transversionが原因となり，302番サイトのアミノ酸がglycine → tryptophanの置換をおこしている（Gly302Trp）（LYONS et al., 2005）．なお最近，ネコにおいて，同じTRY遺伝子座における塩基の欠失とフレームシフト，停止コドンの出現によって赤目の白子（つまり真のアルビノ）が生じたことが報告されている（IMES et al., 2005）．

優性遺伝をする白色（dominant white）はtyrosine kinase受容体をコードするc-kitがん遺伝子w座位の優性突然変異遺伝子Wによって発現する．これと相同の遺伝子がヒトでは斑紋（piebaldism）を発現する．c-kit遺伝子に部分的欠失がおきると，神経冠細胞に由来するメラノサイト（メラニン造生細胞）の正常な増殖，移動，生存が妨げられることによって白色を生じると共に，造血機能や神経機能にも多面発現的（pleiotropic）な異常を生じる（GEISSLER et al., 1988）．

優性白色遺伝子はネコ，ブタ（Yorkshire種），ウマ，ウシ（インド牛），スイギュウ，ヒツジ（Merino種，Corridale種），ヤギ（Saanen種，Cashmere種），イヌなどほとんどすべての家畜種に存在が知られているが，優性の程度，すなわちヘテロ状態で野生型対立遺伝子の表現を抑える程度は種ごとに様々であり，また多面発現効果の現れる組織や器官も種内では一定しているが種間では多様に異なっている．

黒化と褐化：家畜の野生型毛色表現であるアグチ色の黒化と褐化には互いに拮抗的に働く2つの遺伝子座が関与している．その第1はアグチータンパク（agouti-protein：ASIP）で被毛の発生途中，黒色メラニン（eumelanin）の発現を一時的に抑制して黄色メラニン（phaeomelanin）を発現させ，被毛を淡色にするから一本の毛には先端から黒・褐・黒の縞があらわれる．このスイッチ機構を支配しているのがアグチータンパク遺伝子（A）で，これの劣性突然変異であるnon-agouti（非アグチ）遺伝子（a）がホモ接合となるとこのスイッチ機構が停止し，黒一色の被毛が発生する．これはエクソン中の2塩基の欠失によってフレームシフトが生じ，アグチータンパクの合成途中に終止コドンが生じることによる（EIZIRK et al., 2003）．非アグチ遺伝子はマウス，ラットを始めとしてウマ，ヤギ，ネコなどの家畜にごく普通に見られる黒色変異体として知られている．第2はmelanocyte-stimulating hormone受容体Iまたはmelano-cortin受容体I（MCl-R）と呼ばれるE^d~E~e遺伝子座の効果で動物の被毛色は変化する．すなわち$E→E^d$の優性突然変異はMCl-R遺伝子のいくつかのコドン・サイトの塩基置換に対応したアミノ酸置換によって黒色メラニンの産生が増大し，被毛が黒化する変異である．$E→e$の劣性突然変異は別のコドン・サイトの塩基置換によってか，あるいは配列途中のある塩基の欠失によってそれより下流にフレームシフトが生じ，終止コドンのところでタンパク合成が停止することによって，黒色メラニンの産生が抑制され黄色メラニンのみが産生し，被毛が褐化（赤化，茶色化，黄色化）する変異である（ROBBINS et al., 1993；ADALSTEINSSON et al., 1995；KIJAS et al., 1998；KLUNGLAND et al., 1999）．

E遺伝子座の突然変異型はAberdeen Angus種のウシの黒色E^d遺伝子，黒毛和種の黒色はE遺伝子の効果であることが知られており，またHampshire種のブタの黒色もE^d遺伝子によって生じる．ウマの黒鹿毛や黒毛と呼ばれる毛色はnon-agoutiの青毛とは異なってE^d遺伝子によると思われるし，ヤギにはnon-agoutiの黒色（aa）が明らかに存在するが，それとは別の黒味の勝ったアグチ毛色の個体はまたおそらくE^d遺伝子のホモあるいはヘテロ接合体であろう．E遺

伝子座の劣性突然変異型 ee は韓牛の褐色被毛を支配している．ウマの栗毛も従来 bb という遺伝子記号が与えられた毛色であるが ee と改めるべきかもしれない．

　もう一つ，ここで言及すべきはネコのオレンジ（O）遺伝子である．この遺伝子は黒色メラニンを作らず，黄色メラニンのみを産生する．その意味で E 遺伝子座の ee 遺伝子型が発現する表現型と同様であるが，E 遺伝子座はネコの常染色体上に存在しており，o～O 遺伝子座はそれとは独立に，X 染色体上にある．ネコの O 遺伝子の X 染色体上の位置はいまだ正確には決められていない（GRAHAN et al., 2005）．

　斑紋：褐色や黒色の被毛で覆われた体表面に不定形で大小様々の白斑を生じる変異型はほとんどすべての家畜種に見られる．この白色部には melanocyte はない．それ故，c-kit 遺伝子の部分的欠失によって生じる前述の優性白色と同様に，斑紋もまた神経冠細胞に発する melanocyte の正常な生存，増殖，移動に関する DNA 塩基やアミノ酸置換が遺伝子効果の本質をなしていると考えられる．事実，マウスでは c-kit 遺伝子の変異によってブチ（piebaldism）が生じることが確認され，ネコにおいても c-kit 遺伝子にごく近い DNA 配列の突然変異によって優性白斑変異体が生まれることが報じられている（COOPER et al., 2005）．

　斑紋型が優性遺伝を示す動物種にはウシ，ウマ，ヒツジ，ヤギ，イヌ，ネコ，マウス，ミンク，ウサギが数えられ，ウシ，イヌ，マウスにはそれに加えて劣性斑紋遺伝子の存在が知られている（SEARLE, 1968）．

　淡色：メラニン色素は melanocyte の細胞質にある melanosome で産生されるが，加水分解酵素を含む lysosome との関連によって正常のメラニン顆粒が作られる．この lysosome 機能は Myosin-V と名付けられる遺伝子の支配を受ける．マウスではこの遺伝子の突然変異（beige：bg）によって毛色は希釈されるが，この淡色化はメラニン顆粒が凝集することによって光の吸収が減少し，透過が増大することによって起こる．マウスの bg 遺伝子と相同の劣性遺伝子がネコの dilution（d）劣性遺伝子である．ブルーネコは黒色にこの遺伝子がホモ接合体となった aa B_ dd の遺伝子型をもつ．

　粕毛：褐色または黒色の体毛と，白色または白に近い淡色の体毛とが体表面全体にわたって混在する毛色表現を粕毛（roan）と称するが，これは c-kit 配位子（ligand）である互変酵素（tautomerase）の一種，mast-cell growth factor（MGF）遺伝子座の優性突然変異遺伝子（r → R locus）のヘテロ接合体と考えられている．ウシではこのヘテロ接合体（Rr）は粕毛を表現し，ホモ接合体（RR）は先端部以外の全体表面に色素を欠き白色となる．白色ショートホーン（White Shorthorn）種がこれであると言われている．白色のインド牛（zebu 牛）もおそらくこれであろう．ウマでは R 遺伝子は広く分布しておりヘテロ接合体では粕毛，ホモとなると致死作用をあらわし，粕毛同士の交配から粕毛と非粕毛の子が 2：1 の比に生まれる（CASTLE, 1954；SEARLE, 1968）と言われている．しかし，わが国の在来馬の一種，北海道和種においては集団中の粕毛馬の頻度が高く維持されているので，ホモ接合体が生存し繁殖しているとの統計的推測がある（横浜・野澤，2004）．

　銀色：黒色メラニン（eumelanin）の産生にはほとんど影響を与えず，黄色メラニン（phaeomelanin）の産生のみが抑えられると体色は黒と白のコントラストで体表面の色調は銀色となる．実験用齧歯類やウサギで動物名にちなんだチンチラ（chinchilla）毛色がこれである．ネコの American Shorthair 種においても，優性の I 遺伝子によって黄色色素の発現は強く抑制されて銀

色を呈する．ネコではこの優性遺伝子のヘテロ接合体（*Ii*）ばかりでなく，ホモ接合体（*II*）もまた銀色となると考えられている．ウマの河原毛（buckskin）と月毛（palomino）は，それぞれ鹿毛（bay）と栗毛（chestnut）に黄色メラニンの優性抑制遺伝子（*D*）がヘテロ（*Dd*）の形で加わった銀色と言うよりもむしろクリーム色の体色を示す表現型であり，これは membrane-associated transporter protein（MATP）のエクソン-2 の中の G → A transition によるアスパラギン酸→アスパラギンの置換によることが明らかにされた（MARIAT *et al.*, 2003）．この優性遺伝子のホモ接合体（*DD*）は佐目毛（cremello）となり，全身ほぼ真白で，透明度の強い青緑色のガラス眼を表現し "pseudo-albino" と呼ばれることがある．

家禽の羽色変異についての分子的基礎については，村山がその時期までに得られた知見をレビューしている．以下の記述はこの総説（村山，2007）に頼っている．

白化：ニワトリの劣性白（recessive white）は tyrosinase（TYR）遺伝子座において 6 塩基（Asp と Trp の 2 アミノ酸）の欠失が認められる．ここは tyrosinase 活性に重要な銅イオン結合領域であるため酵素活性が低下すると推測される．また，烏骨鶏の白色羽毛では同じ TYR 遺伝子座のイントロン-4 領域へトリ白血病のレトロウイルス配列が挿入され，エクソン-5 の転写が抑えられていた（TOBITA-TERAMOTO *et al.*, 2000；CHANG *et al.*, 2006）．

ニワトリの *i* 遺伝子座には優性白（dominant white：*I*）遺伝子が存在するが，これは黒色メラニンを含む小胞で機能する *PMEL17* 遺伝子のエクソン-10 への 9 塩基（したがって 3 アミノ酸）の挿入によって遺伝子機能が損なわれたためと考えられる．同じ座位の複対立遺伝子 *Dun* では 5 アミノ酸の挿入，*Smoky* では *I* 遺伝子の 3 アミノ酸に加えて 4 アミノ酸の欠失（KERJE *et al.*, 2004）がある．

黒化と褐化：哺乳類の $E^d \sim E \sim e$（extension）と相同の遺伝子座は鳥類の羽色変異を支配している．ニワトリ melano-cortin 受容体 I（*MC1-R*）座位には羽色の濃い（黒い）順に $E > E^R$ ($E^{R\,fayoumi}$) $> e^{wh} > e^+ > e^b > e^s > e^{bc} > e^y$ という 8 種の複対立遺伝子があり，6 つのサイトにおいて，

e^+（野生型）：	71Met	92Glu	133Leu	143Thr	213Arg	215His
E ：	71Thr	92Lys			213Cys	
E^R ：		92Lys				
$E^{R\,fayoumi}$ ：			133Gln			
e^{wh}, e^y ：				143Ala		
e^b, e^{bc} ：	71Thr	92Lys			213Cys	215Pro

のようなアミノ酸構成になっている（KERJE *et al.*, 2003；LING *et al.*, 2003）．

ウズラにおいても，ニワトリにおけると同様の Glu92Lys 置換によって羽色が黒化することが認められている（NADEAU *et al.*, 2006）．

アグチ-タンパク（agouti-protein：*ASIP*）遺伝子座の変異によって，マウスの黄色致死（A^y/A^y）とよく似た黄羽色と高脂肪をともなう変異型がウズラに認められる（MINVIELLE *et al.*, 2007）．

斑紋：哺乳類家畜にはほぼすべての種に斑紋遺伝子が存在するのに対して家禽類には少ない．ウズラには頭部と背部を除き大きな白色を示す panda がある．これは劣性の斑遺伝子のホモ接合体で，ウズラ第 4 染色体上の endothelin receptor B2（*EDNRB2*）遺伝子座の 995 番塩基が G → A の置換をおこし，その結果 Arg332His なるアミノ酸置換をもたらしたものである（MIWA *et al.*,

2007).

銀色：ニワトリの性（Z）染色体上の S（銀色）遺伝子と，ウズラの伴性 cinnamon 遺伝子とは相同で，溶質 carrier タンパク（SLC45A2）——旧名 membrane-associateed transporter タンパク（MATP）——遺伝子の変異である．ニワトリの S 遺伝子には Tyr277Cys と Leu347Met，ウズラの cinnamon 遺伝子には Ala72Asp というアミノ酸置換が伴っている．ニワトリではより上流のフレームシフトにより，ウズラでは splicing error により最劣性の不完全アルビノ遺伝子が存在する（GUNNARSSON et al., 2007）．

在来家畜のフィールドワークをおこなう研究者の立場から見て，毛色変異の分子的および発生学的機序が明らかになることが望ましいのは次の理由からである．

①毛色変異について，種間の相同性が明らかになることはフィールドにおける観察の視点を明示する上で多大の効果をもっている．また，相同の変異であっても家畜種間の形質表現には多かれ少なかれ差異が見られるのであるから，それについての知識はフィールド観察者にとって不可欠の重要性をもつ．

②家畜種間にも，種内にもたがいに相似的（mimic）な遺伝的変異が数多く存在する．被毛や羽毛の白化という表現型ひとつとっても，その分子的基礎と発生機序には数個の互いに全く異なった因果の経路が存在する．フィールド研究者は表現型を手がかりにして，集団間の遺伝的差異や遺伝的系譜を明らかにしたいと志しているが，淘汰，特に人為淘汰の標的は表現型であっても，遺伝するのは表現型ではなくて，遺伝情報なのであるから，彼は相似形質間の遺伝子的差異を弁別する能力を身につけていなければならないし，弁別不可能という場合には不可能だという識見をもっていなければならない．

③死んだ家畜の毛色はわからない．しかし死後もなにか残っているものがあれば，それによって毛色判定ができるかもしれない．第 II 部 8 章で古絵画を手懸りにして，昔のネコ集団における毛色多型の有無を判定する研究を紹介するが，これは集団レベルの判定である．他方，遺跡から出土する動物の骨組織の中には DNA が一部にせよ残っていることがあり，毛色変異を支配する DNA 配列が既知であれば，それによって古代家畜個体の毛色が判定できる可能性がある．LUDWIG et al.（2009）はシベリアやヨーロッパの出土馬骨から DNA を抽出し，その塩基配列を調べた．生存年代が B.C. 12,000〜5,000 年とされる馬骨には野生型の塩基配列しか見られなかったが，B.C. 4,000 年の銅器時代の馬骨から，まず ASIP 座位の変異体である黒色馬が発見され，B.C. 3,000 年以後の青銅器—鉄器時代の馬骨から MCI-R 座位の変異体である栗毛馬が発見され，その他の毛色変異体（斑，粕毛，クリーム色など）を決める配列も次々と発見された．毛色多型は家畜化以後に現れるのであるから，LUDWIG et al. はこの結果が馬家畜化の場所と時期を推定する根拠を提供するものと考えている．これは毛色を決める DNA 塩基配列が知られていて初めて可能となった研究である．

以上 3 つの理由から在来家畜の研究に当たっては，いろいろな遺伝形質の分子的および発生学的機序に関する研究の進展に怠らず目を注いでいる必要がある．

ii) タンパク変異と DNA 塩基配列の変異

電気泳動法（electrophoresis）によって発見される種々の酵素や非酵素タンパクに見られる遺伝的変異は，核DNA塩基に置換がおきて遺伝暗号が変化し，その結果おこったタンパクの，あるサイト（site）のアミノ酸置換のうち，タンパク全体の荷電（構成アミノ酸の荷電の総和）に変化をもたらしたものである．このタンパク多型の研究によって，生物集団中には大量の遺伝的変異が保持されていることを本章(5)節i)項で見た．DNA塩基の変異性はさらに大きい．このことを納得するに好適な研究結果が KREITMAN（1983）によって示されている．彼はキイロショウジョウバエ（*Drosophila melanogaster*）のアルコール脱水素酵素（ADH）の電気泳動法で区別される対立遺伝子 F と S からそれぞれ5配列と6配列，計11配列を任意に抽出し，塩基配列を決定した．調べられたDNA領域は欠失と挿入を除き 2,379 塩基であった．これら 11 本の塩基配列相互間において異なった塩基をもつサイトのみを抜き出して図 I-4-20(a)に示す．

こうしたデータからDNA変異の大きさを測るには次のような尺度が使われる．第1は多型塩基サイトの割合で，調べられた全塩基サイトの中で異なった塩基によって占められるものの割合 P_{nuc} である．調べられた ADH 遺伝子 11 配列では，

$$P_{nuc} = 43/2379 = 0.0180$$

となる．第2は2つの塩基配列間に見られる異なった塩基の割合の平均値，すなわち塩基多様度（nucleotide diversity）である．X_i および X_j をそれぞれ塩基配列 i および j の集団中での頻度，π_{ij}

図 I-4-20 a. キイロショウジョウバエの ADH 遺伝子 11 塩基配列．b. 11 遺伝子配列間の塩基の差異（π_{ij}, %）．(KREITMAN（1983）のデータより，aは Li and GRAUR（1991），bは NEI（1987）を改写)
aにおいて塩基が異なっているサイトのみを示す．エクソン-4 の中の＊印は電気泳動法によって判定される対立遺伝子 F と S の区別を可能にしているアミノ酸置換 lysine→threonine サイト．各型から任意抽出した合計11試料のうち，F 型 8～10 の塩基配列は同一であった．

を配列iとjの間で異なっている塩基の割合として，

$$\pi = \sum_{i,j} X_i X_j \pi_{ij}$$

が塩基多様度である．これはDNAレベルにおける平均ヘテロ接合率に相当する．ADH 11配列についての**図I-4-20(a)** の結果からπ_{ij}を計算した結果を**図I-4-20(b)** に示す．(a)から見られるように8-F，9-Fおよび10-Fの3配列は同一であるからこれらの間では$\pi_{ij}=0$であり，他の配列の対間には何ほどかの差異がある．上の式によって計算されたこの配列集団内の塩基多様度πは0.0065となる．対立遺伝子F（5配列）相互間では$\pi=0.0029$，対立遺伝子S（6配列）相互間では$\pi=0.0056$と計算される．電気泳動法で区別される対立遺伝子FとSはエクソン-4の中のA→C置換（**図I-4-20(a)** の*印）によりlysine→threonineのアミノ酸置換がおこったことによる．塩基配列で見れば対立遺伝子Fの中に少なくとも3種類の塩基配列，対立遺伝子Sの中に少なくとも6種類の塩基配列が存在することになる．この調査はF，S合計でわずか11本の塩基配列をサンプルしておこなわれているに過ぎないから，両対立遺伝子の中にはずっと多くの種類の塩基配列があるに違いない．

電気泳動法によって発見されるのは荷電に変化をもたらすアミノ酸置換のみで，これはすべてのアミノ酸置換の1/3程度に過ぎない．また，遺伝暗号表からわかるとおり，コドンの3番目の塩基が置換しても，それがコードするアミノ酸は変わらない（同義置換）ことが多いし，1番目，2番目の塩基置換も同義置換である場合がある．さらに非翻訳領域（イントロン）における塩基配列の変異性は極めて大きい．こうしたわけで，電気泳動法はDNA塩基レベルでの変異性のごく一部を発見しているに過ぎない．遺伝的変異を発見する感度という点ではDNAの塩基配列決定に勝る方法はないわけである．

前世紀末以来，研究対象生物のDNA塩基配列を決定することが遺伝学研究の最有力の方法として確立された感がある．当初は一定の短い塩基配列を認識する制限酵素を使ってDNA塩基配列を切断し，断片の電気泳動によって制限酵素サイトに占位する塩基の変異を認識するという方法によっていたが，世紀が代わる頃から，プライマーを使って数百ないし数千塩基対から成る配列を反復倍化して増殖させ，その配列を直接決定する塩基配列決定（base-sequencing）の技術が開発され，普及した．こうした遺伝学研究の潮流に添って，在来家畜の系統研究においても，遺伝子産物（gene product）である表現型ではなく，遺伝子そのもの（gene itself）を標識として，それの由来や系譜を探求する方向に研究の主流が移りつつある．

遺伝子つまりDNA塩基は生体細胞のいろいろな場所に存在している．動物の生殖細胞のみを考えるにしても核内の常染色体上，哺乳類ならばX染色体上，Y染色体上，鳥類ならばZ染色体上，W染色体上に，それに加えて細胞質中のミトコンドリアにもDNAは存在する．家畜品種や地域集団の起源問題や系統問題に取り組む研究者は，これらのDNA塩基を標識として利用し問題の解決に努力している．それ故，これらDNA塩基の親から子への伝達方式，伝達経路をここに比較して整理，図示しておく．

図I-4-21は哺乳類と鳥類とにおいて，いろいろな細胞器官に位置を占めるDNA塩基の親から子への伝達経路を太い矢印で示している．核の常染色体上のDNAは母と父から均等かつ対称的に娘と息子に伝達されるが，哺乳類ではX，鳥類ではZ染色体上のDNAにおいては，哺乳類

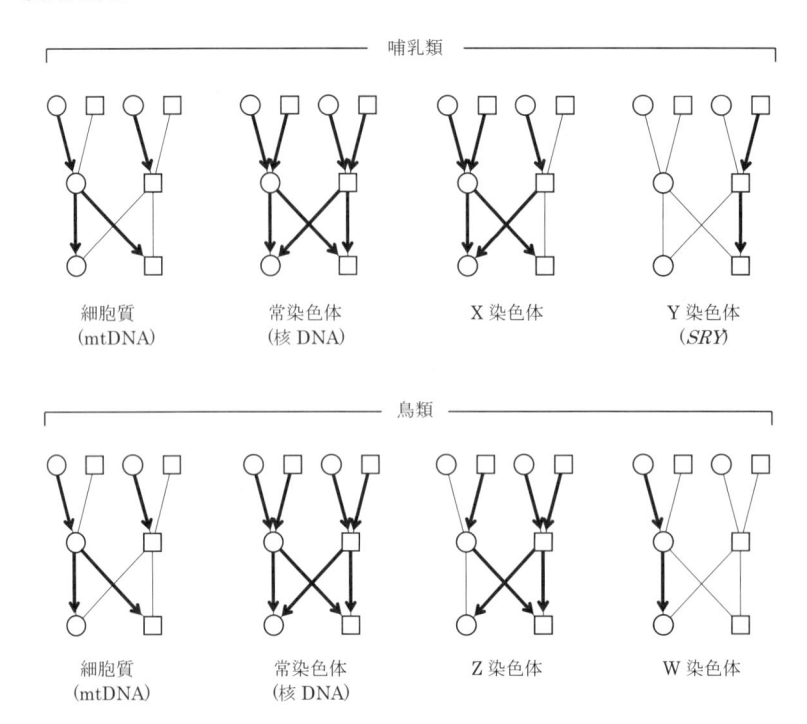

図 I-4-21 遺伝子の伝達径路（Paths of gene transmission）.
径路：→，○：雌，□：雄.

では父→息子，鳥類では母→娘の伝達経路はない．逆に，哺乳類のY染色体DNAは父系に限り，鳥類のW染色体DNAは母系に限って伝達される．細胞質遺伝をするミトコンドリアDNA（mtDNA）は哺乳類，鳥類共に母系に限って伝達され，雄は母からmtDNAを受け取るけれどもかれは子（娘と息子）へそれを伝えることはない．また，個体が生殖細胞を形成するときに，父と母の双方から伝達されたDNAに限って塩基配列の相同組換えが可能で，mtDNAや哺乳類のY染色体DNA，鳥類のW染色体DNAには塩基配列の相同組換えはおこり得ない．と言うことは，これらDNAの塩基配列は，極端に多数の複対立遺伝子をもつ単一の遺伝子座として取り扱うことができることを意味している．

　MACHUGH et al.（1997）は，サハラ砂漠によって北を限られたアフリカ中北部を東西につらなる農耕地帯に飼われている在来牛集団へのゼブ牛（いわゆるインド牛 Bos indicus）からの遺伝子流入（gene flow であるが introgression という語が使われている）の大きさを，mtDNA，核内常染色体遺伝子 microsatellite DNA，およびY染色体遺伝子を標識にして並行調査した．mtDNAで調べると中北部アフリカ在来牛へのゼブ牛からの遺伝子流入はゼロ，Y染色体遺伝子で調べると西端部のN'Dama（ダマ）牛を除きほぼ100%となり，核内常染色体遺伝子で調べると，地域集団による変動があるが平均すれば50%前後になっている（**図 I-4-22**）．すなわち，主としてゼブ系の種雄牛を供用することによって維持増殖が計られているアフリカ在来牛集団においては，母系遺伝をするmtDNAはゼブ牛からの遺伝子流入の有無や程度を推定するための遺伝標識としては感度が著しく鈍いことを示している．

　すなわち，DNA塩基配列を決定しさえすれば対象家畜集団の起源や系統についてより確度の高い情報が得られるとの考えは誤りであって，標識遺伝子の親から子への伝達様式，言い換えれ

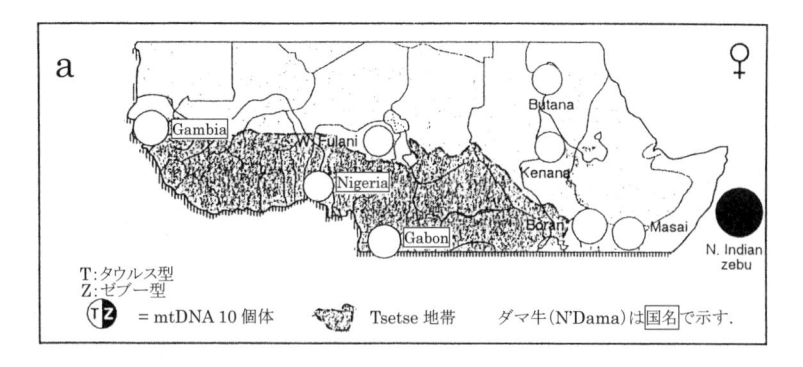

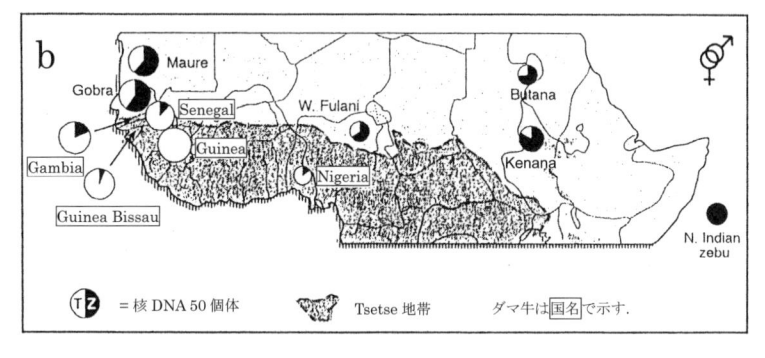

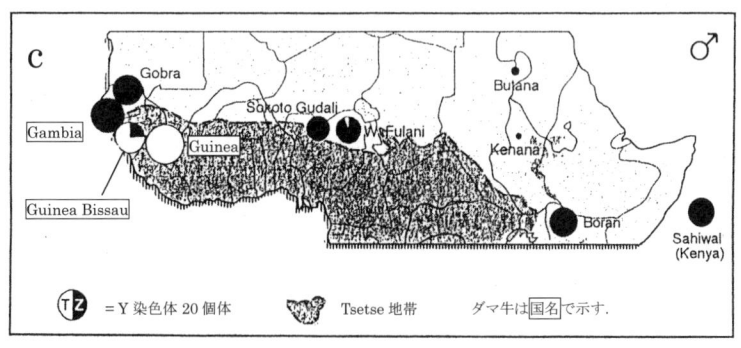

図 I-4-22 中央アフリカ飼養牛地方品種におけるゼブー (zebu) ウシからの遺伝子流入.
a はミトコンドリア DNA, b は常染色体上のマイクロサテライト, c は Y 染色体を標識とする. Tsetse 地帯はトリパノゾーマ原虫感染症を媒介するツェツェ (tsetse) バエの分布する地域を示す (II-1 章 (3) 節参照). (MacHugh *et al.*, 1997)

ば標識の遺伝様式を明確に理解した上で, 目的に応じて遺伝標識の選定をおこなわなければならない. それを理解した上で初めて, いろいろな DNA 標識を併用することにより, 集団の繁殖構造を含めた対象集団の起源や系統について, より正確な情報が得られることを銘記すべきであろう.

(8) 分化時間と進化速度

生物の集団は, 家畜化された生物であろうとそうでなかろうと, その遺伝子構成が時間と共に

変化する．集団の繁殖構造の変化などなくても，高等動物のゲノムは20～30億対の塩基から成り，各塩基は年当たり 10^{-9} オーダーの変化率をもってコピーミスをおかしているからであり，それが原因となって2～3万の構造遺伝子をもつヒトや家畜類では世代当たり 10^{-5} 前後の自然突然変異率をもって遺伝子自体を変化させているからである．集団遺伝子構成の単位時間当たりの変化，すなわち進化速度（evolutionary rate）はどれほどのものであろうか．

集団XとYから個体を任意抽出し，多座位電気泳動法によってX，Y間の遺伝子構成上の差異をNEIの遺伝距離（genetic distance：NEI, 1972）によって測ることを考えよう．ある座位の第 i 対立遺伝子の集団X，Y内での頻度を q_{iX}, q_{iY} と書くと，

$$I = \sqrt{\overline{\sum_i q_{iX} q_{iY}} \Big/ \left(\overline{\sum_i q_{iX}^2} \cdot \overline{\sum_i q_{iY}^2}\right)}$$

は集団X，Y間で調べられたすべての遺伝子座にわたる遺伝子の同一性（identity）を与える．t を時間（年），a を年当たり遺伝子座当たりの遺伝子置換率（rate of allele substitution per locus per year）とすると，

$$I = I_0 e^{-2at}$$

I_0 は第0年における両集団間の遺伝子の同一性であるから $I_0 = 1$ である．NEIの遺伝距離（D）は

$$D = -\log_e I = 2at$$

いま，c を電気泳動法によって発見されるアミノ酸置換の割合，λ を年当たりサイト当たりのアミノ酸置換率，n_T を1つのタンパク合成に関与するアミノ酸の数，すなわちコドン数とする．アミノ酸置換のうち荷電に変化を与えるアミノ酸置換のみが泳動における移動度の変化として発見できる．その割合は理論的には38.8%（NEI, 1971）であるが，実際において，c はこれよりも小さいと考える．そうすると，$a = cn_T\lambda$ であるから，

$$D = 2cn_T\lambda t.$$

NEI（1972）に従って $n_T = 400$, $\lambda = 10^{-9}$, $c = 0.25$ とすると，$a = 10^{-7}$ であるから，

$$t = D/(2cn_T\lambda) = D/(2a) = 5 \times 10^6 D$$

で集団XとYの間の分化時間（divergence time）が両集団間の遺伝距離から推定できることになる．遺伝距離はいろいろな計算法が考案されているが，NEIの遺伝距離（D）が両集団間の分化時間（t）と一次式関係にあることがNEIの距離の有用性の根拠のひとつとなっている．

野生動物の例としてニホンザル（*Macaca fuscata*）とアカゲザル（*M. mulatta*）の分化時間を多座位電気泳動法によって推定してみよう．ニホンザルは北海道を除く日本列島全域に分布する日本の特産種，アカゲザルはニホンザルに最も近縁の *Macaca* 属サルで東南アジアと南アジアの大陸部に広い分布をもつ．両種を含む *Macaca* 属サルはいずれも染色体数 $2n = 42$ で，種間で交配可能，種間雑種第1代（F_1）の妊性も完全であるから，両種が人為的に接触すれば自然集団に遺伝的汚染（genetic pollution）がおこり得るほどに種分化は不完全である．

NOZAWA *et al.*（1977）は，本土ニホンザル22群計1,022頭，中国産のアカゲザル29頭より採取した血液試料中に含まれる酵素および非酵素タンパクの29遺伝子座の変異を電気泳動法によって検索し，両種間の遺伝的比較をおこなった．両種間のNEIの遺伝距離（D）は0.1043と計算された．その約13年後，本土ニホンザル39群計3,287頭，中国産アカゲザル150頭のサンプ

ルから，血液タンパク32遺伝子座を標識として両種間比較をおこなった場合も $D = 0.1008$ の遺伝距離が得られた（野澤，1991；Nozawa et al., 1996）．2つの実験セット間での種間遺伝距離推定値の間には有意差はなく，両種間のNEIの遺伝距離（D）は約0.1と考えてよいであろう．とすると，両種間の分化時間（t）を上式 $t = D/(2a)$ から計算すると t は約50万年となる．

Macaca 属サルの化石は中国北部と日本の更新世（Miocene）地層から出土しており（Iwamoto and Hasegawa, 1972；Iwamoto, 1975；Delson, 1980），亀井（1969）によると，ニホンザルは40～50万年前（更新世中期）にアジア大陸より朝鮮・日本陸橋を通って渡来したアカゲザル類似の *Macaca* 属サルに由来したのであろうという．また亀井ら（1988）はニホンザルを中部更新統上部（QM5：12～30万年前）の代表種の1つとしている．多座位電気泳動データから分化時間を推定する際に附随してくる誤差を考慮に入れても，われわれの遺伝学的分化時間の推定値は古生物学的推定値とよく一致していると考えてよいと思われる．

Vauter と彼の協力者（Vauter et al., 1981）は，東太平洋とカリブ海に産する魚類の近縁種を使ってNEIの遺伝距離と分化時間の推定が分子時計（molecular clock）の役割を果たすことができるか否かを確かめる研究をおこなった．これら両海域はかつては海続きで魚類も同一種が連続して分布していた．500～200万年前に隆起によってパナマ地峡が成立し，南北両アメリカ大陸が連結されたので，パナマ海峡／地峡の東西に生存していた魚種には種内隔離がおこり，両海域で互いに独立の遺伝的分化をおこすことになった．Vauter et al. は東太平洋とカリブ海に共通して分布する5魚種，すでに異種に分化している近縁関係にある魚種の5対，計10種から個体をサンプルし，タンパク23～41種についてデンプンゲル電気泳動法により遺伝的比較をおこなった．遺伝子頻度データからNEIの遺伝距離を計算し，それを分化時間に換算したところ，魚種によって変動はあるが250～680万年（平均390万年）という値を得た．なお同一海域内の集団間分化の程度は海域間分化の1/8程度であった．このことからNEIの遺伝距離が分化時間を推定するための時計（clock）の役割を果たし得るとVauter et al. は結論している．

根井自身はこの方法を人類の3大人種，すなわち，Caucasoid（白人），Mongoloid（黄色人）およびNegroid（黒人）の遺伝的分化＝人種分化を測ることに応用した．Nei and Roychoudhury（1974）は当時すでに公表されている35遺伝子座にわたるタンパク電気泳動データを収集し，人種間のNEIの遺伝距離（D）を計算し，分化時間（t 年）を推定したところ，**表I-4-12** のような結果が得られた．

すなわち，いまから12万年ほど前に，現代の黒人に向かう枝が分かれ，残りの枝から約5.5年前に白人と黄色人とが分かれたという推定になり，地史的には洪積世後期（Würm 氷期）にこうした人種の分岐がおきたということになる．

このように，野生動物集団間や人類集団間の電気泳動的遺伝変異の差異を遺伝距離という尺度で測り，それを集団の分化時代の推定に応用するというNEIの方法は，地史学，古生物学など，遺伝学を使わない，より直接的な分化時間の推定結果によく合致し，少なくとも negotiable な分化時間の推定値を与えている．それではこの方法を家畜類の系統間あるいは品種間差異に適用したらどうなるであろうか．このような発想のもとに研

表I-4-12 人種間のNEIの遺伝距離と分化時間．

	D	t（年）
Caucasoid～Negroid	0.023	115,000
Caucasoid～Mongoloid	0.011	55,000
Negroid ～Mongoloid	0.024	120,000

Nei and Roychoudhury（1974）．

究をおこなった最初の研究者は MANWELL and BAKER（1977）であったと思われる．彼らはオーストラリアに飼われている Merino 種（毛用）と Poll Dorset 種（肉用）という2つのヒツジ品種間で30遺伝子座にわたる血液タンパク変異を電気泳動法によって分析した．両品種間の遺伝子頻度の差を NEI の遺伝距離であらわすと，$D = 0.01393$ となり，コドン変化の率（a）を遺伝子座当たり年当たり 10^{-7} として，両品種間の分化時間に換算すると，$t = 69,700$ 年となった．

ヒツジの家畜化は約 10,000 年前と考えられており，これら両品種が分かれたのはせいぜい 2,000 年前に過ぎない．Merino 種は羊毛の生産のために，Poll Dorset 種は肉量の増大に向けて，と異なる方向への人為淘汰が加えられており，直接の淘汰目標となった遺伝変異の相関反応としてタンパクの遺伝子頻度に大きな差が現れる可能性もあろう．またこれら両品種共にオーストラリア原産ではないから，原産地（Merino 種はスペイン，Poll Dorset 種はイギリス）から導入時の瓶の首効果（bottle-neck effect）が強く働いて両品種間に大きな遺伝的分化がおこったとも考えられる．また，比較されている両品種，特にその一方の Merino 種が成立するに当たって他のヒツジ野生種が大きな寄与をなし，あるいは他種から大量の遺伝子流入（gene flow or introgression）があったという可能性もあるかもしれない．

MANWELL and BAKER（1977）がおこなったヒツジ2品種間の分化時間の推定方法を他種家畜に適用してみよう．日本を含むアジア在来馬と Thoroughbred 種などヨーロッパ系の競走馬との間の分化時間を推定すると約 100,000 年（NOZAWA et al., 1976）となる．東アジアの肉用在来ヤギとスイス原産の Saanen 種乳用ヤギとの間は約 30,000 年という推定値が得られる（NOZAWA et al., 1978）．さらに，秋田犬，柴犬などの日本在来犬種とヨーロッパ系犬種との間の遺伝子構成の差異は分化時間約 140,000 年に相当する（田名部，1980）．これらの推定値もまた家畜研究者の通念あるいは常識を越えた長時間であると感じないわけにはいかない．これは何を意味するのであろうか．1つの考え方として，HIGGS and JARMAN（1972）が論じているように，家畜化の歴史が通念とされている 10,000 年をはるかに越える長時間にわたったというのが事実かもしれない．また，第2の考え方として，野生状態ですでに種分化あるいは亜種分化をおこした後，家畜化が相互独立に，多元的におこなわれたのが理由であるとの説明を支持するかに見えるデータ（MANWELL and BAKER, 1976）も得られている．こうしておこる系統ラインの融合は雑種集団内の遺伝的変異を増大させ，その後の人為淘汰によってそこから大きな系統分化をおこさせる基礎集団を用意することになる．それに家畜化と系統分岐の過程で瓶の首効果や遺伝的浮動が働き，分集団内の遺伝子組成が急速に再編成され，分集団間の遺伝的分化が促進されることもあり得るであろう．

遺伝子構成の変化量と時間との関係は，

$$変化率 = 変化量／時間$$

であることは言うまでもないが，上述の第1の考え方は，時間が長くなり，それに応じて変化量も大となるが，変化率は長い期間にわたり変化しない，という中立説を前提としての説明であり，第2の考え方は変化率，つまり進化速度が変化し，遺伝子構成には時間との比例関係を越えた急激な変化が進化過程のある時期におこり得るという，中立説にとらわれない説明を提案する立場である．

Ho et al.（2005）は，何人かの先行研究者によっておこなわれた高等動物の mtDNA のいろい

ろな領域における塩基配列決定のデータから平均塩基置換率（サイト当たり，100万年当たり Rate）を計算し，それと置換率を計算するためにさかのぼった年数（$t \times 100$万年）との間の関係を調べた．調べられた mtDNA 領域は，(a) 鳥類 mtDNA のタンパクコード領域，(b) 霊長類 mtDNA のタンパクコード領域，および (c) 霊長類 mtDNA の D ループ領域であった．その結果を横軸に時間（t），縦軸に変化率（Rate）をとり，**図 I-4-23** のように図示した．この図を見ると，さかのぼり年数が 100～200 万年以下では置換は 0 万年に近いほど高く，さかのぼり年数 200 万年以上では置換率はほぼ一定の低い値，サイト当たり 100 万年当たり 0.5～1.5% となっていることがわかる．すなわち，塩基置換率は指数関数（exponential curve）：

$$Rate(t) = \mu e^{-\lambda t} + k$$

に適合する．この式のパラメーター μ，λ および k をデータから推定すると (a)，(b)，(c) について，

(a) $Rate(t) = 0.0400 e^{-0.445 t} + 0.0054$
(b) $Rate(t) = 0.5204 e^{-2.042 t} + 0.0144$
(c) $Rate(t) = 0.4535 e^{-6.408 t} + 0.0148$

となる．ここで k は置換率の収束値（カーブがプラトーを示している値），$(\mu + k)$ は指数関数カーブの縦軸上の切片である．

Ho *et al.*（2005）が示していることは，塩基の変化率が現代に近い時間域では著しく高い値になっているということで，なぜそうなっているかと言えば，近現代の動物集団には mtDNA 塩基配列の多型状態が少なからず残存していて，これら残存多型はいずれは純化淘汰（purifying selection）によって消滅し，その中の小部分だけが遺伝的浮動によって固定し，真の意味での塩基置換となる，というものである．これを言い換えれば，現代の動物集団の DNA 塩基配列を用いて集団間の分化時間を推定する場合，この塩基配列多型のために著しく過大な推定値を与えるという主張になる．Ho *et al.*（2005）は，この事実は集団研究，家畜化，保存遺伝学，人類進化といったような，さかのぼり年数の小さい系統研究の結果を考察するに当たって重大な意味をもっている，と強調している．

本書の第 II 部にはタンパクの多座位電気泳動や DNA の塩基配列のデータを使って，いろ

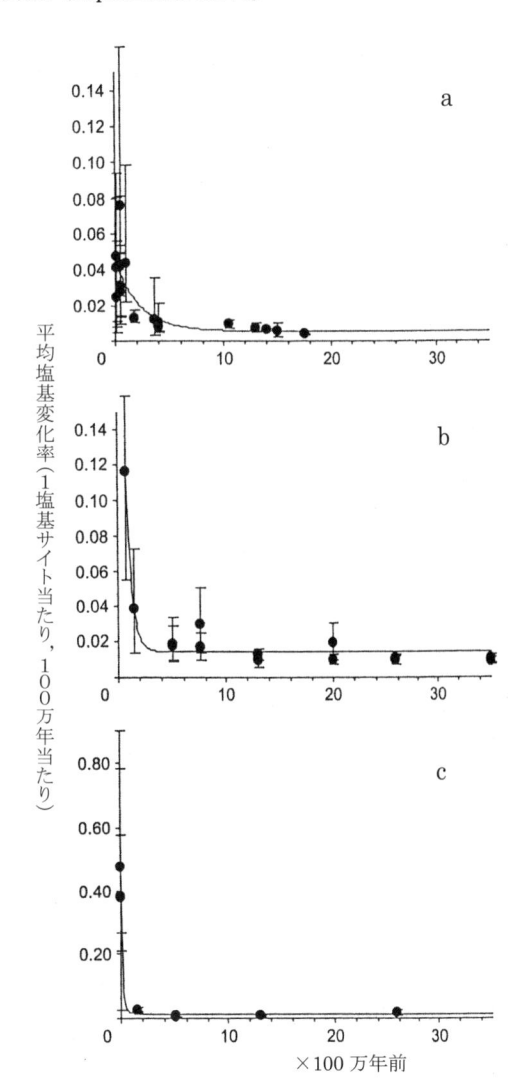

図 I-4-23 平均塩基変化率（サイト当たり 100 万年当たり）とその率を計算するための年数（単位 100 万年）との間の関係．a. 鳥類ミトコンドリア DNA のタンパクコード領域，b. 霊長類ミトコンドリア DNA のタンパクコード領域，c. 霊長類ミトコンドリア DNA の D ループ領域．(Ho *et al.*, 2005)

いろな家畜で集団間の分化時間の推定をおこなった結果が示され，またそれを種あるいは亜種・品種レベルでの多源的家畜化の根拠としている研究も紹介されている．しかし Ho *et al.* (2005) のような論文が現われたということは，このあたりに大きな問題点が覆在しているのだと考えなければならない．われわれ在来家畜研究者は慎重な検討と討論をさらに続ける必要があると考えられる．

I-5　近現代における新家畜造成

　動物の家畜化は，地球上のどこかで，ある日，一人の篤志家が自分の周辺に生きるある動物種に着目してそれを家畜化しようと一念発起し，着手したからと言ってすぐにでき上がるものではない．古代エジプトの王達の事蹟を思い出してみればそれは明らかである．ヒトの世代を超え，むろん動物の世代を超えた継続的な努力の積み重ねの末にようやく成しとげることのできる事業である．それ故，家畜に数えられる動物種の数は，ここ数千年来，本書第II部にかかげた10種内外と変わらず，この間の増数はわずかなものである．このリストにもれている家畜種と言えば，ロバ，トナカイ，ウサギ，それに旧世界2種（ヒトコブラクダとフタコブラクダ）と南米2種（リャマとアルパカ）のラクダ科動物ぐらいであろうか．それらはローカルには貴重な家畜資源とみなされるかもしれないが，グローバルな観点から果たして重要家畜種に数えられるべきかどうかは疑わしい．

　それでも，動物の新たな家畜化，すなわち新家畜創生の努力がこの間なされなかったわけではない．この章では比較的成功したと少なくとも一時はみなされた，現代につながるいくつかの事例を取り上げてみたい．

(1)　偶蹄類の新たな家畜化

エランド

　アフリカにはウシ科（Bovidae）に属する多くの偶蹄類動物相が繁栄し，古来狩猟の獲物とされ，その中の幾つかは囲い込まれて家畜的な保護管理を受けてきた．その中で最も成功し，長期間維持された哺乳類はレイヨウ（antelope）10数種の中の一種，エランド（eland：*Taurotragus oryx*）（図 I-5-1）であろう．レイヨウの中で最も大型であるから肉量は多く，少なくとも欧米人からは，肉の風味も優れているとの評価を受けてきた．その上，体躯が大きいにかかわらず，おとなしく（docile），飼い易いという利点をもっている（BIGALKE, 1964）．この動物は browser（灌木や木の枝や若芽を食う食性）で，高温と乾燥に強く，ツェツェバエによって媒介されるトリパノゾーマ症に対して抵抗性を有しているので，ウシが生きられない環境で生産をあげることができる．搾乳もされて，ミルクの保存性に優れているので，熱帯地域での乳用家畜としてウシの代替としての機能をも有していることもわかった（SKINNER, 1967；JEWELL, 1969）．

　1892年エランドの雄4頭，雌4頭がアフリカからロシア，ウクライナの Askaniya Nova 動物公園に送られ，これを基礎にして増殖が図られ，1968年には合計408頭となった．ここでは，肉用能力への育種と共に，一部の雌エランドに対して搾乳調教をおこない，乳用能力の改良に向けての選抜育種がおこなわれた．もともと乳量は Africander 牛の数分の1程度と少ないが，乳脂率と乳タンパク質含量は乳牛の約2倍で，この点が注目されたと思われる．なお，最初アフリカか

図 I-5-1　エランド（*Taurotragus oryx*）．（朝日ラルース：世界動物百科 No.52, 1972 より）

ら導入した基礎畜の個体数が少なかったので，近親交配の影響が現れ始めていると言われている（SKINNER, 1967；JEWELL, 1969；WILKINSON, 1972a；CLUTTON-BROCK, 1981；FIELD, 1984）．

ところで，このような記述から 6 年後の HEMMER（1990）の著書によると，ソ連圏 Askaniya Nova 動物公園におけるエランド家畜化プロジェクトは，1892 年から 1964 年までに輸入された雄 5 頭，雌 5 頭を基礎として開始されたという．基礎畜雄雌 1 頭ずつが増しているのは，近親交配の悪影響を見て，1964 年前後に種畜の追加輸入がおこなわれたのかもしれない．1930 年ごろ以来明瞭な近交退化が現れていたが，それでも 1967 年までに 461 頭の仔牛が生産されたという．第 2 次世界大戦の終結以来，搾乳管理に馴れた個体を育成するため幼獣は hand-rear されており，1971 年まで群内の 1 頭の雌エランドが 1 乳期 637.9 kg（改良乳牛の 1/5〜1/4 の乳量）のミルク生産をあげることができた．この育種効果は古代エジプトで得られたのと原理的には同一の，野生動物を捕獲状態で馴致することができたというに過ぎない，と HEMMER は評している．

前世紀末にロシアのソビエト体制は崩壊し，ウクライナは独立した．それ以後 Askaniya Nova におけるエランドの家畜化プロジェクトの進行状況については情報が得られていない．

ジャコウウシ

次の例は新旧大陸の極北部で「新家畜化」プロジェクトがおこなわれたジャコウウシ（musk ox：*Ovibos moschatus*）（図 I-5-2）である．この動物は第四紀初期，約 150 万年前までは新旧両大陸中北部に広く生息していたが，現代の分布はアラスカ，カナダ北部とグリーンランドに限られている．その外貌ばかりでなく，学名，英語名，和名いずれもウシ科（Bovidae）の中のウシ亜科（Bovinae）に属することを思わせるが，ヤギ，ヒツジ，カモシカなどが属するヤギ亜科（Caprinae）の中の一属に分類されている．

ジャコウウシは 17 世紀以来，下毛（underwool）と食肉の資源として現地住民エスキモーによって利用されてきたが，アメリカ Vermont 州にある Institute of Northern Agricultural Research（INAR）は 1954 年以来これを毛用資源として家畜化するプロジェクトを発足させた．この研究所に勤務する WILKINSON によって，このプロジェクトの基本理念とその時期までの事業経過を報告する論文が"Current Anthropology"に発表されたのは，1972 年であった（WILKINSON, 1972b）．

基本理念は，現代の人類学および家畜学研究者によるジャコウウシの実験的家畜化の試みを，先史時代の極北地におけるヒト—動物関係を考究するためのモデル構築の資料とすることであった．

毛用資源を利用目的とした理由は，第1にジャコウウシは20～25年の一生の間に4,000ドルと評価される粗毛（raw wool：エスキモー語で qiviut）を生産する，第2に肉資源としてであれば，トナカイ（reindeer：caribou）肉と販路が競合して意義が少ない，第3にこの動物は生長が遅く，時間とエネルギーの投資を回収するには肉より毛の方がはるかに有利であるというにあった．

1963年までにジャコウウシの大規模な家畜化の実現性と大きな経済的可能性が示され，W. K. Kellogg 財団からの出資によって，いくつかの繁殖基地が設立さ

図 I-5-2 ジャコウウシ（*Ovibos moschatus*）．（朝日ラルース：世界動物百科 No.52, 1972 より）

れ，そこから極北地全域の村落畜群の維持管理が計画された．1964～65年，アラスカ沖の Nunivak 島で10頭の雄，23頭の雌子牛が捕獲され，Fairbanks 近郊のアラスカ大学農場に移された．1967年にはカナダ Quebec 州に第2の繁殖基地が設置され，極北の Ellesmere 島で捕獲された3頭の雄と12頭の雌子牛が収容された．1969年には東グリーンランドで捕獲された10頭の雄，15頭の雌子牛が，INAR と北ノルウェーの Bardu 村との共同で設置された繁殖基地に移された．さらに近い将来，グリーンランドやアイスランドにもジャコウウシの繁殖基地が設置される計画であった．これらの基地で，よく馴致されたジャコウウシ個体の選抜繁殖をおこない，村落畜群が作られて極地の毛織物工業の基礎が据えられ，この地方住民エスキモーの貧困からの脱出を助けることができようと期待された．村落畜群が確立すれば村の婦人達が qiviut の knitting に従事する計画であって，ほとんど完全な狩猟民社会に家畜ジャコウウシを導入し，毛織物工業を確立しようというこの計画は，住民達に歓迎され，当初この計画への反対は，合法的なジャコウウシ狩猟の権利を奪われることを恐れた少数の trophy-hunter 達からのものだけであったという．

前述のように，このプロジェクトの主眼は，先史時代人と動物との間の関係（man-animal relationship）のモデルを構築することにあった．ジャコウウシは他の大中型哺乳類とは異なり，極めて馴れ易い性質をもっている．ヒトが近付いても群れは逃走することなく，子を中心に置いて親が周囲を囲み，防御体形をとるだけであるから，親をすべて殺してしまえば，子は親の死骸のそばを離れないから簡単に捕獲でき，エサを与えれば子はヒトにすぐ馴れる．親の殺害現場から離れれば，厳冬期でさえ，シェルターなしに子を飼い育成することができる．繁殖も簡単で雌雄を分けて飼い，繁殖期に雌の群れに雄を入れてやれば交尾し，雌は妊娠して出産を待つことができる．妊娠期間は8ヶ月，春期に出産し流死産は少なく，ほとんど単胎である．下毛（underwool）の収穫はやはり春期におこなわれる．その季節に脱け落ちる毛をヒトが手で集めればよいが，ジャコウウシは毛を梳いてもらうことを好む．粗 qiviut は1頭の成体雄から平均1ポンド弱の収穫が可能で，平均80％の綿毛（down fibers）を含む（カシミールヤギではこれが20％）．毛の spinning は，現代では機械的になされるが，hand-spinning も可能でその場合，木製あるいは

骨製の織り針（knitting needle）があれば充分である．
　以上のように極めて原始的な技術をもって，肉はもちろん毛の収穫が可能なのであるから，これが先史時代人とジャコウウシとの関係を規定したであろうと WILKINSON（1972b）は考えた．彼はヒト―動物関係を狩猟者―獣関係と牧畜民―家畜関係のどちらか1つ（dichotomy）と規定するには余りに複雑かつ多彩であると考え，家畜化（domestication）を動態として理解しなければならないことを強調している．
　WILKINSON の論文発表から 12 年後，1984 年刊行の MASON 編 "Evolution of Domesticated Animals" には，全家畜種総計 430 ページ中のわずか半ページではあるが，ジャコウウシの domestication に向けての WILKINSON 博士ら INAR の試みが記述されている（GUNN, 1984）．それによると，Vermont と Quebec での事業は終結しており，アラスカでの実験には飼料コストを充足させるために多額の補助金支出が要求されているという．INAR の実験はだいたいにおいて成功せず，大部分のエスキモーのライフ・スタイルには，いまなお狩猟文化が優占している．ジャコウウシの家畜化事業を育てるためには政府資金を含む外部からの援助が必要で，それなくしてはフェンス，その他，必要不可欠な初期設備の築造も，また補足的な飼料供与による群れの維持も不可能であるという．さらに群れには伝染性の湿疹（eczema）が流行し，これが困難を加重させているとも述べている．それ故，GUNN（1984）の結論は，農場（farm）でジャコウウシを飼う努力が充分に普及し長続きし，ウシやヤギの家畜化に近いレベルにまで到達することができるかどうかは疑問であると言うにある．

(2)　ダチョウの家畜化

　アフリカに棲む大型鳥類ダチョウ（ostrich）（図 I-5-3）の分類学的位置は次に示すとおりである．
　　Class　　Aves（鳥綱）
　　　Order　　Ratitae（平胸目：走鳥類）
　　　　Suborder　　Struthioformes（亜目）
　　　　　Family　　Strurthionidae（ダチョウ科）
　　　　　　Genus　　*Struthio*（ダチョウ属）
　　　　　　　Species　　*Struthio camelus*（ダチョウ種）
　　　　　　　　Subspecies　　*S. c. syriacus*（シリア，アラビア，イラン亜種：1941 年絶滅）
　　　　　　　　Subspecies　　*S. c. camelus*（北アフリカ亜種）
　　　　　　　　Subspecies　　*S. c. massaicus*（マサイ亜種）
　　　　　　　　Subspecies　　*S. c. molybdophanes*（ソマリ亜種）
　　　　　　　　Subspecies　　*S. c. australis*（南アフリカ亜種）
　　　　　　　　飼育種　　　*S. c.* var. domesticus
　近縁種として，レア（rhea：*Rhea americana* アメリカダチョウ）は同目中の別亜目 Rheiformes に分類され，エミュ（emu）とヒクイドリ（cassowary）は Casuariformes 亜目の別科の種で，それぞれ *Dromaius novaehollandiae* と *Casuarius casuarius* に，キウイ（kiwi）は Apterygiformes 亜

目の *Apteryx australis* に分類されている．この最後の種 kiwi はニュージーランドの絶滅危惧種である（HORBANCZUK, 2002）．

ダチョウの羽根は古代から装飾用として用いられてきた．古代エジプトのファラオ，ローマ帝国軍の高級将校が軍装にこれを用いた．ダチョウの生息地ではこの大鳥の肉が食用に利用されたことは言うまでもなく，捕獲したダチョウをおとり（decoy）に使って狩猟をおこなっていた．中世のヨーロッパでは十字軍戦士たちのヘルメットにダチョウの羽根が飾られたし，とりわけ雄の尾羽根は貴族社会で珍重され，特にイギリスやフランスの王室がファッションを主導していた時代には高位にある婦人達の最高装飾品として高い人気を誇った．このころまでのダチョウ羽根はほとんどが現地で捕獲された北アフリカ亜種（*Struthio camelus camelus*）のものであった．

図 I-5-3 ダチョウ（*Struthio camelus*）．（JOC 事務局提供）

オランダ人が Cape Town に上陸した 1652 年以来，他の野生動物と共にダチョウの捕獲・屠殺が精巧かつ強力な武器を使って盛んにおこなわれ，これがやがては野生資源の乱獲につながり，17 世紀ごろからダチョウの飼育が生息現地で始まることとなった．18 世紀後半にはヨーロッパからの旅行者が Cape Town 附近の農場で飼い馴らされた多数のダチョウを観察している．飼育ダチョウの羽根が Cape Town から最初に輸出されたのは 1830 年前後で，約 3 万羽分の羽根であった．これ以後，南アフリカからヨーロッパへ輸出されるダチョウの羽根は南アフリカ亜種（*S. c. australis*）を原料とするものとなった．飼育ダチョウの卵の人工孵化に成功したのが 1866 年，また同じころにダチョウ飼育のためにルーサン（アルファルファ）が理想的な粗飼料であることが発見された．1910 年ごろまで，Cape Town には 75 万羽近い種鳥が飼われており，当時の南アフリカの輸出産業として，金，ダイアモンド，羊毛に次いでダチョウの羽根が第 4 位に位置していた．しかし，最盛期 100 万羽近いダチョウが飼われていた南アフリカのダチョウ羽根産業は，1914 年の第 1 次大戦の勃発と大戦後の世界的大不況によって急速に崩壊した．西欧諸国に女性ファッションの変化がおこり，多くのダチョウ農場は倒産し，開戦 2 年後の 1916 年には 40 万羽以下，1930 年にはわずか 2 万羽強の飼育羽数を数えるのみとなった（奥村，1997；HORBANCZUK, 2002）．

ここまで衰退した南アフリカのダチョウ産業は，第 2 次大戦終結以後 Little Karoo に農業協同組合 KKLK が設立され，120 の農場を組織して再建された．今度はファッションに依存した羽根の生産輸出よりも肉と皮革の生産に重点を移し，屠場や鞣し工場を設立して消費需要に応じた．ダチョウ肉は赤身が多く牛肉に似て柔らかく，低カロリー低脂肪が好評を博し，皮革は牛皮と比較して耐久性に優れ，ブーツ，ベルト，財布，ハンドバッグなどの高級品製造の原料として輸出市場を拡大した．また，種鳥と種卵の輸出が 1993 年に解禁され，アメリカ，カナダ，イスラエル，欧州各国，中国，日本などにダチョウ飼育が移植されることになった．世界のダチョウ産業で飼育されているダチョウの 95％が南アフリカ原産の *australis* 亜種に由来し，African Black, Israel Black，あるいは飼育と屠殺の中心地の地名にちなんで Oudtshoorn Ostrich などと

表Ⅰ-5-1 世界各国のダチョウ飼育羽数.

アメリカ	750,000
ヨーロッパ	150,000
オーストラリア	75,000～200,000
南アフリカ	1,000,000 (推定)
ジンバブエ	25,000
中国	50,000～80,000
インドネシア	10,000
マレーシア	1,000
タイ国	1,000
日本	1,500
合計	2,063,500～2,218,500

唐澤 (1998).

呼ばれている．1997年における世界各国のダチョウ飼育羽数について，唐澤（1998）はダチョウ飼育コンサルタント会社の統計に日本農水省の調査結果を加えて**表Ⅰ-5-1**のような概数を示している．1998年時，全世界で総計200万羽前後，そのうちの約50％が最先進地の南アフリカに飼われていると見積もられることになる．

飼育羽数において南アフリカは世界の約50％を占めるに過ぎないとしても，上の統計で多数を飼育しているとされる他の国々においてもその羽数の大部分はAfrican Blackが占めているのであるから，遺伝資源の観点からは南アフリカ由来の鳥がほとんどの消費市場を独占していると言うことができる．

唐澤（1998）によると，現在日本では，種鳥としての需要が大きいため，種鳥生産を主目的としてダチョウが飼育されているという．しかし成鳥の数が少ないため，国産ヒナの生産は少なく，多くは種卵を輸入して孵化させたヒナ，あるいは直接輸入したヒナの販売が日本でのビジネスの主流になっている．日本で消費されるダチョウ肉も大部分は南アフリカからの輸入肉であるし，皮革もまた同様である．従来もっぱら装飾品であったダチョウ羽根は，静電気を発しない性質が評価され自動車や電子製品のダスターとして利用されるようになったが，これまた南アフリカからの輸入に頼っている．このように国内のダチョウ市場も輸入品との国際競争にさらされているのであって，今後，日本でダチョウ産業を確立し発展させるためには，「これらと対抗していけるような価格と製品の質をもった国産品を生産できるかどうかが重要な点であろう．外国産品と差別化した日本産ダチョウ製品を生産するための飼育管理技術の確立と生産システムの構築，この視点をもってダチョウ飼育の産業化に向けた努力が産，官，学に必要であろう．」と唐澤（1998）は強調している．

また，唐澤（1998）は日本におけるダチョウの産業的飼育において解決を要する技術的課題として，「ダチョウのヒナを安価に，安定的に供給するためには受精，孵化，育成に関連した技術の向上によって少なくとも産卵数の50％以上が3-4ヶ月齢以上に成長することが望まれる．」と述べている．1998年時点では50％以下であったということであろう．そして，受精率，孵化率，育成率の低いことがわが国のダチョウ産業発展の阻害要因になっている．1997年に日本家禽学会主催・信州ダチョウ・走鳥類研究会共催によって開催された「ダチョウ・シンポジウム」において，先駆的なダチョウ飼育者である稲福（1997）は，提供話題の結論部分で，「ある人はヒナを安価に手に入れたものの，成長して初めて繁殖には不向きな種類のダチョウであったことが判明，深刻な事態も発生しています．今後はマイクロチップを埋め込むなどの対策を講じ，優秀な種ダチョウが増殖できるような方向にもっていかなければ，と思っています．また，飼育業者間で技術交流や生体の交換などを行い，近親交配を避け，日本に新しいダチョウ産業を育て上げたいと思います．」と語っている．唐澤が述べている低受精率，低孵化率，低育成率という課題の解決にはもちろんダチョウの人工繁殖技術の向上が必要条件であろうが，飼育下での繁殖に遺伝育種学的観点をさらに採り入れることも重要な課題ではないかと思われる．先のⅠ-4章(3)節で述べたように，一般に鳥類では遺伝負荷が大きく，近親交配によって受精率，孵化率，育成率の低下が著しいことが，ニワトリの育種過程やウズラなどの飼育経験上よく知られているからである．

近親交配と言うとき，親子交配とか兄妹交配とかいう，いわゆる current inbreeding だけを考えればよいと言うものではない．種内の繁殖構造，系統的分化の問題もそれに含まれる．世界の飼育ダチョウの95％までが African Black（Oudtshoorn Ostrich）によって占められていると言われている．それでは African Black ダチョウ個体群内の集団遺伝学的構造はどうなっているのであろうか．飼育国の間に何程かの遺伝的分化，副次集団分化があるのであろうか．ダチョウは羽根に始まって，肉，皮，革，それに卵といった多面的な畜産物がそれぞれ一定の評価を受けるという特異な新家禽種であることは間違いないが，こうした生産物の質と量の向上に人為淘汰が加えられているのであろうか．野生ダチョウの家禽化（domestication）は確かに成功したと言えるであろう．ただ，こうして成立した在来家禽集団（native poultry）がローカルな産物として局地的に利用され珍重されれば充分というならば問題はないが，全世界で数百万羽の飼育羽数をもち，大量生産される輸出入産品として激しい競争にさらされる国際的消費市場において，すべてが「兼用種」という未分化の状態がいつまで維持できるであろうか．

奥村純市博士（日本ダチョウ・走鳥類研究会元会長，名古屋大学名誉教授）は筆者の依頼に応じて，世界のダチョウ産業の現況を示す意味で世界各国のダチョウの屠殺羽数の最近年の数値を表 I-5-2 のように教示された（B. RAYNER 氏の数値データによる．奥村，私信）．

日本国内の屠殺数は2001年400〜500羽（屠場未整備のため推定値），2005年2,000羽，2006年2,800羽（見込み）である．

表 I-5-2 世界各国のダチョウ屠殺羽数．

	2001〜2002年	2002〜2003年
南アフリカ	330,000	220,000
ジンバブエ	30,000	10,000
ナミビア	30,000	20,000
オーストラリア	30,000	20,000
ニュージーランド	15,000	10,000
スペイン	20,000	20,000
ポルトガル	20,000	10,000
その他のヨーロッパ	20,000	10,000
アメリカ	10,000	5,000
イスラエル	30,000	20,000
中国	30,000	15,000
アジア・中東	20,000	20,000
合計	585,000	380,000

奥村（私信）．

I-6　比喩としての家畜・家畜化

　「家畜」や「家畜化」という概念やイメージは，これらを直接扱う畜産や家畜学分野以外の学問世界から，社会分野はては政治分野にまで転用される例がしばしば見られる．中には転用というよりは濫用，誤用，悪用と見られる例もある．そうした用例のいくつかを以下に紹介して論議したい．

　人間と家畜とが共に「家つきの動産」であるという理由から，両者が同一語で表現される用例が，北インドに定着した牧民であるアーリア人の聖典『リグ・ヴェーダ』(B.C. 1,000年以前) に見られるという．飼養者と家畜という種間関係が，種内の人間関係にかかわる文化に比喩的に転用される例としては，古代以来ユーラシア大陸の有畜文化圏における宦官による民衆支配の中にも認められる．宦官 (eunach) は誘導羊 (去勢されたリーダーの雄ヒツジ) のメタファー (metaphor：隠喩，暗喩) と見ることができる (谷，1976)．またギリシアにおいては，プラトンが神と人間の関係，政治家と人民との関係を牧者とヒツジの間の関係になぞらえている (山下，1974)．

　ギリシアと同じく東部地中海世界に生まれた聖書には，人類を家畜，特にヒツジになぞらえた表現がいろいろな場面に現れる．旧約聖書はヒツジ遊牧民であるイスラエルの民が，預言者モーゼに率いられ，隷属の境遇から自らを解放するという出エジプトの伝承を，ヒツジの放牧管理をモデルにして描いているし，そこで物語られている過越しを保証する子ヒツジの犠牲が，新約の福音書においてはイエス・クリストの十字架上の死による贖罪のシンボルとなる (谷，1984)．また，福音を説く神の子イエスと彼に続く司祭者たちは牧者，「ヒツジ飼い」であり，彼らによって導かれる信者大衆は「ヒツジの群れ」とされる．ヒツジの群れに要求される徳目は，柔和，純潔，従順，敬虔といったものであり，もしも群れの中に逸脱者が現れたならば，牧者は彼らを「迷える子羊」として正道に立ち戻らせるべく努めるであろう (山下，1974)．

　「迷える子羊」たることを拒否し，わが道を往かんとするアンチ・クリストが19世紀末の西欧クリスト教世界に現れる．ニーチェ (F. NIETZSCHE, 1844〜1900) が『権力への意志』その他に収めているアフォリズムにおいて「家畜の群れ」に言及するとき，それは高貴な強者たる支配者によって集団的に牧せられるべき弱者大衆を意味する．弱者の強者に対する怨恨 (ressentiment) に源をもつ奴隷道徳に対して君主道徳，民主主義・社会主義に対して貴族政治，すなわち在来のクリスト教的価値を転倒させた新しい価値を担う支配階級が育成されるべきであると，この予言者は宣言する (山下，1974)．ここでニーチェは「家畜の群れ」を育てようとしているのではない．育成 (züchten) されるべきは支配階級の方である．

　古くは中国やエジプト，ギリシア，ローマから19世紀の南北アメリカにまで存続した奴隷制度においては，人類のある種族が他の種族を，さながら牛馬のように所有し，贈与し，売買し，

使役することが社会制度として確立されていた．池本・布留川・下山（1995）共著に成る『近代世界と奴隷制―大西洋システムの中で―』と題する著書によると，ヨーロッパから南北アメリカへの移住者は，砂糖，コーヒー，タバコ，藍，綿花などのプランテーションにおける労働力として西アフリカから多数の Negroid を輸入した．労働が苛酷であり衣食住が劣悪であったことに加えて正常な家族生活を許さないことも手伝って奴隷の死亡率は高く，人口の自然増加が困難であるため追加補充輸入を常時おこなう必要に迫られたからである．「プランターたちは，労働人口の増加を図るため，奴隷に家族生活を事実上認めるか，それとも海外から輸入するか（どちらがよいか）を判断した．その判断のよりどころは，成人の輸入奴隷の価格と，現地（アメリカ）生まれの奴隷の子供が生産年齢（14歳程度）に達するまでの養育費とを比較した結果と考えられる．プランターたちは養育するよりも新たに奴隷を輸入した方が安価であると判断した．少なくとも18世紀前半までは，ブラジルとカリブ海のプランテーションにおいて，こうした考えが一般的であった．事実，そのとおり，奴隷は再生産（reproduction―増殖）を図るよりも，外から輸入する方が安くついた．ある推定によるとアフリカ海岸で引き渡される奴隷の値段は，奴隷の扶養コストの4年分にしか相当しないほどの安さであり，アフリカのずっと奥地では1年分のコストにしか相当しなかった．」（池本ら，1995）．すなわち，本書 I-3 章(6)節で述べた大型役畜としてのアジアゾウと同じような条件が，西アフリカ由来の黒人奴隷にもあったのであり，両者共に，生きた「耐久消費財」として流通していたのである．しかし18世紀も半ばを過ぎ，倫理的および経済的な理由から各国で奴隷貿易の禁止が世論を制するようになると，使役地で奴隷の増殖を計る必要が生じてくる．奴隷の男女に結婚と家族生活を許し，生まれた子は所有者の財産となった．19世紀に入ると，フランス革命の影響も加わり，人権思想の高揚と共に奴隷廃止の世論はさらに高まる．1861年に奴隷制の存否を争点の1つとして始まったアメリカ南北戦争が北軍の勝利によって終わったのが1865年，戦争中の1863年にリンカーン大統領の奴隷解放宣言が公布されている．南北アメリカにおける奴隷の家畜としての使役はここに発展の途を閉ざされることとなる．したがって，家畜としての奴隷の育種，すなわち繁殖力が大きく，使役しやすく，能力の高い奴隷への人為淘汰まで実行する充分な時間は与えられなかった．南北アメリカに奴隷制廃止までに輸入された奴隷人数は，ブラジル（元ポルトガル領）だけで約350万，スペイン領全体で300万，イギリス領，フランス領，オランダ領合計で350万と推定され，総計1000万人を超えると考えられている（清水，1985）．

ヒトが異種の動物でなく，同種のヒトの生殖を管理するという考え方に大きな転機を画した事件がダーウィン（C. DARWIN, 1809〜1882）による生物進化論の提唱であった．『種の起原』（1859年）とそれに続く『栽培植物と家畜の変異』（1868年），『人間の由来』（1871年）において彼は，生物種が神の創造に成るものでなく，生存競争や人為淘汰によって進化してきたものであると主張した．ダーウィンより10歳余り年少の従兄弟ゴールトン（F. GALTON, 1822〜1911）は，ダーウィンの諸著作からの刺激のもとに，1869年主著『遺伝的天才』を出版し，1883年には優生学（eugenics）なる学問を提唱した．彼の定義によれば，優生学とは「人類の先天的な資質を改良する諸手段と，それらを最も有効に発達させる諸影響に関する科学」である．すなわち栽培植物や家畜を人為的に改良する方法をヒトという種あるいは人類社会に適用しようとする育種学である．ゴールトンは自分の主張を数量的データによって裏付けることを愛好する当時としては特異

な性格のもち主であったが，彼の後継者ピアスン（K. PEARSON, 1857～1936）は数学者であって，優生学の主張が統計学的な数値処理によって強くバックアップされることになった．平均値，標準偏差，標準誤差，相関係数，回帰係数のような，現代諸学の研究者が日常的に使用している統計量はいずれもゴールトンとピアスンの考案に成るものである．生物測定学（biometrics）はこうして優生学の方法論として英国において誕生した．

　優生学にもう1つの基礎を提供したのがメンデル（G. J. MENDEL, 1822～1884）であった．エンドウマメという一作物の交配実験から得られたメンデルの法則（Mendelism, 1865年発表）が1900年にヨーロッパ大陸のド・フリース（H. DEVRIES, 1848～1935），コレンス（C. E. CORRENS, 1864～1933）およびチェルマック（E. TSCHERMACK, 1871～1962）という3人の植物学者によって再発見され，一般動植物個体が現す形質が子や孫の世代に遺伝する法則とそのメカニズムが解明され始めた．このメンデル遺伝学（Mendelian genetics）とそのヒトへの応用は，法則再発見に関わった上記3人の植物学者と，ヨハンセン（W. L. JOHANSSEN, 1857～1927），ダベンポート（C. B. DAVENPORT, 1866～1944），モーガン（T. H. MORGAN, 1866～1945），フィッシャー（R. A. FISHER, 1890～1962），マラー（H. J. MULLER, 1890～1967）などの後継研究者によって体系化され，急速に普及した．こうしてメンデル遺伝学を人類に適用した人類遺伝学（human genetics）が優生学の方法論的基礎の1つとなった．

　人類の遺伝的資質を改善しようとする積極的優生法は，ゴールトンの祖先遺伝の法則，逆淘汰理論とピアスン流の生物測定学理論によって基礎づけられ，不適応者の生殖を強制断種などの方法によって阻止しようとする禁断的優生法はメンデル遺伝学の理論によって基礎づけられた．上層階級が産児制限を好んで採り入れるのに対して下層階級が強大な繁殖力をもっているという事実への憂慮の念に発する英国の優生学が積極的優生法に傾斜したのに対して，アフリカ，アジアおよび東欧諸国からの移民によって国民の資質が低下しつつあると考えるアメリカや，そうした考え方を輸入したドイツの優生学には禁断的優生法がより大きな役割を果たした形跡がある．なお，スラブ系のロシアや，ラテン系のフランスやスペイン，ポルトガルとその旧植民地である南米諸国の優生学では，ダーウィン以前の進化論者であるラマルク（J.-B. LAMARCK, 1744～1829）流の，獲得形質の遺伝を支持し，したがって環境の改善を優生の根幹と考える優境学的色彩が濃厚であった．ソビエト連邦においては1930年代から1940年代にかけ，獲得形質の遺伝を前提とするルイセンコ遺伝学（Lysencoism）がスターリン体制下，政治的優位を獲得したが，それが優生学に適用されるにあたっても，優境学的考慮が重要視された．ただし，この学統は1950年代には消滅している．第2次大戦集結（1945年）以後は遺伝学の急速な発展にともなって，イギリス，アメリカ，ドイツなど先進国の優生思想，優生運動は変貌した．人類あるいは自国民の遺伝的資質を全体的に改良しようという目的は，有害遺伝子が子に発現することによる本人および両親の私的不幸や負担を防止するという，より具体的な目的に置き換えられた．遺伝相談，出生前診断，妊娠中絶，人工授精，体外授精，遺伝子治療のような人類遺伝学と生殖医療技術の応用が新しい優生学の主流となって今日に至っている．以上，優生学発達の国別の歴史的経緯については KEVLES（1985）と ADAMS（1990）の2著書に詳しい．また，日本における優生思想と優生運動の歴史については鈴木善次（1983）がある．

　戦前および戦中の優生学がドイツで一時，奇形的な発達を見せた．1930年代から1940年代に

かけ，ドイツで政権を掌握したナチス（NSDAP：国家社会主義ドイツ労働者党）はニーチェ哲学の実践によって，彼らが自ら全人類の支配者と断定するゲルマン民族（アーリア人種，チュートン族，北欧民族などと少しずつ異なった意味で呼ばれる）の純化と育成，そしてポーランド，ウクライナなど，東方への入植を企て実行した．この人種政策は消極，積極の2方向に沿って推進された．消極的禁断的方策としては自国民の中の遺伝病患者や先天性精神病者の断種や殺害をおこない，ユダヤ人やジプシー（gypsy，自称 roma，ドイツ語他称 Zigeuner，ヨーロッパの流浪の民）の拘束，隔離，集団殺害をおこなった．こうしてドイツ国民集団から有害遺伝質を除去し，国民の「血」がこれら劣等民族によって「汚染」されることを防止する．積極的方策としては，長身，白面，碧眼，長頭，金髪といった北欧的身体特徴をもつ自国民の増殖を計ると共に，ノルウェー，デンマーク，ポーランド，チェコなどの占領地からこうした特徴をそなえた婦女子を強制連行して自国民から選抜された男性親衛隊（SS）員，警察隊員，兵士などと交配し，子を養育して自国民家族と養子縁組させるといった育種プログラムが用意され，そのための法的手続きを定め，予算や施設が整えられた（Lebensborn 計画）．こうした公的な措置は，ナチスの政権掌握以前からドイツの学問世界に一定の地位を占めていた人種衛生学（Rassenhygiene：英語圏における eugenics＝優生学にほぼ等しい学問内容をもつ）の社会的応用として実施された．NSDAP がこうした人種政策を実行していた事実と，その個別事例のいくつかについては，戦後これがニュールンベルク継続裁判における訴因の1つとされたし，その後欧米ジャーナリストの筆に成るルポルタージュ作品によって詳細が明らかにされ，日本語訳されたものもある（例えば CLAY and LEAPMAN, 1995）．しかし，ナチス・イデオロギーがドイツあるいはヨーロッパで優位に立っていた時期がせいぜい十数年間に過ぎなかったこと，そして事柄の性質上，事後の実態調査に大きな困難が伴っていたことなどの理由で，「人種衛生政策」がその目的であるドイツ国民の「血の純化」，「北欧化」にどの程度「有効」であったかについては，ドイツ国民中のユダヤ人の割合が大幅に低減したことを除いては，戦後60年を経た現在なお明らかとなっていない．

　こうした効果の点は別として，ナチスの人種政策に関連して1つ注意したいことがある．谷（2000）によれば，この政策アイディアを提案し，その実行を主体的，積極的におこなったのは，ナチス親衛隊（SS）最高指導者ヒムラー（Heinrich HIMMLER, 1900〜1945）（警察長官，内務大臣，戦争末期には国内軍司令官）で，ナチス体制の終末期にはヒトラー（Adorf HITLER, 1889〜1945）に次ぐ党のナンバー2と取り沙汰された程の重要人物であった．第一次大戦終結の後，軍から復員した若年のヒムラーは，München 技術大学農学部に学び，遺伝学と栽培学を修め，農学士の学位を得て卒業した．ナチス党の専従役員となるまでは自ら養鶏所を経営していたというから，家禽遺伝・育種の実務専門家として身を立てていたことになる（谷，2000）．彼の「人種衛生政策」は大学農学部で修得した家畜遺伝育種学理論のドイツ国民へのストレートな適用にほかならない．つまり彼の思想と行為は家畜化や家畜育種の比喩（メタファー）などという段階を通り越しており，自他の国民を家畜とみなしているとしか考えられない性質のものである．ヒムラーと同様の学歴をもつ本書の編者，執筆者および多くの読者はこの事例を記憶する必要があると思われる．

　人類学あるいは人間研究の分野でヒト化（hominization）や人間進化のモデルとして家畜あるいは家畜化の概念が転用され始めたのは19世紀末ないし20世紀初頭以来と言われる．「生物と

それをとりまく環境といった直接的な関係が，人為的意図をもった操作や条件で間接化され，それが世代を越えて方向づけられ定着化する現象が家畜化であり」，その場合，同一種内で野生動物から家畜が分化するように，人類の形成過程にも同じ現象，すなわち自己家畜化現象（Selbstdomestikation）が見られる，とする考えをドイツのKiel大学に学んだ江原昭善氏（1987）が紹介している．「人間が自ら作り出した道具により生み出された，社会的に構造化された環境に生存し，種としての進化をおこなって今日に至っている．」という事実を人間の自己家畜化（self-domestication）と解する立場を小原秀雄氏（1987）は主張しているが，ここにも家畜化概念の転用が認められる．

江原氏は上記のような家畜化概念の人類学への転用を，かねていくつかの論文や論説において紹介し，それに批判を加えている（江原，1971，1972，1982）．批判の論点は，第1に動物家畜化によって種化（speciation）はおこっていないのに対して，ヒト化の過程には *Homo erectus*→*Homo sapiens* という新種形成がおこっている．第2にヒト化の過程で脳の著しい増大がおこっているが，野生原種が家畜になると脳や中枢神経系は逆に縮小もしくは低質化している（HERRE und RÖHRS, 1971a）というにある．他方，小原氏はいくつかの著書や論文中でこうした概念転用を積極的に支持すると共に，「自己家畜化論」を根幹に据えて自らの人間学を形成しているように見える（小原，1985；小原・岩城，1984；小原・羽仁，1995）．筆者（野澤，1975，1978，1987a；NOZAWA, 1980）もまた「自己家畜化」ではなく，家畜化という行為ないし現象自体の意義について，それまでいくつかの論説を発表してきたので，哺乳類研究グループは1986年5月25日，横須賀市自然・人文博物館で開催された同研究グループの第30回シンポジウムに江原，小原，野澤の3名を基調講演者として招待し公開討論をおこなった．上に引用した江原と小原の2論説（1987）はこのシンポジウム記録であり，筆者もまた講演要旨を内容とする論説を執筆した（野澤，1987b）．これら3論説は『哺乳類科学』誌27巻第1・2号に同時に印刷，出版された．

この場合，家畜化概念を「自己家畜化」として人類学や人間論に転用することを正当化する根拠としてしばしば言われる，家畜化による形態学的あるいは行動学的な形質変化が普遍的な現象でないことに注意する必要がある．家畜化によって，動物体の形態や機能に多様な変化が現れることは事実であり，これらのうちのあるものがヒトにおいて人種を分かつ特徴とも相通じるものがあることも恐らく事実であろう．しかし，それは表現型変異幅の増大であって，家畜化に伴う普遍的，定向的変化と言えば，本書I-4章に列挙した諸現象が数えられるに過ぎない．

ヒト化や人種形成を家畜化になぞらえるとき，環境が人為的に「間接化」（江原，1987）され「社会化」（小原，1987）されることがそれの根拠とされる．確かにこうした意味での環境変化が野生動物家畜化の際にも平行的におこっていることは間違いない．「しかし，家畜化という概念を学問成立の当初から用いている農学，畜産学，育種学の領域においては，栽培植物や家畜の育種，人為淘汰による品種改良といった概念に連続するものとして家畜化概念を意味づけてきた．そしてこれら一連の概念群には「生殖の管理」というヒトの能動性が必須の要件として前提されている．つまり，家畜化概念を先行的に用いている学問分野と，これを転用あるいは借用している分野とで，概念の中核的意味は異なっていると言わなければならない．これでは家畜や家畜化の比喩や概念転用が誤解のもととなるのではないかと危惧される．江原（1971）も述べているように，「家畜化」といい，「自己家畜化」といっても，これらのタームを用いることによって，人

類進化の根底にある事実や機構がなんら説明されるわけではないのであって，こうした概念の転用は，第一印象が鮮明かつ刺激的であるにもかかわらず，むしろ，それ故にかえって，人類進化という複雑にして多相的な現象を矮小化することに役立つだけではないかと考えられる．比喩によって物ごとが理解されたと考えるのは錯覚であろう．」——以上はシンポジウム記録（1987）における野澤の論説の末尾の1パラグラフをそのまま転記したものである．

　このパラグラフの中程で言っている「ヒトの能動性が……前提されている」という文言をいま少し説明しておく必要があるというのが，20年ほど前の自分の論説をいま読み返しての筆者の感想である．domesticate の原義は他動詞「家畜化する」であって，主体・客体関係が明確でなければならない．ここで，主体は単数もしくは複数のヒトであり，客体は非ヒト動物である．両者の間の能動・受動，支配・被支配にかかわる権力構造が，上に述べた概念転用に際しては「自己」という接頭語を付することによって「社会」，「種」，あるいは「人間（ヒト）」（小原氏創作に成る発語困難な新語）といった語句の中に溶解されているのではないか，と筆者はシンポジウム参加の際にも感じていたし，いまも感じている．農学系統の論者が domestication なる語句を使用するとき，この主体・客体関係に曖昧さはないし，こうした自らの行為の結果として客体側にネガティブな結果事象が現れた場合には，その責任が主体側にあることもはっきりと意識している．「自己家畜化（self-domestication）」と言った場合，それはいったいどうなるのか？　このシンポジウムに3名の討論者の1人として参加した水原洋城氏（東京農工大）は，総合討論の中で，「自己人為淘汰の目的と手段はなにか．」，「自己家畜化が自然の成り行きとすると"自己"とは形容矛盾ではないか．自己人為淘汰が管理によるものならば，人間社会にある支配・被支配の関係において"自己"といえる主体は何か．」と疑問を表明している．水原氏の疑問は，上に述べた筆者のそれと重なるところがあると思われる．これに対する小原氏の答えはシンポジウム記録には見当たらない．また後の小原氏の著作『現代ホモ・サピエンスの変貌』（2000）にも，江原氏や筆者（野澤）のシンポジウムでの発言を引用して論議がなされているが，この疑問にはほとんど触れられていない．

　1984年に関西文化学術研究都市に創設された国際高等研究所は1996〜1998年『自己家畜化現象と現代文明』という課題のもとに，人類学や医学を始めとし文科系理科系諸学領域合わせて19名の研究者を集め，共同研究をおこなった．その成果は研究代表者尾本恵市と編者武部啓の名で報告書（2000）として刊行され，2002年には尾本編著『人類の自己家畜化と現代』と題する一般向けの単行書が出版された．

　代表者尾本氏によれば，自己家畜化という概念の基本に「ヒトが"文化"によって作り出した環境への適応を通じて自己をあたかも家畜のように管理し，変えてきたものとの考えがある」とし，「この表現がメタファーとして現代文明下のヒトの危機的状況を理解する切り口になると考え」，「歯や顎の縮小や異常，運動機能や免疫力の低下などのほか，成人病や神経的症状」にも家畜化との平行現象が見られるとする．こうした現代文明，特に都市文明の「影の部分」にあえて光を当ててその実態を解明しようとの試みがこの共同研究の趣旨であると述べている．

　現代人，特に都市住民の心身に発現する種々の病的現象，すなわち，文明症候群（civilization syndrome）あるいは都市化症候群（urbanization syndrome）とでも呼ぶべき諸病症に対して予防法，対症法が講じられねばならぬことは言うまでもない．こうした症候群を構成する個々の病症

に医家として取り組みつつある桑原未代子氏（小児歯科学）や藤田紘一郎氏（寄生虫学），認知のバーチャル化の側面に憂慮を表明する松井健氏（人類学）など共同研究メンバーの報告や討議記録は啓発的で，興味深く読むことができる．その限りで，このような共同研究は意義をもつと言えるであろう．

しかし，こうした機能低下や病症の発現が「自己家畜化」のようなメタファーによって概括されることが果たして適切であるかに筆者は大きな疑問をもつ．なぜ筆者がそのように考えるかの理由を，一部は本章の始めから述べてきたことの繰り返しになるが，次のようにまとめることができるであろう．

① 家畜におこっていることが人類にもおこっている，という平行現象の認識が家畜に対する粗雑な知識に発しているということ．これには例を1つあげれば充分であろう．「自己家畜化」を主張する著書には，著しい顔面短縮をおこしたブタやイヌがその野生原種（イノシシとオオカミ）と対比して写真やイラストで掲げられることが多いが，ウマやウシではここまで著しい顔面短縮はおこらないことからわかるように，この現象は家畜全般に発現するものではない．さらにそうした写真や造画のモデルとして，ブタは西欧豚や中国豚の一品種，イヌはブルドッグがつかわれているらしいが，ブタやイヌがすべてこのような顔をしているわけではもちろんなく，こんな顔をした家畜品種もあるということを意味するに過ぎない．ヒトにこれと似たような形質が現れたとしても，動物の形態形成の過程で，遺伝によるにせよ，環境によるにせよ，同じ条件が作用すれば，共に哺乳類メンバーなのだから当然のことではないか．ことさら「自己家畜化」に原因を求める必要はない．必要なのは具体的にその原因を究明することであり，そうした形質が有害であるならば，その原因を取り除くことであろう．

② 家畜の飼養者や作物の栽培家がおこなう野生動植物のdomesticationは明瞭な目的をもった行為であって，その目的が達せられれば成功，達せられなければ失敗したことになる．「自己家畜化」はどのような目的によるものか，そもそも目的があるのか明確でない．この目的に関して言えば，ナチスの「人種衛生政策」（前述）は，それが成功したか失敗したかは別として，またその手段，方法の倫理的な当否は別として，人類を家畜化し，改良しようとの目的をもった営みであったことに間違いはない．小原秀雄氏や尾本恵市氏の「自己家畜化」論が，まさかこれと関係するとは思えず，概念や行為のメタファーとしての「自己家畜化」は家畜化概念の誤用といわざるを得ない．

③ 「自己家畜化」は家畜化概念の主体・客体構造，支配・被支配構造，そして行為の結果責任の所在を「自己」という語句によってヒトという種や人間社会の中に溶解，拡散させている．これでは種々のネガティブな事象を現代人間社会の多方面から収集し，これらに家畜化過程の中から探し出した断片的類似事象を貼り付けて概括するという行為は一種のサロン談義に過ぎず，せいぜい憂慮・慨嘆の念を共有させるだけの意味しかもち得ないのではないか．それだけならまだしも，不適当な論理展開によるこのような概括は，誤った「家畜と家畜化の概念」の宣伝・普及につながり，その結果責任から見れば悪用にもなり得る．――断るまでもなく，筆者は現代人の心身に現れる種々の病症に臨床面から，あるいは社会政策面から取り組んでいる医家の諸氏を批判しているのではない．医家の諸氏は自分達が取り組んでいるいろいろな病症の発現が「自己家畜化」の結果だと概括されてもされなくても，そのようなこととは無関係に，専門研究者あるいは医師としての職務に精進していることがその論述から明らかに伝わってくる．それに対し，

このような概括を主唱している人類学者,「人間学」者諸氏が,正当な「家畜と家畜化の概念」を大きく踏み越えるような拡大解釈までして,何を生み出そうとしているのか,そして何が生み出されたのか,そのことを問題としているのである.

　以上が『自己家畜化現象と現代文明』共同研究への筆者（野澤）の批判である．これでこの共同研究に対して言うべきことは言っているのだが，この共同研究に畜産・獣医分野の代表者のような立場で参加している林良博氏（獣医解剖学）の「自己家畜化」というよりも「家畜化」という行為そのものに関する発言に対し筆者の意見を述べておきたい．

　④ 「自己家畜化」論が農学分野からの家畜化概念の不適切な転用（「濫用」といってもよい）であるにもかかわらず，恐らく，転用を始めたのがドイツの高名な医学者や人類学者であって自分たちではないという権威主義的安心感があるためであろうか，企画者諸氏の言説には負い目の感情のようなものはいささかも認められず，極めて断定的かつ高姿勢であるとの印象を受ける．それに対し概念を転用された側を代弁している林氏は，なにか言い訳がましい態度で，"家畜化にはそんな悪いことばかりがあるのではありません．競走馬やグレーハウンド犬はこんなに速く走ることができ，こんなに美しいではありませんか"，といった釈明を試みている．筆者はこの釈明に挙げられた実例が不適切であると考える．家畜化によって生まれた「良いこと」を説明したいのであれば，先進国，後進国を問わず現代人の生存を支えている食料と衣料のほとんど全部がdomesticationと動植物育種の成果であるという疑いようのない事実——これをこそまず挙げるべきであろう．つまり，林氏は家畜化概念の濫用に抗論すべきはずのところで，家畜化という行為そのものを不器用，的外れに弁明しているのである．そのうえ同氏は「自己家畜化」を正面に課題として掲げるこの共同研究に「大変意味がある」，「素晴らしい」などと学術報告には馴染まない賛辞を呈している．——共同研究の主催者に対する儀礼的な感謝の意味が多分にあったとしても，家畜化概念の濫用を容認・賛美するようなこうした発言は，家畜が「嫌らしい，汚らわしいものというイメージ」（林氏の表現，このようなイメージは一般的と言えるであろうか？）を植え付けるにとどまらず，農学や畜産学が学問世界で誤解，賤視，差別の対象となるのに先鞭をつけることにもなりかねない．そもそも家畜化という行為を評価する際，「美・醜」，「浄・汚」のような評価軸の上で判断することは，完全な誤りとは言えないとしても，せいぜい二義的，三義的な意味しかもたないと筆者は考える．われわれの祖先は第一義的には生き残りか死滅かという，いわば「生・死」に関わる問題に直面し，それに強制されて動物の家畜化をおこない（本書I-1章(2)節参照），めざましい成功を収め，現代のわれわれもその恩恵を受けているのではないか．——こんなことは農学を学んだ者にとっては常識である．林氏の経歴と現在の地位からして，同氏がこのような常識を欠いているとは思えない．とすれば同氏の言説は反語的な皮肉，あるいは冗談なのであろうか？　もしそうであったとしても，学際的なシンポジウムや共同研究会において畜産分野からの代表者のような立場で発言を求められた研究者は，その場の雰囲気に流されるような発言や冗談で安易にお茶を濁すのではなく，もっと真面目にみずからの立場を正面から主張すべきであり，その意味でも家畜化の正確な意味をきちんと説明し，その概念の濫用に反論して欲しかった，というのが筆者の思いである．

　こうした近年見られる家畜や家畜化の比喩は，家畜のある限定された側面，とくに畜産業にお

いて高度に家畜化された近代品種の特徴をもって，家畜・家畜化を代表させていると思われる．しかし，家畜化とは一つの連続過程であって，家畜にも様々な段階が存在するのであり，家畜化の極限状態である近代品種でもってそれを代表させることは問題がある．世間には「社畜」という言葉があると聞く．これは，「会社＋家畜」による造語であるらしく，家畜小屋のような社宅に住まわされ，会社から給料（餌）を与えられる被雇用者を揶揄する言葉とのことであるが，これなども，高度に産業化された近代品種に対してはあてはまるかもしれないが，本書で扱う在来家畜に対しては，必ずしもあてはまらない．「生殖がヒトの管理下にある動物」が家畜の本質であるとすれば，こうした比喩はその本質をとらえているとは言い難い．

　また，「社畜」，「自己家畜化」などという概念や造語が家畜化の本来の目的や成果——人類の生活資源，特に食糧資源の確保，安定化，増大——に対してではなく，その副作用とでも言うべきネガティブな事象の比喩として用いられている点に問題があると筆者は考える．

第 I 部文献

阿部恒夫・大石孝雄・小松正憲・天野　卓（1980）牛の蛋白質多型と血液型による品種間の相互関係と系統に関する研究.「家畜家禽の蛋白質多型による品種の相互関係と系統に関する研究」（文部省科研費総合研究報告書），pp.91-103.

ADALSTEINSSON, S., BJARNADOTTIR, S., VAGE, D. I. and JONMUNDSSON, J. V.（1995）Brown coat color in Icelandic cattle produced by the loci extension and agouti. J. Hered., 86：395-398.

ADAMS, M. B.（1990）The Wellborn Science：Eugenics in Germany, France, Brazil and Russia. Oxford Univ. Press, London.（佐藤雅彦訳（1998）比較「優生学」史―独，仏，伯，露における「良き血筋を作る術」の展開―. 現代書館，東京）

相見香雨（1932）寛政文晁の展望. 塔影, 8(1).

AKAISHI, S. and KUDO, T.（1975）Blood groups. In：JIBP Synthesis, Vol.2, Anthropological and Genetic Studies on the Japanese.（WATANABE, S., KONDO, S. and MATSUNAGA, E., eds.）Univ. of Tokyo Press, Tokyo. pp.77-107.

ALDERSON, L.（1990）The work of the rare breeds survival trust. In：Genetic Conservation of Domestic Livestock. Cabi Publishing, Oxford. pp.32-44.

天野　卓・並河鷹夫・野沢　謙・大塚閏一（1984）水牛の品種分化に関する遺伝学的研究.「家畜化と品種分化に関する遺伝学的研究」（文部省科研費総合研究報告書），pp.12-21.

BALL, S. C.（1933）Jungle Fowls from Pacific Islands. Bernice P. Bishop Museum Bulletin, No.108.

BEAUMONT, M., BARRATT, E. M., GOTTELLI, D., KITCHNER, A. C., DANIELS, M. J., PRITCHARD, J. K. and BRUFORD, M. W.（2001）Genetic diversity and introgression in the Scotish wildcat. Molecular Ecology, 10：319-336.

BEEBE, W.（1931）The jungle fowl. In：Pheasants：Their Lives and Homes. Doubleday, Doran & Co., UK, USA. pp.196-257.

BELYAEV, D. K.（1984）Foxes. In：Evolution of Domesticated Animals.（MASON, I. L., ed.）Longman, London and New York. pp.211-214.

BIGALKE, R. C.（1964）Can Africa produce new domestic animals? New Scientist, 21：141-146.

BÖKÖNYI, S.（1974）History of Domestic Mammals in Central and Eastern Europe. Akadémiai Kiadó, Budapest.

BONNEMAIRE, J.（1984）Yak. In：Evolution of Domesticated Animals.（MASON, I. L., ed.）Longman, London and New York. pp.39-45.

BOWMAN, J. C.（1974）Conservation of rare livestock breeds in the United Kingdom. Proc. 1st World Congr. Genetics Applied in Livestock Production, 2：23-29.

BOYD, J. M., DONEY, J. M., GUNN, R. G. and JEWELL, P. A.（1964）The soay sheep of the island of Hirta, St. Kilda. A study of a feral population. Proc. Zool. Soc. London, 142：129-163.

BRYAN, E. H.（1954）The Hawaiian Chain. Bishop Museum Press, Honolulu.

CARSON, H. L.（1973）Reorganization of the gene pool during speciation. In：Genetic Structure of Populations.（MORTON, N. E., ed.）Univ. Press of Hawaii, Honolulu. pp.274-280.

CASTLE, W. E.（1954）Coat color inheritance in horses and other mammals. Genetics, 39：35-44.

CHANG, C. M., COVILLE, J. L., COQUERELLE, G., GOURICHON, D., OULMOUDEN, A. and TIXIER-BOICHARD, M.（2006）Complete association between a retroviral insertion in the tyrosinase gene and the recessive white mutation in chicken. BMC Genomics, 7：19.

千葉徳爾（1975）狩猟伝承. 法政大学出版局，東京.

CHILDE, V. G.（1936）Man Makes Himself.（ねずまさし訳（1951）文明の起源. 岩波書店，東京）

CLAY, C. and LEAPMAN, M.（1995）Master Race. In：The Lebensborn Experiment in Nazi Germany.（柴崎昭則訳（1997）ナチスドイツ支配民族創生計画. 現代書館，東京）

CLUTTON-BROCK, J.（1981）Domesticated Animals from Early Times. British Museum, London.

COCKRILL, W. R.（1974）Observations on skin colour and hair pattern. In：The Husbandary and Health of the Domestic Buffalo.（COCKRILL, W. R., ed.）FAO, Rome. pp.48-56.

CONNEALLY, P. M., STONE, W. H., TYLER, W. J., CASIDA, L. E. and MORTON, W. E.（1963）Genetic load expressed as fetal death in cattle. J. Dairy Sci., 46：232-236.

COOPER, M. P., FRETWELL, N., BAILEY, S. J. and LYONS, L. A.（2005）White spotting in the domestic cat (Felis catus) maps near KIT on feline chromosome B1. Anim. Genet., 37：163-165.

DANIELS, M. J., BALHARRY, D., HIRST, D., KITCHNER, A. C. and ASPINALL, R. J.（1998）Morphological and pelage characteristics of wild living cats in Scotland：implications for defining the 'wildcat'. J. Zool. London, 244：231-247.

DARWIN, C.（1868）The Variation of Animals and Plants under Domestication. Murray.（阿部余四男訳（1937）育成動

植物の超異.岩波書店,東京)
DELSON, E. (1980) Fossil macaques, phyletic relationships and a scenario of deployment. *In* : The Macaques : Studies in Ecology, Behavior and Evolution. (LINDBURG, D. G., *ed.*) Van Nostrand Reinhold, New York and London. pp.10-30.
DETTMERS, A. E., REMPELL, W. E. and COMSTOCK, R. E. (1965) Selection for small size in swine. J. Anim. Sci., 24 : 216-220.
江原昭善 (1971) 自己家畜化現象.自然,26(4):72-77.
江原昭善 (1972) 家畜化とヒトの進化.京大霊長研年報,2:100-102.
江原昭善 (1982) 家畜化概念の人類学への転用とその矛盾.「Domestication の生態学と遺伝学」(京大霊長類研究所編),pp.27-30.
江原昭善 (1987)「家畜化」概念はホミニゼーションにどこまで適用できるか.哺乳類科学,27(1-2):37-42.
EIZIRK, E., YUHKI, N., JOHNSON, W. E., MENOTTI-RAYMOND, M., HANNAH, S. S. and O'BRIN, J. (2003) Molecular genetics and evolution of melanism in the cat family. Current Biol., 13 : 448-453.
遠藤 享 (1978) 国立公園吾妻山に生息する白猿について.プリマーテス研究会講演抄録,pp.17.
EVANS-PRICHARD, E. E. (1940) The Nuer. Clarendon Press, Gloucestershire, UK.(向井元子訳 (1978) ヌアー族.岩波書店,東京)
FALCONER, D. S. (1960) Introduction to Quantitative Genetics. Oliver and Boyd, Edinburgh and London.
FIELD, C. R. (1984) Potential domesticants : Bovidae. *In* : Evolution of Domesticated Animals. (MASON, I. L., *ed.*) Longman, London and New York. pp.102-106.
FLANNERY, K. V. (1969) Origins and ecological effects of early domestication in Iran and the Near East. *In* : The Domestication and Expoitation of Plants and Animals. (UCKO, P. G. and DIMBLEBY, G. W., *eds.*) Gerald Duckworth, London. pp.73-100.
FORD, E. B. (1965) Genetic Polymorphism. The M. I. T. Press, Cambridge.
FORDE, C. D. (1963a) Habitat, Economy and Society. Dutton, New York.
FORDE, C. D. (1963b) The Masai : cattle herders on the East African Plateau. *In* : Habitat, Economy and Society. Dutton, New York. pp.287-307.
FRENCH, D. D., CORBETT, L. K. and EASTERBEE, N. (1988) Morphological discriminants of Scotish wildcats (*Felis silvestris*), domestic cats (*F. catus*) and their hybrids. J. Zool. London, 214 : 235-259.
福井勝義 (1979) 色彩の認知と分類—東アフリカの牧畜民 Bodi 族—.国立民博研究報告,4:557-665.
福井勝義 (1988) 家畜における毛色多様化選択の文化的装置—エチオピア西南部の牧畜民ボディの民俗遺伝観から—.在来家畜研究会報告,12:1-46.
GEISSLER, E. N., RYAN, M. A. and HOUSMAN, D. E. (1988) The dominant-white spotting (*W*) locus of the mouse encodes the c-kit proto-oncogene. Cell, 55 : 185-192.
GERSHENSON, S. (1945) Evolutionary studies on the distribution and dynamics of melanism in hamster (*Cricetus cricetus* L.). Genetics, 30 : 207-251.
GRAHAN, R. A., LEMESCH, B. M., MILLON, L. V., MATISE, T., ROGERS, Q. R., MORRIS, J. G., FRETWELL, N., BAILEY, S. J., BATT, R. M. and LYONS, L. A. (2005) Localizing the X-linked orange color phenotype using feline resource families. Anim. Genet., 36 : 67-70.
GRAY, A. P. (1954) Mammalian Hybrids. Commonwealth Agric. Bureaux, Slough.
GROVES, C. P. (1980) Speciation in Macaca : The view from Sulawesi. *In* : The Macaques : Studies in Ecology, Behavior and Evolution. (LINDBURG, D. G., *ed.*) Van Nostrand Reinhold, New York and London. pp.84-124.
GRUBB, P. and JEWELL, P. A. (1966) Social grouping and home range in feral soay sheep. Symp. Zool. Soc. London, 18 : 179-210.
GUNN, A. (1984) Musk ox. *In* : Evolution of Domesticated Animals. (MASON, I. L., *ed.*) Longman, London and New York. pp.100-101.
GUNNARSSON, U., HELLSTROM, A. R., TIXIER-BOICHARD, M., MINVIELLE, F., BED'HOM, B., ITO, S., JENSEN, P., RATTINK, A., VEREIJKEN, A., and ANDERSSON, L. (2007) Mutations in SLC45A2 cause plumage color variation in chicken and Japanese quail. Genetics, 175 : 867-877.
HAHN, E. (1896) Die Houstiere und ihre Beziehungen zur Wirtschaft des Menschen. (SIMOONS, F. J. and SIMOONS, E. S. 1968 より引用)
HAMMOND, J. (1962) Some changes in the form of sheep and pigs under domestication. Z. Tierzücht. Züchtngsbiol., 77 : 156-158.
HARLAN, J. R. (1969) Evolutionary dynamics of plant domestication. Japan. J. Genet., 44 (Suppl. 1) : 337-343.

HARLAN, J. R. and DEWET, J. M. J. (1965) Some thoughts about weeds. Econ. Bot., 19 : 16-24.
HARLAN, J. R. and ZOHARY, D. (1966) Distribution of wild wheats and barley. Science, 153 : 1074-1080.
HARRIS, D. R. (1969) Agricultural systems, ecosystems and origin of agriculture. *In* : The Domestication and Exploitation of Plants and Animals. (UCKO, P. G. and DIMBLEBY, G. W., *eds.*) Gerald Duckworth, London. pp.3-15.
HARRIS, H. (1966) Enzyme polymorphisms in man. Proc. Roy. Soc. London B., 164 : 298-310.
橋口　勉・岡本　新・西田隆雄・林　良博（1984）血液蛋白質多型からみた鶏の類縁関係について．「家畜化と品種分化に関する遺伝学的研究」（文部省科研費総合研究報告書），pp.132-143.
HATT, G. (1919) Notes in reindeer nomadism. Mem. Amer. Anthrop. Ass., 6 : 75-133.
HAWKES, J. G. (1969) The ecological background of plant domestication. *In* : The Domestication and Exploitation of Plants and Animals. (UCKO, P. G. and DIMBLEBY, G. W., *eds.*) Gerald Duckworth, London. pp.17-29.
林　良博・西田隆雄・橋口　勉・池田研二・Sri Spraptini MANSJOER（1983）インドネシアにおける赤色野鶏の電波探知による行動追跡．在来家畜研究会報告，10：168-171.
林田重幸（1960）奄美大島群島貝塚出土の猪と犬について．人類学雑誌，66：96-115.
林田重幸・野沢　謙（1964）トカラ群島における牛．日本在来家畜調査団報告，1：24-29.
HEMMER, H. (1990) Domestication : The Decline of Environmental Appreciation (2nd ed.). Cambridge Univ. Press, Cambridge.
HERRE, W. (1965) Ergebnisse zoologischer Domestikations-forschung. Züchtungskunde, 37 : 361-374.
HERRE, W. (1972) Galapagos-Archipel, Laboratorium der Natur. Z. Kölner Zoo, 15 : 17-25.
HERRE, W. und RÖHRS, M. (1971a) Domestikation und Stammesgeschichte. *In* : Die Evolution der Organismen. (HARRE, G., *ed.*) Gustav Fischer, Stuttgart. pp.29-174.
HERRE, W. und RÖHRS, M. (1971b) Über die Verwilderung von Haustieren. Milu, 3 : 131-161.
HERRE, W. und RÖHRS, M. (1973) Haustiere—zoologisch gesehen. Gustav Fischer, Stuttgart and New York.
HIGGS, E. S. and JARMAN, M. R. (1972) The origin of animal and plant husbandry. *In* : Papers in Economic Prehistory. (HIGGS, E. S., *ed.*) Cambridge Univ. Press, Cambridge. pp.3-13.
HO, S. Y. W., PHILLIPS, M. J., COOPER, A. and DRUMOND, A. J. (2005) Time dependency of molecular rate estimates and systematic overestimation of recent divergence time. Mol. Biol. Evol., 22 : 1561-1568.
HONJO, S., CHO, F. and TERAO, K. (1984) Establishing the cynomolgus monkey as a laboratory animal. Adv. Vet. Sci. Comp. Med., 28 : 51-80.
HORBANCZUK, J. O. (2002) The Ostrich. Polish Acad. Sci. Inst. Genet. Anim. Breed.
HUBBARD, A. L., MCORIST, S., JONES, T. W., BOID, R., SCOTT, R. and EASTERBEE, N. (1992) Is survival of European wildcats *Felis silvestris* in Britain threatened by interbreeding with domestic cats? Biol. Conservation, 61 : 203-208.
伊波普猷（1927）朝鮮人の漂流記に現れた尚眞王即位当時の南島．史学雑誌，38：1172-1212.
五百部裕・木村大治（1984）トカラの森のワシたち．アニマ，142：12-17.
鋳方貞亮（1945）日本古代家畜史．河出書房新社，東京.
池本幸三・布留川正博・下山　晃（1995）近代世界と奴隷制―大西洋システムの中で―．人文書院，京都.
IMAI, I. (1982) Small stock management and the goat naming system of the pastoral Gabra. African Studies Monographs, Supplementary Issue, 1 : 43-62.
IMAIZUMI, Y. (1967) A new genus and species of cat from Iriomote, Ryukyu Island. Jour. Mammal. Soc. Japan, 3 : 74-105.
今泉吉典（1967）イリオモテヤマネコの外部形態．自然科学と博物館，34：73-83.
IMANISHI, K. (1954) Nomadism, an ecological interpretation. Silver Jubilee Vol. Zinbun-Kagaku Kenkyusyo, Kyoto Univ., pp.466-479.
今西錦司（1968）人類の誕生．河出書房新社，東京.
IMES, D. L., GEARY, L. A., CRAHN, R. A. and LYONS, L. A. (2005) Albinism in the domestic cat (*Felis catus*) is associated with a tyrosinase (TYR) mutation. Anim. Genet., 37 : 175-178.
稲福清孝（1997）私のダチョウ飼育―導入の経緯と飼育の現状―．駝鳥シンポジウム―ダチョウは家畜になれるか―．pp.49-54.
猪　貴義（1982）実験動物学．養賢堂，東京.
ISEKI, R., NAMIKAWA, T. and KONDO, K. (1984) Cream, a new coat-color mutant in the musk shrew. J. Hered., 75 : 144-145.
ISHIMOTO, G. (1975) Red cell enzymes. *In* : JIBP Synthesis, Vol.2, Anthropological and Genetic Studies on the Japanese. (WATANABE, S., KONDO, S. and MATSUNAGA, E., *eds.*) Univ. of Tokyo Press, Tokyo. pp.109-139.
伊谷純一郎・水原洋域（1957）高崎山のニホンザルの群れにあらわれた異常個体について．実験動物，6：5-10.
伊谷純一郎・徳田喜三郎・古屋義男・加納一男・秦　雄一（1964）高崎山ニホンザル自然群の社会構成．「高崎山

の野生ニホンザル」（伊谷・池田・田中編）勁草書房，東京．pp.1-41.
IWAMOTO, M. and HASEGAWA, Y. (1972) Two macaque fossil teeth from the Japanese Pleistocene. Primates, 13 : 77-81.
IWAMOTO, M. (1975) On a skull of a fossil macaque from the Shikimizu limestone quarry in the Shikoku district, Japan. Primates, 16 : 83-94.
JACKSON, I. J. (1997) Homologous pigmentation mutations in human, mouse, and other model organisms. Hum. Mol. Genet., 6 : 1613-1624.
JEWELL, P. A. (1962) Changes in size and type of cattle from prehistoric to Mediaeval times in Britain. Z. Tierzücht. Züchtngsbiol., 77 : 159-167.
JEWELL, P. A. (1969) Wild animals and their potential for new domestication. In : The Domestication and Exploitation of Plants and Animals. (UCKO, P. G. and DIMBLEBY, G. W., eds.) Gerald Duckworth, London. pp.101-109.
亀井節夫（1969）氷河時代のけものたち―とくにニホンザルの来た道―．モンキー，106：5-12.
亀井節夫・河村善也・樽野博幸（1988）日本の第四系の哺乳動物化石による分帯．地質学論集，30：181-204.
加茂儀一（1973）家畜文化史．法政大学出版局，東京．
唐澤 豊（1998）日本におけるダチョウ飼育の背景，現況，展望．第2回駝鳥シンポジウム―東南アジアにおけるダチョウ飼育の現状と展望―，pp.35-41.
加藤九作（1977）北方ユーラシアのトナカイ飼育．どるめん，14：66-78.
KAWAMOTO, Y., ISCHAK, M. and SUPRIATNA, J. (1984) Genetic variations within and between troops of the crab-eating macaque (*Macaca fascicularis*) on Sumatra, Jawa, Bali, Lonbok and Sumbawa, Indonesia. Primates, 25 : 131-159.
川村俊蔵（1957）奈良公園のシカ．「日本動物記」（今西錦司編），4：1-159.
KELLER, C. (1919) Die Stammesgeschichte unserer Hustirere. (加茂儀一訳（1935）家畜系統史．岩波書店，東京)
KERJE, S., LIND, J., SCHÜTZ, K., JENSEN, P. and ANDERSSON, L. (2003) Melanocortin 1-receptor (*MC1R*) mutations are associated with plumage colour in chicken. Anim. Genet., 34 : 241-248.
KERJE, S., SHARMA, P., GUNNARSSON, U., KIM, H., BAGCHI, S., FREDRIKSSON, R., SCHÜTZ, K., JENSEN, P., VON HEIJNE, G., OKIMOTO, R. and ANDERSSON, L. (2004) The *Dominant white, Dun* and *Smoky* color variants in chicken are associated with insertion/deletion polymorphisms in the *PMEL17* gene. Genetics, 168 : 1507-1518.
KEVLES, D. J. (1985) In the Name of Eugenics. Alfred A. Knopf. (西俣総平訳（1993）優生学の名のもとに―「人類改良」の悪夢の百年―．朝日新聞社，東京)
KIJAS, J. M. H., WALES, R., TORNSTEN, A., CHARDON, P., MOLLER, M. and ANDERSSON, L. (1998) Melanocortin receptor 1 (MC1R) mutations and coat color in pigs. Genetics, 150 : 1177-1185.
木村正雄（1984）ウズラの家畜化と品種分化．「家畜化と品種分化に関する遺伝学的研究」（文部省科研費総合研究報告書），pp.169-174.
KIMURA, M. (1968) Evolutionary rate at the molecular level. Nature, 217 : 624-626.
KIMURA, M. (1983) The Neutral Theory of Molecular Evolution. Cambridge Univ. Press, Cambridge. (向井輝美・日下部眞訳（1986）分子進化の中立説．紀伊国屋書店，東京)
KIMURA, M. and OHTA, T. (1971a) Protein polymorphism as a phase of molecular evolution. Nature, 229 : 467-469.
KIMURA, M. and OHTA, T. (1971b) Theoretical Aspects of Population Genetics. Princeton Univ. Press, Princeton.
KIMURA, M. and WEISS, G.H. (1964) The stepping stone model of population structure and the decrease of genetic correlation with distance. Genetics, 49 : 561-576.
木村重信（1971）はじめにイメージありき―原始美術の諸相―．岩波書店，東京．
KLUNGLAND, H., RØED, K.H., NESBØ, C.L., JAKOBSEN, K.S. and VÅGE, D.I. (1999) The melanocyte-stimulation hormone receptor (MC1-R) gene as a tool in evolutionary studies of artiodactyles. Hereditas, 131 : 39-46.
国分直一（1968）南島先史時代の技術と文化．史学研究，66：1-41.
近藤恭司（1983）野生動物，家畜の実験動物化．「実験動物の遺伝的コントロール」（近藤・富田・江崎・早川編）ソフトサイエンス社，東京．pp.108-124.
KREITMAN, M. (1983) Nucleotide polymorphism at the alcohol dehydrogenase locus of *Drosophila melanogaster*. Nature, 304 : 412-417.
LEEDS, A. (1965) Reindeer herding and chukchi social institution. In : Man, Culture and Animals. (LEEDS, A. and VAYDA, A. P., eds.) Amer. Assn. Adv. Sci., New York. pp.87-125.
LEGGE, A. J. (1972) Prehistoric exploitation of gazelle in Palestine. In : Papers in Economic Prehistory. (HIGGS, E. S., ed.) Cambridge Univ. Press, Cambridge. pp.119-124.
LEVENE, H. (1953) Genetic equilibrium when more than one ecological niche is available. Amer. Naturalist, 37 : 331-333.
LEWIS, H. T. (1972) The role of fire in the domestication of plants and animals in southwest Asia : a hypothesis. Man,

7 : 195-222.

LEWONTIN, R. C. and HUBBY, F. L. (1966) A molecular approach to the study of genic heterozygosity in natural populations. II. Amount of variation and degree of heterozygosity in natural populations of *Drosophila pseudoobscura*. Genetics, 54 : 595-609.

LEWONTIN, R. C. and KRAKAUER, J. (1973) Distribution of gene frequency as a test of the theory of the selective neutrality of polymorphisms. Genetics, 74 : 175-195.

LI, W. H. and GRAUR, D. (1991) Fundamentals of Molecular Evolution. Sinauer Publ., Sunderland.

LING, M. K., LAGERSTRÖM, M. C., FREDRIKSSON, R., OKIMOTO, R., MUNDY, N. I., TAKEUCHI, S. and SCHIÖTH, H. B. (2003) Association of feather colour with constitutively active melanocortin 1 receptors in chicken. European J. Biochem., 270 : 1441-1449.

LUDWIG, A., PRUVOST, M., REISSMANN, M., BENECKE, N., BROCKMANN, G. A., CASTAÑOS, P., CIESLAK, M., LIPPOLD, S., LLORENTE, L., MALASPINAS, A.-S., SLATKIN, M. and HOFREITER, M. (2009) Coat color variation at the beginning of horse domestication. Science 324 : 485.

LYONS, L. A., IMES, D. L., RAH, H. C. and GRAHN, R. A. (2005) Tyrosinase mutations associated with Siamese and Burmese patterns in the domestic cat (*Felis Catus*). Anim. Genet., 36 : 119-126.

MACHUGH, D. E., SHRIVER, M. D., LOFTUS, R. T., CUNNINGHAM, P. and BRADLEY, D. G. (1997) Microsatellite DNA variation and the evolution, domestication and phylogeography of taurine and zebu cattle (*Bos taurus* and *Bos indicus*). Genetics, 146 : 1071-1086.

MANWELL, C. and BAKER, C. M. A. (1976) Protein polymorphism in domesticated species : evidence for hybrid origin? *In* : Population Genetics and Ecology. (KARLIN, S. and NEVO, E., *eds.*) Academic Press, New York, San Francisco and London. pp.105-139.

MANWELL, C. and BAKER, C. M. A. (1977) Genetic distance between the Australian Merino and the Poll Dorset sheep. Genet. Res., 29 : 239-253.

MARIAT, D., TAOURIT, S. and GUÉRIN, G. (2003) A mutation in the MATP gene causes the cream coat colour in the horse. Genet. Sel. Evol., 35 : 119-133.

MASON, I. L. (1973) The role of natural and artificial selection in the origin of breeds of farm animals. Z. Tierzücht. Züchtngsbiol., 90 : 229-240.

MATSUBAYASHI, K., GOTOH, S., KAWAMOTO, Y., NOZAWA, K. and SUZUKI, J. (1989) Biological characteristics of crab-eating monkeys on Angaur Island. Primate Res., 5 : 46-57.

MAYHEW, S. H., KATO, S. K., BALL, F. M. and EPLING, C. (1966) Comparative studies of arrangements within and between populations of *Drosophila pseudoobscura*. Evolution, 20 : 646-662.

MAYR, E. (1942) Systematics and the Origin of Species. Columbia Univ. Press, New York.

MCCRACKEN, R. D. (1971) Lactase deficiency : an example of dietary evolution. Current Anthropology, 12 : 479-517.

峰澤　満（2001）希少品種．「動物遺伝育種学事典」（畜産技術協会編）東京．pp.136-137.

MINVIELLE, F., GOURICHON, D., ITO, S., INOUE-MURAYAMA, M. and RIVIÈRE, S. (2007) Effect of the dominant yellow mutation on reproduction, growth, feed consumption, body temperature, and body composition of the Japanese quail. Poultry Sci., 86 : 1646-1650.

MIWA, M., INOUE-MURAYAMA, M., AOKI, H., KUNISADA, T., HIGAKI, T., MIZUTANI, M. and ITO, S. (2007) *Endothelin receptor B2* (*EDNRB2*) is associated with the *panda* plumage colour mutation in Japanese quail. Anim. Genet., 38 : 103-108.

宮下和喜（1976）絶滅の生態学．思索社，東京．

MORTON, N. E., CROW, J. F. and MULLER, H. J. (1956) An estimate of the mutational damage in man from data on consanguineous marriages. Proc. Natnl. Acad. Sci. USA, 42 : 855-863.

MOURANT, A. E., KOPEC, A. C. and DOMANÌEWSKA-SOBCZAK, K. (1958) The ABO Blood Groups. Blackwell Sci. Publ., Oxford.

MÜLLER-HAYE, B. (1984) Guinea-pig or cuy. *In* : Evolution of Domesticatied Animals. (MASON, I. L., *ed.*) Longman, London and New York. pp.252-257.

村山美穂（2007）鳥類の羽毛色を制御する遺伝子．動物遺伝育種研究，35：77-82.

NADEAU, N. J., MINVIELLE, F. and MUNDI, N. I. (2006) Association of a Glu92Lys substitution in *MC1R* with extended brown in Japanese quail (*Coturnix japonica*). Anim. Genet., 37 : 287-289.

中尾佐助（1966）栽培植物と農耕の起源．岩波書店，東京．

並河鷹夫（1975）東亜在来家畜に関する研究．XL. Bali 牛とその hemoglobin 型について．日畜会報，46（Suppl.）：103.

並河鷹夫 (1980) 遺伝学よりみた牛の家畜化と系統史. 日畜会報, 51：235-246.

NAMIKAWA, T. (1981) Geographic distribution of bovine Hemoglobin-beta (Hbb) alleles and its phylogenetic analysis of the cattle in Eastern Asia. Z. Tierzücht Züchtngsbiol., 98：151-159.

並河鷹夫 (1982) 遺伝的蛋白変異, 特にヘモグロビン型変異からみた家畜牛の起源.「Domestication の生態学と遺伝学」(京大霊長類研究所編), pp.98-108.

並河鷹夫 (1994) 口之島産野生牛の実験研究用繁殖コロニーの造成と遺伝的特性.「動物遺伝資源としての在来家畜の評価に関する研究」(平成 5 年度科研費研究成果報告書), pp.65-75.

並河鷹夫・伊藤慎一・天野 卓・近藤恭司・大塚閏一 (1984) 家畜牛地域集団間における遺伝的分化.「家畜化と品種分化に関する遺伝学的研究」(文部省科研費総合研究報告書), pp.1-11.

NAMIKAWA, T. and WIDODO, W. (1978) Electrophoretic variations of hemoglobin and serum albumin in the Indonesian cattle including Bali cattle (Bos banteng). Japan. J. Zootech. Sci., 49：817-827.

直木孝次郎 (1965) 日本の歴史 2. 古代国家の成立. 中央公論社, 東京.

直良信夫 (1937) 日本史前時代に於ける豚の問題. 人類学雑誌, 52：286-296.

直良信夫 (1944) 日本哺乳動物史. さ・え・ら・書房, 東京.

直良信夫 (1968) 狩猟. 法政大学出版局, 東京.

NEEL, J. V. and SCHULL, W. J. (1962) The effect of inbreeding on mortality and morbidity in two Japanese cities. Proc. Natnl. Acad. Sci. USA, 48：573-582.

NEI, M. (1971) Interspecific gene differences and evolutionary time estimated from electrophoretic data on protein identity. Amer. Naturalist, 105：385-398.

NEI, M. (1972) Genetic distance between populations. Amer. Naturalist, 106：283-292.

NEI, M. (1973) Analysis of gene diversity in subdivided populations. Proc. Natnl. Acad. Sci. USA, 70：3321-3323.

NEI, M. (1975) Molecular Population Genetics and Evolution. North-Holland, Amsterdam and Oxford.

NEI, M. (1987) Molecular Evolutionary Genetics. Columbia Univ. Press, New York.

NEI, M. and GRAUR, D. (1984) Extent of protein polymorphism and the neutral mutation theory. Evol. Biol., 17：73-118.

NEI, M. and ROYCHOUDHURY, A. K. (1974) Genetic variation within and between the three major races of man：Caucasoids, Negroids, and Mongoloids. Amer. J. Hum. Genet., 26：421-443.

NEVO, E., BEILES, A. and BEN-SHLOMO, R. (1984) Evolutionary Dynamics of Genetic Diversity. Springer, Berlin, Heidelberg, New York and Tokyo.

西田隆雄 (1967) 東亜における野鶏の分布と東洋系家鶏の成立について. 日本在来家畜調査団報告, 2：2-24.

NISHIDA, T. (1980) Ecological and morphological studies on the jungle fowl in Southeast Asia. In：Biological Rhythms in Birds：Natural and Endocrine Aspects. (TANABE, Y. et al., eds.) pp.301-313.

西田隆雄 (1982) 家畜とその野生原種との生物学的交流—ニワトリをその例として—.「Domestication の生態学と遺伝学」(京大霊長類研究所編), pp.88-97.

NOZAWA, K. (1957) Statistical studies on the populations of farm animals. I. Estimation of the effective population size. Proc. Japan Acad., 33：217-220.

野澤 謙 (1965) 血統分析によるわが国乳牛集団の繁殖構造と近親交配に関する研究. II. 府県集団間の血縁度. 日畜会報, 36：161-169.

野澤 謙 (1967) 南太平洋諸島の在来家畜に関する覚書. 日本在来家畜調査団報告, 2：25-31.

野澤 謙 (1975) 家畜化と集団遺伝学. 日畜会報, 46：549-557.

野澤 謙 (1978) 家畜.「畜産大事典」(内藤元男監) 養賢堂, 東京. pp.1-4.

野澤 謙 (1980) 白毛馬の誕生に寄せて. 優駿, 40(19)：8-12.

NOZAWA, K. (1980) Phylogenetic studies on the native domestic animals in East and Southeast Asia. In：Proc. SABRAO workshop on Animal Genetic Resources in Asia and Oceania (BARKER, J. S. F. and TURNER, H. N., eds.) pp.23-43.

野澤 謙 (1986) 哺乳動物の遺伝的変異と集団構造.「続 分子進化学入門」(今堀宏三・木村資生・和田敬四郎編) 培風館, 東京. pp.57-82.

野澤 謙 (1987a) 家畜化の生物学的意義.「牧畜社会の原像—生態・社会・歴史—」(福井勝義・谷 泰編) 日本放送出版協会, 東京. pp.63-107.

野澤 謙 (1987b) 家畜化の意義と要因. 哺乳類科学, 27(1-2)：28-36.

野澤 謙 (1990) ネコの毛色多型. 遺伝, 44(10)：83-86, (11)：46-50, (12)：42-47.

野澤 謙 (1991) ニホンザルの集団遺伝学的研究. 霊長類研究, 7：23-52.

野澤 謙 (1994) 動物集団の遺伝学. 名古屋大学出版会, 名古屋.

野澤 謙 (1995) 家畜化と毛色多型.「地球に生きる 4 自然と人間の共生」(福井勝義編) 雄山閣, 東京.

pp.113-142.
Nozawa, K., Fukui, M. and Furukawa, T. (1985) Blood protein polymorphism in the Japanese cats. Jpn J. Genet., 60：425-439.
野澤 謙・橋口 勉・加世田雄時朗・茂木一重 (1984) 馬とくに東亜在来馬の血統蛋白質. 「家畜化と品種分化に関する遺伝学的研究」 (文部省科研費総合研究報告書), pp.22-36.
野澤 謙・勝又 誠 (1984) 山羊の品種分化に関する遺伝学的研究. 「家畜化と品種分化に関する遺伝学的研究」 (文部省科研費総合研究報告書), pp.57-70.
野澤 謙・松林清明・後藤俊二 (1990) パラオ諸島の在来鶏と野鶏について. 在来家畜研究会報告, 13：123-132.
野澤 謙・西田隆雄 (1970) 日本南西諸島, 台湾および韓国在来鶏の遺伝子構成. JIBP/UM/GENE POOL セミナー記録, pp.75-95.
野澤 謙・西田隆雄 (1981) 家畜と人間. 出光書店, 東京.
Nozawa, K., Shinjo, A. and Shotake, T. (1978) Population genetics of farm animals. III. Blood-protein variations in the meat goats in Okinawa Island of Japan. Z. Tierzücht. Züchtngsbiol., 95：60-77.
Nozawa, K. and Shotake, T. (1990) Genetic differentiation among local populations of Asian elephant. Zeit. Zool. System. Evol., 28：40-47.
野澤 謙・庄武孝義・川本 芳・早坂謙二 (1985) 日本産哺乳類数種の遺伝的変異性. 特定研究分子レベルにおける進化機構報告書, 3：220-221.
Nozawa, K., Shotake, T., Kawamoto, Y. and Tanabe, Y. (1982) Population genetics of Japanese monkeys. II. Blood protein polymorphisms and population structure. Primates, 23：252-271.
Nozawa, K., Shotake, T., Minezawa, M., Kawamoto, Y., Hayasaka, K. and Kawamoto, Y. (1996) Population-genetic studies of the Japanese macaque, *Macaca fuscata. In*：Variations in the Asian Macaques. (Shotake, T. and Wada, K., *eds.*) Tokai Univ. Press, Tokyo. pp.1-36.
Nozawa, K., Shotake, T., Minezawa, M., Kawamoto, Y., Hayasaka, K., Kawamoto, S. and Ito, S. (1991) Population genetics of Japanese monkeys. III. Ancestry and differentiation of local populations. Primates, 32：411-435.
Nozawa, K., Shotake, T. and Ohkura, Y. (1976) Blood protein variations within and between the east Asian and European horse populations. Z. Tierzücht. Züchtngsbiol., 93：60-74.
Nozawa, K., Shotake, T. and Ohkura, Y. and Tanabe, Y. (1977) Genetic variations within and between species of Asian macaques. Jpn J. Genet., 52：15-30.
野澤 謙・Soontraporn R. NaPuket (1974) タイ国水牛の毛色—東南アジアにおける役肉用水牛の毛色多型に関する予報—. 在来家畜研究会報告, 6：92-97.
小原秀雄 (1985) 人 (ヒト) に成る. 大月書店, 東京.
小原秀雄 (1987) 哺乳類としてのヒトをどう見るか. 哺乳類科学, 27(1-2)：43-51.
小原秀雄 (2000) 現代ホモ・サピエンスの変貌. 朝日新聞社, 東京.
小原秀雄・羽仁 進 (1995) ペット化する現代人—自己家畜化論から—. 日本放送出版協会, 東京.
小原秀雄・岩城正夫 (1984) 自己家畜化論. 群羊社, 東京.
織田銑一 (1985) スンクス (ジャコウネズミ *Suncus murinus*) における巻毛ミュータントの発見. 環研年報, 36：226-227.
織田銑一 (1989) スンクス (ジャコウネズミ). 「実験動物の生物学的特性データ」 (堀内茂友他編) ソフトサイエンス社, 東京. pp.586-596.
織田銑一・井関利恵子 (1983) スンクス (食虫目ジャコウネズミ) の実験動物化. 「実験動物の遺伝的コントロール」 (近藤・富田・江崎・早川編) ソフトサイエンス社, 東京. pp.125-138.
Ohta, T. (1973) Slightly deleterious mutant substitutions in evolution. Nature, 246：96-98.
Oishi, T. and Tomita, T. (1976) Blood group and serum protein polymorphisms in the Pitman-Moore and Ohmini strains of miniature pigs. Anim. Blood Grps Biochem. Genet., 7：27-32.
Oka, H. I. and Chang, W. T. (1961) Hybrid swarms between wild and cultivated rice species, *Oryza pernnis* and *O. sativa*. Evolution, 15：418-430.
Okada, I., Bansho, H., Aoyama, S. and Tsue, K. (1979) Genetic load in the chicken. Japan. J. Poultry Sci., 16：35-38.
奥村純市 (1997) 世界のダチョウ産業の歴史, 現状及び動向. 駝鳥シンポジウム—ダチョウは家畜になれるか—, pp.9-14.
Olivier, R. C. D. (1984) Asian Elephant. *In*：Evolution of Domesticated Animals. (Mason, I. L. *ed.*) Longman, London and New York. pp.185-192.
Omoto, K. (1975) Serum protein groups. *In*：JIBP Synthesis, Vol.2, Anthropological and Genetic Studies on the Japanese. (Watanabe, S., Kondo, S. and Matsunaga, E., *eds.*) Univ. of Tokyo Press, Tokyo. pp.141-162.

尾本恵市（2002）人類の自己家畜化と現代．人文書院，京都．
尾本恵市・武部 啓（2000）人類の自己家畜化現象と現代文明．国際高等研究所報告書 -1999-2006.
小野寺誠（1977）極北の青い闇から．日本放送出版協会，東京．
大沢秀行・杉山幸丸（1982）餌付けがもたらしたニホンザルの生態の変化．「Domestication の生態学と遺伝学」（京大霊長類研究所編），pp.13-26.
大友豊美（1929）東京市及ビ其近郊ニ見ラルル住家性半住家性ノ鼠属ニ就キテ．実験医学雑誌，13：996-1013.
PAINE, R.（1971）Animals as capital : comparisons among northern nomadic herders and hunters. Anthropological Quarterly, 44 : 157-172.
PHILLIPS, R. W., TOLSTOY, I. A. and JOHNSON, R. G.（1946）Yaks and yak-cattle hybrids in Asia. J. Hered., 37 : 162-170.
PISANI, J. F. and KERR, W. E.（1961）Lethal equivalent in domestic animals. Genetics, 46 : 773-786.
PRAKASH, S., LEWONTIN, R. C. and HUBBY, J. L.（1969）A molecular approach to the study of genetic heterozygosity in natural populations. IV. Patterns of genic variation in central, marginal and isolated populations of *Drosophila pseudoobscura*. Genetics, 61 : 841-858.
RANDI, E., PIERPAOLI, M., BEAUMONT, M., RAGNI, B. and SFORZI, A.（2001）Genetic identification of wild and domestic cats（*Felis silverstris*）and their hybrids using Bayesian clustering methods. Mol. Biol. Evol., 18 : 1679-1693.
RANDI, E. and RAGNI, B.（1991）Genetic variability and biochemical systematics of domestic and wild cat populations（*Felis silverstris* : Felidae）. J. Mamm., 72 : 79-85.
REED, C. A.（1959）Animal domestication in the prehistoric Near East. Science, 130 : 1629-1639.
RICHTER, C. P.（1959）Rats, man, and the welfare state. Amer. Psychologist, 14 : 18-28.
RIFE, D. C. and BURANAMANAS, P.（1959）Inheritance of white coat colour in the water buffalo of Thailand. J. Hered., 50 : 269-272.
ROBBINS, L. S., NADEAU, J. H., JOHNSON, K. R., KELLY, M. A., ROSELLI-REHFUSS, L., BAACK, E., MOUNTJOY, K. G. and CONE, R. D.（1993）Pigmentation phenotypes of variant extension locus alleles result from point mutations that alter MSH receptor function. Cell, 72 : 827-834.
ROBERTSON, A.（1975）Gene frequency distributions as a test of selective neutrality. Genetics, 81 : 775-785.
ROBINSON, R.（1970a）Homologous mutants in mammalian coat color variation. Symp. Zool. Soc. London, 26 : 251-269.
ROBINSON, R.（1970b）Inheritance of the black form of the leopard, *Panthera pardus*. Genetica, 41 : 190-197.
ROBINSON, R.（1977）Genetics for Cat Breeders (2nd ed.). Pergamon, DA Information Services, Mitcham, Victoria, Australia.
ROLLINSON, D. H. L.（1984）Bali cattle. *In* : Evolution of Domesticated Animals.（MASON, I. L., *ed.*）Longman, London and New York. pp.28-34.
SAKAI, K.（1969）The future of the breeding science. SABRAO Newslett., 1 : 61-68.
佐々木清綱（1966）家畜の定義．「畜産大事典」（田先威和夫監）養賢堂，東京．
笹崎龍雄・清水英之助（1984）中国の畜産―家畜の品種を中心に―．養賢堂，東京．
SAUER, C. O.（1960）Agricultural Origins and Dispersals.（竹内常行・斉藤晃吉訳（1960）農業の起源．古今書院，東京）
SCOTT, J. P.（1968）Evolution and domestication of the dog. Evolutionary Biology, 2 : 243-275.
SCOTT, J. P.（1969）Introduction to animal behaviour. *In* : The Behaviour of Domestic Animals.（HAFES, E. S. E., *ed.*）Bailliere, Baltimore. pp.3-21.
SEARLE, A. G.（1968）Comparative Genetics of Coat Colour in Mammals. Logos Press, London.
SELANDER, R. K. and YANG, S. Y.（1969）Protein polymorphism and genic heterozygosity in a wild population of the house mouse（*Mus musculus*）. Genetics, 63 : 653-667.
SELANDER, R. K., YANG, S. Y., LEWONTIN, R. C. and JOHNSON, W. E.（1970）Genetic variation in the horse-shoe crab（*Limulus polyphemus*）, a phylogenetic "relic". Evolution, 24 : 402-414.
SHACKELFORD, R. M.（1984）American mink. *In* : Evolution of Domesticated Animals.（MASON, I. L., *ed.*）Longman, London and New York. pp.229-234.
清水 透（1985）ドレイ［ラテン・アメリカ］．平凡社大百科事典，10：1096.
品田 穣（1969）小笠原諸島の自然の変遷．遺伝，23(8)：2-5.
新城明久・水間 豊・西田周作（1971）日本ウズラにおける近交退化に関する研究．家禽学誌，8：231-236.
新城明久・水間 豊・西田周作（1972）近交系間交配ウズラにおける近交退化と遺伝の荷重．家禽学誌，9：254-260.
SHOTAKE, T.（1971）Genetic load in animal populations. II. Dairy goat. Japan. J. Zootech. Sci., 42 : 409-416.
SHOTAKE, T.（1981）Population genetical study of natural hybridization between *Papio anubis* and *P. hamadryas*. Pri-

mates, 22 : 285-308.
Shotake, T. and Nozawa, K. (1968) Genetic load in animal populations. I. Dairy cattle. Japan. J. Zootech. Sci., 39 : 180-187.
Shotake, T. and Nozawa, K. (1984) Blood protein variations in baboons. II. Genetic variability within and among herds of gelada baboons in the central Ethiopian plateau. J. Human Evolution, 13 : 265-274.
Shotake, T. and Santiapillai, C. (1982) Blood protein polymorphisms in the troops of the toque macaque, *Macaca sinica*, in Sri Lanka. Kyoto Univ. Overseas Res. Rep. of Studies on Asian Non-Human Primates, 2 : 74-95.
Simoons, F. J. (1970) The traditional limits of milking and milk use in southern Asia. Anthropos, 65 : 547-593.
Simoons, F. J. (1975) Primary adult lactase intolerance and culture history. Milk and Lactaion : Mod. Probl. Paediat., 15 : 125-142.
Simoons, F. J. (1984) Gayal or mithan. *In* : Evolution of Domesticated Animals. (Mason, I. L., *ed.*) Longman, London and New York. pp.34-39.
Simoons, F. J. and Simoons, E. S. (1968) A Ceremonial Ox of India : the mithan in nature, culture and history. Univ. of Wisconsin Press, Madison.
Simmons, I. G. (1969) Evidence for vegetation changes associated with mesolithic man in Britain. *In* : The Domestication and Exploitation of Plants and Animals. (Ucko, P. G. and Dimbleby, G. W., *eds.*) Gerald Duckworth, London. pp.111-119.
Sittmann, K., Abplanalp, H. and Fraser, R. A. (1966) Inbreeding depression in Japanese quail. Genetics, 54 : 371-379.
Skinner, J. D. (1967) An appraisal of the eland as a farm animal in Africa. Anim. Breed. Abstr., 35 : 177-186.
Smith, H. S. (1969) Animal domestication and animal cult in dynastic Egypt. *In* : The Domestication and Exploitation of Plants and Animals. (Ucko, P. G. and Dimbleby, G. W., *eds.*) Gerald Duckworth, London. pp.307-314.
Southwick, C. H., Beg, H. A. and Siddiqi, M. R. (1961a) A population survey of rhesus monkeys in villages, towns and temples of northern India. Ecology, 42 : 538-547.
Southwick, C. H., Beg, H. A. and Siddiqi, M. R. (1961b) A population survey of rhesus monkeys in northern India. II. Transportation routes and forest areas. Ecology, 42 : 698-710.
Spurway, H. (1955) The causes of domestication : an attempt to integrate some ideas of Konrad Lorenz with evolutionary theory. J. Genet., 53 : 325-362.
Suzuki, H., Hosoda, T., Sakurai, S., Tsuchida, K., Munechika, I. and Korablev, V. P. (1994) Phylogenetic relationship between the Iriomote cat and the leopard cat, *Felis bengalensis,* based on the ribosomal DNA. Jpn. J. Genetics., 69 : 397-406.
鈴木善次 (1983) 日本の優生学―その思想と運動の軌跡―. 三共出版, 東京.
高橋春成 (1995) 野生動物と野生化家畜. 大明堂, 東京.
田名部雄一 (1980) 犬における血液蛋白質の遺伝的変異. 在来家畜研究会報告, 9：169-223.
田名部雄一・木崎智子・Hetzel, D. J. S. (1984a) アヒル特にアジアアヒル品種の相互関係. 「家畜化と品種分化に関する遺伝学的研究」(文部省科研費総合研究報告書), pp.153-168.
田名部雄一・安田高弥・森　幹雄・武藤範幸・伊藤慎一・太田克明・宋　永義・柳　在根 (1984b) 犬種特に日本犬の起源ならびにその分化成立について.「家畜化と品種分化に関する遺伝学的研究」(文部省科研費総合研究報告書), pp.71-92.
谷　喬夫 (2000) ヒムラーとヒトラー―氷のユートピア―. 講談社, 東京.
谷　泰 (1976) 牧畜文化考―牧夫-牧畜家畜関係行動とそのメタファ―. 人文学報, 42：1-58.
谷　泰 (1984) 「聖書」世界の構成論理. 岩波書店, 東京.
Tobita-Teramoto, T., Jang, G. Y., Kino, K., Salter, D. W., Brumbaugh, J. and Akiyama, T. (2000) Autosomal albino chicken mutation (*ca/ca*) delete hexanucleotide ($-\Delta$GACTGG817) at a copper-binding site of the tyrosinase gene. Poultry Sci., 79：46-50.
徳田喜三郎 (1959) 四国の野猿棲息地の餌づけ状況. 野猿, 4：3-6.
Tomichi, P. Q. (1969) Mammals in Hawaii. Bishop Museum Press, Honolulu.
辻敬一郎 (1981) 実験室における動物行動研究の若干の問題―スンクス (*Suncus murinus*) の場合を例として―. 名大文学部研究論集, LXXX1. 哲学, 27：37-52.
梅棹忠夫 (1966) Datoga 牧畜社会における家族と家畜群.「人間・人類学的研究」(川喜田二郎・梅棹忠夫・上山春平編) 中央公論社, 東京. pp.423-463.
梅棹忠夫 (1976) 狩猟と遊牧の世界. 講談社, 東京.
Vauter, A. T., Rosenblatt, R. and Gorman, C. C. (1980) Genetic divergence among fishes of the eastern Pacific and the Caribbean : Support for the molecular clock. Evolution, 34 : 705-711.

VIGNE, J. D., GUILAINE, J., DEBUE, K., HAYE, L. and GERARD. P. (2002) Early taming of the cat in Cyprus. Science, 304：259.

和田一雄（1973）ヒマラヤ山麓のアカゲザル．モンキー，131-132：6-13.

WADDINGTON, C. H. (1953) Genetic assimilation of the acquired character. Evolution, 7：118-126.

若杉　昇・水谷　誠・伊藤慎一・加藤秀樹（1983）ウズラの実験動物化．「実験動物の遺伝的コントロール」（近藤・富田・江崎・早川編）ソフトサイエンス社，東京．pp.139-158.

WALLACE, B. (1970) Genetic Load. Its Biological and Conceptual Aspects. Prentice-Hall.

WATANABE, K. and BROTOISWORO, E. (1982) Field observation of Sulawesi macaques. Kyoto Univ, Overseas. Res. Rep. of Studies on Asian Non-Human Primates.（Kyoto Univ. Primate Res. Inst., *ed.*），2：3-9.

渡辺直経（1970）沖縄における洪積世人類化石の新発見．人類科学，23：207-215.

WILKINSON, P. F. (1972a) Current experimental domestication and its relevance to prehistory. *In*：Papers in Economic Prehistory.（Higgs, E. S., *ed.*）Cambridge Univ. Press, Cambridge. pp.107-118.

WILKINSON, P. F. (1972b) Oomingmak：a model for man-animal relationships in prehistory. Current Anthropology, 13：23-44.

WOOD-GUSH, D. G. M. (1961) Domestication. *In*：A New Dictionary of Birds.（THOMSON, A. L., *ed.*）McGraw-Hill, New York. pp.215-218.

WRIGHT, S. (1938) Size of population and breeding structure in relation to evolution. Science, 87：430-431.

WRIGHT, S. (1943) An analysis of local variability of flower color in *Linanthus parryae*. Genetics, 28：139-156.

WRIGHT, S. (1946) Isolation by distance under diverse systems of mating. Genetics, 31：39-59.

WRIGHT, S. (1951) The genetical structure of population. Ann. Eug., 15：323-354.

WRIGHT, S. (1965) The interpretation of population structure by F-statistics with special regard to systems of mating. Evolution, 19：395-420.

WRIGHT, S. and DOBZHANSKY, Th. (1946) Genetics of natural populations. XII. Experimental reproduction of some of the changes caused by natural selection in certain populations of *Drosophila pseudoobscura*. Genetics, 31：125-156.

WURSTER-HILL, D. H., DOI, T., IZAWA, M. and ONO, Y. (1987) Banded chromosome study of the Iriomote cat. J. Hered. 78：105-107.

山田淳三（1989）遺伝子・染色体に関するデータ．「実験動物の生物学的特性データ」（山田淳三編）ソフトサイエンス社，東京．pp.259-334.

山下正男（1974）動物と西欧思想．中央公論社，東京．

山下晋司（1988）儀礼の政治学―インドネシア・トラジャの動態的民族誌―．弘文堂，東京．

横浜道成・野澤　謙（2004）北海道和種馬における粕毛ホモ型個体の致死説に関する追加分析．東京農大農学集報，49：147-149.

ZEUNER, F. E. (1963) A History of Domesticated Animals. Hutchinson, London.

（野澤　謙）

第II部
家畜種各論

II-1 ウシ
―多源的家畜化―

(1) ウシの家畜化

FAOの統計によると世界で約13億頭のウシが飼育されている（FAOSTAT, 2006）．これらのウシのほとんどの祖先はオーロックス（aurochs：*Bos primigenius*）である．チベット高原を中心に飼育されているヤク，南アジアと東南アジアの境界である Arakan 山脈を中心に飼育されているミタン（mithun またはガヤール：gayal），およびインドネシアの Bali 島周辺で飼育されているバリウシ（Bali cattle）は，オーロックスとは異なる起源をもつが，これらの"ウシに似た"家畜については(3)節で詳述する．ここでは世界で広く飼育されているウシの家畜化について述べる．

i) 主要な祖先：オーロックス

オーロックスは原牛（げんぎゅう）とも呼ばれ，現在の家畜ウシの主要な先祖である．その姿が17,000年前のフランスのラスコー（Lascaux）洞窟画に描かれている（**図 II-1-1**）．

オーロックスは，更新世を代表する大型哺乳類の1つであり，1万数千年前頃の更新世末期にはユーラシア大陸の広範囲に分布していた．その化石は Britain 諸島を含むヨーロッパ，北アフリカ，中東（西アジア），インド，中央アジアおよびシベリアから発見されている．それらの骨格から推定される体格は体長 250～310 cm，体高 140～185 cm，体重 600～1000 kg，角は大きく滑らかで長さは 80 cm 程とされる．化石の大きさが多様であることから，個々の標本に対する分類に混乱が生じ，*Bos namadicus*, *Bos longifrons* などのようにさまざまな種小名がある．これに対して，EPSTEIN and MASON（1984）はオーロックスに性差が大きいことに着目して標本を整理し，これら広域に分布する化石を *Bos primigenius* の3亜種に分類することを提案している．すなわち，オーロックスは南西・南アジア（*Bos primigenius namadicus*），ヨーロッパと北アジア（*Bos primigenius primigenius*）およびエジプトと北アフリカ集団（*Bos primigenius opisthonomus*）の3集団に分けられる．オーロックスは北アフリカおよびエジプトでは約3,400年前には絶滅し，西アジアでの絶滅は 2,500 年

図 II-1-1 ラスコーの洞窟壁画に描かれた動物．
中央が原牛（aurochs）（約17,000年前）．

図 II-1-2 絵画に描かれたオーロックス（原牛）．(HECK（1951）より複写)

前頃とされる（EPSTEIN and MASON, 1984）．北アジアでの絶滅時期は明らかではないが，遅くともこの地域の有史以前には消滅していた．これに対して，ヨーロッパでは比較的近年まで生存したが，13世紀の終わりにはポーランド，リトアニア，モルドバ，トランシルヴァニアおよび東プロイセンの森林にわずかに生息するのみとなり，1627年にポーランドで一頭の雌が死亡したという記録を最後に絶滅した．この最後のオーロックスの頭骨標本は Livrustkammaren 博物館（Stockholm, スウェーデン）に所蔵されている．このように絶滅が近年であったため，オーロックスに関するさまざまな記述や絵画が残されており，化石のみでは知りえない生きた姿を知ることができる（**図 II-1-2**）．

オーロックスの体色は雌雄で大きく異なり，成長した雄は黒褐色または黒色，雌と若い個体は褐色をしていた（ZEUNER, 1953, 1963a）．オーロックスに関する最も有名な伝承として『ガリア戦記（*Commentarii de bello Gallico*）』の第六巻（紀元前53年）28節に次のくだりがある．ガリア戦記とは，B.C. 58年から B.C. 51年にかけてローマ軍がガリア（今のフランス）へ遠征した記録を，シーザー（Gaius Julius CAESAR）が自らの手で書き記したものである．岩波書店から出版されている邦訳を引用する．

「それらの動物はウリー*（uri）と呼ばれるものである［*uri はラテン語 urus（ウルス）の複数形］．これは大きさがやや象に劣り，（家畜の）ウシのような姿と色と形をしている．その力も速さも大したものである．人間でも野獣でも姿を見せれば容赦しない．人間は落し穴で盛んにこれを捕らえて殺す．青年はこの種の狩猟をし，その奮闘で身体を鍛える．一番多く殺した者は証拠として角をみなに見せ，絶賛を浴びる．小さな頃につかまえたものでも，人に手なづけられたり，飼い馴らされたりしない．角の大きさや姿や形は我々のウシの角とはまったく違う．人々は熱心にこれを求め，縁を銀で囲み，盛大な宴の杯に使う．」

この記録から，オーロックスは2,000年前のヨーロッパの人々にとって家畜ウシとは異なる動物であると認識されており，同時に極めて魅力的な狩猟対象であったことを知ることができる．また，ヨーロッパでのオーロックスの絶滅に人間の営みが深く関わったことも想像できる．

ii) ウシの2大系統：北方系ウシとインド系ウシ

ウシの家畜化はいつどこで生じたのであろうか．まず，現在世界で飼育されているウシについて述べる．家畜ウシは北方系ウシ（ヨーロッパ系ウシ：肩にコブのないウシ，慣用的に *Bos taurus* という学名が用いられる）と，インド系ウシ（ゼブー，zebu：肩にコブのあるウシ，慣用的に *Bos indicus*），および両者の交雑起源と考えられている中間型に大別されている（PHILLIPS, 1961）（**図 II-1-3**，カラー）．

北方系ウシは，ヨーロッパからヒマラヤ山脈北側のユーラシア大陸全体，そして日本にまで分

布している．われわれに馴染み深いホルスタイン種や黒毛和種はこれに含まれる．また，アフリカのギニア湾沿岸地域にインド系ウシの飼育地域に囲まれるように，インド系ウシよりも古く分布した北方系ウシがいる．この地域を代表する品種がN' Dama（ダマウシ）であり，ツェツェ（tsetse）バエが媒介するトリパノゾーマ原虫感染症に対して高い抗病性をもつ唯一の品種である（MATTIOLI et al., 2000）（図 II-1-4；図 I-4-22（第 I 部）参照）．

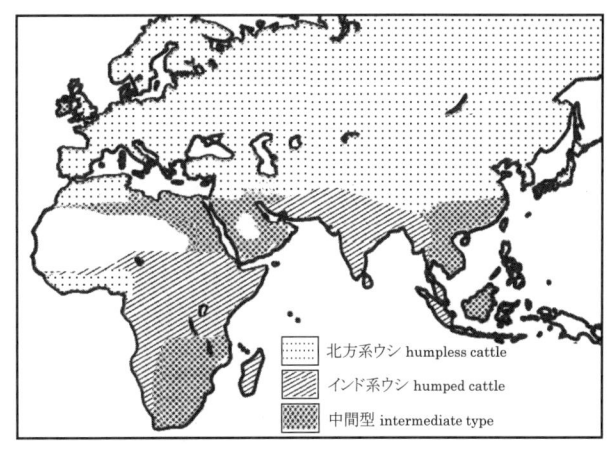

図 II-1-4 家畜ウシの2大系統の分布．中間型は両系統の中間的な外貌形質をもつウシ，PHILLIPS（1961）より改写．

インド系ウシは，その名が示すようにインドを中心に熱帯アジア地域，その他の大陸で飼育され，北方系ウシと容易に区別することができる．すなわち，典型的なインド系ウシは肩胸部の背に筋肉と脂肪からなる大きなコブ（肩峰）をもち，胸部の皮膚が大きく垂れ下がり胸垂を形成する（図 II-1-3, カラー）．これらの形質は低緯度地域の暑熱環境への適応であると考えられている．ウシ属の野生種であるバンテン（banteng）やガウア（gaur）も肩胸部にコブをもつが，これらは大きな椎骨棘突起によるものでインド系ウシの筋肉質のコブとは異なる．現在の北方系ウシとインド系ウシの間では生殖的隔離が認められず，容易に雑種をつくり，雑種の生殖能力も正常である．したがって，中間型と呼ばれるウシは，概ね両者が主に飼育されている地域の境界領域に分布する．さらに，アメリカを中心とした19世紀の育種家は，インドから導入した抗病性に優れたウシ品種と，イギリス原産の典型的な北方系ウシであるショートホーン種との交配から，アメリカン・ブラーマン種のような暑熱環境に適応し，ダニ熱に抵抗性をもつ新しい品種を育成した．アメリカン・ブラーマン種は外貌からは典型的なインド系ウシであるが，品種形成の経緯を見れば純粋なインド系ウシでないことがわかる（BRIGGS and BRIGGS, 1980）．実際，アメリカン・ブラーマン種からは北方系ウシ特有の母系起源を示すミトコンドリア DNA（mtDNA）が検出される（筆者ら：未発表）．

iii) 家畜化の初期

北方系ウシとインド系ウシという家畜ウシの2大系統が，野生種であるオーロックスから，それぞれどのような道筋をたどって確立されたのか，2つの意見が長く対立していた．すなわち，両者は，単一の野生集団から家畜化されたウシが成立した後，北方系ウシとインド系ウシの形態的差が生じたという主張（HAWKS, 1963）と，両者は別々の野生種（集団）に由来するという主張（ZEUNER, 1963b）である．先に述べたように，北方系ウシとインド系ウシの間に生殖的隔離は存在せず，同一種とみなすことができる．しかし，細胞遺伝学的に比較すれば両者の間に明確な差異がある．北方系ウシもインド系ウシも核型は $2n=60$ であり1番から29番までの常染色体は全て端部動原体型（アクロ型）で，X染色体は大型の次中部動原体型（サブメタ型）であ

る．しかし，北方系ウシのY染色体がサブメタ型であるのに対して，インド系ウシのY染色体はアクロ型である（HALNAN and WATOSON, 1982）．さらに，mtDNAを指標とした系統解析でも，家畜ウシの2大系統を明確に区別できる（LOFTUS *et al.*, 1994）．これら遺伝学的なデータの蓄積から，北方系ウシとインド系ウシの間には明確な遺伝的分化が生じていることが明らかになった．mtDNAの塩基配列の違いから北方系ウシとインド系ウシとの間の分岐時間を求めると，約20万年から100万年程度であると推定され，これは考古学的に妥当とされるウシの家畜化の時期である1万年よりはるかに古いことから，現在では，両者の家畜化はそれぞれ独立して生じたという考えが受け入れられている．ゆえに，ウシの家畜化の起源を論じるためには，少なくとも2回の異なるイベントを想定する必要があると考えられる．

野生動物の家畜化は，チャイルド（Vere Gordon CHILDE）が提唱した新石器革命（Neolithic revolution），すなわち，移住しながら狩猟採集をおこなう生活から，農業の開始による穀物の大量生産と定住生活への変化が密接に関係している（WRIGHT, 1971）．新石器革命は，人類が食料などとして価値を見いだしていた野生の植物や動物が自然分布していた地域で，かつ，人類が道具や知識を共有できる社会集団が構成されていたなどの条件を満たしていた地域でなければ起こりえないであろう．新石器時代の到来時期は地域によって大きく異なるが，現在知られている最も古い新石器時代の文化の存在はおよそ11,000年前の東部地中海沿岸地方（レバント地方）である．この地域には，野生の小麦，大麦，オート麦，ヒツジ，ヤギ，ウシ（オーロックス）およびイノシシが分布し，狩猟採集生活をしていた人間が恒常的に定住していた痕跡が存在する（MUNRO, 2003）．

以上から，チャイルドは，メソポタミアを中心とするいわゆる「肥沃な三日月地帯」が農業発祥の地であり，そこからアナトリア，北アフリカ，およびメソポタミア北部に広がったという見解を示している．しかし，近年，中国の黄河流域でも，これと同時期かそれよりさらに古い時代の農耕の痕跡が存在すると報告されている（AN, 1991；YAN, 2006）．ゆえに農業や野生動物の家畜化の歴史を考える場合，起源を一元化せず，中尾（1966）が提唱するように，世界の各地でそれぞれ別々に農業を始めたという農業多源論に従うほうが自然であろう．しかし，農耕の始まりについて，十分な科学的検証と豊富な情報の蓄積がなされているのは近東から西アジアの地域である．同時にウシ家畜化の起源の1つがこの地域にあることも疑いない．考古学的な記録は穀物の栽培が動物の家畜化より先行することを示している．この地域で最初に家畜化された草食動物はヤギとヒツジである．最も古い家畜化されたヒツジの記録はイラク北部ザビ・ケミ・シャニダール（Zawi Chemi Shanidar）から発見された約13,000年の骨であるとされる（この年代はもう少し新しいとの見解もある）．また，ほぼ同時代イランの遺跡アリ・コシュ遺跡（Ali Kosh）からも家畜化を示すヒツジの骨が見つかっている．家畜化されたヤギの骨はイランのアシアブ（Asiab）およびヨルダンのエリコ遺跡（Jericho）から報告されている．いずれにしても，ヤギとヒツジに比べると，ウシの家畜化の証拠は新しく，最古とされるウシの骨は，アナトリア高原の南部タウルス山脈（Taurus mountains）に位置する約8,400年前のチャタル・フユク遺跡（Catal Huyuk）である（PERKINS, 1969）（図II-1-5）．

タウルス（Taurus；♉）はインド・ヨーロッパ言語に共通する語源をもつ雄ウシをさす言葉である．この遺跡では家畜化されたウシとヒツジの骨がそれらの野生種やアカシカなどと共に出土する．なぜ，古代の断片的な骨から家畜と野生を識別できるのか．この答えとして，PAYNE and

HODGES（1997）は，ある程度の個体数のウシの家畜化に成功すれば，次のような変化が生じると提唱している．

1）野生個体に比べて体が小型化するなど顕著な形態の変化が生じる．

2）個体の行動に変化が生じる．なぜなら，人間の手に負えない獰猛な個体は世代を重ねるごとに淘汰され，逆に人間に従順な個体は適応度が高くなるからである．

3）野生では生存に不利と考えられる形質が増加する．これらの形質の中には，人間の管理下で生存に不利でなく，むしろ家畜としては都合の良い形質が含まれる．

4）家畜化がおこなわれた直後ではないかもしれないが，飼育者がウシの繁殖行動を制御する方法に気づけば，飼育者の望む形質をもつ個体を積極的に交配に用いることになり，初期の品種分化が生じるだろう．

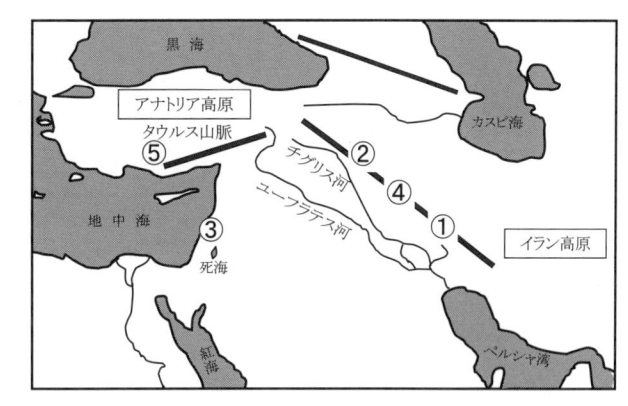

図 II-1-5 西アジアの地形と反芻家畜に関する遺跡．
①アリ・コシュ遺跡と②ザビ・ケミ・シャニダール遺跡からは約1万3,000年前の家畜と推定されるヒツジの骨が，③エリコ遺跡と④アシアブ遺跡からは同時代のヤギの骨が発見されている．⑤チャタル・フユク遺跡は現在知られている中で最も古い家畜ウシに関する遺跡である．

これらの中で，家畜化のごく初期のウシの特徴として重要視されているのは骨格の小型化である．チャタル・フユク遺跡では8,400年前頃を境にして，この地域で見つかる野生と推定されるオーロックスよりも明らかに小さく，推定体高が150 cm未満の個体が増加する（PERKINS, 1969）．本章(2)節で述べるが，アナトリア地域は，ヨーロッパで広く飼育されている北方系ウシの直接の起源地であることが，近年の遺伝学的調査から強く示唆されている（TROY et al., 2001）．なお，この地域から発見されるオーロックスは，EPSTEIN and MASON（1984）の分類に従えば *Bos primigenius primigenius* であるので，ヨーロッパから西アジア地域の北方系ウシのことを原牛型（タウルス型）と表すこともある．原牛型という用語はヨーロッパの北方系ウシに限定して用いられるが，これは *Bos primigenius* が広大な分布地域をもっていたにもかかわらず，ヨーロッパもしくはヨーロッパと西アジアの亜種（集団），すなわち *Bos primigenius primigenius* にのみにオーロックス（原牛）という呼称を利用している研究者が少なくないからである．呼称の混乱をさけるため，本章では EPSTEIN and MASON（1984）に従い，地域集団を限定せずに，*Bos primigenius* に対してオーロックスという呼称を用いることにする．

iv) 家畜化の動機

なぜ，人類はウシ（オーロックス）を家畜化する必要があったのであろうか．人類が家畜のウシを手に入れた時代にはすでにヤギとヒツジが家畜化され，食肉を供給していた．したがって，野生動物を家畜化する知識と技術はすでに存在していたに違いない．しかし，オーロックスのような巨大な動物の家畜化にはヤギやヒツジのような中小動物とは異なる困難があったはずであり，オーロックスの家畜化過程には食料の確保とは別の強い動機が必要であったとの主張があ

図 II-1-6 チャタル・フユクの神殿.
神殿の中には雄ウシの角（上）や頭部（下）が数多く収められていた.
上：チャタル・フユク発掘プロジェクト（http://www.catalhoyuk.com）より．下：MELLAART（1965）に基づいて SIMOONS（1993）に掲載された原図より複写．

図 II-1-7 古代エジプトのウシ.
（上）エジプト第11王朝時代の彩色木彫「畜牛の頭数調べ（部分）」：黒白斑，赤白斑，黒などさまざまな毛色多型が認められる（エジプトカイロ博物館所蔵）.
（下）第20王朝時代に描かれた農耕作業の図（部分）：ウシを用いて耕作する光景が描かれている（大英博物館所蔵）.

る．すなわち，儀礼に使用するためだという学説である（SIMOONS and SIMOONS, 1968）．実際，最も古いウシの家畜化の証拠とされるチャタル・フユク遺跡の神殿には数多くのウシの角や頭部が収められている（図 II-1-6）.

また，雄ウシは男性神の，雌ウシは女性神の象徴として重要な役割をもっていたことは，古代の地中海沿岸地域や近東で発見されるウシに関する彫刻や芸術の豊富さから知ることができる．8,000年前のアナトリアでウシを用いた儀礼がどのような役割を果たしていたのかを直接知る方法はない．しかし，世界のウシの約15％が飼育されているインド世界の主要宗教であるヒンズー教ではウシを神聖な動物とし，牛肉食をタブーとしているなど，宗教儀礼とウシとの関係は現代にも引き継がれている（SIMOONS, 1993）．ゆえに，実際にどこまで強い動機であったかはわからないが，古代人の精神世界の所業がオーロックスの家畜化に影響を与えたとする学説はある程度受け入れられるであろう．しかし，チャタル・フユクから見つかる動物の骨に占める野生動物の割合が，ウシの家畜化を境にして減少することから，ウシの家畜化の主要な目的が食料であったことは間違いない．

7,000年前頃になるとチグリス・ユーフラテス河流域を中心とした西アジア地域およびエジプトの遺跡から家畜化されたウシの骨が数多く見つかっている．ウシを使った犂の登場は6,000年

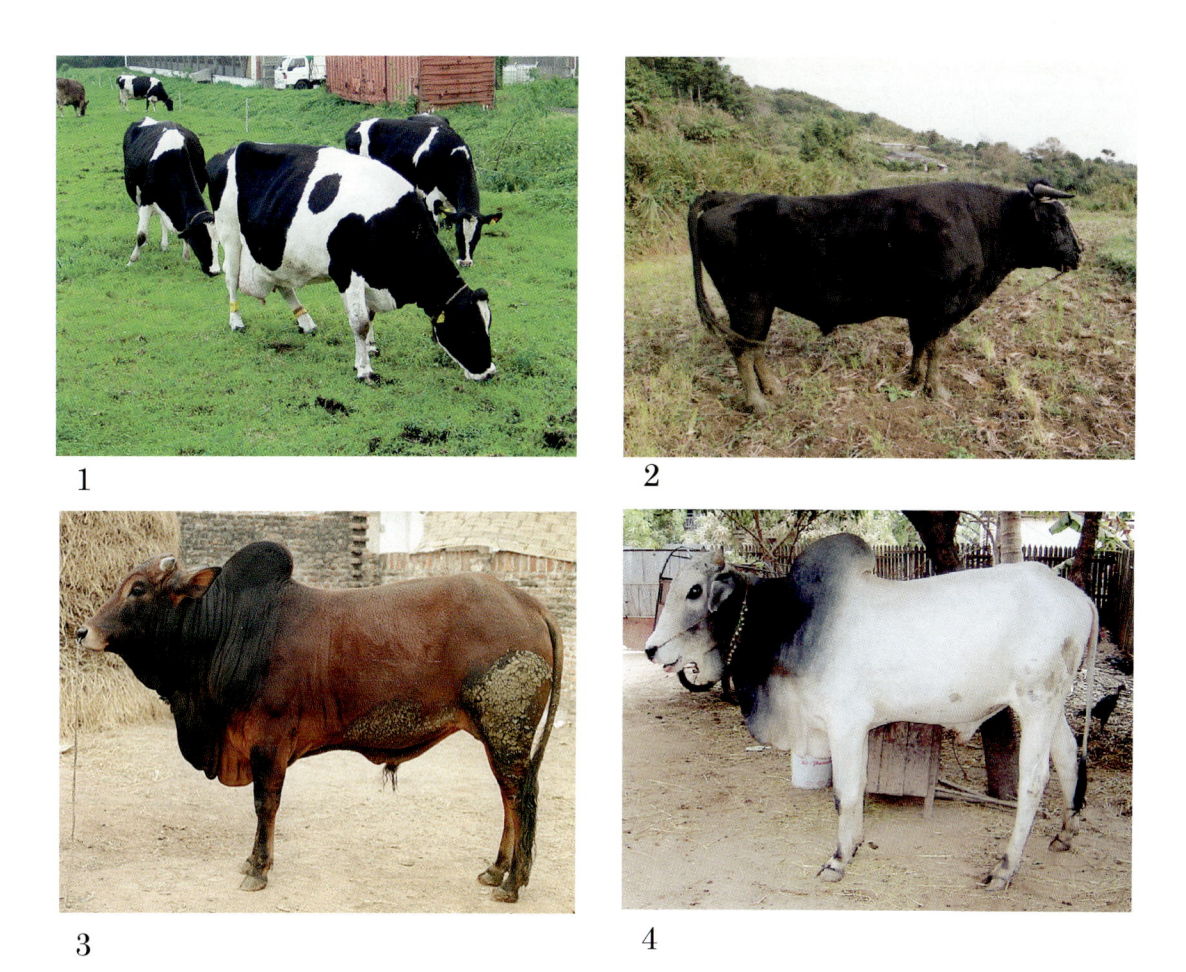

図 II-1-3 家畜ウシの2大系統.
北方系ウシ：1. ホルスタイン種（雌） 2. 見島牛（天然記念物）
インド系ウシ：3. レッドシンディ種 4. ハリアナ種

図 II-1-18 ガウアと家畜化型.
1. ガウア（gaur：*Bos gaurus*）の分布地域，斜線部は家畜型であるミタンの飼育地域. 2. ミタン（ミャンマー，2001年）. 3. 家畜ウシとミタンの雑種1代目（F_1雌：jatsham）と仔（ブータン，2005）.

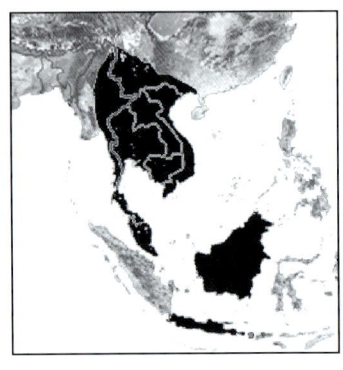

図 II-1-21　バンテンの分布地域とバンテン．
バンテン（banteng：*Bos javanicus*）（右）の個体は去勢により雌と同じ被毛色になっている（ラグナン動物園，インドネシア．写真 並河鷹夫）

図 II-1-22　バンテンの家畜型，バリウシ（Bali cattle）．
インドネシアの Bali 島と，Kalimantan，Timor，Sulawesi などの島の一部で飼育されている．バンテンに比較し小型化しているが外形態は似ている（雄と雌）．（写真 並河）

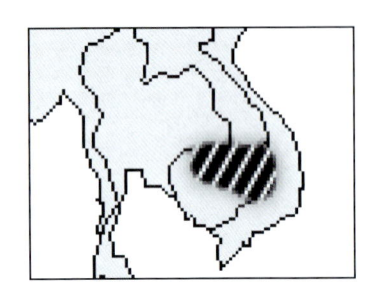

図 II-1-23　コープレイの分布した地域．
絶滅した可能性が高い couprey（*Bos sauveli*）．URBAIN（1937）の種記載に関する論文に用いられた個体の写真．

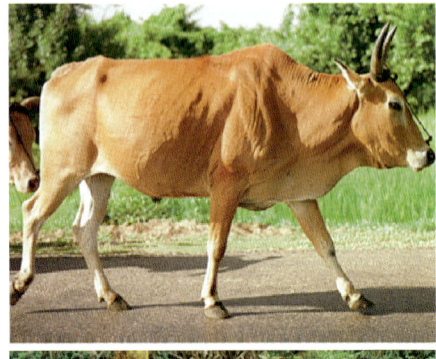

図 II-1-25　ベトナム在来牛．
肩峰のあまり発達していない個体が多く，被毛色は明るい褐色が圧倒的に多い．東南アジアに広く分布する黄牛の１つ．

図 II-1-8　荷車を引くウシ.
（左）土器を運ぶ牛車の模型（約4,000年前，モヘンジョ・ダロ博物館所蔵）．（右）2頭立ての牛車は現在も熱帯アジア諸国で用いられている（2001年ミャンマー）．

ほど前のメソポタミア文明に遡ることができる（WHITE, 1962）．これらのウシが肩峰をもっていたのか否かの確証は得られていないが，肩峰のないウシであったと推定されている．もう少し時代を新しくした中王国時代（4千数百年前）のエジプトでは，ウシをかたどった写実的な彩色木像が多数見つかる．それらのウシの姿は多様であり初期の品種分化を物語っている．中には今のホルスタイン種によく似た白斑をもつ個体も多い（図II-1-7，上）．しかし，肩峰をもったウシはいないように見える．また，図II-1-7（下）はエジプト第20王朝時代のもので，2頭のウシによる犁耕を描いているが，このウシにもインド系ウシを思わせる特徴はない．エジプトでは，肩峰のあるウシの姿はもう少し時代を新しくしないと見つからない．

一方，インドでは4,000年前頃のモヘンジョ・ダロ遺跡に見られるウシに肩峰がある（図II-1-8）．2頭のウシを並列して荷車を牽引したり，起耕をおこなう姿は熱帯アジア地域では今日も見ることができる．ウシ家畜化の目的が食肉の確保と宗教儀礼であったとしても，家畜化されたウシの飼養目的にはいつしか使役動物という側面が加えられた．ウシを動力として利用することにより，人力では容易でない作業を可能にし，農業の生産力は大いに向上したであろう．さらに，4,000から5,000年前にはウシの搾乳も開始されている．こうして，家畜化されたウシは多目的の役割をもつ家畜として人間社会に組み込まれていった．

v）家畜化後に見る形態変化

近東から西アジアにかけての新石器時代が，現代のウシの主要な起源の1つであるとする考古学的証拠についてこれまで述べてきた．西アジアからエジプトおよび北アフリカ地域における古代の家畜ウシ（北方系ウシ：コブの無いウシ）は，長い角をもったタイプ（長角型：longhorn-type）と短い角をもったタイプ（短角型：shorthorn-type）に分類されている（EPSTEIN, 1971）．短角（shorthorn）という呼び名は角の長いウシ（longhorn）に対して短いという意味で，現在のホルスタイン種や黒毛和種と比較して，とりわけ角が短いわけではない．形態学的に分類すれば，西アジアで最初に現れる家畜ウシは長角型である．長角型のウシは概して大型で，*Bos primigenius primigenius* と多くの点で共通点がある．長角型の家畜ウシをかたどった岩壁画，彫刻および紋章などは，西アジアからエジプト，北アフリカ，バルカン半島，イタリア，コーカサ

ス，およびアラビア半島へと広がりを見せている．これに対して，短角型は長角型に比べて単に角が小さいだけではなく，体格が小型で，額が狭く，細い脚と，比較的長い尾を特徴としている．短角型は，長角型が最初に登場してから約1,000年後（7,000年～6,500年前）の西アジアに数多く出現する．この時代は穀物栽培が西アジアの平野部に広がり，遊牧民がヤギ，ヒツジおよび長角のウシを従えて平野部へ移住してきたと考えられている．

短角型ウシの起源については，長角型と共通した起源をもつという単源説と，それとは別の野生集団から独立に家畜化されたという2源説を中心に，論争がなされている．短角型ウシの起源を，長角型ウシと異なるとする主張には，さらに，その起源をインド系ウシと共通とする説（*namadicus* 亜種を起源とするとする説）と，小型の *primigenius* 亜種を家畜化したとする説に分かれる．前者は，西アジアの一部地域では *primigenius* と *namadicus* 亜種が共存していたという考古学的証拠，および現在の短角のヨーロッパ品種のいくつかでインド系ウシからの遺伝子流入が認められることを根拠としている．しかし，現代のヨーロッパの家畜ウシと *namadicus* 亜種の間には骨学的に不一致が多いこと（EPSTEIN, 1971），および，この地域における家畜ウシから検出される，インド系ウシ固有の遺伝マーカーの割合が総じて低いことから，積極的に肯定できる学説ではない（TROY et al., 2001）．後者は *primigenius* 亜種内で地域間に体格の変異が非常に大きいことを根拠にしている．しかし，この学説に対しては，オーロックスの雌雄間体格差が，現代のウシの雌雄差と比較してはるかに大きいことを十分に考慮していないとの批判があり，矮小型 *primigenius* とされる標本はオーロックスの雌であるという指摘がされた（EPSTEIN, 1971）．これらのことを踏まえて，長角型と短角型が共通の起源をもつという考え方が受け入れられている．

家畜化によってウシに何が生ずるのかについての考察がある（PAYNE and HODGES, 1997）．角の大きさは，飼育者の好み（信仰や儀礼）を反映するかもしれないが，生産能力にはあまり影響を及ぼさない．しかし，大きな角は飼養者にとって時として危険であるので，管理を容易にするため人為的除角も多くのウシでおこなわれるし，また現代のウシ品種にはアンガス種や山口県で飼育されている無角和種のように遺伝的に無角のものも存在する．考古学的にも短角型の家畜ウシが長角型より遅れて出現することから，最初に家畜として成立した長角型家畜ウシから1,000年あまりをかけて選抜され，改良された集団として短角型が登場し数を増やしたと考えるのが自然であるし（EPSTEIN, 1971），もともとオーロックスの角は大きいのである．短角型の家畜ウシは何らかの理由で長角型より優れていたらしく，5,000年前頃のメソポタミアでは長角型より短角型のほうが優勢となる．長角型から短角型への交代の過程はウシの飼養目的の変化が関係しているかもしれない．2源説の傍系説として，すでに存在していた長角型ウシと肥沃な三日月地帯の東端に生息していた *namadicus* 亜種との雑種を起源とする説も存在する．この説についてはインド系ウシの起源からあらためて考察する．

vi) インド系ウシの起源について

これまで述べてきたように，現代の家畜ウシの2大系統の一翼を担う北方系ウシの主要な家畜化起源がアナトリア高原から肥沃な三日月地帯にあることはほぼ間違いない．ではもう一方のインド系ウシの起源はどうであろうか．インダス河流域の4,500年前頃のハラッパー（Harappa）遺跡およびモヘンジョ・ダロ（Mohenjo-daro）遺跡からは充実した肩峰と胸垂をもつ長角のイン

ド系ウシが刻まれた印章が数多く出土している（図 II-1-9，左）．

このため，インド系ウシの現在の分布と照らし合わせて，インド系ウシはインダス平原で北方系ウシとは独立して namadicus 亜種から家畜化されたと結論づけられるかもしれない．しかしながら，少数ではあるが，より古い時代のインダス文明域外から肩峰のあるウシの存在を示す証拠が発見されている．最も古いものは 6,500 年ほど前のメソポタミアの遺跡（Arpachiya）から発見された小さな立像である（ZEUNER, 1963b）．この立像のコブは不明瞭であるので本当にインド系ウシを示すものかどうかは意見が分かれている．しかし，今から約 4,800 年のメソポタミア南部にあるウル遺跡（Ur）の壁画には，まぎれもないコブウシが描かれている（ZEUNER, 1963b）．インダス文明の始まりが中東のそれより数千年遅く，今から 5,000 年ほど前とされることも，インド系ウシの起源をインダス文明とする説に対する反証として取り上げられている．エジプトやヨルダンにおけるインド系ウシの証拠はそれよりさらに新しく，4,000 年弱前にならないと現れない（EPSTEIN, 1971；CLASON, 1978）．これらのことから EPSTEIN（1971）はインド系ウシの発祥の地を地中海沿岸より東方で，かつインダス文明地域より西方，すなわち現在のイランに位置する肥沃な三日月地帯の東端であると推定している．この地域から見つかるオーロックスは namadicus 亜種であるので，北方系ウシとインド系ウシの遺伝学的相違も野生原種の違いとしての説明も可能ではある．これに対して，インダス文明の起源をインダス河の上流に求めると，西アジアと南アジアの境界となるイラン高原の東端に位置するパキスタンのバルチスタン（Baluchistan）丘陵にあるメヘルガル（Mehrgarh）遺跡の新石器時代は 7,000 年以上前にさかのぼることができ，約 6,700 年前の家畜の特徴をもったウシの骨も見つかっている（JARRIGE and MEADOW, 1980；MEADOW, 1981, 1984, 1991, 1996）．モヘンジョ・ダロに代表されるインダス平原を中心とした 4,000 年前のインダス文明は，巨大都市を構築し，ウシを使った荷車や道路をもっていた．インド系ウシの起源をインダス文明が繁栄したインダス平原ではなく，インダス文明の源郷と考えられるイラン高原であると考えれば，インド系ウシがインダス文明圏で家畜化されたという主張に無理はなくなる．ゆえに，インド系ウシは，北方系ウシとは異なる野生集団を起源とし，イラン高原で家畜化が開始され，インダス文明によって現在のインド系品種に見るような姿（図 II-1-9，左）にまで「改良」が進められた後に，周辺地域に広がったと考えれば，お互いの地理的な関係を矛盾なく説明できる．

インド系ウシの起源を議論するとき，もう 1 つ重要な課題が残されている．それは，インド系ウシに特有の肩峰の由来である．17,000 年前にラスコー洞窟で描かれたオーロックスにも，17 世紀までヨーロッパに生息していたオーロックスにも肩峰はなく，また，他の地域のオーロックスにもその証拠は全くない．このため，インド系ウシに特有の肩峰は，家畜化された後の改良の過程で出現したと考えられる（MASON, 1972）．肩峰を作る遺伝子はまだ見つかっていないが，イ

図 II-1-9　インダス文明の印章．
約 4,500 年前のインダス文明の印章にある，肩峰のあるウシ（左）と肩峰のないウシ（右），共にモヘンジョ・ダロ出土．NHK 編集：『インダス文明展』（2000）より複写．

ンド系ウシと北方系ウシの雑種第1代はインド系ウシには及ばないまでも大きな肩峰を保有する．さらに，19世紀以降に作られた北方系ウシとインド系ウシとの交雑群を始祖とする新しい品種でも，肩峰は消失することなく引き継がれている．これらのことを踏まえると，肩峰の有無は比較的少数の遺伝要因によって制御されていると考えられる．

インダス文明のうちハラッパー遺跡から出土する印章には，角の短いコブ（肩峰）のないウシ（短角型の北方系ウシを類推させる：図II-1-9，右）と，立派な肩峰をもつインド系ウシの両方が描かれている．つまり，姿かたちから判断すると，4,500年前頃のインダス文明には家畜ウシの2大系統が共存していた可能性がある．また，ハラッパーより下流に位置する，モヘンジョ・ダロ遺跡では描かれるウシのほとんど全てがインド系ウシであることは，これらの地域においては北方系ウシよりもインド系ウシが先に定着していたこと，換言すればこの地域ではインド系ウシの方がより家畜化が進んでいたことを示唆しているかもしれない．

この推論について HILTEBEITEL（1978）からも考察してみよう．インダス文明で使われていた文字は，いまだに解読されていないので印章に描かれた動物がもつ意味は解明されていない．しかし，モヘンジョ・ダロを最初に発掘したマーシャル（John MARSHAL）をはじめ多くの研究者が様々な見解を述べている（HILTEBEITEL, 1978）．インダス文明で発見される印章に描かれる動物のうち，ヒツジ，ヤギ，ゾウ，コブウシ（インド系ウシ）といった，すでに家畜化されていたと考えられる動物の前には，飼い葉桶と見られるモチーフが描かれていない．これに対して，トラ，サイ，そしてスイギュウの印章には飼い葉桶が一緒に描かれている．HILTEBEITEL（1978）の解釈によれば，飼い葉桶は，崇拝される野生および捕獲状態にある動物に飼料を与えるためのもので，生け贄に用いる動物の象徴であるという．これに従うと，図II-1-9（左）のインド系ウシには飼い葉桶がなく，同右のコブのないウシにはそれが置かれている．このことから，インダス文明地域においてはコブのないウシが野生に近いウシ，あるいは家畜化程度の低いウシという解釈も成り立つ．しかし，現在この地域にコブのない家畜ウシは分布しておらず，これらが北方系の家畜ウシであったのか，あるいはこの地域周辺に生息しインド系ウシの直接の起源となる野生ウシであったのか，出土する印章だけから断定することは困難である．

出土する印章や土器に基づくと，インダス文明では2つのタイプのウシが一定の期間共存していたようである．このことからインド系ウシの起源を，西アジアに出現した短角型の北方系ウシと，インダス河流域に生息していた *namadicus* 亜種と推定される野生種との交雑が起源であるという説（MANWELL and BAKER, 1976）も存在する．しかし，近年の遺伝学的研究報告の多くは，大規模な交雑起源説を積極的には支持せず，インド系ウシの主要な遺伝子供給源は，大きな括りとしては *namadicus* 亜種と想定される1つの亜種集団であることを支持している（TROY *et al.*, 2001；MAGEE *et al.*, 2007）．これらの報告も，インド系ウシの成立に対して，アナトリア地方で家畜化が始まった北方系ウシからの遺伝子の混入を完全に否定しているわけではない．しかし，アフリカ大陸のインド系ウシに認められるような大規模な交雑の痕跡がインド世界のウシではほとんど見つからないのである（BRADLEY *et al.*, 1996；MACHUGH *et al.*, 1997；NIJMAN *et al.*, 1999）．

このように，ウシの家畜化の歴史の解明はかなり確証に近づきつつあるように見える．しかし，研究が進むにつれて新たな疑問も生まれている．近年の遺伝学的研究は母系遺伝するミトコンドリアDNAを指標とした研究に基づいて系統分化が論じられているが，家畜集団の雑種化過程の解明において，母系遺伝標識と父系（あるいは核）遺伝標識を用いた場合，両者の間で極端

に違った結果が得られる可能性（BRADLEY *et al.*, 1996；NIJMAN *et al.*, 1999）も否定できず，また生殖的隔離のないことが雑種起源説を必ずしも否定するものでない例もある（本章(3)節）．複雑な家畜ウシの系統と系譜の解明には他の遺伝標識も加えた総合的な研究，さらにはウシの移動分布に関する史実などに基づく研究がなお必要である．

vii) 家畜化地域とその野生集団

これまで述べてきたように，世界の家畜ウシには北方系とインド系の2大系統が存在し，それぞれの起源は，アナトリア高原南部と，現在のパキスタンとアフガニスタン南東部に位置するイラン高原東端において，オーロックスの異なる野生集団からそれぞれ家畜化された後，旧世界全域に広がっていったとする説は多くの研究者によって受け入れられている（図 II-1-10）．しかし，ウシの家畜化の起源について，まだ課題が残されている．それは，ウシの家畜化が，これまで述べてきたように，ごく限られた地域のみでおこなわれたのか，そして現在のウシの祖先はごく限られた野生集団の末裔であるのかである．ウシの野生原種であるオーロックスは1万数千年前にはユーラシア大陸とアフリカ大陸北部にわたって広範に分布していた．そのうえ，ヨーロッパ世界では少数のオーロックスがつい数百年前まで残存していた．これら，エジプト，メソポタミア，インダスの3大文明から離れた場所に生息していたオーロックスは現在のウシに何らかの足跡を残しているのだろうか．具体的な証拠は次節で詳説するが，結論を先に言えば，現在の北方系ウシは考古学的証拠が示すようにアナトリア地域が主要な起源であることは間違いない．しかし，北方系ウシの一部の集団は北アフリカと北アジア地域のオーロックスからも遺伝子の供給をうけていることが示されている．これらの証拠は主にミトコンドリア DNA の解析から得られている．

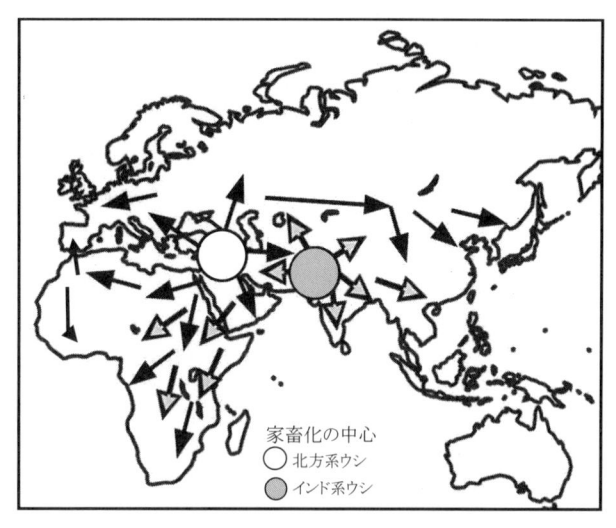

図 II-1-10 北方系ウシとインド系ウシの推定伝播経路（陸上経由）．

(2) ミトコンドリア DNA から見た遺伝的多様性と分化

i) 現在のウシ

ミトコンドリア DNA（mtDNA）の研究は，家畜の中ではウシで最も早く始まった．ウシにおけるミトコンドリアゲノムの全塩基 16,338 bp の配列が決定されたのは 1982 年（ANDERSON *et al.*,

1982）で，ヒトの全塩基配列が決定された1年後である（ANDERSON et al., 1981）．この報告以降，mtDNAゲノムに対して制限酵素断片長多型（RFLP；restriction fragment length polymorphism）による分析が頻繁におこなわれ，母系系統の比較がされるようになった．mtDNAを用いた分析の長所としては，1）mtDNAは母系遺伝し，相同組換えをおこさないため，DNA塩基配列の進化過程の推測が容易である，2）細胞内に数百の同一DNAコピーが存在するため分析が容易である，3）mtDNAの塩基置換速度は核DNAと比べて5～10倍も早いため，近縁種を分析するのに適している，などがあげられる．特にDループ領域と呼ばれる超可変領域は他のmtDNAゲノム領域と比べても塩基置換速度（進化速度）が速く，変異に富むため，より近縁な関係，品種や系統間の比較も可能である．

PCR（polymerase chain reaction）法が一般的に普及するようになるとウシの遺伝解析も飛躍的に進み，特にDループ領域の塩基配列決定による詳細な分析が始まった（LOFTUS et al., 1994）．ウシDループの全長は909～920 bpで，この領域内の370 bp程度の超可変領域のみが分析されることも多い（BRADLEY et al., 1996）．なお，分岐年代の推定には，分岐年代が明らかな種や系統を基準にして未知の系統間の分岐年代を比較推定するが，Dループを用いた場合にはその変異性の高さのために塩基配列比較における相同性の確認が困難な場合があり，年代推定値が過大になる場合がある．したがって，分岐年代の推定にはmtDNAのシトクロームb（cytochrome b）遺伝子を始めとする機能遺伝子領域が用いられる場合も多い．

mtDNAの塩基配列を用いた解析により，最初にウシの種内系統関係を論じたのはアイルランドのBRADLEYらの研究グループである（LOFTUS et al., 1994）．彼らはDループ領域の塩基配列をヨーロッパ，アフリカ，インドのウシ品種で決定し，塩基配列の比較をおこなった．その結果，北方系ウシとインド系ウシの塩基配列は大きく異なっており，北方系ウシ型とインド系ウシ型のmtDNAタイプが観察された．北方系ウシに属する品種間ではDループ領域の平均置換率が0.17～1.2％程度であったのに対し，北方系ウシとインド系ウシ間では4.6～5.3％であった．ウシとバイソンが分岐したのが，考古学データによる100～140万年前と仮定すると，mtDNA塩基配列から得られる北方系ウシとインド系ウシ間の推定分岐年代は約20万年前となる．このような分岐年代推定には大きな誤差が示唆されている（Ho et al., 2005）が，推定される分岐年代はいずれもウシの家畜化がおこなわれたと仮定される約1万年前を大きく超えることから，北方系ウシとインド系ウシ間の分岐が家畜化以前におこったことは間違いないであろう．

この研究に端を発し，世界各地における様々な品種や在来牛に対するmtDNAのDループ塩基配列を用いた解析がおこなわれた（BRADLEY et al., 1996；MANNEN et al., 1998, 2004；SASAZAKI et al., 2006；TROY et al., 2001）．これらの結果をまとめると，北方系型のmtDNAは，地域的な頻度と系統樹分析に基づく分岐によって，大きく5つに分類される（MANNEN et al., 1998, 2004；TROY et al., 2001）．この5グループ（ハプロタイプグループ）の中心にT，T1～T4ハプロタイプがあり，これら代表的ハプロタイプを繋ぐ塩基置換数は1～3個である（**図II-1-11**の左下に示す）．T1グループはアフリカ品種において高頻度で観察され，T2は中東における品種で適度な頻度で観察され，T3はヨーロッパ品種で極めて高頻度で観察される．Tはこれら代表的ハプロタイプの中心に位置し，中近東で適度な頻度で観察されることから，北方系ウシ型のmtDNAの始祖型と考えられている（TROY et al., 2001）．一方，T4はアジアの品種，在来牛にのみ観察される（MANNEN et al., 1998, 2004；SASAZAKI et al., 2006）．T4はアジア特異的であり，アフリカや中近東

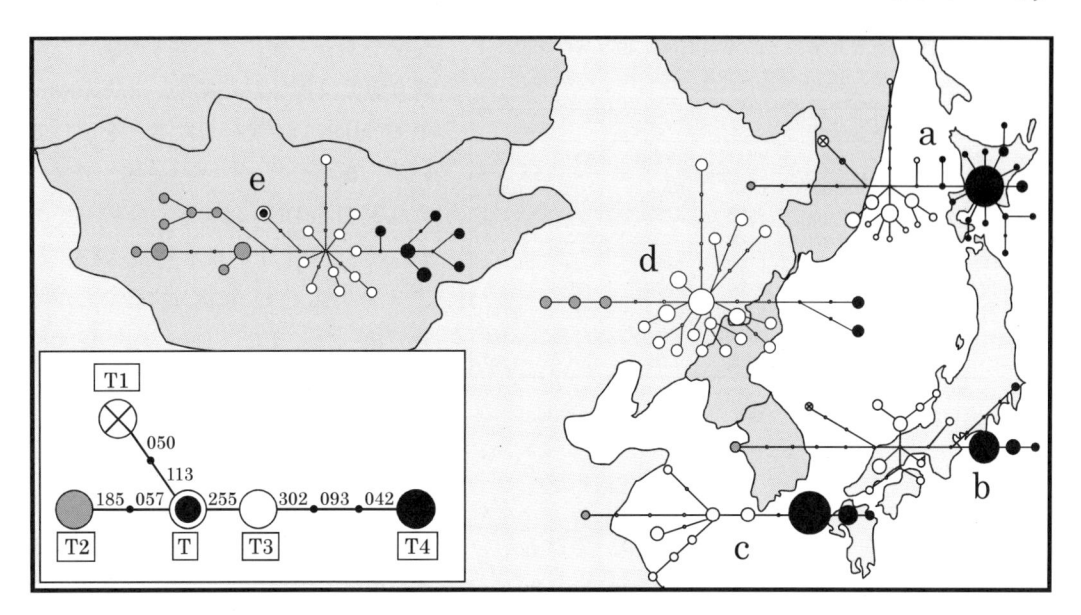

図 II-1-11 北東アジアの品種・在来牛集団における北方系ウシ型（タウルス型：T）mtDNA ハプロタイプのネットワーク系統図．
左下の図は代表的5ハプロタイプグループの関係で，数字は変異間で置換している塩基のサイト番号を示す．
a. 黒毛和種　b. 土佐褐毛和種　c. 肥後褐毛和種　d. 韓国在来牛（韓牛）　e. モンゴル在来牛．T. タウルス型 mtDNA のルーツと考えられているハプロタイプグループ　T1. アフリカ品種特異的グループ　T2. 中近東在来牛に観察されるグループ　T3. ヨーロッパ品種で極めて高頻度で観察されるグループ　T4. アジア在来牛特異的なハプロタイプグループ（Mannen et al., 1998, 2004；Troy et al., 2001）．各円は mtDNA ハプロタイプを示し，円の面積はハプロタイプ頻度に比例する．

で見られる T1 や T2 から最も遠い関係にあり，6塩基の置換が存在することを示している．この類縁関係は概ね地理的関係と一致する．また，これら代表的 D ループ塩基配列と個々のハプロタイプの系統関係を近隣結合法（NJ法）による無根枝分かれ図として図 II-1-12 に示した．5つの代表的ハプロタイプを中心に，各ハプロタイプは星状に散在し，ハプロタイプグループを形成している．これらハプロタイプグループは地域特異性があり分岐の中心となる代表的ハプロタイプはどれも高頻度を示す傾向が認められる．同様の解析を Bradley et al.（1996）はヨーロッパ品種とアフリカ品種で

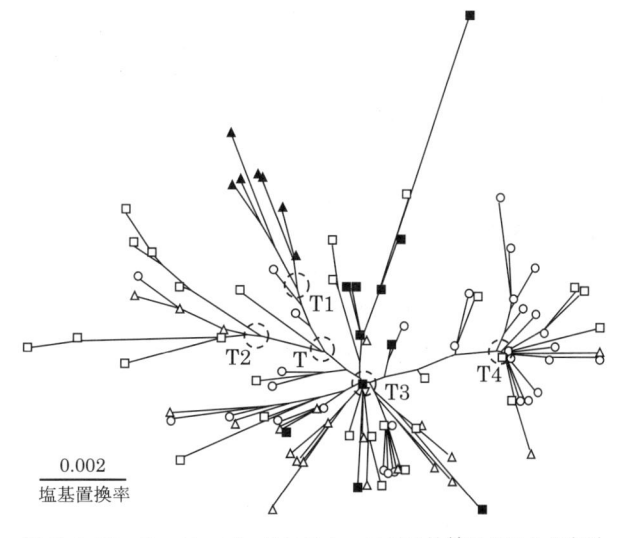

図 II-1-12 ヨーロッパ，アフリカ，アジア品種における北方系ウシ型 mtDNA ハプロタイプの系統樹．
近隣結合法（NJ法）による．▲．アフリカ　■．ヨーロッパ　○．日本（黒毛和種）　△．韓国（韓牛）　□．モンゴル在来牛．破線丸印は各ハプロタイプグループの中心となるタイプを示す．

おこなっている．アフリカの品種はインド系ウシの形態を示すものも多いが，mtDNA ではすべて北方系ウシ型を示した．この結果は，もともとアフリカに最初に分布していたウシは北方系ウ

表 II-1-1 北東アジア在来牛・品種における北方系ウシ型ミトコンドリア DNA ハプロタイプグループの頻度.

品種・集団 (個体数)	ハプロタイプグループ*

品種・集団(個体数)	T	T1	T2	T3	T4
黒毛和種 (128)[1]	0.000	0.039	0.016	0.323	0.622
土佐褐毛和種 (30)[2]	0.000	0.033	0.033	0.500	0.433
肥後褐毛和種 (30)[2]	0.000	0.000	0.033	0.333	0.633
韓牛 (92)[3]	0.000	0.000	0.098	0.750	0.152
中央中国 (17)[3]	0.000	0.000	0.176	0.529	0.295
北西／西中国 (22)[3]	0.000	0.000	0.178	0.712	0.111
南／南中国 (30)[3]	0.000	0.000	0.066	0.813	0.121
モンゴル (35)[1]	0.057	0.000	0.343	0.371	0.229

*インド系ウシ型ハプロタイプを含む場合はこのタイプを除いて算出した.
1) MANNEN et al. (2004), 2) SASAZAKI et al. (2006), 3) LAI et al. (2006) より引用.

シ型であり，後にインド系の雄ウシが繰り返し交配された結果，北方系ウシ型の mtDNA は残存したことを示している．また，ヨーロッパ品種とアフリカ品種の mtDNA は大きく分岐しており，それぞれヨーロッパ型（T3）とアフリカ型（T1）に区分することが可能であった．また，TROY et al.（2001）は T や T2 グループが中近東では適度な頻度で出現するが，ヨーロッパやアフリカではかなり低頻度であることを示した．

北東アジアの在来牛の mtDNA 型については近年いくつかの研究がなされている（LAI et al., 2006；MANNEN et al., 1998, 2004；SASAZAKI et al., 2006）．日本，韓国，モンゴル在来牛で分析された mtDNA ネットワーク図を図 II-1-11 に示した．また文献やデータベース検索により，北東アジア在来牛における北方系ウシ型ハプロタイプの頻度が明らかなものについては，その地域別頻度を表 II-1-1 に示した．アジアの品種・在来牛がもつハプロタイプのタイプには，北方系ウシのほとんどのタイプが混在することに加え，アジアの品種・在来牛でのみ観察される T4 型グループの存在が特徴的である．しかし，その遺伝子頻度構成は各地域で大きく異なっている．日本の品種・在来牛では T4 型が高頻度を占めるのに対し，韓国では T3 型が高頻度である．中国ではやはり T3 型が優勢であるが，中国中央部では T4 型の頻度が高くなる傾向がある．これに対し，モンゴル在来牛では T2，T3，T4 型の頻度がほぼ均等な頻度を示し，アジア在来牛の中で唯一 T 型のハプロタイプグループを 5.7％有する．中国や韓国では多くの近代品種を輸入・交配した歴史があるにもかかわらず，北東アジア在来牛の mtDNA タイプは多様性に極めて富んでいると結論付けられる．この要因としては，アジアはシルクロードを通じ古来よりヨーロッパや中東と交易が盛んであり，その結果様々なハプロタイプグループが混在している状態になっていると思われる．この状態をよく示す結果の 1 つとして，モンゴル在来牛では中近東で適度な頻度を示す T2 型ハプロタイプグループの頻度が高くなっていることと，T 型ハプロタイプグループの存在がその遺伝的交流の様子をよく示している．

この中でも，日本の品種・在来牛の mtDNA タイプと頻度分布には特色があり，ウシ渡来の歴史を顕著に反映しているものと思われる．日本の在来牛は約 2,000～1,500 年前，縄文後期から弥生時代に朝鮮半島を経て日本に渡来したとされているが，明治時代に外来種（ヨーロッパ品種）との交雑種が奨励された時期もあり，実際どの程度外来種が遺伝的に影響しているのか明らかでない．表 II-1-1 は日本産品種である黒毛和種，土佐褐毛和種，肥後褐毛和種における mtDNA 分析の結果を示している．日本産品種には T4 型の頻度が極めて高いが，図 II-1-11 の mtDNA ネットワーク図からこの T4 型グループの変異性が極めて低いことは明らかである（MANNEN et al., 1998；SASAZAKI et al., 2006）．この結果は，日本在来牛が渡来時における「瓶の首効果」を大きく受けていることを示唆している．これは日本が島国であり，ウシ渡来の回数や頭数に制限があることによるかもしれない．おそらく日本に最初渡来したウシは大陸の主に T4 型グルー

プをもった地域集団であったか，あるいは偶然そのような個体が運び込まれたのであろう．T4型以外のハプロタイプグループでは変異性が高いことを考えると，その後日本に渡来したウシは変異性の高い集団であったか，あるいは古代運搬技術の発展により様々な箇所のウシが渡来したのかもしれない（図 II-1-11）（MANNEN et al., 2004）．

土佐褐毛和種は韓牛の遺伝的影響が強く，改良韓国牛とも呼ばれた経緯がある．しかしmtDNA分析の結果は，土佐褐毛和種が黒毛和種を含む日本産品種・在来牛の遺伝構造と類似していることを示している（表 II-1-1 と図 II-1-11）．少なくとも母系としては日本在来のウシが基礎集団となっており，韓牛の交配は雄が主であったのであろう．なお，土佐褐毛和種は「毛分け」と称して皮膚色などが黒く，毛色は濃い赤褐色が好まれる．これに対して韓牛ではその嗜好が逆であり，皮膚色は淡く毛色も黄褐色が好まれ，40年以上前から虎斑や濃色皮毛の個体が淘汰された経緯がある．毛色をコントロールする代表的な遺伝子として MC1R があり，一塩基欠失によるフレームシフトを引き起こす対立遺伝子 e がある（KLUNGLAND et al., 1995）．ee ホモ型個体は茶から黄褐色を呈する．韓牛では e 遺伝子頻度が高いのに対し（0.948），褐毛和種では極めて低い（0.04）ことが明らかとなっている（SASAZAKI et al., 2005）．これは人為選抜の結果である．

ii) 遺跡出土骨に見られる変異

現在の家畜に加えて，遺跡などから出土されるオーロックス（原牛）や家畜ウシの mtDNA 分析が始まっている．北部から中部ヨーロッパで発掘された原牛（3,700〜12,000年前）の分析では，その mtDNA タイプは T 型とは異なる方向に分岐した P 型や E 型を示している．これらのほとんどは P 型であるが，E 型はドイツの遺跡において発見されている（EDWARDS et al., 2004；TROY et al., 2001）．これら P 型や E 型は，インド系ウシ型よりも北方系ウシ型に近い．一方，中近東の遺跡から発掘される原牛は T 型を示す．よって彼らの結論では，中近東に生息していた T 型を有する原牛から家畜化がなされた後，ヨーロッパに家畜ウシが拡がっていき，ヨーロッパ全土に生息していた P 型や E 型を有する原牛からは遺伝的貢献を受けなかったとしている．

一方，BEJA-PEREIRA et al.（2006）は南イタリアの遺跡からの原牛骨（7,000〜17,000年前）がすべて T3 型グループを示すことを報告している．この結果から，彼らはヨーロッパにおける地域的な家畜化や家畜化後の原牛からの遺伝子移入があったと主張している．しかし，これら分析された南イタリアや中近東の原牛サンプルは数が少ないため，このヨーロッパ原牛から家畜化がおこなわれたかどうかについての結論は，今後の詳細な解析を待つ必要がある．

iii) インド系ウシと東南・東アジア在来牛

インド系ウシ型 mtDNA タイプの分析は北方系ウシ型 mtDNA の分析と同時におこなわれた（LOFTUS et al., 1994）．しかし，その後インド系ウシ型 mtDNA の詳細な分析報告は最近になって 2, 3 あるに過ぎない（BAIG et al., 2005；LAI et al., 2006）．これらの報告によれば，インド系ウシ型 mtDNA においても大きく分岐した 2 つのハプロタイプグループ，Z1 型と Z2 型グループに分類することが可能である．東南・東アジア在来牛におけるインド系ウシ型ハプロタイプの無根枝

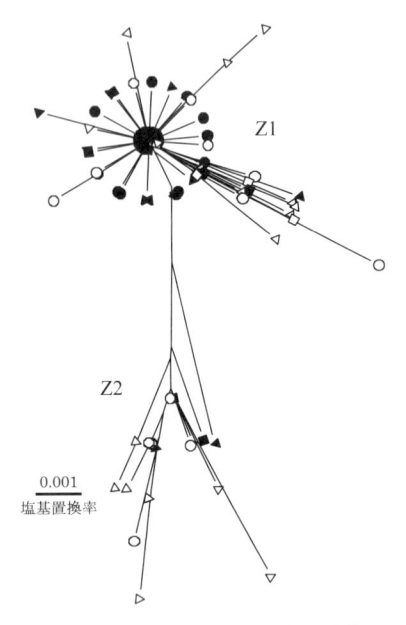

図 II-1-13 東南・東アジア在来牛集団におけるインド系ウシ型（ゼブー型：Z）mtDNAハプロタイプの系統樹.

近隣結合法（NJ法）による．○．中国在来牛　△．ブータン在来牛　□．モンゴル在来牛　●．ベトナム在来牛　▲．ミャンマー在来牛・ラオス在来牛（Z2の2個体はミャンマー在来牛）　■．カンボジア在来牛

表 II-1-2 アジア在来牛集団におけるインド系ウシ型ミトコンドリアDNAハプロタイプグループの頻度.

地域集団（個体数）	ハプロタイプグループ*	
	Z1	Z2
インド (34)[1]	0.765	0.236
ミャンマー (30)[2]	0.933	0.067
ラオス (30)[3]	1.000	0.000
カンボジア (30)[2]	0.933	0.067
ベトナム (30)[2]	1.000	0.000
フィリピン (22)[1]	0.955	0.045
南／南西中国 (58)[1]	0.879	0.121
北西／西中国 (2)[1]	1.000	0.000
中央中国 (11)[1]	1.000	0.000
モンゴル (9)[4]	1.000	0.000
ブータン (26)[5]	0.538	0.462
ネパール (6)[1]	0.333	0.667

*北方系ウシ型ハプロタイプを含む場合はこのタイプを除いて算出した.
1) Lai et al. (2006), 2) 万年ら（未発表データ）, 3) 万年ら (2000), 4) Mannen et al. (2004), 5) Lin et al. (2007) より引用.

分かれ図を図 II-1-13 に示す（万年ら，未発表データ）．この図によると，Z1型，Z2型グループはいずれも遺伝子頻度の高い基本ハプロタイプを中心に，それより数塩基程度の置換をもつハプロタイプが星状に散在している．これは北方系ウシ型のハプロタイプのグループにも同様に観察される．特にZ1型グループにおいてはこの傾向が強く，中心となるハプロタイプの頻度は極めて高く，1塩基しか違わないハプロタイプが数多く存在する．これに対し，Z2型グループでは同様の傾向を示すものの，Z1型グループと比較すると，顕著に高頻度を示すハプロタイプはなく，よく分岐した多様性に富むハプロタイプが散在する状態を示している（Lai et al., 2006）．また，どの地域集団もZ1型グループが優勢なハプロタイプとなっている．

アジアにおけるインド系ウシ型ハプロタイプグループの地域頻度分布を表 II-1-2 に示す．おおむねどの地域においてもZ1型グループが高頻度である．しかしながら，ヒマラヤ山脈を中心とした南西中国やブータン，ネパールなどでは，Z2の頻度が高くなる傾向がある．この2グループに対する起源の考察について Magee et al. (2007) が著書の中で述べている．現在ではインド系ウシ（Bos indicus）は北方系ウシとは形態的に異なる祖先から家畜化されたと推測されており，その家畜化センターとしては，前述のようにバルチスタン丘陵にあるメヘルガルが有力である（Meadow, 1981, 1984, 1991, 1996；Jarrige and Meadow, 1980）．インド系ウシの家畜化候補地域は限られており，またmtDNAハプロタイプグループの地域集団に共存する状況から，Z1とZ2は両者とも同じ家畜化センターに由来したと推測している．しかし，表 II-1-2 における分析においても，サンプル数が少ない地域が存在し，また中国やインドなどでは地域における頻度が明らかではないため，ブータンや南西中国等で認められる適度なZ2の遺伝子頻度がこの地域に普遍的なものかどうかは今後の解析を待たねばならない．

(3) 近縁野生種と東南アジア在来牛

i) 近縁野生種の系統関係

　家畜ウシの同属種に，ヤク（*Bos mutus*），ガウア（*Bos gaurus*），バンテン（*Bos javanicus*），コープレイ（*Bos sauveli*）が存在する．アメリカバイソン（*Bison bison*）とヨーロッパバイソン（*Bison bonasus*）を含むバイソン属は，*Bos*属に統合すべきだとの主張もあるので，本章では，これらの種を含めて，家畜ウシの近縁種と呼ぶことにする．これらの動物種の系統関係をmtDNAシトクローム*b*遺伝子の塩基配列に基づいて示す（図II-1-14）（HASSANIN and ROPIQUET, 2004）．これによれば，現代の家畜ウシ（北方系・インド系），アメリカバイソンとヤク，そして，ガウア，バンテンおよびコープレイ，最後にヨーロッパバイソンのみからなる枝によって分けられる．ヨーロッパバイソンとアメリカバイソンが大きく分離する理由についてはVERKAAR *et al*.（2004）に述べられている．それによると意外にも，現代のヨーロッパバイソンはアメリカバイソンと直近の共通祖先を持つ父系と，それとは大きく異なる母系との種間雑種を元に進化したとの主張がなされる．ヨーロッパバイソンの起源に関する問題は，哺乳類の種形成を考える時に大変興味深い内容であり，同時に近縁種と家畜ウシとの遺伝的交流を議論するうえでも注意を要することであろう．しかし，ヨーロッパバイソンは20世紀前半には，全世界で50頭以下に減少し，ごく少数の個体を元に個体数を回復したため，VERKAAR *et al*.（2004）の報告が，ヨーロッパバイソンという種の成立過程を反映しているのか，人工繁殖下で生じたことによるのか結論がでていない．

　分子時計に基づいてウシ属とバイソン属に含まれる種間の分岐時間を推定すると，3回の大きな分岐イベントがあったと考えられる．すなわち，約500万年前に，先に述べた4グループが分岐し，さらに，東南アジアに分布する3種が約300万年前に共通祖先から分岐する．アメリカバイソンとヤクの分岐時間は300万年弱である．これらウシの近縁種のうちコープレイとヨーロッパバイソンを除外した4種は家畜ウシとの間で何らかの遺伝的交流が現在も存在する．

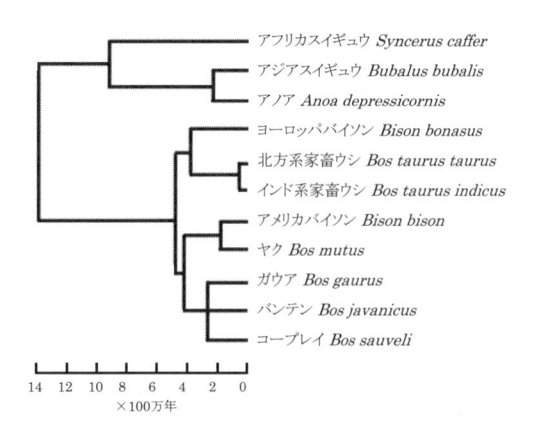

図II-1-14 mtDNAシトクローム遺伝子領域の塩基配列比較による家畜ウシとその近縁種の系統関係．（HASSANIN and ROPIQUET（2004）の報告に基づいて作成）

ii) 家畜ウシと近縁野生種の遺伝的交流

　家畜ウシの近縁種の家畜化は他の家畜化文化の模倣だといわれている．さらに，近縁種から家畜ウシへの遺伝子流入が存在することから，家畜ウシに野生種遺伝子を取り込むことによる家畜化，すなわち遺伝子レベルでの家畜化ともいえる現象がある．ウシ属の種間雑種は一般に雄が不妊である（GRAY, 1954；PATHAK and KIEFFER, 1979）．ただし，雑種第1代（F_1雑種）の雄において生殖器に大きな異常が生じたり，生殖行動の消失があるわけではなく，有効な精子をほとんど生産できないことが雄不妊の主な原因である（WINTER *et al*., 1986）．哺乳類の種間雑種における

精子形成不全の原因のひとつに，第一減数分裂で生じる，X染色体とY染色体間の対合がうまく生じないことが報告されている（MATSUDA et al., 1991, 1992）．Y染色体には，胚発生の過程で個体を雄化するのに必須の遺伝子が存在するが，生存に不可欠な遺伝子が存在するわけではない．ゆえに，Y染色体は常染色体に比べて進化速度が数倍速く，個々の種に固有の変異を蓄積し，生殖的隔離の原因になりやすい（NALLASETH, 1992）．多くの場合にはウシ属の種間雑種の雌には繁殖能力がある（GRAY, 1954）．家畜ヤクあるいはガウアの家畜型であるミタンと家畜ウシとの交配で生産される生殖能力のある雑種雌を利用した高度な生産システムが，チベットからヒマラヤ山脈周辺地域には存在する．

家畜ウシとアメリカバイソン

ウシとは別種のBos属種の野生動物の家畜化もしくは交雑利用の例として，19世紀から20世紀にかけておこなわれたアメリカバイソンを利用した家畜ウシの改良がある．この詳細な記録から，家畜ウシと近縁種を交配した場合，その初期に何がおきるのかの情報を得ることができる．アメリカバイソンは，西洋人が入植する以前には北米大陸の広範囲に莫大な頭数が生息し，平野部に居住していた先住民の暮らしは多くの部分をバイソンに依存していた．しかし，北米の先住民はイヌ以外の家畜を保有していなかったので，家畜化はおこなわれていない．当然のことであるが，16世紀に西洋人が入植する前には南北アメリカ大陸には家畜ウシは存在しなかった．アメリカバイソンは，新大陸に分布する唯一のウシ属の動物種であるが，ユーラシア大陸に発祥し，ベーリング海峡が陸続きであった時代にアメリカ大陸に分布を広げた種である．アメリカバイソン（米語では，スイギュウを指すべきbuffaloが当てられることが多い）と家畜ウシの雑種が稀に生じることは19世紀中ごろから記録されている．このF_1雑種はキャタロー（cattalo）と呼ばれていた．1886年にカンザス州を襲った暴風雪によって多くのウシが死亡したにもかかわらず，野生のバイソンはこの寒波に耐えることができた（SINGER, 2007）．これを契機として，厳しい冬に耐えるウシを育種する目的で，アメリカバイソンと家畜ウシの組織的な交配が1888年に開始された．この計画は1914年以降カナダ政府の支援のもとで進められたが1964年まで50年間にわたって大きな成果を挙げることはなかった．計画初期の障害は，家畜ウシの雌とアメリカバイソンの雄との交配で得られる仔（キャタロー）が極めて少ないことにあった．これは，アメリカバイソンの雌と家畜ウシの雄とを交配することで大きく改善された．F_1雑種の雌は繁殖能力があったが，雄はほとんど繁殖能力がなかった．キャタローは期待したとおりの強健性を発揮したが，これを生産するためには家畜ウシに比べて管理が難しいアメリカバイソンの母群を保有する必要があった．さらに，雌のキャタローが生産した雄もまた繁殖成績が芳しくなかったため，アメリカバイソンの遺伝子を受け継ぐウシの数を増やすことができずにいた（BOYD, 1914）．ところが，1965年に米国のモンタナ州で1頭の繁殖能力のある雄のキャタロー（個体名903）が，アメリカバイソンの雌とヘレフォード種との交配から出現した．この個体は多くのウシやバイソンと交配され，後にビーファロー（beefalo）と呼ばれる"ウシ品種"の成立に大きく貢献することになる．しかし，なぜ，繁殖能力のある雄が突如出現したのか，十分な説明はされていない．ビーファローの生産組織であるAmerican Beefalo Internationalは，この成功を"God smiled on my cross-breeding program"とコメントしている（BURNETT, 1980）．実際は，アメリカバイソンと家畜ウシの交配が100年近く繰り返されてきたことで，人間の管理下にあるアメリカバイソ

ンに少しずつ家畜ウシからの遺伝子流入が生じていたことが，幸運の背景にあると考えられる（POLZIEHN et al., 1995；WARD et al., 2001）．その後，交配を繰り返し，図 II-1-15 にあるように 3/8 の遺伝子をバイソンから受け継ぎ，残りの 5/8 を家畜ウシから受け継ぐウシ，すなわちビーファローが完成した．

試験的には，バイソンの遺伝子の割合がさらに高い，繁殖能力のある個体も作られているが，バイソンの形質が強く出すぎるため，管理が難しくなる．ビーファローは，雌雄ともに正常な繁殖能力を保有している．最初に育成されたビーファローの遺伝的組成は，3/8 アメリカバイソン，4/8 シャロレー，1/8 ヘレフォードである．しかし，ビーファロー集団内での再生産のほか，図 II-1-15 の下段にある交配様式でもビーファローを生産することが認められている．この場合，交配に用いる肉用ウシの品種に規定は存在しない．これらのことから，ビーファローは形質が固定されているとはいえない．ビーファローを大雑把に定義すれば 1965 年に生まれた幸運なキャタロー（no. 903）と遺伝的つながりをもち，バイソン由来の遺伝子を 40％ 弱保有し，雌雄ともに目立った繁殖障害のない肉用ウシ集団といえる．しかし，新たにアメリカバイソンを交配することも認められているので，no. 903 と血縁の無い個体も存在する．交配様式からも明らかなように，ビーファローのY染色体は，家畜ウシのものに固定されている（BASRUR and MOON, 1967）．繁殖成績は他のウシ品種と同等であり，脂肪が少なく放牧での赤肉生産に向いている（USDA, 2006）．しかし，全米で，新たに血統登録されるビーファローは年間 1,000 頭程度であり，産業的なプレゼンスはきわめて小さい．つまり，ビーファローは，繁殖能力の問題を解決することはできたが普及には至らず，このウシに強い情熱をもった一部の牧場主によってのみ生産されている．なお，米国農務省の食肉規格ではビーファローと家畜ウシの F_1 雑種，つまりバイソンの遺伝子を 3/16 受け継ぐ個体の肉まで，ビーファロー肉として表示することを認めている．

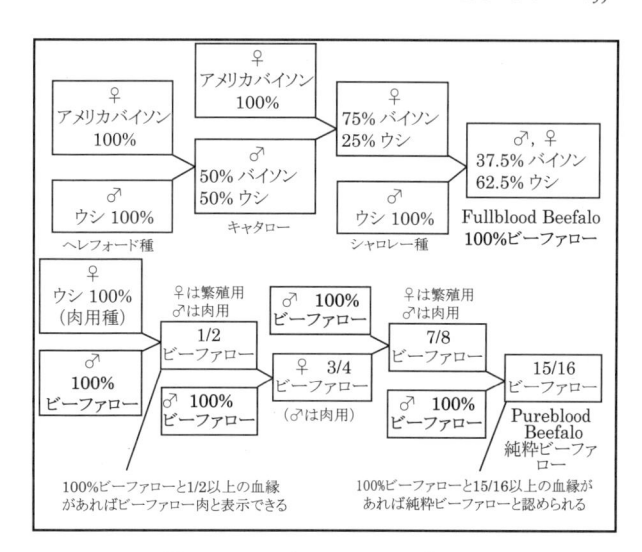

図 II-1-15 ビーファローの交配図．
（上段）純血ビーファローの造成過程：アメリカバイソンと家畜ウシとの交配では家畜ウシを雌親に用いると仔が得にくいため，雌親にバイソンが用いられている．
（下段）ビーファローの新たな牛群の作成方法：純血ビーファローと家畜ウシの間に大きな繁殖障害はないので，家畜ウシにビーファローを累進交配することで効率よくビーファローの数を増やすことができる．

家畜ウシとヤク

家畜ウシの近縁種から家畜化された動物の中で，最も成功しているのは家畜ヤクである．ヤク（*Bos mutus*：*Bos grunniens mutus* の命名もある）の生息域は図 II-1-16 に示すようにカシミール高原からチベット高原にかけての標高 4,000～6,000 m 程の高地である（MILLER and STEANE, 1996）．野生ヤクの生息数は 1 万頭以下と推定されている（SCHALLER, 1996；IUCN, 2002）．野生での観察では，50～100 頭程度の雌と若い個体による群れをつくって生活している．成熟した雄

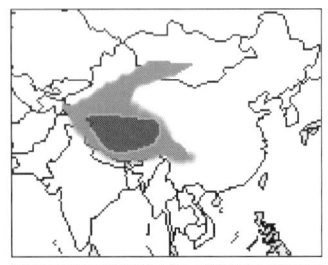

図 II-1-16 野生ヤクと家畜ヤクの分布図.
濃色の地域が野生ヤクの自然分布. 淡色は伝統的に家畜ヤクが飼育されている地域.
写真手前が家畜ヤクの雄, 向こう側は家畜ウシとの雑種と見られる.

は群れに少数含まれることもあるが, 大多数は単独生活をしている. 慣用的に *Bos grunniens* という学名が用いられている家畜ヤクは, チベット高原を中心とした標高 3,000 m 以上の高地に約 1,300 万頭飼育されている (WIENER *et al.*, 2003). 家畜ウシとの交雑種が十分に区別されていないことから, この統計には家畜ウシとの雑種も少なからず含まれていると考えられる. 成熟した野生ヤクは大きいものでは体高 190 cm, 体重 1,000 kg に達するが, 家畜ヤクはそれに比べればはるかに小型である. また, 野生ヤクの毛色は黒または濃褐色であるのに対して, 家畜集団では白色, 淡色, 白斑などの変異がある.

ヤクは家畜ウシが飼育困難な高地によく適応し, 特にチベット系の民族にとって重要な家畜である. ヤクは, 輸送などの使役, 肉, 乳に利用されるほか, 丈夫な長い毛はロープや布を編むのに用いられる. さらに森林限界を超えた高地では糞もまた重要な燃料として利用される. 中国の黄河流域の新石器時代の龍山 (Longshan) 文化が約 4,500 年前頃であるので, ヤクの家畜化も同程度の歴史があると推定されている (WIENER *et al.*, 2003). 中国のチベット自治区と青海省に広がる高原地域には約 3 万年前から人間が居住しており, この地域で農耕を伴わない初期の牧畜が開始されたとの主張もある. B.C. 800 年ごろの西周時代の記録には四川省に数多くの家畜ヤクがいたことが記録されている.

古代中国の記録に登場するヤクの飼育者の多くが羌 (Qiang) 族と推定されている (WANG, 1999). 羌という文字は人と羊の2つの漢字を組み合わせて作られており, 羊の牧畜をおこなう民を意味する. 羌族は言語学的にはチベット語族に含まれ, 現在の居住地域の中心は四川省の阿壩蔵族羌族自治州である. しかし, 漢民族が拡大する以前は黄河上流域のチベット高原を中心に, 崑崙山脈から雲南省北部にまで広がっていた (WANG, 1999). 言語人類学による分類では, 羌族の居住地域より南に居住するチベット族 (蔵族) を合わせて, チベット語族 (いわゆるチベット系民族) を構成する (GORDON, 2005). なお, 現在の中国における民族分類では, 羌族 (羌語の話者) よりチベット族 (チベット語の話者) の人口のほうが多いが, チベット族の起源は古代の羌族の中で西部に居住していた集団だとされている (WANG, 1999). このように, 現在の家畜ヤクが飼育されている地域およびその所有者の民族学的構成を考えれば, ヤクの家畜化がチベット高原の草原地域で, 現在のチベット系民族の祖先集団によっておこなわれたことは間違いないだろう. アフガニスタンの一部地域から, インド・パキスタンのカシミール地方, ネパールおよびブータンといった, ヒマラヤ山脈の南麓でも, 家畜ヤクは比較的古い時代から飼育されている (WIENER *et al.*, 2003). しかし, ヒマラヤ山脈南麓でヤクを飼育している民の多くが, チベット語族と強い関係があることが言語民族学および, ヒトに関する遺伝学的研究から明らかになっている (SU *et al.*, 2000). ゆえに, ヒマラヤ山脈の南に分布する家畜ヤクは, チベット系民族のヒマラヤ南麓への進出に伴って広がったと考えられる.

家畜ヤクはチベット系民族によって純粋種として繁殖維持されるほか, 家畜ウシとの間での雑

種の利用が積極的におこなわれている（図II-1-17；ADACHI and KAWAMOTO, 1992 を改写）．多くの場合，交配に用いられるのは北方系ウシであるが，ヒマラヤ南麓ではインド系ウシとの交雑利用もおこなわれている（ADACHI and KAWAMOTO, 1992）．家畜ウシの雌に雄のヤクを交配してF₁雑種をつくることが多いが，逆の交配も行なわれる地域がある．また，その後代の雑種に対する呼び名は地域により異なっている．図II-1-17の例では，F₁雑種の雄をゾプキョといい，家畜ウシより大型で使役に用いられるほか食肉にも用いられ，一般に家畜ウシの肉より価値が高い．しかし，ゾプキョは有効な精子をほとんどつくることができず不妊である（TUMENNASAN et al., 1997）．F₁雑種の雌，ゾムは繁殖能力を有しており，ヤクと同じように搾乳に用いられる．ゾムは家畜ウシもしくは純粋のヤクと交配される．一般には家畜ウシに戻し交配されることが多い．これは，ヤクに戻し交配した場合には，行動特性を含めた形質がヤクに近づくことに原因があるようだ．筆者らの現地調査において，飼養者から「雄のヤクは危険だから注意しろ」と何度も言われたことがあ

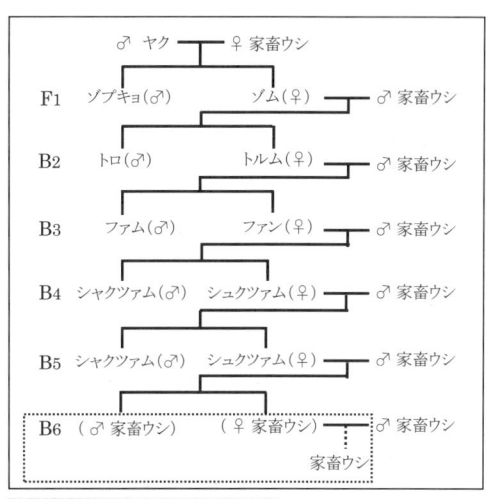

図II-1-17 ヤクと家畜ウシとの交雑種後代の利用．ネパール Solu 地域における 1 例（ADACHI and KAWAMOTO, 1992）．ここで用いられる家畜ウシはゼブー型山岳ウシ（palang：雌，lang：雄）である．規則性のある戻し交配がおこなわれ，世代ごとに呼称がある．ただし，後代の雑種に対する呼称は地方言語により異なる．写真は家畜ウシ雌との雑種第一代の雄（ゾプキョ：zopkio urang）（雌のそれはゾム：zom urang という）．

る．一般に，ヤクは家畜ウシよりも人間の管理に従いにくい．ゾプキョ（ゾム）を積極的に生産している地域では牛群中のヤクの頭数は少ない．雑種を多く生産する地域は比較的標高が低いので（3,000 m 程），高地に適応したヤクの飼育に適さないことも考えられる．しかし，家畜ウシが維持できる地域では，あえてとり扱いの難しいヤクを多頭数飼育するより，雑種利用によって両者の利点を享受したほうがよい（EPSTEIN, 1977）．これは，ヤク飼育民の多くが，家畜ウシの飼育が困難な，より環境の厳しい地域を移牧に利用していることからも支持される．ゾムと家畜ウシ（もしくはヤク）との交配で生産される子をオートム（ortoom）もしくはトロ（tolo：雄），トルム（tolmu：雌）という（川本ら，1992；TUMENNASAN et al., 1997）．オートムとは 3/4 交配という意味である．多くの場合，オートムの雄は繁殖に利用されない．地域によっては，雄のオートムは飼養者から放棄される．雄のオートムは，繁殖能力がなかったという報告がある（TUMENNASAN et al., 1997）が，大多数が不妊なのか，それとも不妊と繁殖能のある個体がある程度の割合で分離するのかは明らかでない．しかし，戻し交配を数度おこなった後に生まれる個体は家畜ウシの分類に組み入れられていることから，数世代の戻し交配の後に生まれる雄の大多数が不妊とは考えにくい．

　オートムの雌（トルム）は再び家畜ウシ（もしくはヤク）に戻し交配される．この交配によって生まれる個体をウサングージー（usanguzee）と呼ぶ地域がある（TUMENNASAN et al., 1997）．

ウサングージーはF_1雑種（=B_1世代）を2度戻し交配して生まれる雑種（B_3世代）であるので，7/8家畜ウシ（もしくはヤク）となる．地域によって異なる報告がされているが，この2度の家畜ウシへの戻し交配によって生まれる産仔は飼育者にとって並の家畜ウシとして扱われることが多い（稲村・本江，2000）．しかし，この戻し交配を4度おこなって初めて家畜ウシになるとの考え方もある（川本ら，1992）．この場合，ヤク由来の遺伝子は約3.1%となる．雑種の呼称は飼養者が用いる言語によって異なるが，命名様式はモンゴルやネパールでもチベットのそれと共通している．

　雑種が次世代を残していることから，ヤクと家畜ウシとの間で，遺伝子の交流がある（川本ら，1992；TAKEDA et al., 2004）．しかし，遺伝学的解析によって認められる家畜ウシへのヤク由来の遺伝子の浸透は限定的である（庄武ら，1992）．この理由として，稲村・本江（2000）は，ネパールでの観察から家畜ウシへの戻し交配世代は高地での適応性が劣るので死亡率が高く，また雌雄とも飼育者から放棄されることがあると報告している．森林限界を超えた過酷な環境下での移牧（遊牧）では，ヤクと家畜ウシの好ましい形質を兼ね備えたF_1雑種の利用に集約することは生産力から見ても理にかなっている（WIENER et al., 2003）．加えてヒンズー教の影響が強い地域では，牛肉に対して食物忌避が存在することから，生産力の低い雑種の後代を食肉目的で飼育する動機が小さくなるだろう．さらに，B_2世代におけるヤク由来染色体の分布頻度の期待値は45本（3/4）のウシ由来染色体と15本（1/4）のヤク由来染色体であるが，さらに染色体交叉も含めると，実際には幅広い組み合わせが生じるので，当然，B_2世代の個体差はF_1雑種（B_1世代）に比べて非常に大きくなるはずである．これは牛群を管理する上でマイナスであり，経験的に雑種の後代が忌避される要因になっているのではないだろうか．

　しかし，より標高の低い地域でおこなわれている雑種生産では，戻し交配世代の雌は家畜ウシの再生産にしばしば用いられている（WIENER et al., 2003）．これらの地域では，ヤクと交雑しなくても家畜ウシを維持することは可能かもしれないが，飼育者の好みや生産物の価格に依存してヤクとの交雑がおこなわれている．純粋なヤクを維持するには標高が低すぎるため，ヤクの入手は完全に別のコミュニティーに依存している．つまり，家畜ヤクが存在する外縁地域では，両者の遺伝子交流はヤクから家畜ウシへの一方向に限定される．ヤクやその交雑種の飼育は移牧が一般的で，役畜としての用途も荷役が中心である．しかし，中国内陸部にはヤクもしくはヤクの雑種を耕作に用いる地域もある．畑作が可能な地域で，かつ牛肉に対する忌避の小さい地域では，ヤクと家畜ウシとの遺伝子交流の広がりは庄武ら（1992）が報告したネパールの事例とは大きく異なるかもしれない．いずれにしても，数千年前から家畜のヤクが存在し，家畜ウシとの間で交配が繰り返されてきたことから，家畜ウシの飼育地域とヤクの飼育地域の境界域で飼育されている家畜ウシ集団に果たすヤク由来の遺伝子の存在意義については今後の研究が必要である．

iii）東南・南アジアの*Bos*属と在来牛の遺伝的交流

　ヒマラヤ山脈より南に位置する南アジアから東南アジアにかけて，ウシ属の中の3種，すなわちガウア，バンテン，およびコープレイが分布している．古い文献では，これら3種を*Bos*属と分離して*Bibos*属と分類しており，図II-1-14に示したように，お互いの系統関係の近さから，今でも慣用的に*Bibos*グループや*Bibos*亜属などの呼称が用いられる（GROVES, 1981）．現在の分

布が示すように，これらの種の共通祖先は，図 II-1-14 に従えば約 450 万年前に，オーロックスやバイソンと分岐し，ヒマラヤ南側の温帯から熱帯域に進出したウシ属の動物種である．

ガウア（*Bos gaurus*）と在来牛

3 種の中で最も広い分布域をもっているのがガウアである．ガウアの分布域はインド南部，ネパール，ブータン，東インド，中国雲南省南部，バングラデシュ，ミャンマー，タイ国，半島部マレーシア，ラオス，カンボジアおよびベトナムの森林地帯である（図 II-1-18，カラー）．ガウア（gaur）はヒンドゥスターニー語で野生のウシを意味する．現在の生息数は推定 1 万頭前後である（CHOUDHURY, 2002）．ガウアはインド亜大陸と Arakan 山脈に分布する *gaurus* 亜種，ミャンマー東部から中国南部をへてインドシナ半島に分布する *laosiensis* 亜種，およびタイ国南部からマレー半島に分布する *hubbacki* 亜種の 3 集団に分類されている（NOWACK, 1991；IUCN, 2002）．このうち最も生息数が多く，世界の動物園などで多く飼育されているのは *gaurus* 亜種である．体格もこの亜種が最も大きく，雄は最大で 1,500 kg に達する．これに対して，マレー半島の亜種はかなり小型である．生息域の分断により最も絶滅が危惧されている大陸部東南アジアの個体群は両者の中間である．他のウシ属の核型が $2n=60$ であるのに対して，ガウアの核型は $2n=58$ である（BONGSO et al., 1988）．これは家畜ウシの核型を標準とすると，2 番染色体と 28 番染色体間のロバートソン型転座で説明できる（GALLAGHER and WOMACK, 1992）（図 II-1-19）．

ガウアと家畜ウシとの交配は飼育下のみならず野生状態でもおこりうる．近年の例として，マレーシア南部の国立農場に隣接する森林から侵入したガウアの雄が，家畜ウシと交尾し，数頭の雑種が生まれた（HODGES, 1987）．この事件は，単独生活する雄のガウアが発情期にある雌の家畜ウシと出会えば，交雑が生じうることを示した例である．

ガウアの家畜型をガヤール（gayal）もしくはミタン（mithun または mithan）という．この家畜に対して慣用的には *Bos gaurus frontalis* あるいは *Bos frontalis* という学名が用いられている．*frontalis* とはラテン語の *frons*（額）と *-alis*（広い）という言葉の組み合わせである．このウシを中国では大額牛，ガウアは独龙牛と表記する．ミタンが飼育されている中心地域は，バングラデシュの東部 Chittagong 丘陵を含む南アジアと東南アジアの境界となる Arakan 山脈である（FAO, 2000；図 II-1-18-1 の斜線部）．大多数のミタンは Arakan 山脈の標高 1,000 m～2,500 m の雨の多い森林地域で放し飼いされている．しかし，Chittagong 丘陵では標高 300 m 程度，ブータンでは標高 3,000 m 前後の高地でも利用される．飼養頭数の最も多いインドでは Arunachal Pradesh 州，Manipur 州，および Nagaland 州を中心に約 9 万

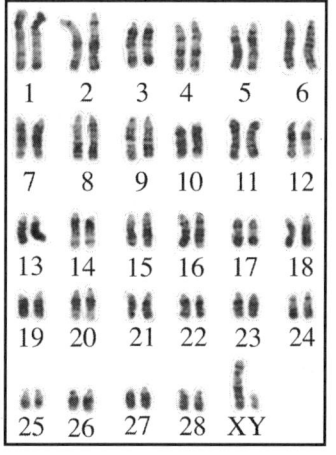

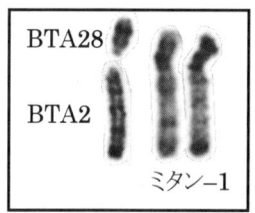

図 II-1-19 ガウア（*Bos gaurus*）の家畜化型であるミャンマー産ミタン（mithun, mithan とも記す）の核型．
ミタンの核型は $2n=58$ であり，家畜ウシ染色体（BTA）の 2 番と 28 番のロバートソン型転座（染色体動原体融合）がある．

頭が飼育されている．ミャンマーではChin高原を中心に約3万4千頭と報告されている．バングラデシュでの飼育頭数は，統計が存在しないが，飼養者がChittagong丘陵に居住する特定の少数民族に限定されているので先の2ヵ国に比べればより少ないと考えられる．ブータンでは東部地域を中心にミタンと何らかのつながりをもつ家畜ウシが約6万頭飼育されている．しかし，ブータンのミタンは主に家畜ウシとの間で雑種生産用の種畜として用いられており，純粋なミタン集団として維持されている頭数は試験場などの数百頭である．中国でも，インドのArunachal Pradesh州と境界を接するチベット自治区と雲南省のサルウィン河（怒江）やメコン河（瀾滄江）の上流域の渓谷に居住する少数民族によって，少数飼育されている．言語学的な分類から類推すれば，中国における飼育者はインド東北部におけるミタンの飼養者と同じ起源をもつ民族集団だと考えられる（GORDON, 2005）．これらミタンが飼育されている地域は，*gaurus*亜種（インドガウア）が分布する地域と重複する．

　ミタンは，同じ地域で飼育されている家畜ウシに比べれば大型であるが，野生のガウアに比べれば2～3割小型化している．成熟した野生のガウアの被毛色は雌雄とも黒色（東南アジアでは濃褐色）で四肢の下半分が靴下を履いたように白っぽい淡色となる．これに対して，ミタンでは白斑をもつ個体や，四肢の先まで黒くなる個体も珍しくない．ミタンを定義づける時に問題となるのが，家畜ウシとの雑種が非常に多いことである．家畜ヤクと家畜ウシとの雑種が積極的に利用されていることはすでに述べた．しかし，環境への適応性の違いから，家畜ウシがほとんど存在せずヤクのみが飼育される広大な地域が存在する．これに対して，ミタンが存在する地域は非常に限られており，その中でも家畜ウシの空白地域はきわめて限定されている．特に，ミタンの飼育地域の末端に位置するバングラデシュのChittagong丘陵では，明らかに家畜ウシとの雑種と考えられる形態をもつ個体もガヤールと呼ばれることがある．ゆえに，ミタン（ガヤール）を家畜ウシとガウアの雑種とする記述も散見される（National Research Council, 1983）．本章ではガウアの遺伝的寄与が家畜ウシのそれに比べて圧倒的に大きい家畜をミタンと呼ぶことにする．これは，ガウアの外貌的特徴を良く残したミタンの核型が$2n=58$であり，野生のガウアのそれと同じであることからである（WINTER *et al.*, 1984；並河ら，1988；TANAKA *et al.*, 2004b）．

　純粋なミタンの飼育，つまり家畜ウシとの交雑をおこなわずにミタンの再生産をする中心地域はArakan山脈のNaga高原およびChin高原である．この地域の民族は一般にインドのNaga州に多く居住するナガ族（Naga people）として知られている．ナガ族とは単一の民族（tribe）の呼称ではなく，Naga高原を中心に居住するNaga語を話す民族集団の総称である（GORDON, 2005）．ナガ族が伝統的にミタンを飼育する目的は搾乳や耕作のためではなく，威信を示したり供犠に用いるためである（SIMOONS, 1993）．伝統的な飼育方法は森林の中への放し飼いであり，塩を与えることで村落の近くに留めている（SIMOONS and SIMOONS, 1968）．この地域の民族にとって，ミタンは宗教的な儀礼のための犠牲獣として特別の位置づけがなされている．SIMOONS and SIMOONS（1968）は，ナガ高原では彼らが所有するミタンを改良するために雌のミタンを森林の中に放ち，野生のガウアの雄と交配させていると報告している．家畜の再生産に野生の雄を用いるシステムは，東南アジアにおいて使役に用いるアジアゾウの繁殖でも用いられている（I-3章(5)節）．ミタンの繁殖において野生のガウアがどの程度の割合で用いられるのかは明らかでない．ミタンを森林内に放牧することから，当然，管理から逸脱して野生化するミタンも存在するだろう．ゆえに，ガウアとミタンとの間には現代でも双方向の遺伝子交流が存在する．繁殖の一

部を野生集団に依存するのは，家畜化によって生じる小型化を避けるための知恵かもしれない．しかし，再生産の一部を野生集団に依存していることから，ミタンは家畜ヤクほどには家畜化が完成しておらず，半家畜（semi-domesticated）といわれることがある．

　ミタンを放し飼いにし，犠牲獣に用いる習慣はArakan山脈地域に分布するクキ（Kuki）-チン（Chin）-ナガ（Naga）語群を話す民族に共通している．これらの言語はいずれもチベット・ビルマ語族に分類される（GORDON, 2005）．チベット・ビルマ語族の起源はヒマラヤ山脈の北側であるので，ミタンを飼育する民族の起源は現在のチベットもしくは雲南省から南下した民族集団であると考えられる（WEN et al., 2004；KRITHIKA et al., 2006）．しかし，現在のミタンにつながるガウアの家畜化がいつどのように生じたのか考古学的証拠は残されていない．加えて，Arakan山脈に分布するチベット・ビルマ語族を用いる民族がいつごろからこの地域に住んでいたのか，十分な記録が残されておらず，少なくとも3,000年前と主張する研究者もいれば，この2,000年以内にエーヤワディー（Ayeyarwady）河に沿って南下してきたとする研究者もいる（KRITHIKA et al., 2006）．さらに，この地域で，チベット・ビルマ語族が進出する以前にガウアの家畜化がおこなわれていたかどうかも明らかでない．しかし，ミタンの再生産を最も精力的におこなっている地域で，きわめて粗放な方式でミタンが飼育されていることから，ガウアの家畜化は，塩によって野生群を集落周辺に留めるという技術の発達によったに違いない．SIMOONS and SIMOONS（1968）は，供儀に用いるガウアを必要に応じて手に入れるために，野生集団を塩で集落近くにつなぎとめたことが家畜化のきっかけであると考察し，同じことが家畜ウシにも当てはまるのではないかと推論している．

　ミタンは雨の多い森林の中で強健性を発揮することから，ウシの飼育が難しいArakan山脈中央部の森林地帯では肉用家畜として存在意義がある（FAO, 2000）．しかし，ミタンの飼育地域の南端に位置するバングラデシュではミタンを飼育するのはクキ語を話す少数民族のみである（GORDON, 2005；FAO, 2000）．標高数百メートル程度しかないChittagong丘陵には，ミタンがもつ雨の多い森林内への適応性といった優位性は小さいと考えられる．当然，この地域のウシに占めるミタンの割合は小さく，かつ粗放な飼育方法をとっていることから，家畜ウシとの雑種が生じる．しかし，クキ語族系の民族はミタン的な特徴をもつウシを彼らの儀礼に必要とするので，ミタンと家畜ウシとの様々な割合の交雑個体の中でもミタン的な形質をもつ個体への強い嗜好が存在するはずである．このような選択が働けば，ミタンから家畜ウシへの遺伝的遷移は局所的には不連続的になることが予測される．ミタンと家畜ウシとの間の不規則な交雑が長期間繰り返された集団が維持されるとすると，ビーファローのように，異なる2種から遺伝子の供給を受け，両者とも一定の割合で形質に影響を残して平衡が成り立っている集団が存在する可能性もある．

　Arakan山脈に居住するクキ-チン-ナガ語群を用いる民族集団がミタンを半野生状態で利用するのに対して，さらに北に位置するブータンおよびインドのArunachal Pradesh州では家畜のヤクと共通する交配様式を用いて家畜ウシとの雑種を積極的に生産し，搾乳および犁を用いた耕作に利用している．この規則的な交配方法をとっているのはチベット系民族であり，後代の雑種に対する呼称も共通している．交配は雄のミタンと雌の家畜ウシから始める．この交配に用いる家畜ウシの多くはインド系ウシである．しかし，近年になってインドからブラウンスイス種およびジャージー種が導入されており，これらヨーロッパ品種との雑種も散見される．ミタンを家畜ウシとの雑種生産に用いるコミュニティーでは純粋なミタンを再生産することはないといわれる．

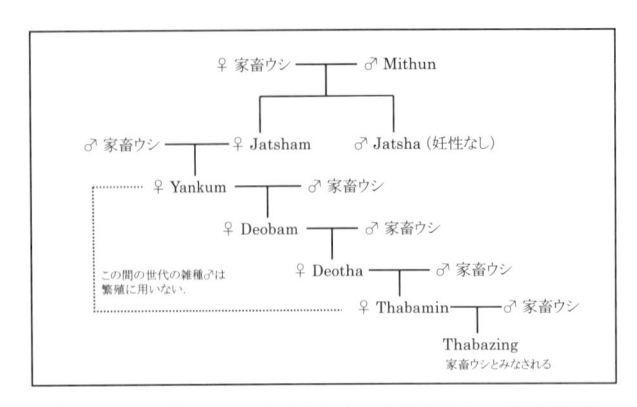

図II-1-20 ブータンにおけるミタンと家畜ウシの交雑種利用.

F₁雑種の雄をジャッサ（jatsha）といい，耕作に用いる．ジャッサは不妊である（RIGGS et al., 1997）が，ミタンに比べて人間に従順で，家畜ウシに比べて強いとされる．F₁雑種の雌はジャッサム（jatsham）と呼ばれ，繁殖能力があり搾乳に用いられる．ジャッサムは家畜ウシより強健でミタンよりも多くの乳を生産する．Arunachal Pradesh州では，ジャッサムはミタンとも家畜ウシとも交配され，ミタンへの戻し交配によって生まれた雄をヌプサ（nupsa）と呼び，やはり耕作に用いる．この交配で生まれる雌はヌプサム（nupsam）と呼ばれ搾乳に用いられる（FAO, 2000）．当然，ヌプサ・ヌプサムの外貌はF₁雑種に比べてよりミタンに近いものとなる．ブータンの現地研究者からの聞き取りによれば，ジャッサムのミタンへの戻し交配は極めて例外であり，通常は家畜ウシへの戻し交配がおこなわれている（図II-1-20）．ブータンではバター，チーズの生産を目的に家畜ウシとミタンの交雑集団を移牧によって管理している．その一所有者から「ヤンク（yanku：B₂世代の雄）は森の中にいる」と言われたことがある．つまり，搾乳目的で移牧をおこなうコミュニティーでは，少なくともヤンクの一部が飼育放棄されていると考えられる．これらの地域は，ヒンズー教の影響から潜在的に牛肉に対する忌避が存在し，さらに仏教による殺生に対するタブー意識も存在することから，最初から食肉にする目的で仔ウシを肥育することはない．ヤンクム（yankum：B₂世代の雌）は家畜ウシに戻し交配され搾乳に用いられる．図II-1-20に示すように，ヤンクムをさらに家畜ウシへ4回の戻し交配を経て生まれる仔ウシは家畜ウシとして扱うとのことである（NAMIKAWA et al., 2007）．この命名様式は，図II-1-17に示したチベット系民族のヤクの利用方法と驚くほどよく一致している．つまり，ミタンはヤクの飼育が困難なより標高の低い地域でチベット系民族によってヤクの代替として用いられている．一般に，ミタンの交雑利用に関わる文化・技術はチベット系民族のヤクのそれからの転用であると信じられている．

図II-1-20のように，戻し交配は繁殖用の雌群を維持するためにおこなわれており，この過程で生産される雄ウシが繁殖に用いられることは稀である．また，F₁雑種を5回戻し交配して得られるウシ（B₆世代）でも，ミタン由来遺伝子が約1.6%残存することから，この地域の家畜ウシにはミタン由来の遺伝子の蓄積が生じる．これらミタン由来の対立遺伝子のうち，飼育環境に適応的なものは中立的なものに比べて，遺伝子頻度を増加させると考えられる．つまり，ミタンと家畜ウシとの交雑集団におけるミタン由来の対立遺伝子の分布を詳細に調査することは，ミタンが保有する有用な遺伝子を発見するための有効なアプローチとなるかもしれない．ブータンの試験場で繁殖管理されているミタンはすべてアッサムからの移入個体に由来し，これらの中には家畜ウシ由来と確認できる対立遺伝子はほとんどなかった（KUROSAWA et al., 2007）．一方，ミタンとして一般に飼われているものでは，11頭のmtDNAを調査した結果，1頭がインド系ウシ型を示し，残りの10頭はインドガウアの配列ときわめて高い相同性を示した（村越ら，2007）．

バンテン（*Bos javanicus*）と在来牛

　東南アジアに分布するウシ属の野生動物で2番目に広い分布をもっているのがバンテン（*Bos javanicus*）である（図II-1-21，カラー）．バンテンの分布域の多くはガウアと重なる（CORBET and HILL, 1992）．しかし，Arakan 山脈より西には分布せず，ガウアの分布しない Java 島や Borneo 島に現存し，かつては Sumatra 島にも分布していた．東南アジアの家畜ウシがインダス文明域からヒマラヤ山脈の基部を経由して伝播したと仮定すると，バンテンの家畜ウシへの接触はガウアのそれより後になると考えられる．東南アジアの島嶼にまで広がるバンテンの自然分布は氷河期に海水面が低下した時に生じるスンダランド（Sundaland）の存在で説明できる（BEARD, 1998）．スンダランドはタイ国の中央を流れるチャオプラヤー河が氷河期に形成した広大な沖積平野である．マレー半島，インドシナ半島および Borneo 島に囲まれた浅い海は氷河期になると海水面が低下し陸続きになる．最近では7万年から1万6千年前ごろまで続いた最終氷期に海水面が現在より約 100 m 低下し，東南アジア大陸部と Borneo 島は直接陸続きであった（ADAMS and FAURE, 1997；BERGER and LOUTRE, 2002）．

　バンテンは，Java 島に分布する *javanicus* 亜種，Borneo 島の *lowi* 亜種および大陸部の *birmanicus* 亜種に分類されている．成熟した雄バンテンの毛色は黒色に近い濃褐色，雌と若い個体は明るい褐色である．雌雄ともに臀部と四肢は白色である（図II-1-21，カラー）．体格は雄で体高約 160 cm，体重 600〜800 kg，雌で体高約 140 cm，体重 300〜400 kg であり，現存するウシ属の動物種の中では最も性差が大きい．バンテンは1〜2頭の成熟した雄と20数頭の雌と仔からなる群れで生活している．現在の生息数はガウアに比べても少なく，野生個体は最大でも 3,000 頭に満たないと推定されている（HEDGES, 2000；IUCN, 2002）．これはバンテンがガウアに比べて乾季を中心に平地を利用する傾向が強いため，人間による開発の影響をより強く受けたためと考えられている．50頭以上からなる野生個体群は Java 島の国立公園に4群，タイ国に2群，カンボジアのモンドルキリ郡（Mondulkiri）に1群の合計7群しか確認されておらず，個体数を安定に維持できると考えられる集団は相互に分断されている（ASHBY and SANTIAPILLAI, 1986；SRIKOSAMATARA and SUTEETHORN, 1995；IUCN, 2002）．なお，野生状態で繁殖するバンテンの最も大きい個体群はオーストラリア北部に存在する．これは，西洋人がオーストラリアに入植した後，狩猟目的で放たれたものである（BROOK *et al.*, 2006）．

　HIGHAM（1975）は，約 4,000 年前のタイ国北部の米の栽培に関する古代遺跡から発見される家畜ウシの骨の中に，バンテンやガウアの特徴をもつものが存在することから，東南アジア大陸部地域の初期の家畜ウシはバンテンもしくはガウアを独自に家畜化したものだと主張している．この時代の東南アジアの遺跡からは犂など家畜の飼育に関する証拠は見つかっておらず，野生個体に比べて小型化していることを主な論拠としている（HIGHAM and LEACH, 1971）．ゆえに，東南アジアに分布する野生種の家畜化がどの程度の段階まで進行していたのかは明らかでない．また，少なくとも 2,500 年前には家畜ウシとその飼育技術がインドもしくは中国の雲南省から東南アジア大陸部に広く伝播している（PAYNE and HODGES, 1997）．このため，ミタンのように，一目でそれとわかるバンテンの家畜型を現在の東南アジア大陸部で見つけることはできない．バンテンは家畜ウシとの間では雑種をつくることが可能であり，19世紀前半の Java 島では，家畜ウシの雌を山林中につないで，バンテンとの雑種をつくることが記録されている（RAFFLES, 1817）．カンボジアとベトナムの国境地域の少数民族の中にもこのような風習があったとされる（THOU-

LESS, 1987）が，この場合には，交配対象はバンテン，ガウア，コープレイの3種類の可能性があり，どの種との交配を企図したものかは不明である．バンテンと家畜ウシとの雑種は雄は不妊であるが，雌には繁殖能力がある．このため東南アジアの家畜ウシはバンテンとの間でも遺伝子の交流が起こりうる．

バリウシ（Bali cattle）

バンテンの家畜型およびバンテンの影響を強く受けた家畜ウシはインドネシアのBali島およびMadura島で飼育されているバリウシ（Bali cattle）（図II-1-22，カラー）およびマズラウシ（Madura cattle）が知られている．バリウシは，雌雄間の体格差が大きく，毛色も雌雄で異なり，雄では角間の皮膚がヘルメットのように角質化するなど，バンテンの特徴をよく保有している．しかし，成熟した雄でも400 kg程度にしかならず，バンテンに比べて著しく小型化している（並河ら1983；PAYNE and HODGES, 1997；PRAHARANI et al., 2005）．バリウシはBali島を中心に約80万頭飼育されている（AMBARAWATI et al., 2004）．1970年代にバリウシに対して特異的に高い感染力をもつジュンブラナ病（Jembrana disease）が発生し，バリウシに大きな被害をもたらしたが，それ以前は他の東南アジア諸国へも試験的に導入されていた．ジュンブラナ病の発生地域はBali, Kalimantan, JavaおよびSumatraの各島に限定されていることから，これらの島からのウシ（生体）の移動が制限されている（HARTANINGSIH et al., 1993）．一般に地域固有の在来家畜は風土病に対して高い抵抗力があると信じられているが，ジュンブラナ病の病原体であるウイルスは，一般の家畜ウシ（インド系ウシや北方系ウシ）への感染力は極めて弱い（SOEHARSONO et al., 1995）．ジュンブラナ病に対しては，感染の診断方法が確立し，ワクチンの開発もおこなわれているが普及には至っておらず，遺伝資源としてバリウシを活用する上での最大の障害となっており（BURKALA et al., 1998；CHADWICK et al., 1998），絶滅に瀕した野生バンテンに対しても脅威となっている（HEDGES, 2000）．

バリウシの飼育目的の中心は使役と食肉であり，搾乳はおこなわれていない．Bali島は，イスラム教徒が多いインドネシアにおいて，ヒンズー教徒が約9割を占める．インドのヒンズー教徒の多くがウシを崇敬し，牛肉に対して強い忌避を示すのに対して，Bali島のヒンズー教はアニミズム的宗教と合体して（人類学の用語でいう，シンクレティズム＝syncretismをおこして）変容を遂げた部分がある．つまり，一部の上位カーストに属する男性を例外として，Bali島のヒンズー教徒はブタ肉と同様に牛肉を食べ，儀礼の際に供物としてバリウシを犠牲にすることもある（河部，1970）．近年になって乳用品種が導入される以前は，Bali島で飼育されるウシのほとんどがバリウシであったこともあり，チベット系民族がヤクやミタンを用いておこなうような，家畜ウシとの雑種を積極的に利用する伝統技術はバリウシには存在しない．試験場レベルでは家畜ウシとの交配が試みられ，F_1雑種の雄は不妊であり，雌には繁殖能力があった（MCCOOL, 1990）．これらの試験で，F_1雑種は食肉として好ましい形質をもつが，家畜ウシに比べて神経質で大規模な畜産には向かないといわれている（FAO, 2000）．

バリウシがいつごろ家畜化されたのか，そもそもバリウシはBali島で家畜化されたのか，それとも隣接するJava島でも家畜化がおこなわれたのかについて，明確な証拠は存在しない．ただし，マレー半島とJava島の間に存在するSumatra島には歴史時代に野生のバンテンが絶滅していることから，バリウシは東南アジア大陸部から島伝いに伝播したのではなく，*javanicus*亜

種が家畜化されたことは間違いない．近年の遺伝的調査により，現代のバリウシはインド系の家畜ウシからの影響を多少うけていることが示されている（NIJMAN et al., 2003；VERKAAR et al., 2003）．しかし，Bali 島のバリウシ集団で検出されるインド系ウシ由来の遺伝子の頻度は概して低く，バンテンの家畜化にインド系ウシが直接寄与したとは考えられない（NIJMAN et al., 2003）．つまり Bali 島のバリウシ集団におけるインド系ウシからの遺伝子流入は家畜としてのバリウシが成立した後と考えられる．

東南アジアの島嶼地域では少なくとも 4,000 年前から稲作がおこなわれている（BELLWOOD, 1997）．しかし，この地域への家畜ウシの進出はそれよりかなり遅く，フィリピン諸島では西暦紀元後になると推定されている（PAYNE and HODGES, 1997）．また，東南アジア島嶼部では，Sulawesi 島の Toraja 族に代表されるようにウシよりスイギュウの方が儀礼に密接な関係をもっている（DAWSON and GILLOW, 1994）．スンダ列島への家畜ウシの伝播時期について明確な記録は残されていないが，紀元前 1 世紀頃には，インドからの商人が海を渡ってスンダ列島に到来し，この地域にヒンズー教を伝えている．ゆえに家畜ウシに関する情報はこの頃には伝わっていた可能性がある．しかし，4 世紀に造られた Bali 島西部のギリマヌク（Gilimanuk）にあるヒンズー教遺跡群にはブタ，イヌ，ニワトリが描かれているが，ウシの姿がない（GLOVER, 1979）．これは，Bali 島でのバリウシの家畜化が最近 2,000 年以内の出来事であったことを示しているのかもしれない．5 世紀になると Java 島は中国とインドを結ぶ交易路の中継地として繁栄するので，遅くともこの頃にはインド系ウシが伝えられたと考えられる．

Bali 島と Java 島の間の Bali 海峡の幅はわずか 3 km 程度であるにもかかわらず，NAMIKAWA (1981) によれば，隣接する Java 島と Bali 島間で家畜ウシの遺伝的組成が大きく異なっている．この理由を考察する上で，Java 島と Bali 島との歴史的関係や言語分布が参考になる（CRIBB, 2000）．Bali 島は，15 世紀にイスラム教への改宗が進んだ Java 島に隣接するにもかかわらず，独自のヒンズー教文化が存続している．Java 島がイスラム化した後は，Java 島と Bali 島間の交流は数百年にわたって途絶えていたので，その間に Java 島ではインド系ウシの導入が進み，Bali 島ではそれ以前のウシ集団（Bali cattle）が比較的純粋に存続したため，大きな差が生じたと考えられる（図 II-1-26 の左，後述参照）．

マズラウシ（Madura cattle）

インドネシアの Madura 島を中心に役肉用として 50 万頭程度飼育されているマズラウシは，2 頭立ての競牛レース（クラパン・サピ：kerapan sapi）にも用いられるウシ（sapi kerapan）としてよく知られている．このウシは，バリウシと家畜ウシとの中間的な形態をしており，遺伝学的にもバリウシとインド系ウシとの交雑起源であることが示されている（VERKAAR et al., 2003）．バリウシと家畜ウシとの F_1 雑種の雄が不妊であるにもかかわらず，マズラウシは，雌雄共に正常な繁殖能力を有している（McCOOL, 1990；PAYNE and HODGES, 1997）．このようなウシ集団が成立するためには，バンテン（もしくはバリウシ）と家畜ウシとの交雑が長期にわたって存在する必要がある．Madura 島のウシレースは長い伝統をもっており，優勝した雄ウシには最高の栄誉と値が付くため，速く走るウシをつくるための選抜が重ねられてきた．このことが飼養者にとって 2 種間の雑種に存在する繁殖障害を乗り越えさせる動機となったのかもしれない．マズラウシの存在はバンテンと家畜ウシとの間の遺伝的交流が新しいウシ集団を作りうることを示す例であ

る．

コープレイ（*Bos sauveli*, URBAIN 1937）

　コープレイは1937年にカンボジアから報告された種である（URBAIN, 1937）．自然分布域はインドシナ半島の南部，すなわち，カンボジア北部から東部の森林地帯とそれに隣接するラオス南部，ベトナム南西部およびタイ国東部に限定されていた（図 II-1-23，カラー）．標本数が少なく，近縁種との比較データが不足していたことからコープレイの分類学上の位置づけは，研究者間で意見の一致を見ていない（GRIGSON, 2007）．コープレイは独立種ではなくバンテンとガウアもしくは家畜ウシとの雑種を起源として形成された集団ではないかと主張する研究者もいる（GALBREATH et al., 2006）．しかし，近年の分子進化学的位置づけでは，約300～200万年前の間にバンテンやガウアとの共通祖先から分かれた独立種であることが示されている（HASSANIN and ROPIQUET, 2004）．ただし，HASSANIN and ROPIQUET（2007）は，カンボジアで捕獲飼育中のバンテン3個体（おそらく *birmanicus* 亜種）が保有していた mtDNA の塩基配列は，Java 島の *javanicus* 亜種と大きく異なっており，むしろコープレイの配列に対して極めて高い相同性を示すと報告している．このことから，カンボジアに同所的に分布するバンテンとコープレイの分類学上の位置づけを明確にするためには，核遺伝子を含めたより詳細な分析が必要である．これらバンテン・ガウア・コープレイの形態における差異は COOLIDGE（1940）がもっとも詳しく比較分析し，明確に示している．参照すべきであろう．

　IUCN（2002）の推計では，生息数は最大でも100～300頭程度であり，すでに絶滅してしまった可能性もある．コープレイは1970年代のインドシナ地域における戦渦で激減し，1984年ラオス南部で約80頭の群れが2つ確認された（朝日新聞，1984.6.10，時事 AFP）のを最後に情報がない．その後幾つかの調査がおこなわれたにもかかわらず生息は確認されていない．

　コープレイと家畜ウシとの関係について，コープレイがインド系ウシに特徴的な発達した胸垂を保有していることから，インド系ウシの野生種ではないかと主張されたことがある（PFEFFER and KIM-SAN, 1967）．この考えは，今ではほぼ完全に否定されているが，次にあげる断片的情報からコープレイが家畜化されていたという意見は継続している（GRIGSON, 2007）．カンボジアとベトナムの国境に位置する丘陵地帯に居住するスティエン族（Stieng もしくは Steang）が19世紀中ごろコープレイに似た家畜ウシをもっていたらしい（National Research Council, 1983）．400～800年前のクメール王朝時代にコープレイが家畜化されていた可能性がある（WHARTON, 1957）．さらに，インドシナ地域では家畜ウシの雌を森に放って野生ウシとの間で雑種を作っていたとの記録がある（THOULESS, 1987）．しかし，コープレイそのものに対する情報が不足している中で，この動物が家畜化されたかどうかについて十分な議論はおこなわれていなかった．近年フランスのブルジュ（Bourges）の自然史博物館にカンボジア産の家畜ウシとして保管されてきた古い標本の中に，コープレイの特徴をもつものが再発見された（HASSANIN et al., 2006）．この標本は角が不自然に湾曲していたり，野生由来のコープレイの標本に比べて明らかに小型化が生じているなど，家畜化を類推させる特徴をもっていた．DNA の解析の結果，ブルジュの標本はコープレイと高い相同性をもつ mtDNA 配列を保有していたことから，コープレイが家畜化されていたという主張がにわかに強まった（HASSANIN et al., 2006）．

　カンボジアの家畜に関する記録として，1296年に真臘（現在のカンボジア）を訪問した元の

周達観が記録した『真臘風土記』に以下の記述がある.「走獣：カンボジアの山野には中国にはいないサイ，ゾウ，野牛が住んでいる．開けた草原では野牛が数百頭の群れをなしている．家畜家禽として，ニワトリ，アヒル，ウシ，ウマ，ヤギがいたるところにいる．ウシははなはだ多いが死んでも肉を食べたり皮をはいだりしない．それは人間のために労力を提供するからである．ウシはただ車を引くのみである（訳注：和田，1989）」．ガウアやバンテンはこの中に出てくる野牛のように大きな群れをつくらないので，コープレイの群れの可能性の方が高い．また，同書の中に「以前にはガチョウはいなかったが，近ごろ船頭が中国から携えてくるようになった．」と記録されており，中国と東南アジアとの家畜の行き来を考えるときに興味深い資料である．周達観がカンボジアを訪れた13世紀頃のカンボジアの日々の暮らしが，アンコール遺跡群のバイヨン（Bayon）の第二回廊レリーフに写実的に描かれている．**図II-1-24**（左）に示すように，荷車を引く小型のウシには立派な肩峰があり，「周達観」（上記）がいたるところに飼われていると記述したウシはインド系ウシの姿をしていたと考えられる．しかし，同じ回廊の別の壁面には，整然と使役に使われているウシとは対照的に，大きな雄ウシが縄で繋がれ尾を上げて暴れている描写がある．犠牲にする場面を描いたと見られる．このウシには鼻に綱が通されておらず，さらに，このウシには肩峰が無く，角は非常に大きい．この図は捕獲したコープレイもしくはバンテンを描いたものかもしれない（**図II-1-24**，右）．

図II-1-24 バイヨン遺跡群建造物（13世紀頃，カンボジア）のレリーフに見る異なる型のウシ．
（左）2頭立てで荷車を引いている雄ウシ．肩峰（肩のコブ）が発達しているので成牛と見られるが，描かれている人と比較すると小格であり，角の小さいインド系ウシであろう．鼻に綱が通してあり，今日と変わらない洗練された保定方法が採られている．荷車の下にはブタ，背景には首輪付きのゾウが描かれている．
（右）人と比較すると大きな雄ウシで，角が水平方向に伸びて大きい．槍で殺し，食用にするところと見られる．鼻に綱が通されておらず，人に馴れていないウシである印象を受ける．家畜ウシか，捕獲した野生ウシか不明である．

在来家畜研究会が2002〜2003年におこなったカンボジア在来牛の調査では，カンボジアの家畜ウシがインド系ウシの影響が極めて強いウシ集団であることが示され，コープレイの遺伝子を見つけることはできなかった（NOMURA et al., 2007）．これらのことから，カンボジアでコープレイが家畜化されていた事実があったとしても，現在のカンボジア在来牛にコープレイが及ぼした遺伝的影響はほとんど残っていないといえよう．フランスのブルジュにある標本の来歴が不明確であるが，スティエン族がコープレイに似た家畜ウシをもっていたらしいという記録は着目に値する（National Research Council, 1983）．先の『真臘風土記』の中にもスティエン族に関する記述が存在し，それによると丘陵地帯には，2つの少数民族（野人）が住んでおり，1つは真臘の言葉が通じ象をもっている．もう1つは真臘の言葉が通じず強力な毒矢を用いて狩猟をし，移住生活をしていると書かれている．スティエン族は象を使わないので後者だと考えられる（ROSSET, 1983）．なお，前者の候補としては，カンボジアとベトナムの境界にある丘陵地帯に居住するプノン族（Phnong）がゾウを生け捕りにして飼い馴らしており，野生動物の捕獲に関して高い技術をもっている．スティエン族はスイギュウ，ブタ，黒いイヌなどを祭事用の生け贄に用いている．HASSANIN et al.（2006）の発見は，Arakan山脈でナガ族が儀礼用に用いる動物を確保するためにガウアの家畜化をしたように，カンボジアとベトナムの国境地域の丘陵地帯でコープレイの野生群の囲い込み，もしくは，もう一段進んで初期の家畜化がおこなわれていたことを想像させる．しかし，残念なことにスティエン族の生活に関する情報が不足しているので，カンボジア東北部の森林地帯の中でどのようなウシが現在飼育されているのか十分な情報が得られていない．

（4）　血液タンパク多型に基づくアジアの家畜ウシの遺伝的多様性

在来家畜研究会の在来牛に関する調査研究は1961年にわが国のトカラ列島の口之島野生化ウシに始まり，その後，現在に至るまでに，台湾，韓国，タイ国，マレーシア，フィリピン，インドネシア，スリランカ，バングラデシュ，中国チベット，ネパール，中国雲南省，ベトナム，モンゴル，ラオス，ミャンマー，およびカンボジアへと，調査地域を拡大してきた．これらの研究調査結果の蓄積により，この地域の在来ウシの起源と系譜を解明するうえで重要な発見がなされてきた．

アジア在来牛の遺伝的多様性と集団間の類縁関係を評価する方法として，電気泳動法によって検出される各種血液タンパク質の多型解析は手法に改良を加えながらおこなわれてきた．1990年代に入って，遺伝学の中心はDNAに移行し，その中でも(2)節で述べたようにmtDNAが中心的な役割を果たしている．しかし，mtDNAの遺伝に雄は関与しない．ウシは通常，1産に1頭の仔ウシしか産まないので，家畜ウシの改良は雄ウシ（種畜）を用いた効率的な方法がとられる．この極端な例として，現代では精子保存技術の発展と人工授精の普及によって，一頭の優秀な種雄ウシが10万頭を上回る仔を残すこともあるが，しかし，対象集団のmtDNAには何の影響も与えない．この問題を解決するために，父系遺伝するY染色体性の遺伝マーカーを組み合わせる方法がある（例えば，KIKKAWA et al., 2003）．北方系ウシとインド系ウシの間には，雑種の後代に繁殖障害が存在しないので，母系遺伝・父系遺伝マーカーを組み合わせた解析は両者間の交雑の歴史を調査する有効な手法である．アフリカのサハラ砂漠以南のウシではmtDNAとY染色

体性マーカーの間でインド系ウシと北方系ウシ型の出現頻度が大きく異なっており，北方系ウシの母集団にインド系ウシの雄を用いた交配が頻繁におこなわれたことが明らかにされた（MacHugh et al., 1997；図I-4-22，第I部参照）．ただし，Y染色体は特定品種雄への累進交配のみならず，その父系を継ぐ後代の種雄によっても同様に集団中に容易に拡大，固定するから，雑種化（あるいは gene flow）の程度を過大評価する結果になる場合もあろう．この場合，mtDNAを指標とした解析では逆に基礎となった（先に分布した）集団のそれが残存する可能性が高く，過小評価されるであろう．

　東南アジア大陸部の在来牛はPhillips（1961）によって北方系ウシとインド系の交雑地域とされていることから，家畜ウシの2大系統がこの地域の家畜ウシの成立に与えた影響を明らかにするためにmtDNAとY染色体上に存在する SRY 遺伝子の解析がおこなわれた（Tanaka et al., 2000b, 2004a）．インドシナ地域の在来牛は，いわゆる黄牛（yellow cattle）と呼ばれるように，明るい褐色の毛色をしたウシが圧倒的に多い（Namikawa et al., 1998）．これらのウシはインド系ウシ的な特徴をもっているが，Phillips（1961）が中間型と評価するように，インドやミャンマーの平野部の典型的なインド系ウシに比べれば，肩峰や胸垂の発達が顕著でないし小型である（図II-1-25，カラー）．ベトナム北部の在来牛は1996年の調査では平均で体高104 cm，体重200 kgであった（Dang, 1998）．インドシナ半島に位置するベトナムおよびラオス在来牛の雄120個体について，Y染色体上に存在する SRY 遺伝子の塩基多型（SNPs）解析をおこなった結果，113個体がインド系ウシ由来のタイプを，残りの7個体が北方系ウシ由来のタイプを保有していた（Tanaka et al., 2000b）．また，ミャンマー在来牛雄153頭における調査では147個体がインド系ウシ型を，残りの6個体が北方系ウシ型を保有していた．mtDNAの解析からもこの地域の在来牛の95％以上がインド系ウシ型のmtDNAを保有している（万年ら，2000；Tanaka et al., 2004b）．これらのことから，東南アジア大陸部地域の在来牛の主たる起源は母系父系ともにインド系ウシであり北方系ウシからの影響は小さいことが明らかになった．Cai et al.（2007）によると中国南部（関中平原より南）に分布する在来牛からは，インド系ウシ型と北方系ウシ型のmtDNAがほぼ同じ程度の割合で報告されていることから，アジア地域におけるインド系ウシと北方系ウシの交雑が生じた中心地域はPhillips（1961）の分類よりも北であると考えられる．

　東南アジアのウシを考える時，そこに生息する近縁野生種を無視することはできない．ミタンやヤクが家畜ウシと交配される時には，家畜ウシを雌とすることが圧倒的に多い．近縁野生種と家畜ウシとの間の交雑でも雌親となるのは一般的に家畜ウシである．したがって，家畜ウシを母親とする雑種のmtDNAはすべて母親と同じ家畜ウシ型となるため，mtDNAを指標に用いたのでは近縁野生種から家畜ウシへの遺伝子流入を評価することができない．しかし，雑種の雌は正常な繁殖能力があり，種間雑種におけるmtDNAの違いは不妊の要因になっていない．このため，ヤクやミタンと家畜ウシとの間に存在する飼養者側の「常に雌親は家畜ウシを用いる」，「雑種の雌は家畜ウシへの累進交配をおこなう」という交配規則にゆらぎが生じれば，種を超えたmtDNAの移動が生じる．例えば，ネパールの高地で飼育されている家畜ウシの中には，低い頻度ではあるがヤクのmtDNAが検出されるし，ミタンとされる個体の中に家畜ウシ由来のmtDNAをもつものが少数見出されている（Takeda et al., 2004；村越ら，2007）．これに対して，Y染色体性マーカーはこの課題に対しては全く効力がない．(2)節で紹介したように，ウシ属種間雑種で

は大部分の雄が不妊であるため野生種由来のY染色体は家畜ウシ集団内に拡散しない．これは家畜ウシ由来のY染色体の野生種への浸透についても当てはまる（POLZIEHN *et al.*, 1995）．つまり，先に述べたmtDNAや*SRY*遺伝子の調査は雑種不妊が生じない家畜ウシ2大系統に焦点を絞った場合には有効であるが，東南アジアに分布する近縁野生種が家畜ウシに与えた影響を評価するには不十分である．

　これに対して，血液タンパク質や乳タンパク質の多型は常染色体性の遺伝様式をもつことから，交配様式にとらわれることなく，家畜ウシと野生種との遺伝的交流を調査できる．血液タンパク多型に基づいてウシ集団を解析すると，家畜ウシは北方系とインド系に大別され，わが国の和牛品種は，韓国在来牛に近く，台湾やフィリピン在来牛よりヨーロッパ起源のホルスタインにより近縁であることが示されている（並河，1980；NAMIKAWA *et al.*, 1984）．このことはmtDNAの解析から得られる結論と同じく，わが国のウシはヨーロッパからユーラシア大陸の中北部をへて朝鮮半島へ続く北方系ウシの飼育地域から伝えられたウシの末裔であり，東南アジアを経由したウシからの影響が少ないことを示している．また，東南アジア地域の在来牛は，概してインド系ウシに近縁であることが明らかになった（天野ら，1998）．さらに，個別の遺伝子座について比較することで，野生種からの遺伝子流入の概略を知ることができる．ヘモグロビンβ鎖（Hbb）型の多型では，ヨーロッパおよび東北アジアのウシでは*Hbb*^{A}がほぼ固定しており，インド系ウシでは*Hbb*^{A}と*Hbb*^{B}とが約3：2の遺伝子頻度で多型を保っている．これに対して，東南アジア地域の多くの在来ウシ集団では北方型ウシにもインド系ウシにも見られない*Hbb*^{X}が10％内外の頻度で含まれる（NAMIKAWA, 1981；NAMIKAWA *et al.*, 1983）（図II-1-26，左）．

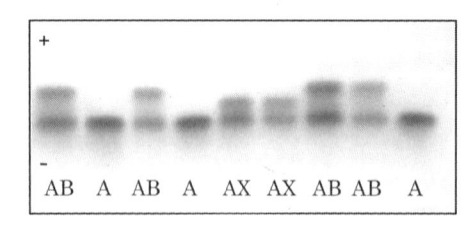

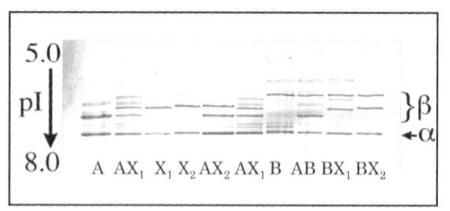

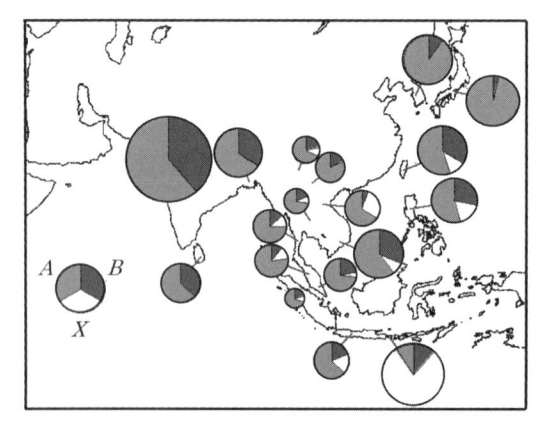

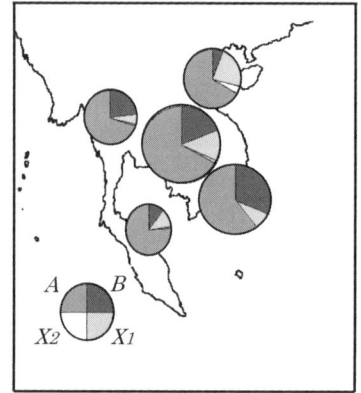

図II-1-26 東南アジアの家畜ウシで見られるヘモグロビンβ鎖座位の表現型（上段）と対立遺伝子の頻度分布（下段）．
（左）スターチゲルを用いた電気泳動法．（右）等電点電気泳動法による解析で，X泳動帯はX$_1$とX$_2$に区別できる．X$_1$はミタン集団のX，X$_2$はバリウシ集団やバンテンのXに一致する．

このHbb^Xは，バリウシおよびミタンで約80％の高頻度で存在するHbb変異から通常の電気泳動法によって区別できなかったため，バリウシ（バンテン）もしくはミタン（ガウア）から家畜ウシへの遺伝子流入と思われた．その後，等電点電気泳動法を用いることでHbb^X変異をバリウシ由来とミタン由来の2つに分離することに成功した（OKADA et al., 2000）（図II-1-26, 右）．この手法を用いると，タイ国，ベトナム，ラオスの在来牛にはミタン型（Hbb^{X_1}）とバリウシ型（Hbb^{X_2}）のβグロビン型が共存するが，ミタン型の方がバリウシ型に比べ常に高頻度であることが示された（天野ら，1998；OKADA et al., 2000）．つまり，東南アジア大陸部では，家畜ウシに対する野生種からの遺伝子流入はバンテンよりガウアの方がより大きかったといえる．これはガウアとバンテンの自然分布域の違いによって説明できる．インダス文明の中心地から東南アジアへの陸路でウシが伝播したと仮定すると，現在でも野生ガウアが比較的多数生息し，ミタンも飼育されているArakan山系を越えることになる．それ故，伝播経路で家畜ウシと最初に接触したのはガウアと考えられる．しかし，Arakan山系と隣接するミャンマー在来牛におけるHbb^{X_1}の頻度は，現在でもミタンが飼育されているChin州の在来牛では0.139という高い値を示すものの，これを除外するとわずか0.04程度しかなく，ベトナム北部地域の在来牛における0.278と比べて著しく低い．現在のベトナムでミタンのような一目でそれとわかるような野生近縁種の家畜型は存在しないが，カンボジアとベトナムの国境に広がる森林地帯で家畜ウシと野生のウシとの交雑がおこなわれていたという記録（THOULESS, 1987）があることから，近縁野生種由来の対立遺伝子の頻度がベトナム北部で高い値をとるのは，かつてこの地域で近縁野生種との積極的な交配がおこなわれた結果かもしれない．別の考え方として，ハリアナ種やレッドシンディ種に代表される典型的なインド系改良品種からはHbb^{X_1}変異が認められないことから，インド系の近代品種が近年導入された地域では，近縁野生種由来の対立遺伝子の頻度が希釈されたのかもしれない．

mtDNAの解析では東南アジア大陸部の在来牛から近縁野生種由来の配列は存在しないことから，この遺伝子流入は近縁野生種の雄を介した経路が主なものであったと推察される．

血液タンパク多型における，地域間の遺伝子頻度勾配は血清アルブミン（Alb）でも認められる（並河ら，1983）（図II-1-27）．Alb型はAlb^A, Alb^B, Alb^C遺伝子による多型が知られ，北方系ウシではAlb^Aがほぼ固定しており，インド系ウシ品種では約3：7の割合でAlb^AとAlb^Bが存在している（NAMIKAWA et al., 1984；並河ら，1988）．Alb^Cはバリウシの集団で約90％の高頻度で分布し，インドネシアのJava島やMadura島の在来ウシ集団では，13～15％の遺伝子頻度で認められる．しかし，ミタンでは，家畜ウシのAlb^AとAlb^Bに対して，それぞれ同じ移動度を示すものが約7：1の頻度で存在するが，Alb^Cに相当するものは見つかっていない（KUROSAWA et al., 2007）．さらに，アジアの家畜ウシにおけるAlb対立遺伝子の頻度分布を調査すると，大陸アジアの在来牛にはAlb^Cは極めて低い頻度でしか存在しない（NOMURA et al., 2004）．これはβグロビンの解析で明らかになったように，東南アジア大陸部の在来ウシではバンテンよりガウアからの遺伝子流入が大きいことを示して

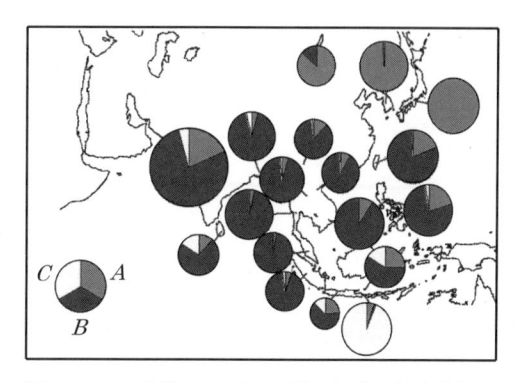

図II-1-27 血清アルブミン型における対立遺伝子頻度の分布．

いる．Alb^C の頻度はバリウシ・バンテン型の β グロビン多型（Hbb^{X_2}）の分布とほぼ一致することから，バンテン（バリウシ）から家畜ウシへの遺伝子流入の指標として有効である（天野ら，1998）．

Hbb 型と Alb 型の遺伝子頻度勾配の顕著な例として，ネパールの在来牛があげられる．ネパールでは高山地帯に Lulu と呼ばれる形態的に北方系ウシに酷似する極めて小型のウシが飼育され，一方平地ではインド系ウシが飼育されている．図 II-1-28 に見るように，渓谷に沿って標高が高くなるにしたがって北方系ウシの指標となる Hbb^A と Alb^A の頻度が高くなり，同時に，インド系ウシの指標となる Hbb^B と Alb^B が漸減する（並河ら，1992）．つまり，Hbb と Alb 多型の頻度勾配は，この地域で飼育されているウシの形態ともよく一致し，両者の遺伝的交流を反映している．

東南アジア地域において，インド系ウシ，北方系ウシおよび近縁野生種の遺伝的交流を評価できる遺伝標識としては他に Dia-II（血球 NADH ジアフォラーゼ-II）と CA（血球炭酸脱水素酵素）の 2 座位が有効に利用できる（天野ら，1998）．これらの血液タンパク多型に基づいて東南アジアの在来牛の遺伝的背景を概観すると，インド系ウシに特徴的な対立遺伝子が高頻度で存在し，北方系ウシの影響は東南アジア大陸部・マレー半島部で認められるが一般には少ない．さらに，ガウアやバンテンといった近縁野生種からの遺伝子流入が無視しえない割合で存在する．つまり，東南アジア地域の在来牛は一般にインド系ウシの影響を強く受け，それに加えて Bos 属に含まれる複数の野生種から遺伝子の供給を受けて成立した集団であると結論づけられる．これは世界に例のないことであり，遺伝資源として保全されるべき東南アジア固有のウシ属集団と言える．アメリカバイソンと家畜ウシの交配から実用に耐える品種を作り上げるのに，20 世紀の育種手法を駆使しても半世紀以上の年月を費やしたことを考えれば，この地域の在来牛の遺伝的背景は興味深い．

最後に，東南アジア大陸部地域でガウア（Bos gaurus）由来の対立遺伝子の頻度が最も高い値を示したベトナム北部の在来牛の調査での出来事にふれておく．この地域には，野生近縁種との

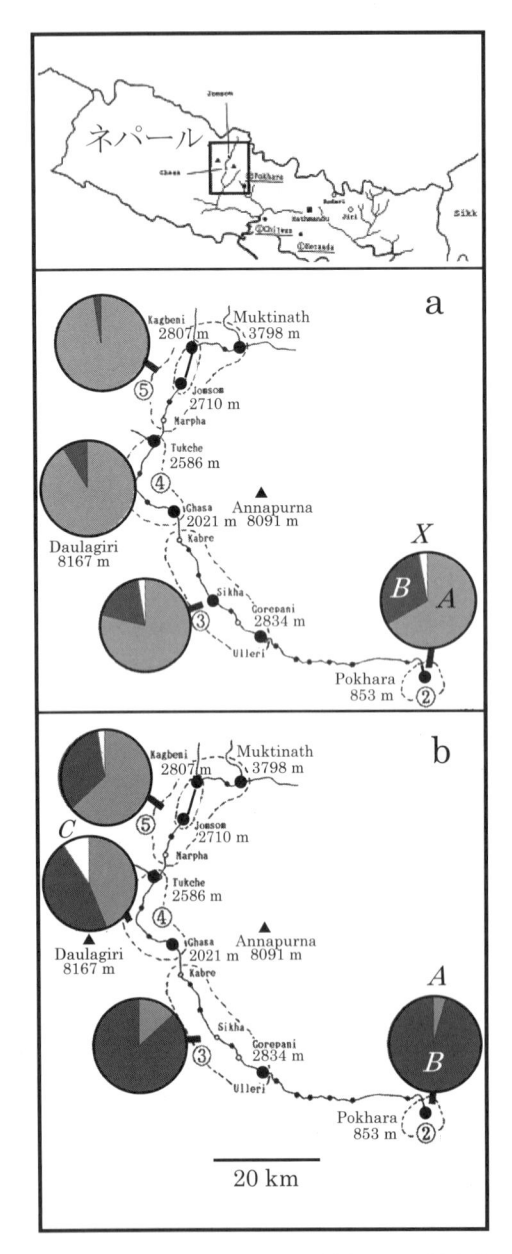

図 II-1-28　ネパールにおける標高による対立遺伝子の頻度勾配．
a. β グロビン型遺伝子　b. アルブミン型遺伝子．2 遺伝子座とも標高が高くなるにしたがってインド系ウシ由来の対立遺伝子頻度の低下が認められる．（並河ら，1992）

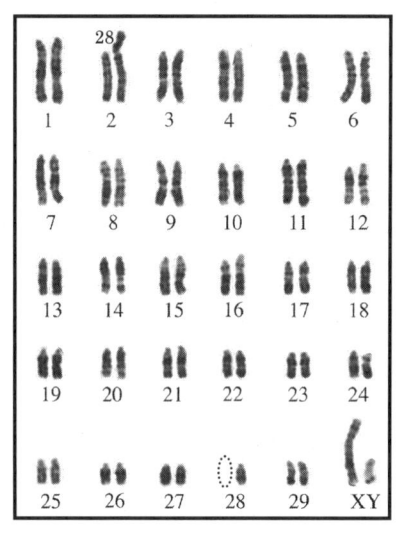

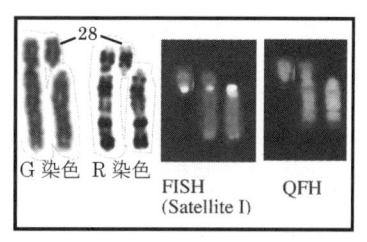

図 II-1-29 ミタンと同じ Rob（2:28）染色体をヘテロ接合で保有していたベトナムの在来牛（Y 染色体はインド系ウシ型）．

　交雑に関する情報は存在するものの，ミタンやバリウシのような野生種の家畜型に相当する集団は存在しない．筆者らは，ベトナム北部の在来牛（1 個体）の核型を解析したが，その核型は $2n=59$ であった．図 II-1-29 に示すように，常染色体腕数は 58 であり，家畜ウシのそれと同じであるが，2 番染色体と 28 番染色体間の動原体融合によって生じた染色体 Rob（2:28）がヘテロ接合で存在していた．Rob（2:28）はガウアにおいて固定されているサブメタ型（次中動原体型）常染色体と相同である（TANAKA et al., 2000a；TANAKA et al., 2004b）．血液タンパク多型遺伝子の構成からもベトナム北部在来牛には，他の地域より高い頻度でガウア由来と考えられる対立遺伝子が存在している（天野ら，1998）．これらのことから，ベトナム北部地域の在来牛（小型の黄牛）は，インドネシアのマズラウシのように近縁野生種の影響を強く受けたウシ集団であると考えられる．集団規模での核型の解析はいまだおこなえていないが，Rob（2:28）染色体の分布は大陸東南アジアでガウアから家畜ウシへの遺伝子流入を調査する上で重要な指標になるであろう．

文献

ADACHI, A. and KAWAMOTO, Y.（1992）Hybridization of yak and cattle among the Sherpas in Solu and Khumbu, Nepal. Rep. Soc. Res. Native Livestock, 14：79-87.

ADAMS, J. M. and FAURE, H.（1997）Review and Atlas of Palaeovegetation.：Preliminaryland ecosystem maps of the world since the Last Glacial Maximum（QEN members, eds.）Oak Ridge National Laboratory, T. N., USA. http://www.esd.ornl.gov/projects/qen/adams1.html

天野　卓・黒木一仁・田中和明・並河鷹夫・山本義雄・CHAU, B. L.・HO, V. S.・NGUYEN, H.-N.・PHAN, X.-H.・DANG, V.-B.（1998）ベトナム在来牛の血液蛋白質支配遺伝子構成とその系統遺伝学的研究．在来家畜研究会報告，16：49-62.

AMBARAWATI, G. A. A, ZHAO, X., GRIFFITH, G. and PIGGOTT, R.（2004）The Cost to the Bali beef industry of the October 2002 terrorist attack. Australasian Agribusiness Review, 12；paper 8（Online Journal）．

AN, Z.（1991）Radiocarbon dating and prehistoric archaeology of China. World Archaeology, 23：193-200.

ANDERSON, S., BANKIER, A. T., BARRELL, B. G., DE BRUIJN, M. H., COULSON, A. R., DROUIN, J., EPERON, I. C., NIERLICH, D. P., ROE, B. A., SANGER, F., SCHREIER, P. H., SMITH, A. J., STADEN, R. and YOUNG, I. G.（1981）Sequence and organization of the human mitochondrial genome. Nature, 290 : 457-465.

ANDERSON, S., DE BRUIJN, M. H. L., COULSON, A. R., EPERON, I. C., SANGER, F. and YOUNG, I. G.（1982）Complete sequence of bovine mitochondrial DNA conserved features of the mammalian mitochondrial genome. J. Mol. Biol., 156 : 683-717.

ASHBY, K. R. and SANTIAPILLAI, C.（1986）An assessment of the status of the banteng (*Bos javanicus*) with particular reference to its interaction with the water buffalo (*Bubalus bubalis*). Tigerpaper, 13 : 10-20.

BAIG, M., BEJA-PEREIRA, A., MOHAMMAD, R., KASHINATH, K., FARAH S., LUIKART G.（2005）Phylogeography and origin of Indian domestic cattle. Current Science, 89 no1 : 38-40.

BASRUR, P. K. and MOON, Y. S.（1967）Chromosomes of cattle, bison, and their hybrid, the cattalo. Amer. J. Vet. Res., 28 : 1319-1325.

BEARD, K. C.（1998）East of Eden : Asia as an important center of taxonomic origination in mammalian evolution. Bulletin of Carnegie Museum of Natural History, 34 : 5-39.

BEJA-PEREIRA, A., CARAMELLI, D., LALUEZA-FOX, C., VERNESI, C., FERRAND, N., CASOLI, A., GOYACHE, F., ROYO, L. J., CONTI, S., LARI, M., MARTINI, A., OURAGH, L., MAGID, A., ATASH, A., ZSOLNAI, A., BOSCATO, P., TRIANTAPHYLIDIS, C., PLOUMI, K., SINEO, L., MALLEGNI, F., TABERLET, P., ERHAEDT, G., SAMPIETRO, L., BERTRANPETIT, J., BARBUJANI, G., LUIKART, G. and BERTORELLE, G.（2006）The origin of European cattle : evidence from modern and ancient DNA. Proc. Natnl. Acad. Sci. USA, 103 : 8113-8118.

BELLWOOD, P.（1997）Prehistory of the Indo-Malaysian archipelago. University of Hawaii's Press. Honolulu.

BERGER, A. and LOUTRE, M. F.（2002）An exceptionally long interglacial ahead? Science, 297 : 1287-1288.

BÖKÖNYI, S.（1983）Domestication, Dispersal and Use of Animals in Europe. *In* : Basic Information（PEEL, L. and TRIBE, D. E., *eds.*）1. Domestication, conservation and use of animal resources. World Animal Science, Elsevier, Amsterdam. pp.1-20.

BONGSO, T. A., HILMI, M., SOPIAN, M. and ZULKIFLI, S.（1988）Chromosomes of gaur cross domestic cattle hybrids. Res. Vet. Sci., 44 : 251-254.

BOYD, M. M.（1914）Crossing bison and cattle. J. Hered., 5 : 189-197.

BRADLEY, D. G., MACHUGH, D. E., CUNNINGHAM, P. and LOFTUS, R. T.（1996）Mitochondrial diversity and the origins of African and European cattle. Proc. Natnl. Acad. Sci. USA, 93 : 5131-5135.

BRIGGS, H. M. and BRIGGS, D. M.（1980）Modern Breeds of Livestock（4th ed.）. Macmillan Publishing Co.

BROOK, B. W., BOWMAN, D. M., BRADSHAW, C. J., CAMPBELL, B. M. and WHITEHEAD, P. J.（2006）Managing an endangered Asian bovid in an Australian National Park : the role and limitations of ecological-economic models in decision-making. Environ. Manage., 38 : 463-469.

BURKALA, E. J., NARAYANI, I., HARTANINGSIH, N., KERTAYADNYA, G., BERRYMAN, D. I. and WILCOX, G. E.（1998）Recombinant Jembrana disease virus proteins as antigens for the detection of antibody to bovine lentiviruses. J.Virol. Methods, 74 : 39-46.

BURNETT, J.（1980）How I got fertile buffalo x Hereford bulls. Beefalo Nickel April/May. American Beefalo International. Somerset, Kentucky 42501.

CAESAR, Julius（BC. 51）Commentarii de Bello Gallico.（近山金次訳（1964）ガリア戦記.岩波書店，東京）

CAI, L.（1980）Nomenclature of the hybrids between yak and cattle. Journal of China Yak.

CAI, X., CHEN, H., LEI, C., WANG, S., XUE, K. and ZHANG, B.（2007）mtDNA diversity and genetic lineages of eighteen cattle breeds from *Bos taurus* and *Bos indicus* in china. Genetica, 131 : 175-183.

CHADWICK, B. J., DESPORT, M., BROWNLIE, J., WILCOX, G. E. and DHARMA, D. M.（1998）Detection of Jembrana disease virus in spleen, lymph nodes, bone marrow and other tissues by in situ hybridization of paraffin-embedded sections. J. Gen. Virol., 79 : 101-106.

CHOUDHURY, A.（2002）Distribution and conservation of the gaur *Bos gaurus* in the Indian Subcontinent. Mammal Review, 32 : 199-226.

CLASON, A. T.（1978）Late bronze age-iron age Zebu cattle in Jordan. J. Archaeol. Sci., 5 : 91-93.

COOLIDGE, H. J. Jr.（1940）The Indo-Chinese forest ox or kouprey. Memoirs of the Museum of Comparative Zoology at Harvard College, Vol. LIV, No. 6 : 417-531. Cambridge, USA, printed for the museum.

CORBET, G. B. and HILL, J. E.（1992）The Mammals of the Indomalayan Region : A systematic review. Oxford University Press, Oxford.

CRIBB, R.（2000）Historical Atlas of Indonesia. University of Hawaii's Press. Honolulu.

DANG, V.-B.（1998）Some main characteristics of native domestic animal breeds in Vietnam. Rep. Soc. Res. Native Livestock, 16 : 1-12.

Dawson, B. and Gillow, J. (1994) The Traditional Architecture of Indonesia. Thames and Hudson Ltd., London.

Edwards, C. J., MacHugh, D. E., Dobney, K. M., Martin, L., Russel, N., Horwitz, L. K., McIntosh, S. K., Macdonald, K. C., Helmer, D., Tresset, A., Vigne, J. D. and Bradley, D. G. (2004) Ancient DNA analysis of 101 cattle remains : limits and prospects. J. Archaeol. Sci., 31 : 695-710.

Epstein, H. (1971) The Origin of the Domestic Animals of Africa, vol. 1. Africana Publishing Corporation, New York. pp.185-555.

Epstein, H. (1977) Domestic animals of Nepal. Holmes and Mayer Publishers, New York. pp.20-37.

Epstein, H. and Mason, I. L. (1984) Cattle. *In* : Evolution of Domestic Animals. (Mason, I. L., *ed.*) Longman, London and New York. pp.6-27.

FAO (2000) World Watch List for Domestic Animal Diversity (3rd ed.). (Scherf, B. D., *ed.*) Rome.

FAOSTAT (2006) FAO Statistical Yearbook 2005/2006 Issue 1. FAO, Rome, Italy.

Galbreath, G. J., Mordacq, J. C. and Weiler, F. H. (2006) Genetically solving a zoological mystery : was the kouprey (*Bos sauveli*) a feral hybrid? J. Zool., 270 : 561-564.

Gallagher, D. S. Jr. and Womack, J. E. (1992) Chromosome conservation in the Bovidae. J. Hered., 83 : 287-298.

Glover, J. C. (1979) The late prehistoric period in Indonesia. *In* : Early Southeast Asia. (Smith R. B. and Watson W., *ed.*) Oxford University Press, New York. pp.167-184.

Gordon, R. G. Jr. (2005) Ethnologue : Languages of the World (14th ed.). Dallas, Tex. : SIL International. [cited 10 June 2007] Online version is available from [homepage on the Internet] URL : http://www.ethnologue.com/.

Gray, A. P. (1954) Mammalian Hybrids : A Check-List with Bibliography. Robert Cunningham and Sons Ltd., Longbank Works, England.

Grigson, C. (2007) Complex cattle : some anatomical observations on the possible affinities of the kouprey : a response to Galbreath *et al.* (2006). J. Zool., 271 : 239-241.

Groves, C. P. (1981) Systematic relationships in the Bovini (Artiodactyla, Bovidae). Zeitschrift für Zoologische Systematik und Evolutionsforschung, 19 : 264-278.

Halnan, C. R. E. and Watoson. J. I., (1982) Y chromosome variants in cattle *Bos taurus* and *Bos indicus*. Annales de génétique et de sélection animale, 14 : 1-16.

Hartaningsih, N., Wilcox, G. E., Dharma, D. M. and Soetrisno, M. (1993) Distribution of Jembrana disease in cattle in Indonesia. Vet. Microbiol., 38 : 23-29.

Hassanin, A. and Ropiquet, A. (2004) Molecular phylogeny of the tribe Bovini (Bovidae, *Bovinae*) and the taxonomic status of the Kouprey, *Bos sauveli* Urbain 1937. Mol. Phylogenet. Evol., 33 : 896-907.

Hassanin, A., Ropiquet, A., Cornette, R., Tranier, M., Pfeffer, P., Candegabe, P. and Lemaire, M. (2006) Has the kouprey (*Bos sauveli* Urbain, 1937) been domesticated in Cambodia? C. R. Biol., 329 : 124-135.

Hassanin, A. and Ropiquet, A. (2007) What is the taxonomic status of the Cambodian banteng and does it have close genetic links with the kouprey? J. Zool., 271 : 246-257.

Hawks, J. G. (1963) Prehistory. New American Library, New York.

Heck, H. (1951) The breeding back of aurochs. Oryx, 1 : 117-122.

Hedges, S. (2000) *Bos javanicus. In* : IUCN 2006. 2006 IUCN Red List of Threatened Species. <www.iucnredlist.org>. Downloaded on 17 August 2007.

Higham, C. (1975) The faunal remains from the 1966 and 1968 Excavations at Nok Nok Tha, northeastern Thailand. Otago Univ. Studies Prehistoric Anthropol., 7.

Higham, C. and Leach, B. F. (1971) An early center of bovine husbandry in South-east Asia. Science, 172 : 54-56.

Hiltebeitel, A. (1978) The Indus Valley "Proto-Siva," reexamined through reflections on the goddess, the buffalo and the symbolism of vahanas. Anthropos, 73 : 767-797.

Ho, S. Y., Phillips, M. J., Cooper, A. and Drummond, A. J. (2005) Time dependency of molecular rate estimates and systematic overestimation of recent divergence times. Mol. Biol. Evol., 22 : 1561-1568.

Hodges, J. (1987) Animal Genetic Resources Information, No. 6, p. 38. UNEP/FAO, Rome.

稲村哲也・本江昭夫（2000）4章 ヒマラヤの環境誌II―人と家畜をめぐって―．「ヒマラヤの環境誌―山岳地域の自然とシェルパの世界―」（山本紀夫・稲村哲也編）八坂書房，東京．pp. 176-182.

IUCN (International Union for Conservation of Nature and Natural Resources) (2002) 2002 IUCN Red List of Threatened Species. Available online at http://www.redlist.org

Jarrige, J.-F. and Meadow, R. H. (1980) The antecedents of civilization in the Indus Valley. Scientific American, 243 : 122-133.

河部利夫（1970）バリ島のカースト制度など．東南アジア史学会会報，12：2-5.

川本　芳・並河鷹夫・足立　明・天野　卓・庄武孝義・西田隆雄・林　良博・KATTEL, B.・RAJBHANDARY, H. B.（1992）ネパール在来牛，在来水牛，ヤクの蛋白質変異．在来家畜研究会報告，14：55-70.

KAWAMOTO, Y., NAMIKAWA, T., ADACHI, A., AMANO, T., SHOTAKE, T., NISHIDA, T., HAYASHI, Y., KATTEL, B. and RAJUBHANDARY, H. B.（1992）A population genetic study on yaks, cattle and their hybrids in Nepal using milk protein variations. Anim. Sci. Technol. Japan, 63：563-575.

KIKKAWA, Y., TAKADA, T., SUTOPO, NOMURA, K., NAMIKAWA, T., YONEKAWA, H. and AMANO, T.（2003）Phylogenies using mtDNA and SRY provide evidence for male-mediated introgression in Asian domestic cattle. Anim. Genet., 34：96-101.

KLUNGLAND, H., VAGE, D. I., GOMEZ-RAYA, L., ADALSTEINSSON, S. and LIEN, S.（1995）The role of melanocyte-stimulating hormone (MSH) receptor in bovine coat color determination. Mammalian Genome, 6：636-639.

KRITHIKA, S., TRIVEDI, R., KASHYAP, V. K., BHARATI, P. and VASULU, T. S.（2006）Antiquity, geographic contiguity and genetic affinity among Tibeto-Burman populations of India : a microsatellite study. Ann. Hum. Biol., 33：26-42.

KUROSAWA, Y., TANAKA, K., TSUNODA, K., MANNEN, H., TAKAHASHI, Y., NOMURA, K., AMANO, T., YAMAGATA, Y., NAMIKAWA, T., NOZAWA, K., NISHIBORI, M., DORJI, T., TSHERING, G. and YAMAMOTO, Y.（2007）Blood protein polymorphism of the domestic cattle and mithun (*Bos gaurus* var. *frontalis*) in Bhutan. Rep. Soc. Res. Native Livestock, 24：77-88.

LAI, S. J., LIU, Y. P., LIU, Y. X., LI, X.-W. and YAO, Y. G.（2006）Genetic diversity and origin of Chinese cattle revealed by mtDNA D-loop sequence variation. Mol. Phylogenet. Evol., 38：146-154.

LIN, B., ODAHARA, S., SASAZAKI, S., YAMAMOTO, Y., NAMIKAWA, T., TANAKA, K., DORJI, T., TSHERING, G., MUKAI, F. and MANNEN, H.（2007）Genetic diversity of Bhutanese Cattle analyzed by mitochondrial DNA variation. J. Anim. Genet., 35：5-10.

LISTER, A. M., KADWELL, M., KAAGAN, L. M., JORDAN, W. C., RICHARDS, M. B. and STANLEY, H. F.（1998）Ancient and modern DNA in a study of horse domestication. Ancient Biomolecules, 2：267-280.

LOFTUS, R. T., MACHUGH, D. E., BRADLEY, D. G., SHARP, P. M. and CUNNINGHAM, P.（1994）Evidence for two independent domestication of cattle. Proc. Natnl. Acad. Sci. USA, 91：2757-2761.

MACHUGH, D. E., SHRIVER, M. D., LOFTUS, R. T., CUNNINGHAM, P. and BRADLEY, D. G.（1997）Microsatellite DNA variation and the evolution, domestication and phylogeography of taurine and zebu cattle (*Bos taurus* and *Bos indicus*). Genetics, 146：1071-1086.

MAGEE, D., MANNEN, H., BRADLEY, D. G.（2007）17. Duality in *Bos indicus* mtDNA diversity : Support for geographical complexity in zebu domestication. *In* : The Evolution and History of Human Populations in South Asia. (PETRAGLIA, M. D. and ALLCHIN, B., *eds.*) Springer. Dordrecht, Netherlands. pp. 385-391.

万年英之・廣澤昌己・辻　荘一・黒澤弥悦・西堀正英・山本義雄・岡田幸男・黒岩麻里・山縣高宏・並河鷹夫・BUAHOM, B.（2000）ラオス在来牛におけるmtDNAの変異とその系統遺伝学的分析．在来家畜研究会報告，18：65-74.

MANNEN, H., KOHNO, M., NAGATA, Y., TSUJI, S., BRADLEY, D. G., YEO, J. S., NYAMSAMBA, D., ZAGDSUREN, Y., YOKOHAMA, M., NOMURA, K. and AMANO, T.（2004）Independent mitochondrial origin and historical genetic differentiation of North-Eastern Asian cattle. Mol. Phylogenet. Evol., 32：539-544.

MANNEN, H., TSUJI, S., LOFTUS, R. T. and BRADLEY, D. G.（1998）Mitochondrial DNA variation and evolution of Japanese Black Cattle. Genetics, 150：1169-1175.

MANWELL, C. and BAKER, C. M. A.（1976）Protein polymorphisms in domesticated species : evidence for hybrid origin? *In* : Population Genetics and Ecology. (KARLIN, S. and NEVO, E., *eds.*) Academic Press, New York. pp. 105-139.

MASON, I. L.（1972）The history and biology of humped cattle. Symposium on Zebu cattle breeding and management, Venezuela, pp. 6-10. Animal production and health division, FAO, Rome.

MATSUDA, Y., HIROBE, T. and CHAPMAN, V. M.（1991）Genetic basis of X-Y chromosome dissociation and male sterility in interspecific hybrids. Proc. Natnl. Acad. Sci. USA, 88：4850-4854.

MATSUDA, Y., MOENS, P. B. and CHAPMAN, V. M.（1992）Deficiency of X and Y chromosomal pairing at meiotic prophase in spermatocytes of sterile interspecific hybrids between laboratory mice (*Mus musculus*) and *Mus spretus*. Chromosoma, 101：483-492.

MATTIOLI, R. C., PANDEY, V. S., MURRAY, M. and FITZPATRICK, J. L.（2000）Immunogenetic influences on tick resistance in African cattle with particular reference to trypanotolerant N'Dama (*Bos taurus*) and trypanosusceptible Gobra zebu (*Bos indicus*) cattle. Acta Tropica, 75：263-277.

MCCOOL, C. J.（1990）Spermatogenesis in Bali cattle (*Bos sondaicus*) and hybrids with *Bos indicus* and *Bos taurus*. Res. Vet. Sci., 48：288-294.

MEADOW, R. H.（1981）Notes on the faunal remains from Mehrgarh, with a focus on cattle (*Bos*). *In* : South Asian Archaeology 1981 (ALLCHIN, B., *ed.*) Cambridge University Press, Cambridge. pp. 34-40.

MEADOW, R. H. (1984) Animal domestication in the Middle East : A view from the Eastern margin. *In* : Animals and Archaeology, vol. 3. Early Herders and their Flocks. (CLUTTON-BROCK, J. and GRIGSON, C., *eds.*) BAR International Series, Oxford University Press. pp. 309-337.

MEADOW, R. H. (1991) The origins and spread of pastoralism in northwestern South Asia. *In* : The origin and spread of agriculture and pastoralism in Eurasia. (HARRIS, D. R., *ed.*) University College London Press, London. pp. 25-50.

MEADOW, R. H. (1996) The origins and spread of agriculture and pastoralism in South Asia. *In* : The origins and spread of agriculture and pastoralism in Eurasia. (HARRIS, D. R., *ed.*) Smithsonian Inst. Washington, D. C. pp. 390-412.

MELLAART, J. (1965) Çatal Hüyük a Neolithic City in Anatolia. Proceedings of the British Academy, 51 : 201-213.

MILLER, D. J. and STEANE, D. E. (1996) Conclusions. *In* : Proceedings of a workshop on conservation and management of yak genetic diversity at ICIMOD (International Centre for Integrated Mountain Development), Kathmandu, Oct. 29-31, 1996. (MILLER, D. G., CRAIG, S. R. and RANA, G. M., *eds.*) pp. 191-209.

MUNRO, N. D. (2003) Small game, the younger dryas, and the transition to agriculture in the southern levant. Mitteilungen der Gesellschaft für Urgeschichte, 12 : 47-64.

村越勇人・田中和明・滝沢達也・DORJI, T.・万年英之・DAING, T.・前田芳實・並河鷹夫 (2007) シトクロム b 遺伝子および D-loop 領域の配列に基づくミタンの系統解析. 日本畜産学会第 107 回講演要旨集, pp. 48.

中尾佐助 (1966) 栽培植物と農耕の起源.「中尾佐助著作集 第Ⅰ巻 農耕の起源と栽培植物」(金子務・平木康平・保田淑郎共編；2004) 北海道大学図書刊行会.

NALLASETH, F. S. (1992) Sequence instability and functional inactivation of murine Y chromosomes can occur on a specific genetic background. Mol. Biol. Evol., 9 : 331-365.

並河鷹夫 (1980) 遺伝学よりみた牛の家畜化と系統史. 日畜会報, 52：235-246.

NAMIKAWA, T. (1981) Geographical distribution of bovine hemoglobin-beta (Hb β) alleles and the phylogenic analysis of the cattle in eastern Asia. Z. Tierzücht. Züchtngsbiol., 98 : 17-32.

並河鷹夫・天野　卓・松田洋一・近藤恭司 (1983) Bali 牛および banteng の核型比較. 在来家畜研究会報, 10：59-64.

並河鷹夫・天野　卓・岡田育穂・HASNATH, M. A. (1988) バングラデシュ在来牛およびガヤールの血液型と血液蛋白・酵素の遺伝的変異. 在来家畜研究会報告, 12：77-88.

並河鷹夫・天野　卓・竹中　修・MARTOJO, H.・WIDODO, W. (1983) インドネシア産在来牛および banteng における血液型と血液蛋白・酵素多型. 在来家畜研究会報告, 10：68-81.

並河鷹夫・天野　卓・山本義雄・角田健司・庄武孝義・西田隆雄・RAJBHANDARY, H. B. (1992) ネパールの在来牛, ヤクおよび雑種 (ゾーパ) の血液型, 蛋白多型に基づく遺伝的分化. 在来家畜研究会報告, 14：17-37.

NAMIKAWA, T., DORJI, T., KURACHI, M., YAMAGATA, T., KUROSAWA Y., and YAMAMOTO, Y. (2007) Geographical distribution of coat-color variations and withers height in the native cattle of Vietnam. Rep. Soc. Res. Native Livestock, 24 : 61-68.

NAMIKAWA, T., ITO, S. and AMANO, T. (1984) Genetic relationships and phylogeny of east and Southeast Asian cattle : genetic distance and principal component analysis. Z. Tierzücht. Züchtngsbiol., 101 : 17-32.

NAMIKAWA, T., TAKENAKA, O. and TAKAHASHI, K. (1983) Hemoglobin Bali (bovine) : $\beta^A 18$(Bl)Lys→ His : One of the "missing links" between β^A and β^B of domestic cattle exists in the Bali cattle (Bovinae, *Bos banteng*). Biochem. Genet., 21(7-8) : 787-796.

NAMIKAWA, T., TANAKA, K., YAMAGATA, T., KUROGI, K., AMANO, T., PHAN, X.-H., NGUYEN, N.-M., TRINH, D.-T., DANG, V.-B., CHAU, B.-L., NGUYEN, D.-M. and YAMAMOTO, Y. (1998) Geographical distribution of coat-color variations and withers height in the native cattle of Vietnam. Rep. Soc. Res. Native Livestock, 16 : 149-154.

National Research Council (1983) Little Known Asian Animals with a Promising Economic Future. National Academy Press, Washington, D. C.

NIJMAN, I. J., BRADLEY, D. G., HANOTTE, O., OTSEN, M. and LENSTRA, J. A. (1999) Satellite DNA polymorphisms and AFLP correlate with *Bos indicus-taurus* hybridization. Anim. Genet., 30 : 265-273.

NIJMAN, I. J., OTSEN, M., VERKAAR, E. L. C., DE RUIJTER, C., HANEKAMP, E., OCHIENG, J. W., SHAMSHAD, S., REGE, J. E. O., HANOTTE, O., BARWEGEN, M. W., SULAWATI, T. and LENSTRA, J. A. (2003) Hybridization of banteng (*Bos javanicus*) and zebu (*Bos indicus*) revealed by mitochondrial DNA, satellite DNA, AFLP and microsatellites. Heredity, 90 : 10-16.

NOMURA, K., INO, Y., TAKAHASHI, Y., AMANO, T., MANNEN, H., NISHIBORI, M., KUROSAWA, Y., TANAKA, K., OKABAYASHI, H., NOZAWA, K., KURACHI, M., YAMAGATA, Y., BUN, T., CHEA, B., CHHUM PHITH, L. and NAMIKAWA, T. (2007) Composition of genes controlling blood protein types of native cattle in Cambodia. Rep. Soc. Res. Native Livestock, 24 : 217-226.

NOMURA, K., TAKAHASHI, Y., AMANO, T., YAMAGATA, T., MANNEN, H., NISHIBORI, M., YAMAMOTO, Y., KUROSAWA, Y., TANAKA, K., OKABAYASHI, H., TSUNODA, K., NOZAWA, K., NYUNT, M. M., DAING, T., HLA, T., WIN, N. and MAEDA, Y. (2004) Composition of genes controlling blood protein types of native cattle and mithan in Myanmar and their phylogenetic study. Rep. Soc. Res. Native Livestock, 21 : 77-89.

Nowack, R. M. (1991) Walker's Mammals of the World (5th ed.). John Hopkins University Press, Baltimore, MD.

Okada, Y., Tanaka, K., Yamagata, Y., Mannen, H., Kurosawa, Y., Yamamoto, Y., Amano, T., Namikawa, T., Bouahom, B., Seng-Dara, B., Keonouchanh, S., Phouthavongs, K. and Novaha, S. (2000) Comparison of hemoglobin-β chain polymorphisms of the native cattle from Laos, Thailand and Vietnam. Rep. Soc. Res. Native Livestock, 18 : 75-82.

Pathak, S. and Kieffer, N. M. (1979) Sterility in hybrid cattle. I. Distribution of constitutive heterochromatin and nucleolus organizer regions in somatic and meiotic chromosomes. Cytogenet. Cell Genet., 24 : 42-52.

Payne, W. J. A. and Hodges, J. (1997) Tropical Cattle : Origins, Breeds and Breeding Policies. Blackwell Science Ltd., Oxford.

Perkins, D., Jr. (1969) Fauna of Catal Huyuk : evidence for early cattle domestication in Anatolia. Science, 164 : 177-179.

Pfeffer, P. and Kim-San, O. (1967) Le kouprey, *Bos* (*Bibos*) *sauveli* Urbain, 1937 ; discussion systematique et statut actuel. Hypothèse sur l'origine du zébu (*Bos indicus*). Mammalia, 31 : 521-536.

Phillips, R. W. (1961) World distribution of the major types of cattle. J. Hered., 52 : 207-213.

Polziehn, R.O., Strobeck, C., Sheraton, J. and Beech, R. (1995) Bovine mtDNA discovered in North American bison populations. Conservation Biology, 9 : 1638-1643.

Praharani, L., Riley, D. G., Olson, T. A. (2005) Genetic parameters and environmental factors for growth traits in Bali cattle. Journal of Animal Science Supplement. 83(1) : 14.

Raffles S. (1817) The History of Java (Oxford in Asia Historical Reprints 1979).

Riggs, P. K., Owens, K. E., Rexroad, C. E., III, Amaral, M. E. and Womack, J. E. (1997) Development and initial characterization of a *Bos taurus* x *B. gaurus* interspecific hybrid backcross panel. J. Hered., 88 : 373-379.

Rosset, C. W. (1983) The wild peoples of Farther India Journal of the American Geographical Society of New York, Vol. 25, No. 1, pp. 289-303.

Sasazaki, S., Odahara, S., Hiura, C. and Mannen, H. (2006) Mitochondrial DNA variation and genetic relationship in Japanese and Korean cattle. Asian-Aust. J. Anim. Sci., 19 : 1106-1110.

Sasazaki, S., Usui, M., Mannen, H., Hiura, C. and Tsuji, S. (2005) Allele frequencies of the extension locus encoding the melanocortin-1 receptor (MC1R) in Japanese and Korean cattle. Anim. Sci. J., 76 : 129-132.

Schaller, G. B. (1996) Distribution, status, and conservation of wild Yak *Bos grunniens*. Biolgical Conservation, 76 : 1-8.

庄武孝義・川本　芳・足立　明・林　良博・西田隆雄 (1992) ネパール在来ヤク，牛およびそれらの雑種の遺伝子構成．在来家畜研究会報告，14：47-54．

Simoons, F. J. (1993) Eat Not This Flesh. University of Wisconsin Press. (山内　昶・山内　彰・香ノ木隆臣・西川　隆共訳 (1994) 食肉のタブーの世界史．法政大学出版局，pp.143-201)

Simoons, F. J. and Simoons, E. S. (1968) A ceremonial Ox of India : the mithan in nature, culture and history. Univ. of Wisconsin Press, USA. pp. 244-258.

Singer, B. (2007) The story of Cattalo. Ranchers have been crossbreeding cattle and bison for over a century, but it's never been an easy mating game. Canadian Geographic ; http://www.canadiangeographic.ca/magazine/jf05/indepth/default.asp (2007.8.10引用)

Soeharsono, S., Wilcox, G. E., Dharma, D. M., Hartaningsih, N., Kertayadnya, G. and Budiantono, A. (1995) Species differences in the reaction of cattle to Jembrana disease virus infection. J. Comp. Pathol., 112 : 391-402.

Srikosamatara, S. and Suteethorn, V. (1995) Populations of gaur and banteng and their management in Thailand. Natural History Bulletin of the Siam Society, 43 : 55-83.

Su, B., Xiao, C., Deka, R., Seielstad, M. T., Kangwanpong, D., Xiao, J., Lu, D., Underhill, P., Cavalli-Sforza, L., Chakraborty, R. and Jin, L. (2000) Y chromosome haplotypes reveal prehistorical migrations to the Himalayas. Hum. Genet., 107 : 582-590.

Takeda, K., Satoh, M., Neopane, S. P., Uwar, B. S., Joshi, H. D., Shrestha, N. P., Fujise, H., Tasai, M., Tagami, T. and Hanada, H. (2004) Mitochondrial DNA analysis of Nepalese domestic dwarf cattle Lulu. Anim. Sci. J., 75 : 103-110.

Tanaka, K., Kurita, J., Mannen, H., Kurosawa, Y., Nozawa, K., Nishibori, M., Yamamoto, Y., Okabayashi, H., Tsunoda, K., Yamagata, T., Suzuki, Y., Kinoshita, K., Maeda, Y., Nyunt, M. M., Daing, T., Hla, T., Win, N., Tur, T., Aung, P. and Cho, A. (2004a) An assay for paternal gene flow between the taurus and indicus cattle in Myanmar using polymorphisms in SRY gene. Rep. Soc. Res. Native Livestock, 21 : 91-99.

TANAKA, K., MANNEN, H., KUROSAWA, Y., NOZAWA, K., NISHIBORI, M., YAMAMOTO, Y., OKABAYASHI, H., TSUNODA, K., YAMAGATA, T., SUZUKI, Y., KINOSHITA, K., MAEDA, Y., NYUNT, M. M., DAING, T., HLA, T., WIN, N., TUR, T., AUNG, P. and CHO, A. (2004b) Cytogenetic analysis of mithan in Myanmar. Rep. Soc. Res. Native Livestock, 21 : 123-127.

TANAKA, K., OKADA, Y., KUROIWA, Y., YAMAGATA, T., NAMIKAWA, T., AMANO, T., MANNEN, H., KUROSAWA, Y., NOZAWA, K., NISHIBORI, M., YAMAMOTO, Y., NGUYEN, H.-N., PHAN, X.-H., TRINH, D.-T., DANG, V.-B., CHAU, B.-L., NGUYEN, D. N., BOUAHOM, B., VANNASOUK, T., SENG-DARA, B., KEONOUCHANH, S., PHOUTHAVONGH, K., NOVAHA, S. and PHANNAVONG, B. (2000b) An assay for paternal gene flow between the taurus-type and indicus-type cattle in Laos and Vietnam using variation in *SRY* gene. Rep. Soc. Res. Native Livestock, 18 : 65-74.

TANAKA, K., YAMAMOTO, Y., AMANO, T., YAMAGATA, T., DANG, V.-B., MATSUDA, Y. and NAMIKAWA, T. (2000a) A Robertsonian translocation, rob (2 ;28), found in Vietnamese cattle. Hereditas, 133 : 19-23.

THOULESS, C. (1987) Kampuchean wildlife : survival against the odds. Oryx, 21 : 223-228.

TROY, C. S., MACHUGH, D., BALLEY, J. F., MAGEE, D. A., LOFTUS, R. T., CUNNINGHAM, P., CHAMBERLAIN, A. T., SYKES, B. C. and BRADLEY, D. G. (2001) Genetic evidence for Near-Eastern origins of European cattle. Nature, 410 : 1088-1091.

TUMENNASAN, K., TUVA, T., HOTTA, Y., TAKASE, H., SPEED, R. M. and CHANDLEY, A. C. (1997) Fertility investigations in the F_1 hybrid and backcross progeny of cattle (*Bos taurus*) and yak (*B. grunniens*) in Mongolia. Cytogenet. Cell Genet., 78 : 69-73.

URBAIN, A. (1937) Le Kou Prey ou boeuf gris cambodgien. Bull. Soc. Zool. Fr., 62 : 305-307.

USDA (2006) USDA Nutrient database for standard release 19, Unites States Department of Agriculture. Washington, DC. http://www.ars.usda.gov/Services/docs.htm?docid=8964（2007. 8. 10引用）.

VERKAAR, E. L., NIJMAN, I. J., BEEKE, M., HANEKAMP, E. and LENSTRA, J. A. (2004) Maternal and paternal lineages in cross-breeding bovine species. Has wisent a hybrid origin? Mol. Biol. Evol., 21 : 1165-1170.

VERKAAR, E. L., VERVAECKE, H., RODEN, C., ROMERO-MENDOZA, L., BARWEGEN, M. W., SUSILAWATI, T, NIJMAN, I. J. and LENSTRA, J. A. (2003) Paternally inherited markers in bovine hybrid populations. Heredity, 91 : 565-569.

和田久徳（1989）周達観 真臘風土記―アンコール期のカンボジアー．平凡社．pp. 40-63.

WANG, M. (1999) From the Qiang Barbarians to the Qiang Nationality : the making of a new Chinese boundary. *In* : Imaging China : Regional Division and National Unity. (HUANG, S. and HSU, C., *eds.*) Taipei : Institute of Ethnology. pp. 43-80.

WARD, T. J., SKOW, L. C., GALLAGHER, D. S., SCHNABEL, R. D., NALL, C. A., KOLENDA, C. E., DAVIS, S. K., TAYLOR, J. F. and DERR, J. N. (2001) Differential introgression of uniparentally inherited markers in bison populations with hybrid ancestries. Anim. Genet., 32 : 89-91.

WEN, B., XIE, X., GAO, S., LI, H., SHI, H., SONG, X., QIAN, T., XIAO, C., JIN, J., SU, B., LU, D., CHAKRABORTY, R. and JIN, L. (2004) Analyses of genetic structure of Tibeto-Burman populations reveals sex-biased admixture in southern Tibeto-Burmans. Amer. J. Hum. Genet., 74 : 856-865.

WHARTON C. H. (1957) An ecological study of the kouprey, *Novibos sauveli* (Urbain). Monographs of the Institute of Science and Technology. Manila 5 : 1-107.

WHITE, L. T. (1962) Medieval Technology and Social Change. Oxford University Press. pp. 42-46.

WIENER, G., JIANLIN, H. and RUIJUN, L. (2003) Yak (2nd ed.). FAO Regional Office for Asia and the Pacific, Bangkok, Thailand.

WINTER, H., MAYR, B., SCHLEGER, W., DWORAK, E., KRUTZLER, J. and BURGER, B. (1984) Karyotyping, red blood cell and haemoglobin typing of the mithun (*Bos frontalis*), its wild ancestor and its hybrids. Res. Vet. Sci., 36 : 276-283.

WINTER, H., MAYR, B., SCHLEGER, W., DWORAK, E., KRUTZLER, J. and KALAT, M. (1986) Genetic characterisation of the mithun (*Bos frontalis*) and studies of spermatogenesis, blood groups and haemoglobins of its hybrids with *Bos indicus*. Res. Vet. Sci., 40 : 8-17.

WRIGHT, G. A. (1971) Origins of Food Production in Southwestern Asia : A Survey of ideas. Curr. Anthropol., 12 : 447-477.

YAN, S. (2006) Colonizing China's Northern Frontier : Yan and her neighbors during the early Western Zhou period. International Journal of Historical Archaeology, 10 : 159-177.

ZEUNER, F. E. (1953) The colour of the wild cattle of Lascaux. Man, 53 : 68-69.

ZEUNER, F. E. (1963a) The history of the domestication of cattle. Comments : MASON, I. L. ; P. MAULE, J. ; HERMANU, M. *In* : Royal Anthropological Institute Occasional Paper 18. (*published*, Royal Anthropological Institute of Great Britain and Ireland, 21 Bedford Square, London) pp. 9-19.

ZEUNER, F. E. (1963b) A History of Domesticated Animals. Hutchinson, London.

（田中和明・万年英之）

II-2 スイギュウ
―2大系統の起源と地域分化―

(1) 野生原種と家畜化

i) スイギュウの分類

　ウシ（牛）やスイギュウ（水牛）はウシ科（Bovidae）に分類され，これにはヤギ，ヒツジ，カモシカ，レイヨウ類などが含まれる．このうち，ウシとスイギュウはウシ亜科（Bovinae）に分類される．ウシ亜科の属（genus）分類は研究者間で必ずしも一致していない．汎用例として，ウシ亜科はスイギュウの類の *Syncerus*，*Bubalus* と *Anoa*，およびウシの類の *Bos* および *Bison* に分類される．これらスイギュウ類3属とウシ類2属との間の雑種の報告は全くない．またスイギュウ類3属の属間雑種の報告も見ない．一方，前章に見るように，ウシ類2属間では属間雑種ができ，後代を得ることもできるし，また東南・南アジア各地では *Bos* 内の種間雑種やその後代が生産されることはよく知られている．つまり，ウシ亜科内の細分類には論議の余地がある．
　Syncerus（アフリカスイギュウ属）はサハラ砂漠以南のアフリカ大陸に広く分布するアフリカスイギュウ（*S. caffer*）1種からなり，サバンナに生息する大型で黒色被毛をもつ *S. c. caffer*（Cape buffalo，アフリカクロスイギュウまたは単にアフリカスイギュウと訳されることも多い）と，西アフリカの森林に生息し，*caffer* 亜種より小型で赤褐色被毛をもつ *S. c. nanus*（アフリカアカスイギュウ，コンゴスイギュウなどと訳される）の2亜種に分類されている（BUCHHOLTZ, 1990；SIMONSEN et al., 1998）．これら2亜種は1個のロバートソン型転座によって染色体数（$2n$）が *caffer* $2n=52$，*nanus* $2n=54$ と異なっており，独立した種として扱う研究者もいる．
　Bubalus（アジアスイギュウ属）と *Anoa*（アノア属）はアジアに生息する（**図 II-2-1**，カラー）．アジアスイギュウ属には，南アジアから東南アジアにいたる広範な分布域をもつアジアスイギュウ（*Bubalus bubalis*：Asiatic または Indian water buffalo）と，フィリピンの Mindoro 島固有種であるタマラオ（*Bubalus mindorensis*：tamaraw）（Mindoro buffalo，また tamarao と記す例もある）の2種がある（LYDEKKER, 1913）．タマラオはアジアスイギュウより小型で，雄で体重240～290 kg，体高98～105 cm程である（NAMIKAWA et al., 1995）．アノア属はインドネシア Sulawesi 島および隣接する Butung 島に分布し，アノア（*Anoa depressicornis*）とヤマアノア（*Anoa quarlesi*）の2種に分類される（GROVES, 1969）．これら2種はタマラオよりもさらに小型で，矮小スイギュウ（dwarf water buffalo）と記載されることも多い．アノアの体高は87.6 cm（雄1個体），ヤマアノアの体高は雌雄とも平均約70.0 cmである（天野ら，1983）．しかし，アノア属はアジアスイギュウ属に近縁で，形態的にも大きな違いがないとして，現在の分類では両

属を区別せずにアジアスイギュウ属（*Bubalus*）に統合されることもある．これは，GROVES（1969）が *Bubalus* をさらに2つの亜属，*Bubalus* と *Anoa* に分け，アノアを *Bubalus*（*Anoa*）*depressicornis*，ヤマアノアを *Bubalus*（*Anoa*）*quarlesi*，と記載したことによるのかもしれない．

　これら野生種のうち，家畜化されているのはアジアスイギュウ（*Bubalus bubalis*）のみである．アジアスイギュウの自然分布域についてはほとんど記録がないが，現在の分布地域はインド中央部から東部の Madhya Pradesh 州，Assam 州，Arunachal Pradesh 州，Meghalaya 州に存在する保護区とこれに隣接するネパール南東部，ブータン南部，バングラデシュ北部に広がるインド地域と，タイ国北部からカンボジア，ラオス，ベトナムに広がる東南アジア森林地帯とに分かれている．また，アジアスイギュウの野生個体群はスリランカ，インドネシア Borneo 島および Java 島の森林にも分布する．これら島嶼地域の個体群は非常に古い時代に人間の活動にともなって移入したものではないかと指摘する研究者もいる．さらに，19世紀以降に人によって移入され，再野生化したアジアスイギュウの個体群がオーストラリア北部や南米ボリビアなどにいる（TULLOCH, 1969）．野生のアジアスイギュウの個体数は非常に少なく，インド北部に数千頭がいるが，東南アジアの個体群はすべて合わせても数百頭に満たないと推定され，絶滅の危機に瀕している（IUCN, 2007）．

　アジアスイギュウの学名については1758年のリンネの命名以来，紆余曲折がある（HARPER, 1940）．当初リンネはイタリアの家畜スイギュウに対して *Bos bubalis* という学名を与え，野生分布はアジアと注釈をつけた（LINNAEUS, 1758）．一方，KERR（1792）はインドの野生スイギュウに対して *Bos arnee* という名を与えている（MASON, 1974）．"arnee" は雄スイギュウを意味する "arna"，雌スイギュウを意味する "arni" という現地語に由来する．しかし，その後，アジアスイギュウはウシ属（*Bos*）とは別属とすべきことが明らかになり，また家畜スイギュウとインド野生スイギュウが同一種であるとみなされたことから，アジアスイギュウを表す学名は命名基準にのっとり，リンネが最初に与えた種名を用いた *Bubalus bubalis* が適切であろうと考えられる．現在，野生スイギュウを家畜と区別して表記する場合に，*Bubalus bubalis arnee* が慣用的に用いられている．しかし，家畜スイギュウの野生原種には，系統遺伝学的に明確に区別される2種類が存在したと考えられ，学名については後述する．

ⅱ）家畜化

　スイギュウ家畜化の年代と場所に関する証拠は多くない．B.C. 3,000〜B.C. 2,500年頃のインダス文明の遺跡モヘンジョ・ダロから出土した印章や印符の絵柄には，一角獣，コブウシ（瘤のあるウシ：インド系ウシに似る），ゾウに混じって，少数ではあるがスイギュウが現れ（図Ⅱ-2-2-1），また，インダス文明とさほど変わらない時期であるメソポタミアのアッカド（Akkad）帝国時代，シャル・カリ・シャッリ王（Shar Kali Sharri，在位：B.C. 22世紀頃）の印章に家畜化されたと見られるスイギュウが描かれている（図Ⅱ-2-2-2）（POTTS, 1996）．しかし，これら古代のインダスやメソポタミアに現れるスイギュウには，現在のインド以西の家畜スイギュウに見られる螺旋状にカールした角をもつものは認められず，三日月型に伸びた角をもつもののみが現れている（POTTS, 1996; BUCCELLATTI and BUCCELLATTI, 2002）．

　インダス文明における印章について HILTEBEITEL（1978）の考察がある．インダス文明で発見

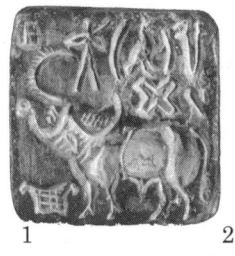

図 II-2-2. 家畜スイギュウの古い記録.
1. 家畜スイギュウの最も古い記録であるスイギュウのモチーフが刻まれた印章（B.C. 3,000～2,500 年頃のインダス文明モヘンジョ・ダロ遺跡出土）
2. メソポタミアのアッカド（Akkad）帝国時代のシャル・カリ・シャッリ王（Shar Kali Sharri, 在位：B.C. 22 世紀頃）の印章. (POTTS, 1996)

される印章に登場する動物のうち，ヒツジ，ヤギ，ゾウ，コブウシといった，おそらく当時すでに家畜化されていたと考えられる動物の前には，飼い葉桶と解釈されるモチーフが描かれていない．これに対して，トラ，サイ，そしてスイギュウの印章には飼い葉桶が一緒に描かれている．HILTEBEITEL の解釈では，飼い葉桶は，崇拝される野生および捕獲状態にある動物に飼料を与えるためのもので，生け贄に用いる動物の象徴であると主張している．これに従うと，スイギュウの家畜化はインダス文明域ではウシのそれより新しいことになる．

一方，東南アジアにおける最も古いスイギュウの家畜化に関する証拠はタイ国東北部の B.C. 1,600 年頃の遺跡から発見されている（HIGHAM and AMPHAN, 1979, 1985）．遺跡から発見されたスイギュウの骨は単に小型化しているだけでなく，趾骨に現代の使役に用いられるスイギュウによく見られる圧迫部分が認められ，約 3,600 年前のタイ国東北部でスイギュウが犂耕（りこう）に用いられていたと結論している（HIGHAM and AMPHAN, 1985）．さらに，年代測定や遺物の解釈に疑問が投げかけられてはいるものの，ベトナム北部の新石器時代にスイギュウが人間に利用されていたとする意見が存在する（BELLWOOD, 1985）．これらの考古学的な証拠から，スイギュウが大陸部東南アジアの内陸部で家畜化されたのではないかという意見もある（SMITH, 1995）．

もう 1 つ，スイギュウの家畜化に関して注目すべきことは，スリランカでは野生のスイギュウと家畜のそれとがしばしば交雑すること（西田，1986），また，野生のスイギュウを捕獲調教し，使役に利用することである（DE SILVA et al., 1994）．事実，家畜スイギュウよりも大型で馴れていない野生捕獲個体を家畜スイギュウの間に挟み保定し，水田耕作に用いていることを視認している（並河，1984：私信）．また，ネパールでも野生集団と家畜スイギュウの間で遺伝的交流が存在する（FLAMANDO et al., 2003）．

(2) 家畜スイギュウの分布と分類

i) 家畜スイギュウの 2 大系統

家畜スイギュウは役用能力に優れており，熱帯・亜熱帯のアジア諸国においては水田耕作や荷物運搬のための主要役畜である．さらに，乳用に改良された品種の中には乳脂率 7～8％の乳を 1

図II-2-3 家畜スイギュウの分布．(FAO, 2003 より改変)

泌乳期（270日）当たり1,500～2,000 kgの産乳能力をもつものがある．この乳量は熱帯環境下で飼育されている乳用ウシ品種の産乳能力とほぼ同等か，それより優れている（TULLOCH and HOLMES, 1992）．このように，多くのアジア，ヨーロッパ諸国において，スイギュウは重要な家畜となっている．世界の家畜スイギュウの分布を図II-2-3に，またスイギュウの飼養頭数を表II-2-1（FAO, 2008）に示した．世界全体での飼養頭数は約1億7,700万頭で，そのうち約97％がアジア地域で飼育され，残り3％が地中海沿岸諸国やブラジル等の国々で飼養されている．このことからスイギュウがアジアの代表的家畜の1つであることに疑問の余地はない．アジア地域の全飼養頭数のうち，約77％がインド亜大陸とその周辺国で，残りの23％が東南アジアと中国で飼養されている．また，視点を変えてみれば世界のスイギュウの多くが発展途上国で飼養されており，これらの国における重要な家畜であることも理解できる．

以上のように，家畜スイギュウは東欧からアジア南部全域にかけて古くより広く飼養されてきたが，従来，これらは形態や用途，あるいは飼養分布域によって2つの系統に大別されてきた（図II-2-3）．第1の系統は東南アジア，中国南部などで主に役肉用に利用される沼沢型スイギュウ（swamp buffalo または swamp type of buffalo）であり，第2はインド亜大陸以西から西アジア，中近東をへて地中海沿岸さらに東欧にかけて分布し，主に乳用として利用されている河川型スイギュウ（river buffalo または river type of buffalo）である．どちらの系統にも *Bubalus bubalis* という種名が一般に用いられてきた．染色体数は沼沢型 $2n = 48$，河川型 $2n = 50$ で，これら2系統のスイギュウの間では自然交配が起こりにくいことが報告されている（FISCHER and ULBRICH, 1968）．

家畜スイギュウにおける河川型と沼沢型の分類は MACGREGOR（1941）が最初に提唱したものである．MACGREGOR の観察は主に搾乳用に飼育される螺旋状にカールした角と全身黒色を基調とした被毛色をもつスイギュウと，東南アジアで広く飼育されている三日月型の角をもち，灰色被毛をしたスイギュウの比較観察によるものであった．それ故，MACGREGOR に従えば，インダスの印章などにあるような大きな三日月型の角をもつスイギュウ（図II-2-2）はすべて沼沢型に分類される．しかし，後述するように，河川型と沼沢型を外貌ではなく遺伝学的比較に基づいて分別すれば，スリランカの野生スイギュウ，バングラデシュ（図II-2-4-4，カラー）やネパールで飼育されている一見すると沼沢型に類似する容貌をしたスイギュウは河川型に分類される．これらのことから，$2n = 50$ の核型を基本とする集団を河川型，$2n = 48$ のそれを沼沢型とする分類，あるいは，核型と同等の分別能力のある遺伝標識，例えば後に述べる mtDNA 型などを用いて両者を分類するほうが好ましい．ところで，沼沢型的な外貌をもつ河川型スイギュウは存在するが，その逆は存在しない．この意味では河川型集団のほうが沼沢型に比べて改良による品

種分化が進んでいるといえる．これは，インド亜大陸以西では伝統的に動物から搾乳をおこなっているのに対して，東南アジアでは，動物の乳利用が限定的であったことと関係があるかもしれない．家畜の飼養目的が多様であればあるほど，その欲求を充たすために積極的な改良がおこなわれ，品種分化につながると考えられる．

2大系統のスイギュウについて，その外貌上の特徴を実際に見てみよう（図II-2-4，カラー）．1：ムラー種（Murrah breed）は乳用目的で改良された河川型スイギュウの代表的品種である．「ムラー」とは角が渦巻くという意味で，その名のとおり角は螺旋状にカールし，また黒色の皮膚と被毛をもっている．さらに乳房，胸垂（前胸部の下垂した皮膚）および十字部（腰の部分）がよく発達している．2：イタリアスイギュウは河川型で，わずかにカールした角をもち，黒色被毛である．ムラー種と同様，胸垂および十字部がよく発達している．またムラー種とイタリアスイギュウは乳用目的で改良されてきたが，イタリアスイギュウはムラー種ほど角がカールしていないことから，乳量での選抜と角のカールの程度に遺伝的関連性はないと考えら

表II-2-1 国別スイギュウ飼養頭数．（×1,000頭）

	1999-2001	2003	2006
世界全体	163,984	171,523	177,139
アフリカ	3,414	3,777	3,920
エジプト	3,414	3,777	3,920
北および中央アメリカ	5	6	6
トリニダードトバゴ	5	6	6
南アメリカ	1,097	1,155	1,180
ブラジル	1,096	1,149	1,174
アジア	159,230	166,340	171,800
アゼルバイジャン	296	306	299
バングラデシュ	836	850	850
ブータン	2	2	—
ブルネイ	6	6	5
カンボジア	658	660	724
中国	22,679	22,730	22,812
東チモール	77	107	—
グルジア	34	37	33
インド	93,331	97,922	98,805
インドネシア	2,414	2,459	2,428
イラン	490	540	580
イラク	65	120	—
カザフスタン	9	9	10
ラオス	1,029	1,111	—
マレーシア	147	133	137
ミャンマー	2,445	2,598	2,704
ネパール	3,540	3,840	4,203
パキスタン	22,679	24,800	28,400
フィリピン	3,032	3,180	3,359
スリランカ	694	280	314
シリア	3	3	4
タイ国	1,716	1,690	1,772
トルコ	162	121	105
ベトナム	2,887	2,835	2,921
ヨーロッパ	237	252	243
ボスニアヘルツェゴビナ	9	13	13
ブルガリア	9	7	8
ギリシャ	1	1	1
イタリア	194	185	205
マケドニア	1	1	1
ロシア	17	16	14
セルビア モンテネグロ	7	29	—

FAO（2008）より改変．—：データ公開なし．

れる．3：フィリピンスイギュウはカラバオ（carabao）と呼ばれ，沼沢型スイギュウである．沼沢型の特徴は水平で後方に向かう三日月型の角をもつことである．また灰色（野生色：agouti）被毛で，喉と前胸部に白帯（chevron）を有し，四肢下部は白色被毛である．すなわちアジアスイギュウ野生種の毛色パターンと同じである．白色被毛のものも少数であるが各地で見られる．このように沼沢型スイギュウと乳用目的に改良された河川型スイギュウは形態的に容易に区別することができる．しかし，図II-2-4-4（カラー）のスイギュウを見て，これが沼沢型か，河川型か，区別がつくだろうか．これは未改良の河川型スイギュウで，毛色は灰色，四肢下部が白色であるなど，形態的に沼沢型スイギュウと類似しているが，角が沼沢型スイギュウよりもやや上方向にカールするなど，形態的な違いが認められる．さらに，野生アジアスイギュウ（スリランカ）（図II-2-1-1，カラー）は次節(3)で述べるように河川型であるが，この毛色パターンや角

の形態を見て，沼沢型から容易に区別できるであろうか．このように，沼沢型スイギュウと乳用に改良した河川型スイギュウの区別は外形態から容易にできるが，沼沢型と未改良の河川型を判別することは必ずしも容易でない．

ii) 家畜スイギュウの東西への拡がり

インド，中東以西へ

前節 ii) 項で述べたように，インドでの家畜スイギュウの歴史は5,000年以上前に遡り（図 II-2-2-1），また，B.C. 2,200年頃にはすでにインドからメソポタミア，中東に達していた（図 II-2-2-2）．しかし，上記した紀元前の印章やレリーフなどに現れる家畜スイギュウの形態は，現在のインド，中東以西，エジプト，イタリアなどで見られる，角が螺旋状にカールした乳用型のスイギュウとは明らかに異なる．では，このような乳用の河川型スイギュウはいつ頃この地域に分布したのであろうか．中東で現在飼養されているスイギュウは，西暦紀元後に南アジアから導入された乳用に改良された一群が起源と考えられている．この理由は，南アジアより西に分布するスイギュウは搾乳目的で飼育され，インド・パキスタンの河川型スイギュウの典型的乳用品種に見られる螺旋状に強くカーブした角を共有するからである．インダス文明や古代メソポタミア文明の遺跡から発見されるスイギュウの姿は，野生アジアスイギュウや東南アジアの沼沢型スイギュウと同様に長く伸びた立派な角を保有する（図 II-2-2）．すなわち，乳用スイギュウに共通して見られる外形態の特徴は，河川型スイギュウの家畜化後の改良によって生じた形質であるとみなされる．

乳用のスイギュウは，サザン朝ペルシャ時代に，パキスタンを経由して5世紀頃にチグリス・ユーフラテス河の低地のデルタ地帯に広がり，その後，8世紀までにヨルダン渓谷に，9世紀までにアナトリアにそれぞれ定着している（WHITE, 1974）．エジプトは中東地域において現在最も盛んにスイギュウを利用している国であるが，古代には家畜としてのスイギュウは存在せず，ナイル河流域で一般的に用いられるようになるのは9世紀以降である（EPSTEIN, 1971；COCKRILL, 1984）．

現在，ヨーロッパに分布する家畜スイギュウはすべて河川型である．ヨーロッパへの家畜スイギュウの伝播経路は，ペルシャからロシア南部を経て，ドナウ河流域やイタリアへという経路と，トルコからギリシャを経てバルカン半島やイタリアへ広がったという経路が想定され，6世紀末にはすでに少数がヨーロッパ世界に存在したようである（WHITE, 1974）．しかし，現在のヨーロッパでの飼育の中心であるローマ周辺に確実に定着し，大頭数が飼育されるようになるのは11世紀末から12世紀になってからである（BÖKÖNYI, 1974）．

東南・東アジアへ

東南アジアの家畜スイギュウの分布が紀元前にインドからインドシナやスンダ列島にもたらされたことに始まるとも言われるが証拠に乏しい．HIGHAM and AMPHAN（1985）はタイ国東北部のB.C. 1,600年頃の遺跡スイギュウ骨を精査し，すでにスイギュウによる犁耕があったと結論付けている（前節 ii) 項）．中国ではB.C. 1,400年頃の殷（商）でスイギュウが飼育されていたことが記録されており，水田耕作の伝播にともない東南アジアから家畜スイギュウを入手したとの説が

一般的である（CHANG, 1976）．また，16世紀にスペイン人がフィリピンを植民地化したときの記録ではLuzon島に家畜ウシがほとんどいなかったが，家畜のスイギュウは存在したという．その起源はB.C. 300～B.C. 200年頃マレーからの移民によってもち込まれたという（CORONEL, 1974）．フィリピンのスイギュウはカラバオ（carabao）と呼ばれ，その語源はマレー語のクルバウ（kerbau）に由来すると言われる．また，Sulawesi島のToraja族は新マレー人より古い民族であるが，彼らの葬送儀礼に多数のスイギュウを犠牲にすることはよく知られ（I-4章(4)節v)項参照)，この地域におけるスイギュウ飼養の歴史が古いことを示す．いずれにせよ，東南アジアでのスイギュウ飼養の主要なルーツが，インドの家畜スイギュウの移入にあるとする考えは，後述するように，最近の生物学的あるいは系統遺伝学的研究からも明確に否定される．ただし，近年，インド系の近代乳用品種が在来種の改良などの目的でたびたび東南アジアの国々に導入され，在来集団に多かれ少なかれ遺伝的影響を与えたことは事実である．

アジアにおける伝統的スイギュウ観

人はスイギュウをどのように見てきたのか．ヒンズー教徒におけるウシとスイギュウに対する態度（attitude）について，筆者らの現地調査の折に得た聞き取りを含め記す．インド世界ではスイギュウがウシと同じようにさまざまな目的で利用されることから，スイギュウもウシと同じように崇敬されていると考えることができる．しかし，実際には，ヒンズー教徒のウシとスイギュウに対する態度は異なっている．ヒンズー教徒の間で，スイギュウの肉はウシの肉ほどには強く忌避されない（SIMOONS, 1993）．ヒンズー教徒の多いネパールで市中の料理に用いる肉は，一般にニワトリ，ヒツジ・ヤギ，そしてスイギュウである．また，ネパールのヒンズー教徒の重要な祭りに，毎年9月末から10月の新月から満月までの15日間行われるダサイン（Dashain）がある．この祭りは，女神バグワティ（ドゥルガ）がスイギュウの頭をもつ悪魔であるマヒシャースルとの戦いに勝ち，平和をもたらしたことを祝うものである．この祭典では，ニワトリ，ヤギおよびスイギュウが生け贄としてささげられる．

ブータンでは標高の低い南部地域にネパール系の住民が居住し，トウモロコシ栽培を主とした農業を営んでいる．ブータン南部の1集落での聞き取り調査によると，そこで飼育されていた少数のスイギュウは，ウシと異なり農耕や荷駄には利用せず，搾乳もしないとのことであった．このスイギュウの飼育目的は「もうすぐ大きな祭りがあるので良い値で売れる.」とのことであった．つまり，彼らにとってスイギュウは重要な供犠用家畜である．また，生け贄としてささげた後には，祭りの食事に供されるから食肉目的とみなすこともできる．ブータンではチベット仏教徒が大多数を占めるチベット系民族の居住地域とヒンズー教徒が大多数を占めるネパール系民族のそれは異なっている．標高が比較的高い中部以北ではチベット系住民が多数を占める．しかし，このような地域にも，ネパール系民族集団からなる土木作業従事者の家族集落が点在する．彼らは主に道路工事に従事し，自ら耕作する土地をもたないので，大型反芻家畜を飼育することはない．しかし，2004年8月末，ダサインの準備のため，遠隔の麓の村落からヤギやヒツジに加えてスイギュウが集落近くに運ばれてきていた．これは，ネパール系民族集団にとって，ダサインの祭典でスイギュウを犠牲にすることが重要な意味をもっていることを示すと思われる．

スイギュウを供犠の儀礼に用いる風習はラオスやカンボジアのモン・クメール語少数民族にもある．これらの地域では，供犠に用いられる大型動物として，ウシよりもスイギュウの方が重要

視されている（田村・石井，1997）．また，Sulawesi 島の Toraja 族が独自の宗教儀礼をもち，彼らの葬送儀礼に多くのスイギュウが犠牲にされることはよく知られている．Toraja 族の精神世界では供儀したスイギュウの魂が死者を天に導くと考えられており，犠牲とされたスイギュウが多いほど，死者が天の高いところに昇れるとされる．他方，日本の干支に相当するベトナムの十二獣では，ウシはスイギュウ，ヒツジはヤギ，ウサギはネコとなっている．これは，ベトナムではウシよりもスイギュウ，ヒツジよりもヤギが人々の生活に，また精神世界に深く関係してきたことを示唆している．これらスイギュウにまつわる宗教儀礼が数多く存在することは，スイギュウが熱帯アジア地域の先住民族社会にとって特別な位置づけをもった家畜であったことを意味する．

HOFFPAUIR（2000）は，スイギュウを宗教的儀礼につかう民族の生活習慣を比較すると，彼らの圧倒的多数が小高い丘の上を生活の拠点とし，犂を使わない陸稲の栽培をおこなっていると指摘している．現時点では，スイギュウを生け贄に用いる小高い場所の陸稲栽培をする原始的農業と，東南アジア一帯に広がるスイギュウを耕作に用いる洗練された水田稲作が，どのような順序で生じたのか明確な答えは示されていない．しかし，熱帯アジア地域では，高地に住む人々が先住民族だと一般に考えられていることから，スイギュウの家畜化も SIMOONS and SIMOONS（1968）が主張するように，崇拝される神への生け贄としての役割から生じたのかもしれない．

(3) 家畜スイギュウの系統分化

これまでいくつかの遺伝形質が沼沢型スイギュウ（swamp buffalo）と河川型スイギュウ（river buffalo）の間で異なることが明らかにされているが，その遺伝的関係が包括的に議論されたことは少ない．本節では，染色体の核型比較，核（血液タンパク型）遺伝子情報，母系遺伝をするミトコンドリア DNA（mtDNA）および Y 染色体上の *SRY* 遺伝子の DNA 塩基配列情報を利用した研究結果から，アジアスイギュウ属の系統関係と家畜スイギュウの起源と系統について述べる．

i) 染色体核型

河川型と沼沢型のスイギュウについて，それらの用途や家畜化過程で生じたと考えられる外見上の形態的差異ではなく，遺伝学的に最初に認知された違いは核型の相違である（FISCHER and ULBRICH, 1968）．

ウシ科動物種の進化に伴う核型変化は，現在の家畜のウシやヤギの核型と同じく 29 対 58 本の端部動原体型染色体（アクロ型）常染色体から構成される共通祖先型の核型から動原体融合（ロバートソン型転座）によって，次中部動原体型染色体（サブメタ型）あるいは中部動原体型染色体（メタ型）が生じたと考えられている（WURSTER and BENIRSCHKE, 1968；BUCKLAND and EVANS, 1978；GALLAGHER and WOMACK, 1992）．ウシ科動物種の核型では染色体数 $2n=30$ から $2n=60$ までさまざまであるが，大多数の種では常染色体腕数（*NAA*）は 58 で，染色体分染法によって得られる各染色体腕のバンドパターンには高い相同性が認められる（GALLAGHER and WOMACK, 1992；IANNUZZI and DIMEO, 1995）．

河川型スイギュウの核型が $2n=50$, $NAA=58$ であるのに対し，沼沢型スイギュウの核型では $2n=48$, $NAA=56$ になっている．この沼沢型における NAA の減少は図 II-2-5 に示すように，河川型のサブメタ型 4番染色体（R4）の短腕テロメア側と9番染色体（R9 $=$T9）の動原体近傍部でおきた縦列転座で説明できる（DI BERARDINO and IANNUZZI, 1981；BONGSO and HILMI, 1982；TANAKA et al., 2000）．タマラオの核型は $2n=46$ であるが，沼沢型と同様に $NAA=56$ である（NAMIKAWA et al., 1995）．タマラオの核型は 6 対のサブメタ型常染色体，16 対のアクロ型常染色体，および X，Y 染色体からなる（図 II-2-6）．アノア（lowland anoa）とヤマアノア（mountain anoa）の核型では $2n=36$ から $2n=48$ の間の変異が報告されており，研究者間あるいは同一種個体間でも一定しない（KOULISCHER et al., 1972；HSU and BENIRSCHKE, 1974；天野・MARTOJO, 1983；SCHREIBER et al., 1993）．しかし，いずれの報告でも $NAA=58$ である．

したがって，ウシ亜科の動物種における染色体進化では，縦列転座のような NAA に変化をもたらす構造変化はまれな現象と見ることができる．それ故，沼沢型スイギュウとタマラオの $NAA=56$ 型の核型はウシ科動物種においては例外的といえる．この NAA の一致から，アジアスイギュウ属の中でタマラオと沼沢型スイギュウが最も近縁であり（NAMIKAWA et al., 1995），mtDNA 遺伝子を指標とした系統解析結果（図 II-2-7：TANAKA et al., 1996）を支持する証拠ともされた．しかし，両者の NAA の減少が異なる染色体間での構造変化でおきていることが明らかになった．タマラオの 1 番染色体（T1）が河川型 4 番染色体（R4）短腕と河川型 12 番染色体（R12＝S11：沼沢型の 11 番）動原体との縦列転座によって構成されるのに対して，沼沢型スイギュウの 1 番染色体（S1）は R4 短腕と河川型 9 番染色体（R9＝T9）動原体でおきた縦列転座によっている（図 II-2-5）．つまり，タマラオと沼沢型スイギュウはウシ亜科の中でともに NAA が 2 本減少した $NAA=56$ 型の核型をもつが，それは異なる染色体間の縦列転座による一致である．タマラオではさらに T2 が R7（＝S7）と R15（＝S14）とのロバー

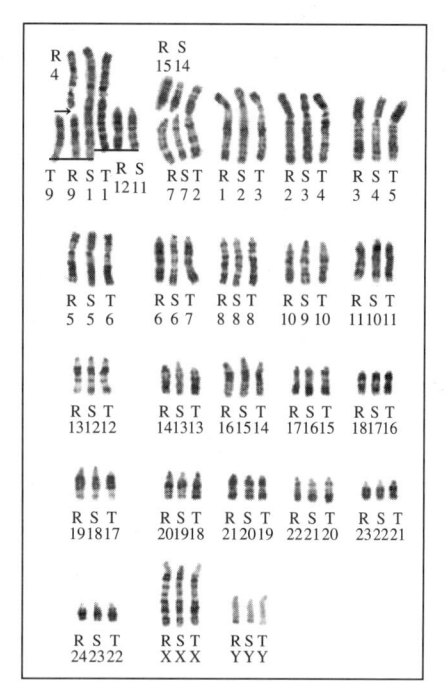

図 II-2-5　家畜スイギュウとタマラオのR分染染色核型の比較．
河川型（R），沼沢型（S）およびタマラオ（T）．
(TANAKA et al., 1999, 2000)

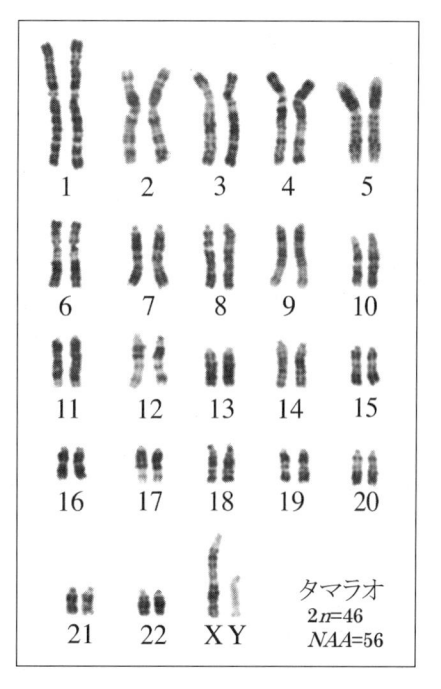

図 II-2-6　タマラオ（B. mindorensis）のR分染染色核型．(TANAKA et al., 2000)

トソン型転座でできており，$2n = 46$ となっている（TANAKA et al., 1999, 2000）．核型解析の結果はタマラオがアジアスイギュウ属の中で独立種として位置づけられることを支持する．

ここで，河川型スイギュウと沼沢型スイギュウの交雑について細胞遺伝学の見地から見てみよう．河川型に分類される乳用品種には，非常に優れた泌乳能力をもつものがある．東南アジアでは，乳生産と体格の改良を目的として，ムラー種に代表される乳用品種が過去何度にもわたってベトナムやフィリピンに導入され，在来の沼沢型スイギュウとの交雑がおこなわれた．しかし，現在まで河川型を用いた沼沢型改良には大きな成果が報告されていない．この要因として，スイギュウの繁殖生理に関してウシほどに十分な情報がなく，人工授精技術がまだ試験場レベルの段階を脱していないことがあげられる．しかし，細胞遺伝学的に見ると，河川型を用いた東南アジア在来の沼沢型の改良が成功しない理由は別に存在する．河川型と沼沢型との自然交配ができにくいことは散発的に報告されている（FISCHER and ULBRICH, 1968）．しかし，試験場レベルでは人工授精が可能であるので，東南アジア諸国のスイギュウ関連研究施設で両者の雑種を何頭も見ることができる．沼沢型と乳用河川型の雑種第1代の核型は $2n = 49$ である．この雑種第1代の繁殖能力に問題があるとの指摘が過去何度もされているが，雌雄両方から産仔が得られたとの報告もある（TULLOCH and HOLMES, 1992）．この問題に対して，DAI et al.（1994）は，沼沢型と河川型の F_1（交雑第1代）の精巣における配偶子形成過程の減数分裂中期像を観察し，その48〜72％に配偶子構成染色体の腕数に過不足があり，この原因が減数分裂時の不均衡型分離にあること，さらに，同様の異常が $2n = 49$ 型の F_2 個体（次世代）および BC_2 個体（戻し交配世代）でも起きることを報告している．また，LINKSHUANG et al.（2003）は交雑個体精子の染色体構成を調べ，およそ半数の精子に不均衡型異常が見られたと報告している．不均衡型異常の配偶子からは産仔が得られないため，$2n = 49$ の核型をもつ F_1 雑種の繁殖能力が低いことは明白である．また，有効な配偶子が多少とも存在するのであるから，試験研究目的などで交配を繰り返せば後代が得られる事実とも矛盾しない．さらに，F_1 交雑種において雄不妊の報告が多いことも説明できる．雄では無効な不均衡型の精子と有効な均衡型の精子が同時に作られるため，有効な配偶子数の単なる減少に加えて，受精における両者の競合が生じることになる．この結果，雄には雌に比べてより大きな繁殖障害が生じる．交雑種における繁殖障害を克服し，河川型スイギュウを用いた沼沢型スイギュウの改良を成功させるためには，両者の交雑集団の核型構成を速やかに東南アジア在来集団の $2n = 48$ 型に固定することが一策であろう．

天野ら（1988）は河川型と沼沢型の分布境界で両者の交雑個体が極めて少数しか存在しないと報告している．両者の交雑種の後代で雑種崩壊的な現象が現れ，現在の河川型と沼沢型の明白

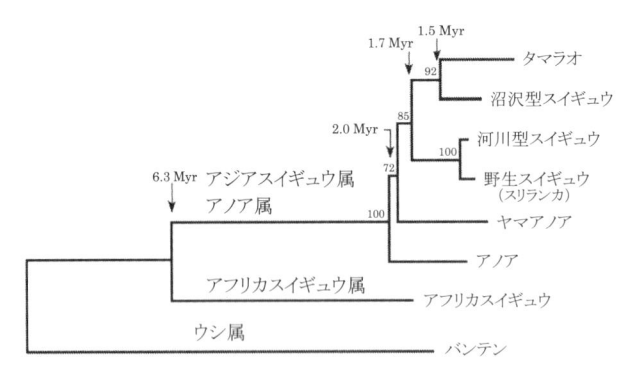

図 II-2-7 アジアスイギュウ属（Bubalus）およびアノア属（Anoa）の種の系統関係．
ミトコンドリア DNA のシトクローム b 遺伝子領域（1,140 bp）の塩基配列の比較による．バンテン（Bos javanicus）とアフリカスイギュウ（Syncerus caffer）の分岐を1,000万年前とした．Myrは100万年，数値は近隣結合法（NJ法）によるブートストラップ値（％）を示す．

図 II-2-1　アジアの野生スイギュウ．
1-1. アジアスイギュウ（Yala 国立公園，スリランカ），1-2. 同捕獲個体　2. タマラオ　3. アノア　4. ヤマアノア（写真 並河鷹夫）

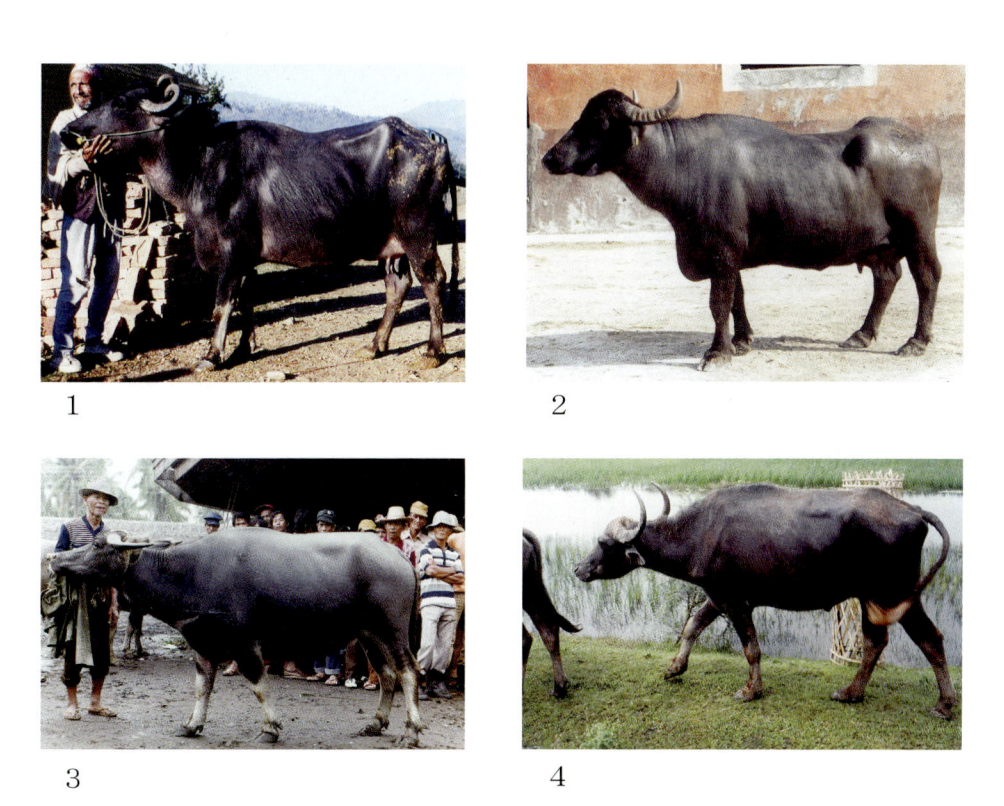

図 II-2-4　いろいろなタイプの家畜スイギュウ．
1. ムラー種　2. イタリア　3. フィリピン　4. バングラデシュ

図 II-2-16　家畜スイギュウに見られる皮毛色変異.
1. 野生型（灰色）と 2. 喉, 頸部の白帯 "chevron"　3. 白色皮毛　4. 褐色毛　5. 白斑皮毛（写真　野澤謙）　6. スイギュウの絵と頭部像（Toraja 族, Sulawesi 島）（提供 奥州市牛の博物館）

な棲み分けが生じているのかもしれない．いずれにしても，2n＝49の核型をもつF_1交雑種の繁殖能力が低く，配偶子形成に大きな障害があることから，2n＝50と2n＝48の核型が同一集団内において高度の多型を長く維持できるとは考えられない．すなわち，河川型スイギュウと沼沢型スイギュウは細胞遺伝学的にも分化しており，完全ではないが生殖的隔離が存在する．したがって，河川型スイギュウと沼沢型スイギュウの核型分化はそれぞれに対応する野生集団に遡ると考えざるを得ず，両者が異なる野生種集団から家畜化されたという考えが強く支持される．

ii) 血液タンパク型

図II-2-8はアジア15ヶ国44地域集団とイタリア2地域集団の計46地域のスイギュウ集団，1,240頭の血液タンパク質25種を電気泳動法で分析し，25座位の遺伝子頻度から集団間の遺伝的類縁関係を枝分かれ図として示したものである．この研究の詳細はAMANO et al. (1980, 1983, 1984)，天野ら (1983, 1986, 1988, 1992, 1995, 1998)，高橋ら (2000) を参照されたい．

この分析に用いた基礎データの中に，各種スイギュウ集団のおよその系統関係を知る上で簡便かつ有効な血液タンパク多型があるので先に述べておこう．検索した血液タンパク型25座位のうち，血清アルブミン，血清トランスフェリン，ヘモグロビン-α，ヘモグロビン-β，カーボニックアンヒドラーゼおよびペプチダーゼ-Bの6座位に多型が認められた．このうち血清アルブミン型座位には図II-2-9 (a) に示した6種の表現型が認められ，AX型およびX型は沼沢型スイギュウのみに，AB型およびB型は河川型スイギュウ

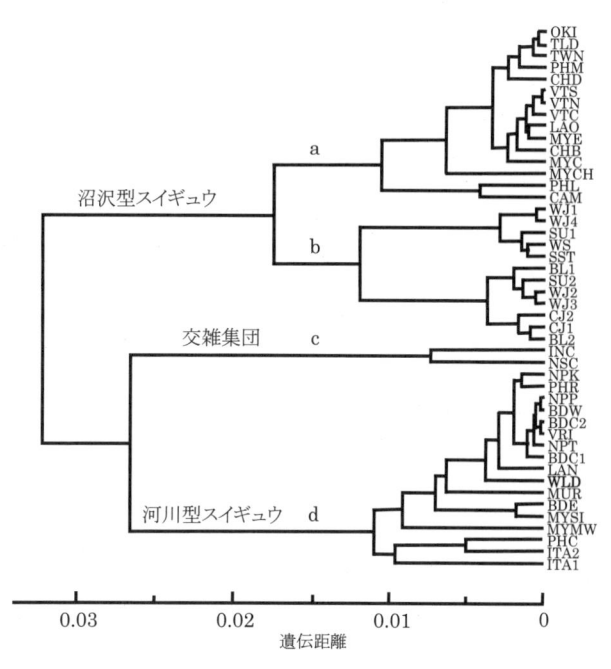

図II-2-8 血液タンパク型25座位の遺伝子頻度にもとづく家畜および野生スイギュウ46地域集団における遺伝的類縁関係．

NEIの遺伝距離 (NEI, 1972) と平均結合法 (UWPGM: SOKAL and SNEATH, 1963) により作成．

a群：OKI. 沖縄（日本） TLD. タイ国 TWN. Kasha（台湾） PHM. Mindanao（フィリピン） CHD. 大理（中国雲南） VTS. ベトナム南部 VTN. ベトナム北部 VTC. ベトナム中部 LAO. Vientiane（ラオス） MYE. ミャンマー東部 CHB. 四双版納（中国雲南） MYC. ミャンマー中部 MYCH. Chin（ミャンマー） PHL. Luzon（フィリピン） CAM. カンボジア

b群：WJ1. 西Java-1（インドネシア） WJ4. 西Java-4（インドネシア） SU1. Ujungpandang-1（南Sulawesi，インドネシア） WS. 西Sumatra（インドネシア） SST. Toraja（中部Sulawesi，インドネシア） BL1. Bali-1（インドネシア） SU2. Ujungpandang-2（南Sulawesi，インドネシア） WJ2. 西Java-2（インドネシア） WJ3. 西Java-3（インドネシア） CJ2. 中部Java-2（インドネシア） CJ1. 中部Java-1（インドネシア） BL2. Bali-2（インドネシア）

c群：INC. 交雑集団（インドネシア） NSC. 交雑集団（北Sumatra，インドネシア）

d群：NPK. Kali Gandaki（ネパール） PHR. 河川型（フィリピン） NPP. Pokhara（ネパール） BDW. バングラデシュ西部 BDC2. バングラデシュ中部-2 VRI. 河川型（ベトナム） NPT. Terai（ネパール） BDC1. バングラデシュ中部-1 LAN. スリランカ在来 WLD. 野生スイギュウ（スリランカ） MUR. ムラー種（スリランカ） BDE. バングラデシュ東部 MYSI. Sittway（ミャンマー） MYMW. Magwe（ミャンマー） PHC. 交雑集団（フィリピン） ITA2. Caserta（イタリア） ITA1. Naples（イタリア）

ウのみに，また BX 型は両者の交雑個体のみに認められた．次に，血清トランスフェリン型座位では図 II-2-9 (b) に示した6つの表現型が認められ，A 型と AD 型は沼沢型のみに，E 型は主に河川型に，また AE 型は両者の交雑個体のみから発見された．

　血清アルブミン型座位の対立遺伝子頻度を集団ごとに地図上に描いてみた（**図 II-2-10**）．沖縄，台湾，フィリピン，そして中国からインドシナ地域の集団，さらにインドネシア諸地域集団，すなわち沼沢型スイギュウの分布域では Alb^X 遺伝子が高頻度に存在し，Alb^B 遺伝子はほとんど見られない．さらにインドネシア諸地域集団では Alb^A 遺伝子頻度が他の沼沢型集団に比べて高く，地域差が見てとれる．バングラデシュ以西，すなわち河川型の分布域を見ると，Alb^B 遺伝子が高頻度で出現する．一方，イタリア集団およびインドのムラー種には Alb^B が高頻度で見られ，沼沢型特有の Alb^X 遺伝子は沼沢型との境界域を除くとほとんど認められない．このことから，Alb^B 遺伝子は河川型特有と想定できる．バングラデシュ東部からミャンマー西部地域の一部集団や個体には沼沢型，河川型それぞれに特有の対立遺伝子が混在することから，これらの地域は2系統のスイギュウの交雑地帯であると見られる．

　さて，先に示した枝分かれ図（**図 II-2-8**）を見ると，世界のスイギュウは中国，東南アジアなどの集団で構成される沼沢型スイギュウと，バングラデシュ，ネパールなどインド亜大陸以西の河川型スイギュウの大きく2群に大別されている．

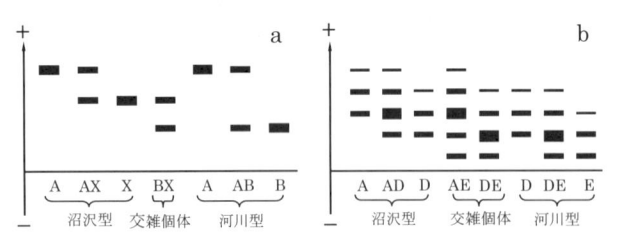

図 II-2-9 家畜スイギュウの血液タンパク型電気泳動像の模式図．
沼沢型または河川型に特異な変異が見られる座位を示した．a. 血清アルブミン型　b. 血清トランスフェリン型

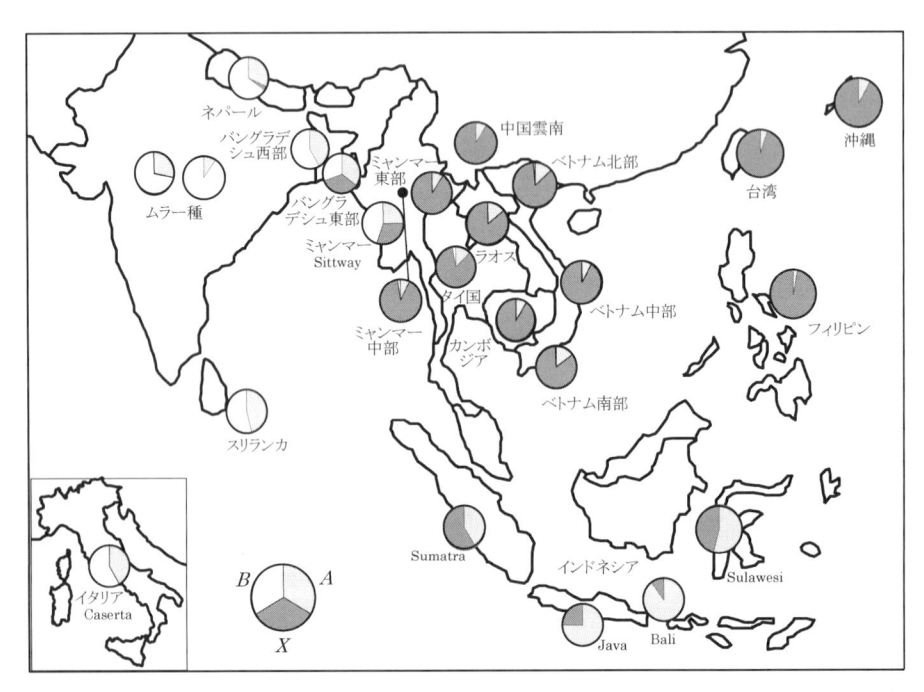

図 II-2-10 家畜スイギュウ地域集団における血清アルブミン型座位対立遺伝子頻度の地理的分布．

沼沢型スイギュウ群はさらに中国，インドシナ，フィリピンなどの地域集団で構成される群と，インドネシアの地域集団で構成される群に区別される傾向がある．一方，河川型はバングラデシュ，インド亜大陸からイタリアまで大きな地理的隔たりがあるにもかかわらず，比較的小さいクラスターを形成し，沼沢型に比較して遺伝的多様性が小さいことが示唆される．沼沢型と河川型の2大系統間のNEIの遺伝距離は約0.0323となり，この値は種内地域集団間で一般的に見られる亜種レベルに相当する．

上述と同様の遺伝子頻度データを主成分分析法により分析した結果を図II-2-11に示す．第1主成分軸は図II-2-8と同様に家畜スイギュウにおける主要遺伝分化が沼沢型と河川型の間にあること，両者の交雑集団がこの成分軸の中間に位置すること，また第2主成分は沼沢型スイギュウ内の遺伝分化が河川型よりも大きいことを示している．そこで，沼沢型スイギュウ集団群

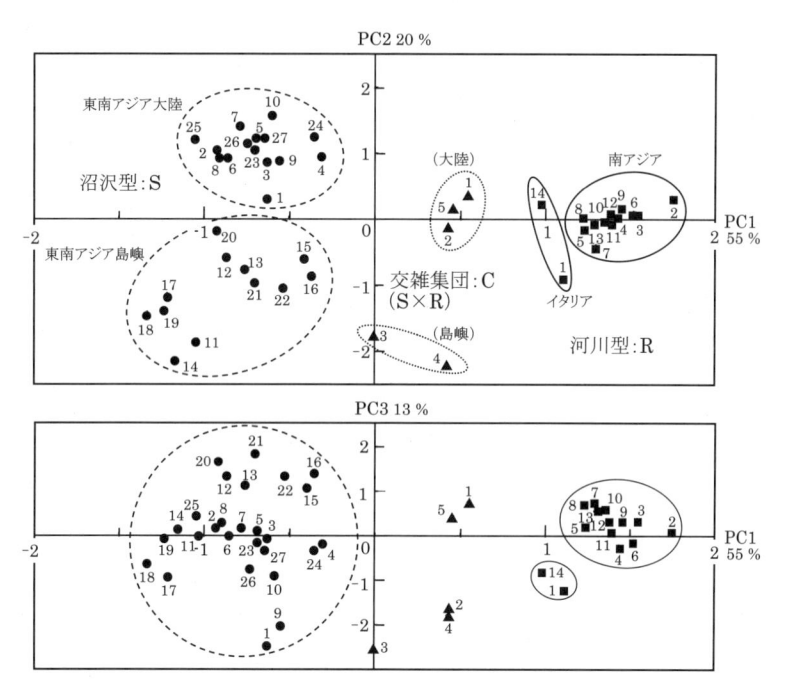

図II-2-11 血液タンパク型25座位の遺伝子頻度を用いた主成分分析法による家畜および野生スイギュウ集団における遺伝的類縁関係．

沼沢型集団：S● 1. カンボジア 2. ミャンマー東部 3. ミャンマー中部 4. Chin（ミャンマー） 5. Vientiane（ラオス） 6. ベトナム北部 7. ベトナム中部 8. ベトナム南部 9. Luzon（フィリピン） 10. Mindanao（フィリピン） 11. 西Java-1（インドネシア） 12. 西Java-2（インドネシア） 13. 西Java-3（インドネシア） 14. 西Java-4（インドネシア） 15. 中部Java-1（インドネシア） 16. 中部Java-2（インドネシア） 17. 西Sumatra（インドネシア） 18. Toraja（中部Sulawesi，インドネシア） 19. Ujungpandang-1（南Sulawesi，インドネシア） 20. Ujungpandang-2（南Sulawesi，インドネシア） 21. Bali-1（インドネシア） 22. Bali-2（インドネシア） 23. タイ国 24. 大理（中国雲南） 25. 四双版納（中国雲南） 26. Kasha（台湾） 27. 沖縄（日本）

河川型集団・品種：R■ 1. Caserta（イタリア） 2. Magwe（R）（ミャンマー） 3. ベトナム（R） 4. フィリピン（R） 5. スリランカ在来 6. ムラー種（スリランカ） 7. 野生スイギュウ（スリランカ） 8. バングラデシュ中部-1 9. バングラデシュ中部-2 10. バングラデシュ西部 11. Kali Gandaki（ネパール） 12. Terai（ネパール） 13. Pokhara（ネパール） 14. Naples（イタリア）（R）：移入された河川型品種

交雑集団：C▲ 1. Sittway（ミャンマー） 2. フィリピン 3. 北Sumatra（インドネシア） 4. インドネシア 5. バングラデシュ東部

について,それらの遺伝分化の様相を第2主成分で見ると,中国雲南,ミャンマー,タイ国,ベトナム,カンボジアなどの集団(東南アジア大陸集団:中国雲南を含む)からインドネシア諸地域集団(東南アジア島嶼集団)への方向にある.しかし,両集団群の境界は第3主成分も含めて見ると必ずしも明確でなく,これらは比較的連続的に分布する.興味あることにフィリピン集団は台湾,沖縄の集団とともに典型的な大陸集団の位置,中でも中国雲南集団に近い位置にある.第1,第2主成分平面上で交雑5集団を見ると,フィリピン産,Sittway産(ミャンマー),バングラデシュ東部地域の交雑3集団(大陸型交雑集団)は大陸集団と河川型の中間に,また,インドネシア産交雑2集団(島嶼型交雑集団)は島嶼集団と河川型の中間近くに位置することがわかる.これは,大陸集団から島嶼集団に至る遺伝分化傾向の存在を間接的に支持するのみならず,フィリピン集団が大陸型であることをさらに確認できる結果である.第3主成分は沼沢型集団群の遺伝的多様性がこの成分においても河川型よりも大きいこと,および河川型スイギュウの中で,イタリア品種がインド品種や南アジア在来スイギュウ集団から区別されることを示している(図 II-2-11,下図).

　以上から,沼沢型と河川型の間には明確な遺伝分化があり,沼沢型内の遺伝的多様性は河川型よりも大きいこと,および沼沢型集団群の遺伝分化は大陸型と島嶼型を区別する方向にあることが知られた.広大なインドネシア島嶼地域の集団には大陸集団に比較的類似する集団から遠い集団があり,東南アジア大陸部から島嶼部への移動が古いことと同時に,比較的近年までマレー半島周辺に移動があったことが示唆される.また,フィリピン,台湾,沖縄集団は東南アジア大陸集団に直結する集団であり,中国大陸南部から直接もち込まれた可能性が高い.

iii) ミトコンドリア DNA

　ミトコンドリア DNA(mtDNA)は核 DNA に比べ塩基置換速度が速いので種間や種内の系統分析をおこなう上で有効な指標となる(FERRIS et al., 1981;BROWN, 1982;HORAI et al., 1986).mtDNA は2種のリボゾーム RNA 遺伝子,22種の転移 RNA 遺伝子および13種のタンパク遺伝子および塩基置換が比較的速い約1 kbp の D ループ領域からなる.mtDNA は母系遺伝をするので母系祖先をたどるための有効な標識である.特に大型家畜は雌よりも雄の移動の方がはるかに大きいことが一般的特徴であり,先に定着していた集団の雌 mtDNA が残っている可能性があるので,家畜系統史研究に興味ある情報を提供すると期待される.

　図 II-2-12 は CO2 遺伝子領域の塩基置換率から求めた遺伝距離をもとに作成した枝分かれ図で,アフリカスイギュウ,野生スイギュウ(ス

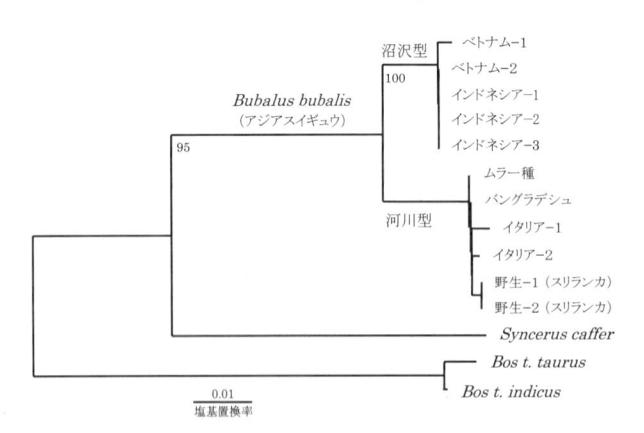

図 II-2-12 ミトコンドリア DNA CO2 遺伝子領域塩基配列から見たアジアスイギュウ属(Bubalus),家畜スイギュウ2大系統(河川型と沼沢型)および野生スイギュウ(スリランカ)の系統関係.
数値は近隣結合法(NJ 法)におけるブートストラップ値(%).

リランカ），家畜スイギュウ2大系統および家畜ウシ2系統の系統関係を示す（AMANO *et al.*, 1994）．この図から，アフリカスイギュウ，アジアスイギュウ，ウシの3属が大きく分かれること，そしてアジアスイギュウ属がウシ属よりもアフリカスイギュウ属に近縁であることは明らかである．家畜スイギュウ2大系統は属レベルではないものの相互に明確に区別され，スリランカ野生スイギュウは河川型に属する．また，家畜スイギュウ2大系統間の遺伝距離は家畜ウシの代表的2系統である *Bos t. taurus* と *Bos t. indicus* 間の遺伝距離よりも大きい．

家畜スイギュウ2大系統および野生スイギュウ（スリランカ）のシトクローム *b*（cyt. *b*）遺伝子領域の塩基配列を決定し，区別されたハプロタイプの系統関係を**図 II-2-13** に示した．また，Dループ領域の塩基配列に基づくハプロタイプの系統関係を**図 II-2-14** に示したが，この図からも**図 II-2-13** とほぼ同様の結論が導かれる．

cyt. *b* 遺伝子領域の解析は計83頭の家畜スイギュウおよび野生スイギュウ（スリランカ）についておこない，24種のハプロタイプを認めた．これらのハプロタイプは沼沢型（S）と野生スイギュウ（スリランカ）を含む河川型（R）の2群にまず大別される．ハプロタイプ間の塩基置換率は沼沢型内で0.09～1.23％，河川型内で0.09～0.53％，両者の間では2.11～2.72％となる．両スイギュウ系統間の示す値の大きさは，亜種レベルの差に相当する．また，沼沢型集団内の最大

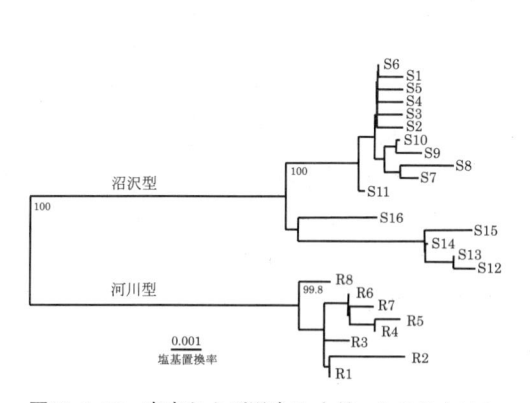

図 II-2-13 家畜および野生スイギュウのミトコンドリアDNAシトクローム *b* 遺伝子塩基配列によって区別されたハプロタイプの系統関係．
数値はNJ法におけるブートストラップ値（％）．
発見されたハプロタイプ名（沼沢型：Sと河川型：R）とそれをもっていた個体の集団名を（ ）に示した．スリランカ野生スイギュウ個体のハプロタイプ名はRで示した．
S1, S2（インドネシア） S3（フィリピン） S4（インドネシア） S5（ラオス，カンボジア） S6（沖縄，台湾，ベトナム，ラオス，カンボジア，タイ国，フィリピン，インドネシア，バングラデシュ） S7, S8（タイ国） S9, S10（ミャンマー） S11（ベトナム，ラオス，タイ国） S12（ラオス） S13（カンボジア） S14（ミャンマー） S15（ベトナム） S16（カンボジア）
R1（ミャンマー，ムラー種，バングラデシュ，スリランカ在来，イタリア，スリランカ野生） R2（ムラー種） R3（バングラデシュ） R4（ミャンマー，バングラデシュ，スリランカ在来） R5（スリランカ野生） R6（ムラー種） R7, R8（バングラデシュ）

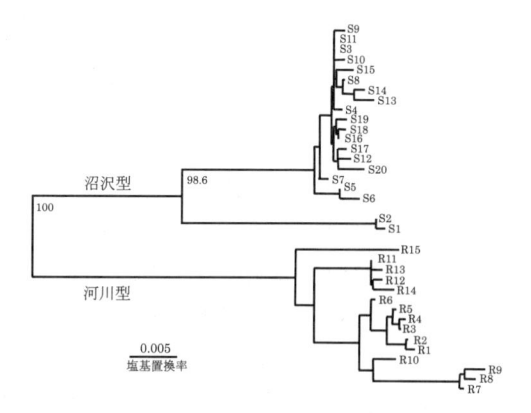

図 II-2-14 家畜および野生スイギュウのミトコンドリアDNAのDループ領域塩基配列によって区別されたハプロタイプの系統関係．
数値はNJ法におけるブートストラップ値（％）．
発見されたハプロタイプ名（沼沢型：Sと河川型：R）とそれをもっていた個体の集団名を（ ）に示した．スリランカ野生スイギュウ個体のハプロタイプ名はRで示した．
S1（タイ国） S2（ラオス） S3（ラオス，タイ国） S4（フィリピン） S5（タイ国） S6（ラオス） S7（ベトナム） S8（タイ国） S9（ラオス） S10（タイ国） S11（ラオス，バングラデシュ） S12（ベトナム） S13, S14（インドネシア） S15（フィリピン） S16, S17, S18, S19, S20（インドネシア）
R1, R2（バングラデシュ） R3（イタリア） R4（スリランカ野生） R5（スリランカ在来） R6（バングラデシュ） R7, R8, R9（イタリア） R10（スリランカ野生） R11（ムラー種—スリランカ，スリランカ野生） R12（スリランカ野生） R13（スリランカ在来） R14（バングラデシュ） R15（ムラー種）

表 II-2-2 アジアスイギュウおよび近縁種のミトコンドリア DNA 塩基配列の領域別塩基対数の比較.

mtDNA の領域	アジアスイギュウ Bubalus bubalis				アフリカスイギュウ Syncerus caffer	ウシ Bos taurus
	沼沢型	河川型	河川型（イタリア）	野生スイギュウ（スリランカ）		
12s rRNA	957	957	957	957	955	955
16s rRNA	1,569	1,569	1,569	1,569	1,569	1,571
タンパク遺伝子	11,403	11,403	11,403	11,403	11,403	11,403
D ループ	924	926	926-931	926	932	910
tRNA	1,516	1,516	1,516	1,516	1,516	1,513
その他	58	58	58	58	56	58
全塩基対数*	16,355	16,357	16,357-16,362	16,357	16,360	16,338

*タンパク遺伝子と tRNA に重複があるため, 領域の合計は全塩基対数にはならない.

表 II-2-3 ミトコンドリア DNA 全塩基配列の比較により見いだされた, 家畜スイギュウと野生スイギュウの相同アミノ酸サイトにおけるアミノ酸置換をともなう塩基置換.

遺伝子領域	家畜スイギュウ		野生スイギュウ（スリランカ）
	沼沢型	河川型	
ND2	ATA (Met)	ATA (Met)	ATT (Ile)
ATPase8	AAC (Asn)	AAC (Asn)	TAC (Tyr)
ND5	TTC (Phe)	TTC (Phe)	TCC (Ser)

塩基置換率は河川型内のそれの2倍であり, 母系で見た場合にも沼沢型内の遺伝的多様性の方が有意に高いことがわかる.

沼沢型に見られるハプロタイプは図II-2-13 に示す S1～S10, S11, S12～S15, S16 の 4 群からなり, 内陸集団にはこのいずれもが保持されている. しかし, 沖縄, 台湾, フィリピンおよびインドネシア集団からは相互に極めて類似する S1～S6 群のみしか発見されない. この事実は沼沢型スイギュウの移動が大陸から島嶼への方向であり, この過程で母系が一部に限られたことを示している. 一方, 沼沢型と河川型の分布境界付近のミャンマー, バングラデシュ集団の一部に, 沼沢型と河川型のハプロタイプの両方が認められていることから, これらの地域には 2 大系統のスイギュウの母系が混在していると見られる.

沼沢型に分類されるスイギュウのうち, ラオス, カンボジア, ミャンマー, ベトナム集団には他の沼沢型ハプロタイプから比較的分化したハプロタイプ (S12～S16) が集団内に混在する. この結果はインドシナ集団に, 血液タンパク型 (核遺伝子) データの解析による区別はできないが, mtDNA で区別されるより古い集団が分布していた可能性を示唆する. すなわち, 沼沢型スイギュウにはこの古いタイプと中国を中心に分布拡大したと考えられるタイプの 2 つが存在したが, その後, 雄を介した遺伝子流入により核遺伝標識を用いた解析法では両者を区別できなくなった可能性もある. また, インドシナ地域の国々では比較的最近まで, 野生スイギュウと家畜スイギュウとの間で交配による遺伝子交流があり, これとの関連性も考えられる. しかし, 沼沢型の野生スイギュウの調査結果がないので確かな論議はできない. 沼沢型スイギュウには母系標識から見ても比較的高い変異性があり, その家畜化の場所や家畜化の多源性など, 興味ある課題が残されている.

野生スイギュウと家畜スイギュウの系統関係, さらに家畜スイギュウ 2 大系統の類縁関係を詳細に知る目的で, mtDNA の全塩基配列が解析された. 沼沢型スイギュウ (インドネシアおよびベトナムの計 5 頭), 河川型スイギュウ (バングラデシュ, インドおよびイタリアの計 4 頭), 野生スイギュウ (スリランカ, 2 頭) の合計 11 頭を分析した結果によると, 沼沢型 mtDNA の全長

は16,355 bp, 河川型のそれは16,357〜16,362 bp, 野生スイギュウ（スリランカ）は16,357 bpで, これらの塩基対数の違いはすべてDループ領域のみにあった（表II-2-2）.

家畜スイギュウ2大系統間で比較すると, 13遺伝子のアミノ酸翻訳領域のうち, 8領域でアミノ酸置換を伴う塩基置換が認められ, 特に*ND4L*, *ND5*領域には多くの置換が見られた. また, 野生スイギュウ（スリランカ）の塩基配列は全体としては河川型スイギュウに極めて近いが同一ではなく, *ND2*, *ATPase8*, *ND5*の3遺伝子のアミノ酸翻訳領域に野生スイギュウ固有のアミノ酸置換が各1ヵ所ずつ認められた（表II-2-3）. この差異は河川型野生種の種内多型あるいは分布地域による違いかもしれない. また, 河川型スイギュウの家畜化後に生じた可能性も否定できない. この解明には複数地域の野生アジアスイギュウの集団調査が必須である.

mtDNAのタンパク翻訳領域における塩基置換率は沼沢型と河川型の間で最大3.8%であり, これは*Bos t. taurus*と*Bos t. indicus*という家畜ウシ2大系統間の塩基置換率と比較して明らかに大きい. さらにmtDNA全塩基配列で見ると, 家畜スイギュウ2大系統間の塩基置換率は他の動物の亜種間における塩基置換率に近い値である. このことからスイギュウ2大系統間の遺伝的差異はmtDNAの分化から見ると種内の地域集団間で一般に見られる値より大きく, 実際には亜種レベル相当と考えられる.

iv) *SRY*遺伝子

*SRY*遺伝子はY染色体上にあるので雄のみがもつ. したがって, *SRY*遺伝子内では組換えはおこさず, 父系遺伝をする（SINCLAIR *et al.*, 1990；GUBBAY *et al.*, 1990）. 7カ国, 28頭の沼沢型, 河川型スイギュウにおいて, *SRY*遺伝子のアミノ酸コード領域の塩基配列の比較がおこなわれ, 2タイプの*SRY*遺伝子による多型が発見されている（図II-2-15）. これはアミノ酸置換を伴う1塩基置換の多型で, 沼沢型スイギュウと河川型スイギュウを明確に2分する. この事実は, 家畜スイギュウの沼沢型と河川型にはそれぞれに異なる父系祖先があり, 雄を介した相互交雑がほとんどなかったことを示す.

以上, 染色体核型, 血液タンパク型遺伝子, mtDNA遺伝子および*SRY*遺伝子から得られた分析結果を踏まえ, 家畜スイギュウ集団の系統遺伝学的関係を整理する. 同一種とみなされ, 両方とも*Bubalus bubalis*の学名をもつ家畜スイギュウの2大系統, 沼沢型と河川型は染色体核型, 核DNA情報, 母系情報および父系情報のいずれから見ても遺伝的に明らかに区別できる系統であり, その遺伝的隔たりは亜種レベル相当と推定される. さらに, 両者の交雑個体における生殖能力の低下や生殖行動特性が異なることを示す研究者もあり, 家畜スイギュウの2つの系統が亜種程度に分化した野生原種からそれぞれ独立に成立したと結論される. 沼沢型スイギュウの野生原種については東南・東アジアの野生

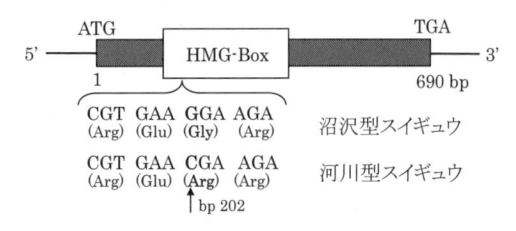

図II-2-15 沼沢型スイギュウと河川型スイギュウの間で見られる*SRY*遺伝子1塩基置換によるアミノ酸置換変異.

7カ国のスイギュウ（沼沢型：17個体, 河川型：11個体）の塩基配列を比較した結果, この1塩基部位以外はすべての個体で一致した.

スイギュウの調査結果がないので比較検討できない．河川型スイギュウについては現存する野生スイギュウ（スリランカ）が一体として分類されたので，その野生原種はインド亜大陸に生息する（した）野生スイギュウであると考えられる．したがって，家畜スイギュウ2大系統に対して用いる学名は，それぞれ亜種レベルで区別されることが妥当ではなかろうか．*Bubalus bubalis* は歴史的には河川型スイギュウ（river buffalo）に最初に与えられた学名であることから，河川型スイギュウさらにはその野生原種に対しては，*Bubalus bubalis bubalis* を用い，沼沢型スイギュウ（swamp buffalo）には新たな亜種名を与える時期にきているのではなかろうか．沼沢型スイギュウは河川型に比較して，遺伝的多様性に富むことが核遺伝標識と母系遺伝標識の両方から明らかにされ，多源的な家畜化あるいは遺伝分化した野生原種集団が遺伝子給源になった可能性も示唆される．沼沢型は東南アジア大陸集団とインドネシア集団（島嶼集団）に大別され，島嶼集団は大陸集団の一部がマレー半島付近を径路とした移動によって分布したと考えられる．しかし，フィリピン集団は，台湾，沖縄集団と同様，中国大陸南部から移動した集団に起源をもつ可能性が高い．沼沢型と河川型の分布境界は，近代の国際的な移出入を別とすれば，バングラデシュ東部からミャンマー中西部にあり，それより東が沼沢型の分布域，西が河川型の分布域で，境界付近には少数の雑種しか存在しない．

(4) 遺伝資源としての各国のスイギュウ

家畜スイギュウの系統遺伝学的研究（前節）は沼沢型と河川型が亜種相当レベルに分化した2つの野生原種から家畜化されたことを強く示唆した．また，河川型の地域集団が相互に比較的近い遺伝的距離関係にあるのに対し，沼沢型の集団間では遺伝的多様性が大きいことが判明した．前節で扱った沼沢型集団は，国名をつけて区別されているが，品種の確立を見るに至っているものは1つもない．一方，河川型集団のうち，乳用改良種はすでに品種として確立されているものもある．ここでは，系統遺伝学的研究で群別された各クラスターを代表するようなスイギュウの品種や地域集団を選び，COCKRILL（1974）を参考に概説するとともに繁殖特性について簡略に説明する．

日本

わが国においては沖縄県が唯一のスイギュウ飼養県になっている．その沖縄へのスイギュウの渡来は1933年，台湾からの移民によってもたらされたのが最初である．導入されたスイギュウ（swamp buffalo）は水田や畑の開墾に威力を発揮し，湿田の耕起やしろかきではウシやウマより作業能力が高いことから役畜として高く評価され，輸入が禁止される1938年までの5年間に約60頭が輸入されている（新城，1974）．1970年代には総頭数が1,400頭近くまで達したが，その後減少の一途をたどり，現在では八重山地区（石垣島，竹富島，与那国島）に160頭，沖縄本島に27頭の合計187頭を残すのみとなっている（沖縄県畜産課調査結果による）．このように沖縄県においても70余年にわたり飼養されてきたスイギュウが絶滅寸前の現況にある．これを踏まえ，東京農業大学富士畜産農場において平成16年まで沖縄スイギュウの生体（雄1頭，雌5頭）を飼育し，またこの間農林水産省畜産試験場の育種資源研究室では精液の保存をおこなっ

た．こうした試みはまだ緒についたばかりであるが，遺伝子保存の観点から重要なことと考える．

ところでスイギュウというと一般に熱帯の家畜で，暑さには強いが寒さには弱いとの先入観があるが，海抜 800 m，冬季最低気温 −12℃ の富士山麓の環境下で寒さをものともせず繁殖し，飼養上の問題も全くなかったことは特筆に価する．むしろ暑さには弱く，炎天下におくとオーバーヒートを起こすことから，役用スイギュウを利用する現地の農民は日中必ず水中に入れて休ませるという．

中国

中国には地域により多くのタイプがあるが，いずれも稲作地帯において主に役用目的で飼育されている沼沢型スイギュウである．体の大きさにより大，中，小の3タイプに分けられており，大型に分類されるスイギュウとしては，上海スイギュウ，海子スイギュウなどがあり，体高は雄 143～154 cm，雌 132～138 cm，体重は雄 649～807 kg，雌 606～626 kg である．また，小型に分類されるスイギュウとしては興隆スイギュウ，温州スイギュウ，広西玉林スイギュウなどがあり，体高は雄 123～129 cm，雌 120～124 cm，体重は雄 398～503 kg，雌 383～457 kg である．通常 1.5～2 歳で性成熟に達し，約3歳で繁殖可能となる．交配方法は自然交配がほとんどであるが，人工授精もわずかにおこなわれている．発情周期は 18～22 日，発情持続期間は 1～3 日で周年繁殖が可能であるが，ほとんど 8～12 月に出産している．妊娠期間は平均 335 日（323～363 日）である．繁殖寿命は 15～18 歳までと長く，この間平均 8～9 産する．役用能力は中，大型タイプのスイギュウで，1日8時間労働で 0.4 ha の水田耕作が可能であり，道路で車を引かせた場合，重量 1,000 kg で1日に 20～30 km の牽引が可能である．また肉用として用いた場合，枝肉歩留まり 41～53% である（COCKRILL, 1974）．

フィリピン

本章の系統遺伝学的研究は，フィリピンのスイギュウがインドネシア諸地域のスイギュウよりも中国，台湾や東南アジア内陸部のそれらに遺伝的に類似する沼沢型スイギュウであることを示した．体高は雄 127～137 cm，雌 124～129 cm，体重は雄 425～500 kg，雌 400～425 kg である．毛色は普通灰色であるが，白色個体も 2～3% 出現する．初回発情は平均2歳155日，発情周期は平均 33.6 日，発情徴候はフィリピンに導入されたムラー種よりも顕著である．多産性と長命性は極めて優れており，19歳で12年間に10産という個体もいる．泌乳量は貧弱で1日当たり 1～1.5 ℓ である（COCKRILL, 1974）．

インドネシア

在来の役肉用スイギュウ，すなわち沼沢型である．体高は雄約 127 cm，雌 124 cm，体重は 500～600 kg である．沼沢型スイギュウの皮毛色は，通常灰黒色の皮膚に灰色もしくは灰褐色の毛を有し，四肢の飛節から下が白く，喉と前胸部に白帯（chevron）をもった灰色型（野生型）である（図 II-2-16-1 と -2，カラー）．このほかにピンク色の皮膚に白色毛を有する白色型（図 II-2-16-3，カラー）も国（中国，タイ国，インドネシア，フィリピン）や地域によって認められ，白色毛遺伝子（優性）が Bali 島で 49.1%，南 Sulawesi で 19.2～29.2% が認められて

いる．また白黒の斑紋型（図 II-2-16-5 と -6，カラー）が Tana Toraja 地域で 22.8％認められているほか，通常の灰黒色の皮膚色が抜けて部分的にピンク色，つまり黒地にピンク色帯といった個体もまれに認められている．この他の皮毛色変異として，皮膚は白色個体と同様ピンク色であるが，通常色の灰黒色もしくは灰褐色の毛を有する褐色型（図 II-2-16-4，カラー）が Sumbawa 島や Sumba 島に 1.0〜3.2％認められた．同様の赤褐色型個体は Timor 島やオーストラリア北部の野生化集団にも頻繁に認められている．沼沢型スイギュウに見られる白色型（優性白），斑紋型（spotted）と野生型（灰色型）の毛色多型については，東南，東アジアにおける野外調査に基づく地理的分布が本書第 I 部で詳述されている（図 I-4-10，-17）．

Sulawesi 島の Toraja 族は独特の白黒斑スイギュウを特に価値の高いものとして所有している．良く肥育されたものは 700 kg 以上にも達し，優れた役肉用タイプの体型を示す．この背景には，これら個体が極めて高価に取引されることや，闘牛や祭礼の生け贄に供したり，家々の切妻に木彫りのスイギュウの頭を飾ったりする独特のスイギュウ文化の存在がある．スイギュウの超自然能力を信じ，魔よけとしてその頭を屋根に飾る風習は Sumatra 島の Batak 族でも見られる．また Toraja 地域は沼沢型のスイギュウから搾乳をおこなう数少ない地域であるほか，多くの個体が wall-eye（透明感のある薄い色の眼球），額などの小白斑，漆黒毛色，白色の尾房など，いずれも河川型スイギュウによく見られるが沼沢型スイギュウにほとんど見られない形質を保有している．しかし，図 II-2-11 に見るように Toraja 集団（図の 18）はむしろ河川型スイギュウから最も遠い位置にあり，これらの形質が河川型スイギュウ由来であるとは考えがたい．したがって，これらの変異形質はこの地方独特の文化による選抜作用が働いて生じたと考えられる．スイギュウの繁殖供用開始は 3.5 歳位，雌は 3〜5 歳である．繁殖期は年間を通じており，分娩間隔は 687 日，年間死亡率は 10〜15％とされる．役用としての供用開始は平均 3 歳，枝肉歩留まりは雄 42.8％，雌 41.6％である（COCKRILL, 1974）．

バングラデシュ

バングラデシュ固有の品種は特に認められず，いわゆる在来型（desi type）のスイギュウである．体格，体型，毛色などに種々の変異がある．一般に，中西部のスイギュウは役用タイプの河川型であり，カールした角と頑強な体躯が見られ，毛色は通常黒色であるが，淡褐色の個体もよく観察されるし，白色個体もまれではあるが見受けられる．一方東部では一見沼沢型様の個体も数多く見られ，毛色は黒色と野生型（灰色）が種々の程度で混じりあったもの，喉の下部や前胸部に白帯をもつもの，四肢の飛節から下が薄い黒褐色のものなど種々の変異がある．分娩が最も集中する時期は 1〜2 月であり，次いで 8〜9 月である．乳量は 1 日当たり 1〜3 ℓ と低い．役用としてかなり高年齢（15〜16 歳）まで使用されている．肉は使役を終えたスイギュウの肉であるため，評価はあまり高くない．

インド亜大陸のスイギュウは一般的には西部型，北部型，南・中・東部型の 3 群に分類される．前 2 者が乳利用を目的として改良されたグループであるのに対し，後者は主として役用に用いられ，改良の程度も低く乳量も少ない．したがって，バングラデシュのスイギュウは後者に属し，ネパールやスリランカスイギュウと共に河川型スイギュウの未改良型として位置づけられる．沼沢型スイギュウの分布の西端は少なくともミャンマー，あるいはアッサム地域にまで及ぶと見られるが，インド亜大陸東端に位置するバングラデシュ東部の旧アッサム領 Shilhet やミャ

ンマー国境に近い Chittagong 地域では外貌上沼沢型の特徴を有する個体が数多く見られる．これらの個体には，血液タンパク多型や核型分析によって，沼沢型とみなされるものから沼沢型と河川型の交雑個体であることが確認できるものまであり，バングラデシュ東部集団の遺伝子構成は河川型と沼沢型の中間に位置づけられる（図 II-2-11）．

ムラー種

乳用目的で改良された河川型スイギュウの代表的品種である．「ムラー（Murrah）」とは角が「渦巻く」の意味をもっており，「Murrah」という名前は，当初はインドのパンジャブ州のハリアーナ，ラビ，北シンドや西ウタラプラデッシュ地域で改良されたスイギュウ個体に対して用いられた総称であった．その後これらの地域で，それぞれムラー，ニリ，ラビ，クンディーといったムラーグループの品種が成立するに至った．ムラー種の中心地はハリアーナ地方であり，インド北部のジャムナ河西側に位置する．漆黒の皮膚・被毛をもち尾房の白いものが良いとされ，ニリ種，ラビ種に典型的に見られる頭部や脚部の白斑はムラー種では好まれない．褐色や淡黄色といった毛色変異は見られるが，白色個体は極めて少ない．角の形状は後上方に反転し内方に螺旋状にカールしている．雌の頭部は比較的小型で輪郭鮮明であるが雄はやや重い．脚は短く真っ直ぐで，蹄は黒色である．胴はがっしりと良く発達し，雌の体型は後躯の良く発達した楔型を呈する．乳器は非常によく発達し，鮮明で屈曲した乳静脈をもち，乳頭は長く広く付着し，通常後乳頭の方が長い．体高は雄約 150 cm，雌 140 cm，体重は雄 530〜575 kg，雌 430〜500 kg である．ムラーは動作が緩慢なことや，耐暑性が低いことなどから役用には適していない．1 泌乳期当たりの平均乳量は 1,400〜2,000 kg 程度である．初産日齢は 40〜55 ヶ月，分娩間隔は 495 日，泌乳期間は 270〜300 日である（COCKRILL, 1974）．

イタリア

イタリアスイギュウの来歴は 6 世紀の終り頃中央ヨーロッパからもたらされたとする説と，7 世紀頃，アラブ征服時にチュニジアからもたらされたという異なった説があり定かでない．イタリアスイギュウは地中海タイプの代表的なものであり，乳用目的で改良された河川型品種である．現在の飼養中心地は南部地帯であり，第 1 に乳を，第 2 に肉利用を目的としている．初産日齢は 27〜55 ヶ月と大きなバラツキをもっている．発情サイクルは明らかに季節の偏りがあり，分娩は 8〜10 月，特に 9 月にピークがある．妊娠期間 308〜312 日，分娩間隔は 13.3〜14.6 ヶ月である．乳量は 1 泌乳期（270 日）当たり初産 1,500〜1,546 kg，2 産 1,700〜1,743 kg，3 産 1,900〜2,000 kg で，産次と共に増加する．最高泌乳量では 3,500 kg という記録もある．乳脂率は平均 7.87％（6.79〜8.84％）である．初乳は β カロチンが完全に消失し，ビタミン A の含有率が非常に高い（1,837 mg/kg-初日）という特徴をもっている．イタリアではスイギュウ乳のほとんどがモッツァレラ・チーズの材料に用いられる．役用に用いた場合，気候が温和であれば 1 日数時間の使役に充分耐えるが，暑さに対する抵抗力は他のスイギュウと同様低い．雌の体高 135.5 cm（126〜142 cm），胸囲 207.8 cm（189〜221 cm），体長 150.3 cm（138〜164 cm）である．平均生体重は雄 41 kg，雌 38 kg，成体重は雄 540 kg，去勢雄 480〜520 kg，雌 450〜510 kg，枝肉歩留まりはそれぞれ 48.5％，44.6〜48.2％，41.6〜42.2％で，肉利用家畜としても評価しうるが，肉の価格がウシに比べ安い点で不利である（COCKRILL, 1974）．

(5) これからの利用

　スイギュウは粗放な飼養管理にも良く適合し，かつ役用家畜としての能力が極めて高いことから，水田耕作や運搬等に役用家畜を必要とする国，特に東南アジア諸国や中国において今後も引き続き重要な家畜である．しかしそれらの国々も将来農業の機械化が進むにつれて役用家畜の必要性が薄らいでいくことは確実である．

　そのような状況に至った場合，スイギュウの次の利用目的として肉利用が考えられる．スイギュウは環境への適応性，飼料の利用性，成長速度あるいは枝肉歩留まり等の点から肉利用家畜として評価しうる．しかし肉質がウシに比べて劣るため，安価で取引されるという致命的ともいえる欠点をもっている．将来，肉質が根本的に改善されでもしない限りは，農民の飼育嗜好をウシからスイギュウに変えることはできないであろう．

　そこで今後は河川型スイギュウ品種の泌乳能力に注目し，熱帯地域における優れた乳用家畜としての利用に期待したい．ムラー種で1泌乳期当たり2,000 kg，高能力のイタリアスイギュウで3,000 kg，乳脂率7～8％という値は熱帯におけるゼブー牛のそれに比較すると魅力的である．

　ところでフィリピン，マレーシア，ベトナム，中国等の沼沢型スイギュウ飼養国では河川型の品種を輸入して交雑種を作出し，乳生産量の向上をしばしば目指してきた．しかし，これには大きな問題がある．すなわち既述のように沼沢型と河川型の間には亜種レベル，あるいはそれ以上の遺伝分化があるとみなされる．確かに雑種第一代雌の泌乳量は向上するが，雄は不妊あるいは生殖能力の低下が報告されている．また交雑世代が進行するとともに泌乳量は減少し，最終的には外貌も沼沢型スイギュウに戻るといわれる．さらに累進交配を継続するための充分な河川型スイギュウを輸入することはなかなか困難なようである．事実こうした理由で，ベトナムほかで失敗例もある．今後，河川型スイギュウの泌乳能力を計画的育種でさらに改良することは無論であるが，優れた乳用の河川型品種の受精卵を，遺伝的にも近縁で頭数も充分に確保できる沼沢型スイギュウに移植すれば，東南アジアの国々が保有していない乳用スイギュウの頭数を短期間に増加させ，ひいては東南アジアの国々の乳生産量を計画的に増大させることが可能になるのではないかと考えられる．

文献

Amano, T. (1983) Genetic difference between swamp and river buffaloes in biochemical and immunological characteristics. In : Current Development and Problems in Swamp Buffalo Production. Proc. Preconf. Sympo. 5th World Conf. Prod., Univ. of Tsukuba. pp. 131-135.

天野　卓・黒木一仁・田中和明・並河鷹夫・山本義雄・Chau, B.-L.・Ho, V.-S.・Nguyen, H.-N.・Phan, X.-H.・Dang, V.-B. (1998) ベトナム在来水牛の血液蛋白型支配遺伝子構成とその系統遺伝学的研究．在来家畜研究会報告，16：33-37．

天野　卓・Martojo, H. (1983) インドネシアにおける水牛およびanoaの染色体．在来家畜研究会報告，10：98-110, 238-238, 253．

Amano, T., Miyakosi, Y., Takada, T., Kikkawa, Y. and Suzuki, H. (1994) Genetic variants of ribosomal DNA and mitochondrial DNA between swamp and river buffaloes. Anim. Genet., 25：29-36.

天野　卓・並河鷹夫・Hasnath, M. A. (1988) バングラデシュ産水牛の血液蛋白型．在来家畜研究会報告，12：97-111．

天野　卓・並河鷹夫・川本　芳・吉川欣亮・野澤　謙・橋口　勉・朱　静・姚　宏兵・張　漢雲・許　文博・施立明 (1995) 雲南省における水牛の遺伝子構成，特に血液型，血液蛋白型および毛色変異について．在来家畜研究会報告，15：43-62.

天野　卓・並河鷹夫・前田芳寛・角田健司・山本義雄・庄武孝義・西田隆雄・Rajbandary, H. B. (1992) ネパール在来水牛の血液蛋白型遺伝子構成とその系統遺伝学的分類．在来家畜研究会報告，14：89-100.

天野　卓・並河鷹夫・Martojo, H. (1983) インドネシア産水牛およびanoaの体尺測定，血液型ならびに血液蛋白変異．在来家畜研究会報告，10：82-97, 238-238, 252-253.

天野　卓・並河鷹夫・庄武孝義・Cyril, H. W. (1986) スリランカにおける水牛の血液蛋白型．在来家畜研究会報告，11：117-128.

Amano, T., Namikawa, T. and Suzuki, S. (1980) Genetic differences between swamp and river buffaloes in the electrophoretic variations of albumin and transferrin. Proc. Japan Acad., 56. Ser. B：463-468.

Amano, T., Nozawa, K., Namikawa, T., Hasnath, M. A., Mostafa, K. G. and Faruque, M. O. (1984) Blood protein polymorphisms of water buffaloes in Bangladesh. *In*：Genetic Studies of Breed Differentiation of the Native Domestic Animals in Bangladesh, Tokyo Univ. Agriculture. pp. 25-42.

Anderson, S., De Bruijn, M. H. L., Coulson, A. R., Eperon, I. C., Sanger, F. and Young, I. G. (1982) Complete sequence of bovine mitochondrial DNA conserved features of the mammalian mitochondrial genome. J. Mol. Biol., 156：683-717.

Bellwood, P. (1985) Prehistory of the Indo-Malaysian archipelago. Academic Press, Sydney. pp. 273-275. (http://epress.anu.edu.au/pima_citation.html)

Bökönyi, S. (1974) History of Domestic Mammals in Central and Eastern Europe. Akadémiai Kiadó, Budapest. p. 151.

Bongso, T. A. and Hilmi, M. (1982) Chromosome banding homologies of a tandem fusion in river, swamp and crossbred buffalo (*Bubalus bubalis*). Can. J. Genet. Cytol., 24：667-673.

Brown, W. M. (1982) Evolution of animal mitochondrial DNA. *In*：Evolution of Genes and Proteins. (Nei, M. and Koehn, R. K., *eds.*) Sinauer, Sunderland. pp. 62-88.

Buccellatti, G. and Buccellatti, M. K. (2002) Tar'am- Agade, Daughter of Naram-Sin, at Urkesh in Lamia Al-Gailani Werr. (Curtis, J., Martin, H., McMahon, A., Oates, J. and Reade, J., *eds.*). L. Of Pots and Plans：papers on the archaeology and history of Mesopotamia and Syria presented to David Oates in honour of his 75th birthday, London, Nabu Publications. pp. 11-31.

Buchholtz, C. (1990) Cattle. *In*：Grzimek's Encyclopedia of Mammals. (Parker, S. P., *ed.*) Vol. 5, McGraw-Hill, New York. pp. 360-417.

Buckland, R. A. and Evans, H. J. (1978) Cytogenetic aspects of phylogeny in the Bovidae. I. G-banding. Cytogenet. Cell Genet., 21：42-63.

Chang, T. T. (1976) The rice cultures. *In*：The Early History of Agriculture. (Hutchinson, J., Clark, J. G. G., Jope, E. M. and Riley, R., *eds.*) Oxford, Inglaterra London. pp. 143-155.

Cockrill, W. R. (1974) The Husbandry and Health of the Domestic Buffalo. FAO, Rome.

Cockrill, W. R. (1984) Water buffalo. *In*：Evolution of Domestic Animals. (Mason, I. L., *ed.*) Longman, London and New York. pp. 52-62.

Coronel, A. B. (1974) The buffalo of the Philippines. *In*：The Husbandry and Health of the Domestic Buffalo. (Cockrill, W. R., *ed.*) FAO, Rome.

Dai, K., Gillies, C. B., Dollin, A. E. and Hilmi, M. (1994) Synaptonemal complex analysis of hybrid and purebred water buffaloes (*Bubalus bubalis*). Hereditas, 121：171-184.

De Silva, M., Dissanayake, S. and Santiapillai, C. (1994) Aspects of the population dynamics of the wild Asiatic water buffalo (*Bubalus bubalis*) in Rahuna National Park, Sri Lanka. J. South Asian Natnl. History, 1：65-76.

Di Berardino, D. and Iannuzzi, L. (1981) Chromosome banding homologies in swamp and Murrah buffalo. J. Hered., 72：183-188.

Epstein, H. (1971) The Origin of the Domestic Animals of Africa, vol. 1. Africana Publishing Corporation, New York. pp. 567-568.

FAO (2003) FAO Production Yearbook, Vol. 57.

FAO (2008) FAO Production Yearbook.

Ferris, S. D., Wilson, A. C. and Brown, W. M. (1981) Evolutionary tree for apes and humans based on cleavage maps of mitochondrial DNA. Proc. Natnl. Acad. Sci. USA, 78：2432-2436.

Fischer, H. and Ulbrich, F. (1968) Chromosome of Murrah buffalo and its crossbreds with Asiatic swamp buffalo (*Bubalus bubalis*). Z. Tierzücht. Züchtungsbiol., 84：110-114.

FLAMANDO, J. R. B., VANKAN, D., GAIRHE, K. P., DUONG, H. and BARKER, J. S. F. (2003) Genetic identification of wild Asian water buffalo in Nepal. Animal Conservation, 6 : 265-270.

GALLAGHER, D. S. Jr. and WOMACK, J. E. (1992) Chromosome conservation in the Bovidae. J . Hered., 83 : 287-298.

GILES, R. E., BLANC, H., CANN, H. M. and WALLANCE, D. C. (1980) Maternal inheritance of human mitochondrial DNA. Proc. Natnl. Acad. Sci. USA, 77 : 6715-6719.

GROVES, C. P. (1969) Systematics of the anoa (Mammalia, Bovidae). Beaufortia, 17 : 1-12.

GUBBAY, J., COLLIGNON, J., KOOPMAN, P., CAPEL, B., ECONOMOU, A., MÜNSTERBERG, A., VIVIAN, N., GOODFELLOW, P. and LOVELL-BADGE, R. (1990) A gene mapping to the sex-determining region of the mouse Y chromosome is a member of a novel family of embryonically expressed genes. Nature, 346 : 245-250.

HARPER, F. (1940) The nomenclature and type localities of Certain Old World Mammals. J. Mammal., 21 : 322-332.

HIGHAM, C. F. W. and AMPHAN, K. (1979) Ban Chiang and Northeast Thailand : the palaeoenvironment and economy. J. Archaeol. Sci., 6 : 211-233.

HIGHAM, C. F. W. and AMPHAN, K. (1985) New evidence for agriculture and stock-raising in monsoonal Southeast Asia. In : Recent Advances in Indo-Pacific Prehistory. (MISRA, V. N. and BELLWOOD, P., eds.) Brill New Delhi, India. pp. 419-423.

HILTEBEITEL, A. (1978) The Indus Valley "Proto-Siva," reexamined through reflections on the goddess, the buffalo and the symbolism of vahanas. Anthropos, 73 : 767-797.

HOFFPAUIR, R. (2000) Water buffalo. In : The Cambridge World History of Food. (KENNETH, F. K. and KRIEMHILD, C. O., eds.) Cambridge University Press, Cambridge, UK. pp. 583-607

HORAI, S. and MATSUNAGA, E. (1986) Mitochondrial DNA polymorphism in Japanese. II. Analysis with restriction enzymes of four or five base pair recognition. Hum. Genet., 72 : 105-117.

HSU, T. C. and BENIRSCHKE, K. (1974) Mammalian Chromosome Atlas. Vol. 8, Folio. Springer-Verlag. New York.

IANNUZZI, L. and DIMEO, G. P. (1995) Chromosomal evolution in bovids : a comparison of cattle, sheep and goat G- and R-banded chromosomes and cytogenetic divergences among cattle, goat and river buffalo sex chromosomes. Chromosome Res., 3 : 291-299.

IUCN (2007) 2007 IUCN Red List of Threatened Species. (available online at http://www.redlist.org)

KERR, R. (1792) Linnaeus' Animal Kingdom, Murray and Faulder. London. pp. 336-356.

KOULISCHER, L., TYSKENS, J. and MORTELMANS, J. (1972) Mammalian Cytogenetics. VI. The chromosomes of a male specimen of *Anoa depressicornis quarlesi*. Acta Zool. Pathol. Antverpiana, 56 : 21-24.

LINKSHUANG, Y. J., SHANG, J. H., LIANG, M. M., ZHANG, X. F. and HUANG, F. X. (2003) Studies of chromosomal heredity and fertility of progenies ($2n=49$) crossed between river and swamp buffalo. Yi Chuan, 25 : 155-159.

LINNAEUS, C. (1758) Systema Naturae (10th ed.), vol. 1, p. 72, Tom. I., Stockholm.

LYDEKKER, R. (1913) The Ox and Its Kindred. Methuen Publishing Ltd., London. pp. 226-227.

MACGREGOR, R. (1941) The domestic buffalo. Veterinary Rec., 53 : 443-450.

MASON, I. L. (1974) The water buffalo : specialized studies 1. species, types and breeds. In : The Husbandry and Health of the Domestic Buffalo. (COCKRILL, W. R., ed.) FAO, Rome.

NAMIKAWA, T., MASANGKAY, J. S., MAEDA, K.-I., ESCALADA, R., HIRUNAGI, K. and MOMONGAN, V. G. (1995) External characters and karyotypes of the captive tamaraws *Bubalus* (*B.*) *mindorensis* at the Gene Pool in the island of Mindoro, Philippines. J. Anim. Genet., 23 : 19-28.

NEI, M. (1972) Genetic distance between populations. Amer. Nat., 106 : 283-292.

西田隆雄 (1986) スリランカ家畜の概況. 在来家畜研究会報告, 11 : 89-93.

POTTS, D. T. (1996) Mesopotamian Civilization. The Material Foundations, Cornell University Press. pp. 258-259.

SCHREIBER, A., NÖTZOLD, G. and HELD, M. (1993) Molecular and chromosomal evolution in anoas (Bovidae : *Bubalus spec.*). Z. zool. Syst. Evolut.-forsch., 31 : 64-73.

SIMONSEN, B. T., SEGISMUND, H. R. and ARCTANDER, P. (1998) Population structure of African buffalo inferred from mtDNA sequences and microsatellite loci : high variation but low differentiation. Mol. Ecol., 7 : 225-237.

SIMOONS, F. J. (1993) Eat Not This Flesh. University of Wisconsin Press. (山内 昶・山内彰・香ノ木隆臣・西川 隆 共訳 (1994) 食肉のタブーの世界史. 法政大学出版局, pp. 143-201)

SIMOONS, F. J. and SIMOONS, E. S. (1968) A ceremonial Ox of India : the mithan in nature, culture and history. University of Wisconsin Press, USA. pp. 244-258.

SINCLAIR, A. H., BERTA, P., PALMER, M. S., HAWKINS, J. R., GRIFFITHS, B. L., SMITH, M. J., FOSTER, J. W., FRISCHAUF, A. M., LOVELL-BADGE, R. and GOODFELLOW, P. N. (1990) A gene from the human sex-determining region encodes a protein with homology to a conserved DNA-binding motif. Nature, 346 : 240-244.

新城明久（1974）沖縄における水牛の来歴，体型および飼養実態．日畜会報，48：144-148.

SMITH, B. D. (1995) The Emergence of Agriculture. W. H. Freeman & Co., Yew York. pp. 133-140.

SOKAL, R. R. and SNEATH, P. H. A. (1963) Principles of Numerical Taxonomy. W. H. Freeman & Company, San Francisco and London.

高橋幸水・野村こう・天野　卓・田中和明・山縣高宏・万年英之・黒澤弥悦・西堀正英・山本義雄・並河鷹夫・SENG-DARA, B.・KEONOUCHANH, S.・NOVAHA, S.・PHANNAVONG, B.・BOUAHOM, B.（2000）ラオス在来水牛の血液蛋白型遺伝子構成とその系統遺伝学的研究．在来家畜研究会報告，18：95-108.

田村克己・石井米雄（1997）宗教と世界観．「もっと知りたいラオス」（綾部恒雄・石井米雄編）弘文堂，東京. pp. 105-129.

TANAKA, K., MATSUDA, Y., MASANGKAY, J. S., SOLIS, C. D., ANUNCIADO, R. V. P. and NAMIKAWA, T. (1999) Characterization and chromosomal distribution of satellite DNA sequences of the water buffalo (*Bubalus bubalis*). J. Hered., 90：418-422.

TANAKA, K., MATSUDA, Y., MASANGKAY, J. S., SOLIS, C. D., ANUNCIADO, R. V. P., KURO-O, M. and NAMIKAWA, T. (2000) Cytogenetic analysis of the tamaraw (*Bubalus mindorensis*): a comparison of R-banded karyotype and chromosomal distribution of centromeric satellite DNAs, telomeric sequence, and 18S-28S rRNA genes with domestic water buffaloes. J. Hered., 91：117-121.

TANAKA, K., SOLIS, C. D., MASANGKAY, J. S., MAEDA, K.-I., KAWAMOTO, Y. and NAMIKAWA, T. (1996) Phylogenetic relationship among all living species of the genus *Bubalus* based on DNA sequences of the cytochrome *b* gene. Biochem. Genet., 34：443-452.

TANAKA, K., YAMAGATA, T., MASANGKAY, J. S., FARUQUE, M. O., DANG, V.-B., SALUNDIK, MANSJOER, S. S., KAWAMOTO, Y. and NAMIKAWA, T. (1995) Nucleotide diversity of mitochondrial DNAs between the swamp and the river types of domestic water buffaloes, *Bubalus bubalis*, based on restriction endonuclease cleavage patterns. Biochem. Genet., 33：137-148.

TULLOCH, D. G. (1969) Home range in feral water buffalo, *Bubalus bubalis* Lydekker. Australian J. Zool., 17：143-152.

TULLOCH, N. M. and HOLMES, J. H. G. (1992) Buffalo production. (World Animal Science ; C6) Elsevier Science, Amsterdam.

VILLEGAS, V. E. (1965) Types and Breeds of Farm Animals-how to judge and select them. McCullough Printing Company, Philippines.

WHITE, L. Jr. (1974) Indic elements in the iconography of Petrarch's "Trionfo della morte." Speculum, 49：201-221.

WURSTER, D. H. and BENIRSCHKE, K. (1968) Chromosome studies in the superfamily *Bovoidea*. Chromosoma, 25：152-171.

ZEUNER, F. E. (1963) A History of Domesticated Animals. Hutchinson, London.

（野村こう）

II-3 ウマ
—日本在来馬の由来—

(1) 家畜化と東アジアの馬産

ウマ科動物（Equidae）がいつ，どこで生まれ，どのように進化して現代のウマ属動物（*Equus*）が出現したか，については 19 世紀後半の進化論創生期から 20 世紀初めにかけて活躍した古生物学者，進化学者によって化石や遺骨が詳しく研究され，その結果は進化学の教科書に必ず載せられるほどによく知られている．**図 II-3-1** は，この結果を集約した SIMPSON の著書（1951）からの模写である．

ウマ科動物進化の源郷は今の北アメリカ大陸である．今から 5,000 万年ほど前の地層から出土する，前肢 4 趾，後肢 3 趾，体高 25〜50 cm というからキツネ大の体格と推定される *Hyracotherium*，またの名を *Eohippus* と呼ばれる動物が，ウマ科の祖先としてたどれる最古のものである．これから，漸新世には体高 60 cm 程度の *Mesohippus* が生まれる．中新世の *Merychippus* は体高 1 m といわれるから，現代のポニーの体格に近づいている．ここで食性がそれまでの若芽食い（browser）から草食い（grazer）に変化していることが歯の構造からわかる．鮮新世に入って *Pliohippus* がはじめて 1 趾馬として出現する．これの子孫から *Equus* 属が生まれ，これの一部がベーリング陸橋を通ってユーラシア大陸に移住してきて現代馬の祖先となる．以上は現代馬に至る直系の系統であるが，この図からもわかる通

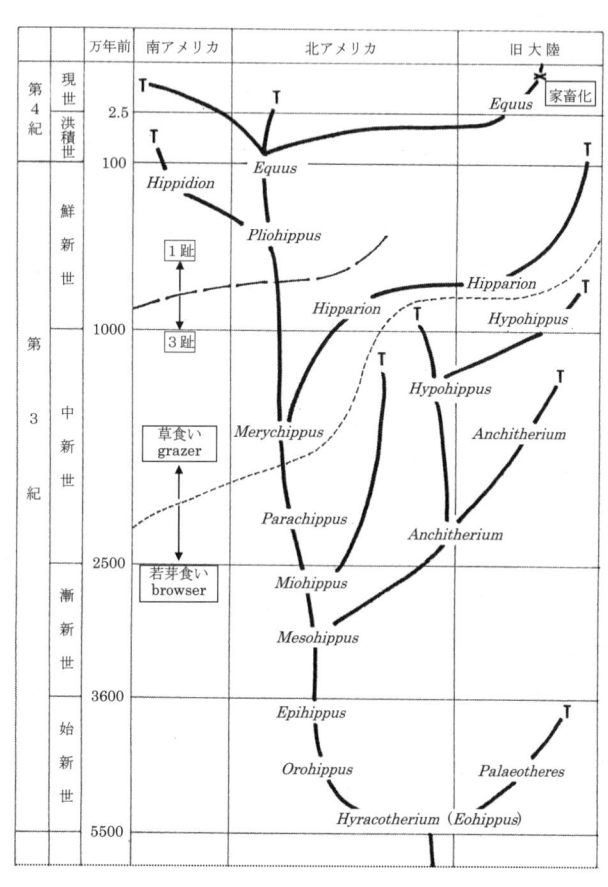

図 II-3-1 ウマ科動物の系統樹．
T 印は絶滅を示す．（SIMPSON, 1951 より）

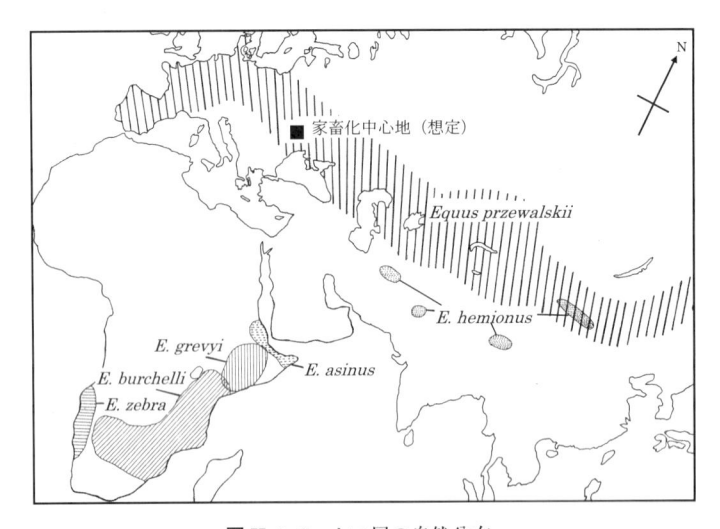

図 II-3-2 ウマ属の自然分布.
ウマの自然分布域は家畜化時期のものを示す. (HERRE and RÖHRS, 1977)

り，各時代にこの直系からいくつかの側枝が分かれ，そのあるものは旧大陸に侵入し，そこで系統は断絶している．Equus 属も源郷の北アメリカ，側枝が移住した南アメリカの両大陸では絶滅し，ウマ科動物は今や旧大陸に生き続けているに過ぎない．新大陸に生存しているウマ科動物はすべて，旧大陸からヒトの移住者がもち込んだもの，およびその子孫である．

現代まで生き続けているウマ属動物は以下である．

ウマ (Equus przewalskii)	馬
アジアロバ (E. hemionus)	半驢
アフリカロバ (E. asinus)	驢
シマウマ (E. zebra)	縞馬
グレービーシマウマ (E. grevyi)	〃
バーチェルシマウマ (E. burchelli)	〃

縞馬にはもう1種クアッガ (E. quagga) という体の前半部だけに縞模様のある種が19世紀まで生存していた．図 II-3-2 はこれらの自然分布域を示しているが，ウマの自然分布域は現代，ほぼ消滅しているので図はウマが家畜化された B.C. 4,000～3,000 年頃の分布域である (HERRE and RÖHRS, 1977).

家畜化される前の世界のウマは次の3つの生態型に分かれていたと考える研究者が多い．第1は草原型 (step form) といわれる型で，アジア大陸中央部の草原地帯に分布した．1879年ロシアの探検家プルツェワルスキー (N. W. PRZEWALSKY) がキルギスで発見したのがこの野生馬で，プルツェワルスキー馬と呼ばれる．体高 130 cm ほどで，体色は褐色で長毛は黒色，つまり鹿毛 (bay color) で，腹部や鼻先は淡色である．原産地では数頭ないし十数頭の群れをつくって生息していた．第2は高原型 (plateau form) で，南欧やウクライナ地方を中心として，かつては中近東，南は北アフリカにまで分布していた体高 150 cm 前後のいわゆるタルパン (tarpan) である．これは19世紀後半まで南ロシアのクリミア地方に生存が認められていた．体型を復元されたタルパンはヨーロッパの動物園に飼育されている．第3は森林型 (forest form) で，体高 180

cm に達し，西南ドイツの森林地帯に1814年まで生存していた野生馬がこれであろうといわれている．また南フランス，スペインなどの洞窟壁画に描き遺されている野生馬はおそらくこの型であろう．**図II-3-3**は南フランスのラスコー（Lascaux）洞窟に遺っているウマの姿であって，この洞窟にはウマ以外にウシ，バイソン，シカ，アイベックスなどの動物画も多数描かれている．今から15,000年ほど前の狩猟民の中のおそらくは専業の絵師が，豊猟祈願のため描いたものであろうと推測されている．

ウマ属（genus *Equus*）の中で家畜化されたことのあるのは，アジアロバ（半驢）の中の一亜種オナーゲル（onager：*E. hemionus onager*），アフリカロバ（驢）およびウマの3種である．

オナーゲルはかつてはインド，イラン，イラク地方からアラビア半島にまで広く野生していた．分布域はウマのそれの南に位置した．この動物はB.C. 2,500年前後に，メソポタミアで家畜となった．このころのメソポタミア遺跡から出土するレリーフなどに一見ウマのような姿の動物が現れるが，これはオナーゲルである．ウマとの形態上の区別点は長い骨質の尾があって，尾毛が尻から離れたところから出ている点である．家畜化の出発点では肉を食用とするためであったろうが，搾乳，車牽き，騎乗にも利用された．しかしメソポタミアに家畜馬が入ると共に数は減り，やがてウマにより完全に置き換えられた．

図II-3-3 ラスコー洞窟の壁に描かれている馬の姿．

ロバはB.C. 3,000年ごろにエジプトで家畜化され，肉用，乳用，駄用および穀物脱穀用に使役され現代に至っている．オナーゲルと異なり，ウマが導入されても家畜としての地位に大きな変化はなく，古代以来，オリエントの農耕社会において重要な庶民の家畜であり続けた．ヨーロッパへはラテン民族によって伝えられ，中国へは漢代に西方からもたらされた．わが国へも，斉明天皇期に百済から渡来したが，用途がウマと競合し定着することはなかった．雄ロバと雌ウマとの間の雑種第1代をラバ（騾，mule）といい，生殖力はないが，力が強く温順で中国，中近東や地中海沿岸地方で重要な役畜となっている．

ウマの家畜化は，ウシ，ヒツジ，ヤギ，ブタなど他の主要農用動物種に比べ，時期的にも遅れており，その場所も主要家畜の家畜化中心地とされる西部アジアから離れたところに想定されている．ウマの家畜化がなされた場所として，いま最も有力視されているのは南東ヨーロッパ，特に黒海北岸のウクライナ地方からダニューブ河流域に至る草原地帯である（**図II-3-2**）．B.C. 3,500年ごろ以降，この地域にはトリポリエ文化（Tripolye culture）と呼ばれる農牧文化が存在した．コムギ，オオムギを栽培し，ウシ，ヤギ，ヒツジ，ブタを飼っていた．ここでウマの家畜化もなされたと考えられる．ウマは最初は明らかに食用とされていたようである．頭蓋や長骨が人工的に破砕され，脳髄や骨髄が食われた跡が見られる．当時この周辺には多数の野生馬が生息

しており，この地域の定着民がウマの狩猟から飼育を始めたのであろう．彼らによって家畜化されたウマは，さきに述べた野生馬の第2型，つまりタルパンであったろうというのが欧米の家畜史家のおおかたの見解である（ZEUNER, 1963 参照）．中国の謝成俠は1959年出版の『中国養馬史』において，野生馬の第1型プルツェワルスキー馬が中国人の祖先の手で家畜化されたのが世界における養馬の始まりであると論じているが，この見解はいまのところ世界的には少数意見である．

ただし，最初に家畜化されたウマがタルパンであったとしても，他の2つの型の野生馬もまたユーラシア大陸の広域に最近まで生息していたのであるから，ウマ家畜化のアイディアが伝播すれば，家畜化されたウマ自体を移入することと並行して，付近に生息する野生馬を捕えて家畜とし，あるいはそれを移入家畜馬と交雑するなどの方法で，家畜馬の中に取り込んでいくこともあったと考えられる．そのようにして北東アジアにはプルツェワルスキー馬に似て小型で，頭部が重くずんぐりした体の蒙古馬（モンゴル在来馬）が生まれた．東南欧とアラビア，北アフリカ地方にはタルパンに似てスマートな東洋馬が誕生し，これを代表するものがアラビア馬（Arab）である．また中北部ヨーロッパには森林型野生馬に似て，大型重厚な体格の西洋馬，その代表としてフランス，ベルギー在来馬が生まれたのであろう．

現在，野生馬はヨーロッパ地域では完全に絶滅している（ZEUNER, 1963）．アジアのプルツェワルスキー野生馬の方は，野生状態でこそほぼ消滅したと見られるものの，世界各国の動物園に少頭数ずつ飼育されている（図II-3-4，カラー）．1985年1月現在で134飼育場所に雄合計260頭，雌合計348頭が飼育中と報告されている（VOLF, 1986）．MOHR（1970）は飼育下のプルツェワルスキー馬の形態や生態を紹介する書を刊行しており，国連食糧農業機構（FAO）は家畜遺伝資源保護の一環として，飼育下にあるこの野生馬を保護すると共に，これを彼らの自然生息環境であるモンゴルの草原へ帰して保存する計画を推進中である（FAO, 1986）．

この飼育プルツェワルスキー馬の染色体の調査がおこなわれた結果，興味深い事実が明らかになった．家畜馬の染色体数が $2n=64$ あることは古くから知られていたが，プルツェワルスキー馬では $2n=66$ であり，両者の間の F_1 は $2n=65$ で生殖力をもつというものである（BENIRSCHKE et al., 1965; KOULISCHER and FRECHKOP, 1966; SHORT et al., 1974; MATTHEWS and DELHANTY, 1979）．このあと，蒙古馬12頭の染色体があらためて調べられたが，すべて $2n=64$ であった（DE SCHEPPER and DE FRANCE, 1979）．また村松らは家畜馬として日本在来馬8馬種合計100頭と，プルツェワルスキー馬として東京都多摩動物園に飼育されているモウコノウマ（Przewalski馬）1頭とを用いて染色体の比較調査をおこなったが，日本在来馬はすべて $2n=64$，モウコノウマは $2n=66$ であった（村松ら，1984, 1990）．上の観察結果はすべて，プルツェワルスキー馬の端部動原体型（アクロ型：acrocentric）常染色体2対が，家畜馬においてはロバートソン（Robertson）型の転座をおこして次中部動原体型（サブメタ型：submetacentric）常染色体1対になっている．

これらの調査結果は，プルツェワルスキー馬を家畜馬の野生原種に擬する立場（例えば謝，1959）にとっては不利である．しかし野生馬と家畜馬の間の F_1（$2n=65$）が生殖力を有しているとすると，F_1 が $2n=64$ の家畜馬と交雑して後，家畜馬集団中で世代が重ねられたとの推測，すなわちプルツェワルスキー馬から家畜馬集団へ遺伝子流入がおきた可能性を，この染色体調査の結果から完全に否定することはできない．F_1 の生殖力が完全に正常であったとしても，転座

をおこしていない2本の染色体が機会的に失われ，転座した1本の染色体のみで集団が占められてしまう可能性がある．細胞学的にはF_1の生殖力すなわち適応度は野生馬，家畜馬双方の適応度より劣ることが予想される（DE FRANCE, 1979；DE BOER, 1979）．もしそうであれば，ここに集団遺伝学の淘汰理論における負の超優性（negative overdominance）機構（野澤，1994参照）が働いて，集団中に染色体多型が長く維持される可能性はなく，頻度の低い型，この場合はプルツェワルスキー馬の転座していない2本の常染色体は急速に除去されると考えられるからである．

黒海北岸の草原においてB.C. 4,000年紀にウマは食肉用として初めて家畜化されたと見られるが，この全家畜に共通の原始的，消耗的用途にその後つけ加わった騎乗用，駄載用と，もし車輪が発明されていれば輓曳用という，ヒトと物資の移動運搬手段としての有用性がウマを他種の家畜からきわ立たせている特質である．動物のこういう形での利用はウシやゾウですでに開発されていたが，速力の点でウマが大きく優位にたつ．ウマにおいて世界的に騎乗と輓曳のいずれが先に開発されたかは明らかでない．ウシやヒツジなど反芻類家畜の群れの放牧管理を騎乗でおこなえば能率は大いに向上する．ユーラシア大陸北部の草原地帯全域への家畜馬の伝播は，この用途が遊牧民から遊牧民へと波及した結果であろう．

遠距離高速移動手段としてのウマは，やがて侵略，征服行動に不可欠の生物兵器となる．家畜馬が極北地を除き地球上の全域に伝播した第一の理由は，軍の移動手段，および軍需物資の運搬手段としての有用性にあった．兵器としてのウマの利用において，東アジア地域では車行（輓曳用）が騎行（乗用）より先行していたように見える（**図 II-3-5**）．B.C. 1,000年前後の頃，中国北部黄河の中流域で殷と周の両帝国が馬戦車（chariot）を戦力の中核として対決した．B.C. 1,000年紀前半に黒海沿岸の草原に騎馬遊牧民スキタイが栄えたよりも数世紀遅れて，東北アジアの草原にも騎馬民の匈奴が興り，南方の中国平原を脅かすに至って，秦漢帝国はこれへの軍事的対応を強いられる．この段階で，騎馬遊牧民の側も，南方の農耕民の側も，現代のモンゴル馬に似た骨太の小格馬を使っていたが，漢の武帝はB.C. 100年頃，西域経略に着手して今日言うところの絹の道（silk-road, Seidenstrasse）がひらかれ，その地の天馬，汗血馬などと称する大格で乗用資質にも優れたウマを手に入れた．たしかに武帝自身が獲得した天馬は頭数もわずかで，当時の中国の産馬改良にどれほど貢献したか疑問はあるが，東西の交易路がひらかれたことの意義は大きい．漢帝国の滅亡以後，この交易路をいろいろな民族が支配したが，中国と中央アジア，さらに西方のローマ帝国領域との人と物の交渉と流動は絶えることがなかっ

図 II-3-5 初期の戦車（上）と騎兵（下）．

た．9世紀中葉の唐朝末期，この交易路をおさえたソグド商人による東西交易は「絹馬貿易」の名で呼ばれていた．

13世紀には騎馬民モンゴルの大膨張がおきる．モンゴル高原に古くから根を下ろしていた遊牧民の多数の氏族社会が12世紀には統合に向かい始める．チンギス・ハーンの誕生は西暦1162年と伝えられるが，モンゴル族を主体としてツングース系，トルコ系，チベット系などの諸部族との政治的統合が彼の手でなしとげられたのが1206年である．以後彼と彼の後継者は周辺地域に侵略の軍を次々と差し向ける．モンゴルの戦術は軽装騎兵の集団攻撃である．東は沿海州，朝鮮半島，シナ海沿岸から，西はロシア，ポーランドにまでも及ぶ領域がモンゴルを宗主国とする大帝国を形成し，この領域内の人と物と情報の交流は国策として安全が保証された．中国大陸では南に逃れた漢民族の南宋王朝を倒し，四川・雲南の地，インドシナ半島までもがモンゴルの中国王朝元に服属する．

このモンゴル民族の大侵略行動は，当然のことながらモンゴル在来馬の大規模な移住を意味し，被侵略地域にウマがすでに飼われていたとすれば，それとの大規模な交雑を意味したであろう．それ故，モンゴルの大膨張以後，東アジア，南アジア，東南アジア全域の産馬は，モンゴル起源のウマによってほぼ置き換えられ，あるいは遺伝的に強く影響されたウマ集団となったのであろう．

現代のモンゴル国には300万頭ほどのウマが飼われている．南部のゴビ地帯には相対的に少ないが全土にわたってウマの姿が見られる．伝統的用途である牧地での反芻類家畜の群管理を始めとして，搾乳もされるし，日常生活における移動手段として自家用車のような使われ方をしている．少年少女が騎乗する長距離競馬（ナーダム）は，青壮年が力と技を競う相撲と共に祝祭日を飾る国民的イベントである．現代モンゴル国を画する国境線は家畜分布の観点からは大きな意味をもたず，これを超えて東北アジアの草原一帯は古来騎馬遊牧民の故地であった．現在モンゴル共和国では馬格や毛色に特徴をもつ品種の造成が始まっている（図II-3-6，カラー）．

中国全土は1,000万頭を超えるウマを保有するが，その中で在来馬は飼養地の環境条件との関連で，北部草原馬，西北高原馬，西南山地馬という3類型が公認されている（鄭，1984；CHENG, 1985）．北部草原馬は内蒙古や東北（旧満州）に産する蒙古馬の類型で，体高は130 cm前後，モンゴル在来馬と同型の馬である．西北高原馬とは新疆ウイグル自治区とトルファン盆地，すなわちシルクロードに沿って中国に入る西の門戸のあたりに産するウマである．ここは前述の天馬の産地に当たり，産馬は伝統的に蒙古馬に比べ大格（体高137 cm）である．西南山地馬は四川・雲南・貴州の各省にまたがる雲貴高原における主として駄載用の小型馬（体高110 cm前後）で，インドシナ半島北部の産馬もこれとほぼ同型である．チベット在来馬も中国西南山地馬と同型であるが体格はそれよりやや大きい．

東南アジア島嶼部は，中国南部からウマが渡海移入されて馬産が始まったと考えられる．ジャワにヒンズーとイスラムが侵入したとき，インド経由でアラビア，ペルシア系のウマが導入されたし，13世紀末，ここはモンゴル騎馬軍の侵入を受けた．インドネシア全域は17世紀以来オランダの統治下に入ったので，西欧系産馬も移入された．フィリピンは16世紀から19世紀までスペインの，19世紀末以来50年間はアメリカの植民地であり，この時期にも西欧系産馬が入り土産のウマに交雑された．ミャンマーやタイ国，インドネシアやフィリピンでは一般民衆の中短距離交通用に1頭牽き馬車が普及していた．これらの地ではポニー型の在来馬が使われるが，東南

アジア島嶼部の地方集団（local horses）は中国の西南山地馬に比べると体格はやや大きい．西欧系産馬による交雑の影響と考えられる．

　中国東北と北朝鮮はモンゴル馬とロシア系馬との交雑種が馬産の主体となっている．朝鮮半島南部（韓国本土）には馬産はない．韓国本土で主に輓用に使役されていた小型馬はもっぱら半島の南に浮かぶ済州島に生まれた個体であった．済州島は韓国で唯一の馬産地で，1967年日本の在来家畜研究者の調査時には2万頭のウマが飼養され，年間3,000頭の仔馬を生産し，その大部分は韓国本土に使役用として移出されていた．この需要が失われた後は韓国の天然記念物として系統保存されている（済州大学校農科大学，1985）．済州島馬産の歴史はよく知られている．すなわちこの島には有史以前からウマが飼養されていた可能性はあるが，本格的馬産が興ったのは高麗朝が元に服属して以後の1277年に，元がウマをモンゴル草原から導入し，この島に牧場を設置した以後であるという（金，1988）．

(2)　日本在来馬の起源と系統に関する諸説

　日本最古のウマの化石として，岐阜県可児郡平牧町（現在は可児市内）の第3紀中新世の地層から，ウマの右下顎断片と左下顎の第3小臼歯が出土している．発見者の松本彦七郎はこれをヒラマキウマ（$Anchitherium\ hypohippoides$）と命名し，3趾馬であるとした．芝田の『日本古代家畜史の研究』（1969）にはこの例を始め，上部洪積世までの地層から合計16例のウマ化石の出土が記載されている．多くは洪積層上部から沖積層下部にかけてのものであるが，旧石器にともなわれた出土例はない．それゆえ，地質時代のわが国土内にウマが野生していたことは疑いないものの，それがいつの時代まで生存していたのか，われわれ日本人の祖先がそれを資源として利用したことがあったか，あったとすればその利用はどのようなものだったのかについては，直接的証拠なしの推測による判断ができるに過ぎない．

　経済史家の鋳方（1945）は新石器時代遺跡から出土するウマの遺骨を家畜馬だと断定することは危険であろうと指摘している．実際，大家畜を飼うというアイディアをもつに至った時期に日本国内に野生馬が生息していたとすれば，われわれの祖先はそれを狩猟する以外に，飼う，馴らすという試みをしたかもしれない．しかし新石器時代まで野生馬がわが国に生息していたと推測する古生物学者，考古学者はほとんどいない．古代獣骨の専門家である直良（1984）もまた「洪積世末……日本は大陸から離れて現在のような列島となった．大陸日本の廃絶と共に，日本における地質時代の馬の歴史は終止符をうった．古沖積世の当初，約2,000〜3,000年間は野馬の棲息していない日本であった．……私（は）……島となった日本には，地質時代の野馬の遺存種や後裔などが棲んでいて，これが後に前期縄文文化期の古代人に飼われるようになったのではあるまいか，と考えていたこともあった．だがそれから……今日（まで），その証拠となるような資料の発見は一つもなかった．やはり馬の無棲息時代があったことを認めなければならないことになった」と述べている．縄文前期に家畜馬がいたと推測している直良でさえこのように考えるとすれば，日本の野生馬がこの国土内で家畜化された可能性は極めて小さいであろう．そうであるとすれば，わが国は，いつか，どこからか，家畜馬を受け入れたと考えなければならない．

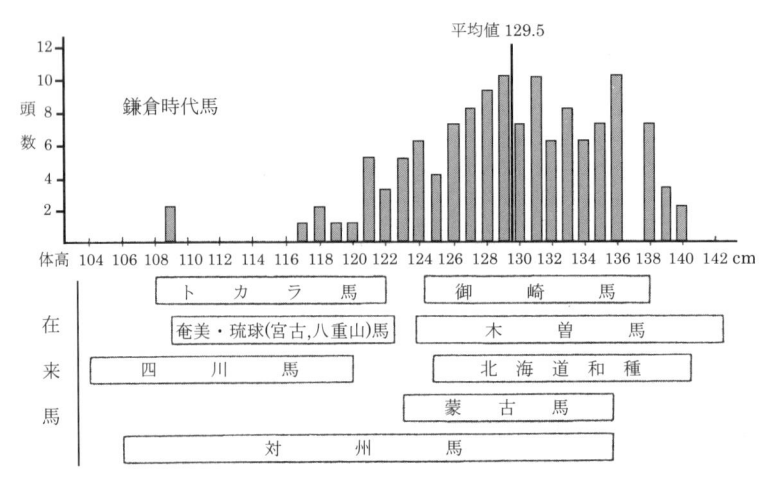

図 II-3-7 鎌倉時代馬の推定体高と東アジア在来馬の体高の範囲.（林田，1957）

　日本へのウマの渡来時期を推定する根拠となり得るいくつかの事実と記録がある．
　①日本の縄文・弥生両期の遺跡からウマの遺骨が出土する．芝田（1969）によれば計75個所，北海道から沖縄に及び，縄文前期の例もあるが，縄文後晩期から弥生期の例が多い．
　②わが国に馬戦車が渡来した形跡はない．史書（EBERHARD, 1980）によると，中国大陸で戦車が盛んに使われていた殷代はB.C. 1,100年ごろまでであり，西周から春秋時代に入るB.C. 500年ごろはじめて騎兵が出現し，戦車を置き換える．したがって，日本へのウマの渡来はこの時期以後と考えられる．
　③A.D. 3世紀（弥生末期）のわが国状を記録した『魏志倭人伝』には「無牛馬虎豹羊鵲」と記されている．
　④馬具や埴輪馬の出土はもっぱら古墳期に入ってからである．従ってわが国内でウマの飼養が史料的に確認できるのは古墳期以後である．
　日本の古代馬に注目した最初期の研究者は人類学者の長谷部言人（1925）である．彼はいくつかの遺跡から出土する馬の四肢骨の大きさから体格を推定し，わが国先史時代には出水（鹿児島県，縄文後期），田結（長崎県，弥生期）出土例のような体高115 cm内外，体重200 kg以下の小型馬と，平井（愛知県，縄文後期），鴨井（神奈川県，弥生期）出土例のような体高130 cm内外，体重280 kg程度の中型馬がいたと推定した．この研究を馬学専門家の立場で発展させたのが林田（1956，それ以後）である．彼は集められる限りの古代馬の四肢骨を測定し，自ら案出した公式（林田・山内，1957）により体高を推定した．長谷部のいう通り，日本古代馬には小型，中型の2型があったが，注目すべきは，縄文遺跡からは小型馬が，弥生以降の遺跡からは小型，中型の両型が出土する．また林田（1957）は新田義貞の鎌倉攻略戦（1333年）で死没した多数の人馬の骨を含む鎌倉材木座遺跡の馬骨を測定し，体高の推定をおこなったところ，109〜140 cmの間に分布し，小型馬と中型馬とが混在していた（図II-3-7）．林田はこの時代以降，明治の開国まで日本馬の体格はおよそこの範囲に分布していたであろうと推測している．
　林田（HAYASHIDA and YAMAUCHI, 1956；林田・山内，1955，1956a，1956b；林田・日越，1961；林田・大塚，1974；林田，1958）は日本と東アジアの在来馬の測定データ（高嶺，1948；松本，1953；岡部，1953；三村，1953）の収集も広くおこなった．北海道和種，木曽馬，御崎馬は平

均体高 132 cm 内外で中型馬，トカラ馬，宮古馬，与那国馬など南西諸島一帯の在来馬は体高 108～122 cm で小型馬である．対州馬は両型の中間である．また，東アジア各地の在来馬を体高によって中型，小型に分け地図上に示すと図 II-3-8 のようになる．中国大陸の長城線以北は蒙古馬の飼養地帯で，そこの在来馬は中型であり，華南から東南アジア一帯は小型馬の分布地域である．林田はこのような事実をもとに，日本在来馬の源流について次のような想定をおこなった（林田，1958，1964，1968）．すなわち，中国の四川・雲南から華南一帯にかけて，現在の四川馬の基礎となった小型馬（果下馬）が古くから飼われていた．これ

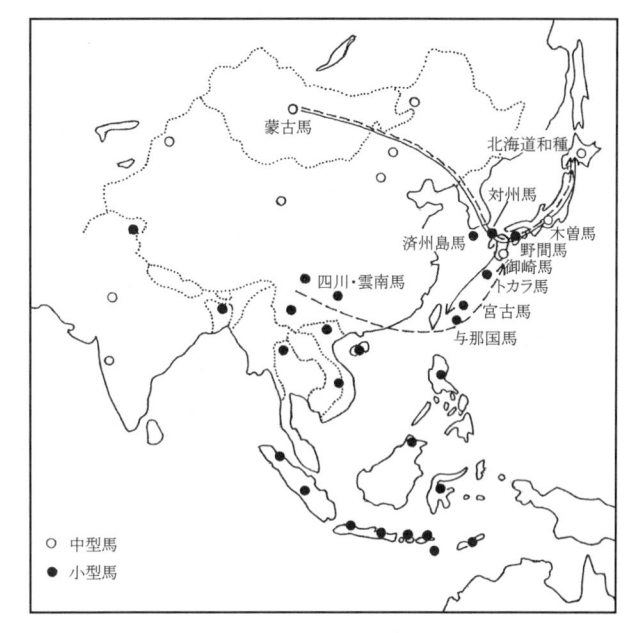

図 II-3-8 東アジアにおける小型馬と中型馬の分布（林田，1968）と日本への在来馬の移入路：破線は 2 波渡来説，実線は単一起源説．

が縄文後晩期から弥生期にかけ，華南沿岸から黒潮に乗って，九州と南朝鮮に入った．次いで弥生期から古墳期にかけて，中型馬が朝鮮半島からわが国に導入された．これら 2 型のウマは国内で交雑したが，有史以来，軍事運輸の必要から小型馬は減少し，鎌倉時代には中型馬が多数を占め，江戸末期，明治初期には小型馬は土佐駒として残り，他は木曽馬，御崎馬のような中型馬のみとなった．九州南西諸島には小型馬しか入らなかったので，トカラ馬，与那国馬などとして残った，というのである．

日本が縄文後晩期以降，最初に南西諸島経由で小型馬を，ついで朝鮮半島経由で中型馬をと，2 波にわたって大陸からウマを受け入れたとする林田の 2 波渡来説（図 II-3-8 の破線経路）は森為三（1930）の朝鮮馬の起源に関する推論に近いものである．これらの研究は，単にウマがいた，いなかったというにとどまらず，ウマの遺伝的形質に注目し，それを基礎にして系統論の構築を試みているのであって，以後の日本在来馬のみならず，在来家畜研究への有力な指針となった．

しかし，森・林田学説にも問題がないわけではない．そもそも体格のみを標識にして系統論を構築することが可能であるか，という疑問が生まれる．相互に血縁など考えられない遠隔の地に多くの小型馬種（pony）が散在している．その中でも最も有名な Shetland pony は北海に浮かぶ島嶼環境で炭坑使役馬として育種され小型化したものである（FLADE, 1981）．最小のものでは体高 50 cm までにもなった超小型馬 Falabella 種はアルゼンチン国内で育種されたものである（FLADE und GLESS, 1989）．逆に日本小型在来馬の典型とみなされるトカラ馬の平均体高は原産地トカラ群島宝島から鹿児島大学農学部入来牧場に移されると僅か 2～3 世代で雄雌共に 3～4 cm の増大を示している（小山田ら，1979；柳田ら，1985）．すなわち，ウマの体格は飼養条件によって変化するし，人為淘汰，自然淘汰にさらされれば比較的容易に遺伝的変化をおこし得るも

のである．こうした形質を系統解明のための標識として使用すると，誤った結論に導かれる危険性が高いのではないか．筆者（野澤，1983）は在来馬を材料にして，各種標識形質の系統論的研究への適合性について論議している．

　遺跡から馬具が古墳時代に入ってから出土し始めることは，わが国で発掘調査が開始されて以来よく知られていた．民族学者の江上波夫はこの事実のうえに立って「騎馬民族日本征服説」を提唱した（座談会は1948年5月，著書は1967年公刊）．わが国の弥生時代に続く古墳時代は4世紀初頭から7世紀末までの約400年間であるが，江上はこれを前期100年と後期300年とに分けた．まず古墳という築造物が，前期では丘陵の頂上近くに作られた，小さく簡単な構造であるのに対し，後期に入ると，応神陵，仁徳陵のような平地に造られた壮大な前方後円墳が多くなり，広い墓室をもち，壁面に装飾のあるものが少なくない．副葬品を見ると，前期古墳は鏡，剣，玉，鍬形石，車輪石など宝器的，象徴的あるいは呪術的な意味をもった，平和な農耕民的色彩の強いものである．それに対し，後期に入ると武器，食器，馬具など実用的な道具でありながら，華麗で戦闘的，王侯貴族的なものが多くなる．前期古墳時代の文化が，弥生時代の継続として理解できるのに対し，後期のそれは，当時東北アジアから朝鮮半島にまで広がっていた騎馬民族文化の性格をそのままに示している．かような急激な変化は，前期の農耕民が自主的に異文化をとり入れて自己の伝統文化を変化させたとは考えにくく，大陸北方の騎馬民がわが国に侵入，征服し，支配権を握ったとしか考えられない．このとき日本国家の統一が成しとげられたのであり，大和朝廷とはこの騎馬征服者によって樹立された政権であったというのが江上の主張である．

　この騎馬民族説は，歴史や考古学分野でよく知られた事実を基礎にし，日本建国という事件を大陸の文化や政治動向と関連づけて提出されたものだけに，学問世界に活発な議論を生んだ．賛成者と共に反対者もいる．この説の批判者には，文化の移動とヒトの移動とは別ではないか，特に朝鮮半島から征服者が侵入したのではなく，逆にこちらから朝鮮へ向けての軍事行動の結果，騎馬術を含め先方の文物をとり入れたのではないかと考える研究者が多いし，多くの人馬が征服行動として日本に侵入したとすれば，それを運ぶ船舶を問題にする柳田国男のような批判者もいる．日本における階級分化は弥生時代にさかのぼり，4, 5世紀の渡来者はいわゆる帰化人で，この人々が騎馬を導入したとは考えられても，支配者となったとは考えにくいというのが後藤守一の反対論である．ウマの視点からいえば，後期古墳から埴輪馬は数多く出るが，出土馬の生物学的形質が5世紀初頭あたりを境にして大きく変化したとの確認も合意もない．特に水野祐が論じているように，騎馬民族がウマをともなって侵入したとすれば，彼らがまず定着した九州や大和にウマの遺体や埴輪馬が多いはずである．ところが馬骨と埴輪馬の出土例の圧倒的多数は関東地方からであり，西日本には馬文化の痕跡はきわめて微弱である点をどう考えるべきか，というのが水野の問いである．騎馬民族説に対する種々の批判は，鈴木編『論集騎馬民族征服王朝説』(1975) に収められている．

　騎馬民族説が論議を呼んだ要点はその征服王朝説，つまり皇室の起源に関してであり，馬具や埴輪馬の出土が5世紀以後に集中しているという事実に疑問をはさむ研究者はいない．また史実上，ウマの飼養が確認されるのは5世紀以降であることから，わが国の馬飼養が朝鮮半島より伝来したウマにより古墳期に開始されたと考える考古学研究者が多い（日本在来馬の単一起源説：

図II-3-8の実線経路）．もしそうであれば，前述した『魏志倭人伝』の記述とも矛盾しない．この場合，3世紀以前の日本には実はウマがいたのだが，倭人伝の著者はそれを見逃したのだろうと片づけてしまう（上記2波渡来説を支持する研究者にこれが多い）のは問題であろう．われわれ在来家畜研究者にとっては，征服王朝説の真偽をさほど重要視する必要はない．ウマの伝来と養馬が日本において，いつ始まったかが問題なのである．これについては，後でもう一度論議されるであろう．

(3) 日本と東アジア在来馬の系統

　1950年代に公表された林田重幸教授（鹿児島大学農学部家畜解剖学教室）の論文を読み，日本在来馬の2波渡来説にそこはかとなくただようロマンにも感銘した筆者（野澤，名古屋大学農学部家畜育種学教室に助教授として当時勤務中）は，この学説を遺伝学の面から裏づけようとの希望を林田教授に申し出，承諾を得た．それまでに筆者は木曽馬の遺伝学的調査の経験をもっていた．トカラ馬を林田先生の指導のもとに遺伝学の立場から，ということは，毛色分布や血液型を標識に採用し集団遺伝学的方法で調査しようという筆者の申し出を快く受け容れてくださった先生は，この際，ウマのみならず，トカラ，奄美両群島に豊富に残っている在来牛，在来ヤギ，在来鶏なども並行して調べたほうがよくはないかと示唆された．そこで筆者はこの計画を教室主任の近藤恭司教授を通じて，同学部の保田幹男教授（家畜解剖学）と，東京農業大学の鈴木正三教授（家畜血清学・血液型学）に示して賛同を得，3大学（鹿大・名大・東京農大）の共同調査として実行したのがトカラ・奄美両群島調査（1961年）である．これが在来家畜現地調査の手始めとなったのだが，この時点では，日本国内の離島に残存している未改良家畜をせいぜい数年計画で調査しようという計画があったに過ぎず，中国大陸や東南アジア地域は林田先生にしろ，筆者にしろほとんど視野に入ってはいなかった．1950年代末から1960年代初頭という時代は，外国の大学人や政府関係者と交渉し，パスポートをもって学術調査のための遠征をおこなうというような計画を真面目に考える雰囲気は，日本の畜産・獣医分野にはなかったからである．このことは，わが在来家畜研究グループの公式刊行物である調査報告書（2009年現在第24号まで刊行）の名称が第6号以前の段階では頻々と変化しているという事実によく表れていると思う．

　1961年にはトカラ・奄美両群島の在来馬，1962年には対州馬（長崎県対馬の在来馬），1963年には鹿児島県種子島と口永良部島の主に雑種馬，1963年〜1964年には琉球諸島全域の在来馬と雑種馬とを対象にして現地調査がおこなわれた．遺伝標識として，林田の従来からの方法を継続する意味で簡単な体尺測定をおこなうほか，毛色分布すなわちA〜a, B〜b, D〜dの3座位に支配されている5毛色（鹿毛，青毛，栗毛，河原毛と月毛）の分布，および血液型U_1抗原（後の国際同定試験の結果，H抗原と改名），U_2抗原（同A_1抗原），Pf_2 (D) 抗原およびPf_3 (C) 抗原の分布——これらはU_1〜U_2〜O, Pf_2〜O, およびPf_3〜Oの3遺伝子座の支配下にある——が現地で調査された．その結果は野澤ら（1965）により，次のように総括された．

　①日本南西部に飼養されている在来馬，すなわち島嶼型在来馬の体格は林田が報告している通り，諸島域に農馬として飼われている雑種馬や，日本本土地域の局地に飼われている蒙古馬系の北海道和種，木曽馬，御崎馬など——これを大陸型在来馬と仮称した——に比べひと廻り小さい

体格をもち，体高 110〜125 cm 程である．

②島嶼型在来馬は青毛遺伝子（A〜a 座位のノンアグチ遺伝子 a）や優性稀釈遺伝子（D〜d 座位の遺伝子 D）の頻度はゼロか，またはごく低い頻度をもつ．

③島嶼型在来馬は血液型の U_1 および U_2 抗原を支配する両優性遺伝子をもたず，この遺伝子座はほとんど劣性の O 遺伝子のみによって占められる．

以上の結果は，島嶼型在来馬が日本の一般農馬のなかで特異な遺伝子構成をもつことを示しており，古代馬の日本渡来に関する林田の2波渡来説を支持しているかに見える．ただし，ここで島嶼型在来馬の遺伝子構成の「特異性」というとき，それが単純化，ホモ化，すなわち遺伝的変異性が減退しているという意味での特異性であるという事実を，筆者自身，その研究段階ではさほど重視してはいなかった．重視していたのは，日本の島嶼型在来馬の遺伝子構成が，林田の2波渡来説と矛盾しないという調査結果であった．

日本在来馬の2波渡来説では説明し難い事実が初めて発見されたのは，森（1930）や林田・山内（1955，1956b）が日本の島嶼型在来馬と同系の南方由来と想定していた韓国の済州島馬（Cheju horse）を調査したときであった．1966 年から 1968 年にかけて，筆者は林田教授と共に，小型馬の産地である済州島の産馬と，韓国本土に駄用使役馬として，あるいは隣国日本に食肉用として移出された済州島馬とを並行して調査する機会に恵まれた．体尺測定，毛色分布，血液型抗原分布が標識とされたことは日本の島嶼型在来馬調査におけると同様であった．調査結果は次の通りであった．

①済州島馬は日本の島嶼型在来馬と同様，明らかに小型馬の範疇に属する体格を有していた．しかし，成体体高平均値±標準誤差 cm（測定個体数）とすると，済州島原産地では雄 111.40±0.55（10），雌 110.65±0.64（29）であり，韓国本土使役馬では雄 116.64±0.33（104），雌 120.45±0.91（18）であった．すなわち，原産地馬は本土使役馬に比し 5〜10 cm 小格であり，この差は統計学的に高度に有意である（$P<0.001$）．

②毛色分布に関しては，済州島馬には A〜a 座位，B〜b 座位共に多型を示し，したがって青毛馬が多く見られるばかりでなく，粕毛，斑，白色毛をもつウマも少なからず見られる．これは単純な毛色分布を示す日本島嶼型在来馬とは著しい対称をなし，北海道和種など日本の大陸型在来馬に近似する．

③血液型抗原分布に関しては，済州島馬には U_1 抗原をもつ個体が多く見られる．これは日本の島嶼型在来馬とは明らかに異なり，日本の大陸型在来馬（木曽馬，北海道和種馬）に近い抗原分布である．

上記結果中の①に関しては次のような体格に関する逆淘汰（reverse selection）による説明が可能である．すなわち，済州島は 1277 年，高麗朝を支配していたモンゴルが牧場を創設した時に馬産が開始され，以来南朝鮮＝韓国における唯一の馬産地であり続けた．済州島産馬は韓国本土に移出され使役されるのが主な用途であったから，産馬のなかで比較的大型のものが移出され，小型のものが島に残って繁殖に供される傾向があった．この傾向は 1960 年代後半にまでも持続していたことがわれわれの調査結果①にもあらわれている．これが続けられると体格を小型化する方向への逆淘汰が働くこととなろう．仮に体高平均 140 cm をもつモンゴル馬が導入されて済州島に馬産が開始されて以来 700 年，90 世代間にこのような逆淘汰作用が働けば，体高に

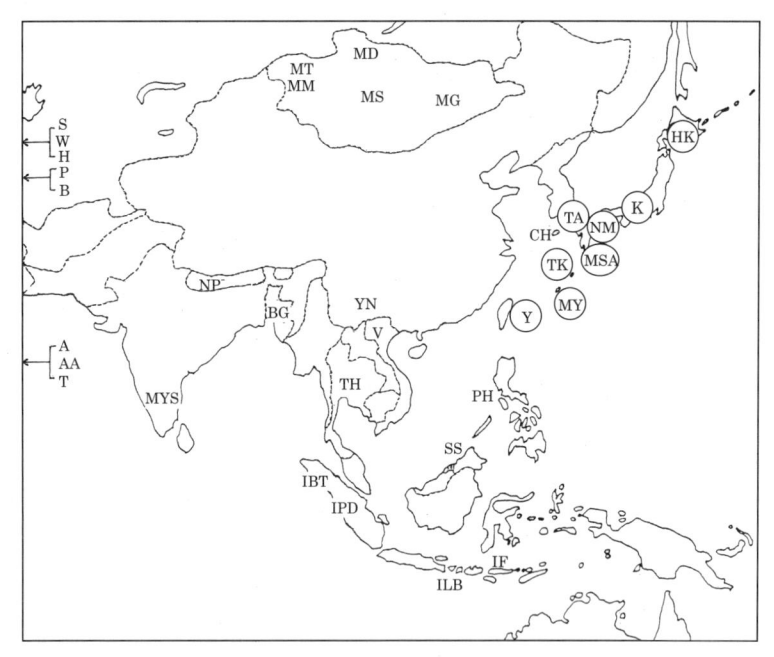

図 II-3-9 調査したウマ 34 集団の産地.
ウマ集団・品種の略号については表 II-3-1 を参照.

関する遺伝率（heritability：h^2）を 0.3 程度と仮定しても，産馬体高が 30 cm 程度減少することは統計遺伝学的に充分に可能である（NOZAWA and KONDO, 1970）．このような逆淘汰現象は琉球諸島の産馬にも見られるし，インドネシアの産馬にもあらわれていることを後に Bogor 農科大学の Harimurti MARTOJO 教授から教示された.

　林田の 2 波渡来説は，この頃すでに日本在来馬の系統論として，日本の獣医・畜産分野の研究者間で定説化していた．済州島馬の遺伝学的調査結果は，筆者にこの定説への疑いをいだかせる機縁となった．もちろん筆者は生前の林田教授にこの調査結果を逐一報告し，自分の意見を述べ，同教授と論議を重ねたものであった．そして，この調査だけでは定説に対する反論あるいは修正意見としてまだ不充分であると考えた．ちょうど同じ頃，こうした系統遺伝学的問題を解決するためには，淘汰に対して中立とみなされる多種類のタンパク変異を同時に標識として使用し，ゲノム全体としての類縁性を遺伝距離のような尺度で測り，多くの集団相互間の遺伝的系統関係を定量するという多座位電気泳動法（multi-locus electrophoresis）が，木村資生の中立説の提唱の時期（1968）とも重なって，最も信頼性の高い研究法であるとの考え方が学界に受け入れられつつあった．たまたま筆者は同じ時期（1970 年），京都大学霊長類研究所に転任し，新任地で非ヒト霊長類の集団遺伝学的研究を担当し，ニホンザルその他の *Macaca* 属サルから血液試料を採取し，多座位電気泳動法によってサル集団の繁殖構造や進化の研究を本務とすることになった．在来馬の系統研究もまったく同じ方法で進めることができるだろう．そこで，日本ばかりでなく東アジアのなるべく多くの地域の在来馬から，なるべく多くの血液サンプルを収集し，できる限り多座位のタンパク変異を電気泳動法によって検索するという仕事を当時のスタッフ庄武孝義助教授らと共に開始した．また，その時期，在来家畜研究会の調査地域が国境を越えて東南アジアや中国大陸各地に拡大する段階にあったことも，好都合であった．

表 II-3-1　電気泳動法により分析したウマ血液試料.

	品種・集団	略号	試料数	採取年
モンゴル	Garshar	MG	132	1992
	Tes	MT	100	1994
	Myangad	MM	90	1994
	Darkhad	MD	100	1994
	Shankh	MS	100	1995
中国	雲南	YN	50	1991
アジア在来	ベトナム	V	53	1996-1997
	タイ国	TH	103	1971, 1972
	バングラデシュ	BG	61	1983
	ネパール	NP	19	1989
	Mysore（インド）	MYS	19	1985
	フィリピン	PH	91	1971, 1972, 1975
	Sabah-Sarawak（マレーシア）	SS	43	1974
インドネシア	Batak	IBT	22	1979
	Pandang	IPD	20	1979
	Lombok	ILB	20	1977
	Flores	IF	30	1979
韓国	済州島馬	CH	86	1972, 1974, 1978
日本	北海道和種	HK	105	1972, 1974
	木曽馬	K	67	1971, 1972, 1973
	御崎馬	MSA	259	1981-1994
	野間馬	NM	46	1984, 1994
	対州馬	TA	87	1973, 1979
	トカラ馬	TK	123	1972, 1975, 1977-1989
	宮古馬	MY	45	1977, 1980
	与那国馬	Y	32	1972-1977
西欧系ポニー	Shetland	S	32	1978
	Welsh	W	22	1978
	Hackney pony	H	13	1978
重輓馬	Perchron	P	71	1978
	Breton	B	77	1978
競走馬	Arab	A	102	1973, 1974, 1978
	Anglo-Arab	AA	100	1973, 1974
	Thoroughbred	T	95	1974

　1975年前後から世紀の替わり目頃まで，約25年間を費やしておこなわれた血液タンパク変異の多座位電気泳動法による日本と東アジア在来馬の系統遺伝学的研究を以下に紹介する（NOZAWA et al., 1998；野澤ら，1999；野澤，2002）.

　図 II-3-9 と表 II-3-1 に示すように，アジア各地の在来馬26集団（日本在来馬8馬種を含む）と，わが国内で純粋繁殖によって維持されている西欧系の競走馬3品種集団，重輓馬2品種集団，およびポニー3品種集団，合計34品種または地域集団から個体別に採血し試料とした．標識血液タンパクは血しょうタンパク13座位，ヘモグロビン3座位および血球酵素17座位，合計33遺伝子座で，これら遺伝子によって支配されているタンパクの構造変異が澱粉ゲルやポリアクリルアミドゲル電気泳動法によって分析された（表 II-3-2）.

　遺伝子座ごと，個体ごとに試料を検索すると，33遺伝子座中11遺伝子座には集団間にも集団内にも変異は欠けており，残り22遺伝子座には多かれ少なかれ遺伝的変異が見出された．遺伝的変異の様態を定量的に表現するには，各遺伝子座に見出された対立遺伝子の種類と頻度が集団の特性値とされた．集団内の遺伝的変異性の大きさは多型遺伝子座の割合（P_{poly}）と平均ヘテロ

接合率 ($\bar{H}$) で表わすことができる．P_{poly} と $\bar{H}$ の定義と計算法は I-4 章(5)節に記述されている．**図 II-3-10** には $P/\bar{H}$ 平面上に各集団がプロットされている．$\bar{H}$ と P の期待値 $E\{P\}$ との間には，無限対立遺伝子モデルのもとで，この図に曲線で示したような関係がある．モンゴル在来馬5集団はこの図の右上トップの位置にあり，このことは調査された34集団中モンゴル馬の集団が遺伝的多様性を最も豊富に保持していることを意味する．遺伝的変異性が最低の集団は日本在来馬の1つトカラ馬であった．なお34集団の全体から33遺伝子座に発見された対立遺伝子数の合計は71個であったが，モンゴル馬集団群にはこのうち66個が発見され，他の集団群には51～62個とこの数は少ない．

遺伝子頻度に座位間で相関関係があり得ることを考慮して，頻度データを主成分分析した結果，頻度の全分散への第1主成分の寄与率は23.4%，第2主成分は19.1%，第3主成分は17.0%となった．34集団の第1，第2主成分を両主成分平面にプロットした散布図が**図 II-3-11** である．全分散の半量以下（42.5%）が図示されているに過ぎないが，散布図は調査された34集団が遺伝子構成上4グループに分けられることを示している．

表 II-3-2 電気泳動法によって変異検索したウマ血液タンパクと座位．

血しょうタンパク（酵素と非酵素）	13 座位
Prealbumin	PA
Albumin	Alb
Group-specific componet*	Gc
Plasma esterase* (EC 3.1.1.1)	Es
Pretransferrin*	Ptf (Xk)
Transferrin*	Tf
Haptoglobin	Hp
Slow a_2-macroglobulin	a_2
Ceruloplasmin	Cp
Leucine aminopeptidase	LAP
Cholinesterase (EC 3.1.1.1)	Ch
Amylase (EC 3.2.1.1)	Amy
Alkaline phosphatase (EC 3.1.3.1)	Alp
ヘモグロビン	3 座位
Hemoglobin a chain	Hba
Hemoglobin a chain duplicated	Hba II
Hemoglobin β chain	Hbb
赤血球酵素	17 座位
6-phosphogluconate dehydrogenase (EC 1.1.1.43)	6PGD
NADH-diaphorase (EC 1.6.4.3)	Dia
Malate dehydrogenase (EC 1.1.1.27)	MDH
Lactate dehydrogenase-A (EC 1.1.1.37)	LDH-A
Lactate dehydrogenase-B (EC 1.1.1.37)	LDH-B
Tetrazolium oxidase (EC 1.15.1.1)	To
Cell esterase (EC 3.1.1.1)	CES
Adenylate kinase (EC 2.7.4.3)	AK
Phosphoglucomutase (EC 2.7.5.1)	PGM
Esterase-D (EC 3.1.1.1)	ES-D
Isocitrate dehydrogenase (EC 1.1.1.42)	IDH
Phosphohexose isomerase (EC 5.3.1.9)	PHI
Catalase (EC 1.16.1.6)	Cat
Acid phosphatase (EC 3.1.3.2)	Acp
Glucose-6-phosphate dehydrogenase (EC 1.1.1.49)	G6PD
Glyoxalase-I (EC 4.4.1.5)	Go-I
Peptidase-B (EC 3.4.13.11)	Pep-B

*を付けた4座位はポリアクリルアミド密度勾配ゲル電気泳動法，その他29座位は水平式デンプンゲル電気泳動法による分析．

すなわち，西欧系ポニー，西欧系重輓馬，西欧系競走馬，およびアジア在来馬である．この最後のグループにはモンゴル馬，中国雲南馬，東および東南アジア在来馬，韓国および日本の在来馬が含まれる．ただしスマトラ島のバタック馬は他のインドネシア在来馬から，野間馬とトカラ馬は他の日本在来馬から離れた遺伝子構成をもつと認められた．

34集団の総当りで計算された NEI の遺伝距離（I-4章(8)節を参照）の行列から近隣結合法（NJ法）によって描かれた無根枝分かれ図が**図 II-3-12** である．NJ法は樹状図の枝の長さが集団間の遺伝距離に比例するように作図されている．この無根枝分かれ図は主成分散布図（**図 II-3-10**）と同様のパターンを示しており，主成分散布図において例外的に大きく離れた点に位置づけられたバタック馬と野間馬はいずれも西欧系重輓馬に向かう分枝から遺伝子を受け取っていること，日本のトカラ馬は西日本に産する在来馬に向かう主枝から分かれた長い分枝の末端に位置づけられる．

図 II-3-12 によれば，調査対象34集団は系統的にも西欧系ポニー，重輓馬，競走馬およびアジア在来馬の4系統に分かれるが，そのアジア在来馬の遺伝子構成のレンジはかなり広い．その

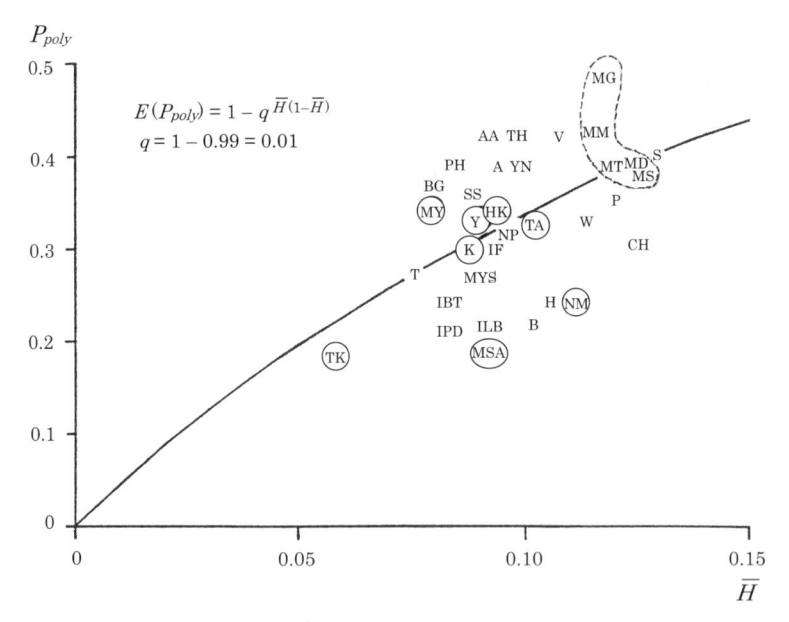

図 II-3-10 P_{poly}–$\overline{H}$ 平面における各ウマ集団の散布図.
カーブは中立遺伝子座における無限対立遺伝子モデルにもとづく $\overline{H}$ と P_{poly} の間の関係を示す.

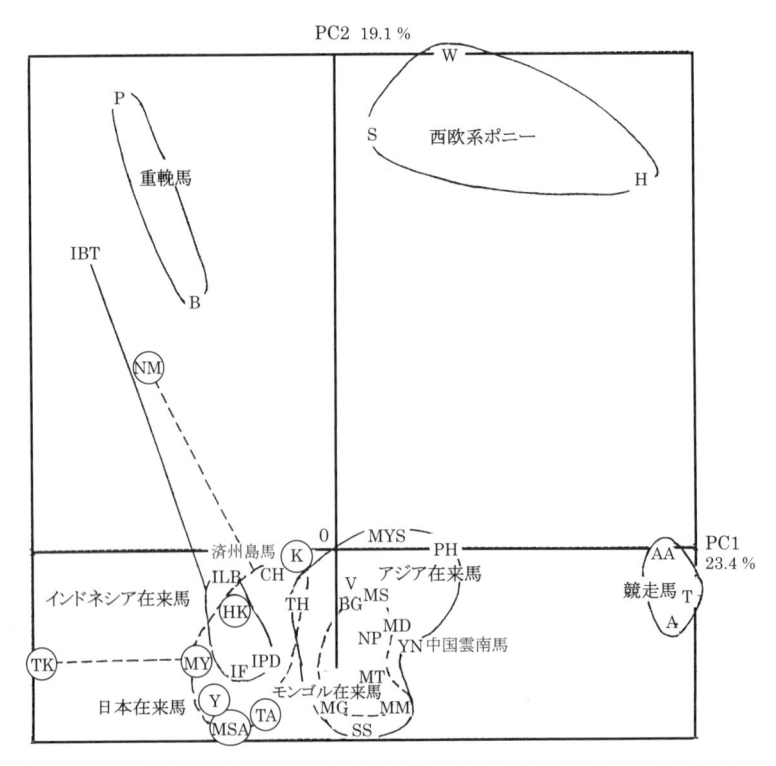

図 II-3-11 遺伝子頻度データの主成分分析にもとづく第1, 第2主成分平面への 34 ウマ集団の散布図.

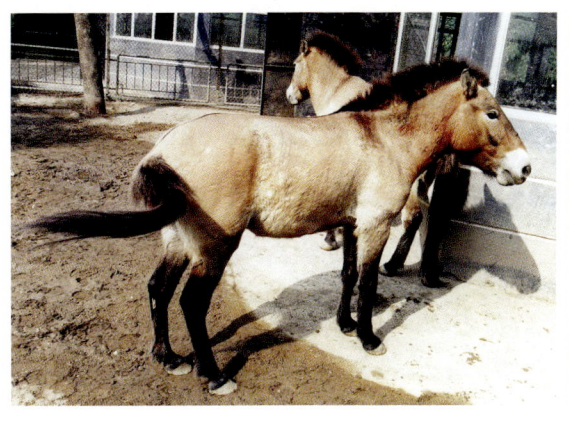

図 II-3-4　プルツェワルスキー馬.
（左）動物園に飼育されているプルツェワルスキー馬（1977年ベトナムのHanoi動物園にて，写真　並河鷹夫）.
（右）動物園に飼育されていたプルツェワルスキー馬をモンゴルの草原に帰して復元された馬群（モンゴルで市販されている絵はがき，Photo：R. ENCHBAT）.

図 II-3-6　モンゴルのウマ.
（上）ナーダム（1995年，ハラホリン），（左）蒙古馬（1995年，ハラホリン），（右）ヒツジとヤギの放牧管理（1999年，ゴビ）.

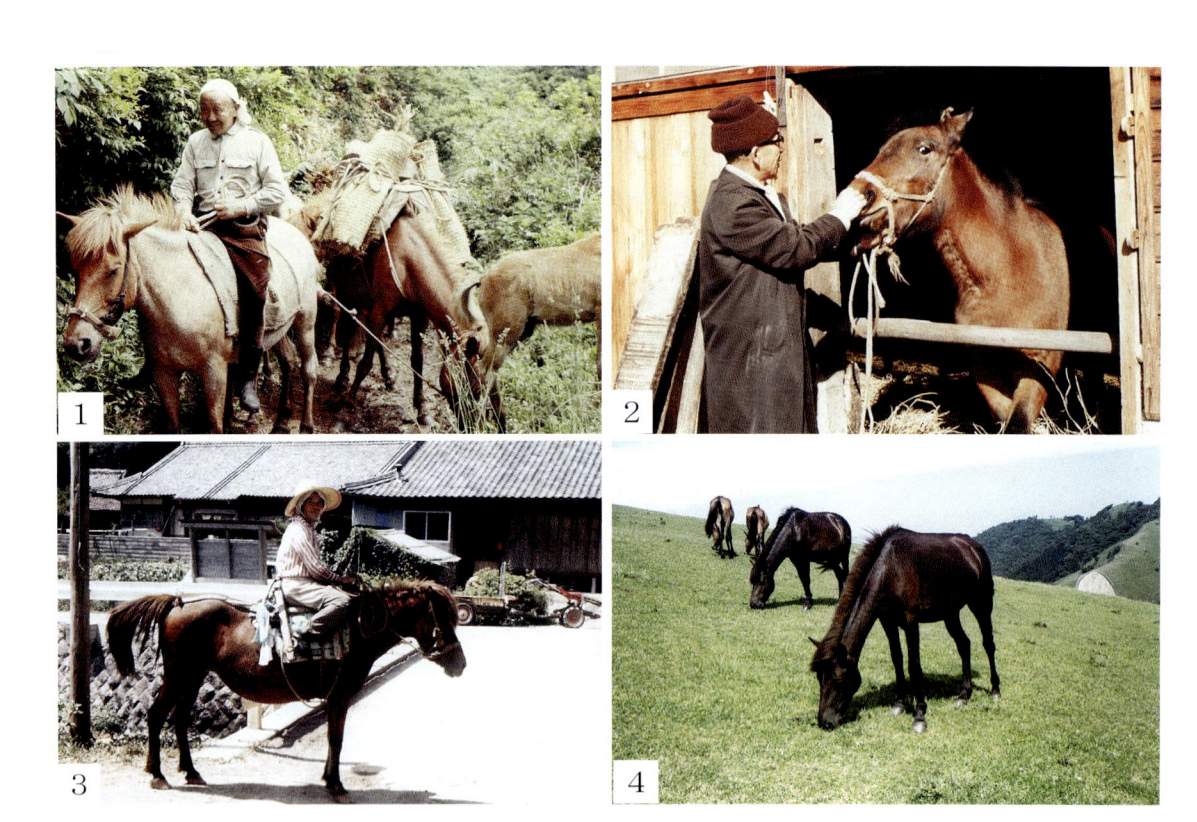

図 II-3-13　日本の在来馬（1）．1.北海道和種　2.木曽馬　3.対州馬　4.御崎馬

図 II-3-14　日本の在来馬（2）．1.トカラ馬　2.宮古馬　3.与那国馬　4.野間馬

中でモンゴル在来馬が最大量の遺伝的変異を保持していることは，モンゴル馬がアジア地域のすべての在来馬種の系統的祖先集団，少なくとも祖先集団に最も近い遺伝子構成をもつ集団であることを示唆している．移植先の集団は，本書第Ⅰ部で述べた創始者効果によって，起源集団に比べ遺伝的変異性は低下するからである．ユーラシア大陸中北部草原に住む遊牧民は数千年来，ウマの大集団を保持し，ウマを軍の機動力の中核として回を重ねて中国北部に侵入した．中でも最も成功したモンゴルは中国全域，インドシナ半島，朝鮮半島のような大陸部を服属させたばかりでなく，日本や東南アジア島嶼部にまで侵入軍を送った．現代アジア全域のウマは究極的にはアジア中北部の草原に故地をもつ遊牧文化から移植された馬群を祖先とし，東アジアの養馬文化もその影響下に形成されたものであろう．

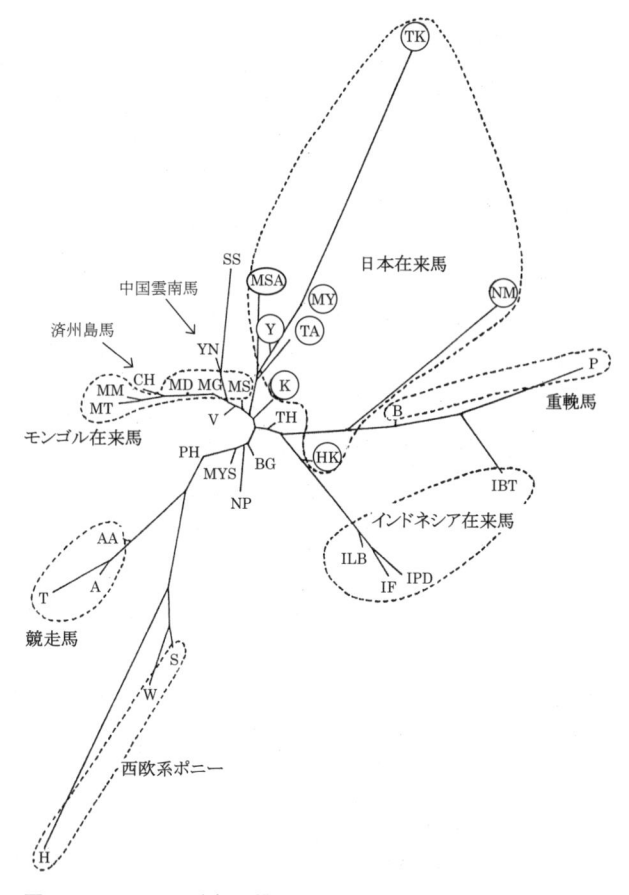

図 II-3-12 NEIの遺伝距離マトリックスから近隣結合法（NJ法）によって作られた無根枝分かれ図．

ただ，このような推論における一つの問題点は，韓国済州島馬，雲南馬を含む中国西南山地馬，インドシナ半島や東南アジア島嶼部のウマなどが，モンゴル馬に比べ平均体高にして 15 cm ほども小型であることである．この理由として筆者は前述のように済州島馬については体格に関する人為的逆淘汰を推論した（NOZAWA and KONDO, 1970）．こうした機序に加えて，寒冷で乾燥したモンゴル高原に比べて，アジアの馬産地がすべて低緯度で多雨の樹林地帯や島嶼であること，用途がモンゴルでは騎乗を主とするのに対して，南方アジア地域では駄載と輓曳が主であることも理由として考えられるかもしれない．

図 II-3-12 のような分岐パターンから，日本在来馬の系統に関する林田の2波渡来説を積極的に支持することは困難である．日本在来馬のほとんどすべての馬種はモンゴル馬に向かう枝の分岐点の近傍から分かれた短い枝の末端に位置づけられているからである．むしろ，日本在来馬8馬種を遺伝的系統群に分類するとすれば，この枝分かれ図は，体格とは関係なく，木曽馬（K），北海道和種（HK），野間馬（NM）から成る第1群と，対州馬（TA），与那国馬（Y），御崎馬（MSA），宮古馬（MY），トカラ馬（TK）から成る第2群とに分かれているように見える（図 II-3-13 および図 II-3-14，カラー）．野間馬は外来馬種との交雑を経験しているようであるからこれを別として，第1群はいわゆる東国の産馬であり，第2群は九州，沖縄の産馬である．市川

(1981) が述べているように，古くから日本の大家畜生産は近畿・中国地方のウシ卓越地帯を中間にはさんで，東日本一帯と九州地方とがウマ卓越地帯であった．もちろん東国の産馬と九州，沖縄の産馬とが血縁的にたがいに独立，無関係であったとは考えられず，両地帯の間には種馬の交流，特に東国から九州への種馬の移動があったことは間違いない．それにもかかわらず，8 馬種から成る日本在来馬集団の内部には，体格ではなく産地によってわずかながら遺伝的分化があったことを図 II-3-12 は暗示している．

林田の 2 波渡来説は

 (a) 南西諸島を含む日本には縄文，弥生期以来ウマが飼われていた．

 (b) 各地域在来馬の体格は古代以来大きな変化はない．

という 2 つの想定が基礎になっている．日本南西諸島の小型在来馬は縄文期以来の遺残集団（relict）であり，わが国は縄文後晩期に第 1 波として南方より島伝いに小型馬を，弥生期以降，第 2 波として朝鮮半島経由で蒙古系の中型馬を受け入れ，それらが現代日本在来諸馬種の基礎集団となっていると，林田は主張しているのである．

ところで，日本における養馬の開始は縄文期，弥生期といった古い時代ではなく，古墳期以後であるというのが，その当時から大多数の考古学者や史家の合意であった．江上の「騎馬民族説」もこの合意を基礎にしており（1967），A.D. 3 世紀（弥生期末）のわが国情を記録した『魏志倭人伝』には牛馬がいなかったと明記されている．考古学者の森浩一（1974）は林田学説の基礎になっている縄文，弥生期出土の馬骨の生存年代に疑問を投げかけている．すなわち，確かに縄文や弥生の遺跡から馬骨は出土しているけれども，それぞれの遺跡の年代の包含層から出ている例は少なく，よく見ると，貝塚や遺跡に後から穴を掘って埋めたものが多い．従って，こうした例はすべて再検討が必要であり，特に遺骨の化学的な生存年代推定をおこなうことが望ましいと述べている．

河口・西中川（1985）は鹿児島下の出水貝塚，沖縄県の宇宿貝塚のような縄文遺跡や，鹿児島県下の弥生期のものとされる高橋貝塚から，いずれも馬骨が出土すると報告されているが，層序的に見てほんとうに当時生存したものであるかどうかに疑問が残るとしている．安里（1985）も琉球王の中国明朝への主要貢物の 1 つがウマであったことは，沖縄グスク期（12～15 世紀）に養馬が普及していたことを示唆するが，沖縄へのウマの導入は朝貢開始期を大きく遡るものではないと考えられ，先史時代にウマはいなかったと述べている．『李朝実録』の中世琉球資料（15 世紀）も同じことを暗示しているように見える（野澤，1971；当山，1979）．

西中川とその共同研究者（西中川ら，1989，1991）は，古代遺跡からの馬骨，埴輪および土馬のこれまでの出土例を全国調査によってすべてリストアップする試みをおこなった．馬骨が出土した遺跡数は延べ合計 587，うち 229 が関東地方にある．合計延べ数のうち縄文期 57，弥生期 34，古墳期 110，残り 386 は奈良朝期以後の遺跡である．埴輪馬の出土数は全国合計 297，うち 170 は関東地方で，これらはすべて古墳期の遺跡である．また土馬（土製馬と馬型土製品）は合計 589，うち 328 が近畿地方，特に奈良県と京都府に集中し，奈良時代と平安時代の古都からの出土が目立って多い．埴輪馬が関東に多いのは，東北地方の蝦夷勢力に対抗するために騎馬隊を保有していたことを示唆するのではないか，また奈良県や京都府の古都から土馬の出土例が多いのは，当時の政治的動きと関係があり，特に朝廷の祭祀に用いられたためであろうと推測している（上村，1991）．

問題は縄文期や弥生期の遺跡から出土した馬骨であるが,「これら先人の報告は ^{14}C などの年代測定もなされておらず,後世の混入」や「撹乱層からの出土が多く,確実に時代を特定できるものはごく少ないようである.」(西中川ら,1991).また近代的手法によっておこなわれた発掘で,縄文期,弥生期から馬骨が出土した例はない(西中川ら,1991).すなわち,確実な年代推定ができる出土馬骨はすべて古墳期以後のものということになる.なお,出土馬骨の測定値から林田・山内(1957)の方法で体高を推定すると最低109 cm,最高139 cm の間に分布し,平均値は126.4 cm である.そして小型のウマが古い遺跡に多い傾向が認められる.

千葉県野田市にある縄文遺跡の大崎貝塚から 1986 年,シカ,イノシシなどと共に馬骨が出土した.従来,縄文時代に家畜ウマが生存するとされていたのに,近年は精密で大規模な発掘がおこなわれているにもかかわらず馬骨の出土例がないので,近藤ら(1991)はこの大崎貝塚出土馬骨中のフッ素を分析し年代判定を試みた.その結果,この骨は伴出したニホンジカやイノシシの骨に比べフッ素含有量は著しく低く,同時期のものとは考えられない.すなわち後世の混入であると判断された.同じ研究グループは縄文馬の最も確実な証拠とされる鹿児島県出水貝塚出土馬の臼歯から試料を採取し,^{14}C による生存年代推定をおこない 610±90 年前,すなわち鎌倉時代末から室町時代初期にあたると考えた.この馬骨も縄文貝塚中に後から埋められたものらしい(近藤ら,1992).松井(1992)は,縄文,弥生時代のウマと言われる馬骨の出土例は,地域的にも時期的にも孤立的で,その系統をたどることは不可能であり,今後,骨の化学的生存年代の判定をおこない,また考古学的出土状況に誤りがないかを検討する必要があると論じている.

縄文馬,弥生馬の存在が否定され,南西諸島の養馬文化が 10 世紀以後となると,日本在来馬の2波渡来説は根拠を失う.日本への家畜馬の移入が古墳期に始まるとすれば,朝鮮半島を経由して入った蒙古系馬が日本在来馬の唯一の基礎であったと考えざるを得ない.すなわち日本在来馬はモンゴル馬を単一起源とするということになる(図II-3-8,実線矢印のルート).

日本在来馬ばかりでなく韓国済州島馬,中国の西南山地馬,インドシナ半島やミャンマー,東南アジア島嶼部各地の在来馬も,いずれもモンゴル高原を源郷とする.これらはいずれもモンゴル在来馬と極めて近い遺伝子構成をもつ(図II-3-12).この中で山地あるいは島嶼部の在来馬の多くは,モンゴリアから南方への移植に伴って,あるいは移植後,小型化したのである.朝鮮半島を経て日本へ移植導入されたモンゴル在来馬のうち,木曽馬や北海道和種は体格をほとんど変えることなく日本列島を東北進して成立し,他方,小島嶼地域を西南進したトカラ馬,宮古馬,与那国馬などは,創始者効果によって遺伝子構成を単純化すると同時に,飼育環境条件と人為淘汰作用によって体格を小型化して今日に至ったと考えられる.

(4) DNAを標識とする東アジア在来馬の系統

DNA を遺伝標識として使う馬学的な研究は 1980 年代に始められている.まずマイクロサテライト(microsatellite)DNA の変異性が高いことを利用して,血統が重視される競走馬の親仔鑑別を正確かつ能率的におこなおうとする試みであった.次いで細胞質にある約 16,500 bp(塩基対)の環状構造をもつミトコンドリア(mitochondria)DNA(mtDNA)の塩基配列変異が母系遺伝することが確認され,これを標識として,集団レベルの遺伝学的解析にも用いられるように

なった．当初は特定のDNA配列を特異的に認識する制限酵素（restriction enzyme）を使ってDNAを切断し，そうして生じたDNA断片長多型（restriction fragment length polymorphism：RFLP）を目印にして集団調査をおこなう方法が用いられたが，世紀が変わる時期前後からは，PCR（polymerase chain reaction），すなわち順方向と逆方向のプライマー（primer）を用いてその間にあるDNA配列を増幅させ，シークエンサー（sequencer）によって配列を読み取り決定するという方法が広く使われるようになった．このbase-sequencingの技術はmtDNAにも核DNAにも適用され，ハプロイド当り全長30億近い塩基対の，そこここの興味深いDNA領域とその近傍から始めて，やがてはその全長の塩基配列を読み尽くすというヒトのゲノム計画を追いかける形で，実験動物や各種家畜においても全DNA配列の決定作業が目下おこなわれつつある．

I-4章(7)節に，キイロショウジョウバエのアルコール脱水素酵素（ADH）の変異がDNA塩基のどのような配列変異に対応しているかを調べた KREITMAN（1983）の研究を紹介した．第I部の図I-4-20を一見してすぐわかるように，電気泳動によって発見されるタンパク変異はDNA塩基置換のほんの一部を把えているに過ぎない．また，哺乳類の毛色変異は，野生型であろうと突然変異型であろうと，同一のあるいはよく似た表現型を支配する遺伝子型の内部に多様かつ大量のDNA塩基の置換や欠失・挿入で区別される変異の存在を確認することができる．実際，電気泳動における移動度（mobility）にせよ毛色表現型にせよ，これらはDNA塩基配列の生産物（product）であり，DNAとはA，G，T，Cという4種類の塩基をアルファベットとして書かれた，生産物の設計仕様書である．親から子へ遺伝するのは移動度や表現型そのものではなく，設計仕様書の内容，すなわち遺伝情報である．それゆえ，集団調査のための遺伝標識（genetic marker）として見れば，DNAの塩基配列はこれ以上は望めない，確度の高い遺伝標識であると言うことができる．第I部の図I-4-21に示した標識の違いによって遺伝様式，すなわち親から子への伝達経路が異なるということだけが使用上の注意点であろう．

1994年，XU and ARNASON によってウマのmtDNAの全塩基配列が決定された．材料はスウェーデン国内に飼われていた1個体のウマであるが，全塩基数16,660 bpである．その制御領域（control region）にGTGCACCTなるモチーフの繰返しがあるが，繰返しの数が同一個体からとった多くのmtDNAのクローン間でも2〜29と様々である．このheteroplasmyが見られる領域を除外すると，系統遺伝の立場から意味をもつ塩基配列の長さは16,428 bpとなる．

mtDNAの塩基配列を標識にして世界の家畜馬の起源や系統を明らかにしようとの研究がいくつかおこなわれたが，その中で日本を含む東アジア在来馬に関係をもつ研究を4例ここに引用する．すなわち，A：ISHIDA et al.（1995），B：OAKENFULL and RYDER（1998），C：KIM et al.（1999）およびD：SODGEREL（2001）である．これらの研究は方法と材料とに関して次のような共通の性格をもっている．

①mtDNAの塩基配列を全長にわたって読むのではなく，変異性が高いことが知られているDループないし制御領域の塩基配列，1,200 bp以下を個体ごとに読む．

②供試個体数はウマ集団（Przewalski野生馬，品種，地域集団）当たり1〜7個体．

③供試個体間の塩基の置換数または置換率を遺伝距離として用い，個体を単位として枝分かれ図を描く．

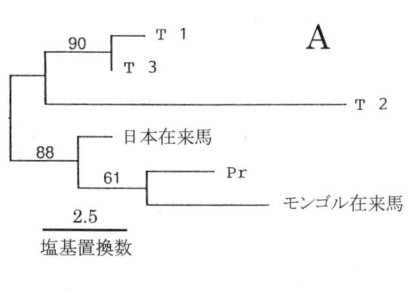

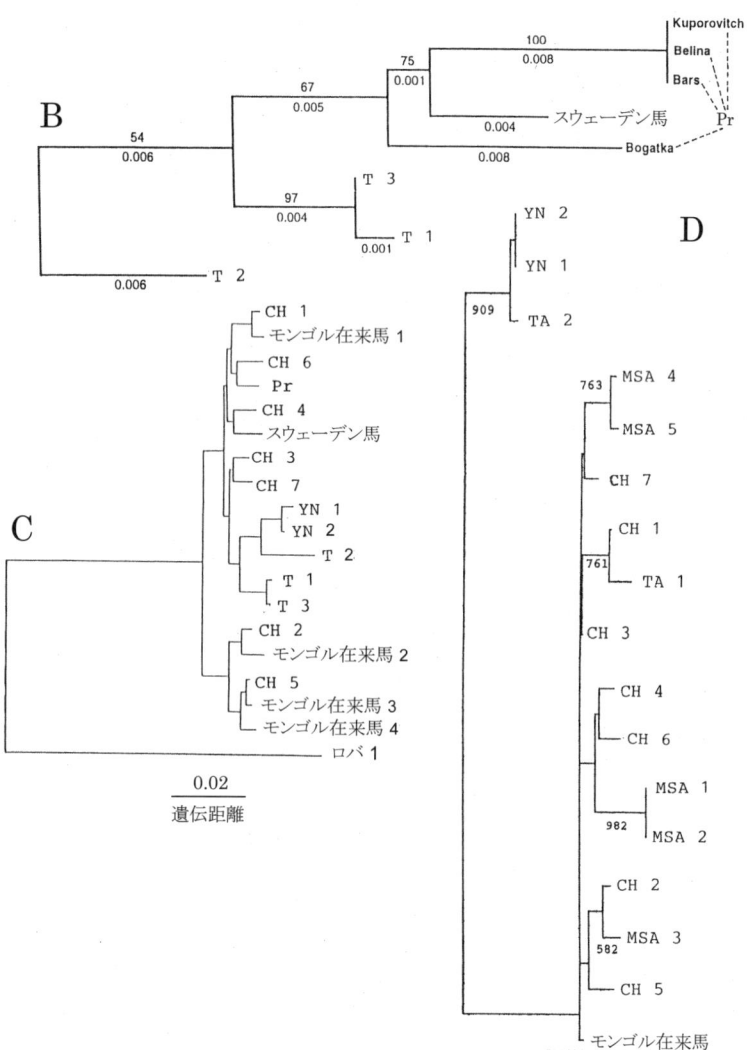

図 II-3-15 ミトコンドリア DNA 塩基置換数で測った東アジア在来馬サンプル個体間の遺伝距離枝分かれ図（NJ 法）.
A. D ループ領域, 270 bp. 数字はブートストラップ値（%）. (ISHIDA et al., 1995)
B. 制御領域＋12sRNA, 1164 bp. 数字はブートストラップ値（%）と塩基置換率. (OAKENFULL and RYDER, 1998)
C. D ループ領域, 1102 bp. 田村・根井の遺伝距離による. (KIM et al., 1999)
D. 制御領域, 274 bp. 数字はブートストラップ値（／1000 回）. (SODGEREL, 2001)
品種の略号は, Pr：Przewalski 馬, T：Thoroughbred, YN：雲南馬, CH：済州島馬, TA：対州馬, MSA：御崎馬.

図 II-3-15 にこれら 4 つの研究結果の関係部分を一括して掲げた．これらの研究から，Przewalski 馬を含めてウマの各個体が *Equus* 属の中で単系統群（monophyletic group）を構成しているということだけはほぼ間違いないと考えられる．しかし，Przewalski 馬はモンゴルや東アジア在来馬のクラスターの中に完全に包含されている．サラブレッド種は **A** では東アジア在来馬とは分化しているように見えるが，**C** では東アジア在来馬各個体が作るクラスターの内部に埋没している．同一馬集団（品種や地域集団）の中での遺伝的多様性が大きく，系統ラインはたがいに入り組んでおり，単系統とみなされる集団は見られない．同一個体の試料が使われた場合においても（比較する mtDNA 領域や塩基サイトの数が異なっている故でもあろうが），枝分かれ図のトポロジー（枝分かれ順序）が 4 つの研究例間で同一ではない．

Przewalski 馬がモンゴルや東アジア在来馬が作るクラスターに含まれるという結果に関しては，Przewalski 馬の過去の分布域は現代のモンゴル在来馬の分布域と重なっていたので，両者の間にある程度の遺伝子流動（gene flow）があったためではないかと ISHIDA *et al.* (1995) は述べている

また，これらの研究結果を通覧して言えることは，供試個体数を増加させるごとに，その馬集団内部の遺伝的多様性が際限なく増大し，クラスターが拡大してゆく，という事実である．このことは，系統遺伝学的な研究目的を達するためには，配列決定そのものは個体単位でおこなうのが当然としても，1 集団からの供試個体数を増やし，集団内の塩基多様性をおさえた上で集団比較をおこない，集団平均として系統的な分岐順序を推定する必要があるということである．

このような方法で川本ら（2001）は次のように試料採取をおこなった．これらは，前節で述べたタンパクの多座位電気泳動のために採取され，冷凍保存されていた日本と東アジア在来馬の血液試料の一部で，調査個体数は次の通りである．

　　モンゴル在来馬：5 地域集団（Shankh, Darkhad, Myangad, Tes, Garshar）各 10，合計 50 個体

表 II-3-3　東アジアと日本の在来馬集団内における mtDNA の

| 調査集団 | モンゴル ||||| | 韓国 |
	Shankh	Darkhad	Myangad	Tes	Garshar	小計	済州島馬
個体数	10	10	10	10	10	50	20
ハプロタイプ数	8	9	9	8	9	37	16
塩基対総数	613	613	613	613	613	613	613
塩基置換サイト数	26	32	37	38	39	60	45
遺伝子多様度（gene diversity）と	0.9556	0.9778	0.9778	0.9333	0.9778	0.9837	0.9737
その標準誤差	0.0594	0.0540	0.0540	0.0773	0.0540	0.0082	0.0250
塩基置換サイト数	26	32	37	38	39	60	45
トランジション	26	32	37	38	39	60	45
トランスバージョン	0	0	0	0	0	0	0
塩基比率（％）　C	27.47	27.41	27.62	27.70	27.41	27.52	27.51
T	29.14	29.19	28.99	28.90	29.20	29.08	29.10
A	28.43	28.24	28.21	28.19	28.24	28.26	28.56
G	14.96	15.16	15.19	15.21	15.16	15.13	14.84
個体間での平均塩基置換率（全サイト当たり）と	11.6282	12.0597	12.0451	14.0869	12.6206	12.8230	11.1036
その標準誤差	5.7620	5.9628	5.9570	6.9120	6.2262	5.8761	5.2658
個体間での平均塩基置換率（1 サイト当たり）と	0.0190	0.0197	0.0196	0.0230	0.0206	0.0209	0.0181
その標準誤差	0.0106	0.0110	0.0109	0.0127	0.0114	0.0106	0.0095

川本ら（2001）．

韓国済州島馬：20個体
日本在来馬：北海道和種20，木曽馬5，野間馬11，御崎馬10，対州馬5，トカラ馬10，宮古馬10，与那国馬15，合計86個体
中国雲南馬：10個体
ベトナム在来馬：15個体

以上総計181個体である．塩基配列を決定したミトコンドリアDNAはDループ領域の613 bpである．

合計77種類のmtDNAのハプロタイプ（haplotype）が区別された．アジア大陸部の集団すなわちモンゴル在来馬，中国雲南馬およびベトナム在来馬では一様に高い変異性を示し，済州島馬はわずかにそれより低い程度．そして日本在来馬では比較的高い変異性をもつ馬種は北海道和種，木曽馬，宮古馬で，中程度の変異性が御崎馬と対州馬で，非常に低い変異性が与那国馬，野間馬，トカラ馬で観察された．このことは表II-3-3の遺伝子多様度と個体間平均塩基置換率に示されている．

また，アジア大陸部の集団では多種多様なハプロタイプが混在しているのに対し，日本在来馬ではハプロタイプの偏りが著しく，従って個体を単位とする枝分かれ図を描くと，大陸部の在来馬集団においては多数のクラスターに個体が分散して位置するのに対して，日本在来馬では少数のクラスターに集中して位置づけられる傾向が強い．馬種集団を単位として系統関係をNJ法によって枝分かれ図を描いてみると，大陸部の在来馬と済州島馬は狭いレンジに集中して位置づけられるのに対して，日本在来馬8馬種はすべて，この集中からいろいろな方向に分かれる長い枝の末端に位置づけられることが観察された（図II-3-16）．なお，日本在来馬のmtDNAの塩基配列の変異には中型馬と小型馬に対応する分布傾向は認められなかった．

すでに繰り返し述べてきた通り，ミトコンドリアDNAには父から子（息子と娘）への伝達経路はなく，母から子への伝達があるに過ぎない（I-4章の図I-4-21）．それゆえ，上記のmt

Dループ領域（613 bp）分析による遺伝的変異性評価．

	日 本									中国雲南	ベトナム	合計
北海道和種	木曽馬	野間馬	御崎馬	対州馬	トカラ馬	宮古馬	与那国馬	小計			
20	5	11	10	5	10	10	15	86	10	15	181
4	4	1	2	2	1	5	3	17	9	11	77
613	613	613	613	613	613	613	613	613	613	613	613
28	18	0	13	14	0	24	3	44	33	40	78
0.5000	0.9000	0.0000	0.3556	0.4000	0.0000	0.8222	0.5905	0.8747	0.9778	0.9524	0.9618
0.1222	0.1610		0.1591	0.2373		0.0969	0.0771	0.0169	0.0540	0.0403	0.0063
28	18	0	13	14	0	24	3	44	33	40	79
28	18	0	13	14	0	23	3	43	30	40	75
0	0	0	0	0	0	1	0	1	3	0	4
27.59	27.67	27.24	27.57	27.77	27.57	27.59	27.46	27.53	27.43	27.59	27.53
29.01	28.94	29.36	29.04	28.84	29.04	29.00	29.15	29.07	29.14	29.02	29.08
28.49	28.19	28.06	27.90	28.39	28.71	28.60	28.61	28.40	28.49	28.36	28.38
14.90	15.20	15.33	15.50	15.01	14.68	14.81	14.78	14.99	14.93	15.03	15.01
6.9608	7.9571	0.0000	4.7231	5.7319	0.0000	8.0066	1.1659	8.5120	10.4132	13.1654	11.6341
3.4153	4.4607		2.5240	3.3033		4.0662	0.7945	3.9744	5.1934	6.2803	5.2949
0.0114	0.0130	0.0000	0.0077	0.0094	0.0000	0.0131	0.0019	0.0139	0.0170	0.0215	0.0190
0.0062	0.0085		0.0046	0.0063		0.0075	0.0014	0.0071	0.0095	0.0114	0.0095

210　第II部　家畜種各論

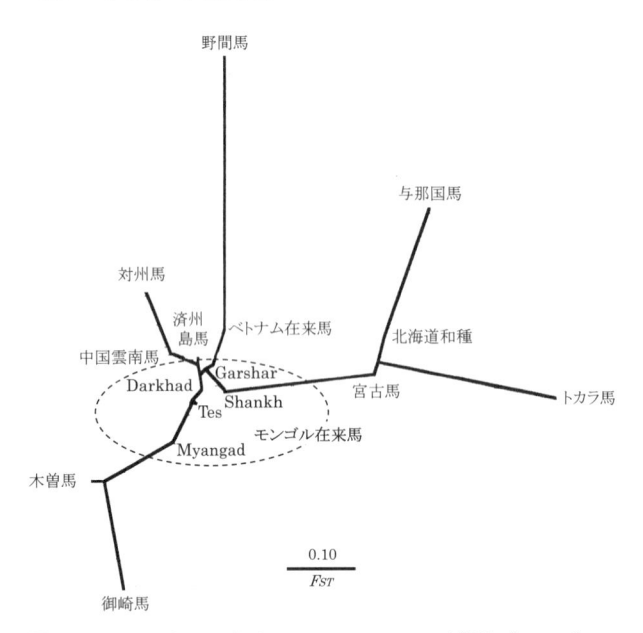

図II-3-16　ミトコンドリアDNAのDループ領域（613 bp）の塩基配列変異から推定した東アジアと日本の在来馬集団の枝分かれ図（NJ法）．（川本ら，2001より）

DNA分析によって知ることができるのは現集団への母系から伝達された遺伝質の分布のみであって，父系から伝達された遺伝質は考慮の外に置かれている．それゆえ，集団間の真の系統関係を推定するためには，母系からと父系からとの双方から伝達される遺伝質がひとしく考慮されなければならず，そのためには遺伝標識として両性遺伝をする核DNAを用いる必要がある．前述したタンパクの多座位電気泳動の方法は，核DNAの生産物であって両性遺伝をする遺伝標識であることは確かであるが，タンパク変異はDNA変異に比べて構造変異を識別する感度が著しく劣る．そこで，この際核DNAの塩基配列を標識とする東アジア在来馬の系統遺伝学的な調査研究が望まれる．

　TOZAKI et al.（2003）の研究はこの意味で価値が高い．彼らはウマの核ゲノムの中に散在する20座位の（CA/TG）$_n$の繰返しの数（tandem repeat number：n）に関する多型をもつマイクロサテライトDNAを調査した．調査個体数は，

　　モンゴル在来馬3地域集団：Dazzmar 22，Bajandzargalan 18，Garshar 20，合計60個体
　　韓国済州島馬：21個体
　　日本在来馬7馬種：北海道和種24，木曽馬21，御崎馬16，野間馬16，対州馬10，トカラ馬24，与那国馬24，合計135個体
　　西欧系2馬種：Thoroughbred 25，Anglo-Arab 18，計43個体

以上総計259個体である．

　核ゲノムの標識座位は，TKY2，TKY3，HTG3，HTG4，HTG5，HTG6，HTG7，HTG10，HTG15，HMS1，HMS2，HMS3，HMS5，HMS7，HMS8，VHL20，AHT4，ASB1，ASB2およびASB3と名づけられるマイクロサテライト20座位である．これらのマイクロサテライト座位はもともと，Thoroughbred種で発見されたという経緯にかんがみ，東アジア在来馬種の研究においてもThoroughbred種とAnglo-Arab種とが比較対象として用いられた．

　血液サンプルからタンパク部分を消化してDNAを精製し，プライマーを用いて切り取られた領域をPCRによって増幅し，sequencerによってその塩基配列を読めば，CA/TGのリピート数nが各個体ごと座位ごとに，ホモもヘテロも数えることができる．これができれば，あとはタンパクの多座位電気泳動法と同様に，集団内の変異性は平均ヘテロ接合率（$\bar{H}$）や座位当たりの対立遺伝子数の平均で比較できるし，集団間の変異性は遺伝距離（例えばNEIの距離：D）で測ることができる．多数の集団の系統関係はDマトリックスについてクラスタリング（例えばNJ法）

をおこなって視覚化することができる．

結果の主要部分を図 II-3-17 に示す．この図から読みとれることは次の通りである．

①西欧系競走馬（Thoroughbred と Anglo-Arab 両種）と東アジア産の諸馬種とは互いに外群（outgroup）の関係にあり，クラスターの重なり合いはない．

②モンゴル在来馬 3 地域集団は集団内平均ヘテロ接合率（$\bar{H}$），すなわち集団内遺伝的変異性において最大であり，他の東アジア在来馬のそれを大きく凌駕する．$\bar{H}$ の値は Thoroughbred や Anglo-Arab 種のそれよりも大きい．

③東アジア在来馬の中で韓国済州島馬はモンゴル馬に近い遺伝子構成をもつが，遺伝的変異性（$\bar{H}$）は低下している．

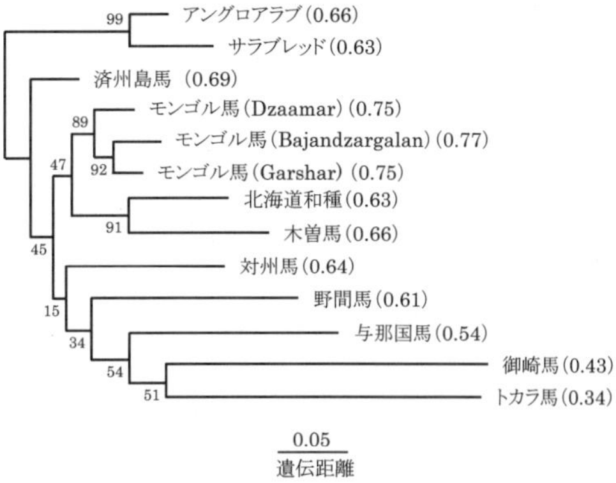

④日本在来馬 7 馬種の中で北海道和種と木曽馬の遺伝子構成はモンゴル馬に近いが同じクラスターに含まれ，他の 5 馬種は北海道，木曽の 2 馬種とはクラスターを異にし，対州，野間，与那国，御崎，トカラの順で変異性が低下しており，特に御崎馬やトカラ馬の変異性は著しく低い．すなわち，変異は産地の地理的位置と関係がある．

図 II-3-17 東アジアと日本の在来馬および 2 競走馬種（サラブレッドとアラブ）間のマイクロサテライト DNA20 座位の遺伝子構成の差異から描かれた枝分かれ図（NJ 法）．
NEI の遺伝距離による．数字はブートストラップ値（%）．（ ）内の数字は集団内平均ヘテロ接合率（$\bar{H}$）を示す．(TOZAKI et al., 2003)

以上の諸結果は，タンパクの多座位電気泳動法によって同じ問題にアプローチした NOZAWA et al.（1998）の結果とほぼ同一であり，この結果をふまえて TOZAKI et al.（2003）は，日本在来馬の起源，系統について，2 波渡来説ではなく単一のモンゴル・朝鮮半島由来説を支持している．なお念のため附言すれば，TOZAKI et al.（2003）の研究のための血液試料は NOZAWA et al.（1993）のそれとは全く独立に採取され，これら両研究の間には血液試料の授受は全くなされていない．それにもかかわらず，両研究はほとんど同一の，少なくとも，たがいに矛盾するところのない結果をもたらしているのである．

これら両研究は，いずれも，核内染色体上に位置し，淘汰に対し，実質的には中立の遺伝子を標識にして系統遺伝学的問題にアプローチしている．同じ遺伝様式をもつ標識を用いているのだから，結果に大きな違いの生じることはないはずで，似たような，あるいは同じ結果になるのは当然と言えば言えるであろう．そうすると，タンパクの多座位電気泳動法とマイクロサテライト DNA 法のどちらが研究方法として優れているか，劣っているかが問題となるかもしれない．もちろん両方法で問題に取り組むのが最善であろう．筆者自身も TOZAKI et al.（2003）の研究が発表されて，日本在来馬の系統についての自分の研究結果（単一由来説：NOZAWA et al., 1998）が裏付けを得たと感じたことも事実である．しかしどちらか 1 つの方法を選べと言われたらどうであろうか．マイクロサテライト DNA 法の優れている点は，何と言っても，遺伝的変異発見の鋭敏さにあって，これは何ものにも替え難い利点である．他方，タンパクの多座位電気泳動法は，より少額の費用，より乏しい設備，より少ない人員，より単純な技術でもって研究できるという

点に利点がある．つまり両方法の優劣論は cost-benefit principle（費用対効果原則）にのっとって結論を出すべきもので，これは個々の研究者の研究環境によって大きく異なるであろうというのが筆者の考えである．

このような両方法の優劣論はさて置いて，さらに重要な一点を指摘しなければならない．それはこれら両方法共に枝分かれ図によって最終結論を得ているのであって，これは各馬集団の系統的分岐の順序を推定しているに過ぎないということである．系統ラインの分岐の時期やウマの日本渡来の時期といった絶対時間（absolute time）と関連する，われわれが最も興味をもつ重要事項に対する推論は，I-4章に紹介した最近の研究結果が示すとおり，原理的に現在の遺伝学的方法のみによっては不可能あるいは困難である．こうした事柄は本章前節(3)に論じた通り，遺骨，埴輪など出土物の考古学的あるいは歴史的な比較検討に頼らなければならない．それだけに出土物の年代推定（dating）が正確におこなわれることが極めて重要で，これに誤りが含まれていたら，系統や起源に関する立論全体が信頼に値しないものとなるであろう．日本在来馬の系統研究の初期段階に提出された学説には，考古学からのこうした影響が及んでいたと言わなければならない．筆者自身を含め，関係研究者が将来への「いましめ」として留意すべき点がここにあると思われる．

文献

安里嗣淳（1985）沖縄グスク時代の文化と動物．季刊考古学，11：68-70.
BENIRSCHKE, K., MALOUF, N., LOW, R. J. and HECK, H. (1965) Chromosome complement : differences between *Equus caballus* and *Equus przewalskii* Poliakoff. Science, 148 : 382-383.
済州大学校農科大学（1985）済州島馬の血統定立と保存に関する研究．済州大学校農科大学附設畜産問題研究所．
鄭　丕留（1984）中国家畜品種及其生態特征．農業出版社，北京．
CHENG, P. (1985) Livestock Breeds of China. FAO, Rome.
DE BOER, L. E. M. (1979) A note on the chromosome number difference between the domestic horse and the Przewalski horse. *In* : Genetics and Hereditary Diseases of the Przewalski Horse. Foundation for the Preservation and Protection of the Przewalski Horse. (DE BOER, L. E. M., *et al*., eds.) Rotterdam. pp.97-110.
DE FRANCE, H. F. (1979) Chromosomes and evolution. *In* : Genetics and Hereditary Diseases of the Przewalski Horse. Foundation for the Preservation and Protection of the Przewalski Horse. (DE BOER, L. E. M., *et al*., eds.) Rotterdam. pp. 87-96.
DE SCHEPPER, G. G. and DE FRANCE, H. F. (1979) Chromosome analysis of the Mongolian domestic horse. A preliminary report. *In* : Genetics and Hereditary Diseases of the Przewalski Horse. Foundation for the Preservation and Protection of the Przewalski Horse. (DE BOER, L. E. M. *et al*., eds.) Rotterdam. pp. 85-86.
EBERHARD, W. (1980) Geschichte Chinas. A. Kröner Verlag.（大室幹雄・松平いを子訳（1991）中国文明史．筑摩書房，東京）
江上波夫（1967）騎馬民族国家―日本古代史へのアプローチ―．中央公論社，東京．
FAO (1986) The Przewalski Horse and Restoration to its Natural Habitat in Mongolia. FAO, Rome.
FLADE, J. E. (1981) Shetlandponys. A. Ziemsem Verlag, Wittenberg Lutherstadt.
FLADE, J. E. und GLESS, K. (1989) Kleinpferde. VEB Deutcher Landwirtschaftsverlag, Berlin.
長谷部言人（1925）石器時代の馬に関して．人類学雑誌，40：131-135.
林田重幸（1956）日本古代馬の研究．人類学雑誌，64：197-211.
林田重幸（1957）中世日本の馬について．日畜会報，27：301-306.
林田重幸（1958）日本在来馬の系統．日畜会報，29：329-334.
林田重幸（1964）日本馬の源流．自然，19(2)：58-63.
林田重幸（1968）本邦家畜の起源と系統．「日本民族と南方文化」平凡社，東京．pp. 375-402.
林田重幸・日越国吉（1961）琉球諸島の畜産の実態．鹿大・琉大琉球諸島共同調査報告，1：13-29.
林田重幸・大塚閏一（1974）タイ国産馬の概略とタイ国在来馬の形態．在来家畜研究会報告，6：28-37.

林田重幸・山内忠平（1955）九州在来馬の研究．I．トカラ馬について．日畜会報，26：231-236．
林田重幸・山内忠平（1956a）九州在来馬の研究．II．対馬の在来馬について．日畜会報，27：13-18．
林田重幸・山内忠平（1956b）九州在来馬の研究．III．トカラ馬と東亜諸地域馬の比較．日畜会報，27：183-189．
HAYASHIDA, S. and YAMAUCHI, C. (1956) Studies on the Tokara pony. Mem. Fac. Agric. Kagoshima Univ., 2 : 7-15.
林田重幸・山内忠平（1957）馬における骨長より体高の推定法．鹿大農学部学術報告，6：146-156．
HERRE, W. and RÖHRS, M. (1977) Zoological considerations on the origin of farming and domestication. *In* : Origins of Agriculture. (REED, C. A., *ed.*) The Hague, Mouton. pp. 245-279.
市川健夫（1981）日本の馬と牛．東京書籍，東京．
鋳方貞亮（1945）日本古代家畜史．河出書房，東京．
ISHIDA, N., OYUNSUREN, T., MASHIMA, S., MUKOYAMA, H. and SAITOU, N. (1995) Mitochondrial DNA sequence of various species of the genus *Equus* with special reference to the phylogenetic relationship between Przewalskii's wild horse and domestic horse. J. Mol. Evol., 41 : 180-188.
上村俊雄（1991）馬に関わる遺物，とくに埴輪馬，土馬に関する調査研究．「古代遺跡出土骨からみたわが国牛馬の渡来時期とその経路に関する研究」（文部省科研費研究成果報告書），pp. 147-163．
河口貞徳・西中川駿（1985）鹿児島県下の貝塚と獣骨．季刊考古学，11：43-47．
川本　芳・野澤　謙・川辺弘太郎・前田芳實（2001）在来馬にみられるミトコンドリア遺伝子変異の特性．日本畜産学会第98回大会講演要旨，pp. 100．仙台．
KIM, K.-I., YANG, Y.-H., LEE, S.-S., PARK, C., MA, R., BOUZAT, J. L. and LEWIN, H. A. (1999) Phylogenetic relationships of Cheju horses to other horse breeds as determined by mtDNA D-loop sequence polymorphism. Anim. Genet., 30 : 102-108.
金　泰龍（1988）済州島略史（梁　聖宗訳）．新幹社，東京．
近藤　恵・松浦秀治・松井　章・金山嘉昭（1991）野田市大崎貝塚縄文後期出土ウマ遺残のフッ素年代判定―縄文時代にウマはいたか―．人類学雑誌，99：93-99．
近藤　恵・松浦秀治・中井信之・中村俊夫・松井　章（1992）出水貝塚縄文後期貝塚出土ウマ遺存体の年代学的研究．考古学と自然科学，29：61-71．
KOULISCHER, L. and FRECHKOP, S. (1966) Chromosome complement : a fertile hybrid between *Equus przewalskii* and *Equus caballus*. Science, 151 : 93-95.
KREITMAN, M. (1983) Nucleotide polymorphism at the alcohol dehydrogenase locus of *Drosophila melanogaster*. Nature, 304 : 412-417.
松井　章（1992）動物遺存体から見た馬と起源と普及．「日本馬具大鑑」吉川弘文館，東京，1：33-44．
松本久喜（1953）北海道在来馬について．「日本在来馬に関する研究」（日本学術振興会），pp. 15-73．
MATTHEWS, J. G. and DELHANTY, J. D. A. (1979) Chromosome studies in Przewalski horse (*Equus przewalskii*). *In* : Genetics and Hereditary Diseases of the Przewalski Horse. Foundation for the Preservation and Protection of the Przewalski Horse. (DE BOER, L. E. M. *et al., eds.*) Rotterdam. pp. 71-83.
三村　一（1953）御崎馬について．「日本在来馬に関する研究」（日本学術振興会），pp. 163-209．
MOHR, E. (1970) Das Urwildpferd. A Ziemen Verlag. (GOODALL, D. M. translated : The Asiatic wild horse, Allen, 1971)
森　浩一（1974）日本古代文化の研究「馬」．社会思想社，東京．
森　為三（1930）朝鮮馬の系統．日畜会報，4：90-112．
村松　晋・橋口　勉・関川賢二・田中一栄（1990）日本在来馬の細胞遺伝学的研究．畜試研究報告，50：1-10．
村松　晋・田中一栄・橋口　勉・加世田雄時朗・茂木一重・斉藤　勝（1984）日本在来馬の細胞遺伝学的比較研究．「家畜化と品種分化に関する遺伝学的研究」（昭和57，58年度文部省科研費成果報告書），pp. 37-44．
直良信夫（1984）日本馬の考古学的研究．校倉書房，東京．
西中川駿・本田道輝・松元光春（1991）古代遺跡出土骨からみたわが国の牛馬の渡来時期とその経路に関する研究．（文部省科研費研究成果報告書）
西中川駿・上村俊雄・松元光春（1989）古代遺跡出土骨からみたわが国の牛馬の起源，系統に関する研究―とくに日本在来種との比較―．（文部省科研費研究成果報告書）
野澤　謙（1971）日本在来家畜の起源．化学と生物，9：710-718．
野澤　謙（1983）日本の家畜とその系統．「日本農耕文化の源流」（佐々木高明編）日本放送出版協会，東京．pp. 211-242．
野澤　謙（1994）動物集団の遺伝学．名古屋大学出版会，名古屋．
野澤　謙（2002）東アジアの在来馬．アジア遊学，35：21-33．
野澤　謙・江崎孝三郎・若杉　昇・林田重幸（1965）日本在来家畜に関する遺伝学的研究．I．島嶼型在来馬の遺

伝子構成．日畜会報，36：233-242.

Nozawa, K. and Kondo, K. (1970) Gene constitution of Cheju native horse and its phylogenetic relationships with Japanese native horses. SABRAO Newslett., 2 : 7-18.

Nozawa, K., Shotake, T., Ito, S. and Kawamoto, Y. (1998) Phylogenetic relationships among Japanese native and alien horses estimated by protein polymorphisms. J. Equine Sci., 9 : 53-69.

野澤　謙・庄武孝義・伊藤慎一・川本　芳 (1999) 蛋白多型による日本在来馬の起源に関する研究．Hippophile, 5：1-16.

Oakenfull, E. A. and Ryder, O. A. (1998) Mitochondrial control region and 12SrRNA variation in Przewalski's horse (*Equus przewalskii*). Anim. Genet., 29 : 456-459.

岡部利雄 (1953) 木曽馬について．「日本在来馬に関する研究」（日本学術振興会），pp.74-162.

小山田巽・橋口　勉・柳田宏一・武富萬治郎 (1979) トカラ馬の飼育概況および体尺測定．鹿大農学部学術報告，29：99-106.

謝　成俠 (1959) 中国養馬史．科学出版社．（千田英二訳 (1977) 中国養馬史．中央競馬会弘済会）

芝田清吾 (1969) 日本古代家畜史の研究．学術書出版会，東京．

Short, R. T., Chandley, A. C., Jones, R. C. and Allen, W. R. (1974) Meiosis in interspecific equine hybrids. II. The Przewalski horse / domestic horse hybrid. Cytogenet. Cell Genet., 13 : 465-478.

Simpson, G. G. (1951) Horses. Oxford Univ. Press, London.

Sodgerel, D. (2001) Mitochondrial DNA analysis of the horse, *Equus caballus*—Molecular phylogeny and diversity of the Mongolian horse. Thesis, Graduate School of Social and Cultural Sciences, Kyusyu Univ.

鈴木武樹編 (1975) 論集騎馬民族征服王朝説．大和書房，東京．

高嶺　浩 (1948) 在来馬種の体型に関する研究．東京農専学術報告，3：1-26.

当山眞秀 (1979) 沖縄県畜産史．那覇新聞社，那覇．

Tozaki, T., Takezaki, N., Hasegawa, T., Ishida, N., Kurosawa, M., Tomita, M., Saitou, N. and Mukoyama, H. (2003) Microsatellite variation in Japanese and Asian horses and their phylogenetic relationship using a European horse outgroup. J. Hered., 94 : 374-380.

Volf, J. (1986) Positive and negative features of inbreeding of Przewalski horses and what do we expect from their reserves. *In* : The Przewalski Horse and Restoration to its Natural Habitat in Mongolia. FAO, Rome. pp. 71-74.

Xu, X. and Arnason, U. (1994) The complete mitochondrial DNA sequence of the horse, *Equus caballus* : extensive heteroplasmy of the control region. Gene, 148 : 357-362.

柳田宏一・稗田直輝・前田芳實・橋口　勉 (1985) トカラ馬に関する研究．I．トカラ馬の体尺測定値および体重について．鹿大農学部学術報告，35：89-95.

Zeuner, F. E. (1963) A History of Domesticated Animals. Hutchinson, London.

（野澤　謙）

II-4 ブタ
―多源的家畜化と系統・地域分化―

(1) イノシシ属（*Sus*）の系統分類とブタの原種

Sus はイノシシを意味するラテン語に由来し，ブタとその近縁野生種であるイノシシ類を意味する．*Sus* 属の分類上の位置は，哺乳動物綱（Mammalia），偶蹄目（Artiodactyla），イノシシ亜目（Suiformes），イノシシ科（Suidae），イノシシ属（*Sus*）である．まずこの *Sus* 属の系統をとりまいているイノシシ類を紹介する（図 II-4-1）．

イノシシ類は哺乳類の代表ともされる偶蹄目のウシ，ヤギ，シカ類などと同じ分類群に属し，ウシなどが反芻胃をもつことから反芻亜目に分類されるのに対して，単胃であることからイノシシ（非反芻）亜目として区別される．さらにイノシシ亜目下位の分類には一般にイノシシ類を指すイノシシ科の他に，ペッカリー科とカバ科がある．ペッカリー科は中南米に生息し，主な形態の特徴として後肢の趾が3本で，尾が極めて短い．またカバ科はイノシシのイメージからかけ離れる．事実，最近の分子遺伝学的分析では，カバ科はクジラ類に近縁であるとされる（NIKAIDO *et al.*, 1999）．

イノシシ類を進化史的に見ると，その起源は始新世前期に栄えた最古の偶蹄類ディアコデクシス（*Diacodexis*）やホマコドン（*Homacodon*）まで遡ることができる．しかし，その本格的な進化は偶蹄目が多様化を開始した漸新世の頃で，現在のヨーロッパ周辺にプロパレオコエルス（*Propalaeochoerus*）と呼ばれる最古のイノシシ類の一群が誕生したことに始まる．それは現在のイノシシ（*Sus scrofa*）より小型で，四肢端には4本の指が備わっていた（遠藤，2002）．一方その頃，北米ではペルコエルス（*Perchoerus*）と呼ばれる初期のペッカリーが誕生し，前述のイノシシ類とは別地域で異なる進化をたどり，形態の違いが現れた．ペッカリー科は一説にはイノシ

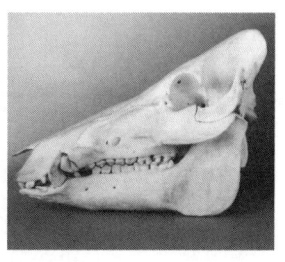

図 II-4-1 *Sus* 属を代表するイノシシ（*Sus scrofa*）の1亜種であるニホンイノシシ（*S. s. leucomystax*）とその頭蓋骨（雄）．
（奥州市牛の博物館蔵）

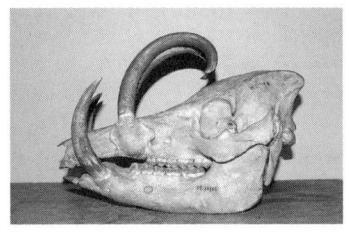

図 II-4-2 バビルサ（*Babyrousa babyrussa*）の成獣（雄）とその頭蓋骨．
（国立科学博物館蔵）

シ科から派生したものと考えられている．

イノシシ科には，イノシシ（*Sus*），イボイノシシ（*Phacochoerus*），カワイノシシ（*Potamochoerus*），モリイノシシ（*Hylochoerus*）およびバビルサ（*Babyrousa*）の5属がある．イノシシ属の分布がユーラシア大陸の北部を除くほぼ全域，およびアフリカ大陸北部やアジアの島嶼域を含む広範囲であるのに対して，イボイノシシ，カワイノシシおよびモリイノシシの3属はアフリカ大陸に，またバビルサは1属1種で，Sulawesi島とそれに近接する小島の一部に分布している．これら*Sus*属を除く4属は属間としての形態分化の違いを示しているので，その特徴はブタには見られず，当然ブタの野生原種から除外される．特にバビルサ（*Babyrousa babyrussa*）は*Sus*属におけるブタの近縁野生種と分布域を東南アジアの島嶼域で共有しており，その特異な風貌からブタの起源や系統を論ずるとき，しばしば対照的存在として紹介される（図 II-4-2）．インドネシア語でバビルサは，ブタ（babi），シカ（rusa）を意味し，その名のように，反転して上方に向かう上顎犬歯が上顎を貫いて伸び，角のように顔面から突き出ている．事実，この特異な形態を物語るように，最近の分子遺伝学的分析によりバビルサが他の属から大きく離れることがわかり，すでに中新世の頃に分岐した可能性がある（NIEBERT and TONJES, 2005）．

イノシシ科の中で*Sus*属は，中新世後期から鮮新世にかけて誕生した原始的*Sus*属の*Sus strozzi*から分化したとされ，最も繁栄したグループである．*Sus*属は広範囲な生息域を有し，地理的に複雑な分布を示していることから，それらの分類はこれまでたびたび変更されてきた．古典的な細分主義者であった LYDEKKER（1915）は形態学的に*Sus*属を，ヨーロッパイノシシ（*S. scrofa*），インドイノシシ（*S. cristatus*），スマトライノシシ（*S. vitattus*），ニホンイノシシ（*S. leucomystax*），スンダイボイノシシ（*S. verrucosus*），ヒゲイノシシ（*S. barbatus*），セレベスイノシシ（*S. celebensis*）およびコビトイノシシ（*S. salvanius*）の8種に分類した．また，ELLERMAN and MORRISON-SCOTT（1951）や HALTENORTH（1963）の統合主義者は*Sus*属のイノシシ類を*S. scrofa*（ユーラシア大陸とアフリカ北部および周辺の島嶼域），*S. verrucosus*（インドネシア，フィリピン），*S. barbatus*（インドシナ，マレー半島，Sumatra島，Borneo島）および*S. salvanius*（ブータン，Assam）の4種に統合し，特に*S. scrofa*には約30種類もの地理的亜種をもうけた（図 II-4-3）．

わが国でも，本州，四国，淡路島および九州に分布するイノシシに対して*S. leucomystax*や*S. vitattus leucomystax*，また，琉球列島のイノシシに対して*S. leucomystax riukiuanus*や*S. riukiuanus*など，それぞれを独立種とする見解がある一方，両者を別亜種とみなすなど，研究者間の見解や命名に一致が見られなかった（岸田，1924；黒田，1940；今泉，1973）．しかし，KELM（1939）が主張したように，ユーラシア大陸から日本に向けて分布するイノシシの涙骨などの形

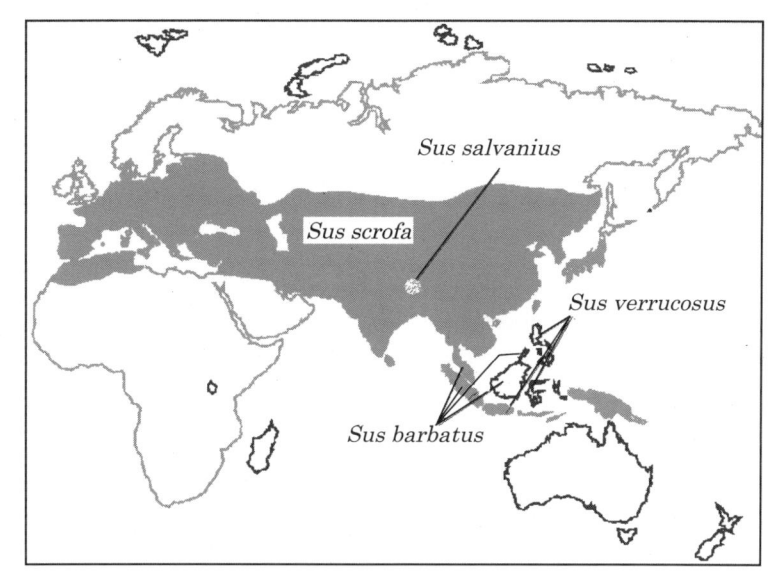

図 II-4-3 Sus 属 4 種の分布図.（HALTENORTH（1963）の分類にしたがって作成）

状やサイズに連続的な地理的勾配（geographical cline）が認められる（図 II-4-4）ことから，ELLERMAN and MORRISON-SCOTT（1951）や HALTENORTH（1963）の分類にしたがい，現在ではそれぞれを Sus scrofa の亜種とし，前者をニホンイノシシ（S. s. leucomystax），後者をリュウキュウイノシシ（S. s. riukiuanus）とする見解が支持されている．本章ではこの亜種分類を採用する．

しかし，GROVES（1981）は先の統合主義者の分類を再検討し，S. scrofa の地理的亜種を 16 種ほどに整理し，さらにスンダイボイノシシの一亜種であったフィリピンとインドネシアのイノシシ類を S. philippensis（Luzon 島，Samar 島，Leyte 島，Mindanao 島），S. cebifrons（Panay 島，Negros 島）および S. celebensis（Sulawesi 島）の 3 つの独立種とした．また，インドシナの山岳地では 1 世紀前に報告されたことのある S. bucculentus の再発見があり（GROVES et al., 1997），Sus 属内のイノシシ類の分類は複雑化している．この最大の

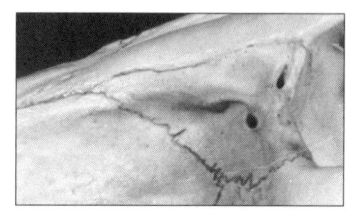

ニホンイノシシ（九州産）

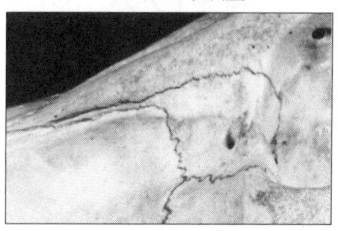

リュウキュウイノシシ（西表島産）

図 II-4-4 イノシシの涙骨.
亜種の違いによってその形状やサイズが異なる．（写真提供 川島由次・琉球大学名誉教授）

理由は，Sus 属の分布が広範で，とりわけ島嶼域では複雑であるため，地域間で何らかの形態分化が認められたとしても，明確に種分類できるような遺伝分化が認められないことによるかもしれない．それを裏付けるように，フィリピンの Mindoro 島と Palawan 島でイノシシがブタと種間交雑をおこなっている事実がある（田中・黒澤，1982；KUROSAWA et al., 1989）（図 II-4-5, カラー）．このことは，生息域を共有している Sus 属野生種の間で種間交雑が生じている可能性を示唆している．

種の定義として「実際にまたは潜在的に交雑可能な自然集団で，他のグループからは生殖的に

隔離されている」とされる生物学的種（biological species）(MAYR, 1963) が少なくとも現存種については最も妥当なものであろう（林，1988）。東南アジアの Sus 属 3 種を比較した分子遺伝学的研究はある（LARSON et al., 2005）。しかし，インドシナで再発見された S. bucculentus (GROVES et al., 1997)，フィリピンの S. philippensis と S. cebifrons，さらにインドネシアの S. celebensis については，種内・種間の形態学的・遺伝学的なデータが充分ではなく，GROVES (1981) が提唱した種分類は今後さらに検討されるであろう．

Sus 属の中でブタの野生原種を推定する場合，重要な指標形質の一つとして歯式（dental formula）がある．ブタは第三紀始新世哺乳類の原始的歯式，切歯 3/3・犬歯 1/1・前臼歯 4/4・後臼歯 3/3 を完全に保持しているため，その想定される野生原種はこれと同様の歯式を有する計 44 の歯数をもったものになる（蒔田，1969）．したがって，これに該当する Sus 属の種は，S. salvanius を除き（HERRE, 1962），S. scrofa，S. barbatus，S. verrucosus の 3 種となる．しかし，S. barbatus と S. verrucosus（図 II-4-6，カラー）については，それらの頭蓋骨や外貌上の特徴をブタに見いだすことができないことから，ブタの野生原種は S. scrofa 1 種であることが定説となっている．さらに，S. scrofa 系イノシシとブタの交雑は可能であり，生まれた子どもの生殖能力が正常であることもその有力な根拠としてあげられている．

実際，アジアのブタの中には，イノシシ (S. scrofa) に特徴的な背の剛毛，尾房および乳頭数などを有する在来ブタが各地に現存する．たとえば，乳頭数を見ると，図 II-4-7 に示すように，改良程度の低い小耳種型のブタはイノシシの基本乳頭数 5 対 10 個をもつものが多いこと，そして，高度に改良された品種になるにしたがって平均乳頭数は増加するが，イノシシの基本乳頭数はその変異幅の中にあることがわかる．このことから，S. scrofa がブタの野生原種であることが示唆される（黒澤，2005）．しかし，ヒゲイノシシ (S. barbatus) の基本乳頭数も 5 対，またスンダイボイノシシ (S. verrucosus) のそれが 4 対 8 個で，両種の示す乳頭数変異はブタの変異幅と重なっている（KUROSAWA et al., 1989）．したがって，ブタの野生原種を特定するための形

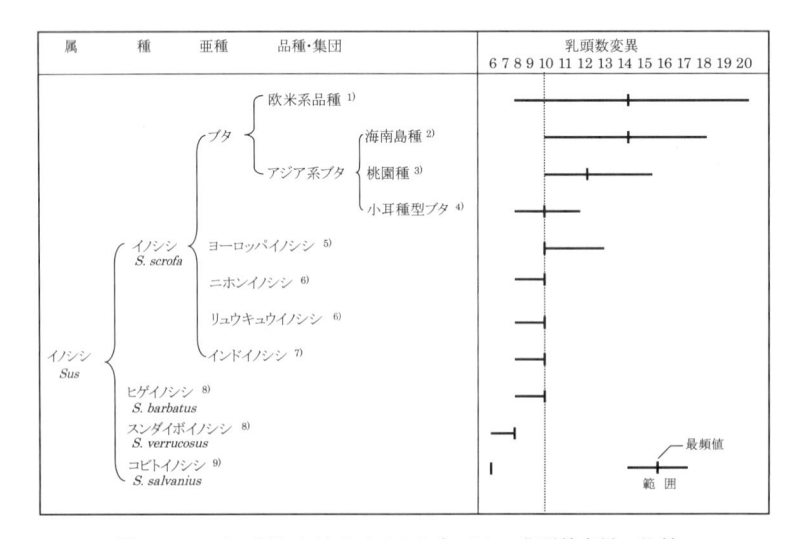

図 II-4-7 Sus 属におけるイノシシとブタの乳頭数変異の比較．
1) 武富ら (1954), 2), 3) 蒔田 (1943, 1965), 4) 黒澤ら (2007), 5) NACHTSHEIM (1925), 6), 7) 黒澤ら（未発表，1992), 8) KUROSAWA et al. (1989), 9) HALTENORTH (1963) より作成．

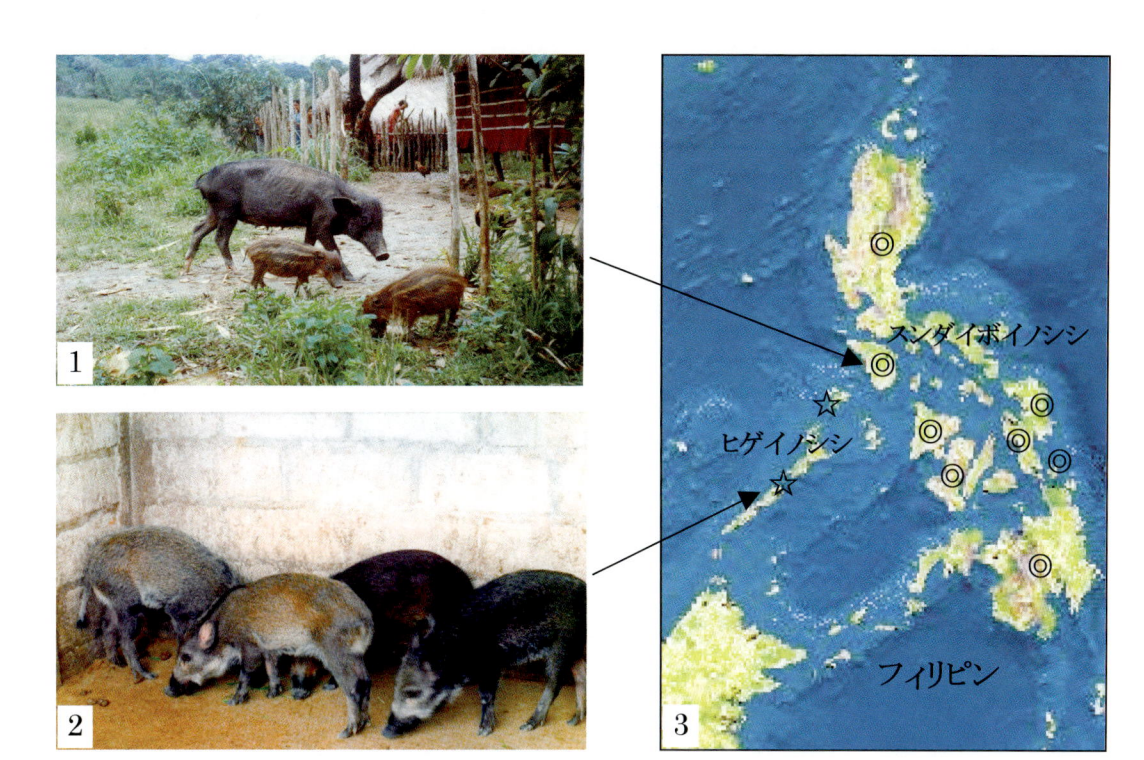

図 II-4-5　ブタとイノシシの種間交雑.
1. スンダイボイノシシ（*Sus verrucosus*）から遺伝子流入を受けている Mindoro 島の在来ブタ.母ブタの顔面に野生種の特徴が現れているように見える.（KUROSAWA *et al.*, 1989）
2. ヒゲイノシシ（*Sus barbatus*）と在来ブタとの交雑種.Palawan 島のヒゲイノシシは体格の割には耳が小さいが，交雑種のそれは比較的大きく，幼獣の段階でも髭が認められる.
3. フィリピンにおける 2 種のイノシシの分布.HALTENORTH（1963）と GROVES（1981）から作成.

図 II-4-6　フィリピンのイノシシ.
（上）Palawan 島産ヒゲイノシシ（*Sus barbatus ahoenobarbus*）と（下）Luzon 島産スンダイボイノシシ（*Sus verrucosus minutus*）の成獣（雄）および頭蓋骨（奥州市牛の博物館・国立科学博物館蔵）.

図 II-4-11　野生状態と飼育下におけるスリランカ産イノシシ雄の比較.
1. Wilpattu 国立公園　2. Dehiwela 動物園

図 II-4-17　南アジアにおけるイノシシ型在来ブタ.
1〜3. ネパール　4. ブータン　5. スリランカ　6. バングラデシュ

態学的研究としては，乳頭数を指標にするだけでは充分でなく，他の形質も含めた詳細な研究が必要である．事実，前述したように，フィリピン諸島では S. barbatus あるいは S. verrucosus とブタとの交雑例があり，また，Sulawesi 島では S. celebensis と在来ブタとの関係で同様の指摘がある．それ故，ブタの野生原種については S. scrofa だけではなく，その近縁種の関与も想定しておく必要がある（KUROSAWA et al., 1989）．

(2) イノシシの家畜化

i) イノシシの生態的特性

なぜイノシシの家畜化が起きたか，その理由をイノシシの生態的特性から見てみよう（本章では以下特に断らない限り「イノシシ」は Sus scrofa を意味する）．野林（2005）は，とりわけイノシシには人間との間に他の家畜の野生原種にはない，親和性ともいえる性質が備わっていたことが家畜化の進行を可能にした条件であるとしている．その1つはイノシシの雑食性である．それは実に多彩で，人間の栽培する作物はもとより，食い残しや排泄物までも喰う掃除屋（scavenger）としての性格をもっている．これはイノシシの腸管の長さが体長比で人間の2倍もあり，人間が利用できなかった食物さえも消化吸収することが可能であることからも理解できる（林，1988）．神戸市内に六甲山系から侵入し，残飯やゴミ置き場をあさるイノシシの話題は，その生態的特性を如実に物語っている．また，東南および南アジアの遠隔地集落では，ブタが農家の庭先を自由に徘徊し食べ物をあさる光景を目にする．これは家畜化されたブタでも基本的に野生原種の性格をそのまま受け継いでいることを示している．

イノシシはウシやウマなどの野生原種と比べて小型の動物であり，扱いやすいこと，すなわち飼育管理が比較的容易であることが家畜化を進行させた1つの要因と考えられる．実際に筆者らは，リュウキュウイノシシの調査で訪れた各島で，生け捕りにされた幼獣が飼われている現場を何回か観察したことがある．国内だけのことではなく，東南および南アジア各地を訪れるたびにイノシシを飼育する現場を目撃してきた（図 II-4-8）．これらの事実は，野生動物の中で，特にイノシシが人間社会に接近する性格をもち，潜在的に飼育対象にされやすい動物であることを示している．

1973年当時，在来家畜研究会会長であった鈴木正三・東京農業大教授は，沖縄県西表島産の亜成獣雄イノシシ2頭を大学に入れ，それらの飼育を試みている．ハネ罠で捕られた2頭は前脚片方が切断され，体力が弱まり，そのうえ，2月の寒い時期とも重なり1頭は1週間ほどで死亡した．もう1頭はその年の12月まで生き，当時学生だった筆者（黒澤）が与える餌に馴れ，半年ほどで攻撃的な行動が見られなくなった．イノシシの雄は鋭い犬歯をもち，獰猛な野生獣の印象が強い．しかし，リュウキュウイノシシのように小型で亜成獣程度ならば，その管理に慣れると扱いやすい動物の感があった．それに亜熱帯の西表島とは異なる東京での飼育環境下で1年近く，しかも3本脚で生存できたことを考えれば，このリュウキュウイノシシの飼育の試みはイノシシが適応力に富み，かつ人間社会が改変した環境にも十分適応できる動物であることを示している．このことはイノシシの家畜化を可能にした最大要因の1つであろう．

図 II-4-8　各地で飼育されるイノシシ．
1. 鹿児島県宇検村　2. ネパール Terai 地方　3. スリランカ

　さらに，イノシシの特性にその並外れた繁殖力がある．ウシやウマなどの野生原種の産仔数は基本的に1頭であるが，イノシシは1回の出産で4～5頭ほどを産む．それも確実に毎年出産する．美味な食料資源となることに加え，このような再生産能力に富んだ特性から，イノシシは古代の人間にとって魅力的な野生動物であったはずである．

　イノシシが食料資源として魅力的な野生動物であったこと，狩猟という行為をとおして人間とイノシシの接近の機会が継続したこと，そしてイノシシが人間の生活環境に移行しやすい性格を備えていたことが，家畜化の主要因であったと考えられる．特に，イノシシ飼育がいったん始まれば，その多産性と雑食性は家畜化の進行をゆるぎないものにしたであろう．イノシシの諸特性が，ブタを今日の人類への3大食肉供給源（ブタ，ウシ，ニワトリ）の1つにしたといっても過言ではない．

ii)　家畜化の初期

　イノシシの亜種が広域にわたって分布していることから，その家畜化はヨーロッパやアジア地域で独自に進行していたことが明らかとなっている．つまり，野生原種 S. scrofa 1種だけを想定した場合，種レベルでは単源であり，亜種レベルでは多源ということになる．

　世界最古のブタとされる標本は，中国広西省桂林甑皮岩遺跡から発掘されたブタの歯と骨で，^{14}C 測定の結果から 11,310±180 年前といわれる（中国豚品種誌編集委員会，1986）．一方，トルコ南部でも 9,000 年前まで遡るとされるブタの骨が出土しているという．それらのブタの骨は骨学的な差異によりイノシシから判別したものであるが，それを根拠にイノシシの家畜化起源地や年代が断定的に主張されている．しかし，家畜化過程が野生原種から家畜種まで連続的であれば，どの時点のものをイノシシと区別してブタとするのかで，その起源地と年代が変わってくる（野澤・西田，1981）．特に，自然界の掃除屋としての性格をもつイノシシは片利共生的に人間社会に侵入する場合もある．そのため，この動物の家畜化はかなり早い時期からさまざまな機会に初動し得たと考えられる（藤井，2001）．イノシシ家畜化の動機が食料資源確保にあったことは

図 II-4-9 ブタを飼う女性たち.
1. フィリピン Mindoro 島山岳地　2. フィリピン Luzon 島山岳地　3. ラオス山岳地

間違いないであろう．他の家畜では宗教説も提唱されるが，イノシシではそれを主張する研究者はみあたらない．ブタの肉畜としての利用目的が長い歴史を有するにもかかわらず，祭礼的儀礼の意義があったとする証拠はほとんどない．なお，中国ではブタの下顎骨を葬祭などに用いる例はあるが，それは肉畜目的としてのブタから派生したものと解釈できる．

　遺跡から出土するイノシシ骨は一般に大量で，その豊富な研究材料から家畜化の自然条件や初動を推察できる可能性がある．一方，現在のイノシシ猟の観察からも家畜化目的をある程度推察することができる．たとえば，イノシシ猟が，作物を荒らす害獣駆除の名目で各地で積極的におこなわれているが，そこからは，イノシシ肉がブタに比べて魅力的な食べ物とされていることを窺い知ることができる．それ故，イノシシが多産性であり，わざわざ危険を冒してまで猟をおこなわずに済むとなれば，それを捕えて飼育してみようとする試みが当然生まれる．1984年，スリランカにおいてブタをもたない貧しい農民が飼育するイノシシを調査したことがあったが，それは山で捕らえられた幼獣で，食料を確保することを目的に育てられていた．

　イノシシの家畜化につながる初動として，狩猟をとおして生け捕りにした幼獣を飼育すること（子とり）が考えられる．捕らえた幼獣を家まで持ち帰ったとき，家族の一部がそれをすぐに殺すことに反対し，一時的に囲いを作り，飼育するという家畜化の前段階とも思える行動をとることがあるからである．この理由に「大きく育てて必要な時に喰う」も当然あろうが，「幼獣を殺すのがかわいそう」とする，特に女性特有の母性本能の現れが飼育につながる場合があったのではないかと考えられる．たとえば，筆者らの現地調査において，採血などのために仔ブタを捕まえると，主人の許可を得たにもかかわらず，それを拒む奥さんがいることを何回か経験した．女性には炊事からでる残飯のブタへの給餌という飼育行為をとおして，わが子同然のようなブタとの情緒的な関係が生まれるからではなかろうか．こうした両者の密接な関係を物語る民族事例は東南アジアには多い．かつては女性が野ブタの子どもに授乳する民族もいた（大林，1955，1960）．また，筆者らもフィリピン Mindoro 島で高床式家屋で仔ブタを飼う山岳少数民族の女性（図 11-4-9）や，他の地域でもブタとかかわりをもつ女性たちを見ている（黒澤，2001）．すなわち，イノシシ家畜化における初動として，人の，特に女性の幼獣イノシシに対する精神的関与

も飼育へのきっかけとなり，その経験が家畜化をさらに進行させた一因になった可能性があるのではなかろうか．

幼獣イノシシの飼育について，林（1988）はそのほとんどが病死するため極めて難しいとし，それが直接家畜化に結びつくことに疑問をもっている．しかし，栃木県市貝町のイノシシ生産農家であった石井利明氏は，飼育環境を放し飼いで落ち葉などを敷き，可能な限り自然状態に近づけることで，幼獣の飼育が十分可能なことを証明した．狩猟採集社会や農耕の開始初期の頃は野生状態と人間社会の環境があまり違わず，イノシシを飼うには現代より，はるかに飼育に適した環境であったと思われる．また，自然と共生的生活をしていた当時の人間は想像以上に野生動物に熟知していたと考えれば，イノシシ飼育は不可能ではなかったはずである．

イノシシの家畜化の開始が狩猟採集社会か，それとも農耕社会でおこったのかについて諸説があったが，今日では，その開始は農耕社会であることが定説となっている．確かに，農耕が開始されれば人口が増えて食料増産が求められる．その一方で，作物を狙うイノシシの人間社会への侵入があり，幼獣捕獲やその飼育の機会も増えたであろう．したがって，農耕社会には家畜化の条件が整っていたといえる．しかし，狩猟採集社会であっても，安定的な集落さえあれば，単発的な家畜化が進行し得たのではないか．わが国の縄文社会などのように，その可能性を示唆するデータは多い（藤井，2001）．

さらに，イノシシ家畜化を飼養の側面から見ると，興味深い事例がある．南アジアやインドネシア Sumatra 島北部山岳地では数十頭から 100 頭ほどの群れによる放牧的飼養が見られ，これはブタ飼育管理の初期段階，あるいは家畜化の初期とも見える例で，これまでほとんど紹介されたことがない（**図 II-4-10**）．

さらに，ブタは定着農耕社会で飼われることから移動性に乏しい家畜といわれてきた．しかし，小型で扱いやすく，容易に持ち運びされやすいので，むしろ移動が活発な家畜であったと考えるべきだろう．かつては，中国の南方域にブタ船上飼養民が存在していた（浦崎，1996）．また，現在でも，仔ブタを携帯し，人力で移送する民族に遭遇することは，筆者らの各地の調査中の出来事としても決して珍しくない．たとえば，Mindoro 島では，山岳地の調査に徒歩で向か

図 II-4-10 南アジアで見られるブタの遊牧的飼養．
1．原野での飼育（ネパール）　2．バスターミナルのゴミ捨て場に向かうブタの群れ（ネパール）　3．大きな群れによる遊牧的な飼育（バングラデシュ）．（黒澤ら，2007）

う途中，仔ブタを袋に入れ，担いで山を下る山地民に出会ったことがある．ブタは多産性で世代交代が速く，しかも人が生活し，水のあるところであれば，ほとんど何処ででも生きていける．したがって，仔ブタが各地に持ち込まれれば，それらが定着し，繁殖できる機会は多かったに違いない．このようなことは，イノシシ家畜化における初期の頃にも頻繁に起きていたと考えられる．このブタの移動性は動物自身の移動のみならず，イノシシ家畜化のアイデアと方法も同時に伝播し，その地のイノシシ家畜化にも影響をあたえたであろう．これらのことが，ブタの家畜化起源地や地理的分化，あるいは系統関係を複雑にしているのであろう．

iii) 家畜化による形態変化

家畜化の初期の頃の形態変化は発掘される骨のサイズや形状などを対象に研究され，家畜化の起源地や時代を決定する手がかりとされてきた．したがって，考古学分野では，これらの形質変化の評価に重要な意味があり，活発な議論がされる．西本（1989）は，弥生時代の遺跡からイノシシの骨に混じってブタのものを発見し，その根拠に家畜化によって生じる前頭骨や後頭骨の形態変化などをあげている．実際にイノシシを10年程飼育しただけで，それが現れることが実験的に知られている（蒔田，1969）．また，飼育イノシシにおいて，採餌・食性の違いに起因する形態変化を見いだそうとする研究もある（松井ら，2001）．

図II-4-11（カラー）の写真は，1984年スリランカ調査時にWilpattu国立自然公園で撮影したイノシシと，現地の動物園で飼育展示中の同国産イノシシとの比較である．飼育イノシシの頭部や体表と野生のそれらとの違いは一目瞭然であり，これは遺伝要因ではなく飼育環境条件によって生じたものである．ただし，この場合，骨形態にまで変化が及んでいるかどうか確認ができていない．古い遺跡から出土するのは骨であるが，それがイノシシのものか，ブタのものかで見解が異なることがある（西本，1989；西中川，1999；小澤，2000）．この理由として，家畜化初期の頃の飼育管理が放し飼いのような粗放的であった場合，さらにイノシシとの交雑もあったとすれば，飼育下のイノシシまたはブタとイノシシを2分することは困難で，形態変化はこれらの間で連続的となろう．

これに類似の例として，現在のバングラデシュやネパールの放牧ブタがある．バングラデシュでは，森とそれに続く原野を中心に大きな群れが自然に近い状態で管理され，そのほとんどが外見上イノシシと酷似している（黒澤ら，1988b，1992）（図II-4-10）．すなわち，毛色に白斑変異が低頻度で観察される以外，体型，顔面の白髭，発達した背の剛毛，5対の乳頭とその配列状態などでイノシシと区別できない．さらに，これらのブタの採食生態はほとんどイノシシと変わるところがない．この集団は，野生種からの生殖隔離の状態やその時間が不明であるが，少なくとも野生種からの形態分化が比較的進んでいない集団である．

iv) ブタの再野生化およびイノシシとの遺伝的交流

家畜の再野生化は世界各地で見られ，ブタの再野生化は拡大しているといってよい．わが国ではイノブタ生産農家からの解き放ちや飼育の粗放性などで再野生化した個体による野生集団への遺伝的汚染や生態系の影響も懸念されている（黒澤，1996；高橋，1995；TAKAHASHI and TIS-

DELL, 1992).

　ニューギニアの野ブタは，先住民がもち込んだものが再野生化し，繁殖した集団であることが知られている．また大航海時代からヨーロッパ人がブタを生体で運び，緊急の非常食として中継地での補給のために，ブタを島々に解き放していた．わが国では仏教が伝来し，殺生禁断の令が出されたことにより，それまで飼育していたブタを野生に解き放した可能性もある（芝田，1969）．また当時は，ブタが粗放な管理下にあったため，再野生化することもあっただろう．

　再野生化した家畜について高橋（2001）は，アメリカの地理学者のMcKnight（1964）を引用し，次のように解説した．すなわち，「純粋な野生化家畜は，生殖の管理をはじめとして，食物や飲み水などの供給，牧柵の設置や修理，駆り集め，焼印，見回りなどの管理を長期間にわたって受けず，所有権やその主張もない状態のもの」としている．しかし，現実には家畜と再野生化家畜との間に中間的なタイプも見られるという．たとえば，オーストラリアでは周辺にいる再野生化ブタの質の向上をはかるため，土地所有者が時折，優良な雄ブタを解き放すので，純粋な再野生化集団とはいえないとした．

　東南および南アジアのブタの中には粗放な飼育下にあるため，再野生化して周辺のイノシシとの交雑が，あるいは逆にイノシシと集落内の放し飼いのブタとの交雑がおきることがある．こうした交雑は現地住民からの聴き取りからも確かめられる．さらに，Mindoro島山岳地では，ブタが別種のイノシシとさえ交雑することがヘモグロビン型や血清タンパク型の電気泳動的遺伝変異分析から示されている（Kurosawa et al., 1989）（図II-4-12）．これらのことは，高橋（2001）がいう中間的なタイプの再野生化ブタ集団，もしくは半家畜ともいえるブタ集団が東南および南アジアに存在するということである．

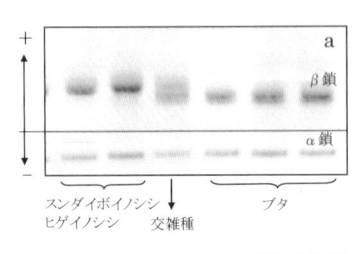

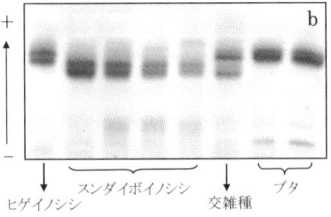

図II-4-12 イノシシ，ブタおよびその交雑種において検出された電気泳動的変異．
a. ヘモグロビン（Hb）型　b. 血清アルブミン（Alb）型

図II-4-13 沖縄県西表島のイノシシとブタの交雑集団（イノブタ）．
1. 交雑種に餌を与えている．ここでは島内のジャングルからイノシシがたびたび侵入してくる．外見的にはイノシシか交雑個体かの区別が困難なものがいる．
2. 飼養管理のための囲いがほとんどなく，生産者は数キロメートル離れた自宅から通って管理している．

沖縄県西表島で生産されているイノブタ（図II-4-13）が管理を逃れ，島内の野生集団に混じり繁殖していることがたびたびいわれてきた（TAKAHASHI and TISDELL, 1992）．林田（1960）も，古くから同島でイノシシとブタが交雑した可能性や，ブタの再野生化について島民からの情報をもとに論じたことがあった．黒澤ら（1989）は，10年間にわたって同島で捕獲されたイノシシについて，イノブタ由来の形態的特徴や血液タンパク・酵素の電気泳動的変異に注目して調査をしたが，雑種化の証拠は得られなかった．この結果は，野生化したイノブタがイノシシの集団に影響を及ぼすほどの個体数でなかったか，もしくは野生化したイノブタが繁殖できず死滅したことを示す．

(3) アジアの在来ブタの系統分化

i) 形態による分類と分布

アジアには地域によって体型や体格，それに毛色など著しく異なる多種多様の在来ブタがいる（図II-4-14）．これらの在来ブタの起源や系統を形態や分布から述べる前に，中国のブタの特徴について説明する必要があろう．中国はイノシシ家畜化の起源地の1つであり，多くの在来ブタの地方種を誕生させ，それらが各地の地方種や品種の成立に広く影響を与えてきたからである．

イノシシ家畜化が早かった中国では，6,000年程前の新石器時代にブタは既に中国人の経済生活の中で主要な家畜の一つとなり，殷・商の時代にはその飼育技術もかなりの水準に達し，選抜技術も一定の成果を上げ，漢代には古代ローマ帝国にブタを輸出していた（張ら，1993）．このように長い養豚史をもつ中国には，確認されているだけでも100を超える在来ブタの系統がある（CHENG, 1985；中国豚品種誌編集委員会，1986）．これらのブタの中には高度に品種化されたものもある．一腹産仔数が30頭を超す太湖猪（Taihu pig）の系統である梅山猪（Meishan pig）はその代表ともいえよう．

中国の各種在来ブタを外貌上の特徴から大別すると，1) 耳が大きく垂下し，頭部が短広で，顔面がしゃくれ，体側には厚い皮皺があり，腹部が垂れるなどの特徴をもつ大型や中型のもの，2) 耳が小さく，頭部がイノシシのように長く，背線は真直ぐか，垂下するもの，そして，3) 頭部は短いが真直ぐで，腹部は極端に垂れる中型や小型のものがある．この多様な在来ブタについてCHENG（1985）は，地形や環境の違いに基づいて，華北型，長江下流域型，華中型，華南型，西南型および高原型の6地域型に分類し，それらのタイプのブタが北から南へ，気候帯の変化を映した環境条件の変化に伴って，異なる特徴をもつことを示し，結論として，①体格は大きい方から小さい方へ，②被毛は厚い方から薄い方へ，③毛色は黒いものから白の多いものへ，④背は真直ぐなものから次第に落ち凹んだものへ，⑤産仔数，乳頭数は，北で多い（長江下流域で最高）とした．同様に黒澤ら（2001）も陝西省の調査において，秦嶺山脈を境に北部では大型で，耳が大きく顔面を覆うように垂下している華北型の八眉猪（Bamei pig），また南部では中型で，耳がそれよりも短い安康猪（Ankang pig）を確認している（図II-4-14）．

中国系の在来ブタについて，在来家畜研究会が最初に調査したのは琉球ブタ（Ryukyu pig）と

226　第Ⅱ部　家畜種各論

図 II-4-14　アジア各地で見られる多種多様の在来ブタ.
1. 八眉猪（中国陝西省）　2. 梅山猪（中国江蘇省）　3. 桃園種（台湾）　4. 安康猪（中国陝西省）　5. タイ国大型種　6. 海南島種型ブタ（カンボジア）　7. Torajaブタ（インドネシアSulawesi島）　8. Ilocosブタ（フィリピンLuzon島）　9. Sabahブタ（東マレーシア山岳地）　10. Phnomブタ（カンボジア東部山岳地）　11. ミャンマー小型ブタ　12. スリランカ小型ブタ

台湾の桃園種（Taoyuan breed）などである（田中，1967，1969）．琉球ブタは琉球が中国との交易を本格化させた14世紀以降にもち込んだブタの子孫であり，戦中・戦後にかけてほとんど絶滅したとされていたが，中国系ブタの面影を残すわずかな個体の存在が同研究会の調査で確認されている．また桃園種は1660年頃，中国本土から漢民族の移動に伴って搬入されたブタに由来し，主として広東系住民により台湾西部の農村地帯で飼養されてきた（蒋田，1969；YAMANE and CHEN, 1963）．その特徴は現在の桃園種とほぼ同様で，体高は雄で70 cm，体重は100 kgを超す．乳頭数は6対12個を基本とするが変異著しい．また，桃園種と同系統とされる美濃種（Meinung breed）や頂双渓種（Tingshuangshi breed）の地方種もあったが，これら2種は1975

年の再調査では存在が確認されなかった（田中ら，1986b）．

　台湾には先住民である高砂族によって山岳地や離島で飼養されてきたブタも知られている．YAMANE and CHEN（1963）はそれを「小耳種」（Short-eared pig）と呼び，その形態について，頭部は長く，皮皺はなく，耳は小さく直立し，脚は細くて長く，体高は40〜50 cmで桃園種に比べ小型であり，乳頭数は10個（5対）が基本と報告している．また，被毛色変異は単調で，黒色と褐色（野生色）の2型である．小耳種の形態はフィリピン，東マレーシアおよびインドネシアなどの島嶼域の在来ブタと類似し，また，民族学的に台湾先住民が南から渡来したとされることから，その起源は南方系であると考えられている．

　華僑の東南アジアへの進出に伴い中国系ブタが各地に移入され，在来ブタに少なからず影響を与えてきたことは，それらの集団のブタが示す多様な形態的特徴から推察できる．東南アジアの在来ブタは元来小耳種型のブタであったと考えられるが，現在では中国系ブタに見られる特徴，すなわち，耳がやや大きく左右に倒れ，頭部の長さと幅に違いがあり，顔面がしゃくれ，背線が凹んでいるなどのブタも多く見られる．被毛は極めて薄く，毛色は光沢のない全身黒のもの，額，4肢，尾の先端に白斑を有するもの，全身に黒白斑を有するもの，白色単一のもの，さらに上体部が黒で下部が白の毛色（海南島種型のブタ：蒔田，1943）など，各地で様々である．体格も体高が40〜60 cmと，地域間での変異が著しい（FISCHER and DEVENDRA, 1964；田中，1974；田中・AZMI, 1976；田中・黒澤，1982）．こうした多様な形態的特徴を示すブタは，主に東南アジアの平野部や沿岸部で飼われていることが多く，移入された中国系在来ブタの影響を種々の程度に受けてきたと見られる．これらの在来ブタは欧米系改良品種の普及やそれらとの雑種化で頭数を激減させ，在来種としての特徴を失いつつある（黒澤ら，2000；KUROSAWA et al., 2006）．

　しかしながら，ラオスやカンボジアなど，インドシナの山岳地（黒澤ら，2000；KUROSAWA et al., 2006）や，周辺の東マレーシア，フィリピンおよびインドネシアの島嶼域の山岳地（田中・AZMI, 1976；田中ら，1983, 1990）には比較的純度の高い小耳種型のブタが見られる．これらのブタは少数民族によって飼われ，飼養地が一般に辺境で比較的隔離されてきたことから小耳種型の特徴を留めてきたものと見られる．これら小耳種型のブタの体格は体高が30〜40 cm程度で，平野部のそれに比べて小型であり，乳頭数はときに4対8個から6対12個などの変異があるものの，ほとんどがイノシシ型の5対10個で，均一な対称型の乳頭配列を示し，中国ブタや近代品種に見られる左右非対称型の乳頭配列はほとんどない．また，これらの集団に共通する点は，イノシシのような体型，顔面頬から頸にかけての淡白色被毛，頭部から背線上の剛毛，および幼獣毛色である暗褐色の縦縞模様など，野生型形質をもつ個体が多数混在していることである．黒澤ら（2007）はこれら山岳地に多く見られるブタを「イノシシ型在来ブタ」と称して，上述の小耳種型の在来ブタから区別している．

　図II-4-15はインドネシアSumatra島北部での記録写真で，イノシシ型と小耳種型のブタを比較したものである（田中ら，1983）．イノシシ型在来ブタ（写真左）と小耳種型在来ブタ（中央）は山岳地のバタック（Batak）地区で飼われていたもので，イノシシ型は同地区の奥地で，小耳種型はその中心部の集落で，また，大型の小耳種型ブタ（右）は低地のカロ（Karo）地区で観察したものである．この比較からカロ地区のブタは，バタック地区の2つのタイプのブタと比べて，中国系ブタの遺伝的影響をより強く受けていることが外貌上の特徴に現れている．この地理的な形態変化は，多かれ少なかれ中国系ブタの影響を受けた低地の小耳種型ブタから山岳地

228 第II部 家畜種各論

イノシシ型在来ブタ　　　　　小耳種型在来ブタ

図 II-4-15 インドネシア Sumatra 島北部で飼育されているイノシシ型と小耳種型の在来ブタの比較.
イノシシ型在来ブタは山岳地の Batak 地区の奥地で，小耳種型在来ブタ（中央）は同地区の中心部の集落で，また，大型の小耳種型ブタ（右）は低地の Karo 地区で飼育されていたものである．（田中ら，1983）

平均乳頭数

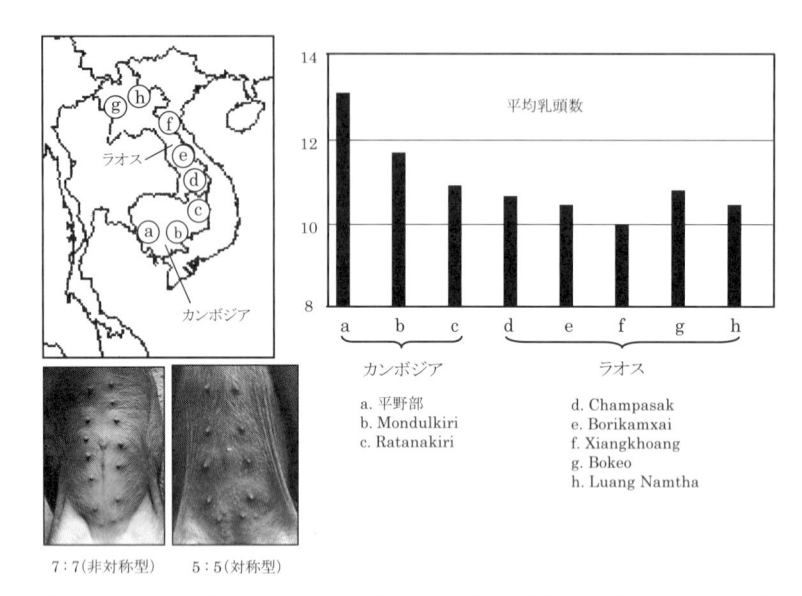

カンボジア
a. 平野部
b. Mondulkiri
c. Ratanakiri

ラオス
d. Champasak
e. Borikamxai
f. Xiangkhoang
g. Bokeo
h. Luang Namtha

7：7（非対称型）　　5：5（対称型）

図 II-4-16 カンボジアとラオスの在来ブタ集団で観察した平均乳頭数の地理的勾配と乳頭配列の例.

のイノシシ型集団への遺伝子流入によって生じたと見ることができる．

　イノシシ型と小耳種型在来ブタの間での同様の地理的形態変化はインドシナ地域でも見られる（KUROSAWA *et al.*, 2006）（**図 II-4-16**）．この図が示すようにカンボジアの低地から山岳地，さらにはラオス内陸の山岳地のブタ集団に向かって，乳頭数の平均値が 13.1 から 10.0 個へと漸次低下し，乳頭配列も均一になる傾向にある．そして，中国国境に近いラオス北部のボケオ（Bokeo）地区とルアンナムサ（Luang Namtha）地区の集団では，再びその平均値が上昇し，乳頭配列にも乱れが生じてくるのである．

　これらの結果は，東南アジアには，古い型の在来ブタであるイノシシ型が山岳地に点在して残存すること，純度の高い在来ブタである小耳種型在来ブタが各地に残っていること，そして，低地の小耳種型在来ブタが，中国系のブタ（さらに近年では欧米系品種）から種々の程度の遺伝的影響を受け，様々なブタを派生させていることを示している．事実，9 世紀から 13 世紀のカンボジアのクメール王朝時代に造られたアンコール遺跡群の一つ，Bayon 寺院の回廊壁面にレリーフとして描かれているブタはすべてイノシシ型在来ブタである（KUROSAWA *et al.*, 2006；II-1 章

図 II-1-24 参照).このブタと比較すると,現在カンボジア低地に広く分布するブタは形態的に著しく異なっている.

　東南アジアの一部山岳地にイノシシ型在来ブタが残存することを先に述べたが,南アジアではこれが平地で見られる例がある.バングラデシュやネパールの低地でおこなわれている遊牧的飼養のブタにもイノシシとの判別が容易でない集団が見られる(黒澤ら,1988b,1992)(図 II-4-17,カラー).この遊牧集団には東南アジアの平野部や沿岸部にいる小耳種型在来ブタに類似のものはまったく混在せず一様である.むしろ,形態的には LYDEKKER(1915)が記載したインドイノシシのように発達した剛毛をもち,東南アジアで見られるイノシシ型在来ブタ以上に野生的な姿態で遊牧集団を成している.このようなイノシシ型のブタが現在に残るためには,イノシシからの遺伝子流入がしばしばあったことが考えられる.しかし,バングラデシュ平地の森におけるイノシシについては現在のところその存在すらわかっていない.したがって,これらのブタが残ってきた理由はむしろ別にあるのではないか.バングラデシュ平地の森はそれ自体が農耕地で囲われ隔離されているし,その中のブタ集団もまた宗教上の理由から非イスラム系の人の手から離れることはない.この森の中の非イスラム系集落ではブタを繋ぎ飼っている人もいる.これらのブタは,したがって,イスラム化以前の古い型のブタ,すなわちイノシシ型在来ブタがイスラム化に伴い森に主要な生存場所を求め,野生状態に近い管理のもとで囲い込まれ,また特別な選抜も受けず,他国からのブタの移入もなく現在に至ったことが考えられる.もし,イノシシがいたとしてもそれはむしろ家畜集団に吸収される環境にあると見られる.これらのブタの来歴を明らかにするためには生物学的生態学的調査がなお必要である.ネパールにおいてはイノシシ飼育の事例があり,人為的な交雑が起こりうる可能性が示唆された(黒澤ら,1992).バングラデシュとネパールの山岳地ではイノシシ型在来ブタはほとんど見られず,また最近調査された山岳地のブータンでもイノシシ型のブタは若干見られたものの,遊牧的な飼養形態はない(KUROSAWA et al., 2007).

　アジアの在来ブタに見られる形態の多様性は,伝統的な飼養形態の違いが一因となって生じたことが考えられる.中国で見られる頭部が短広型で,顔面がしゃくれている在来ブタは,ブタ小屋を模った紀元前の明器の多くの出土が示すように(西谷,2001),個別飼育下での一定の選抜によって生じた変化であることが推察される.一方,かつてラオスにはブタ小屋はなかったとさえいわれるように(奥,1943),東南および南アジアの僻地では,簡素なブタ小屋はあるものの,基本的には放し飼いであった.すなわち,それらの地域で飼われる小耳種型とイノシシ型のブタは,中国の頭部が短広型のブタと比べて,人為的な生殖管理の影響を受けることが少なかったと推察される.そのため著しい形態変化を生じることはなく,今日まできたのであろう.特に,上述の南アジアのイノシシ型在来ブタの群れの場合は,放し飼いや遊牧的管理条件のもとにあるので,特定の形態的変化を促進するような人為淘汰がほとんど作用しなかったと考えられる.

ii) 血液型・タンパク多型から見たイノシシとブタ

　イノシシとブタの比較や系統の研究は,血液型やタンパク多型を標識遺伝子として応用される以前は,形態学的手法のほかに,血清反応の違いによって個体間を識別する血清学的手法でおこ

なわれた．SASAKI and MORIBE（1930）は欧米系とアジア系のブタの有する自然抗体に特異的違いを認めた．田中（1967）も同様の手法で琉球諸島のブタにおける抗Q抗体保有率を調査し，欧米系ブタのそれよりも有意に高いことから，両者の系統の違いを示した．これらはアジア系ブタが欧米系とは異なる遺伝的特性をもつことを示した最初の研究である．その後，多数のブタ抗血清が開発され，血液型判定を応用した研究が進んだ．

家畜の起源や系統史の研究において，野生原種の遺伝学的情報は必須であり，効果的な情報をもたらすことが期待される．ブタでは野生原種であるイノシシが比較的豊富に現存するので，早くから研究対象とされた．血液型を用いたイノシシの亜種分化研究がドイツ，ポーランドおよび旧ソ連のイノシシ集団でなされている（BUSCHMANN, 1965；WIATROSZAK, 1970；TIKHONOV et al., 1972）．また，わが国やアジア地域のイノシシについても同様の研究がある（KUROSAWA et al., 1979, 1984；黒澤ら，1986）．さらに血液タンパク多型の電気泳動法による分析により，イノシシ亜種集団の遺伝的類縁関係に関する研究も進んでいる（SKŁADANOWSKA et al., 1979；KUROSAWA and TANAKA, 1988；黒澤ら，1986）．

これらの研究から注目された点は，特にヨーロッパと日本のイノシシの集団間で，いくつかの血液型システム（座位）が異なる抗原で固定しているか，あるいはそれに近い頻度で観察されること，そして中央アジアの集団で両地域の中間の値を示すことである（図II-4-18）．ユーラシア大陸東西間で，Ga，Ka抗原の出現頻度に明瞭な地理的勾配がある．これは，イノシシの地理的亜種の分布が連続的に免疫遺伝的な違いとして反映されたものであり，イノシシ（Sus scrofa）種内の移行分化，あるいは亜種の再融合過程を示す結果と考えられる．また，血液タンパク多型においても血液型抗原頻度と類似の勾配を示すものがある．血清トランスフェリン（Tf）や血清アミラーゼ（Am）の対立遺伝子頻度が東西のイノシシ集団間で異なることが明らかになっている（後述）．隣接する亜種間で特定座位の対立遺伝子がまったく異なる例は，ニホンザルのM. f. fuscata（本土）とM. f. yakui（屋久島）や，インドゾウのE. m. indicus（大陸）とE. m. maximus（スリランカ）の亜種間で発見されている（SHOTAKE et al., 1975；庄武ら，1986）．これらは比較的狭い地域における高度の自然隔離条件がある動物種の例で，これらに比較すると，イノシシ亜種分化の場合は大陸の広域に渡って連続的な遺伝子頻度勾配を示すことが特徴といえる．

図II-4-19は，日本をはじめユーラシア大陸とその周辺のイノシシ集団の類縁関係を7システム17種類の血液型抗原の出現頻度をNEI（1972）の遺伝距離によって推定し，枝分かれ図（非荷重平均結合法，UWPGM）として示したものである．この結果も，大陸の亜種集団が東西方向の地理的分布に従って群別される傾向を示している．しかし，日本の2亜種の集団について見ると，大きく異なる2つの群（クラスター）に分かれる．すなわち，leucomystax亜種はriukiuanus亜種2集団（西表島と石垣島）と同一群を形成し，大きくは大陸種集団に属する．しかし，riukiuanus亜種2集団（奄美大島と加計呂麻島）はスリランカ亜種（cristatus）とともに別に群別される．したがって，この分析調査から見ると，riukiuanus亜種の集団間の遺伝的分化度は同一亜種とするには明らかに過大である．

リュウキュウイノシシの来歴については当初，直良（1937）と林田（1960）が唱えた貝塚人が島にもち込んだ原始的なブタの再野生化に由来する説と，今泉（1973）が主張した大陸からの遺存種（relic）説が存在したが，琉球弧からイノシシの化石が発見され，今泉（1973）の説は否

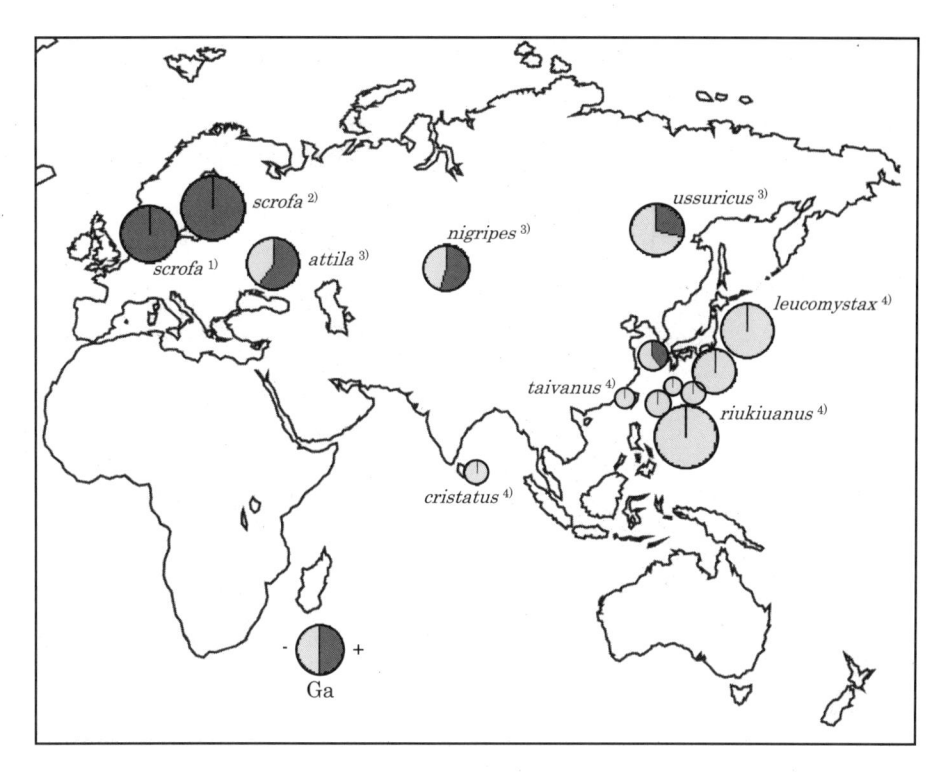

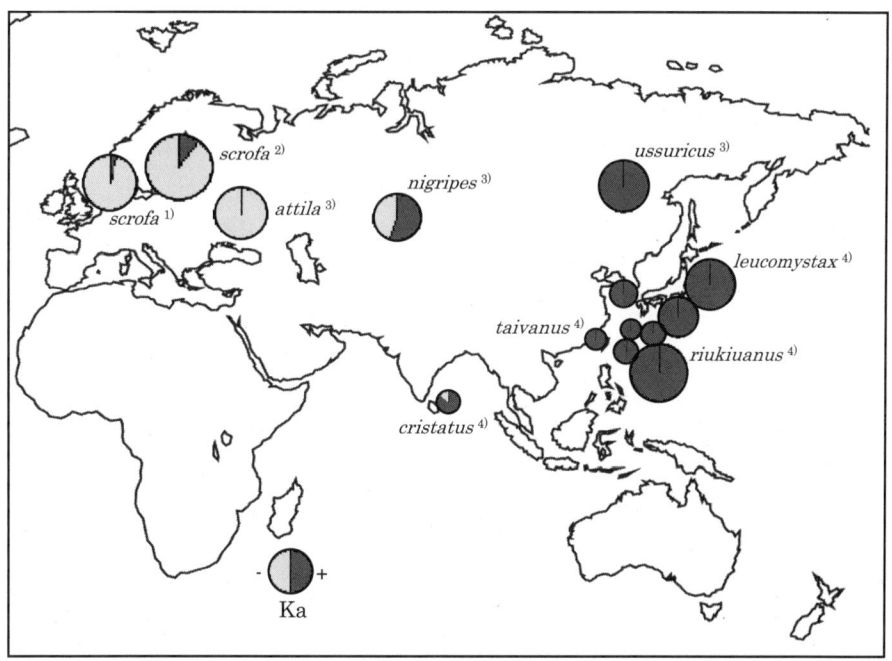

図 II-4-18 ユーラシア大陸ならびに周辺の島嶼域に分布するイノシシ *Sus scrofa* の地理的亜種集団における血液型抗原（Ga, Ka）の分布．

1) Buschmann (1965), 2) Wiatroszak (1970), 3) Tikhonov et al. (1972), 4) Kurosawa et al. (1979, 1984) と黒澤ら (1986).

```
                                                      Sus scrofa scrofa
                                                        (ドイツ)
                                                      Sus s. scrofa
                                                        (ポーランド)
                                                    Sus s. attila
                                                        (コーカサス)
                                                      Sus s. nigripes
                                                        (中央アジア)
                                                      Sus s. ussuricus
                                                        (ウスリー)
                                                    Sus s. leucomystax
                                                        (本州)
                                                    Sus s. riukiuanus
                                                        (西表島)
                                                    Sus s. leucomystax
                                                        (九州)
                                                    Sus s. riukiuanus
                                                        (石垣島)
                                                  Sus s. riukiuanus
                                                        (奄美大島)
                                                  Sus s. riukiuanus
                                                        (加計呂麻島)
                                                Sus s. cristatus
                                                        (スリランカ)

        0.15        0.10        0.05        0
                       遺伝距離
```

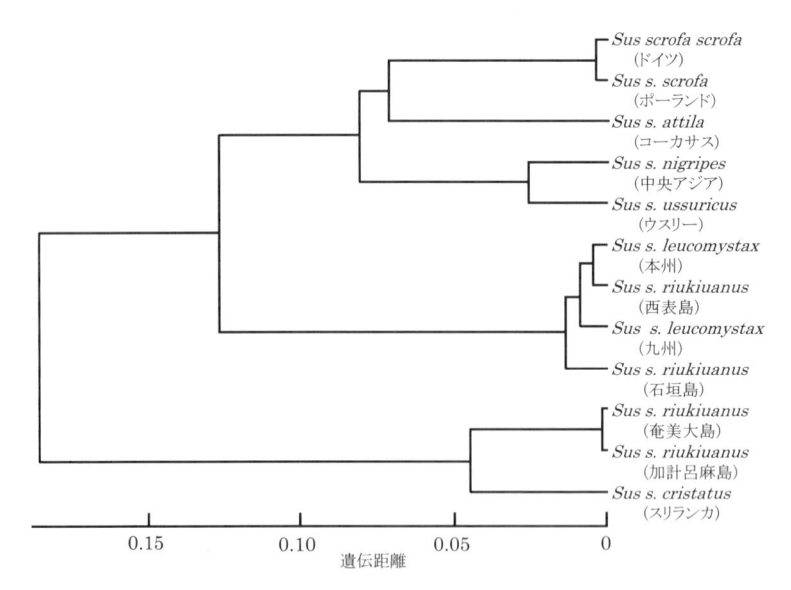

図 II-4-19 血液型抗原の出現頻度から推定したユーラシア大陸とその周辺島嶼に分布するイノシシ (Sus scrofa) の地理的亜種集団の遺伝的類縁関係.
NEI の遺伝距離および非荷重平均結合法 (UWPGM) による.

定できなくなった（川島ら，1985）．その詳細な分布時期は明らかではないが，おそらく更新世の時代に大陸から台湾および琉球弧を結ぶ陸橋が繰り返し現れた頃と考えられる．リュウキュウイノシシ（riukiuanus 亜種）とされた集団間での大きな遺伝距離はそれらの渡来，分布過程での創始者効果や遺伝的浮動などの影響も一部あるかもしれない．しかし，特に奄美大島と加計呂麻島の集団が他の日本産イノシシから大きくかけ離れた群を形成することは，これらの島が琉球弧のなかで比較的早く大陸から分離し，その結果，S. scrofa の亜種の中で早く隔離されたことを示しているのかもしれない．そのうえ，両島集団はスリランカの別のイノシシ亜種と近縁であることが示される（図 II-4-19）が，最近，リュウキュウイノシシとベトナムのイノシシがミトコンドリア DNA（mtDNA）分析から近縁であるとの結果も得られており（HONGO et al., 2002），さらに広範な調査が望まれる．リュウキュウイノシシの中に将来新たな亜種が設けられる可能性もある．事実，形態学的な観点からも，島間での頭蓋骨のサイズをはじめ（ENDO et al., 1998），その形状の違い（川島，未発表），それに乳頭数や乳首の形状などの外部形態の変異（黒澤，未発表）の大きさなどの報告があり，琉球弧の各島集団のイノシシをすべて同一の亜種に括ることに疑問もある．実際に mtDNA の分析においても当初，島間での差異は見いだされなかったものの（小松，1995），後の調査の進展から奄美大島および加計呂麻島に棲息するイノシシと沖縄島および西表島に棲息するイノシシに大別される可能性がでてきている（石黒，2000）．

　アジアにおける在来ブタの血液型やタンパク多型の調査は在来家畜研究会会員らにより台湾をはじめとした中国，東南および南アジアの計 14 カ国でおこなわれてきた．これらの結果は，イノシシの場合と同様に欧米系のブタとは大きく異なるものであった．しかも欧米系ブタとヨーロッパイノシシが，またアジア系ブタと日本を含む他のアジア地域のイノシシが，それぞれ共通

の血液型抗原やタンパク遺伝子を もっていたことは注目される．すなわち，ヨーロッパのイノシシとブタの間では，Eb, Ef, Ga, Ha, Hb, Ka, Kb, Lh の抗原出現頻度や Tf^A, Tf^B, Pa^B, Hp^1, Hp^3, Am^A, Am^B のタンパク遺伝子頻度に相関が見られ，一方，アジアのそれらでは，Ea, Ee, Eg, Ka, Lh の抗原出現頻度や Tf^C, Hp^2, Am^A および Am^C のタンパク遺伝子頻度が両者において高いか，もしくは双方において固定しているのである．

図 II-4-20 は，欧米系とアジア系のブタの品種や地方種集団の遺伝的類縁関係を示したもので，血液型 7 座位とタンパク型 5 座位の遺伝子頻度から計算された NEI の遺伝距離と荷重平均結合法（WPGM）（野澤，1974）により作成されている（TANAKA et al., 1983）．図に見るように，ブタの品種や地方種集団は欧米系とアジア系に大別される．台湾の桃園種と日本のオーミニブタはともに大陸からの移入に由来するが，その形態が顕著に異なるものの，遺伝標識を用いたこの分析では近縁関係にある．また台湾の小耳種は東南アジアの小耳種型ブタの群に属す．この結果は，アジア系の在来ブタには少なくとも中国系ブタ由来の系統と，それとは分化系列を異にする小耳種型ブタのグループがあることを支持している．欧米系ブタの品種成立においては中国ブタの関与が知られているが，この枝分かれ図からはその影響が大きいとはいえない．

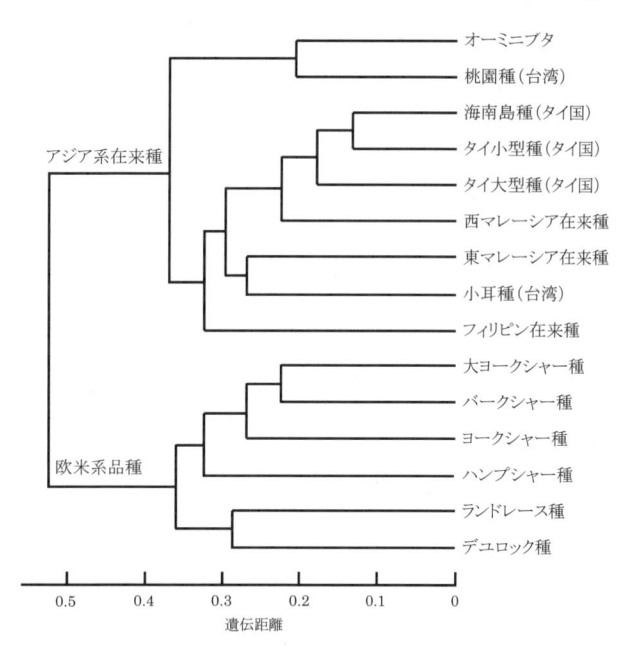

図 II-4-20 血液型および血液タンパク型遺伝子頻度をもとに作成された欧米系改良品種とアジア系在来ブタの遺伝的類縁関係．
NEI の遺伝距離および荷重平均結合法（WPGM）による．（TANAKA et al., 1983）

表 II-4-1 は，既報告の欧米系とアジア系のいくつかのブタ品種や集団，それにイノシシ集団の遺伝的変異性を示す多型座位の割合（P_{poly}）と平均ヘテロ接合率（$\bar{H}$）の値を比較したものである．欧米系やアジア系のブタ品種や在来集団はヨーロッパとアジアのイノシシ集団に比べていずれも高い変異性の値を示す傾向にある．これは，現存するブタは少なくとも数種類のイノシシ由来の遺伝子を受け継いでいるためであろう．これに対して，イノシシ集団が一律に低変異性の値を示すことは，ブタのように家畜化過程や品種・集団の再融合などで生じる遺伝子の撹乱が少なく，亜種集団間で地理的隔離が今日においても比較的維持されている結果であろう．

アジア地域の在来ブタ集団における血清トランスフェリン（Tf）型と血清アミラーゼ（Am）型座位の対立遺伝子頻度の地理的分布を図 II-4-21 に示した．欧米系ブタやヨーロッパイノシシで高頻度の Tf^B や Am^B がアジア北部地域の中国在来ブタでも高頻度であり，東南および南アジア地域では低くなり，逆に Tf^C, Am^A および Am^C が高い傾向にあることが示されている．とりわけ Tf^C と Am^A が東南アジアの島嶼域で，また Am^C がバングラデシュやその周辺の集団にお

表 II-4-1　多座位電気泳動法によるイノシシとブタの遺伝的変異性.

品種・集団	検索座位数	P_{poly}	$\bar{H}$
バークシャー種[1]	22	0.3636	0.0980
ランドレース種[2]	19	0.2100	0.0665
桃園種[3]	19	0.2105	0.0998
小耳種[3]	19	0.3158	0.1410
フィリピン（ルソン島）[4]	19	0.2632	0.1166
スリランカ（4集団）[5]	22	0.1818〜0.3181	0.0788〜0.1221
バングラデシュ（6集団）[6]	19	0.1579〜0.2632	0.0724〜0.1026
ネパール（2集団）[7]	23	0.2609〜0.3478	0.0829〜0.1032
ヨーロッパイノシシ（4集団）[8]	50	0.0600〜0.1400	0.0150〜0.0500
リュウキュウイノシシ（西表島）[9]	20	0.0500	0.0212
インドイノシシ（スリランカ）[10]	22	0.0455	0.0111

1) 田中ら (1989), 2) WIDAR et al. (1975), 3) 田中ら (1986b), 4) 田中ら (1990), 5) 田中ら (1986a), 6) 黒澤ら (1988a), 7) 田中ら (1992), 8) HARTL and CSAIKL (1987), 9) 黒澤ら (1989), 10) KUROSAWA et al. (1989).

いて高頻度で見られる．なかでも Am 型座位の変異遺伝子が東南アジアの大陸部で凡そ同程度の割合で存在し，$Tf^{D'}$, Am^X, $6PGD^X$ および $6PGD^C$ などの稀な変異遺伝子も出現していることは，それらの地域における在来ブタの系統を考えるうえで興味深い．すなわち，アジアにおけるブタの起源や系統を考えた場合，これらのタンパク遺伝子の頻度分布が示す様相は，イノシシの家畜化が中国やインドあたりでも始まったことがあげられているように，数種のイノシシ亜種の遺伝子構成を反映したブタ集団の存在を示唆しているようにも思われる．たとえば，形態の特徴でも説明したが，バングラデシュやネパールには同地域のインドイノシシと共通して発達した剛毛をもつイノシシ型在来ブタが多いように，このブタが示す遺伝子構成がまた，そのイノシシに高頻度で見られる変異遺伝子（KUROSAWA et al., 1989）によって特徴づけられている（黒澤ら, 1988a；KUROSAWA et al., 2007；田中ら, 1983, 1992）．これは，同地域のインドイノシシが家畜化されたために，そのイノシシ型の在来ブタに現れた結果と見ることができ，これを裏付けるような分子遺伝学的成果もある（LARSON et al., 2005；TANAKA et al., 2008）．

アジアにおける在来ブタがそうした遺伝的多様性を示す背景には，それぞれの地域におけるイノシシと遺伝的交流を生じていることがあげられる．フィリピン群島では *Sus scrofa* とは別種のイノシシとブタが交雑している事実があり，また，Sulawesi 島では *Sus celebensis* とブタとの交雑がいわれる．アジアのブタ集団に存在する $Tf^{D'}$, Am^X, $6PGD^X$, $6PGD^C$ など，これら稀な変異遺伝子の分布を，各地の *Sus scrofa* 亜種集団や別種とされる種について調査すれば，ブタと野生種との交雑の有無や程度についてより明確な結論がでるであろう．

iii） ミトコンドリア DNA から見たイノシシとブタ

現在，家畜の野生種の多くが絶滅あるいは，個体数を大きく減少させている．たとえば，家畜牛の主な野生種であるオーロックスは既に絶滅しているので，遺伝学的な調査をおこなうには，出土する骨や化石を用いなければならない．また，ウマの野生種の 1 つと考えられているモウコノウマ（*Equus przewalskii*）の現存群は，20 世紀中ごろに飼育されていた 13 頭（雌 8 頭，雄 5 頭）を始祖として増殖されたもので，始祖となった中の 1 頭は雌の家畜馬であるという（HEDRICK et al., 1999）．これに対して，ブタの主な野生種であるイノシシ（*S. scrofa*）は，北アフリカ，

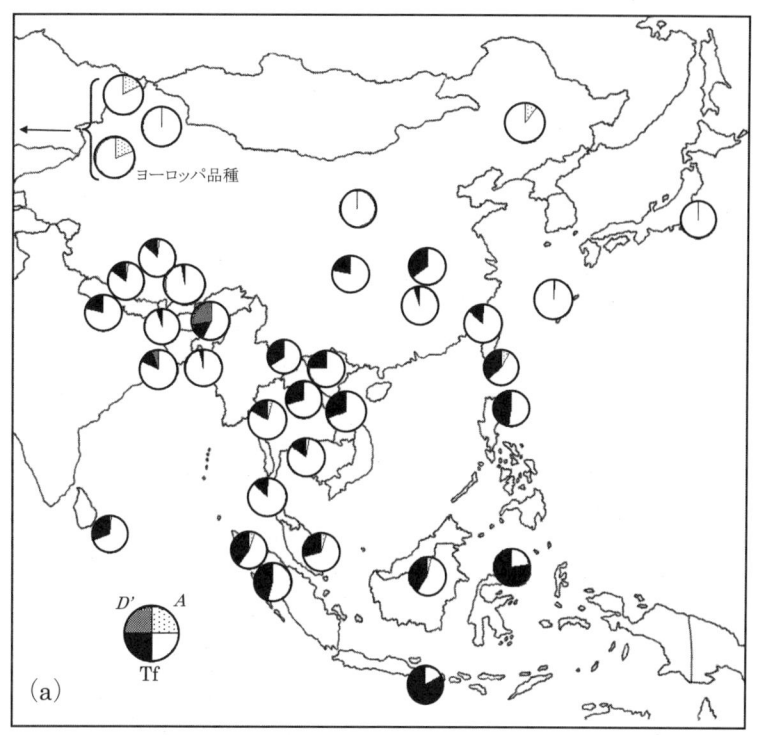

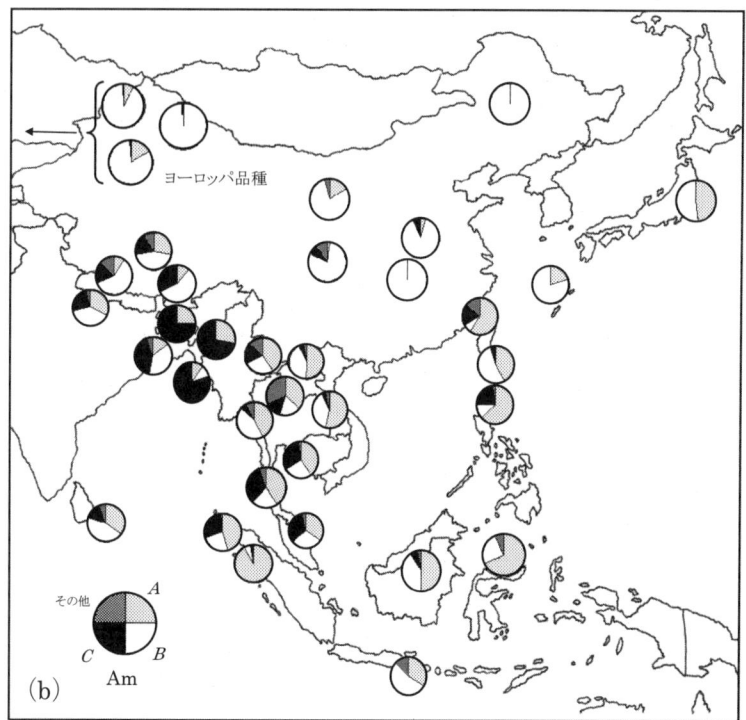

図 II-4-21 アジア系在来ブタ集団における (a) 血清トランスフェリン (Tf) 型と (b) 血清アミラーゼ (Am) 型座位対立遺伝子頻度の地理的分布．
黒澤ら (1988a, 2001), KUROSAWA et al. (2000, 2007, 一部未発表データ), OISHI (1977), 大石ら (1992), TANAKA et al. (1983), 田中ら (1983, 1986a, b, 1994, 1992) のデータから作成．

ユーラシア大陸のほぼ全域，およびわが国を含むアジアの島嶼部にまで広大な地域に分布し，今なお大きな個体群を維持している（GROVES, 1981）．このため，家畜とその野生種とを直接比較できる機会を与えてくれる．

　ミトコンドリア DNA（mtDNA）を指標に用いたブタの起源や系統史の研究がおこなわれ，ブタの mtDNA はヨーロッパ型とアジア型に分離し，両者間の分岐時間は 50 万年（30～100 万年）前後と推定されている（URSING and ARNASON, 1998；OKUMURA et al., 2001；GIUFFRA et al., 2000）．イノシシの家畜化の歴史がわずか 1 万年程度であることから，イノシシの家畜化は，ヨーロッパ型ハプロタイプを保有している野生集団と，アジア型ハプロタイプを保有する野生集団から，それぞれ独立に始まったことは間違いないであろう．家畜化の起源地域としては，メソポタミアやアナトリアの古代遺跡からブタの存在が示されていることから，ヨーロッパ型 mtDNA ハプロタイプを保有するブタは，中東で家畜化された後，ヨーロッパ世界に広がったという考え方が一般的であった（EPSTEIN and BICHARD, 1984）．しかし，LARSON et al.（2005）は，世界各地のイノシシの mtDNA を解析し，現在の中東地域に分布するイノシシが保有する mtDNA は，家畜ブタのヨーロッパ型ハプロタイプとは異なることを明らかにした．ヨーロッパ中央部のイノシシ（*S. s. scrofa*）がブタのヨーロッパ型ハプロタイプを保有していることから，現在のブタにつながる家畜化はヨーロッパ世界でおこなわれたことが明らかになった．アジア型ハプロタイプをもつイノシシの家畜化中心が中国の古代文明であることに異説はない．8,000 年前頃の中国各地の遺跡からは大量のブタの骨が発見されている（CHANG, 1977）．また，中国・モンゴルのイノシシ（たとえば *S. s. chirodontus*）およびニホンイノシシ（*S. s. leucomystax*）の mtDNA 型は中国ブタと同じアジア型群に分類されている（LARSON et al., 2005）．

　一方，大ヨークシャー種やデュロック種のような欧米系改良品種は，ヨーロッパもしくは米国で近代育種によって作出されたものであるが，ヨーロッパの在来ブタを唯一の起源として改良されたものではない（MCLAREN, 1990）．18 世紀以降，ヨーロッパには中国から多くのブタが輸入され，ヨーロッパの在来の集団と交配され，特に繁殖能力（一腹産仔数）の改良に貢献した（JONES, 1998）．この結果として，いまや世界中に導入され，グローバル品種とでも呼ぶべき大ヨークシャー種，ランドレース種，およびデュロック種など改良品種は，平均すると 3 割程度の個体がアジア型の mtDNA を保有している（FANG et al., 2006）．言い換えれば，企業的養豚に用いられているブタの多くが中国ブタとヨーロッパブタの交雑を起源として改良された集団だといえる．つまり，ブタの mtDNA はアジア型とヨーロッパ型に容易に分類することができるが，mtDNA 型にもとづいて現在の欧米系品種とアジアのブタを分離することはできないのである．中国ブタを用いて改良された改良ブタの広がりによって，それ以前のヨーロッパ在来ブタの姿を残すブタはほとんど残されていない．

　チャールズ・ダーウィン（Charles DARWIN, 1868）が 1868 年に彼の著書 "The Variation of Animals and Plants under Domestication" の中で主張したのをはじめとして，イノシシの家畜化がアジアとヨーロッパで別々に生じたことは多くの研究者によって受け入れられている．しかし，イノシシの家畜化がさまざまな地域で多源的に生じたのかについては，ごく最近まで意見が分かれていた．これを明らかにするには，まず広大な分布域をもつユーラシア諸地域のイノシシ集団の系統関係を明らかにする必要がある．LARSON et al.（2005）は，スミソニアン博物館の骨格標本を中心に，世界各地のイノシシ mtDNA の制御領域の配列を解析し，**図 II-4-22** にある地域集

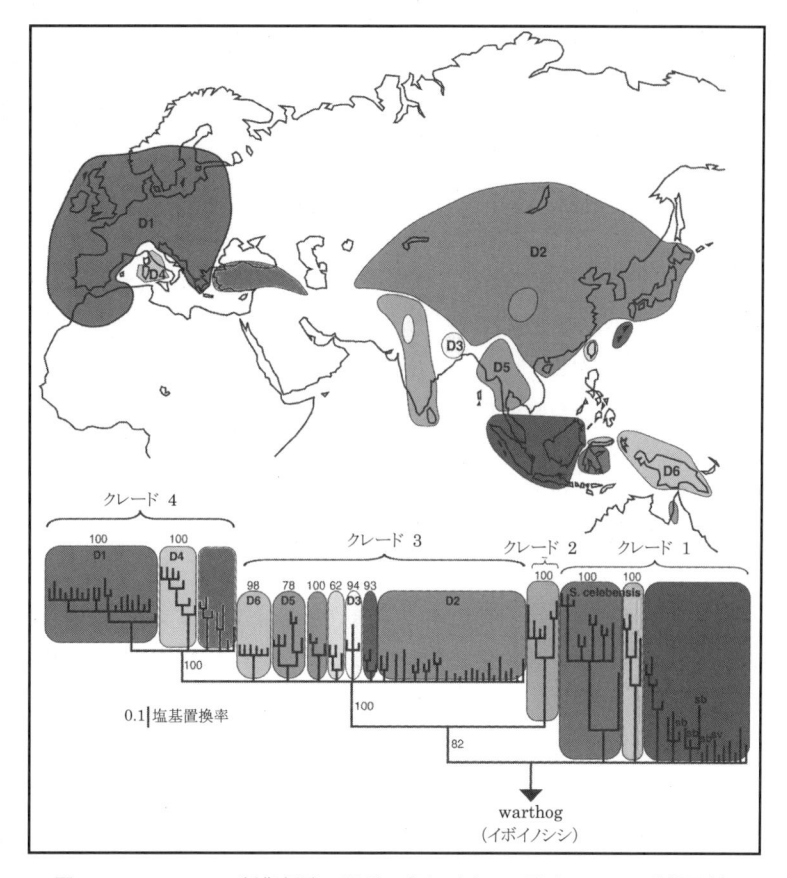

図 II-4-22 mtDNA制御領域の配列にもとづく Sus 属イノシシの系統関係．
D1からD6は，これらの中に家畜ブタから発見されるハプロタイプが含まれることを示す．
（上）mtDNA配列にもとづいて細分されたイノシシの亜種（もしくは個体群）の分布図．この地図には野生化集団（feral pigs）は含まれているが，飼育ブタは含まれていない．
（下）mtDNA制御領域のハプロタイプの系統樹．Sus 属の mtDNA が4つの分岐群に分割されることを示す．図中の sv は Sus verrucosus, sb は Sus barbatus を示す．(LARSON et al., 2005)

団に分類できることを報告した．この図の上段は，野生のイノシシ（いくつかの地域では feral を含む）の地域集団に関する分布を示しており，家畜として飼育されているブタは含んでいない．また，図の下段の系統樹にあるようにイボイノシシを外群に用いると，現存する Sus 属（この解析にはコビトイノシシ S. salvanius は含まれていない）の mtDNA は大きく分けると4つのクレード（分岐群）になる．クレード1は，東南アジアの島嶼部に分布する S. scrofa とは別種のイノシシ，すなわち S. barbatus, S. verrucosus, および S. celebensis を含む．残りの3つのクレードはいずれもユーラシアのイノシシからなる．ユーラシアのイノシシの mtDNA 型は，**図 II-4-22** の下段の枝分かれ図にあるように，アジア集団（クレード3），ヨーロッパ集団（クレード4），およびインド亜大陸集団（クレード2）に分離する．これは，GROVES and GRUBB (1993) の形態学的分類とよく一致している．しかし，GROVES and GRUBB (1993) では，インドイノシシ（S. s. cristatus）がアラカン山脈を越えてマレー半島の基部にまで分布するとされるが，インド亜大陸型 mtDNA（クレード2）は，ミャンマーからは発見されていない（LARSON et al., 2005；TANAKA *et al.*, 2008). また, ヒマラヤ山脈南麓のイノシシからはアジア型に含まれる mtDNA がみつかっている (LARSON *et al.*, 2005). ブータンのイノシシ3個体もアジア集団型であった (TANAKA *et al.*, 2008). これらの結果は *cristatus* 亜種の分布域について, 再検討が必要であることを示している. なお, インド亜大陸集団 (クレード2) は, 他の2つと大きく分離しているが, 現在のところこのクレードに含まれる mtDNA 型はブタからみつかっていない.

ヨーロッパ集団 (クレード4) は, 北アフリカからヨーロッパ中央部にわたる広い範囲に分布する D1 群と, イタリア半島からなる D4 群, および中近東からなる群の3つに細分される. D1 群は欧米系ブタに広く分布するヨーロッパ型 mtDNA ハプロタイプと同じである. つまり現在のヨーロッパのブタの起源となった野生集団は, ヨーロッパ中央部のイノシシ (*S. s. scrofa*) であることが明らかになる. しかし, この学説を受け入れるためには, *scrofa* 亜種 (ヨーロッパイノシシと訳されることが多い) の核型が $2n=36$ であるのに対して, ブタおよびアジア地域の大多数のイノシシの核型が $2n=38$ であることの説明が必要になる (BOSMA, 1976; BOSMA *et al.*, 1983). *scrofa* 亜種における $2n=36$ の核型は, ブタの核型を標準とすると, 15 番染色体と 17 番染色体間のロバートソン型転座によって説明できる (TIKHONOV and TROSHINA, 1978). 核型の解析は, 特に野生動物の場合には少数個体に基づくことが多く, 多型現象を見落とす恐れがある. *scrofa* 亜種が分布する地域内のイノシシの核型に関する調査報告を詳細に調べると, たしかに $2n=36$ の核型 (転座型染色体のホモ接合) をもつ個体が70%程度を占め優勢であるが, $2n=37$ (転座型染色体のヘテロ接合) やブタと同じ $2n=38$ の核型をもつ個体が30%程度存在する (MACCHI *et al.*, 1995; FILHO *et al.*, 2002). つまり, $2n=36$ という核型は, ヨーロッパのイノシシが現在のヨーロッパのブタの直接の祖先であることを積極的に否定はしない. ヨーロッパのイノシシに認められる染色体多型は, $2n=38$ 型の家畜から野生への遺伝子流入の結果だとの主張もある (MACCHI *et al.*, 1995). 実際, ヨーロッパのイノシシの約3%の個体はアジア型の mtDNA を保有している (FANG *et al.*, 2006). しかし, FANG *et al.* (2006) は, ヨーロッパのイノシシの mtDNA 型と核型の相関解析から, 核型の違いによる mtDNA の遺伝的分化は存在しないことを明らかにし, 家畜との交雑は, ヨーロッパのイノシシにおける核型多型の主な要因とは考えられないと論じている. つまり, $2n=36$ から $2n=38$ までの多型をもつ *scrofa* 亜種のイノシシ集団に基づいて家畜化が進行する中で, 瓶の首効果, 創始者効果, もしくは遺伝的浮動によって家畜集団では $2n=38$ にほぼ固定されていったと推定できる. さらに, 中国ブタおよび東アジアのイノシシの核型は $2n=38$ であることから, 18世紀以降の中国から導入したブタを用いた改良の過程の中で $2n=38$ 型に固定したかもしれない. 中央アジアのイノシシ (*S. s. nigripes*) も $2n=36$ と報告されているが, こちらはブタの 16 番染色体と 17 番染色体間のロバートソン型転座によることから, ヨーロッパの *scrofa* 亜種とは異なるイベントによって核型の多型が生じている (TIKHONOV and TROSHINA, 1978). イタリア半島のイノシシには *S. s. majori* という亜種名が与えられており, D4 クラスターの分布と一致している. イタリアの在来ブタからは, D4 クラスターに含まれる mtDNA もみつかることから, ヨーロッパの中央部とは別に家畜化がおこなわれたことが示唆されている. つまり, ヨーロッパ地域だけでも2つの異なる家畜化のイベントが存在し, 現在のブタに痕跡を残している. しかし, 多くの動物の家畜化の起源とされる中近東のイノシシがもつ mtDNA ハプロタイプは, ヨーロッパのブタからみつかっていない. つまり, 古代の中近東では,

家畜化されたブタが存在したとしても，それは，現代のヨーロッパ地域のブタにほとんど影響を与えていない．

アジア集団からなるクレード3はさらに複雑である．LARSON *et al.* (2005) の報告では7つのクラスターに細分されている．このうち最も広大な分布域をもっているのがD2クラスターである．D2クラスターに含まれるmtDNAは中国のほぼ全域から朝鮮半島をへて，ニホンイノシシにまで分布する．同時に，中国ブタおよび中国ブタの影響を受けた欧米系改良品種からみつかるアジア型mtDNAは全てD2クラスターに含まれる．つまり，アジア系ブタの主要な家畜化の起源はD2クラスターに関連するイノシシである．これに対して，東南アジアのイノシシのmtDNAは，インド北部，ミャンマーおよびタイ国，台湾，琉球列島，およびニューギニア島など地域ごとに分化が進んでいる．これらのうち，インド北部から発見されるD3クラスターは，同地域のブタからも発見されることから，ヨーロッパとアジア（中国）という2極以外の，第3の家畜化のイベントがインドであったと考えられる．D3クラスターの分布は，ヒマラヤ山脈の南麓に広がるインダス・ガンジス平原に集中しており，インダス文明の遺跡からみつかるブタと関係があるかもしれない（GROVES and GRUBB, 1993）．

ニューギニア島には *S. scrofa* に分類されるイノシシが分布する．しかし，この島は，*S. scrofa* の連続的分布から完全に除外される．イノシシ（もしくはブタ）は古代より人によって長距離を運ばれている．たとえば，北海道にはイノシシは分布し

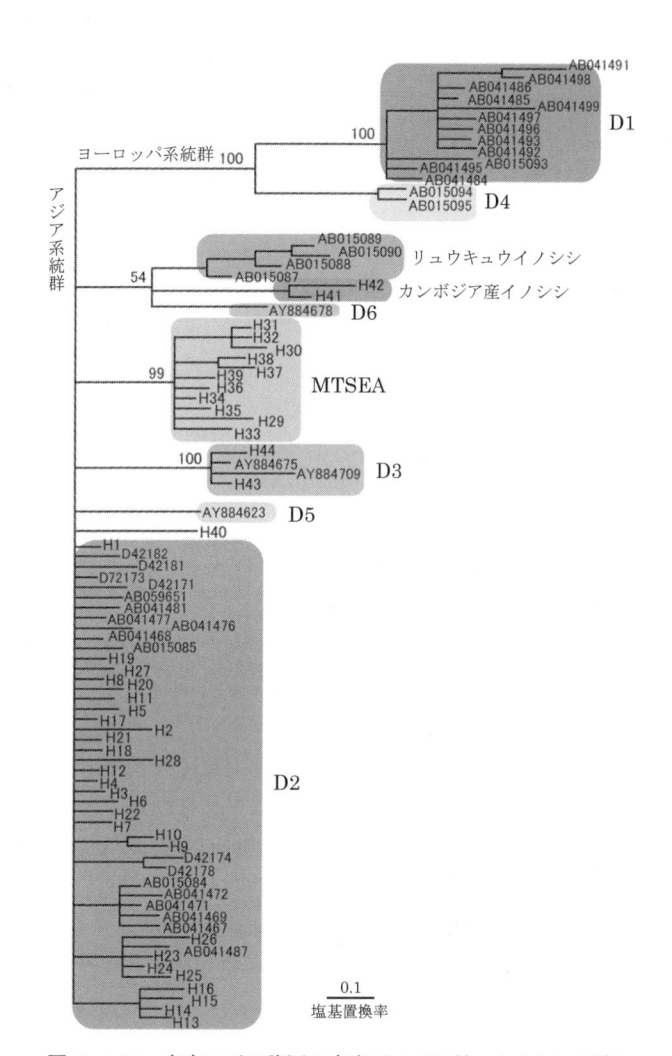

図 II-4-23 東南アジア諸国の在来ブタ130頭・イノシシ8頭から得られたミトコンドリアDNA制御領域44ハプロタイプの系統関係．

系統樹作成法はベーズ法（Bayesian (MCMC) consensus tree）による（HUELSENBECK *et al.*, 2001）．D1からD6の命名は図 II-4-22 (LARSON *et al.*, 2005) に従っている．H1からH44までの配列情報はGenBank (AB252783-AB252826) に登録されている．また，MTSEAは新たに発見されたハプロタイプからなる分岐群（クラスター）である（筆者ら，未発表）．アクセッション番号で示したハプロタイプ40種はGenBankから引用した．なお，表 II-4-2 に示したように，同一mtDNAハプロタイプがさまざまなブタ集団や品種に共有しており，mtDNAハプロタイプの系統樹が特定のブタ品種や集団の類縁関係を直接示すものでないことに留意．

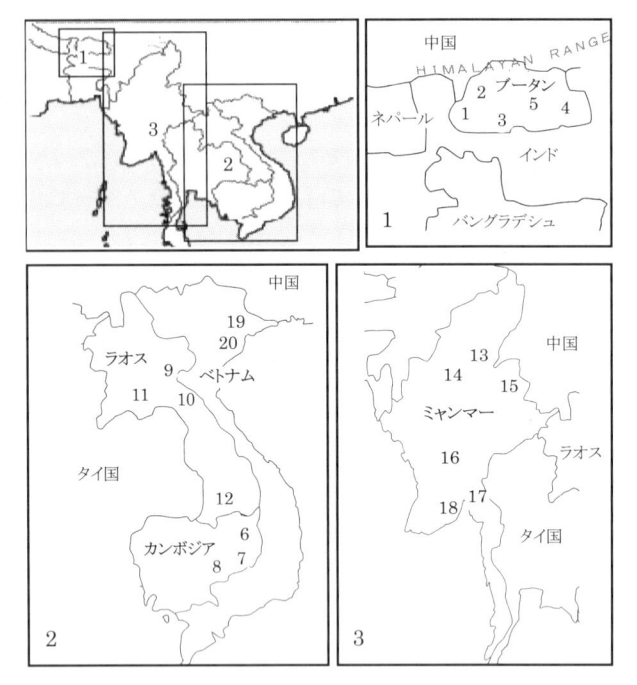

図 II-4-24 東南アジア諸国の在来ブタのミトコンドリア DNA の調査地.
ブータン：1. Haa 2. Punaka 3. Tsirang 4. Mongar 5. Bumthang.
カンボジア：6. Ratanakiri 7. Mondulkiri 8. Kampong Cham.
ラオス：9. Xiangkhoang 10. Borikamxai 11. Vientiane 12. Champasak.
ベトナム：19. Quang Ninh 20. Na Nam.
ミャンマー：13. Kachin 14. Sagaing 15. Shan 16. Bago 17. Kayin 18. Yangon.

ないにもかかわらず，北海道の縄文遺跡からは数多くのイノシシの骨が発見されている（高橋，2005）．ハワイやポリネシアなど太平洋の島々でも，西洋人が進出する以前からブタが飼育されていた（SIMOONS, 1993）．これらのことから，ニューギニア島のイノシシは，人によってもち込まれ再野生化したイノシシ的なブタ，つまり，feral pig であると考えられる．すなわち，ニューギニア島の住民は，初期の家畜化過程にあるブタを伴ってこの島に移り住んだと考えられる．ニューギニア島のイノシシおよび先住民のもつブタの mtDNA 型はアジアクレードの中で固有の D6 クラスターを形成する．つまり，アジア地域でも D2 クラスターからなる中国世界とは独立した家畜化があったことになる．さらに，D6 に分類される mtDNA 型をもつブタは，ポリネシアやハワイにまで広がっている．LARSON et al. (2007) および TANAKA et al. (2008)（**図 II-4-23**）から，D6 クラスターはインドシナ半島南部や琉球列島のイノシシと大きなグループを作ることが示される．しかし，D6 クラスター内に含まれる配列は，ユーラシアはもとより東南アジア大陸部でもまだみつかっていない．

　在来ブタの遺伝的背景が，その所有者である住民の言語民俗学的な構成とよく一致する例として，東南アジア大陸部の在来ブタについて紹介する．LARSON et al. (2005) はブタの家畜化が少なくとも世界の 6 つの異なるユーラシアのイノシシの個体群に基づいておこなわれたと主張している．TANAKA et al. (2008) はブータン，カンボジア，ミャンマー，ラオスおよびベトナムの各地域より得られた在来ブタ 130 頭とイノシシ 8 頭の mtDNA 制御領域の配列を解析した（**図 II-4-23, 図 II-4-24**）．その結果，ブタから 41 種類，イノシシからは 4 種類のハプロタイプが検出され，そのうちブータンで発見された 1 つのハプロタイプはイノシシとブタに共通していた．南・東南アジア大陸部の在来ブタの 41 種類の mtDNA ハプロタイプは，LARSON et al. (2005) の提案した D2，D3 および筆者らが提案する新しいクラスター（MTSEA）に分類された．

　図 II-4-23 にあるように MTSEA クラスターは，既知のクラスターと明確に分離されることから，LARSON et al. (2005) が示唆した 6 集団以外にもユーラシアにおけるイノシシの家畜化が存在することを示している．MTSEA クラスターの呼称は，このクラスターに含まれるハプロタ

表 II-4-2 東南アジア諸国における在来ブタ 130 頭・イノシシ 8 頭から得られた mtDNA D ループ領域ハプロタイプの分布.

国	採取地	番号[1]	個体数	検出されたハプロタイプ[2] （出現個体数）	分岐群（クラスター）[2]における出現数			
					D2	MTSEA	D3	その他
ブタ（家畜）									
ブータン	Haa	(1)	6	H14, H15, H16, H44(3)	3	0	3	0
	Punaka	(2)	4	H12(2), H13(2)	4	0	0	0
	Tsirang	(3)	12	H12(4), H43(7), H44	4	0	8	0
	Mongar	(4)	8	H11, H12(5), H29(2)	6	2	0	0
	計		30		17	2	11	0
カンボジア	Ratanakiri	(6)	25	H5, H17(2), H23, H30, H31(3), H34(5), H38(12)	4	21	0	0
	Mondulkiri	(7)	24	H8(5), H10(10), H24(3), H31(4), H32, H38	18	6	0	0
	計		49		22	27	0	0
ラオス	Xiangkhoang	(9)	5	H20, H34, H36(2), H37	1	4	0	0
	Borikamxai	(10)	4	H8, H24, H27, H36	3	1	0	0
	Vientiane	(11)	4	H24, H35(2), H36	1	3	0	0
	Champasak	(12)	3	H31(2), H38	0	3	0	0
	計		16		5	11	0	0
ミャンマー	Kachin	(13)	12	H1(4), H4, H8(2), H12, H18, H28(3)	12	0	0	0
	Sagaing	(14)	1	H6	1	0	0	0
	Shan	(15)	9	H7(2), H22(3), H26(2), H35, H39	7	2	0	0
	Bago	(16)	4	H3, H25, H33, H35	2	2	0	0
	Kayin	(17)	3	H2, H21, H25	3	0	0	0
	計		29		25	4	0	0
ベトナム	Quang Ninh	(19)	5	H9(3), H10, H19	5	0	0	0
	Na Nam	(20)	1	H23	1	0	0	0
	計		6		6	0	0	0
イノシシ（野生）									
ブータン	Bumthang	(5)	3	H43(3)	0	0	3	0
カンボジア	Kampong Cham	(8)	2	H42(2)	0	0	0	2
	Mondulkiri	(7)	2	H41(2)	0	0	0	2
ミャンマー	Yangon	(18)	1	H40	0	0	0	1

1) 図 II-4-24, 2) 図 II-4-22, -23 を参照.

イプが東南アジア大陸山地部（mountainous area in mainland Southeast Asia）に比較的高い頻度で分布することに由来する（表 II-4-2）．ただし，東南アジア大陸部には集団を代表するクラスターは存在せず，現在の東南アジア大陸部の在来ブタは複数の母系起源が混合されて成立している．不思議なことに，ブータンを例外として，東南アジア大陸部の在来ブタの mtDNA は同所的に分布するイノシシのそれと大きく異なっている．これは，東南アジア大陸部の在来ブタが，現在飼育されている地域以外から人間の移動に伴って運ばれてきたことを示唆している．

筆者らの調査では 130 頭中，75 頭までが D2 クラスターに含まれる配列を保有していた．D2 は雲南省やチベットを含む中国のブタに，ほぼ 100% の頻度で分布する（FANG and ANDERSSON 2006；FANG et al., 2006）．現在のタイやラオスで多数派を占めるタイ語族や，ミャンマーの人口の約 80% を占めるビルマ語族，およびブータンの主要民族であるチベット語族は，いずれも東南アジア大陸部の先住民族ではなく，チベット高原および中国の南部を起源とし，西暦紀元後に南方へ進出した民族である（SU et al., 2000；WYATT, 2003；GORDON, 2005）．つまり，大陸部の南・東南アジア地域の在来ブタは，古代の民族の移動に伴って現在の中国世界から広がったブタ集団

が 1 つの起源となっている．これに対して，D3 はインド北部のイノシシに固有のクラスターであり，ブータンでは比較的標高の低いネパール系住民の多い地域のブタに分布している．MTSEA の起源は，このクラスターに含まれるイノシシがみつかっていないのでよくわからない．ブタにおける分布を見れば，インドシナ半島のベトナム，ラオス，カンボジアの国境に広がるアンナン山系（Annamite Chain）で飼育されているブタに比較的高い頻度で分布している．しかし，MTSEA はこの地域のイノシシがもつ配列とは大きく異なっている（図 II-4-23）．また，少数ではあるが，ミャンマーおよびブータンにも分布している（表 II-4-2）．しかも，MTSEA に含まれるハプロタイプは中国から報告されていない（FANG and ANDERSSON, 2006）．筆者らは，MTSEA 型の mtDNA が比較的高い頻度でみつかったブタを飼育していた，カンボジア東部 Mondulkiri に居住する少数民族であるプノン（Pnong）族について調べていく過程で，MTSEA ハプロタイプの分布は，東南アジア地域におけるモン・クメール語族（Mon-Khmer languages）の分布（図 II-4-25：ASHER and MOSELEY, 1993；van DRIEM, 2001；GORDON, 2005）とよく一致していることに気づいた．モン・クメール語族は，現在は，図 II-4-25 のように東南アジアの大陸部にパッチワーク状に散在して居住しているが，タイ語族やビルマ語族が東南アジアに進出する以前の，東南アジア大陸部の先住の言語集団だと考えられている（DIFFLOTH, 2005）．インドシナ半島のイノシシが保有する mtDNA の配列が MTSEA と大きく異なることは，この地域の在来ブタがこの地域で家畜化されたものではないことを示唆している．モン・クメール語族の源郷は，まだ明らかにされていない．しかし，最近の人類遺伝学による研究では，モン・クメール語族の発祥の地は，インドシナ半島ではなく，インド東部だとする主張がされている（KUMAR et al., 2006, 2007）．MTSEA 型の mtDNA を保有する野生集団をみつけることができれば，東南アジアの先住民族であるモン・クメール語族の起源の解明につながるであろう．

最後に，東南アジアの島嶼部に分布する Sus scrofa とは別種のイノシシについてふれる．東南アジアの島嶼部には，インドネシアからフィリピンに広く分布するスンダイボイノシシ（S. verrucosus），Sulawesi 島とその属島の固有種スラウェシイボイノシシ（S. celebensis），Borneo 島を中心に分布するヒゲイノシシ（S. barbatus），フィリピンの Luzon 島，Samar 島，Mindanao 島の固有種とされるフィリピンイボイノシシ（S. philippensis）および，Visaya 諸島の固有種であるビサヤイボイノシシ（S. cebifrons）などが記載されている（GROVES and GRUBB, 1993）．フィリピン諸島の固有種に関しては，隣接して分布する verrucosus や barbatus との比較が十分におこなわれていないので，独立種とするべきなのか，いずれかの種の亜種として位置づけるべきなのかについて議論が残されている（OLIVER, 1992）．LARSON et al.（2005）のクレード 1 に含まれる 3 種のイノシシにも家畜化がおこなわれた痕跡が認められる（KUROSAWA et al., 1989；LARSON et al., 2007）．このことは，ウシにおけるバリウシやミタンに相当する家

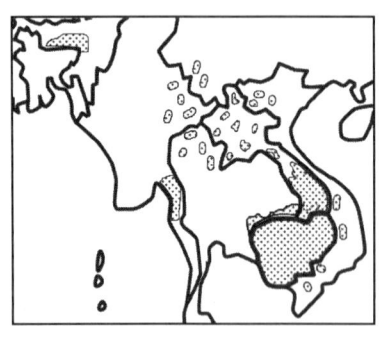

図 II-4-25 東南アジアにおけるモン・クメール語族の分布．
この地域にタイ語族，チベット・ビルマ語族およびアーリア語族が進出する以前，モン・クメール系言語を話す民族は東南アジア大陸部一帯に広く分布していたと考えられている．現在は図のように小グループに分断され，丘陵地域に点在している．ASHER and MOSELEY（1993）より改写．

畜（II–1章）が，ブタにも存在すると考えれば容易に受け入れられるであろう．しかし，ブタはウシに比べてはるかに容易に運ばれるため，つまり，東南アジア島嶼部の *scrofa* 以外のイノシシに関して，人間によって運ばれ再野生化した集団（feral pig）が存在する可能性がある．先に述べたニューギニア島のイノシシ（ブタ）についても，*S. scrofa* と *S. celebensis* との間の雑種起源であると主張されている（GROVES, 1981）．また，スンダイボイノシシとヒゲイノシシのmtDNA配列が系統樹の中に混在し，mtDNA配列から両者を区別することができない（LARSON *et al.*, 2005）．これらは両者の間での雑種化が生じた結果かもしれない（図 II-4-22）．

（4） わが国のブタ飼養史

かつて，わが国の畜産史や家畜文化史の中でブタは，ウシ，ウマ，ニワトリ，それにイヌなどの家畜種に比べ，あまり議論の対象にならなかった．しかし，西本（1989）の弥生時代におけるブタの骨の発見を契機に，古代におけるイノシシやブタの飼養論について考古学を中心に活発な議論がなされるようになった．また最近，黒澤（2001）は，アジアの在来ブタの形態的特徴をふまえ，わが国に残る古絵画資料に見るブタの系統の推論を試みており，同様に渡部・松井（2002）は江戸時代のブタ飼育やその肉食文化についても紹介している．

わが国のブタ飼養文化の起源を語るうえで，まずイノシシの飼育の問題があげられる．それは，イノシシが自然分布しない北海道をはじめ本州周辺の離島からも縄文時代のイノシシの骨が出土し，その飼育の可能性が示唆されるからである．しかし，発見されるイノシシの骨が，飼育されたものか，そうでないのか，その判別が難しい．離島へもち運ぶ際には骨付きの肉より生体で運ぶ方が，食料保存の点では都合が良い．しかもイノシシは人間には馴れやすいし，幼獣であれば累代飼育までにはいかなくともその一時的な飼育程度のことは，たびたびおきていたとしても不思議ではない．縄文人はイノシシを特別扱いすることが多いとされ，それは，イノシシの土製品の出土例（図 II-4-26）や，その新生仔や幼獣の埋葬と認められる貝塚例の存在などから知られている．特に動物の埋葬例はイヌとイノシシだけとされ，それは，飼われていたからこそ，

1   2

図 II-4-26 縄文時代後期のイノシシ形土製品．
1．立石遺跡，岩手県花巻市大迫町．（花巻市教育委員会蔵）
2．貝鳥貝塚，岩手県一関市花泉町．（千葉達夫氏蔵）

図 II-4-27　沖縄に残るフール「豚便所」と琉球ブタ（島豚）アグー．（写真撮影協力　沖縄こどもの国）

埋葬がおこなわれたのではないかと思われる．

　弥生時代のブタと縄文時代の飼育イノシシとの関係は明らかではないが，西本（1994，2005）は，それは大陸より渡来人がもち込んだものとしており，この推論は，mtDNA の分析からも支持されている（石黒ら，2001）．同様に島外からもち込んだとされる弥生時代に相当するブタの骨は，沖縄の島々からも発見されている（石黒ら，2001；MATSUI et al., 2002）．すなわち，現時点でわが国のブタ飼養の本格的な開始について確実にいえるのは，弥生時代ということになる．

　わが国のブタ飼養史の古い記録では，奈良時代に猪飼部（いかいべ）と呼ばれるブタ（猪）飼育専門の職業集団の存在がある．この猪飼部は皇室に食物を貢ぐ部の一つで，ブタ（猪）を肥育し，その肉を宮廷に貢進していた．また『播磨風土記』には当時の畿内において，ブタの放し飼いがおこなわれていたことを暗示する記述もあり，東南および南アジアのようなブタ飼養形態が，古代のわが国にも存在していたかどうかに興味がもたれるのである．猪飼部などのブタ飼育は，その後，仏教が伝来し殺生禁断の思想から中央では衰退し，また明治維新を迎えるまで肉食習慣さえ消失した，とするのが以前までの一般的な考え方であった．

　しかし，その思想の影響を受けることのなかった琉球列島では，本格的に中国と交易を開始した 14 世紀頃から養豚は続いてきたのである（川島，1984）．その中国由来を裏付けるように，「猪圏」と呼ばれる，いわゆる「豚便所」による養豚文化が琉球列島には存在した（平川，2000）．それは，豚舎と便所が合体した構造のもので，ブタに餌としての人糞を与える機能を有した飼養形態であり，豚便所を模った明器が中国では漢の時代の史跡から出土していることから，既にそれによる養豚文化が当時から存在していたことがわかる（西谷，2001）．現在そのような養豚は，琉球列島には存在しないが，「フール」と呼ばれる石で作った豚便所が沖縄には数多く残っている（図 II-4-27）．またブタ囲いの柵を利用して作った江戸時代後期の奄美地方の豚便所を描いた史料も実在する（黒澤，2001）．奄美地方の豚便所はフールより原始的な形式と思われるが，筆者らは，これと同様の簡素な豚便所によるブタの飼養を東南アジアの調査で観察したことがある．このことは，中国に始まった豚便所の風習が東南アジアへ伝わり，そこから沖縄より早い時期に奄美地方に伝わったのかどうか，という来歴の問題にも関係してくる．

　また，韓国の済州島でもかつては豚便所が使われており，中国から養豚技術が伝わった地域にはそれが広く分布していたと考えられるが，大和朝廷の中心地である畿内からは，それを示す遺構はみつかっていない（平川，2000）．つまり，猪飼部では放し飼い，もしくは囲い込みのようなブタの飼育形態であったと考えられるが，西谷（2001）は，当時のわが国では大陸から養豚技術は伝わったが，中国の豚便所に象徴される多目的多利用型ブタ文化は成立しなかったとしており，その要因の一つとして，糞尿に対する消極的な文化的態度をあげている．すなわち，当時の猪飼部は，豚便所を受け入れずに琉球列島とは異なる，わが国独自で発展させたブタ飼養文化をもっていたとも考えられるのである．

図 II-4-28　古絵画に見るわが国のブタ.
1. 1863年発行の The Illustrated London News で紹介された日本奇面豚.（奥州市牛の博物館蔵）
2. 唐蘭館絵巻の動物園の図（江戸時代後期），海南島種型のブタが描かれている．（長崎歴史文化館蔵）
3. 琉球嶋真景（江戸時代後期）．（名護博物館蔵）
4. 博物館獣譜，豕（ブタ）（明治時代初期）．（東京国立博物館蔵）

　鎌倉時代のイノシシ（ブタ）飼育の様子を知る絵の存在が知られている（早瀬，1993）．それは，野生なのか，家畜なのかはわからないが，その個体に首輪を付け，紐で人が引いている当時の市場風景のものである．これについて早瀬（1993）は，5世紀末の保渡田八幡古墳（群馬県）から出土した形象埴輪群にも人がイノシシを紐で腰に括りつけた埴輪の存在をあげ，そのイノシシが野生ではなく飼い馴らされた，いわゆる「飼育」されていたものではないかとの推論をおこなった．鎌倉時代の飼育法が奈良時代の猪飼部の頃から連綿と続いてきたのかもしれない．また加茂（1976）は，わが国の養豚史において殺生禁断の思想の影響もあってブタ飼育は表面に出てこなかったが，各地でかなりおこなわれていたとしている．実際，豊臣時代にはブタ（イノシシ）が飼われていたことが，『太閤記』や『土佐軍記』の記述からも推測されるという（早瀬，1993）．

　江戸時代には長崎や江戸でも本格的なブタ飼育がおこなわれ（加茂，1976），オランダや中国との交易が進んだことを裏付けるように，様々なタイプのブタが輸入されていたことが当時描かれた多くの古絵画資料から知ることができる（図 II-4-28）．これらの中には中国由来の大型で大耳種型のブタも見られる（図の1）が，ほとんどは小耳種型のブタであり，体型や毛色などの

特徴から中国南方や東南アジア方面からもち込まれたことが推測できる．とりわけ興味深いのは，江戸後期の奄美地方の養豚の情景を描いたとされる琉球嶌真景と南島雑話の中にあるブタである．それは今日，知られている中国由来の琉球ブタの外貌の特徴とあまりにもかけ離れ，イノシシのような風貌に描かれているからである．このブタが，琉球列島のリュウキュウイノシシを直接家畜化したものか不明であるが，少なくともそのイノシシからの遺伝子流入を受けていた可能性はあろう．事実，林田（1960）が西表島の舟浮集落での古老から聞いた話では「雌豚の発情期には雄猪が近くをさまよい，雌豚は山に逃げて交配を済ませて帰ることもある．産まれた雑種のなかには山に逃げ，猪になる」という．特に西表島や奄美大島は，今でも海岸の集落近くまでジャングルで覆われており，このような環境で昔ブタが粗放的な飼い方をされていたならば，当時の琉球列島では島によっては，イノシシとブタの交雑がおきていたとも考えられる．

さらに興味深いのは，琉球嶌真景にみるブタの耳に紐を通した飼育法である（図II-4-28-3）．この絵に関連して，筆者（黒澤）は，八重山諸島の新城島から西表島に戦後移住した古波蔵マイツガニ氏（明治34年生まれ）に1980年頃，聞き取りをしたことがある．同氏は，子供の頃に彼女の母親が耳の小さなブタを飼っていた記憶があり，そのブタについて「耳に紐を通しているのが不思議だった」という．また東南アジア地域での調査でもしばしばその飼育法を観察してきた．松井（1983）もフィリピンのBatan島でその飼育法を観察しており，ココヤシの実のボタンが付けられた紐はブタの耳に通され，そのボタンを「ホヴアイ：豚の耳飾り」といい，ブタのみに，ウシやウマ，ヤギなどの係留法と異なる民俗事例を見出している．これらの事例は，中国由来とは別のブタ飼養文化が派生していたことを意味する．

すなわち，これらの古絵画は，わが国のブタとその飼養文化の由来について，中国だけに求める傾向があったことに対して，わが国独自のそれらも古くよりあったことを示唆している．事実，明治初期に出された博物館獣譜にもイノシシ型のブタがその特徴を克明に捉え描かれている．このブタの来歴については国外に求めることもできるが，古代の猪飼部の頃から，わが国の在来ブタとして系統を受け継いできたのではないかとも考えることができる．すなわち，外部から飼育イノシシやブタが縄文・弥生時代をとおして移入されてきた一方で，わが国のイノシシを飼育し，家畜化へと進行し，それが猪飼部へとつながっていたことも否定できない．その系統が上述のイノシシ型のようなブタのままで，明治維新を迎えるまで存在したとすれば極めて興味深いのではないか．しかし，明治維新を迎え，欧米系の改良されたブタ品種が本格的に導入されると，イノシシ型のブタは完全に姿を消してしまい，品種による養豚が全国へ広がっていったのではないか．そうした中でわが国の南西諸島には，わずかではあったが在来ブタが生き残っていた．戦後まではトカラブタと喜瀬ブタがトカラ列島や奄美地方に，そして沖縄には「アグー」や「アヨー」といった琉球ブタがいた（林田，1964；田中ら，1994）．しかし現在，前者2系統のブタは絶滅しており，琉球ブタがわずかに現存するだけとなっている．

文献

ASHER, R. E. and MOSELEY, C. (1993) Atlas of the World's Languages. Routledge, London, UK. Map48-Map51. (福井正子訳 (2002) 世界民族言語地図．東洋書林，東京)

BOSMA, A. A. (1976) Chromosomal polymorphism and G-banding patterns in the wild boar (*Sus scrofa* L.) from the Netherlands. Genetica, 46：391-399.

BOSMA, A. A., OLIVER, W. L. R. and MACDONALD, A. A. (1983) The karyotype, including G- and C-banding patterns of the pigmy hog *Sus* (*Porcula*) *salvanius* (Suidae, Mammalia). Genetica, 61 : 99-106.

BUSCHMANN, H. (1965) Blood group studies in pigs. Proc. 9th Eur. Anim. Blood Grps. Conf. (Prague, 1964) pp. 129-136.

張　仲葛・李　錦鈺・張　曉嵐（1993）中国豚の優秀な品種特性とその世界の養豚業への貢献. 日豚会誌, 30 : 1-10.

CHANG, K.-C. (1977) Food in Chinese culture : Anthropological and historical perspectives. *In* : Ancient China. (CHANG, K.-C., *ed.*) New Haven and London. Yale University Press. pp. 23-52.

CHENG, P. (1985) China pig breeds. World Animal Review, 56 : 33-39.

中国豚品種誌編集委員会（1986）中国豚品種誌. 中国家畜家禽品種誌編集委員会（編），上海農業科学院牧畜研究所，上海.

CLUTTON-BROCK, J. (1987) Pigs. *In* : A Natural History of Domesticated Mammals. Cambridge University Press, Cambridge. pp. 71-77.

DARWIN, C. (1868) Chapter III. Pigs — Cattle — Seep — Goats. *In* : The Variation of Animals and Plants under Domestication. John Murray, London. pp. 65-79. (http://darwin-online.org.uk/index.htm 参照)

DIFFLOTH, G. (2005) The contribution of linguistic paleontology to the homeland of Austro-Asiatic. *In* : The Peopling of East Asia : Putting Together Archaeology, Linguistics and Genetics. (LAURENT, S., BLENCH, R. and SANCHEZ-MAZAS, A., *eds.*) Routledge, Curzon, London. pp. 79-82.

ELLERMAN, J. R. and MORRISON-SCOTT, T. C. S. (1951) Checklist of Palaearctic and Indian Mammals 1758 to 1946. British Museum (Natural History), London.

遠藤秀紀（2002）哺乳類の進化. 東京大学出版会，東京.

ENDO, H., MAEDA, S., YAMAGIWA, D., KUROHMARU, M., HAYASHI, Y., HATTORI, S., KUROSAWA, Y. and TANAKA, K. (1998) Geographical variation of mandible size and shape in the Ryukyu wild pig (*Sus scrofa riukiuanus*). J. Vet. Med. Sci., 60 : 57-61.

EPSTEIN, J. and BICHARD, M. (1984) Pig. *In* : Evolution of Domesticated Animals. (MASON, I. L., *ed.*) Longman, London and New York. pp. 145-162.

FANG, M. and ANDERSSON, L. (2006) Mitochondrial diversity in European and Chinese pigs is consistent with population expansions that occurred prior to domestication. Proc. Biol. Sci., The Royal Society, 273 : 1803-1810.

FANG, M., BERG, F., DUCOS, A. and ANDERSSON, L. (2006) Mitochondrial haplotypes of European wild boars with $2n = 36$ are closely related to those of European domestic pigs with $2n = 38$. Anim. Genet., 37 : 459-464.

FILHO, M. M., GIRIO, R. J. S., LUI, J. F., MSATHIA, L. A. and BRASIL, A. T. R. (2002) Estudo Sorológico para leptospirose em populações de diferentes grupos genéticos de javalis (*Sus scrofa scrofa*, LINNAEUS, 1758) Dos Estados de São Paulo e Paraná. Arquivos do Instituto Biologico (São Paulo), 69 : 9-15.

FISCHER, H. and DEVENDRA, C. (1964) Origin and performance of local swine in Malaya. Z. Tierzücht. Züchtngsbiol., 79 : 356-370.

藤井純夫（2001）世界の考古学 16 ムギとヒツジの考古学.（藤本　強・菊池徹夫監修）同成社，東京.

GIUFFRA, E, KIJAS, J. M., AMARGER, V., CARLBORG, O., JEON, J. T. and ANDERSSON, L. (2000) The origin of the domestic pig : independent domestication and subsequent introgression. Genetics, 154 : 1785-1791.

GORDON, R. G., Jr. (2005) Ethnologue : Languages of the World, 15th ed. Dallas, Tex. : SIL International. [cited 10 June 2007] Online version is available from [homepage on the Internet] URL : http://www.ethnologue.com/.

GROVES, C. P. (1981) Ancestors for the Pigs : taxonomy and phylogeny of the Genus *Sus*. Tech. Bull. No. 3. Dept. Prehistory, Australian National Univ. Press, Canberra. pp. 96.

GROVES, C. P. and GRUBB, P. (1993) The Eurasian Suids *Sus* and *Babyrousa*. 5.1. Taxonomy and description. *In* : Pigs, Peccaries, and Hippos : Status survey and conservation action plan. (OLIVER, W. L. R., *ed.*) IUCN, Gland, Switzerland. pp.107-111.

GROVES, C. P., SCHALLER, G. B., AMATO, G. and KHOUNBOLINE, K. (1997) Rediscovery of the wild pig *Sus bucculentus*. Nature, 386 : 335.

HALTENORTH, Th. (1963) Klassifikation der Säugetiere, Artiodactyla. Handbuch der Zoölogie (32). Walter de Gruyter, Berlin.

HARTL, G. B. and CSAIKL, F. (1987) Genetic variability and differentiation in wild boars (*Sus scrofa ferus* L.) : comparison of isolated populations. J. Mamma., 68 : 119-125.

早瀬正男（1993）「イノシシ」・「ブタ」考. 考古学研究, 40 : 108-113.

林　良博（1988）イノシシ.「縄文文化の研究 2. 生業」（加藤晋平・小林達雄・藤本　強 編）雄山閣，東京. pp. 136-147.

林田重幸（1960）奄美大島群島貝塚出土の猪と犬について．人類学雑誌，68：96-115．

林田重幸（1964）トカラ，奄美両群島における豚．日本在来家畜調査団報告，1：29-31．

HEDRICK, P. W., PARKER, K. M., MILLER, E. L. and MILLER, P. S. (1999) Major histocompatibility complex variation in the endangered Przewalski's horse. Genetics, 152：1701-1710.

HERRE, W. (1962) Ist *Sus* (*Porcula*) *salvanius* Hodgson 1847 eine Stammart von Hausschweinen. Z. Tierzücht. Züchtngsbiol., 76：265-281.

平川宗隆（2000）沖縄トイレ世替わり フール（豚便所）から水洗まで．ボーダーインク，那覇．

HONGO, H., ISHIGURO, N., WATANOBE, T., SHIGEHARA, N., ANEZAKI, T., LONG ,V. T., DANG, V.-B., TIEN, N. T. and NAM, N. H. (2002) Variation in mitochondrial DNA of Vietnamese pigs：relationships with Asian domestic pigs and Ryukyu wild boars. Zool. Sci., 19：1329-1335.

HUELSENBECK, J. P., RONQUIST, F., NIELSEN, R. and BOLLBACK, J. P. (2001) Bayesian inference of phylogeny and its impact on evolutionary biology. Science, 294：2310-2314.

今泉吉典（1973）琉球列島産イノシシの分類学的考察．国立科博専報，6：113-129．

石黒直隆（2000）ブタの品種識別と進化解析．家畜ゲノム解析と新たな家畜育種戦略．動物遺伝育種シンポジウム組織委員会 社団法人畜産技術協会，250-253．

石黒直隆・松井 章・本郷一美（2001）ミトコンドリア DNA 分析からみた先史時代の島嶼部における家畜の移入．「日本人と日本文化―その起源をさぐる―」日本人および日本文化の起源に関する学術研究．文部科学省科学研究費特定領域研究．No.15：19．

JONES, G. F. (1998) Genetic aspects of domestication, common breeds and their origin. *In*：The Genetics of the Pig. (ROTHSCHILD, M. F. and RUVINSKY, A., *eds.*) Wallingford, Oxon：CAB International. pp. 17-50.

加茂儀一（1976）日本畜産史―食肉，乳酪篇―．法政大学出版局，東京．

川島由次（1984）肉食の風土．「琉球の風水土」（木崎甲子郎・目崎茂和編）築地書館，東京．

川島由次・石嶺伝実・大山盛保（1985）ピンザアブ洞出土のイノシシと現生リュウキュウイノシシの比較検討．ピンザアブ洞穴発掘調査報告．沖縄県教育委員会，那覇．pp. 79-82．

KELM, H. (1939) Zur systematik der wildschweine. Z. Tierzücht. Züchtngsbiol., 43：362-369.

KIJAS, J. M. and ANDERSSON, L. (2001) A phylogenetic study of the origin of the domestic pig estimated from the near-complete mtDNA genome. J. Mol. Evol., 52：302-308.

岸田久吉（1924）哺乳動物図解．（農商務省 編）日本鳥学会，東京．

小松正憲（1995）日本のイノシシとブタ―ミトコンドリア DNA から眺めてみると―．畜産の研究，49：65-68．

KUMAR, V., LANGSITEH, B. T., BISWAS, S., BABU, J. P., RAO, T. N., THANGARAJ, K., REDDY, A. G., SINGH, L. and REDDY, B. M. (2006) Asian and non-Asian origins of Mon-Khmer- and Mundari-speaking Austro-Asiatic populations of India. Amer. J. Hum. Biol., 18：461-469.

KUMAR, V., REDDY, A. N., BABU, J. P., RAO, T. N., LANGSTIEH, B. T., THANGARAJ, K., REDDY, A. G., SINGH, L. and REDDY, B. M. (2007) Y-chromosome evidence suggests a common paternal heritage of Austro-Asiatic populations. BMC Evolutionary Biology, 28：7-47.

黒田長禮（1940）原色日本獣類図説．三省堂，東京．

黒澤弥悦（1996）琉球弧のイノシシ．畜産の研究，50：158-164．

黒澤弥悦（2001）第1章 イノシシとブタ―人とのかかわりを通して―．「イノシシと人間」（高橋春成 編）古今書院，東京．pp. 2-44．

黒澤弥悦（2005）アジアのブタの起源と系譜―特に小耳種系豚について―．在来家畜研究会報告，22：65-84．

黒澤弥悦・天野 卓・田中一栄・岡田育穂・太田克明・並河鷹夫・前田芳實・HASNATH, M. A. (1988a) バングラデシュにおける在来豚の血液型および蛋白質型．在来家畜研究会報告，12：147-159．

KUROSAWA, Y., OISHI, T., TANAKA, K. and SUZUKI, S. (1979) Immunogenetic studies on wild pigs in Japan. Anim. Blood Grps Biochem. Genet., 10：227-233.

黒澤弥悦・岡田育穂・HASNATH, M. A., FARUQUE, M. O. and MAJID, M. A. (1988b) バングラデシュにおける在来豚の形態．在来家畜研究会報告，12：135-145．

KUROSAWA, Y. and TANAKA, K. (1988) Electrophoretic variants of serum transferrin in wild pig populations of Japan. Anim. Genet., 19：31-35.

黒澤弥悦・田中一栄・西堀正英・山本義雄・並河鷹夫・BOUAHOM, B. (2000) ラオス在来豚の体型・毛色・乳頭数について．在来家畜研究会報告，18：129-136．

KUROSAWA, Y., TANAKA, K., NISHIBORI, M., YAMAMOTO, Y., NOZAWA, K., OKADA, Y., NAMIKAWA, T., KEONOUCHANH, S., PHANNAVONG, B., DARA, B. S. and BOUAHOM, B. (2000) Gene constitution native pigs in Laos. Rep. Soc. Res. Native Livestock, 18：141-147.

黒澤弥悦・田中一栄・西田隆雄・CYRIL, H. W.（1986）スリランカ産イノシシの血液型および血液蛋白型—他地域のイノシシ集団との比較—. 在来家畜研究会報告．11：143-154.

黒澤弥悦・田中一栄・西田隆雄・道解公一・本郷昭夫・RAJBHANDARY, H. B.（1992）ネパールにおける在来豚とイノシシの外部形態．在来家畜研究会報告．14：127-135.

KUROSAWA, Y., TANAKA, K., NISHIDA, T., DOUGE, K., YAMAMOTO, K., PRADHAN, S. M. and CYRIL, H. W.（1989）Blood protein polymorphism of the Indian wild pigs（*Sus scrofa cristatus*）in Nepal and Sri Lanka. Morphological and Genetical Studies on the Native Domestic Animals and their Wild forms in Nepal, Part II：89-94. Fac. Agric., Univ. Tokyo.

黒澤弥悦・田中一栄・西田隆雄・岡田育穂・山本義雄・前田芳實・並河鷹夫（2007）アジアにおけるイノシシ型在来豚の飼養状況と乳頭数変異．日本畜産学会第107回大会講演要旨．麻布大学．

黒澤弥悦・田中一栄・野澤 謙・常 洪・耿 社民・李 相運・刘 小林（2001）中国陝西省における八眉豚と安康豚の遺伝子構成．在来家畜研究会報告．19：65-74.

黒澤弥悦・田中一栄・大石孝雄（1989）西表島産リュウキュウイノシシ *Sus scrofa riukiuanus* の遺伝的変異性．哺乳類科学．29：13-21.

KUROSAWA, Y., TANAKA, K., OKABAYASHI, H., NISHIBORI, M., MANNEN, H., TAKAHASHI, Y., INO, Y., NOMURA, K., NOZAWA, K., KURACHI, M., YAMAGATA, T., NAMIKAWA, T. and CHHUM-PHITH, L.（2006）Field survey on local pigs in Cambodia, focusing on the external characteristics and raising conditions of the short-eared pig. Rep. Soc. Res. Native Livestock, 23：85-92.

KUROSAWA, Y., TANAKA, K., SUZUKI, S. and OISHI, T.（1984）Variations of blood groups observed in wild pig populations in Japan. Jpn. J. Zootech. Sci., 55：209-212.

KUROSAWA, Y., TANAKA, K., TOMITA, T., KATSUMATA, M., MASANGKAY, J. S. and LACUATA, A. Q.（1989）Blood groups and biochemical polymorphisms of warty（or Javan）pigs, bearded pigs and a hybrid of domestic x warty pigs in the Philippines. Jpn. J. Zootech. Sci., 60：57-69.

KUROSAWA, K., TANAKA, K., TSUNODA, K., MANNEN, H., TAKAHASHI, Y., NOMURA, K., YAMAGATA, T., NAMIKAWA, T., NOZAWA, K., NISHIBORI, M., DORJI, T., TSHERING, G. and YAMAMOTO, Y.（2007）Study on local pigs in Bhutan, focusing their morphological traits and blood protein polymorphisms. Rep. Soc. Res. Native Livestock, 24：145-155.

LARSON, G., CUCCHI, T., FUJITA, M., MATISOO-SMITH, E., ROBINS, J., ANDERSON, A., ROLETT, B., SPRIGGS, M., DOLMAN, G., KIM, T. H., THUY, N. T., RANDI, E., DOHERTY, M., DUE, R. A., BOLLT, R., DJUBIANTONO, T., GRIFFIN, B., INTOH, M., KEANE, E., KIRCH, P., LI, K. T., MORWOOD, M., PEDRINA, L. M., PIPER, P. J., RABETT, R. J., SHOOTER, P., VAN DEN BERGH, G., WEST, E., WICKLER, S., YUAN, J., COOPER, A. and DOBNEY, K.（2007）Phylogeny and ancient DNA of *Sus* provides insights into Neolithic expansion in Island Southeast Asia and Oceania. Proc. Natnl. Acad. Sci. USA, 104：4834-4839.

LARSON, G., DOBNEY, K., ALBARELLA, U., FANG, M., MATISOO-SMITH, E., ROBINS, J., LOWDEN, S., FINLAYSON, H., BRAND, T., WILLERSLEV, E., ROWLEY-CONWY, P., ANDERSSON, L. and COOPER, A.（2005）Worldwide phylogeography of wild boar reveals multiple centers of pig domestication. Science, 307：1618-1621.

LYDEKKER, R.（1915）Catalogue of the Ungulate Mammals in the British Museum（Natural History）IV. Artiodactyla. London. pp. 305-344.

MACCHI, E., TARANTOLA, M., PERRONE, A., PARADISO, M. C. and PONZIO, G.（1995）Cytogenetic variability in the wild boar（*Sus scrofa scrofa*）in Piedmont（Italy）：preliminary data. IBEX J. M. E., 3：17-18.

蒋田德義（1943）海南島の豚に関する研究．台湾総督府農業試験所彙報．219：1-26.

蒋田德義（1965）台湾在来豚桃園種と Berkshire 種との品種間雑種の育種遺伝学的研究．静岡大学農学部畜産学教室，静岡．

蒋田德義（1969）東亜と南太平洋地域の野猪，それと在来豚との関係．在来家畜調査団報告．3：23-41.

松井 章・石黒直隆・本郷一美・南川雅男（2001）第2章 野生のブタ？飼育されたイノシシ？—考古学からみるイノシシとブター．「イノシシと人間」（高橋春成 編）古今書院．東京．pp. 45-78.

MATSUI, A., ISHIGURO, N., HONGO, H. and MINAGAWA, M.（2002）12. Wild pig? or Domesticated Boar? An archaeological view on the domestication of *Sus scrofa* in Japan. The First Steps of Animal Domestication：New archaeological approaches, Proc. 9th ICAZ Conf., Durham. pp. 148-159.

松井 健（1983）自然認識の人類学．どうぶつ社，東京．

MAYR, E.（1963）Animal Species and Evolution. Harvard Univ. Press Cambridge, Mass.

MCKNIGHT, T.（1964）Feral livestock in Anglo-America, University of California publications in Geography 16, Berkeley, pp. 87.

MCLAREN, D. G.（1990）World Breed Resources. NC-103 Regional Research Report. *In*：Genetics of Swine.（YOUNG, L. D., *ed*）Meat Animal Research Center, Nebraska. pp. 11-36.

NACHTSHEIM, H.（1925）Untersuchugen über variation und vererbung des gesauges beim schwein. Z. Tierzücht.

Züchtngsbiol., 2 : 113-161.
直良信夫（1937）日本史前時代に於ける豚の問題．人類学雑誌，52：286-296.
NEI, M. (1972) Genetic distance between populations. Amer. Naturalist, 106 : 283-292.
NIEBERT, M. and TÖNJES, R. R. (2005) Evolutionary spread and recombination of porcine endogenous retroviruses in the suiformes. J. Virol., 79 : 649-654.
NIKAIDO, M., ROONEY, A. P. and OKADA, N. (1999) Phylogenetic relationships among cetaritodactyls based on insertions of short and long interspersed elements : hippopotamuses are the closest extant relatives of whales. Proc. Natnl. Acad. Sci. USA, 96 : 10261-10266.
西本豊弘（1989）下郡桑苗遺跡出土の動物遺体．下郡桑苗遺跡 II，大分県教育委員会．92-110.
西本豊弘（1994）朝日遺跡出土のイヌと動物遺体のまとめ．朝日遺跡 V，愛知県埋蔵文化財センター．329-338.
西本豊弘（2005）日本の近世以前の飼育動物．在来家畜研究会報告，22：1-10.
西中川 駿（1999）古代遺跡出土骨からみたわが国のイノシシとブタの起源ならびに飼育に関する研究．基盤研究（B）研究成果報告書，鹿児島大学農学部獣医学科．
西谷 大（2001）豚便所―飼養形態からみた豚文化の特質―．国立歴史民俗博物館研究報告，90：79-149.
野林厚志（2005）イノシシとブタ―ドメスティケーションの観点から―．日本熱帯生態学会ニュース，59：1-6.
野澤 謙（1974）タイ国在来馬の遺伝子構成．在来家畜研究会報告，6：43-54.
野澤 謙・西田隆雄（1981）家畜と人間．出光書店，東京．
大林太良（1955）東南アジアに於ける豚飼養の文化史的地位．東洋文化研究所紀要，7：37-146.
大林太良（1960）西部インドネシア塊茎・果樹栽培民の豚飼育．南方史研究，2：1-54.
OISHI, T. (1977) Blood group and serum protein polymorphism in pigs and their application as genetic markers. JARQ, 11 : 179-185.
大石孝雄・五十嵐眞哉・関 誠・田中一栄（1992）民豚（中国豚華北型）の血液型および蛋白質型特性．日豚会誌，29：9-18.
奥 好晨（1943）佛印の畜産資源．中川書房，東京．
OKUMURA, N., KUROSAWA, Y., KOBAYASHI, E., WATANOBE, T., ISHIGURO, N., YASUE, H. and MITSUHASHI, T. (2001) Genetic relationship amongst the major non-cording regions of mitochondrial DNAs in wild boars and several breeds of domesticated pigs. Anim. Genet., 32 : 139-147.
OLIVER, W. L. R. (1992) The taxonomy, distribution and status of Philippine wild pigs. Silliman J., 36 : 55-64.
小澤智生（2000）特集 縄文時代研究の新動向：食料と水場遺構 縄文・弥生時代に豚は飼われていたか？ 季刊考古学，73：17-22.
SASAKI, K. and MORIBE, K. (1930) On the serological distinction of the wild boar and the domestic pig. Annot. Zool. Jap., 12 : 433-439.
芝田清吾（1969）日本古代家畜史の研究．学術書出版会，東京．
庄武孝義・野澤 謙・SINGH, M., CYRIL, H. W. and CRUSZ, H. (1986) スリランカとインド南部における飼育アジアゾウの遺伝的変異と遺伝的分化について．在来家畜研究会報告，11：215-221.
SHOTAKE, T., OHKURA, Y. and NOZAWA, K. (1975) A fixed state of the PGM^{2mac} allele in the population of the Yaku macaque (*Macaca fuscata yakui*). *In* : Contemporary Primatology, Karger, Basel. pp. 67-74.
SIMOONS, F. J. (1993) Eat Not This Flesh. University of Wisconsin Press.（山内 昶・山内 彰・香ノ木 隆臣・西川 隆共訳（1994）食肉のタブーの世界史．法政大学出版局．pp. 15-142）
SKŁADANOWSKA, E., ŻURKOWSKI, M., WIATROSZAK, I. and FILIPIAK, W. (1979) Polymorphism of the serum proteins of wild pigs. Anim. Blood Grps Biochem. Genet., 10 : 151-154.
SU, B., XIAO, C., DEKA, R., SEIELSTAD, M. T., KANGWANPONG, D., XIAO, J., LU, D., UNDERHILL, P., CAVALLI-SFORZA, L., CHAKRABORTY, R. and JIN, L. (2000) Y chromosome haplotypes reveal prehistorical migrations to the Himalayas. Hum. Genet., 107 : 582-590.
高橋春成（1995）野生動物と野生化家畜．大明堂，東京．
高橋春成（2001）第4章 文化の伝播とブタの野生化，そして環境問題．「イノシシと人間」（高橋春成 編）古今書院，東京．pp. 101-120.
TAKAHASHI, S. and TISDELL, C. A. (1992) The feral and near feral animals of Iriomote Island : pigs, goats and cattle. Geographical Review of Japan, 65 : 66-72.
高橋 理（2005）ニホンイノシシの分布・サイズ・変異．「動物地理の自然史」（増田隆一・阿部 永 編）北海道大学図書刊行会，札幌．pp. 129-142.
武富万治郎・丹羽太左衛門・宮園幸男（1954）豚の乳頭数の遺伝に関する研究．農技研報，9：29-41.
TANAKA, K., IWAKI, Y., TAKIZAWA, T., DORJI, T., TSHERING, G., KUROSAWA, Y., MAEDA, Y., MANNEN, H., NOMURA, K., DANG, V.-B.,

CHHUM PHITH, L., BOUAHOM, B., YAMAMOTO, Y., DAING, T. and NAMIKAWA, T. (2008) Mitochondrial diversity of native pigs in the mainland South and Southeast Asian courtiers and its relationships between local wild boars. Anim. Sci. J. 79: 417-434.

田中一栄（1967）琉球諸島における豚．日本在来家畜調査団報告，2：55-57．

田中一栄（1969）台湾在来豚の形態学的血清学的調査．在来家畜調査報告，3：85-91．

田中一栄（1974）タイ国在来豚の形態学的・血清学的調査．在来家畜研究会報告，6：98-109．

田中一栄 and AZMI, T. I.（1976）マレーシア連邦の在来豚の形態学的・血清学的調査．在来家畜研究会報告，7：103-111．

田中一栄・黒澤弥悦（1982）ブタとイノシシ集団間の遺伝的関係．Domestication の生態学と遺伝学，京都大学霊長類研究所．pp. 109-121.

田中一栄・黒澤弥悦・CYRIL, H. W.（1986a）スリランカにおける在来豚の形態および血液型・蛋白型変異．在来家畜研究会報告，11：129-141．

田中一栄・黒澤弥悦・道解公一・西田隆雄・PRADHAN, S. M.（1992）ネパール在来豚の血液蛋白型．在来家畜研究会報告，14：137-144．

田中一栄・黒澤弥悦・大石孝雄（1986b）台湾在来豚に関する遺伝学的研究 III. 血液蛋白多型による桃園種と小耳種の遺伝子構成．日豚研誌，23：26-30．

田中一栄・黒澤弥悦・関根一五郎・広田哲宏・我謝秀雄（1994）南西諸島における在来豚の遺伝的変異性．「動物遺伝資源としての在来家畜の評価に関する研究」（研究代表者　橋口　勉）鹿児島大学農学部．pp. 95-110.

田中一栄・黒澤弥悦・富田　武・MASANGKAY, J. S.（1990）フィリピン・ルソン島の山岳地域における在来豚集団の形態および血液型・蛋白型変異．在来家畜研究会報告，13：19-26．

田中一栄・黒澤弥悦・富田　武・SIHOMBING, D. T. H.（1983）インドネシアにおける在来豚の形態および血液型・蛋白型変異．在来家畜研究会報告，10：130-139．

TANAKA, K., OISHI, T., KUROSAWA, Y. and SUZUKI, S. (1983) Genetic relationship among several pig populations in East Asia analyzed by blood groups and serum protein polymorphisms. Anim. Blood Grps Biochem. Genet., 14 : 191-200.

田中一栄・山形勝吉・黒澤弥悦（1989）鹿児島バークシャー種の血液蛋白型遺伝子構成．日豚会誌，26：197-202．

TIKHONOV, V. N., GORELOV, I. G. and TROSHINA, A. I. (1972) Immunogenetic studies of wild European, Asian and American Suiformes in connections with the origin of some antigens in *Sus scrofa domestica*. Anim. Blood Grps Biochem. Genet., 3 : 173-177.

TIKHONOV, V. N. and TROSHINA, A, I. (1978) Introduction of two chromosomal translocations of *Sus scrofa nigripes* and *Sus scrofa scrofa* into the genome of *Sus scrofa domestica*. TAG Theoret. Appl. Genet., 53 : 261-264.

浦崎賢功（1996）鹿児島県養豚史．鹿児島県養豚振興協議会．

URSING, B. M. and ARNASON, U. (1998) The complete mitochondrial DNA sequence of the pig (*Sus scrofa*). J. Mol. Evol., 47 : 302-306.

van DRIEM, G. (2001) Languages of the Himalayas : An ethno linguistic handbook of the Greater Himalayan region with a brief introduction to the symbiotic theory of language (vol. 2). Leiden, Brill.

渡部浩二・松井　章（2002）江戸時代の豚とその食用について—近代家畜肉食受容過程の観点から—．食文化助成研究の報告，（財）味の素食の文化センター，12：81-88．

WIATROSZAK, I. (1970) Studies on blood groups in wild boar. Proc. 11th Eur. Conf. Anim. Blood Grps Biochem. Polymorphism (Warsaw, 1968), pp. 265-270.

WIDAR, J., ANSAY, M. and HANSET, R. (1975) Allozymic variation as an estimate of heterozygosity in Belgian pig breeds. Anim. Blood Grps Biochem. Genet., 6 : 221-234.

WYATT, D. K. (2003) Thailand : A short history (2nd ed.). Yale University Press, London. pp. 1-36.

YAMANE, J. and CHEN, J. Y. K. (1963) Three types of native swine in Taiwan and their descents. J. Fac. Fish. Anim. Husb., Hiroshima Univ., 5 : 1-49.

（黒澤弥悦・田中和明・田中一栄）

II-5　ヒツジ
―アジア在来羊の系統―

(1)　家畜化の起源

　ヤギと共に馴化発祥起源の古いヒツジは，毛や脂肪の利用を目的に最大限に改良された重要な動物遺伝資源の1つである．農牧民にとって必要性の高い産物は，乳肉はもとより緬毛であり，乾燥砂漠地帯の遊牧民にとっては，ヤギで充分に得られない脂肪である．他に内臓，毛皮，骨，角および糞に至るまで彼らには有用な産物である．こうした恩恵を人類にもたらすに必須なヒツジが，どのような理由や動機で家畜化されたのか．加茂（1973）によれば，氷河期が終了し，北半球の気候に大きな変化が訪れ，西アジアではティグリス・ユーフラテス（Tigris-Euphrates）河の流域以外の土地では乾燥化が始まり，森林地帯が漸減，それに代わって草原地帯や砂漠地帯が拡がり，人々は森での狩猟も困難となり，乾燥地帯で生息していた野生のヤギやヒツジを狩猟の対象にするようになり，これらの動物達が餌場や水場を求めて移動するに伴い，彼らに生活を依存し，いつしか捕獲して飼い馴らし，繁殖させるようになったと考えられている．さらに野生ヒツジの家畜化の動機は宗教的な観念からでなく，肉や毛皮などを獲得するための実用的な立場から始まった．ヒツジは現在でも毛の供給源として最も価値が高く，野生羊の冬期に生える被毛の下の柔らかい緬毛が春期に毛屑として脱落することから，当時の人々も，その利用価値を認めていたことだろう．だが野生のヤギやシカの被毛と同様に野生ヒツジの緬毛は，被毛の下に隠れてわかりにくく，その将来的な価値もみいだされていないことから，特に緬毛のみを目的として家畜化の対象にしたのではないと言われている（RYDER and STEPHENSON, 1968）．
　それでは，ヒツジがいつ，どこで，どのような野生ヒツジから成立したのか．

i)　成立年代と地域

　野生ヒツジの家畜化の年代には様々な説がある．なかでも最も古いのが，イラク北東部のザビ・ケミ・シャニダール（Zawi Chemi Shanidar）遺跡において出土した幼年期の羊骨で，B.C. 11,000年と推定されており，この頃に家畜化が始まったと考えられている（PERKINS, 1964）．今でも多くの歴史書は，この成立年代を記載しているが，出土した羊骨数の不十分さや家畜化されたものかどうかの同定の曖昧さなどから，現在では疑問視されている（BAR-YOSEF and MEADOW, 1995）．最近の考古学的研究によると，上記の成立年代よりも遅いことがわかってきた．すなわち，図II-5-1に示すように現代のシリアやイラク北部およびトルコ南東部における楕円形の地域やその周辺で発掘された，先土器新石器文化B時代の中期から後期，年代にしてB.C. 7,000〜

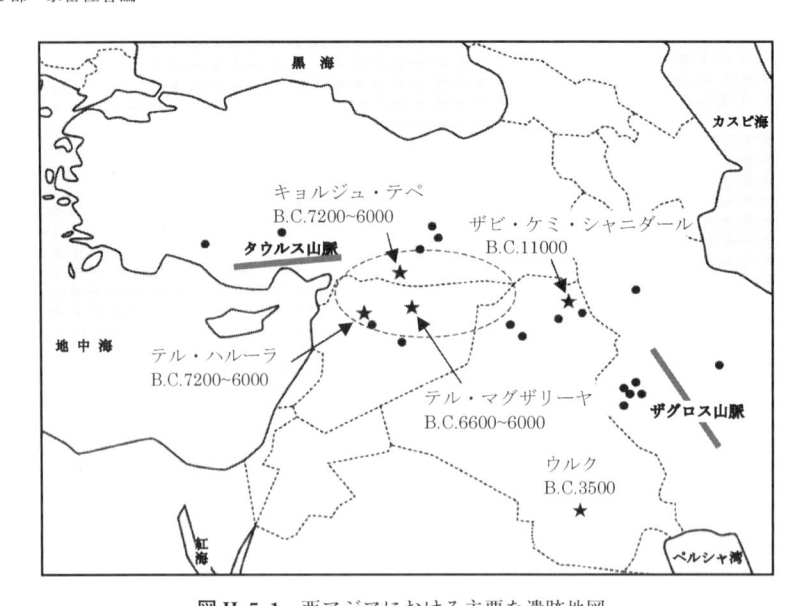

図 II-5-1　西アジアにおける主要な遺跡地図．
★：ヒツジ骨出土遺跡，●：アジアムフロン骨出土遺跡（B.C. 8,000～6,000）．

6,000年にかけての多くの遺跡から，家畜化の特徴である小型化した羊骨が頻繁に出土しているのである．このことから，この年代において西アジアの肥沃な三日月地帯を囲むタウルス（Taurus）山脈の南麓からザグロス（Zagros）山脈の西麓にかけての丘陵地帯において家畜化が先行したと推定されている（RYDER, 1984；藤井，2001）．

　野生ヒツジの家畜化は西アジアとは全く異なる別の地域でもおこなわれたと考えられている．それは，B.C. 7,000～5,000年頃のインド中東部のガンジス（Ganges）河とヤムナー（Yamuna）河の合流点のヴィンディヤー（Vindhyan）地域で，そこのマハーガラ（Mahagara）遺跡において家畜小屋や居住群の近くにヒツジやヤギの蹄の跡があり，また骨も出土している（ターパル，1985）．この地域は西アジアにおける野生ヒツジの家畜化とほぼ同時期でもあり，家畜化の概念が西アジアから伝達され，この地でヒツジが成立したとも考えられる．だが，この周辺地域にはたして野生ヒツジの生息していた痕跡があるかどうかは不明で，考古学的史料の不足もあって，家畜化が本当におこなわれたのかは判然としない．また，一説によれば，B.C. 7,000年頃にアフガニスタンにはヒツジがいたとも言われている（RYDER, 1984）．むしろ，このヴィンディヤー地域では新石器時代が長く続き，その間にアフガニスタンのヒツジか，あるいは別に西アジアから古いタイプのヒツジが新たにもたらされたのではないだろうか．

　西アジアで野生ヒツジの家畜化が始まって以降，古代メソポタミア文明の発祥の地，現在のイラク南部を流れるティグリス・ユーフラテス河の下流域におけるウルク（Uruk）やウル（Ur）（B.C. 3,500～2,500年頃）の王朝時代には，ラセン角の毛ヒツジ，アモン角やラセン角の細毛ヒツジ，角が鎌形の細毛ヒツジあるいはアモン角で脂肪尾の細毛ヒツジなどのような，多種多様な外部形態をもつヒツジが飼育されていた（ZEUNER, 1963）．それを現す代表的な証拠として，ウルク出土の壺や石鉢のレリーフ，それにウルで出土した瀝青に貝やラピスラズリーによるモザイク画，すなわち，平和のパネル「ウルのスタンダード（旗章）」（図 II-5-2）などがある．これは，家畜化が始まって3,000～4,000年の間に，こうした形態分化がおこっていたことを物語っ

壺の断片(ウルク出土)
B.C.3500

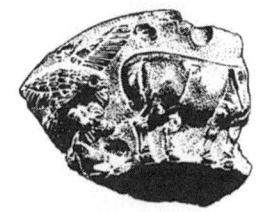

石鉢の断片(ウルク出土)
B.C.3500

ウルのスタンダード(旗章)
B.C.2500

図 II-5-2 古代ヒツジの形態.（RYDER, 1983 より転載）

ている．この期間をヒツジの様々な形態の分化期とも言える．しかも，この間にアジア，アフリカおよびヨーロッパへと移動，拡散がおこなわれていた．

ii) 原種の種類

家畜化がおこなわれた地域では，その発端として常に手元に食料を確保しておくために野生の幼獣を捕獲し飼い馴らし，繁殖させていくという最も順当な方法が採られていた．ヒツジの場合，その標的となった野生ヒツジはどのような動物であったのか．これに関しては古くから論議されているが（加茂, 1973；ENDREJAT, 1977），まだ結論を得るに至っていない．

その原種とはユーラシア大陸に生息する野生ヒツジの仲間，動物分類学でいうユーラシア野生羊属 *Ovis* であり，その候補としてムフロン（mouflon：*Ovis orientalis/musimon*），ウリアル（urial：*Ovis vignei*）およびアルガリ（argali：*Ovis ammon*）の３種が挙げられる（**図 II-5-3-1～4**，カラー）．彼らはヒツジの先祖として，また特種なヒツジの成立に関与したと推定されている．特にムフロンはアジアムフロン（Asiatic mouflon：*O. orientalis*）とヨーロッパムフロン（European mouflon：*O. musimon*）の２種類が存在し，分類学上は別種であるが，似たような外部形態をもち，同一種の別亜種とも考えられている．

これらの野生ヒツジの外部形態であるが，今泉（1988）によると下記のような特徴が指摘されている．すなわち，アジアムフロンは，体格が大型（体高が雄で約 90 cm）で，表面に多数の鮮明な横皺（よこしわ）のある転倒カーブ型（右側の角が角の根元から先へ時計の針が動く方向へ廻っている途中で反対の方向へ廻っていくもの）の角で，夏は赤黄色または赤狐色，冬は暗黄褐色の体色，胴の側面部に白色の鞍状斑，喉の下部に栗色と黒の短毛の房などがある．現在では２種類の亜種がいる．ヨーロッパムフロンは，アジアムフロンより体格が小型（体高が雄で約 70 cm）で，角が渦巻型（軸が角の根元と違う場所にあり，軸の周りを巻きながら根元から先へ進み，しだいに軸に近づくもの），転倒カーブ型で表面の横皺が弱く，赤褐色ないし黒褐色の体色，胴側面の背に

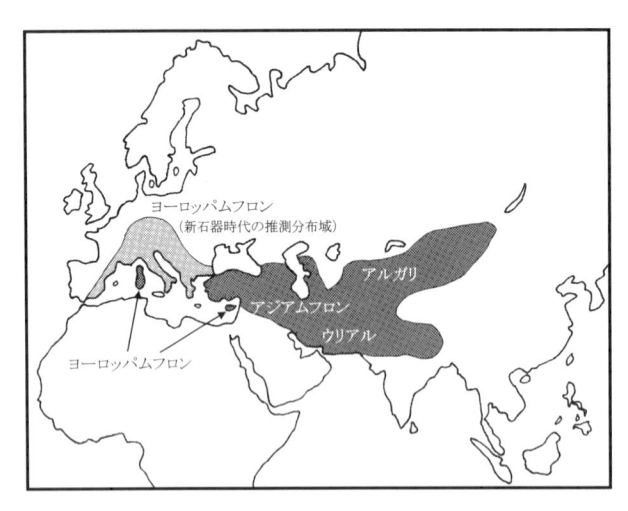

図 II-5-4 ユーラシア野生ヒツジの生息区域. (RYDER, 1984；DAVIS, 1987 より一部改変)

近い部分に灰白色の鞍状斑，顎の下面に黒の長毛の房などが見られる．現在では 2 亜種が記録されている．ウリアルは，アジアムフロンとほぼ同程度の体格（体高が雄で約 85 cm）で，表面に強い横皺のあるカーブ型（右側の角が角の根元から先に時計の針が動く方向へ廻りながら伸びるもの）の角，夏には体色が赤褐色を帯びた灰色か灰褐色，冬には褐色を帯びた灰色で，喉から前胸部の下面に黒の長毛の房などの特徴があり，5 亜種がいる．そして，アルガリは，体格が Ovis 属の中で最も大型（体高が雄で約 120 cm）で，長大な渦巻型の角，淡褐色の体色，ごく短い尾などを有する．亜種が多く 9 種類が知られている．

これらの野生ヒツジの生息区域も図 II-5-4 に示すようにヨーロッパからモンゴルの山岳地帯に至る広大な地域であり，アジアムフロン，ウリアル，アルガリのように種類によって明確には生息地が区切れず，互いに重複しているところもある．このような地域では自然交雑がおこなわれている可能性がある．アジアムフロンはトルコの小アジアからアフガニスタンにわたって西アジア地域に分布する．Ovis 属の中で最も小型なヨーロッパムフロンは，新石器時代にはドイツ南部やハンガリーから地中海沿岸に至るような生息地域を有していたが，今ではサルディニア（Sardinia）島やキプロス（Cyprus）島などの地中海諸島やイラン西部のウルミエ（Urmia）湖の島のような限られた地域に散在しているに過ぎない．ウリアルはイラン高原やアフガニスタン，パンジャブからチベット高原の草原や山地に，そしてアルガリは，パミール高原，チベット高原，アルタイ山脈からモンゴルにかけての山岳地帯に広く生息している（今泉，1988；RYDER，1984）．

iii) 原種の特定

4 種の野生ヒツジはいずれも動物学的には近縁種で，互いに交雑が可能であり，その間に生まれた雑種も次代に子孫を残すことができる．もちろん，ヒツジとも交雑が可能であり，彼らがヒツジの先祖であっても何ら不思議ではない．このように家畜としてヒツジは幾つかの野生ヒツジが基になって形成されたとの考えがある．いわゆる多源説である．それに対してヒツジの先祖は，アジアムフロンとヨーロッパムフロンとする，いわゆるムフロンを唯一の原種とする単源説がある．

このヒツジの原種に関する問題について，古くは様々なヒツジの外部形態から原種を探索する試みがなされ，多源説が提唱された．だが，現在では細胞遺伝学や分子系統学の分野から，この問題に関心がもたれ，ムフロン単源説が導き出され，その論拠にもなっている．しかし，そう簡

単には単源説が完全に認められるまでに至っていない．

形態学的評価

　ヒツジの各種の外部形態を野生ヒツジのそれと比較し，その類似性から原種を特定していく方法がある．その例として，ヒツジの捻れた角はムフロン系，淡色の角はウリアルまたはアルガリ系，短脚はムフロン系および長脚はウリアル系，などのような特徴が指摘されている．イギリスの考古学者 ZEUNER（1963）によれば，ヒツジの多くの品種は基本はウリアル系であり，ヒツジの種類によって，例えば，北ヨーロッパ種，シェットランド（Shetland）諸島やマン（Man）島などのイギリス種，およびアフリカのフェザーン（Fezzan）やカメルーン（Cameroon）で飼育されている原始的な羊種のように，ムフロン系の影響が強く現れているものもある．だが，アルガリに至ってはその影響はごくわずかであろうとみなされている．これは様々な野生原種の特徴に基づく多源論的な見方である．ここでは単一の原種でヒツジが成立したと言う見方は出てこない．すなわち，ムフロン単源説から見れば，これまでにヒツジで指摘されてきたウリアルやアルガリタイプの特徴は誤りで，それらはムフロンの特徴であったと言うことになる．果たして，その特徴をムフロンにみいだせるのであろうか．その説明はまだ得られていない．むしろ，ほとんど推測の域を出ないが，これらの野生原種も共通の祖先から分化したもので，その共通先祖がもつ潜在的なウリアルやアルガリタイプの特徴がムフロンに発現する可能性がある．これは同時にウリアルやアルガリにもムフロンタイプが発現することを意味する．これならばヒツジの原種がどの単一種であってもよいことになる．

　いずれにしても，8,000 年以上の長い過程において野生ヒツジとの意図的な交雑や様々な羊種との交配や改良により多数の種類が生み出され，外部形態が余りにも複雑に変異しすぎ，多様性に満ちている．その中から 4 種類の野生原種本来の外部形態の特徴をそれぞれどこまで正確に読み取れるか疑問である．

　これとは別に，家畜化がおこなわれた西アジアのタウルス南麓からザグロス西麓の一帯はアジアムフロン（*Ovis orientalis*）の生息地域でもあった．実際に B.C. 8,000〜6,000 年頃の遺跡から，その遺骨が多く出土している（UERPMANN, 1987, 図 II-5-1 参照）．この地域ではヒツジの家畜化された年代とも重なり，最も身近にいる野生ヒツジを狩猟の対象にすると同時に捕獲し馴化したことも考えられる．このことが *Ovis orientalis* がヒツジの主要な原種である傍証とも言える．

細胞遺伝学的評価

　ヒツジの原種とされる野生ヒツジはいずれも染色体数が異なり，アジア／ヨーロッパムフロンが $2n=54$，ウリアルが $2n=58$，アルガリが $2n=56$ であるのに対して，家畜ヒツジ（*Ovis aries*）は $2n=54$ で，ムフロンと同じ染色体数をもっている．前述したように，これらの野生羊の間では染色体数が異なっても交雑は可能であり，しかも，その雑種に妊性が認められている．実際にムフロンとウリアルの交雑では $2n=56$ の雑種が，またムフロンとアルガリの間では $2n=55$ の雑種が生じている．したがって，ヒツジは同じ染色体数のムフロンのみが原種に相当し，他の野生ヒツジは関係がないことになる．それを支持するようにヒツジ集団の中には，$2n=54$ とは違った中間型の染色体数をもつ個体がまだ検出されていない．このことがムフロン単源説の有力な論拠になっている．

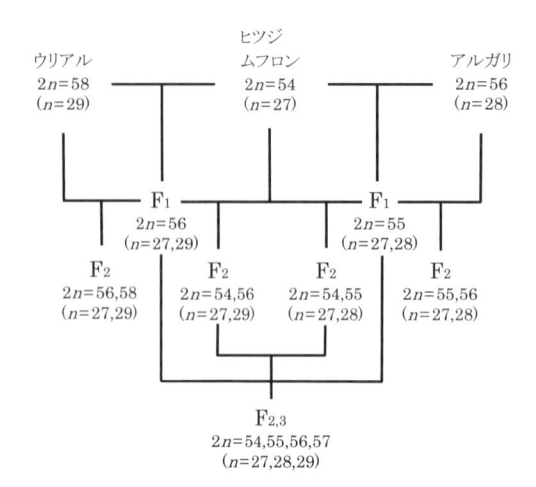

図 II-5-5 野生ヒツジと家畜ヒツジおよびそれらの交雑種の染色体数変異.

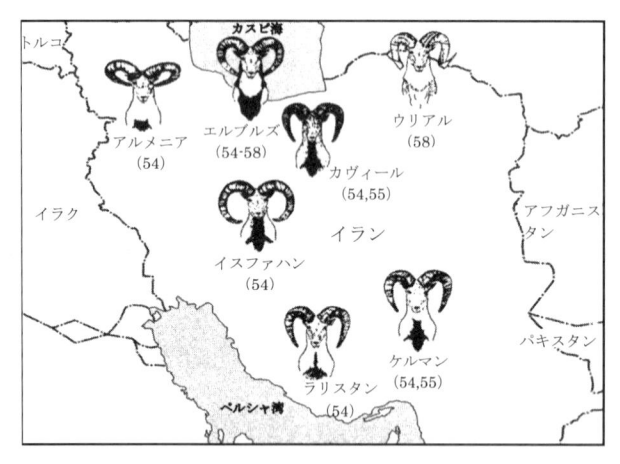

図 II-5-6 イラン高原における野生ヒツジの染色体数（$2n$）の変異.（アニマ，No. 219，1990 より転載）

しかしながら，図 II-5-5 に示す，これらの野生ヒツジの交雑において染色体数の変異を生む交雑組合せの参考例にもあるように，ムフロンと他の野生ヒツジの間にできた雑種が偶然か人為的か再度ムフロンとの交雑の繰り返しや雑種同士の交雑などがおこなわれた場合，ヒツジと同じ染色体数の個体が生じる可能性がある．それが純粋なヒツジ集団へ混入し，それによってウリアルやアルガリの遺伝子流入が間接的におこなわれていないとも限らない．ここにヒツジの起源に対して単源論では説明できない難しさがある．実際にイラン高原のアジアムフロンとウリアルの雑種集団（VALDEZ et al., 1978）には，$2n=54$〜58 の様々な染色体数変異をもった交雑種がいる（図 II-5-6）．事実，この集団にはアジアムフロンとウリアルの交雑だけでは生じない染色体数をもった個体，特に $2n=55$ や $2n=57$ も見られ，アルガリの影響を受けた個体も少なからず混在している可能性がある．

野生ヒツジの交雑は現代においては実験的におこなわれているが，ヒツジの家畜化の時代に実際にこうした交雑が本当におこなわれていたのかどうかという証拠はなく，事実確認は不可能であり，ウリアルやアルガリの影響は推測の域を出ない．

分子系統学的評価

最近，分子系統学の分野では，ヒツジと野生ヒツジの系統関係を解明するのに，細胞内に局在し，呼吸／酸化リン酸化による ATP 合成機能を担うミトコンドリアの DNA（mitochondrial DNA, mtDNA）を用いて，ヨーロッパやアジア各地の羊種および様々な野生ヒツジを対象に，その制御領域における塩基配列の解析が進められている．その配列データを基にコンピューターによる系統解析が HIENDLEDER et al. (1998, 2002) によっておこなわれ，図 II-5-7 に示すような系統樹が得られている．

それによると，ヒツジは A と B の 2 つの塩基配列が異なるハプログループ（haplogroup）に分

岐される．ハプログループAは主にアジア系の羊種で，ハプログループBは主にヨーロッパ系の羊種で構成されている．この2種類のハプログループが4種の野生ヒツジのいずれかにみいだせれば，ヒツジの原種を特定することができる．原種として注目されているヨーロッパムフロンはハプログループBに属しており，このタイプのヒツジはヨーロッパムフロン系の可能性が高い．しかし，ウリアルやアルガリの仲間はいずれのヒツジのハプログループにも入らず，全く別のグループを形成し大きく分岐していた．よって，この2種類の野生ヒツジを原種と考

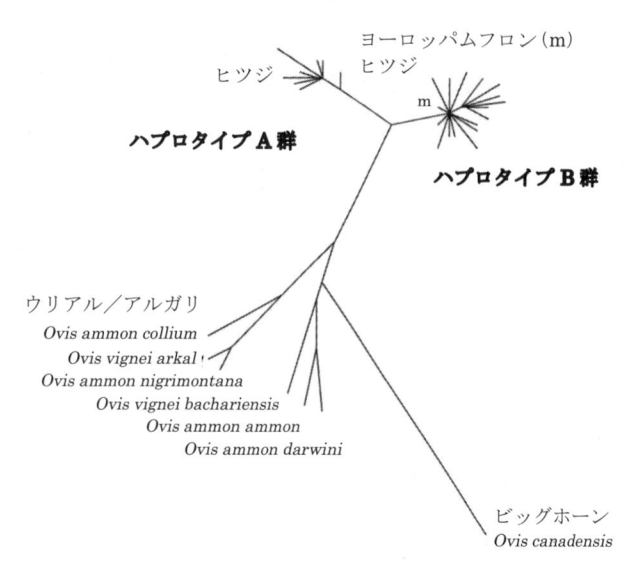

図 II-5-7 ミトコンドリアDNA制御領域のシークエンスデータからみた野生ヒツジと家畜ヒツジの系統関係．(HIENDLEDER *et al.*, 2002 より改変)

えるのは難しいと言える．一方，この分析調査ではアジアムフロンは扱われていないので，この野生ヒツジがアジア系ヒツジのハプログループAに属するかどうかはわからない．仮にそうであるなら，ヒツジとして家畜化するには少なくとも2つのムフロン系の母系先祖が関係することになり，ムフロン単源説が有力視されてくる．

ごく最近の報告では，AとBのハプログループ以外にCとDのハプログループがアジア羊種で発見されている (GAO *et al.*, 2005; PEDROSA *et al.*, 2005)．だが，これらのハプログループがどの野生ヒツジから由来したのかは検討されておらず，ムフロンの仲間にみいだせるかどうかは今後の課題である．

ヒツジの原種を確定していくには，mtDNA解析も現段階では充分な情報が得られていない情況にある．さらに核DNAを含めて，当時のヒツジの遺骨や現代のヒツジの血液組織から抽出したDNAにおいてウリアルやアルガリ特有の塩基配列が確認できるならば，この問題に対して進展が望めるかもしれない．またムフロンとウリアルやアルガリとの間に生じた $2n = 54$ の交雑種の問題を含め，多くの種類の野生原種を対象に様々な角度からの検討が必要である．

(2) 家畜化による形態変化

野生動物は，家畜化，すなわち，生息環境の変化や選抜淘汰のような人為的関与により，自らの外部形態を変えていく，あるいは変えられていく必要性に迫られた．当初の原始的な家畜ヒツジは野生ヒツジと外貌もわずかに違っていただろうが，その形態的な違いを今比較することはもちろんできない．さらに遺骨からも両者を区別することは骨学的にも難しい．だが，今でも原始的な外貌を留めているヒツジが英国にいる．ソアイ羊 (Soay sheep) で，稀少種の1つである．このようなヒツジが時代を経るにつれて，新たに置かれた自然あるいは人為環境に適応，応答し

ていくため，徐々に様々な形態へと変化していった．例えば，体格の小型化（脚の短縮），尾の伸長，尾部・臀部の脂肪形成，換毛の消失や縮毛化，耳の大型化や垂耳，無角化，脳・心重量の減少および眼窩の小型化などが挙げられる．

i) 体格の変化

　家畜化による変化として，まず体格の小型化が生じた．体の大きさは脚の骨のサイズの減少によってもたらされ，体高が低くなり小型化していった．これは恐らく家畜化の初期段階で現れた現象であろう．今日ではヒツジの大きさはシェットランド羊（Shetland sheep）のように体高 45 cm の矮小型から寒羊（Han sheep）のように体高 98 cm の大型のものまで様々である．体格は人為的にいくらでも改良できるが，今では家畜としての扱いやすさから中等度のものが多い．ヒツジにとって短脚は粗悪な飼育環境の影響によるが，狭い場所での飼いやすさのために人為的にも改良されてきた．長脚はアフリカの乾燥地帯に分布し，食物を求め絶えず移動するためであり，またアフリカのマサイ族のように長身の体格は高温乾燥状態での体温調節に必要とされている．今日では脚が短く，強固な骨格をもち，後躯が発達したヒツジが頻繁に見られるが，これは肉用のために選抜されてつくられたもので，近年の変化である（RYDER, 1983）．

ii) 尾の伸長と脂肪形成

　野生ヒツジでは見られない尾の伸長が家畜化で生じた．野生ヒツジはごく短い尾で，その尾椎骨は 13 個以下である．ヒツジでは，尾椎骨が 13 個以下を短尾羊，それ以上を長尾羊としている．長尾羊の中には 35 個の尾椎骨をもつものもいる（図 II-5-8）．これと関連して，尾部や臀部の脂肪形成も家畜化によるもので，この種類には，15 個以上の尾椎骨を有し，尾部に脂肪を蓄積する脂尾羊と，尾椎が非常に縮小し，外見では尾がなく臀部に脂肪を蓄積する脂臀羊がいる．これらに関しては次節で少し詳しく触れたい．

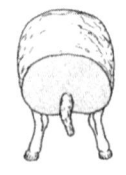

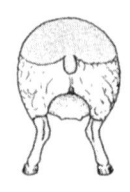

図 II-5-8　ヒツジの尾と尻の類型．
（DEVENDRA and MCLEROY, 1982 より転載）

iii) 換毛の消失と縮毛化

　野生ヒツジの被毛は目が荒く短い上毛（outer coat）と目が細かくより短い下毛（under coat）で構成されている（図 II-5-9）．上毛は約 6 cm の長さがあり，剛毛で kemp として知られている．下毛はその上毛に隠れるように生えてわかりにくくなっている．すべての毛が春には抜け換わる（換毛）．家畜化の過程において原始的あるいは未発達なヒツジは，まだかなりの毛が抜け換わる．アジアヒツジでは，この現象が顕著で，春から夏期にかけて抜けた毛が固まった状態で体に纏わり着いている（図 II-5-10）．しかし，今日の高度に改良されたヒツジは，換毛傾向がほとんどなくなっている．すなわち，家畜化による大きな変化は換毛の消失

である．それによって羊毛の収量を引き上げる意味があった．

　家畜化以前に細い柔毛あるいは綿毛（fine wool）は，下毛として既に生えており，上毛は家畜化の進行と共に綿毛に置き換わって，将来の上質で様々な羊毛にまで変化した．図 II-5-11 に示す毛の繊維の直径の変化から，その変遷の様相が推定されている（RYDER, 1983）．野生ヒツジでは繊維の直径が大きいものと小さいものとでは頻度に著しい差が見られ，kemp の繊維化により，粗毛のソアイ羊に代表される hairy medium wool の段階になり，そこから kemp が喪失し，柔毛のソアイ羊の generalised medium wool となり，さらに3種類の long wool, short wool および fine wool の段階に変化する．最も進化した fine wool の代表がメリノ種（Merino sheep）であ

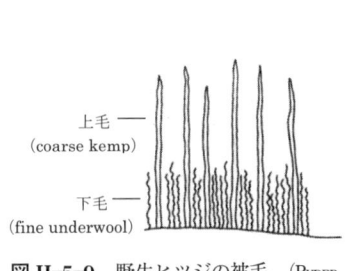

図 II-5-9 野生ヒツジの被毛．(RYDER, 1983 より転載)

図 II-5-10 換毛の様相．

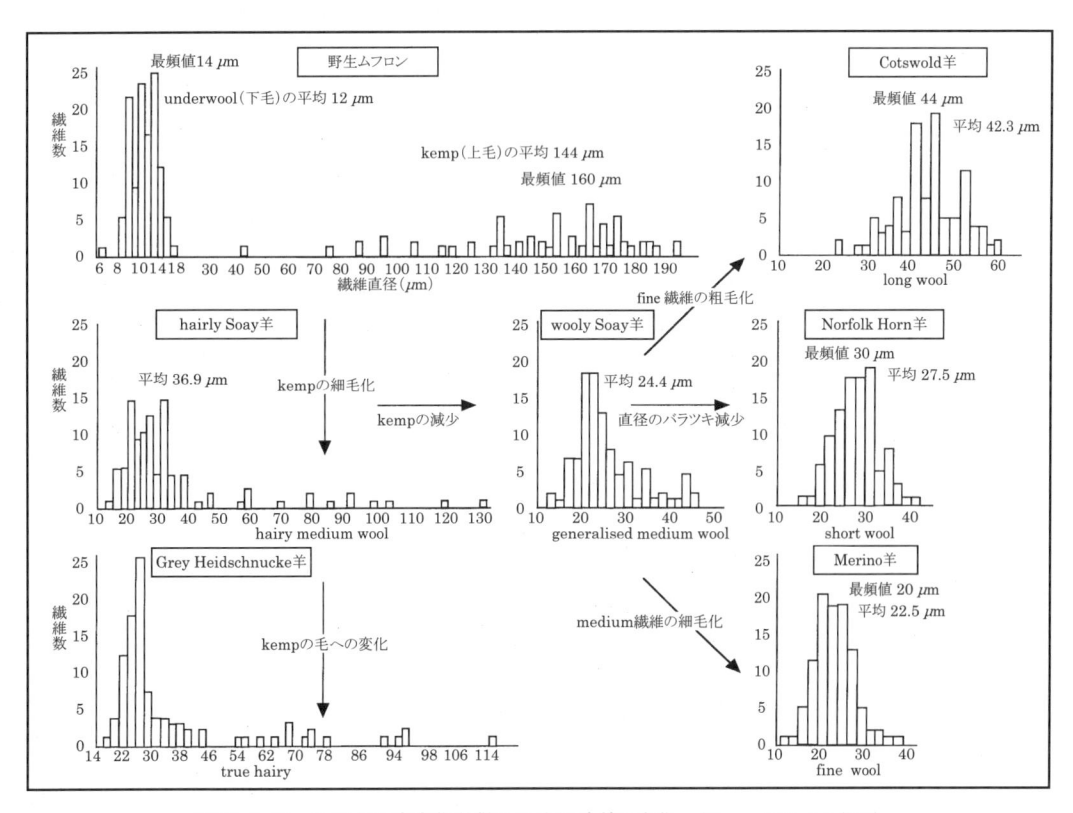

図 II-5-11 ヒツジの家畜化過程における毛質の変化．(RYDER, 1983 より作図)

る．また hairy medium wool のランクからは，さらに kemp が完全な毛に変化して true hairy の段階になる．

このような換毛のないヒツジの改良は，鉄器時代において羊毛を刈り取るための大きな鋏（剪子）が発明されるまで着手されなかった．それ以前は，換毛のヒツジの毛を手で毟り取ったり，さらに時代が進むと，銅製のナイフや梳き具が使われていた．しかし，このような方法では毛の収量にバラツキが出て損失が多かった．大鋏の発明がきっかけとなって，バラツキを防ぐ意味で換毛のないヒツジへの選抜育種がおこなわれるようになったとも言われている（RYDER, 1983）．

iv) 垂耳および無角化など

野生ヒツジの耳はかなり小さく堅いが，家畜化によってその大きさが増加し下垂してきた．垂耳のヒツジは古代エジプト時代から存在し，現代でも特にアフリカやインドの羊種にしばしば見られる．これも体温調節と関係する必要性からの変化とも言える．

無角化はどの家畜においても馴化の影響によるものと考えられている．しかし，ヒツジでは無角化の歴史的な経過に関しては，完全な頭骨がまれにしか発見されていないためよく掴めていない．イランのデ・ルラン平原（Deh Luran plain）におけるブス・モルデ（Bus Mordeh）遺跡（B.C. 7,500 年）やハンガリーの新石器時代早期の遺跡からも無角のヒツジの頭骨が出土している（HOLE and FLANNERY, 1967；BÖKÖNYI, 1964）．これによって無角化は家畜化の最も早い時期に始まったと考えられている．しかし，野生状態のムフロンやウリアルにも無角のものがみつかっている．ヒツジにおける無角化は，家畜化の過程における突然変異によるものでなく，野生ヒツジが元来もっている無角遺伝子が単にヒツジに伝達されたに過ぎず，これを利用して集団飼育の安全性や角形成の養分を羊毛や肉生産へ補充する意味で無角化への選抜がおこなわれた可能性がある．

他に脳重量の低下として，ドイツ羊種はムフロンとくらべ脳の容積が 24％ も減少しており，また原始的なヒツジと現代のヒツジでは脳サイズに約 8％ の差がある（EBINGER, 1974）．さらに眼窩の大きさも減少する傾向にある．これらの現象はヒトによる保護条件の下で感覚的な敏捷性を失ったことに関係すると考えられている（RYDER, 1983）．また心臓の縮小化も見られ，天敵獣からの逃避や山地から平地への生息環境の変化により循環機能を拡張しておく必要性がなくなったことを示唆している．

(3) 東アジアにおけるヒツジの系統

アジア地域においてヒツジは，現在，約 4 億頭が飼われ，世界のヒツジの 73％ を占めている．その種類は，最も飼養頭数の多い中国で約 30 種を数え（陳・徐，2004），アジア全体でもかなりの数に上る．その外部形態から見たタイプも多種多様である．古代メソポタミア文明以前に外部形態の分化が既におこっていたが，どのような系統的な繋がりをもって様々なタイプへと分化成立したのかは判然としていない．種々の羊種との系統関係を知る手がかりは外部形態に負うところが多いが，さらに明確で有効な新たな手段は近年に至るまでほとんど得られていなかった．

しかし，20世紀に入り，血液型をはじめ，各種の血液タンパク質や酵素において遺伝的多型が発見されてから，それをマーカーにアジアヒツジの系統関係を解明する目的で，多くの羊種集団の遺伝学的調査がおこなわれるようになった．さらに最近では様々なDNA多型が加わり，分子系統学という新たな分野からの追究がはじめられている．

i) 外部形態

ヒツジのタイプは外部形態の特徴を基準に分類されているが，系統関係を検索するには比較的，恒常的な形質を対象にしていく必要がある．それは主に尾，鼻，耳および角である．尾の形状として長さと脂肪形成の状態が重要で，その脂肪形成には尻部も関連する．鼻の形状は横顔プロフィールとして通常，鼻柱が平坦な鼻形に対して鉤鼻状のいわゆるローマン鼻形が対象で，垂耳とも関係する．耳の形状では特に大きさ，角は無角の発現が注目される．

尾と鼻の形状

尾の形状はヒツジのタイプを分類するのに最も一般的な基準である．前にも指摘したように，その長さから野生原種と同様に細く短い尾をもつ短尾タイプと，家畜化の影響による細く長い尾をもつ長尾タイプの2種類が存在する．さらに尾の長短と共に尾部あるいは臀部の脂肪形成の状態から2タイプに分類される．すなわち，15〜18個の尾椎骨による正常な長さでS字状ないし湾曲した尾に脂肪形成のある脂尾タイプと，尻部の中央で2つに割れた臀部に枕状の脂肪形成が見られる脂臀タイプである（図II-5-8参照）．

これらのタイプのヒツジは世界各地に分布し，とりわけアジアでは図II-5-12に示すような分布状況にある．この図によれば，長尾タイプは，大部分のヨーロッパヒツジで共通に見られるが，アジアではインド北西部および東部のパンジャブ（Punjab）州からラージャスターン（Rajasthan）州，ウッタルプラデシュ（Uttar Pradesh）州およびビハール（Bihar）州にかけて，またはミャンマー中央部などのような限られた地域で飼われている（DEVENDRA and MCLEROY, 1982；RYDER, 1983；SAHANA, 2000）．ヨーロッパでは短尾タイプは北部の泥炭質の高原地帯に分布するが，アジアではチベット，ネパール，インドおよびイ

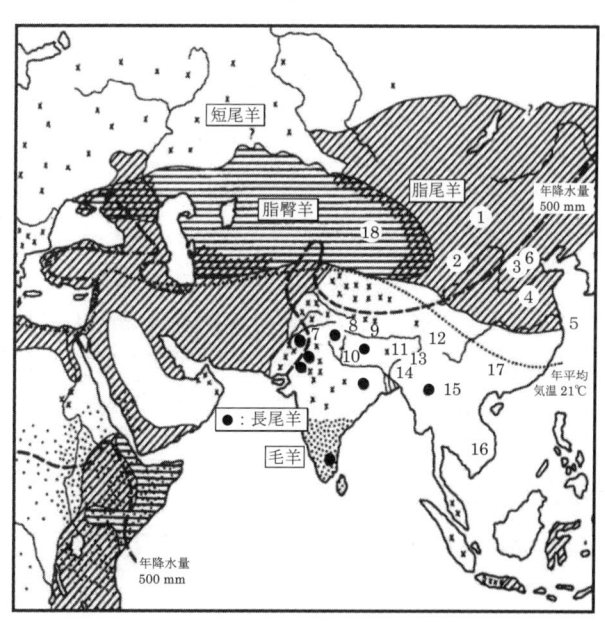

図II-5-12 アジアにおけるヒツジの尾尻タイプの分布.
調査羊種：1. ハルハ羊　2. 灘羊　3. 同羊　4. 小尾寒羊　5. 湖羊　6. 窪地羊　7. ビャンラング羊　8. バルワール羊　9. カギ羊　10. ランプチェレ羊　11. ジャカル羊　12. サクテン羊　13. シプス羊　14. ベンガル羊　15. ミャンマー羊　16. ベトナム羊　17. 雲南羊　18. バインブルク羊（RYDER, 1983より改変）

ンドネシアなどで飼育され,粗毛をもつヒツジである.西アジアで優勢なのが脂尾タイプで,他にアフガニスタン,パキスタン,東ロシアおよび中国北東部などで見られる.脂臀タイプは中央アジアを通して見られ,アフガニスタン北部,パキスタン北西部,または中国西部のウイグル自治区などに分布している.

尾の形状は遺伝性の高い形質であるが,遺伝様式は明らかでない.尾の長さについては,野生原種の尾は一般にごく短く,それを受け継いだヒツジは短尾性が家畜化の原点ともなる.長尾性は既に古代メソポタミアのウルク王朝期に出現しており,それ以前の年代に家畜化の過程で形成されたものと言える.この形成の発端や過程は明らかでないが,突然変異により選抜淘汰されたものか,また特に長尾性の素質をもつとされるウリアル系統のアルカル羊(Arkal sheep:*O. vignei arkal*)の影響による可能性もある(加茂,1973).しかしながら,カスピ海とウラル海の間のウスチィウルト(Ust' Urt)台地の草原地帯に生息する,この野生羊はヒツジの原種としては疑義がもたれている.

尾部や臀部の脂肪蓄積は野生原種には見られない現象である.この形質の獲得手段も長尾性と同様に突然変異により選抜淘汰されたものと推察されるが,詳細は明らかでない.むしろ遊牧民のような人々にとって脂肪の摂取や備蓄として移動生活に都合の良いように,脂肪形成の素質のある長尾性あるいは短尾性のヒツジを基礎に選抜して形成された可能性もある(加茂,1973).恐らく,脂臀羊は短尾羊を基に脂肪形成の素質を選抜により長い時間をかけて獲得し,脂尾羊は長尾羊を基にその脂臀羊との交配選抜によって形成されたのであろう.すなわち,家畜化が始まって以来,まず短尾羊から長尾羊や脂臀羊の系統に分化し,次いで長尾羊と脂臀羊との交配により脂尾羊の系統が分化成立したと言うことである.

鼻の形状として横顔プロフィールは前述のように平坦鼻形とローマン鼻形がある(図II-5-13).特にローマン鼻形はヒツジに限った特徴ではなく,ムフロンの雄にも見られる.この広い鼻腔の生理的意義は,ヒトで見られる鷲鼻のように,寒冷地において冷えた空気を鼻腔内でいったん暖めてから肺へ送るため,また乾燥地では広い鼻腔内で乾燥した空気に湿気を与え肺へ送るためと考えられる.ヒツジにおいてもヒトと同様の機能を備えるための適応形質とも言える.この鼻形は顎の短縮に伴って形成されたとも言われている(ZEUNER, 1963).

1983年以来,筆者は東アジアにおける主なヒツジの形態調査を実施してきた.その種類と産地は図II-5-12に,またその外貌は図II-5-14-1〜19(カラー)に示す.これらは,尾と鼻の形状から大体,脂尾ローマン鼻形,短尾ローマン鼻形,脂臀ローマン鼻形,さらに短尾平坦鼻形,長尾平坦鼻形および長尾ローマン鼻形の各タイプに分類される.前3者では,1つはモンゴル産のハルハ羊(Khalkha sheep)と,その同系の中国産の小尾寒羊(Short-tailed han sheep),同羊(Tong sheep),湖羊(Hu sheep),灘羊(Tan sheep)および窪地羊(Wadi sheep)で見られ,モンゴル系に属する.もう1つは,ネパール産のビャンラング羊(Bhyanglung sheep),バルワール羊(Baruwal

平坦鼻形　　　　　ローマン鼻形

図II-5-13　ヒツジの鼻形.

sheep），ブータン産のジャカル羊（Jakar sheep），サクテン羊（Sakten sheep）およびシプス羊（Sipsu shep）が該当し，チベット系である．さらにもう1つの脂臀ローマン鼻形は中央アジア系のバインブルク羊（Bayanbulak sheep）がそれに相当する．これら以外のタイプはインド系の羊種で見られる．それは，バングラデシュ産のベンガル羊（Bengal sheep），ネパール産のカギ羊（Kagi sheep）が短尾平坦鼻形で，ネパール産のランプチェレ羊（Lampuchhre sheep）が長尾平坦鼻形で，さらにミャンマーやベトナムで飼養されているミャンマー羊（Myanmar sheep）やベトナム羊（Vietnamese sheep）は長尾ローマン鼻形である．他にもインド系には短尾ローマン鼻形や尾の長さが中間的なタイプ（中尾系）も認められる．インド国内に関しては，鼻形の資料がわずかではっきりしないが，インド北西部では垂耳をもつ羊種が顕著なことからローマン鼻形の分布が類推される．一方，尾の形状では短尾系の羊種が最も多く64％を占め，インド全体に分布し，長尾系は18％で，北西部や東部に散在する傾向にある．他に中尾系が15％あり，主に北東や北西インドに分布する（RYDER, 1983；SAHANA, 2000）．したがって，モンゴル，中国，チベットとその周辺国を主にした北方アジアでは脂尾および短尾ローマン鼻形からなり，中央アジアでは脂臀ローマン鼻形で，インド，ネパール，ミャンマーなどを主にした南方アジアでは，尾や鼻の形状に多様性があるが，全体的に短尾ローマン鼻形ないし平坦鼻形が主で，他に少数ながら長尾ローマン鼻形ないしは平坦鼻形からなっている．特に南北のアジアで共通するのが短尾ローマン鼻形で，東方への移動中に現在のイラン辺りで分岐した同じ流れをくむ仲間かもしれない．

耳の形状

　耳の形状も遺伝性の高い形質で，その大きさはメンデル遺伝すると考えられている．またヒツジの系統関係を知る有効なマーカーにもなる．東アジアの在来羊種において耳長8 cm以上を大耳型（L），それ以下を小耳型（S）として分類し，その頻度を調べた結果を図II-5-15に示す（角田，2006：未発表データ）．モンゴル系，チベット系および中央アジア系の羊種の大部分が大耳型で，インド系でもランプチェレ羊を除いて大耳型が75％以上を占めていた．この耳型で際立った系統的な関係をみいだすことはできなかったが，特にバルワール羊とシプス羊は小耳型の占める割合が高く，似たような頻度構成を示している（TSUNODA et al., 2007：未発表データ）．この両羊種は尾と鼻の形状なども極めて類似し，インドのシッキム（Sikkim）地方のボンパラ羊（Bonpala sheep）（バルワール羊）とも類似すると言われている（DORJI et al., 2003）．また，シプス羊は19世紀頃に移住してきたネパール人（BROWN et al., 2007）によって飼われてきた経緯があることから，彼らによってもたらされた同じバルワール系の羊種である可能性が高い．この小耳型はネパール，ブータン，インド北部および東部，さらにバングラデシュ地域の羊種に限られて分布する傾向がある．恐らくこの地域一帯に小耳型に関係する遺伝子が拡散，浸透しているのであろう．

角の発現性

　角の形状から系統関係を導き出すには，その多様性にも拘わらず，分類統一された形状名や分布資料もないことから困難を極めている．それでも殊に興味深く印象的なのがビャンラング羊のようなチベット系の角である（図II-5-14-1，カラー）．螺旋状で水平に伸びた形状をしてお

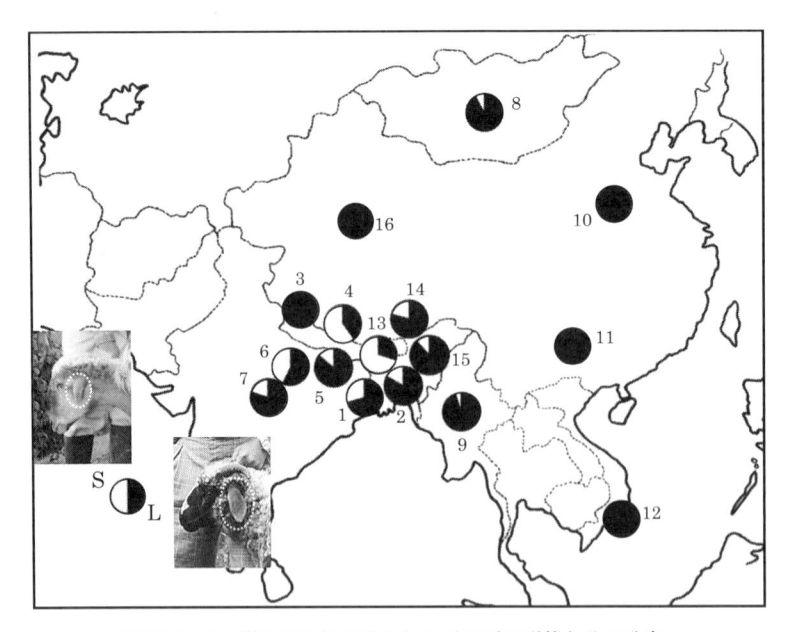

図 II-5-15 東アジアにおけるヒツジの耳の形態とその分布.
L 大耳型（正常型），S 小耳型.
1. ベンガル羊（ジェソル・クルナ集団）　2. ベンガル羊（マイメンシン集団）　3. ビャンラング羊　4. バルワール羊　5. カギ羊　6. ランプチェレ羊小型　7. ランプチェレ羊大型　8. ハルハ　9. ミャンマー羊　10. 小尾寒羊　11. 雲南羊　12. ベトナム羊　13. シブス羊　14. ジャカル羊　15. サクテン羊　16. バインブルク羊

り，これは南インド，バルカン諸国一帯および北アフリカの羊種でも見られ，また古代メソポタミアやエジプト時代に飼われていたヒツジの角にも酷似する．彼らと同じ系統なのか，共通の祖先から派生し，一方はエジプトからスーダンへ，もう一方は東欧あるいはチベットやインドへと伝播されていったものなのか，その流れは判然としない．

　角は形状よりも有角か無角かの発現性が重要で，性別によっても異なる．基本的には雌雄有角，雌雄無角および雄有角雌無角の3タイプに分類される．それ以外に雄有角雌無角ないし有角のタイプと，雄有角ないし無角雌無角のタイプがある．北方アジアではモンゴル系は主に雄有角雌無角で，中国系では雄有角雌無角（40％），雌雄無角（40％），雌雄有角（20％）のような多様なタイプがある（TSUNODA et al., 1999, 2007；角田ら，2006）．チベット系は主に雌雄有角で（角田ら，1992），中央アジア系では雄有角雌有角ないし無角であるが（未発表データ），それとは違って南方アジアのインド系では雄有角雌無角と雌雄無角の2種類，それぞれ52％と32％の割合で圧倒的に多く認められる（RYDER, 1983；SAHANA, 2000）．これを見ると，北方系内でも，また北方系と南方系の間でも角の有無において系統的に異なる様相が窺える．

ii) 生化学的多型

　アジアヒツジの系統分化に関する研究は，20世紀に入り，SINGH et al.（1979）によってインドにおける6種類の羊種集団を対象におこなわれた．血液型および血液タンパク型の遺伝子頻度データに基づく羊種集団間の遺伝距離による系統解析の結果では，西インド周辺の羊種集団はイ

図 II-5-3　ユーラシアの野生ヒツジ
1. アジアムフロン（Ovis orientalis）（写真提供：オアシス社）　2. ヨーロッパムフロン（Ovis musimon）　3. ウリアル（Ovis vignei）（写真提供：オアシス社）　4. アルガリ（Ovis ammon）

図 II-5-14　調査羊種の外貌（1）
1. ビャンラング羊（Bhyanglung sheep ネパール産）　2. ジャカル羊（Jakar sheep ブータン産）　3. サクテン羊（Sakten sheep ブータン産）　4. バルワール羊（Baruwal sheep ネパール産）

図 II-5-14　調査羊種の外貌（2）

5. シプス羊（Sipsu sheep ブータン産）　6. ハルハ羊（Khalkha sheep モンゴル産）　7. バインブルク羊（Bayanbulak sheep 中国産）　8. 灘羊（Tan sheep 中国産）　9. 小尾寒羊（small-tailed Han sheep 中国産）　10. 窪地羊（Wadi sheep 中国産）　11. 湖羊（Hu sheep 中国産，撮影：孫偉博士）　12. 同羊（Tong sheep 中国産，撮影：常洪博士）　13. 雲南羊（Yunnan sheep 中国産）　14. ベンガル羊（Bengal sheep バングラデシュ産）　15. カギ羊（Kagi sheep ネパール産）　16. ランプチェレ羊・小型タイプ（Lampuchhre sheep, small type ネパール産）　17. ランプチェレ羊・大型タイプ（Lampuchhre sheep, large type ネパール産）　18. ミャンマー羊（Myanmar sheep ミャンマー産）　19. ベトナム羊（Vietnamese sheep ベトナム産）

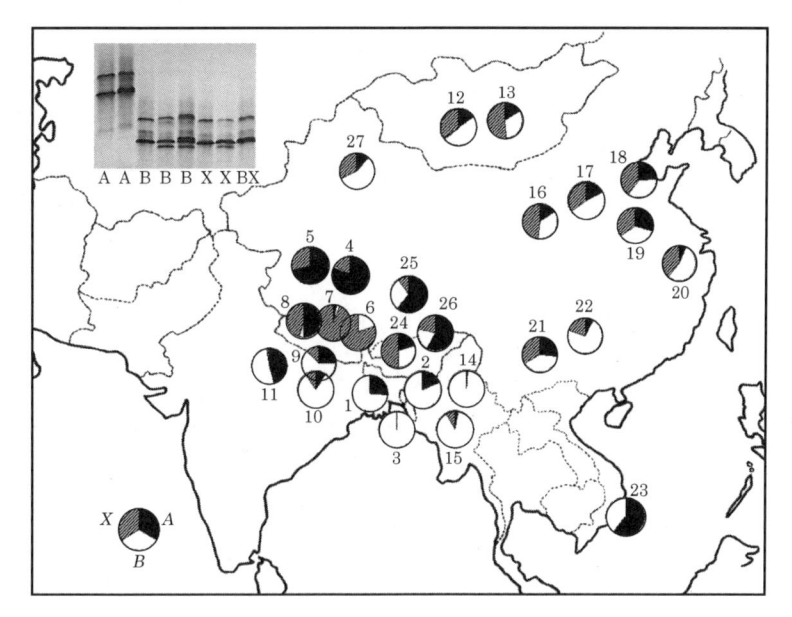

図 II-5-16 東アジア在来羊種地域集団におけるヘモグロビン-β（Hb-β）座位対立遺伝子の頻度分布.

ポリアクリルアミドゲル等電点電気泳動法による．移動度がわずかに大きい方がB型のβ鎖バンドで，X型のそれはわずかに小さい．両バンドの前後に見られるバンドはα鎖で変異があるように見えるが遺伝様式は同定されていない．また，主要バンドより移動度の大きいバンドはヘムが結合したα鎖やβ鎖バンドと見られる．

1. ベンガル羊-JK（ジェソル・クルナ集団） 2. ベンガル羊-MY（マイメンシン集団） 3. ベンガル羊-NO（ノアカリ集団） 4. ビャンラング羊-KO（コダリ集団） 5. ビャンラング羊-KG（カリガンダキ集団） 6. バルワール羊-SO（ソル集団） 7. バルワール羊-KO（コダリ集団） 8. バルワール羊-KG（カリガンダキ集団） 9. カギ羊-KT（カトマンズ集団） 10. カギ羊-CH（チトラン集団） 11. ランプチェレ羊-NS（ナラヤンガート・ソムナス・パラシ集団） 12. ハルハ羊-KH（ハラホリン集団） 13. ハルハ羊-UB（ウランバートル集団） 14. ミャンマー羊-BA（バガン集団） 15. ミャンマー羊-MA（マンダレー集団） 16. 灘羊-YI（銀川集団） 17. 同羊-BA（銅川集団） 18. 窪地羊-DO（東榮集団） 19. 小尾寒羊-JI（済寧集団） 20. 湖羊-HU（湖州集団） 21. 雲南羊（禄豊集団） 22. 雲南羊（路南集団） 23. ベトナム羊（ニンソン集団） 24. シブス羊-CH（チュカ集団） 25. ジャカル羊-WB（ワンデュホダン集団） 26. サクテン羊-TS（タシガン集団） 27. バインブルク羊-BA（バインブルク集団）

ンド亜大陸を東へ，また南へいくほど他の羊種集団との遺伝距離が増加して類縁関係が遠ざかる傾向にあった．すなわち，西から東方および南方へと系統分化が進んだと推察されている．その後，アジアヒツジ集団における系統関係の調査は，1983年から在来家畜研究会によっておこなわれてきた．東アジアを主に，図II-5-12と図II-5-14（カラー）に示すような種々の在来ヒツジの地方種や集団について20種類の血液タンパク・非タンパク型遺伝子座位をマーカーに，その遺伝子頻度が調査された（角田ら，1988，1992，2006，2007；角田・道解，1994；TSUNODA et al., 1990, 1993, 1995, 1998, 1999, 2004, 2006, 2007；未発表データ）．それによると，検索された多型座位のうち，赤血球中のヘモグロビン-β（Hb-β）とX-タンパク質（X-protein：XP）の2つの遺伝子座位において最も特異的な頻度分布が見られる（図II-5-16と図II-5-17）．

すなわち，ネパール高地，ブータン，中国およびモンゴルのヒツジ集団においてHb-β座位のHb^X遺伝子が高頻度に，XP座位ではX遺伝子が低頻度に分布している．それに対してネパール低地やバングラデシュ，ミャンマーおよびベトナムのヒツジ集団ではいずれも逆の頻度分布が認

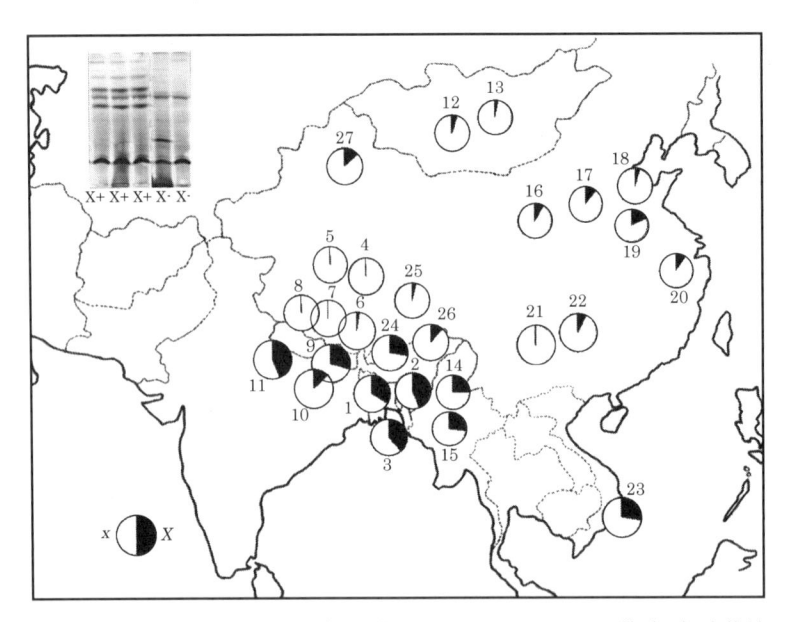

図 II-5-17 東アジアの在来羊種地域集団における X-タンパク質 (XP) 座位対立遺伝子頻度の分布.
図中番号の羊種地域集団名は**図 II-5-16** と同じ.

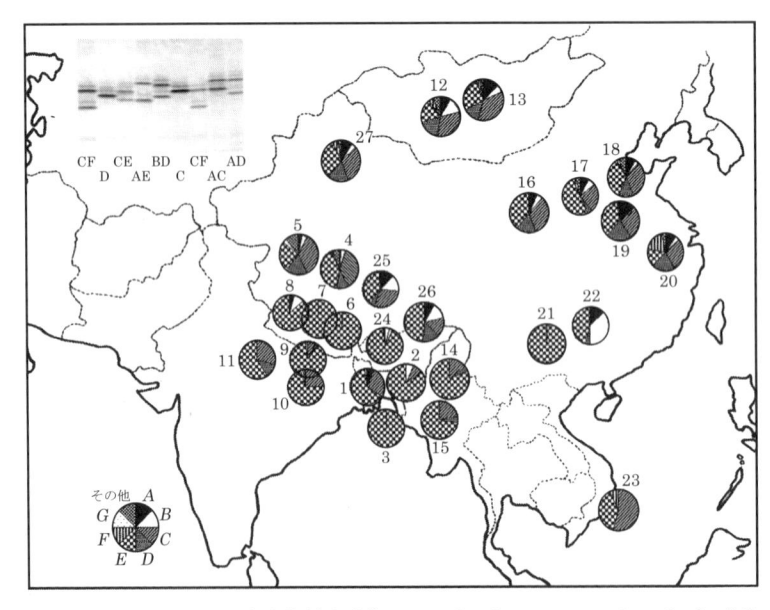

図 II-5-18 東アジアの在来羊種地域集団におけるトランスフェリン (TF) 座位対立遺伝子頻度の分布.
図中番号の羊種地域集団名は**図 II-5-16** と同じ.

められる.
　他に上記に類似した遺伝子頻度の分布傾向はトランスフェリン (transferrin：TF), アリルエステラーゼ (arylesterase：ES), およびカリウム輸送 (potassium transport：KE) の各座位でも観察される. 特に TF 座位ではネパールの高地, ブータン, 中国, それにモンゴルのヒツジ集団

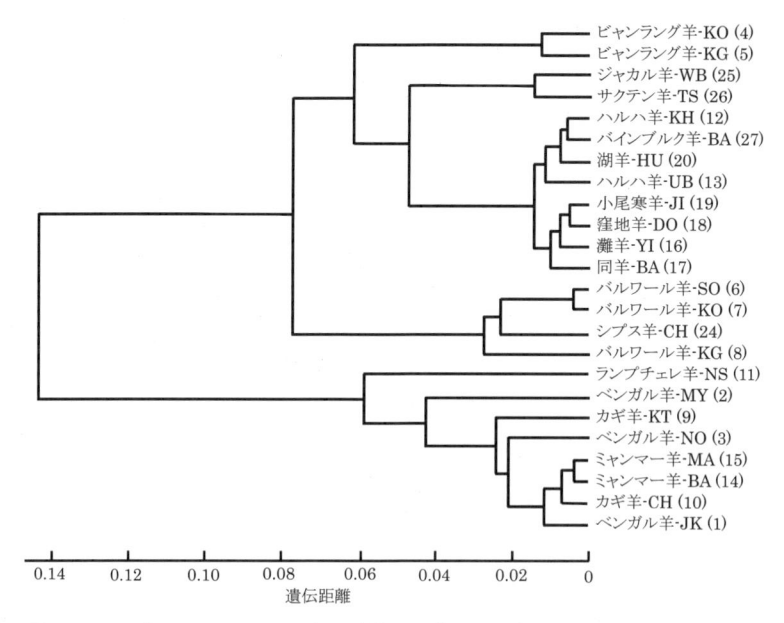

図 II-5-19 東アジアにおける在来羊種地域集団の遺伝的類縁関係を示す枝分かれ図.
NEI の遺伝距離と UPGMA 法による．地名の略号・集団の地理的分布は**図 II-5-16～18** を参照．

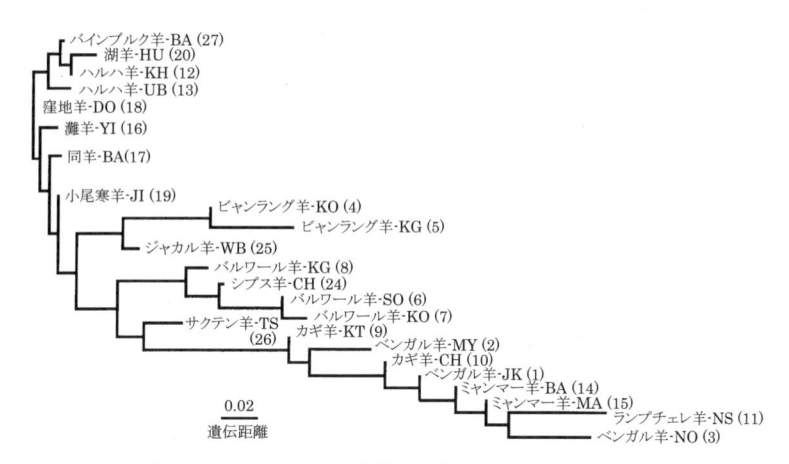

図 II-5-20 東アジアにおける在来羊種地域集団の遺伝的類縁関係を示す枝分かれ図.
NEI の遺伝距離と NJ 法による．集団の地理的分布は**図 II-5-16～18** を参照．

において TF 遺伝子の種類が多く，多様性に富んでいる（**図 II-5-18**）．したがって，いずれの座位においてもヒマラヤ山脈を境にチベット・モンゴル系の北方集団とインド系の南方集団では遺伝子構成が著しく異なる傾向を示し，互いに別系統のグループであることが示唆される．

このように東アジアのヒツジが大きく北方系と南方系の2つに分割される様相は**図 II-5-19**の枝分かれ図（デンドログラム）からも理解される．これは上記の系統分析に有効な遺伝情報をもつ5つの遺伝子座位（TF, ES, Hb-β, XP, KE）の全遺伝子頻度データを基に NEI の遺伝距離と平均距離結合法（unweighted pair group method analysis：UPGMA）によって，作図されたも

のである．すなわち，ヒツジ集団は大きく2つのクラスター（cluster，類別群）に分岐され，1つは北方のビャンラング羊，バルワール羊，ハルハ羊，ジャカル羊，サクテン羊，シプス羊や中国羊のようなチベット・モンゴル系羊群であり，もう1つは南方のベンガル羊，カギ羊，ミャンマー羊やランプチェレ羊のようなインド系羊群である．これは，近隣結合法（neighbor-joining method：NJ法）による無根枝分かれ図（図II-5-20）や主成分分析による2次元散布図（図II-5-21）からも確認できる．

さらに，個々の羊種集団の間の系統関係に関しては，UPGMAとNJの両法による枝分かれ図から見ると，羊種集団によっては類縁関係に多少の違いが観察される．だが全体的に見ると，北方系羊群において中国産の主な羊種は遺伝的に近縁種であり，相互の遺伝距離もかなり狭い範囲にあり，遺伝的分化が進行していない状態にある（TSUNODA et al., 2006）．中国羊と言っても脂尾羊系と脂臀羊系が含まれ，その形態分類と異なるが，特にUPGMA法による枝分かれ図では2つに分割される．1つは小尾寒羊，窪地羊，同羊，灘羊のような中国羊の仲間で，もう1つはハルハ羊，湖羊，バインブルク羊である．このバインブルク羊は形態的には脂臀タイプであるが，意外にもモンゴル系に属し，モンゴル羊とカザフ羊（Kazakh sheep）のような脂臀羊との交雑種ではないかと推測される．中国羊の脂尾羊系は伝承どおりモンゴル羊と同系統であり，そこには西アジア由来の脂尾羊系に端を発し，モンゴル羊，中国羊への系統的流れが見られる．しかし，湖羊は中国羊の中でも最も起源が古く，モンゴル羊と密接に関係し，他の中国羊とは違った過程を経て成立したと考えられる．ブータン山岳羊のジャカル羊とサクテン羊は意外にもモンゴル羊系と関係し，チベット由来のビャンラング羊とは共通の先祖から分化した様相が窺える．ビャンラング羊はNJ法ではブータン山岳羊のジャカル羊と近縁関係にあり，チベット系として一括される．東ブータンのサクテン羊はジャカル羊と同じグループに含まれたが，その成立には周辺地域のインド羊の影響も無視しがたいであろう．

バルワール羊は，当初チベット系と同族と考えられていたが，モンゴル羊や中国羊のグループとは系統的に全く異なり，それとは別にヒマラヤ系とも言える1つの特異なグループを形成している．この羊種はヒマラヤ山脈の中腹部一帯に飼われ，古くから塩の運搬に使役されているが，その由来は不明であり，中央アジアともチベットとも言われている（RYDER, 1983）．東アジアのヒツジの中で遺伝的変異性が最も低く，他の羊種との交雑もなく遺伝的にかなり均質化した集団構造を呈している．この羊種は北方系に属するが，ビャンラング羊やブータン羊，それにハルハ羊などよりもかなり古い年代に分化したようで，英国のソアイ羊と同様に比較的古いタイプのヒツジのように推察される．図II-5-21で見られるように，バルワール羊（図中番号6，7，8）は北方系に大別されるがその中でユニークなグループとして位置する．また，集団間の遺伝的分化が大きいように見えるが，これは各集団内の変異性が低下したことによると考えられる．これと関連し

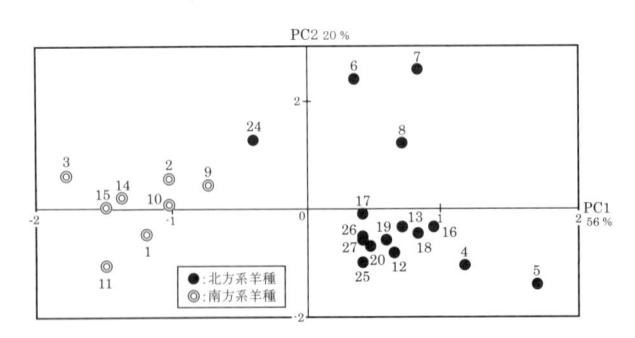

図II-5-21　主成分分析によるアジア羊種地域集団の遺伝的類縁関係を示す2次元散布図．
集団の地理的分布は図II-5-16を参照．

て今まで来歴が不明であったブータン南部のシプス羊（図中番号24）について見ると，バルワール羊と区別される傾向があり，バルワール羊と南方系羊種群との中間に位置する．しかしながら，シプス羊は，血液タンパク・非タンパク多型座位による枝分かれ図や前述の耳型やネパール移住者の経緯から見ると，バルワール羊と同系統であり，その集団の成立にインド系の影響を受けたとも考えられるような歴史をもつのではないかと推察される．

南方系羊種群においては，ベンガル羊やカギ羊は地域集団別に属するクラスターが異なり，複雑化している．ミャンマー羊を含めて遺伝距離は短くないが，それほど遺伝的分化は進行していない．しかしながら，インド系のヒツジは，明確ではないが，特にUPGMA法による枝分かれ図から見ると，少なくともベンガル・カギ・ミャンマー系とランプチェレ系とは別の系統のように推察される．

以上のことから，血液タンパク・非タンパク多型の遺伝子座位から見る限り，東アジアのヒツジ集団は，その遺伝的構造としてヒマラヤ山脈を境に北方集団と南方集団の2つの巨大な遺伝子プールに分かれて存在すると推定される．各々のプールは均質ではなく，成立年代が異なる幾つかの小プールで構成されている．だが，その巨大プールの間ではまだ互いに目立った遺伝子交流はおこなわれていないようである．

このような2大系統集団が東アジアに見られる理由は明らかでない．恐らく西アジアから東へ移動してきたヒツジは，ヒマラヤ山脈系の壁に突き当たり，一方は北方へ，もう一方は南方へと迂回するように流れ込んだものと思われる．しかし，それぞれの地域で厳しい気候環境に曝されることになり，長い年月を経て，その環境に適応した集団が様々に分化し，これまで存続してきたのではないかと推測される．温暖な乾燥地を好むヒツジは気候変化に鋭敏な家畜で，特にインド方面へ向かったものは高温多雨な気候風土への適応に対し厳しい篩いにかけられたように推察される．

東アジアのヒツジ調査で系統関係とは直接的な関連性は薄いが，この一連の調査を通じて得られた興味深い結果として，Hb-β座位のHb^A遺伝子において特異的な頻度分布がある（図II-5-16参照）．すなわち，ビャンラング羊，ジャカル羊およびサクテン羊のような山岳羊ではHb^A遺伝子の頻度が他の羊種よりも比較的高く保有されている．この遺伝子に支配されるヘモグロビンA成分は，最も酸素親和性が高く（DAWSON and EVANS, 1965），標高3,000m以上の低酸素状態では生存に有利である．張ら（1988）によれば，図II-5-22に示すように，中国青海省の様々な高度で飼われているチベット羊において，飼養地区の標高が高まるに伴いHb^A遺伝子の頻度が増加しているの

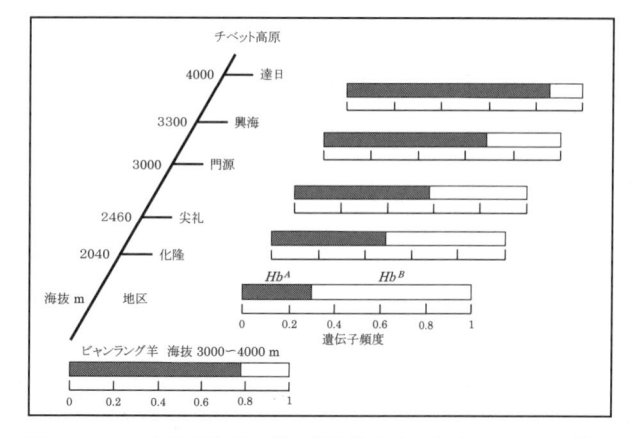

図II-5-22 中国青海省の様々な海抜高度におけるチベット羊のヘモグロビン-β型座位（Hb-β）対立遺伝子の頻度分布．

が認められる．標高3,000 m以上のネパールやブータンのヒツジにおいて見られる Hb^A 遺伝子の高頻度化も中国のチベット羊と同様に高所適応のためによるもので，ヘモグロビンAの生理作用が有利に働いていると考えられる．これはヘモグロビンの分子機能の違いを利用した環境適応の好例である．

iii) DNA多型

DNA解析から見たヒツジの系統関係に関する調査研究は端緒についたばかりで，情報量は少ない．その系統解析には，他の家畜と同様にそのマーカーとしてmtDNA，マイクロサテライト（microsatellite）DNAおよび各種タンパク質の遺伝子多型が利用されている．

ヒツジではmtDNA変異として複数のハプロタイプのグループが発見されている（WOOD and PHUA, 1996；HIENDLEDER et al., 1998）．先にも述べたように2つの変異があり，ハプログループAはアジア系の羊種に，ハプログループBはヨーロッパ系の羊種に高頻度で見られる（HIENDLEDER et al., 1998；MEADOWS et al., 2005）．東アジアのヒツジを対象にした研究では，mtDNAのシトクロムオキシダーゼ I (cytochrome oxidase I) 遺伝子領域における Hinf I 多型の diagnostic 分析（HIENDLEDER et al., 1999）によりその変異の調査がおこなわれた（角田ら，2003；未発表データ）．

ハプログループAとBの2種類（図II-5-23）は，ヒマラヤ山脈を境にした北方系ヒツジでは，バルワール羊や灘羊はハプログループAが平均して89％と高頻度なのに対して，ハルハ羊やビャンラング羊ではハプログループAと共にハプログループBが37％の割合で混成されていた．一方，南方系ヒツジではカギ羊やランプチェレ羊はハプログループAが高頻度を占め（96％），それに比べて，ミャンマー羊やベトナム羊ではハプログループBの頻度が高く（52％），ここでもAとBの著しい混成集団が認められている．他に中国の同羊やブータンのシプス羊は

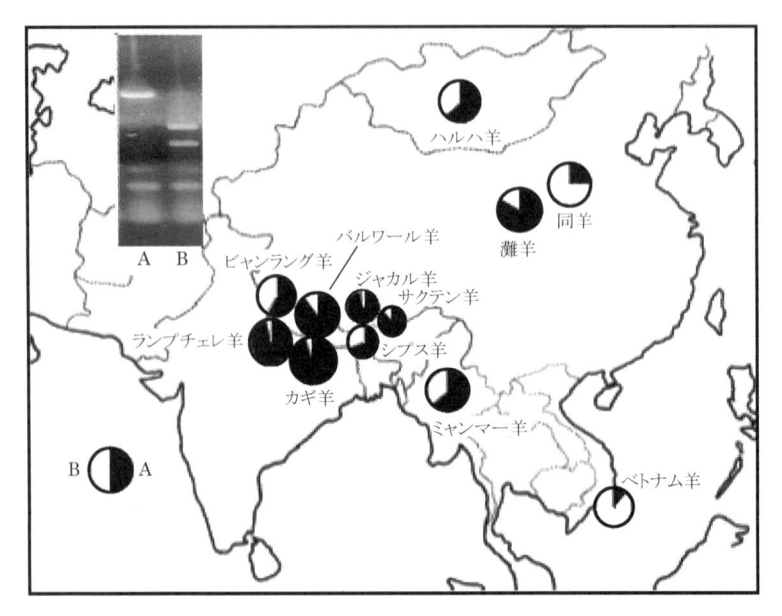

図II-5-23 東アジアの在来羊種におけるmtDNAハプロタイプの2群（A, B群）の頻度分布．

意外にもBが高頻度を占めていた．南北両系のいずれの羊種集団でもアジアヒツジ特有のハプログループAで成立しているとは限らず，ヨーロッパヒツジ由来の母系がかなり浸透している，いわゆる遺伝子流入の様相が窺える．このような傾向はヨーロッパおよびアジアヒツジを調査したMEADOWS et al. (2005) によっても指摘されている．それでも，ヨーロッパ系ヒツジで改良されずアジア特有の在来ヒツジがまだ一部残存していることは，遺伝資源の保存のうえでも注目に値する．しかしながら，mtDNAによる羊種集団の系統関係は，調査した羊種集団の種類が少数で全体的に捕らえ難く，今後の課題として残されている．

最近，ヨーロッパ，コーカサスおよび中央アジア地域におけるヒツジのmtDNA変異が調査されている (TAPIO et al., 2006)．彼らによると，従来のハプログループA，B以外にCとDが発見され，ハプログループA，B，C，Dはコーカサスの羊種で，A，B，Cは中央アジアの羊種で，さらにA，Bは黒海やウラル山脈の北と西を含めたヨーロッパ東部の羊種で観察されている．これらの地域のハプログループA，B，Cのmedian-joining network分析によりAグループは家畜化地域から最初に拡散し，それに次いでほぼ同時にBグループが，そしてCグループはかなり最近になって拡散していることがわかってきた．このmtDNA調査では，幾つかのヒツジの母系は中東からロシアを越えて北ヨーロッパに到達したことが示唆されている．

ヒツジ集団の系統分化にマイクロサテライトを利用した研究はわずかで，主にスペインおよび中国において国内の品種集団を対象におこなわれている (ARRANZ et al., 1998；DIEZ-TASCON et al., 2000；JIA et al., 2005)．特にJIA et al. (2005) の報告では，10種類のマイクロサテライト多型をマーカーに用いて新疆ウイグル自治区のアルタイ羊 (Altai sheep) およびカザフ羊などの在来種と，ロムニー羊 (Romney sheep) やドーセットホーン羊 (Dorset Horn sheep) のようなヨーロッパ系羊種の間では遺伝距離が比較的大きく，枝分かれ図でも2つに群別されている (図II-5-24)．しかしながら，アジア全体の羊種集団における巨視的な系統解析までには至っていない．

むしろ，マイクロサテライトでは，それ以前の問題として基準となるべき適切なマーカーとしての種類が選択統一されていない．それゆえに共通性を欠き，結果の相互比較ができず，単発的な調査結果で終わる傾向があり，まずは統一の必要性が求められている．

次に，タンパク遺伝子多型の利用として，東アジアのヒツジを対象にしてプリオンや羊毛タンパク質をコードする遺伝子が検討されている．プリオンタンパク質 (prion protein：PrP) は数種類の遺伝子多型が存在し，その幾つかはスクレイピー (scrapie)，いわゆるヒツジのスポンジ性脳症の発症と密接に関係する (BELT et al., 1995；DAWSON et al., 1998)．そのため，ヨーロッパでは，特に PrP 遺伝子のコドン136 (V/A：バリン／アラニン)，154 (R/H：アルギニン／ヒスチジン) および171 (Q/R/H：グルタミン／アルギニン／ヒスチジン) の遺伝子型の保有状況が調査されている (DRÖGEMÜLLER et al., 2001；GARCIA-CRESPO et al., 2004)．

アジアヒツジでは，図II-5-25に示すように，それらの遺伝子型は，ARQ/ARQ が79％

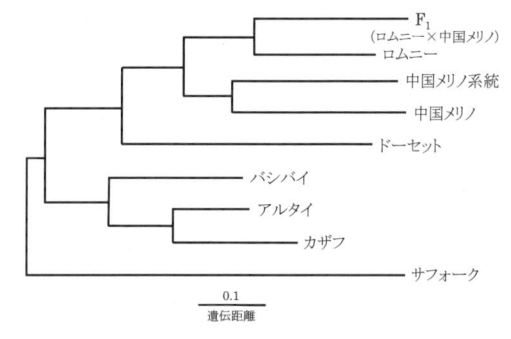

図II-5-24 中国新疆ウイグル自治区における羊種集団の遺伝的類縁関係．
マイクロサテライト多型にもとづく遺伝距離とNJ法による枝分かれ図．(JIA et al., 2005より改変)

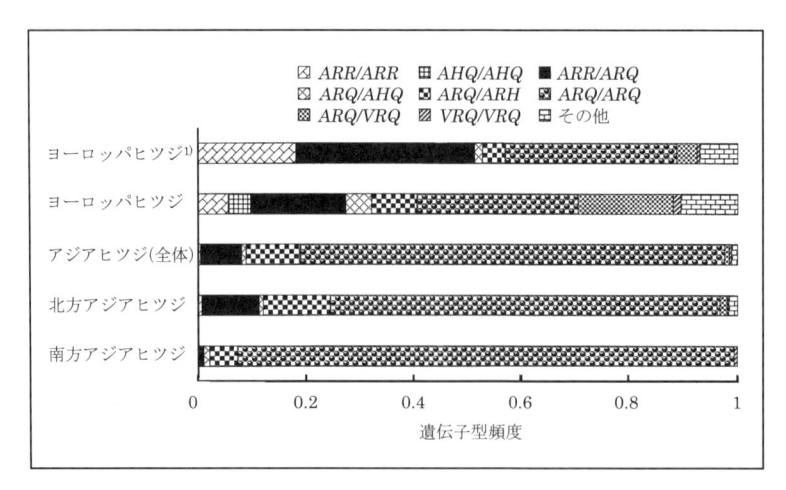

図 II-5-25　アジアヒツジおよびヨーロッパヒツジにおけるプリオンタンパク質遺伝子コドン 136, 154 および 171 の遺伝子型の保有状況.
DRÖGEMÜLLER et al.（2001）および GARCIA-CRESPO et al.（2004）のデータにもとづく.
1) 日本国内で飼養されているヨーロッパ品種からのデータ.

で，他に ARR/ARQ 8％, ARQ/VRQ 1％なのに対して，ヨーロッパ羊種の ARQ/ARQ が 30％, ARR/ARQ 18％, ARQ/VRQ 18％であるのとは相当に異なることが認められている（角田・並河，2007）．また，アジアヒツジを北方系と南方系グループに分けると，その頻度分布に著しい違いが見られる．北方系では ARQ/ARQ が 72％, 次いで ARQ/ARH が 12％, ARR/ARQ が 11％で，それに対して南方系は，そのほとんどが ARQ/ARQ で，92％を占めている．同様に遺伝子頻度レベルでも，東アジアの羊種集団において 2 大系統の違いを示唆するような特異的な分布が観察される．

さらに，アジアヒツジでは上述のように ARQ/ARQ 型が圧倒的に高頻度で，DAWSON et al.（1998）によるスクレイピーに対する危険度の 5 段階レベルから見れば，この遺伝子型は比較的リスクの高いレベル 4 に相当し，罹患しやすい遺伝的体質であることを示唆している．

他にアジアヒツジではモンゴル羊と中国羊において PrP 遺伝子多型の解析がおこなわれている（GOMBOJAV et al., 2003 ; ZHANG et al., 2004）．モンゴル在来種と改良種ではコドン 171 においてスクレイピー抵抗性の遺伝子型 R/R をもつヒツジが全体の 1.8％であるのに対して，スクレイピー感受性の遺伝子型 Q/Q をもつヒツジは 66.8％と高く存在する．さらに高感受性を付与するコドン 136 の V 遺伝子もわずかながら確認されている．このような点からモンゴルの大部分のヒツジはスクレイピーに対して感受性を有すると考えられている．中国羊ではコドン 136 の V 遺伝子は検出されず，コドン 171 の Q 遺伝子がモンゴル羊と烏殊穆沁（Ujumuqin）羊においてそれぞれ 68％および 97％が認められている．

羊毛タンパク質の DNA 多型に関しては，羊毛繊維皮質の構成タンパク質である type I intermediate filament wool keratin（T1IFWK）および B2C high-sulphur wool protein（B2CHSWP）をコードする遺伝子にそれぞれ MspI および BsrI 多型が検出されている（ROGERS et al., 1993a, 1993b）．T1IFWK 遺伝子多型では，M と N の 2 つの遺伝子からなり，ヨーロッパヒツジの M 遺伝子はアジアヒツジのそれよりわずかに低い頻度が得られている（角田，未発表データ）．

一方，X と Y の 2 つの遺伝子からなる B2CHSWP 多型では，特にアジアヒツジにおいてイン

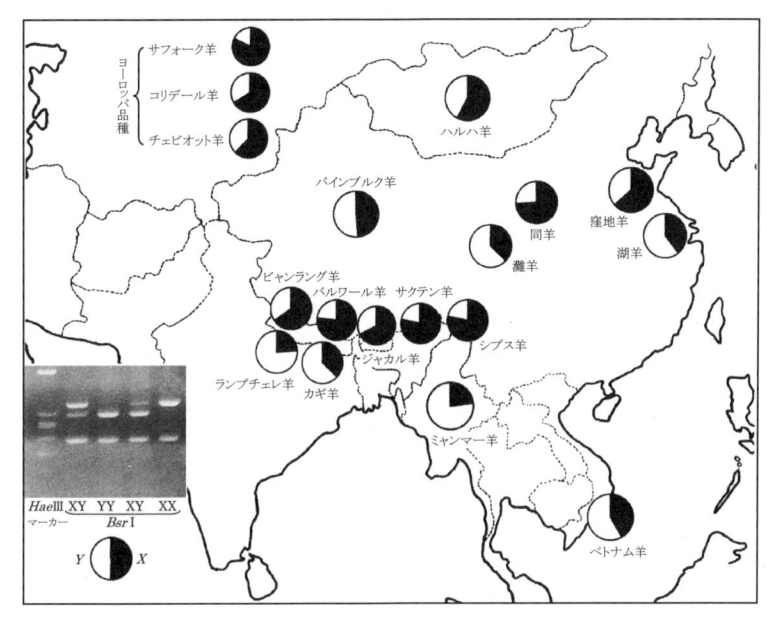

図 II-5-26 東アジアのヒツジにおける B2C high-sulphur wool protein 遺伝子の制限酵素 *Bsr* I による切断型対立遺伝子の頻度分布.

ド系ヒツジはモンゴル・チベット系ヒツジよりも X 遺伝子が低頻度で，明らかに異なる様相を呈している（図 II-5-26）．さらにモンゴル系の中国羊で，灘羊，湖羊およびバインブルク羊は，他の中国羊と比べ Y 遺伝子の頻度が高い傾向にある．これは，血液タンパク・非タンパク多型で見られた湖羊およびバインブルク羊の系統関係とも関連するものか明らかでないが，これらが共通先祖から由来している可能性を示唆した．この座位は，血液タンパク・非タンパク多型と同様にアジアヒツジの系統を分析するうえで重要なマーカーの1つとして期待される（角田，未発表データ）．

だが，アジアヒツジの系統関係を解析するのに多くの DNA マーカーが必要であり，今はその本題に足を掛けた段階に過ぎない．まだ多くの DNA 多型の検索が残されている．今後，アジアヒツジの系統関係の解析には DNA レベルでの期待と同時に，従来のタンパク質レベルとの両方からの総合的な検討が必要である．

(4) 東方への伝播拡散

西アジアで家畜化されたヒツジは，東アジア，ヨーロッパ，そしてアフリカへと伝播拡散された．当初，どのようなタイプのヒツジが各地にもたらされたのかはっきりしない．B.C. 4,000 年頃に西方のスカンジナビア，そして B.C. 4,500 年頃には東方の中国へ到達していた．その後，B.C. 3,500〜2,000 年頃のシュメール時代にはラセン角の毛羊やアモン角の緬毛羊などの主要なタイプのヒツジがすでに出揃っていた（ZEUNER, 1963）．B.C. 6,000〜5,000 年以前では野生ヒツジに近い，未分化な原始形態のヒツジであったかもしれないが，東西へ伝播した B.C. 4,000 年代頃には家畜としてある程度形態分化していたものと推測される．

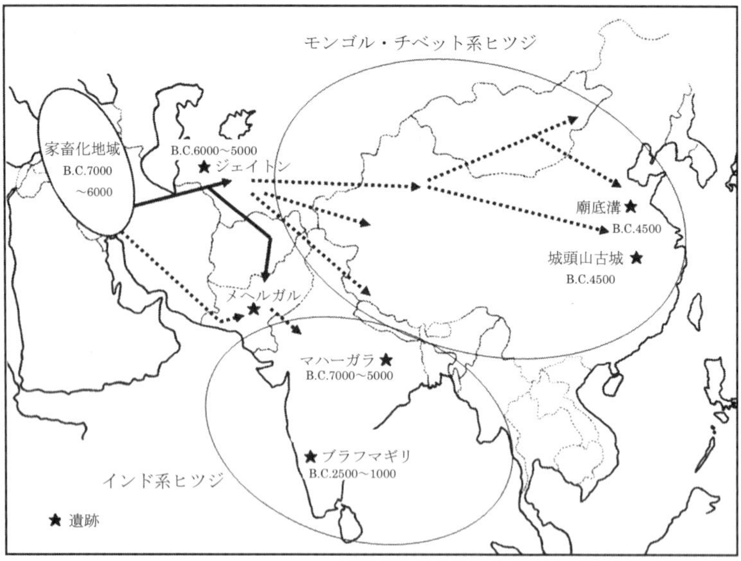

図 II-5-27 アジアにおけるヒツジの東方への伝播経路の推測図.
実線は考古学的知見によるルート，点線は地理・歴史的並びに系統遺伝学的研究から推測したルート.

　東西へヒツジが伝播拡散したルートは確実ではないが，西方に関しては比較的明らかにされている．考古学的資料から，B.C. 6,500 年頃までには小アジア，現在のトルコへ達しており，さらに西方へは3つのルートがあったと推定されている（RYDER, 1984）．それは，ダニューブ（Danubian）河流域ルートとギリシャからのアキオス（Axios）河流域ルートであり，B.C. 5,000 年頃までにはヨーロッパ中部へ到達していた．他に地中海，ヨーロッパ大西洋沿岸ルートで，B.C. 4,000 年頃には大西洋沿岸，ブリテン島，さらにスカンジナビアへ拡散していた．またアフリカへは B.C. 5,000 年頃までに小アジアからエジプトをはじめ北アフリカの各地へ到達していた．

　しかしながら，東方に関してはルートが明らかでなく，図 II-5-27 に示されるように，イラン高原中央の砂漠地帯を挟む南北2つの迂回ルートが考えられている（藤井, 2001）．1つは北方ルートで，家畜化地域からトルクメニスタン南西部のジェイトン（Jeitun; B.C. 6,000～5,000 年頃の遺跡）へ至るものである．そこはアフガニスタン方面への伝播拡散の起点でもあり，中央アジア方面への起点にもなりえたと推察されている．もう1つはイラン南東部の先土器新石器文化遺跡のあるケルマン（Kerman）周辺を経て，パキスタン西部のメヘルガル（Mehrgarh: B.C. 7,000 年代後半の遺跡）へ向かう南方ルートである．このルートの実態は不明な点が多く，メヘルガルはインド方面への起点であったかもしれないが，ジェイトンからの南下地点とも想像されている．イラン高原では B.C. 3,000 年頃の原エラム文明以降から東への交易ルートが生まれ，時代の変遷と共に新たにインダス平原へのルートが開発されている（後藤, 1999）．ヒツジの移動もこれらの開発に随伴して様々なルートで東や南へと向かったのではないだろうか．

　このようにイラン高原辺りがさらなる東方への分岐点となったが，その先の中国，インド方面へのルートは一層明確でない．だが，北と南へのルートの存在は，尾の形状や脂肪形成，鼻の形状あるいは角の発現性による種々のタイプのヒツジの分布状況，あるいは血液タンパク・非タンパク多型の遺伝子頻度分布から見ても別々の系統のヒツジがアジア南北に流れ込んで，形態的に

も遺伝的にも異なるヒツジ集団を構成していることからも示唆される．

その北方ルートとしては，中央アジアから様々なルートに分岐し，ロシアへと，また天山北路や南路を経てモンゴル高原へと，かつて緑であったタクラマカン砂漠のタリム盆地やヒマラヤ山脈の南北両側の中腹沿いに向かったものと推測される．モンゴル高原から極東の中国へは，黄河中流域の廟底溝遺跡や長江中流域の城頭山古城遺跡の発掘調査で出土した羊骨から証されているように，B.C. 4,500 年頃にはすでにヒツジが到達していた（鳥越，2000；甲元，2001）．モンゴル高原へ最初に移入されたヒツジのタイプは明らかでないが，現在のモンゴル羊は恐らくシュメール時代前後のメソポタミアから東方へ拡散してきた脂尾羊集団が基であり，さらに南下して様々な中国羊へと形態分化していったものと推定される．ただ長江河口域の湖羊だけは，先にも触れたように寒羊や同羊などの中国羊種の仲間に入らず，バインブルク羊やモンゴル羊と同じ系統の仲間に属し，中国羊のなかで地方種としても古く，モンゴル高原から中国へ最初に伝播されたタイプではないかと考えられる．

南方のインドへのルートでは，RYDER（1984）によれば，B.C. 7,000 年頃にはアフガニスタンにヒツジが存在し，B.C. 6,500 年頃までにバルチスターン（Baluchistan）やインダス河流域に到達し，その後，紀元前の3,000年間にわたって，パキスタンのクエッタ（Quetta）河流域で飼養されていた．さらにパキスタン地域からインドへ移入された時期は明らかでないが，ヒツジは，SINGH et al.（1979）が指摘するようにパキスタンからインド東部や南部にかけて拡散したものと推定される．最終的に南部へは B.C. 2,500～1,000 年頃の新石器時代の遅い時期に到達し，ウシやヤギなどと共に広く飼われるに至ったと言われている（ターパル，1985）．

東方へのヒツジの由来ルートはまだ判然としていないが，今後の在来ヒツジの遺伝学調査と共に考古学的史料を加味して解明されていくことが期待される．

文献

ARRANZ, J. J., BAYON, Y. and SAN PRIMITIVO, F. (1998) Genetic relationships among Spanish sheep using microsatellites. Anim. Genet., 29 : 435-440.

BAR-YOSEF, O. and MEADOW, R. H. (1995) The Origin of Agriculture in the Near East. (PRICE, T. D. and GEBAUER, A. B., eds.) Last Hunters First Farmers, Santa Fe.

BELT, P. B. G. M., MUILEMAN, I. H., SCHREUDER, B. E. C., RUIJTER, J. B., GIELKENS, A. L. J. and SMITS, M. A. (1995) Identification of five allelic variants of the sheep PrP gene and their association with natural scrapie. J. Gen. Virol., 76 : 509-517.

BÖKÖNYI, S. (1964) A moroslele-panai neolitikus telep gerinces faunaja. Kulonlenyomat az Archaeological Ertesito, 91 : 87-94.

BROWN, L., ARMINGTON, S. and WHITECROSS, R. W. (2007) Bhutan. Lonely Planet.

陳　偉生・徐　桂芳　主編（2004）中国家畜地方品種資源図譜．中国農業出版社，北京．

張　才駿・李　清軍・馬　植林（1988）青海省門源蔵羊血紅蛋白多型性的研究．中国養羊，3 : 21-22.

DAVIS, S. (1987) The Archaeology of Animals. Batsford, London.

DAWSON, M., HOINVILLE, L. J., HOSIE, B. D. and HUNTER, N. (1998) Guidance on the use of PrP genotyping as an aid to the control of clinical scrapie. Veterinary Record, 6 : 623-625.

DAWSON, T. J. and EVANS, J. V. (1965) Effect of hemoglobin type on the cardiorespiratory system of sheep. Am. J. Physiol., 209 : 593-597.

DEVENDRA, C. and MCLEROY, G. B. (1982) Goat and Sheep Production in the Tropics. Longman, London and New York.

DIEZ-TASCON, C., LITTLEJOHN, R. P., ALMEIDA, P. A. R. and CRAWFORD, A. M. (2000) Genetic variation within the Merino sheep breed : analysis of closely related populations using microsatellites. Anim. Genet., 31 : 243-251.

DORJI, T., TSHERING, G., WANGCHUK, T., REGE, J. E. O. and HANNOTE, O. (2003) Indigenous sheep genetic resources and

management in Bhutan. AGRI., 33 : 81-91.
DRÖGEMÜLLER, C., LEEB, T. and DISTL, O. (2001) PrP genotype frequencies in German breeding sheep and the potential to breed for resistance to scrapie. Veterinary Record, 149 : 349-352.
EBINGER, P. (1974) A cytoarchitectonic volumetric comparison of brains in wild and domestic sheep. Z. Anat. Entwickl.-Gesch., 114 : 267-302.
ENDREJAT, E. (1977) Reflections on the history of the domestic sheep. Veterinary Medical Rev., 1 : 3-20 ; 2 : 107-124.
藤井純夫 (2001) 世界の考古学 16 ムギとヒツジの考古学.（藤本 強・菊池徹夫監修）同成社，東京.
GAO, J., DU, L.-X., MA, Y.-H., GUAN, W.-J., LI, H.-B., ZHAO, Q.-J., LI, X. and RAO, S.-Q. (2005) A novel maternal lineage revealed in sheep (*Ovis aries*). Anim. Genet., 36 : 331-336.
GARCIA-CRESPO, D., OPORTO, B., GOMEZ, N., NAGORE, D., BENEDICTO, L., JUSTE, R. A. and HURTADO, A. (2004) PrP polymorphisms in Basque sheep breeds determined by PCR-restriction fragment length polymorphism and real-time PCR. Veterinary Record, 154 : 717-722.
GOMBOJAV, A., ISHIGURO, N., HORIUCHI, M., SERJMYADAG, D., BAYAMBAA, B. and SHINAGAWA, M. (2003) Amino acid polymorphisms of PrP gene in Mongolian sheep. J. Vet. Med. Sci., 65 : 75-81.
後藤 健 (1999) 古代文明と環境.「ライブラリ相関社会科学 環境と歴史」（石 弘之・樺山紘一・安田喜憲・義江彰夫編）新世社，東京.
HIENDLEDER, S., KAUPE, B., WASSMUTH, R. and JANKE, A. (2002) Molecular analysis of wild and domestic sheep questions current nomenclature and provides evidence for domestication from two different subspecies. Proc. R. Soc. Lond. B, 69 : 893-904.
HIENDLEDER, S., MAINZ, K., PLANTE, Y. and LEWALSKI, H. (1998) Analysis of mitochondrial DNA indicates that domestic sheep are derived from two different ancestral maternal sources : no evidence for contributions from urial and argali sheep. J. Hered., 89 : 113-120.
HIENDLEDER, S., PHUA, S. H. and HECHT, W. (1999) A diagnostic assay discriminating between two major *Ovis aries* mitochondrial DNA haplogroups. Anim. Genet., 30 : 211-213.
HOLE, F. and FLANNERY, K. V. (1967) The prehistory of southwestern Iran : a preliminary report. Proc. Prehist. Soc., 33 : 147-206.
今泉吉典 (1988) 世界の動物.「分類と飼育 (7) 偶蹄目 III ウシ科の分類」（今泉吉典監修）東京動物園協会，東京.
JIA, B., CHEN, J., ZHAO, R.-Q., LUO, Q.-J., YAN, G.-Q. and CHEN, J. (2005) Microsatellite analysis of genetic diversity and phylogenetic relationship of eight sheep breeds in Xinjiang. Yi Chuan Xue Bao, 30 : 847-854.
加茂儀一 (1973) 家畜文化史. 法政大学出版局，東京.
甲元眞之 (2001) 中国新石器時代の生業と文化. 中国書店，福岡.
MEADOWS, J. R. S., KANTANEN, K. L. J., TAPIO, M., SIPOS, W., PARDESHI, V., GUPTA, V., CALVO, J. H., WHAN, V., NORRIS, B. and KIJAS, J. W. (2005) Mitochondrial sequence reveals high levels of gene flow between breeds of domestic sheep from Asia and Europe. J. Hered., 96 : 494-501.
PEDROSA, S., UZUN, M., ARRANZ, J. J., GUTIERREZ-GIL, B., SAN PRIMITIVO, F. and BAYON, Y. (2005) Evidence of three maternal lineages in Near Eastern sheep supporting multiple domestication events. Proc. R. Soc. Lond. B. Biol. Sci., 272 : 2211-2217.
PERKINS, D. J. R. (1964) Prehistoric fauna from Shanidar, Iraq. Science, 144 : 1565-1566.
ROGERS, G. R., HICKFORD, G. H., BICKERSTAFFE, R. and WOODS, J. L. (1993a) *Bsr* RFLP in the gene for the ovine B2C high-sulphur wool protein. Anim. Genet., 24 : 69.
ROGERS, G. R., HICKFORD, G. H. and BICKERSTAFFE, R. (1993b) *Msp* I RFLP in the gene for a type I intermediate filament wool keratin. Anim. Genet., 24 : 218.
RYDER, M. L. (1983) Sheep and Man. Duckworth, London and New York.
RYDER, M. L. (1984) Sheep. *In* : Evolution of Domesticated Animals. (MASON, I. L., *ed.*) Longman, London and New York.
RYDER, M. L. and STEPHENSON, S. K. (1968) Wool Growth. Academic Press, London and New York.
SAHANA, G. (2000) Sheep and goat genetic resources of Indian subcontinent. *In* : Domestic Animal Diversity Conservation and Sustainable Development. (SAHAI, R. and VIJH, R. K., *eds.*) SI Publications, New Delhi.
SINGH, H. P., BHAT, P. N., RAINA, B. L. and SINGH, R. (1979) Phylogenetic relationships between indigenous sheep breeds. Indian J. Anim. Sci., 49 : 910-915.
TAPIO, M., MARZANOV, N., OZEROV, M., CINKULOV, M., GONZARENKO, G., KISELYOVA, T., MURAWSKI, M., VIINALASS, H. and KANTANEN, J. (2006) Sheep mitochondrial DNA variation in European, Caucasian, and central Asian areas. Mol. Biol.

Evol., 23 : 1776-1783.

ターパル, B. K. (1985) インド考古学の新発見. 小西正捷・小磯　学訳, 雄山閣出版, 東京.

鳥越憲三郎 (2000) 古代中国と倭族. 中央公論新社, 東京.

角田健司 (2006) 緬羊の起源と系譜. 在来家畜研究会報告, 23：209-228.

角田健司・天野　卓・野澤　謙・HASNATH, M. A. (1988) バングラデシュにおける羊の形態および血液蛋白多型ならびにヨーロッパ系羊種との遺伝的関係. 在来家畜研究会報告, 12：161-185.

TSUNODA, K., AMANO, T., NOZAWA, K. and HASNATH, M. A. (1990) Genetic characteristics of Bangladeshi sheep as based on biochemical variations. 日畜会報, 61：54-66.

TSUNODA, K., CHANG, H., SUN, W., HASNATH, M. A., MAUNG, M. N., RAJBHANDARY, H. B., TASHI, D., TUMENNASAN, H. and SATO, K. (2006) Phylogenetic relationships among indigenous sheep populations in East Asia based on five informative blood protein and nonprotein polymorphisms. Biochem. Genet., 44：287-306.

角田健司・道解公一 (1994) ネパールおよびその近隣諸国における緬羊ヘモグロビン β 鎖支配遺伝子の分布状況. 日緬会誌, 31：28-33.

角田健司・道解公一・山本義雄・黒澤弥悦・庄武孝義・西田隆雄・RAJBHANDARY, H. B. (1992) ネパール在来羊の形態および血液蛋白変異. 在来家畜研究会報告, 14：155-183.

TSUNODA, K., DOGE, K., YAMAMOTO, Y., NAMIKAWA, T., AMANO, T., KUROSAWA, Y., SHOTAKE, T., NISHIDA, T. and RAJBHANDARY, H. B. (1993) Biochemical polymorphisms of Nepalese native sheep breeds. 日畜会報, 64：1051-1059.

角田健司・並河鷹夫 (2007) アジア緬羊集団におけるプリオンの遺伝子多型. 日本畜産学会第107回大会講演要旨, p. 49.

TSUNODA, K., NOZAWA, K., MAEDA, Y., TANABE, Y., TSERENBATIN, Y., BYAMBA, M., TUMENNASAN, H., ZANCHIV, T. and DASHYAM, B. (1999) External morphological characters and blood protein and non-protein polymorphisms of native sheep in central Mongolia. 在来家畜研究会報告, 17：63-82.

TSUNODA, K., NOZAWA, K., OKAMOTO, S., HASHIGUCHI, O., SUN, L., LIU, A., LIN, S., XU, W. and SHI, L. (1995) Blood protein and non-protein variation in native sheep populations in Yunnan province of China. 日畜会報, 66：585-593.

TSUNODA, K., OKABAYASHI, H., AMANO, T., KUROKI, K., NAMIKAWA, T., YAMAGATA, T., YAMAMOTO, Y., VO-TONG, X. and CHAU, B. L. (1998) Morphologic and genetic characteristics of sheep raised by the Cham tribe in Vietnam. 在来家畜研究会報告, 16：63-73.

角田健司・RAJBHANDARY, H. B.・佐藤啓造 (2003) ヨーロッパおよびアジアヒツジにおけるミトコンドリアDNAハプロタイプの分布状況. 日緬会誌, 40：7-11.

TSUNODA, K. and SATO, K. (2001) Specific frequency distribution of erythrocytic X-protein alleles in indigenous sheep populations in East Asia. Biochem. Genet., 39：407-416.

角田健司・佐藤啓造・杜　曇・魯　生霞・孫　偉・常　国斌・楊　章平・常　洪・晁　向陽 (2006) 中国寧夏回族自治区における灘羊の外部形態および血液蛋白・非蛋白型座位の遺伝子頻度構成. 在来家畜研究会報告, 23：157-171.

角田健司・佐藤啓造・魯　生霞・廖　信軍・杜　曇・孫　偉・耿　榮慶・常　国斌・楊　章平・常　洪 (2007) 中国山東省における小尾寒羊および窪地羊の外部形態並びに血液蛋白・非蛋白型の遺伝子頻度. 在来家畜研究会報告, 24：249-264.

TSUNODA, K., YAMAMOTO, Y., MANNEN, H., TANAKA, K., KUROSAWA, Y., KINOSHITA, K., MIYAZAKI, Y., NAMIKAWA, T., KURACHI, E., NOZAWA, K., SATO, K., DORJI, T. and TSHERING, G. (2007) Morphological and genetic research on three types of indigenous sheep of Bhutan. 在来家畜研究会報告, 24：123-143.

TSUNODA, K., YAMAMOTO, Y., NOZAWA, K., TANAKA, K., KUROSAWA, Y., MANNEN, H., YAMAGATA, T., SUZUKI, Y., OKABAYASHI, H., MAUNG MAUNG NYUNT, THAN DAING, U THAN HLA, NAY WIN, KINOSHITA, K. and MAEDA, Y. (2004) Morphological traits and biochemical polymorphisms of Myanmar sheep. 在来家畜研究会報告, 21：155-169.

UERPMANN, H. P. (1987) The ancient distribution of ungulate mammals in the Middle East. Fauna and archaeological sites in Southwest Asia and Northeast Africa. Dr. LUDWING REICHERT Verlag, Wiesbaden.

VALDEZ, R., NADLER, C. F. and BUNCH, T. D. (1978) Evolution of wild sheep in Iran. Evolution, 32：56-72.

WOOD, N. J. and PHUA, S. H. (1996) Variation in the control region sequence of the sheep mitochondrial genome. Anim. Genet., 27：25-33.

ZEUNER, F. E. (1963) A History of Domesticated Animals. Hutchinson, London.

ZHANG, Z., LI, N., FAN, B., FANG, M. and XU, W. (2004) PRNP polymorphisms in Chinese ovine, caprine and bovine breeds. Anim. Genet., 35：457-461.

(角田健司)

II-6 ヤギ
―東アジアの在来ヤギ―

(1) ヤギの野生種と家畜化

　ヤギは最も古く家畜化された反芻動物の1つであり，B.C. 7,000年からB.C. 10,000年の間に西アジアの山地で家畜化がおこなわれたと考えられている（ZEUNER, 1963；MASON, 1984）．その家畜化の最古の証拠は，ヨルダンのエリコやカスピ海沿岸のベルト洞穴からB.C. 7,000年のものとされる地層に遺物が見つかったことである（ZEUNER, 1963）．ヤギはイヌに次いで古い家畜であり，当初は肉用であったと推測されている．その後，乳用として利用されるようになり，ヤギは最古に搾乳がおこなわれ乳が利用された家畜として位置付けられている（BÖKÖNYI, 1974）．
　ヤギは北極などの極寒地帯を除くほとんどの地域で飼育されているといった点でも際立った存在である．これはヤギが粗食に耐え，温度や湿度の変化にも強く，強健性に優れているためといえる．このような利点と乳用家畜としては最も小型であることから，大航海時代には重要なタンパク源として船積みされたようである．現在においてもおよそ世界の75％の人々がヤギ乳を飲用に供しており，また食肉，毛織り，皮革としても利用されている．特に発展途上国において飼育頭数が多い傾向にある．いずれにせよ，ヤギは世界において最も重要な家畜の1つとして位置付けられている．その一方で，ヒツジやヤギの過放牧は砂漠化の原因の1つと考えられ，環境保全の観点から問題になることもある．特にヤギは草の根までも食するため，乾燥地域においても放牧できる利点がある一方，根茎を食べつくすため翌年新芽が出てこなくなり，砂漠化を決定づける一要因となる．このような環境保全の観点から，ブータンなどのように飼育頭数に制限を設けている国もある．
　現存している野生ヤギ（*Capra aegagrus*）は3つの亜種に分類される．ベゾアール（Bezoar, *C. a. aegagrus*），マーコール（Markhor, *C. a. falconeri*），アイベックス（Ibex, *C. a. ibex*）の3野生種が最もよく知られている野生ヤギの亜種である（図II-6-1，カラー）．ベゾアールは灰褐色か黄褐色の被毛を有し，顔面，胸，下腹部，四肢の前面は黒色を呈する．大きさとしては大型家畜ヤギとほぼ等しく，角は捩れのほとんど認められないサーベル形状を呈する．この角の前面はキール形状を示し，後面は円形を示す．パサン（Pasang）はベゾアールの別名である．CORBET (1978) によれば，ベゾアールは，*Capra aegagrus aegagrus*, *C. a. blythi*, *C. a. cretica*, *C. a. picta*, *C. a. turcmenica* の5亜種に分類されるとしている．これらは主に地域的に分離して生息していることから別亜種名が与えられているものの，形態的には類似している．マーコールの被毛色はベゾアールに似るが，頸部から胸部にかけて長い体毛を有しており，垂直方向に伸びる螺旋状の開放型の顕著なよじれ（heteronymous twist）を示す角を有している．家畜ヤギがマーコールの遺伝

的影響を受けているとする推測は，この螺旋形状を示す頭角を有する家畜ヤギが観察されることによる．アイベックスも被毛色は両者に似るが，その角の形に特徴があり，サーベル型のよじれのない角の前面に等間隔の結節（knot）が認められる．

MASON（1984）の著書から模写した，これら野生ヤギの生息地域を図 II-6-2 に示す．ベゾアールはパキスタン，イラン高原，アナトリアを中心して西アジアの山岳地帯に広く生息している．マーコールはベゾアール分布域の東部に位置するカシミア地方，西パキスタン，北東アフガニスタン，南ウズベキスタン地方の山岳地域に散在している．アイベックスは西アジアや中央アジア，東アフリカ，ヨーロッパなどの山岳地域に点在的に生息している．これら点在するアイベックス間の系統学的な分析はおこなわれていないが，その隔離された地域性から遺伝的にかなり分化しているものと考えられる．この中で家畜ヤギの野生原種としてはベゾアールが最も広く同意されている．これに加えて中央アジア地域でマーコールの遺伝的寄与が推測されており，またアフリカ方面に伝播してゆく過程でアイベックスの遺伝的影響を受けた可能性が示唆されている（HARRIS, 1962；ZEUNER, 1963）．これら3種は3つの種名が与えられることがしばしばあるが，相互間の交配によって生殖力のある雑種が生まれることから，1つの種としてまとめることが適当であろう（HERRE, 1958；HERRE und RÖHRS, 1973）．

ZEUNER（1963）によれば，中石器時代のシリア・パレスチナにおけるナトゥフ文化から多くのヤギの骨が出土しているがこれらは家畜化されたものかどうかは不明であり，家畜ヤギの最古の出土はヨルダン・エリコにおける新石器時代（B.C. 6,000～7,000 年）のものであろうとしている．その後，HIGGS and JARMAN（1972）はイランのアリ・コシュ遺跡から B.C. 6,750～7,500 年のヤギの遺骨を大量に発掘しており，これらが家畜ヤギであることを主張している．いずれにせよ家畜ヤギは，特に角の形態的特徴と野生ヤギの生息地域から考えて，B.C. 8,000 年頃に西アジアの山岳地帯でベゾアールから肉用として家畜化されたと考えるのが妥当である．

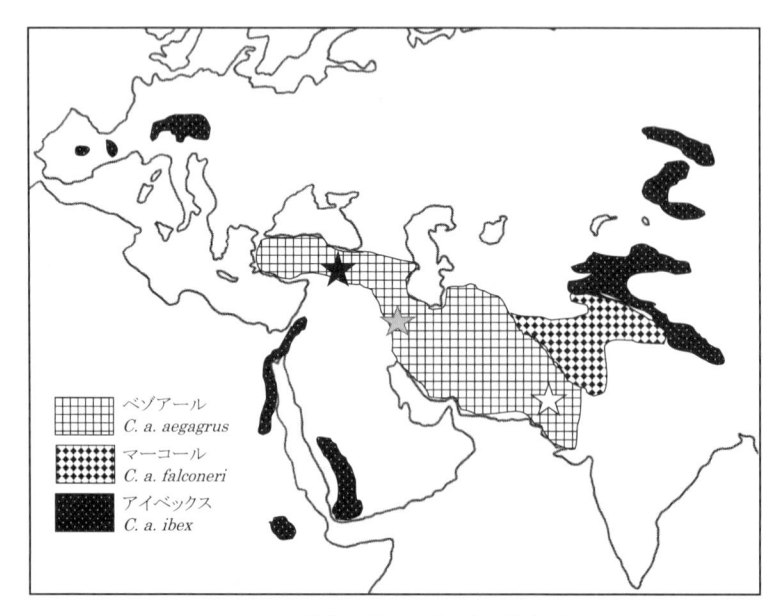

図 II-6-2　野生ヤギ3亜種の生息分布図．
星印は推測上の家畜化の中心地を示す．★：東南トルコ・タウラス地方，★：イラン・西ザグロス地方，☆：パキスタン・バルキスタン地方．MASON（1984）から改写．

図 II-6-1　世界の野生ヤギ.
1. ベゾアール（*Capra aegagrus aegagrus*）
2. マーコール（*C. a. falconeri*）
3. アイベックス（*C. a. ibex*）
（世界家畜図鑑（社）日食協より）

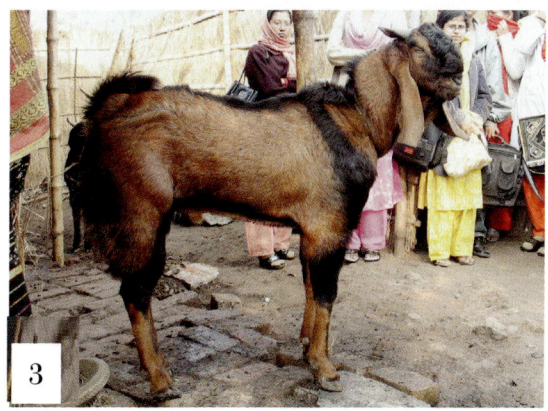

図 II-6-4　世界家畜ヤギの3タイプ.
1. ベゾアール型（成都麻羊）　2. サバンナ型（イランにて，撮影：太田克明博士）　3. ヌビアン型（バングラデシュ，シロヒ種）
4. ベゾアール型とヌビアン型の混在種（ミャンマー在来ヤギ）

図 II-6-15 カンボジアの在来ヤギ.
1. 平野部には耳が垂れ,凸型顔面のものが多い.　2. 山岳部では直耳,凹型顔面のものが多い.

図 II-6-16 アジア在来ヤギの飼育・調査風景.
1. ブータン在来ヤギの採血　2. ブラック・ベンガルヤギ（バングラデシュ）　3, 4. 階段付き高床式ヤギ舎とヤギの放牧（カンボジア）

(2) 家畜ヤギの分類とアジアにおける伝播経路

世界における家畜ヤギ (*Capra hircus*) の分布を図II-6-3に示す．家畜ヤギはヨーロッパとアジアで多くの品種が確立されており，これらは主に乳用，肉用，毛用に分類される．アジアでは肉乳兼用のJamnapari（ジャムナパリ）種，Beetal種，毛用としてはKashmiri種，Angora種が有名である．また，ヨーロッパではSaanen（ザーネン）種やBritish Toggenburg種など乳用の品種が多い．これらに加えて，品種としては確立されていない在来種が世界の多くの地域で飼育されている．もともとの在来種に加えて，形質が優れている品種と交雑されたと予測される在来種も数多く存在する．

野澤・西田（1981）とNozawa（1991）は，世界の家畜ヤギを次のように大きく3つのタイプに分類できると述べている．1）ベゾアール型：最も原始的な形態をとどめ，サーベル型の角と直耳をもつ．矮小型がしばしば現れる．2）サバンナ型：乾燥地域への適応型でよじれ角を有する．3）ヌビアン型：大型の乳用ヤギで，顔面は凸隆し（Roman profile）長い垂耳を有する．の3型である（図II-6-4，カラー）．ベゾアール型ヤギはB.C. 8,000年頃に最初に野生ヤギから家畜された型と言える（Epstein, 1971）．B.C. 4,000年にはサバンナ型のヤギが中東や中近東に現れ，この地域においてサバンナ型は金石併用時代には優勢となり，青銅器時代には主要なヤギとなった（Zeuner, 1963；Epstein, 1971）．一方，ヌビアン型ヤギはインダス文明（B.C. 3,000年）の遺跡からは生存・飼育の根拠が得られず，アーリア人の大移動後（B.C. 1,500年）にインドからイランにかけた地域でサバンナ型ヤギから進化したと考えられている（Epstein, 1971）．この家畜ヤギの分類で特に着目された点としては，角や耳の形態と顔面の形である．東北アジアではベゾアール型のみが認められるが，東南アジアではベゾアール型を基礎にヌビアン型が混入し，ヨーロッパではベゾアール型とサバンナ型が混在しており北へゆくほどベゾアール型が優勢である．アフリカではこれら3つの型がいずれも入っている（野澤，1986）．しかし，その混入の程度は国や地域でかなり大きな差があるようである．図II-6-4-4（カラー）にベゾアール型にヌ

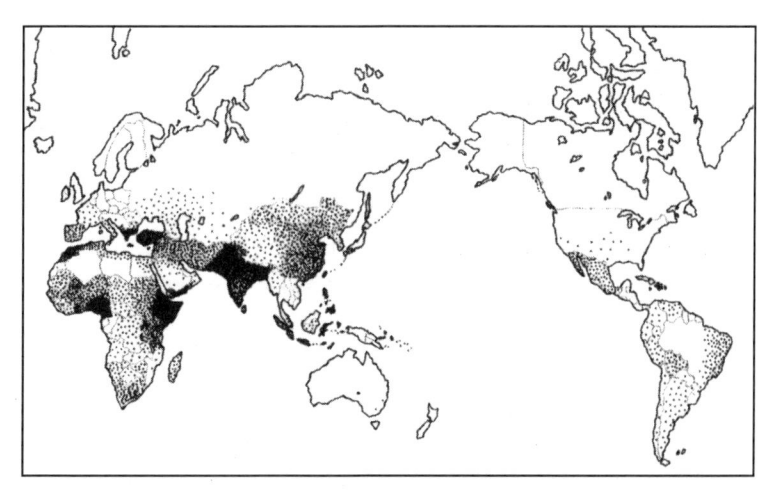

図II-6-3 世界におけるヤギの飼養分布．
FAO Production Yearbook, 1982 より作図 (Nozawa, 1991).

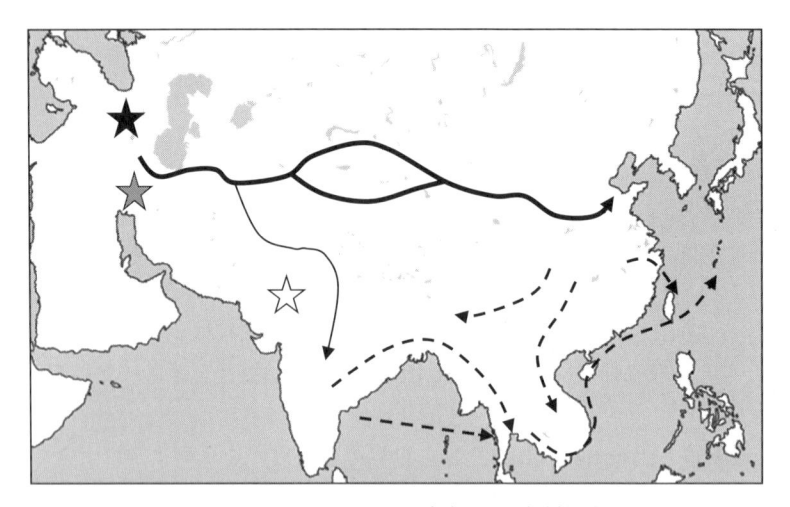

図 II-6-5 アジア地域への家畜ヤギの伝播経路.
星印は推測上の家畜化中心地を示す（**図 II-6-2** 参照）.
シルクロード沿い（太い実線）, シルクロードからインド亜大陸（細い実線）, インドや中国からの伝播路（破線）を示す.

ビアン型が混入したミャンマー在来ヤギを示すが，顔面は中間型であり耳が適度に垂れている様子がよく見てとれる．

　農業文化や家畜飼育文化は西アジアからヨーロッパへ，拡がっていった．その主要ルートとしては，エーゲ海を横切りバルダル渓谷とダニューブ（ドナウ）渓谷に沿いハンガリー盆地に至るルートである．この文化は B.C. 5,000 年にはヨーロッパに到達しているが，家畜ヤギもこのルートにより伝播されたことはほぼ間違いがない．人々がこの地に移住したとき，ヤギは森や茂みの開墾に一役買ったであろうし，肉や乳の提供者としても有益であったに違いない．東北ユーゴスラビアやハンガリーでは新石器時代のヤギが発掘されており，これらヨーロッパにおける初期のヤギはサーベル型の角を有している（BÖKÖNYI, 1974）．新石器時代のキプロス，クレタ島，ギリシャにおいても，出土されるヤギの角はサーベル型を呈している．新石器時代の中期以降には，中部〜南部ヨーロッパの遺跡でよじれた角をもつヤギがしばしば見つかるようになり（BÖKÖNYI, 1974），青銅器時代にはヨーロッパ中で優勢な型となっていったようである．サーベル型の角をもつヤギは北部の山岳地域に追いやられ，アルプス渓谷やスカンジナビア半島でのみ見られるようになる（ZEUNER, 1963）．現在では，トッケンブルグ種やザーネン種がこれらの子孫にあたるのかもしれない．

　図 II-6-5 にアジアにおける家畜ヤギの伝播経路の仮説を示す．西アジアの家畜化中心地から 2 つの道をたどっていったと考えられている（DEVENDRA and NOZAWA, 1976）．第 1 の道は太い実線で示されているシルクロードに沿って，イランやアフガニスタンの中央アジアからモンゴル，中国へとつながる道である．第 2 の道は細い実線で示されるように，第 1 の道から分岐しカイバル峠を越えてインド亜大陸へ向かう道である．この道も古く，インド・アーリア人は B.C. 1,500 年頃の進入にこの道を使ったことが知られている．モンゴル，中国，インドはこれらの道を利用していた遊牧民族から，最も古く家畜ヤギを受容した．四大文明の発祥地である中国とインドに伝えられた家畜ヤギは，それぞれの地域でその頭数を増やしていったと考えられる．その後，破線で示されるように中国からは台湾やインドシナ半島へ，またヒマラヤ山脈の東を南に越えて

アッサム，ベンガル地方へ伝えられた．インドからはベンガル湾に沿いマレー半島や東南アジアに伝播し，さらに北進してフィリピンや日本の南西諸島にまで伝播したと考えられている（野澤，1986）．

古今より中国やモンゴルの広範囲にわたる地域では相当数のヤギが飼育されているが，2つの代表的な家畜ヤギの飼育が見て取れる．1つは低雨量，猛暑，極寒環境に適応したサバンナ型のヤギである．もう1つは海南島や台湾平野を含む南中国に見られる比較的小型・肉用のベゾアール型のヤギである．インドでは非常に多様性に富む数多くの品種が存在している．ヒンズー教やイスラム教はウシやブタの食肉を禁じているため，ヤギはインドにおいて重要なタンパク源であり，その結果，世界で最もヤギの頭数と多様性を有する国の1つとなっている．インドの科学工業研究会議（Council of Scientific and Industrial Research, India, 1970）はインド在来ヤギを4つに分類している．ヒマラヤ山岳地帯のカシミアヤギ，乳用のジャムナパリヤギ，デカン高原の肉用黒色ヤギ，ベンガル湾周域で飼育されている小型の肉用ヤギ，である．ベンガル地域と南中国には地理的文化的交流があり，ベンガル湾周域のヤギは南中国の在来ヤギと遺伝的な関連があるだろう．

（3）　家畜ヤギの系統

i)　形態とタンパク多型

1970年代以降には形態学的分析に加えて血液試料を用いた血液タンパク多型の分析がおこなわれるようになり，東アジアにおける在来ヤギの遺伝的類縁関係の調査がおこなわれてきた．これまで調べられてきている形態学的形質としては，体高，体長，胸深，胸幅，腰幅，耳長，顔面の特徴，耳の形状，角の形状，被毛色，長毛，毛髯（もうぜん），副乳頭，肉髯（にくぜん），間性などがある．現在の調査においても調べられている形質は，体高，顔面の特徴，耳の形状，角の形状，被毛色，長毛の有無，毛髯，副乳頭，肉髯，間性である．特に被毛色は多岐に分類される．形態学的特徴のうち，地理的差異をよく示す顔面の特徴と優性白色遺伝子 I についての各地域における頻度分布図を図II-6-6と図II-6-7に示す．

顔面の特徴は，ローマンプロファイル（Roman profile）と呼ばれる凸型の顔面の程度で判断する．これは主にインド産のジャムナパリ種に代表されるヌビアン型特有の特徴であり，このヌビアン型ヤギの遺伝子流入の推測に役立つ．図II-6-6の頻度分布に見られるように，ローマンプロファイルはインドから東南アジアにかけて高頻度で分布する．北東アジアの在来ヤギではローマンプロファイルを示すものは存在しないか，あってもわずかな頻度である．ローマンプロファイルの形質は連続的変異を示すため，ローマンプロファイルをコントロールしている遺伝子がどの程度混入しているのか判定が難しいところではあるが，同じ国の中でも地域差が大きく認められることが知られており，興味深い形質といえる．

東南アジアにおけるこの形質の一般的な傾向としては，山岳地域においてはベゾアール型の凹型の割合が多く，海沿いや都市の周辺ではローマンプロファイルを示す個体の割合が多くなっている．東南アジアでは，インド起源で最も古いタイプの家畜ヤギであると考えられている，マ

286　第II部　家畜種各論

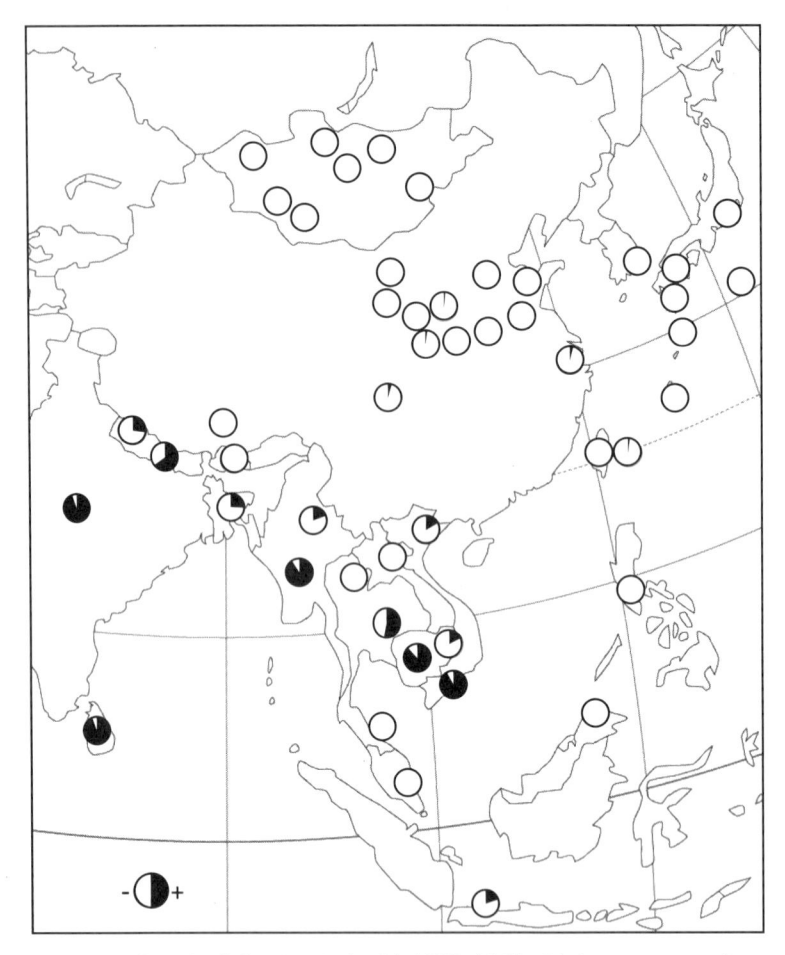

図II-6-6　東アジア家畜ヤギにおける顔面形質（凸型の顔面：Roman profile）の頻度分布．

レー語で Kambing Katjang（マメヤギ）と呼ばれるベゾアール型の家畜ヤギが広範囲に分布している．したがって，東南アジアではもともとベゾアール型の家畜ヤギが飼育されているところへ，体格や乳量改善のためにジャムナパリ種あるいは Etawa 種と呼ばれるヌビアン型の乳用ヤギが改良に導入されている事実と一致する．おそらく同じ国内であってもこのプロファイルの頻度差が認められるのは，海沿いに位置する都市部周辺ではヌビアン型ヤギが多く導入され，山岳地域においてはこの改良品種の遺伝的影響が少ない結果であると思われる．

　この仮説の1つの証拠を，カンボジアのアンコール遺跡群の Bayon 寺院の石版に見つけることができる．Bayon 寺院遺跡は Angkor Tom と呼ばれる12世紀から13世紀に造営された都城にある寺院の1つである．Bayon 寺院のレリーフに刻まれているヤギの像は合計で3頭であるが，これらすべてが凹型の顔面および直耳の形態を示している．このレリーフの写真例を**図II-6-8**に示す．またその大きさから考えても，このヤギは上述した Kambing Katjang と呼ばれるベゾアール型の家畜ヤギの特徴をよく表している．このレリーフは少なくともこの時代までは，飼育されている家畜ヤギがベゾアール型であったことを伝えている．この地域あるいは東南アジア全般にヌビアン型の改良品種が導入されたのは，19世紀後半以降のことであり，肉量や乳量の改

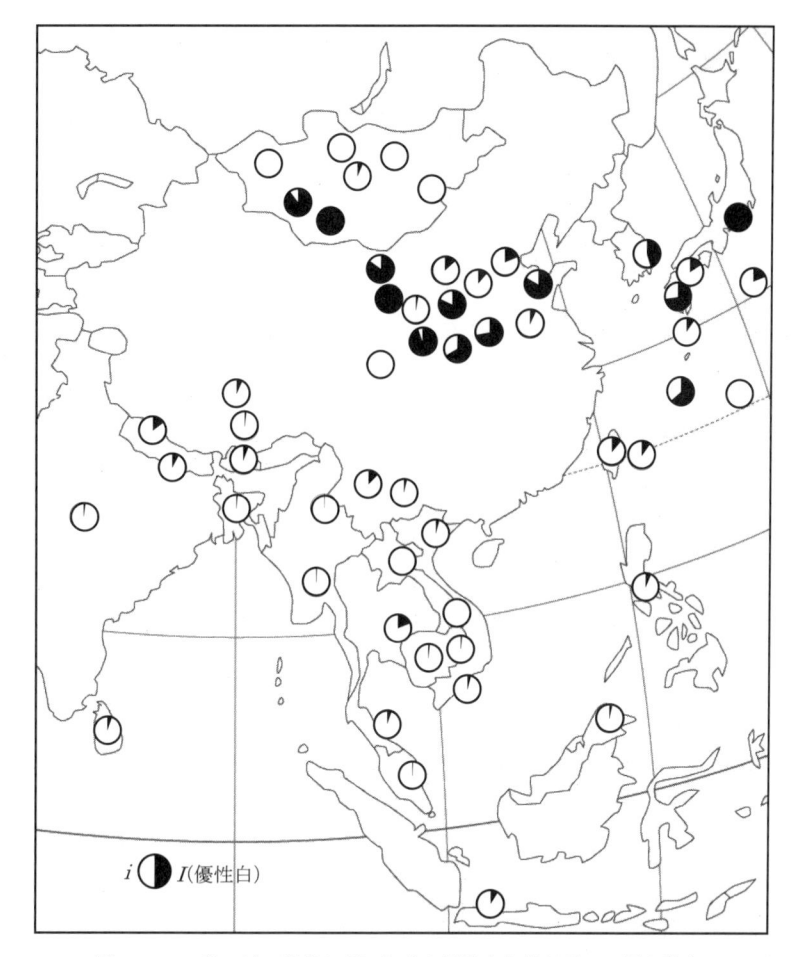

図II-6-7 東アジア家畜ヤギにおける優性白色遺伝子 *I* の頻度分布.

良が目的であったと考えられる.

　これとは逆に優性白色遺伝子 *I* は北東アジアにおいて頻度が高い（図II-6-7）．その他の形態学的特徴としては，ねじれ角（twisted horn）の頻度がアジア内陸乾燥地帯で高く，前述したサバンナ型ヤギ遺伝子の混入が見て取れる．長毛の頻度は内陸山岳部で高い傾向が認められるが，これはカシミアヤギを代表として，気温に適応した形の地域分布と認められる．その他の形質では目だった地域差が認められない．

　表II-6-1にヤギで調査されてきた血液タンパク多型をまとめた．これら30種を越すタンパク多型を用いた分析がおこなわれてきた（勝又ら，1981, 1982, 1983；Nozawa *et al.*, 1978；野澤ら，1995；Nozawa *et al.*, 1998, 1999）．しかし，長年の調査の結果，これらタンパク多型のほとんどは多くの地域において単型であることがわかった．比較的どの地域においてもよく多型を示す座位としては，トランスフェリン型（Tf），アルカリ性ホスファターゼ型（Alp），プレアルブミン-3型（PA-3），エステラーゼ-D（EsD），ペプチダーゼ-B（PepB）の5つがあげられる．これら5つのタンパク多型のうち，地理的差異をよく示すTfとEsDについての遺伝子頻度分布図を図II-6-9と図II-6-10に示した．TfのTf^B対立遺伝子頻度は，インドのヌビアン型ヤギに高い傾向があり，それらが雑種化されつつある地域において段階的な頻度を示す．もっともこ

図 II-6-8 カンボジアのアンコール遺跡群におけるヤギ．
Bayon 寺院のレリーフに象られたヤギ．Bayon 寺院遺跡は Angkor Tom 都城にある寺院（12世紀～13世紀）．
a-1. 牛車の下に2頭のヤギがいる（a-2 はその拡大）b. ヤギの屠殺解体処理のようす．

表 II-6-1 電気泳動法により多型調査したヤギ血液タンパク質・酵素．

タンパク質・酵素名	座位
酵素	
血しょう	
Non-specific esterase	Es
Alkaline phosphatase	Alp
Amylase	Amy
血球	
Esterase-D	EsD
6-phosphogluconate dehydrogenase	6PGD
Phosphohexose isomerase	PHI
Malate dehydrogenase	MDH
NADH-diaphorase	Dia
Acid phosphatase	Acp
Tetrazolium oxidase	To
Lactate dehydrogenase-A	LDH-A
Lactate dehydrogenase-B	LDH-B
Esterase-1	CEs-1
Esterase-2	CEs-2
Adenylate kinase	AK
Catalase	Cat
Peptidase-B	PepB
Isocitrate dehydrogenase	IDH
Glutamic-oxaloacetic transaminase	GOT
Glyoxalase-I	GO-I
Phosphoglucomutase	PGM
Glucose-6-phosphate dehydrogenase	G6PD
非酵素	
血しょう	
Albumin	Alb
Prealbumin-1	PA-1
Prealbumin-2	PA-2
Prealbumin-3	PA-3
Ceruloplasmin	Cp
Transferrin	Tf
Haptoglobin	Hp
Slow-α_2-macroglobulin	Slα_2
赤血球	
Hemoglobin-α	Hb-α
Hemoglobin-β	Hb-β

の対立遺伝子は，ヌビアン型が流入していない地域においても低頻度で観察されるが，形態学的特徴のローマンプロファイルと同様，ヌビアン型ヤギの遺伝子流入の程度を推測するのに役立つであろう．一方，EsD の対立遺伝子 EsD^2 は，中国を中心に高い頻度となっている．これらの対立遺伝子構成は地域や品種で大きな差が認められるため，各品種の遺伝子流入の推測に対する手がかりとして有用であろう．

　Nozawa et al. (1978) は，これらヤギの血液タンパク分析の結果から，他の家畜種に比較して遺伝的変異性レベルが低いことを論じている．ザーネン種系統の改良ヤギとアジアの在来肉用ヤギの間では遺伝的差異は小さく，Nei の遺伝距離 (1975) の絶対値は0.01にも満たないとしている．その他の調査においても，地域間で形態的特徴の著しい違いや用途の違いがあるにもかかわらず，ヤギの品種あるいは地域集団間の遺伝的変異のレベルは他の家畜種と比べて著しく低い（勝又ら，1981，1982，1983；Nozawa et al., 1978）．この低変異性が全世界の家畜ヤギ集団に普

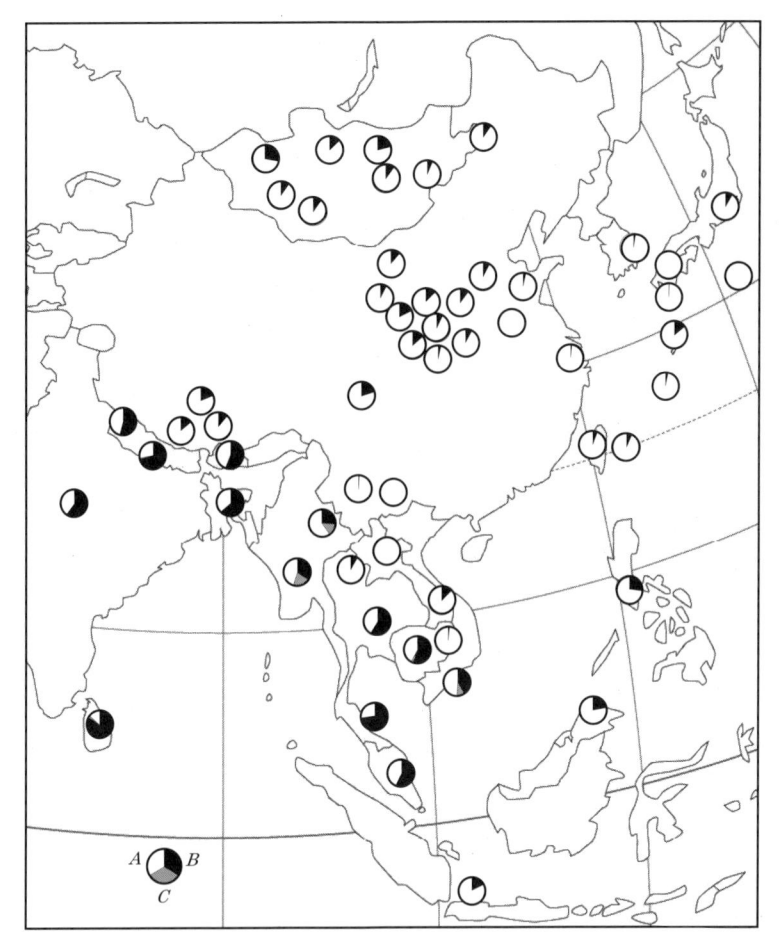

図 II-6-9 東アジア家畜ヤギにおける血しょうトランスフェリン型（Tf）座位対立遺伝子の頻度分布.

遍的な遺伝的性格であるかは未だに明確ではないが，このことは東および東南アジア在来ヤギの起源や系統を追究する際に，考慮すべき問題の1つであろう．

ii) DNA 多型

ヤギに対して，DNA 分析が適用されるのは 1990 年代の後半以降のことである．特にミトコンドリア DNA（mtDNA）を用いた分析を中心に分析が進んできた．これらの研究により，家畜ヤギの遺伝的多様性や起源についての考察がおこなわれ始めてきている（GANAI and YADAV, 2001；LI *et al.*, 2002；LUIKART *et al.*, 2001；MANNEN *et al.*, 2001；SAITBEKOVA *et al.*, 1999；SULTANA *et al.*, 2003；SULTANA and MANNEN, 2004；TAKADA *et al.*, 1997）．mtDNA を用いた分析では他生物種同様，D ループ領域と呼ばれる超可変領域あるいはその一部が使われる場合が多いが，分岐年代の推定などにはシトクローム *b* 遺伝子を始めとする機能遺伝子領域が用いられる場合もある．ヤギのmtDNA の塩基配列決定は断片的にはおこなわれていたが，全塩基配列の形で報告されたのは最近のことである（FELIGINI and PARMA, 2003）．この報告によると，家畜ヤギの mtDNA ゲノムは

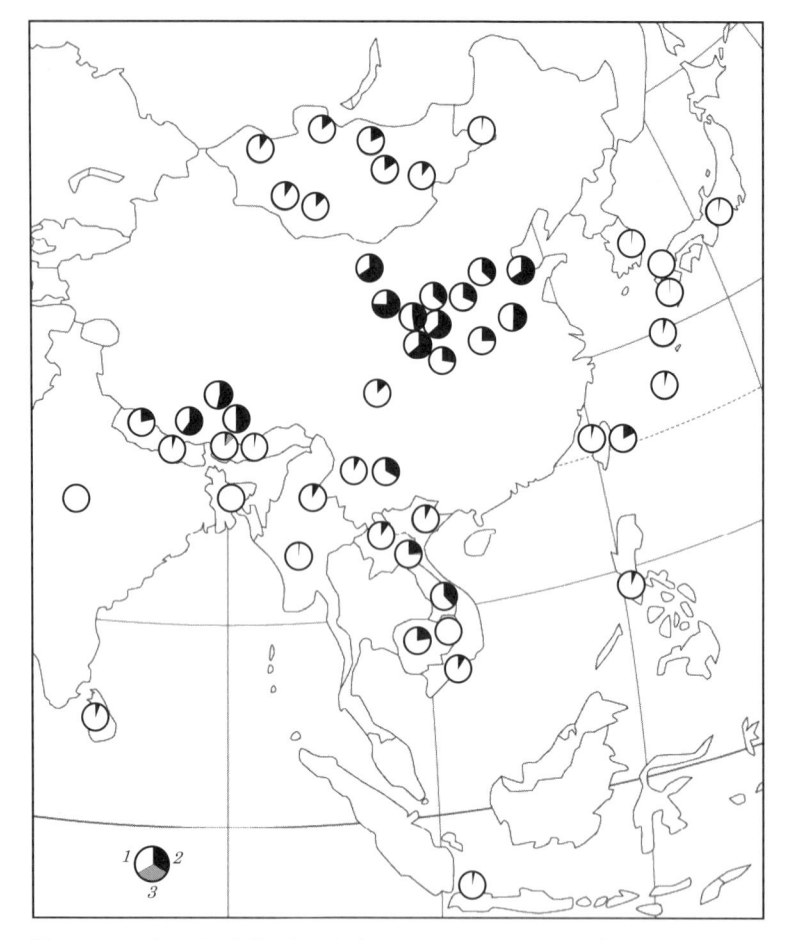

図 II-6-10 東アジア家畜ヤギの血球エステラーゼ-D型（EsD）座位対立遺伝子の頻度分布.

16,640 bp からなり，D ループの全長は 1,212 bp である．これはウシの D ループの全長 909〜910 bp と比較するとかなり長く，また近縁家畜種であるヒツジの 1,180 bp と比べても少し長いものとなっている．ヤギの D ループ領域においては，ヒツジやウマで見られるような繰り返し配列の変異は認められないが，まれに 17 bp や 76 bp の挿入／欠失が観察されることがある（SULTANA and MANNEN, 2004）．

　当初，家畜ヤギの起源および系統関係を調べるために mtDNA を用いた分析が TAKADA et al.（1997）や MANCEAU et al.（1999）によってなされた．数品種の家畜ヤギ品種と野生ヤギに対する分析により，家畜ヤギとベゾアールの mtDNA ハプロタイプが分岐の程度が少ない一群のクラスター（系統群）を形成したことから，家畜ヤギの祖先はベゾアール種であると結論付けている．その後，MANNEN et al.（2001）はラオス在来ヤギの mtDNA 分析により，これまで見つかった mtDNA ハプロタイプとは異なるハプロタイプ群を見いだし，ベゾアール亜種に由来するタイプではないかと考察している．同年に，LUIKART et al.（2001）は，ヨーロッパ，アフリカ，アジアから収集した家畜ヤギとベゾアール，マーコール，アイベックスの野生ヤギ 3 種を加えた大規模な分析をおこなっており，家畜ヤギの mtDNA は大きく 3 グループ（A，B，C の 3 系統）が存

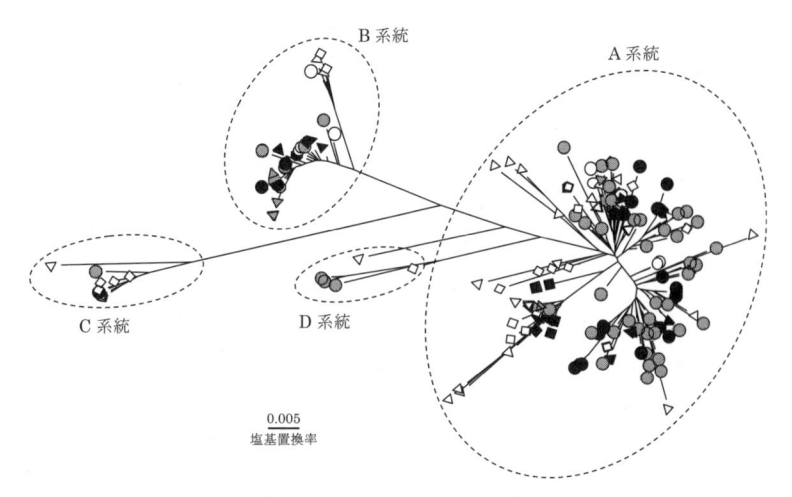

図 II-6-11 アジア8カ国における在来ヤギのミトコンドリア DNA の D ループ全塩基配列を用いた系統関係．
近隣結合法による．
● , ブータン (62) ▲ , カンボジア (30) ■ , 韓国 (19) ○ , ミャンマー (12) △ , 中国 (34) □ , モンゴル (34) ● , パキスタン (55) ▲ , ラオス (10) （ ）内は分析個体数．

在することを示した．次いで，SULTANA et al. (2003) はパキスタン在来ヤギの mtDNA 分析をおこない，上の3グループに加えて新しい mtDNA グループ（D 系統）を発見している．しかしながらこれまでの研究では，少なくとも B, C および D 系統に相当する野生ヤギのハプロタイプは発見されていない．

アジア8カ国における在来ヤギの mtDNA 塩基配列を調べ，見いだされたハプロタイプの系統樹を図 II-6-11 に示した (MANNEN, 未発表データ). アジア在来ヤギのみのハプロタイプを用いた場合でも，上述したすべてのミトコンドリア系統 A〜D が観察できる．LUIKART et al. (2001) の報告と同様，アジア在来ヤギのみを用いた場合においても，A 系統が最も頻度的に多いことがわかる．次いで B 系統，C 系統，D 系統の順にハプロタイプ数が多い．A 系統は単にハプロタイプの数が多いだけでなく，多様性や変異性も高い (LUIKART et al., 2001). さらに，SULTANA and MANNEN (2004) は A 系統の中においても，大きく2つに分類できるような A1 と A2 の存在を認めている．いずれにせよ，A 系統はヨーロッパやアフリカにおいてはもちろん，アジアにおいても最も主要なハプロタイプであることは間違いなく，最初に家畜化されたヤギのミトコンドリア祖先はこの系統のものであったことが推測される．また，この系統樹からもわかるように，B 系統においても分岐した2つのクラスターが観察される．これは中国やモンゴルの北東アジアに由来するクラスターと東南アジアに由来するクラスターとの地理的分離による分岐を示唆している．C 系統はこの系統樹および塩基置換率から，A 系統から最も分岐した系統であり，ヨーロッパの一部，パキスタンや北東アジアの国で低頻度ながら観察される．

TAKADA et al. (1997) と MANCEAU et al. (1999) の分析では，家畜ヤギと同じクラスターに属する野生ヤギのハプロタイプを1個体ながらも観察している．これに対し LUIKART et al. (2001) の分析では，家畜ヤギと同じクラスターに属する野生ヤギの mtDNA を観察していない．結果として，現在のところ DNA 分析からのヤギの祖先に対する明確な証拠は示されておらず，LUIKART et

表 II-6-2 シトクローム b 遺伝子の塩基配列から推定されたミトコンドリア系統間の分岐年代（B.P. 年）

	A系統	B系統	C系統	D系統
A系統*	–	242,950	375,470	265,040
B系統		–	397,560	375,470
C系統			–	507,990
D系統				–

*A～D系統は図 II-6-11 を参照．

al. (2001) も家畜ヤギの遺伝系統的状態を論文題名の中で"weak phylogeographic structure"と表現している．しかし，これまでの形態学的，考古学的な分析が示すとおり，家畜ヤギの成立に最も遺伝的貢献をしたのはベゾアールであろう．この起源に関する問題を明らかにするためには，広範囲に生息する野生ヤギのベゾアール，マーコール，アイベックスのDNA分析を数多くおこなう必要がある．特に野生ヤギは各地域に生息する亜種が数多く，生息地が明らかな野生ヤギを分析する必要がある．その分析結果は家畜化がおきた地域の特定に大きく貢献するであろう．

　さらに LUIKART et al. (2001) は，シトクローム b 遺伝子の塩基配列を用いて，これら mtDNA タイプ間の分岐年代を推定し，その結果，各 mtDNA タイプ間の分岐は少なくとも 20 万年以上前であることが見積もられた．筆者が得たアジア在来ヤギのハプロタイプを加え，推定した結果を表 II-6-2 に示した．このような塩基配列からの分岐年代推定は，大きな誤差を含んでいることが示唆されており（Ho et al., 2005），正確な分岐年代の推定は困難である．しかしながらここで推定された分岐年代は，ヤギの家畜化がおこなわれたと推定される約 1 万年前を大きく超えており，これら系統の分岐が家畜化以後におこったとすることは否定できるであろう．したがって，それぞれのミトコンドリア系統をもつ母系祖先は家畜化以前にすでに分岐していたといえる．さらに LUIKART et al. (2001) は各ミトコンドリア系統の多様性と頻度から系統の拡散程度を算出し，その年代を推定した．これは家畜化がおこなわれた年代を推定する指標となるが，この分析によればA系統は約 10,000 年前，B系統は 2,000 年前，C系統は 6,000 年前に各ハプロタイプが拡散したのだろうと推定している．ただし，B系統とC系統は得られているサンプル数も少なく，また家畜化をおこなったときに用いられた野生ヤギが有していた変異の程度にも依存するために，この値にも大きな誤差が含まれていることを記しておく．しかしながらこの結果は，各ミトコンドリア系統の母系祖先が家畜化された時期が 1 万年以内であり，それぞれが独立した場所・時期でおこなわれたことを示唆している．

　このような背景から，筆者はこれまでに東アジアにおける家畜ヤギの mtDNA 分析をおこなってきた．図 II-6-12 にこれらミトコンドリア系統の地域頻度分布図を示す．この頻度分布図からミトコンドリアA系統は，世界のどの地域でも高頻度であることが見てとれる．特に中近東から西方部のヨーロッパやアフリカでは，一部の地域でC系統が観察されるものの，ほとんどの地域で極めて高頻度でA系統のみが観察される．これに対し，中近東から東方の地域では，B系統を始めとしC系統やD系統も低頻度ながら観察される．特にB系統は，東南アジアに向かうにしたがい，その頻度は上昇している傾向がある．東北アジアの中国やモンゴルではA系統の頻度が最も高いものの，B, C, D系統のハプロタイプも観察され，3, 4種類のハプロタイプが混在した状態になっている．同じ中国においても，北東部や北西部ではB系統が全く観察されていないのに対し，南部においては東南アジア同様かなり高い頻度（29.8%）でB系統が観察される．インドとパキスタンを比べた場合，パキスタンにおけるB系統の頻度が11.3%であるのに対し，パキスタンより東部にあたるインドではわずか1.4%であることは特筆すべきである．

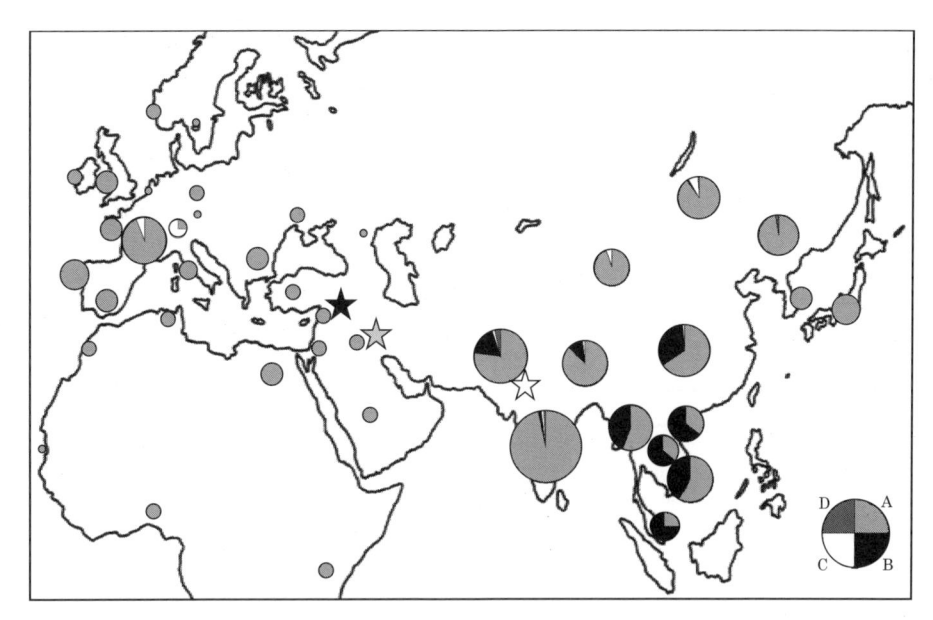

図 II-6-12 旧世界ヤギのミトコンドリア DNA ハプロタイプの頻度分布. 星印は図 II-6-2 参照.

調べられたインドの家畜ヤギは9改良品種と在来ヤギであり，インド国内のほぼ全域から収集されている（JOSHI et al., 2004）．インドのヤギ9改良品種においてはB系統の頻度は極めて低い．しかし，インド在来ヤギ（local goats）ではB系統が15％程度，C系統も15％程度の頻度で観察されることから，改良品種ほどB系統やC系統の頻度が低い傾向にある（JOSHI et al., 2004）．

このB系統の頻度分布は，各国内の地域ごとに分析した場合でも興味深い結果を示す．図 II-6-13 に例としてカンボジア国内におけるmtDNAタイプの分布図を示す（MANNEN et al., 2006）．カンボジア

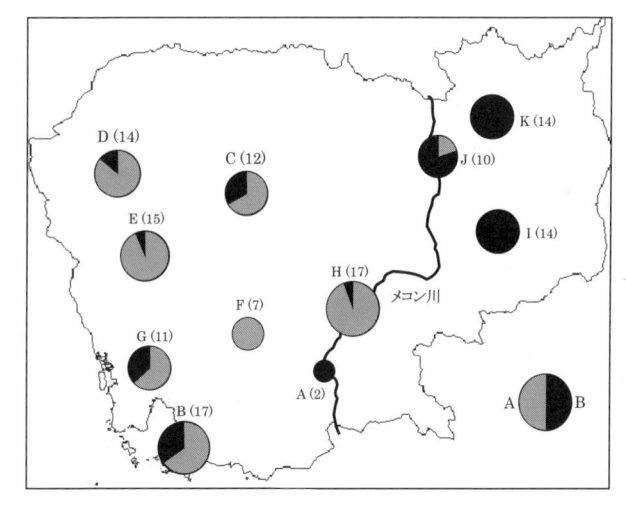

図 II-6-13 カンボジアにおけるヤギのミトコンドリア DNA ハプロタイプの頻度分布.
A. Phnom Penh B. Sihanouk C. Siemreap D. Banteymeanchey E. Battambang F. Compong Chhang G. Koh kong H. Kampong Cham I. Mondulkiri J. Stung Treng K. Rattanakiri （ ）内は分析個体数.

はメコン川を境に東部と西部に分けることができる．西部は主に平野からなる地域であり，比較的整備された交通路を有し，町も栄えているところが多い．アンコール遺跡群もこの平野の一部に存在する．それに比して東部，特に北東部は主に山岳地帯であり，交通路は整備されておらず散在した村落が認められることが多い．東部ではB系統の遺伝子頻度が極めて高い傾向にあるのに対し（0.80〜1.00），西部においてB系統の頻度は低い（0.00〜0.36）．家畜ヤギの形態，特

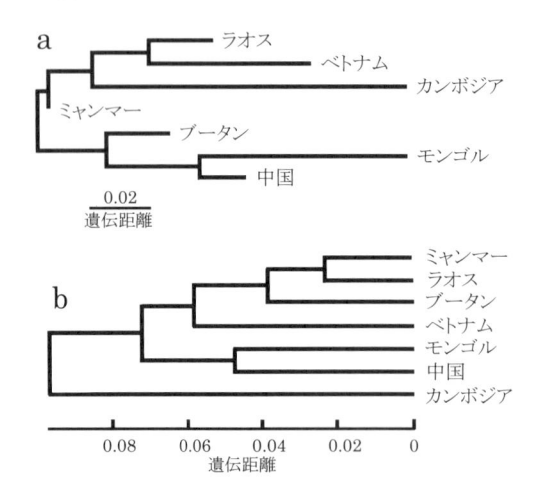

図II-6-14 アジア7カ国の在来ヤギの遺伝的類縁関係.
17種のマイクロサテライトマーカー多型データとNEIの遺伝距離による.
a. 近隣結合法（NJ法）　b. 平均結合法（UPGMA法）

にローマンプロファイルに注目すると，西部ではローマンプロファイルを示す個体の頻度は0.88であり，これに対して東部ではその頻度はわずか0.18に過ぎない（NOZAWA et al., 2006）．また，東部における在来ヤギはローマンプロファイルが低頻度を示すのみならず，直耳で体型が小型あるいは中型のベゾアール型を示す個体が多い．東部ではすべての個体（1.00）が直耳を示すのに対し，西部での頻度は0.04である（NOZAWA et al., 2006）．またその他の国，ラオス，ミャンマー，パキスタンなどにおける調査も，同様の結果を示し，都市平野部周辺ほどA系統の頻度が高い傾向にあり，ローマンプロファイルや下垂した耳をもつ個体が多く見られる（NOZAWA et al., 2000；万年ら，2000；SULTANA et al., 2003；NOZAWA et al., 2004；ISHIDA et al., 2005）．このmtDNA系統と形態学的特徴あるいは血液タンパク質型には深い関係がありそうである．これらデータを基にしたアジア在来ヤギの起源については後に詳しく述べることにする．

　マイクロサテライト分析は生物種の多様性や起源を調べる上で，mtDNAと同様によく利用される遺伝的多型である．mtDNAは生物の起源や多様性を推定する上で極めて有用かつ重要な情報を提供してくれる．しかし，mtDNAは母系による遺伝様式を示し，相同組み換えがない．この性質が長所ではあるが，mtDNAのみを用いた起源の推定は母系のみの観察である．集団における創始者効果の影響を受けやすい，新たな遺伝子型の集団へ影響が反映されにくい，などの欠点も指摘される（BRADLEY et al., 1996）．父系遺伝のマーカーとしてはSRY遺伝子，常染色体由来のマーカーとしてはマイクロサテライトが代表的に使用される．ヤギにおいては，LUIKART et al. （1999）が基準マイクロサテライトを提唱し，この標準マーカーを用いた分析が始まっている．しかし報告例は今までのところ多くはない（SAITBEKOVA et al., 1999；GANAI and YADAV, 2001；LI et al., 2002）．またウシにおいておこなわれたような各国への基準個体の配布準備がおこなわれていないなど問題点も多く，研究者間で信頼性のある比較がおこない難いのが現状である．

　筆者はラオス，ミャンマー，カンボジア，ベトナム，ブータン，モンゴル，中国のアジア7カ国の在来ヤギに対して，17の基準マイクロサテライトマーカーを用いた分析をおこなった（MANNEN et al., 未発表データ）．平均対立遺伝子数は4.9（ベトナム）～7.1（モンゴル），平均ヘテロ接合率は0.45（カンボジア）～0.64（モンゴル）の範囲であり，モンゴル在来ヤギが最も多様性に富む結果を得ている．このデータを用いて作成した各国集団間の遺伝的類縁関係を図II-6-14に示した．図の（a）（NJ法）では東南アジア在来ヤギと北東アジア在来ヤギの大きなクラスターを形成し，中間にミャンマーとブータン在来ヤギが位置した．しかし，図の（b）（UPGMA法）での樹形はおおむね北東アジアおよび東南アジア在来ヤギのクラスターをそれぞれ形成したが，ブータン在来ヤギは東南アジア集団に属し，カンボジア集団はアウトグループに位置した．ブートストラップによる信頼度もすべての枝分かれで低く（<0.50），どちらの図も類縁関係の評価

が困難であった．

マイクロサテライトマーカーの欠点としては大きく次の2つがあげられる．1) 繰り返し数やPCR産物のサイズを研究者間で正確かつ簡易に比較することが困難である．2) 同じ繰り返し数やサイズを有する対立遺伝子が同祖起源に由来しない状況が容易に起こりえる．1) については，マイクロサテライトによる増幅DNAの正確なサイズ推定が困難であり，数bpのサイズ差の検出精度に問題があることと，PCR増幅中に生じる偽バンドの出現がこの推定をより困難にしている．しかし，これらの問題は技術の進歩やより良いマーカーの選択により解決できる可能性がある．むしろ問題となるのは，2) の現象である．マイクロサテライトマーカーは極めて高い突然変異率とそれに基づく多数の対立遺伝子を評価可能な点が最も重要な利点である．しかし，この多型は基本的に繰り返し数に基づくため，例えば，繰り返し数が20回から18回，そして16回に変異した後にまた20回に戻るような遺伝現象が容易におこる．この場合，実験の評価としては始めと最後の20回は同じ対立遺伝子として扱われるが，明らかにこの起源は異なる．どのような多型であってもこの問題は存在するが，特にマイクロサテライトマーカーではこの傾向が顕著である．この2つの問題点が，起源や多様性を評価する場合に重大なマイナス面となる．

筆者がおこなったアジアにおける家畜ヤギの遺伝的類縁関係やその分岐の信頼度が高くないのは，特に対立遺伝子の同祖性の問題が影響しており，同様にマイクロサテライトマーカーを用いた他家畜種でも同様の傾向が認められる（BRENNEMAN et al., 2007；FANG et al., 2005）．遺伝的，地理的関係が比較的近い関係を推定する場合には同祖性の問題は無視できる程度であるが，たとえば多様性の高いアジア在来家畜種全体あるいはヨーロッパやアフリカなどに拡げて解析をおこなう場合には，マイクロサテライトマーカーは大きな誤差を含むことを一考すべきである．グローバルな解析をおこなうためには，その他の常染色体のマーカー，たとえば1塩基置換多型（single nucleotide polymorphisms：SNPs）のようなマーカーが適していると考えられる．今後，常染色体由来マーカーに基づく解析のために，ヤギにおいても高密度SNPsのマーカーおよびシステム開発が望まれる．

(4) 家畜ヤギの多様性と起源

タンパク質多型を用いたヤギの遺伝的多様性の分析では，ヤギの品種あるいは地域集団間の遺伝的変異性レベルが他家畜種に比べて低いことが報告されている（NOZAWA et al., 1978；勝又ら，1981，1982，1983）．一方，これまでのmtDNAやマイクロサテライトDNAを用いた分析では，家畜ヤギは他家畜種と比べても同等の遺伝的変異レベルを有していることが示唆されている（SAITBEKOVA et al., 1999；GANAI and YADAV, 2001；LI et al., 2002）．しかし，これらDNA多型分析は，超可変領域であるmtDNA Dループやマイクロサテライトマーカーを用いた結果であり，その変異性の高さのために種の多様性を過大評価している可能性がある．また，これらのマーカーは家畜種間で全く同じ遺伝子座や領域を用いているわけではないために，比較が難しい．よって，DNAマーカーを用いた家畜ヤギの低変異性レベルは確認されているとは言えず，今後タンパク多型と相互比較しながら適当なDNAマーカーによる分析を検討する余地が残されている．

これまで示唆されてきたヤギの家畜化の場所は複数存在するが，最も可能性の高い有力候補と

しては 3 地域，東南トルコ・タウラス地方の Nevali Cori 遺跡（B.C. 8,500〜8,000 年）と Cayonu 遺跡（B.C. 8,500〜8,000 年），イラン・西ザグロス地方の Ganj Dareh 遺跡（B.C. 8,000〜7,800 年）と Tepe Guran 遺跡（B.C. 7,500〜7,000 年），そしてパキスタン・バルキスタン地方の Mehrgarh 遺跡（B.C. 7,000 年）があげられている（MEADOW, 1996；PETERS et al., 1999；ZEDER and HESSE, 2000）．図 II-6-2 に，この仮説上の 3 つの家畜化の場所を示している．タウラス地方と西ザグロス地方は距離的にやや近接しているが（直線距離約 800 km），バルキスタン地方はこれら 2 ヶ所と距離的にかなり離れている（直線距離 2,000 km 以上）．もしこれら 3 ヶ所で独立してヤギの家畜化がなされたとすれば，系統的に分岐した野生ヤギを用いて家畜化されたと考えるのが妥当であろう．特にバルキスタン地方は，ベゾアール野生ヤギが現在生息している最も東方部にあたり，またマーコールの生息域とも近いため（図 II-6-2），バルキスタン地方でヤギの家畜化がおこなわれた場合，用いられた野生ヤギが系統的に分岐した亜種であることは自然なことだろう．

　ここまで家畜ヤギの形態学的特徴，タンパク多型および DNA 多型をとおして，家畜ヤギの遺伝的特徴を概説してきた．これら特徴を総合的に取りまとめ，そこから得られる家畜ヤギの起源について誤りを恐れず推測してみたいと思う．この推測に役立つ最も顕著な遺伝的特徴は複数の mtDNA 系統である．前述したとおり，1）各系統は家畜化以前に分岐していた可能性が極めて高い，2）ミトコンドリア B 系統は東南アジアにおいて高頻度で見られるが中東から西方では観察されない（図 II-6-12），という分析結果がある．このことから明確に言及できるのは，ミトコンドリア B 系統の祖先は A 系統とは独立に家畜化されていることである．もし，A 系統が家畜化された場所で B 系統も家畜化されたのであれば，ヨーロッパやアフリカの家畜ヤギにおいても B 系統が含まれているはずである．この B 系統が中東から西部で全く観察されないことは，B 系統の家畜化の場所が A 系統の家畜化の場所と距離的に離れている東部であったことを示唆している．さらに，A 系統が大きく 2 つに分類できることは（SULTANA and MANNEN, 2004），比較的近い 2 つの家畜化の場所の存在を示唆しているのかもしれない．これと有力な 3 つの家畜化の場所を考慮すると，ミトコンドリア A 系統に由来する家畜ヤギはタウラス地方と西ザグロス地方，B 系統の由来はバルキスタン地方である可能性が考えられる．ここで断っておきたいのは，B 系統の由来とバルキスタン地方を結びつける直接的な根拠は存在しない．B 系統の家畜化の場所は A 系統のそれよりも東方であればよく，バルキスタン地方に限定する必然性はない．しかし，考古学的に示唆されているヤギ家畜化の場所は，バルキスタン地方を除いてすべてメソポタミア文明に属する中東である．これらの事実は，B 系統の家畜化の場所がインダス文明に属するバルキスタン地方であった可能性を強く示唆している．

　この地域で家畜化されたミトコンドリア B 系統を有するヤギは，インドを始め東南アジア諸国まで東部に向かって広がっていったのではないだろうか．これらはベゾアール型の個体であり，インド起源で最も古いタイプの家畜ヤギと考えられている Kambing Katjang（マメヤギ）と類似した個体であったであろう．この時代のヤギが示す形態の証拠の一つとして，アンコール遺跡群の Bayon 寺院の石版に刻まれているヤギが凹型の顔面と直耳を示すことは前述した．その後時代を経て，中近東以西から A 系統に由来する優良形質をもつ数多くの品種が，東部に向かって伝播・導入された．その結果として，B 系統が東部で比較的高い頻度なのかもしれない（図

Ⅱ-6-12).さらに，東南アジア各国における都市平野部周辺ではA系統の頻度が高くなり，交通が不便な山岳地域になるほどB系統の頻度が高くなるという現象は，A系統の近代における遺伝子流入を雄弁に物語っている（図Ⅱ-6-13）．しかも，導入される主な個体はインド改良品種のヌビアン型ヤギであることから，平野部においてローマンプロファイルや垂耳を示す個体頻度が極端に上昇する事実とこれらの仮説は一致する（図Ⅱ-6-15，カラー）．インド国内においても，改良品種がほぼミトコンドリアA系統を示すのに対し，local goats においてはB系統やC系統が認められる（JOSHI et al., 2004）．ヌビアン型ヤギはサバンナ型ヤギから進化したと考えられているため（EPSTEIN, 1971），local goats に残存するB，C系統はインドにおいても家畜ヤギのミトコンドリア型が入れ替わる歴史を経てきた結果を指し示しているのかもしれない．

　B系統とは異なり，C系統やD系統の起源はより不鮮明である．D系統については観察されている個体数が極めて少ないことから，家畜化ヤギの伝播の途中で捕獲された別亜種の野生ヤギが家畜ヤギに導入された結果であることが考えられる．これに対してC系統は，パキスタン・インドから北東部へ向かう国々において，低頻度ながら広範囲にわたって観察される（図Ⅱ-6-12）．このC系統はヨーロッパの一部でも観察されているが，各国々における分析頭数が少ないために，ヨーロッパでは散発的に見られる現象なのか恒常的に見られる状態であるのかは今後の分析を待たなければならない．C系統の起源が独立の家畜化があったことによるものにせよ，伝播時の野生ヤギ亜種の導入によるものにせよ，この系統の広範囲にわたる散在とA系統に次ぐ多様性の高さ（LUIKART et al., 2001）は，ヤギの家畜化後かなり初期の段階でC系統がA系統を構成する集団の中に取り入れられたことを示しているのであろう．

　今後，ヤギに対する研究の興味としては次の3点があげられる．
　1）調査のおこなわれていない地域の分析
　これまで在来家畜研究会主導のもと，東アジアを中心として在来ヤギの調査・研究がおこなわれてきた（図Ⅱ-6-16，カラー）．家畜化の中心地に隣接する西アジアから中央アジアに向かうシルクロード沿いの国々に対する家畜ヤギの分析はおこなわれていない．歴史的背景，地理的条件からもこれら地域の分析は重要かつ興味深い．
　2）野生ヤギや古代遺跡におけるヤギ遺骨のDNA分析
　前述したとおり，野生ヤギに対するDNA分析はおこなわれてきている．しかし，例えばベゾアール1亜種をとってもその生息範囲が広く，多様な系統を網羅して分析されてはいない．その結果として，現存家畜ヤギと野生ヤギとを直接結びつけるミトコンドリア系統が不明確となっている．あるいは，現存家畜ヤギが有するミトコンドリア系統をもつ野生ヤギが絶滅している可能性もある．家畜化が起きたとされる場所で発掘されるヤギ遺骨のDNA分析が進むことにより，ヤギの起源に関する新知見が得られることが期待される．
　3）グローバルなヤギ多様性解析に資するDNA解析システムの開発
　前述のとおり，マイクロサテライトマーカーは研究者間で相互比較が困難であるという欠点がある．正確かつ簡便に評価できるシステムが構築されれば，世界中の家畜ヤギの遺伝的多様性に関するデータ蓄積も容易となるであろう．例えば常染色体上のSNPsに加え，mtDNA塩基配列，さらに形態学的特徴をデータに記せば，家畜ヤギの起源や多様性に関する研究に大きく貢献することになるだろう．

文献

Bökönyi, S. (1974) History of Domestic Mammals in Central and Eastern Europe. Akadémiai Kiadó, Budapest.
Bradley, D. G., MacHugh, D. E., Cunningham, P. and Loftus, R. T. (1996) Mitochondrial diversity and the origins of African and European cattle. Proc. Natl. Acad. Sci. USA, 93 : 5131-5135.
Brenneman, R. A., Chase, C. C., Jr., Olson, T. A., Riley, D. G. and Coleman, S. W. (2007) Genetic diversity among Angus, American Brahman, Senepol and Romosinuano cattle breeds. Anim. Genet., 38 : 50-53.
Corbet, G. B. (1978) The mammals of the Palaearctic Region : a taxonomic review. British Museum (Natural History), Cornell University Press, London.
Council of Scientific and Industrial Research, India (1970) The Wealth of India. Raw Materials VI. Suppl. Livestock (Including Poultry). Publ. Inform. Directrate, CSIR, New Delhi.
Devendra, C. and Nozawa, K. (1976) Goats in South East Asia – their status and production. Z. Tierzücht. Züchtngsbiol., 93 : 101-120.
Epstein, H. (1971) The Origin of Domestic Animals of Africa. Africana Publ. Corp., New York.
Fang, M., Hu, X., Jiang, T., Braunschweig, M., Hu, L., Du, Z., Feng, J., Zhang, Q., Wu, C., and Li, N. (2005) The phylogeny of Chinese indigenous pig breeds inferred from microsatellite markers. Anim. Genet., 36 : 7-13.
Feligini, M. and Parma, P. (2003) The complete nucleotide sequence of goat (*Capra hircus*) mitochondrial genome. DNA Seq., 14 : 199-203.
Ganai, N. A. and Yadav, B. R. (2001) Genetic variation within and among three Indian breeds of goat using heterologous microsatellite markers. Anim. Biotechnol., 12 : 121-136.
Harris, D. R. (1962) The distribution and ancestry of the domestic goat. Proc. Linn. Soc., London, 173 : 79.
Herre, W. (1958) Handbuch der Tierzüchtung. I. Paul Parey, Hamburg und Berlin. pp. 1-58.
Herre, W. und Röhrs, M. (1973) Haustiere – zoologisch gesehen. Gustav Fischer, Stuttgart and New York.
Higgs, E. S. and Jarman, M. R. (1972) The origin of animal and plant husbandry. *In* : Papers in Economic Prehistory. (Higgs, E. S., *ed.*) Cambridge Univ. Press, Cambridge. pp. 3-13.
Ho, S. Y., Phillips, M. J., Cooper, A. and Drummond, A. J. (2005) Time dependency of molecular rate estimates and systematic overestimation of recent divergence times. Mol. Biol. Evol., 22 : 1561-1568.
Ingman, M., Kaessmann, H., Paabo, S. and Gyllensten, U. (2000) Mitochondrial genome variation and the origin of modern humans. Nature, 408 : 708-713.
Ishida, M., Mannen, H., Tsuji, S., Yamamoto, Y., Nishibori, M., Yamagata, Y., Tanaka, K., Suzuki, Y., Tsunoda, K., Okabayashi, K., Kurosawa, Y., Nozawa, K., Kinoshita, K., Win, N., Hla, U. T., Daing, U. T., Nyunt, M. M. and Maeda, Y. (2005) Mitochondrial DNA Diversity of Native Goat in Myanmar. Rep. Soc. Res. Native Livestock, 22 : 11-17.
Joshi, M. B., Rout, P. K., Mandal, A. K., Tyler-Smith, C., Singh, L. and Thangaraj, K. (2004) Phylogeography and origin of Indian domestic goats. Mol. Biol. Evol., 21 : 454-462.
勝又　誠・天野　卓・田中一栄・野澤　謙・朴　鳳祚・李　載洪 (1982) 韓国在来山羊における血液蛋白の遺伝子構成. 日畜会報, 53：521-527.
勝又　誠・野澤　謙・天野　卓・Martojo, H.・Abdulgani, I. K.・Nadjib, H. (1983) インドネシアにおける山羊集団の体型・外部形質および血液蛋白の遺伝子構成. 在来家畜研究会報告, 10：146-154.
勝又　誠・野澤　謙・天野　卓・新城明久・阿部恒夫 (1981) 日本ザーネン種山羊における血液蛋白の遺伝子構成. 日畜会報, 52：553-561.
Li, M. H., Zhao, S. H., Bian, C., Wang, H. S., Wei, H., Liu, B., Yu, M., Fan, B., Chen, S. L., Zhu, M. J., Li, S. J., Xiong, T. A. and Li, K. (2002) Genetic relationships among twelve Chinese indigenous goat populations based on microsatellite analysis. Genet. Sel. Evol., 34 : 729-744.
Loftus, R. T., MacHugh, D. E., Bradley, D. G., Sharp, P. M. and Cunningham, P. (1994) Evidence for two independent domestication of cattle. Proc. Natnl. Acad. Sci. USA, 91 : 2757-2761.
Luikart, G., Biju-Duval, M. P., Ertugrul, O., Zagdsuren, Y., Maudet, C. and Taberlet, P. (1999) Power of 22 microsatellite markers in fluorescent multiplexes for parentage testing in goats (*Capra hircus*). Anim. Genet., 30 : 431-438.
Luikart, G., Gielley, L., Excoffier, L., Vigne, J. D., Bouvet, J. and Taberlet, P. (2001) Multiple maternal origins and weak phylogeographic structure in domestic goats. Proc. Natnl. Acad. Sci. USA, 98 : 5927-5932.
Manceau, V., Despres, L., Bouvet, J. and Taberlet, P. (1999) Systematics of the genus *Capra* inferred from mitochondrial DNA sequence data. Mol. Phylogenet. Evol., 13 : 504-510.
Mannen, H., Nagata, Y. and Tsuji, S. (2001) Mitochondrial DNA reveal that domestic goat (*Capra hircus*) are geneti-

cally affected by two subspecies of bezoar (*Capra aegagurus*). Biochem. Genet., 39 : 145-154.

万年英之・永田好彦・辻 荘一・黒澤弥悦・西堀正英・山本義雄・岡田幸男・黒岩麻里・山縣高宏・並河鷹夫・BUAHOM, B. (2000) ラオス在来山羊におけるmtDNAの遺伝的分化. 在来家畜研究会報告, 18：121-128.

MANNEN, H., ODAHARA, S., ISHIDA, M., NOZAWA, K., KUROSAWA, Y., NISHIBORI, M., NOMURA, K., TAKAHASHI, Y., INO, Y., TANAKA, K., OKABAYASHI, H., YAMAGATA, T., KURACHI, M., CHEA, B., BUN, T., CHHUM PHITH, L. and NAMIKAWA, T. (2006) Mitochondrial DNA diversity of Cambodian native goats. Rep. Soc. Res. Native Livestock, 23 : 79-84.

MANNEN, H., TSUJI, S., LOFTUS, R. T. and BRADLEY, D. G. (1998) Mitochondrial DNA variation and evolution of Japanese Black Cattle. Genetics, 150 : 1169-1175.

MASON, I. L. (1984) Evolution of Domesticated Animal. Longman, London.

MEADOW, R. H. (1996) The origins and spread of agriculture and pastoralism in South Asia. *In* : The origins and spread of agriculture and pastoralism in Eurasia. (HARRIS, D. R., *ed.*) Smithsonian Inst., Washington, D. C. pp. 390-412.

野澤 謙 (1986) 東および東南アジア在来家畜の起源と系統に関する遺伝学的研究. 在来家畜研究会報告, 11：1-35.

NOZAWA, K. (1991) Domestication and history of goats. *In* : World Animal Science. B8. Genetic resources of pig, sheep and goat. (MAIJALA, K., *ed.*) Elsevier, Amsterdam, New York and Tokyo. pp. 391-404.

NOZAWA, K., MAEDA, Y., HASHIGUCHI, T., YAMAMOTO, Y., TSUNODA, K., OKABAYASHI, H., YAMAGATA, T., MANNEN, H., TANAKA, K., KINOSHITA, K., KUROSAWA, Y., NISHIBORI, M., SUZUKI, Y., NYUNT, M. M., DAING, T., HLA, T. and WIN, N. (2004) Coat-color polymorphism in water buffaloes in Myanmar. Rep. Soc. Res. Native Livestock, 21 : 101-106.

NOZAWA, K., MAEDA, Y., TANABE, Y., ZHANCHIV, T., TUMENNASAN, H. and TSENDSUREN, T. (1999) Gene-construction of the native goats in Mongolia. Rep. Soc. Res. Native Livestock, 17 : 83-94.

NOZAWA, K., MANNEN, H., NAMIKAWA, T., YAMAGATA, T., KURACHI, M., KUROSAWA, Y., NOMURA, K., TAKAHASHI, Y., INO, Y., OKABAYASHI, H., TANAKA, K., NISHIBORI, M., OKAMOTO, S., CHHUM PHITH, L., BUN, T. and CHEA, B. (2006) Morpho-genetic and biochemical genetic polymorphisms in the Cambodian native goats. Rep. Soc. Res. Native Livestock, 23 : 61-78.

野澤 謙・西田隆雄 (1981) 家畜と人間. 出光書店, 東京.

NOZAWA, K., SHINJO, A. and SHOTAKE, T. (1978) Population genetics of farm animals. III. Blood-protein variations in the meat goats in Okinawa Islands of Japan. Z. Tierzücht. Züchtngsbiol., 95 : 60-77.

NOZAWA, K., TSUNODA, K., AMANO, T., NAMIKAWA, T., TANAKA, K., HATA, H., YAMAMOTO, Y., DANG, V.-B., PHAN, X.-H., NGUYEN, H.-N., NGUYEN, D.-B. and CHAU, B.-L. (1998) Gene-construction of the native goats of Vietnam. Rep. Soc. Res. Native Livestock, 16 : 91-104.

NOZAWA, K., YAMAMOTO, Y., NISHIBORI, M., NAMIKAWA, T., YAMAGATA, T., MANNEN, H., KUROSAWA, Y., KHOUNSAVATH, K., PHONG, P., NAKASENE, S. and BOUAHOM, B. (2000) Gene-construction of the native goats of Laos. Rep. Soc. Res. Native Livestock, 18 : 109-120.

野澤 謙・吉川欣亮・角田健司・岡本 新・橋口 勉・朱 静・劉 愛華・林 世英・許 文博・施 立明 (1995) 中国南雲省在来山羊の遺伝子構成. 在来家畜研究会報告, 15：131-142.

PETERS, J., HELMER, D., VON DEN DRIESCH, A. and SAÑA-SEGUI, M. (1999) Early animal husbandary in the Northern Levant. Paléorient., 25(2) : 27-48.

SAITBEKOVA, N., GAILLARD, C., OBEZER-RUFF, G. and DOLF, G. (1999) Genetic diversity in Swiss goat breeds based on microsatellite analysis. Anim. Genet., 30 : 36-41.

SULTANA, S. and MANNEN, H. (2004) Polymorphism and evolutionary profile of mitochondrial DNA control region inferred from the sequences of Pakistani goats. Anim. Sci. J., 75 : 303-309.

SULTANA, S., MANNEN, H. and TSUJI, S. (2003) Mitochondrial DNA diversity of Pakistani goats. Anim. Genet., 34 : 417-421.

TAKADA, T., KIKKAWA, Y., YONEKAWA, H., KAWAKAMI, S. and AMANO, T. (1997) Bezoar (*Capra aegagrus*) is a matriarchal candidate for ancestor of domestic goat (*Capra hircus*) : evidence from the mitochondrial DNA diversity. Biochem. Genet., 35 : 315-326.

ZEDER, M. A. and HESSE, B. (2000) The initial domestication of goats (*Capra hircus*) in the Zagros mountains 10,000 years ago. Science, 287 : 2254-2257.

ZEUNER, F. E. (1963) A History of Domesticated Animals. Hutchinson, London.

(万年英之)

II-7 イヌ
―日本とアジア犬種の系統―

(1) ヒトとの相利共生

　イヌは農業革命以前に家畜化された最古の家畜である．またイヌを家畜化した時期はヒトが播種農耕や牧畜を始めた時期（11,000～12,000年前）よりかなり前である．この農耕や牧畜は農業革命と呼ばれ，ヒトは農業革命で得た技術によって，狩猟や採集によらずに食物を獲得できるようになった．また余剰食物を蓄えることができるようになったので，著しい人口増が可能になった．地球上では，ヒト以外の動物種はほとんどすべての食物を狩猟や採集によって得ている．このヒトの農業革命で確立した新技術は，画期的なものであり，その結果，ヒトは他の種を超越して地球の支配者となり，繁栄している．

　農業革命以後に家畜化された家畜種は，ネズミ駆除の目的で家畜化されたネコを除けば，ヒトの食料や衣料に供する目的であったり，また農耕，運搬などの役用目的であったりする．一般的に，異なる種の動物が共生する現象は珍しいものではない．共生は，相利共生と片利共生に大別される．前者は共生する動物種の双方に利益がある共生である．後者は一方の種に利益があるが，他方の種には利益がない，あるいはあまり利益はないけれども害はないという共生である．ヒトとほとんどの家畜間との関係を考えると，家畜を必要とする期間は，その安全を保ち，食料を与えるので，家畜の生命が保証される．これは，家畜にとって利益があるので，やや変形した片利共生といえる．しかしこれは原則としてヒトがその家畜を必要であると考える期間に限られている．このようなヒトと大部分の家畜との関係は基本的には片利共生といえよう．一方，ヒトとイヌの共生は相利共生である．この相利共生関係は，ヒトとイヌの祖先のオオカミとの関係から始まっている．ヒトとネコとの関係も相利共生である．イヌやネコはペットとも称されていたが，現在はコンパニオンアニマルと呼ばれることが多くなった（TANABE, 2001, 2006；田名部，2003, 2005, 2007）．

(2) イヌの祖先種としてのオオカミ

　イヌは，骨などの考古学的資料がユーラシア大陸で発掘されるので，ユーラシア大陸で成立したと考えられている．またイヌの祖先となった野生動物の候補の条件としては，イヌと骨などを含む形態がよく似ていること（CLUTTON-BROCK, 1984, 1995），かつ交配して妊性がある仔が何代も得られることが必須である．イヌと交配させると妊性がある仔をつくるオオカミ，ジャッカ

ル，コヨーテの3種がイヌを成立させた祖先の野生種として検討された．これら3種の野生動物のうち，コヨーテは北アメリカ大陸にのみ野生しており，そのため，イヌが成立した場所がユーラシア大陸であることを考慮すると，コヨーテがイヌの祖先であったとは考えにくい．

　ジャッカルとイヌとの交配実験では，妊性のある仔が10代にわたってできたことが報告された（HERRE und RÖHRS, 1990）．また彼らはイヌとオオカミの交配実験をおこない，ジャッカルとの交配実験と同様に妊性のある仔が得られた．このことだけからはオオカミとジャッカルのいずれもがイヌの祖先である可能性は否定できない．野生動物は家畜化されると体重に対する脳重比が低下することが認められている（HERRE und RÖHRS, 1990）．そこで，オオカミとジャッカルの脳重比について調査したところ，ジャッカルは体重に対する脳重比がイヌより小さく，これが家畜化されてイヌになったとは考えられない．これに対し，オオカミの脳重比を調べた結果，イヌより大きかった．このように家畜化されたイヌは脳重比の比較から，その祖先はオオカミであり，ジャッカルではないと考えられた（HERRE und RÖHRS, 1990）．

　近年，イヌ，オオカミ，コヨーテのミトコンドリアDNA（mtDNA）の塩基配列が比較された．その結果，イヌとオオカミは相互に近似していることが認められた．またコヨーテはこれら2種の動物と遠い関係にあることが知られた（VILÀ et al., 1997, 1999；WAYNE and VILÀ, 2001；TSUDA et al., 1997）．比較しようとする異なる種の関係が系統的に近い場合，それぞれの動物のDNAは相互にある程度結合する（DNA-DNA結合）．この現象を利用して食肉目の動物種の近さを調べた結果が図II-7-1の左側に示されている（WAYNE et al., 1989）．これを見ると，イヌ科（Cani-

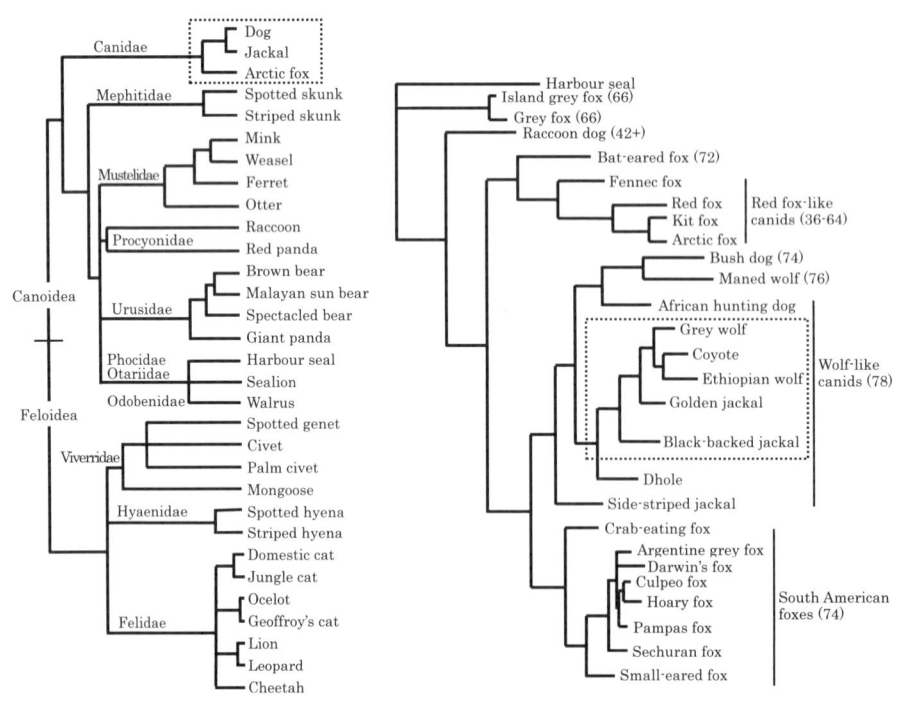

図II-7-1　イヌ科の種の近縁関係．
左図はDNA再結合法によるDNA配列の類似性（WAYNE et al., 1989）より，右図はDNA 2001 bp（シトクロムb遺伝子，シトクロムcオキシダーゼI, II）によって調べたもので，（　）内は個体数を示す．（WAYNE et al., 1997）

dae）では，キツネ，ジャッカル，イヌなどが相互に近い．図 II-7-1 の右側は，mtDNA のシトクローム b 遺伝子の塩基配列による種の近縁性を調べたものである（WAYNE et al., 1997）．これを見ると，オオカミ，ジャッカル，コヨーテが互いに近く，特にオオカミとコヨーテが近く，セグロジャッカルとキンイロジャッカルは比較的遠い．

mtDNA の D ループの塩基配列（1～673 bp）について，いろいろなイヌの品種とオオカミの3亜種であるチュウゴクオオカミ（*Canis lupus chanco*）（図 II-7-14(1)-1，カラー参照），ヨーロッパオオカミ（*C. l. lupus*），インドオオカミ（*C. l. pallipes*）の近縁性を比較した結果が図 II-7-2（下図）である．その結果，上記の3亜種のオオカミの位置がいろいろなイヌの品種の間に混在して出現することを見いだした．このことはオオカミが明らかにいろいろなイヌの祖先種であることを示すものであり，さらにこの3亜種のオオカミの中では，チュウゴクオオカミがイヌの祖先の候補であることを示すものと考えられた（TSUDA et al., 1997）．

VILÀ et al.（1997）は mtDNA のタンパク質合成に関与していない部分の 261 bp の塩基配列について，オオカミとイヌの塩基配列の比較をおこなった．

オオカミは現存の5亜種のオオカミ，すなわちヨーロッパオオカミ（最も大型，*Canis lupus lu-*

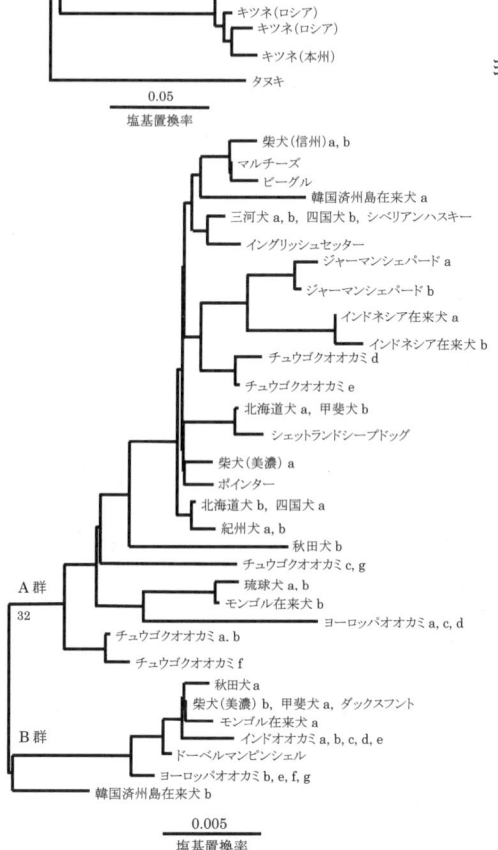

図 II-7-2 イヌ，オオカミ，キツネ，タヌキの系統関係．
ミトコンドリア DNA の始めから 674 塩基対の配列の分岐から計算した塩基置換数と近隣結合法（NJ 法）による．図中の a～g は同一亜種内または犬種内の異なる個体群であることを示す．（TSUDA et al., 1997）

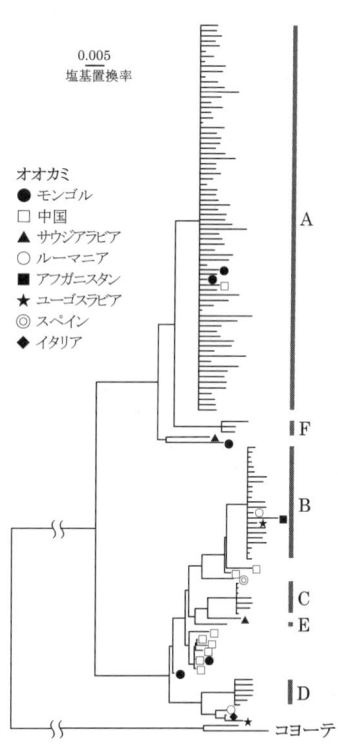

図 II-7-3 イヌとオオカミのミトコンドリア DNA の D ループハプロタイプの系統図．
A～F の 6 つの近縁系統群に分かれる．
（SAVOLAINEN et al., 2002）

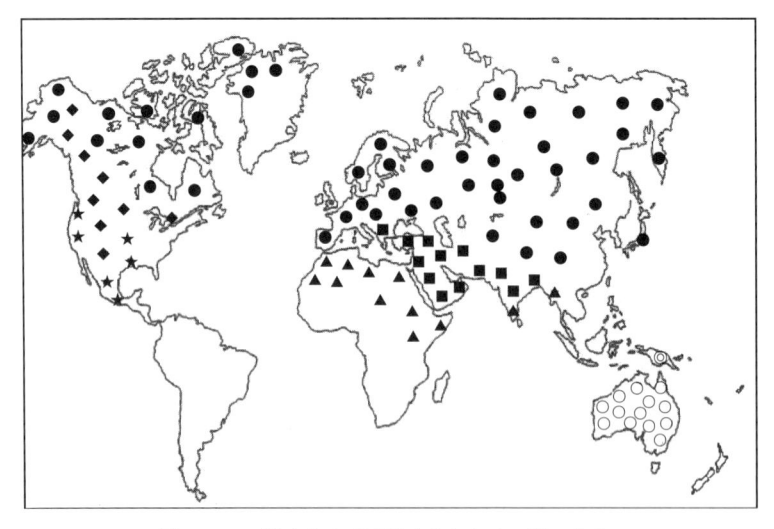

図 II-7-4 野生および再野生化したイヌ属の分布.
● オオカミ　○ ディンゴ　◎ ニューギニア犬　▲ 金色ジャッカル　■ オオカミと金色ジャッカル　★ コヨーテ　◆ オオカミとコヨーテ
イヌは含まない. オオカミは近年絶滅した場所を含む. (CLUTTON-BROCK, 1984 より改変)

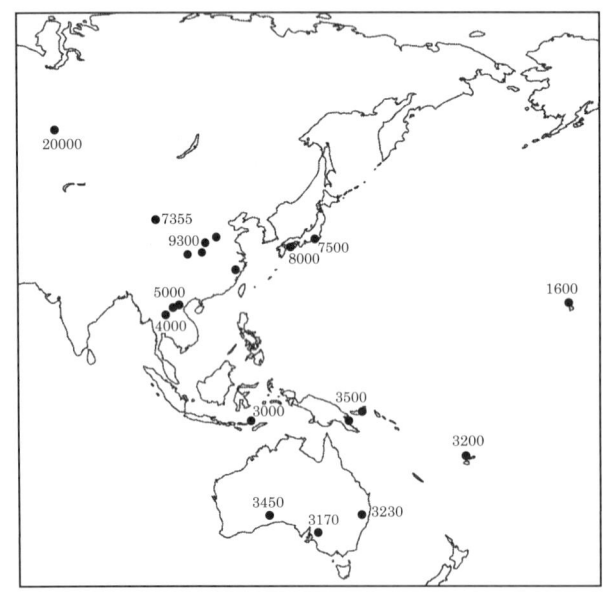

図 II-7-5 イヌの骨の出土年代 (B.P.).
A01 班考古学データベースより (石毛ら, 1991).

pus), チュウゴク (中国) オオカミ (シベリア, モンゴルからチベットにかけて生息する大型, *C. l. chanco*), インドオオカミ (インド, パキスタンに生息する中型, *C. l. pallipes*), アラビアオオカミ (最も小型でアラビア半島からイスラエル, シリアにかけて生息, *C. l. arabs*), 北アメリカオオカミ (最も大型, 北アメリカに生息, *C. l. panbasilens*) に分かれる. SAVOLAINEN et al. (2002) は, これら全ての亜種のうちで, mtDNA の D ループ中心の 582 bp 塩基配列の比較において, すべての亜種がイヌと混在していることを報告した (図 II-7-3). またイヌ品種で最も多く見られる mtDNA の系統群 (クレード) はチュウゴクオオカミのみに認められることを報告した (同図の A). さらにチュウゴクオオカミと東アジアのイヌの遺伝的変異 (ハプロタイプ型) が他の地域のイヌより遥かに高く, 特異な型が多いことを認めた. このことから, イヌはチュウゴクオオカミから家畜化されたとした. なおコヨーテはイヌと遥かに遠いことを示した.

野生のイヌ属および再野生化したイヌ属が生息する場所の分布図を図 II-7-4 に示した (CLUTTON-BROCK, 1984). オオカミについては現在生息している場所と近年絶滅した場所を含ん

表 II-7-1　電気泳動法によるイヌ血液タンパク型 27 座位と多型座位表現型の遺伝様式.

タンパク・酵素	座位名	遺伝様式*
		＝：共優性，優性＞劣性
酵素		
血しょう		
Alkaline phosphatase	Akp	$Akp^A = Akp^B = Akp^C$
Eserine resistant esterase	Es	$Es^A = Es^B = Es^C$
Leucine aminopeptidase	Lap	$Lap^A = Lap^B$
Amylase	Amy	（以下単型）
Esterase-fast	Es-f	
赤血球		
Acid phosphatase	Pac	$Pac^F = Pac^S$
Esterase-2	Es-2	$Es\text{-}2^S > Es\text{-}2^F$
Esterase-3	Es-3	$Es\text{-}3^A = Es\text{-}3^B$
Glucose-6-phosphate isomerase	GPI	$GPI^A = GPI^B = GPI^C = GPI^D$
Tetrazorium oxidase	To	$To^A = To^B$
Ganglioside monooxygenase	Gmo	$Gmo^g > Gmo^a$
Adenylate kinase	AK	（以下単型）
Esterase-fast	Cell Es-f	
Glucose-6-phosphate dehydrogenase	G-6-PD	
Lactate dehydrogenase-A	LDH-A	
Lactate dehydrogenase-B	LDH-B	
Leucine aminopeptidase	Cell-Lap	
非酵素		
血しょう		
Albumin	Alb	$Alb^F = Alb^S$
Postalbumin	Poa	$Poa^A = Poa^B = Poa^C$
Postalbumin-3	Poa-3	$Poa\text{-}3^A = Poa\text{-}3^B$
Prealbumin-1	Pa-1	$Pa\text{-}1^A = Pa\text{-}1^B = Pa\text{-}1^C$
Pretransferrin	Ptf	$Ptf^A > Ptf^O$
Transferrin	Tf	$Tf^A = Tf^B = Tf^C = Tf^D = Tf^E$
Prealbumin-2	Pa-2	（以下単型）
Postalbumin-2	Poa-2	
Slow a_2 macroglobulin	Slow-a_2	
赤血球		
Hemoglobin	Hb	$Hb^A = Hb^B$

*A＝BはAとBが共優性遺伝子であることを示し，A＞BはA遺伝子が優性，B遺伝子が劣性であることを示す．(Tanabe, 2006)

でいる．オオカミには既述のように 5 亜種があり，このうち 1 亜種のみが北アメリカ大陸に生息しているが，これを除く 4 亜種のオオカミの全てがユーラシア大陸に生息している．イヌについては，家畜化された後再野生化したと考えられているオーストラリアディンゴ（*Canis familialis dingo*）およびニューギニアシンギングドッグ（New Guinea singing dog：*Canis familialis hallstromi*）の生息場所を示した．なおイヌと近縁で，イヌとの間に妊性のある仔を産むコヨーテとジャッカルの生息場所も示されている．

　中国オオカミからのイヌの家畜化は約 15,000 年前であると推定されている．小山（国立民族学博物館）は，掘り出されたイヌの遺骨 ^{14}C による年代測定値と場所を図 II-7-5 に示した．もっとも古い骨はウラル山脈の東約 7,000 km にあるアフォンドバ遺跡のもので，今から約 20,000 年（20,900±300 年）前のものである．またオーストラリアのディンゴの骨は比較的新しく，古いものでも 3,450 年前のものである．イヌの骨自体でなく，遺体の見つかったところに存在する遺物の年代測定では，さらに古いものが出土している．最も古いものはウクライナのメジン遺跡の約 30,000 年前のものである（石毛ら，1991）．

表 II-7-2 オオカミ亜種と犬の品種・集団における赤血球ガングリオシドモノオキシゲナーゼ型（Gmo），赤血球エステラーゼ型（Es-2）およびヘモグロビン型（Hb）座位の対立遺伝子頻度．

オオカミ亜種とイヌ品種・集団	個体数	Gmo a	Gmo g	Es-2 F	Es-2 S	Hb A	Hb B
ヨーロッパオオカミ（*Canis lupus lupus*）[a]	9	1.000	0.000	0.000	1.000	0.000	1.000
東アジア（中国）オオカミ（*Canis lupus chanco*）[b]	16	0.707	0.293	0.707	0.293	0.875	0.125
インドオオカミ（*Canis lupus pallipes*）[c]	6	1.000	0.000	0.000	1.000	0.000	1.000
New Guinea singing dog（*Canis familialis hallstromi*）[d]	5	1.000	0.000	0.000	1.000	0.000	1.000
ディンゴ（*Canis familialis dingo*）[e]	1	1.000	0.000	0.000	1.000	0.000	1.000
ヨーロッパ19品種	848	1.000	0.000	0.164	0.836	0.030	0.970
モンゴル在来犬群（2品種，1集団）	302	0.953	0.047	0.867	0.133	0.998	0.002
韓国在来犬群（2品種，1集団）	394	0.555	0.445	0.598	0.402	0.827	0.173
日本在来犬群（8品種，15集団）	1,798	0.860	0.140	0.432	0.568	0.193	0.807
台湾在来犬群（4集団）	144	0.948	0.052	0.187	0.813	0.000	1.000
バングラデシュ在来犬群（1集団）	60	0.929	0.071	0.000	1.000	0.000	1.000

a) ユーゴスラビア原産，b) 外モンゴル産，c) アフガニスタン産，d) ニューギニア産，e) オーストラリア産．（田名部，1998；TANABE, 2006）

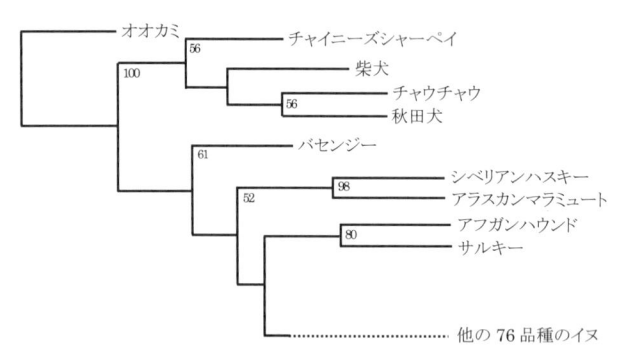

図 II-7-6 マイクロサテライト DNA 多型からみたオオカミとイヌ85品種の類縁関係．
NEIの遺伝距離による．数字はNJ法におけるブートストラップ値（＞50％）を示す．（PARKER et al., 2004）

イヌの祖先はオオカミであり，イヌの家畜化は東アジアでおこり，その祖先はチュウゴクオオカミであろうということは mtDNA の塩基配列の研究（TSUDA et al., 1997；VILÀ et al., 1997；SAVOLAINEN et al., 2002）から推定された．しかし，mtDNA は母系からしか遺伝しない（KANDA et al., 1995）．これに対して，血液や組織から得られるタンパクを電気泳動して得られるタンパク多型は，それを支配する遺伝子座上の遺伝子頻度を調べることにより，父系，母系両方の系統を探ることができる．

そこでイヌやオオカミの血液タンパク多型が，電気泳動法やクロマトグラフィによって調べられた．調べたタンパクは27座位上の核遺伝子の支配下にあるものである．そのうち16は多型座位であり，11は単型座位であった．この血液タンパク多型座位の表現型の遺伝様式については一括して表 II-7-1 に示されている（TANABE, 1991；TANABE et al., 1999；TANABE, 2006）．

オオカミの3亜種（チュウゴクオオカミ，インドオオカミ，ヨーロッパオオカミ），および比較的原始的と思われるイヌであるニューギニアシンギングドッグとオーストラリアのディンゴ（再野生化したイヌ）の多型16座位の遺伝子頻度が調べられ，チュウゴクオオカミは他の亜種より多型性に富むことがわかった（TANABE et al., 1999；田名部，2004）．とくに赤血球ガングリオシドモノオキシゲナーゼ型 g 遺伝子（Gmo^g）はチュウゴクオオカミにしか見いだせない．また，ヘモグロビン型 A 遺伝子（Hb^A）や赤血球エステラーゼ-2型 2^F 遺伝子（Es-2^F）でも同様である．また，これらのチュウゴクオオカミの特色ある遺伝子は，ヨーロッパのイヌの品種では，Gmo^g のようにまったくないか，あってもその頻度が著しく低い．これに対し，Gmo^g 遺伝子の頻度は日本犬，韓国犬，モンゴル犬などアジアの犬の品種ではかなり高い．これらを表 II-7-2 に示す（田名部，1998；TANABE, 2006）．これを見ると，オオカミの亜種の中でもチュウゴクオ

オオカミが，東アジアのイヌの中で，品種の形成に特に重要な役割を果たしていることがわかる．

PARKER et al.（2004）は，96座位のマイクロサテライト DNA の比較から，オオカミおよび85品種のイヌの遺伝的関係を調べた．イヌの（品種）分化が最初に大きく2方向に分かれた．これは「中国・日本品種」と「その他の品種」の2群であった．また，中国品種と日本品種の分化の時期は同じ頃であった．また，「その他の品種」内では，品種分化が多様な方向に進行したことがわかる（図 II-7-6）．

（3） イヌの成立とその移動

オオカミの家畜化の場所（東アジア）と，そこで成立したイヌのその後の推定される移動経路を図 II-7-7 に示した．全てのイヌは 15,000～20,000 年前に東アジアに生息しているチュウゴクオオカミから家畜化され，これがヒトの移動に伴って世界各地に広がったが，この過程でユーラシア大陸に生息していた他のオオカミの3亜種との混血もあったと推定されている（SAVOLAINEN et al., 2002）．家畜化されたイヌの一部は再野生化した．これらがニューギニアシンギングドッグ（CORBERT, 1995）やオーストラリアディンゴ（WILTON et al., 1999）である．

COLUMBUS のアメリカ大陸発見（1492）以前の南北アメリカ大陸で発見されたイヌは，遺体の mtDNA 塩基配列から，全て東アジア起源であることが明らかにされた（LEONARD et al., 2002）．南北アメリカ大陸で発見されたイヌは，ベーリング海峡によってアジア大陸とアメリカ大陸が分離される前に北アメリカに入り，アメリカ先住民（アメリンド）とともに南アメリカ大陸まで移動したと考えられている．スペイン人やポルトガル人がアメリカ大陸を発見した当時，北アメリカの先住民の家畜はイヌだけであった．南アメリカの先住民はイヌのほかには，ラマ，アルパカ，モルモット（テンジクネズミ）など，彼ら自身が家畜化した少数の家畜をもっていたにすぎない．このことは，アメリカ先住民が，旧大陸で牧畜・播種農業が開始される以前の時期に，イ

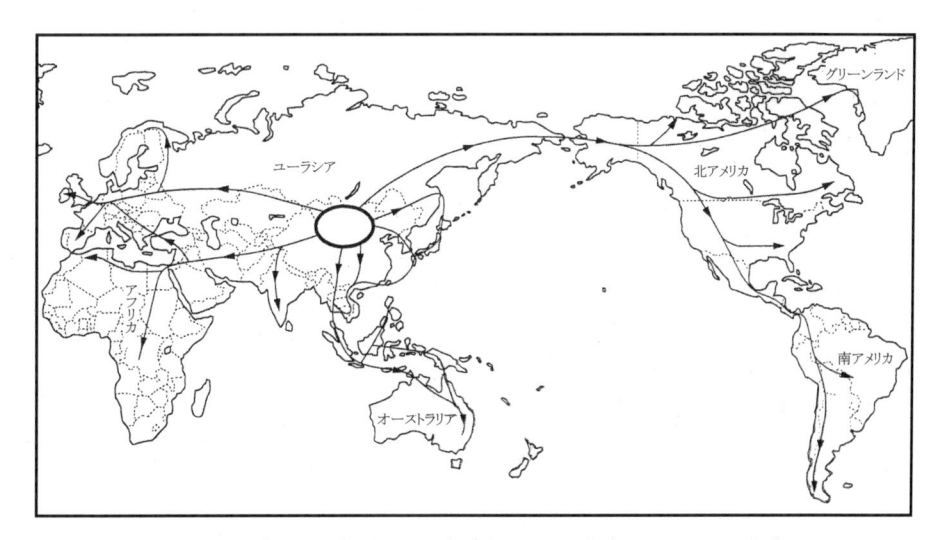

図 II-7-7 現在までの知見から最も妥当であると推定されるイヌの移動図．○はイヌの家畜化の場所を示す．（田名部尚子原図）

ヌを伴ってアメリカ大陸に入っていたことを示すと考えられる（ZEUNER, 1963）．

サハラ砂漠以南のアフリカでは，在来犬がコンゴで発見され，1895年に英国に入った．現在，これはバセンジー（Basenji）という犬品種となっている（SCOTT and FULLER, 1965）．バセンジーと近い型のイヌの絵が，エジプトのファラオの墓に描かれている（American Kennel Club, 1998）．

（4）イヌの品種の成立とその過程

イヌは世界各地に移動し，そこで多くの品種に分化した．イヌの品種数は，FCI（世界畜犬連

表 II-7-3 タンパク多型を調べるために採血したイヌ品種・集団と個体数．

品種・集団	個体数	品種・集団	個体数
北海道犬	119	ビーグル	412
秋田犬	239	ポメラニアン	26
岩手犬	13	プードル	16
甲斐犬	108	ドーベルマンピンシェル	21
紀州犬	81	コリー	27
四国犬	90	ダックスフント	19
柴犬（山陰）	68	ヨークシャーテリア	27
柴犬（信州）	206	ダルメシアン	15
柴犬（美濃）	113	コッカースパニエル	22
柴犬（柴犬保存会）	76	イングリッシュセッター	22
薩摩犬	32	ラブラドールレトリーバー	12
三河犬	25	ニホンスピッツ	13
種子島犬群	45	アフガンハウンド	8
屋久島犬群	38	エアデールテリア	1
奄美大島犬群	92	アラスカンマラミュート	2
西表島犬群	20	バセットハウンド	3
三重実猟犬（志摩系）	30	ベアーデッドコリー	1
三重実猟犬（南島系）	19	ボルゾイ	5
対馬犬群	83	ボストンテリア	2
壱岐犬群	40	ブリッタニスパニエル	4
琉球犬（山原系）	266	ブルドッグ	7
琉球犬（石垣系）	30	ケアンテリア	3
南大東島犬群	13	カバリアキングチャールズスパニエル	2
珍島犬	229	チワワ	1
済州島犬群	125	ゴールデンレトリーバー	8
サプサリ	40	グレートデン	7
チン	27	ブリュッセルグリフォン	1
パグ	21	アイリッシュセッター	3
チャウチャウ	10	ニホンテリア	1
ペキニーズ	14	マスチフ	1
台湾在来犬群	144	ミニチュアピンシェル	3
インドネシア在来犬群	200	ミニチュアシュナウザー	1
バングラデシュ在来犬群	60	ニューファウンドランド	2
モンゴル在来犬群	302	オールドイングリッシュシープドッグ	4
中央アジア牧羊犬（Ovcharka）	27	ピレネーマウンテンドッグ	3
コーカサス牧羊犬（Ovcharka）	27	ロットワイラー	2
ライカ犬	34	セントバーナード	4
エスキモー犬	20	シュナウザー	2
シベリアンハスキー（アメリカ）	60	スコッチテリア	4
北サハリン在来犬群	52	シーズー	8
ポインター	67	スコッチテリア	1
マルチーズ	65	ウエストハイランドホワイトテリア	2
ボクサー	29	ワイヤーヘアードフォックステリア	5
ジャーマンシェパード	85	ワイヤーヘアードスコッチテリア	2
シェットランドシープドッグ	48	品種・集団数 89，総個体数 4267	

谷脇（1997）；TANABE et al. (1999)．

盟）で公認されたものだけで，400種以上である．これとは別に，各国で個別に公認されている品種が多くあり，総計するとイヌの品種数はかなり多い（KRAMER, 1991）．

TANABE et al.（1991, 1999）は，日本犬を含む東アジアや西シベリア，ヨーロッパなどのイヌについて，血液のタンパク多型を支配する16座位の遺伝子（**表 II-7-1** を参照）について多型を調べた．調査した89品種（または集団）別の調査頭数（合計4,267頭）を**表 II-7-3** に示した．

この調査の結果はTANABE et al.（1999）に詳報されている．血液タンパク多型座位のうち，対立遺伝子頻度に大きな地域差が認められた遺伝子座は，赤血球ガングリオシドモノオキシゲナーゼ型（Gmo），ヘモグロビン型（Hb）および赤血球エステラーゼ-2型（Es-2）であった．Gmo^g, Hb^A, Es-2^F は，いずれも一般に北東アジアのイヌに高いが，南東アジア（台湾，インドネシア）や南アジア（バングラデシュ）のイヌでは著しく低く（インドネシアの Es-2^F を除く），西シベリア（ロシア）やヨーロッパのイヌでも著しく低い．Gmo^g は全く認められない．Gmo^g がヨーロッパ犬種で全く認められないことは注目されることである（YASUE et al., 1978；HASHIMOTO et al., 1984；YAMAKAWA, 2005）．これと似た傾向は Poa-3^B にも認められる．これらのことはイヌが東北アジアでオオカミ（*Canis lupus chanco*）から家畜化されて，その後世界に広がったことを示唆する．

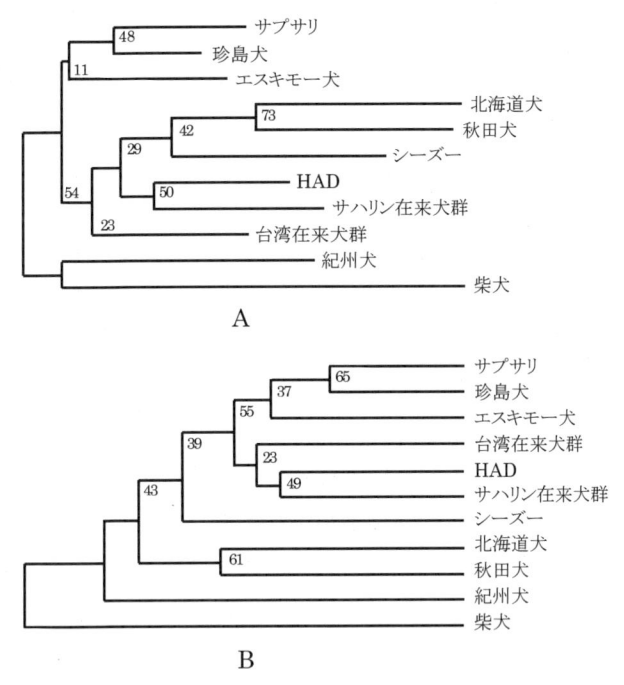

図 II-7-8 マイクロサテライトDNAの多型8座位から調べたアジア在来犬11品種の遺伝的関係を示す枝分かれ図．NEI et al.（1983）の遺伝的距離から求めたもの．AはNJ法（数字は1000反復から得たブートストラップ値：＞10％）（SAITOU and NEI, 1987），Bは平均結合法（UWPG法）によるものを示す．図中のHADは韓国在来の雑種犬．（KIM et al., 2001）

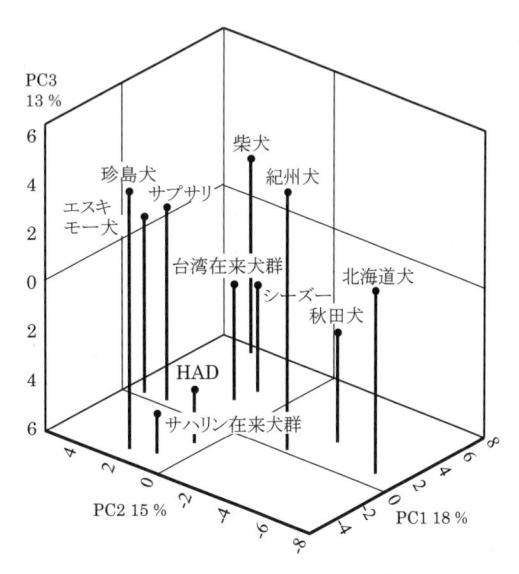

図 II-7-9 マイクロサテライトDNA多型8座位の主成分分析によって調べたアジア在来犬11種の遺伝的関係を示す3次元散布図．図中のHADは韓国在来の雑種犬．（KIM et al., 2001）

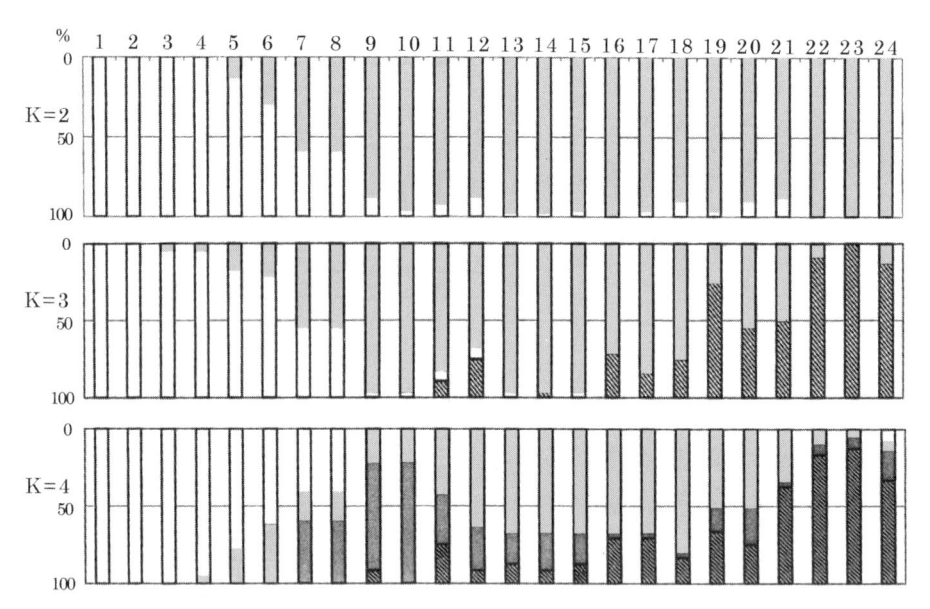

図 II-7-10 マイクロサテライト DNA 多型 96 座位から調べたイヌ 24 品種集団の遺伝子構成.
1. 柴犬　2. チャウチャウ　3. 秋田犬　4. バセンジー　5. シベリアンハスキー　6. アフガンハウンド　7. ペキニーズ　8. シーズー　9. グレイハウンド　10. コリー　11. スタンダードプードル　12. グレートデン　13. ドーベルマンピンシェル　14. イングリッシュコッカースパニエル　15. ポインター　16. ゴールデンレトリーバー　17. ビーグル　18. ボーダーコリー　19. ダックスフント　20. チワワ　21. ラブラドールレトリーバー　22. ジャーマンシェパード　23. マスチフ　24. バーニーズマウンテンドッグ

各棒グラフ中の分節の長さは，クラスター数（類別要因数）を 2, 3 および 4 個（K=2〜4）とした場合に，各品種集団の属する比率を示す．したがって，K=2→3→4 図は，イヌの共通祖先から現在のイヌ品種集団へ至る間の分岐順序を示唆する．K=2（白，灰色の 2 クラスター）では，アジア，アフリカ，アラスカ原産の種のみが白クラスターで高比率を示し，他の品種は灰色クラスターにほぼ属する．K=3 では，斜線で示した第 3 のクラスターが K=2 でみられた灰色クラスターの中に現れ，この比率が高いのはマスチフ，ジャーマンシェパードなどである．さらに，K=4 では，濃灰色で示した第 4 のクラスターが現れ，これにはコリーやグレイハウンドなどが比較的高い比率を示す．（PARKER et al., 2004 をもとに田名部尚子作図）

　KIM et al.（2001）は，父母両系の系統を探れるマイクロサテライト DNA の多型 8 座位から，日本，韓国，中国などアジア在来の 11 品種の系統または集団を調べた（図 II-7-8 と図 II-7-9）．これを見ると韓国のイヌ（サプサリ，珍島犬）は，エスキモー犬（グリーンランド原産）と近く，台湾在来犬や中国犬（シーズー）やサハリン在来犬とも関係が深いが，日本犬品種（紀州犬，北海道犬，秋田犬，柴犬など）とはやや遠い関係にあることが知られた．

　すでに第(2)節で述べたように，PARKER et al.（2004）はマイクロサテライト 96 座位の塩基配列を調べ，世界にいるイヌ 85 品種について系統遺伝学的な研究をおこなった．図 II-7-6 に示したように，中国犬品種（チャイニーズシャーペイ，チャウチャウ）や日本犬品種（柴犬，秋田犬），アフリカ犬品種（バセンジー），北米アラスカ犬品種（シベリアンハスキー，アラスカンマラミュート）および西南アジア原産の犬品種（アフガンハウンド，サルキー）は，比較的早い時期にオオカミから分化したと見られる．他の 76 品種の犬は互いに遺伝的に近いグループに属する．

　PARKER et al.（2004）の調べたイヌ 85 品種中，日本で比較的よく知られている 24 品種を選び，再構成して図 II-7-10 に示した．これら品種集団の祖先を探る目的で，クラスター数（類別要因数）K=2, 3, および 4 について各クラスターを 4 種類のパターン（白，灰色，斜線および濃

灰色）で示した．また，その品種集団にそれぞれの個体が含まれる率を分節で示した．K=2 では，上述の古い時期にオオカミから分岐したと思われるイヌ 9 品種には，白のクラスターが高い比率で存在した．また，北シベリア原産犬のサモエド（図には示していない），チベットおよび中国犬の品種には白のクラスターと灰色のクラスターが共存している．ほかの多くのヨーロッパ犬品種ではほとんど灰色のクラスターが占めている．K=3 では，斜線のクラスターが見いだされ，マスチフ，ダックスフント，ジャーマンシェパード，バーニーズマウンテンドッグなどで高い比率を示す．K=4 では，濃灰色のクラスターが現れ，比較的早い時期に祖型が出現したグレイハウンドおよびコリーなどで高い比率で現れる．これらのことからヨーロッパ犬品種は，互いに遺伝的関係が近く，比較的新しい時期に成立したと考えられる．

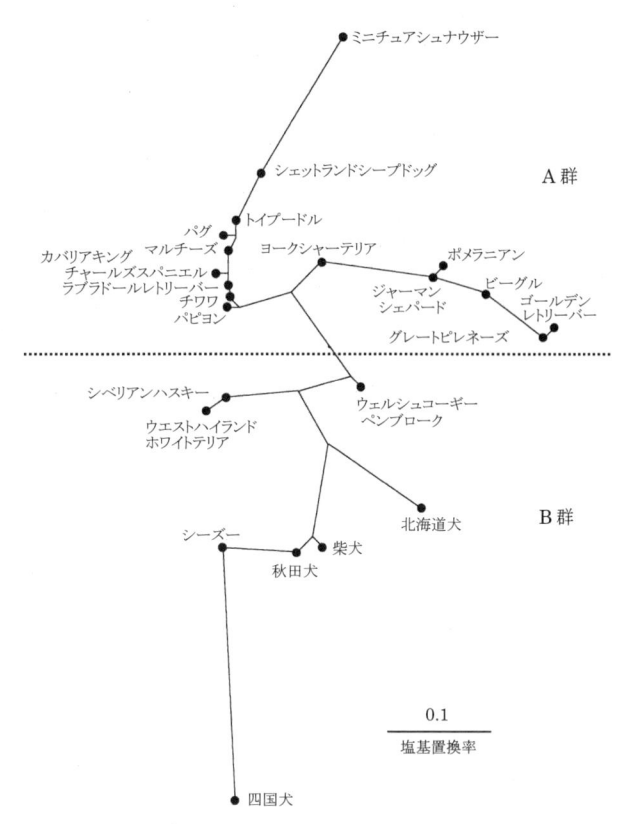

図 II-7-11 ドーパミン受容体 *D4* 遺伝子エクソン III の DNA 多型にもとづくイヌ 23 品種の関係．
NJ 法による（REYNOLDS *et al.*, 1983；SAITOU and NEI, 1987）．この遺伝子はイヌの行動特性と関係が深い．（ITO *et al.*, 2004）

井上（村山）らの研究グループは，イヌのドーパミン受容体 *D4* 遺伝子の多型に注目し，行動特性との関係を調べた．その結果，より攻撃性の強い柴犬と，おとなしいゴールデンレトリーバーの間に大きな差のある結果を示した（NIIMI *et al.*, 1999, 2001）．イヌの品種差，原産地による差異，行動特性における遺伝子による差が調べられた．変異 498 対立遺伝子の頻度は，イヌの攻撃性と正（＋0.5）の相関があるが，ヒトへのなつきやすさとは負（−0.5）の相関があった（井上（村山）ら，2002）．ドーパミン受容体 *D4* 遺伝子エクソン III における多型遺伝子の似かよいから，近隣結合法（SAITOU and NEI, 1987；REYNOLDS *et al.*, 1983）を用いて 23 品種のイヌの系統を調べてみた（**図 II-7-11**）．このような行動特性に関係のある形質は，ヒトそれぞれの好みによる選抜もおこなわれるので，人為選抜に必ずしも中立でないと考えられ，タンパク多型の場合とは若干異なってくる可能性がある．この図を見ると，日本犬の四国犬，柴犬，秋田犬，北海道犬は相互に関係があり，ヨーロッパ品種のウェルシュコーギーやアラスカ原産のシベリアンハスキーなども近い関係にある．ドーパミン受容体 *D4* の多型遺伝子は，A 群，B 群に大別されるが，日本犬を含む B 群をもつものは攻撃性の強いものが多い（ITO *et al.*, 2004）．

越村ら（2006）は，ヒトで性格と関係があると報告されているドーパミン受容体 *D4*（*DRD4*）に加えて，セロトニン *IA* 遺伝子（*5HTR1A*），アンドロゲン受容体遺伝子（*AR*）の 3 受容体遺伝

312　第Ⅱ部　家畜種各論

```
                                    ★チュウゴクオオカミ
                    1群              ★ヨーロッパオオカミ
                    2群              ●ウエストハイランドホワイトテリア
                                    ●シベリアンハスキー
                                    ●ミニチュアシュナウザー
                                    ●ゴールデンレトリーバー
                                    ●ビーグル
                                    ●グレートピレネーズ
                                    ○チャイニーズクレステッドドッグ
                                    ●シェットランドシープドッグ
                                    ●マルチーズ
                                    ●ラブラドールレトリーバー
                                    ●パピヨン
                    3群              ●ジャーマンシェパード
                                    ●ミニチュアダックスフント
                                    ○スリランカ在来犬群
                                    ●ヨークシャテリア
                                    ●チワワ
                                    ●ポメラニアン
                                    ○狆（チン）
                                    ●キャバリアキングチャールズスパニエル
                                    ●ウェルシュコーギーペンブローク
                                    ●トイプードル
                                    ○パグ
                                    △北海道犬
                                    △柴犬
                                    ○タイ国／ラオス在来犬群
                                    ○ペキニーズ
                                    △紀州犬
                                    △薩摩犬
                                    ○台湾在来犬群
                                    △柴犬（山陰）
                                    ○チベットスパニエル
                    4群              △壱岐犬
                                    △甲斐犬
                                    ○モンゴル在来犬群
                                    △琉球在来犬群
                                    △秋田犬
                                    ○済州島在来犬群
                                    ○サプサリ
                                    ○珍島犬
                                    △四国犬
                                    ○インドネシア在来犬群
                                    ○シーズー
```

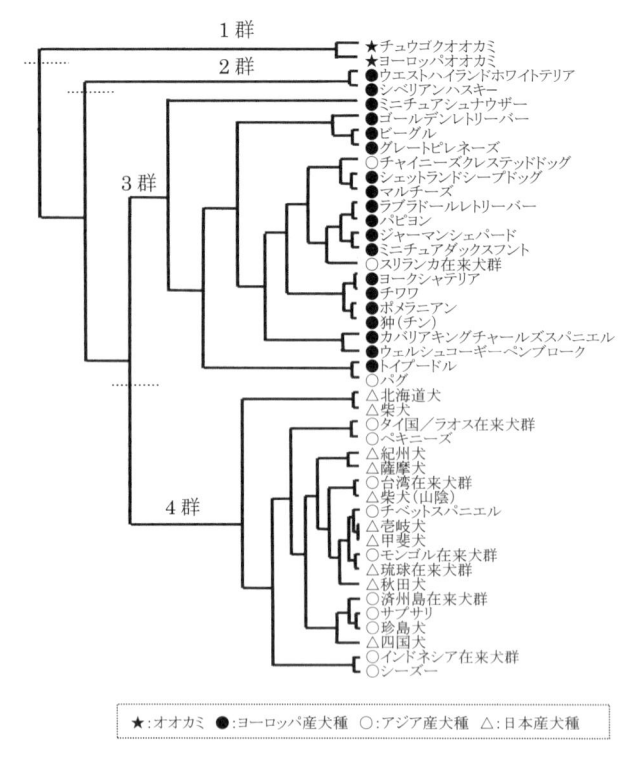

★：オオカミ　●：ヨーロッパ産犬種　○：アジア産犬種　△：日本産犬種

図Ⅱ-7-12　17主成分のスコア値をもとに描かれたイヌとオオカミの枝分かれ図．
DRD4, 5HTR1A および *AR* 座位の計23対立遺伝子の頻度を主成分分析し，各集団間の多次元空間における距離をもとに平均結合法によって描いた．44の品種または地域集団は，オオカミ（1群），ヨーロッパ品種（2および3群），アジア品種（4群）に分けられる．（越村ら，2006）

子の多型を調べた．オオカミ（チベット産チュウゴクオオカミ *Canis lupus chanco* とヨーロッパオオカミ *Canis lupus lupus*）の2集団とアジア犬13品種，ヨーロッパ犬品種計1,140頭について調査し，遺伝子頻度を変数とする主成分スコアから枝分かれ図を描いたのが**図Ⅱ-7-12**である．これを見るとオオカミ2亜種は互いに近く，他のイヌはアジア犬種とヨーロッパ犬種に大きく分かれている．中国原産であるチン，スリランカ在来犬，中国犬のパグ，チャイニーズクレステッドドッグは，例外的にヨーロッパ犬群の中に入る．しかし中国犬でもペキニーズ，シーズーはアジア犬群に属している．

このデータからもオオカミが北東アジアで家畜化され，まずアジアに広がり，ついでヒトの移動に伴い世界中に広がったとの見解が支持されている．

(5)　東アジアのイヌの形態比較

日本を含む東アジアのイヌについて，その外部形態の比較研究をおこなった（太田，1980；太田ら，1988，1990；田名部，1996b；TANABE *et al.*, 1999）．

毛色などヒトの好みにより選抜される形質は，系統を論ずる時に利用できないので除き，毛色

表 II-7-4 東アジア犬種の外部形態.

品種・集団	個体数	有舌斑 (%)	耳型 (%) 立ち	耳型 (%) 半垂れ	耳型 (%) 垂れ	尾型 (%) 垂れ	尾型 (%) 差し	尾型 (%) 巻き	ストップ (%) 浅い	ストップ (%) 中間	ストップ (%) 深い	体高 (cm) 雄	体高 (cm) 雌
北海道犬	113	88.5	100.0	0.0	0.0	0.0	15.0	85.0	0.0	18.0	82.0	49.7	44.8
秋田犬	213	1.4*	100.0	0.0	0.0	0.0	0.0	100.0	0.0	0.0	100.0	61.9	56.8
甲斐犬	110	35.5	100.0	0.0	0.0	0.0	34.0	66.0	0.0	0.0	100.0	44.8	41.0
紀州犬	74	4.1	100.0	0.0	0.0	0.0	27.5	72.5	0.0	0.0	100.0	50.4	46.6
四国犬	87	21.8	100.0	0.0	0.0	0.0	10.5	89.5	0.0	0.0	100.0	51.7	46.1
柴犬 (信州)	142	0.7	100.0	0.0	0.0	0.0	4.2	95.8	0.0	0.0	100.0	39.1	35.4
柴犬 (山陰)	62	64.5	100.0	0.0	0.0	0.0	12.9	87.1	0.0	0.0	100.0	40.4	37.1
柴犬 (美濃)	42	19.1	100.0	0.0	0.0	0.0	15.0	85.0	0.0	0.0	100.0	41.2	37.7
三河犬	27	96.3	100.0	0.0	0.0	0.0	50.0	50.0	0.0	0.0	100.0	−	−
琉球犬 (山原系)	76	2.7	95.3	4.7	0.0	0.0	90.3	9.7	50.0	37.5	12.5	46.3	43.4
琉球犬 (石垣系)	30	23.3	100.0	0.0	0.0	0.0	100.0	0.0				49.6	46.9
台湾在来犬群	64	31.3	78.0	17.0	5.0	0.0	76.8	23.2	−	−	−	48.0	43.1
インドネシア在来犬群 (Kalimantan)	99	61.6	99.0	1.0	0.0	0.0	99.0	1.0	94.0	4.0	2.0	39.7	35.7
インドネシア在来犬群 (Bali 島)	97	7.2	99.0	1.0	0.0	1.0	94.0	5.0	99.0	1.0	0.0	40.7	39.8
バングラデシュ在来犬群	58	5.2**	85.0	14.0	1.0	−	−	−	−	−	−	47.9	44.5
珍島犬	210	1.9	94.3	5.7	0.0	0.0	46.4	53.6	0.0	0.0	100.0	46.4	44.7
済州島在来犬群	125	2.4	87.2	11.2	1.6	3.2	84.8	12.0	0.0	2.4	97.6	−	−
北サハリン在来犬群	55	−	58.2	32.7	9.1	22.6	17.4	60.4	0.0	4.6	96.4	−	−
モンゴル在来犬群 (モンゴル)	36	2.8*	0.9	0.9	98.2	97.3	0.9	1.8	2.6	20.9	76.5	64.7	−
モンゴル在来犬群 (タイガ)	47	0.0	0.0	0.0	100.0	100.0	0.0	0.0	27.4	47.9	24.7	62.4	−
モンゴル在来犬群 (ハウンド)	100	0.0	2.0	1.0	97.0	96.0	0.0	4.0	80.0	20.0	0.0	64.8	−

−は調査せず．*極めて小さな舌斑のみある．**全面青のもの．（田名部，1996b）

以外の主要な外部形態の数値を表II-7-4に示した．日本犬品種では，外部形態として耳は立ち耳，尾は巻き尾または差し尾に統一されている．韓国の在来犬は，耳は立ち耳，尾は差し尾または巻き尾である．比較的改良の進んでいないインドネシア在来犬や琉球犬では，ほとんど差し尾で，巻き尾は少ない．モンゴル在来犬では，垂れ耳であるが，尾は垂れ尾である．これらの外部形質は，毛色も含めて，保存会などで決められた基準によって強い影響を受け，その形質に固定される傾向が強い．

選抜の効果がでるのに長い世代を要する形質は，イヌの額から鼻にかけてのくぼみ「額段，ストップ」の深さである．現在の日本犬品種ではストップの深いものが多く，これは韓国犬やモンゴル在来犬でも同様である．一方，日本の南端に位置する琉球のイヌや，南アジアのインドネシア在来犬のストップは浅い．歴史的に見ると，縄文時代（今から12,000～2,300年前）の日本犬のストップは浅かったが，弥生時代（2,500～1,700年前）にかけてストップが深い骨が発掘されるようになる（西本，1989）．さらに中世の平安時代から鎌倉時代（A.D. 800～1,500）にかけて，ストップがさらに深くなってくる（金子，1993，図II-7-13）．一方，朝鮮半島青銅文化期（2,500～3,000年前）に北朝鮮の雄基西浦項遺跡で出土したイヌの頭骨は，口吻はやや長いがストップはかなり深い（キム，1973）．このことから，日本には南方からストップの浅いイヌが先に入り，その後朝鮮半島経由でストップの深いイヌが入ってきたと考えられる．ストップはイヌの家畜化が進むに従って深くなる傾向がある．これはストップの深いイヌは可愛く見えることもあり，家庭犬として好まれる傾向があるからではないかと考えられる．

イヌの舌上の青黒い斑点（舌斑）は，外観のヒトの好みや生存適応（fitness）などの淘汰圧が

図 II-7-14　オオカミとイヌ品種（1）

1. **オオカミ**　オオカミはイヌの祖先であるが，その内の東アジアにいる中国オオカミ（*Canis lupus chanco*）がその最初の祖先であることがわかった．この写真はモンゴルで撮影したものである．
2. **北海道犬（高見澤系）**　かつてアイヌが飼育していたのでアイヌ犬と呼ばれていた．中型犬で天然記念物である．この写真のイヌは現在よく見られる型である．
3. **北海道犬（日高系）**　同じ北海道犬であるが，ストップ（額段）が浅く，昔（第2次大戦直後の頃）の姿をよく残している．
4. **秋田犬**　日本犬では唯一の大型犬で，その祖先は大館犬または秋田またぎと考えられている．天然記念物に指定されている．
5. **甲斐**　このイヌは山梨県の原産で中型犬である．虎毛の特色がある．中型犬で天然記念物に指定されている．
6. **柴犬（信州）**　柴犬は日本犬では唯一の小型犬である．写真のイヌは日本犬保存会で登録されているもので一般に見られる柴犬である．天然記念物に指定されている．
7. **柴犬（柴犬保存会）**　同じ柴犬でも柴犬保存会系のものはストップが浅く口吻が長くまた，脚もやや長い．
8. **紀州**　中型の日本犬で，和歌山県の原産である．毛色は白いものが多い．天然記念物に指定されている．
9. **四国犬**　中型の日本犬で四国南部原産のイヌである．天然記念物としての名は土佐犬であるが，マスティフと交配した土佐闘犬とまちがえられるので，四国犬と名称をかえた．

図 II-7-14　オオカミとイヌ品種（2）

10. **琉球犬**　沖縄本島北部の山原地方や石垣島にいたイヌで，中型・虎毛の特色がある．1995年沖縄県の天然記念物に指定された．
11. **薩摩犬**　一時絶滅したとも言われていたが，現在復活しつつある．中型の犬で日本犬の特色をもっている．
12. **岩手犬**　絶滅したとも言われていたが，まだ岩手県で維持されている．中型でかつて岩手またぎと名づけられていたイヌである．秋田犬より小型であるが，約半数の個体に舌斑がある．
13. **チン**　中国原産と考えられ，日本で育種され成立したイヌで，外の日本犬とは形が異なり，著しく小型である．日本犬では唯一の長毛種で，家の中で愛玩用に飼育されており，遺伝子構成も他の日本犬とは異なっており，他品種との交雑はなかったと考えられる．
14. **珍島犬**　韓国南西端の離島珍島にいた，固有の在来犬である．中型（体高45 cm）で，毛色は褐色と白色がある．1938年に天然記念物に指定されたが，現在韓国で再び指定されている．
15. **チャウチャウ（Chow Chow）**　チャウチャウは南中国原産の品種で，古くから飼育されていた．1780年広東から英国に輸出された．長毛で舌が青黒い特色がある．体高55cmとかなりの大型である．
16. **モンゴル（Mongol）**　モンゴル在来の品種で，大型・長毛である．体高は雄68 cm，雌59cmである．家畜の番犬として使われている．毛色はブラックアンドタン（写真）が多いが黒色もある．
17. **タイガ（Taiga）**　タイガはもう1つのモンゴル在来品種である．毛色は黒く，モンゴルよりやや小さいが，体高は60 cmとやはり大型である．軽快で猟犬として使われている．

(図 II-7-14 (1))

(図 II-7-14 (2))

あまりかからない形質なので，品種の系統を探る手段となる．舌斑率は日本犬では三河犬，北海道犬では高く，秋田犬，柴犬（信州柴犬，一般の柴犬）では低い．舌斑については，この有無を減点対象としている保存会があり，柴犬（信州）や秋田犬では負の人為淘汰をうけているので，系統を論ずる場合には注意する必要がある．最近調査した日本列島残存犬の岩手マタギ犬では50％の個体が舌斑をもっていた（田名部・谷脇，2000）．これらのことから，日本列島に最初に入ってきたイヌは舌斑をもっていたものが多く，その後朝鮮半島から入ってきたイヌには舌斑がほとんどなかったのではないかと推定される．

体の大きさについては，大きなものと小さなものを交配すると，大小のほかに中間の大きさのものが現れる．日本のイヌでは，縄文時代の遺跡からは小型のイヌの骨しか出土しない（金子，1993）．弥生時代になっても多くは小型であるが，中間の大きさのものも一部見られる（石毛ら，1991）．これに対し日本列島に生息していたニホンオオカミ（1905年に絶滅）はかなり大型であった．このことはニホンオオカミが日本犬の祖先でないことを示している．現存の日本犬種では大型の体格のものは秋田犬のみである．秋田犬は一時闘犬のために好まれて飼育されたが，この秋田犬の大型化の原因についてはいまだ不明の点が多い．これについては今後の検討が必要である．

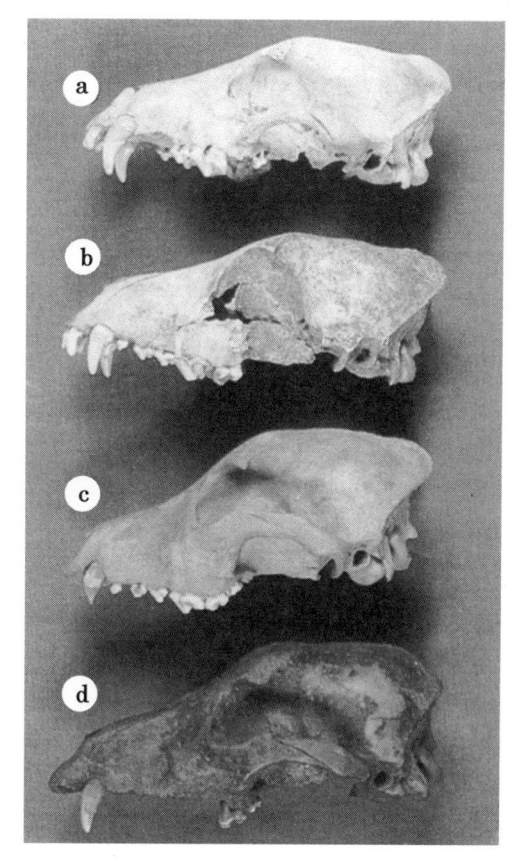

図 II-7-13 日本犬の頭骨の時代変化．
a. 縄文後期（約3,500年前） b. 縄文後期（約3,500年前） c. 中世（鎌倉市から出土） d. 中世（鎌倉市から出土）（金子，1993）

(6) 日本犬

i) 成立過程

イヌは常にヒトとともに移動する．特に海を越えての移動は，ヒトの船に乗っての移動に伴っておこる．日本列島に12,000年前に縄文人がイヌを連れてきた．この頃から2,500年前までの縄文時代を通じて，イヌは狩猟の助手として大切にされ，食用にはされなかった．古くは約8,000年前の愛媛県上黒岩洞穴内に埋葬されていたのをはじめ，多くの埋葬されたイヌの骨が発見された．しかし弥生時代（2,500～1,700年前）になると新たに朝鮮半島を経由して渡来した弥生人は，農耕民族であり，食犬の習慣をもっていたために，ヒトとイヌとの関係にも変化が生じ

た．約2,000年前の壱岐の原の辻遺跡では，削られたイヌの骨が大量に発見された．この食犬の習慣は，歴史時代である飛鳥時代以降，急速に廃れた．これは殺生を禁ずる仏教の伝来・普及と，日本人が古来もっていた血を穢れとする思想が関係していると考えられる．弥生時代とそれに続く古墳時代には，日本列島に，朝鮮半島から入った渡来民に伴って新しいイヌが入ってきた．そして縄文時代にすでに入っていた古いイヌとの混血がおこった．現存する日本犬は，体に大小の差はあるが，外形は，立ち耳，尾は差しているか巻いているかで垂れ尾はない．また短毛で，毛色にも斑点が見られない．形としてはシンプルで，祖先のオオカミの姿が残っている（田名部，2006）．

血液タンパク多型を支配する遺伝子の構成（田名部，2004；TANABE，2001, 2006）や，DNAの塩基配列から調べても，日本犬はヨーロッパ犬品種とはかなり異なっている．日本犬は歴史時代以降を通じて，明治時代が始まるまでは，新たな大量の混血を受けなかったと考えられる．日本犬は歴史時代を通じて，猟犬および番犬として飼育されてきたが，ネコが一般的に飼育される前にはネズミの防除にも使われていた．

明治維新以降，ヨーロッパ諸国から多くの犬の品種が多数導入され，日本犬との混血が盛んにおこった．そのために純粋の日本犬は明治時代の終わり頃には極端に減っていった．しかし山国である日本では森林が多く残されており，そこで狩猟がおこなわれ，そのために猟師たちによって純粋の日本犬も維持されていた．猟は森林の多い山地でのクマ，キツネ，タヌキ，イノシシ，カモシカなどを狩るものである．西洋犬種の猟犬は草地や沼地などでの鳥獣猟に適するように育種されてきたので，このような日本の山地での狩りには適していなかった（大木，1993；田名部，2006）．

大正時代から日本犬の保存を提唱したのは，天然記念物保存会委員の東京大学動物学教授渡瀬庄三郎である．日本人の起源を探る研究資料として，純粋の日本犬の調査が欠くことができないことを唱えた．内務省も各地方に日本犬の調査を命じている．日本犬の保存事業を具体化させたのは，民間のイヌ研究家斉藤弘吉である．彼は昭和3年（1928）に日本犬保存協会を発足させた．昭和9年には，日本犬を大型，中型，小型に分けて保存が図られた（大木，1993）．このような気運のもとで，日本犬保存対策として天然記念物の指定運動がおこった．天然記念物としての指定に当たっては「日本に特有な畜養動物」という項目に基づき指定された．

昭和6年に秋田犬が，昭和9年に紀州犬と甲斐犬が，昭和10年に柴犬，昭和12年に四国犬と北海道犬が，それぞれ国の天然記念物に指定された．

秋田犬は秋田県の原産で，体高約60 cmと大型である．紀州犬は和歌山県原産で，体高約50 cmと中型である．甲斐犬は山梨県原産で，体高約45 cmと中型であるがやや小型である．柴犬は体高約40 cmと小型で，本州に広く分布しているが，現在のものは長野県にいたものの子孫が多い．柴犬の管理県は，岐阜県，富山県，長野県である．四国犬は天然記念物指定時の名は土佐犬であった．高知県の原産で，体高約50 cmと中型である．土佐犬は，現在は四国犬と呼ばれるようになった．それは土佐犬の名が土佐闘犬と間違えられやすいためである．土佐闘犬は，闘犬に勝つようにマスチフを交配した犬であり，天然記念物ではない．北海道犬は，北海道原産の体高約50 cmの中型である．アイヌの人々が飼育していたため，かつてはアイヌ犬とも呼ばれていた．現存している国の天然記念物に指定された日本犬は以上の6品種である．他に昭和9年に天然記念物に指定されたものに「越の犬」がある．越の犬は北陸山間部にいた中型犬で，管理県

は石川県，富山県，福井県であったが，残念ながら絶滅してしまった．これらの詳細については別の記述に譲る（田名部，1995，1996a, b）．

日本犬の品種では毛色は特に決められていないものが多い（図 II-7-14 (1)，(2)，カラー）．現在，紀州犬はほとんどが白色である．柴犬は赤の毛色（褐色）と，黒色と褐色の毛をもつブラックアンドタンと呼ばれるものの2種類になっている．甲斐犬は虎毛をもつものとされ，黒勝ちの黒虎と赤毛と黒毛の混ざった赤虎の2種類がある．日本犬はどれも短毛で，耳が立ち，尾は巻いているか差している．すでに述べたように，遺伝子構成を調べると（PARKER et al., 2004；TANABE, 1991），東アジアのオオカミに近く，ヨーロッパ犬品種とはかなり異なっている．

日本在来犬には，天然記念物に指定されている犬種の他に，沖縄本島山原地方や石垣島に保存されている琉球犬と，鹿児島県離島の甑島に半野生犬として残存したものを増殖した薩摩犬がある．いずれも地元の保存会が，その増殖，保存（血統登録をおこなう）に努めている．琉球犬は平成7年に沖縄県の天然記念物に指定された．これらについて血液タンパク多型を支配する遺伝子の調査をしたところ，いずれも日本犬に属することがわかった（田名部，2004；田名部・谷脇，2000）．

日本犬品種の行動特性をヨーロッパ原産品種と比較して調査したところ，攻撃性に関する形質は日本犬のほうが高い評定値を示し，ひとなつこさや飼い主以外の人に馴れる形質では，西洋犬のほうが高い評定値を示した（田名部・山崎，2001）．

これらのことから，単なる愛玩用の家庭犬としては，西洋犬のほうがよいといえるが，家庭犬と番犬を兼ねた用途には，警戒心が強く，容易に他人に馴れない日本犬がよいといえよう．このように日本犬は，優れた資質をもち，姿が美しいので，飼育数もこれから増加していくと考えられる．

このような日本犬が今日のように保存されたのは，天然記念物として指定されたことが大きく貢献した（田名部，2006；TANABE, 2006）．

ii) 遺伝子構成

日本犬の各品種や地方集団における遺伝子構成はどのような特徴があるのだろうか．これは日本の最も古い在来家畜としてのイヌの系統を明らかにすることになる．それと同時に，在来犬の系統を探ることによ

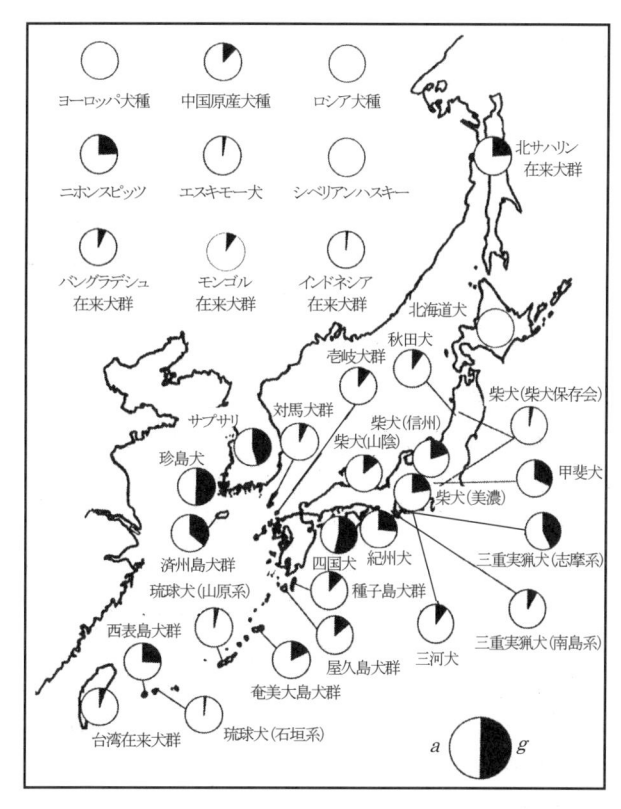

図 II-7-15 ガングリオシドモノオキシゲナーゼ（Gmo）型座位対立遺伝子の頻度分布．（TANABE et al., 1999）

318　第II部　家畜種各論

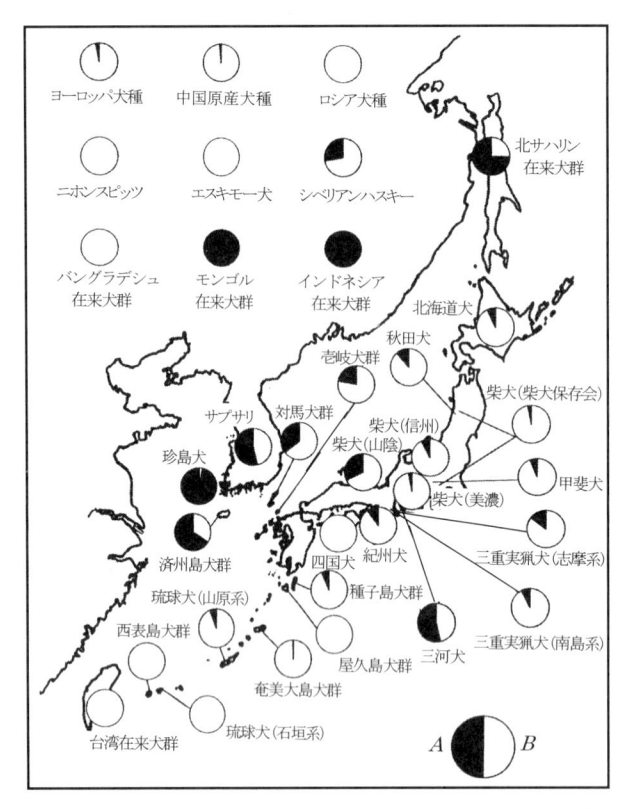

図II-7-16 ヘモグロビン (Hb) 型座位対立遺伝子の頻度分布.
(TANABE et al., 1999)

り，イヌがヒトとともに移動することから，日本人の系統を探るひとつの手段となるとも考えられる．

イヌの血液タンパク多型を支配する16座位の遺伝子頻度が調べられ（**表II-7-1**参照），日本列島ならびにその周辺の犬品種・集団の遺伝子構成の遠近関係が調査された．この際に調査された頭数は，日本犬 1,780 頭，韓国犬 394 頭，中国起源犬 72 頭，北サハリン在来犬 52 頭，モンゴル在来犬 301 頭，台湾在来犬 144 頭，バングラデシュ在来犬 60 頭，インドネシア在来犬 200 頭，西シベリアのロシア犬 88 頭であった．比較のためヨーロッパ原産の品種も 913 頭調べた．これらの結果は，田名部（1980, 1985, 2003, 2004），TANABE（1991, 2006）および TANABE et al. (1991, 1999) に詳述されている．調査したイヌの血液タンパク多型を支配する16座位のうち，原産地間で遺伝子頻度に最も差のあった遺伝子は，赤血球ガングリオシドモノオキシゲナーゼ型（Gmo），ヘモグロビン型（Hb）および赤血球エステラーゼ-2 型（Es-2）であった．その遺伝子頻度の品種や集団の差を**図II-7-15**から**図II-7-17**に示した．

Gmo^g は韓国のイヌで高い頻度で認められたが，日本列島では中西部のイヌで高く，東北部のイヌで低い．特に北海道犬には全くないが，北サハリンの在来犬ではかなりの頻度で認められた（**図II-7-15**）．

Hb^A は韓国のイヌで著しく高い頻度で認められるが，日本犬では山陰柴犬と三河犬で高く，他の日本犬では低く，北サハリンの在来犬では著しく高いことが注目される（**図II-7-16**）．

Es-2^F はモンゴル在来犬，インドネシア在来犬，北サハリン在来犬で極めて高い頻度で見いだされる．また，韓国在来犬，日本犬の対馬犬，山陰柴犬，奄美大島犬などでもかなり高い．他の日本犬種でもかなり高い頻度で認められた．これに対し，西シベリア犬種では全く認められず，ヨーロッパ品種では頻度が低い（**図II-7-17**）．

上記の座位の遺伝子をはじめとする血液タンパク多型を支配する座位の遺伝子頻度は品種や集団によって異なる．そこでイヌ56品種および集団の16座位の遺伝子頻度を用いて，イヌの品種・集団の遺伝的位置関係を分散共分散行列にもとづく主成分分析によって主成分スコアを算出し，**図II-7-18**に2次元の散布図として示した．これを見ると，日本犬品種および集団はかなり広い分布を示した．すなわち，韓国在来犬と比較的近い関係にある三河犬，山陰柴犬，四国

犬，美濃柴犬などと，韓国犬と遠い関係のある琉球犬（山原系，石垣系），北海道犬などと，これらの中間に位置する多くの他の日本犬の品種・集団に分かれた．ヨーロッパ犬品種は多くが日本犬とは異なる位置にあったが，ラブラドールレトリーバーのように琉球犬に近い位置にあるものもあった．しかし，ラブラドールレトリーバーは，カナダのラブラドールの原産とされているので，アメリカ先住民のもち込んだ古いアジア犬の遺伝子をもっている可能性もある．中国原産犬や西シベリア（ロシア）原産のイヌは一般に日本犬群とヨーロッパ犬品種群の間に位置した．さらに，北サハリン在来犬，モンゴル在来犬（モンゴルとタイガ），インドネシア在来犬（KalimantanとBali島）が互いに近い関係にあることが注目される．

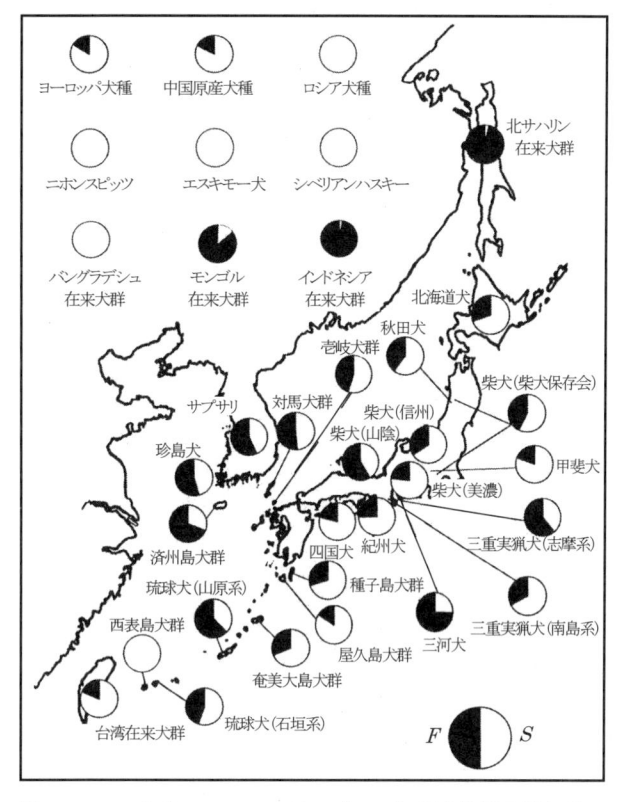

図 II-7-17 血球エステラーゼ-2（Es-2）型座位対立遺伝子の頻度分布．(Tanabe et al., 1999)

最近マイクロサテライトDNAによる柴犬4集団の比較がおこなわれた．4集団間に差がみとめられ，山陰柴犬集団は先に分かれ，次いで柴犬保存会集団が分かれた．さらに信州柴犬（日本犬保存会系）集団と美濃柴犬集団に分かれた（牧ら，2008）．

イヌはヒトの移動に伴って動くことが知られているので，古い時代（縄文時代）に古い型のイヌが日本列島に入り，ついで弥生時代に新しい型のイヌが朝鮮半島を経由して入り，従来いたイヌとの混血がおきて，今日の日本犬集団の祖型の大部分が形成されたと考えられた．この際，北海道や琉球列島では新しいイヌとの交雑があまりおこらず，その遺伝子の影響を強く受けなかったのではないかと思われる．

野生動物を家畜化する場合，一般にごく一部集団のみを家畜化する．また，家畜化した後は，雌の仔は全て繁殖させるが，雄の仔の大部分は屠殺して食料にしたり，去勢して役用にすることが多い．このため，家畜では選抜に対して中立であると考えられるタンパク多型を支配する遺伝子座の多型座位率（P_{poly}）や各座位の平均ヘテロ接合率（$\bar{H}$）は，野生動物にくらべて低下すると推定できる．しかし，事実は全く逆である．これは家畜では多くの人為的異系交配がおこなわれたためであると考えられている（野澤，1986）．

Tanabe et al.（1991, 1999）は，イヌの集団の27座位（多型16，単型11座位）の遺伝的多様性を示す2つの数値について調べた（**表 II-7-5**）．日本犬品種ではP_{poly}が48.0%，$\bar{H}$は0.159で

320　第II部　家畜種各論

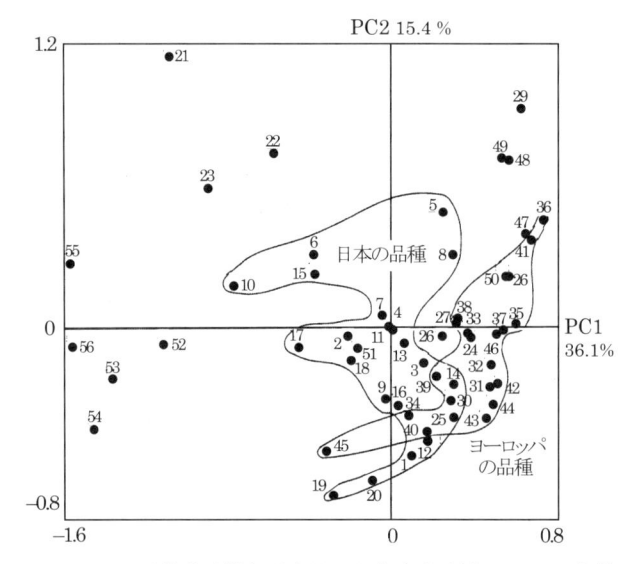

図 II-7-18　分散共分散行列を用いた主成分分析による56犬種の2次元散布図.

1. 北海道犬　2. 秋田犬　3. 甲斐犬　4. 紀州犬　5. 四国犬　6. 柴犬（山陰）　7. 柴犬（信州）　8. 柴犬（美濃）　9. 柴犬（柴犬保存会）　10. 三河犬　11. 種子島犬群　12. 屋久島犬群　13. 奄美大島犬群　14. 西表島犬群　15. 三重実猟犬（志摩系）　16. 三重実猟犬（南島系）　17. 対馬犬群　18. 壱岐在来犬群　19. 琉球犬（山原系）　20. 琉球犬（石垣系）　21. 珍島犬　22. サプサリ　23. 済州島在来犬群　24. 台湾在来犬群　25. バングラデシュ在来犬群　26. チン　27. パグ　28. チャウチャウ　29. ペキニーズ　30. ポインター　31. マルチーズ　32. ボクサー　33. ジャーマンシェパード　34. シェットランドシープドッグ　35. ビーグル　36. ポメラニアン　37. プードル　38. ドーベルマンピンシェル　39. コリー　40. ダックスフント　41. ヨークシャーテリア　42. ダルメシアン　43. コッカースパニエル　44. イングリッシュセッター　45. ラブラドールレトリーバー　46. ニホンスピッツ　47. 中央アジアオフチャルカ　48. コーカサスオフチャルカ　49. ライカ　50. エスキモー犬　51. シベリアンハスキー　52. 北サハリン在来犬群　53. モンゴル在来犬群（モンゴル）　54. モンゴル在来犬群（タイガ）　55. インドネシア在来犬群（Bali）　56. インドネシア在来犬群（Kalimantan）　(TANABE et al., 1999; TANABE, 2006)

あった．日本を除くアジア犬種（台湾，韓国，中国起源犬）の値は，P_{poly} が43.7%，$\bar{H}$ が0.126であり，ヨーロッパ品種の値は，P_{poly} が43.8%，$\bar{H}$ が0.137であり，互いにあまり大きな差がなかった．

　イヌで得られた数値は他の家畜種で得られた値の中では高い方である．$\bar{H}$ の値としてウシ0.170（野澤，1986），ウマ0.116（野澤，1986），ブタ0.049（SMITH et al., 1980），ヒツジ0.091（野澤，1986），ヤギ0.030（野澤，1986），ドブネズミ0.064（NEVO et al., 1984），クマネズミ0.032（NEVO et al., 1984），野生マウス0.087（POWELL, 1975），実験用マウス0.100（POWELL, 1975），アカゲザル0.077（野澤，1986），ニホンザル0.013（野澤，1986），ネコ0.079（野澤，1986）などが報告されている．

　イヌは，ウシやウマなどのように異系交配がおこなわれ，その遺伝的多様性が増したと考えられる．また，イヌの場合は食用家畜の場合と異なり，雄はあまり激しい淘汰を受けなかったと思われる．ヒトでは $\bar{H}$ は0.123であり，野生哺乳類184種の平均値0.041にくらべて著しく高い値

表 II-7-5　イヌ血液タンパク型 27 座位から求めた多型座位の割合 (P_{poly}) と平均ヘテロ接合率 ($\bar{H}$).

品種・集団	個体数	P_{poly} (%)	$\bar{H}$ ± 標準誤差	品種・集団	個体数	P_{poly} (%)	$\bar{H}$ ± 標準誤差
日本在来犬				インドネシア在来犬群			
北海道犬	119	48.1	0.1253 ± 0.0367	Bali 集団	100	44.4	0.1340 ± 0.0391
秋田犬	239	48.1	0.1498 ± 0.0390	Kalimantan 集団	100	40.7	0.1289 ± 0.0375
岩手犬	13	29.6	0.1058 ± 0.0376	2 集団 (200 個体) の平均値		42.6	0.1315 ± 0.0383
甲斐犬	108	55.6	0.1625 ± 0.0376	バングラデシュ在来犬群	60	40.7	0.1777 ± 0.0443
紀州犬	81	51.9	0.1363 ± 0.0352	モンゴル在来犬群			
四国犬	90	48.1	0.1542 ± 0.0383	Lun-Zaamar 集団	101	48.1	0.1331 ± 0.0335
柴犬（山陰）	68	48.1	0.1663 ± 0.0383	Jargarthaan 集団	200	51.9	0.1627 ± 0.0420
柴犬（信州）	206	55.6	0.1641 ± 0.0393	2 集団 (301 個体) の平均値		50.0	0.1479 ± 0.0378
柴犬（美濃）	113	51.9	0.1526 ± 0.0373	ロシア犬種			
柴犬（柴犬保存会）	76	44.4	0.1268 ± 0.0396	中央アジア牧羊犬（Ovcharka）	27	29.6	0.0789 ± 0.0265
薩摩犬	32	29.6	0.1146 ± 0.0368	コーカサス牧羊犬（Ovcharka）	27	37.0	0.0978 ± 0.0366
三河犬	25	40.7	0.2062 ± 0.0429	ライカ犬	34	33.3	0.0972 ± 0.0367
種子島犬群	45	51.9	0.1885 ± 0.0428	3 集団 (88 個体) の平均値		33.3	0.0913 ± 0.0333
屋久島犬群	38	51.9	0.1816 ± 0.0424	エスキモー犬	20	33.3	0.0703 ± 0.0277
奄美大島犬群	92	51.9	0.1912 ± 0.0426	シベリアンハスキー（アメリカ）	60	51.9	0.1621 ± 0.0406
西表島犬群	20	40.7	0.1790 ± 0.0447	北サハリン在来犬群	52	55.6	0.1925 ± 0.0434
三重実猟犬（志摩系）	30	51.9	0.1716 ± 0.0417	ヨーロッパ系品種			
三重実猟犬（南島系）	19	51.9	0.1540 ± 0.0390	ポインター	67	51.9	0.1586 ± 0.0391
対馬犬群	83	55.6	0.2116 ± 0.0453	マルチーズ	65	40.7	0.1182 ± 0.0357
壱岐犬群	40	55.6	0.1822 ± 0.0419	ボクサー	29	44.4	0.1474 ± 0.0399
琉球犬（山原系）	166	59.3	0.1816 ± 0.0420	ジャーマンシェパード	85	51.9	0.1494 ± 0.0361
琉球犬（石垣系）	30	51.9	0.1513 ± 0.0401	シェットランドシープドッグ	48	51.9	0.1753 ± 0.0388
南大東島犬群	14	29.6	0.1004 ± 0.0362	ビーグル	412	40.7	0.1057 ± 0.0332
23 集団 (1747 個体) の平均値		48.0	0.1590 ± 0.0399	ポメラニアン	26	40.7	0.1033 ± 0.0273
韓国在来犬				プードル	16	44.4	0.1321 ± 0.0357
珍島犬	229	59.3	0.1641 ± 0.0381	ドーベルマンピンシェル	21	48.1	0.1404 ± 0.0339
済州島犬群	125	59.3	0.1867 ± 0.0412	コリー	27	40.7	0.1582 ± 0.0408
サプサリ	40	51.9	0.1907 ± 0.0411	ダックスフント	19	44.4	0.1469 ± 0.0370
3 集団 (394 個体) の平均値		56.8	0.1805 ± 0.0401	ヨークシャーテリア	27	40.7	0.1082 ± 0.0328
中国起源品種				ダルメシアン	15	37.0	0.0911 ± 0.0307
チン	27	44.4	0.1514 ± 0.0392	コッカースパニエル	22	40.7	0.1470 ± 00405
パグ	21	51.9	0.1357 ± 0.0319	イングリッシュセッター	22	40.7	0.1442 ± 0.0408
チャウチャウ	10	37.0	0.1262 ± 0.0380	ラブラドールレトリーバー	12	40.7	0.1715 ± 0.0431
ペキニーズ	14	29.6	0.0917 ± 0.0318	16 集団 (913 個体) の平均値		43.8	0.1373 ± 0.0365
4 集団 (72 個体) の平均値		40.7	0.1263 ± 0.0352	ニホンスピッツ	13	25.9	0.1106 ± 0.0342
台湾在来犬群	144	40.7	0.1318 ± 0.0370	全集団の平均値		45.3	0.1399 ± 0.0376

Tanabe et al. (1999).

を示すことが注目されている（Nevo et al., 1984；野澤，1986）．

　動物細胞内は一般に細胞膜の Na^+ ポンプの役割により，ナトリウムイオンが低く，カリウムイオンが高濃度に保たれている．これは哺乳類（綱）の成熟赤血球の細胞内でも同様である．しかし，哺乳類（綱）の中で，イヌ科とネコ科が属する食肉目は，出生直後から成熟赤血球細胞膜の Na^+ ポンプが働かず，低カリウムとなる．ところが，イヌの中には，食肉目以外の哺乳類と同じく，出生直後から成熟赤血球内が高カリウムである劣性突然変異（HK 個体）が認められる．この変異は，初め柴犬雑種で発見されたが，ついで米国で飼育されている秋田犬でも発見された．ヨーロッパ犬品種ではこの変異は見いだされていない．Fujise et al. (1997) は，HK 変異が日本犬のいろいろな品種や集団にかなり広く分布していることを示した（表 II-7-6）．最も高い頻度で認められるのは，韓国の珍島犬で，日本犬では柴犬（信州系および山陰系）が高く，北海道犬や琉球犬では低い．興味あることに，HK 変異は南方の台湾在来犬やインドネシア在来犬と北方の北サハリン在来犬やモンゴル犬には全く見いだされない．これらのことから，HK 変異遺伝子は朝鮮半島で出現し，ヒトの移動に伴ったイヌの移動で日本列島に広がったと推定される．

表 II-7-6 イヌ赤血球高カリウム型変異（HK）の頻度および抗ウサギ補体第6成分（C6）遺伝子座対立遺伝子の頻度.

品種・集団	HK* 個体数	LK	HK	C6** 個体数	A	B	C	D	E	F	G
北海道犬	40	0.776	0.224	50	0.840	0.150	0.000	0.010	0.000	0.000	0.000
秋田犬	38	0.487	0.513	93	0.452	0.543	0.000	0.005	0.000	0.000	0.000
柴犬（信州）	26	0.412	0.588	66	0.485	0.477	0.038	0.000	0.000	0.000	0.000
柴犬（山陰）	40	0.388	0.612	29	0.966	0.034	0.000	0.000	0.000	0.000	0.000
甲斐犬	35	0.707	0.293	31	0.806	0.097	0.000	0.032	0.065	0.000	0.000
紀州犬	40	0.726	0.274	46	0.369	0.598	0.000	0.033	0.000	0.000	0.000
三河犬	23	0.639	0.361	25	0.000	1.000	0.000	0.000	0.000	0.000	0.000
四国犬	35	0.761	0.239	77	0.253	0.727	0.020	0.000	0.000	0.000	0.000
薩摩犬	31	1.000	0.000	32	0.297	0.531	0.172	0.000	0.000	0.000	0.000
種子島犬群	−	−	−	40	0.262	0.500	0.125	0.013	0.000	0.075	0.025
奄美大島犬群	−	−	−	50	0.160	0.520	0.190	0.030	0.000	0.090	0.010
琉球犬	40	0.842	0.158	30	0.250	0.517	0.183	0.000	0.000	0.050	0.000
珍島犬	40	0.348	0.652	50	0.030	0.830	0.130	0.010	0.000	0.000	0.000
済州島犬群	40	0.613	0.387	50	0.050	0.820	0.120	0.010	0.000	0.000	0.000
サプサリ	31	0.746	0.254	30	0.233	0.667	0.033	0.000	0.000	0.067	0.000
台湾在来犬群	40	1.000	0.000	49	0.150	0.530	0.200	0.000	0.000	0.070	0.050
インドネシア在来犬群（Kalimantan）	40	1.000	0.000	50	0.050	0.240	0.670	0.000	0.000	0.020	0.000
インドネシア在来犬群（Bali）	40	1.000	0.000	50	0.010	0.650	0.340	0.000	0.000	0.000	0.000
北サハリン在来犬群	40	1.000	0.000	29	0.103	0.759	0.086	0.000	0.000	0.052	0.000
モンゴル在来犬群	40	1.000	0.000	102	0.059	0.525	0.250	0.000	0.000	0.132	0.034
ポインター	−	−	−	30	0.850	0.017	0.000	0.000	0.133	0.000	0.000
ビーグル	−	−	−	30	0.800	0.017	0.000	0.000	0.183	0.000	0.000
ジャーマンシェパード	−	−	−	29	1.000	0.000	0.000	0.000	0.000	0.000	0.000

＊ Fujise et al.（1997）． ＊＊ Shibata et al.（1995）．

　抗ウサギ補体第6成分（C6）の多型を調べた結果を**表 II-7-6**に示した．ヨーロッパ犬種では，$C6^A$の頻度が著しく高いのに対して，韓国犬では$C6^B$の頻度が著しく高い．日本犬では，多くの品種で$C6^B$が高く，ついで高いのが$C6^A$である．鹿児島県の3集団や琉球犬では$C6^C$もかなりの頻度で見出される．しかし北海道犬では$C6^A$の頻度が高く，むしろヨーロッパ犬の品種に近い．さらに北にいる北サハリン在来犬やモンゴル犬では$C6^B$の頻度が高い．また南方の台湾在来犬では$C6^B$が高く，次いで$C6^C$であり，鹿児島県のイヌや琉球犬とその傾向が似ている．インドネシア在来犬，特にKalimantanの在来犬では$C6^C$が高い．バングラデシュ在来犬では$C6^B$が高いが，$C6^A$，$C6^C$もある程度高いことが知られている（Shibata et al., 1995，および未発表データ）．この血液型のデータは日本本土の日本犬が南北両方のアジア犬種の影響を受けて成立したことを示し，ヨーロッパ犬とはかなりその遺伝子構成が異なる．しかし，北海道犬の遺伝子構成は他の日本犬品種と異なっており，血液タンパク多型のデータとは異なり，琉球犬との似通いは認められない．このことから，北海道犬の成立には南方および朝鮮半島からではなく，沿海州やサハリンルートからの，現在の他の品種集団の祖先とは別のイヌの流入もあったと考えられる．

　日本列島で出土した古い骨から抽出されたmtDNAのDループを中心とした制御領域（タンパク質合成に関与しない領域）の塩基配列を現存の日本犬種と比較したところ，サハリン，北海道，東北地方など北方のイヌの骨にはM5ハプロタイプ（塩基配列型）が認められたが，南日本のイヌの骨にはM2ハプロタイプが認められた．また，縄文・弥生時代などの古い骨は全部C_1クラスター（ハプロタイプ群）に属しており，このクラスターは日本列島全体にひろがっていると推定された（Okumura et al., 1996, 1999）．

iii) 行動特性

イヌの行動特性は，その系統や遺伝子構成と関係していることはすでに述べた（Ito et al., 2004）.

田名部・山崎（2001）は，獣医師，動物看護師，グルーマーを含むアニマルショップ従業員，訓練士191名へのアンケートによってイヌの行動特性を調査した．調査は日本犬6品種を含む31品種の行動特性12項目について5点配点法による得点を比較した．その結果，ヒトへのなつきやすさに関連する形質の評価は，日本犬品種は著しく低く（**表II-7-7（1）**），攻撃性と関係のある形質の評価得点では著しく高いことが示された（**表II-7-7（2）**）．牧畜（羊）犬に属するウェルシュコーギーペンブロークやシェットランドシープドッグなどはその中間に位置した．このことは日本犬が古いタイプのイヌのもっていた番犬や猟犬に適した性格を保持していることを示している．

表II-7-7（1） イヌの行動特性の品種差．

品種	評定者数	新しい飼主へのなつきやすさ	家族以外の人へのなつきやすさ（社交性）	要求に答えた時の喜ぶ程度（外向性）	要求に答えない時イヌの退屈する程度（内向性）	家族と一緒にいたがる程度（社会性）	服従性
北海道犬	47	1.98±0.92 a*	2.00±0.83 k	2.91±1.06 m	2.53±0.88 d	2.83±1.05 lm	3.15±1.20 bcdfg
紀州犬	62	1.85±0.90 a	2.00±0.85 k	2.97±1.07 m	2.55±1.04 d	2.76±1.10 m	3.23±1.14 bcfg
四国犬	42	1.90±0.82 a	1.83±0.79 k	2.95±0.96 m	2.55±0.86 d	2.81±1.99 lm	3.26±1.04 bfghj
甲斐犬	59	1.93±1.01 a	2.00±0.89 k	3.03±1.03 mn	2.58±0.93 d	2.85±1.09 lm	3.17±1.21 bcdfg
秋田犬	68	2.03±0.96 a	2.06±0.94 k	2.99±1.04 mn	2.53±0.91 d	2.85±0.97 m	3.35±1.02 fhj
シベリアンハスキー	90	2.66±1.04 bcde	2.90±0.92 adel	3.40±0.99 abcdegl	3.01±0.99 bfg	2.99±0.89 lmn	2.73±1.03 aln
柴犬	101	2.08±0.99 a	2.40±1.11 m	3.53±0.84 bcdeg	3.06±0.86 fgh	3.17±1.05 aeln	3.32±1.13 fh
パピヨン	82	2.49±1.08 e	2.78±0.89 al	3.27±0.98 aelmn	3.15±0.92 fghj	3.84±0.87 fghij	2.65±1.02 ln
チワワ	83	2.49±1.06 e	2.46±0.95 mn	3.23±1.02 almn	3.10±0.95 fgh	3.88±0.99 fhij	2.57±1.07 n
ウェストハイランドホワイトテリア	79	2.77±0.85 bcdefg	3.09±0.75 bcd	3.39±0.85 acdel	3.00±0.93 bfg	3.25±0.76 ae	3.04±0.94 bcdefg
マルチーズ	102	3.02±0.96 fh	3.19±0.89 bcg	3.77±0.82 fhj	3.41±0.75 i	4.01±0.80 ij	3.09±0.96 bcdefg
ポメラニアン	106	2.75±0.91 bcdeg	3.07±0.83 cde	3.79±0.84 fhj	3.29±0.89 hij	4.05±0.88 i	2.89±1.03 abdeln
ミニチュアシュナウザー	88	2.63±0.94 cde	2.85±0.75 ael	3.34±0.86 adeln	3.05±0.77 fgh	3.36±0.90 ade	3.14±1.00 bcdefg
ジャーマンシェパード	79	2.70±0.88 bcdeg	2.71±0.88 ln	3.47±0.96 abcdeg	2.77±0.99 bcd	3.09±0.96 almn	4.18±1.03 i
シーズー	106	3.36±1.05 ij	3.80±0.77 j	3.98±0.77 j	3.25±0.88 fhij	3.87±0.88 fghij	3.01±0.96 abcde
ビーグル	89	3.07±1.10 fhj	3.46±0.85 fh	3.83±0.88 hj	3.26±0.91 fhij	3.38±0.96 acde	2.89±1.09 abcdeln
ウェルシュコーギーペンブローク	75	2.95±1.08 bfgh	3.37±0.93 fgh	3.67±0.86 bfgh	3.03±0.91 bfgh	3.45±0.92 bcde	2.99±1.05 abcdeg
ダックスフント	95	2.91±1.14 bcfgh	3.31±0.88 bfg	3.73±0.90 fghj	3.31±0.90 hij	3.77±0.95 fghj	3.07±1.08 bcdefg
シェットランドシープドッグ	97	2.77±1.07 bcdefgh	3.16±0.80 bcg	3.78±0.89 fhj	3.11±0.75 fgh	3.64±0.87 bcf	3.65±1.15 j
ボクサー	58	2.52±0.94 de	2.74±0.97 aln	3.22±1.08 adelmn	2.60±0.95 d	2.91±0.88 lm	3.28±1.02 fgh
トイプードル	101	2.83±1.06 bcdfgh	3.15±0.92 bcdg	3.91±0.95 hj	3.37±0.85 ij	3.98±0.99 hij	3.60±1.23 hj
ヨークシャーテリア	100	2.97±0.98 fgh	3.29±0.77 bfg	3.69±0.86 fgh	3.40±0.82 ij	4.05±0.82 i	2.95±1.02 abcdeg
ペキニーズ	71	2.69±1.05 bcdeg	3.04±0.82 acde	3.10±0.96 lmn	2.73±0.91 bcd	3.34±1.07 acde	2.62±1.02 ln
チン	60	2.67±1.00 bcdeg	2.93±1.04 acdel	3.12±1.08 lmn	2.63±0.97 d	3.23±1.11 ael	2.85±0.94 adeln
アメリカンコッカスパニエル	82	2.94±0.91 bfgh	3.30±0.80 bfg	3.56±0.86 bcdfg	2.95±0.87 bcg	3.22±0.90 aeln	2.80±1.15 adln
ブルドッグ	63	2.79±0.90 bcdefgh	2.98±0.96 acdel	3.02±1.14 mn	2.67±0.90 cd	2.97±0.84 lmn	2.84±0.97 adeln
グレートピレネーズ	73	2.78±1.08 bcdefgh	3.12±1.00 bcdeg	2.99±0.99 m	2.64±0.95 d	2.95±0.90 lmn	3.23±1.15 bcfg
カバリアキングチャールズスパニエル	83	3.08±1.08 hj	3.53±0.95 fhj	3.69±0.80 fgh	2.99±0.82 bg	3.7±0.97 bfgh	2.94±1.02 abcdegl
パグ	87	3.30±1.00 ij	3.60±0.86 hj	3.66±1.03 bcfgh	3.02±0.98 bfg	3.61±0.91 bcdf	2.70±0.98 aln
ゴールデンレトリーバー	105	3.48±1.24 i	4.26±0.75 i	4.35±0.76 i	3.16±1.09 fghij	3.87±0.94 fghij	4.04±1.14 i
ラブラドールレトリーバー	90	3.49±1.21 i	4.20±0.75 i	4.37±0.76 i	3.22±1.10 fghij	3.67±1.04 bcfg	4.11±1.21 i

*平均値±標準偏差，共通文字を含まない品種間には有意差（$P<5\%$）があることを示す．（田名部・山崎, 2001）

近年特に先進諸国ではイヌの飼育が急増している．これは従来の実用犬としての特定の用途のための飼育ではなく，家族の心に安らぎを与える家庭犬（コンパニオンアニマル，以前はペットと呼ばれていた）として飼育されている．日本でもその傾向は著しく，2005年のイヌの飼育数は，1,300万頭に達し，産業規模も1兆円を越している．イヌはヒトに飼われると自分を家族の一員と認識し，家族と精神的交流をもつようになる．そのためイヌの飼育はヒトに精神的安らぎを与える心理的効果のあることが知られている（田名部，1998）．

FRIEDMANN et al.（1980）は心筋梗塞をおこした患者の1年後の死亡率について，ペットをもっていたヒトは，もっていないヒトの約5分の1であったと報告している（**表II-7-8**）．その後1995年にさらに多くの患者について調べた．この時期になると治療法が改善され，この疾患による死亡率は3分の1に減ったが，イヌをもっているヒトの死亡率は約6分の1であり，その差は統計的に有意であった（**表II-7-8**）．このような差が生ずるのは，イヌを飼うとストレスが減り，血圧も低下することなどによるとされている．

表II-7-7（2） イヌの行動特性の品種差．

品　種	評定者数	飼主や家族への攻撃性（反抗性）	要求に答えた時優位になったと考える性質（支配性）	テリトリー防衛	他犬への攻撃性	恐怖症	トイレのしつけ
北海道犬	47	3.62±0.92 a*	3.49±1.04 abc	4.19±1.01 a	3.96±1.04 a	2.89±1.05 efghi	3.43±1.08 abc
紀州犬	64	3.56±0.92 a	3.52±1.08 ab	4.00±1.20 ab	4.06±1.08 a	2.90±1.07 efghi	3.37±1.18 abcde
四国犬	42	3.48±1.09 ab	3.60±0.91 a	4.10±1.01 ab	3.95±1.03 a	2.90±1.10 efghi	3.48±1.02 ab
甲斐犬	59	3.46±1.12 ab	3.51±1.08 ab	3.97±1.04 ab	3.98±1.03 a	2.88±1.08 efghi	3.34±1.23 abcdefg
秋田犬	68	3.40±1.16 abc	3.40±1.02 abcdefg	4.03±1.08 ab	3.85±1.10 a	2.88±0.94 fghi	3.34±1.14 abcdefgh
シベリアンハスキー	90	3.37±1.00 abc	3.49±0.95 abcd	3.30±1.23 c	3.20±1.25 bcd	2.79±0.97 ghi	2.98±1.13 ghijk
柴犬	101	3.37±1.04 abc	3.48±1.03 abcdef	3.92±1.29 ab	3.85±1.09 a	3.32±0.99 cd	3.35±1.20 abcdef
パピヨン	82	3.20±1.08 bcd	3.40±0.97 abcdef	2.93±1.21 def	2.83±1.22 cdefgh	3.56±1.02 abc	3.01±1.02 eghijk
チワワ	83	3.16±1.21 bcde	3.42±1.05 abcde	3.25±1.30 cd	3.05±1.32 bcde	3.84±1.06 a	3.01±1.08 eghijk
ウェストハイランドホワイトテリア	79	3.13±0.94 bcde	3.35±0.93 abcdefg	3.18±1.15 cde	3.22±1.13 b	2.78±0.75 ghi	3.22±1.02 bcdefghi
マルチーズ	102	3.08±1.00 def	3.29±0.92 abcdefgh	2.91±1.17 def	2.74±1.04 efghij	3.31±1.04 cd	3.10±1.04 cdefghijk
ポメラニアン	106	3.06±0.96 defg	3.43±1.00 abcde	3.05±1.14 cde	2.84±1.13 cefg	3.65±1.04 ab	3.01±1.04 ghijk
ミニチュアシュナウザー	88	3.00±0.97 defgh	3.19±0.76 cdefghi	3.02±1.14 cde	3.20±1.19 bcd	2.98±0.87 efg	3.19±0.98 bcdefghi
ジャーマンシェパード	79	2.99±1.09 defghi	3.05±1.13 ghijk	3.77±1.14 b	3.23±1.17 b	2.65±1.06 hij	3.58±1.10 a
シーズー	106	2.91±1.15 defghij	3.27±1.05 abcdefg	2.44±0.94 i	2.29±1.00 klm	2.66±1.03 hij	3.10±1.11 cdefghijk
ビーグル	89	2.84±0.86 efghijk	3.04±0.96 hijk	2.93±1.10 def	2.72±1.16 efghij	2.72±0.92 ghij	2.84±1.06 jk
ウェルシュコーギーペンブローク	75	2.83±0.92 efghijk	3.01±0.95 hijkl	2.61±1.11 fghi	2.75±1.07 efghij	2.75±0.90 hij	3.03±1.03 efghijk
ダックスフント	95	2.82±0.92 fghijk	3.14±0.81 fghij	2.97±1.21 cde	2.78±1.09 efghi	3.14±1.05 def	3.14±1.12 bcdefghij
シェットランドシープドッグ	97	2.81±0.88 ghijk	3.21±0.80 bcdefghi	3.20±1.15 cde	2.89±1.03 cdef	3.41±0.92 bcd	3.36±1.10 abcde
ボクサー	58	2.81±0.96 efghijk	2.95±1.10 ijklmn	3.24±1.17 cde	3.21±1.17 bc	2.43±0.94 jk	3.02±1.13 cdefghijk
トイプードル	101	2.80±0.96 ghijk	3.05±0.96 hijk	2.96±1.17 cde	2.69±1.06 fghij	3.19±0.92 de	3.40±1.17 abcd
ヨークシャーテリア	100	2.74±1.01 hijkl	3.22±1.03 bcdefghi	2.94±1.20 def	2.72±1.17 efghij	3.37±1.16 bcd	3.01±1.11 eghijk
ペキニーズ	71	2.70±0.78 ijkl	2.97±0.93 ijklm	2.46±1.12 hi	2.42±1.15 jklm	2.93±0.95 efgh	2.90±1.00 ijk
チン	60	2.70±0.93 hijkl	2.80±1.07 klmnop	2.55±1.05 ghi	2.52±1.02 ghijk	2.92±1.05 efghi	2.95±0.93 gijk
アメリカンコッカスパニエル	82	2.68±0.89 ikl	2.93±0.91 jklmno	2.55±1.12 ghi	2.46±1.17 hijkl	2.65±0.82 hij	2.79±1.09 k
ブルドッグ	63	2.65±0.94 iklm	2.79±0.88 klmnop	2.84±1.18 efgh	2.95±1.18 bcdef	2.63±0.92 hij	3.11±0.90 bcdefghijk
グレートピレネーズ	73	2.48±1.06 lmn	2.70±1.00 lmnop	2.90±1.12 defg	2.45±1.04 ijkl	2.48±0.94 jk	3.85±4.88**
キャバリアキングチャールズスパニエル	83	2.36±0.89 mn	2.69±0.81 nop	2.46±1.02 i	2.33±1.05 klm	2.81±0.98 ghi	2.90±1.01 ijk
パグ	87	2.30±0.82 no	2.68±1.01 mnop	2.33±0.96 i	2.17±0.84 lm	2.61±0.91 ij	2.90±0.98 jk
ゴールデンレトリーバー	105	1.90±0.88 op	2.62±1.03 np	2.40±1.08 i	1.90±0.93 mo	2.30±0.94 k	3.58±1.14 a
ラブラドールレトリーバー	90	1.89±0.84 p	2.57±0.86 p	2.54±1.12 hi	2.11±1.09 o	2.28±0.94 k	3.58±1.26 a

*平均値±標準偏差．共通文字を含まない品種間には有意差（P＜5%）があることを，**は分散が大きく，他の全品種と有意差がないことを示す．（田名部・山崎，2001）

表 II-7-8 心筋梗塞を患った患者の1年後の生存率とペット飼育の関係.

	患者数	生存率（％）	死亡率（％）	有意差（P）
FRIEDMANN *et al.* (1980)				
ペットなし	39	71.8	28.2	$P<0.02$
ペットあり	53	94.3	5.7	
イヌなし	49	77.6	22.4	$P<0.05$
イヌあり	43	93.0	7.0	
FRIEDMANN *et al.* (1995)				
ペットなし	262	93.9	6.1	$P>0.05$
ペットあり	107	96.3	3.7	
イヌなし	282	93.3	6.7	$P<0.05$
イヌあり	87	98.9	1.1	
ネコなし	325	94.8	5.2	$P<0.05$
ネコあり	44	93.2	6.8	

以上をまとめると次のようになる.

イヌの祖先はオオカミで，15,000～20,000年前に，東アジアでチュウゴクオオカミ（*Canis lupus chanco*）が家畜化され，ヒトの移動に伴って世界中に移動した．東アジアのイヌの系統が当初現れた．

日本列島のイヌは，複合的かつ多元的に成立した．すなわち，約10,000年前に古いイヌが縄文人に伴われてまず渡来し，日本列島に広く住みついた．古いイヌの渡来ルートは，北方からか，南方からか，あるいは両方からかは今のところ不明である．弥生時代から古墳時代にかけて（2,500～1,500年前），新しい民族が朝鮮半島を経由して日本列島に渡来した．彼らは新しいイヌを伴ってきた．

その結果，日本本土では古いイヌと新しいイヌの雑種のイヌが多く生まれた．この雑種化は本州，四国，九州で盛んにおこったが，北海道や琉球列島ではかなり少なかったと考えられる．遺伝子についての調査で，多くの遺伝子が北海道犬と琉球犬が近い関係であることを示した．しかし，この2品種の祖先が同一であったかどうかは，まだ不明である．

文献

American Kennel Club (1998) Basenji. *In* : The Complete Dog Book (18th Ed.). pp. 143-146.
CLUTTON-BROCK, J. (1984) Dog. *In* : Evolution of Domesticated Animals. (MASON, I. L., *ed.*) Longman, London and New York. pp. 198-241.
CLUTTON-BROCK, J. (1995) Origin of the Dog : domestication and early history. *In* : The Domestic Dog : Its Evolution, Behavior and Interaction with People. (SERPELL, J., *ed.*) Cambridge Univ. Press, Cambridge. pp. 7-20.
CORBERT, L. (1995) The Dingo in Australia and Asia. Comstock, Cornell, Ithaca, New York.
FRIEDMANN, E., KATCHER, A. H., LYNCH, J. J. and THOMAS, S. A. (1980) Animal companions and one year survival of patients after discharge from coronary care unit. Public Health Report, 95 : 307-312.
FRIEDMANN, E. and THOMAS, S. A. (1995) Pet ownership, social support, and one-year survival after acute myocardial infarction in the cardiac arrythmia suppression trial (CAST). Am. J. Cardiol., 76 : 1213-1217.
FUJISE, H., HIGA, K., NAKAMURA, T., WADA, K., OCHIAI, H. and TANABE, Y. (1997) Incidence of dogs possessing red blood cells with high K in Japan and East Asia. J. Vet. Med. Sci., 59 : 495-497.
HART, B. L. and HART, L. A. (1985) Selecting pet dogs on the basis of cluster analysis of behavioral profiles and gender. J. Amer. Vet. Med. Assoc., 186 : 1181-1185.
HASHIMOTO, Y., YAMAKAWA, T. and TANABE, Y. (1984) Further studies on red cell glycolipids of various breeds of dogs. J.

Biochem., 96: 1777-1782.
HERRE, W. und RÖHRS, M. (1990) Haustiere—zoologisch gesehen. 2 Auflage. Gustav Fischer, Stuttgart and New York. pp. 222-252.
井上（村山）美穂・新浦直人・新美陽子・北川　均・森田光夫・岩崎利郎・村山裕一・伊藤愼一（2002）イヌにおけるドーパミン受容体 D4 遺伝子多型と行動特性との関連．DNA 多型，10: 64-70.
石毛直道・茂原信生・田名部雄一・小山修三（1991）人類とともに動いた動物．犬．モンゴロイド，11: 2-9.
ITO, H., NARA, H., INOUE-MURAYAMA, M., SHIMADA, M. K., KOSHIMURA, A., UEDA, Y., KITAGAWA, H., TAKEUCHI, Y., MORI, Y., MURAYAMA, Y., MORITA, M., IWASAKI, T., OTA, K., TANABE, Y. and ITO, S. (2004) Allele frequency distribution of canine dopamine receptor D4 gene exonIII and I in 23 breeds. J. Vet. Med. Sci., 66: 815-820.
KANDA, H., HAYASHI, J., TAKAHAMA, S., TAYA, C., LINDAHL, K. F. and YONEKAWA, H. (1995) Elimination of paternal mitochondrial DNA in intraspecific crosses during early mouse embryogenesis. Proc. Natnl. Acad. Sci. USA, 92: 4542-4546.
金子浩晶（1993）縄文時代のイヌ―遺跡に見るイヌとその歴史―．「動物たちの地球」朝日新聞社，13: 242-243.
KIM, K. S., TANABE, Y., PARK, C. H. and HA, J. H. (2001) Genetic variability in East Asian dogs using microsatellite loci analysis. J. Hered., 92: 398-403.
キム シンジュ（1973）わが国の原始遺跡に見られる動物相．朝鮮学術通報，10: 44-75.
越村章子・井上（村山）美穂・植ого祐子・前島雅美・北川　均・森田光夫・岩崎利郎・村山裕一・KIM, H. S.・HA, J.-H.・RANDI, E.・神作宣男・田名部雄一・太田克明・伊藤愼一（2006）アジア原産犬種および在来犬の遺伝的多様性．在来家畜研究会報告，23: 189-207.
KRAMER, E.-M. (1991) Der Kosmos Hunde Fuhrer. Franckh-Kosmos Verlags-Gmbh & Co., Stuttgart.
LEONARD, J. A., WAYNE, R. K., WHEELER, J., VALDEZ, R., GUILLEN, S. and VILÀ, C. (2002) Ancient DNA evidence for Old World origin of New World dogs. Science, 298: 1613-1616.
牧　拓也・井上（村山）美穂・HONG, K.-W.・前島雅美・神作宣男・田名部雄一・伊藤慎一（2008）マイクロサテライトマーカーによる柴犬 III 内種の遺伝的多型性と類縁関係．動物遺伝育種研究，36: 95-104.
NEI, M. (1972) Genetic distance between population. Amer. Naturalist, 106: 238-292.
NEI, M., TAJIMA, F. and TATENO, Y. (1983) Accuracy of estimated phylogenetic trees from molecular data. J. Mol. Evol., 19: 153-172.
NEVO, E., BEILES, A. and BEN-SHLOMO, R. (1984) The evolutionary significance of genetic diversity: Ecological geographic and life history correlates. In: Evolutionary Dynamics of Genetic Diversity. Springer-Verlag, Berlin. pp. 13-23.
NIIMI, Y., INOUE-MURAYAMA, M., KATO, K., MATUMURA, N., MURAYAMA, Y., ITO, S., MOMOI, Y., KONNO, K. and IWASAKI, T. (2001) Breed differences in allele frequencies of the dopamine receptor D4 gene in dogs. J. Hered., 92: 433-436.
NIIMI, Y., INOUE-MURAYAMA, M., MURAYAMA, Y., ITO, S. and IWASAKI, T. (1999) Allelic variation of the D4 dopamine receptor polymorphic region in two dog breeds, Golden retriever and Shiba. J. Vet. Med. Sci., 61: 1281-1286.
西本豊弘（1989）下郡桑苗遺跡出土の動物遺物．大分県文化財調査報告書，80: 48-83.
野澤　謙（1986）哺乳動物の遺伝的変異と集団行動．「続　分子進化学入門」（今堀宏三・木村資生・和田敬四郎編）培風館，東京．pp. 57-82.
大木　卓（1993）日本犬激動史．「動物たちの地球」朝日新聞社，13: 250-253.
OKUMURA, N., ISHIGURO, N., NAKANO, M., MATSUI, A. and SAHARA, M. (1996) Intra- and interbreed genetic variations of mitochondrial DNA major non-coding regions in Japanese native dog breeds (Canis familiaris). Anim. Genet., 27: 397-405.
OKUMURA, N., ISHIGURO, N., NAKANO, M., MATSUI, A., SHIGEHARA, N., NISHIMOTO, T. and SAHARA, M. (1999) Variations in mitochondrial DNA of dogs isolated from archaeological sites in Japan and neighbouring islands. Anthropol. Sci., 107: 213-228.
太田克明（1980）日本在来犬の形態学的調査．在来家畜研究会報告，9: 95-129.
太田克明・森　幹雄・水谷正俊・宋　永義・田名部雄一・安田高弥・武藤則之・宮川充宏・広瀬靖子・工藤忠明・柳　在根（1990）台湾ならびに韓国在来犬の外部形態調査結果．在来家畜研究会報告，13: 27-50.
太田克明・岡田育穂・FARUQUE, M. O. (1988) バングラデシュにおける家犬の飼養・外部形態ならびに繁殖季節に付いて．在来家畜研究会報告，12: 251-267.
PARKER, H. G., KIM, L. V., SUTTER, N. B., CARLSON, S., LORENTZEN, T. D., MALEK, T. B., JOHNSON, G. S., DEFRANCE, H. B., OSTRANDER, E. A. and KRUGLYAK, L. (2004) Genetic structure of the pure bred domestic dog. Science, 304: 1160-1164.

Powell, S. R.（1975）Protein variation in natural populations of animals. Evol. Biol., 8：79-119.
Reynolds, J., Weir, B. S. and Cockerham, C. C.（1983）Estimation of the co-ancestry coefficient：Basis for a short term genetic distance. Genetics, 105：767-779.
Saitou, N. and Nei, M.（1987）The neighbor-joining method：a new method for reconstructing phylogenetic trees. Mol. Biol. Evol., 4：406-425.
Savolainen, P., Zhang, Y. P., Luo, J., Lundeberg, J. and Leitner, T.（2002）Genetic evidence for an East Asian origin of domestic dogs. Science, 298：1610-1613.
Scott, J. P. and Fuller, J. L.（1965）Genetics and Social Behavior of the Dog. University Chicago Press, Chicago. pp. 48-51.
Shibata, T., Abe, T. and Tanabe, Y.（1995）Genetic polymorphism of the sixth component of component（C6）in dogs. Anim. Genet., 26：105-106.
Smith, M. W., Smith, M. H. and Brisbin, I. L., Jr.（1980）Genetic variability and domestication in swine. J. Mammal., 61：39-45.
田名部雄一（1980）犬における血液蛋白質の遺伝的変異．在来家畜研究会報告，9：169-223．
田名部雄一（1985）犬から探る古代日本人の謎．PHP研究所，東京．pp. 50-124．
Tanabe, Y.（1991）The origin of Japanese dogs and their association with Japanese people. Zool. Sci., 8：639-651.
田名部雄一（1995）家畜・家禽．「日本の天然記念物」（加藤陸奥雄・沼田　眞・渡部景隆・畑正憲監修）講談社，東京．pp. 826-847．
田名部雄一（1996a）イヌ．「日本人が作り出した動植物―品種改良物語―」裳華房，東京．pp. 32-41．
田名部雄一（1996b）日本犬の起源とその系統．日本獣医師会誌，49(4)：221-226．
田名部雄一（1998）高等動物における行動の遺伝と育種―ニワトリとイヌの事例―．第18回基礎育種学シンポジウム報告，18：31-41．
Tanabe, Y.（2001）The roles of domesticated animals in the cultural history of the humans. Asian-Aust. J. Anim. Sci., 14（Special Issue）：13-18.
Tanabe, Y.（2003）The history of the Japanese dog. In：Japanese Dogs：Akita Shiba and Other Breeds.（by Chiba, M., Tanabe, Y., Tojo, T. and Muraoka, T.）Kodansha International, Tokyo, New York and London. pp. 62-73.
田名部雄一（2003）イヌはなぜ人と移動したのか．ヒトと動物の関係学会誌，12：68-73．
田名部雄一（2004）イヌの起源と系統．在来家畜研究会報告，21：327-340．
田名部雄一（2005）イヌの来た道．岡山実験動物会報，22：3-9．
田名部雄一（2006）日本犬はなぜ天然記念物か―その成立と現況―．月刊文化財，508：24-27．
Tanabe, Y.（2006）Phylogenetic studies of dogs with emphasis on Japanese and Asian breeds. Proc. Jpn. Acad.（Ser. B）82：375-387.
田名部雄一（2007）人と犬のきずな―遺伝子からそのルーツを探る―．裳華房，東京．pp. 2-9．
Tanabe, Y., Ôta, K., Ito, S., Hashimoto, Y., Sung, Y. Y. and Faruque, M. O.（1991）Biochemical-genetic relationships among Asian and European dogs and the ancestry of the Japanese dog. J. Anim. Breed. Genet., 108：453-478.
田名部雄一・谷脇　理（2000）日本に残存していることが知られた在来犬3集団，薩摩犬，岩手犬，南大東島犬の遺伝子構成．在来家畜研究会報告，18：269-278．
Tanabe, Y., Taniwaki, O., Hayashi, H., Nishizono, K., Tanabe, H., Ito, S., Nozawa, K., Tumennasan, K., Dashnyam, B. and Zhanchiv, T.（1999）Gene constitution of the Mongolian dogs with emphasis on their phylogeny. Rep. Soc. Res. Native Livestock, 17：109-132.
田名部雄一・山崎　薫（2001）評定依頼調査に基づく犬品種による行動特性の違い―家庭犬への適応性を中心に―．獣医畜産新報，4：9-14．
谷脇　理（1997）日本犬の起源と分化成立に関する生化遺伝学的研究．特に日本犬残存犬とモンゴル在来犬について．修士論文（麻布大学）：1-227．
Tsuda, K., Kikkawa, Y., Yonekawa, H. and Tanabe, Y.（1997）Extensive interbreeding occurred among multiple matriarchal ancestors during the domestication of dogs：Evidence from inter- and intra-species polymorphisms in the D-loop region of mitochondrial DNA between dogs and wolves. Genes Genet. Syst., 72：229-238.
Vilà, C., Maldonald, J. E. and Wayne, R. K.（1999）Phylogenetic relationships, evolution, and genetic diversity of domestic dog. J. Hered., 90：71-77.
Vilà, C., Savolainen, P., Maldonald, J. E., Amorim, I. R., Rice, J. E., Honeycutt, R. L., Crandall, K. A., Lundeberg, J. and Wayne, R. K.（1997）Multiple and ancient origins of the domestic dog. Science, 276：1687-1689.
Wayne, R. K., Benveniste, R. E. and O'Brien, S. J.（1989）Molecular and biochemical evolution of the Carnivora. In：Carnivore Behavior.（Gittleman, J. L., ed.）Cornell Univ. Press, Ithaca, New York. pp. 465-494.

Wayne, R. K. Geffen, E., Girman, D. J., Koepfli, K. P., Lau, L. M. and Marshall, C. (1997) Molecular systematics of the Canidae. System. Biol., 4 : 622-653.

Wayne, R. K. and Vilà, C. (2001) Phylogeny and origin of the domestic dog. *In* : The Genetics of the Dog. (Ruvinsky, A. and Sampson, J., *eds.*) CABI. Pub. New York. pp. 1-13.

Wilton, A. N., Stewards, D. J. and Zafiris, K. (1999) Microsatellite variation in the Australian dingo. J. Hered., 90 : 108-111.

Yamakawa, T. (2005) Studies on erythrocyte glycolipids. Proc. Jpn. Acad., 81 (Ser B) : 52-63.

Yasue, S., Handa, S., Miyagawa, S., Inoue, J., Hasegawa, A. and Yamakawa, T. (1978) Difference inform of sialic acid in red blood cell glycolipids of different breeds of dogs. J. Biochem., 96 : 1777-1782.

Zemen, E. (1990) Der Wolf. Verhalten, Ökologie und Mythos, Knesebeck & Schuler, Munchen.

Zeuner, F. E. (1963) A history of Domesticated Animals. Harper and Row, New York. pp. 436-439.

（田名部雄一）

II-8 ネコ
―東アジアの feral cats―

(1) ネコの家畜化と品種分化

家畜ネコの祖先の可能性がある野生ネコは *Felis silvestris* の3亜種，*F. s. libyca*（リビアヤマネコ），*F. s. silvestris*（ヨーロッパヤマネコ），および *F. s. chaus*（ジャングルキャット）であって（**図 II-8-1**），それらの自然分布域は**図 II-8-2**（Robinson, 1984 より改写）に示されているとおりである．

これらはもと3種（three species）として記載されていたが，「種」間には雑種が生まれ，雑種個体が生殖力を有していることから，同種の別亜種と考える方が合理的であろう．実際，ヨーロッパのいくつかの地域で，リビアヤマネコ由来の家畜ネコとヨーロッパヤマネコとの間に雑種

図 II-8-1 野生ネコの3亜種.
Felis silvestris libyca（リビアヤマネコ），*F. s. silvestris*（ヨーロッパヤマネコ）および *F. s. chaus*（ジャングルキャット）.

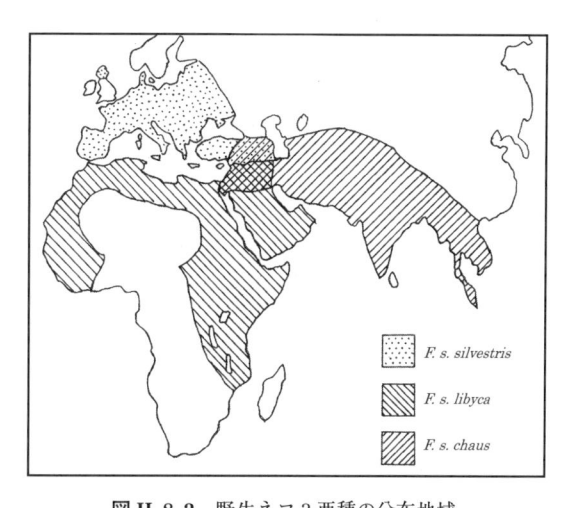

図 II-8-2 野生ネコ3亜種の分布地域.
F. s. silvestris（ヨーロッパヤマネコ），*F. s. libyca*（リビアヤマネコ），および *F. s. chaus*（ジャングルキャット）．(Robinson, 1984 より改写)

が生まれ（I-3章(4)節を参照；BEAUMONT et al., 2001；RANDI et al., 2001）ている．また，MORRISON-SCOTT（1952）のエジプトのミイラネコの頭蓋骨の計測によれば，調査されたミイラネコ190体のうち，大部分はリビアヤマネコと同定されたが，3体のジャングルキャットと見られる，目立って大型のものが混ざっていた．そのような理由から，ここではこれらを同種内の3亜種として取扱うけれども，ネコ属の分類をそのように考えるか否かによって，家畜ネコの起源が種レベルで一源的（monophyletic）であるか多源的（polyphyletic）であるか，異なった結論になる可能性があることを注意しておきたい．

地中海東部のキプロス島の B.C. 7,500 年の新石器時代から，馴らされたネコの遺骨が出土したことを I-2 章(3)節で言及した（VIGNE et al., 2002）．これは，間違いなく飼育者と思われるヒトの遺骨と共に出土している．しかし，キプロス島には野生ネコが分布していたという証拠がないから，この遺骨はおそらくは外部からの移住者によってもち込まれたものであろう．またリビアヤマネコのものと思われる骨片と歯がヨルダン河谷にある Jericho 遺跡の B.C. 6,000～5,000 年といわれる原始新石器時代と無土器新石器時代の地層から発掘されているが，これらの動物が家畜化されたものであるという証拠はなく，狩猟されたヤマネコの遺骨である可能性もある（SERPELL, 2000）．このようなわけで，地中海東部や近東の新石器時代遺跡から出土したネコの骨には家畜ネコのものであると確定できるものはない．家畜化されたネコと信じられる遺物が発見されるのはエジプトの B.C. 2,500 年以後の遺跡からである．

ネコの家畜化が初めてなされた場所として，エジプト以外の地を想定する根拠はほとんどないと言ってよい．古代エジプトの遺跡からは，家畜化の前後にかけてネコ関連の遺体や遺物が豊富に出土する．特に家畜化直後のものが多いのであるが，それらを時間的に（chronologically）にあとづけた研究業績には，古くは BALDWIN（1975）の論文，比較的最近には MALEK（1993）の書がある．これら2つの間にはネコ家畜化経過の記述において大差はない．上記2人の研究者は，エジプトにおけるヒト—ネコ関係の発展経過を次の4つの時期段階に分けている．

第1段階：B.C. 5,000 年紀ころまで．この時期にはネコの考古学的証拠はない．エジプトの遊動狩猟採集民とナイル河の漁労民が小型齧歯類，鳥類，魚類などの食糧資源に関してネコと競合（competition）関係にあった時期である．

第2段階：B.C. 5,000 年紀～B.C. 2,000 年．中部エジプト，Mostagedda の B.C. 4,000 年以前とされる原始的職人の墓が発掘され，ガゼルとネコの骨が伴出した．これが遺骨ネコの最古の出土品である．エジプト第 V 王朝期（B.C. 2,494～2,395 年）には首輪をつけたネコの像が，第 XI 期王朝期（B.C. 2,040～1,991 年）には婦人の足もとにいるネコの像が出土する．エジプトに定着農耕社会が成立し，穀倉に寄生するネズミの捕食者としてネコが入り込む．ここでヒトとネコの間に共生関係（symbiosis）が成立する．

第3段階：B.C. 2,000～B.C. 1,000 年．絵画やレリーフなどこの時期に製作された美術品の出土は極めて多い．ネコが神性（deity）のシンボルとされたのがこの時期で，雌ネコは生殖を司る Bast 女神の，雄ネコは太陽神 Re の象徴となった．多数のネコを寺院などに閉じ込め，王族，書記，専門職人など支配階級に属する人々がペットとして飼い，下層階級も Bast や Re との関連で各自の住居にネコを飼った．

第4段階：B.C. 1,000 年以後．エジプトはペルシア，ギリシア，ローマの侵入によって政治的に

混乱し，遂には王国の滅亡に至る．ネコは神性の地上的シンボルから神そのものとみなされるようになり，ネコへの狂信的崇拝があらわれる．ネコが死ねばミイラとして保存し，ネコのブロンズ像を多数，現代にまで遺しているのもこの時期である．A.D. 640 年には東から Muslim が進出し，イスラム教の支配は現代にまで及んでいる．この体制下で，エジプトのネコは宗教的拘束から解き放たれ，大衆の伝統的好意を受けた害獣駆除用家畜兼ペットとして幸福に継代している．エジプトの首都 Cairo は世界で最も feral cat の多い都市であろう．

家畜ネコが本格的に国外に拡散，移住するのはこの第 4 段階に入ってからである．クレータ島へは B.C. 9 世紀後半，ギリシア本土へは B.C. 5 世紀，エジプトの西隣りのリビアへも B.C. 5 世紀に入っている．ヨーロッパへはローマ帝国期にネコが入り，西暦紀元 0 年前後にはアルプスを越えて，イングランドにまで分布をひろげた．新大陸（南北アメリカとオーストラリア）へのネコの移住はこれらの地が西欧の植民地となった後に始まった．また，インドへは B.C. 3 世紀，中国（China）へは B.C. 2 世紀に入ったと言われるが，東アジア地域へのネコの初渡来時期ははっきりしていない．

日本へのネコの流入の時期も正確には知られていない．『古事記』，『日本書紀』，『万葉集』にネコは現れない．古典に最初にネコが登場するのは平岩米吉氏（1985）によれば『日本霊異記』で，父親が死んでネコに生まれかわり，息子の家に飼われるという慶雲 2 年（西暦 705 年）ごろの説話が語られている．同じ平岩氏の考証によれば，実体をもったネコが初めて現われるのは『宇多天皇御記』で，寛平元年（西暦 889 年）唐より渡来した黒猫を先帝より譲られたという宇多天皇の日記文であるという．当時はみな「浅黒い」ネコばかりであったのに，このネコは「墨のように深黒」であったという毛色の記載までついている．浅黒い毛色とはおそらくネコの野生型毛色を意味しているのであろう．天皇の愛育した唐猫は無斑の黒色である．時代は平安時代初期であるから，当時宮廷を中心として中国渡来の唐猫がペットとして飼われ，一般庶民は和猫を飼っていたのではなかろうか．この和猫は穀物，蚕のまゆ，仏教の経典類などの鼠害防止用の家畜として大陸より渡来したものの子孫であろう．

ネコは鼠害防止用として家畜化された．この用途のためには，ネコはその行動が物理的に拘束（柵で囲うとかロープでつなぐとか）されてはならず，放飼が原則である．したがって，ヒトが古くから彼らを飼っていたとはいっても，ネコたちの生殖・継代を他種家畜のようにヒトが厳重に管理することは困難である．例えば，通常の飼いネコの生殖に当って種雄を選択しても無意味であることが多く，雌ネコ達は飼い主の住居を中心にして自由に歩き廻って好みの相手と交尾し，子を生み育てる．また，交尾期に飼いネコの「家出」がしばしばおこることは猫「飼育者」の間では常識となっている．生殖にヒトの管理が及びにくいから，ネコ達は地域的な任意交配集団（random-mating population）を作って，種を維持し自らの遺伝子を次代に伝えている．この姿は家畜の繁殖生態としては異常である．

最近はネコに頼ることなく，ネズミを駆除する方法に種々の技術開発が見られるようになった．こうして鼠害防止用としての意味がなくなってもネコの数は減少しない．これは都市，農村を通じ，ヒトの余剰食糧をスカベンジャー（scavenger）として摂取するだけでネコの生存が可能であることによる．現在，わが国でネコの密度が最も高い場所が，大都市裏町の飲食店街や中小漁港の周辺であるという事実はこれを雄弁に物語っている．この場合，ネコは地域住民の特定

表 II-8-1 ネコの毛色と毛長に関する代表的表現型と遺伝子型.

表 現 型		遺 伝 子 型
野生型	wild type (mackerel tabby)	ww o[a)] $A\_$ $B\_$ $C\_$ $T\_$ ii $D\_$ ss $L\_$[c)]
白	white	$W\_$ $-$[b)] $-$ $-$ $-$ $-$ $-$ $-$ $-$
茶	orange	ww O $-$ $-$ $-$
黒	black	ww o aa $B\_$ $C\_$ $-$ $-$
二毛	tortoiseshell (bicolored)	ww Oo ss
三毛	tortoiseshell (tricolored)	ww Oo $S\_$
カラー・ポイント	color point (Siamese)	ww o c^sc^s
アビシニアン	Abyssinian	ww $A\_$ T^a
ブロッチド・タビー	blotched tabby	ww $A\_$ t^bt^b
銀色	silver tabby	ww o $A\_$ $I\_$
淡色	color dilution	ww dd
白斑紋	spotted	ww $S\_$
長毛	long hair (Persian)	ll

a) $o\sim O$ 座位は X 染色体上にある．表中の O は $O\_$ または O, o は oo または o を示す．
b) 横棒のらんはその座位の表現型が隠れ，観察できないことを示す．
c) 空らんはその座位の表現型変異が観察によって判別できる，あるいは判別できる可能性のあることを示す．

の誰かに飼われていることは比較的少なく，住民達は彼らを「野良ネコ」と呼ぶ．彼らがそこで生存を続けられるのは，住民達の寛容（tolerance）が主たる理由である．事実，飼いネコと野良ネコ（alley cat, feral cat, stray cat）との間に境界は曖昧であり，ネコはヒトの生活圏内に，共生というよりも寄生している野生動物であるという見方にも充分の根拠がある．この野良ネコ集団に著しく多様な毛色多型があらわれている．

ネコに品種造成の動きが始まったのは 1800 年代後半からであり，第 2 次世界大戦以後，先進国ではこれが流行となった．これは他種家畜のように，伝統的な飼養目的に沿って能力が評価されたためではない．ネコの伝統的飼養目的であるネズミ捕殺の能力は，親ネコから子ネコに訓練によって伝承される．ネズミ捕殺能力に欠けるネコがふえたのは，淘汰によって遺伝子構成が変化したためというよりも，ネコがペットとして室内で飼われるようになり，獲物となるべきネズミ類が著しく少なくなり，親ネコに子ネコ訓練の機会が失われたからである．ネコの諸品種はこの動物のペット的性格が注目され，飼養者の多様な好みと移り気な流行に応じて，主に外観的形質特徴について選抜淘汰され，遺伝的均一化が計られて生まれたものである．すなわち，毛色，毛長や骨格形質にかかわる 1 個ないしせいぜい数個の主遺伝子座（major gene loci）における対立遺伝子を飼いネコや野良ネコの集団からピックアップし，それを固定，あるいは固定に近づけて作り上げられた個体群がネコの品種である．すでに出来上がっている複数の品種から，異なった主遺伝子を交配によって組み合わせて作り上げられた新品種も最近は多くなっている．もちろん，性格の好ましさや姿態の美しさについても注意が払われるが，品種特徴は，形態，それも外観的形態にかかわる主遺伝子の固定状態に主眼がある．

ネコの毛色，模様，および毛長に関する表現型と遺伝子型との対照表を**表 II-8-1** に掲げる．これはネコの毛色表現型を遺伝子型に翻訳するための辞書または暗号書である．

表 II-8-2 に小島正記監修『日本と世界の猫のカタログ'94』と『同 2006 年版』によってネコの品種と品種特徴となっている遺伝子構成とを示す．**表 II-8-1** に示されている遺伝子座のうち，**表 II-8-2** の品種特徴遺伝子型の欄に記されていない遺伝子座はその品種では多型的（poly-

表 II-8-2 ネコの品種と品種特徴.

品 種 名	毛 型	起 源 地	品種特徴遺伝子型	特 徴
○ Abyssinian	短毛	エチオピア	$ww\,AA\,T^aT^a\,LL$	ティッキング
○ American Curl	長毛	アメリカ	ll	カールした耳殻
○ American Shorthair	短毛	アメリカ	$ww\,AA\,LL$	
○ American Bobtail	短毛	アメリカ	$ww\,LL$	短毛
○ Exotic Shothair	短毛	アメリカ	LL	
○ Egyptian Mau	短毛	エジプト	$ww\,o\,AA\,TT\,LL$	スポッテド・タビー
○ Ocicat	短毛	アメリカ	$ww\,TT\,LL$	スポッテド・タビー
Ojos Azules	短毛	アメリカ	$ww\,LL$	尾端白色
○ Oriental Shothair	短毛	イギリス	$ww\,CC\,LL$	ポイントのないシャムネコ
Oriental Longhair	長毛	アメリカ	ll	長毛
○ Cymric	長毛	イギリス	$ll\,Mm$	長毛で無尾
○ Cornish Rex	短毛	イギリス	$LL\,rex-1$	巻毛
○ Korat	短毛	タイ国	$ww\,o\,aa\,BB\,dd\,LL$	ブルー
○ Siberian	長毛	ロシア	$ww\,o\,AA\,TT\,ll$	マカレルタビーの長毛
○ Japanese Bobtail	短毛	日本	$aa\,BB\,LL$	短毛
Japanese Bobtail Longhair	長毛	アメリカ	$aa\,BB\,ll$	短尾で長毛
○ Siamese	短毛	タイ国	$ww\,c^sc^s\,LL$	カラーポイント
○ Chartreux	短毛	フランス	$ww\,o\,aa\,BB\,dd\,LL$	ブルー
○ Singapura	短毛	シンガポール	$ww\,AA\,T^aT^a\,LL$	ティッキング
○ Scottish Fold	短毛	イギリス	LL	垂れ耳
○ Scottish Fold Longhair	長毛	アメリカ	ll	垂れ耳で長毛
○ Sphynx	無毛	カナダ	$naked$	無毛
○ Selkirk Rex	短毛	アメリカ	$LL\,rex$	巻毛
○ Somali	長毛	イギリス	$ww\,AA\,T^aT^a\,ll$	ティッキング，長毛
○ Turkish Angora	長毛	トルコ	$WW\,ll$	白色，長毛
○ Turkish Van	長毛	トルコ	$ww\,O\,SS\,ll$	バンパターン，水が好き
○ Devon Rex	短毛	イギリス	$LL\,rex-2$	巻毛
○ Tonkinese	短毛	カナダ	$ww\,o\,c^sc^s\,LL$	カラーポイント
Nebelung	長毛	アメリカ	$ww\,o\,aa\,BB\,dd\,ll$	ブルーで長毛
○ Norwegian Forest Cat	長毛	ノルウェー	$CC\,ll$	長毛
○ Burman	長毛	ミャンマー	$ww\,o\,c^sc^s\,ll$	ポイント，四肢先端白，長毛
○ Burmese	短毛	ミャンマー	$ww\,o\,c^bc^b\,LL$	セーブルブラウン
○ Havana	短毛	イギリス	$ww\,o\,aa\,bb$	セピア色
○ Balinese	長毛	アメリカ	$ww\,o\,c^sc^s\,ll$	ポイントと長毛
○ Himalayan	長毛	イギリス	$ww\,c^sc^s\,ll$	ポイントと長毛
○ British Shorthair	短毛	イギリス	LL	
○ Persian	長毛	アフガニスタン	ll	長毛
○ Bengal	短毛	アメリカ	$ww\,AA\,LL$	タビー
○ Bombay	短毛	アメリカ	$ww\,o\,aa\,BBDD\,ss\,LL$	無斑の黒
○ Manx	短毛	イギリス	Mm	無尾
○ Munchkin	短毛	アメリカ	LL	短脚
○ Munchkin Longhair	長毛	アメリカ	ll	短脚で長毛
○ Maine Coon	長毛	アメリカ	$ww\,ll$	有色で長毛
○ Ragdoll	長毛	アメリカ	$ww\,c^sc^s\,ll$	ポイントと長毛
○ La Perm	長毛	アメリカ	$ll\,rex$	巻毛
○ Russian Blue	短毛	イギリス	$ww\,o\,aa\,BB\,dd\,LL$	ブルー

小島正記監修（1994）「日本と世界の猫のカタログ'94」より作成. ○印は同 2006 年版にもノミネートされている品種，同年鑑 2006 年度版に新たにノミネートされている 6 品種：American Wirehair, Savanna, Chausie, Toyger, Oixie Bob, Raga Muffin はいずれも起源地はアメリカ.

morphic) 状態にあると解されたい．この表に示されている通り，ネコはまず短毛種，長毛種，無毛種に 3 大別される．短毛種は野生型であり，長毛種はペルシアネコ（Persian）とそれの交配種に多く，無毛種とは全身無毛で皮膚が露出（naked）している．毛色パターンについては，図 II-8-3 の (1) から (2)（カラー）に例を示したように，アビシニア種（Abyssinian）のようなティッキング（ticking）のあるもの（T^a 遺伝子：図 II-8-3 (2) XIII-1, XIV），タビー（tabby）斑をもつもの，すなわち，野生型のマカレルタビー（野生型の mackerel tabby, T：I, II, VII-1, VIII, X-1, XIII-2, -3, XVI）またはブロッチドタビー（blotched tabby, t^bt^b：XI, XII），黒毛

($aa\ B\_\ D\_$: V-2, X-2), ブルー (blue, $aa\ B\_\ dd$: VI), カラーポイント (color point, シャムネコ (Siamese) の $c^s c^s$: XV, XVI), セーブル (sable, ビルマネコ (Burmese) の $c^b\_$: IX), セピア (sepia, ハバナ (Havana) 種の bb) などが品種の特徴になる. ポイントをもち, 四肢の先端だけ白く, 白いソックスをはいたようなパターンを示し, かつ長毛 ($c^s c^s\ S\_\ ll$) のバーマン (Burman) のような品種もある. また尾型は通常直尾であるが日本ネコに多いキンキーテイル (kinky tail, 曲尾や短尾 : 図 II-8-3 (2) XIV) や, マン島産のネコに多い無尾形質を特徴とする品種, Manx 種, がある. なお無尾遺伝子 M はホモ接合体になると致死作用をあらわすので, この形質は固定せず, 無尾同士の交配から 1/3 の割合で直尾ネコが生まれる. さらに特殊な遺伝形質として, 耳殻のカール (curl), 短脚 (イヌの Dachshund のような骨格異常), 巻毛 (rex) などが品種特徴となる. 巻毛は劣性遺伝をするが, これは単一遺伝子座ではなく, 2 つあるいはそれ以上の遺伝子座の劣性遺伝子に支配されていることが知られている.

　品種化されているとは血統登録がなされていることを意味する. この血統書付きのネコを pedigree cat, show cat, あるいは「お座敷ネコ」(「野良ネコ」の反対語) と称するが, これが全ネコ頭数中のどれくらいの割合を占めているか, この推定が意外に難しい. 日本ネコを考えても, 狂犬病の予防接種が義務づけられているイヌとは異なり, 全頭数そのものが正確には把握されていない. 1985 年ごろ, 筆者はいくつかの方法で間接推定し, 200～300 万頭程度と考えたが, 1995 年ごろには 550 万頭という推定値が出され, 1998 年には 724 万頭 (TURNER and BATESON, 1998), 最近は 1,000 万頭を越え, イヌよりも多いとも言われている. その中で血統書付きのネコは各品種合計 20～50 万頭程度, 従って 5% 以下ではないかと思われる.

　また最近のペットブームの中で, ネコの新品種がつぎつぎと生まれている.『日本と世界の猫のカタログ』の 1991 年版に, 公認品種といわれているもの 27,「新品種」として記載されているもの 10, 合計 37 品種であったのに, 3 年後の 1994 年版には 46 品種が記載されている (表 II-8-2). 1 年に平均 3 つの新品種が誕生していることになる.

(2) 日本の feral cats における毛色などの形態遺伝学的多型

i) 研究材料と方法

　前節で述べた品種ネコがわが国に生息するネコ全頭数の 5% 程度を占めるとすると, これ以外の約 95% のネコは, 野良ネコの前歴をもったりもたなかったりする飼いネコ, 野良ネコとも飼いネコとも区別し難いネコ, それと完全な野良ネコが占めていることになる. このようなネコの大集団をその繁殖生態を考慮して, 筆者は 20 年ほど前から feral cat と呼ぶことにしている. ごく最近, 新聞紙上などには「地域ネコ」という呼称が現れている. 本書の表題に即して言えば正に日本の在来ネコである. 在来ネコであるから, 第 I 部の図 I-1-2 に示したように, 野生ネコと品種ネコとの間のグレーゾーンに位置するわけで, 両者との境界は曖昧, 不明瞭である. たしかに日本には feral cat と交配可能な野生ネコは分布しないから, これとは地理的に隔離されていると見られるが, ヨーロッパ, アフリカ, 南および東南アジア地域の feral cat は野生ネコと繁殖集団としてはつながっているし, あるいはつながっている可能性がある. また品種ネコと feral catとの間は，歴史的，系統的には後者から前者が作り出されたという経緯があるばかりでなく，現繁殖集団として見れば前者から後者へのgene flowが明らかに認められる．それゆえ，われわれの住居周辺を徘徊しているferal catたちは，豊かな遺伝変異をうちに貯えたメンデル集団を形作り，緩やかな速度ではあっても時々刻々，遺伝子構成を変化させつつある集団と見ることができる．

　筆者とその協力者は主として毛色など形態学的遺伝変異を標識として用い，日本のferal catの繁殖構造と，日本と東アジア地域の在来家畜としてのferal catの起源・系統問題の解明を目ざしている．特に毛色など形態学的遺伝変異が標識として用いられる理由の第1は，こうした変異が元来は淘汰的に中立でないにもかかわらず，feral（再野生化）となった集団中では過去に受けた人為淘汰のafter effectとして高度な変異性を保ち，空間的にも時間的にも中立に近い挙動をもって頻度に消失・変動を示すことである．第2に，毛色など形態学的遺伝変異は表現型の判定が簡単かつ一目瞭然で，動物体の保定すら必要とせず，従ってサンプリング（標本採取）は完全に非侵襲的な目視観察と記録のみで充分なこと，それゆえに，必要であればきめ細かにとられた地域集団から大きな標本サイズをもって頻度推定が可能なことである．

　戸外で視認したネコ1頭1頭の表現型を記録し，それらを**表II-8-1**によって遺伝子型に翻訳する．一定地域である程度以上の頭数（筆者は「ある程度」を51頭と定めている）の遺伝子型記録が得られれば，表に掲げた毛色・毛長10遺伝子座と尾曲り（kinky tail）の有無に関する遺伝子頻度（polygenesによって支配されている尾曲りについては表現型頻度）を計算することができる．

　遺伝子頻度（q）と表現型頻度（Q），それらの標準誤差（SE），およびそれらを用いておこなう統計的検定の方法を以下にまとめておく．

　ネコの毛色と毛長変異にかかわる遺伝子座の大部分は，**表II-8-1**から明らかなように，常染色体上に位置し，優劣関係のある対立遺伝子の支配を受けている．それゆえ，優性形質をあらわす個体の数をD，劣性形質をあらわす個体の数をR，観察全個体数$D+R=n$とすると，劣性遺伝子（x）の頻度は$q_x=\sqrt{R/n}$，優性遺伝子（X）の頻度は$q_X=1-\sqrt{R/n}$，遺伝子頻度推定の標準誤差は$SE_q=SE_{(1-q)}=\sqrt{(1-q^2)/4n}$で与えられる．

　X染色体上のo～O遺伝子座においては，性比1：1を仮定し，雌雄合計のオレンジ色表現個体数（a_1），すべてが雌である（と仮定されている）三毛と二毛の表現型個体数（a_2），雌雄合計の非オレンジ色の表現型個体数（a_3），観察全個体数$n=a_1+a_2+a_3$から最尤法によって遺伝子頻度が求められる．O遺伝子の頻度推定値（q_O）は3次方程式

$$2(a_1+a_2)+(a_1-3a_2-3a_3)q_O-(5a_1+3a_2+a_3)q_O^2+2nq_O^3=0$$

の3つの解のうち区間（0,1）にあるものとして求められる．$q_o=1-q_O$である．q_oとq_Oの標準誤差SE_qは

$$\sqrt{q_O(1+q_O)(1-q_O)(2-q_O)/3n}$$

で与えられる．

　こうして得られたq_Oを$(q_O^2+q_O)/2$，$2q_O(1-q_O)/2$および$[(1-q_O)^2+(1-q_O)]/2$に代入すると，これらはそれぞれオレンジ，三毛（二毛を含む），および非オレンジの表現型頻度の期待値となり，それぞれにnを乗じれば3表現型の期待度数を与えるから，観察度数a_1，a_2および

a_3 と対比して，自由度 1 の χ^2（カイ自乗）分布により適合度検定をおこなうことができる．ここで検定される帰無仮説は（1）性比 1：1，（2）o〜O 対立遺伝子に支配される 5 つの遺伝子型頻度の HARDY-WEINBERG 平衡であって，上記 2 条件が共に充たされない限り仮説は棄却される．

常染色体上の T^a〜T〜t^b 遺伝子座と C〜c^b〜c^s 遺伝子座には 3 対立遺伝子があり，優劣関係はそれぞれ $T^a > T > t^b$ と $C > c^b > c^s$ である．最優性形質を表現する観察個体数（$T^a\_$ と $C\_$），第 2 優性形質を表現する観察個体数（$T\_$ と $c^b\_$），劣性形質を表現する観察個体数（$t^b t^b$ と $c^s c^s$）をそれぞれ A, B, C（$A+B+C=n$）とすると，各対立遺伝子頻度の推定値（p, q, r）とその標準誤差（SE）はそれぞれ次式で求められる（CROW and KIMURA, 1970）．

$$p = 1 - \sqrt{(B+C)/n} \qquad SE_p = \sqrt{\{1-(1-p)^2\}/4n}$$
$$q = \sqrt{(B+C)/n} - \sqrt{C/n} \qquad SE_q = \sqrt{\{1-2\sqrt{C/B}+C\}SE_p^2 + SE_r^2}$$
$$r = \sqrt{C/n} \qquad SE_r = \sqrt{(1-r^2)/4n}$$

尾曲り形質（kinky tail）はポリジーン支配のもとにある．遺伝子頻度の計算はできないので，表現型頻度を集団の特性値とした．すなわち，尾型が観察された n 個体中，尾曲り（+）と直尾（−）をもつ個体数の割合を Q^+ と Q^-，それらの標準誤差は $SE_Q = \sqrt{Q^+ \cdot Q^-/n}$ となる．

大地域，例えば日本全体の日本ネコの遺伝的特性はまず大地域内地域集団の遺伝子頻度あるいは表現型頻度の平均値によって表されるが，平均値は 2 つの方法で計算される．第 1 は地域別の表現型観察度数を全地域にわたりプールし，プールされた観察度数から上に述べた計算方法に従って遺伝子頻度または表現型頻度を求めプール平均値とする．第 2 は地域別の遺伝子頻度または表現型頻度の大地域全体にわたる無荷重の（すなわち，地域集団間での観察個体数の多寡を考慮しない）算術平均値である．頻度に地域間分化がなければ 2 つの平均値は同一の値を与えるであろう．

遺伝子頻度の副次集団間分化は F_{ST} で評価する．F_{ST} は副次集団間の遺伝的分化を測る近交係数

$$F_{ST} = (\sigma_q^2 - \overline{\sigma_{\delta q}^2})/\bar{q}(1-\bar{q})$$

である．ここで $\bar{q}$ は副次集団遺伝子頻度の平均値で，上記の無荷重算術平均値を使う．σ_q^2 は副次集団遺伝子頻度の分散，$\overline{\sigma_{\delta q}^2}$ は副次集団遺伝子頻度推定値の抽出誤差分散の平均，すなわち，各副次集団での $\bar{q}$ 推定の標準誤差（SE）の自乗平均である（WRIGHT, 1965）．

各地域集団における多型遺伝子座の対立遺伝子頻度の全国算術平均から計算される平均ヘテロ接合率（average heterozygosity, I-4 章(5)節参照）の期待値が全遺伝的変異（H_T）であり，各地域集団における平均ヘテロ接合率の全国算術平均が地域集団内遺伝的変異 H_S である．$H_T - H_S = D_{ST}$ と書くと，D_{ST} によって地域集団間の遺伝的変異の大きさを測ることができ，$D_{ST}/H_T = G_{ST}$ は地域集団間での遺伝的分化を測る指標とすることができる．この G_{ST} 分析法は I-4 章(6)節においてすでに定義され，日本というほぼ同じ広さの地域に生息する feral cat を含む 4 種の哺乳類と国外に産する 2 種のサル類の大地域内地域集団間遺伝的分化の比較結果が紹介されている（**表 I-4-10**）．

日本国内の地域集団間に，何程かの遺伝的分化が認められるとして，地域集団で得られた遺伝子頻度または表現型頻度の変動が，日本ネコの全国集団という単一母集団からの無作為抽出標本（random samples）に見られる変動と同程度のものに過ぎないか，あるいはそれを超える変動を見せているか，を検定する．多型形質にかかわる遺伝子頻度および表現型頻度推定の標準誤差

(SE) を与える式はすでに示されているが，それらはすべて $f(X)/\sqrt{n}$ の形をとる．ここで X は頻度 q あるいは Q をあらわすものとする．そこで各地域集団の遺伝子頻度については

$$c = (q - \bar{q})/[f(q)/\sqrt{n}]$$

表現型頻度については

$$c = (Q - \bar{Q})/[f(Q)/\sqrt{n}]$$

を計算し，c 値の全国分布を調べる．もし地域集団が単一の全国母集団からの無作為抽出標本とみなし得るとするならば，c の分布は近似的に平均値 0，標準偏差 1 の正規分布 $N(0,1)$ に従うはずである．そこで，c の平均値 $\bar{c}$ と標準偏差 σ_c がそれぞれ 0 と 1 とみなし得るかどうかの検定をおこなう．ここでは n 個の変量 X の平均値 $\bar{X}$ の標準誤差が $\sigma_X/\sqrt{n}$ であり，標準偏差 σ_X の標準誤差が $\sigma_X/\sqrt{2n}$ であるという統計学で古くから知られている関係（上田，1935 参照）を利用する．

異なる座位にある遺伝子頻度（または表現型頻度）間に相関関係があるか否かを調べる必要が生じた場合には，地域集団群で得られた両頻度間の相関係数（r）の有意性検定（帰無仮説は母相関係数 = 0）をおこなう．この検定は，相関係数 r を $z = \{\log_e(1+r) - \log_e(1-r)\}/2$ によって z 変換すると $c = z/(1/\sqrt{N-3})$ がほぼ正規分布に従うという性質を使っておこなわれる（FISHER, 1950）．ここで N は遺伝子頻度または表現型頻度が対として推定された地域集団数である．

ii) 日本の feral cats の繁殖構造

1975 年 8 月より 1989 年 5 月までの約 14 年間，日本国内 47 都道府県に属する計 105 市町村島の野外で目視されたネコ総計約 12,000 頭の毛色，毛長および尾型に関する 10 遺伝子座，1 対立形質における対立遺伝子頻度と表現型頻度の推定値が得られた（第 2 回集計，野澤ら，1990）．また 1989 年 5 月から 1998 年 12 月までの約 10 年間，34 都道府県に属する計 174 市町村島の feral cat の総計約 14,000 頭について同様の方法で頻度の推定値が得られた（第 3 回集計：野澤ら，2000）．市町村島集団と，同一都道府県内の市町村島をプールした都道府県集団の 10 遺伝子座，1 対立表現型頻度の推定値とその標準誤差の全データは野澤ら（1990, 2000）に報告されているが，第 2 回集計における都道府県集団データから $w \sim W$，$o \sim O$，$A \sim a$，$s \sim S$ 各座位における対立遺伝子頻度の分布を扇形グラフとヒストグラムで図 II-8-4 に掲げる．

この頻度分布を一見すれば，どの遺伝子座においても全国的に頻度がよく揃っていて，遺伝子構成の地域間分化が僅かであるという印象を受ける．第 I 部の，図 I-4-13 に示したニホンザルの群れの血液タンパク変異の分布とは様式をまったく異にし，図 I-4-14 に示した日本人の ABO 血液型遺伝子の頻度分布に近い．こうしたグラフを見ての第一印象を G_{ST} 分析によって数量的に確かめることができる．I-4 章(6)節に G_{ST} 分析の結果をすでに述べている（表 I-4-10）．日本人・日本ネコとニホンザルの間のこの差異は主として繁殖構造の差異に対応しており，ヒトと feral cat は共に単独生活者で平面状連続分布モデルに近い繁殖構造をもつのに対し，群れ生活者であるサルは 2 次元飛び石モデルに近い繁殖構造をもつ（I-4 章(6)節の ii)項を参照）．前者では gene-pool の混合撹拌の能率が大きく，全国的に遺伝子頻度の均質化が促されているのに対し，後者では繁殖集団は小型の副次集団に分割される傾向が著しく，そのため遺伝的浮動のような確率論的過程（stochastic process）が強く働いているためと考えられる（野澤，1986）．

338　第II部　家畜種各論

図 II-8-4　日本の feral cat 集団調査第2回集計（1975〜1989）の結果．

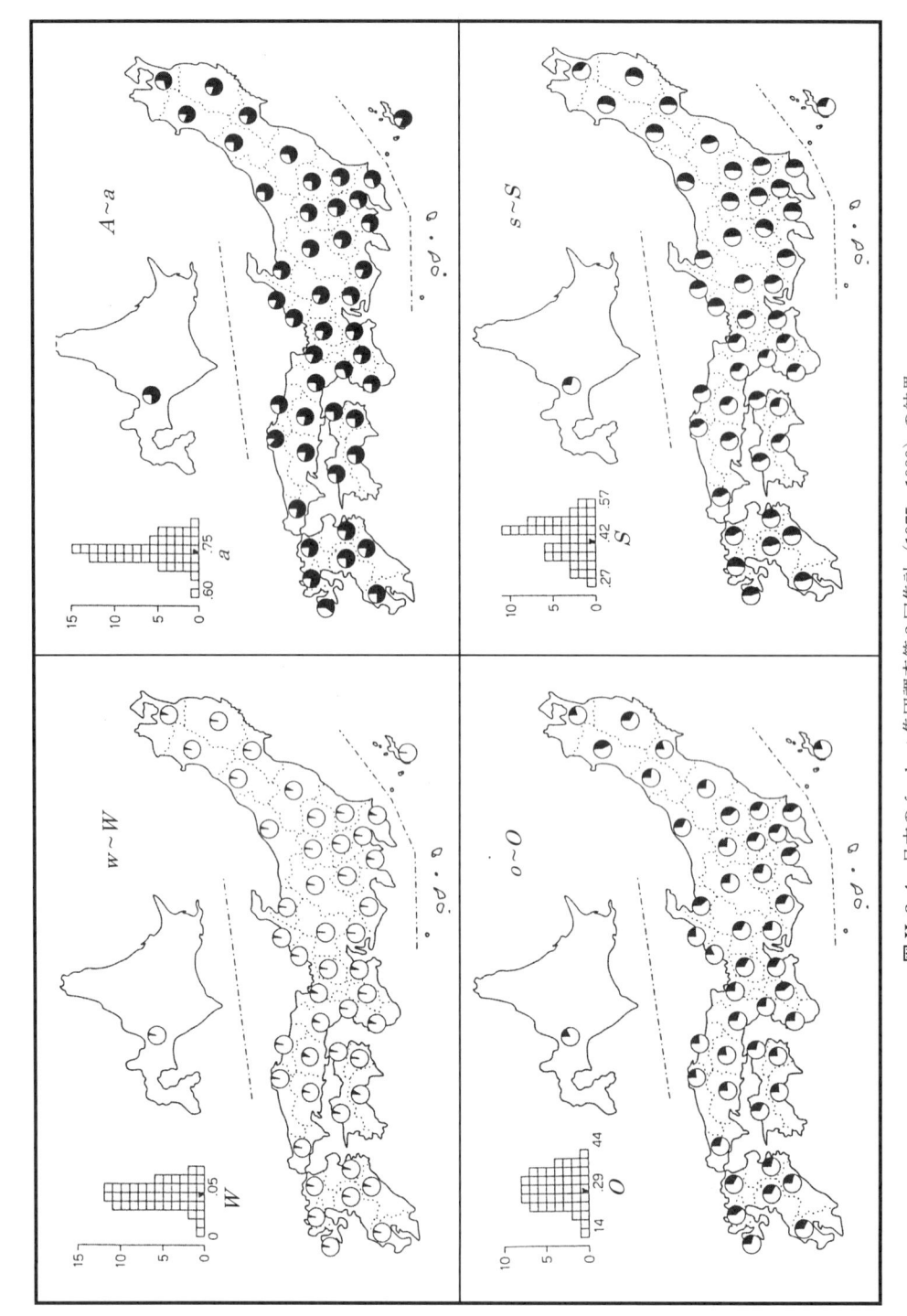

w〜W, A〜a, o〜O, s〜S（野生型〜突然変異型）各遺伝子座における対立遺伝子の都道府県別の頻度分布（白部が野生型，黒部が突然変異遺伝子の頻度）．ヒストグラムは突然変異遺伝子頻度の都道府県別分布．

表 II-8-3 第2回集計 (1975〜1989): 日本 feral cats の毛色など形態的多型を支配する対立遺伝子の全国平均頻度 (尾曲りについては表現型頻度).

多型遺伝子座	対立遺伝子	47 都道府県 (全標本数: 12,235) プール平均	無荷重算術平均	105 市町村島 (全標本数: 8,744) プール平均	無荷重算術平均
$w \sim W$	w	0.9574 ± 0.0013	0.9532 ± 0.0021	0.9616 ± 0.0014	0.9576 ± 0.0025
	W	0.0426 ± 0.0013	0.0468 ± 0.0021	0.0384 ± 0.0014	0.0424 ± 0.0025
$o \sim O$	o	0.6913 ± 0.0038	0.6971 ± 0.0085	0.7012 ± 0.0043	0.6982 ± 0.0086
	O	0.3087 ± 0.0038	0.3029 ± 0.0085	0.2988 ± 0.0043	0.3018 ± 0.0086
$A \sim a$	A	0.2417 ± 0.0035	0.2431 ± 0.0062	0.2510 ± 0.0041	0.2498 ± 0.0068
	a	0.7583 ± 0.0035	0.7569 ± 0.0062	0.7490 ± 0.0041	0.7502 ± 0.0041
$C \sim c^b \sim c^s$	C	0.7574 ± 0.0053	0.7594 ± 0.0091	0.7519 ± 0.0061	0.7668 ± 0.0105
	c^b	0.0005 ± 0.0075	0.0004 ± 0.0003	0.0007 ± 0.0086	0.0016 ± 0.0013
	c^s	0.2421 ± 0.0053	0.2402 ± 0.0091	0.2474 ± 0.0061	0.2316 ± 0.0107
$T^a \sim T \sim t^b$	T^a	0.0009 ± 0.0003	0.0009 ± 0.0003	0.0010 ± 0.0003	0.0008 ± 0.0003
	T	0.9399 ± 0.0065	0.9781 ± 0.0067	0.9393 ± 0.0074	0.9865 ± 0.0042
	t^b	0.0592 ± 0.0065	0.0210 ± 0.0066	0.0597 ± 0.0074	0.0127 ± 0.0041
$i \sim I$	i	0.9916 ± 0.0011	0.9934 ± 0.0012	0.9905 ± 0.0013	0.9912 ± 0.0017
	I	0.0084 ± 0.0011	0.0066 ± 0.0012	0.0095 ± 0.0013	0.0088 ± 0.0017
$D \sim d$	D	0.8546 ± 0.0047	0.8596 ± 0.0083	0.8372 ± 0.0054	0.8654 ± 0.0095
	d	0.1454 ± 0.0047	0.1404 ± 0.0083	0.1628 ± 0.0054	0.1346 ± 0.0095
$s \sim S$	s	0.5761 ± 0.0039	0.5650 ± 0.0095	0.5799 ± 0.0045	0.5725 ± 0.0087
	S	0.4239 ± 0.0039	0.4350 ± 0.0095	0.4201 ± 0.0045	0.4275 ± 0.0087
$L \sim l$	L	0.9118 ± 0.0045	0.9242 ± 0.0079	0.9061 ± 0.0053	0.9376 ± 0.0073
	l	0.0882 ± 0.0045	0.0758 ± 0.0079	0.0939 ± 0.0053	0.0624 ± 0.0073
kinky tail (尾曲り)	−	0.5829 ± 0.0055	0.5800 ± 0.0226	0.5948 ± 0.0062	0.6160 ± 0.0226
	+	0.4171 ± 0.0055	0.4200 ± 0.0226	0.4052 ± 0.0062	0.3840 ± 0.0226

表 II-8-4 第3回集計 (1989〜1998): 日本 feral cats の毛色など形態的多型を支配する対立遺伝子の全国平均頻度 (尾曲りについては表現型頻度).

多型遺伝子座	対立遺伝子	34 都道府県 (全標本数: 12,804) プール平均	無荷重算術平均	174 市町村島 (全標本数: 14,317) プール平均	無荷重算術平均
$w \sim W$	w	0.9524 ± 0.0042	0.9499 ± 0.0028	0.9568 ± 0.0012	0.9551 ± 0.0020
	W	0.0476 ± 0.0042	0.0501 ± 0.0028	0.0432 ± 0.0012	0.0449 ± 0.0020
$o \sim O$	o	0.7454 ± 0.0035	0.7346 ± 0.0071	0.7355 ± 0.0033	0.7341 ± 0.0068
	O	0.2546 ± 0.0035	0.2654 ± 0.0071	0.2645 ± 0.0033	0.2659 ± 0.0068
$A \sim a$	A	0.2599 ± 0.0034	0.2675 ± 0.0081	0.2656 ± 0.0033	0.2717 ± 0.0066
	a	0.7401 ± 0.0034	0.7325 ± 0.0081	0.7344 ± 0.0033	0.7283 ± 0.0066
$C \sim c^b \sim c^s$	C	0.7602 ± 0.0048	0.7762 ± 0.0148	0.7612 ± 0.0016	0.7815 ± 0.0082
	c^b	0.0021 ± 0.0096	0.0013 ± 0.0005	0.0017 ± 0.0092	0.0020 ± 0.0010
	c^s	0.2377 ± 0.0048	0.2225 ± 0.0147	0.2371 ± 0.0046	0.2165 ± 0.0082
$T^a \sim T \sim t^b$	T^a	0.0032 ± 0.0005	0.0024 ± 0.0007	0.0030 ± 0.0005	0.0036 ± 0.0007
	T	0.8896 ± 0.0063	0.9200 ± 0.0115	0.8898 ± 0.0059	0.9461 ± 0.0068
	t^b	0.1072 ± 0.0063	0.0776 ± 0.0114	0.1072 ± 0.0059	0.0503 ± 0.0068
$i \sim I$	i	0.9571 ± 0.0022	0.9440 ± 0.0114	0.9591 ± 0.0020	0.9598 ± 0.0031
	I	0.0429 ± 0.0022	0.0560 ± 0.0114	0.0409 ± 0.0020	0.0402 ± 0.0031
$D \sim d$	D	0.7749 ± 0.0045	0.7822 ± 0.0110	0.7797 ± 0.0043	0.8039 ± 0.0074
	d	0.2251 ± 0.0045	0.2178 ± 0.0110	0.2203 ± 0.0043	0.1961 ± 0.0074
$s \sim S$	s	0.7066 ± 0.0037	0.6601 ± 0.0105	0.6599 ± 0.0033	0.6473 ± 0.0066
	S	0.2934 ± 0.0037	0.3399 ± 0.0105	0.3401 ± 0.0033	0.3527 ± 0.0066
$L \sim l$	L	0.8280 ± 0.0044	0.8430 ± 0.0103	0.8371 ± 0.0041	0.8652 ± 0.0066
	l	0.1720 ± 0.0044	0.1570 ± 0.0103	0.1629 ± 0.0041	0.1348 ± 0.0066
kinky tail (尾曲り)	−	0.6775 ± 0.0049	0.6749 ± 0.0241	0.6476 ± 0.0046	0.6431 ± 0.0127
	+	0.3225 ± 0.0049	0.3251 ± 0.0241	0.3524 ± 0.0046	0.3569 ± 0.0127

表II-8-5 第2回集計（1975〜1989）：日本 feral cat 集団における多型9遺伝子座野生型遺伝子の全国平均頻度（$\bar{q}$）と地域分化（F_{ST}）．

遺伝子座	平均頻度 ($\bar{q}$)	分散 (σ_q^2)	平均標本分散 ($\overline{\sigma_{\delta q}^2}$)	F_{ST}
(a) 47都道府県間				
$w \sim W$	$\bar{q}_w = 0.9532$	0.00021025	0.00013128	0.00177924
$o \sim O$	$\bar{q}_o = 0.6971$	0.00342225	0.00092226	0.01183798
$A \sim a$	$\bar{q}_A = 0.2431$	0.00179776	0.00084894	0.00515656
† $C \sim c^b \sim c^s$	$\bar{q}_C = 0.7594$	0.00385641	0.00185094	0.01097614
† $T^a \sim T \sim t^b$	$\bar{q}_T = 0.9781$	0.00207936	0.00035788	0.08036641
$i \sim I$	$\bar{q}_i = 0.9934$	0.00006889	0.00004783	0.00321210
† $D \sim d$	$\bar{q}_D = 0.8596$	0.00322624	0.00144093	0.01479279
$s \sim S$	$\bar{q}_s = 0.5650$	0.00430336	0.00104199	0.01326973
† $L \sim l$	$\bar{q}_L = 0.9242$	0.00292681	0.00096588	0.02799154
		全9遺伝子座平均	: $\overline{F_{ST}}(1) = 0.01881947$	
		†を除く5遺伝子座	: $\overline{F_{ST}}(2) = 0.00704968$	
(b) 105市町村島間				
$w \sim W$	$\bar{q}_w = 0.9576$	0.00070225	0.00033124	0.00913767
$o \sim O$	$\bar{q}_o = 0.6982$	0.00791531	0.00244019	0.02598331
$A \sim a$	$\bar{q}_A = 0.2498$	0.00490179	0.00233838	0.01367881
† $C \sim c^b \sim c^s$	$\bar{q}_C = 0.7668$	0.01169296	0.00937291	0.01297438
† $T^a \sim T \sim t^b$	$\bar{q}_T = 0.9815$	0.00186629	0.00043607	0.10739200
$i \sim I$	$\bar{q}_i = 0.9912$	0.00032588	0.00020610	0.01373220
† $D \sim d$	$\bar{q}_D = 0.8654$	0.00954877	0.00279655	0.05796750
$s \sim S$	$\bar{q}_s = 0.5725$	0.00793881	0.00272361	0.02130881
† $L \sim l$	$\bar{q}_L = 0.9376$	0.00573260	0.00157772	0.07101601
		全9遺伝子座平均	: $\overline{F_{ST}}(1) = 0.03702118$	
		†を除く5遺伝子座	: $\overline{F_{ST}}(2) = 0.01676816$	

表II-8-3に第2回集計から，表II-8-4に第3回集計から得られた日本の feral cat 集団における多型9遺伝子座と尾曲り表現型の全国平均頻度（$\bar{q}$と$\bar{Q}$）を示している．$\bar{q}$や$\bar{Q}$は日本ネコ全国集団での頻度の推定値と見てよいであろう．全国平均値としてプール平均値を採用した場合と無荷重算術平均値を採用した場合とで$\bar{q}$や$\bar{Q}$には大差はない．このことは地域集団間分化が僅少なものであることを物語っている．以下の計算においては取扱いやすさの観点から無荷重算術平均値の方を採ることにした．

表II-8-5は，第2回集計（1975〜1989）から得られた日本ネコ集団における多型9遺伝子座の野生型遺伝子の平均頻度（$\bar{q}$）とそれの分散（σ_q^2）から計算される地域分化による近交係数（F_{ST}）の値を示している．地域副次集団区分として47都道府県別の遺伝子頻度を使った場合（a）と105市町村島別の遺伝子頻度を使った場合（b）とに分けて示しているが，$\bar{q}$の値に（a），（b）間で大差はない．しかし，F_{ST}値は（a）の方が（b）より小さい値をとる．これは1都道府県の中に1〜7個の標本市町村島が含まれており，都道府県値は市町村島値がプールされているのであるから，偏った値をもつ市町村島は都道府県の中で平均化されるためである．そしてF_{ST}値は9座位すべて算入した平均値（$\overline{F_{ST}}(1)$）よりも，C，T，DおよびLの4座位のように突然変異遺伝子が国外からの移入ネコによってもち込まれている遺伝子座（後述）を除外した5座位のみの平均値（$\overline{F_{ST}}(2)$）の方が1/2以下の小さな値となっている．

上に述べたごとく，日本ネコの都道府県集団間にはG_{ST}で測れば2％前後，F_{ST}で測っても1〜2％程度の遺伝的分化が見られる．この地域集団間変動は，日本ネコの全国集団という単一母集団からの無作為抽出標本に見られる変動と同程度のものであろうか．それとも，それを超える

変動を見せているのであろうか．これを各遺伝子座ごとに検定してみる．検定法は前項に紹介した．X を地域集団での頻度，X の平均値 $\bar{X}$，標準偏差 σ_X，n を調査個体数として，$c = (X - \bar{X})/[\sigma_X/\sqrt{n}]$ を計算し，c 値の全国分布を調べる．もし地域集団が単一の全国母集団からの無作為抽出標本であるならば c は正規分布 $N(0,1)$ に従うはずである．c の平均 $\bar{c}=0$，c の標準偏差 $\sigma_c=1$ の帰無仮説を検定した結果を，第2回集計の47都道府県集団（a）と105市町村島集団（b）の頻度調査データについて**表II-8-6**に示す．47都道府県集団では $T^a \sim T \sim t^b$ 座位と $i \sim I$ 座位以外のすべての7変異遺伝子座と尾型対立形質において，105市町村島集団では $T^a \sim T \sim t^b$ 座位以外のすべての8変異遺伝子座と尾型対立形質について，σ_c 値は有意に1を越えている．すなわち，日本の feral cat の毛色，毛長および尾型に見られる形態遺伝学的多型においては，地域集団間の頻度

表II-8-6 第2回集計データから日本 feral cat 集団の標準化遺伝子頻度（$\bar{c}$）が正規分布に従うかどうかの検定[a]．

対立遺伝子 野生型〜変異型	標準化遺伝子頻度 $\bar{c}$ ± 標準誤差	標準偏差（σ_c） ± 標準誤差
(a) 47亜集団（都道府県別）		
$w \sim W$	-0.17 ± 0.25	1.74 ± 0.17***
$o \sim O$	$+0.23 \pm 0.27$	1.89 ± 0.19***
$A \sim a$	-0.06 ± 0.25	1.78 ± 0.18***
$C \sim c^b, c^s$	-0.05 ± 0.21	1.48 ± 0.15**
非 $T^a \sim T^a$	$+0.03 \pm 0.14$	0.99 ± 0.10
非 $t^b \sim t^b$	$+0.11 \pm 0.16$	1.11 ± 0.11
$i \sim I$	-0.09 ± 0.16	1.13 ± 0.11
$D \sim d$	-0.05 ± 0.22	1.52 ± 0.15*
$s \sim S$	-0.18 ± 0.32	2.21 ± 0.22***
$L \sim l$	-0.03 ± 0.21	1.49 ± 0.15**
非尾曲り〜尾曲り	-0.05 ± 0.57	3.92 ± 0.42***
(b) 105亜集団（市／町／村／島）		
$w \sim W$	-0.04 ± 0.16	1.67 ± 0.11***
$o \sim O$	-0.02 ± 0.18	1.86 ± 0.12***
$A \sim a$	-0.04 ± 0.14	1.49 ± 0.10***
$C \sim c^b, c^s$	-0.06 ± 0.15	1.62 ± 0.11***
非 $T^a \sim T^a$	-0.03 ± 0.09	0.93 ± 0.06
非 $t^b \sim t^b$	$+0.06 \pm 0.06$	0.71 ± 0.05
$i \sim I$	$+0.02 \pm 0.18$	1.25 ± 0.08**
$D \sim d$	-0.08 ± 0.16	1.64 ± 0.11***
$s \sim S$	$+0.02 \pm 0.18$	1.91 ± 0.13***
$L \sim l$	-0.01 ± 0.12	1.26 ± 0.08**
非尾曲り〜尾曲り	$+0.13 \pm 0.27$	2.86 ± 0.19***

[a] 亜集団 n 個についての $c = [q - \bar{q}]/[f(q)/\sqrt{n}]$ または $c = [Q - \bar{Q}]/[f(Q)/\sqrt{n}]$（尾曲りの場合）の分布が $N(0,1)$ に従うか否かの検定．
*$P<0.05$，**$P<0.01$，***$P<0.001$．

の変動は random fluctuation の範囲を超え，過大分散となっている．こうした頻度の地域的変動をもたらしている要因は局地的（local），一時的（temporal）な人為が加わった淘汰圧の変動（ゆらぎ）であろうと考えられる．feral cat の中には，いわゆる「飼い猫」も含まれており，多数の「飼い主」の中には毛色などの表現型に対し偏った好悪の念をもつ者がいる．また野良猫の生息環境では個体の繁殖成功度（reproductive success）の変動は大きく，それが毛色などの表現型と局地的，一時的に相関をもつ場合が多いであろう．これが地域集団間で頻度の変動幅を拡げている理由と考えられる（野澤ら，1990）．

ネコの毛色・毛長遺伝子座のうち $o \sim O$ 座位は伴性でヘテロ接合体（Oo）は三毛または二毛となり，雌に限られる．この座位の対立遺伝子頻度は，個体の性を顧慮することなく，オレンジ色，三毛（または二毛），非オレンジ色の3表現型数から HARDY-WEINBERG 平衡と，性比1：1を仮定し，最尤法によって推定される．こうして得られた遺伝子頻度推定値から3表現型の期待度数が計算され，それらと3表現型の観察度数とを対比して χ^2 分布（自由度1）を利用し，観察されたネコの地域集団が単一の任意交配集団であるとみなせるか否かを適合度検定することができる．この検定を第2回集計の47都道府県と105市町村島についておこなった結果を**図II-8-5**に示す．この図では χ^2 検定結果の有意水準（P）の分布という形で表している．

分布のヒストグラムは0に対して左右対称とはならず，左に偏っており，期待値と観察値との間の差が有意（$P<0.05$）すなわち不適合となった都道府県は $17/47=36\%$，市町村島は $21/105$

= 20％であった．そしてこの不適合ケースのほとんどすべてにおいて，ヘテロ接合体（三毛または二毛ネコ）観察数は期待数よりも少なかった．このことは，調査された集団の多くは遺伝子頻度を異にした複数の個体群の集合体であること，すなわち WAHLUND 効果があらわれていることを意味する．こうしたケースがより小さい面積を占有している市町村島集団の方が，より大きい面積を占有している都道府県集団に比べ相対的に少ないことは当然であるが，市町村島集団においても WAHLUND 効果が認められており，特に大面積を占有し，人口従ってネコ個体数の多い大都市においてこれが認められることが多い（野澤ら，1990）．このように隣接して位置し，境界も不明瞭な feral cat 個体群が異なった遺伝子構成をもつに至った原因もまた，$o \sim O$ 遺伝子座に作用している局地的，一時的な淘汰圧の変動・ゆらぎであろうと推測される．

iii) 尾曲り頻度の地域的変異

　ネコの尾椎骨の癒合によって生じる尾曲りあるいは短尾（両者は併せて kinky tail と呼ばれる）はポリジーン支配の遺伝的骨格奇型である．この奇型の出現頻度（表現型頻度）は日本全国平均で約 40％（**表 II-8-3**）であるが，地域変異があり，頻度が著しく低い地域があることが 1970 年代に筆者は気付いていた．こうした地域は 2 つあって，1 つは若狭回廊地域，すなわち本州中部の福井県若狭湾東部から滋賀県琵琶湖沿岸を経て京都府南部，奈良県北部に至る地域であり，いま 1 つは沖縄全域である．**図 II-8-6（a）** に若狭回廊地域を中心とする本州中部と近畿地方の 74 市町村，**(b)** に九州から沖縄与那国島に至る列島地域の 54 市町村島における尾曲り表現型の出現頻度を第 3 回集計結果から抜粋して示した（1989 年から約 10 年間，これら 2 地域で調査対象として市町村島を特にきめ細かく設定して調査をおこなった結果が第 3 回集計（**表 II-8-4**）にまとめられているので，尾曲り表現型の全国平均値は第 2 回集計よりも数％低くなっている）．いずれも低頻度の中心地帯に向けて周辺の高頻度地帯から勾配（geographical cline）をもって頻度の減少が見られる．このうち若狭回廊地域の尾曲り頻度分布については，関西の愛猫家には古くから知られていたらしく，「京には尾の長い唐猫，浪花には尾の短い和猫」という言い伝えがあると平岩の著書（1985）に述べられている．

　尾曲り頻度のこのような地域間変異は，毛色や尾長に関する遺伝子頻度のそれとは異なり目立っており，日本国内の 2 地域にかような低頻度地帯があることの原因は探求を必要とするであろう．こうした勾配をもった頻度の変動は遺伝的浮動のような偶然的変動だけでは説明し難いからである．

　そこで第 3 回集計の対象となった両地域の市町村島において，9 遺伝子座の野生型遺伝子頻度

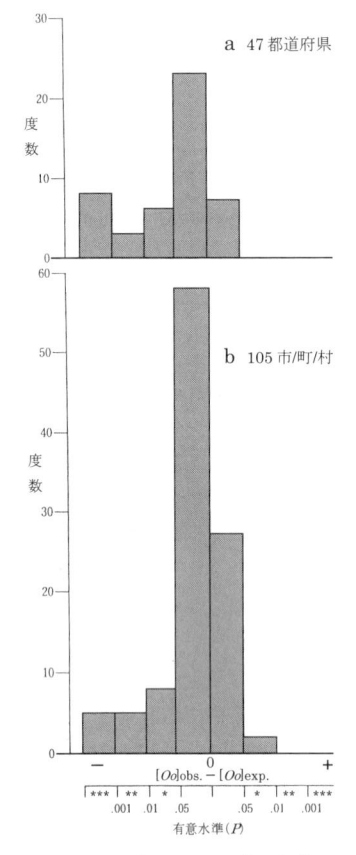

図 II-8-5　日本の feral cat 集団調査における第 2 回集計（1975～1989）：三毛および二毛ネコの期待数と観察数の間の差の χ^2 検定による有意性レベルの分布．

と直尾（尾曲りなし）表現型頻度の計10個の頻度推定値間の相関係数 (r) を計算し，r を z 変換してその有意性検定をおこなった．**表 II-8-7 (a)** は本州中部・近畿地域74市町村集団における相関係数を示し，**(b)** は九州・沖縄地域40市町村島集団における相関係数を示す．尾曲り頻度との相関係数は中部・近畿地域ではすべて統計的有意性をもたない．すなわち母相関係数 $=0$ の帰無仮説は棄てられない．他方，九州・沖縄地域においては，直尾ネコ頻度と o 遺伝子頻度との間に有意な正の相関（尾曲りが低頻度の集団はオレンジ遺伝子 (O) の頻度も低いという傾向），直尾ネコ頻度と C 座位の野生型遺伝子頻度との間に有意な負の相関（尾曲りが低頻度の集団は C 座位の突然変異遺伝子，すなわちバーミーズ (c^b) 遺伝子やサイアミーズ (c^s) 遺伝子の頻度が高いという傾向），直尾ネコ頻度と L 座位の野生型遺伝子頻度との間に有意な負の相関（尾曲りが低頻度の集団は L 座位の変異遺伝子，すなわちペルシア猫を特徴づける長毛 (l) 遺伝子の頻度が高いという傾向）が検出された．すなわち九州・沖縄地域において直尾ネコが多い市町村ではシャム猫を特徴づける c^s 遺伝子とペルシア猫を特徴づける l 遺伝子の頻度が高く，品種化したシャム猫やペルシア猫には尾曲りはほとんど見られず，O 遺伝子の頻度はごく低いから，o 遺伝子頻度と C 遺伝子頻度の間にも有意な負の相関関係が見られる．

シャム猫やペルシア猫は（その品種名にもかかわらず），アジア地域から品種特徴となっている c^s や l 遺伝子をヨーロッパ猫に導入して，ヨーロッパで作出され，英米両国で飼育が最も普及している品種である．沖縄は第2次大戦終結以来ながくアメリカ軍の統治下にあったため，アメリカ軍

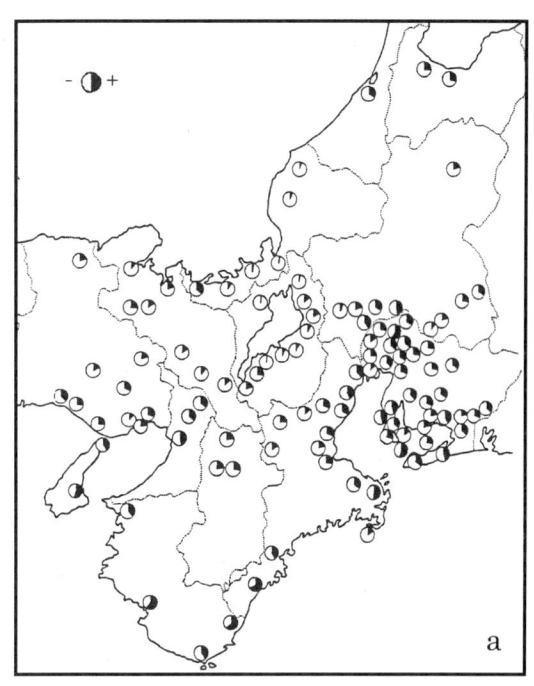

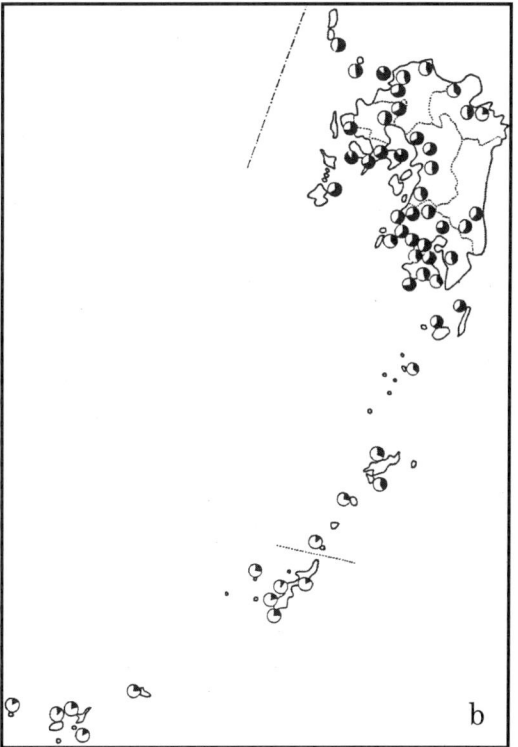

図 II-8-6 日本の市町村島における尾曲り (kinky tail) ネコの表現型頻度.
a. 本州中央部と b. 九州沖縄地域. 第3回集計結果（1989～1998）より抜粋.

表 II-8-7 日本の feral cat 集団における野生型遺伝子頻度（「非尾曲り」は表現型頻度）相互間の相関係数とその有意性検定.

(a) 日本本州中部・近畿地域 74 市町村

遺伝子座	w	o	A	C	T	i	D	s	L	非尾曲り
w		−0.1530	0.1580	0.1817	−0.1371	0.1208	0.3627**	−0.3046**	0.1062	0.0094
o			−0.0807	−0.1937	−0.0724	0.0371	−0.0779	0.2543*	−0.1255	−0.0363
A				0.2271	−0.0042	−0.0246	0.0526	0.0038	−0.0340	0.0583
C					−0.1092	−0.1052	0.2349	−0.0676	0.0293	0.0209
T						−0.1915	−0.0211	−0.0431	0.0581	0.0533
i							0.0634	−0.1733	−0.0237	−0.0425
D								−0.0857	0.0867	−0.0423
s									−0.0821	−0.1335
L										−0.0884
非尾曲り										

(b) 九州・沖縄地域 40 市町村島

遺伝子座	w	o	A	C	T	i	D	s	L	非尾曲り
w		−0.0038	−0.1228	−0.1186	−0.0085	−0.0808	0.1753	−0.1218	0.1442	0.0784
o			0.2132	−0.4088**	−0.2085	−0.1576	0.0325	0.1679	−0.0990	0.4046**
A				0.0809	−0.1761	0.2173	0.0897	0.0520	−0.1003	0.1678
C					0.2511	−0.0530	−0.0272	−0.2967	0.1332	−0.4801**
T						−0.1840	−0.1150	−0.1190	0.0101	−0.3112
i							0.1195	−0.0884	−0.0906	−0.1101
D								−0.3062	0.3478*	0.0432
s									−0.2487	0.2638
L										−0.4877**
非尾曲り										

*: $P<0.05$, **: $P<0.01$
（第3回集計結果，**表 II-8-4** より）

人や行政要員の家族が本国からこれら品種ネコを多数もち込み，それらが野生化し，沖縄一帯の feral cat の集団に c^s や l 遺伝子を，それに伴って直尾遺伝子と o 遺伝子を供給した結果がここにあらわれているのであろうと考えられる．

すなわち，日本本州の若狭回廊地域と沖縄地域は尾曲りネコが著しく少ない地帯であるけれども，これら両地域ではこのような現象をあらわす集団遺伝学的原因を異にしており，若狭回廊地域では尾曲りネコそのものに負の人為淘汰圧が加わっているのに対し，沖縄地域においては，西欧由来のシャム猫，ペルシア猫品種からの gene flow の影響が強くあらわれているから，と考えられる．

(3) 多型の時間的変遷

i) 古絵画検索による多型発生地域と時期の推定

ネコの毛色などに見られる形態遺伝学的多型が地球上のどこで，いつ生まれたかという問題の解答を古絵画の検索によって推測しようと試みた．古絵画のオリジナルの観察ができればもちろ

んよいし，画集や図録によっても，そこに描かれているネコの毛色などに関わる遺伝子型は推定できる．毛色を支配する9座位，毛長1座位および尾椎骨異常（尾曲り）の有無の合計11対立形質を判定し，絵画が製作された年代別と地域別に頭数を数えた．この研究の最初の集計結果は野澤（2001）にまとめられている．

ネコの家畜化中心地とされるエジプト絵画とA.D. 14世紀までの西欧絵画に描かれているネコの表現型はすべて野生型（サバトラ・無斑・短毛・直尾：$ww\,o\,A\_\,B\_\,C\_\,T\_\,ii\,D\_\,ss\,L\_$）であった（図II-8-7, カラー）．中国絵画には隋唐期（A.D. 5～10世紀）以来ネコが描かれた絵画が

a $w \frown W$

		B.C. 0 A.D.	1000	1100	1200	1300	1400	1500	1600	1700	1800	1900	2000
エジプト 西欧 アメリカ オーストラリア	ww	36		3	2	7	12	33	53	38	168		260
	W–							①		④	⑯		⑲
南アジア 東南アジア 南太平洋	ww							1	4	8	6		
	W–										①		
			秦漢	隋唐	宋	元		明		清		現代
中央アジア 中国 韓国	ww			1	28	2		36		72		2
	W–				⑥			⑩		⑭		①
			縄文	弥生	古墳 奈良	平安	鎌倉	室町		江戸	明治	大正	昭和・平成
日本	ww					6	15	17		436	73	37	288
	W–							②		㉓	⑫	⑧	㊳

b $A \frown a$

		B.C. 0 A.D.	1000	1100	1200	1300	1400	1500	1600	1700	1800	1900	2000
エジプト 西欧 アメリカ オーストラリア	A–	34		3	6	5	12	25	36	20	90		120
	aa							⑤	⑪	⑭	㊻		⑪⑪
南アジア 東南アジア 南太平洋	A–										3		
	aa							①	③	⑦	③		
			秦漢	隋唐	宋	元		明		清		現代
中央アジア 中国 韓国	A–				12			16		18		
	aa			①	⑭	②		⑲		㊾		②
			縄文	弥生	古墳 奈良	平安	鎌倉	室町		江戸	明治	大正	昭和・平成
日本	A–					3	14	14		84	12	7	104
	aa					③	①	③		㉕⓪	㊼	㉘	⑭③

図II-8-9（1） 毛色遺伝子座における野生型表現個体と突然変異表現個体（○数字）とを，絵画の制作地域別，制作時期別に計数した結果を示す図．
aとbは古典的突然変異型と呼ぶことができる．

図 II-8-3　ネコの毛色・毛長遺伝子の発現 (1)

I.　1.　野生型　　：$wwo\,A\_B\_C\_T\_ii\,D\_ss\,L\_$
　　2.　タビー斑　：$wwo\,A\_B\_C\_T\_ii\,D\_S\_L\_$
II.　野生型　　：$wwo\,A\_B\_C\_T\_ii\,D\_ss\,L\_$
III.　白　　　　：$W\_\qquad\qquad\qquad L\_$
IV.　白長毛　　：$W\_\qquad\qquad\qquad ll$

V.　1.　銀タビー：$wwo\,\,A\_B\_C\_T\_I\_D\_ss\,L\_$
　　2.　黒長毛　：$wwo\,\,aa\,B\_C\_\qquad D\_ss\,ll$
VI.　ブルー　　：$wwo\,\,aa\,B\_C\_\qquad dd\,ss\,L\_$
VII.　1.　茶斑　：$ww\,O\qquad C\_T\_ii\,D\_S\_L\_$
　　2.　黒三毛　：$ww\,Oo\,aa\,B\_C\_\qquad ii\,D\_S\_L\_$
VIII.　キジ三毛 ：$ww\,Oo\,A\_B\_C\_T\_ii\,D\_S\_L\_$

図 II-8-3　ネコの毛色・毛長遺伝子の発現 (2)

IX.　ビルマ　　：$wwo\,aa\,B\_c^b\_\quad ii\,D\_ss\,L\_$
X.　1.　タビー斑：$wwo\,A\_B\_C\_T\_ii\,D\_S\_L\_$
　　2.　黒　　　：$wwo\,aa\,B\_C\_\qquad D\_S\_L\_$
XI.　ブロッチ銀：$wwo\,A\_B\_C\_t^bt^b\,I\_D\_ss\,L\_$
XII.　ブロッチ茶：$ww\,O\qquad C\_t^bt^b\,ii\,D\_ss\,L\_$

XIII.　1.　アビシニアン：$wwo\,A\_B\_C\_T^a\_ii\,D\_ss\,L\_$
　　2.　キジ斑　：$wwo\,A\_B\_C\_T\_ii\,D\_S\_L\_$
　　3.　キジ二毛：$ww\,Oo\,A\_B\_C\_T\_ii\,D\_S\_L\_$
XIV.　茶アビシニアン：$ww\,O\qquad C\_T^a\_ii\,D\_S\_L\_$
XV.　黒シャム　：$wwo\,\,aa\,B\_c^sc^s\qquad D\_ss\,L\_$
XVI.　キジシャム：$wwo\,\,A\_B\_c^sc^s\,T\_\,\,D\_ss\,L\_$

図 II-8-7　エジプト，ローマ，16世紀ヨーロッパのネコ絵

a.　エジプト　鳥を狩るネコ　B.C. 1450 頃.
b.　ポンペイ　鳩をつかまえるネコ　モザイク画　A.D. 1～3 世紀.
c.　エジプト　「死者の書」　B.C. 1280 年頃.
d.　ロレンツォ・ロット　「受胎告知」　1527 年頃.　(レカナーティ市立絵画美術館蔵)
　これらの絵に描かれているネコはすべて野生型・直尾 (遺伝子型：$wwo\,A\_B\_C\_T\_ii\,D\_ss\,L\_$).

図 II-8-8　中国, 日本, および西欧のネコ絵.

a.　中国　伝毛益「蜀葵遊猫絵」南宋時代 1170 年頃. 4 頭のネコ.（大和文華館蔵）
　　左から　ブルー・長毛　　（$wwo\,aa\,B\_C\_dd\,ss\,ll$）
　　　　　　黒三毛　　　　　（$ww\,Oo\,aa\,B\_C\_D\_S\_L\_$）
　　　　　　茶白斑・長毛　　（$ww\,O\,C\_D\_S\_ll$）
　　　　　　黒白斑・長毛　　（$wwo\,aa\,B\_C\_S\_ll$）
b.　中国　H SUAN TSUNG「遊猫図」18 世紀. 2 頭のネコ.（メトロポリタン博物館蔵）
　　左から　タビー斑　　　　（$wwo\,A\_B\_C\_T\_D\_S\_L\_$）
　　　　　　白　　　　　　　（$W\_$）
c.　日本　歌川広重（1797-1858）「浅草田圃西の田詣」
　　　　　ネコはブルー白斑　（$wwo\,aa\,B\_C\_dd\,S\_L\_$）短尾
d.　日本　歌川国芳（1797-1861）「猫の涼み」3 頭のネコ.
　　左から　黒白斑　　　　　（$wwo\,aa\,B\_C\_D\_S\_L\_$）
　　　　　　茶白斑　　　　　（$ww\,O\,C\_D\_S\_L\_$）
　　　　　　黒三毛　　　　　（$ww\,Oo\,aa\,B\_C\_D\_S\_L\_$）
e.　S TEINLEN（1849-1923）ポスター　2 頭のネコ
　　手前から　黒三毛　　　　（$ww\,Oo\,aa\,B\_C\_D\_S\_L\_$）直尾
　　　　　　　黒　　　　　　（$wwo\,aa\,B\_C\_D\_ss\,L\_$）
f.　S TEINLEN（1849-1923）ポスター　3 頭のネコ
　　手前から　黒三毛　　　　（$ww\,Oo\,aa\,B\_C\_D\_S\_L\_$）直尾
　　　　　　　黒　　　　　　（$wwo\,aa\,B\_C\_D\_ss\,L\_$）
　　　　　　　キジ二毛　　　（$ww\,Oo\,A\_B\_C\_T\_ii\,D\_S\_L\_$）

(図 II-8-3 (1))

(図 II-8-3 (2))

(図 II-8-7)

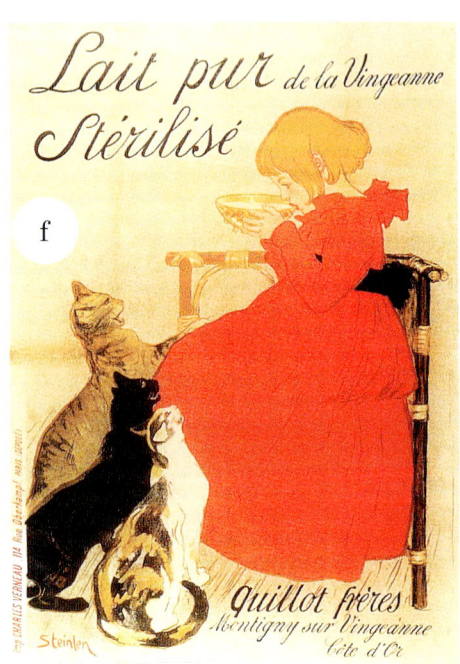

(図 II-8-8)

遺されているが，描画開始の当初から白色ネコ（W 遺伝子の表現），オレンジ色のネコ（O 遺伝子の表現），非アグチの黒色ネコ（a 遺伝子の表現），ブチネコ（S 遺伝子の表現）および長毛ネコ（l 遺伝子の表現）がそれぞれの野生型表現のネコと共に描かれている．西欧絵画にこれら突然変異型が描かれるのは A.D. 16 世紀以降である．これらを「古典的突然変異型」と呼ぼう（図 II-8-8，カラー）．これとは別に，「近代的突然変異型」の絵画上での出現は時期的にはおそく，地域的には局限されている．すなわち，Burmese 形質（c^b 遺伝子の表現）と Siamese 形質（カラーポイント，すなわち c^s 遺伝子の表現）をもつネコが描かれ始めるのは A.D. 16 世紀のタイ国

c $T^a - T - t^b$

地域	遺伝子	B.C. 0 A.D.	1000	1100	1200	1300	1400	1500	1600	1700	1800	1900	2000
エジプト 西欧 アメリカ オーストラリア	T^a-											①	
	$T-$	35	3		2		6	11	26	32	19	79	133
	$t^b t^b$					①		①		⑧		⑭	⑨
南アジア 東南アジア 南太平洋	T^a-												
	$T-$									1		3	
	$t^b t^b$												
中央アジア 中国 韓国			秦漢 隋唐	宋		元		明		清		現代	
	T^a-												
	$T-$			15				19		17		1	
	$t^b t^b$												
日本		縄文 弥生 古墳 奈良	平安		鎌倉		室町		江戸		明治 大正	昭和平成	
	T^a-												①
	$T-$		3		14		12		78		9	9	124
	$t^b t^b$										②		③

d $C - c^b - c^s$

地域	遺伝子	B.C. 0 A.D.	1000	1100	1200	1300	1400	1500	1600	1700	1800	1900	2000
エジプト 西欧 アメリカ オーストラリア	$C-$	34	3		2	5	12	34	49	36	157	244	
	c^b-											②	
	$c^s c^s$										③	⑦	
南アジア 東南アジア 南太平洋	$C-$						3	7	6				
	c^b-							①					
	$c^s c^s$							①					
中央アジア 中国 韓国			秦漢 隋唐	宋		元		明		清		現代	
	$C-$		1	32		2		30		72		3	
	c^b-												
	$c^s c^s$												
日本		縄文 弥生 古墳 奈良	平安		鎌倉		室町		江戸		明治 大正	昭和平成	
	$C-$		6		15		17		423		73	33	131
	c^b-												
	$c^s c^s$										①	③	㊻

図 II-8-9 (2) 毛色遺伝子座における野生型表現個体と突然変異表現個体（○数字）とを，絵画の制作地域別，制作時期別に計数した結果を示す図．
c と d は近代的突然変異型と呼ぶことができる．

絵画からであり，西欧の現生集団に多く見られる blotched tabby 形質（t^b 遺伝子の表現）をもつネコが A.D. 15 世紀以降の西欧絵画に見出される．またブルー形質（d 遺伝子の表現）は A.D. 16 世紀以降の西欧，東南アジアおよび日本の絵画に初めて出現する．東南アジアと日本の現生ネコ集団に高頻度に現れる kinky tail 形質は江戸時代の日本絵画に描かれ始め，現代画にも描かれ続けているが，中国，東南アジアおよび西欧で製作された古今の絵画にこの奇型形質を表現したネコを見ることはない．

ネコの家畜化は B.C. 2,000 年紀の北アフリカ，特にエジプトと考えられているから，家畜化時期と毛色多型の発生時期との間に 2,500 年ほどのタイム・ラグがあることについては，集団遺伝学的に説明可能と考えられる．絵画に突然変異型（mutant）が描かれるのは，世代当たり 10^{-6}〜10^{-5} 程度の率で遺伝子突然変異が集団中におこった段階ではもちろんなく，また変異型が集団中に出現し，初めてヒトの目に触れた段階でもなく，集団中に野生型と変異型とが共存する多型状態が生まれ，変異型がその頻度は低くとも，ノーマルでポピュラーなネコの一形態として画家を含む一般民衆に認められる段階に入って以後であろうからである．そしてこの多型状態がひとたび現れると，もとの野生型のみの単型状態（monomorphism）に戻ることはなく，また変異型が野生型を完全に置き換えて新たな単型状態が現れることもなく，多型を維持しつつ現生集団に移行していることを図 II-8-9 は明らかに示している．

しかし，古典的突然変異型の絵画上での出現時期が中国で A.D. 1,000 年以降，西欧で A.D. 16 世紀（ルネッサンス期）以降というように西欧で数世紀も遅れているというこの調査結果には興味がもたれる．ルネッサンス以前，すなわち中世の西欧絵画の多くが聖書物語絵または神話絵の類であることから，その時代の西欧画家のネコ・イメージが著しく保守的，固定的であったがために，野生型のネコしか描かれなかったのに対して，中国や日本では画家の描画態度ははるかにリベラルかつ写実的であったというような事情があったのかもしれない．あるいはそうではなく，ネコにおける古典的毛色多型発祥の地は，多くの毛色遺伝研究者や愛猫家が暗黙のうちに信じているように，西欧のどこかの地，特にイギリスなどではなく，実は中国であったことを調査結果は示唆しているのかもしれない．今後のさらなる探求を必要とする問題がここにあると考えられる．

日本ネコとその突然変異型が中国大陸からの移入に由来するとの定説に矛盾するようなデータはこの古絵画検索からは得られていない．問題があるとすれば，kinky tail をもつネコが日本絵画だけに江戸時代に突然かつ高頻度に出現し，現生ネコに移行しているのにもかかわらず，現生ネコ集団に（日本以上に）高頻度に見られる東南アジア地域（後述）のネコ絵にこれが発見されていないことである．これは東南アジア地域に遺されているネコ絵の数が極めて少ないことによるかもしれない．この点にも将来の探究にゆだねられるべき問題が伏在していると考えられる．

ii) 最近年の feral cat 集団における突然変異遺伝子頻度の年次的変遷

筆者が日本の feral cat 集団における毛色など形態遺伝学的多型の野外調査を開始したのは 1975 年であり，以後引続いてこの調査をおこなっている．2005 年まで，地域を問わず国内で観察されたすべてのネコの遺伝子型記録をプールし，年次ごとの 10 対立遺伝子座における突然変異遺伝子の頻度と kinky tail の表現型頻度のデータが蓄積している．図 II-8-10 は (a) W：優

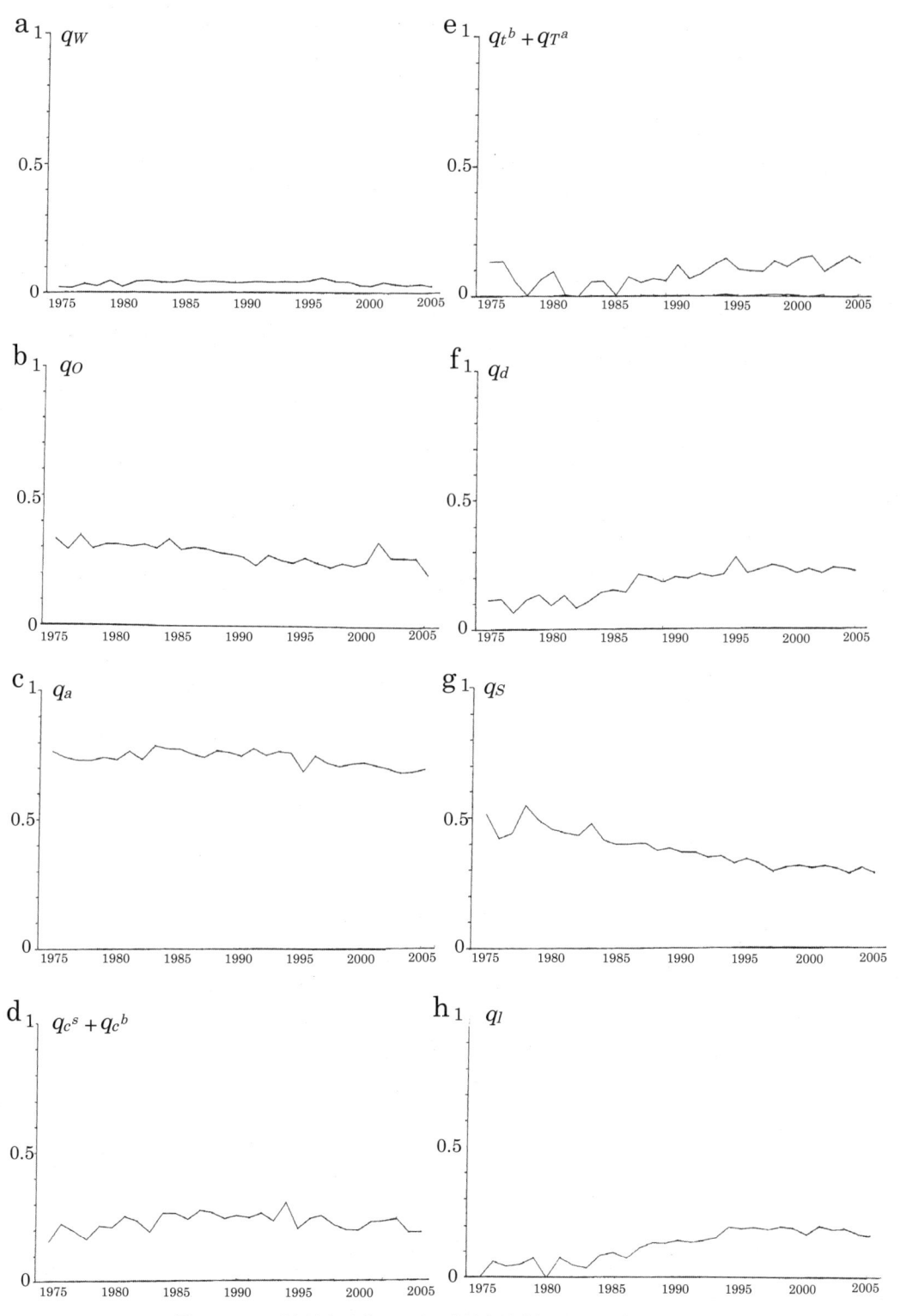

図 II-8-10　毛色遺伝子座における突然変異遺伝子頻度の年次的変遷.

性白色，(b) O：伴性オレンジ色，(c) a：劣性黒色，(d) c^s と c^b：Siamese と Burmese，(e) t^b と T^a：劣性の blotched tabby と優性の Abyssinian，(f) d：毛色稀釈，(g) S：優性斑，および (h) l：劣性長毛の日本国内遺伝子頻度の年次的変遷を示している．年間変動は僅かなものであるが，この30年間の国内集団において，$w\sim W$，$A\sim a$，$B\sim b$ (q_b は終始 0 を続けている)，$C\sim c^b\sim c^s$ の各遺伝子座の遺伝子頻度にほとんど変化は認められず，ほぼ一定に保たれている．$o\sim O$ と $s\sim S$ 遺伝子座においては突然変異遺伝子の頻度と kinky tail の表現型頻度（図は省略）には減少傾向を，$T^a\sim T\sim t^b$，$i\sim I$（図は省略），$D\sim d$，$L\sim l$ の各座位の突然変異遺伝子の頻度には増加傾向を認めることができる．

このような頻度の年次的変遷は，品種ネコから feral cat の集団への遺伝子流入（gene flow）が原因と考えられる．すなわち，シャム猫（$c^s c^s$）は西欧から日本へ最も古くから移入してきている品種ネコであるが，カラー・ポイントを支配する c^s 遺伝子の頻度は近来ほぼ平衡に達している．ついで古い品種ネコはペルシア猫（ll）であるが，長毛を支配する劣性の l 遺伝子の頻度は近年増加傾向にある．Abyssinian 遺伝子（T^a）を表現する個体は非常に稀であるが，最近，feral cat 集団に現われ始めている．American Shorthair のような西欧品種によって blotched tabby 遺伝子（t^b）が，Korat，Chartreux，Russian Blue のような品種によって劣性の稀釈遺伝子（d）が日本の feral cat 集団に流入している．このような移入品種ネコには優性斑遺伝子（S）や伴性のオレンジ色遺伝子（O）の頻度，あるいは kinky tail を示す個体の頻度は低いからこれらの feral cat 集団での頻度は漸次低下しつつある．

このようにして日本の feral cat の集団は外来遺伝子の流入を受けつつある（**図 II-8-11**）．明治以前の在来の日本 feral cat 集団が c^s，l，d，および t^b の各遺伝子を全く保有していなかったと仮定すれば，現生の feral cat 集団におけるこれらの遺伝子頻度が流入率そのものを与えることになるから，流入率はシャム猫から約 20%，ペルシア猫から約 15%，西欧の Short hair 品種から約 10%，ブルー色を呈する西欧品種から約 20% ということになる．ただし，これら移入率の合計約 65% が外来（主に西欧）品種ネコたちによる日本 feral cat 集団の「雑種化」あるいは「遺伝的汚染」の程度ということには必ずしもならない．何故ならば，シャム猫品種から c^s 遺伝子のみならず，t^b 遺伝子や d 遺伝子が，ペルシア猫から l 遺伝子のみならず白色の W 遺伝子や W 遺伝子より形質表現が下位にある c^s，t^b，d などの色調遺伝子が，日本ネコに流入することが可能であるからである．筆者は現生の日本の feral cat 集団の「雑種化」あるいは「汚染」の程度は，上記の 65% よりも

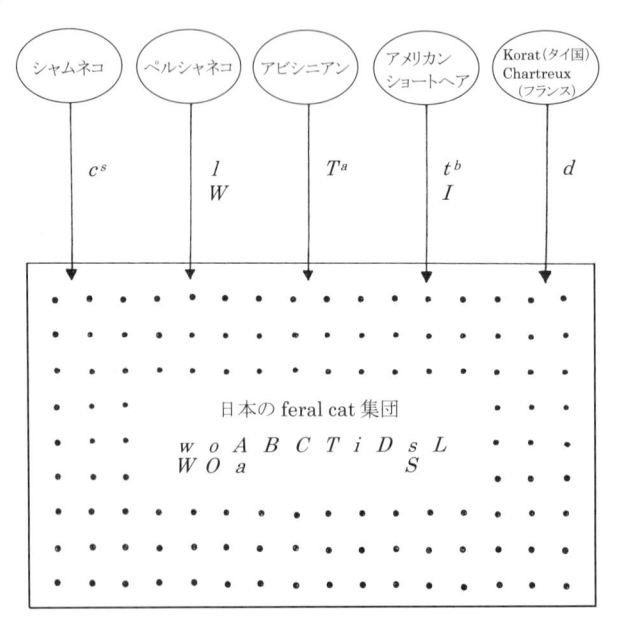

図 II-8-11 日本の feral cat 集団へ品種ネコから突然変異遺伝子が流入しつつあることを示す図．

やや低い値，約50％程度ではないかと推測している．

(4) 日本と東南アジアの feral cats の系譜

i) 血液タンパク多座位電気泳動法による分岐図

日本の feral cat 4 府県集団（茨城県：IG，大阪府：OS，熊本県：KM および広島県：HS），インドネシア 2 集団（Java：JV, Sulawesi：SL，いずれも川本芳博士により採血）およびヨーロッパ 1 集団（ICO 系と称し，ヨーロッパの飼いネコと，Abyssinian 種との交雑に由来し，毛色については $T^a \sim T \sim t^b$ 座位のみに多型が維持され，他の遺伝子座は突然変異遺伝子が排除されている．系統維持はハーレム法による．医薬開発用の実験動物として系統を維持している塩野義製薬油日ラボラトリーズと武田薬品中央研究所より計 12 頭分の血液試料が提供された）の血液タンパク 31 遺伝子座を電気泳動法により分析して遺伝子構成を比較し枝分かれ図（dendrogram）を描いた．多座位電気泳動の方法は日本ネコ 4 集団の分析結果を報告した論文，NOZAWA et al. (1985) に記載されている．

血液タンパク 31 座位の電気泳動結果から遺伝子頻度を計算し，総当たりすべての集団間で NEI の遺伝距離を求め，この距離行列から unweighted-pair-group（UWPG）法および近隣結合（NJ）法によって描かれた分岐図が**図 II-8-12** である．この図は材料となったネコ集団の地理的位置から予想されるように，アジア地域のネコ集団はたがいによく似た遺伝子構成を示し，西欧産のネコ集団はそれらから一定の遺伝距離をもって離れた遺伝子構成を有している．アジアのネコとヨーロッパのネコとは系統遺伝学的にある程度分化しているということである．

アンドロゲン受容体遺伝子（AR）exon 1 領域のグルタミン（Q）反復回数に多型があり攻撃性や認知能力，ホルモン感受性と関係していることがヒトやイヌで知られているので，ネコでもこれが調べられ，品種差と地域集団差が加藤ら（2006）によって比較された．西欧 12 品種 53 個体と，日本ネコの多座位電気泳動に使われた府県と岐阜県計 5 府県集団計 296 個体について，Q の反復回数（15〜22 回）の分布を調べたところ，西欧品種（平均 19.0±1.5 回）と日本ネコ（平均 17.7±1.3 回）の間で有意差が認められた．今後の研究により品種や集団の行動特性との関連の有無や程度を調べることに興味がもたれる（加藤ら，2006）．

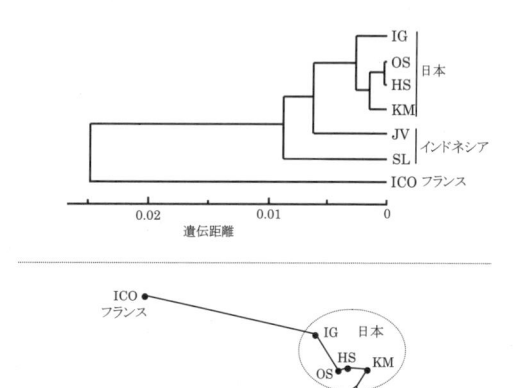

図 II-8-12 日本の 4 つ，インドネシアの 2 つの feral cat 集団とフランスのネコ集団における血液タンパク 31 座位の多座位電気泳動的変異の解析結果．
NEI の遺伝距離マトリックスから UWPG 法（上）と NJ 法（下）によって描かれた系統推測のための枝分かれ図．

ii) アジア各地の feral cat 集団の毛色など形態遺伝学的多型

筆者らは日本国内の feral cat の調査と並行し，アジア各地で同様の野外調査を実施中である．その結果はその都度，在来家畜研究会報告に報文として公表されている．年次順にこれまでの調査年とその報告を列記すれば以下の通りである．

1976 年	西マレーシア（並河，1976）
1977〜1982 年	インドネシア（野澤ら，1983）
1981 年	スリランカ（野澤ら，1986）
1983 年	バングラデシュ（野澤ら，1988）
1986〜1989 年	ネパール（川本ら，1992）
1983〜1992 年	中国雲南省（野澤ら，1995）
1992〜1993 年	マレーシア（川本・野澤，1998）
1995〜1997 年	ベトナム（NOZAWA *et al.*, 1998）
1994〜1996 年	モンゴル（NOZAWA *et al.*, 1999）
1997 年	エジプト（野澤・庄武，1999）
1997〜1998 年	ラオス（NOZAWA *et al.*, 2000）
1981〜1999 年	タイ国（川本・野澤，2000）
1992〜1997 年	中国陝西省（野澤ら，2001a）
1997〜1999 年	台湾（野澤ら，2001b）
1994〜2001 年	韓国（野澤・呉，2002）
2000 年	ブータン（川本ら，2002）
1998〜2002 年	ミャンマー（NOZAWA *et al.*, 2004a）
1992〜2002 年	フィリピン（NOZAWA *et al.*, 2004b）
2002〜2004 年	カンボジア（NOZAWA *et al.*, 2006）
2003〜2005 年	ブータン（NOZAWA *et al.*, 2007）

これで日本の西と南の隣接地域に生息する feral cat 集団の遺伝子構成がほぼすべて調べられていることになる．日本国内の feral cat の遺伝子構成は判明（野澤ら，1990；野澤ら，2000）しているから，それらと上記諸結果とを比較検討して，東および東南アジア地域のネコ集団の遺伝子頻度データを地図上に記載し，日本ネコの現遺伝子組成の来歴に関する推論をおこないたい．これは TODD（1977）が西欧ネコの来歴を推論するために創始した cline map 法とほとんど同様の方法であり，充分にきめ細かくとられた数多くの地域集団から多数の標本を得ることができる生物種に対してはじめて実行可能な研究方法であろう．

図 II-8-13（a）は東および東南アジア諸地域における $o\sim O$ 遺伝子座（X 染色体上）の対立遺伝子の頻度を示す．TODD（1977）は西欧大陸でオレンジ（O）遺伝子の頻度が 20％以下であるのに対し，イングランド，北アフリカ，小アジア（トルコ半島）では 30％を超えており，36％以上の値をもつ地域は知られていないと述べている．このことから TODD は O 遺伝子の起源の地は中近東方面ではないかと推測している．ところが東アジアでは O 遺伝子の頻度は西欧に比べ，おしなべて高く，50％に達している地域集団も認められる（図 II-8-13（a））．この突然変異遺伝子は前節（(3)節の i)項）で名付けられた古典的突然変異型の 1 つで，西欧よりも早

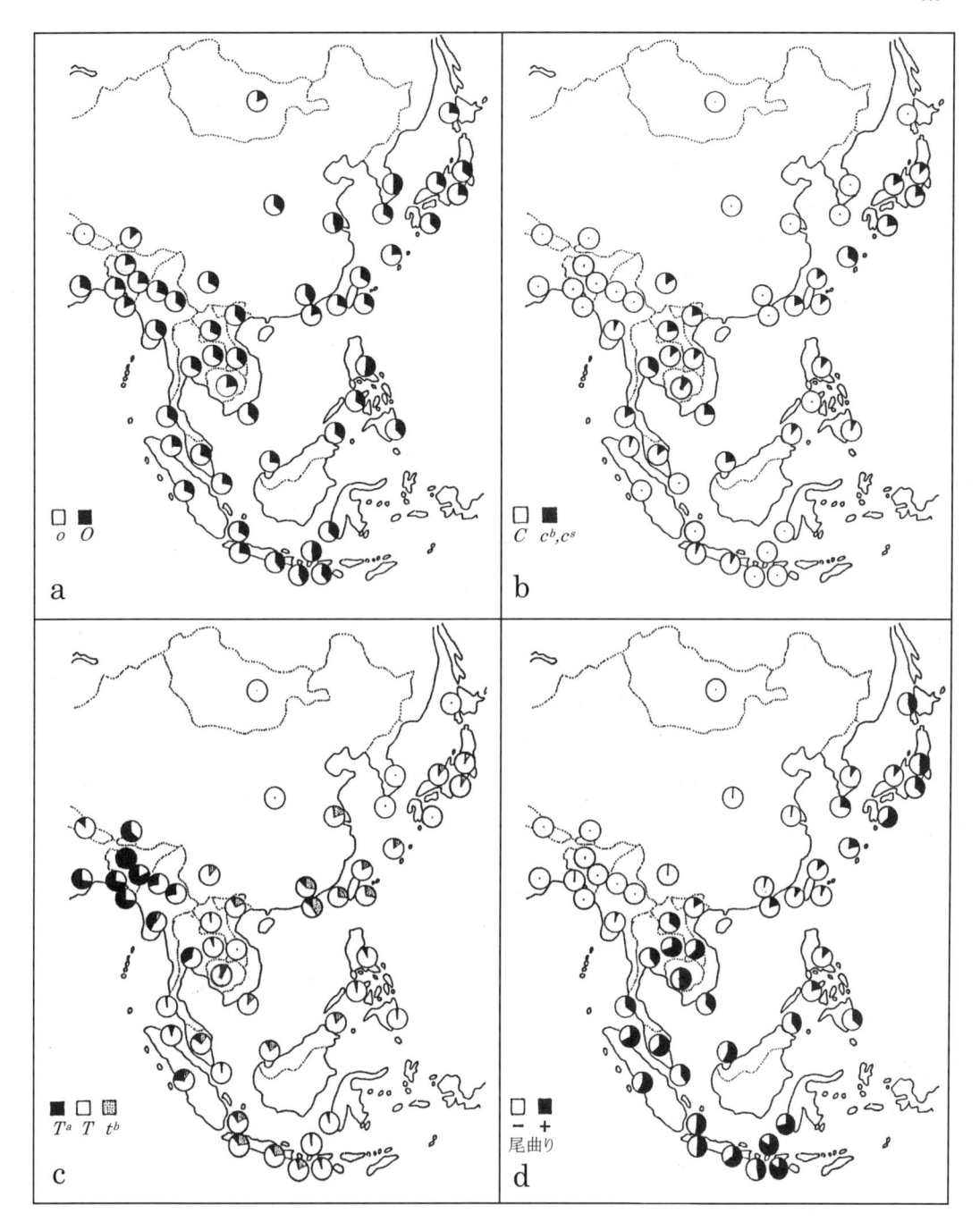

図 II-8-13 東および東南アジア各地の feral cat 集団の遺伝子構成を示す扇形グラフ.
a. $o \sim O$ 座位　b. $C \sim c^b \sim c^s$ 座位　c. $T^a \sim T \sim t^b$ 座位　d. 尾曲りの有無. a, b, c は遺伝子頻度, d は表現型頻度を表す.

く, A.D. 10 世紀ごろの中国絵画に現れ始めている. このことからも, この伴性の O 遺伝子は西欧に起源したのではなく, 中国起源でシルクロードを経由して西欧に伝えられた可能性が高い.

　図 II-8-13 (b) は $C \sim c^b \sim c^s$ 対立遺伝子の地域分布を示す. この座位の突然変異遺伝子 (c^b と c^s) はタイ国を中心として高く, そこから東南アジアや東アジアの周辺部に向け clinal な頻度

の減少が見られる．中国沿海部と日本南西諸島（沖縄や奄美の列島線）を北上して日本本土に達すると約20％というかなりの高頻度を示しているのは，このclinalな分布とは別に，西欧で作出されたシャム猫（Siamese）やビルマ猫（Burmese）など品種ネコからの遺伝子流入が日本のferal catの集団に向かって活発におこったためと解される．

図II-8-13（c）はタビー座位 $T^a \sim T \sim t^b$ の対立遺伝子頻度の分布である．t^b 遺伝子は西欧で高頻度を維持し，イングランドの諸都市では80％に達し（TODD, 1977），アジア地域でこれが見られるのは東南アジアや中国の開港都市周辺や日本で，中国大陸内陸部にはほとんど存在しないか，あるいは稀である（図I-4-19参照）．これは西欧由来の品種ネコからの遺伝子流入の影響と考えられる．他方，T^a 遺伝子の表現型はAbyssinianと名付けられているが，この突然変異遺伝子の頻度が高いのはエチオピア（アビシニア高原）ではなく，インド東部ベンガル地方で，東南アジア一帯にこの遺伝子の浸透が見られる．T^a 遺伝子の分布域は同じ毛色表現（ティッキング）をもつ野生ネコのアジア亜種 jungle cat（*Felis silvestris chaus*）の自然分布域と重なっている（ROBINSON, 1984）ので，東南アジアのferal cat集団に見られる T^a 遺伝子はこの野生ネコからのgene flowに起因するのかもしれない．しかし，いろいろのソースから収集されたjungle catの多くの写真を見ると，この野生ネコ種の全個体がティッキング毛色を示すわけではなく，中にはmackerel tabbyを表現しているものもあり，この遺伝子座は T^a と T の両対立遺伝子について多型的（polymorphic）になっている可能性もある．また，バングラデシュやブータン国内では T^a 遺伝子の頻度が著しく高く，単にjungle catからのgene flowのみに起因するとするには高頻度に過ぎると考えられる．ベンガル地方における T^a 遺伝子の高頻度がjungle catからのgene flowによるものかどうかは現在，断定は不可能で，目下検討中である．

図II-8-13（d）はkinky tail（尾曲り）表現型頻度の分布を示す．この尾椎骨異常をあらわすpolygenesはタイ国やインドネシアなど東南アジア一帯のferal cat集団に高頻度（ところによれば60％以上）で，インド以西から中近東，西欧，アメリカ大陸に至るネコ集団にはほとんど見られない．タイ国，インドネシアから北方に向かっても出現頻度は漸次低下しているが，日本本土に至ってまた頻度の上昇が見られる．前節のi）項で述べたごとく，日本の古絵画によるとkinky tailは江戸時代のferal catに突然かつ高頻度に出現している．日本本土で，この奇形形質に対し正の人為淘汰圧が加わっているのではないかとも考えられる．この点も現在検討中である．

文献

BALDWIN, J. A.（1975）Notes and speculation on the domestication of the cat in Egypt. Anthrop., 70：428-448.
BEAUMONT, M., BARRATT, E. M., GOTTELI, D., KITCHENER, A. C., DANIELS, M. J., PRITCHARD, J. K. and BRUFORD, M. W.（2001）Genetic diversity and introgression in the Scottish wildcat. Molecular Ecology, 10：319-336.
CROW, J. F. and KIMURA, M.（1970）An Introduction to Population Genetics Theory. Harper & Row, New York.
FISHER, R. A.（1950）Statistical Methods for Research Workers（11th Ed.）. Oliver and Boyd, Edinburgh and London.
平岩米吉（1985）ネコの歴史と奇話．池田書店，東京．
加藤佑美子・井上（村山）美穂・川本　芳・野澤　謙・黒澤弥悦・北川　均・伊藤慎一（2006）ネコにおけるアンドロゲン受容体遺伝子（AR）exon1領域の多型．日本DNA多型学会第15回学術集会，福山．
川本　芳・並河鷹夫・庄武孝義・本江昭夫・野澤　謙（1992）ネパールにおける猫の毛色多型．在来家畜研究会報告，14：193-197．
川本　芳・野澤　謙（1998）マレーシアの猫の毛色多型．在来家畜研究会報告，16：161-172．
川本　芳・野澤　謙（2000）タイの猫の毛色多型．在来家畜研究会報告，18：217-223．

川本　芳・野澤　謙・WANGCHUK, T.・Sherub（2002）ブータンの猫の毛色変異．在来家畜研究会報告, 20：55-64.
小島正記（1991）日本と世界のネコのカタログ．成美堂，東京．
小島正記（1994）日本と世界のネコのカタログ '94．成美堂，東京．
小島正記（2006）日本と世界のネコのカタログ2006年版．成美堂，東京．
MALEK, J. (1993) The Cat in Ancient Egypt. Univ. of Pennsylvania Press, Philadelphia.
MORRISON-SCOTT, T. C. S. (1952) The mummified cats of ancient Egypt. Proc. Zool. Soc. London, 121：861-867.
並河鷹夫（1976）西マレーシアの猫における外部遺伝形質の変異．在来家畜研究会報告，7：123-125.
野澤　謙（1986）哺乳動物の遺伝的変異と集団構造．「続 分子進化学入門」（今堀宏三・木村資生・和田慶四郎編）培風館，東京．pp. 57-82.
野澤　謙（2001）古絵画資料検索によるネコ毛色多型の起源の推定．在来家畜研究会報告，19：105-132.
NOZAWA, K., FUKUI, M. and FURUKAWA, T. (1985) Blood protein polymorphisms in Japanese cat. Jap. J. Genet., 60：425-439.
野澤　謙・常　洪・刘　小林・秦　国庆・孙　金梅・賈　青（2001a）中国陝西省における猫の形態学的遺伝変異．在来家畜研究会報告，19：93-97.
野澤　謙・川本　芳・近藤恭司・並河鷹夫（1983）インドネシア産猫の毛色多型．在来家畜研究会報告，10：226-235.
野澤　謙・川本　芳・前田芳實（2001b）台湾ネコの形態学的遺伝変異．在来家畜研究会報告，19：99-103.
NOZAWA, K., KAWAMOTO, Y., OKADA, Y., NISHIBORI, M., MANNEN, H., YAMAMOTO, Y., NAMIKAWA, T., KUROSAWA, Y. and BOUAHOM, B. (2000) Morpho-genetic traits and gene frequencies of the Lao cat. Rep. Soc. Res. Native Livestock, 18：179-184.
野澤　謙・前田芳實・長谷川洋子・川本　芳（2000）日本猫の毛色などの形質に見られる遺伝的多型 ―第3回集計結果の報告―．在来家畜研究会報告，18：225-268.
NOZAWA, K., MAEDA, Y., HASHIGUCHI, T., YAMAGATA, T., TANAKA, K., SUZUKI, Y., YAMAMOTO, Y., NISHIBORI, M., TSUNODA, L., OKABAYASHI, H., MANNEN, H., KUROSAWA, Y., NYUNT, U Maung Maung, DAING, Than, HLA, Tan and EIN, Nay (2004a) Coat-color and other morphogenetic polymorphisms in the cats of Myanmar. Rep. Soc. Res. Native Livestock, 21：245-256.
NOZAWA, K., MAEDA, Y., TANABE, Y., TUMENNASAN, H. and ZHANCHIV, T. (1999) Morpho-genetic traits and gene frequencies in the cats of Mongolia. Rep. Soc. Res. Native Livestock, 17：133-138.
NOZAWA, K., MASANGKAY, J. S., NAMIKAWA, T., KAWAMOTO, Y. and TANAKA, H. (2004b) Morphogenetic traits and gene frequencies of the feral cats in the Philippines. Rep. Soc. Res. Native Livestock, 21：275-295.
野澤　謙・並河鷹夫・川本　芳（1990）日本猫の毛色などに見られる遺伝的多型．在来家畜研究会報告，13：51-115.
NOZAWA, K., NAMIKAWA, T., TANAKA, T., HATA, H., YAMAMOTO, Y., DANG, V.-B., PHAN, X.-H. and MGUYEN, H.-N. (1998) Morpho-genetic traits and gene frequencies of the Vietnamese cat. Rep. Soc. Res. Native Livestock, 16：123-129.
野澤　謙・並河鷹夫・坪田祐司（1986）スリランカにおける猫の毛色多型．在来家畜研究会報告，11：229-234.
野澤　謙・並河鷹夫・坪田祐司（1988）バングラデシュにおける猫の毛色多型．在来家畜研究会報告，12：291-298.
NOZAWA, K., NAMIKAWA, T., YAMAGATA, T., KURACHI, M., OKABAYASHI, H., TANAKA, K., NISHIBORI, M., NOMURA, K., TAKAHASHI, Y., INO, Y., OKAMOTO, S., KUROSAWA, Y., MANNEN, H., CHHUM PHITH, Loan, BUN, Tean and CHEA, Bunthon (2006) Coat-color and other morpho-genetic polymorphisms in the Cambodian feral cats. Rep. Soc. Res. Native Livestock, 23：117-123.
NOZAWA, K., NAMIKAWA, T., YAMAGATA, T., YAMAMOTO, Y., NISHIBORI, M., TANAKA, K., DORJI, T. and TSHERING, G. (2007) Coat-color and other morphogenetic variations in Bhutan cats. Rep. Soc. Res. Native Livestock, 24：185-194.
野澤　謙・呉　洋錫（2002）韓国におけるネコ集団の形態学的遺伝変異性．在来家畜研究会報告，20：35-53.
野澤　謙・岡本　新・川本　芳・並河鷹夫・朱　静・橋口　勉・許　文博（1995）中国雲南省における猫の毛色多型．在来家畜研究会報告，15：143-149.
野澤　謙・庄武孝義（1999）エジプト3都市における猫の毛色多型．在来家畜研究会報告，17：199-208.
RANDI, E., PIERPAOLI, M., BEAUMONT, M., RANDI, B. and SFORZI, A. (2001) Genetic identification of wild and domestic cats (*Felis silvestris*) and their hybrids using Baysian clustering methods. Mol. Biol. Evol., 18：1679-1693.
ROBINSON, R. (1984) Cat. *In*: Evolution of Domesticated Animals. (MASON, I. L., *ed*.) Longman, London and New York. pp. 217-225.
SERPELL, J. A. (2000) Domestication and history of the cat. *In*: The Domestic Cat. The Biology of its Behaviour (2nd Ed.). (TURNER, D.C. and BATESON, P., *eds*.) Cambridge Univ. Press, Cambridge. pp. 179-192.

Todd, N. B. (1977) Cats and Commerce. Scientific American, 237: 100-107.（柿澤亮三訳（1978）ネコと人間の歴史．日経サイエンス，8(1): 28-36）

Turner, D. C. and Bateson, P. (1998) The Domestic Cat. The Biology of its Behaviour. Cambridge Univ. Press, Cambridge.

上田常吉（1935）生物統計学．岩波書店，東京．

Vigne, J. D., Guilaine, J., Debue, K., Haye, L., and Gévard, P. (2002) Early taming of the cat in Cyprus. Science, 304: 259.

Wright, S. (1965) The interpretation of population structure by F-statistics with special regard to systems of mating. Evolution, 19: 395-420.

（野澤　謙）

II-9　ニワトリ
―原種から家禽へ―

(1) ヤケイ4種の動物分類学的位置と分布および特徴

ヤケイはキジ目，キジ科，ヤケイ属の次の4種に分類される．
　　セキショクヤケイ　　　　　*Gallus gallus*
　　ハイイロヤケイ　　　　　　*Gallus sonneratii*
　　セイロンヤケイ　　　　　　*Gallus lafayettii*
　　アオエリヤケイ　　　　　　*Gallus varius*

　これら4種の中で，セキショクヤケイが唯一のニワトリの祖先とする単源説（DARWIN, 1868；BEEBE, 1931など）と，他の3種も祖先に含める多源説（HUTT, 1949）がある．両説については，西田（1967）およびCRAWFORD（1990）の報告に詳細に記述されている．

　セキショクヤケイは，4種のなかでは広い生息域をもっている．インドでは，北はヒマラヤに沿ってカシミールまで分布し，ネパール，ブータンの高地に生息域を広げている．南はインド亜大陸中央のゴダバリ河を境に，ハイイロヤケイと棲み分けているといわれる．さらにベンガル，シッキム地方からビルマをはじめとするインドシナ半島のほぼ全体にわたり，マレー半島からフィリピン，インドネシア，そして南太平洋諸島までおよんでいる．したがって，セキショクヤケイは赤道をはさんで熱帯，亜熱帯，温帯に分布していることになり，彼らの気候風土への適応性の高さを物語っている．これに比してハイイロヤケイはインド亜大陸南部，セイロンヤケイはスリランカのみに，アオエリヤケイはジャワ中部からフローレンスまでの小スンダ列島に分布域が限られる（図II-9-1）．

　現在，南アジアから東南アジアにかけて分布している4種のヤケイは，ニワトリと同じく*Gallus*属を構成している．ヤケイは，ニワトリの原種であると考えられており，ニワトリの成立を考察するうえで，まさに生きた情報をわれわれに提供してくれる．ヤケイたちに共通する点を述べてみると，
　①体型が小型である．
　②飛翔力がある．
　③雄は美しく雌は地味である．
　④冠（とさか）は単冠である．
　⑤繁殖期があり産卵数は4～8個程度である．
　⑥警戒心が強くヒトにはほとんど慣れない．
などである．

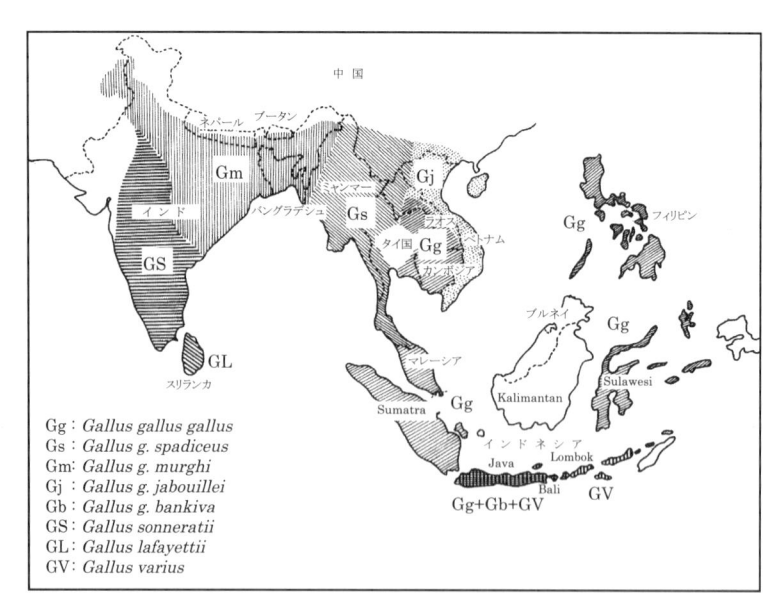

図 II-9-1 4種ヤケイの生息域.（NISHIDA et al., 1992）

Gg: *Gallus gallus gallus*
Gs: *Gallus g. spadiceus*
Gm: *Gallus g. murghi*
Gj: *Gallus g. jabouillei*
Gb: *Gallus g. bankiva*
GS: *Gallus sonneratii*
GL: *Gallus lafayettii*
GV: *Gallus varius*

　4種ヤケイそれぞれの特徴については在来家畜調査団報告第2号の総説（西田，1967）に詳細に記述されており，それらを引用しまとめる．また，ニワトリの形態形質に関する用語は『家禽解剖学用語』（日本獣医解剖学会編，日本中央競馬会刊，1998）および『日本鶏審査標準』（平成9年版，全国日本鶏保存会刊，1977）に従っている．ニワトリの形態形質そのものの解説は，『家畜比較解剖図説』（上下巻，養賢堂刊，加藤嘉太郎著，1990）および『家鶏・野鶏解剖学図説』（東京大学出版会刊，保田幹男著，2002）に詳しく述べられている．

セキショクヤケイ（*Gallus gallus*）（図II-9-2-1，カラー）

雄：頭部および上背は栗色から赤褐色を示し，頸部の中央の羽毛は岬羽のように長くなり，その色はオレンジ黄土色から黄土黄色を呈しさらに羽縁で輝きを増し，中央部でぼやけて黄褐色から黒色になる．したがってこの部分に縞ができる．後岬羽は最も長く120 mmに達し，色も濃くなる．背羽はオレンジ黄土色から黄土赤褐色になる．側方から見ると，頸は喉部まで栗色赤褐色になっている．套羽は緑黒色，羽縁には急に栗赤褐色の帯が現れ，この縞は覆翼羽と肩羽の部分で幅が広くなり，上背羽では狭くなる．背羽はチョコレート色で，後方の背羽の羽縁はオレンジ色からオレンジ赤褐色になって伸び，鞍部では岬羽のように長くなり，羽の尖端はオレンジ色で中央の三角の部分は濃褐色から緑黒色を示す．主尾羽は黒褐色，外羽面はその大部分が緑の螢虹を失っている．体下部は一般に黒褐色で，頸と胸の腹面では黒色に近く，腹部は濃い茶色，胸部以外は螢虹が見られない．冠は肉色で薄いけれども大きく，前頭と頭頂部から直立し，V字形の深い切れ込みがある．一対の肉髯が下顎の下に存在し，くすんだ濃赤色あるいは鮮やかな深紅色を呈する．耳朶は白あるいは青みがかった白色のものと，冠および肉髯と同じ赤色のものが認められる．嘴は暗褐色であり，典型的な雄羽装を示す個体においては嘴の基部に向かって赤くなる．下顎の先端は淡い色になる．脚と趾は鉛色またはスレート色で，時にはむしろ褐色になり紫あるいは緑色を帯び，灰色の個体も観察される．

雌：前頭羽はクルミ色である．頂羽もクルミ色が基調であるが，羽軸に沿って黒色の線条があるために褐色が強くなっている．頭頂および頸部の側方は栗色で，後頭羽，頸羽および上套羽はクルミ色から黄土赤褐色またはオレンジ黄土色から黄土色になり中心部は黒色を示す．後套羽は肉桂赤褐色の不完全な線で切れた羽軸に沿った幅広い黒色線条が認められる．羽縁はバフ黄色である．体上部のほかの部分は，朽葉色の地の上に苔の生えたように黒褐色の斑点が存在するいわゆる梨地斑であるため，一般に濃褐色を呈する．上背羽および上覆尾羽では褐色の程度が強くなる．背羽の縁はバフ色であるが，覆翼羽はバフ色の羽縁が見られず黒斑も少ない．尾羽は暗褐色，その内側には小豆色斑が観察される．体下部は一般に上部より色が淡い．頸と喉部の羽は灰色でその尖端は黄赤色を示す．尾羽の下および尾の腹面は濃褐色とセピア色の中間色である．冠は痕跡程度で高さ4 mmを超えることはなく，表面は乾燥している．肉髯はかろうじて認められる程度の大きさである．嘴は雄よりも色が淡く，角質部と肉質部との色の差は見られない．

ハイイロヤケイ (*Gallus sonneratii*) (図II-9-2-2, カラー)

Bombay (Mumbai) から Madras (Chennai) にいたる南西インド全域に分布する．

雄：岬羽および套羽の羽縁は灰色，中央部は黒色で黄色または白色の封蠟様の点が認められる．大，中覆翼羽はともに黒色，小覆翼羽ならびに体下部の羽は褐色または黒色で多少とも灰色の縁と中央条をもっている．軀幹羽および覆尾羽は紫色，尾羽は光沢のある緑色である．冠，肉髯，耳朶および顔面の皮膚は赤色，脚と趾は楊柳色である．

雌：上套羽は赤褐色で幅の広いバフ白色に沿った縦条がある．体上部の羽は褐色で黒斑をもち，その明るい色の羽軸に沿った縦条は後部の羽ではなくなっている．体下部では白色がまさり，黒色の縁どりと分散した黒斑がある．

セイロンヤケイ (*Gallus lafayettii*) (図II-9-2-3, カラー)

インドの南東に位置するスリランカ島にのみ生息している．

雄：岬羽，套羽および最大の覆翼羽は淡い麦棹色から濃い黄金色で，羽軸に沿って黒またはクルミ色の縦縞が見られる．背羽と軀幹羽はオレンジ赤色で，外から見える部分が光沢のあるスミレ色である．次列風切は紫色，覆尾羽および尾羽は緑青色，覆尾羽の大部分は部分的に青またはクルミ色，頸の下部にはスミレ色の斑点がある．体下部は光沢のあるオレンジ赤色，腹部は明瞭なクルミ色の条をもち，下腹部と脇腹は黒くなっている．冠は赤色で中央に黄色斑がある．顔面，喉部の皮膚および肉髯は赤色，虹彩は黄色，脚と趾はピンクまたは黄色である．

雌：頂羽は褐色，頸羽は赤褐色，套羽は黒色，覆翼羽は黒の梨地斑をもった褐色または灰色，次列風切は黒の不規則な横斑をもつバフ色とクルミ色，尾羽はクルミ色で黒色斑がある．上胸羽は羽軸にそって白条をもち，黒色と褐色のまだら，羽軸の白条は下胸部ではより明瞭になり，この部分ではさらに黒の縁どりと横条が認められる．虹彩は黄色，脚と趾は褐色を帯びた黄色である．

アオエリヤケイ (*Gallus varius*) (図II-9-2-4, カラー)

インドネシアのJava島からAlor島までの小スンダ列島に分布している．このうちJava，Bali，Lombok島では，セキショクヤケイと分布域が重なっている (図II-9-1)．

雄：頂羽，頸羽および上套羽は長方形の尖った形で黒色を示し，その羽縁は緑青銅色を呈している．下套羽は光沢のある緑で羽縁は黒色である．下背羽および軀幹羽は細長く黒色で淡黄色の羽縁をもっている．小，中覆翼羽は黒色で羽縁はオレンジ赤色，尾羽は光沢のある緑色で，風切と体下部の羽は黒色である．冠は円くて緑色と紫赤色，肉髯は下顎の中央に1つあって光沢のある赤，黄および青色である．

雌：頭羽，頸羽および套羽は赤褐色で不明瞭な同心円状の黒い帯が認められる．他の体上部の羽は黒色で，光沢のある緑の不規則な横斑をもち，羽縁はバフ色である．次列風切の横斑はバフ白色を示す．喉部は白色，体下部は淡いバフ色で暗い羽縁と不明瞭な斑点をもっている．

(2) ヤケイの家畜化

ヤケイ属4種の1つ，セキショクヤケイはニワトリの唯一の祖先といわれてきた（DARWIN, 1868；BEEBE, 1931；DELACOUR, 1977）．ヒトは東南アジアを中心とする広大なヤケイ生息地で，出土遺骨が示すニワトリの出現期（B.C. 2,000年，Indus渓谷）前に東南アジアでヤケイを家畜化し，その飼養文化は周辺地域（中国，日本，インド，ヨーロッパ）へ伝播したと考えられている（WEST and ZHOU, 1988）．一方，インド北西部のKashmirからマレー半島南端Johorに至る広大な東南アジア大陸部および島嶼部では，その熱帯降雨林とその周辺域にセキショクヤケイが棲み，在来鶏との間に密接な遺伝的交流関係を維持しているので，家畜化の途中にあると考えられている．在来家畜研究会の研究者は，この現在進行中のヤケイの家畜化の実態解明に取り組んできた．その成果の概要を述べる．

広大な分布域をもつセキショクヤケイは，以下の地理的5亜種に分化しており，それぞれの生息域はヒトの生活圏と重なっている．それ故，人との接点も多く，地域によっては狩猟や捕獲の対象になっている．（**図II-9-3～図II-9-5**，カラー）

  G. g. gallus（コーチシナ）
  G. g. spadiceus（ミャンマー）
  G. g. jabouillei（トンキン）
  G. g. murghi（インド）
  G. g. bankiva（ジャワ）　（　）は主な生息地

上記5亜種の同定には，DELACOUR（1977）の形質の組み合わせ表を参照できるが，容易ではない．なお，**図II-9-1**ではベトナム全域が*G. g. jabouillei*の分布域として示されているが，*G. g. gallus*の分布域であるカンボジアと国境を接する南部地域にはヤケイ集団を隔離する要因はなく，この地域は*G. g. gallus*の分布域と考えられる．事実，西田ら（1976）には「……タイ国の東南部からラオス，カンボジア，ベトナムに分布する*G. g. gallus*のような白いdiscが耳朶の全表面を覆っている……」との記述が見られるし，芝田（1969）は，PETERS（1934）からの引用として，コーチンチャイナは*G. g. gallus*の分布域，北ベトナムおよび南ベトナム北部（いずれも当時）は*G. g. jabouillei* DELACOUR and KINNEARの分布域としている．また，ハノイ動物園で飼育されていたセキショクヤケイはすべて完全な白耳朶個体（*G. g. gallus*）で，同動物園関係者からの聞き取りによれば，これはベトナム南部で捕獲されたものに由来する繁殖コロニーとのこと

であった（並河私信，1996）．

インドネシアではJava島中部からLombok島までのスンダ列島には，セキショクヤケイとアオエリヤケイの2種が重複して分布する（図II-9-1）．

両ヤケイの分布域では，アオエリヤケイは村落あるいは耕地により近いブッシュに棲み，セキショクヤケイは離れた二次林に棲む．すなわち両種間には明瞭な棲み分けがあり，自然状態では種間交雑はなく，アオエリヤケイはニワトリとは交雑しない．セキショクヤケイはアオエリヤケイの生活圏を突破してニワトリと交配する（NISHIDA, 1980）．

i) 家畜化の要因

家畜化が成立するためには，ヤケイとヒトの側にいろいろな要因がある．ヤケイの側には次の8要因があげられる．

①地上生活性，②二次林嗜好性，③華やかな外形質，④雑食性，⑤報晨性（時を告げる），⑥一夫多妻性，⑦早熟，⑧潜在的な高産卵能力．①〜③によってヒトの注意をひき，④によってヒトと共生し，⑤〜⑧の特性によって家畜化が定着したと考えられる．ヒトはヤケイの優美な姿，一夫多妻のテリトリー維持のための烈しい闘争性を利用して，鑑賞鶏（愛玩鶏）と闘鶏を作り出した．この要因は娯楽性を重視したものである．さらに実用性として，ふ化後数ヶ月で親の体重にまで成長する早熟性（高産肉能），連産性の巧みな刺激（卵の横どり，人工照明）による高産卵能の開発は，家畜としてのニワトリの価値を向上させた．ヒトの側の要因として，①ヤケイの受容性，②農業形態，③食物忌避の少なさがあげられる．

家畜化はヤケイとヒトの生活圏が重複するだけで成立するものではない．ヒトの生業形態とそれにもとづくヤケイの対応が，ヤケイの受け入れに大きな影響を与える．

農業形態による影響もまた著しい．ニワトリは定着農耕型の家畜といわれるが，それに先行した焼畑農耕でもすでに家畜化されている．現在の東南アジア諸国では，この焼畑はほとんど見られなくなったが，かつて輪栽様式焼畑農耕が営まれ，定着型農耕のそれに近いヤケイとニワトリとの交流の場が広く提供されてきた．またニワトリは宗教的理由などによる食物忌避の最も少ない家畜であることも，その卵肉両用の家畜化を促進してきたのであろう．

以上のように，ヒトの側の要因がヤケイの家畜化に大きな影響を与え，また将来の利用を規制することとなる．すなわち，実用家畜として卵肉の生産性に力点を置いた改良がおこなわれてきたため，現在のニワトリにヤケイの遺伝子が流入すると，ニワトリは小型化し，産卵能力も低下するなど負の効果の方が大きくなる．正の効果として期待できるものは，現状では鑑賞と闘鶏という利用に限られる．

ii) ヤケイとニワトリとの間の遺伝的交流

ヤケイ（以下この項ではセキショクヤケイを単にヤケイと記す）の生息地とヒトの生活圏が重なる地域では，ヤケイの雄がニワトリ集団と接触し，ニワトリの雌に交配するか，あるいはニワトリの雄が二次林に入り，ヤケイの雌に交配する例が見られる．聴きとり調査では前者の例が圧倒的に多い．その理由として，ヤケイの群の構成は1〜3羽の雄と数羽〜10数羽の雌からなり，

1羽の雄が雌のグループを統率する例が多く，そのために「はずれ雄」が生じ，これが別の集団をつくり，ニワトリ集団へ侵入するためと考えられる．どちらの交配形式がとられるにしても，このような地域では，自然状態のもとでヤケイ遺伝子がニワトリ集団内へ常に流入している．その時期はヤケイの家畜化初期から今日まで続いていると考えられる．以下，調査例について紹介する．

①タイ国では信徒から寺院へ美しい羽装のニワトリがよく寄贈され放飼されている．広い寺院とヤケイの住む森林との間に境界はなく，しばしばヤケイの雄が寺域へ侵入しニワトリと交配する．したがって，放飼鶏にはヤケイとほとんど同じ形質を発現しているものが多い．この羽装を支配する遺伝子（i, e^+, s, b, id, p）は在来鶏にも存在するので，これら遺伝子の比較ではヤケイ側からニワトリ側への遺伝子流入を個体レベルで証明することは難しい（本章(3)節i)項形態形質を参照）．しかし，タイ国の北東部と南東部には白耳朶系ヤケイ（$G. g. gallus$）が分布し（図II-9-3, カラー），またタイ国に導入された改良種の白色レグホーンからの遺伝子侵入率は非常に低い（0.081）．したがってタイ国南東部では，この白耳朶形質を標識にして，この遺伝子の流入を調査することができる．タイ国南東部の中心都市 Chantaburi から，カンボジア国境に近い Trad までの，村ごとのヤケイ型遺伝子の標準化された頻度の平均値を縦軸に，白耳朶の頻度を横軸にとってその相関を見ると，ほとんど直線的な高い正の相関（$r=0.9246$）を示した（I-3章，図I-3-2 (b) 参照）．このようにしてヤケイからニワトリへの遺伝子の流入が証明された．

② ①とは逆に，ニワトリからヤケイへの遺伝子の流れは，おそらく量的には小さいと考えられるが，その存在の検討はヤケイ集団の変異に直結する重要な問題である．しかしながら当初は血液生化学的研究体制が整えられていなかったので，まず剥製標本の形態学的検討から始められた．マレーシアで1974年に採集された28羽のヤケイのうち8羽は，冠形，鉤爪，羽装，脚色，表皮の厚さなどからニワトリとの交雑種であると推定された（西田ら，1976）．

表II-9-1は東南アジア4カ国のヤケイの9計測値を比較したものである．ネパールの $G. g. murghi$ はインドネシアやフィリピンと比較すると大きく，タイ国の $G. g. gallus$ に体重値は接近する．しかし，総後肢骨長（「長骨の長さ」の合計）を見ると，ネパールのヤケイはタイ国のも

表II-9-1 各国におけるセキショクヤケイ（雄）の計測値の比較．

国	ネパール	インドネシア		フィリピン	タイ国
分類	Gallus gallus murghi	Gallus gallus bankiva	Gallus gallus gallus	Gallus gallus gallus	Gallus gallus gallus
個体数	5	7	6	12	13
体重*	930.0 ± 102.9	718.8 ± 55.4	863.3 ± 130.5	853.8 ± 135.2	938.2 ± 400.8
長骨の長さ　大腿骨	79.6 ± 3.9	73.5 ± 2.4	83.2 ± 8.2	70.9 ± 10.7	72.6 ± 0.1
脛骨	115.1 ± 4.8	108.8 ± 8.2	120.0 ± 10.5	113.5 ± 28.5	107.8 ± 13.5
中足骨：a	83.4 ± 3.8	76.5 ± 3.5	82.0 ± 6.6	77.9 ± 9.1	80.3 ± 11.1
計	278.0 ± 9.5	258.8 ± 11.2	258.7 ± 23.5	262.3 ± 40.0	259.1 ± 27.0
中足骨の周囲長：b	25.3 ± 2.3	24.0 ± 1.6	33.4 ± 3.2	27.5 ± 2.4	28.3 ± 7.5
a/b	3.14 ± 0.22	3.20 ± 0.22	2.48 ± 0.29	2.83 ± 0.35	2.90 ± 0.43
第3趾の長さ	59.2 ± 1.4	56.9 ± 2.1	61.2 ± 3.1	62.9 ± 9.0	58.7 ± 8.9
翼長	214.8 ± 12.0	190.0 ± 4.0	218.5 ± 10.0	217.0 ± 30.0	211.1 ± 50.7
下顎長	57.1 ± 2.5	55.2 ± 1.4	57.7 ± 5.0	55.2 ± 7.5	53.8 ± 11.9

*平均値（g）±標準偏差，他の計測値は平均値（mm）±標準偏差．

図 II-9-2 4種ヤケイの雄.
1. セキショクヤケイ（*Gallus gallus*） 2. ハイイロヤケイ（*Gallus sonneratii*） 3. セイロンヤケイ（*Gallus lafayettii*）
4. アオエリヤケイ（*Gallus varius*）

図 II-9-3 タイ国南東部で採集された白耳朶のセキショクヤケイ（*G. g. gallus*）の雌（左）と雄（右）.

図 II-9-4　セキショクヤケイの亜種.
1. *G. g. gallus* の雄と雌　2. *G. g. spadiceus*　3. *G. g. jabouillei*　4. *Gallus g. murghi*（バングラデシュ産, 撮影山本義雄）
5. *G. g. bankiva*

図 II-9-5　セキショクヤケイの生息地.
左から, セキショクヤケイの生活圏である森と農耕地, 森にセットされたトラップ, ヤケイ捕獲に用いられる囮（おとり）用の地鶏（ベトナム）.

のより小型であるフィリピンの G. g. gallus に類似する．体重と総後肢骨長から見ると，インドネシアのヤケイはタイ国のものより，スマートな体型をもつと推定され，体型的にもヤケイのなかに明瞭な変異のあることが明らかにされた．

③南太平洋諸島のヤケイの調査

地球の全表面積の約1/4を占める広大な海域に分散する南太平洋諸島は，メラネシア，ミクロネシアおよびポリネシアに区分され，その住民の祖先は，アジアから移動してきた原マレー人といわれている．BALL (1933) はアメリカ合衆国の主要な博物館に保存されている，これら諸島産のヤケイ標本と東南アジア産の標本について形態学的比較をおこなった．その結果，これら両標本は非常によく似た共通の形態形質を発現しており，約3,000年前にアジアからポリネシア諸島へ移動した原マレー人がカヌーに乗せてもち込んだヤケイに，あるいは馴化されたヤケイに由来することを考証した．この研究はポリネシア人の原マレー人由来を傍証するものとして高く評価されている．

筆者もまた，フィジー（3島）と西サモア（2島）でおこなわれた現地調査に参加し，BALLの追試をおこなう機会を得た．両国の在来鶏とヤケイについて外皮形質の記録，生体計測および血液試料分析等をおこなった．その血液試料をDNAフィンガープリント法によって解析した結果を図II-9-6と図II-9-7に示した．

これによると，フィジーと西サモアの在来鶏5集団は，それぞれ独立の遺伝子構成をもち，フィジー5島のヤケイ，在来鶏およびそれらの交雑種では，Makongai島のヤケイと，Taveuni島およびKoro島のヤケイがそれぞれ異なるクラスター（分類群）をつくり，フィジーと鹿児島大学のヤケイは遺伝的に類縁関係にあることが明らかにされた．これら諸島にもち込まれたヤケイそのものがなお残存しているのか，あるいは再野生化したものかどうかはまだ分からないが，DNAフィンガープリン

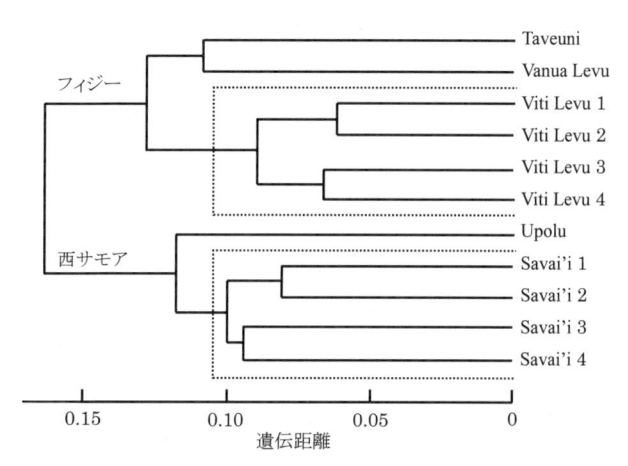

図II-9-6 フィジー（3島）と西サモア（2島）の在来鶏のDNAフィンガープリント法による個体間遺伝距離．
(YAMASHITA et al., 1994)

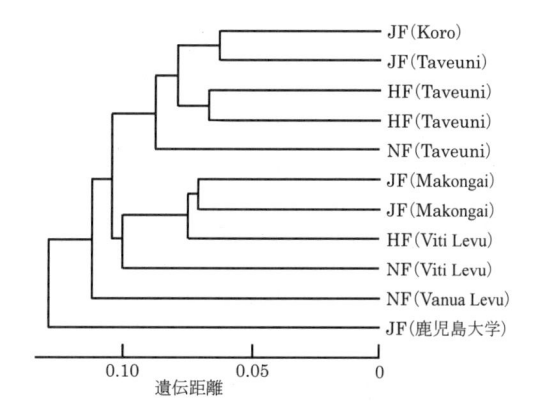

図II-9-7 フィジー（5島）のセキショクヤケイ，在来鶏，その交雑種個体のDNAフィンガープリント法による遺伝距離．
JF. セキショクヤケイ　NF. 在来鶏　HF. それらの交雑種．
(YAMASHITA et al., 1994)

ト法によって，在来鶏と同じようにヤケイにも，島嶼間に明瞭な遺伝的差異のあることが明らかにされた．またフィジー5島のうち，Taveuni島とKoro島とは舟行2時間の近い距離にあり，他の3島からは遠く隔てられている．

これら5島の調査結果は，地理的隔離機構によって，それぞれの集団が在来鶏あるいはヤケイの区別なく，遺伝子構成の異なる特徴的集団に分化したことを示している．しかも各島それぞれヤケイと在来鶏との間に遺伝的類縁関係が存在することをも明らかにした．南太平洋諸島のヤケイとニワトリは，単に人類学的興味にとどまらず，ヤケイとニワトリ間の遺伝的交流の実態解明についても，重要な情報をもたらすものと考えられる．以上のようにヤケイとニワトリとの間には，生殖細胞を介した遺伝的交流という太いパイプが存在することが明らかにされている．

(3) *Gallus* 属の系統遺伝学的研究

i) 形態形質

鳥類の種と亜種の同定は，生体の外皮に発現されている種特有の形態形質．ニワトリとヤケイでは，羽装（体各部の羽の形態と色彩），耳朶色，冠形，脚色等の観察によっておこなわれる．これらの形態形質の遺伝様式はすでに決定されており，それらの発現数の記録をもとにして，それぞれの遺伝子頻度を雌雄別に記録し，調査地域の在来鶏あるいはヤケイ集団の外皮形態形質による交雑の実態を推定できる．以下に外皮形態形質の標識遺伝子について説明する（西田・野澤，1969）．

A. 標識遺伝子

調査に用いられた標識遺伝子を，Hutt（1949）およびKimball（1952a, b）を参照して，簡潔に解析すると次のようになる．（第I部，表I-4-6も参照）

1. 羽装色の白色（II または Ii）と有色（ii），常染色体性遺伝子．
2. 有色の場合，黒色（EE, Ee^+ または Ee），ヤケイ型（e^+e^+ または e^+e）およびコロンビアン型（ee），常染色体性3対立遺伝子．
3. 有色の場合，銀色（雄では SS または Ss，雌では S）と金色（雄では ss，雌では s），性染色体性遺伝子．
4. 有色の場合，横斑（bar）を有するもの（雄では BB または Bb，雌では B）と有しないもの（雄では bb，雌では b），性染色体性遺伝子．
5. 脚色は2対の遺伝子（$Id\sim id$ と $W\sim w$）の相互作用によって決定される．$Id\sim id$ 座位は性染色体上にあり，$W\sim w$ 座位は常染色体上にある．$Id\ W$ は白色，$Id\ w$ は黄色，$id\ W$ は黒，$id\ w$ は柳色となる．
6. 冠の形．2対の常染色体性遺伝子が関与し，単冠は $rrpp$，豆冠は $rrPP$ または $rrPp$，バラ冠は $RRpp$ または $Rrpp$ で発現する．R と P の両優性遺伝子を併せもつ個体はクルミ冠になる．
7. 耳朶の色の赤と白．複数の同義遺伝子の支配を受けると考えられる．

B. アジアに導入された代表的な改良種の外皮形態形質を支配する遺伝子構成（雄の場合）は以下のように表現される．

単冠白色レグホン	*II EE SS BB IdId pp*
横斑プリマスロック	*ii EE SS BB BB IdId pp*
ロードアイランドレッドとニューハンプシャー	*ii ee ss bb IdId pp*

　以上の形態形質を指標としたタイ国のヤケイと在来鶏の形態学的研究（西田ら，1974）の結果を引用し，説明する．なお同国におけるヤケイの家畜化に関する研究は，現在なお続けられている．第1次調査は1971および1972年の両年度にわたっておこなわれ，経歴の明らかな交雑種とセキショクヤケイを購入し，以下の形態学的調査をおこなった．

　1）体各部の計測と体重の測定，2）仮剥製標本の製作，標本についての羽装と脚鱗の微細構造の検討，3）全臓器の保存と解剖学的比較観察，4）白耳朶についての組織学的研究がおこなわれた．

タイ国在来鶏の形態学的特性

　表II-9-2に示すように，闘鶏（game）型体型を示す在来鶏が東南アジア諸国の在来鶏に比して著しく多く，耳朶色については，白耳朶を発現するものが少ない．これらの数値は，タイ国の全71行政区（province）のうち，45行政区の調査によって得られた数値で，タイ国在来鶏の特徴的な外形質を示すものと考えられる．タイ国のVAJOK-KASIKIJ（1960）は，タイ国在来鶏を，1）Kai-ooと呼ばれるアジール系の肉用と闘鶏用種，2）Kai-jayと呼ばれる肉用とヤケイ捕獲用囮（おとり）の小型鶏，および3）Kai-ta-paoという卵肉兼用の広東種の3型に区分している．この区分から見ても，闘鶏用種がタイ国の特徴的在来種であることは明らかである．小穴（1951）は世界の鶏種を，体型と系統によって，コーチン型，マレー型，地鶏型の3型にスマトラ種を加えた4型に区分することを提唱している．このうちのマレー型とスマトラ種はともに闘鶏用鶏種で，マレー型については，東南アジアに広く分布する闘鶏で，その容姿はわが国のシャモに極めてよく似ている．このマレー型がシャム（タイ国）を通じてわが国に渡来し，当初はシャム（シャモ）と名付けられたと述べている．タイ国の在来鶏に闘鶏型体型を示すものが多いという，われわれの調査結果は，これら両氏の所見と一致している．

タイ国におけるセキショクヤケイの分布とその形態学的特性

　タイ国の第1，第2次調査ではヤケイ18羽を採集し，剥製標本16を作製した．このうち東南部のChonburi，ChantaburiおよびTratで採集された7例は，すべて白耳朶で，西部のKanchanaburi, Ranong, Prachuap, Pang Ngaおよび北部のLampangで採集された11例は赤耳朶であった．これらのヤケイはLEKAGUL（1968）に従い，赤耳朶の個体を *G. g. spadiceus*，白耳朶のそれを *G. g. gallus* の2亜種と同定した．この耳朶色の同定は亜種を決定する重要な条件となるので，白耳朶形質発現の形態学的機構を確認しておくために，白耳朶形質をもつ白色レグホンと黒色ミノルカ種成体の耳朶の組織標本を製作し観察した．その結果，白耳朶形質は，1）表皮下層の洞様毛細血管の欠如，2）緻密結合組織層の肥厚，および3）真皮深層における白色素プリン（purine）の沈着（LOUVIER, 1937）によって発

表II-9-2　タイ国在来鶏の耳朶色と体型．

形質		個体数（%）	
		1次調査（1971）	2次調査（1972）
耳朶色	赤	3,351 (99.5)	3,031 (96.9)
	白	16 (0.5)	97 (3.1)
体型	闘鶏型	2,174 (47.7)	1,543 (44.5)
	非闘鶏型	2,388 (52.4)	1,921 (55.5)

表II-9-3 タイ国で収集されたセキショクヤケイ，在来鶏の計測値の比較．

種類	セキショクヤケイ		交雑種		在来鶏
性	雄	雌	雄	雌	雌
個体数	11	1〜5	19	8	10
体重*	938.2 ± 120.8	624.0 ± 116.0	1130.0 ± 92.8	800.0 ± 74.7	1250.0 ± 318.6
長骨の長さ 大腿骨	72.6 ± 0.0	62.1 ± 1.9	77.4 ± 9.2	67.8 ± 4.1	85.2 ± 9.8
脛骨	107.8 ± 4.1	93.4 ± 5.2	115.2 ± 9.2	106.3 ± 13.9	107.4 ± 10.3
中足骨：a	80.3 ± 3.3	65.5 ± 6.3	86.1 ± 3.9	69.3 ± 3.9	85.7 ± 5.1
計	259.0 ± 8.1	221.0 ± 12.5	278.7 ± 9.2	243.3 ± 22.3	278.3 ± 22.8
中足骨の周囲長：b	28.3 ± 2.3	23.0	34.1 ± 2.0	27.1 ± 1.8	33.5 ± 3.5
a/b	2.9 ± 0.1	2.7	2.5 ± 0.2	2.6 ± 0.2	2.6 ± 0.2
第3趾の長さ	58.7 ± 2.7	49.4 ± 5.2	58.3 ± 2.2	51.6 ± 3.9	63.0 ± 6.2
翼長	211.1 ± 15.3	165.2 ± 16.9	211.2 ± 4.4	183.6 ± 12.7	190.8 ± 10.8
下顎長	53.8 ± 3.6	47.6 ± 2.5	55.2 ± 1.8	51.0 ± 2.1	59.8 ± 4.5
冠高	28.0 ± 6.9	5.9 ± 4.2	38.9 ± 3.5	12.7 ± 4.0	13.5 ± 6.5

*平均値（g）±標準偏差，他の計測値は平均値（mm）±標準偏差．

現されるものであることが確認された．この形質は少なくとも形態学的観察から見ると，単一遺伝子によって発現される形質とは考えにくい．

ヤケイと在来鶏との交雑種の比較

両調査において，計27例の交雑種を採集し，以下の項目について形態形質を比較した．

A. 耳朶色

タイ国東南部のヤケイは純白色の耳朶をもつ *G. g. gallus* であり，交雑種も同様に白耳朶形質を発現しているが，在来鶏との交雑度によって白耳朶形質の発現が抑制され，白色度の変異が著しい．

B. 皮膚と羽装

ヤケイの皮膚は既に述べたように，半透明の薄いものであるが，交雑種では一様に肥厚する．ヤケイは特徴的な赤笹型羽装を発現し，雄の胸羽と覆翼羽最下列が完全な黒色で，副翼羽の前羽弁は褐色である．交雑によって，これらの部分に褐色あるいは黒色の羽毛が現れる．脚鱗はヤケイでは滑らかな表面構造をもつが，交雑種では滑らかさを失い，粗面になる．距（けずめ）はヤケイではその尖端が上方へ弧を描くが，交雑種ではこの傾向は見られない．

C. 体各部の測定

ヤケイ，交雑種および在来鶏の体各部を計測し，比較した（表II-9-3）．その結果，翼長と後肢の各長骨長，特に足根中足骨の長さと周囲長が有効な計測部位であることが明らかになっている．

以上，皮膚のみならず体各部の測定値まで多種多様な形態形質の比較検討をおこない，これらの形質の分析が，ヤケイの種と亜種の同定のみならず，ヤケイと在来鶏の相互関係を明らかにするための指標となりうることを示している．

ii) 血液型

ニワトリの血液型

ニワトリの血液型の分類は，古くは LANDSTEINER and MILLER（1924）の報告に始まるが，遺伝学的に体系づけられた研究は1950年代になってからおこなわれた（BRILES et al., 1950）．日本でも，岡田を中心に独自に抗血清の開発と赤血球抗原の遺伝学的解析が進められた（OKADA and MATSUMOTO, 1962）．ニワトリの血液型は，1990年代までに12以上のシステムに分類され，そのうちの，Bシステムは主要組織適合性抗原で，種々の免疫応答や抗病性に関与していることが明らかになっている．Bシステムは集団の近交係数が上昇しても，ヘテロ個体の頻度は期待値よりも高く，ヘテロ個体の環境への適応度が高いことが知られている．

ニワトリの血液型は，免疫抗血清を用いて赤血球凝集反応により判定をおこなっている．したがって，免疫抗血清の性質上，集団間に変異があってもその頻度が低い場合は抗血清が作出できないことが多く，変異のある型に対する抗血清のみを使用することになる．このことはニワトリの血液型を集団の遺伝的解析に用いる場合，タンパク多型などを指標に用いた場合に比べて，一般に多型座位の割合（P_{poly}）や平均ヘテロ接合率（$\bar{H}$）を過大推定する一因となる．ここでは血液型のうち，Aシステムが3座位，Bシステムが7座位，DとEシステムが各2座位の合計14座位を用いて解析した結果を述べる．

血液型から見たヤケイの遺伝学的解析

ヤケイの血液型に関する研究は海外ではほとんどおこなわれておらず，岡田の研究が中心である．岡田ら（1984）は，セキショクヤケイ，ハイイロヤケイ，セイロンヤケイ，アオエリヤケイのヤケイ4種について，ニワトリとの類縁関係を血液型と血液タンパク型を用いて解析した結果，セキショクヤケイがニワトリに最も近く，次いでハイイロヤケイ，セイロンヤケイの順で，アオエリヤケイが最も遠い関係にあることを報告している．この結果は，橋口ら（1984）が異なる集団を血液タンパク型のみで解析した結果と一致している．しかし，岡田らの解析に用いたヤ

表II-9-4 血液型分析（14座位）に供したヤケイ4種の由来とそれらにおける遺伝的変異性：多型座位の割合（P_{poly}），平均ヘテロ接合率（$\bar{H}$）および集団間遺伝分化度（G_{ST}）．

種名・集団	略号	個体数	P_{poly}	$\bar{H}$	試料の由来
セキショクヤケイ−1	RJF-JP1	19	1.000	0.272	国立遺伝学研究所由来
−2	RJF-JP2	6	0.715	0.239	多摩動物公園
−3	RJF-JP3	8	0.500	0.173	茨城県畜産試験場
−4	RJF-JP4	24	0.375	0.148	名古屋大学
−5	RJF-INA	17	0.571	0.400	インドネシア
−6	RJF-LAO	12	0.715	0.264	ラオス
−7	RJF-MYA	17	0.571	0.208	ミャンマー
−8	RJF-BAN	4	0.571	0.259	バングラデシュ
−9	RJF-BHU	4	0.571	0.224	ブータン
−10	RJF-VIE	7	0.285	0.239	ベトナム
セキショクヤケイ間：$G_{ST}=0.261$					
ハイイロヤケイ	GRY-JF	10	0.214	0.098	多摩動物公園および鹿児島大学
アオエリヤケイ	GRE-JF	18	0.500	0.141	インドネシア
セイロンヤケイ	CEY-JF	11	0.785	0.253	スリランカおよび多摩動物公園
ヤケイ4種間：$G_{ST}=0.466$					

ケイの供試数は，最も多いセキショクヤケイでも28羽と少なく，原産地も限られているため，セキショクヤケイの原産地を考慮した解析が必要と考えられる．

ここでは岡田らの解析データにその後得られた血液型データを追加し，分析した結果を述べる．**表 II-9-4**に，解析に用いたヤケイ4種の由来を示した．

セキショクヤケイは国内で維持されていた原産地が不明な4集団と，アジア諸国の6集団，合計10集団，118羽を用いている．セキショクヤケイの集団内遺伝的変異性を**表 II-9-4**に併せて示した．多型座位の割合（P_{poly}）は全集団として見ると約0.614で，日本在来鶏やアジア在来鶏に比べて若干低い値を示し（後述，**表 II-9-5**参照），特に，ベトナム産のセキショクヤケイは低い値を示している．ベトナム産のセキショクヤケイはハノイ動物園で飼われていたもので，野生からの来歴が明らかなものであるが，少羽数で維持されていたことが，多型座位の割合が低い結果を示した一因と考えられる．今回用いたセキショクヤケイは，西田ら（1976）の分類によるとベトナム産（*G. g. gallus*），ラオス産（*G. g. spadiceus*），バングラデシュ産（*G. g. murghi*），インドネシア産（*G. g. bankiva*），ミャンマー産（*G. g. gallus*），ブータン産（*G. g. murghi*）などの4亜種を含んでいたが，$\bar{H}$ は0.148〜0.400の間で平均値は0.266である．この値は，橋口ら（1984）がフィリピン，タイ国，インドネシア産のセキショクヤケイについて血液タンパク型から推定した0.047〜0.121に比べると高いが，血液型を指標として推定した値としては高いとはいえないと思われる．また，$\bar{H}$ から推定したヤケイ副次集団間の遺伝的分化の大きさを示す G_{ST} の値は0.261で，集団間に亜種レベルでの遺伝的分化がおきているといえるかどうかも疑問である．この結果は，集団の個体数が小さいことおよび血液型を用いたことが影響しているかもしれない．ヤケイ4種間の遺伝的変異性を比較すると，ハイイロヤケイは他の3種に比べて，P_{poly} も $\bar{H}$ も低い傾向を示したが，その原因は不明である．ヤケイ4種間の G_{ST} の値は0.466であった（**表 II-9-4**）．飼育下にあるヤケイ集団の遺伝的変異性や遺伝分化を推定する場合，小集団における近親交配や正確な来歴に関する情報に留意する必要があろう．

図 II-9-8に，ヤケイ13集団間のNEIの遺伝距離行列からNJ法で描いた枝分かれ図を示した．この図から，日本で維持されていたセキショクヤケイ4集団のうち，多摩動物公園のセキショクヤケイはインドネシア産と，他の3集団はベトナム産，ラオス産およびミャンマー産の集団と近い関係を示している．ブータン産，インドネシア産およびバングラデシュ産はいずれも他の集団から離れて位置している．しかしながら，ブータン産もバングラデシュ産も個体

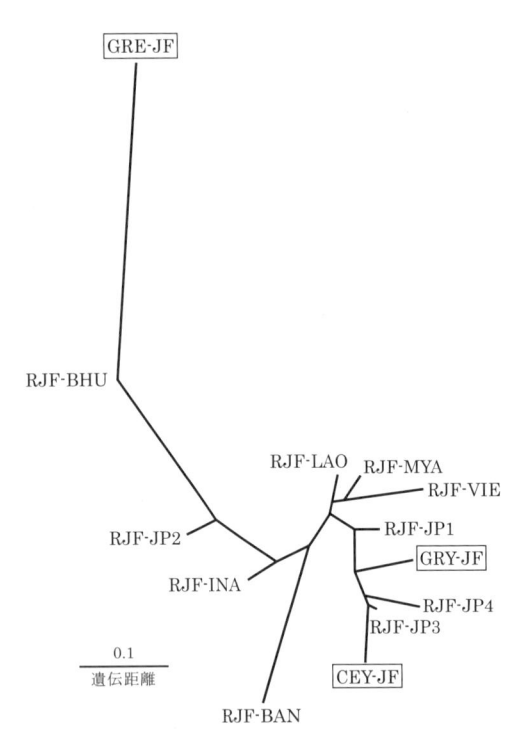

図 II-9-8 血液型から見たヤケイ4種の集団の遺伝的類縁関係．
NEI の遺伝距離行列からNJ法で描かれた枝分かれ図．RJF．セキショクヤケイ（10集団） GRY．ハイイロヤケイ CEY．セイロンヤケイ GRE．アオエリヤケイ．集団名略号は**表 II-9-4**を参照．

数が少ないため，この解析の正確度には問題が残ると考えられる．

ヤケイ4種について見ると，アオエリヤケイは他の3種のヤケイ集団とは離れた位置にあり，ハイイロヤケイはセキショクヤケイ集団と同じ群の中に入っている．NISHIBORI et al.（2005）はミトコンドリアDループの全領域の塩基配列を用いて，ヤケイ4種とニワトリの系統樹を作成したところ，アオエリヤケイは遠く離れ，ハイイロヤケイはセキショクヤケイやニワトリと同じ群に属したと報告しており，本報告の結果と類似している．

血液型から見たアジア在来鶏とヤケイの遺伝学的解析

解析に用いたアジア在来鶏は，9カ国の在来鶏とベトナム産烏骨鶏（白色羽，単冠）およびベトナムのDong Tao村に局在している地方品種のドンタオ（Dong Tao）を含めて11集団である（表II-9-5，上段）．アジア在来鶏の遺伝的変異性は表II-9-5に示すように，P_{poly}は0.666〜0.946の範囲であった．$\bar{H}$は0.178〜0.304の範囲で，韓国在来鶏が最も低い値を示している．韓

表II-9-5 血液型分析（14座位）に供したアジアと日本の在来鶏および改良種の集団内遺伝的変異性：多型座位の割合（P_{poly}）と平均ヘテロ接合率（$\bar{H}$）．

集団・品種（内種）	略号	集団数	個体数	P_{poly}±標準偏差	$\bar{H}$±標準偏差	備 考
インドネシア在来鶏	INA (a)	5	156	0.942 ± 0.032	0.279 ± 0.035	
バングラデシュ在来鶏	BAN (b)	3	149	0.904 ± 0.082	0.267 ± 0.006	
スリランカ在来鶏	SRI (c)	3	135	0.928 ± 0.071	0.282 ± 0.031	
ネパール在来鶏	NEP (d)	4	243	0.892 ± 0.071	0.211 ± 0.034	
ラオス在来鶏	LAO (e)	6	155	0.856 ± 0.119	0.265 ± 0.064	
ミャンマー在来鶏	MYA (f)	6	137	0.868 ± 0.152	0.267 ± 0.046	
韓国在来鶏	KOR (g)	3	51	0.666 ± 0.250	0.178 ± 0.030	
ベトナム在来鶏	VIE (h)	4	116	0.946 ± 0.036	0.304 ± 0.045	
烏骨鶏（ベトナム）	SLV (i)	3	58	0.904 ± 0.082	0.275 ± 0.069	
ドンタオ	DOT (j)	1	20	0.857	0.280	ベトナム地方品種
ブータン在来鶏	BHU (k)	9	150	0.854 ± 0.112	0.292 ± 0.056	
小国	SHO (1)	2	35	0.535 ± 0.050	0.143 ± 0.067	茨城県畜産試験場
尾長鶏（白藤）	ONA (2)	5	219	0.585 ± 0.092	0.192 ± 0.031	三春町，鏡村，南国市等
東天紅	TTK (3)	3	48	0.571 ± 0.071	0.196 ± 0.050	茨城県・高知県畜産試験場
比内鶏	HIN (4)	5	180	0.585 ± 0.105	0.174 ± 0.062	青森県・秋田県畜産試験場，大館市
声良	KOE (5)	4	102	0.678 ± 0.134	0.201 ± 0.039	五戸町，大館市，黒石市
蜀鶏	TOM (6)	5	135	0.642 ± 0.100	0.175 ± 0.020	黒松町，村松町，弥彦村
軍鶏	SHA (7)	4	64	0.642 ± 0.182	0.240 ± 0.065	大館市，弘前市，五泉市
小軍鶏	KSH (8)	3	55	0.761 ± 0.040	0.292 ± 0.028	青森県・新潟県畜産試験場
名古屋	NAG (9)	1	30	0.714	0.231	広島県畜産試験場
薩摩鶏	SAT (10)	2	82	0.785 ± 0.000	0.241 ± 0.045	鹿児島県・茨城県畜産試験場
佐渡髭地鶏	SHJ (11)	3	54	0.523 ± 0.250	0.176 ± 0.046	佐和田町，村松町
越後南京	ECN (12)	2	29	0.499 ± 0.101	0.144 ± 0.001	分水町，黒崎町
矮鶏（桂）	KAC (13)	2	62	0.642 ± 0.201	0.233 ± 0.033	広島県畜産試験場，岡山市
矮鶏（碁石）	GOC (14)	3	78	0.833 ± 0.109	0.236 ± 0.070	同上
矮鶏（翁）	OKC (15)	3	53	0.523 ± 0.229	0.179 ± 0.058	同上
矮鶏（猩々）	SHC (16)	2	45	0.678 ± 0.050	0.265 ± 0.024	同上
矮鶏（銀笹）	GIC (17)	2	44	0.749 ± 0.050	0.262 ± 0.029	同上
矮鶏（浅黄）	ASC (18)	3	43	0.571 ± 0.071	0.194 ± 0.059	同上
ウタイチャーン	UTC (19)	5	150	0.714 ± 0.000	0.218 ± 0.024	那覇市周辺
烏骨鶏	SLJ (20)	3	58	0.571 ± 0.071	0.207 ± 0.035	岡山市，青森県，茨城県
会津地鶏	AIJ (21)	2	48	0.821 ± 0.050	0.268 ± 0.057	福島県畜産試験場
対馬地鶏	TSJ (22)	1	40	0.357	0.125	長崎県畜産試験場
土佐地鶏	TOJ (23)	3	79	0.524 ± 0.249	0.164 ± 0.086	広島県・高知県畜産試験場
				集団間遺伝分化指数：G_{ST} = 0.455		
白色レグホーン	WL (24)	6	180	0.320 ± 0.125	0.125 ± 0.043	家畜改良センター，兵庫牧場
ロードアイランドレッド	RIR (25)	5	150	0.542 ± 0.081	0.161 ± 0.030	同上

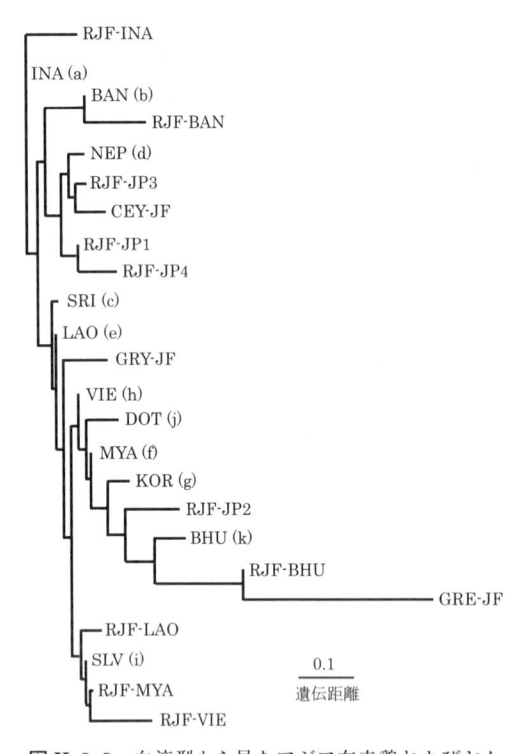

```
   ┌─ RJF-INA
   │  INA (a)
   │     ┌─ BAN (b)
   │     └─ RJF-BAN
   │  ┌─ NEP (d)
   │  ├─ RJF-JP3
   │  └─ CEY-JF
   │  ┌─ RJF-JP1
   │  └─ RJF-JP4
   │  SRI (c)
   │  LAO (e)
   │     GRY-JF
   │  VIE (h)
   │     DOT (j)
   │  MYA (f)
   │     KOR (g)
   │        RJF-JP2
   │        BHU (k)
   │           RJF-BHU
   │                    GRE-JF
   │  RJF-LAO
   │  SLV (i)
   │  RJF-MYA
   │  RJF-VIE
```

図 II-9-9 血液型から見たアジア在来鶏およびヤケイ 4 種, 計 24 集団の遺伝的類縁関係. NEI の遺伝距離行列から NJ 法で描かれた枝分かれ図. RJF. セキショクヤケイ GRY. ハイイロヤケイ CEY. セイロンヤケイ GRE. アオエリヤケイ. 集団名略号は**表 II-9-4**, **表 II-9-5**を参照.

国在来鶏は一時絶滅の危機にあったが，韓国畜産試験場が小羽数の基礎集団から羽色により 3 つのタイプに固定したもので，固定の段階で近親交配による変異性の減少に至ったと思われる.

アジア在来鶏 11 集団とヤケイ 13 集団の類縁関係を見るため，集団間の NEI の遺伝距離行列から NJ 法で求めた枝分かれ図を**図 II-9-9**に示す. アジア在来鶏とヤケイとの類縁関係では，バングラデシュ在来鶏とバングラデシュ産セキショクヤケイ，インドネシア在来鶏とインドネシア産セキショクヤケイ，およびブータン在来鶏とブータン産セキショクヤケイがそれぞれ同じ分岐群を形成している. しかし，その他の集団間には，必ずしも国による地理的環境とは一致しない結果を示している. なかでも，ブータン在来鶏は他の国の集団から大きく離れた位置にある. また，ベトナム在来鶏とベトナムの Dong Tao は同じ分岐群を形成したが，ベトナム産烏骨鶏はベトナム，ラオスおよびミャンマー産セキショクヤケイと同じ群に入っている.

血液型から見た日本在来鶏およびアジア在来鶏の遺伝学的解析

日本鶏の品種成立の歴史については，小穴（1951），斉藤（1977）などの報告によると，平安時代以前から日本に在来していた地鶏（土佐地鶏，伊勢地鶏，岐阜地鶏など）と平安時代に渡来した小国および江戸時代に渡来した軍鶏と矮鶏が基礎となって改良されたようである. しかしながら，明治時代以降になって成立した品種や絶滅の危機にあった品種の復元には，日本在来鶏のみならず外国種を含む多くの品種が交雑されている. したがって，今回の分析に用いた日本在来鶏は比較的純粋に維持されてきた集団を用いたが，遺伝的には雑多な品種の影響を受けているものと思われる.

解析に用いた日本在来鶏 23 品種（矮鶏の 6 内種を含む）と 2 改良種のリストは**表 II-9-5**に示した. 日本在来鶏の遺伝的変異性に関しては，P_{poly} は 0.357〜0.833 の範囲で，$\bar{H}$ は，0.125〜0.292 の範囲を示している（**表 II-9-5**）. これらの値は，アジア在来鶏に比べていずれも低い値を示している. 特に，対馬地鶏は，P_{poly} と $\bar{H}$ の両方で最も低い値を示した. この値は閉鎖集団で維持されている白色レグホーン集団の値に匹敵している. 橋口ら（1984）は，日本在来鶏 23 品種の血液タンパク型を用いて，遺伝的変異性を推定している. 大部分が同じ品種を用いているこの報告では，P_{poly} は 0〜0.25 の範囲で，$\bar{H}$ は 0〜0.09 の範囲で，極めて低い値を示している. 血液型を用いた場合は，血液タンパク型を用いた場合に比べて高い値を示すことはよく認められ

るが，この違いはヤケイで認められた違いよりも大きいものである．日本在来鶏23品種の間の遺伝的分化指数（G_{ST}）は0.455と大きく，ヤケイ4種間のそれに匹敵する値（0.466，**表II-9-4**）が認められる．

　日本在来鶏集団，アジア在来鶏集団およびヤケイ集団との類縁関係を見るため，48集団間のNEIの遺伝距離行列から近隣結合法（NJ法）で描いた枝分かれ図を**図II-9-10**に示してある．この図から明らかなように，日本在来鶏は大きく3つのグループに大別された．1番目のグループには，小国，蜀鶏，比内鶏，東天紅，佐渡髭地鶏，翁矮鶏などが含まれる．2番目のグループは，土佐地鶏，長尾鶏，名古屋が含まれる．3番目のグループは，日本産烏骨鶏，ウタイチャーン，桂矮鶏，碁石矮鶏，軍鶏，小軍鶏，声良，対馬地鶏，越後南京，薩摩鶏，浅黄矮鶏，銀笹矮鶏，猩々矮鶏，および白色レグホーン，ロードアイランドレッドなどの改良種を含むグループである．

　この結果は岡田ら（1984）の報告といくつかの点で異なっている．蜀鶏，比内鶏，声良，などの日本海沿岸部原産の集団が2つのグループに分かれていること，矮鶏の内種が比較的離れたグループに散在することなどがある．しかし，類似した結果としては，小国と長尾鶏が別のグループに分かれること，軍鶏と声良が同じグループに含まれていることなどである．しか

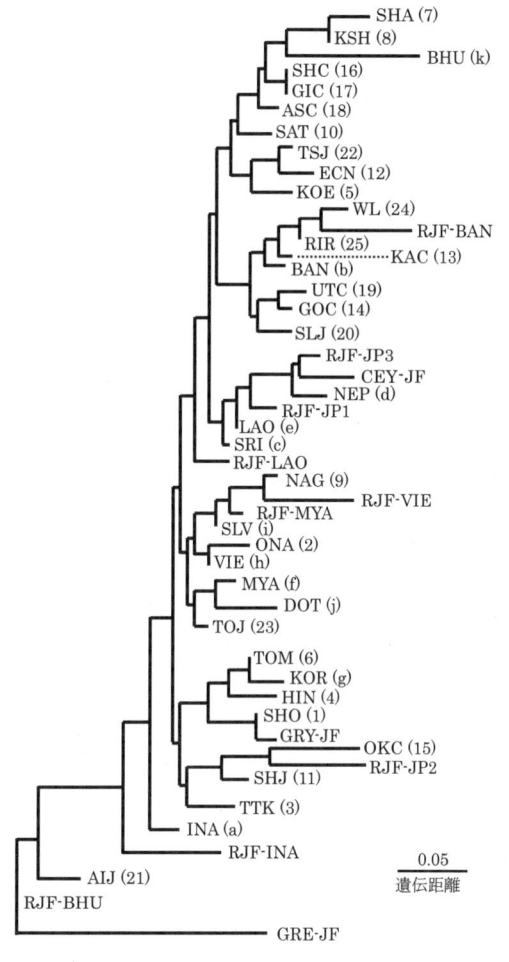

図II-9-10　血液型から見た日本在来鶏，アジア在来鶏およびヤケイの計48集団間における遺伝的類縁関係．
NEIの遺伝距離行列からNJ法で描かれた枝分かれ図．集団名略号は**表II-9-4**，**表II-9-5**を参照．

しながら，会津地鶏が他の集団とは遠く離れている原因は不明である．日本海沿岸部原産の集団については，この報告では，越後南京，佐渡髭地鶏などの集団を加えたことが影響しているものと思われる．また，岡田ら（1984）の報告では，血液型のほかに血液タンパク型のデータを加えていることが影響しているものと思われる．

　日本在来鶏とアジア在来鶏との類縁関係については，スリランカ，ラオス，ネパールなどの在来鶏と日本で繁殖されているセキショクヤケイおよびセイロンヤケイが同一群に群別された以外は，日本在来鶏の各群に混在している．また，ブータン在来鶏と軍鶏および小軍鶏とのクラスター，ベトナム在来鶏と長尾鶏とのクラスターなどは，品種成立の過程とは矛盾するものも認められている．血液型を用いた場合は，血液タンパク型を用いた場合とは異なる結果を示すことはよく認められるが，このような大きな違いは哺乳動物などではあまり例がないことである．

iii) 血液タンパク型

家畜集団を系統遺伝学的に解明する一助として,血液中に含まれるタンパクを分析する方法がある.これらのタンパクは,その一次構造の差異をデンプン,寒天およびポリアクリルアミドなどのゲルを支持体とする電気泳動法によって検出することができる.検出されるタンパクの多型は,それらを構成しているアミノ酸配列の違いを反映しており,さらにはアミノ酸を決定しているDNAの塩基配列の違いに起因するものである.電気泳動によって現れる移動度の違うバンドすなわち多型は,ほとんどにおいてそれぞれ異なる遺伝子の支配を受けているといえる.しかしながら多型として観察されるバンドはすべてが遺伝子に起因するというわけではなく,タンパクが2種類以上のポリペプチド鎖からなるときにできるハイブリッドバンド,タンパクへのシアル酸の付着なども含まれている.

これまでに報告されているニワトリのタンパク型については,ニワトリが研究対象として選びやすいこともあり,血液をはじめ肝臓,筋肉,さらには生産物である卵黄および卵白まで調べられている.タンパク多型についてはGRUNDER (1990)が総説としてまとめている(表II-9-6).ここではそれを参考に血液タンパク型をとりあげる.

在来家畜研究会によって調査隊が組織されヤケイおよび在来鶏が調査されはじめてから,電気泳動によるニワトリ血液タンパクの遺伝的変異を標識としたアプローチが解析手法に加えられたのは,1971年のタイ国調査からである.これまで供試された羽数を集計すると2,000羽以上になり,それらの分析結果からは多くの多型が報告されている.特に$Es\text{-}1^D$(橋口ら,1983;WATANABE, 1982)およびAlb^D(橋口ら,1981;岡田ら,1984)はヤケイのなかではアオエリヤケ

表II-9-6 電気泳動法により検索されるニワトリ血液タンパク型座位.

座位	対立遺伝子	文献
Prealbumin-2	$Pa\text{-}2^{A,B}$	TANABE and OGAWA (1980)
Prealbumin-1	$Pa\text{-}1^{A,B}$	STRATIL (1970a)
Albumin	$Alb^{F,S,C,CI,D}$	STRATIL (1970b), BAKER et al. (1970)
Postalbumin-A	$Pas\text{-}A, pas\text{-}A$	KURYL and GAHNE (1976)
Pretransferrin	$Prt^{+,-}$	JUNEJA et al. (1982)
Transferrin	$Tf^{A,B,BW,C}$	OGDEN et al. (1962), STRATIL (1970b)
Vitamin D binding protein	$Gc^{F,S}$	JUNEJA et al. (1982)
Haptoglobin	$Hp^{S,F}$	SHABALINA (1977)
Complement factor B	$C\text{-}B^{F,S}$	KOCH (1986)
Hemoglobin	$Hb1^{A,B}$	WASHBURN (1968)
Low density lipoprotein	$Lcb^{1,2,0}$	PESTI et al. (1981)
High density lipoprotein	$Lp\text{-}1^{a,o}$	IVANYI (1975)
Adenosine deaminase	$Ada^{A,B,C}$	SHOTAKE et al. (1976), GRUNDER and HOLLANDS (1978)
Alkaline phosphatase	Akp, akp	LAW and MUNRO (1965), LAW (1967)
Alkaline phosphatase-2	$Akp\text{-}2^o, akp\text{-}2^a$	KIMURA et al. (1979)
Amylase-1	$Amy\text{-}1^{A,B,C,D}$	HASHIGUCHI et al. (1970), 田名部ら (1977), 橋口ら (1986)
Amylase-3	$Amy\text{-}3^{A,O}$	MAEDA et al. (1987)
Carbonic anhydrase	$Ca\text{-}1^{A,B,C}$	AHLAWAT et al. (1984)
Catalase	$Ct^{A,B}$	SHABALINA (1972)
Esterase-1	$Es\text{-}1^{A1,A2,B,C,D}$	GRUNDER (1968), KURYL et al. (1986)
Esterase-2	$Es\text{-}2^{A,O}$	KIMURA (1970)
Esterase-8	$Es\text{-}8^{A,B}$	HASHIGUCHI et al. (1979)
Glyoxalase-1	$Glo^{1,2}$	RUBINSTEIN et al. (1981)
6-phosphogluconate dehydrogenase	$Pgd^{A,B,C}$	SHOTAKE et al. (1976)
Phosphoglycerate kinase	$Pgk^{F,S}$	CAM and COOPER (1978)

GRUNDER (1990).

イにしか検出されていない．また Amy-1^C はセキショクヤケイおよびアオエリヤケイがもつ変異であることが報告されている（橋口ら，1983）．このような結果は，アオエリヤケイがほかのヤケイおよびニワトリとは異なる血液タンパク型の遺伝子構成をもつことを示唆している．スリランカにおける調査では，Amy-1 座位において新たな変異 Amy-1^D がセイロンヤケイ全11個体およびスリランカ在来鶏1個体に検出されている．この変異の遺伝様式の解明は，血液サンプルのみで交配実験ができないために不可能であるが，Amy-1^A，Amy-1^B および Amy-1^C に対し共優性関係にあると仮定し，Amy-1^D と命名されている．Es-1^C は小軍鶏およびチャボなど小型の品種で高い頻度を示すことが報告されており，Es-1^C が小格化と何らかの関連性を有していることがうかがえる（橋口ら，1981；岡田ら，1984；田名部ら，1977）．田名部ら（1988）は，沖縄の在来種といわれるウタイチャーンにおいて日本鶏にはない Alb^A を検出し，また岐阜地鶏においては日本鶏では一般に低いとされる Amy-1^B が高いことを明らかにしている．

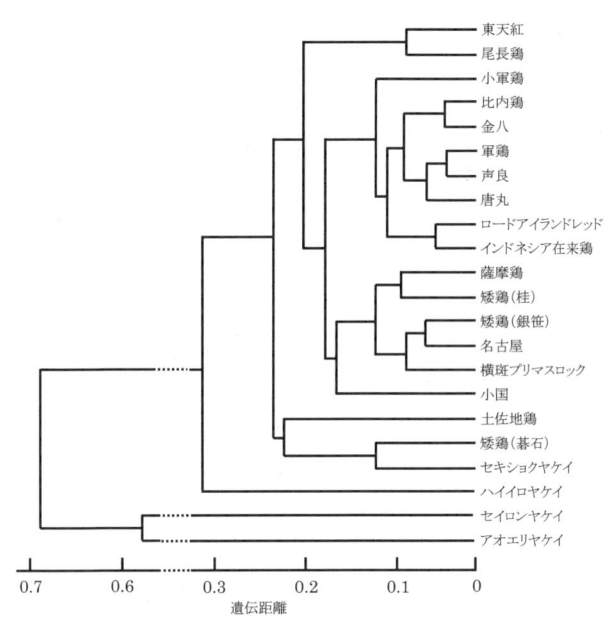

図 II-9-11 血液型から見た日本鶏，外国鶏およびヤケイの枝分かれ図．
岡田ら（1984）に新たなデータを加え，UWPGA法で作成．

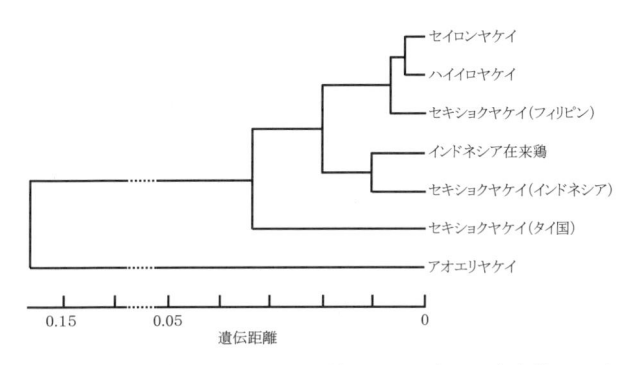

図 II-9-12 血液タンパク型から見たインドネシア在来鶏およびヤケイの枝分かれ図．
HASHIGUCHI *et al.* (1993) より UWPGA 法により作成．

　図 II-9-11 は岡田ら（1984）による日本鶏，外国鶏およびヤケイの相互関係を見た枝分かれ図である．日本鶏と外国鶏で構成される大きなクラスターの中にセキショクヤケイだけが含まれており，ほかの3種は離れたところに描かれている．ニワトリに遺伝的に近い関係にあるのはセキショクヤケイだけであり，そのほかは遺伝的に遠いことを示唆しており，単源説支持の結果である．

　一方，図 II-9-12 は HASHIGUCHI *et al.* (1993) によるインドネシア在来鶏およびヤケイの枝分かれ図である．この図は，①ハイイロヤケイとセイロンヤケイの遺伝的類似性が高いこと，②インドネシア在来鶏はインドネシアのセキショクヤケイと遺伝的に近い関係にあること，③これらの集団のなかでアオエリヤケイは他のヤケイおよびインドネシア在来鶏とも遺伝的類似性がかな

り低いことを示しており，多源説を推している．このように研究者によりその結果が必ずしも一致しない場合がある．この点について岡田ら（1988）は標本が少ないことによる抽出変動および地域または系統による分化が生じている可能性を指摘している．

しかしながら，ほかの日本鶏，アジア在来鶏および外国改良品種を加えた枝分かれ図でも，セキショクヤケイだけは常にニワトリと同じクラスターに含まれる．これらのことからニワトリとヤケイの関連については，現在のところセキショクヤケイが主要な貢献をしたことは間違いなく，同種をニワトリの原種として位置づけることに異論はないと考えられる．多源説を積極的に否定するほどの論拠は得られていない．

iv) 卵白タンパク型

卵には次世代を担うという重大な使命があり，母体を離れて胚の発生が進行するために，様々な試練を無事くぐり抜けられるような工夫が詰まっている．放卵されたニワトリの卵は，卵殻，卵白および卵黄の3つの部分から構成され，各部の割合はそれぞれおよそ10％，60％，30％という数値を示している．これらのうち，卵白について見ると，外側から外水様性卵白，外濃厚卵白，内水様性卵白および内濃厚卵白の順に卵黄を囲んでいる．卵白の主成分はオボアルブミン，

表 II-9-7　ニワトリ 27 集団の卵白タンパク型の多型 5 座位における遺伝子頻度．

集　団	個体数	Ov A	Ov B	G_2 A	G_2 B	G_2 L	G_3 A	G_3 B	G_3 J	Tf_{EW} A	Tf_{EW} B	Tf_{EW} C	G_1 F	G_1 S
アジア在来鶏	(1112)													
1. ベトナム北部	98	0.883	0.117	0.092	0.908	0.000	0.724	0.148	0.128	0.041	0.730	0.230	1.000	0.000
2. ベトナム南部	82	0.848	0.152	0.402	0.598	0.000	0.720	0.226	0.054	0.140	0.750	0.110	1.000	0.000
3. ラオス北部	60	0.917	0.083	0.175	0.825	0.000	0.575	0.283	0.142	0.025	0.933	0.042	1.000	0.000
4. ラオス中部	67	0.918	0.082	0.172	0.828	0.000	0.597	0.119	0.284	0.045	0.866	0.090	1.000	0.000
5. ラオス南部	30	0.900	0.100	0.050	0.950	0.000	0.633	0.233	0.134	0.000	0.833	0.167	1.000	0.000
6. 茶花鶏（中国雲南）	79	0.899	0.101	0.171	0.829	0.000	0.949	0.007	0.044	0.000	0.861	0.139	1.000	0.000
7. 西双版納（闘鶏型）（中国雲南）	10	1.000	0.000	0.000	1.000	0.000	1.000	0.000	0.000	0.000	0.950	0.050	1.000	0.000
8. 西双版納（非闘鶏型）（中国雲南）	29	1.000	0.000	0.155	0.845	0.000	0.724	0.241	0.035	0.000	0.983	0.017	1.000	0.000
9. 武定鶏（中国）	45	1.000	0.000	0.122	0.878	0.000	0.822	0.178	0.000	0.000	1.000	0.000	1.000	0.000
10. 漾濞黄鶏（中国）	38	1.000	0.000	0.105	0.895	0.000	0.750	0.250	0.000	0.000	1.000	0.000	1.000	0.000
11. Java（インドネシア）	111	0.996	0.004	0.056	0.944	0.000	0.784	0.203	0.013	0.000	0.983	0.017	0.979	0.021
12. Bali（インドネシア）	106	1.000	0.000	0.085	0.915	0.000	0.779	0.221	0.000	0.000	0.986	0.014	1.000	0.000
13. ネパール西部	64	0.934	0.066	0.086	0.904	0.010	0.669	0.311	0.020	0.010	0.865	0.125	1.000	0.000
14. ネパール東部	37	0.916	0.084	0.000	1.000	0.000	0.833	0.167	0.000	0.028	0.875	0.097	1.000	0.000
15. モンゴル	118	1.000	0.000	0.199	0.801	0.000	0.684	0.352	0.000	0.004	0.987	0.009	1.000	0.000
16. Yangon（ミャンマー）	48	0.937	0.063	0.240	0.760	0.000	0.719	0.156	0.125	0.188	0.792	0.020	1.000	0.000
17. Mandalay（ミャンマー）	45	0.900	0.100	0.189	0.811	0.000	0.811	0.078	0.111	0.111	0.833	0.056	1.000	0.000
18. タイ国南部	35	0.543	0.457	0.252	0.743	0.000	0.671	0.157	0.172	0.029	0.971	0.000	1.000	0.000
改良種	(4202)													
19. Boris Brown	276	0.933	0.067	0.147	0.583	0.000	0.524	0.476	0.000	0.000	1.000	0.000	1.000	0.000
20. Isa Brown	84	1.000	0.000	0.458	0.542	0.000	0.482	0.518	0.000	0.000	1.000	0.000	1.000	0.000
21. 白色レグホーン（WL-C36）	289	0.955	0.045	0.388	0.612	0.000	0.995	0.005	0.000	0.000	1.000	0.000	1.000	0.000
22. 白色レグホーン（WL-C37）	1218	0.655	0.345	0.090	0.910	0.000	0.758	0.242	0.000	0.000	1.000	0.000	1.000	0.000
23. 白色レグホーン（WL-S2）	949	0.550	0.450	0.000	1.000	0.000	0.851	0.149	0.000	0.000	1.000	0.000	1.000	0.000
24. 白色レグホーン（WL-S5）	873	1.000	0.000	0.000	1.000	0.000	0.580	0.420	0.000	0.000	1.000	0.000	1.000	0.000
25. 白色コーニッシュ（WC-1）	370	0.986	0.014	0.227	0.773	0.000	0.441	0.559	0.000	0.000	0.984	0.016	1.000	0.000
26. 白色コーニッシュ（WC-2）	100	0.985	0.015	0.265	0.735	0.000	0.490	0.510	0.000	0.000	1.000	0.000	1.000	0.000
27. 白色コーニッシュ（WC-3）	45	1.000	0.000	0.230	0.770	0.000	0.520	0.480	0.000	0.000	1.000	0.000	1.000	0.000

Kinoshita et al. (2002). 21-22, 25-27：Stratil (1970b), 23-24：Buvanendran (1967).

コンアルブミン，オボムコイドなどのタンパク質である．これまで卵白タンパク質については，血液，臓器および筋肉などと同様に研究材料として利用しやすいことから盛んに分析され，多くの多型が報告されている．

一方，現在利用されているニワトリの卵の大部分は，高度に品種改良された白色レグホーンなどの特定の品種から供給されている．在来品種の多くは，改良品種と比較して生産性が低いために，養鶏産業においては特別の場合をのぞき積極的には用いられてはいない．上述の卵白タンパク質においてもその多型解析は，主に改良品種を対象としたもので，アジア在来鶏集団については，十分な解析がおこなわれていなかった．事実，在来家畜研究会報告においても，ニワトリ卵白タンパク質の多型解析が掲載されたのは，第14号ネパール特集号（前田ら，1992）が最初であり，その後2003～2006年に実施されたブータンの調査まで継続されてきている（未発表）．

これまでに確認されている卵白タンパク質の多型座位はオボアルブミン（Ov：座位名，以下同じ），オボトランスフェリン（Tf_{EW}），オボグロブリン G_2（G_2）および G_3（G_3），リゾチーム（G_1），オボフラボプロテイン（Rd）およびオボマクログロブリン（O_{mg}）の7種類である．

KINOSHITA et al.（2002）は，1992～1999年にかけて採取したアジア8カ国の在来鶏18集団（1,112個体）および改良鶏9集団（360個体）の計1,472個体分の卵白タンパクを解析している．分析した7座位のうち Ov, G_2, G_3, Tf_{EW}, G_1 において多型が観察された（表II-9-7）．O_{mg} および Rd はアジア在来鶏および改良鶏ともに多型は認められていない．

Ov 座位はすべての集団において Ov^A が Ov^B より高い頻度を示している．なかでも在来鶏では茶花鶏（Chahua chicken）集団を除く中国4集団，インドネシアの Bali 島集団およびモンゴル集団は Ov^A に固定されている．改良鶏ではイザブラウン（Isa Brown），白色レグホーン（WL-S5）および白色コーニッシュ（WC-3）が Ov^A に固定されている．

G_2 はすべての集団において G_2^B が高い頻度を示している．さらにこれまでセイロンヤケイにしか検出されていなかった G_2^L がネパール西部集団において低頻度ながら認められている．

G_3 において，アジア在来鶏は G_3^A の頻度が高いのに対し，改良鶏は，一部の集団をのぞき，G_3^A と G_3^B の頻度がほぼ同じである．また，在来鶏のなかには，

表II-9-8 卵白タンパク型7座位にもとづくニワトリ27集団の多型座位の割合（P_{poly}）と平均ヘテロ接合率（$\bar{H}$）.

集　団	P_{poly} ± 標準偏差	$\bar{H}$ ± 標準偏差
アジア在来鶏		
1. ベトナム北部	0.571 ± 0.202	0.175 ± 0.072
2. ベトナム南部	0.571 ± 0.202	0.225 ± 0.083
3. ラオス北部	0.571 ± 0.202	0.162 ± 0.079
4. ラオス中部	0.571 ± 0.202	0.175 ± 0.077
5. ラオス南部	0.571 ± 0.202	0.154 ± 0.074
6. 茶花鶏（中国雲南）	0.571 ± 0.202	0.115 ± 0.046
7. 西双版納（闘鶏型）（中国雲南）	0.143 ± 0.143	0.014 ± 0.014
8. 西双版納（非闘鶏型）（中国雲南）	0.429 ± 0.202	0.102 ± 0.064
9. 武定鶏（中国）	0.286 ± 0.184	0.072 ± 0.048
10. 漾濞黄鶏（中国）	0.286 ± 0.184	0.080 ± 0.056
11. Java（インドネシア）	0.714 ± 0.184	0.076 ± 0.047
12. Bali（インドネシア）	0.429 ± 0.202	0.075 ± 0.050
13. ネパール西部	0.571 ± 0.202	0.141 ± 0.063
14. ネパール東部	0.429 ± 0.202	0.094 ± 0.046
15. モンゴル	0.429 ± 0.202	0.114 ± 0.072
16. Yangon（ミャンマー）	0.571 ± 0.202	0.180 ± 0.074
17. Mandalay（ミャンマー）	0.571 ± 0.202	0.157 ± 0.058
18. タイ国南部	0.571 ± 0.202	0.204 ± 0.091
範　囲	0.143～0.714	0.014～0.225
改良種		
19. Boris Brown	0.429 ± 0.202	0.159 ± 0.060
20. Isa Brown	0.286 ± 0.184	0.142 ± 0.060
21. 白色レグホーン（WL-C36）	0.429 ± 0.202	0.082 ± 0.059
22. 白色レグホーン（WL-C37）	0.429 ± 0.202	0.140 ± 0.059
23. 白色レグホーン（WL-S2）	0.286 ± 0.184	0.107 ± 0.059
24. 白色レグホーン（WL-S5）	0.143 ± 0.143	0.070 ± 0.059
25. 白色コーニッシュ（WC-1）	0.571 ± 0.202	0.129 ± 0.058
26. 白色コーニッシュ（WC-2）	0.429 ± 0.202	0.131 ± 0.058
27. 白色コーニッシュ（WC-3）	0.286 ± 0.184	0.122 ± 0.058
範　囲	0.143～0.571	0.070～0.159

21-22, 25-27：STRATIL（1970b），23-24：BUVANENDRAN（1967）．

表II-9-9 ニワトリ在来鶏・品種の遺伝的分化指数（G_{ST}）.

集団区分	G_{ST}
在来鶏地域集団	
ベトナム在来鶏（2集団）	0.0399
ラオス在来鶏（3集団）	0.0186
中国在来鶏（5集団）	0.0058
インドネシア在来鶏（2集団）	0.0035
ネパール在来鶏（2集団）	0.0200
ミャンマー在来鶏（2集団）	0.0011
改良品種	
Boris Brown〜Isa Brown（2集団）	0.0027
白色レグホーン系統間（4集団）	0.1961
白色コーニッシュ（3集団）	0.0031
在来鶏（国別）（6集団）	0.0827
改良品種（9集団）	0.1693
全地域・品種集団（25集団）	0.1287

KINOSHITA et al. (2002) のデータより.

改良鶏では検出されない G_3^J をもつ個体が観察されている.

Tf$_{EW}$ は，すべての集団において Tf$_{EW}^B$ が高い頻度で検出されている．なかでも中国の武定鶏（Wuding chicken），漾濞黄鶏（Yangbi huang chicken），ならびに改良鶏では白色コーニッシュ（WC-1）以外は，Tf$_{EW}^B$ のみが認められ多型は観察されていない.

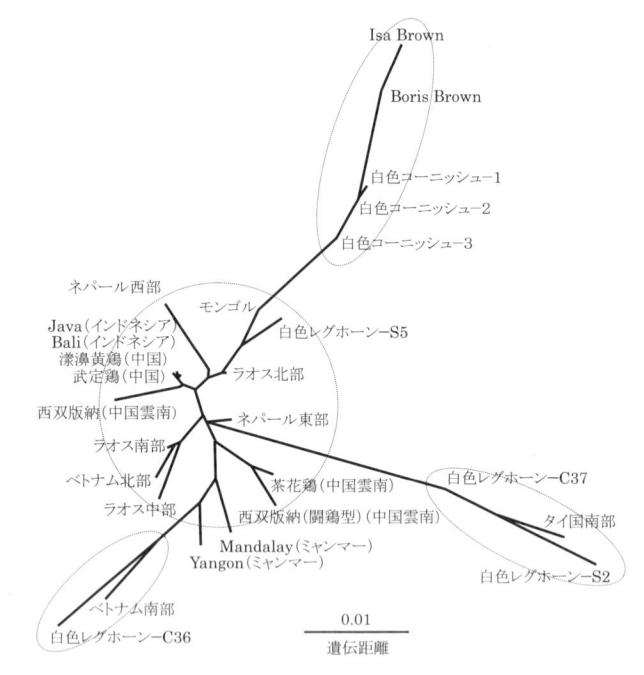

図II-9-13 卵白タンパク型座位の遺伝子頻度から見た在来鶏・品種の類縁関係.
NEIの遺伝距離とNJ法による枝分かれ図．KINOSHITA et al. (2002) より改変.

G_1 においては，インドネシアのJava島集団においてのみ G_1^S が低頻度で認められたが，ほかのすべての集団は，G_1^F に固定している.

遺伝的変異性の評価の指標である多型座位の割合（P_{poly}）および平均ヘテロ接合率（$\bar{H}$）を表 II-9-8 で見ると，P_{poly} はアジア在来鶏および改良鶏はそれぞれ 0.143〜0.714, 0.143〜0.571 と推定されている．また，アジア在来鶏の $\bar{H}$ は 0.014〜0.225, 改良鶏の $\bar{H}$ は 0.070〜0.159 である．さらにアジア在来鶏のうちインドシナ半島部から広がるタイ国，ラオス，ベトナムおよびミャンマーの4カ国の集団の $\bar{H}$ はほとんどの改良鶏より高い値を示している．西双版納（闘鶏型）集団の変異性は明らかに低いが，表II-9-7 に見るように採取標本数が限られていたことによると考えられる.

表II-9-9 に遺伝的分化指数（G_{ST}）を示してある．6カ国在来鶏の国内地域集団間の G_{ST} は 0.001〜0.040 と低く，6カ国間のそれは 0.083 である．このことは，在来鶏の遺伝分化は国の間で比較的大きいが，各国内地域間では遺伝分化が特に進んでおらず，国内地域間での移動があることを示している．表II-9-8 でアジア在来鶏の地域集団内の高い変異性が示されたことを併せて考えると，アジアの在来鶏は全体として大きな変異性を有しているといえる．一方，改良品種について見ると，白色レグホーンの系統間でのみで大きな G_{ST} 値（0.196）が見られ，他の品種は在来鶏に比較しても決して高くない G_{ST} 値を示している．白色レグホーン種は産業用採卵鶏品種として古くより品種改良が始まり，最も広く利用されてきた．そして，この品種からは研究用

などの特殊系統の育成がたびたびおこなわれた経緯がある．白色レグホーン系統間の大きな遺伝分化はこのような経緯を反映しているのかもしれない．

遺伝子頻度をもとに遺伝距離を推定し，NJ法を用いて枝分かれ図を描いてみると図 II-9-13 のようになる．27集団は4つのグループに分けられ，ほとんどのアジア在来鶏集団が含まれるグループ4を中心に，イザブラウン（Isa Brown），ボリスブラウン（Boris Brown）および白色コーニッシュ（WC-1, WC-2, WC-3）を含むグループ1，白色レグホーン（WL-C37, WL-S2）およびタイ国南部集団を含むグループ2，白色レグホーン（WL-C36）およびベトナム南部集団を含むグループ3が3方向に分岐している．すなわち，飛び石のように張り出した改良鶏を主とする3つのグループは独自に遺伝分化しているとも見られるが，集団内変異性が低いことから特定遺伝子への固定が進み，このような結果になったことが考えられる．中心に位置するグループ4は変異性の高い在来鶏集団で構成されてはいるが，お互いの遺伝子構成の類似性の高さ，さらには集団間の交流の可能性を反映した結果，大きな1つの囲みに収束したものと思われ，先の考察を支持するものと考えられる．

v) 染色体

ニワトリを含む鳥類の分裂中期細胞を観察すると，その染色体は哺乳類とは異なった特徴を有している．第1に，染色体数はほとんどが $2n = 60〜80$ の間に分布している．第2に，核型については染色体全数の1/4程度の大型染色体群および個々の識別が困難な3/4程度の微小染色体群より構成されている．第3に，性染色体対は，哺乳類が雄ヘテロ，雌ホモ型を示すのに対し，鳥類においては逆の雄ホモ，雌ヘテロ型である．

ニワトリの染色体数は $2n = 78$ であり，雄が $76 + ZZ$，雌が $76 + ZW$ を示す（表 II-9-10；OKAMOTO et al., 1988）．78本の染色体は10対の大型染色体群（染色体番号 No. 1〜9 および Z, W）と29対の微小染色体群（No. 10〜38）より構成されている．大型染色体群は4つの形態に分けられ，微小染色体群は非常に小さく個々の同定は困難であるが恐らく端部動原体型（A型）であろうと考えられる（表 II-9-10）．性染色体ZはNo. 4とほぼ同じ大きさであるが，形態は異なり，M型（中部動原体型）を示すので，その同定は容易である．一方，W染色体は大型染色体群の中でもかなり小さく，No. 8と大きさおよび形態ともに類似しておりギムザ染色のみによる識別は難しい．しかし，C-分染法を用いるとW染色体は全体が濃染されるのに対し，No. 8染色体はC-バンドが動原体部位にスポットとして出現するので確実に分類ができる．

表 II-9-10 ニワトリ染色体の形態．

染色体番号	形　態	略号
1, 2	次中部動原体型	SM
3	端部動原体型	A
4	次端部動原体型	ST
5, 6, 7, 9	端部動原体型	A
8, Z, W	中部動原体型	M
10-38	端部動原体型	A

表 II-9-11 ヤケイ4種およびニワトリの観察された染色体数の分析．

	観察細胞数	観察された染色体数 ($2n$)						
		<76	76	77	78	79	80	81<
セキショクヤケイ	100	16	3	2	75	2	1	1
ハイイロヤケイ	100	16	4	3	68	5	3	1
セイロンヤケイ	100	13	5	2	74	2	3	1
アオエリヤケイ	100	18	5	1	71	1	2	2
白色レグホーン	100	6	4	4	81	2	2	1

OKAMOTO et al. (1988).

表 II-9-12 ヤケイ，ニワトリおよび F₁ 雑種における染色体の形態.

染色体番号	セキショクヤケイ ハイイロヤケイ セイロンヤケイ ニワトリ	アオエリヤケイ	F₁ 雑種 （アオエリヤケイ × 岐阜地鶏）
1, 2	SM	SM	SM
3	A	ST	ST／A
4	ST	ST	ST
5, 6, 7, 9	A	A	A
8, Z, W	M	M	M
10-38	A	A	A

染色体の形態は**表 II-9-10** を参照. (OKAMOTO *et al.*, 1994；岡本ら, 1991)

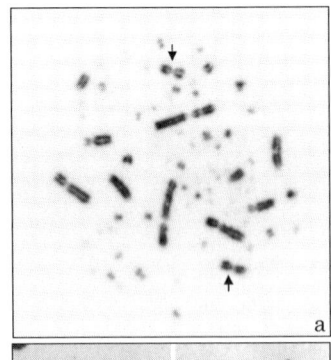

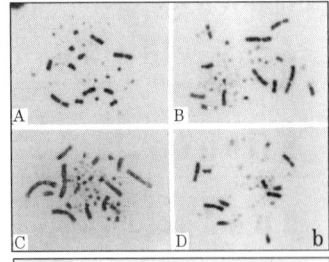

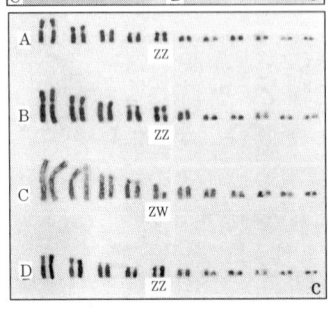

図 II-9-14 ニワトリとヤケイの染色体.

a. ニワトリ（雄）の分裂中期像. 矢印は性染色体（ZZ）を示す. b. 4種ヤケイの分裂中期像，および c. 大型染色体. A：セキショクヤケイ（雄） B：ハイイロヤケイ（雄） C：セイロンヤケイ（雌） D：アオエリヤケイ（雄）.

Gallus 属 4 種について染色体数を見ると，ニワトリと同様，すべて $2n=78$ と結論できる（**表 II-9-11**）．核型については，セキショクヤケイ，ハイイロヤケイおよびセイロンヤケイはすべて同じであり，それはまたニワトリのものと一致する．しかしアオエリヤケイは，これら 3 種とは異なっていることが報告されている（**図 II-9-14**，**表 II-9-12**：岡本ら，1991；OKAMOTO *et al.*, 1994）．

核型とは，染色体の数と形態によって表される生物種の特徴である．核型分析をおこない，染色体を同定することにより，動物種の類縁関係を調べ，系統進化を推定することは，染色体が同一種内ではその数および形態が安定しているという事実によっている．染色体数の多少と動物の高等・下等にはかかわりがなく，また，同じ染色体数をもつ動物においても高等なものから下等なものまでさまざまなものが存在している．このことは，染色体数という点だけに注目して系統関係を論究する困難さを示している．近縁関係あるいは系統進化を染色体の面から考察する場合，まず染色体数の比較をおこない，さらに核型の近似性を検討する必要がある．核型の近似性は，通常基本腕数と呼ばれる *FN* 値（fundamental number）によって評価される．*FN* 値とは，性染色体を除いた染色体，つまり常染色体の腕の数である．1つの中部あるいは次中部動原体型染色体は，2つの端部動原体型染色体が動原体部の癒着の結果形成されたという考え（ロバートソン型融合）にもとづいている．

さて，*Gallus* 属種間の核型の違いについて述べると以下の通りである．すなわち No. 3 染色体において，セキショクヤケイ，ハイイロヤケイ，セイロンヤケイおよびニワトリは端部動原体型（A 型）であるのに対し，アオエリヤケイは次端部動原体型（ST 型）である．さらに，この事実は，*FN* 値に関してもニワトリおよび 3 種ヤケイが 84，アオエリヤケイが 86 という違いも明らかにしている．これらの事実について推論してみると，アオエリヤケイの No. 3 染色体は，①微小染色体群の 2 対（A 型）のロバートソン型融合による相互転座の結果形成された，②はじめ A 型であったものが動原体部を含む逆位によって形成された，という 2 つの可能性がある．①で

は，アオエリヤケイの染色体数は，他の3種ヤケイに比較して元来1対多いということを前提に，ロバートソン型融合がおこることにより染色体数が1対減少し，結果的にほかの3種ヤケイと染色体数が等しくなったと考えられる．しかし，これまで得られている核型分析の情報では，過去の染色体数の証明は不可能である．②では，No.3染色体自身の変化により形態が変化したわけであるから，染色体の増減はまったく関係ないことになり，アオエリヤケイが他のヤケイおよびニワトリと染色体数が同じであることは当然である．また，逆位現象は，3種ヤケイおよびニワトリにも十分おこりうることであるから，No.3は本来ST型の染色体であったが，逆位によりA型に変化したという可能性も考えられる．

ここまで，No.3染色体の形態的相違について述べてきたが，①については過去の染色体数の壁があり，それ以上さきには想像がふくらまない．そこで，②の推論をもとにニワトリの成立について考察してみたい（**図II-9-15**：岡本，2001より改変）．近縁種間の関係を染色体をもとに論じる場合，同じ染色体数をもっていることは重要であり，この点に関しては4種ヤケイおよびニワトリのすべてが$2n=78$で，系統分類学的に同一群（属）として取り扱われていることは妥当と考えられる．

そこで，つぎの論点はヤケイのNo.3染色体の祖先型形態がA型あるいはST型のどちらであったかということである（**図II-9-15**）．A型であったとすると，アオエリヤケイに見られるST型は，この種の種分化の初期あるいはその後におきた逆位が固定したことになり，セキ

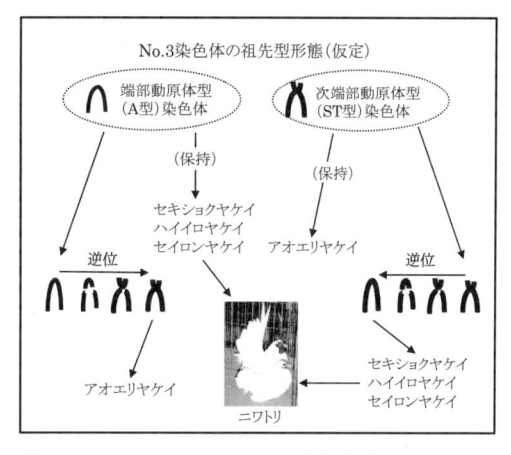

図II-9-15 *Gallus*属における染色体番号No.3染色体の祖先型形態の推定．

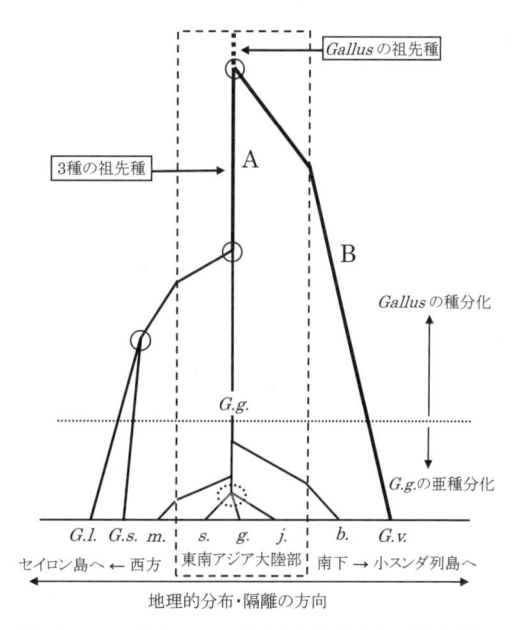

図II-9-16 *Gallus*属の種分化と亜種分化（概略図）．*Gallus*属の起源地を4種ヤケイの分布中心である東南アジア大陸部と想定した．
G.l.：セイロンヤケイ　*G.s.*：ハイイロヤケイ　*G.g.*：セキショクヤケイ　*G.v.*：アオエリヤケイ
m. s. g. j. b. はセキショクヤケイの5亜種：*Gallus g. murghi, G. g. spadiceus, G. g. gallus, G. g. jabouillei, G. g. bankiva*.

ショクヤケイ，ハイイロヤケイおよびセイロンヤケイは祖先型のA型をそのまま保持してきたと考えられる．他方，祖先型がST型であったとすると，4種ヤケイのなかでアオエリヤケイだけがその祖先型形態を保持してきたことになり，他の3種がもつA型への逆位は，これらに共通の祖先種でおきたと考えられる．いずれにしても，ニワトリのNo.3染色体がすべてA型と報告されていることは，ニワトリの成立に関与したヤケイがアオエリヤケイを除く3種であったことを示唆し，血液タンパク多型，血液型，ミトコンドリアDNA（次項）などの解析研究から，

セキショクヤケイがニワトリの主たる祖先種で，ハイイロヤケイとセイロンヤケイからの遺伝的寄与は認められるが，アオエリヤケイからの遺伝的寄与は極めて少ないと結論されていることに一致する．

　Gallus属のNo.3染色体の祖先型形態がA型，ST型のどちらであったかについては，Gallus属に近縁な種の核型に関する情報が充分でないので，これらとの比較研究からの考察は困難である．また，No.3染色体の逆位多型が4種ヤケイを超えて存在すれば，この逆位多型が共通祖先に既に存在したと考えられ，各々の逆位がそれぞれの種に固定していったと推察できる．しかし，そのような報告は現在のところない．図Ⅱ-9-16はヤケイ4種の系統分化過程を従来の系統遺伝学的および形態学的研究から概括したものである．この図では4種ヤケイの現在の地理的分布（図Ⅱ-9-1）と，過去における地理的（生殖的）隔離過程（推定）も示すことを試みているが，この図は最近のGallus属の種分化，亜種分化に関する系統遺伝学的研究結果（KANGINAKU-DRU et al., 2008）にもおおよそ一致している．この図からわかるように，No.3染色体の逆位が1回おき，固定したとすると，このための進化時間は3種に共通の枝（A）よりもアオエリヤケイに至る枝（B）において長い．さらに，アオエリヤケイはGallus属の中で最も辺縁に分布する種（marginal species）で，唯一Bali-Lombok海峡（ウォーレス線）を越えて分布する（図Ⅱ-9-1）．したがって，最初に移動分布した時の辺縁集団（marginal population）は比較的小さかったと考えられる．これらのことから，A型をもつGallus属祖先種からアオエリヤケイに至る進化径路（図Ⅱ-9-16の枝B）のどこかでA型からST型への逆位がおき，これが今日のアオエリヤケイに固定した可能性が高いといえるかもしれない．

vi) DNA多型

　ニワトリを含めた鳥類全体の類縁関係・分子系統は，まずDNA-DNA交雑法（SIBLEY and MONROE, 1990）を用いて解析された．その後，制限酵素断片長多型（RFP）やDNAフィンガープリント（DFP）が用いられるようになった．DFPは当初，親子鑑定や個体識別のために用いられてきたが，一度に解析できる個体数が限られること，作業が煩雑なことなどの問題から，現在ではミトコンドリアDNA（mtDNA）や核DNAの塩基配列の解析を中心に研究が進

図Ⅱ-9-17　ミトコンドリアDNAのDループ領域塩基配列比較から描いたヤケイおよびニワトリの類縁関係．
NJ法による．(b) bankiva, (g) gallus, (s) spadiceusはセキショクヤケイの各亜種を示す．AKISHINONOMIYA et al. (1996).

んでいる．DFPを用いた研究では，YAMASHITA et al. (1994) が，日本在来鶏，中国在来鶏およびヤケイ4種の類縁関係を解析し，その結果在来鶏とセキショクヤケイとが最も近縁であり，アオエリヤケイとは遺伝的に最も遠いことを示している．これはこれまでのタンパク多型，血液型多型による解析結果と一致する（橋口ら，1981；OKADA et al., 1984）ものである．

PCR法の進歩・改良，塩基配列の解析法が充実し，類縁関係・系統解析にmtDNAの多型情報を用いた研究が進んでいる．DESJARDINS and MORAIS (1990) によってニワトリmtDNAの全構造が決定され，その大きさは16,755塩基であることが報告されている．その構造は，制御領域（Dループ），13個のタンパク遺伝子，2個のrRNA，22個のtRNAからなり，特にGallus属ではシトクロームb遺伝子（Cyt-b）とND6遺伝子で再配列がおこり，ND3に1塩基の挿入がある（NISHIBORI et al., 2003）ことが特徴である．Dループの塩基置換速度はmtDNAの中で最も速く，核ゲノムの約5〜10倍と変異性に富むことから種内の類縁・系統関係の解析に用いられている．Gallus属におけるミトコンドリアゲノムの解析は，AKISHINONOMIYA et al. (1994) によるPCR-RFLP解析に始まり，その中でセキショクヤケイ，アオエリヤケイおよびインドネシア在来鶏との間での比較がおこなわれた．その結果，セキショクヤケイの1亜種であるG. g. gallusがニワトリの直接の祖先種であると結論づけている．現在ではmtDNAの塩基配列を決定し，塩基置換率から分子系統樹を作成した解析がおこなわれている．AKISHINONOMIYA et al. (1996) は4種ヤケイとニワトリについてDループ領域409塩基座位の配列を決定し，類縁関係を示す樹状図を作成している（**図II-9-17**）．この論文でもG. g. gallusがニワトリの直接の祖先種（亜種）であると結論している．

一方，NISHIBORI et al. (2005) は，ヤケイ4種のミトコンドリアゲノムと2つの核遺伝子（各2,000塩基以上）の塩基配列を決定し，mtDNAの分子系統樹を作成した結果から，ニワトリの成立にはセキショクヤケイだけではなく複数のヤケイ種が関わった可能性のあることを示唆した．この論拠としてラオス，カンボジアおよびミャンマーで採集されたセキショクヤケイおよび在来鶏の解析から，セキショクヤケイの生息地と同地方の在来鶏とが1つの分岐群（クレード：clade）に混在していたことをあげ，ニワトリおよびヤケイ内およびヤケイ間での種内，種間雑種ができることにも言及している（西堀ら，2002；NISHIBORI et al., 2004；西堀ら，2005）．LIU et al. (2006a) は東南アジアから中国に生息するセキショクヤケイ66羽および中央アジアから南アジア，東南アジア，モンゴル，中国，東アジアまでの広範囲にわたる在来鶏834羽のサンプルを収集し，そのDループ超可変領域の塩基配列よりネットワーク系統樹を作成している．その結果，ニワトリの成立には一亜種のみが関与したと断定するのは困難だとしている．

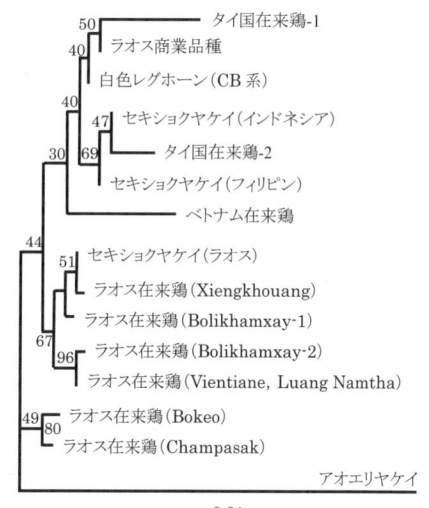

図II-9-18 ミトコンドリアDNAのDループ領域塩基配列比較から描いたセキショクヤケイ，ラオスおよびその周辺国在来鶏の類縁関係．

NJ法による．図中の数字はブートストラップ値（％）．ラオス在来鶏には比較的古く分岐したと見られるミトコンドリア型が存在する．NISHIBORI et al. (2005).

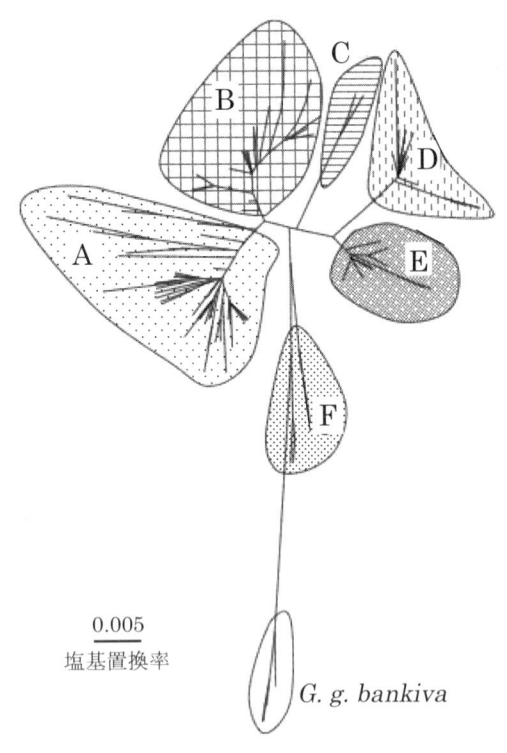

図 II-9-19 ミトコンドリア DNA の D ループ領域塩基配列比較から描いたセキショクヤケイおよび東南アジアの在来鶏における枝分かれ図.
ハプロタイプが集中しているクレード（分岐群）をそれぞれ A 群から F 群に分類している.

　日本鶏の解析では，KOMIYAMA et al.（2003, 2004a, b）は D ループ領域の一部を解析した結果，日本へのシャモ（軍鶏）の伝播には複数のルートがあり，また長鳴鶏の成立には東南アジアあるいはインドシナ由来の沖縄のシャモが関わったと報告している．LIU et al.（2006b）も同様に日本へのシャモの伝播には複数のルートがあると述べている．一方，OKA et al.（2007）は，日本鶏，インドネシア在来鶏およびセキショクヤケイの D ループ全領域の塩基配列をもとに分子系統樹を作成し，LIU らと同様に，日本鶏の成立には複数のルートがあることを示している．

　在来家畜研究会による調査例ではラオス在来鶏について，西堀ら（2002）と NISHIBORI et al.（2005）の興味ある報告がある（図 II-9-18）．ラオス在来鶏とラオスで採集されたセキショクヤケイが，他の国のセキショクヤケイ（インドネシアおよびフィリピン）に対するよりも相互に近縁であることを認め，さらに，一部のラオス在来鶏の mtDNA 型がセキショクヤケイ間の分岐よりももっと古く分岐したと推定した．この事実から，西堀らは，ラオスの在来鶏がラオスのセキショクヤケイが飼いならされた結果として成立したか，あるいはそうした経緯があったと推測している．また，ラオスにおける産業用鶏が在来鶏とは遺伝的に遠い位置にあるとともに白色レグホーンと最も近縁であるとしている．

　しかしながら，解析する個体を増やしていくとどのような結果を生むのだろうか．2002 および 2003 年に実施されたカンボジア在来鶏集団を例にとって説明する．分析をおこなったカンボジア在来鶏は血液を採取した全 14 地域につき 10 羽ずつ，計 140 個体の塩基配列を解析している．その結果，38 のハプロタイプが観察されたものの，地域に特有のタイプは見られていない．この 38 のハプロタイプにこれまでに報告されている他のハプロタイプを合わせると合計で 142 となり，描いた枝分かれ図は図 II-9-19 に示した通りである．その結果，G. g. bankiva 亜種のみが離れた位置に分離されている．しかしながら，それ以外のセキショクヤケイおよび在来鶏は 6 つの分岐群（クレード）には分かれるものの，亜種や地域では全く区別されず，すべてが入り混じった形をとっている．図 II-9-19 において，各集団がそれぞれどの分岐群に含まれるかについては図 II-9-20 に示した通りである．

　これらの事実は，AKISHINONOMIYA のグループが結論づけたように G. g. gallus 亜種のみがニワトリの起源であるわけではなく，G. g. bankiva は除くほかないが，他の亜種も確実にニワトリの成立に関わっていることに結びつく．KANGINAKUDRU et al.（2008）はマイクロサテライト DNA

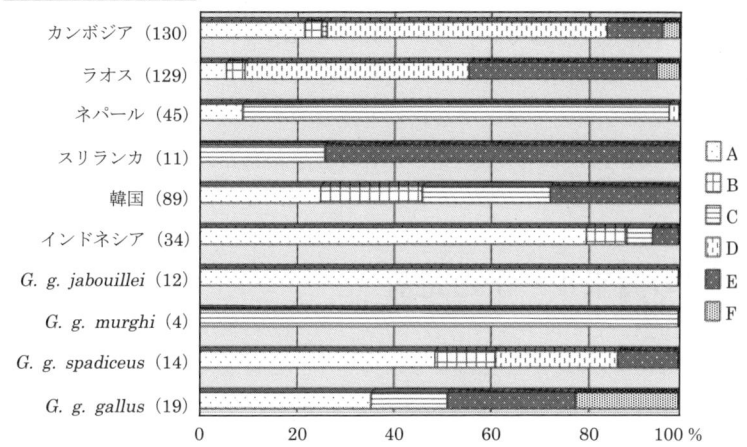

図 II-9-20 セキショクヤケイおよび各在来鶏の集団内におけるミトコンドリア DNA の D ループハプロタイプ群の構成割合.
A から F は図 II-9-19 の群別に対応する.

を用いた解析により，インド在来鶏の起源には *G. g. murghi* が大きく寄与しており，*G. g. spadiceus* と *G. g. gallus* の寄与も認められること，また，中国，日本，インドネシアの在来鶏は *G. g. gallus* と同じハプロタイプ群に属していることなどから，これらの3亜種が別々の地域で独立に家禽化されたと推定している．今後もさらに未解明な地域の在来鶏やヤケイのデータを蓄積することにより，亜種間の問題はより明らかになるであろう．

塩基配列解析とともに，DNA シーケンサー（sequencer）の発達に伴って解析が飛躍的に進んだ解析マーカーの一つにマイクロサテライト DNA がある．主に家畜家禽の連鎖地図を作成する上で汎用されるようになったという背景があるが，従来の縦列反復配列数の多型（VNTR）マーカーのように個体識別能にすぐれ，親子鑑定にもよく用いられることから，類縁関係の解析に用いた例も多い．*Gallus* 属における研究例では HILLEL *et al.* (2003) はセキショクヤケイを含めた 52 集団を比較している．その結果，セキショクヤケイがニワトリの祖先であることは確かであるが，どの亜種が最も貢献しているかについては今の段階では断定できず，今後更なる議論が必要と敢えて結論を避けている．

以上のように *Gallus* 属における DNA 多型を指標とした系統学的解析は，まだ未解明・未解決な点が多く残されている．まず，*Gallus* 属を含む鳥類のゲノムは性染色体が雌ヘテロの ZW 型をとっており，哺乳類における Y 染色体特異遺伝子の解析のように父系に特化した解析が望めない．mtDNA からの母系情報のみでは誤った結論を導きかねないという懸念が残る．第2に，ヤケイにおいて特に供試個体が少ないという点．現在までのところ，在来鶏やセキショクヤケイに関する情報および試料は蓄積されており，今後は実際に解析するだけである．しかし，ほかのヤケイ群，特にセキショクヤケイに次いで生息域が広いハイイロヤケイの情報・試料が著しく不足している．加えて，自然分布している「純粋のヤケイ」の純粋性の問題があるが，むしろこれ自体が家畜・野生原種研究の重要課題のひとつであろう．第3に解析方法に関する問題が挙げられる．DNA 多型を指標とした分析は，生化学的な側面についてはほぼコンセンサスが得られているが，分子系統学的あるいは集団遺伝学的解析という解析手法の問題に限らず，「得られた塩基

配列などのデータをどう扱うか」という問題がまだ残されたままである．系統樹を描く方法にしても数多く提案されており，それぞれの方法において長所短所が見られ，各研究者が採用するかどうかについて一定の判断基準となるものは現在のところ示されていない．しかしながら塩基配列といった，時間と場所を超えて誰とでも比較可能なデータはこれまでには得られなかったものであり，その分析は今後も継続されていくべきものと思われる．

(4) 日本鶏の渡来ルートと定着

ニワトリは，南アジアの地域からどのように世界中へと広まったのであろうか．これについては，図II-9-21に示すように3方向への進出が考えられている（西田，1967；野澤・西田，1970）．

第1のルートは西へと向かった．インドからペルシャ，エジプト，そしてエジプトから2つに分かれた．すなわち，ギリシャおよびローマを経てヨーロッパさらには新大陸という経路とエジプトからアフリカ大陸へと拡散してゆく経路である．これらの中で最も早いと記録されている伝播地域はペルシャではなく不思議なことにエジプトである（加茂，1973）．古代エジプト，第18王朝のトトメス三世の時代（B.C. 1,501〜1,447年）に，毎日卵を産むニワトリが記録されている．また，同王朝のツタンカーメン王（B.C. 1,358〜1,350年）の墓が1922年にカーターによって発掘された際，陶器に描かれたニワトリがみつかっている．この時期，西アジアにはまだニワトリは広まっておらず，エジプトへは陸路ではなく海路によって運ばれたと考えられている．しかし，エジプトにおけるニワトリに関係するその後の資料はみつかっていない．再びエジプトにニワトリが出現するのはB.C. 1,000年ごろで，陸路に沿ってシリアから伝えられている．ヨーロッパ大陸に本格的にニワトリが移動してくるのは，B.C. 1世紀ごろでローマの植民にともなってのことである．新大陸への進出ははるかに遅れ，コロンブスによる第2回遠征（1493年）まで待つことになる．一方，アフリカ大陸への1つのゲートであるエジプトからの広がりは北アフリカに限られ，ナイル川をさかのぼることはなかったとされている．中央アフリカから南の地域へは，この第1のルートを介さず，海路を通してインド，アラビア諸国からアフリカ東海岸へ，あるいはポルトガルより西海岸へとたどり着いたものが広まったという見解がもたれている．

第2のルートは南へと伸びている．マレー半島からインドネシアなどの東南アジアの島々を経てミクロネシア，メラネシアへともたらされたと考えられている．しかし，この経路について家畜文化史的な資料はほとんどない．上記の島々の先にはオーストラリア大陸があり，この土地の先住民たちはニワトリをもっていなかった．オーストラリアへは，18世紀ごろにヨーロッパ人によっ

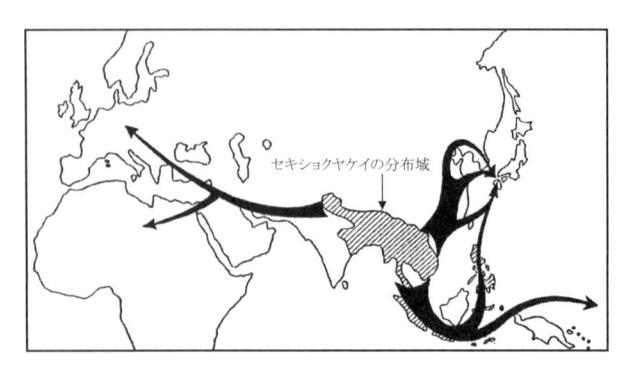

図II-9-21 ニワトリ飼養文化の伝播とわが国への渡来経路．（西田，1967）

て運ばれたのが最初とされている.

第3のルートは北へと進んだ. インドシナ半島から雲南, 四川, 広西省から中国大陸全域, 朝鮮半島, そして日本というルートである. 中国はエジプトと同様, 南アジアについで古いニワトリの歴史をもっている. 殷の時代 (B.C. 1,300～1,050年) の甲骨文字にニワトリを表す記号がみつかっており, このころにはすでにニワトリが飼われていたことになる. すると中国大陸へのニワトリの進出は, さらに前の時期と考えられる. しかし, 中国南西部の雲南省は, セキショクヤケイが生息している地域である. ここで, ヤケイがそのまま家畜化されたという考え方も可能であるように思える.

日本への渡来経路を示す考古学的資料は, いまのところみあたらない. ニワトリの登場する最も古い記述は, 『日本書紀』および『古事記』のなかの神話にある. また, 4世紀終わりころの古墳周辺から, 埴輪鶏や遺骨が出土している (図 II-9-22). この時期より少し前の時代からニワトリが飼われていたことは間違いない. しかし, ニワトリが明確にどこからもたらされたかを示す証拠は存在しない.

古代日本文化の成り立ちを思い浮かべ, 前述の南アジアからのニワトリ伝播ルートをながめると, 第3のルート, インドシナ半島から中国大陸, 朝鮮半島そして日本という経路が受け入れやすく, また事実かなりの支持を得ている. 一方, 第2のルート, すなわち南への伸展を途中から分岐させれば, 海上を島伝いに北上する経路も考えられる.

野澤・西田 (1970) は, 日本およびその周辺地域に飼われている在来のニワトリの羽色と羽装, 冠および脚色などの遺伝形質を調査し, ニワトリのもつ遺伝子の渡来経路を推定した. その結果, 外部形質を支配しているほとんどの遺伝子は朝鮮半島を経由しており, 第3のルートを支持するものであったが, 黒色および銀色の羽色を発現する E および S 遺伝子は第2のルートに結びつくものであった (第 I 部, 図 I-4-8 参照). また, 藤尾 (1972) は, ニワトリの B 血液型遺伝子について同様の視点から考察したところ, 朝鮮半島由来および台湾, 南西諸島由来の遺伝子に分けられることを示し, 日本のニワトリは, 両ルートからもち込まれた遺伝子が混じりあってつくられたものであると述べている.

わが国で作出された日本鶏は, 古くから飼われていた地鶏をはじめ, 徳川末期までに作出されており, 欧米のニワトリの影響を受けていないことから, 在来鶏の範疇に入れられている. 小穴 (1951) によると, 外国から最初に渡来した品種は小国で, その時期は平安時代の初期

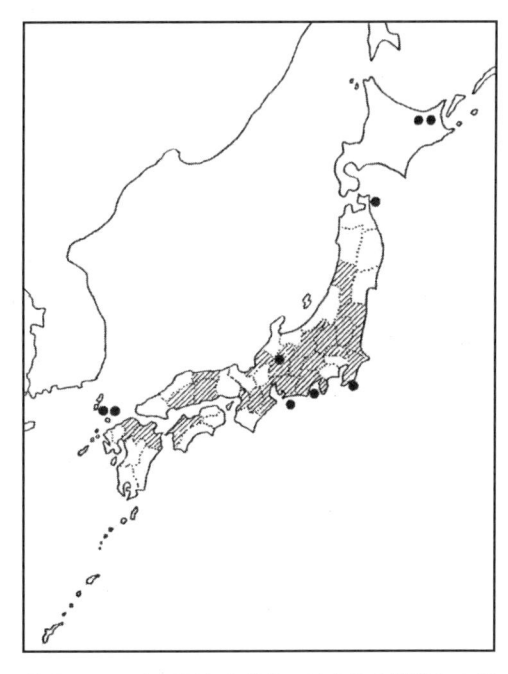

図 II-9-22 わが国におけるニワトリの埴輪および遺骨出土地.
埴輪出土地 (府県単位) を斜線で, 遺骨出土地を●で示した. (芝田, 1969を改変)

であろうと述べている．中国に渡った遣唐使により寧波府昌国(にんぽうふしょうこく)（今の舟山島定海付近）より最初京都にもたらされ，昌国がそのまま小国になったともいわれている．しかし，橋口による聞き取り調査（1986）では，小国あるいは昌国という品種を知る者はなく，中国には小国と同品種のニワトリは存在しないようである．『古事記』に長鳴鳥(ながなきどり)としてはじめて登場したニワトリは，夜明けの時を告げるので，光や太陽の崇拝の対象として扱われている．また，「鶏合わせ」とよばれた闘鶏は，勝敗を決めることによって神意を探り吉兆を占う神事であり，時には士気を鼓舞するためのものであった．闘鶏が本格的にさかんになるのは平安時代以降といわれ，宮中はもとより一般庶民の間にも浸透していった．

　ニワトリを飼うためには，その餌としてなんらかの穀物が必要である．この意味からニワトリは定住農耕民族の家畜であり，遊牧民族に随伴する家畜ではないといえる．わが国において，3，4世紀ごろに伝来した青銅器文化は，同時に農耕文化も強力に推し進めていった．それに伴いニワトリは，神聖な動物としての役割から徐々に開放され，農家の家畜としての顔を見せはじめるのである．ニワトリがいつごろから食されていたかを知る手がかりは，皮肉にもニワトリを食べることを禁止した史実をみつけることにより得られる．奈良時代，天武天皇の仏教による殺生禁断の詔(みことのり)（674年）に「四月から九月三十日まで牛，馬，犬，猿，鶏の宍(しし)を食うこと莫(なか)れ」とある．これは，明らかに人々がニワトリを食べていた証拠であり，ニワトリが神格化された偶像，すなわち手を触れることのできない存在からしだいに身近な食の対象として変わってきたことを物語っている．以後，このような詔はたびたび出されているようである．しかし，ニワトリが太陽崇拝の象徴としての意義を失ったとはいえ，彼らの主な役割は依然として時を知らせたり，闘鶏にあったのであり，ニワトリから得られる肉および卵といった生産物は人々にとってあくまで副産物であった．ニワトリの生産物が改めて注目されるようになるのは，明治時代になってからである．

文献

AHLAWAT, S. P. S., KHANNA, N. D., PANI, P. K. and TANDON, S. N.（1984）Red cell carbonic anhydrase polymorphism in chickens. Indian J. Anim. Sci., 54：1185-1187.

AKISHINONOMIYA, F., MIYAKE, T., SUMI, S., TAKADA, M., OHNO, S. and KONDO, N.（1994）One subspecies of the red jungle-fowl（*Gallus gallus gallus*）suffices as the matriarchic ancestor of all domestic breeds. Proc. Natnl. Acad. Sci. USA, 91：12505-12509.

AKISHINONOMIYA, F., MIYAKE, T., TAKADA, M., SHINGU, R., ENDO, T., GOJOBORI, T., KONDO, N. and OHNO, S.（1996）Monophyletic origin and unique dispersal patterns of domestic fowls. Proc. Natnl. Acad. Sci. USA, 93：6792-6795.

BAKER, C. M. A., CROIZIER, G., STRATIL, A. and MANWELL, C.（1970）Identity and nomenclature of some protein polymorphisms of chicken eggs and sera. *In*：Advances in Genetics.（CASPARI, E. D., *ed.*）Academic Press Inc., New York. 15：147-174.

BALL, S. C.（1933）Jungle Fowls from Pacific Islands. Bernice P. Bishop Museum Bulletin, No. 108. pp.1-121.

BEEBE, W.（1931）Pheasants：Their Lives and Homes, vol. 1. Doubleday, New York.

BRILES, W. E., MCGIBBON, W. H. and IRWIN, M. R.（1950）On multiple alleles effecting cellular antigens in the chicken. Genetics, 35：633-652.

BUVANENDRAN, V.（1967）Egg white polymorphisms and economic characters in the domestic fowl. British Poultry Science, 8：119-126.

CAM, A. E. and COOPER, D. W.（1978）Autosomal inheritance of phosphoglycerate kinase in the domestic chicken（*Gallus domesticus*）. Biochem. Genet., 16：261-270.

CRAWFORD, R. D.（1990）Origin and history of poultry species. *In*：Poultry Breeding and Genetics.（CRAWFORD, R. D., *ed.*) Elsevier, Amsterdam. pp. 1-42.

Darwin, C. (1868) The Variation of Animals and Plants under Domestication. Murray.（阿部余四男訳（1937）育成動植物の超異．岩波書店，東京）

Delacour, J. (1977) The Pheasants of the World (2nd ed.). Super Publications, Hindhead, Surrey.

Desjardins, P. and Morais, R. (1990) Sequence and gene organization of the chicken mitochondrial genome : a novel gene order in higher vertebrates. J. Mol. Biol., 212 : 599-634.

藤尾芳久（1972）日本鶏の血液型と渡来経路．在来家畜調査団報告，5：5-12.

Grunder, A. A. (1968) Inheritance of electrophoretic variants of serum esterases in domestic fowl. Can. J. Genet. Cytol., 10 : 961-967.

Grunder, A. A. (1990) Genetics of biochemical variants in chickens. *In* : Poultry Breeding and Genetics. (Crawford, R. D., *ed.*) Elsevier, Amsterdam. pp. 239-255.

Grunder, A. A. and Hollands, K. G. (1978) Inheritance of adenosine deaminase variants in chickens and turkeys. Anim. Blood Grps Biochem. Genet., 9 : 215-222.

橋口　勉（1986）日本鶏の起源．「日本人のための生物資源のルーツを探る」筑波書房，東京．pp. 123-182.

Hashiguchi, T., Nishida, N., Hayashi, Y., Maeda, Y. and Mansjoer, S. S. (1993) Blood protein polymorphisms of native and jungle fowls in Indonesia. AJAS, 6 : 27-35.

橋口　勉・西田隆雄・林　良博・Mansjoer, S. S.（1983）インドネシアにおける在来鶏赤色野鶏および緑襟野鶏の血液蛋白質型．在来家畜研究会報告，10：190-203.

橋口　勉・岡本　新・西田隆雄・林　良博（1984）血液蛋白質型からみた鶏の類縁関係について．文部省科学研究費補助金総合研究（A）研究成果報告書，pp. 132-143.

橋口　勉・岡本　新・西田隆雄・林　良博・後藤英夫・Cyrill, H. W.（1986）スリランカにおける野鶏および在来鶏の血液蛋白質型．在来家畜研究会報告，11：193-207.

Hashiguchi, T., Shiihara, K., Maeda, Y. and Taketomi, M. (1979) Genetic control of erythrocyte esterase isozyme (Es-8) in the chicken. Jap. Poult. Sci., 16 : 166-171.

橋口　勉・恒吉　満・西田隆雄・東上床久司・平岡英一（1981）血液タンパク質型からみた鶏の遺伝子構成．日畜会報，52：713-729.

Hashiguchi, T., Yanagita, M., Maeda, Y. and Taketomi, M. (1970) Genetical studies on serum amylase isozyme in fowls. Jap. J. Genet., 45 : 314-349.

Hillel, J., Groenen, M. A. M., Tixier-Boichard, M., Korol, A. B., David, L., Kirzhner, V. M., Burke, T., Barre-Dirie, A., Crooijmans, R. P. M. A., Elo, K., Feldman, M. W., Freidlin, P. J., Mäki-Tanila, A., Oortwijn, M., Thomson, P., Vignal, A., Wimmers, K. and Weigend, S. (2003) Genet. Sel. Evol., 35 : 533-557.

Hutt, F. B. (1949) Genetics of the Fowl. McGraw Hill, New York.

Ivanyi, J. (1975) Polymorphism of chicken serum allotypes. J. Immunogenet., 2 : 69-78.

Jeffreys, A., Wilson, V. and Thein, S. L. (1985) Individual-specific "fingerprints" of human DNA. Nature, 316 : 76-79.

Juneja, R. K., Gahne, B., Kuryl, J. and Gasparska, J. (1982) Genetic polymorphism of the vitamin D-binding protein and a pre-transferrin in chicken plasma. Hereditas, 96 : 89-96.

加茂儀一（1973）家畜文化史．法政大学出版局，東京．

Kanginakudru, S., Metta, M., Jakati, R. D. and Nagarajyu, J. (2008) Genetic evidence from Indian red jungle fowl corroborates multiple domestication of modern day chicken. BMC Evolutionary Biol., 8 : 174. (This article is available from : http://www.biomedcentral.com/1471-2148/8/174)

加藤嘉太郎（1990）家畜比較解剖図説（改訂第2版）．養賢堂，東京．

河邊弘太郎・山部桂子・下堀正英・Bun, T.・Chea, B.・Chhum Phith, L.・下桐　猛・岡本　新・田浦　悟・前田芳實・橋口　勉・並河鷹夫（2006）カンボジア在来鶏のミトコンドリアDNA多型解析．日本畜産学会第106回大会講演要旨，pp. 52.

Kimball, E. (1952a) Genetic relation of extended black to wild type plumage in the fowl. Poult. Sci., 31 : 73-79.

Kimball, E. (1952b) Wild type plumage pattern in the fowl. J. Hered., 43 : 129-132.

Kimura, M. (1970) Electrophoresis of eserine resistant esterases in chickens. Jap. Poult. Sci., 7 : 126-130.

Kimura, M., Goto, Y. and Isogai, I. (1979) Alkaline phosphatase isozyme system, Akp-2, in the chicken. Jap. Poult. Sci., 16 : 266-270.

Kinoshita, K., Okamoto, S., Shimogiri, T., Kawabe, K., Kakizawa, R., Yamamoto, Y. and Maeda, Y. (2002) Gene constitution of egg white proteins of native chicken in Asian countries. Asian-Aust. J. Anim. Sci., 15 : 157-165.

Koch, C. (1986) A genetics polymorphism of the complement component factor B in chickens not linked to the major histocompatibility complex (MHC). Immunogenetics, 23 : 364-367.

KOMIYAMA, T., IKEO, K. and GOJOBORI, T. (2003) Where is the origin of the Japanese gamecocks? Gene, 317: 195-202.

KOMIYAMA, T., IKEO, K. and GOJOBORI, T. (2004a) The evolutionary origin of long-crowing chicken: its evolutionary relationship with fighting cocks disclosed by the mtDNA sequence analysis. Gene, 333: 91-99.

KOMIYAMA, T., IKEO, K., TATENO, Y. and GOJOBORI, T. (2004b) Japanese domesticated chickens have been derived from Shamo traditional game cocks. Mol. Phylogenet. Evol., 33: 16-21.

KURYL, J. and GAHNE, B. (1976) Observations on blood plasma postalbumins and hatchability of chickens. Anim. Blood Grps Biochem. Genet., 7: 241-246.

KURYL, J., JUNEJA, R. K. and GAHNE, B. (1986) A fourth allele in the plasma esterase-1 (Es-1) system of the domestic fowl. Anim. Genet., 17: 89-94.

LANDSTEINER, K. and MILLER, C. P. (1924) On individual differences in the blood of chickens and ducks. Proc. Soc. Exp. Biol. Med., 22: 100-102.

LAW, C. R. J. (1967) Alkaline phosphatase and leucine aminopeptidase association in plasma of the chicken. Science, 156: 1106-1107.

LAW, C. R. J. and MUNRO, S. S. (1965) Inheritance of two alkaline phosphatase variations in fowl plasma. Science, 149: 1518.

LEKAGUL. B. (1968) Bird Guide of Thailand. Printed with the advance of the Association for the Conservation of Wildlife, Bangkok.

LEKAGUL, B. and ROUND, P. D. (1991) A Guide to the Birds of Thailand. Saha Karn Bhaet Co. Ltd., Bangkok.

LIU, Y.-P., WU, G.-S., YAO, Y.-G., MIAO, Y.-W., LUIKART, G., BAIG, M., BEJA-PEREIRA, A., DING, Z.-L., PALANICHAMY, M. G. and ZHANG, Y.-P. (2006a) Multiple maternal origins of chickens: out of the Asian jungles. Mol. Phylogenet. Evol., 38: 12-19.

LIU, Y.-P, ZHU, Q. and YAO, Y.-G. (2006b) Genetic relationship of Chinese and Japanese gamecocks revealed by mtDNA sequence variation. Biochem. Genet., 44: 18-28.

LOUVIER, R. (1937) Histogénése des appendices catané céphaliques et de l'ergot du coq domestique. pp. 222. Ph. D. Thesis, Paris. (LUCAS, A. M. and STETTENHEIM, P. R., 1972 より引用)

LUKAS, A. M. and STETTENHEIM, P. R. (1972) Avian Anatomy. Integument Part I, II. U.S. Government Printing Office, Washington, D.C.

前田芳實・石原勝博・山本義雄・橋口　勉・西田隆雄・RAJBHANDARY, H. B. (1992) ネパール在来鶏における卵白蛋白質の多型現象の分析．在来家畜研究会報告，14：235-244.

MAEDA, Y., OKADA, I., HASNATH, M. A., FARUGUE, M. O., MAJID, M. A. and ISLAM, M. N. (1987) Blood protein polymorphisms of native fowl and red jungle fowl in Bangladesh. Genetic Studies on Breed Differentiation of the Native Domestic Animals in Bangladesh, 2: 27-45. Hiroshima University.

MOISEYEVA, I. G. (1988) Ancient evidence for the origin and distribution of domestic fowl. In: Proc. 10th European Conf. "The Poultry Industry towards the 21st Century". vol. I, Jerusalem, 21-28 June 1998. pp. 244-245.

日本獣医解剖学会編 (1998) 家禽解剖学用語．日本中央競馬会.

NISHIBORI, M., HANAZONO, M., YAMAMOTO, Y., TSUDZUKI, M. and YASUE, H. (2003) Complete nucleotide sequence of mitochondrial DNA in chicken, White Leghorn and White Plymouth Rock. Anim. Sci. J., 74: 437-439.

NISHIBORI, M., SHIMOGIRI, T., HAYASHI, T. and YASUE, H. (2005) Molecular evidence for hybridization of species in the genus *Gallus* except for *Gallus varius*. Anim. Genet., 36: 367-375.

NISHIBORI, M., WIN, M., MANNEN, H., YAMAGATA, T., TANAKA, K., SUZUKI, Y., KUROSAWA, Y., NOZAWA, K., HLA, T., DAING, T., NYUNT, M. M., YAMAMOTO, Y. and MAEDA, Y. (2004) Complete sequence of mitochondrial D-loop region of red junglefowls (*Gallus gallus*) and their genetic diversity in Myanmar and its neighbor countries. Rep. Soc. Res. Native Livestock, 21: 213-223.

西堀正英・安江　博 (2005) キジ目鳥類における種間雑種の存在．動物遺伝育種研究，33：67-78.

西堀正英・安江　博・都築政起・山本義雄・野澤　謙・黒澤弥悦・PHOUTHAVONGS, K.・万年英之・黒岩麻里・岡田幸男・山縣高宏・BOUAHOM, B.・並河鷹夫 (2002) ラオスおよびその近隣国における在来鶏およびヤケイの分子系統学的解析．在来家畜研究会報告，20：25-34.

西田隆雄 (1967) 東亜における野鶏の分布と東洋系家鶏の成立について．日本在来家畜調査団報告，2：2-24.

NISHIDA, T. (1980) Ecological and morphological studies on the jungle fowl in Southeast Asia. In: Biological Rhythms in Birds: Neural and Endocrine Aspects. (TANABE, Y. *et al., eds.*) Japan Sci. Soc. Press, Tokyo, Springer-Verlag. Berlin. pp. 301-303.

西田隆雄・AZMI, T. I.・MUSTAFFA-BABJEE, A.・BABJEE, S. M. A. (1976) マレーシア連邦における野鶏と在来鶏の相互関係．(1) マレーシア連邦の野鶏の分布と亜種の同定．在来家畜研究会報告，7：29-33.

NISHIDA, T., HAYASHI, Y., SHOTAKE, T., MAEDA, Y., YAMAMOTO, Y., KUROSAWA, Y., DOUGE, K. and HONGO, A. (1992) Morphological identification and ecology of the red jungle fowl in Nepal. Anim. Sci. Technol. (Jpn.), 63: 249-255.

西田隆雄・野澤　謙（1969）台湾在来鶏の形態学的ならびに遺伝学的調査．在来家畜研究会報告，3：137-145.

西田隆雄・大塚閏一・西中川　駿・林　良博（1974）タイ国における在来鶏の形態学的研究．在来家畜研究会報告，6：132-143.

野澤　謙・西田隆雄（1970）日本とその周辺地域の在来家畜の由来．科学，40：5-12.

野澤　謙・西田隆雄（1981）家畜と人間．出光書店，東京.

小穴　彪（1951）日本鶏の歴史．日本鶏研究社，東京.

OGDEN, A. L., MORTON, J. R., GILMOUR, D. G. and MCDERMID, E. M. (1962) Inherited variants in the transferrins and conalbumins of the chicken. Nature, 195: 1026-1028.

OKA, T., INO, Y., NOMURA, K., KAWASHIMA, S., KUWAYAMA, T., HANADA, H., AMANO, T., TAKADA, M., TAKAHATA, N., HAYASHI, Y. and AKISHINONOMIYA, F. (2007) Analysis of mtDNA sequences shows Japanese native chickens have multiple origins. Anim. Genet., 38: 287-293.

岡田育穂・橋口　勉・伊藤慎一（1984）鶏の家禽化と品種分化に関する研究―特に日本鶏の類縁関係について―．昭和57・58年度文部省科学研究費補助総合研究（A）研究成果報告書（京都大学霊長類研究所），pp. 121-131.

OKADA, I. and MATSUMOTO, K. (1962) Fitness of the genotypes at the B locus determining the blood grouping of chickens. Jpn. J. Genet., 37: 267-275.

岡田育穂・新城明久・山本義雄・木村　茂・平岡英一（1988）日本鶏の品種内分化に関する研究．昭和60-62年度科学研究費補助金（総合研究A）研究成果報告書（広島大学生物生産学部），pp. 110-120.

OKADA, I., YAMAMOTO, Y., HASHIGUCHI, T. and ITO, S. (1984) Phylogenetic studies on the Japanese native breeds of chickens. Jpn. Poult. Sci., 21: 318-329.

岡本　新（2001）アニマルサイエンス⑤ニワトリの動物学．東京大学出版会，東京．p. 16.

OKAMOTO, S., MAEDA, Y. and HASHIGUCHI, T. (1988) Analysis of the karyotypes of four species of jungle fowls. Jpn. J. Zootech. Sci., 59: 146-151.

OKAMOTO, S., MAEDA, Y. and HASHIGUCHI, T. (1994) Chromosome studies on four species of jungle fowls. Proc. 7th AAAP, Vol. III: 13-14.

岡本　新・中山統雄・前田芳實・橋口　勉（1991）アオエリヤケイ（雄）と岐阜地鶏（雌）から得られた交雑種（F_1）の染色体．日畜会報，62：735-741.

PESTI, D., HASLER-RAPACZ, J., RAPACZ, J. and MCGIBBON, W. H. (1981) Immunogenetic studies on low-density lipoprotein allotypes in chickens (Lcp1 and Lcp2). Poult. Sci., 60: 295-301.

RUBINSTEIN, P., de HAAS, L., PEVZNER, I. Y. and NORDSKOG, A. W. (1981) Glyoxalase 1 (GLO) in the chicken: genetic variation and lack of linkage to the MHC. Immunogenetics, 13: 493-497.

斉藤　章（1977）日本鶏―歴史と観賞・飼い方―．農業図書株式会社，東京.

SHABALINA, A. T. (1972) Genetic polymorphism of blood catalase in fowls. Proc. 12th Eur. Conf. Anim. Blood Grps Biochem. Polymorph. (Budapest, 1970), pp. 481-483.

SHABALINA, A. T. (1977) Polymorphism of haptoglobins in chicken. Anim. Blood Grps Biochem. Genet., 8: 23.

芝田清吾（1969）日本古代家畜史の研究．学術書出版会，東京.

SHOTAKE, T., OHKURA, Y., TAMAKI, T. and AZMI, T. I. (1976) Blood protein polymorphism of jungle fowl, native fowl and their hybrid. Rep. Soc. Res. Native Livestock, 7: 65-69.

SIBLEY, C. G. and MONROE, B. L. Jr. (1990) Distribution and Taxonomy of Birds of the World. (SIBLEY, C. G. and MONROE, B. L., Jr, *eds.*), Yale Univ. Press, London.

STRATIL, A. (1970a) Prealbumin locus in chickens. Anim. Blood Grps Biochem. Genet., 1: 15-22.

STRATIL, A. (1970b) Genetic polymorphisms of proteins in different breeds and different populations of chickens. Anim. Blood Grps Biochem. Genet., 1: 117-122.

TANABE, H. and OGAWA, N. (1980) Comparative studies on physical and chemical property of avian eggs. 4. Horizontal polyacrylamid gradient gel electrophoretograms of chicken (*Gallus domesticus*), quail (*Coturnix coturnix japonica*), golden pheasant (*Chrysolophus pictus*), silver pheasant (*Gennaeus nycthemerus*), duck (*Anas platyrhyncos domestica*), muscovy duck (*Cairina moschata*) and pigeon (*Columba livia*) egg yolk. Jap. Poult. Sci., 17: 109-115.

田名部雄一・新城明久・菊池修二・長田芳枝・平澤章子・龍田　健（1988）日本鶏，特に岐阜地鶏，岩手地鶏，ウタイチャーンの生化遺伝学的研究．昭和60-62年度科学研究費補助金（総合研究A）研究成果報告書（広島大学生物生産学部），pp. 121-129.

田名部雄一・杉浦秀次・伊藤和喜（1977）日本鶏の蛋白質多型による品種の相互関係と系統に関する研究．I 血漿

アルブミン・エステラーゼ・アルカリ性ホスファターゼの多型現象．家禽会誌，14：19-26.
Vajok-Kasikij, L. S. (1960) Poultry production in Thailand. Proc. 9th Pacific Science Congress.
Washburn, K. W. (1968) Inheritance of an abnormal hemoglobin in a random-bred population of domestic fowl. Poult. Sci., 47 : 561-564.
Watanabe, S. (1982) Studies on the polymorphism of protein and isozyme in the three species of jungle fowls. Reported by Grant-in Aid for Co-operative Research (No. 504126, No. 5604355) from the Ministry of Education, Science and Culture of Japan, pp. 9-20.
West, B. and Zhou, B-X. (1988) Did chickens go north? New evidence for domestication. J. Archeol. Sci., 15 : 515-533.
Yamashita, H., Okamoto, S., Maeda, Y. and Hashiguchi, T. (1994) Genetic relationships among domestic and jungle fowls revealed by DNA fingerprinting analysis. Jap. Poult. Sci., 31 : 335-344.
保田幹男（2002）家鶏・野鶏解剖学図説．東京大学出版会，東京．
全国日本鶏保存会編（1977）日本鶏審査標準（平成9年版）．全国日本鶏保存会，神奈川．

（岡本　新・西田隆雄・橋口　勉）

II-10 アヒル
―東アジアにおける家禽化と品種分化―

(1) 家禽化

アヒルはマガモ（*Anas platyrhynchos*）から家禽化された．マガモはユーラシア大陸に広く分布している渡り鳥である．日本に渡ってくるマガモは9～10月から3～4月の約半年間，日本の沼沢地で過ごし，夏はカムチャツカ，シベリアに渡り，繁殖する．雄は青頸，体躯は灰色で，雌は全体が赤褐色で黒点がある．典型的な性的2型を示す．この羽毛色は，中国の麻鴨や，日本のアオクビアヒル（青頸）などに見られる．

マガモの繁殖期には雄，雌は番になる．雌は10～12個の卵を産むと抱卵をはじめ，28日で孵化する．抱卵をはじめると雄は去り，抱卵も育雛も雌がおこなう．巣が壊されたり，雛が殺されたりすると，雌はまた卵を産み足す．また，繁殖形態が一夫一妻型のため，雄の闘争心は一夫多妻型であるニワトリ（野生原種：セキショクヤケイ）よりも弱い（CLAYTON, 1984）．

マガモの家畜化は中国で約3,000年前に始まったとされている．河南省安陽で発見された殷（商）代頃のB.C. 11世紀（約3,000年前）の石製アヒル像を図II-10-1-1に示した．また，内蒙古で発見された西周代（B.C. 11世紀～B.C. 771年）の青銅製アヒル像を同図-2に，河南省安鄭州で発見された戦国時代（B.C. 475～B.C. 221）の石製アヒル像を同図-3に，山西省で発見された同じ頃の青銅製のアヒル像を同図-4に示した．また，江蘇省徐州で発見された後（東）漢（紀元後25～220年）の陶製のアヒル像を同図-5示した．これらのことから，中国が最も早期にアヒルを成立させていたことは確実である．その後，インドネシア，マレーシア，ベトナムなど

図II-10-1 中国古代のアヒル像．
1. 石鴨 河南省安陽出土 商代（陳, 1978） 2. 鴨形尊 青銅（高44cm, 長42cm） 遼寧省喀喇沁左盟蒙古族自治県出土（史, 1983） 3. 鴨 陶質（彩絵 高31.2cm, 盤径26.2cm） 河南省安鄭州二里丘墓葬出土 亙戦国（B.C. 475-B.C. 221）（史, 1983） 4. 水禽飾敦（附局部） 青銅（高15.3cm） 山西省渾源李峪村出土 亙戦国（B.C. 475-B.C. 221） 米国ワシントン美術館蔵（史, 1983） 5. 鴨 陶塑（高10cm, 長25.4cm）江蘇省徐州十里舗姑墩出土 東漢（A.D. 25-A.D. 220）江蘇南京博物院蔵（史, 1983）．

表 II-10-1 アヒルの羽毛色を支配する遺伝子座の対立遺伝子およびその表現型.

対立遺伝子	表現型 (優性>劣性)
$M^R>M^+>m^d$	制限 (淡い) >野生型 (青頸) >ダスキー (濃い)
$Li^+>li>li^h$	野生型 (濃い) >淡い>より淡い
$E>e^+$	黒>野生型 (黒でない)
$Bl>bl^+$	希釈>野生型 (希釈されない)
$D^+>d$ (伴性)	野生型>褐色の希釈 (黒から)
$Bu^+>bu$	野生型>バフの希釈
$C^+>c$	野生型>劣性白色
$S>s^+$	頸と胸の白 (よだれかけ) >野生型

Lancaster (1990).

東南アジアでは，飛来した別のマガモを家禽化して，別系統のアヒルを作り出したと考えられる（後述）．

一方，ヨーロッパでは12世紀までアヒルは知られておらず，マガモの家禽化はおこなわれなかった（Delacour, 1964）．アヒルがヨーロッパに多数入ってきたのは，バスコ・ダ・ガマが1497～99年に発見した喜望峰航路以後である（Harper, 1972）．また，ヨーロッパ（オランダ，イギリスなど）と東南アジアおよび東アジアの海上貿易が盛んになったのは17世紀以降である．この頃にヨーロッパに入ったアヒルは東南アジアのものと考えられる．また，ヨーロッパでの実用的なアヒルはすべてアジア起源で，ヨーロッパマガモから家禽化されたものはほとんどないとされている（Powell, 1988, 私信）．

また，アヒルの祖先としてカルガモ（*Anas poecilorhynca*）も関与したとの説があるが（Bo, 1988），その可能性は極めて低い．カルガモは雄も雌もマガモの雌と同じような全身赤褐色の羽装であり，自然状態でマガモの雄とカルガモの雌との交配はおこらない．人為的にカルガモの雄を交配したかもしれないが，アヒルの交尾は遊泳中におこなうので，カルガモとアヒルの交尾がおこる可能性は非常に低い．このような理由でマガモのみがアヒルの祖先種であると考えている研究者が多い（Clayton, 1984）．

マガモは家禽化されると飛翔能力が落ちる．また著しい体重増加がおき，就巣性を失い，産卵数が増加する（Clayton, 1984；田名部，1999）．一般に渡り鳥は渡りをさせないと，比較的容易に就巣性を失う．この現象は野生ウズラを捕えて飼育した場合にも認められる（河原，1976）．なお，アヒルは海上を渡るマガモの特性である海水を飲んで鼻腺からナトリウムを排泄する機構を，家禽化された後も失っていない．

アヒルの羽毛色は当初マガモ型（青頸）であったが，家禽化されるにしたがっていろいろな変異がでた．最も著しいのはペキン種や日本の改良大阪種で見られる白色羽毛で，これはC^+からの劣性突然変異遺伝子cによっている．これまでに見いだされた羽毛色を支配する8座位上の対立遺伝子を一括して**表 II-10-1**に示した（Lancaster, 1990）．マガモ羽毛色（野生型）に関与する8座位の遺伝子型は，M^+M^+, Li^+Li^+, e^+e^+, bl^+bl^+, $D^+D^+(D^+)$（伴性），Bu^+Bu^+, C^+C^+, s^+s^+である．カーキーキャンベル種の遺伝子型は，M^+M^+, Li^+Li^+, e^+e^+, bl^+bl^+, dd, Bu^+Bu^+, C^+C^+, s^+s^+である．ペキン種はC^+C^+がccになっているが，他の座位の遺伝子型は不明である．雌雄の性的2型は，エストロジェンの分泌で雌型になると考えられている．アヒルは水禽であり，通常交尾は遊泳中におこなわれる．また，湖沢や川などで採食することから，世界中の飼育地は水の豊富な所にあり，東および東南アジア，南アジア，ヨーロッパ，アメリカ，カナダ東部，メキシコ，アマゾン・ラプラタ両河など河に限られている（**図 II-10-2**）．

世界におけるアヒルの飼育数は近年増加している．FAO（1990）によると5.8億羽であったが，FAO（2006）では約2倍の10.6億羽に達している．この増加は中国とベトナムによるところが大きい．各国の飼養羽数を**表 II-10-2**に示す（FAO, 2006）．中国は世界の飼育数の69.2%を占めている．東および南アジアの飼育数は世界の88%を占め，アジア全体では90%を占めている．

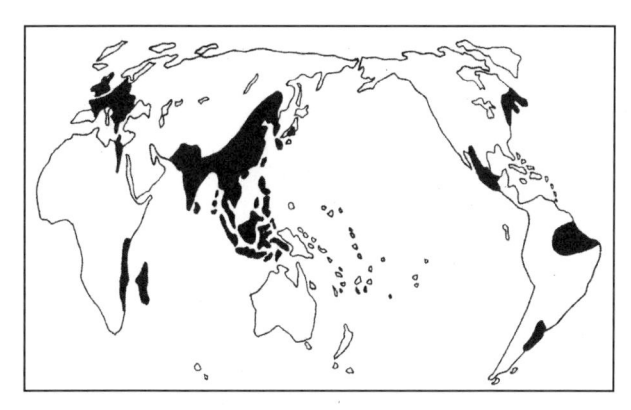

図 II-10-2　アヒルの世界分布.

表 II-10-2　世界のアヒル飼養羽数.

国　名	(× 1,000)
中国	732,019
ベトナム	64,380
インドネシア	34,612
インド	30,000
フランス	22,939
タイ国	20,844
マレーシア	16,000
バングラデシュ	11,700
フィリピン	11,147
エジプト	9,200
ミャンマー	9,112
ウクライナ	9,000
韓国	8,389
メキシコ	8,100
カンボジア	7,000
アメリカ合衆国	6,900
北朝鮮	5,500
ポーランド	4,895
ルーマニア	4,000
マダガスカル	3,800
ブラジル	3,550
その他	34,832
世界合計	1,057,919

FAO (2006).

　中国では卵も肉もともに利用し，ベトナム，インドネシアは肉が主であるが卵も利用している．これに対して，ヨーロッパ，アメリカ，カナダでは，利用は肉のみで，卵は人の食用には供していない．日本でも1995年には35万羽が飼育されていた．もっぱら肉用として利用されている．なお，世界の主要なアヒル品種の写真と説明については田名部（2005）を参照されたい．

(2)　東アジアにおける主要品種とその特色

　マガモとアジアのアヒル主要品種を図II-10-3(1)，(2)（カラー）に示す．

中国

　中国の鴨（アヒル）品種については鄭（1988）および徐・陳（2003）に記述されている．また，田名部（尚）（1985）にも記述されている．

　北京鴨（Beijin）：従来から北京にいた白色アヒルを近年肥育性と産卵性を図って改良した肉用品種である．1873年にアメリカ，イギリスに輸出されて成立したペキン種とは異なった品種となっている．2002年に北京市にいた種鳥は20万羽で，成体重は雄3.5～4.0 kg，雌3.0～3.5 kg，可食の内臓を含む屠体率81％，内臓抜きで74％である．約6ヶ月で初卵を産み，年産卵数は200～240個，卵重は85～92 gで卵殻は白い．成長も早く，1986年には49日齢で2.9 kgになった（ZHANG, 1988）．現在中国で全国的に飼育されている．

　紹興鴨（Shaoxin）：浙江省原産の採卵用アヒルで，中国東部で2,000万羽が飼育されている．羽色はマガモと似ているが頸に白い輪があるものとないものとがある．成体重は雄1.5 kg，雌1.5 kg，年間産卵数は250個であるが，300個を産む群も作出されている．初産日齢は140～150日，卵重は68 g，卵殻は白い．

　金足鴨（Jingding）：福建省原産の小型卵用品種で，羽色は雄青頸で，マガモ型である．2002年に350万羽が飼育されている．雄1.76 kg，雌1.73 kgで，年間産卵数は260～300個，卵重72 g，卵殻色は青色が多い．

図 II-10-3　マガモとアヒル品種（1）

1. マガモの雌（左）と雄（右）．アヒルの野生原種である．渡りをして，日本の上野不忍池に来ているものを撮影した（大高成元氏撮影）．雄は青頸（あおくび），雌は褐色で黒が入る．
2. 荊江麻鴨（Jinjian Maya）の雄（上）と雌（下），中国湖北省産．雄は典型的なマガモ型の羽装で青頸である．雌の羽色はマガモの雌と同じく，褐色に黒斑がでる．マガモのように性的2型を示すアヒルを麻鴨（マーヤ）と呼ぶ．
3. 紹興鴨（Shaoxin ya）の雄（上）と雌（下），中国浙江省産．雄は麻鴨型であるが頸に白の輪があるものがある．雌はマガモ雌型の羽色だが頸に白い輪があるものもある．
4. 大余鴨（Dayu ya）の雄（上）と雌（下），中国江西省原産．雄の羽色は濃い褐色で黒斑がある．雌の羽色は褐色で黒斑があるが，雄より色が淡い．
5. ナキアヒルの雄（右）と雌（左）．日本に古くからいるアヒルである．雄の羽色はマガモと同じく青頸で，雌もマガモ型で褐色に黒斑がある．

図 II-10-3　マガモとアヒル品種（2）

6. チレボン（Cirebon）雌．インドネシアのJava島中部（Cirebon）原産のアヒル品種．羽色は雄雌共に褐色である．
7. タシクマラヤ（Tasikmalaya）雄雌群．Java島西部原産のインドネシア産アヒル品種．雄は雌よりやや褐色が濃く，また尾の先が必ず巻いている．
8. ティガル（Tegal）雄雌群．インドネシアのJava島中部原産のアヒル．羽色は褐色であるが，雄は色が濃く，特に頸は黒っぽい．突立った姿をしている．
9. メダン（Medan）雄雌群．インドネシアのSumatra島北部（Medan）原産のアヒル品種．羽毛は統一されていない．褐色だけでなく，青頸に近いものや，黒色などがある．
10. モジョサリ（Mojosari）の雄雌群．インドネシアのJava島東部（Mojosari）原産のアヒル品種．羽毛は褐色であるが，雄は雌より濃い色をしている．
11. ペキン（Pekin）雄（手前）．これはデンマークから輸入されて，東京都畜産試験場江戸川支場に飼育されていたもので，羽色は白色．現在中国で飼育されている北京鴨（Beijin ya）は白色で同じような形をしているが肥育性ははるかによく，ここに撮影されたアヒルとは遺伝子構成も異なっている．
12. カーキーキャンベル（Khaki Campbell）の雄（左）と雌（右）．雄の羽色は濃いカーキ色で頸は青銅色で，マガモとは異なる．雌の羽色はカーキ色である．西マレーシア産のインディアンランナーをもとにして英国でつくられた品種で，高産卵性で有名である．このアヒルはオランダJansen農場から輸入したものである．

(図 II-10-3 (1))

(図 II-10-3 (2))

攸県麻鴨（Youxian Maya）：湖南省攸県の原産で，小型の麻鴨（マガモの羽装，体型を残したもの）である．2002年に50万羽飼育されている．成体重は雄1.17 kg，雌1.26 kgである．100～110日で初卵し，湖水放飼下で230～250個，舎飼いでは270～290個産卵する．卵重62 g，卵殻色は白が86％である．

荊江麻鴨（Jinjian Maya）：湖北省原産で，2002年に80万羽飼育されている．麻鴨で成体重は雄2.42 kg，雌2.50 kg，初産日齢は100日，年間産卵数214個，卵重は64 g，卵殻色は白が多い．

三穂鴨（Sansui）：主産地は貴州省である．卵用鴨で，羽色はマガモ型である．体格はやや長く船型である．成体重は雄1.69 kg，雌1.68 kg，初産日齢120日，年間産卵数240～260個，卵重65 g，卵殻色は白が多いが，緑もかなりある．

連城白鴨（Lincheng Bai）：主産地は福建省である．2002年に200万羽飼育されている．形は麻鴨に近いが，羽色は白，嘴と脚色は黒い．成体重は雄1.44 kg，雌1.32 kgである．初産日齢は120日，年間産卵数は250～270個，卵重58 gである．卵殻色は白が多いが少数は青色である．

莆田黒鴨（Putian Hei）：主産地は福建省で，2002年に100万羽飼育されている．小型で卵用種である．羽色は全身黒く，脚も黒い．嘴は墨緑色である．成体重は雄1.34 kg，雌1.63 kg，初産日齢は120日，年間産卵数270～290個，卵重73 g，卵殻色は白が多い．

高郵鴨（Gaoyou）：主産地は江蘇省．2002年に10万羽飼育されている．卵肉兼用種．体はやや長い．羽毛色は麻鴨型であるが，雄はかなり黒く，体は黒褐色である．大型で成体重は雄2.80 kg，雌2.50 kg．初産日齢は120～160日．500日齢までの年間産卵は206個，卵重85 g，卵殻色は白が多い．

建昌鴨（Jianchang）：主産地は四川省で，2002年に120万羽が飼育されている．肉用に偏ったアヒルでマガモ型の羽装色をしている．成体重は雄2.41 kg，雌2.04 kg．初産日齢は150～180日，年間産卵数140～150個，卵重73 g，卵殻色は青が60～70％を占める．

大余鴨（Dayu）：江西省大余県の原産．2002年に500万羽飼育されている．羽毛色は雌雄とも赤褐色で，雌はやや色が薄い．成体重は雄2.15 kg，雌2.11 kg．初産日齢は180日，500日齢までの年間産卵数190個，卵重73 g，卵殻色は白い．

巣湖鴨（Chaohu）：安徽省巣湖周辺が主産地．2002年に200万羽飼育されている．体躯は長めで，成体重は雄2.41 kg，雌2.13 kgである．初産日齢は150日，年間産卵数は160～180個，卵重70 g，卵殻色は白い．

山麻鴨（Shan Maya）：福建省の原産．2002年に800万羽飼育されている．羽色は雄が青頸でマガモ型である．成体重は雄1.43 kg，雌1.55 kg．初産日齢は108日，年間産卵数280～300個，卵重67 gである．

微山麻鴨（Weishan Maya）：山東省が主産地である．2002年に12,100羽飼育されている．小型の卵用種である．羽色はマガモ型である．成体重は雄1.80 kg，雌1.90 kg，初産日齢150～160日．年間産卵数は140～150個，卵重80 g．卵殻色は青緑と白色の両方がある．

淮南麻鴨（Huainam Maya）：河南省が主産地．2002年に1万羽飼育されている．中型の卵肉兼用種で，羽色はマガモ型である．成体重は雄1.55 kg，雌1.38 kg，年間産卵数は130個，卵重61 g．卵殻色は白色が多いが，10～20％は青色である．

恩施麻鴨（Enshi Maya）：湖北省恩施に多い．2002年に74万羽飼育されている．卵用の小型

品種で，羽色はマガモ型である．成体重は雄1.36 kg，雌1.62 kg．初産日齢は180日，年間産卵数は183個，卵重65 g．卵殻色は白が多い．

沔陽麻鴨（Mianyang Maya）：主産地は湖北省．2002年に10万羽飼育されている．卵肉兼用の大型品種で，羽色はマガモ型である．成体重は雄1.69 kg，雌2.09 kg．初産日齢は115～120日，年間産卵数は163個，卵重80 g．卵殻色は白が多い．

臨武鴨（Linwu）：主産地は湖南省臨武県．2002年に3万羽が飼育されている．頸に白帯があるが，褐色の羽毛をもち，雌は淡く黄褐色である．成体重は雄1.65 kg，雌1.60 kg．初産日齢は140～150日，年間産卵数は180～200個，卵重67 g．卵殻は乳白色が多い．

靖西大麻鴨（Jingxi Da Maya）：広西省靖西県などに2002年に8,000羽飼育されている．羽色は褐色―黒白などまちまちで，羽色はマガモ型も見られる．成体重は雄2.66 kg，雌2.47 kg．卵殻色は白が多い．

広西小麻鴨（Guangxi Xiao Maya）：主産地は広西省．2002年に200万羽が飼育されている．羽色はマガモ型である．成体重は雄1.41 kg，雌1.80 kg．初産日齢は130～140日，年間産卵数は200～220個，卵重65 g．卵殻色は白が多い．

四川麻鴨（Sichuan Maya）：四川省にいる．2002年に200万羽が飼育されている．羽色はマガモ型である．成体重は雄1.67 kg，雌1.85 kg．初産日齢は150日，年間産卵数は150個，卵重73 g．卵殻色は白が多い．

興義鴨（Xingyi）：貴州省西南部にいる．2002年に30万羽が飼育されている．羽色は90％の雄が緑頭のマガモ型である．成体重は雄1.62 kg，雌1.56 kg．初産日齢は春孵化で150日，秋孵化で190日．年間産卵数は170～180個，卵重70 g．卵殻は乳白色が多い．

雲南麻鴨（Yunnan Maya）：主産地は雲南省．2002年に17万羽が飼育されている．羽色がマガモ型の卵肉兼用種である．成体重は雄1.58 kg，雌1.55 kg．初産日齢は150日，年間産卵数は120～150個，卵重72 g．卵殻は淡緑色，緑色，白色の3つがある．

漢中麻鴨（Hanzhong Maya）：陝西省，漢江両岸が主産地．2002年に12万羽が飼育されている．羽色はマガモ型である．成体重は雄1.17 kg，雌1.16 kg．初産日齢は160～180日，年間産卵数は220個，卵重68 g．卵殻色は白が多い．

菜鴨（Tsai）：台湾の代表的な卵用アヒルで，在来の褐色と後に出た白色の2系統がある．これらは対岸の中国本土から入ったアヒルがもとになったと考えられる．白色菜鴨は褐色菜鴨にわずかに見られた白色突然変異種（cc）を選抜して得られた．褐色（薄い褐色が多い）の初産日齢は120日である．卵重は67 g，産卵率は85～90％である．白色菜鴨は初産130日，卵重69 g，産卵率は80％である．

日本

日本の文献に初めて出てくるのは，承安2年（1172年）の『鴨合』（かもあわせ）であるが，この鴨はアヒルかマガモかはっきりしない．『古今著聞集』（1254年）に「もろこしの鴨」という言葉があるので，アヒルは中国から入ったようである．1172年であれば平清盛の頃であるし，1254年であれば中国の南宋の時代の交易により入ったと思われる．この後であれば室町時代の足利義満以降と考えられる．この頃「明」との交易が再開している．豊臣秀吉の時代になるとアヒルの飼育は確実におこなわれており，『和漢三才図会』（寺島良安，1712）にも記述がある．アヒルの名は足

広（アシヒロ）から転じたとされている（衣川，1931）．

アオクビ（青頸）アヒル：日本の在来種でマガモと同じ羽毛色をしている．成体重は雄 3.7 kg，雌 3.3 kg．産卵数は年間 60 個前後である．性成熟は 5〜7 ヶ月である．現在の飼育羽数は少ない．

改良大阪アヒル：大阪府立種鶏場で在来種の白色アヒルをもとにし，卵肉兼用として大阪アヒルが作られた．その後アメリカから輸入されたペキン種と交配して 1965 年に成立した．欧米のペキン種の成長を速くするように英国で改良したチェリーバレー系（POWELL, 1986, 1988）が輸入され飼育されるようになったが，脂肪が多すぎて好まれなかった．これに従来の改良大阪アヒルを交配して大阪種アヒルができた．この 10 週齢体重は 3.4 kg で，チェリーバレー系の 3.6 kg より小さいが，改良大阪アヒルの 2.8 kg よりは大きい．現在はこれが主に飼育されている．

ナキアヒル：江戸時代に飛来したマガモを飼いならしたもので，羽毛色はマガモと同じである．現在はほとんど飼われていない．

インドネシア

Alabio（アラビオ）：インドネシア Kalimantan 島原産のアヒルである．雌の羽毛色は茶褐色から灰色で，雄の羽色はこれよりも濃い．性成熟は 5〜7 ヶ月齢で，年間 220〜250 個の卵を産む．成体重は雄 3.0 kg，雌 2.5 kg である．卵肉兼用種で飼育数も多い．

Cirebon（チレボン）：Java 島中部原産の卵用品種である．5〜7 ヶ月齢で性成熟に達し，年間 180〜220 個産卵する．成体重は 2.8〜3.2 kg である．羽毛色はいろいろあるが，褐色が多い．雄はこの色が濃い．

Tasikmalaya（タシクマラヤ）：インドネシア在来のアヒルで，卵肉兼用種である．5〜7 ヶ月齢で性成熟に達し，年間 180〜220 個産卵する．成体重は雄 3.0 kg，雌 2.5 kg である．かなり立った姿をしている．Java 島西部が原産地である．

Tegal（ティガル）：インドネシア在来種で，Java 島中部で多数飼育されている．産卵数は年間 200〜300 個と多産で，5〜7 ヶ月齢で初卵を産む．成体重は雄 2.5〜3.5 kg，雌 2.5〜2.8 kg である．羽色は一定していないが褐色が多く，雄は雌より濃色である．かなり立った姿をしている．

Medan（メダン）：Sumatra 島北部原産のインドネシア在来アヒルである．5〜7 ヶ月齢で初卵を産み，年間 180〜220 個産卵する．成体重は雄 3.0 kg，雌 2.5 kg である．羽毛色は一定していない．

Mojosari（モジョサリ）：インドネシア在来アヒルで Java 島東部原産で，卵肉兼用種である．体型はティガル種と似ている．羽毛色は濃い褐色で，雄はさらに黒っぽい．初卵を 5〜7 ヶ月齢で産み，年間 230〜250 個産卵する．成体重は雄 3.5 kg，雌 2.8 kg である．

ベトナム

Co（コ）：ベトナム南部の在来アヒルで小型で，成体重は 1.5 kg である．羽毛色はマガモ型である．おもにメコンデルタ地域で飼われているが，ベトナム北部でも若干飼育されている．

Bau（バウ）：ベトナム北部の在来アヒルで，Co（コ）より大きく，かつ産卵数も多い．

アジア起源のヨーロッパ品種

　ペキン（Pekin）：中国飼育のアヒルが1873年にイギリス，アメリカへいずれも上海から輸出された．共にペキン（北京）原産とされているが，江蘇省，浙江省で見られていたものかもしれないと衣川（1931）は述べている．いずれにせよ，その後他品種（東南アジア起源でヨーロッパに入ったものが多い）と交雑された可能性もある．肉用アヒルで羽毛色は白である．成体重は雄4.0〜5.0 kg，雌3.5〜4.5 kgである．7ヶ月齢で初卵を産み，年間産卵数は80〜100個である．50日齢までの成長速度や産卵数は，現在の中国の北京鴨（Beijin）に比べてはるかに劣っており，すでに別の品種である．FAOの調査でもPekin（ペキン種：欧米を始めとする世界各地）とBeijin Ya（北京鴨：現在の中国産）は別の品種として取り扱われている（田名部，2005）．

　インディアンランナー（Indian Runner）：細い頭と頚をもち，ほとんど直立に近い姿勢をしている．インドネシアの原産で，ある船の船長が西マレーシア（マラヤ）から1840年頃に輸入して友人に分けた．極めて多産で，カーキーキャンベルを始め，ヨーロッパで卵用種のアヒルにはすべて交配されたとされている．朽葉色（淡い褐色）が多いが，白色や灰色，雄が青頸のマガモ型などいろいろあった．あまりに直立型を強調するように育種したために産卵率などは低下したが，それでも年間産卵数は200個である．初産卵は5〜6ヶ月齢，成体重は雄，雌とも1.8〜2.0 kgである．

　カーキーキャンベル（Khaki Campbell）：卵用のアヒルとして最も有名な品種である．欧米でペキン種に次いで多く飼育されている．羽毛色は下地カーキー色で，雄は頭が青銅色（マガモの緑とは異なる），他はカーキー色であるが雌より濃い．カーキーキャンベル種は西マレーシアからイギリスに輸入されたインディアンランナー種をもとにして，これにフランスのルーアン種やイギリスのマガモが交配されて1901年にでき，作出者の名前（Mrs. Campbell of Urey）をとって名付けられた．交配の過程で，インディアンランナー種が再び交配されたようである．オランダのJansen農場のものは年間平均産卵数が340個に達した．東京都畜産試験場江戸川支場で調べたところ，平均299個の産卵数を示した．2年次の産卵数も多く，実用的に2年飼育できる．卵重60〜65 gである．初産卵は4〜5ヶ月齢である．成体重は雄2.2〜2.5 kg，雌2.0〜2.2 kgである．飼育には水場は必ずしも必要ではない．

(3) 系統分化

i) 血液タンパク多型

　筆者らが研究に用いたアヒルの各品種および集団の血液試料採取地は日本，東南アジア各地にわたる（図 II-10-4）．

　アヒル血液タンパク質の多型はポリアクリルアミドゲルおよびデンプンゲル電気泳動法を用いて調べた．調査した22座位のうち，多型が認められたのは10座位で，12座位には変異が認められなかった．10座位の多型座位中，5座位は血しょうタンパク多型を支配する座位で，5座位は赤血球タンパク多型を支配する座位であった．調べた酵素タンパク質13座位のうち，7座位に多型が認められ，非酵素タンパク質では調べた9座位中3座位に多型が認められた．これら多

型を示す座位上の対立遺伝子とその遺伝様式を**表II-10-3**に示した（TANABE, 1994）.

また，これら多型10座位における電気泳動像を**図II-10-5**に示した（TANABE, 1994）．このうち，血しょうロイシンアミノペプチダーゼ-2（Lap-2），赤血球フォスフォイソメラーゼ（PHI），赤血球エステラーゼ-4（Es-4）には大きな品種・系統間差が認められた．

当初調査比較したアヒルの品種・系統は以下の18品種・系統である（田名部ら，1983；TANABE et al., 1984a, b；TANABE, 1994）．以下の（ ）内の番号は**図II-10-6**の調査集団の番号に対応する．

（1）台湾から入った白色菜鴨（Tsai Ya）．

（2〜11）インドネシア在来アヒル10品種．

（12，13）2系統のカーキーキャンベル種（英国からインドネシアに輸入されて飼育されていた系統と，オランダから日本に輸入されて飼育されていた系統）．

（14）1970年代後半，当時日中農林水産交流協会理事長をされた八百板正参議院議員の努力で中国から北京鴨（Beijing）の種卵が輸入され，東京都畜産試験場江戸川支場で飼育されていた系統，北京（中国）．

（15）デンマークから輸入されて日本（東京都畜産試験場江戸川支場）に飼育されていたペキン種．

（16）日本の改良大阪アヒル（大阪種アヒル系）．

（17）1980年代に日本に渡来したマガモを捕らえ，京都府の日本海岸で飼

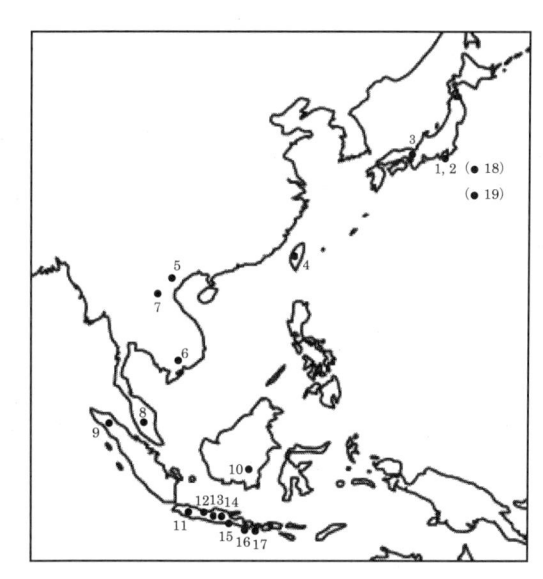

図II-10-4 筆者らの分析に用いたアヒルとマガモ血液試料の採取地．

1. マガモ（日本起源） 2. アオクビアヒル 3. 改良大阪 4. 白色菜鴨 5. Co（ベトナム北部） 6. Co（ベトナム南部） 7. ラオス在来 8. インディアンランナー 9. Medan 10. Alabio 11. Tangerang 12. Cirebon 13. Tegal 14. Magelang 15. Mojosari 16. Bali 17. Lombok 18, 19. ヨーロッパ起源種（東京）（18. ペキン, 19. カーキーキャンベル）

表II-10-3 電気泳動法によるアヒル血液タンパク型22座位と多型座位表現型の遺伝様式．

タンパク・酵素	座位名	遺伝様式
		=：共優性，優性＞劣性
酵素		
血しょう		
Leucine aminopeptidase-2	Lap-2	$Lap\text{-}2^A = Lap\text{-}2^B > Lap\text{-}2^0$
Esterase-3	Es-3	$Es\text{-}3^A = Es\text{-}3^B$
赤血球		
Esterase-1	Es-1	$Es\text{-}1^A = Es\text{-}1^B$
Esterase-4	Es-4	$Es\text{-}4^A = Es\text{-}4^B$
Esterase-D2	Es-D2	$Es\text{-}D2^A = Es\text{-}D2^B$
Acid phosphatase-2	Acp-2	$Acp\text{-}2^A = Acp\text{-}2^B > Acp\text{-}2^0$
Phosphohexose isomerase	PHI	$PHI^A = PHI^D$
Acid phosphatase-1	Acp-1	（以下単型）
Leucine aminopeptidase-1	Lap-1	
Lactate dehydrogenase-A	LDH-A	
Lactate dehydrogenase-B	LDH-B	
Malate dehydrogenase	MDH	
Esterase-D	Es-D	
非酵素		
血しょう		
Prealbumin-1	Pa-1	$Pa\text{-}1^A = Pa\text{-}1^B$
Prealbumin-4	Pa-4	$Pa\text{-}4^A = Pa\text{-}4^B$
Posttransferrin-1	Ptf-1	$Ptf\text{-}1^A = Ptf\text{-}1^B = Ptf\text{-}1^C$
Prealbumin-2	Pa-2	（以下単型）
Prealbumin-3	Pa-3	
Prealbumin-5	Pa-5	
Albumin	Alb	
Transferrin	Tf	
Posttransferrin-2	Ptf-2	

TANABE (1994).

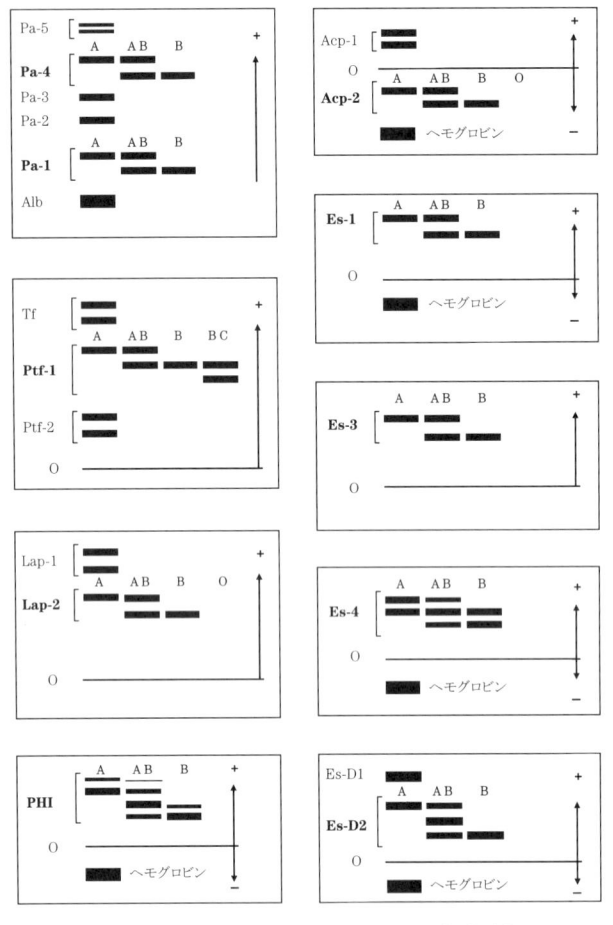

図 II-10-5 アヒル血液タンパク型の電気泳動像.
多型 10 座位（太字）を模式図で示した（**表 II-10-3 参照**）．(TANABE, 1994)

育されてきた系統（マガモ-1）．

(18) 第 2 次大戦前から，渡来したマガモを飼育した系統（マガモ-2）．

以上 18 品種・在来集団を多座位電気泳動法で分析し，その遺伝子頻度を用い，分散共分散行列に基づいて主成分分析をした結果が**図 II-10-6**である．第 1 主成分は全分散の 46％を占める．この成分軸上で見ると集団は 2 群に大別される．一方の極には，マガモ 2 集団（日本産由来）と日本・中国・台湾原産の品種からなる群が位置し，これにはペキン種（デンマーク）も入っている．もう一方の極には，インドネシア在来アヒル 10 集団が位置し，カーキーキャンベル種（2 集団）(12, 13) もこの近くに含まれる．すなわち，核遺伝子の遺伝分化から見ると，アヒル集団は日本に飛来するマガモを含む「北東アジア群」と，インドネシアを中心とする「東南アジア群」の 2 つの系統群に分けられる．カーキーキャンベル種が東南アジアの群に分かれることは，この品種の成立過程で東南アジア原産のインディアンランナー種が大きな役割をしたことを裏付けている．なお，北東アジア群を第 2 主成分軸上で見ると，北京（中国）(14) とペキン種（デンマーク）(15) の位置の差が見られる．

その後，日本の在来品種（アオクビアヒルとナキアヒル）（岡林ら，1999），ベトナム南部（岡林ら，1998；OKABAYASHI et al., 1998），ベトナム北部（OKABAYASHI et al., 1999），ラオス（OKABAYASHI et al., 2000）などの調査・分析結果が得られたので，これらの集団を含め，**図 II-10-7**に枝分かれ図として示した．ただし，この図の「ペキン（デンマーク）*」は，原論文では「北京（中国）」とあるが，関係研究グループの試料採取の経緯からデンマーク由来の集団と見られる．この図から，日本の在来品種（アオクビアヒルとナキアヒル）がマガモと日本，台湾のアヒル群（北東アジア群：**図 II-10-6**，前述）に属することが確かめられる．ベトナムの在来品種（Co）2 集団（ベトナム北部と南部）と Bau 種，およびラオス集団はインドネシア集団から比較的遺伝分化していることを示すが，全体としては東南アジア群に群別される．これが他品種との交雑による結果かどうかはこの枝分かれ図から読みとることが困難であり，主成分分析による解析が望まれる．

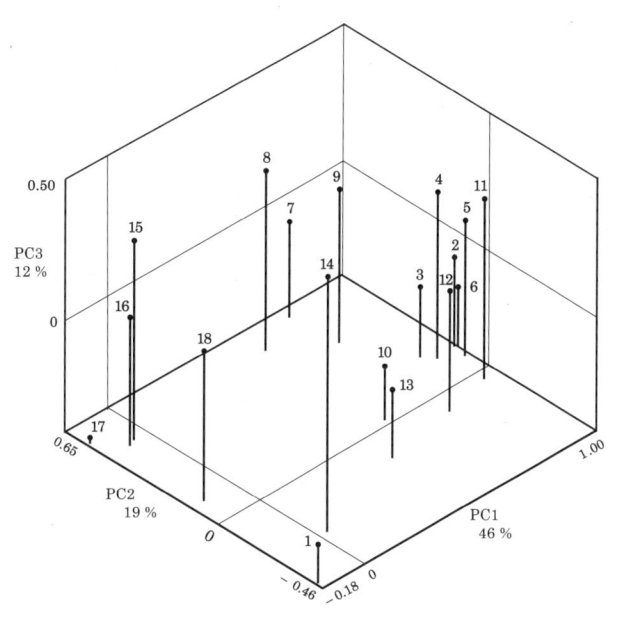

図 II-10-6 アヒル，マガモの品種・集団の遺伝分化を示す3次元散布図．
血液タンパク型22座位の遺伝子頻度データを主成分分析した．(TANABE, 1994).
1. 菜鴨：Tsai ya　2. Cirebon (Java)　3. Tangerang (Java)　4. Tasikmalaya (Java)　5. Tegal (Java)　6. Magelang (Java)　7. Mojosari (Java)　8. Mengwi (Bali)　9. Lombok (Lombok)　10. Medan (Sumatra)　11. Alabio (Kalimantan)　12. カーキーキャンベル（英国）　13. カーキーキャンベル（オランダ）　14. 北京（中国）　15. ペキン（デンマーク）　16. 改良大阪（日本）　17. マガモ-1（日本）　18. マガモ-2（日本）

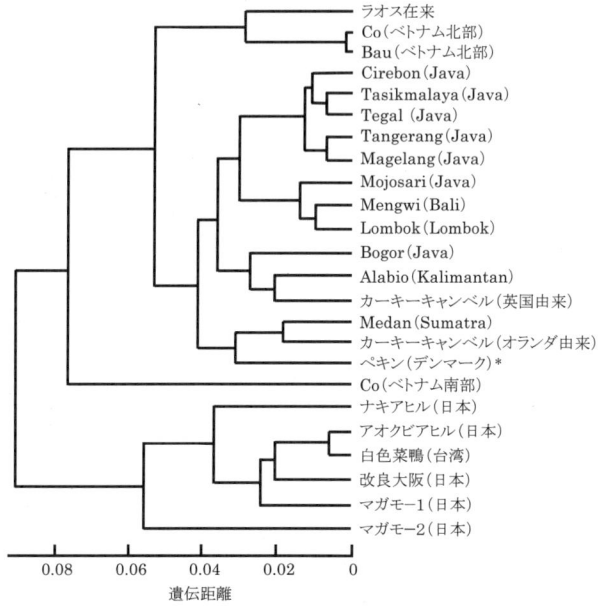

図 II-10-7 アヒル，マガモの品種・集団の類縁関係を示す枝分かれ図．
多座位電気泳動法によるデータをもとに，NEIの遺伝距離と平均結合法（UWPG法）により作成（OKABAYASHI *et al.*, 2000）．＊：原文では「北京（中国）」とある（本文参照）．

表 II-10-4 アヒル品種・地域集団の平均ヘテロ接合率（$\bar{H}$）（22座位）．

集　団	個体数	$\bar{H}$
ラオス在来	56	0.127
Co（ベトナム北部）	45	0.105
Bau（ベトナム北部）	28	0.113
Co（ベトナム南部）	214	0.152
Cirebon (Java)	96	0.125
Tangerang (Java)	101	0.123
Tasikmalaya (Java)	93	0.127
Tegel (Java)	91	0.118
Magelang (Java)	102	0.136
Mojosari (Java)	95	0.135
Mengwi (Bali)	95	0.139
Bogor (Java)	33	0.147
Lombok (Lombok)	99	0.114
Medan (Sumatra)	30	0.151
Alabio (Kalimantan)	79	0.098
カーキーキャンベル（英国）	69	0.137
カーキーキャンベル（オランダ）	158	0.154
北京（中国）	66	0.149
白色菜鴨（台湾）	50	0.144
改良大阪（日本）	103	0.151
ナキアヒル（日本）	65	0.150
アオクビアヒル（日本）	71	0.136
マガモ-1（日本）	51	0.128
マガモ-2（日本）	43	0.179

TANABE (1994); OKABAYASHI *et al.* (1999, 2000).

以上から，アヒルの系統は北東アジア群と東南アジア群に大別され，ヨーロッパ品種のカーキーキャンベル種も東南アジアの群に属することが知られた．マガモ（日本産由来）は北東アジア群の典型的な位置にあり，北東アジアのアヒルはこの地域のマガモから家禽化されたと考えられる．これは一方で，東南アジアのアヒルは別のマガモから家禽化されたことを意味する．これらの研究におけるアヒルのタンパク型22座位における遺伝的多様性を**表 II-10-4**に平均ヘテロ接合率（$\bar{H}$）で示した．アヒルの値は他の家畜の値よりかなり高く平均0.135である．この表で見るように，各集団は北東アジア群，東南アジア群に関係なく高い変異性をもつ．一方，前述のように両群の間に明確な遺伝分化があることは，アヒルの2系統群が異なる地域のマガモ集団の家禽化に由来するとの説を支持する．

ii) DNA 多型

Randomly amplified polymorphic DNA（RAPD）

今日ではポリメラーゼ連鎖反応（PCR）によるDNA断片の増幅やDNAシークエンサーの発明によって特定のDNA断片や遺伝子の塩基配列を直接比較できる．しかし，当初はこれが困難であり，1980年代にわが国で普及していたのは制限酵素切断断片長多型（RFLPs）であった．これは制限酵素が認識する4～6塩基配列における変異を検出するものであるが，限られた情報しか得られない．WILLIAMS（1990）は，10塩基程度の短い合成オリゴヌクレオチドプライマーを用いてゲノムDNAをPCRによって増幅し，ゲノムレベルの塩基配列の変異を検出するという方法を開発し，Randomly Amplified Polymorphic DNA（RAPD）と名付けた．この場合，増幅されたDNAの塩基配列は不明である．しかし，検出されたバンドの有無は優劣性のメンデル遺伝をするので，座位ごとにその頻度が求められ，系統解析に利用できる．

岡林ら（1995）とTANABE（1997）はアジアのアヒル品種についてRAPD解析を試みた．用いた材料はカーキーキャンベル種（英国）18個体，北京（中国）42個体，白色菜鴨（Tsai：台湾）34個体，ナキアヒル27個体，アオクビアヒル20個体，改良大阪48個体，マガモ（日本に以前からいた群：マガモ-2）33個体，およびインドネシア産のCirebon 32個体，Magelang 47個体，Tangerang 28個体，Tasikmalaya 32個体，Tegal 6個体，Mojosari 23個体（いずれもJava産），Alabio（Kali-

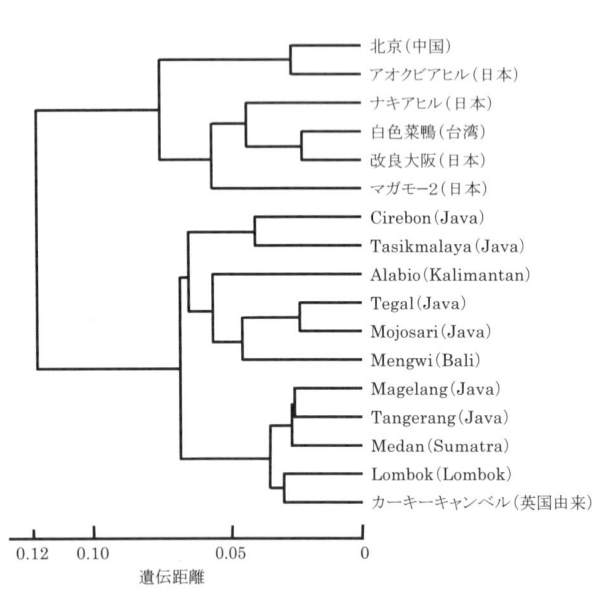

図 II-10-8 アヒル，マガモの品種・集団の類縁関係をRAPDの頻度から求めた枝分かれ図．
RAPD（randomly amplified polymorphic DNAs）の出現頻度をもとに，NEIの遺伝距離と平均結合法（UWPG法）によって作成．用いた試料の詳細は本文参照．（TANABE, 1995）

mantan）22個体，Mengwi（Bali）32個体，Lombok 31個体，Medan（Sumatra）26個体の合計17品種・在来集団である．RAPDのプライマーとしては，5'-GCCCCGTGTC-3'を用いた．ポリアクリルアミド電気泳動法により検出された泳動帯は24種で，A～Xと名付けた．各座位から求めた遺伝距離による枝分かれ図を図II-10-8に示した．

これを見ると，北京，白色菜鴨，日本のアヒルとマガモは1群となっている．また，インドネシア在来の10品種・集団および東南アジアのアヒルの遺伝子をもつと考えられるカーキーキャンベル（英国）は別の1群を形成している．この核DNAの分析結果は，前項の多座位電気泳動法による核遺伝子産物の解析による結論と同様，中国や日本の北方のアヒルは中国あるいは日本に飛来するマガモを家畜化したものであり，東南アジアのアヒルは東南アジアに飛来した別のマガモを家畜化したものとする考えを支持する．

マイクロサテライトDNA

Li et al.（2006）は中国在来アヒル24品種について，それらの遺伝子構成をマイクロサテライトDNAマーカーによって分析した．各品種の雄12羽と雌48羽，計60羽を28座位のマイクロサテライトDNAマーカーによって調べ，全体として236の対立遺伝子を検出している．24集団の平均ヘテロ接合率の平均は0.569であった（表II-10-5）．これは上述したタンパク型多座位から得られた値0.135に比べて約4.2倍であるが，電気泳動法によるタンパク多型のアミノ酸変異に対する検出力が30％とされることや遺伝子暗号に重複のあることに加え，機能遺伝子ではなく変異性の高いDNA繰り返し配列を対象としていることから予想されることである．

マイクロサテライトDNAマーカーによる236個の対立遺伝子頻度をもとにした，中国在来アヒル24品種の遺伝的類縁関係をNJ法による枝分かれ図で示したのが図II-10-9である．

Li et al.（2006）によれば，中国のアヒル集団は，遺伝子構成から見て5群に分けられるとしている．湖北省の3品種（1～3），四川省の2品種（4，5）および広西省の2品種（6，7）が第1群を形成し，貴州省の2品種（8，9），雲南省の雲南麻鴨（10）と福建省の4品種（11～14）が第2群を形成している．浙江省の紹興鴨（15）と江蘇省の高邮鴨（16）は第3群を形成し，安徽省の巣湖鴨（18），陝西省の漢中麻鴨（17），江西省の大余鴨（19）が第4群を形成し，最後の第5群には湖南省の2品種（20，21）と河南省の1品種（24）および山東省の微山麻鴨（23）と北京鴨（22）が属する．しかし，これら5群の群別におけるブートストラップ値はいず

表II-10-5 中国在来アヒル24品種のマイクロサテライトDNA 28座位から求めた平均ヘテロ接合率（$\bar{H}$）．

品種名（原産地）* （各品種60個体調査）	英語表記*	$\bar{H}$
1 荊江麻鴨 （湖北省）	1 Jingjiang sheldrake	0.603
2 沔陽麻鴨 （湖北省）	2 Mianyang sheldrake	0.596
3 恩施麻鴨 （湖北省）	3 Enshi sheldrake	0.600
4 建昌鴨 （四川省）	4 Jianchang duck	0.588
5 四川麻鴨 （四川省）	5 Sichuan sheldrake	0.568
6 靖西大麻鴨 （広西省）	6 Jingxi big sheldrake	0.582
7 広西小麻鴨 （広西省）	7 Guangxi small sheldrake	0.603
8 三穂鴨 （貴州省）	8 Shansui duck	0.617
9 興義鴨 （貴州省）	9 Xingyi duck	0.583
10 雲南麻鴨 （雲南省）	10 Yunnan sheldrake	0.581
11 連城白鴨 （福建省）	11 Liancheng white duck	0.526
12 山麻鴨 （福建省）	12 Shan sheldrake	0.566
13 金足鴨 （福建省）	13 Jinding duck	0.514
14 莆田黒鴨 （福建省）	14 Putian black duck	0.535
15 紹興鴨 （浙江省）	15 Shaoxing duck	0.580
16 高邮鴨 （江蘇省）	16 Gaoyou duck	0.563
17 漢中麻鴨 （陝西省）	17 Hanzhong sheldrake	0.544
18 巣湖鴨 （安徽省）	18 Chaohu duck	0.566
19 大余鴨 （江西省）	19 Dayu duck	0.515
20 攸県麻鴨 （湖南省）	20 Youxian sheldrake	0.551
21 臨武鴨 （湖南省）	21 Linwu duck	0.552
22 北京鴨 （河北省）	22 Beijing duck	0.549
23 微山麻鴨 （山東省）	23 Weishan sheldrake	0.606
24 淮南麻鴨 （河南省）	24 Huainan sheldrake	0.573

*品種番号は図II-10-9に対応する．（Li et al., 2006）

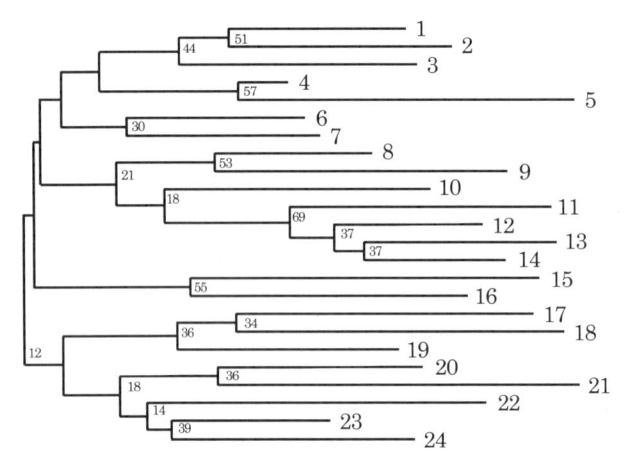

図 II-10-9 マイクロサテライト DNA 対立遺伝子頻度から見た中国在来アヒル 24 品種の遺伝的類縁関係.
番号に対応する品種名は**表 II-10-5** に示されている．28 座位の総計 236 の対立遺伝子頻度と NEI の遺伝距離による．分枝箇所の数値は NJ 法におけるブートストラップ値（10％以上）．(LI et al., 2006)

Li et al.（2006）の結果と先の解析の結果（**図 II-10-6，-7，-8**）には同一の品種や集団が含まれていないので直接の比較はできない．しかし，中国の北京鴨（Beijing）が浙江省や福建省のアヒルと共通祖先をもつと考えられること，また，筆者らの調べた北京（中国）が，北京鴨（Beijing）に由来すること（前述），台湾原産の菜鴨と互いに遺伝的に近いこと，そして北東アジアのアヒル群に属することから考えて，中国のアヒル群は全体として北東アジア群に属し，東南アジアのアヒル群と異なっていると考えられる．この推察は**図 II-10-9** の樹形からも示唆される．この図を一見してわかるように，個々の集団間を区別する枝が総じて長い．これはマイクロサテライト DNA が変異性に富み，個々の集団間の遺伝分化を鋭敏に測定していることを裏付けている．しかし，これらの枝の長さに比較して，群別における枝は総じて短く，高レベルのブートストラップ値はみあたらない．むしろ，**図 II-10-9** は中国の在来アヒル品種の中に，これらを群別するような系統群が存在しないことを示す．以上から，多種の中国アヒル品種のいずれもが北東アジア群に属すると考えられる．

ミトコンドリア DNA

ミトコンドリア DNA（mtDNA）は核 DNA より塩基置換速度が速やかで母系を通して遺伝する．また，mtDNA の塩基配列が比較的早期に決まっていたこともあり，プライマーも多数開発されていた．筆者らは mtDNA のシトクローム b 遺伝子の塩基配列を比較することによって，アヒルの系統を解析した（HITOSUGI et al., 2007）．シトクローム b 遺伝子の塩基数は全部で 1,143 bp あるが，このうち 15 番から 420 番までの間に品種・系統差の見られる塩基多型が出現した．調べた品種・系統はインドネシア在来 9 品種，ベトナム北部在来品種（Co），同南部在来品種（Co），およびペキン種（デンマーク），日本のアオクビアヒル，改良大阪，マガモ（近年捕獲されて飼育されているもの：マガモ-1），台湾の白色菜鴨，西マレーシア原産のインディアンランナー種，およびカーキーキャンベル種（英国）の計 18 品種・系統であり，これらの品種・系統内では塩基配列に変異は発見されなかった．シトクローム b 遺伝子塩基配列の品種・系統差を**図 II-10-10** に示す．

これらの変異相互の塩基置換数の差から計算される遺伝距離と近隣結合法（NJ 法：SAITOU and NEI, 1987）による枝分かれ図を**図 II-10-11** に示す．この図からわかるように，マガモ，アオクビアヒル，改良大阪，台湾原産の白色菜鴨などの北東アジア群と，インドネシア在来 9 品種，インディアンランナー種，カーキーキャンベル種（英国）からなる東南アジア群に明確に区別さ

品種・集団	シトクローム b 遺伝子塩基配列における塩基置換部位 015 033 050 060 065 087 105 126 132 141 153 155 162 173 180 189 201 202 219 249 261 303 312 315 327 330 339 350 363 377 381 393 420
Alabio (Kalimantan)	CGTTGGAAGGATAAGTCCAGTTGGGTTAACCGCACCA
Lombok (Lombok)	....
Mojosari (Java)	....
Magelang (Java)	....
Cirebon (Java)	....
Tangerang (Java)	....
Medan (Sumatra)	....
Mengwi (Bali)	.......A....G.................G...
Tegal (Java)	.......A....G.................G..T
Co (ベトナム南部)	....
Co (ベトナム北部)	.......A.........................
インディアンランナー	.G...............................
カーキーキャンベル	.G...............................
ペキン (デンマーク)	....
アオクビアヒル (日本)	.ACCTT.GAACCGGACAT..CCCCACCGTTAAGTTTG
改良大阪 (日本)	.ACCTT.GAACCGGACAT..CCCCACCGTTAAGTTTG
白色菜鴨 (台湾)	.ACCTT.GAACCGGACAT..CCCCACCGTTAAGTTTG
マガモ-1 (日本)	.ACCTTGGAACCGGACATGACCCCACCGTTAAGTTTG

図 II-10-10 アヒル，マガモ集団において見いだされたミトコンドリア DNA シトクローム b 遺伝子の塩基多型部位．
各集団内個体において 15〜420 塩基配列を検索したが他の置換は発見されなかった．点で示した塩基部位は Alabio アヒル（最上段）と同一であることを示す．(Hitosugi et al., 2007)

注目されるのはペキン種（デンマーク）で，これも東南アジア群に入っている．この結果および前述の結果（図 II-10-6, -7, -8）をとおして見ると，ヨーロッパ産のペキン種の遺伝子構成は北京（中国）とは異なっており，ペキン種は，上海から移出された後，東南アジア原産のアヒルと交雑があって成立したことが否定できない．さらに，ペキン種の母系が東南アジア型の mtDNA になっていることが明らかになった．同様のことはヨーロッパで成立した品種についてもいえる．カーキーキャンベル種（英国）は東南アジア原産のインディアンランナー種はじめ東南アジアのアヒル遺伝子を多くもつと考えられるが，両者とも東南アジア型の mtDNA 型である．カーキーキャンベル種は核遺伝子・DNA 多型から見ても東南アジア群に入る（図 II-10-6, -7, -8）．

図 II-10-11 に見るように，北東アジア群と東南アジア群の間の遺伝距離は群内集団間の遺伝距離に比較してはるかに大きく，まぎれのある品種・系統は一つもない．すなわち，アヒル，マガモ（日本産由来）の系統関係を母系遺伝標識に基づいて推定すると，各品種・系統成立時の基礎（母系となった）集団に大きく 2 つの mtDNA 系統があったことが示唆され，それぞれ北東アジアのマガモと東南アジアのマガモに由来することが考えられる．すなわち，異なるマガモ集団からの家禽化が示唆

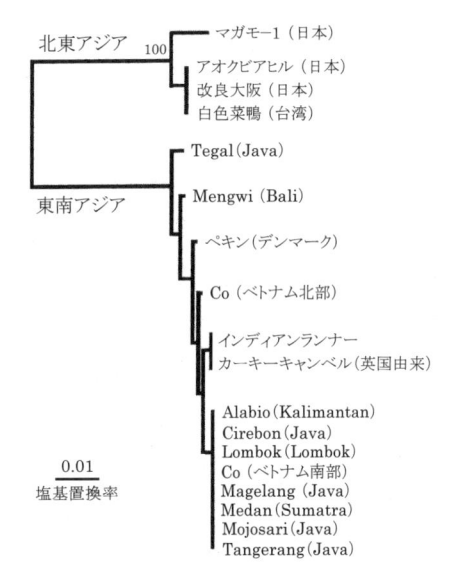

図 II-10-11 ミトコンドリア DNA シトクローム b 遺伝子の塩基配列から見たアヒルとマガモの類縁関係．
数値は近隣結合法（NJ 法）におけるブートストラップ値（50％以上）を示す．(Hitosugi et al., 2007)

される．家畜が人の移動に伴い品種・集団そのものが移動することは古い時代から現在に至るまであったが，もう一つ，雄を移動・移入してその地の雌集団に交配することも珍しいことではない．したがって，核遺伝子・DNAの移動・移入はmtDNAに比べて頻繁であったと考えられる．図II-10-7は核遺伝子の情報によるものであり，どのような交雑があってもその遺伝的影響を反映しているはずである．そこで，この図と図II-10-11とを比較すると，インドネシアの多くの在来品種は典型的な東南アジア群の核遺伝子・DNA構成とmtDNA型をもつことがわかる．カーキーキャンベル種，インドネシアの一部在来品種，ベトナム在来アヒル（Co）も東南アジア群に群別されるが，多かれ少なかれ北東アジア群のアヒルからの核遺伝子・DNAの流入があったと見ることができる．

アヒルは渡り鳥のマガモから東アジアで家畜化され，世界に広まった．最初の家畜化は中国で起こった．マガモ（日本産），中国，日本，台湾のアヒル品種・系統は相互に遺伝的に類似する（北東アジア群）．その後，日本に飛来したマガモも交配された可能性もある．東南アジア（インドネシア，マレーシア，ベトナム，ラオス）では別のマガモが飛来して，家禽化されたと考えられる（東南アジア群）．世界のアヒルは，核遺伝子・DNAとmtDNAの遺伝分化から見ると，北東アジア群と東南アジア群の主要2系統に分かれ，異なるマガモ集団が別々に家禽化されたと考えられる．ヨーロッパのアヒル品種は，マレーシアから入ったことが確実なインディアンランナー種や，これがもとになって成立したカーキーキャンベル種が東南アジアのアヒルと遺伝的に近いので，東南アジア群に入ると結論される．POWELL（私信）はヨーロッパの実用品種はすべて中国や東南アジア起源としている．

文献

Bo, W.-C.（1988）The research on the origin of the houseduck in China. *In*: Waterfowl Production. Proc. Intnl. Symp. Waterfowl Production. The Satellite Conf. for the XVIII World's Poultry Congress, Beijin. Pergamon Press. pp. 125-129.

鄭　丕留（主編）（1988）中国家禽品種誌. 上海科学技術出版社，上海．pp. 83-106，図版30-38.

陳　文花（編絵）（1978）中国古代農業科学史簡明図表．農業出版社，北京．pp. 8, 66.

CLAYTON, G. A.（1984）Common duck. *In*: Evolution of Domesticated Animals.（MASON, I. L., *ed.*）Longman, London. pp. 334-339.

DELACOUR, J.（1964）The Waterfowl of the World, 4. Country Life, London.

FAO（1990）FAO Production Year Book 44: 189-198.

FAO（2006）FAO Production Year Book 60.

羽田　正（2007）東インド会社とアジアの海．講談社，東京．pp. 153-180.

HARPER, J.（1972）The tardy domestication of the duck. Agricultural History, 46: 385-389.

HITOSUGI, S., TSUDA, K., OKABAYASHI, H. and TANABE, Y.（2007）Phylogenetic relationships of mitochondrial DNA cytochrome *b* gene in East Asian ducks. J. Poult. Sci., 44: 141-145.

河原孝忠（1976）実験用ウズラの由来と実用性．実験動物，25: 351-354.

衣川義雄（1931）水禽飼養法．養賢堂，東京．pp. 2-5, 53-60.

LANCASTER, F. M.（1990）Mutations in major variants in domestic ducks. *In*: Poultry Breeding and Genetics.（CRAWFORD, R. D., *ed.*）Elsevier, Amsterdam. pp. 381-388.

LI, H., YANG, N., CHEN, K., CHEN, G., TANG, Q., TU, Y., YU, Y. and MA, Y.（2006）Study on molecular genetic diversity of native duck breeds in China. World's Poult. Sci. J., 62: 603-611.

岡林壽人・川嵜立太・田名部雄一（1995）RAPD分析によるアヒル品種ならびにマガモの間の類縁関係．第90回日本畜産学会講演要旨．宮崎大学．p. 169.

OKABAYASHI, H., OKAMOTO, A., KAGAMI, H., TANABE, Y., YAMAMOTO, Y., NAMIKAWA, T. and BOUNTONG, B. (2000) Gene constitutions of the Laotian indigenous ducks with emphasis on their phylogeny. Jpn. Poult. Sci., 37 : 95-100.

OKABAYASHI, H., TANABE, Y., YAMAMOTO, Y., NGUYEN, D.-M. and DANG, V.-B. (1999) Genetic constitutions of native ducks in north Vietnam. Jpn. Poult. Sci., 36 : 245-254.

岡林壽人・横山秀徳・田名部雄一 (1999) 日本在来アヒルであるアオクビアヒルとナキアヒルの遺伝子構成と他のアヒル品種との類縁関係．日本家禽学会誌，36：116-122.

OKABAYASHI, H., YOKOYAMA, H., TANABE, Y., NAMIKAWA, T., YAMAGATA, T., YAMAMOTO, Y., AMANO, T., TSUNODA, K., CHAU, B.-L. and VO-TONG, X. (1998) Phylogenetic studies of the Vietnamese native ducks, one of the Asian duck populations based on the blood protein polymorphisms. Anim. Sci. Technol., 69 : 713-771.

岡林壽人・横山秀徳・田名部雄一・並河鷹夫・山本義雄・天野 卓・角田健司・山縣高宏・CHAU, B.-L.・VO-TONG, X. (1998) ベトナム南部在来アヒルにおける蛋白質多型と他のアジア在来アヒルとの遺伝的関係．在来家畜研究会報告, 16：137-148.

POWELL, J. C. (1986) The possibilities for genetic improvement of commercial production characteristics and carcass quality in the meat duck. In : Duck Production Science and World Practice. (FARREL, D. J. and STAPLETON, P., eds.) University of New England, Armidale. pp. 184-192.

POWELL, J. C. (1988) The possibilities for improved performance through selection. In : Waterfowl Production. Proc.Intnl. Symp. Waterfowl Production. The Satellite Conf. for the XVIII World's Poultry Congress, Beijin. Pergamon Press. pp. 18-21.

SAITOU, N. and NEI, M. (1987) The neighbor-joining method : a new method for reconstructing phylogenetic trees. Mol. Biol. Evol., 4 : 406-425.

史 岩（編）(1983) 中国彫塑史図録，第1巻．上海人民美術出版社．pp. 69, 109, 166, 362.

田名部尚子 (1985) 中国のアヒル，ガチョウについて．「中国の家畜品種資源」(田名部雄一編)（社）日中農林水畜交流協会，東京．pp. 75-92.

TANABE, Y. (1992) Production, evolution, and reproductive endocrinology of ducks. Asian-Aust. J. Anim. Sci., 5 : 173-181.

TANABE, Y. (1994) Biochemical-genetic studies on phylogeny of the duck breeds. In : Isozymes : Organization and Roles in Evolution, Genetics and Physiology. (MARKERT, C. L., SCANDALIOS, J. G., LIM, H. A. and SEROV, O. L., eds.) World Scientific, Singapore. pp. 297-308.

TANABE, Y. (1997) History and phylogeny of Japanese native animals and strategies for their effective use. In : Animal Genetic Resources : Efficient Conservation and Effective Use. The 3rd MAFF Intnl. Workshop on Genetic Resources. (OISHI, T., ed.) MAFF. pp. 17-36.

田名部雄一 (1999) 飼育集団と自然集団の育種管理のあり方―家畜で得られた知見から―．水産育種, 27：67-82.

田名部雄一 (2005) アヒル．「世界家畜品種事典」(正田陽一・上野曄男・田名部雄一・橋口勉・三上仁志・村松晋・吉本正 編) 東洋書林，東京．pp. 363-375.

TANABE, Y., HETZEL, D. J. S., KASAI, M., KIZAKI-NAKANO, T., MIZUTANI, M. and GUNAWAN, B. (1988) Genetic relations among Asian duck breeds studied by biochemical polymorphisms of blood proteins. In : Waterfowl Production. Proc. Intnl. Symp. Waterfowl Production. The Satellite Conf. for the XVIII World's Poultry Congress, Beijin. Pergamon Press. pp. 7-12,

TANABE, Y., HETZEL, D. J. S., KIZAKI, S., ITO, S. and GUNAWAN, B. (1984b) Biochemical studies on phylogenetic relationships of Indonesian and other Asian duck breeds. Proc. 17th World's Poultry Congress, Helsinki. pp. 180-183.

田名部雄一・木崎智子・HETZEL, D. J. S. (1983) インドネシア産アヒルの血液蛋白質変異．在来家畜研究会報告, 10：207-224.

寺島良安 (1712) 和漢三才図会．(和漢三才図会刊行委員会編, 1970) 東京美術，東京．p. 467.

WILLIAMS, J. G. M., KUBEL, A. R., LIVAK, K. J., RAFALSKI, J. A. and TINGEY, S. V. (1990) DNA polymorphisms amplified by arbitrary primers are useful as genetic markers. Nucleic Acids Res., 18 : 6531-6535.

徐 桂芳・陳 寛維（主編）(2003) 中国家禽地方品種資源図譜．中国農業出版社，北京．pp. 164-215.

ZHANG, L. (1988) Pekin—the leading role in world duck meat production. In : Waterfowl Production. Proc. Intnl. Symp. Waterfowl Production. The Satellite Conf. for the XVIII World's Poultry Congress, Beijin. Pergamon Press. pp. 93-95.

(田名部雄一)

II-11 ウズラ
―家禽化の歴史と現状―

　「ウズラ」から何が連想されるであろうか．たとえば「イヌ」であれば，ある人は盲導犬や介助犬として利用されるラブラドール・レトリーバーを，ある人は愛玩用として最近人気が高いプードルを，そしてある人は土佐闘犬を連想するなど，人によって思い浮かべるイヌの品種やそのイヌとの情景は様々であろう．また，「ウマ」であれば，ある人は競走馬としてのサラブレッドを，そしてある人は日本の在来家畜である木曽馬を思い起こすかもしれない．これら「イヌ」や「ウマ」は，家畜化された歴史も古く，品種が確立され，地域毎に在来集団が存在し，彼らとの生活が文化として継承され，発展している．したがって，ヒトと密接な関わりがあるこれらの家畜から連想されることは，多岐に亘るであろう．では，「ウズラ」から何が連想されるであろうか．読者の大半は畜産に興味をもっている日本人もしくは日本で長く生活をされている方々であろう．しかし，「ウズラ」から連想されるのは鳥としての「ウズラ」ではなく，スーパーで見かける白地に焦げ茶色の斑模様の小さな卵ではないだろうか（**図 II-11-1**，カラー）．すなわち，日本では多くの人にとって「ウズラ」から連想されることは，卵に画一されてしまうほど乏しいのである．

　ウズラは現代の私達には馴染みが薄いかもしれない．しかし，ウズラは古くから和歌や俳句にも詠まれ，美術品の題材として多く用いられていた．すなわち，昔の人々はウズラの姿だけでなく野生における生態を熟知しており，彼らにとってウズラは身近な存在であったと考えられる（**図 II-11-2**，カラー）．この変遷と人々のウズラに対する興味の衰退の理由は何であろうか．

　現在の家禽ウズラは第二次世界大戦後に日本で家畜化を再興したものである．したがって，在来家畜とは，近代的育種から影響を受けなかった，あるいは受けることが少なかった家畜群であり，地域集団または地方集団（local population）と定義すると（野澤，2002），ウズラには他の家畜のような在来家畜集団は存在しないと考えられる．しかし，在来家畜がその原種である野生動物から家畜品種へ向かう中間に位置するものとして，野生動物との境界も，家畜品種との境界も共に不明瞭な，連続的移行過程の途上であるものであるとすれば（第 I 部，**図 I-1-2**），家禽ウズラにおける在来集団は存在すると考えられる．このように，家禽ウズラは他の家畜と比べると在来家畜としては特異な存在であるかもしれない．

　在来家畜集団を始めとして，家畜集団におけるそれぞれの形質，起源および系統を調査して解明することは，新しい育種改良のために，有用遺伝子の発掘および利用に関する情報を提供するだけでなく，生物遺伝資源多様性の保全のためにも重要である．この章ではウズラの家禽としての特徴とその系譜について，家禽化の歴史および集団の遺伝的変異性の調査結果に基づき述べる．そして，これらの特徴から家禽としての今後の可能性および問題点を言及する．

(1) ウズラの分類と分布

　家禽ウズラの原種は，ニホンウズラ（Japanese quail, *Coturnix japonica*），標準和名ウズラ（以下，単にウズラと記す場合はニホンウズラを示す）である（図 II-11-3，カラー）．ニホンウズラは近縁種のヨーロッパウズラ（common quail, *Coturnix coturnix*）と形態が酷似しているため，両者の識別は非常に困難である（図 II-11-3〜5，カラー）．また，日本ではニホンウズラのみが野鳥として確認されているが，アジア大陸ではニホンウズラとヨーロッパウズラが混在している地域が多く，両種の詳細な分布状況はまだ解明されていない．以上のことから，家禽ウズラの起源と系譜を考察するために，諸外国における古い文献の利用，聞き取り調査，そして野生集団のフィールド調査をおこなう際には，両種を混同しないよう注意が必要である．したがって，両種を比較しその差異を把握することは重要であると考え，ここではニホンウズラおよびその近縁種であるヨーロッパウズラについて述べる．

i) ウズラの分類

　Mayr は 1942 年に次のような「生物学的種の概念（biological species）」を提唱した．すなわち，種とは（実際に，あるいは可能性において），互いに交配し得る自然集団の群であり，これらは他のそのような群とは生殖的に隔離されている，と定義している（括弧内は，後年，たとえば Mayr（1969）により削除されている）．ニホンウズラは，分類学ではキジ目キジ科ウズラ属（Galliformes Phasianidae *Coturnix*）に属している．キジ科の鳥類（48属183種）は4つのグループ，すなわち，新世界ウズラ類（10属30種），旧世界ウズラ類（3属11種），ヤマウズラ類（19属94種）およびキジ類（16属48種）に分類されている（黒田，1986）．これらの分類の中で，ニホンウズラとヨーロッパウズラは別種として分類され，両種とも旧世界ウズラ類に属している．

　ニホンウズラは褐色のずんぐりとした体形で尾が短い鳥である．この形態がヨーロッパウズラと酷似しているために，以前はヨーロッパウズラの亜種（*Coturnix coturnix japonica*）とされていた．これら2種の形態における微妙な相違点として，黒田（1914）は，たとえばヨーロッパウズラの翼の方が約9％長いこと，そしてニホンウズラは繁殖期に雄の咽部分の羽が婚姻色に変化することなどを報告している．また，鳴き声が両者では異なる（Grzimek, 1972；Derégnaucourt et al., 2001；Chazara et al., 2006）．さらに，ニホンウズラとヨーロッパウズラは自然環境では雑種をつくらず，人為的に作出した雑種も不妊もしくは妊性がごく低い（Pala and Lissia-Frau, 1966；Lepori, 1984）．以上のことから，現在ニホンウズラおよびヨーロッパウズラは別種として分類されている（American Ornithologists' Union, 1983）．なお，『日本鳥類目録』では，改訂第6版において，ニホンウズラの学名が *C. coturnix* から *C. japonica* へ正式に変更されたばかりである（日本鳥学会，2000）．したがって，ニホンウズラとヨーロッパウズラを同一種もしくは亜種として分類している鳥類図鑑などがまだ多いので，これらを参考にする際には注意を要する．

　分類学では，これまで種を分類する際の主な指標として，その形態や生態の特徴を利用してき

図 II-11-1 日本で市販されているウズラの卵および加工品（一例）．
上段：左から卵フライの冷凍食品，水煮パック2品．
中段：左からピータンパック，卵フライ，水煮缶詰．
下段：左から，ピータンの可食部分，卵，卵パック，ニワトリ卵（名古屋種）．
（佐野 撮影，2007年9月2日）

コマーシャル・ウズラの成鳥雄
（提供 豊橋養鶉農業協同組合）

コマーシャル・ウズラの雛
（提供 小野珠乙博士）

ウズラの絵図．松森胤保『両羽博物図譜』（酒田市立図書館版より）（上）成鳥，（下）雛．

図 II-11-2 古文書におけるウズラの絵図およびコマーシャル・ウズラの写真．
江戸時代末から明治時代の人々がウズラの形態や生態を熟知していたことが推測される．

図 II-11-3 野生のニホンウズラ.
左および中央：雄　埼玉県桶川市　4月．叶内ら解説（1998）山と渓谷社『日本の野鳥』より．
右：雌　山形県河北町　4月．真木・大西（2000）平凡社『日本の野鳥590』より．

図 II-11-4 ヨーロッパウズラ.
左：雄（推定）　Author：Hervé Michel
　　http://www.oiseaux-nature.com/
右：雌　Photo：Graurav Bhatnagar
　　http://www.orientalbirdimages.org/

図 II-11-5 ヨーロッパウズラの卵.
左：ニワトリの卵，右：ヨーロッパウズラの卵
Photo：Monolf http://commons.wikimedia.org/wiki/Image:Coturnix_coturnix_eggs.jpg

図 II-11-6 李　安忠作『鶉図』．
国宝，根津美術館所蔵．

図 II-11-7 酒井抱一 作『秋草鶉図』．
重要美術品，山種美術館所蔵．

た．近年新しい解析方法として，分子遺伝学による分類が試みられている．たとえば，ニホンウズラやニワトリなど，キジ目鳥類における類縁関係として，ミトコンドリアおよび核 DNA の塩基配列に基づいて系統樹の作成が試みられている（NISHIBORI et al., 2001；西堀・安江，2005）．また，CHAZARA et al.（2006）は核ゲノムにおけるマイクロサテライト（microsatellite）DNA の多型座位およびミトコンドリア DNA における塩基配列を用いて，フランスで捕獲された野生ヨーロッパウズラ集団および家禽ウズラ集団を比較した．その結果，マイクロサテライトマーカー変異に基づいて作製されたパネル（panel）において，両種は明確に独立した分岐群（クラスター）をそれぞれ形成していた．さらに，これらヨーロッパウズラ（野生）の雄とニホンウズラ（家禽）の雌を用いた交配実験により作出された雑種集団は，両種の中間に位置する独立のクラスターを形成していた．なお，ヨーロッパウズラとニホンウズラの交配実験において，得られた雑種個体の中で多くの雄が不妊であり，集団を維持することが困難であるという．また，多くの雑種個体の核型において異常が検出されている（MINVIELLE, 私信）．

ii) 野生ウズラの分布と生息数

ニホンウズラおよびヨーロッパウズラは渡りをする．したがって，両種における分布はそれぞれ広範囲であり，正確な渡りのルートや生息数については不明な点が多い．また，渡りの時期には空高く飛翔するが，それ以外は主に地上で生活し，外敵が近寄ってもその場から離れずにじっと蹲る習性から，生態や生息確認などの観測が困難である．

ニホンウズラは日本・朝鮮半島・中国東部・モンゴル・シベリア南部およびサハリンを含む東経 100°から150°，北緯 17°から55°に囲まれた地域に分布している（内田・清棲，1942）．日本における渡りルートとしては次の2つが知られている（木村，1991）．すなわち，1つは北海道・東北地方で繁殖して冬期に南下するルートであり，他の1つは朝鮮半島を繁殖地として越冬のため九州地方に渡来するルートである．標識調査の結果，北海道・青森で繁殖したものは関東・東海・紀伊・四国の太平洋沿岸の温暖地方で越冬するものが多い．また，朝鮮半島から冬鳥として九州へ渡来したものは四国・山陽・東海地方にも移動することが知られている（清棲，1979；環境庁，1981）．これら日本における2つの渡りルートはどちらも太平洋側に沿っている．また，沖縄県内では稀な冬鳥として，沖縄本島，石垣島および与那国島で記録されている（沖縄野鳥研究会，2002）．

ヨーロッパウズラは，ヨーロッパでは白海沿岸，北緯 65°以南のフィンランドからヨーロッパ各国，北海沿岸から地中海沿岸およびその諸島，アフリカ北部などで繁殖し，アジア（バイカル湖以西）では北緯 61°以南のエニセイ河からインドにかけて繁殖している（清棲，1979）．ヨーロッパウズラの渡りルートとしては，ヨーロッパからサハラ以南のアフリカへ渡るルート，そしてヨーロッパからインドなどの中央アジアへ渡るルートの2つが知られている（阿部・柚木，2000）．

アジア大陸ではニホンウズラとヨーロッパウズラが混在している地域が多い．たとえば，両種が野鳥として確認されている国としてはインド，ロシア，チベット，モンゴル，中国および台湾などがあげられる．ニホンウズラのみが確認されている国としては日本，韓国，タイ国およびベトナムなどがあげられ，フィリピンでは迷鳥として確認されている．インドネシアおよびスリラ

ンカでは両種共に野鳥としては確認されていない．また，CHANG et al. (2005) は中国におけるニホンウズラの渡りルートを3つ紹介している．すなわち，チベット昌都地区から揚子江中下流の青海，四川，陝西および河南省へのルート，チベット昌都地区から内モンゴル，新疆ウイグル地区，遼寧と湖北省へのルート，そしてチベット昌都地区から中国南東部へのルートである．しかし，これらニホンウズラの渡りの3ルートはすべて中国におけるヨーロッパウズラの渡りのルートと重なっている（佐野，2006）．

ニホンウズラの分布について調査する際には「放鳥」と「籠脱け」に注意しなければならない．「放鳥」と「籠脱け」はどちらも野生に放たれた家禽ウズラである．すなわち，「籠脱け」は養鶉場から逃げ出した個体と考えられる．一方，「放鳥」のほとんどは各都道府県の猟友会などにより合法的におこなわれている．バードウォッチャーによれば，これら家禽ウズラ由来の個体は警戒心が薄いので，野生ウズラからの判別が可能であるという．しかし，放鳥により日本における野生ウズラの生息数や捕獲数が増加したという報告はまだない．放鳥の唯一の成功例はHawaii諸島である．LONG (1981) によると，1921年にMaui島とLana'i島にウズラが導入され，後にO'ahu島を除くすべての島で帰化した．これらのウズラは第二次世界大戦以前の家禽ウズラの子孫である可能性が高い．このハワイの再野生化ウズラを捕獲し，カナダのブリティッシュ・コロンビア大学で系統維持されている集団（WH89）の遺伝的変異が調査されている（佐野ら，1995a，b）．また，これらの再野生化ウズラは渡りをしないという．さらに，西ヨーロッパでは猟の訓練などの目的で違法に家禽ウズラが大量に放鳥され，野生のヨーロッパウズラとの雑種個体が存在し，生態系への悪影響が懸念されている（CHAZARA et al., 2006；MINVIELLE et al., 2006）．これらヨーロッパで放鳥された家禽ウズラも渡りをしないといわれている．したがって，生態系への懸念理由として，渡り行動の減退（GUYOMARC'H, 2003；DERÉGNAUCOURT et al., 2004）および環境に対する適応力の低下などがあげられている（GUYOMARC'H, 2003）．

ニホンウズラおよびヨーロッパウズラは猟鳥である．したがって，猟鳥としての捕獲数によりそれらの生息数を推測することが可能である．これまでの統計から，ニホンウズラの捕獲高は増減の波が急激で5年内外の周期性を示している．この増減の波は降水量などの天候要因による可能性が示唆されている（林野庁，1969）．これら捕獲高における傾向は，ヨーロッパウズラにおいても同様に示唆されている（PUIGCERVER et al., 1999；阿部・柚木，2000；KERLEY et al., 2000）．また，新潟，福井および中国地方の諸県の捕獲高が著しく少ないことからも，日本におけるニホンウズラの渡りルートが太平洋側であることが示されている．ニホンウズラの猟場としては九州，四国および富士山麓が有名であった．国外では，第二次世界大戦以前は旅順が著名であった．すなわち，秋に中国東北地方方面から遼東半島を経て山東方面へ渡りをする途中，旅順に多数集まっているところを捕獲し，それらを旅順鶉と称していた．また，日本におけるウズラの名所は，山城の深草の里，伏見の里，鳥羽田，くるすの小野，摂津の遠里の小野，河内の交野，近江の粟津野，野島ヶ崎，富士の裾野，那須野などであった．味覚としては，甲斐，信濃，下野で獲れたものが上物であり，摂津，播磨，美濃のものが次品とされていた（東，1935）．近年ニホンウズラの捕獲数は激減し，絶滅が危惧されている．また，全国的にウズラの生息分布域が縮小していることから，2006年に環境省は『日本の絶滅のおそれのある野生生物―レッドデータブック―（脊椎動物編・無脊椎動物編）』において，ウズラを情報不足（DD：data deficient）から準絶滅危惧（near threatened）のカテゴリーへ変更した．さらに，2007年に「鳥獣の保護及び狩猟

の適正化に関する法律施行規則の一部を改正する省令」が施行された．この省令により，2007年から5年間（平成19年9月15日〜平成24年9月14日）全国の区域（ウズラの捕獲を目的に含む放鳥獣猟区の区域を除く）においてウズラの捕獲等が禁止された．

ヨーロッパウズラの生息数は1980年代にヨーロッパで激減した．現在，ヨーロッパウズラはヨーロッパ6カ国においてレッドリストに掲載され，11カ国で狩猟禁止となっている（GUYOMARC'H, 2003）．

(2) わが国のウズラ文化

われわれ人間にとってニホンウズラとその近縁種であるヨーロッパウズラとの最も大きな違いは何であろうか．それは，ニホンウズラは家禽化されたが，ヨーロッパウズラは家禽化されていないことであろう．ここでは家禽化の歴史におけるニホンウズラと文化との関わりをヨーロッパウズラの場合と比較して述べる．

i) ニホンウズラと日本文化との関わり

ウズラ（鶉）は古くから和歌や俳句に詠まれ，美術工芸品の題材として用いられ，そして「鶉豆」や「鶉餅」など，鶉がついている言葉も数多く存在している．たとえば，「鶉餅」は現在でも茶道の菓子であるが，江戸時代に考案された大福餅の原型でもある．すなわち，粒餡あるいは黒砂糖餡の入った餅をその形から「鶉餅」といい，それを食べれば満腹になることから「腹太餅」とも称していた．これを小振りにしたものが現在の「大福餅」といわれる．さらに，土産品として名高い饅頭「ひよ子」の原型である鳥形の菓子は，江戸時代に京都の「虎屋」による絵図帳にニワトリではなく，ウズラを模した餅菓子として掲載されている．

美術工芸品の中でウズラを題材とした絵画では，たとえば中国の南宋時代の李安忠（1127〜1279）作といわれる『鶉図』（国宝；根津美術館所蔵）が著名である（**図II-11-6**, カラー）．また，土佐光起（1617〜1691）の『粟穂鶉図屏風』（重要美術品；個人所蔵）や酒井抱一（1761〜1828）の『秋草鶉図』（重要美術品；山種美術館所蔵）（**図II-11-7**, カラー）などが有名である．その他ウズラを題材とした美術工芸品は枚挙にいとまがない（**図II-11-8**）．

ウズラを詠んだ和歌で最も古いものは，『古事記』に記されている，第21代雄略天皇によるもの（天語部の伝承歌とも推測されている）であろう．すなわち，新嘗祭の酒宴で大宮人に対する賛美として詠まれた「ももしきの　大宮

図II-11-8　鶉の絵皿．
大江文象 作．黄瀬戸および櫛目技法の第一人者であった陶芸家 大江文象（1898〜1979）は「櫛目文」で愛知県指定無形文化財保持者に認定された．この作品のように，彼の得意な題材は鶉であり，「鶉の文象」と称されていた．また，瀬戸にあった彼の工房名も「鶉窯」である．（佐野晶子所蔵，撮影2007年8月19日）

人は 鶉鳥 領巾取りかけて 鶺鴒 尾ゆきあへ 庭雀 うずすまり居て 今日もかも 酒水漬くらし 高光る 日の宮人」である．この歌では酒宴に列席した人達の衣装や天皇に対する態度を3種のおとなしい鳥に例えている．すなわち，「鶉鳥」は鶉の首から背にかけての白い斑線を領巾（女性が掛ける細長い布のこと）に例えることにより「領巾とりかけて」の比喩的枕詞となっている．これらのことから，大和時代の人達が鳥類の形態や性質を熟知していたことがわかる．当時，鳥は人間の霊魂の運搬をすると信じられており，その鳥を捕る行為は神事であった（西宮, 1979）．

狩猟法の1つである鷹狩りは大和時代に百済の帰化人である酒君が伝え，355年，第16代仁徳天皇により始められた．この時代の鷹狩りにおける代表的な猟鳥はキジ（雉）とウズラであり，万葉集では「とり」を「鶉雉」と表記する歌も詠まれている．両種は人里付近に多く生息していたらしく，雉は野つ鳥と称し，鶉は故郷の枕詞となっている．また，鶉猟はウズラが畑や丈の低い草原などの広い場所に現れて餌をあさる夕方におこなわれていた（東, 1935）．その後鷹狩りは，仏教の殺生戒の影響などにより禁止や衰退を繰り返しながら，一方では武芸の嗜みとされ，天皇だけでなく貴族や武士もおこなっていた．鷹狩りは鷹類のみならず，獲物を追い立てるためにイヌや勢子や時にはウマ，そして獲物をおびき寄せるために囮や笛などを利用するもので，広範囲の猟場で大掛かりにおこなわれた．すなわち，鷹狩りは権力者がその力を示すものでもあった．たとえば，江戸時代，駒場野では囮鶉の鳴き声に誘われて集まった野生ウズラの餌付けがおこなわれており，徳川幕府の正史『徳川実記』には徳川家歴代将軍によるハイタカを用いた鶉狩りが年中行事として記されている（梶島, 2002）．また同様の記述として，広尾の古川には将軍の鶉場（予め鶉を飼っておき，その鶉を放って鷹狩りをする場所）があった（堀, 1996）．鷹狩りで捕獲されたウズラは宮中や幕府に献上されるほか，贈答にも用いられた．贈答の際には，たとえば室町時代後期，天文4年（1536）に藤原隆重が記したとされる『武家調味故実』では，鳥柴附という方法で，木の枝にウズラを付けることが礼儀とされていた（梶島, 2002）．

鷹狩り以外の狩猟法では，網，罠，囮，とりもち，そして弓矢などを用いてウズラを捕獲していた．松山藩付家老であった松森胤保（1825〜1892）は『両羽博物図譜』において，ウズラの狩猟法では鷹狩りを最上とし，アイフと網，鶉笛と網，そして縄という順位を付けている．アイフとは囮の1つで，予め飼育し馴れさせた2羽の雌をそれぞれ籠に入れてお互いがよく見えるように配置し，彼女らが鳴き合う声で主に野生の雄をおびき寄せる方法である．アイフで雌を用いるのは，啼きウズラ用として雄の需要が高いためであると考えられる．『両羽博物図譜』では，その他に小ツクという方法を紹介しているが，その詳細は不明である．現在，鳥獣の保護及び狩猟の適正化に関する法律，すなわち，狩猟法では銃および網が法定猟具として認められており，昭和22年（1947）から「うずらわな」など罠による捕獲は禁止されている．法定猟具の中で，たとえばツキ網を用いたウズラ猟については木村（1991）により紹介されている．なお，鶉笛については，たとえば，堀内讃位（1984）による『日本伝統狩猟法』および蘇生堂主人による『鶉書』（1649；松尾校注, 1996）にその図が掲載されている（図II-11-9）．

狩猟で捕獲されたニホンウズラのジビエ（gibier：フランス語で狩猟鳥獣の意．英語ではgame）の料理法は，前述の『武家調味故実』のほかに，長享3年（1489）多治見貞賢著といわれる『四条流包丁書』，作者と発行年不詳『海人藻芥』，そして室町時代末期作者不詳『包丁聞

書』などで詳細に記されているので，中世には確立していたと考えられる．特に鷹狩りの獲物としてのウズラは天皇の食膳に上る高貴な食材であったと考えられ，その饗応作法も確立していたようである．たとえば『包丁聞書』では，ウズラの焼き鳥における両羽を切り広げて檜葉と共に盛り付ける葉改敷という作法を紹介している．また，天正 20 年（1593）博多の豪商神谷宗湛が朝鮮出兵で肥前名護屋に滞在していた

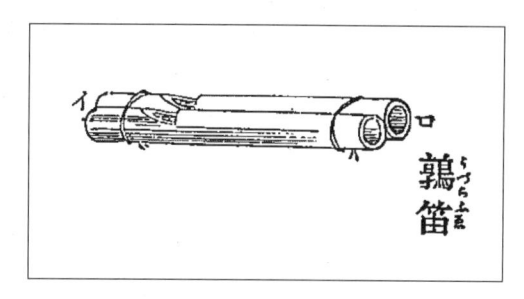

図 II-11-9　鶉笛の図．
堀内讃位（1984）．

豊臣秀吉を招いた茶席の懐石料理の二の膳には，鶉焼きて（焼き鳥）が挙げられている．ウズラは滋養がある上に味が淡白で上品であり，塩焼きでは鳥肉の中で最上であるとされた（木下，1997）．このように焼き鳥は最も一般的なウズラの料理法であった．その例として，たとえば江戸時代の狂歌師大田蜀山人（大田南畝；1749〜1823）は「ひとつとり　ふたつとりては　焼いて食ふ　鶉なくなる　深草の里」と詠んでいる．ちなみにこの狂歌の本歌は，鎌倉時代の歌人藤原俊成（1114〜1204）が『千載和歌集』で詠んだ「夕されば　野辺の秋風　身にしみて　鶉鳴くなり　深草の里」とされる．焼き鳥以外の料理法としては，江戸時代の料理本（作者不詳；1643 年刊）『料理物語』では，汁，串焼，煎り鳥，こくせう，せんば，骨抜き，および，かぜちあへを挙げている．以上の料理法はすべてジビエとしての肉を利用したものであり，卵の料理法は肉と比べて少なかったことが推測される．

　前述した藤原俊成の和歌にも詠まれているように，日本人にとってウズラの鳴き声は非常に身近なものであった．たとえば，近畿地方でウズラの声を聞くのはウズラが渡って来る秋が最も盛んである．したがって歌書ではウズラは秋の鳥となり，その鳴き声も秋季に歌ったものが大部分を占めている（東，1935）．ウズラの鳴き声は歌に詠まれて愛でられただけでなく，その優劣が競われていた．それは，平安時代（11 世紀頃）に宮中でおこなわれていた"小鳥合わせ"に端を発した．『鶉書』（松尾校注，1996）には，鎌倉時代に伏見院（在位 1287〜1298）が，小鳥合わせの際に，ウズラの声がとりわけ素晴らしいとお褒めになったと記されている．小鳥合わせの伝統が続き，室町時代から近世初期にはウズラの鳴き合わせが盛んにおこなわれ，江戸時代には，貴賎を問わずに鳴き合わせ用のウズラ，すなわち啼きウズラの飼育が流行した．喜多村信節の『嬉遊笑覧』（1830 年）によると，特に，慶長から寛永年間（1596〜1643）および明和から安永年間（1764〜1780）にはウズラの鳴き合わせ，すなわち「鶉合」が大流行した．「鶉合」では鳴き声の優劣を相撲番付のように表現していたようである．ウズラは日中稀には鳴くが声はあまり高くはない．夜も鳴くことはあるが常態ではない．最もよく鳴く時は早朝と夕暮れで，殊に朝の声は朗らかで立派である．したがって，「鶉合せ」（原文より）は必ず朝早くおこなわれた（東，1935）．さらに，明治・大正初期にも啼きウズラの"啼き合わせ会"がおこなわれ，その流行は大正 9〜10 年頃（1921〜1922）が最高潮であり，以後は落ち着いた（木下，1997）．しかし，小田（1917）は，大正時代現在では，鳴き声について従来の判定基準の詳細はわからないと述べている（佐野，2003）．

　ウズラの鳴き声を競う「鶉合」のほかに，江戸時代にはウズラ同士を戦わせて金銭を賭ける闘鶉がおこなわれていた（松尾，1996）．しかし，闘鶉に関する資料は「鶉合」よりも少なく，そ

の詳細は不明である．

　鶉合の流行もあり，ウズラを飼育する習慣は幕末から明治・大正頃まで続いていた．たとえば正岡子規（1867～1902）は病床でウズラを飼育し，その様子を日記に記し（1899a，b），写生画『鶉の図』（国会図書館所蔵）も描いている．その正岡子規が詠んだ俳句の1つに「向きあふて鳴くや鶉の籠二ツ」がある．俳句では，鶉，鶉合せ，そして鶉籠は秋の季語である．また，繁殖期のウズラは麦鶉とよばれ春の季語である．2月は鶉猟の絶好機とされ，雪中で捕らえたものを雪鶉といった（東，1935）．さらに，延宝の末（1680年）頃に成立したと考えられる『百姓伝記』では農事の適期，すなわち季節変化を知るための指標動物として，鳥類ではガン，ツバメ，ヒバリなどと共にウズラが取り上げられている（梶島，2002）．

　以上のことから，昔の人々はウズラの姿だけでなく野生における生態を熟知しており，彼らにとってウズラは身近な存在であった．しかし，日本において，ウズラと文化の関わりが密接であったのは明治・大正もしくは昭和初期から第二次世界大戦前までではなかろうか．このウズラに対する興味の衰退の原因としては次の3つが考えられる．第1に，野生ウズラの生息数が激減したことが挙げられる．そのためウズラの姿や声を見聞きしなくなり，たとえば俳句に詠まれることなども減少したであろう．第2に，食生活が変わり，ジビエとしてニワトリ以外の鳥類の肉を食べなくなったことが挙げられる．そして第3に，野鳥も含め鳥を飼う習慣が廃れたことが挙げられる．鳥を飼う習慣が廃れた背景としては，狩猟法による野鳥の捕獲禁止，戸建からアパートやマンションへ住環境が変化したこと，そして昨今の鳥インフルエンザの影響などが挙げられる．

ii）　ヨーロッパウズラと諸外国文化との関わり

　日本におけるニホンウズラの場合と同様に，ヨーロッパウズラも人々にとって身近な存在として利用されていた．したがって，ウズラの家禽化の歴史を考察する際には，たとえば古代文明や諸外国におけるウズラの記述について，両種を混同しないように注意が必要である．以下に述べる例については，引用した文献の日本語訳では「ウズラ」と表記されていたものがほとんどであったが，生息分布からヨーロッパウズラであると考えられたものをまとめた．

　5000年程前の古代エジプトの壁画にはヨーロッパウズラを網で捕獲している様子が描かれている（佐野，2003）．エジプトはヨーロッパウズラの渡りルートの拠点であり，1990年代まで網猟の拠点の1つでもあった．ヨーロッパウズラの狩猟法としては，網のほかに，鷹狩り，銃，および囮などを用いておこなっていた（GUYOMARC'H，2003）．したがって，ヨーロッパウズラが大群で渡りをすることは古代から周知であった．たとえば，古代ローマの政治家で博物学者であったプリニウス（Gaius Secundus PLINIUS，27～79）は，『博物誌（中野ら訳，1986）』で，ヨーロッパウズラが渡りの途中で夜羽を休めるために大挙して帆に止まるために，船が沈没することがあると記している．また，アリストテレス（ARISTOTELÉS，B.C. 384～322）やプリニウスがすでに記述しているように，ヨーロッパウズラは春と秋の渡りの時期にドクニンジンのような有毒植物を採食するため有毒となり，そのヨーロッパウズラを食べた人やイヌが稀に死ぬことがフランス南部，ギリシャおよび黒海とカスピ海沿岸では古くから知られていた（茂田，2006）．そのため，古代ギリシャやローマでは食用として利用せず，メロヴィング朝（481～751）になってからヨー

ロッパでは食材として珍重するようになった（国分・木村，1983）．それは次のことからも容易に推測される．すなわち，ポルトガル人宣教師ルイス・フロイス（Luis FROIS, 1532～1597）は，天正13年（1585）『ヨーロッパ文化と日本文化（岡田訳，1991）』で，「ヨーロッパ人は雌鶏や（ヨーロッパ）ウズラ，パイ，ブラモンジュなどを好む．日本人は野犬や鶴，大猿，猫，生の海藻などをよろこぶ．」と記している．現在でも，ヨーロッパウズラのジビエ料理法は多く，食材として好まれている．また，ヨーロッパウズラの鳴き声も身近なものであった．たとえば次のような鳴き声による占いがあった．すなわち「（ヨーロッパ）ウズラの鳴き声の数は，結婚まであと何年あるかの暗示（スイス・チロル地方）」や「（ヨーロッパ）ウズラが夕方鳴くと次の日は晴れ（ヨーロッパ）」などである（荒俣，2005）．さらには闘鶉をおこなっていた（木村，1996）．闘鶉の様子はシェークスピア（William SHAKESPEARE, 1564～1616）が『アントニーとクレオパトラ』で再現している（正田，1987）．

中国では隋（581～619）や唐（618～907）時代に闘鶉がおこなわれ，北宋（960～1127）時代には首都の開封（当時）で飼育が始まったといわれている．また，周（B.C. 1046～256）時代の宮中用品の食材として鶉が利用されていた（木下，1997）．日本における闘鶉が当時の中国の影響を受けていた可能性は大きい．しかし，中国ではニホンウズラとヨーロッパウズラの分布が混在していることを考慮すると，どの種がどのようにこれらの中国文化と関わっていたのかはわからない（佐野，2006）．

以上のことから，ヨーロッパウズラと諸外国文化との関わりは日本におけるニホンウズラと文化との関わりと似て，非常に密接である．しかし，ヨーロッパではヨーロッパウズラの家禽化についての文献は皆無に等しく，家禽化が試みられたかどうか，また家禽化されなかった原因については不明である．

(3) 家禽化の歴史

i) 飼育の歴史

家禽化の契機はもちろん飼育の開始である．ウズラの飼育についての古い記述としては，戦国時代の公家山科言継（1507～1579）の日記『言継卿記』における「甲斐守久宗参り鶉篭仕り了んぬ（永禄7年；1564）」が挙げられる．しかし，野鳥飼育に関する日本最古の記述は，『肥前風土記』による，第15代応神天皇の御世に「鳥屋を此の郷に造り，雑鳥を取り集めて養ひ馴らし，貢として朝廷に上つる」であろうこと（東，1935）．さらに前述したように，鶉狩りは大和時代から盛んであり，狩猟でウズラをおびき寄せるために囮を用いていたことを考慮すると，鶉の飼育は『言継卿記』より以前に開始されたと推測される．

『両羽博物図譜』では，鳥を飼う目的として，口養（食用），目養（愛玩用）そして耳養（囀り用．鳴き合わせ用か？）の3つを挙げ，鳥類各種の飼育法も述べている．また，「小禽を養ふはヒワに始めて鶉に極まる」という諺を紹介し，ウズラの飼育は耳養目的であるとしている．すなわち，ウズラを飼育する目的は，雄では啼きウズラの育成であり，雌では囮などの育成であったと考えられる．啼きウズラの養成には2年を要したともいわれ（設楽，1965），良い声で鳴くウ

ズラは高値で取引された．特に奥州南部（福島・宮城県）産のウズラは鳴き声が良いとのことで，鶉商が各地へ行商していた．さらに『両羽博物図譜』では，啼きウズラの養成について，鳴き声の良し悪しは遺伝によるもので調教（環境）によるものではないこと，そして孵化には庭籠（にわこ：前面のみが格子や網になっている繁殖用の巣箱）を用いることを記している．これらのことから，近世では主として啼きウズラの育成目的で，ウズラの飼育，産卵そして育雛がおこなわれていたことが推測される．さらに，薩摩藩の鳥方であった日野甚六による『鳥賞案子』（享和2年，1802）および水戸藩医の佐藤成裕著『飼籠鳥』（文化5年，1808）では，啼きウズラを座敷で愛玩するために，巾着やひょうたんにウズラを入れて夜飼する方法が記されている．夜飼は冬の夜に行灯の光を当てて春や夏のように日が長くなったように感じさせる日本の飼育技術であり，光生物学理論の先駆として世界的に評価されている．夜飼により養成されたウズラは巾着ウズラやふくろううずらと称された（松尾，1996）．

中世から近代にかけてウズラの飼育法が確立され，発達した背景には啼きウズラの養成という主目的がある．すなわち，ウズラを飼育する人にとって最も大きな興味は愛玩用としての鳴き声であった．そのためか，ウズラの羽毛変異に関する記述はわずかである．その数少ない例としては，たとえば『徳川実記』によれば承応3年（1654）には白鶉が，翌明暦元年（1655）には斑替りの鶉が将軍に献上されたことが挙げられる（梶島，2002）．

琉球王朝時代（1372～1879）の沖縄では，中国から勅書をもたらす使者である柵封使（さくほうし；沖縄ではサッポウシ）を歓待するための宮廷料理「御冠船料理（おかんせん；ウカンシンリョウリ）」が発達した．「御冠船料理」の献立は五段から成り，その中で初段の食材として，燕の巣などの高級素材と共に鶉が挙げられている．この記載がニホンウズラを示しているのであれば，沖縄ではニホンウズラの飛来数が少ないので現地調達は困難であり，柵封使歓待の準備のために食用（肉用）として飼育していた可能性が考えられる（佐野，2006）．

鳴き合わせの衰退や仏教の殺生戒の影響による狩猟の禁止が繰り返された一方で，江戸時代には放生会に端を発した放し鳥がおこなわれていた．放し鳥とは，殺生を戒め死者の霊を慰める目的から，捕獲した鳥を野に放す宗教儀式のことである．そのため，放し鳥を売る鳥屋が存在していた．鳥屋は放し鳥以外にも食用やさらには愛玩用として外国からの輸入種も含めた多種の野鳥を販売していた．また，昭和の始め頃まで，愛玩用の小鳥類飼育が農家の副業として盛んにおこなわれ，海外へ輸出されていた（林野庁，1969）．したがって，日本では，ウズラに限らず，鳥を飼育する歴史は連綿と続き，飼育技術も発達していたと考えられる．

以上のことから，ウズラを家禽化した契機は，食用や役用ではなく，愛玩用としての啼きウズラを養成することであったと推測される．そして中世から近世にかけて養成された啼きウズラは日本の文化と密接に関わっていること，さらに近代育種の影響を受けなかった地域集団であったことから，日本の在来家畜であったと考えられる．

ii) 産業化の歴史

産業化の歴史についてはすでに佐野（2003）がまとめているとおりである．すなわち，産業用としての家禽ウズラの育成は1910年頃に始まった（WAKASUGI, 1984）．明治から大正にかけて啼きウズラから高い産卵率を示すものを選抜し，卵用および肉用として改良した（小田，1917；大

森，1918)．1930年代には，愛知県豊橋地方を中心に養鶉業が始まり，1941年には日本におけるウズラの飼育羽数は約200万羽に達していた．そして，これら日本の家禽ウズラは台湾，朝鮮および支那（いずれも当時）へ入植者と共に導入され，それぞれ産業として発達した（CRAWFORD, 1990)．しかし，日本の家禽ウズラは第二次世界大戦中にほぼ絶滅した（近藤，1983)．

図II-11-10 コマーシャル・ウズラの飼育風景．
1. 穴澤うずらにて（佐野 撮影，1996年5月30日）．
2. 豊橋養鶉農業協同組合より提供．

第二次世界大戦後，愛知県豊橋市の鈴木経次氏により数組の啼きウズラの番(つがい)から家禽化が再開された．現在の家禽ウズラの成立には，これらの啼きウズラや日本の野生ウズラのほかに，台湾，朝鮮および支那（いずれも当時）から輸入されたウズラも関与している（磯貝，1971)．1960年頃から市販配合飼料が使われ，1965年には雛の雌雄鑑別技術が完成するなど，産業用としての飼育技術も確立し，企業的な養鶉が開始されるようになった（農水省，1995)．ウズラの飼育羽数は1960年に約200万羽に回復し，その後も増加して，(社)中央畜産会の調査によれば，平成17年（2005）現在，全国で飼育者数151戸，飼育羽数は約663万羽である．このうち，約63%（420万羽）が豊橋地方を中心とする愛知県の49戸（32.5%）で飼育されている（**図II-11-10**)．なお，家禽ウズラの基礎となった啼きウズラは絶滅したといわれている．

家禽ウズラの産業化が短期間に日本で成功した理由としては，次の4つが考えられる．第1に第二次世界大戦後の食糧難により卵の需要が増大したことが考えられる．第2に，原種である野生ウズラが入手できたこと．第3には，前述のように日本文化と密接に関わっていたことから，当時の日本人がウズラのことを熟知し，飼育技術に長けていたこと．そして第4に，ウズラは種としての産卵能力における潜在能力が高い可能性が考えられる．たとえば，家禽化による初期の変化について，河原（1976）は富士山麓で捕獲した野生ウズラに人為淘汰を加えずに実験室で飼育し，10形質についての調査をおこなった．その結果，繁殖世代が進むにつれて，このウズラ集団の産卵率，性成熟日齢および体型などが，家禽ウズラのそれらに次第に近づいてくると報告している．これらの形質の変化について，田名部（1993a, b）は家畜化により個体が生き残る条件が整った結果，潜在能力としてもっていたものが発現したという可能性を示唆している．また，KIMURA（1989）は，この集団（集団略号：N-IV）が約15年間系統維持された後の遺伝的変異性について調査し，この集団の遺伝子組成は日本の家禽集団のそれらと変わらなかったと報告している．産卵能力における潜在能力の高さは，キジ科にニワトリ，シチメンチョウ，ホロホロチョウ，インドクジャクなどの家禽をはじめ，ヒトに飼育利用されている種が多いことからも示唆されよう．

家禽ウズラの再興が愛知県で成功した理由としては以下のことが考えられる．すなわち，名古屋種（名古屋コーチン）を作出するなど従来養鶏業が盛んであり，戦前におけるウズラ産業の中心地であったこと，ウズラの猟場として著名な富士山麓が近く，捕獲高が高い地域であり，野生ウズラが入手しやすかったこと，そして他の農産物としても文鳥飼育や電照菊栽培を始めるな

ど，進取の気性に富む土地柄などが挙げられる．

現在，家禽ウズラは採卵，採肉および実験用として，世界各国で飼育利用されている．これらは日本で家禽化されたウズラを直接もしくは欧米経由で間接的に導入したものである．たとえば卵用としては日本，中国，ブラジル，フランスに次いでシンガポールやエストニアなどでも飼育されている．またウズラの肉はスペイン，フランス，アメリカ，中国に次いでブラジル，インドそして日本でも利用されている．また，ウズラを実験動物として利用した論文の多くはヨーロッパや中近東で報告されている（MINVIELLE, 2004）．

(4) 家禽ウズラの系譜

前述のように，第二次世界大戦以前に飼育されていた産業用の家禽ウズラや愛玩用の啼きウズラはすでに絶滅していると考えられ，今日産業として飼育されている家禽ウズラは第二次世界大戦後に再興されたものである．このように，ウズラの家禽化の歴史は新しく，ウズラにはまだ相当量の遺伝負荷が排除されずに残されており，近親交配による悪影響，すなわち近交退化を受けやすい．このため，家禽ウズラでは品種，系統および在来集団はまだ確立されていない反面，その成立や分化の過程にある様々な試料の入手が可能である．ここでは集団の遺伝的変異性の評価により家禽ウズラの系譜について考察する．なお，ウズラ集団の遺伝的変異性の評価結果については佐野（2003，2006）の報告を基にしている．

i) 集団の遺伝的変異性

集団を維持する目的の差異により，ウズラを野生ウズラおよび家禽ウズラに分類した．すなわち，野生ウズラ集団では人為的淘汰圧が加わっていないことから，ウズラとしての種の保存が集団の維持の目的であると考えた．一方，何らかの形で人為的淘汰圧が加わったと考えられた集団を家禽ウズラとした．さらに，家禽ウズラを用途の差異から，すなわち，採卵，採肉など営利を目的とするコマーシャル・ウズラ，そして特定の遺伝子の保存あるいは実験に使用することを目的とした研究用ウズラに細分類した．

電気泳動法を用いて合計34座位により支配される25種類のタンパク質と酵素を分析し，得られた各座位の対立遺伝子頻度を用いて，集団内の遺伝的変異性および集団間の遺伝的分化の程度について評価した．分析したタンパク質および酵素を表II-11-1に示した．電気泳動法の詳細については木村（1966）とOGITA（1962）に従った．タンパク質や酵素の染色はBREWER（1970）に従った．標識遺伝子については，木村（1982）やCHENG and KIMURA（1990）の総説を参照されたい．

集団内の遺伝的変異性の程度は多型座位の割合（P_{poly}）および平均ヘテロ接合率（$\bar{H}$）で評価した．また，集団内におけるハーディ・ワインベルグの法則（Hardy-Weinberg Law）からのずれはWRIGHT（1965）のF統計量の1つであるF_{IS}を求めて評価した．ハーディ・ワインベルグの法則とは，自然淘汰，突然変異，移住，遺伝的浮動などの要因が働かず，任意交配のおこなわれている理想集団では常染色体上の遺伝子座における遺伝子型頻度が世代と共に変わらないという

表 II-11-1 電気泳動法によって分析したウズラのタンパク質，酵素および支配座位．

タンパク質および酵素（E.C.）	試料組織	座位
Hemoglobin	心臓	Hb-I, Hb-II, Hb-III
Albumin	肝臓	Alb
Transferrin	肝臓	Tf
Acid phosphatase（3.1.3.2）	肝臓	Acp
Alcohol dehydrogenase（1.1.1.1）	肝臓	Adh
Esterase-D（3.1.）	心臓	Es-D
Esterase（3.1.）	肝臓	Es
Catalase（1.11.1.6）	肝臓	Ct
Leucine aminopeptidase（3.4.11.1）	肝臓	Lap
Sorbitol dehydrogenase（1.1.1.14）	肝臓	Sdh
Malic enzyme（1.1.1.40）	浅胸筋	Me-I, Me-II
Malate dehydrogenase（1.1.1.37）	肝臓	Mdh-I, Mdh-II
Phosphoglucomutase（2.7.5.1）	肝臓	Pgm
Phosphoglucose isomerase（5.3.1.9）	心臓	Pgi
6-Phosphogluconate dehydrogenase（1.1.1.44）	肝臓	6Pgd
α-Glycerophosphate dehydrogenase（1.1.1.8）	肝臓	α-Gpd
Mannose-phosphate isomerase（5.3.1.8）	浅胸筋	Mpi-I, Mpi-II
Isocitrate dehydrogenase（1.1.1.42）	浅胸筋	Icdh-I, Icdh-II
Esterase（3.1.）	肝臓	Es-III
Amylase（3.2.1.1）	膵臓	Amy
Aspartate aminotransferase（2.6.1.1）	心臓	Aat-I, Aat-II
Lactate dehydrogenase（1.1.1.27）	心臓，浅胸筋	Ldh-H, Ldh-M
Adenylate kinase（2.7.4.3）	浅胸筋	Ak
Creatine kinase（2.7.3.2）	心臓，浅胸筋	Ck-B, Ck-M
Esterase（3.1.）	膵臓	Es-4

法則である（大羽，1986；野澤，1994 など）．F_{IS} は集団内の近交係数として用いられ，以下の算式により求めた．

$$F_{IS} = (H_E - H_O)/H_E$$

H_E：ハーディ・ワインベルグの法則に従うと仮定したときに得られるヘテロ個体の頻度
H_O：実際に観察されたヘテロ個体の頻度

F_{IS} は 1 以下の値で計算され，負数であることもある．その場合は他集団から遺伝子が導入されている可能性が考えられる．

集団間における遺伝的分化の程度の指標としては，WRIGHT（1965）の F 統計量の 1 つである固定指数（F_{ST}）そして NEI（1975）の遺伝距離（D）をそれぞれ求めた．

F_{ST} は次式により求めた．

$$F_{ST} = (H_T - H_S)/H_T$$

H_T：全集団がハーディ・ワインベルグの法則に従う 1 つの無作為交配集団と仮定したときに得られるヘテロ個体の期待頻度
H_S：各集団について求めたヘテロ個体の期待頻度を全集団について平均したもの

集団間の遺伝的類縁関係としては SOKAL and SNEATH（1963）の UWPG 法により，D から枝分かれ図を作成し，さらに遺伝子頻度についても奥野ら（1981）の分散共分散行列による主成分分析をおこない，散布図を作成して評価した．

遺伝子頻度

分析した 34 座位のうち，次の 12 座位はすべての集団において野生型遺伝子で固定していた．

これらは，Hb-II，Hb-III，Lap，Me-II，Mdh-I，Mdh-II，Mpi-II，Es-III，Aat-II，Ldh-M，Ck-B および Ck-M である．次の 13 座位については野生と家禽ウズラ集団のどちらにも同じ種類と数の対立遺伝子が存在した．これらは Alb，Adh，Es-D，Es，Ct，Sdh，Me-I，Pgi，6Pgd，Icdh-I，Icdh-II，Amy および Es-4 であった．

野生ウズラにおいてのみ検出された突然変異型の遺伝子は，Acp^C，a-Gpd^B，Mpi-I^D，Aat-I^B および Ldh-H^A であった．なお，Ldh-H^C は野生ウズラでは何度か発見されているが，家禽ウズラでは 1 集団（N-IV）のみで発見された．N-IV は，前述のように河原（1976）により富士山麓で捕獲された野生ウズラが 15 年間閉鎖集団として維持されたものである．したがって，Ldh-H^C は野生ウズラ由来である可能性が示唆された．一方，家禽ウズラにおいてのみ検出された突然変異型の遺伝子としては Hb-I^B，Tf^A，Tf^C，Pgm^C および Ak^B があった．

分析した 34 座位における遺伝的変異性の程度を評価するために，**表 II-11-2** に用途別に見たウズラ集団の各座位におけるヘテロ接合率の平均を示した．全集団においてヘテロ接合率が高い座位は Ct，6Pgd および Es-4 であった．この内 6Pgd 座位については，POWELL（1975）により，他の脊椎動物一般と比べて鳥類では変異性が高いと報告されている．

表 II-11-2 用途別に見たウズラ集団の各座位におけるヘテロ接合率（H）．

座位	野生ウズラ (3集団)	コマーシャル・ウズラ (7〜21集団)	研究用ウズラ (10〜31集団)
Hb-I	0.000	0.015 ± 0.033	0.085 ± 0.143
Hb-II	0.000	0.000	0.000
Hb-III	0.000	0.000	0.000
Alb	0.007 ± 0.018	0.008 ± 0.024	0.046 ± 0.123
Tf	0.000	0.000	0.049 ± 0.132
Acp	0.089 ± 0.053	0.000	0.096 ± 0.170
Adh	0.134 ± 0.066	0.457 ± 0.055	0.364 ± 0.160
Es-D	0.069 ± 0.060	0.389 ± 0.109	0.306 ± 0.197
Es	0.212 ± 0.075	0.374 ± 0.123	0.252 ± 0.193
Ct	0.464 ± 0.039	0.485 ± 0.009	0.485 ± 0.019
Lap	0.000	0.000	0.000
Sdh	0.028 ± 0.022	0.082 ± 0.058	0.014 ± 0.030
Me-I	0.295 ± 0.181	0.228 ± 0.104	0.149 ± 0.123
Me-II	0.000	0.000	0.000
Mdh-I	0.000	0.000	0.000
Mdh-II	0.000	0.000	0.000
Pgm	0.003 ± 0.007	0.004 ± 0.013	0.025 ± 0.065
Pgi	0.099 ± 0.081	0.346 ± 0.113	0.180 ± 0.158
6Pgd	0.470 ± 0.036	0.613 ± 0.066	0.450 ± 0.192
a-Gpd	0.035 ± 0.041	0.000	0.000
Mpi-I	0.159 ± 0.078	0.151 ± 0.130	0.162 ± 0.135
Mpi-II	0.000	0.000	0.000
Icdh-I	0.060 ± 0.046	0.000	0.033 ± 0.129
Icdh-II	0.024 ± 0.031	0.003 ± 0.013	0.000
Es-III	0.000	0.000	0.000
Amy	0.103 ± 0.073	0.117 ± 0.045	0.076 ± 0.109
Aat-I	0.003 ± 0.007	0.000	0.000
Aat-II	0.000	0.000	0.000
Ldh-H	0.041 ± 0.065	0.000	0.003 ± 0.013
Ldh-M	0.000	0.000	0.000
Ak	0.000	0.000	0.006 ± 0.025
Ck-B	0.000	0.000	0.000
Ck-M	0.000	0.000	0.000
Es-4	0.374 ± 0.059	0.471 ± 0.055	0.410 ± 0.078

佐野（2003）．

野生ウズラと家禽ウズラを比較すると，Adh，Es-D，Sdh および Pgi の4座位については，野生ウズラよりも家禽ウズラの方がヘテロ接合率が高かった．さらに，家禽ウズラではコマーシャル・ウズラの方が研究用ウズラよりもヘテロ接合率が高い座位が多かった．これらの座位の対立遺伝子は，主成分分析の結果から，遺伝的分化について寄与の大きい遺伝子として挙げられる場合が多かった．

集団内の遺伝的変異性

用途別に分類したウズラ集団における遺伝的変異性の調査結果を表II-11-3に示した．種としてのウズラ，すなわち野生ウズラの遺伝的変異性は他の鳥類よりも幾分高い可能性が示唆されている（木村・藤井，1989；佐野，2003）．野生ウズラ3集団における P_{poly} および $\bar{H}$ の平均は 0.378 ± 0.027 および 0.078 ± 0.006 であった．コマーシャル・ウズラ26集団の P_{poly} および $\bar{H}$ は $0.259 \sim 0.410$ および $0.091 \sim 0.113$，研究用40集団のそれは $0.158 \sim 0.516$ および $0.056 \sim 0.167$ であった．これらの結果から，家禽ウズラ集団内の遺伝的変異性は野生ウズラより高いことが示唆された．また，家禽ウズラ集団においてはコマーシャル集団の遺伝的変異性の方が研究用集団よりも高いことが示唆された．F_{IS} については全ての野生ウズラ集団において正の値であり，その平均は 0.067 ± 0.062 であった．一方，家禽ウズラ，特に研究用では負の F_{IS} 値をもつ集団が多かった．コマーシャル・ウズラおよび研究用ウズラの F_{IS} 値は，それぞれ $-0.118 \sim 0.178$ および $-0.137 \sim 0.090$ の範囲にあった．

これまでの調査結果において，家禽ウズラ集団の遺伝的変異性は原種である野生ウズラ集団よりも高い値を示した．これは，多くの家禽ウズラの F_{IS} が負の値をもっていたことからも推察できるように，改良のために系統融合がおこなわれていることによると考えられた．

表II-11-3 用途別に見たウズラ集団の遺伝的変異性と遺伝分化.

集団数	個体総数	座位数	多型座位の割合：P_{poly} 平均値±標準偏差	平均ヘテロ接合率：$\bar{H}$ 平均値±標準偏差	集団近交度 F_{IS}±標準偏差	遺伝分化度 F_{ST}	文献
コマーシャル・ウズラ							
5	132	28-33	0.259±0.058	0.091±0.014	0.040±0.033	0.061	Sano and Kimura (1998)
3	82	19-33	0.277±0.044	0.092±0.008	-0.068±0.074	0.026	佐野ら (1995a)
4	103	33	0.278±0.039	0.092±0.015	0.016±0.026	0.022	佐野ら (1995b)
7	257	31-34	0.299±0.063	0.099±0.010	0.057±0.070	0.047	佐野ら (1994)
1	20	34	0.294	0.106	0.080	-	Cheng et al. (1992)
1	20	34	0.323	0.103	0.178	-	木村ら (1990)
2	65	34	0.352±0.041	0.113±0.005	0.040±0.167	0.093	木村・藤井 (1989)
3	179	22-24	0.410±0.056	0.106±0.017	-0.118±0.264	0.024	木村 (1988)
研究用ウズラ							
7	139	33	0.255±0.034	0.093±0.011	0.064±0.144	0.074	Sano and Kimura (1998)
5	155	33	0.158±0.013	0.056±0.017	0.090±0.124	0.245	佐野ら (1996)
2	40	34	0.249±0.020	0.080±0.012	-0.085±0.103	0.114	Cheng et al. (1992)
6	96	33-34	0.261±0.050	0.090±0.016	-0.011±0.168	0.123	佐野ら (1995a)
2	40	33-34	0.238±0.036	0.072±0.021	-0.018±0.060	0.093	木村ら (1990)
5	125	32-34	0.339±0.085	0.097±0.024	-0.012±0.088	0.139	木村・藤井 (1989)
12	243	23	0.285±0.080	0.090±0.021	-0.008±0.148	0.285	木村 (1988)
1	684	31	0.516	0.167	-0.137	-	Kimura et al. (1982)
野生集団							
3	198	34	0.378±0.027	0.078±0.006	0.067±0.062	0.017	木村・藤井 (1989)

集団間における遺伝的分化の程度

野生ウズラ3集団間の F_{ST} 値は 0.017 であった（**表 II-11-3**）．この F_{ST} 値を，他の野鳥25種の平均値と標準偏差である 0.029±0.025 と比較すると，野生ウズラ3集団間の遺伝的分化の程度は小さいことが示唆される（木村・藤井，1989）．ここで調査されている3集団は，鹿児島県，高知県および静岡県でそれぞれ捕獲されたものである．これら3集団は，日本における渡りのルートが同じ，すなわち朝鮮から九州へ越冬するルート由来である可能性が考えられた（佐野，2003）．コマーシャル・ウズラおよび研究用ウズラ集団間の F_{ST} 値は，それぞれ 0.022〜0.093 および 0.074〜0.285 の範囲にあった．すなわちウズラ集団における F_{ST} 値は野生よりも家禽集団の方が大きく，研究用集団の方がコマーシャル集団よりも大きい傾向がある．研究用集団間の遺伝的分化の程度が大きい理由としては，それぞれの集団の規模が小さいことや維持の目的が多岐に

表 II-11-4 野生ウズラと家禽ウズラの集団間遺伝分化．

家禽ウズラ	集団数	座位数	NEI の遺伝距離：D 研究用ウズラ	野生3集団		文　献
コマーシャル・ウズラ 研究用ウズラ	7 4	31	0.012	0.022 0.038	0.027	佐野 (2006)
コマーシャル・ウズラ 研究用ウズラ	2 6	29	0.017	0.021 0.027	0.024	佐野ら (1995a)
コマーシャル・ウズラ 研究用ウズラ	9 4	31	0.019	0.019 0.025	0.022	佐野ら (1994)
コマーシャル・ウズラ 研究用ウズラ	3 6	23	0.020	0.021 0.040	0.031	木村・藤井 (1989)
コマーシャル・ウズラ 研究用ウズラ	1 9	23	0.015	0.023 0.047	0.035	木村 (1988)

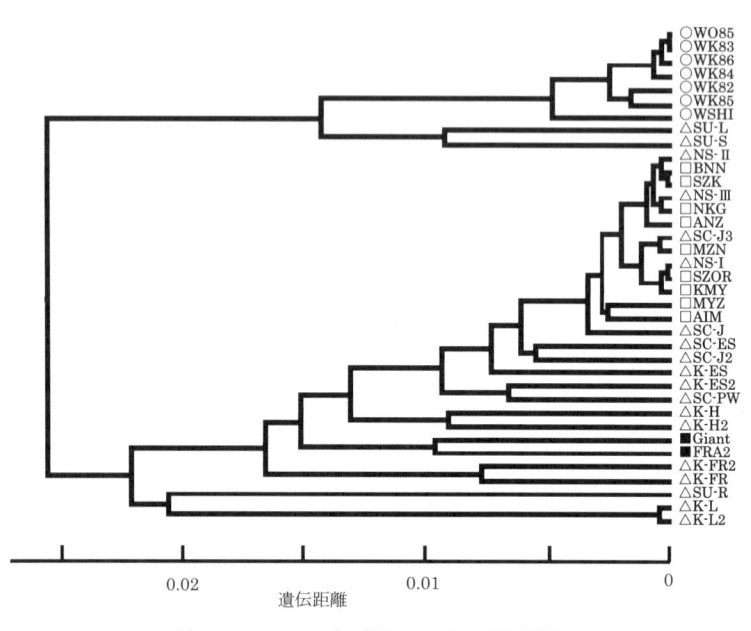

図 II-11-11 ウズラ集団における類縁関係．
NEI の遺伝距離と平均結合法（UWPG 法）により作成した枝分かれ図．○．野生ウズラ集団　□．国産コマーシャル・ウズラ集団　■．外国産コマーシャル・ウズラ集団　△．研究用ウズラ集団（**表 II-11-5 参照**）（杉浦，1996 より）

亙ることが考えられる．

用途別に分類したウズラ集団間における D の結果を**表II-11-4**に示した．これらの結果から，遺伝的分化の大きさは研究用対野生集団間が最も大きく，次いで野生対家禽集団間，コマーシャル対野生集団間，そして研究用対コマーシャル集団間の順であった．したがって，ウズラの系譜としては，野生ウズラからコマーシャル・ウズラが遺伝的に分化し，次いでコマーシャルから研

表II-11-5 電気泳動法による分析に供したウズラ集団・系統の由来．

集団（記号）と略号*	由来または起源
野生ウズラ（○）	
WK82	1982年に鹿児島県串良町で捕獲された集団（KIMURA et al., 1984）
WK83	1983年に鹿児島県串良町で捕獲された集団（木村・藤井，1989）
WK84	1984年に鹿児島県串良町で捕獲された集団（木村・藤井，1989）
WK85	1985年に鹿児島県串良町で捕獲された集団（木村・藤井，1989）
WK86	1986年に鹿児島県串良町で捕獲された集団（木村・藤井，1989）
WO85	1985年に高知県野市町で捕獲された集団（KIMURA et al., 1984）
WSHI	1982年に静岡県富士山麓で捕獲された集団（木村・藤井，1989）
国産コマーシャル・ウズラ（□）	
ANZ	千葉県の穴澤うずらより譲渡された集団（SANO and KIMURA, 1998）
MYZ	千葉県の宮澤うずらより譲渡された集団（佐野ら，1995b）
BNN	愛知県豊橋市の伴野ウズラより譲渡された集団（SANO et al., 1997）
NKG	愛知県豊橋市の中神ウズラより譲渡された集団（佐野ら，1995b）
SZK	愛知県豊橋市の鈴木信夫氏より譲渡された集団（SANO and KIMURA, 1998）
SZOR	愛知県豊橋市の鈴木信夫氏が自家生産している集団（SANO et al., 1997）
AIM	愛知県常滑市の相武茂郎氏より譲渡された集団（佐野ら，1995b）
KMY	愛知県常滑市の神谷兼生氏より譲渡された集団（佐野ら，1995b）
MZN	愛知県常滑市の水野多喜雄氏より譲渡された集団（SANO and KIMURA, 1998）
外国産コマーシャル・ウズラ（■）	
Giant	カナダのバンクーバー近郊で体重大へ選抜された集団（CHENG et al., 1992）
FRA2	フランスより食肉用として輸入された体重大選抜集団（佐野ら，1994）
研究用ウズラ（△）	
佐賀大学で作出された集団	
SU-L	6週齢生体重を指標として体重大へ選抜された集団（佐野ら，1996）
SU-S	6週齢生体重を指標として体重小へ選抜された集団（佐野ら，1996）
SU-R	体重選抜に対する対照集団（佐野ら，1996）
愛知県農業総合試験場で維持された集団	
NS-I	1993年8月に譲渡された集団（SANO and KIMURA, 1998）
NS-II	1993年11月に譲渡された集団（佐野ら，1995a）
NS-III	1995年7月に譲渡された集団（杉浦，1996）
静岡県立女子短期大学で作出された集団	
SC-J	1994年2月に譲渡された袋井市の愛好家由来集団（SANO and KIMURA, 1998）
SC-J2	磐田市の愛好家由来集団（佐野ら，1995a）
SC-J3	1996年4月に譲渡された袋井市の愛好家由来集団（佐野ら，1995a）
SC-ES	エストニア由来とされる集団（SANO and KIMURA, 1998）
SC-PW	第二次世界大戦以前の国産コマーシャル由来とされる集団（佐野ら，1995a）
環境庁国立環境研究所で作出された集団	
K-L	1994年5月に譲渡されたニューカッスル病ウイルス不活性ワクチンに対する抗体産生能の低い方へ選抜された集団（杉浦，1996）
K-L2	1994年10月に譲渡されたニューカッスル病ウイルス不活性ワクチンに対する抗体産生能の低い方へ選抜された集団（杉浦，1996）
K-H	1994年5月に譲渡されたニューカッスル病ウイルス不活性ワクチンに対する抗体産生能の高い方へ選抜された集団（杉浦，1996）
K-H2	1994年10月に譲渡されたニューカッスル病ウイルス不活性ワクチンに対する抗体産生能の高い方へ選抜された集団（杉浦，1996）
K-ES	1994年3月に譲渡されたエストニアより導入された集団（佐野ら，1995a）
K-ES2	1994年7月に譲渡されたエストニアより導入された集団（SANO and KIMURA, 1998）
K-FR	1994年1月に譲渡されたフランスより導入された集団（佐野ら，1995a）
K-FR2	1994年7月に譲渡されたフランスより導入された集団（SANO and KIMURA, 1998）

*図II-11-11の図中の記号と略号に一致する．

究用ウズラが分化したことが示唆された．これらの結果はウズラの家禽化の歴史とよく一致していた．D による枝分かれ図および主成分分析に基づいた散布図におけるウズラ集団の遺伝的類縁関係は，どちらも同様の傾向を示している．

枝分かれ図の一例を図 II-11-11 に示す．ここで分析対象となったウズラ集団の由来は表 II-11-5 にまとめた．図 II-11-11 において，野生集団と家禽集団はそれぞれ独立した1つのクラスター（分岐群）を形成していた．これらのうち，野生ウズラ集団相互間および国産コマーシャル・ウズラ集団相互間はそれぞれ緊密なクラスターを形成していた．以上の結果として，家禽化することにより，遺伝子組成全体が共通に変化している可能性が考えられた．なお，図 II-11-11 では用いていないが，前述したハワイの再野生化ウズラ由来の研究用集団（WH89）および野生ウズラを捕獲後15年間実験室で系統維持した閉鎖集団（N-IV）と他のウズラ集団との遺伝的類縁関係については，佐野ら（1995a，b）により報告されている．これら2集団は野生ウズラと国産コマーシャル・ウズラ集団がそれぞれ緊密に独立して形成しているクラスターの中間に存在していた．すなわち，WH89は野生集団に，そしてN-IVは国産コマーシャル集団のクラスターにそれぞれ組み込まれていた．また，WH89の遺伝的変異性として P_{poly}，$\bar{H}$ および F_{IS} 値はそれぞれ 0.235，0.083 および -0.241 であった（佐野ら，1995a）．一方，N-IV における P_{poly}，$\bar{H}$ および F_{IS} 値はそれぞれ 0.313，0.096 および 0.116 であった（KIMURA, 1989）．

近年，遺伝的変異性における新しい調査方法の1つとして，核DNAのマイクロサテライトマーカーがウズラ集団においても開発されている（PANG et al., 1999；REED et al., 2000；KAYANG et al., 2000, 2002, 2003；MANNEN et al., 2005）．今後これらのマイクロサテライトマーカーを用いる体系的な調査が期待される．

ii）家禽ウズラ集団

これまでに何度も述べているように，ウズラは家禽化の歴史が新しく，まだ相当量の致死遺伝子が排除されずに残されているために遺伝負荷が大きく，近交退化を受けやすい．ウズラにおける遺伝負荷が他の家畜や家禽よりも大きいことは表 I-4-1（第I部）で示されているとおりである．近交退化現象は適応度形質で発現しやすく，特に受精率，孵化率および育成率において顕著である（SITTMANN et al., 1966）．全兄妹交配により作出された近交4集団における受精率，孵化率および育成率の調査をもとに，MORTON et al.（1956）の式 $-\log_e S = A + BF$ で推定された遺伝負荷を表 II-11-6 に示した．S は生存率，A は近親交配がない場合でもおこる死亡率，B は近親交配によりおこる遺伝的死亡率の上限，そして F は近交係数である．また，$2B$ は1個体あたりの致死相当量の下限，$2(A+B)$ はその上限，そして B/A は荷重比である．これら4集団は，いずれも1970年前後に，豊橋市のコマーシャル・ウズラを雌雄50～100組の規模で導入された．新城ら（1971）および猪（1985）は4世代まで作出した．前田ら（1981）は，「実験1」では7世代まで，そして「実験2」では0から9世代までヘモグロビン型のヘテロ個体同士の交配を組み込むことにより12世代を得た．これら1970年前後の国産コマーシャル・ウズラ50～100番（つがい）を始祖集団とする近交4集団では，1個体あたり4～6個の有害遺伝子を保有すると推定された．また，荷重比から近交退化の原因としては，突然変異による荷重および分離による荷重が挙げられた．特に分離による荷重として，ホモ接合体が必然的に分離出現して，ポリジーン系のヘテロ

表II-11-6 ウズラ集団における近交度（F）と死亡率（$1-S$）の間の関係をあらわす回帰式における係数AとBの値と，それから推定される個体当たり遺伝負荷（致死相当量）．

死亡率	A	B	遺伝負荷 $2B \sim 2(A+B)$	B/A	文献
受精時	0.038	0.165	0.330～0.406	4.342	猪（1985）
孵化時	0.235	1.204	2.408～2.878	5.123	
4週齢時	0.146	1.104	2.208～2.500	7.562	
計	0.419	2.473	4.946～5.784	5.902	
（実験1）					前田ら（1981）
受精時	0.1641	0.2448	0.4896～0.8178	1.4918	
孵化時	0.5253	0.8930	1.7860～2.8366	1.6999	
8週齢時	0.2568	0.9538	1.9076～2.4212	3.7145	
計	0.9462	2.0917	4.1832～6.0758	2.2106	
（実験2）					
受精時	−0.0068	0.2336	0.4672 *	−*	
孵化時	−0.0843	0.7112	1.4224 *	−*	
8週齢時	0.0772	1.2570	2.5140～2.6684	16.2824	
計	−0.0139	2.2018	4.4036 *	−*	
受精時	0.054	0.498	0.996～1.104	9.222	新城ら（1971）
孵化時	0.498	1.228	2.456～3.452	2.466	
4週齢時	0.213	0.742	1.484～1.910	3.484	
計	0.765	2.468	4.936～6.466	3.226	

＊$A=0$とみなした．

性が低下することにより適応度が低下することが近交退化の大きな要因であると考えられた（猪，1985；前田ら，1981）．また，孵化率と負の相関関係にある胚死亡率において，特に発生前期の胚死亡率は近交世代に伴い顕著に増加した（猪，1985；新城ら，1971）．猪（1985）は，近交集団の発生前期で死亡した多くの胚において，羊膜の発育遅延，そして外胚葉と中胚葉性器官の分化形成障害による発育異常が認められたと報告している．

図II-11-12 佐賀大学において6週齢生体重を選抜指標として系統維持されていた研究用ウズラ3集団の成鳥雌．左から，SS系統，RR系統，LL系統．（前田芳實撮影）

このように遺伝負荷が高いために，ウズラでは品種や系統を確立することが困難である．これまでに調査した研究用40集団の中で，長期間系統維持することに成功している数少ない例としては佐賀大学で維持されていた3集団（SU-L；LL系統，SU-S；SS系統およびSU-R；RR系統）（図II-11-12）が挙げられる．すなわち，6週齢体重を指標にして体重の大小方向へ選抜した2集団（SU-LとSU-S），そしてこれらの対照としてランダム交配している集団（SU-R）である．SU-LおよびSU-Sは1965年に，そしてSU-Rは1969年に豊橋市のコマーシャル・ウズラをそれぞれ導入し，現在まで30年以上閉鎖集団として維持されている．これらの集団を用いた実験結果として，たとえば，LLとSS系統を用いた相反交雑により，孵化率では顕著な負のヘテロシスが，育成率では正のヘテロシスが認められ，6週齢と10週齢体重は両親のほぼ中間の成績であった（岡本ら，1982）．また，これら3集団における遺伝的変異性の調査は酵素とタンパク質による多型（ARDININGSASI et al., 1993；佐野ら，1996），DNAフィンガープリント

法（万年ら，1993），AFLP（amplified fragment length polymorphism）法（朴ら，2003）およびマイクロサテライト多型解析（和田ら，2003）による結果がそれぞれ報告されている．

佐野ら（1996）の調査では，選抜70世代におけるSU-LおよびSU-SのP_{poly}，$\bar{H}$とF_{IS}はそれぞれ0.152，0.061と0.036，および0.152，0.054と−0.048であった．また同じく70世代のSU-RのP_{poly}，$\bar{H}$とF_{IS}は0.182，0.082および0.138であった．また，**図II-11-11**で用いた国産コマーシャル・ウズラ9集団におけるP_{poly}，$\bar{H}$およびF_{IS}の平均と標準偏差はそれぞれ0.293±0.030，0.098±0.005および0.015±0.048であった．これらの結果および**表II-11-3**から，これら3集団の遺伝的変異性は他の家禽ウズラ集団よりも低いことが示唆された．

集団間の遺伝的分化の程度としては，3集団間のF_{ST}およびD（NEI, 1975）は0.206および平均0.0310であった．このD値は，ARDININGSASI et al.（1993）による10座位での分析結果（$D=0.0237$, LLとSS；57世代）と大差なかった．一方，国産コマーシャル9集団間におけるF_{ST}と平均Dは0.032と0.0020であった．また，国産コマーシャル9集団とこれら3集団とのDの平均と標準偏差は0.0194±0.0085であった．したがって，これら3集団間の遺伝的分化の程度はウズラとしては大きいことが示唆された．**図II-11-11**における3集団間の遺伝的類縁関係の結果は朴ら（2003）がおこなったAFLP法による分析結果と一致していた．朴ら（2003）がBS（band sharing）率から算出した3集団間（LL；82世代，SS；83世代，RR；83世代）の遺伝距離D_{BS}（$D_{BS}=1-BS$）の平均は0.466であった．一方，和田ら（2003）によりマイクロサテライト多型解析から算出された3集団間（LLとSS；83世代，RR；84世代）のNEI（1972）の平均Dは0.140であった．また，朴ら（2003）によるLL，SSとRRにおけるD_{BS}値はそれぞれ0.183，0.190と0.260であった．一方，万年ら（1993）によるLL（60世代），SS（59世代）とRR（50世代）におけるD_{BS}値はそれぞれ0.38，0.21と0.43であった．今後これら3集団がコマーシャル集団と共に広い分野で比較調査されることにより，ウズラの品種確立に関する有益な情報が得られるであろう．

家禽ウズラ集団におけるその他の概要については，たとえば，コマーシャル・ウズラの遺伝的変異性については佐野ら（1993，1994，1995b，2001）により報告されている．また，研究用ウズラについては，たとえば遺伝的変異性（KIMURA, 1989；木村・藤井，1989；佐野ら，1995a, b, 1996），羽毛および卵殻色の突然変異（伊藤，2006），および研究機関で維持されている各ウズラ集団（水谷，2004）がそれぞれまとめられている．

(5) 遺伝資源としての家禽ウズラ

今後の家禽ウズラ資源の活用として，コマーシャル・ウズラは，産業発展のためには世界標準となるべき品種を確立することが急務であると考えられる．また，研究用ウズラにおいても実験動物としての世界標準となる系統確立が必要であろう．なお，愛玩用としてのウズラの飼育は現在も愛好家が存在しているようであるが，今後再流行するかは不明である．ここでは家禽化の歴史や現在のウズラの系譜から示唆されるウズラの特徴について列挙する．そして，これらのウズラの特徴から，今後の系統分化における家禽ウズラの遺伝資源としての可能性および問題点について考察する．

i) 家禽化の歴史から見たウズラの特徴

これまで述べてきたことから考えられる家禽ウズラの特徴は次のとおりである．
・日本で家禽化された動物種であること
・野生原種が日本で捕獲可能であること
・飼育の歴史が食用ではなく愛玩用として始まったこと
・家禽化の歴史が新しいので，一部研究用系統を除き，産業用品種や系統が確立していないこと
・近縁種であるヨーロッパウズラとの比較が可能であること

ii) 系統造成における可能性と問題点

　家禽ウズラにおける品種や系統の確立について，家禽化の歴史から見たウズラの特徴から考えられる可能性は次の2つが考えられる．第一に，品種や系統を確立するための新たな遺伝子を原種である野生ウズラや近縁種であるヨーロッパウズラより導入する可能性である．すなわち，野生ウズラは日本で捕獲可能であり，今後渡りのルートを考慮して遺伝的変異性を調査することにより，家禽ウズラに新たな遺伝子を導入することが可能である．この問題点としては，日本における野生ウズラの生息数が激減し，絶滅の危機に瀕していることが挙げられる．また，ヨーロッパウズラもヨーロッパやアフリカで捕獲可能であることから，家禽ウズラとの比較や新たな遺伝子の導入が可能となるであろう．たとえば，MINVIELLE et al. (2006) は，ニホンウズラ（家禽ウズラ）の雄とヨーロッパウズラ（野生）の雌の交配実験により得られた雑種集団における生体重，飼料効率や産卵形質などについて調査した結果から，ヨーロッパウズラの産卵に関する潜在能力が高い可能性を示唆している．したがって，実験室における交配実験により，ヨーロッパウズラの遺伝子を家禽ウズラに導入して，新しい品種を確立する可能性も考えられる．問題点としては，ヨーロッパウズラから遺伝子を導入する際には育種改良だけでなく，種としてのウズラにおける遺伝資源の保全についても十分な注意を払う必要があることである．
　第二に，日本が主導権をとって品種や系統を確立し，産業として飛躍できる可能性が考えられる．すなわち，ウズラは日本で家禽化された動物種であり，現在世界各国で利用されているウズラの起源は国産のコマーシャル・ウズラである．さらに，家禽化の歴史が新しいので品種や系統がまだ確立されていないこと，したがって他の家畜のような地域集団は未確認であることから，日本で世界標準としてのコマーシャル・ウズラの品種や研究用としての系統が確立できれば，世界に誇れる産業として大きく発展するであろう．また，飼育の歴史が食用ではなく愛玩用として始まり，現在では実験動物として利用されていることから，たとえばマウスのように，他の家畜とは異なり，品種が確立される前に研究用としての実験系統が確立される可能性も考えられる．
　しかし，世界標準としての品種や系統を確立するためには問題点も大きい．まず，ウズラの家禽化が日本でのみおこなわれ，他の家畜種における近代産業用品種のほとんどを確立した欧米ではおこなわれなかったということは，取も直さずウズラの品種確立が立ち遅れていることを示唆している．また，コマーシャル・ウズラと研究用ウズラにおいて育種目標がそれぞれ異なることが品種や系統の確立をさらに困難にしている．たとえば，コマーシャル・ウズラの用途は食用で

ある．しかし，欧米を始めとする諸外国ではウズラの肉を積極的に利用しているが，日本では専ら採卵が主目的である．かつては日本でも野生ウズラの狩猟が盛んにおこなわれ，その肉を食していたにもかかわらず，食文化としての肉の利用は廃れている．したがって，今後世界標準となるウズラの品種を確立するためには，日本と諸外国におけるコマーシャル・ウズラの育種目標の差異を小さくする必要がある．そのためには日本におけるウズラの肉の利用価値を高める必要がある．

　また，研究用ウズラの現在の集団分化は実験目的毎に進み，閉鎖集団として小規模で維持されているものが多い．今後，研究用ウズラが多くの研究分野で利用され，それらの実験結果を多角的に比較して知見を重ねるためには，入手が容易で，実験動物として遺伝的背景が信頼できる系統の確立が不可欠である．しかし，家禽ウズラはこれまでに何度も述べてきたように近交退化による影響が大きく，ウズラ集団を閉鎖集団として一機関で系統維持することは非常に困難である．また，国内外を問わず，一般に研究用集団は維持機関の目的に応じた研究が終了した場合や，系統維持を担当している研究者が退職した場合に，たちまち予算が削減されてその集団が散逸や消滅する可能性が極めて高い．たとえば，佐賀大学で維持されていた3集団（LL，SS および RR 系）は，選抜系統維持を担当されていた岡本悟教授が退官された後，現在は鹿児島大学などで維持されている．また，**図 II-11-11** で用いた静岡県立女子短期大学で維持されていた集団（SC-J，SC-J2，SC-J3，SC-PW および SC-ES）については，選抜維持を担当されていた中村明教授が退官された後は，中村先生のご自宅で引き続いての系統維持を余儀なくされ，静岡大学森誠教授がその維持に尽力されている．**表 II-11-5** に示したように，これらの集団のうち，SC-J と SC-J3 は袋井市の愛好家より，また SC-J2 は磐田市の愛好家よりそれぞれ譲渡された集団が始祖である．また，SC-PW は第二次世界大戦以前の国産コマーシャル・ウズラに由来するとされており，SC-ES はエストニア由来といわれている．これらの集団はどれも貴重なものであり，系統維持するための負担は一個人では大き過ぎる．さらに，近年猛威をふるっている鳥インフルエンザの影響により，一機関のみによる飼育維持はより困難になっている．したがって，今後品種や系統を確立するためには産官学の協力体制が必須である．

　人間は，親近感を抱いているものは大切に扱うものである．たとえば愛玩用としてウズラが多くの人に飼育されなければ，地域文化に根付いたイヌやウマのような在来集団は今後も確立される可能性は低いと考えられる．ウズラが私たちにとってより身近な存在となり，ウズラとの関わりが文化として発達・継承されるならば，今後のウズラ産業は飛躍的に発展するであろう．そのためには，より多くの人々にとってウズラが身近な存在となるべく，研究成果から得られた知見に基づいて，研究者が家禽ウズラの特性を分かりやすく提示することも必要であろう．

文献

阿部　学・柚木　修（日本語訳監）（2000）世界の渡り鳥アトラス（第1版）．（ジョナサン・エルフィック編）ニュートンプレス，東京．p. 98.

AMERICAN ORNITHOLOGISTS' UNION (1983) Check-list North American Birds. Allen Press Inc., Lawrence, Kansas.

荒俣　宏（2005）ジンクス事典 恋愛・結婚篇．長崎出版，東京．

ARDININGSASI, A. R., MAEDA, Y., OKAMOTO, S., OKAMOTO, S. and HASHIGUCHI, T. (1993) Protein polymorphism in the quail lines selected for large and small body weight. Jap. Poultry Sci., 30 : 123-128.

BREWER, G. J. (1970) An Introduction to Isozyme Technique. Academic Press, New York.

CHANG, G. B., CHANG, H., LIU, X.-P., KU, W., WANG, H.-Y., ZHAO, W.-M. and OLOWOFESO, O. (2005) Developmental research on the origin and phylogeny of quails. World's Poultry Sci. J., 61 : 105-112.

CHAZARA, O., LUMINEAU, S., MINVIELLE, F., ROUX, D., FEVE, K., KAYANG, B., BOUTIN, J. M., VIGNAL, A., COVILLE, J. L. et ROGNON, X. (2006) Étude des risques d'introgression génétique de la caille des blés (*Coturnix coturnix coturnix*) par la caille japonaise (*C. c. japonica*) : comparison et intégration des données comportementales et molécularies obtenues dans le sud-est de la France. Les Actes du BRG, 6 : 317-334.

CHENG, K. M. and KIMURA, M. (1990) Mutations and major variants in Japanese quail. *In* : Poultry Breeding and Genetics (1st ed.). (CRAWFORD, R. D., *ed.*) Elsevier, Amsterdam. pp. 333-362.

CHENG, K. M., KIMURA, M. and FUJII, S. (1992) A comparison of genetic variability in strains of Japanese quail selected for heavy body weight. J. Hered., 83 : 31-35.

CRAWFORD, R. D. (1990) Origin and history of poultry species. *In* : Poultry Breeding and Genetics (1st ed.). (CRAWFORD, R. D., *ed.*) Elsevier, Amsterdam. pp. 1-42.

DERÉGNAUCOURT, S., GUYOMARC'H, J. C. and BELHAMRA, M. (2004) Comparison of migratory tendency in European quail *Coturnix c. coturnix*, domestic Japanese quail *Coturnix c. japonica* and their hybrids. British Ornithologists' Union Ibis, 147 : 25-36.

DERÉGNAUCOURT, S., GUYOMARC'H, J. C. and RICHARD, V. (2001) Classification of hybrid crows in quail using artificial neural networks. Behavioural Processes, 56 : 103-112.

GRZIMEK, B. (1972) Animal Life Encyclopedia. Van Norstrand Reinhold Company, New York.

GUYOMARC'H, J. C. (2003) Elements for a common quail (*Coturnix c. coturnix*) management plan. Game and Wildlife, 20 : 1-92.

東 光治 (1935) 万葉動物考. 人文書院, 京都.

堀 晃明 (1996) 広重の大江戸名所百景散歩. 人文社, 東京.

堀内讃位 (1984) 日本伝統狩猟法. 出版科学総合研究所, 東京.

猪 貴義 (1985) 日本ウズラを用いた近交退化の原因追及に関する研究. 文部省科研費 昭和58-59年度研究成果報告書 (研究課題番号 58480074).

磯貝岩広 (1971) 日本ウズラの体型に関する育種学的研究. 岐阜大学農学部研究報告, 30：155-287.

伊藤慎一 (2006) X. ウズラ. 「世界家畜品種事典」(正田陽一監修) 東洋書林, 東京. pp. 348-351.

梶島孝雄 (2002) 資料 日本動物史. 八坂書房, 東京.

叶内拓哉・阿部直哉・上田秀雄 (1998) 7. 日本の野鳥. 「山渓ハンディ図鑑」山と渓谷社, 東京. p. 367.

環境庁 (1981) 日本産鳥類の繁殖分布. 大蔵省印刷局, 東京. p. 123.

河原孝忠 (1976) 実験用ウズラの由来と実用性. 実験動物, 25：351-354.

KAYANG, B. B., INOUE-MURAYAMA, M., HOSHI, T., MATSUO, K., TAKAHASHI, H., MINEZAWA, M., MIZUTANI, M. and ITO, S. (2002) Microsatellite loci in Japanese quail and cross-species amplification in chicken and guinea fowl. Genet. Sel. Evol., 34 : 233-253.

KAYANG, B. B., INOUE-MURAYAMA, M., NOMURA, A., KIMURA, K. TAKAHASHI, H., MIZUTANI, M. and ITO, S. (2000) Fifty microsatellite markers for Japanese quail. Heredity, 91 : 502-505.

KAYANG, B. B., INOUE-MURAYAMA, M., TAKAHASHI, H., MINEZAWA, M., TSUDZUKI, M., MIZUTANI, M. and ITO, S. (2003) Twenty-eight new microsatellite loci in chicken and their cross-species amplification in Japanese quail and helmeted guinea fowl. Anim. Sci. J., 74 : 255-259.

KERLEY, G. I. H., WATSON, J. J. and BOSHOFF, A. F. (2000) Seasonal abundance reproduction and hunting of common quail *Coturnix coturnix* in the Eastern Cape Province, South Africa. East African Wild Life Society, Afr. J. Ecol., 38 : 303-311.

木村正雄 (1966) 鳥類蛋白質の遺伝的変異 I. でん粉ゲル電気泳動法による家鶏卵白の分類. 岐阜大学農学部研究報告, 22：192-200.

木村正雄 (1982) ウズラの蛋白質多型について. 日本家禽学会誌, 19：211-221.

木村正雄 (1988) 家禽化ウズラと野生ウズラの比較評価. 昭和60-62年度文部省科研費補助金 (研究課題番号 60304037) 研究成果報告書, 140-148.

KIMURA, M. (1989) Genetic variability in a population of wild Japanese quail kept for 15 years in a domestic environment. Anim. Genet., 20：105-108.

木村正雄 (1991) 野生ウズラのツキ網猟および日本における野生ウズラの捕獲羽数の推移に関する考察. 日本家禽学会誌, 28：166-169.

木村正雄 (1996) 野生ウズラ. 畜産の研究, 50 (1)：198-202.

木村正雄・CHENG, K. M.・藤井貞雄 (1990) 野生ウズラ集団間の遺伝的分化の程度の評価. (日本家禽学会平成2

年度秋季大会）日本家禽学会誌，26：443-444.
木村正雄・藤井貞雄（1989）野生ウズラと家禽ウズラ集団における遺伝的変異性．日本家禽学会誌，26：245-256.
KIMURA, M., KATO, H., ITO, S. and ISOGAI, I. (1982) Genetic variation in a population of the wild quail *Coturnix coturnix japonica*. Anim. Blood Grps Biochem. Genet., 13：145-148.
KIMURA, M., ONIWA, K., ITO, S., and ISOGAI, I. (1984) Protein polymorphism in two populations of the wild quail *Coturnix coturnix japonica*. Anim. Blood Grps Biochem. Genet., 15：13-22.
木下謙次郎（1997）美味求真．五月書房，東京．
清棲幸保（1979）日本鳥類大図鑑 II（増補改訂版）．講談社，東京．pp. 735-739.
国分直一・木村伸義（訳）（1983）家畜の歴史（ZEUNER, F. E.）．法政大学出版局，東京．
近藤恭司（1983）実験動物の遺伝的コントロール．ソフトサイエンス社，東京．pp. 139-158.
黒田長久（1986）動物大百科第7巻 鳥類 I（第1版）．平凡社，東京．pp. 139-143.
黒田長禮（1914）本邦および欧州産ウズラ類の比較研究．動物学雑誌，26：13-18.
LEPORI, N. G. (1984) Primi dati sugli ibridi di *Coturnix c. japonica* female×*Coturnix c. coturnix* male attenuti in allevamento. Riv. Ital. Orn., 34（II）：193-198.
LONG, J. L. (1981) Introduced Birds of the World. AH and AW Reed, Sydney.
前田芳実・伊集院正敏・橋口 勉・武富萬治郎（1981）ウズラ近交系作出の試み．日本家禽学会誌，18：86-97.
真木広造・大西敏一（2000）日本の野鳥590．平凡社，東京．p. 186.
MANNEN, H., MURATA, K., KIKUCHI, S., FUJIMA, D., SASAKI, S., FUJIWARA, A. and TSUJI, S. (2005) Development and mapping of microsatellite markers derived from cDNA in Japanese quail（*Coturnix japonica*）. Poultry Sci., 42：263-271.
万年英之・辻 荘一・岡本 悟・前田芳實・山下秀次・向井文雄・後藤信男（1993）体重選抜ウズラ系統におけるDNAフィンガープリント像による遺伝的構造の分析．日本家禽学会誌，30：66-71.
正岡子規（1899a）夏の夜の音．ほととぎす，2（10）明治32年7月20日．
正岡子規（1899b）飯待つ間．ほととぎす，3（1）明治32年10月10日．
松尾信一（校注）（1996）蘇生堂主人（1649）鶉書．「日本農書全集 第60巻 畜産・獣医」（佐藤常雄・徳永光俊・江藤彰彦編）第1刷．農山漁村文化協会，東京．
MAYR, E. (1942) Systematics and Origin of Species. Columbia Univ. Press, New York.
MAYR, E. (1969) Principles of Systematic Zoology. McGraw-Hill, New York.
MINVIELLE, F. (2004) The future of Japanese quail for research and production. World's Poultry Sci. J., 60：500-507.
MINVIELLE, F., MOUSSU, C., ROGNON, X., LUMINEAU, S. and GOURICHON, D. (2006) Development of an experimental hybrid quail population（*Coturnix japonica*×*Coturnix coturnix*）：The F2 generation. 8th World Congress Applied to Livestock Production, August 13-18. Belo Horizonte, M. G., Brasil.
水谷 誠（2004）X．トリ類．「実験動物の技術と応用 実践篇」（社団法人日本実験動物協会編）アドスリー，東京．pp. 358-367.
MORTON, N. E., CROW, J. F. and MULLER, H. J. (1956) An estimate of the mutational damage in man from data on consanguineous marriages. Proc. Natnl. Acad. Sci. USA, 42：855-863.
中野定雄・中野里美・中野美代（訳）（1986）プリニウスの博物誌 第1巻．雄山閣，東京．
NEI, M. (1972) Genetic distance between populations. Amer. Naturalist, 106：283-292.
NEI, M. (1975) Molecular Population Genetics and Evolution. North-Holland Publishing Company, Amsterdam-Oxford.
日本鳥学会（2000）日本鳥類目録（改訂第6版）．国際文献印刷社，東京．
NISHIBORI, M., HAYASHI, T., TSUDZUKI, M., YAMAMOTO, Y. and YASUE, H. (2001) Complete sequence of the Japanese quail（*Coturnix japonica*）mitochondrial genome and its genetic relationship with related species. Anim. Genet., 32：380-385.
西堀正英・安江 博（2005）キジ目鳥類における種間雑種の存在．動物遺伝育種研究，33：67-78.
西宮一民（校注）（1979）新潮日本古典集成 古事記．新潮社，東京．
農林水産省農林水産技術会議事務局（1995）昭和農業技術発達史．第4巻 畜産編／蚕糸編（第1版）．農業水産技術情報協会，東京．pp. 123-125.
野澤 謙（1994）動物集団の遺伝学．名古屋大学出版会，名古屋．
野澤 謙（2002）東アジアの在来馬．アジア遊学，35：21-33.
小田厚太郎（1917）実験15年鶉飼育法．小田鳥類研究所，東京．
OGITA, Z. (1962) Genetico-biochemical analysis on the enzyme activities in the house fly by agar gel electrophoresis. Jap. J. Genet., 37：518.
岡田章雄（訳）（1991）ヨーロッパ文化と日本文化（ルイス・フロイス）．岩波書店，東京．

岡本　悟・旗手祐二・松尾昭雄（1982）ウズラの体重大小系統の相反交雑におけるヘテロシス．日畜会報，53：424-428．

沖縄野鳥研究会（2002）沖縄の野鳥．新報出版，那覇市．pp.313．

奥野忠一・久米　均・芳賀敏郎・吉沢　正（1981）多変量解析法．日科技連，東京．

大羽　滋（1986）集団の遺伝．東京大学出版会，東京．

大森清次郎（1918）鶉を飼ふて10年．東京堂書店，東京．

PALA, M. and LISSIA-FRAU, A. M.（1966）Richerche sulla sterlita degli ibridi tra la quaglia giapponese（*Coturnix c. japonica*）e la quaglia europa（*Coturnix coturnix*）．Riv. Ital. Orn., 36(II)：4-9．

PANG, S. W. Y., RITLAND, C., CARLSON, J. E. and CHENG, K. M.（1999）Japanese quail microsatellite loci amplified with chicken-specific primers. Anim. Genet., 30：195-199．

朴　君・下桐　猛・前田芳實・岡本　悟（2003）AFLP法による日本ウズラ選抜系統の遺伝的特性の解析．日本家禽学会誌，40：J13-J20．

POWELL, J. R.（1975）Protein variation in natural populations of animals. Evol. Biol., 8：79-119．

PUIGCERVER, M., RODRIGUEZ-TEIJEIRO, J. D. and GALLEGO, S.（1999）The effects of rainfall on the wild populations of Common quail（*Coturnix coturnix*）．J. Ornithol., 140：335-340．

REED, K. M., MENDOZA, K. M. and BEATTIE, C. W.（2000）Comparative analysis of microsatellite loci in chicken and turkey. Genome, 43：796-802．

林野庁（1969）鳥獣行政のあゆみ．財団法人林野弘済会，東京．

佐野晶子（2003）遺伝資源としてのウズラの可能性．日本家禽学会誌，40：J221-234．

佐野晶子（2006）家禽ウズラの起源と系譜．在来家畜研究会報告，23：229-240．

佐野晶子・鄭　惠玲・木村正雄・常　洪・野澤　謙（2001）中国陝西省のコマーシャル・ウズラ集団の遺伝的変異性．在来家畜研究会報告，19：75-86．

佐野晶子・福田博司・木村正雄（1993）コマーシャル・ウズラ集団の遺伝的変異性．日本家禽学会誌，29：316-318．

佐野晶子・後藤直樹・木村正雄（1994）コマーシャル・ウズラ集団間の遺伝的分化．日本家禽学会誌，31：276-286．

SANO, A. and KIMURA, M.（1998）Inbreeding coefficient and genetic differentiation of Japanese quail populations. Proc. VI Asian Pacific Poultry Congress, pp.240-241．

佐野晶子・岡本　悟・高橋慎司・中村　明・杉浦正明・木村正雄（1996）各種選抜に伴うウズラ集団の遺伝的変異性．東海畜産学会報，7：75-77．

佐野晶子・岡本俊英・CHENG, K. M.・高橋慎司・中村　明・木村正雄（1995a）研究用ウズラ集団間の遺伝的分化．日本家禽学会誌，32：177-183．

佐野晶子・岡本俊英・杉浦正明・木村正雄（1995b）家禽ウズラと野生ウズラの遺伝的分化の程度．東海畜産学会報，6：22-25．

SANO, A., ZHENG, H., KIMURA, M., CHANG, H. and NOZAWA, K.（1997）Genetic variability in commercial quail populations in Shaanxi, China. *In*：Studies on Animal Genetic Resources in China.（CHANG, H., *ed.*）Shaanxi People's Education Press China. pp.223-230．

茂田良光（2006）毒のある鳥．「鳥と人間」（山階鳥類研究所編）日本放送出版協会，東京．

新城明久・水間　豊・西田周作（1971）日本ウズラにおける近交退化に関する研究．日本家禽学会誌，8：231-237．

設楽与一郎（1965）ウズラ―手軽にできる採卵飼育―．農山漁村文化協会，東京．p.7．

SITTMANN, K., ABPLANALP, H. and FRASER, R. A.（1966）Inbreeding depression in Japanese quail. Genetics, 54：371-379．

正田陽一（1987）動物大百科第10巻家畜．平凡社，東京．pp.115-116．

SOKAL, R. and SNEATH, P. H. A.（1963）Principles of Numerical Taxonomy. W. H. Freeman & Company, San Francisco and London.

杉浦正明（1996）ウズラ集団の遺伝的変異性の評価．岐阜大学大学院農学研究科修士論文．

田名部雄一（1993a）家禽化とそれに伴う変化（1）．畜産の研究，47：83-88．

田名部雄一（1993b）家禽化とそれに伴う変化（2）．畜産の研究，47：277-280．

内田清之介・清棲幸保（1942）うづらノ習性ニ関スル調査成績（第2編）鳥類標識法ニ依ルうづらの習性ニ関スル調査成績．鳥獣調査報告，10：69-127．

和田康彦・田中雅生・朴　君・岡本　悟（2003）日本ウズラ長期選抜系統におけるマイクロサテライト多型解析．佐賀大学農学部彙報，88：73-78．

WAKASUGI, N.（1984）Japanese quail. *In*：Evolution of Domesticated Animals.（MASON, I. L., *ed.*）Longman, London and New York. pp. 319-321.

WRIGHT, S. (1965) The interpretation of population structure by F-statistics with special regard to systems of mating. Evolution, 19 : 395-420.

（佐野晶子）

II-12　ジャコウネズミ
—実験動物（スンクス）の創成—

(1) 分類と分布

　ジャコウネズミ（*Suncus murinus*）は小型の野生哺乳動物種であり，ネズミとは呼ばれるが，いわゆる齧歯目（Rodentia）のネズミ（マウスやラットなど）とは全く異なる．ジャコウネズミは旧来の系統分類学上では食虫目（Insectivora）トガリネズミ科（Soricidae）に分類されてきたが，最近の分子系統学に基づく系統解析からこれまで食虫目に分類されていた動物種の関係が必ずしもみな近縁ではないとされ，食虫目の基準があいまいになっている．しかしながらいずれにしてもジャコウネズミはトガリネズミ科のジネズミ亜科（Crocidurinae）に属し，モグラ科（Talpidae）と近縁であるが，齧歯目とは分類学上大きく隔たっている（**表II-12-1**）．

　トガリネズミ科は一般にジネズミ亜科とトガリネズミ亜科（Soricinae）に分類され，ジネズミ亜科に属すジャコウネズミ属（*Suncus*）には世界で約15種の記載がある．この属は成体重2gに満たない最小の哺乳類コビトジャコウネズミ（*S. etruscus*）を含めて成体重が数gから数10gと小型であるが，その中で100gを越えるものもあるジャコウネズミ（*S. murinus*）は最も大き

表II-12-1　旧来および最近の哺乳動物の系統学的分類とジャコウネズミの系統学的位置．

旧来の系統分類	最近の系統分類
Mammalia　哺乳綱	Mammalia　哺乳綱
Theria　獣亜綱	Theria　獣亜綱
Eutheria（Placentalia）真獣下綱（有胎盤類）	Placentalia　有胎盤区
○ Unguiculata　有爪区	○ Afrotheria　アフリカ獣上目
Insectivora　食虫目	Macroscelidea　ハネジネズミ目
Soricoidea　トガリネズミ上科	Afrosoricidea　アフリカトガリネズミ目
Soricidae　トガリネズミ科	Tenrecidae　テンレック亜目
Crocidurinae　ジネズミ亜科	Chrysochloridae　キンモグラ亜目
Suncus　ジャコウネズミ属	○ Xenarthra　異節上目
Talpidae　モグラ科	○ Euarchontoglires　正主齧歯類上目
Tenrecoidea　テンレック上科	**Rodentia**　齧歯目
Chrysochloridea　キンモグラ上科	○ Laurasiatheria　ローラシア獣上目
Erinaceoidae　ハリネズミ上科	Erinaceomorpha　ハリネズミ形目
Macroscelioidae　ハネジネズミ上科	Soricomorpha　トガリネズミ目
Dermoptera　皮翼目	Soricidae　トガリネズミ科
Chiroptera　翼手目	Crocidurinae　ジネズミ亜科
Primates　霊長目	*Suncus*　ジャコウネズミ属
Edentata　貧歯目	Talpidea　モグラ上科
Pholidota　有鱗目	Chiroptera　翼手目
○ Glires　山鼠区	Cimolesta　キモレステス目
Rodentia　齧歯目	Carnivora　食肉目
○ Mutica　無足区	Perissodactyla　奇蹄目
○ Ferungulata　猛獣有蹄区	Cetartiodactyla　鯨偶蹄目

図 II-12-1 ヒンズー寺院のチュチュンドラ（ジャコウネズミ）像.
ガーネシュ（象化神）に釈迦頭（果物の一種）を捧げている（右）.（Kathmandu, ネパール）.（写真　並河鷹夫）

な種である．さらにジャコウネズミは近年の分類で一種とされているが，地域によって体の大きさや毛色の差異が著しく，染色体数の変異が見られることも知られている．

　ジャコウネズミの地理的分布の中心は南アジア，東南アジアの熱帯，亜熱帯地域であるとされるが，東アフリカやマダガスカル，モーリシャス，ニューギニア，グアム，日本（九州や沖縄の一部）などの島々にも生息している．これはジャコウネズミが住家棲性の強い動物種であるため，人の移動，交易の機会に運ばれ，これらの地域に生息域を拡大したものと考えられている．食性は，尖った歯の形態から明らかなように動物食性に適している．野外では昆虫，クモ，トカゲ，ミミズ，サソリ，カエルや小鳥なども食べる（ABE, 1982）．しかし，生息環境によっては植物性のものを90％も食べている例もある（ADVANI and RANA, 1981）．住家や田畑付近に生息するジャコウネズミは人，家畜の残飯や飼料なども広く利用し，雑食性である．

　ジャコウネズミの同属種 Anderson's shrew（*S. stliczkanus*）はインドに生息し，通常人家に入らないとされるが，NATH（1973）によれば，モヘンジョ・ダロ（Mohenjo Daro, B.C. 2,500〜1,500）やハラッパー（Harappa, B.C. 2,500〜1,500）の遺跡から遺骨が出土する．人間と *Suncus* 属の接近は文明発祥の時代にまで遡るが，さらに親密な関係には進まなかったようである．ジャコウネズミは古代の都市環境に自ら入り込み利用したけれども，人間はこの動物種に価値を見いだしえなかったので積極的な家畜化がおきなかったのであろう．現在でもアジアの小都市や農村にはジャコウネズミにとって好適な生息環境を提供しているところが多い（並河，1987）が，あえて人間がこれを利用または駆除しようとするところはない．数少ない古くからの人間とジャコウネズミの関わりを示すものとして，ネパールのヒンズー寺院においてジャコウネズミの像が奉られている（図 II-12-1）．ネパールではジャコウネズミはチュチュンドラ（あるいはツツンドラ）と呼ばれ，ヒンズー教の象化神ガーネシュに最も親しい友達といわれている．

(2) 生物学的特徴と地理的変異

　ジャコウネズミの外形はいわゆるネズミの格好に似るが，長く尖った吻部，小さい目，やや太

く短い尾が特徴である．手足には鉤爪を備えた5指をもち，頭骨は細長く，上顎骨は側面から見ると狭い平行線の中に納まる．下顎は2対の関節をもち，その運動は上下動に限定される．歯式はI 3/1, C 1/1, P 2/1, M 3/3の合計30本である．上下の切歯はよく発達し，細長い頭骨とともに狭い場所から餌を摂るのに適している．左右の恥骨の結合は退化しており，また腸管は全体で体長の2倍くらいと短い．

ジャコウネズミは夜行性で，特に夕方と明け方に活発に採餌行動をする．腹部の左右両側には1対の臭腺（ジャコウ腺）を有し，特有の臭気物質を分泌する．生殖孔と肛門は共通の開口部をもち，この部分の外見的な雌雄差はほとんどない．しかし雌では鼠蹊部の3対の乳頭が出生直後より観察可能である．ジャコウネズミは交尾刺激排卵動物であり，繁殖季節は熱帯，亜熱帯地方では通年，北方では春から秋といわれ，実験室内では通年繁殖する．妊娠期間は約30日で，1腹産仔数は3〜4匹の例が多い．新生仔体重は約2gであるが3日齢でおよそ2倍の体重となり，7〜9日齢で開眼し，10日齢前後からいわゆるキャラバン行動（caravaning）が観察される（**図II-12-2**）．離乳は通常19〜20日齢で

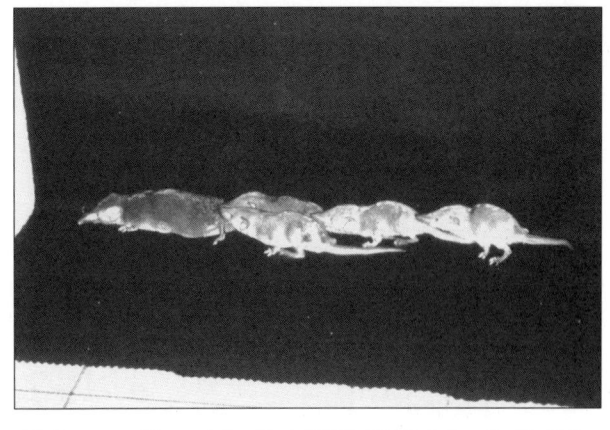

図II-12-2 ジャコウネズミの母親と仔によるキャラバン行動．

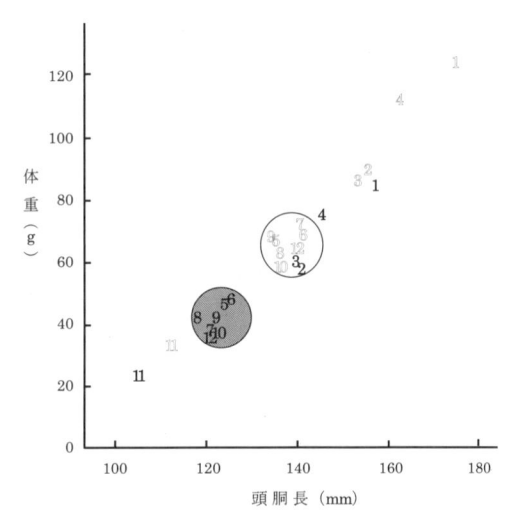

図II-12-3 ジャコウネズミ野生個体の平均成体重，体長（頭胴長）の地域分布．
白抜き数字は雄を示す．白の円内には日本および大部分の東南アジア集団の雄の平均値が，灰色の円内にはそれらの雌の平均値が入る．
1. バングラデシュ　2. ネパール　3. スリランカ　4. ミャンマー（Sittway）　5. ミャンマー（Sittway以外）　6. ブータン　7. マレー半島（タイ国・マレーシア）　8. カンボジア　9. ベトナム　10. インドネシア　11. フィリピン　12. 日本（沖縄）．KURACHI et al.（2006）より作成．

可能であり，体重増加は雌で40日齢，雄で60日齢くらいで止まり，この段階ですでに交尾，妊娠が可能になっている．

　ジャコウネズミの体の大きさは雌雄で異なり，成体重は雄が雌の約1.5倍である．さらに地域によって大きさは著しく異なっており，筆者らのグループが捕獲調査したものではフィリピン産の平均成体重が雄で30g強，雌で20g強とグアム産（DRYDEN, 1968）と並んで最も小さく，多くの東アジア，東南アジア産のものでは雄55〜80g，雌35〜50gの範囲に集団平均が入る（KURACHI et al., 2006）．一方最も大きいのはバングラデシュ産で，平均成体重が雄は120g，雌は

80 gを超える．スリランカ産やネパール産のものはバングラデシュ産と東南アジア産の中間を示し，ミャンマーではSittway産はバングラデシュ産に次ぐ大きさを示したが，その他の地域集団は東南アジア産の平均の範囲に入った（図II-12-3）．野生哺乳動物種で同種内にこのような大きな体格差が地理的に見られるものは少ない．毛色は，日本，東南アジア，南アジアの多くの地域において濃淡に個体差があるものの黒色に近い鼠色で，バングラデシュ産はやや薄い灰色，スリランカ産はさらに薄い灰白色を示す．沖縄（未発表）やJava島（ISEKI et al., 1984）では別の毛色変異をもった個体も発見されている．

染色体数はほとんどの地域のものが $2n=40$（ANDO et al., 1980；DUNCAN et al., 1970；MANNA and TALUKDAR, 1967；YOSIDA, 1982）であるが，スリランカや南インド産は $2n=30$ または32（SATYA PRAKASH and ASWATHANARAYANA, 1976；YOSIDA, 1982），マレー半島産は $2n=35～40$ という報告がある（YONG, 1971, 1972）．実験室系統でも日本産，バングラデシュ産は $2n=40$ でアクロ型（端部動原体型）染色体が14対あるが，スリランカ産は $2n=30$ で4対のアクロ型染色体をもち，$2n=40$ 型の10対のアクロ型染色体がロバートソン型融合により，$2n=30$ 型の5対のメタ型（中部動原体型）およびサブメタ型（次中部動原体型）染色体になっていると考えられる（図II-12-4-1a, 1b）（ISHIKAWA et al., 1989）．両者のF₁個体は $2n=35$ であった（図II-12-4-2）（赤玉，1988）．

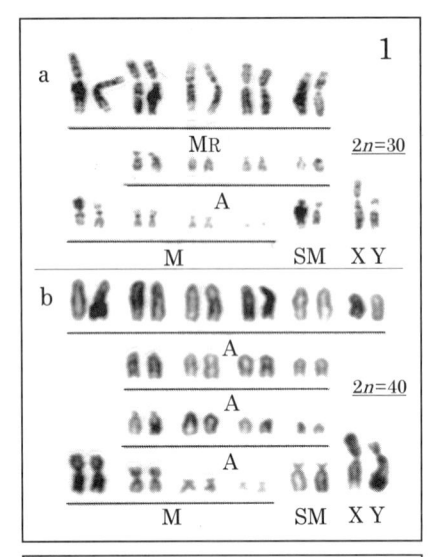

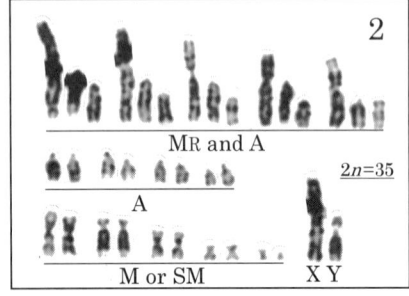

図II-12-4 ジャコウネズミの核型．1-a. SRI系統と1-b. BAN系統．2. 両系統のF₁個体．MR：ロバートソン型融合によって形成されたと思われる大型の中部（または次中部）動原体型染色体，M：中部動原体型染色体，SM：次中部動原体型染色体，A：端部動原体型染色体（ISHIKAWA et al., 1989；赤玉，1988）．

（3） ジャコウネズミの家畜化（実験動物化）

i） 実験動物化とその意義

　実験動物（laboratory animal）とは合目的に育成，繁殖，生産された動物であり，野生動物では順序だてて観察することが不可能な発生，成長，繁殖等の生命現象の研究に用いるため，また遺伝的，微生物学的にコントロールされた状況で安定した実験結果を得るためにも，家畜化と同じ意味での実験動物化が必要となる．実験動物は研究に重要であるとして飼い馴らされたものであり，この場合の研究は広い意味であって生物学，医学，農学などの実験研究や教育，薬の検定や製造に関することなども包含する．しかし実際には，動物実験の主流は医学分野にあって，実

験動物の使用はヒトの代替あるいはモデルの意味合いをもっている．このことは，動物実験の結果から得られた知見をヒトの疾病治療などの基礎知識にしようとする考えが基本にある．しかし，実験動物に見られる種々の生体反応はそれぞれの種に特有なものであって，必ずしもヒトにおける反応と同一視はできない．ヒトと異なる動物について調べた結果をヒトに外挿できるようにするには，比較動物学的な立場で動物実験を重ねることによって，ヒトの疾病の本質を推定し，その治療法を考えることが必要である．そのために，1種の実験動物による研究結果よりも多種の実験動物によるほうが安全で正確になることは当然であり，比較動物学的な立場から新たな実験動物の開発が求められている（近藤，1985）．

現在様々な研究分野で用いられている哺乳類実験動物の中で圧倒的な位置を占めているのはマウスやラットをはじめとした齧歯目であり，また主要な家畜種は，偶蹄目，奇蹄目，食肉目などに属する．したがって，比較動物学的観点からは，これらの動物種とは系統分類学的に離れたものの中から新たな実験動物を開発することが望ましい．また，実験動物はケージ内の飼育・繁殖が可能なことが条件であり，この条件から動物の大きさが問題となる．哺乳類の動物種の数と体の大小を各目で比較すると，小型の動物種で最も数の多いのは齧歯目であり，次いで翼手目，食虫目と続く（BOURLIÉRE, 1975）．これらのことを総括すると，実験動物化の対象としては翼手目と食虫目がとりあげられる．このうち翼手目は飛翔という運動の特殊性や冬眠の問題などがあり，飼育繁殖上の困難が予想される．食虫目については，すでにヒミズのように実験動物化研究の経験もあり，日本に分布する種類も多い．したがって実験動物化の第1の候補としてとりあげられる．

近藤（1985）は，野生の小型哺乳動物を実験動物化していく一般的な手順を以下のように示している．第1に対象とした動物がどこにいるかという調査が必要で，生息場所の把握が最も重要である．生殖地域や場所がわかると，第2のステップとしていかにして捕獲するかという仕事がはじまる．生きたまま捕える罠と餌，罠をかける季節と時間帯が課題となる．第3の段階としては，捕獲できた動物を研究室まで輸送し，ケージ内で飼育することである．輸送方法，飼育段階におけるケージの大きさや形状，飼料など，飼育経験のない動物を輸送，飼育するには多くの未知の問題がある．飼育は，生存が短期間では飼育経験とはいえず，少なくとも1ヶ月以上，実際には1年を越えてみなければ飼育成功とはいえない．雌雄ともに長期間のケージ内飼育に成功すると，第4の段階の繁殖にかかる．捕獲した個体を計画的に交配して仔（F_1）をとり，その個体が成育して次の代（F_2）を産み，かつ離乳し得てはじめて繁殖成功といえる．繁殖を成功させるには，上記の飼育経験に加えて，雌雄の判別，性成熟の日齢，繁殖季節の有無，交配の匹数，分娩，離乳の状況の把握などが必要である．

これらを順序だてて実施できたのがジャコウネズミであり，比較的短期間で新しい実験動物として確立された．これは，ジャコウネズミが雑食性で住家棲性の強い動物であることから，人が設定した環境にうまく適応できる要素をもった実験動物化に適した動物種であったからだといえよう．

ii) ジャコウネズミ実験動物化の経緯

約200種のトガリネズミ科動物種の中で，1950年代後半から1970年代前半に飼育が試みられ

た種のうち，約10種について一定期間の飼育が成功し，その半数の5種（トガリネズミ亜科の *Cryptosis parva* と *Blarina brevicauda*，ジネズミ亜科の *Crocidura leucodon*，*C. russula* および *Suncus murinus*）が自家繁殖コロニーとなった（DRYDEN, 1975）．ジャコウネズミの室内繁殖は1962～1964年にDRYDENによりグアム島産の捕獲個体を用いて始められ，ミズーリ大学で自家繁殖コロニーとして確立された（DRYDEN, 1968）．日本では森田が長崎産のジャコウネズミについて1958年ごろに注目し，基礎的研究を始めていた（MORITA, 1964）．その後，捕獲個体の一定期間の飼育および室内交配によって交尾行動・排卵に関する研究に発展した（森田, 1968）．

日本でジャコウネズミをユニークな実験動物種として選定し，実験動物化を目的として先駆的研究が始まったのは1972～1973年ごろである（織田・近藤, 1976）．最初の室内繁殖用基礎集団は1973年長崎市茂木町で捕獲された個体群である．この集団に由来するラインはNag（後にNAG）と呼ばれ，織田らによって確立された．NAG系統は日本で最も古い系統でかつ単一地域起源から確立された系統である．織田らは1976年，沖縄本島，伊是名島，徳之島，多良間島で捕獲調査をし，各個体群から系統化が試みられて，Oki, Ize, Tok, Tar（後に別に捕獲された個体から確立されたものはTr）などが確立された．その後，室内繁殖系統の維持および新たな系統の確立のため，国外も含めた地域から野生個体の導入，繁殖の努力がされた．1978～1979年にはインドネシア産の個体が捕獲・導入され，系統化が試みられた．このラインからは単一地域起源由来の系統の確立には到らなかったが，（財）実験動物中央研究所でのジャコウネズミ系統（Jic:SUN）の確立に貢献した（松崎ら, 1992）．Jic:SUNはジャカルタ，沖縄，長崎産の個体に由来しており，計画的大量生産がおこなわれるようになって日本クレア(株)で販売されている．1982～1983年には徳之島と沖縄から改めて野生個体が導入され，TKUおよびOKI系統として確立された．1983年にバングラデシュから（TSUBOTA et al., 1984），1984年にスリランカから（坪田ら, 1986），1989年にはネパールのKathmanduから野生個体が導入され，それぞれ単一起源のラインの作成が試みられ，BAN，SRI，KATの各系統が確立された．これらの系統は大型で，特にBAN系統は日本産由来の個体の2.5倍くらいあり（ISHIKAWA et al., 1987），毛色にも差異が見られる（図II-12-5）．以上の系統のいくつかは現在まで維持されているが，残念ながら単一地域起源由来の系統の多くは途絶えてしまっている．

実験動物学の分野でジャコウネズミの実験動物名としてその学名をとってスンクスと呼ぶことが提唱された（1981年，日本実験動物学会シンポジウム）．その理由のひとつはジャコウネズミ

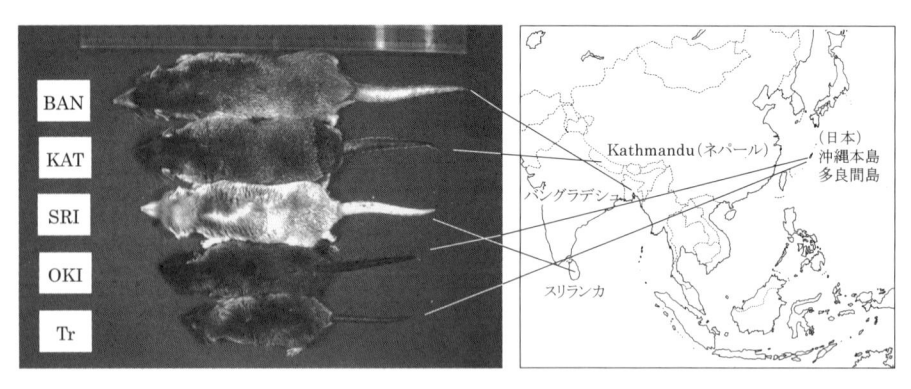

図II-12-5 育成されたジャコウネズミ実験室系統（スンクス）とそれらの起源．

をいわゆるネズミの仲間と誤解しないようにということである．したがって本章で引用した近年の論文のほとんどでは，和名はスンクスと記されている．本章でもこれ以降スンクスと呼ぶことにする．

（4） 遺伝的変異から見たスンクスの起源と分化

i) ミトコンドリア DNA（mtDNA）多型の地理的分化

mtDNA は母系遺伝するため交雑がおこらない，核 DNA に比べて塩基置換速度が速いといった特徴をもつため，近縁種間の系統関係を解析するのに優れた材料と言える．筆者らはこれまでに 13 カ国（日本，フィリピン，インドネシア，ベトナム，カンボジア，タイ国，マレーシア，ミャンマー，バングラデシュ，ブータン，ネパール，スリランカおよびモーリシャス）の 60 地域余りより捕獲した 500 個体以上の野生スンクスについて，mtDNA の制限酵素切断型多型（RFLPs）を検索した（YAMAGATA et al., 1995；山縣・倉知, 2005；KURACHI et al., 2007a）．その結果，合計 53 種類のハプロタイプを検出し，ハプロタイプ間の遺伝距離を算出し，分子系統樹を作成してハプロタイプ間の系統関係を分析したところ，これらのハプロタイプは大きく2つのグループに分かれた．1つは日本，東南アジア，スリランカからモーリシャスにまで広く分布する東南アジア・島嶼タイプで，もう1つはバングラデシュ，ネパール，ブータンおよびミャンマー北西部に見られる南アジア大陸タイプである．この2グループ間の平均遺伝距離（平均塩基置換率）は 2.5～4.4％で，この値はマウスにおける亜種間レベル（YONEKAWA et al., 1980, 1981）に匹敵した．各ハプロタイプ間の関係をネットワーク法を用いて**図 II-12-6** に示した．東南アジア・

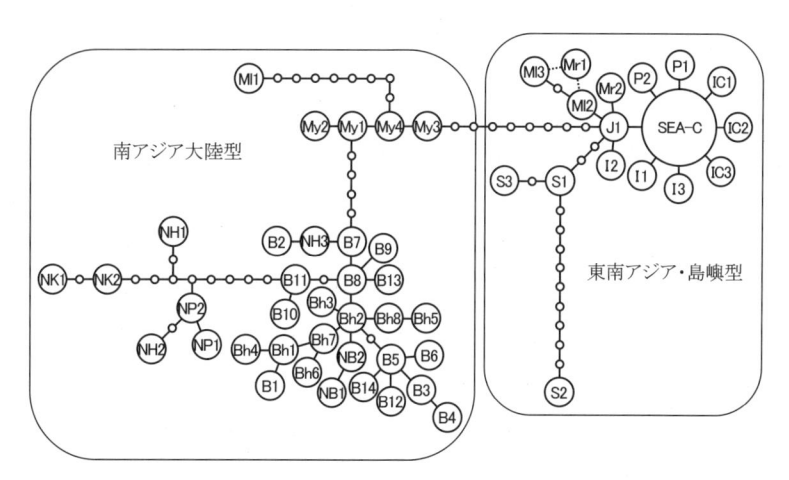

図 II-12-6 スンクスのミトコンドリア DNA ハプロタイプのネットワーク系統樹．

各タイプの記号は観察された国および地域の頭文字と番号により表記した．B. バングラデシュ　Bh. ブータン　I. インドネシア　IC. ベトナム・カンボジア（インドシナ半島）　J. 日本　Ml. マレーシア・タイ国（マレー半島）　Mr. モーリシャス　My. ミャンマー　NB. Biratnagar（ネパール）　NH. Hetauda（ネパール）　NK. Kathmandu（ネパール）　NP. Pokhara（ネパール）　P. フィリピン　S. スリランカ　SEA-C. 東南アジア共通．図中の破線2径路は区別できるデータがないことを示す．（KURACHI et al., 2007a）

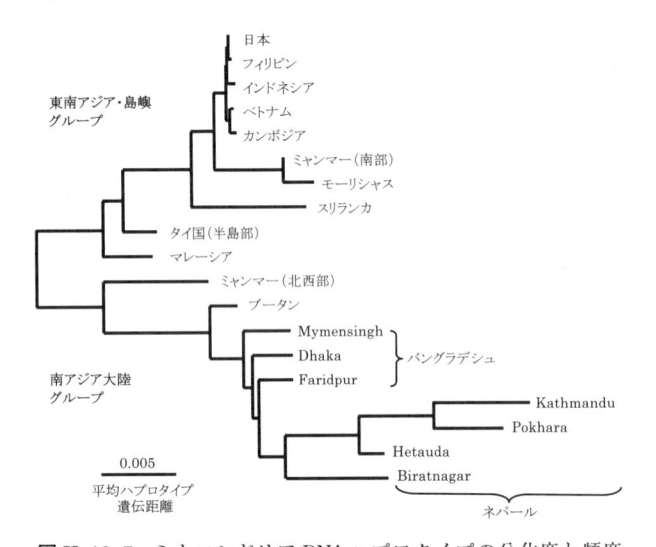

図 II-12-7 ミトコンドリア DNA ハプロタイプの分化度と頻度から見たスンクス野生集団の遺伝的近縁関係.
NEI の平均ハプロタイプ遺伝距離（YAMAGATA et al., 1995 を参照）と NJ 法による.

島嶼タイプの中においては，東南アジアの数カ国と日本で共通に見られたハプロタイプ（SEA-C）がこのタイプグループの中心に位置し，また分布域が広い割にはグループ内の異なるタイプ間の遺伝距離が小さいことから，SEA-C タイプをもったスンクスが各島々に渡って分布域を拡げていったが，その年代は比較的最近で人の交易手段である船を利用して広がったであろうと推測された．一方，南アジア大陸タイプグループにおいては互いの遺伝距離が比較的大きく，またほとんどの地域で同一地域集団内に複数の異なるタイプが見られることから，南アジアの大陸部がスンクスの基産地であり大きな集団として維持されていると考えられた．

次に各地域集団ごとに観察されたハプロタイプの遺伝距離を基に，地域集団間の遺伝距離を計算して系統関係を分析した．バングラデシュとネパールは各地域別に，ミャンマーは大きく異なった2つの地方に分け，その他の地域は国別にまとめて NJ 法で集団の類縁関係図を作成した（**図 II-12-7**）．その結果，スンクス地域集団はミャンマーを境界として大きく東南アジア・島嶼集団と南アジア大陸集団の2つのグループに分かれ，マレー半島（タイ半島部とマレーシア）およびミャンマー北西部の集団が2大グループの中間に位置した．なお，この結果は RFLPs によるものであるが，筆者らがスンクス実験室系統間で mtDNA の制御領域（D ループ領域）の塩基配列を比較して得られた結果（YAMAGATA and NAMIKAWA, 1999）と一致し，そこで比較解析したインド（Bhubaneswal）およびパキスタン（Islamabad）のスンクス（各1個体）は，予想どおり南アジア大陸集団に分類された．

ii) 血液タンパク・酵素型多型の地理的分化

mtDNA は母系からのみ遺伝するので，父系と母系の両方の遺伝情報を有する核遺伝子マーカーとして血液タンパク・酵素型多型の検索をおこなった．mtDNA 解析に使用したのとほぼ同じ個体（スリランカ，モーリシャスを除く）を用いて，8種の血液タンパク・酵素（アミラーゼ，アルブミン，トランスフェリン，炭酸脱水素酵素，エステラーゼ D，乳酸脱水素酵素，リンゴ酸脱水素酵素およびヘモグロビン）を支配する計10座位について電気泳動法による変異検索をおこない，各地域集団におけるそれらの対立遺伝子頻度を求めて比較した（KURACHI et al., 2007b）．対立遺伝子頻度を用いた集団レベルの主成分分析の結果から，アジアの集団はミャンマーを境に南アジアと東南アジア・島嶼の2大グループに大きく分類され（**図 II-12-8**），これは mtDNA による分類とおおむね一致した．しかし，分類されたグループ内集団の遺伝的変異性を示すヘテ

ロ接合率の平均値（$\bar{H}$）は，東南アジア・島嶼グループのものがわずかに大きい値を示し，また，グループ内集団間の遺伝的分化指数（G_{ST}値）を2大グループ間で比較したところ，東南アジア・島嶼グループのものが南アジアグループのものより大きい値を示した（KURACHI et al., 2007b）．mtDNAの結果では，グループ内集団の遺伝的変異性およびグループ内集団間の遺伝的分化度のいずれも東南アジア・島嶼グループより南アジアグループで大きい値を示し，血液タンパク・酵素型多型とmtDNA多型において相反する結果を示した．しかし，両グループの平均ヘテロ接合率は他の野生動物種に比べて大きく，スンクスの東南アジア・島嶼グループの集団に見られる変異性が特に大きい値を示しているといえる．

iii) アジアにおけるスンクスの起源と進化

現在アジアに広く分布しているスンクスは，どのようなルートでその生息域を拡げていったのであろうか．mtDNA多型と血液タンパク・酵素型多型の両結果から，スンクス野生集団が大きく東南アジアと南アジアに分類され，mtDNAハプロタイプから見ると東南アジア・島嶼タイプの分布域が非常に広いことが明らかになった．したがって，島嶼には人類の交易が始まって以降それとともに渡っていったことは間違いないであろう．遺伝的変異の大きさからはスンクスの起源地と考えられる南アジア大陸部から，東南アジアや島嶼へどのように拡がっていったのかは明確ではないが，その候補ルートとして2つのルートが推測される．1つは大陸伝いに南アジアから東南アジアへ移動

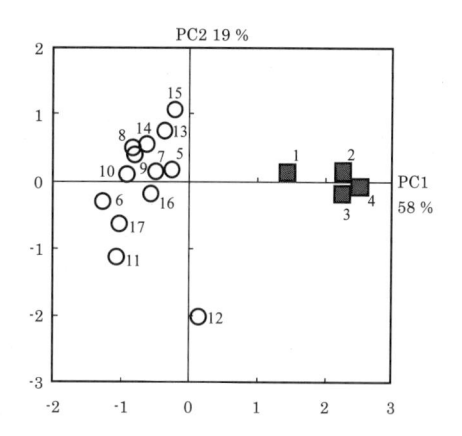

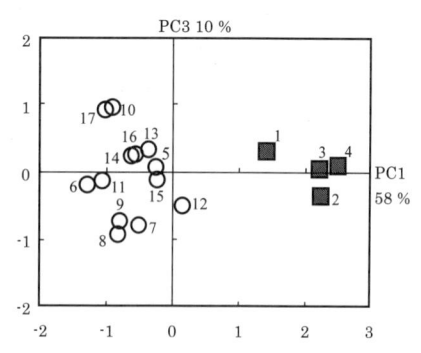

図 II-12-8 血液タンパク・酵素型対立遺伝子頻度の主成分分析によるスンクス野生集団の近縁関係．

■：南アジア大陸型ミトコンドリアDNAをもつグループ；1．ネパール 2．ブータン 3．バングラデシュ 4．ミャンマー北西部
○：東南アジア・島嶼型ミトコンドリアDNAをもつグループ；5．ミャンマー南部 6．タイ国半島部 7．マレーシア 8．Sumatra（インドネシア） 9．Java（インドネシア） 10．Bali（インドネシア） 11．Sulawesi（インドネシア） 12．フィリピン 13．ベトナム北部 14．ベトナム南部 15．カンボジア（Mekon河以東） 16．カンボジア（Mekon河以西） 17．日本（KURACHI et al., 2007b）

し，そこから島嶼へ渡っていった大陸ルートであり，もう1つは南インドやスリランカから海を越えてマレー半島やインドネシアに渡り，そこから東南アジアの大陸や他の島々にさらに移動していった海上ルートである（**図 II-12-9**，YAMAGATA et al., 1995；山縣，2006）．大陸ルートを検証するには南アジアと東南アジアの間に位置するミャンマーのデータが注目される．ミャンマーでは南部と北西部で大きく遺伝分化しており，南部は東南アジアタイプであるのに対し，北西部は南アジアタイプである．北西部のmtDNAタイプは南アジアタイプに属すミャンマー独特のタイプ（My-1～4）であるが，このタイプはマレー独特のタイプ（Ml-1）に近い（**図 II-12-6**）ため，これらのタイプのmtDNAをもったスンクスの南アジアからマレー半島への移動が示唆された．しかし，血液タンパク・酵素型多型の結果からはマレー半島やインドシナ半島の野生集団

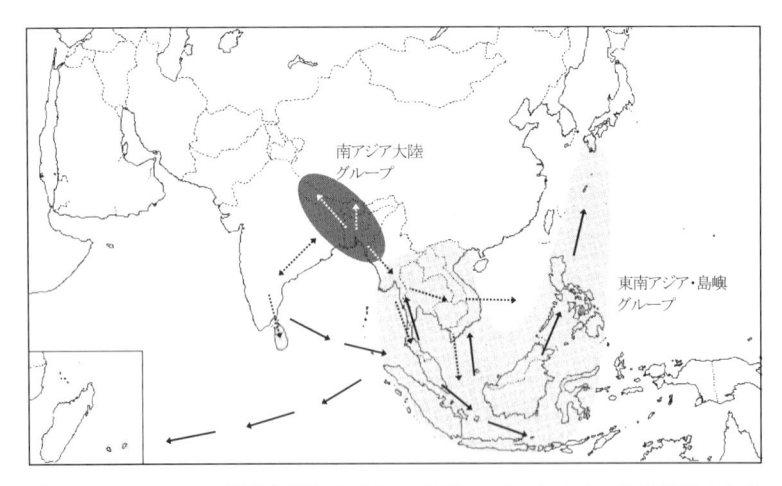

図 II-12-9　スンクス野生集団における mtDNA ハプロタイプの地理的分布と各種遺伝標識から推定されるスンクスの移動径路．
灰白色の範囲は東南アジア・島嶼型，暗灰色は南アジア大陸型の分布域を示す．矢印は mtDNA，血液タンパク・酵素型，核型などのデータから推定される移動の方向を示し，実線は海上ルートを，点線は大陸ルートを示す．

は全くの東南アジアタイプであったので，大陸ルートの可能性は明確にはならなかった．一方，海上ルートについてはスリランカで東南アジア・島嶼タイプが見られること，染色体の研究より南インドおよびスリランカからマレー半島へのスンクスの移住が示唆される（YOSIDA, 1982）ことなどから，その可能性が支持される．しかしながらその検証にはインドのスンクス野生集団の調査が待たれる．

　mtDNA ハプロタイプの分布からは東南アジア・島嶼タイプと南アジア大陸タイプが混在する地域はなく，はっきりと2分されたが，果たして両者の遺伝的交流はないのであろうか．血液タンパク・酵素型多型の主成分分析において個体レベルの解析をおこなったところ，ミャンマー中部より得られた南アジア大陸型の mtDNA をもつ1個体が，血液タンパク・酵素型では東南アジアグループに分類された（KURACHI et al., 2007b）．したがって，ミャンマー中部において2大グループ間の遺伝子交流がおきている可能性が示唆された．しかし，他の地域においてはこれまでの研究から両者の遺伝的交流を示すデータは得られていない．父系からの遺伝子流入を推定できる遺伝マーカーを指標とした解析を加えることによって，この検証ができるものと期待される．

(5)　実験動物としての研究利用

　スンクスは，最初に述べたように従来実験動物としておもに用いられてきた齧歯目，ウサギ目，一部の偶蹄目の動物種などとは系統分類学上近縁関係はなく，また有胎盤哺乳類の祖先的形質を多く保持しているといわれる．したがって，形態学，内分泌学，生理学などの分野で比較生物学的研究が活発におこなわれてきた．室内繁殖コロニーとして多くの系統が開発・育成されるようになってからは，それらの突然変異形質などの遺伝学的研究も多数報告されている．ここではその一部の研究を紹介する．

スンクスの消化管の特徴として腸管が短く，特に大腸長／小腸長比が小さくて，盲腸を欠く．また腸管の絨毛構造や粘膜のひだ状構造などから，スンクスの消化管は肉食に適応し，一般的な齧歯類とは異なって霊長目や食肉目の動物に近い形態的特徴を示した（KUROHMARU et al., 1980）．

スンクスはマウスやラットと異なり，成体となって以降も骨髄だけでなく脾臓でも活発に造血がおこなわれ，胸腺におけるリンパ球産生も性成熟後において活発である（FUKUTA et al., 1982）．

スンクスの催奇形感受性の研究のひとつに，ビタミンA過剰投与の報告がある（ODA et al., 1982）．その結果，マウス（C3Hf/He系）に比較して著しく感受性が高いことが明らかにされ，ビタミンAの代謝・体内貯蔵機構の研究対象として注目されている．

スンクスの日周リズム，行動特性に関する研究は辻らのグループが展開している．そのひとつにキャラバン行動の成立パターンにおける母子間の相互関係の研究がある．スンクスは摂餌のために昼間でも1〜3時間おきにネストを離れて移動することもあって，母子関係において育仔期の親から仔への働きかけが少ないのが特徴的であり，キャラバン行動は仔の管理法として効果的である．この行動は霊長目の行動との比較においても興味がもたれる（TSUJI, 1984）．

レトロウイルスを産生するスンクス乳がんの培養株が樹立され，そのウイルスについての比較ウイルス学的研究がなされ（TSUTSUI et al., 1985），さらに発がんのメカニズムの研究に役立つことが期待されている．

スンクスはマウスやラットでは示さない種々の薬物や動揺刺激によって嘔吐を起こす動物種である．小型で，単一方向の往復運動による動揺刺激のみで嘔吐するといった特徴をもち，イヌなどに代わる薬物による嘔吐や車酔いのモデル動物として注目され（UENO et al., 1987），催吐剤，抗嘔吐剤のスクリーニングや車酔いのメカニズムの研究などで多数利用されている．また，各種動物において嘔吐発症は個体差が大きく，遺伝的統御もほとんどされてなかったが，（財）実験動物中央研究所ではスンクスの選抜交配により，嘔吐感受性の高い集団を育成し（EBUKURO et al., 2000），有用性の高い嘔吐モデル動物として遺伝子レベルでの嘔吐機構の解明に貢献できることが期待されている．

室内繁殖コロニーとして育成された系統から多くの突然変異形質が発見された．その中で病態モデル動物として研究利用価値の高い形質として，スクラーゼ欠損（常染色体性単一劣性遺伝 suc，野生個体にも見られる，ITO et al., 1998），首振り，多動，旋回行動の症状を呈す突然変異（常染色体性単一劣性遺伝 wz，OHNO et al., 1992；MATSUURA et al., 1999），インシュリン非依存型糖尿病（ポリジーン性，OHNO and NAMIKAWA, 1996；OHNO et al., 1998）などがあり，系統が開発・育成されている．特にバングラデシュ産系統より発見された糖尿病個体より作出されたモデル系統（EDS系統）は，食虫目で唯一の自然発症糖尿病系統で，若年発症で肥満傾向を示さない，血中脂質濃度の上昇や白内障の発生も見られるといったユニークな特徴を示す有用なモデル系統である（大野ら，1998）．

これまで紹介してきたように，スンクスは他の動物種と異なったユニークな特性を有しているとともに，非常に遺伝的変異性の高いことから，新しい実験動物としての有用性と可能性を秘めている．しかし，他の実験動物や家畜に比べて染色体地図の作成などの遺伝解析がまだ十分進んでおらず，今後幅広く研究に利用できるようにするためにも，遺伝マーカーの開発や染色体マッピングの充実が必要である．

文献

ABE, H. (1982) Ecological distribution and faunal structure of small mammals in central Nepal. Mammalia, 46 : 477-503.

ADVANI, R. and RANA, B. D. (1981) Food of the house shrew, *Suncus murinus sindensis* in the Indian desert. Acta Theriol., 26 : 133-134.

赤玉郁代 (1988) ジャコウネズミ (*Suncus murinus*) の核型分析：実験室系統間での比較・同定．名古屋大学農学部昭和62年度卒業論文．

ANDO, K., TAGAWA, T. and UCHIDA, A. (1980) C-banding pattern on the chromosomes of the Japanese house shrew, *Suncus murinus riukiuanus*, and its implication. Experientia, 36 : 1040-1041.

BOURLIÉRE, F. (1975) Small Mammals – Their Productivity and Population Dynamics. (GOLLEY, F. B., PETRUSEWICS, K. and RYSZKOWSKI, L., *eds.*) Cambridge Univ. Press, Cambridge. pp. 1-8.

DRYDEN, G. L. (1968) Growth and development of *Suncus murinus* in captivity on Guam. J. Mammal., 49 : 51-62.

DRYDEN, G. L. (1975) Establishment and maintenance of shrew colonies. International Zoo Yearbook, 15 : 12-18.

DUNCAN, J. F., VAN PEENEN, P. F. D. and RAYAN, P. F. (1970) Somatic chromosomes of eight mammals from Con Son Island, South Vietnam. Caryologia, 23 : 173-181.

EBUKURO, S., Wakana, S., Hioki, K. and Nomura, T. (2000) Selective breeding of house musk shrew (*Suncus murinus*) lines in relation to emesis induced by veratrine sulfate. Comp. Med., 50 : 281-283.

FUKUTA, K., NISHIDA, T. and MOCHIZUKI, K. (1982) Light and electron microscopic observations of the spleen in the musk shrew, *Suncus murinus*. J. Anatomy, 134 : 129-138.

ISEKI, R., NAMIKAWA, T. and KONDO, K. (1984) Cream, a new coat color mutant in the musk shrew. J. Hered., 75 : 144-145.

ISHIKAWA, A., AKADAMA, I., NAMIKAWA, T. and ODA, S. (1989) Development of a laboratory line (SRI line) derived from the wild house musk shrew, *Suncus murinus*, indigenous to Sri Lanka. Exp. Anim., 38 : 231-237.

ISHIKAWA, A., TSUBOTA, Y. and NAMIKAWA, T. (1987) Morphological and reproductive characteristics of musk shrews (*Suncus murinus*) collected in Bangladesh, and development of the laboratory line (BAN line) derived from them. Exp. Anim., 36 : 253-260.

ITO, T., HAYASHI, Y., OHMORI, S., ODA, S. and SEO, H. (1998) Molecular cloning of sucrase-isomaltase cDNA in the house musk shrew *Suncus murinus* and identification of a mutation responsible for isolated sucrase deficiency. J. Biol. Chem., 273 : 16464-16469.

近藤恭二 (1985) 実験動物の概念と実験動物化．「スンクス―実験動物としての食虫目トガリネズミ科動物の生物学―」(近藤恭二 (監)) 学会出版センター，東京．pp. 1-7.

KURACHI, M., CHAU, B.-L., DANG, V.-B., DORJI, T., YAMAMOTO, Y., Maung Maung Nyunt, MAEDA, Y., CHHUM-PHITH, L., NAMIKAWA, T. and YAMAGATA, T. (2007a) Population structure of wild musk shrews (*Suncus murinus*) in Asia based on mitochondrial DNA variation, with research in Cambodia and Bhutan. Biochem. Genet., 45 : 165-183.

KURACHI, M., KAWAMOTO, Y., TSUBOTA, Y., CHAU, B.-L., DANG, V.-B., DORJI, T., YAMAMOTO, Y., Maung Maung Nyunt, MAEDA, Y., CHHUM-PHITH, L., NAMIKAWA, T. and YAMAGATA, T. (2007b) Phylogeography of wild musk shrew (*Suncus murinus*) populations in Asia based on blood protein/enzyme variation. Biochem. Genet., 45 : 543-563.

KURACHI, M., YAMAGATA, T., KAWAMOTO, Y., MANNEN, H., KUROSAWA, Y., TANAKA, K., NISHIBORI, M., NOMURA, K., NAMIKAWA, T., EANG, S., EUY, S., BUN, S., EANG, S., KAO, V., CHAUN, V., SENG, B., CHEA, B., BUN, T. and CHHUM-PHITH, L. (2006) Morphological, mitochondrial DNA and blood protein variants of wild musk shrews (*Suncus murinus*) in Cambodia. Rep. Soc. Res. Native Livestock, 23 : 125-143.

KUROHMARU, M., NISHIDA, T. and MOCHIZUKI, K. (1980) Morphological study on the intestine of the must shrew, *Suncus murinus*. Jap. J. Vet. Sci., 42 : 61-71.

MANNA, G. K. and TALUKDAR, M. (1967) Chromosomes of bone marrow cells of the Indian house shrew, *Suncus murinus*. Mammalia, 31 : 288-294.

MATSUURA, A., OHNO, T., MATSUSHIMA, T., NAMIKAWA, T. and ISHIKAWA, A. (1999) Delayed development of reflexes and hyperactive locomotion in the spontaneous mutant "waltzing" of the musk shrew, *Suncus murinus*. Exp. Anim., 48 : 191-197.

松崎哲也・田中 亨・斉藤亮一・山中聖敬・斉藤宗雄・野村達次 (1992) スンクスにおけるクローズドコロニー (Jic:SUN) の確立．実験動物，41 : 167-172.

MORITA, S. (1964) Reproduction of Riukiu musk shrew, *Suncus murinus riukiuanus* Kuroda. 1. On the breeding season, size of litter, embryonic mortality, transference of ovum and duration of gestation. Sci. Bull. Fac. Lib. Arts and Educ.

Nagasaki Univ., 15：17-40.
森田真一（1968）リュウキュウジャコウネズミ Suncus murinus riukiuanus Kuroda における交尾と排卵について. 長崎大学教育学部自然科学研究報告, 19：85-95.
並河鷹夫（1987）ジャコウネズミ―実験動物化の過程と研究―. 遺伝, 41：13-18.
NATH, B. (1973) Prehistoric fauna excavated from various sites of India with special reference to domestication. *In*: Domestikationsforschung und Geschichte der Haustier. Akadémiai Kiadó, Budapest. pp. 213-222.
織田銃一・近藤恭司（1976）リュウキュウジャコウネズミ Suncus murinus riukiuanus, その実験動物化の現段階. 哺乳類科学, 33：13-30.
ODA, S., OKADA, S. Y. and KAMEYAMA, Y. (1982) Teratogenic susceptibility of the house musk shrew, *Suncus murinus*, to vitamin A. Environ. Med., 26：51-57.
OHNO, T., ISHIKAWA, A., YAMAGATA, T., NAMIKAWA, T. and TOMITA, T. (1992) Inheritance and breeding of the waltzing mutant in the musk shrew (*Suncus murinus*, Insectivora) characterized by the circling and head-shaking behaviors. Exp. Anim., 41：123-129.
OHNO, T. and NAMIKAWA, T. (1996) Development of a laboratory colony of the musk shrew (*Suncus murinus*, Insectivora) exhibiting a high incidence of spontaneous diabetes mellitus. Lab. Anim. Sci., 46：107-108.
OHNO, T., YOSHIDA, F., ICHIKAWA, Y., MATSUO, S., HOTTA, N., TERADA, M., TANAKA, S., YAMASHITA, K., NAMIKAWA, T. and KITOH, J. (1998) A new spontaneous animal model of NIDDM without obesity in the musk shrew. Life Sci., 62：995-1006.
大野民生・吉田 太・並河鷹夫（1998）糖尿病スンクス：EDS（early-onset diabetes in suncus）系統. 日本臨床, 56：704-707.
SATYA PRAKASH, L. K. and ASWATHANARAYANA, N. V. (1976) Constitutive heterochromatin and linear differentiation of the chromosomes of the house shrew, *Suncus murinus* (Linn.). Dunn Dobzh. Symp. Genet., 265-272.
TSUBOTA, Y., NAMIKAWA, T., HASNATH, M. A., MOSTAFA, K. G. and FARUQUE, M. O. (1984) Morphology and breeding of the wild musk shrews (*Suncus murinus*) captured in Bangladesh. *In*: Genetic Studies on Breed Differentiation of the Native Domestic Animals in Bangladesh. Tokyo Univ. Agr., MICRO printing, Tokyo. pp. 115-118.
坪田裕司・並河鷹夫・西田隆雄・足立 明・CYRIL, H. W.（1986）スリランカ産ジャコウネズミ, *Suncus murinus* の形態と繁殖について. 在来家畜研究会報告, 11：241-250.
TSUJI, K. (1984) Some observations of the caravaning behaviour in the musk shrew (*Suncus murinus*). Behaviour, 90：167-183.
TSUTSUI, Y., NAGAYOSHI, S., SAGA, S., TAKAHASHI, M., AOYAMA, A., MALAVASI, J. Y., HAYAKAWA, S., YOKOI, T., ODA, S. and HOSHINO, M. (1985) A new retrovirus produced by tissue culture cell line from mammary tumor of a house musk shrew, *Suncus murinus*. Virol., 144：273-278.
UENO, S., MATSUKI, N. and SAITO, H. (1987) *Suncus murinus*, a new experimental model in emesis research. Life Sci., 41：513-518.
山縣高宏（2006）スンクスの起源と系譜. 在来家畜研究会報告, 23：241-251.
山縣高宏・倉知恵美（2005）ミトコンドリア DNA からみたアジアにおけるスンクス野生集団の系統進化. 動物遺伝育種研究, 32(2)：47-54.
YAMAGATA, T. and NAMIKAWA, T. (1999) Sequence variation and evolution of the mitochondrial DNA control region in the musk shrew, *Suncus murinus*. Genes Genet. Syst., 74：257-266.
YAMAGATA, T., OHISHI, K., FARUQUE, M. O, MASANGKAY, J. S., CHAU, B.-L., DANG, V.-B., MANSJOER, S. S., IKEDA, H. and NAMIKAWA, T. (1995) Genetic variation and geographic distribution on the mitochondrial DNA in local populations of the musk shrew, *Suncus murinus*. Jap. J. Genet., 70：321-337.
YONEKAWA, H., MORIWAKI, K., GOTOH, O., HAYASHI, J. I., WATANABE, J., MIYASHITA, N., PETRAS, M. L. and TAGASHIRA, Y. (1981) Evolutionary relationships among five subspecies of *Mus musculus* based on restriction enzyme cleavage patterns of mitochondrial DNA. Genetics, 98：801-816.
YONEKAWA, H., MORIWAKI, K., GOTOH, O., WATANABE, J., HAYASHI, J. I., MIYASHITA, N., PETRAS, M. L. and TAGASHIRA, Y. (1980) Relationship between laboratory mice and the subspecies *Mus musculus domesticus* based on restriction endonuclease cleavage patterns of mitochondrial DNA. Jap. J. Genet., 55：289-296.
YONG, H. S. (1971) Chromosome polymorphism in the Malayan house shrew, *Suncus murinus* (Insectivora, Soricidae). Experientia, 27：589-591.
YONG, H. S. (1972) Robertosonian translocation in the Malayan house shrew, *Suncus murinus* (Insectivora, Soricidae). Experientia, 28：585-586.
YOSIDA, T. H. (1982) Cytogenetical studies on Insectivora. II. Geographical variation of chromosomes in the house

shrew, *Suncus murinus*（Soricidae），in East, Southeast and Southwest Asia, with a note on the karyotype evolution and distribution. Jap. J. Genet., 57 : 101-111.

〔山縣高宏〕

（付録）在来家畜研究会現地調査の概要

現地調査期間：地域：対象動物：参加者：海外共同機関：調査研究報告
（太字番号は文部科学省・日本学術振興会科学研究費補助金による）

（ 1 ）1961. 7. 15～8. 29：トカラ・奄美両群島：ウシ・ウマ・ブタ・ヤギ・ニワトリ：林田重幸・山内忠平・西中川駿・野澤謙・西田隆雄・江崎孝三郎・尾藤惇一・渡辺誠喜・井孝義：日本在来家畜調査団報告第1号（1964）

（ 2 ）1962. 7. 14～8. 12：長崎県下各離島：対州馬・肉用ヤギ・乳用ヤギ：野澤謙・江崎孝三郎・若杉昇：日本在来家畜調査団報告第1号（1964）

（ 3 ）1963. 7. 14～8. 29：琉球諸島（第1次調査）：ウシ・ウマ・スイギュウ・ヤギ：野澤謙：日本在来家畜調査団報告第2号（1967）

（ 4 ）1963. 7. 16～8. 3：種子島，屋久島，上三島：ヤギ・ウマ：林田重幸・西中川駿・Hasan Basri・田中一栄・及川勤・向山明孝・若杉昇：日本在来家畜調査団報告第1号（1964）

（ 5 ）1964. 7. 12～8. 12：琉球諸島（第2次調査）：ウマ・ブタ・ヤギ：鈴木正三・渡辺誠喜・及川勤・金城英企・加藤政彦・野澤謙・酒井孝義：日本在来家畜調査団報告第2号（1967）

（ 6 ）1964. 8. 7～11：山口県萩市見島：見島牛：林田重幸・大塚閏一・西中川駿・富田武・印牧美佐生・木原靖博・石倉文夫・松川正：日本在来家畜調査団報告第2号（1967）

（**7**）1966. 5. 23～6. 5：台湾（第1次調査）：ブタ・ヤギ：鈴木正三（代表）・田中一栄・向山明孝・岡本健二：台湾大学獣医学系：在来家畜調査団報告第3号（1969）

（ 8 ）1966. 6. 12～14：山口県萩市：済州島馬：林田重幸・大塚閏一・上村勝・野澤謙：日本在来家畜調査団報告第4号（1970）

（ 9 ）1966. 6. 21～28：北海道十勝・日高・渡島・檜山地方：北海道和種馬：野澤謙・庄武孝義：日本在来家畜調査団報告第2号（1967）

（10）1966. 7. 20～8. 18：台湾（第2次調査）：スイギュウ・ブタ・ヤギ・ニワトリ：蒔田徳義・野澤謙・西田隆雄・田中一栄・印牧美佐生・天野卓：台湾大学獣医学系：在来家畜調査団報告第3号（1969）

（11）1966. 12. 15～31：韓国（予備調査）：ウシ・ウマ・ヤギ・ニワトリ：近藤恭司：建国大学校畜産大学：在来家畜調査団報告第4号（1970）

（12）1967. 7. 10～16：韓国：ヤギ：渡辺誠喜・加藤政彦・鶴岡恒雄：在来家畜調査団報告第4号（1970）

（**13**）1967. 7. 20～9. 7：台湾（第3次調査）：ウシ・ブタ・ヤギ・ニワトリ：鈴木正三（代表）・近藤恭司・林田重幸・野澤謙・古賀脩・大塚閏一・田中一栄・西田隆雄・天野卓・田中静幸・並河鷹夫：台湾大学獣医学系：在来家畜調査団報告第3号（1969）

（14）1967. 10. 10～25：韓国済州島：ウシ・ウマ・ブタ：林田重幸：建国大学校畜産大学：在来家畜調査団報告第4号（1970）

（15）1967. 10. 19～11. 7：韓国：ウシ・ウマ・ヤギ・ニワトリ：近藤恭司・野澤謙・慮淳昌：建国大学校畜産大学：在来家畜調査団報告第4号（1970）

（16）1967. 11. 10～24：韓国全州：ヤギ・ニワトリ：西田隆雄：建国大学校畜産大学：在来家畜調査団報告第4号（1970）

（17）1967. 11. 17～12. 15：韓国本土・済州島：ヤギ・ニワトリ・ウマ・ウシ：野澤謙・並河鷹夫：建国大学校畜産大学：在来家畜調査団報告第4号（1970）

（18）1968. 7. 5～8. 14：琉球諸島（第3次調査）：ニワトリ：野澤謙：在来家畜調査団報告第5号（1972）

（19）1968. 11. 10～12. 15：韓国：ヤギ・ニワトリ・ウマ・ウシ：西田隆雄・野澤謙・並河鷹夫：在来家畜調査団報告第4号（1970）

（20）1969. 11. 19～26：小笠原諸島：ヤギ・ニワトリ：野澤謙・渡辺誠喜・川島栄・折田瑞郎・村岡滋夫・並河鷹夫・西田隆雄：在来家畜調査団報告第5号（1972）

（21）1970. 6. 14～29：琉球諸島（第4次調査）：ニワトリ：藤尾芳久・夏目長城・野澤謙：在来家畜調査団報告第5号（1972）

（**22**）1971. 1. 25～3. 2：タイ国（第1次調査）：ウマ・ウシ・スイギュウ・ブタ・イノシシ・ヤギ・イヌ・ニワトリ・ヤケイ：野澤謙（代表）・西田隆雄・大塚閏一・田中一栄・天野卓・並河鷹夫：タイ国農業省畜産局：在来家畜研究会報告第6号（1974）

（23）1971. 3. 2～29：台湾（第4次調査：蘭嶼）：ウシ・スイギュウ・ヤギ・ニワトリ：西田隆雄・林良博：台湾大学獣医学系：在来家畜調査団報告第5号（1972）

（24）1971. 4. 26～5. 24：フィリピン（第1次調査）：ウマ・ウシ・スイギュウ・ヤギ・ブタ・ニワトリ・ヤケイ：

野澤謙・西田隆雄・天野卓・並河鷹夫：フィリピン大学獣医学部：在来家畜研究会報告第8号（1978）
(25) 1971. 7. 15～8. 8：トカラ群島（第2次調査）：ニワトリ・口之島野生化ウシ・ヤギ：藤尾芳久・渋谷徹・並河鷹夫・早川秀夫：在来家畜調査団報告第5号（1972）
(26) 1972. 11. 10～12. 21：タイ国（第2次調査）：ウマ・ウシ・スイギュウ・ブタ・イノシシ・ヤギ・イヌ・ニワトリ・ヤケイ：林田重幸（代表）・野澤謙・西田隆雄・田中一栄・天野卓・並河鷹夫・林良博・西中川駿：タイ国農業省畜産局：在来家畜研究会報告第6号（1974）
(27) 1972. 12. 21～25：マレーシア（予備調査）：スイギュウ・ヤギ・ニワトリ：野澤謙・西田隆雄：マレーシア農科大学：在来家畜研究会報告第7号（1976）
(28) 1974. 10. 21～12. 29：マレーシア（第1次調査）：ウマ・ウシ・スイギュウ・ブタ・イノシシ・ヤギ・イヌ・ニワトリ・ヤケイ：西田隆雄・田中一栄・藤尾芳久・庄武孝義：マレーシア農科大学：在来家畜研究会報告第7号（1976）
(29) 1974. 11. 9～12. 17：インドネシア（第1回予備調査）：ウマ・ウシ・スイギュウ・ヤギ・ニワトリ・ヤケイ：並河鷹夫・Leonard REHATTA：在来家畜研究会報告第10号（1983）
(30) 1975. 6. 18～7. 1：インドネシア（第2回予備調査）：ウマ・スイギュウ・ヤギ・ニワトリ：野澤謙：Brawijaya 大学：在来家畜研究会報告第10号（1983）
(31) 1975. 8. 17～9. 20：フィリピン（第2次調査）：ウマ・ウシ・スイギュウ・ヤギ・ブタ・ニワトリ・ヤケイ：西田隆雄・並河鷹夫・杉浦秀次・Joseph S. MASANGKAY：フィリピン大学：在来家畜研究会報告第8号（1978）
(32) 1976. 2. 23～3. 28：マレーシア（第2次調査）：ウシ・スイギュウ・ニワトリ：天野卓・並河鷹夫：マレーシア農科大学：在来家畜研究会報告第7号（1976）
(33) 1976. 11. 15～12. 14：フィリピン（第3次調査）：ウシ・スイギュウ・ブタ：大塚閏一・田中一栄：フィリピン大学：在来家畜研究会報告第8号（1978）
(34) 1977. 8. 1～9. 13：インドネシア（第1次調査）：ウマ・ウシ・ニワトリ・ヤケイ：西田隆雄・並河鷹夫：Brawijaya 大学：在来家畜研究会報告第10号（1983）
(35) 1978. 7. 13～8. 30：インドネシア（第2次調査）：ウマ・ウシ・ヤギ・ニワトリ・ヤケイ：近藤恭司（代表）・大塚閏一・西田隆雄・林良博・並河鷹夫・松田洋一：Bogor 農業大学：在来家畜研究会報告第10号（1983）
(36) 1979. 10. 1～11. 29：インドネシア（第3次調査）：ウマ・ウシ・スイギュウ・ヤギ：鈴木正三（代表）・野澤謙・天野卓・勝又誠：Bogor 農業大学：在来家畜研究会報告第10号（1983）
(37) 1980～1982：台湾・韓国：イヌ：大田克明・森幹雄・水谷正俊・田名部雄一・宮川博充・広瀬靖子・工藤忠明：台湾大学農学院・韓国国立環境研究院：在来家畜研究会報告第13号（1990）
(38) 1980. 11. 16～12. 28：インドネシア（第4次調査）：ウマ・ウシ・スイギュウ・ヤギ：田中一栄・富田武・黒澤弥悦：Bogor 農業大学：在来家畜研究会報告第10号（1983）
(39) 1981. 10. 4～12. 2：インドネシア（第5次調査）：ウシ・スイギュウ・ブタ・イノシシ・ニワトリ・ヤケイ：大塚閏一（代表）・橋口勉・西田隆雄・天野卓・林良博・並河鷹夫：Bogor 農業大学：在来家畜研究会報告第10号（1983）
(40) 1982. 8. 1～9. 16：フィリピン・ルソン島：ブタ：田中一栄・富田武・黒澤弥悦・Joseph S. MASANGKAY：フィリピン大学：在来家畜研究会報告第13号（1990）
(41) 1983. 9. 19～11. 26：バングラデシュ（第1次調査）：ウシ・ウマ・ガヤール・スイギュウ・ブタ・イノシシ・ヤギ・ヒツジ・ニワトリ・ヤケイ・スンクス・イヌ・ネコ：野澤謙（代表）・天野卓・並河鷹夫・角田健司・勝又誠：バングラデシュ農業大学：在来家畜研究会報告第12号（1988）
(42) 1983. 12. 12～1984. 1. 10：スリランカ（予備調査）：ウシ・スイギュウ・ブタ・イノシシ・ヤギ・ヤケイ：西田隆雄・林良博：Peradeniya 大学農学部：在来家畜研究会報告第11号（1986）
(43) 1984. 11. 1～12. 10：スリランカ（本調査）：ウシ・スイギュウ・ブタ・イノシシ・ヤギ・ニワトリ・ヤケイ・スンクス・イヌ・ネコ・ゾウ・野兎：西田隆雄（代表）・田中一栄・庄武孝義・並河鷹夫・黒澤弥悦・岡本新・坪田裕司・後藤英夫：Peradeniya 大学農学部：在来家畜研究会報告第11号（1986）
(44) 1985. 2.～6.：中国チベット：ウシ・ヤク：山田和人・天野卓・並河鷹夫：在来家畜研究会報告第13号（1990）
(45) 1985. 11. 25～1986. 1. 11：バングラデシュ（第2次調査）：ウシ・ガヤール・ウマ・スイギュウ・ブタ・イノシシ・ヤギ・ヒツジ・ニワトリ・ヤケイ・スンクス・イヌ・ネコ：岡田育穂（代表）・大田克明・天野卓・前田芳實・並河鷹夫・黒澤弥悦：バングラデシュ農業大学：在来家畜研究会報告第12号（1988）
(46) 1986. 12.：パラオ諸島：ニワトリ・ヤケイ：野澤謙・松林清明・後藤俊二：在来家畜研究会報告第13号（1990）
(47) 1986. 8. 1～1987. 1. 17：ネパール（第1次）：ウシ・ヤク・ウマ・ロバ・スイギュウ・ニワトリ・ヤケイ：西田隆雄（代表）・庄武孝義・林良博・川本芳・足立明：ネパール自然公園・野生動物保護局：在来家畜研究会報告第14号（1992）
(48) 1988. 10. 20～1989. 1. 21：ネパール（第2次）：ウシ・ヤク・ヤギ・ヒツジ・スイギュウ・ニワトリ・ヤケイ：西田隆雄（代表）・庄武孝義・山本義雄・天野卓・前田芳實・並河鷹夫・角田健司：ネパール農業省：

在来家畜研究会報告第 14 号（1992）

(49) 1989. 11. 10～1990. 1. 16：ネパール（第 3 次）：ブタ・イノシシ・ヤク・ヤギ・ヒツジ・ヤケイ：西田隆雄（代表）・田中一栄・庄武孝義・本江昭夫・黒澤弥悦・道解公一：ネパール農業省：在来家畜研究会報告第 14 号（1992）

(50) 1989. 12. 7～1990. 1. 1：中国・雲南省：ウシ・スイギュウ・ウマ・ブタ・ヒツジ・ヤギ・ニワトリ・ネコ：橋口勉（代表）・野澤謙・西中川駿・天野卓・並河鷹夫・岡本新・川本芳・前田芳實・角田健司：中国科学院昆明動物研究所：在来家畜研究会報告第 15 号（1995）

(51) 1990. 12. 6～1991. 1. 8：中国・雲南省：ウシ・スイギュウ・ウマ・ブタ・ヒツジ・ヤギ・ニワトリ・ネコ：橋口勉（代表）・前田芳實・天野卓・並河鷹夫・川本芳・稲福桂一郎：中国科学院昆明動物研究所：在来家畜研究会報告第 15 号（1995）

(52) 1992. 6. 30～7. 16：ベトナム南部（第 1 次予備調査）：ウシ・スイギュウ・ウマ・ブタ・ヒツジ・ヤギ・ニワトリ：山本義雄・並河鷹夫：Cantho 大学農学部：在来家畜研究会報告第 16 号（1998）

(53) 1992～1998（16 回）：中国・黄河中下流域：ヤギ・ブタ・ウズラ・スイギュウ・ネコ：野澤謙・黒澤弥悦・佐野晶子：中国・西北農業大学：在来家畜研究会報告第 19 号（2001）

(54) 1993. 7. 13～24：モンゴル：イヌ：田名部雄一・田名部尚子・西薗一也：モンゴル科学アカデミー：在来家畜研究会報告第 17 号（1999）

(55) 1993. 8. 8～29：ベトナム北部（第 2 次予備調査）：ウシ・スイギュウ・ウマ・ブタ・ヒツジ・ヤギ・ニワトリ：山本義雄・並河鷹夫：Hanoi 農業大学：在来家畜研究会報告第 16 号（1998）

(56) 1994. 8. 16～9. 5：モンゴル：ウマ・ウシ・ラクダ・ヤギ・ネコ：野澤謙：モンゴル科学アカデミー：在来家畜研究会報告第 17 号（1999）

(57) 1995. 8. 4～27：モンゴル：ウマ・ウシ・ラクダ・ヒツジ・ヤギ・イヌ・ネコ・ニワトリ：田名部雄一（代表）・野澤謙・前田芳實・角田健司・越本知大・針原伸二・西薗一也：モンゴル科学アカデミー：在来家畜研究会報告第 17 号（1999）

(58) 1995. 12. 14～1. 14：ベトナム（第 1 次調査）：ウシ・スイギュウ・ウマ・ブタ・イノシシ・ヒツジ・ヤギ・ニワトリ・ヤケイ・スンクス・ネコ：山本義雄（代表）・天野卓・並河鷹夫・角田健司・岡林寿人・山縣高宏・黒木一人・磯部直樹・田中和明：Cantho 大学農学部：在来家畜研究会報告第 16 号（1998）

(59) 1996. 11. 30～1997. 1. 12：ベトナム（第 2 次調査）：ウシ・スイギュウ・ウマ・ブタ・イノシシ・ヒツジ・ヤギ・ニワトリ・ヤケイ・アヒル・スンクス・ネコ：山本義雄（代表）・並河鷹夫・天野卓・野澤謙・西田隆雄・秦寛・磯部直樹・田中和明：Hanoi 農業大学：在来家畜研究会報告第 16 号（1998）

(60) 1997. 8. 4～11：ラオス（予備調査）：ウシ・スイギュウ・ウマ・ブタ・イノシシ・ヒツジ・ヤギ・ニワトリ・ヤケイ・ネコ：並河鷹夫・西堀正英・岡田幸男：ラオス農林省・畜産水産局：在来家畜研究会報告第 18 号（2000）

(61) 1997. 12. 7～1998. 1. 8：ラオス（第 1 次調査）：ウシ・スイギュウ・ウマ・ブタ・イノシシ・ヒツジ・ヤギ・ニワトリ・ヤケイ・スンクス・ネコ：並河鷹夫（代表）・山本義雄・黒澤弥悦・万年英之・山縣高宏・西堀正英・岡田幸男・黒岩麻里：ラオス農林省・畜産水産局：在来家畜研究会報告第 18 号（2000）

(62) 1998. 9. 1～16：ラオス（第 2 次調査）：ブタ・ヤギ・ニワトリ・ヤケイ・ネコ：野澤謙・黒澤弥悦・西堀正英：ラオス農林省・畜産水産局：在来家畜研究会報告第 18 号（2000）

(63) 1998. 12. 24～1999. 1. 2：ミャンマー（第 1 次予備調査）：ウシ・スイギュウ・ミタン・ウマ・ヒツジ・ヤギ・ブタ・ニワトリ・ヤケイ・スンクス・ネコ：前田芳實（代表）・山本義雄：ミャンマー畜産水産省・畜産獣医局：在来家畜研究会報告第 21（2004）・22（2005）

(64) 1999. 12. 22～31：ミャンマー（第 2 次予備調査）：前田芳實（代表）・野澤謙・橋口勉：ミャンマー畜産水産省・畜産獣医局：在来家畜研究会報告第 21（2004）・22 号（2005）

(65) 2000. 12. 15～2001. 1. 11：ミャンマー（第 1 次調査）：ウシ・スイギュウ・ミタン・ウマ・ヒツジ・ヤギ・ブタ・ニワトリ・ヤケイ・スンクス・ネコ：前田芳實（代表）・山本義雄・角田健司・岡林寿人・西堀正英・万年英之・山縣高宏・田中和明・木下圭司：ミャンマー畜産水産省・畜産獣医局：在来家畜研究会報告第 21（2004）・22 号（2005）

(66) 2001. 12. 15～2002. 1. 13：ミャンマー（第 2 次調査）：ウシ・スイギュウ・ミタン・ウマ・ヒツジ・ヤギ・ブタ・ニワトリ・ヤケイ・スンクス・ネコ：前田芳實（代表）・野澤謙・黒澤弥悦・西堀正英・万年英之・山縣高宏・田中和明・鈴木康郎：ミャンマー畜産水産省・畜産獣医局：在来家畜研究会報告第 21（2004）・22 号（2005）

(67) 2002. 8. 17～25：カンボジア（予備調査）：ウシ・スイギュウ・ウマ・ブタ・イノシシ・ヒツジ・ヤギ・ニワトリ・ヤケイ・スンクス・ネコ：並河鷹夫（代表）・西堀正英：カンボジア王立農業大学：在来家畜研究会報告第 23 号（2006）

(68) 2002. 12. 18～2003. 1. 16：カンボジア（第 1 次調査）：ウシ・スイギュウ・ウマ・ブタ・イノシシ・ヒツジ・ヤギ・ニワトリ・ヤケイ・スンクス・ネコ：並河鷹夫（代表）・野澤謙・西堀正英・黒澤弥悦・万年英之・山縣高宏・野村こう・岡林寿人・田中和明・高橋幸水・倉知恵美：カンボジア王立農業大学：在来家畜研究

会報告第 23 号（2006）
(69) 2003. 7. 19～27：ブータン（予備調査）：家畜概況：西堀正英・並河鷹夫：ブータン農業省・畜産局：在来家畜研究会報告第 24 号（2007）
(70) 2003. 12. 17～2004. 1. 14：カンボジア（第 2 次調査）：ウシ・スイギュウ・ウマ・ブタ・イノシシ・ヒツジ・ヤギ・ニワトリ・ヤケイ・スンクス・ネコ：並河鷹夫（代表）・野澤謙・西堀正英・黒澤弥悦・山縣高宏・野村こう・岡林寿人・田中和明・井野靖子・倉知恵美：カンボジア王立農業大学：在来家畜研究会報告第 23 号（2006）
(71) 2004. 6. 15～30：ブータン（第 1 次調査）：ウシ・スイギュウ・ミタン・ニワトリ・ヤケイ・スンクス・ネコ・イヌ：山本義雄（代表）・野村こう・西堀正英・山縣高宏・田中和明・高橋幸水・倉知恵美：ブータン農業省・畜産局：在来家畜研究会報告第 24 号（2007）
(72) 2004. 8. 2～29：ブータン（第 2 次調査）：ウシ・ウマ・ミタン・ターキン・ヤク・ヒツジ・ニワトリ・ヤケイ・スンクス・ネコ・イヌ：山本義雄（代表）・並河鷹夫・角田健司・田中和明・木下圭司・倉知恵美・宮崎義之：ブータン農業省・畜産局：在来家畜研究会報告第 24 号（2007）
(73) 2005. 8. 6～9. 4：ブータン（第 3 次調査）：ウシ・ウマ・ミタン・ターキン・ヤク・ブタ・イノシシ・ヒツジ・ヤギ・ニワトリ・スンクス・ネコ・イヌ：山本義雄（代表）・野澤謙・角田健司・黒澤弥悦・万年英之・山縣高宏・田中和明：ブータン農業省・畜産局：在来家畜研究会報告第 24 号（2007）
(74) 2006. 4. 6～30：ブータン（第 4 次調査）：セキショクヤケイ：山本義雄：ブータン農業省・畜産局：在来家畜研究会報告第 24 号（2007）
(75) 2007. 12. 22～2008. 1. 5：バングラデシュ（第 1 次調査）：スイギュウ・ウシ・ヤギ・ヒツジ・ブタ・ニワトリ・セキショクヤケイ：天野卓（代表）・池谷和信・林良博・黒澤弥悦・万年英之・野村こう：バングラデシュ農業大学：在来家畜研究会報告第 25 号（予定）
(76) 2008. 3. 4～4. 3：バングラデシュ（第 2 次調査）：スイギュウ・ウシ・ヤギ・ヒツジ・ブタ・ニワトリ・セキショクヤケイ：天野卓（代表）・山本義雄・野村こう・高橋幸水・菅野雅子：バングラデシュ農業大学：在来家畜研究会報告第 25 号（予定）
(77) 2008. 9. 1～20：バングラデシュ（第 3 次調査）：ヤギ・ニワトリ・セキショクヤケイ：野村こう・林良博・山本義雄：バングラデシュ農業大学：在来家畜研究会報告第 25 号（予定）
(78) 2009. 2. 21～3. 18：バングラデシュ（第 4 次調査）：ヤギ・ウシ・スイギュウ・ニワトリ・セキショクヤケイ：天野卓（代表）・山本義雄・黒澤弥悦・万年英之・高橋幸水・岡孝夫：バングラデシュ農業大学：在来家畜研究会報告第 25 号（予定）

＊在来家畜研究会報告に関する問い合わせ先：在来家畜研究会または(財)名古屋畜産学研究所 http://www.nagoya-animal-ri.com

（山本義雄）

（図中番号は上記を示す）

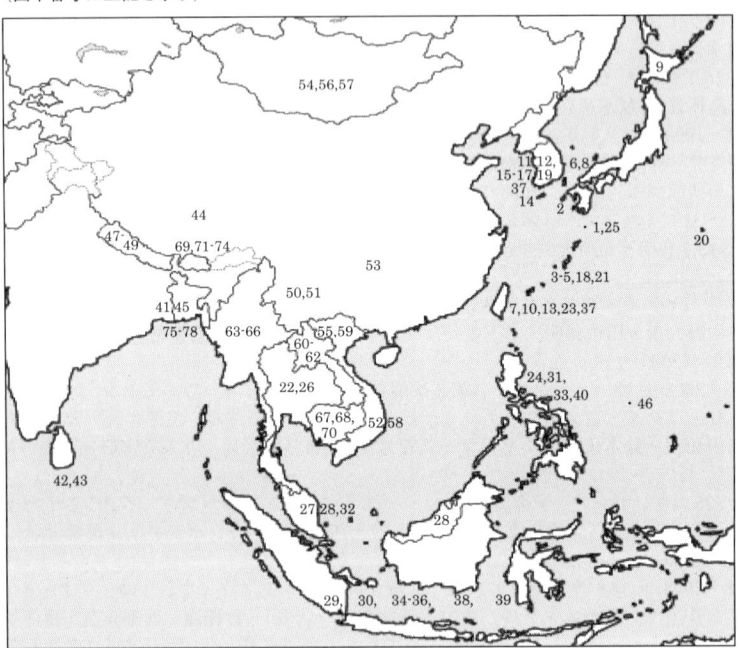

あとがき

　国内数機関の研究者が集まり「日本在来家畜の研究を目的とする調査団」を組織し，わが国の在来家畜を対象に調査研究を始めたのが1961年である．1966年頃から調査地域は国外にも拡がり，研究組織名も「日本在来家畜調査団」，そして「在来家畜調査団」へと変更され，1972年7月14日には「在来家畜研究会」となった．この研究会が本書刊行の主体である．

　「在来家畜研究会」は調査研究を企画・実施することを主目的とし，多彩な専門分野からの100名程の会員からなる．その調査研究活動の変遷は本書巻末「在来家畜研究会現地調査の概要」でおおよそ理解して頂けよう．約50年にわたり，間断なく続いた活動の概要や調査結果は研究会報告（第24号既刊）に収録されている．この一連の報告書は研究論文としては必ずしも洗練されたものでないが，それぞれの時代のその地域の家畜や関連する諸状況の1次情報が記録されており，将来に残る貴重な史資料である．また，この報告書，特に初期のそれを見ると，創始者，歴代役員・会員の学問的先見性やロマンを知ることができる．この機会にあらためて敬意を表したい．さらに，これら数十年にわたる研究会活動が文部科学省科学研究費補助金（海外学術調査，総合・基盤研究），（財）名古屋畜産学研究所，ほか諸団体の財政支援なしにあり得なかったことを明記しておきたい．

　本研究会は国外機関との共同研究をほぼ毎年おこなってきた．国外現地調査にはともすれば予期しない危険を伴うので，日本側―相手国側代表者らによる周到な打合せや予備調査がおこなわれた．それにしても，何十回もの共同調査に参加した双方の延べ人数・日数（研究会報告を見て頂きたい）は膨大であり，重大事故がひとつもおきなかったことがむしろ奇跡的とさえ思える．これはとりわけ相手側機関・共同研究者の細心のマネジメントによるところが大きいと思う．有り難いパートナーに恵まれたことに国内関係者とともに感謝したい．さらに，共同調査研究を実施した国々とは，その後の活発な留学生，研究交流に見るように一層友好が深まり，世代を越えた学術活動の支えとなった．これは日本側参加者の真摯な活動の証でもある．

　国外機関との共同調査研究では，野外調査においても，実験室作業においても，さらに双方の国の共同学術活動の理解の仕方においても，様々な制約がある．また予期しない不備を露呈することもある．このような中，会員諸氏は個々のテーマや研究対象を超え，チームとして最大の成果をあげるべく創意工夫，奮闘された．これらの活動が今日の研究成果の基盤となっていることを共に喜びたい．

　本書の刊行は在来家畜研究会設立50周年記念ということでは必ずしもない（発端をどの時点にとるかによって，年数は変わってくる）が，この間の野外と実験室との双方にまたがる研究結果を総括して一書を編もうと発議したのは研究会の執行部である幹事会であった．2003年から2005年の春，本書刊行を企図した「公開シンポジウム：遺伝情報からアジアの家畜の起源・系譜はどこまでわかったのか」を3回開催し，翌2006年春に在来家畜研究会特別出版事業計画へと進展した．編集出版委員会を組織し，書物のスタイルを討議決定して第Ⅰ部および第Ⅱ部家畜種別各章の執筆担当者・協力者を定めて原稿提出を依頼し，提出された原稿の内容について討論，調整を繰り返し，同時に出版元との交渉を詰めるという一連の業務は編集出版委員会の責任

のもとにおこなわれた．さらに，日本学術振興会平成 21 年度科学研究費補助金（研究成果公開促進費，学術図書）を受け，ようやくでき上がったのが本書である．

　本書はこれまでの個々の学術活動成果を総括することを目指したもので，編集出版委員をはじめ会員諸氏の協力なくして刊行に辿り着くことは到底できなかった．会員外の多数の方々からも，本書の研究に関連し，また原稿の執筆にあたり，貴重な試料，資料，研究データの提供を受けた．また，（財）名古屋大学出版会の神舘健司氏からは本書の編集出版全体にわたって，適切な助言，時には貴重な学問的批判をいただいた．ここに厚くお礼を申し上げる．

　本書は，文明とともに現れ，人類の生存と繁栄に最も密接に関係し，今日世界の何処ででも見られる動物「家畜」の生い立ちについて著したものである．読者諸氏から，専門や立場にかかわらない批判をいただくことができ，これが新たな研究課題の創出に繋がれば誠に有り難いことと思う．

2009 年 6 月

並　河　鷹　夫

索　引

A–Z

AFLP 法　428
BS（band sharing）率　428
clinal な分布　353
cline map 法　352
DNA-DNA 結合　302
DNA 塩基の伝達経路　79
DNA 多型　263
DNA フィンガープリント法　363, 380, 427
D ループ領域　128, 289, 322, 369, 381, 442
feral cat　334
F_{IS}　420, 423, 428
F_{ST}　336, 340, 421, 424, 428
gene-pool の混合撹拌の能率　337
HARDY–WEINBERG 平衡　336, 420
Hb^A 遺伝子　271
Kambing Katjang（マメヤギ）　286, 296
Lebensborn 計画　98
PCR 法　128, 206, 381, 402
Randomly Amplified Polymorphic DNA（RAPD）　402
SRY 遺伝子　149, 177
WAHLUND 効果　342
Y 染色体性マーカー　148

ア　行

愛玩用　14
アイベックス　281
アオエリヤケイ　357
アグチ色　40, 74
アジアスイギュウ　161, 162
アジアゾウ　26, 64
アジアロバ　188
亜種　6, 27
アノア　161
アヒル　391
アフリカロバ　188
アミノ酸置換　78
アメリカバイソン　133, 134
アラビア馬　190
アルガリ　255
安定平衡頻度　56
アンドロゲン受容体遺伝子　351
猪飼部　244
医学実験用動物　6
育種　6
育種目標　5, 429
異系交配　34, 320
遺骨　385
遺残集団　204
遺存種　230

1 塩基置換の多型　177
1 趾馬　187
遺伝暗号　73
遺伝距離（D）　82, 199, 201, 210, 230, 233, 266, 269, 273, 288, 351, 368, 377, 403, 421, 425, 428, 441
遺伝子給源　12
遺伝子型　332
遺伝資源　92, 152, 428
遺伝子交換　12
遺伝子置換率　82
遺伝子の起源の地　352
遺伝子の同一性　82
遺伝子頻度　18, 335
遺伝子頻度勾配　152, 230
遺伝子流入　7, 18, 51, 80, 84, 145, 151, 258, 273, 344, 350, 354, 362
遺伝子流入率　350
遺伝的汚染　25, 82
遺伝的（子）交流　130, 133, 138, 140, 145, 163, 234, 271, 360, 364, 444
遺伝的多型　41, 263
遺伝的多様性　201, 234, 402
遺伝的同化　32
遺伝的浮動　337, 342
遺伝的分化　27, 34, 64, 336, 340, 420
遺伝的分化指数（G_{ST}）　64, 336, 337, 340, 368, 371, 376, 443
遺伝的変異性　31, 58, 200, 288, 370, 420
遺伝負荷　38, 426
遺伝率（h^2）　32, 57, 199
イヌ　301
イノシシ　215
イノシシ型在来ブタ　227
イノブタ　24
移牧　138, 142
イリオモテヤマネコ　25
インダス文明　125, 162
インド系ウシ　118
ウシ　55, 117
ウズラ　409
鶉合　415
鶉商　418
羽装　23
ウマ　187
羽毛色　392
羽毛変異　418
ウリアル　255
上毛　260
枝分かれ図　34, 171, 172, 230, 269, 273, 312, 351, 368, 370, 371, 373, 377, 382, 403, 404, 421
餌付け　16

エランド 87
塩基多様度 78
塩基置換 78
塩基置換速度 128
塩基配列 258, 316, 380
塩基配列決定 79
塩基配列の相同組替え 80
王権の象徴 26
嘔吐感受性 445
オオカミ 302
オーロックス 117
雄不妊 133
おとり 19, 28, 91, 414, 417
オナーゲル 189
オレンジ色遺伝子 75

カ 行

害獣駆除用 331
海上ルート 443
外部形態 257, 312
ガウア 133, 138, 139
化学的な生存年代推定 204
家禽ウズラ 420
家禽化 391, 409, 417
核型 139, 140, 153, 168, 238, 377, 378
核DNA 380, 404, 411, 441
獲得形質の遺伝 97
籠脱け 412
荷重比 426
荷重平均結合法（WPGM） 233
粕毛 41, 75
河川型スイギュウ 164
過大分散 341
家畜 3
家畜化 3, 4
家畜化年代 8
家畜化の逆行現象 26
家畜化の停滞 26
家畜化の場所 8
家畜化への素因 12
家畜化要因 361
家畜系統史 34
家畜ネコ 329
褐化 41, 74, 76
鴨合 396
ガヤール 139
家養家畜 28
唐猫 331
カラバオ 165
カルガモ 392
宦官 95
環境保全 281
環境要因 11
観光資源 16
換毛 260
機会的変動 58

奇形 37
騎行 191
基産地 442
騎乗 191
希少品種 10
寄生 332
犠牲獣 140
基礎集団 33, 36
擬態 12
キツネ 46
絹の道 191
騎馬民族日本征服説 196
基本腕数（FN値） 378
逆位現象 379
逆淘汰 198
キャタロー 134
キャラバン行動 437
吸収 21, 24
供犠用家畜 167
競牛レース 145
共進化 5
胸垂 119, 165
共生（関係） 301, 330, 332
去勢 16, 29, 33
距離による隔離 66
近交系 46
近交係数 336, 367, 421
近交退化 420, 426, 430
銀色 41, 75, 77
近親交配 9
近代的突然変異型 347
禁断の優生法 97
近隣 66
近隣結合法（NJ法） 129, 201, 210, 270, 294, 311, 351, 368, 370, 371, 377, 403, 404, 442
草食い 187
クラスター 270, 291, 294, 310, 322, 363, 426
クレード（分岐群） 237, 304, 381, 382
クロマトグラフィ 306
群居性 33
群棲に対する耐性 33
経済形質 37, 57
計測値 362
形態学的検討 362
形態形質 285, 364
形態変化 223
系統樹 34, 369
系統進化 378
系統的分化 93
系統の商標 46
系統網 34
系統ラインの融合 62
毛織り 281
毛皮獣 45
血液型 197, 229, 263, 367, 371
血液試料 363

血液タンパク　171, 371, 372
血液タンパク多型　151, 153, 287, 306, 309, 316, 318, 398
血統　49
血統登録　334
血統分析法　69
毛分け　131
研究用ウズラ　420
絹馬貿易　192
肩峰　119, 125
抗ウサギ補体第6成分の多型　322
高カリウム変異　321
黄牛　149
高原型（ウマ）　188
高所適応　272
構造遺伝子座　57
行動特性　311, 317, 323, 351, 445
抗病性　367
コープレイ　133, 138, 146
古絵画　243
古絵画検索　344
小型馬（pony）　192, 195
個人的な財産　29
個体識別　48
個体数増大　17
個体名　49
黒化　40, 74, 76
骨格奇形　342
古典的突然変異型　347, 352
子とり　221
古墳　196
コマーシャル・ウズラ　420
婚資用　20
コンパニオンアニマル　301, 324

サ 行

サーベル型の角　283
催奇性感受性　445
祭祀（犠牲）用　14, 20
再生産　5, 96
採肉　420
再野生化　21, 44, 162, 224, 230, 240, 243, 305, 307, 335, 412
在来家畜　8
在来ネコ　334
採卵　420
搾乳　28, 123
雑種　29
雑種崩壊　170
雑草　12
サバンナ型（ヤギ）　283
産業化　419
山地少数民族　20
産卵性　393
シークエンサー　206, 383, 402
飼育環境条件　205
使役動物　123

塩の運搬　270
資源　5, 29
資源保護　15
自己家畜化　99, 100
歯式　218
自然淘汰　5
下毛　88, 89, 260
実験動物化　438
実験用　420
脂臀羊　260
シトクローム b　128, 289, 303
ジビエ料理法　414, 417
脂尾羊　260
耳標　29
資本　5, 29
島集団　31
島モデル　67
弱有害突然変異　58
車行　191
ジャコウウシ　88
ジャコウネズミ　47, 435
ジャッカル　302
ジャングルキャット　329, 354
主遺伝子座　332
就巣性　37
重層性　70
集団の有効な大きさ　33, 59, 62, 66
^{14}C 年代測定　205, 305
縦列転座　169
縦列反復配列数の多型（VNTR）　383
種間雑種　6, 133
主成分分析　173, 201, 270, 312, 318, 400, 421, 442
主要組織適合性抗原　367
狩猟採集　13
狩猟伝承　16
狩猟民　11, 14, 45, 330
純化淘汰　85
ジュンブラナ病　144
小耳種　227
常染色体腕数（NAA）　169
沼沢型スイギュウ　68, 164
乗用　28
食犬　315
食肉　167, 191, 281
食物忌避　138, 361
食糧資源　220
食糧生産経済　13
白子　41, 73
白耳朶　365
人為的逆淘汰　203
人為的除角　124
人為淘汰　5, 9, 96, 205
進化速度　82
人口学的パラメーター　17
人口学的変数　59
人工授精　69, 170

人種衛生学　98
新種の形成　6
人種分化　83
神性　330
新石器革命　120
森林型（ウマ）　188
森林植生破壊　21
人類遺伝学　97
スイギュウ　53, 161
スカベンジャー　331
犂　122
スクレイピー　273
ストップの深さ　313
スポンジ性脳症　273
棲み分け　19
刷り込み　32
スンクス　440
生活圏　361
正規分布　337, 341
制限酵素　79, 206
制限酵素断片長多型（RFLP）　25, 128, 206, 380, 402, 441
生産性　361
生殖器官の増大　36
生殖能力　36
性染色体　377
生存競争　96
性的隔離　20
性的二型　42, 391
西南山地馬　192
正の人為淘汰圧　354
生物学的種　218, 410
生物進化論　96
生物測定学　97
生物文化遺産　27
西北高原馬　192
西洋馬　190
セイロンヤケイ　357
セキショクヤケイ　357
積極的優生法　97
赤血球凝集反応　367
殺生禁断（戒）　224, 245, 316, 418
舌斑　313
絶滅　15, 60
絶滅危惧種　91
全色　41
染色体数　164, 190, 257, 377, 438
染色体分染法　168
選択狩猟　15, 43
前適応　13
相関反応　37, 84
草原型（ウマ）　188
相互転座　378
相似　40
創始者原理（効果）　31, 62, 203, 205, 294
掃除夫的生態　13

掃除屋　219
相同　40
相利共生　301
鼠害防止用　331
ソリひき用　28

タ 行

体格　260
体尺計測値　19
体尺測定　197
代替家畜　20
大陸ルート　443
対立遺伝子の置換　27
多因子形質　33
鷹狩り　414
多型塩基サイトの割合　78
多型座位の割合（P_{poly}）　57, 58, 200, 233, 319, 367, 368, 370, 376, 420, 423, 428
多型状態　348
多型的　332
多型を定義する基準頻度　59
多源説　35, 256, 357, 374
多源的家畜化　86
駄載　191
多座位電気泳動　25, 57, 199, 351, 400
ダチョウ　90
種雄　16, 33, 62, 331
種鳥　91
種卵　91
多変量解析　24
タマラオ　161
多面発現的な異常　74
多様化淘汰　56
多様性　10, 50, 56
タルパン　188
垂耳　262
単一起源説　196
短角型（ウシ）　123
単型状態　348
単源説　35, 124, 256, 357, 373
淡色　41, 75
タンパク多型　229, 427
短尾羊　260
地域集団　8, 58, 67
地域的な遺伝的分化　66
畜産　9
致死相当量　38
中間型ウシ　119
中立説　199
中立の帰無仮説　58
長角型（ウシ）　123
調教　26
長距離競馬（ナーダム）　192
長尾羊　260
超優性　56
直耳　294

地理的亜種　360
地理的隔離　364
地理的勾配　18, 64, 66, 67, 342
チンチラ毛色　75
通婚圏　65
ツシマヤマネコ　25
角の形状　265
定着農耕型の家畜　361
定着農耕社会　330
定着農耕民　14, 34, 386
電気泳動法　57, 78, 148, 171, 306, 372, 420
天然記念物　316
伝播　8
闘鶉　415, 417
同義置換　79
洞窟壁画　45, 189
闘鶏　19, 386
闘鶏型体型　365
闘犬　315
同祖性　295
淘汰圧の変動　342
淘汰に対して実質的には中立　58
淘汰目標　84
等電点電気泳動法　151
東南アジア群　400
動物種の分布　23
動物体の大きさ　35
ドーパミン受容体D4遺伝子の多型　311
解き放ち　223
屠殺　33
都市化症候群　100
土着品種　8
凸型顔面（ローマンプロファイル）　283, 285, 294
突然変異遺伝子の頻度　350
突然変異型　347
突然変異形質　445
突然変異率　59
トナカイ　27
土馬　204
渡来ルート　384
鳥インフルエンザ　430
トリパノゾーマ原虫感染症　119
トリポリエ文化　189
奴隷解放宣言　96
奴隷制度　95

ナ 行

長い垂耳　283
鳴き声による占い　417
投げ縄　29
生業形態　361
荷役　138
肉畜　14
肉用　282, 418
肉用在来ヤギ　69
2源説　124

2次元飛び石モデル　66, 337
荷駄用　28
2波渡来説　195
ニホンウズラ　47, 409
ニホンカモシカ　64
日本鶏の品種成立　370
日本犬の保存　316
ニホンザル　63, 67
日本人　64, 67
（ウマの）日本への渡来時期　194
乳頭数　227
乳用　163, 281
庭先放飼　18
庭先放飼鶏　68
ニワトリ　357
任意交配集団　331
妊性　20
ヌビアン型（ヤギ）　283
ネコ　67
ねじれ角　287
ネットワーク系統図　129
ネットワーク法　441
農業革命　13
農業多源論　120
農耕の発生　11
脳重比　302
脳重量　262
農用動物　4, 6
野良猫（feral cat）　72, 332

ハ 行

ハイイロヤケイ　357
配列差　25
白化　41, 73, 76
パサン　281
馬戦車　191
放し鳥　418
埴輪　204
埴輪鶏　385
ハプログループ　131, 258, 272, 383
ハプロタイプ　128, 175, 209, 236, 290, 304, 322, 441
ハムスター　46
バリウシ　144
繁殖構造　65, 93, 337
繁殖個体の移動　65
繁殖成功度　341
繁殖単位　70
バンテン　133, 138, 143
輓曳　191
反復回数　351
斑紋　41, 75, 76
斑紋スイギュウ　53
非アグチ遺伝子　74
肥育性　393
ビーファロー　134
皮革　281

460　索　引

非荷重平均結合法（UWPGM）　230, 351, 421
ヒツジ　253
ヒツジ飼い　95
ヒツジの群れ　95
尾椎骨異常　354
人と動物との間の関係　89
ひとは好きずき　56
雛の雌雄鑑別技術　419
非翻訳領域　79
表現型　332
表現型頻度　18, 335, 350
標識の遺伝様式　81
標準誤差　335
肥沃な三日月地帯　120, 254
品種　33, 332
品種造成　9
品種ネコ　334
品種分化　6, 50, 308
頻度依存淘汰　56
瓶の首効果　31, 62, 84, 130
副次集団間分化　64, 336
ブタ　215
豚便所　244
フッ素年代測定　205
負の人為淘汰圧　344
負の超優性機構　191
プライマー　206
孵卵器　37
プリオンタンパク質　273
プルツェワルスキー馬　188
分化時間　82
分岐群　370, 381, 382
分岐時間　120, 133, 236
分岐年代　128, 292
分子系統樹　381, 441
分子進化の中立説　57
分子時計　83, 133
文明症候群　100
平均塩基置換率　85, 128, 441
平均距離結合法（UPGMA）　269, 294
平均血縁係数　69
平均ヘテロ接合率（H）　57, 58, 200, 210, 233, 319, 336, 367, 368, 370, 376, 402, 403, 420, 423, 428, 442
平衡多型　40
平面上連続分布モデル　66, 337
ベゾアール　281
ベゾアール型（ヤギ）　283, 296
ペット　330, 331
ペット起源説　32
ヘテロシス　34
ヘテロ接合率　423
ヘモグロビンβ鎖　150
ベンガルヤマネコ　25
片利共生　301
ポイント形質　73
放飼　331, 362

放鳥　412
放牧管理　191
放牧的飼養　222
捕獲状態での繁殖　27
牧犬　28
牧畜民　45
北東アジア群　400
北部草原馬　192
母性崇拝　15
保存　10
北方系ウシ　118
ホモ致死　41
ポリジーン　336
ホルスタイン種乳牛　69
翻訳機構　73

マ　行

マーコール　281
マイクロサテライト DNA　210, 273, 294, 310, 319, 383, 403, 428
マウス　46
マウスの黄色致死　76
マガモ　391
マズラウシ　145
迷える子羊　95
ミタン　139
ミトコンドリア DNA（mtDNA）　127, 148, 149, 151, 174, 205, 236, 258, 289, 302, 380, 404, 441
mtDNA の全塩基配列　176, 289
mtDNA 変異　272, 273
耳の形状　265
ミンク　46
民俗遺伝観　55
無角　124
無角化　262
無限対立遺伝子モデル　58, 201
無根枝分かれ図　129, 131, 201
無選択狩猟　15
ムフロン　255
群れ　58
珍しいもの好き　56
メタファー　95
免疫応答　367
メンデル遺伝学　97
メンデル集団　335
細毛　253
蒙古馬　190
毛色　312, 317
毛色多型　40, 41, 332
毛色分布　197
毛色変異　40, 73, 438
モルモット　46
モン・クメール語族　242

ヤ　行

ヤギ　281

ヤク　133, 135
役畜　17
ヤケイ　357
野生ウズラ　420
野生型遺伝子　18
野生型毛色　331
野生資源の乱獲　91
野生動物　3
野生動物保護　24
野生ネコ　329
ヤマアノア　161
有意性検定　343
優境学　97
優生学　96
優性白　41, 74, 76
優性白色遺伝子　287
誘導羊　95
遊牧的生活様式　28
遊牧民　14, 28, 34, 191
ヨーロッパウズラ　410, 416
ヨーロッパバイソン　133
ヨーロッパヤマネコ　329

夜飼　418
横顔プロフィール　264
よじれ角　283

ラ・ワ行

ラット　46
ラバ　189
卵白タンパク質　375
卵白タンパク質の多型座位　375
卵用　418
犂耕　163, 166
リビアヤマネコ　329
猟鳥　412, 414
輪栽様式焼畑農耕　361
劣性白　76
連鎖地図　383
ロバートソン型転座　139, 169, 190, 238, 378
矮小型（ヤギ）　283
若芽食い　187
渡り　411
和猫　331

編集出版委員一覧

天野　卓　　　東京農業大学・農学部・教授
岡本　新　　　鹿児島大学・農学部・教授
黒澤弥悦　　　岩手県奥州市・牛の博物館・主任学芸員
佐野晶子　　　岐阜聖徳学園大学・短期大学部・元助手
田中和明　　　麻布大学・獣医学部・講師
田中一栄　　　東京農業大学・名誉教授
田名部尚子　　麻布大学・客員教授
田名部雄一　　岐阜大学・名誉教授
角田健司　　　昭和大学・医学部・客員教授
並河鷹夫　　　名古屋大学・名誉教授（編集事務）
西田隆雄　　　カセサート大学・客員教授，東京大学・日本大学元教授
西堀正英　　　広島大学・大学院生物圏科学研究科・准教授
野澤　謙　　　京都大学・名誉教授（編集統括）
野村こう　　　東京農業大学・農学部・講師
橋口　勉　　　鹿児島大学・名誉教授
前田芳實　　　鹿児島大学・農学部・教授
万年英之　　　神戸大学・大学院農学研究科・准教授
山縣高宏　　　名古屋大学・大学院生命農学研究科・助教
山本義雄　　　広島大学・名誉教授

アジアの在来家畜

2009年9月18日　初版第1刷発行

定価はカバーに
表示しています

編　者　在来家畜研究会

発行者　石井三記

発行所　財団法人　名古屋大学出版会
〒464-0814　名古屋市千種区不老町1名古屋大学構内
電話(052)781-5027
FAX(052)781-0697

ⓒ Ken Nozawa et al., 2009
印刷・製本　㈱クイックス
乱丁・落丁はお取替えいたします．

Printed in Japan
ISBN978-4-8158-0620-0

Ⓡ〈日本複写権センター委託出版物〉
本書の全部または一部を無断で複写複製（コピー）することは，著作権法上での例外を除き，禁じられています．本書からの複写を希望される場合は，日本複写権センター（03-3401-2382）の許諾を受けてください．

野澤 謙著
動物集団の遺伝学

A5 判・336 頁・本体 6,500 円

最近とみに社会の関心を集めている自然保護への取り組みのなかで，集団遺伝学の観点から判断や評価を求められる場面も多くなってきた．本書では，従来あまり知られていない高等動物集団の遺伝構造や進化過程について，人類，家畜，いくつかの野生動物種を材料にして理解を深める．

松永俊男著
ダーウィン前夜の進化論争

A5 判・292 頁・本体 4,200 円

『種の起源』に先だつ 1844 年，ジャーナリストが著した一冊の本がイギリス社会を大きく揺さぶった．当時の論争の丹念な分析を通して，進化論の争点と受容のプロセスを明らかにするとともに，自然神学を背景に専門領域として確立しつつあった当時の科学のあり方を照射する．同著者『ダーウィンの時代』の姉妹編．

広木詔三編
里山の生態学
―その成り立ちと保全のあり方―

A5 判・354 頁・本体 3,800 円

東海地方の里山は，地域特異的な種が多数棲息する湿地や，人間の干渉により成立した二次林などの多様な環境が混在して成り立っている．本書は東海丘陵要素の起源に関する地史的考察や，二次林植生の研究，環境指標となり得る生物群の調査を通じ，多様な切り口から里山の全体像に迫り，その保全に向けた提言を行う．

坂本 充・熊谷道夫編
東アジアモンスーン域の湖沼と流域
―水源環境保全のために―

A5 判・374 頁・本体 4,800 円

東アジアモンスーン気候帯に位置する琵琶湖と中国雲南省の高原湖沼との比較研究を軸に，地球温暖化による気候変動や人間活動が，湖沼，流域環境に与える影響について，地理学，生態学，陸水学，水文学などの幅広い視野から検討し，保全策を探る．

出口晶子著
川辺の環境民俗学
―鮭遡上河川・越後荒川の人と自然―

A5 判・326 頁・本体 5,500 円

春にはサクラマス，秋にはサケがさかのぼる新潟県荒川をフィールドに，昭和 30 年代前後から現代にいたる水辺に生きた川人と川の関わり方の生態，川辺の環境変動，またその変動の具体相等々，川辺の民俗と民俗の変遷を掘り起こし，環境保全を人文科学の立場から問いなおす．

森田勝昭著
鯨と捕鯨の文化史

A5 判・466 頁・本体 3,800 円

鯨は人間にとって重要な生活財であると同時に，その巨体はいつの時代にも人の心を魅了し，意味の産出を促す「文化的」存在でもあった．本書は，捕鯨活動 400 年の歴史を通じて，東西の捕鯨文化を浮彫りにするとともに，自然と人間の関係を鋭く問い直した力作である．

高柳哲也編
介助犬を知る
―肢体不自由者の自立のために―

A5 判・354 頁・本体 2,800 円

障害者の日常動作を援助する介助犬は，2002 年 5 月成立の身体障害者補助犬法で初めて法的に位置づけがなされた．本書はこの「生きた自助具」について，有効性や日本での現状と課題などをトータルに紹介しており，医療・福祉関係者や獣医師のみならず，介助犬に関心を持つ全ての人が対象の書である．